Illustrator平面创意设计

完全实训手册

相世强　编著

清華大学出版社
北　京

内 容 简 介

本书通过讲解160个具体实例，向大家展示如何使用Illustrator CC 2018对图像进行设计与处理。全书共分为17章。所有例子都经过精心挑选和制作，将Illustrator CC 2018枯燥的知识点融入实例之中，并进行了简要而清晰的说明。可以说，读者通过对这些实例的学习，将起到举一反三的作用，一定能够由此掌握图像创意与设计的精髓。

本书按照软件功能以及实际应用进行划分，每章的实例在编排上循序渐进，其中既有打基础、筑根基的部分，又不乏综合创新的例子。其特点是把Illustrator CC 2018的知识点融入实例中，读者可从中学到Illustrator CC 2018的基本操作、绘制简单图形、高级绘图、常用文字特效的制作与表现、图标和按钮的设计、插画设计、手机UI界面设计、海报设计、户外广告设计、折页设计、宣传单设计、画册设计、卡片设计、Logo设计、VI设计、包装设计、展架设计等制作技法。

本书内容丰富，文字通俗，结构清晰，既适合初、中级读者学习使用，也可以供从事平面设计、图像处理、广告工作人员阅读，同时还可以作为大、中专院校相关专业、相关计算机培训班的上机指导教材。

图书在版编目(CIP)数据

Illustrator平面创意设计完全实训手册 / 相世强编著. —北京：清华大学出版社，2021.5（2023.7重印）
ISBN 978-7-302-57351-7

Ⅰ.①I… Ⅱ.①相… Ⅲ.①平面设计－图形软件 Ⅳ.①TP391.412

中国版本图书馆CIP数据核字(2021)第022901号

责任编辑：张彦青
封面设计：李　坤
责任校对：李玉茹
责任印制：丛怀宇

出版发行：清华大学出版社
网　　址：http://www.tup.com.cn，http://www.wqbook.com
地　　址：北京清华大学学研大厦A座　　**邮　　编**：100084
社 总 机：010-83470000　　**邮　　购**：010-62786544
投稿与读者服务：010-62776969，c-service@tup.tsinghua.edu.cn
质 量 反 馈：010-62772015，zhiliang@tup.tsinghua.edu.cn
印 装 者：三河市铭诚印务有限公司
经　　销：全国新华书店
开　　本：210mm×260mm　　**印　　张**：22.5　　**插　　页**：3　　**字　　数**：545千字
版　　次：2021年5月第1版　　**印　　次**：2023年7月第3次印刷
定　　价：98.00元

产品编号：087194-01

前　言

Illustrator是Adobe公司推出的矢量图形制作软件，其广泛应用于平面设计、印刷出版、专业插画、手机UI界面设计、海报排版、VI设计以及包装设计等。作为著名的矢量图形软件，Illustrator以其强大的功能和体贴用户的界面，成为平面设计师不可或缺的软件之一。

1. 本书内容

全书共分为17章，按照平面设计工作的实际需求组织内容，基础知识以“实用、够用”为原则。内容包括Illustrator CC 2018的基本操作、绘制简单图形、高级绘图、常用文字特效的制作与表现、图标和按钮的设计、插画设计、手机UI界面设计、海报设计、户外广告设计、折页设计、宣传单设计、画册设计、卡片设计、Logo设计、VI设计、包装设计、展架设计等。

2. 本书特色

本书以提高读者的动手能力为出发点，覆盖了Illustrator平面设计方方面面的技术与技巧。通过160个具体实例，由浅入深、由易到难，逐步引导读者系统地掌握软件的操作技能和相关行业知识。

3. 海量的电子学习资源和素材

本书附带大量的学习资料和视频教程，下面截图给出部分概览。

本书附带所有的素材文件、场景文件、效果文件、多媒体有声视频教学录像，读者在读完本书内容以后，可以调用这些资源进行深入学习。

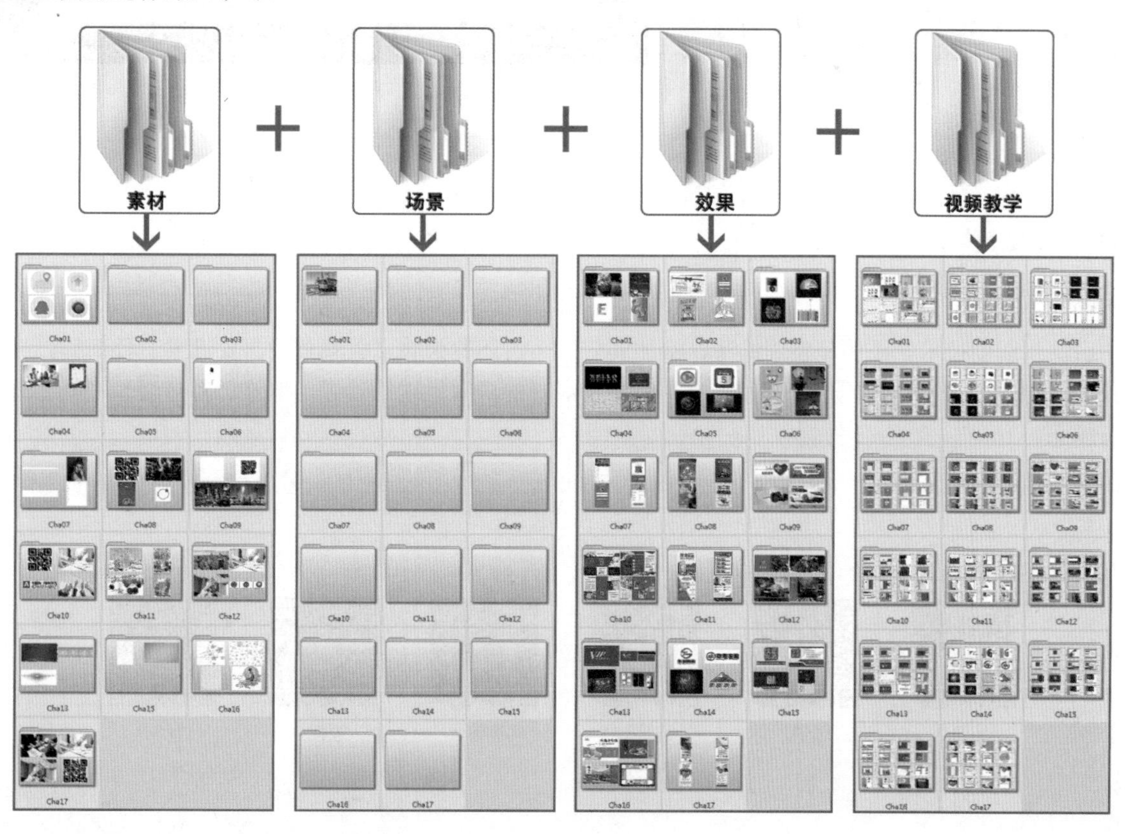

本书视频教学贴近实际，几乎手把手教学。

4. 读者对象

（1）Illustrator初学者。

（2）大、中专院校和社会培训班平面设计及其相关专业的学生。

（3）平面设计从业人员。

5. 致谢

本书由德州职业技术学院的相世强编写，参加编写的人员还有朱晓文、刘蒙蒙、安洪宇、杜雨铮，视频教学由杨柳录制、剪辑。在编写过程中，我们虽竭尽所能将最好的讲解呈现给读者，但难免有疏漏和不妥之处，敬请读者不吝指正。

编　者

场景1

场景2

场景3

场景4

效果

素材

目 录

总目录

第1章 Illustrator CC 2018的基本操作

第2章 绘制简单图形

第3章 高级绘图

第4章 常用文字特效的制作与表现

第5章 图标和按钮的设计

第6章 插画设计

第7章 手机UI界面设计

第8章 海报设计

第9章 户外广告设计

第10章 折页设计

第11章 宣传单设计

第12章 画册设计

第13章 卡片设计

第14章 Logo设计

第15章 VI设计

第16章 包装设计

第17章　展架设计

附录　Illustrator CC 2018常用快捷键

第1章 Illustrator CC 2018的基本操作

Illustrator CC 2018是由Adobe公司开发的一款专业的矢量绘图软件，具有丰富的工具、控制面板和菜单命令等。在本章中将介绍如何安装、卸载、启动Illustrator CC 2018，并学习该软件的一些基本操作，使我们在制作与设计作品时，知道如何下手，在哪些方面切入正题。

实例001 Illustrator CC 2018的安装

想要学习和使用Illustrator CC 2018，首先要正确安装该软件，本例将讲解如何安装Illustrator CC 2018。

Step 01 在相应的文件夹下选择下载后的安装文件，双击安装文件图标，如图1-1所示。

图1-1

Step 02 此时软件显示安装程序进度，如图1-2所示。

Step 03 安装完成后，单击计算机左下角的【开始】按钮，选择【所有程序】选项即可查看该软件，如图1-3所示。

图1-2

图1-3

实例002 Illustrator CC 2018的卸载

本例将讲解如何卸载Illustrator CC 2018。

Step 01 单击计算机左下角的【开始】按钮，选择【控制面板】选项，如图1-4所示。

Step 02 在【控制面板】界面中选择【程序和功能】选项，在【名称】列表框中选择Adobe Illustrator CC 2018选项，单击【卸载/更改】按钮，如图1-5所示。

图1-4

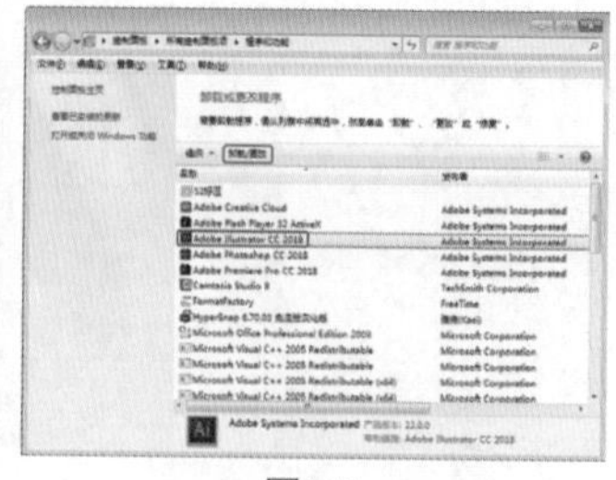

图1-5

Step 03 执行该操作后，即可显示卸载进度条，如图1-6所示。

Step 04 卸载完成后，将会弹出【卸载完成】界面，如图1-7所示。

图1-6

图1-7

实例003 Illustrator CC 2018的启动与退出

本例将讲解如何启动与退出Illustrator CC 2018。

Step 01 双击桌面上的Illustrator CC 2018快捷方式，就可以进入Illustrator CC 2018的工作界面，这样程序就启动完成了，如图1-8所示。

Step 02 退出程序时，可以单击Illustrator CC 2018工作界面右上角的 × 按钮关闭程序，也可以在菜单栏中选择【文件】|【退出】命令，退出程序，如图1-9所示。

图1-8

图1-9

实例 004 图像的显示比例

素材：素材\Cha01\图像的显示比例.ai

本例主要使用户掌握更改图像显示比例常用的操作方法，使用缩放工具、更改视图显示的菜单命令以及通过导航器面板设置。

Step 01 打开“素材\Cha01\图像的显示比例.ai”文件，如图1-10所示。

Step 02 选择【缩放工具】，将鼠标指针指向图形，此时指针变为状态，单击鼠标则按一定比例放大图形对象，如图1-11所示。按住Alt键不放，则指针变为状态时，指向图形单击鼠标就会缩小对象。

图1-10

图1-11

Step 03 选择菜单栏中的【视图】|【放大】命令，可放大对象。选择菜单栏中的【视图】|【缩小】命令，可缩小对象，如图1-12所示。

> **提示**
>
> 按Ctrl+ +组合键可以放大对象，按Ctrl+ -组合键可以缩小对象。

Step 04 选择菜单栏中的【视图】|【画板适合窗口大小】命令，此时对象会最大限度地显示在工作界面中并保持其完整性，如图1-13所示。

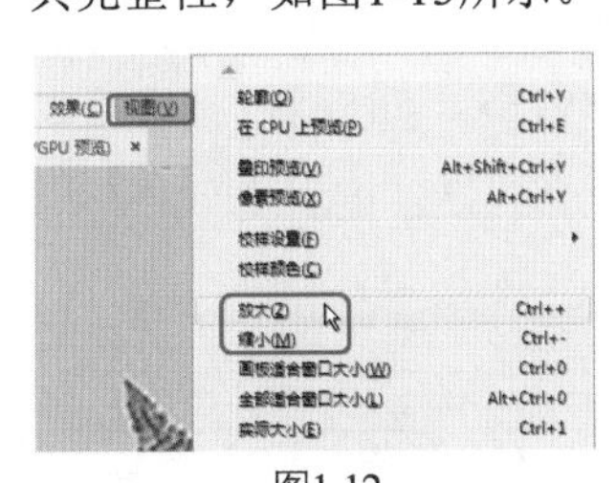

图1-12

图1-13

> **提示**
>
> 按Ctrl+0组合键，可快速将画板适合窗口大小。

Step 05 选择菜单栏中的【视图】|【实际大小】命令，可将对象按100%的比例显示效果，如图1-14所示。

Step 06 选择菜单栏中的【视图】|【全部适合窗口大小】命令，即可使对象按照窗口大小显示效果，如图1-15所示。

图1-14

图1-15

> **提示**
>
> 按Ctrl+1组合键，可快速执行【视图】|【实际大小】命令。
>
> 按Ctrl+Alt+0组合键，可快速执行【视图】|【全部适合窗口大小】命令。

Step 07 如果想要对图形的局部区域进行放大，可以使用【缩放工具】，然后在需要放大的区域拖曳鼠标即可，如图1-16所示。

图1-16

Step 08 释放鼠标后，被框选的区域就会放大显示并填满整个窗口，如图1-17所示。

Step 09 选择菜单栏中的【窗口】|【导航器】命令，使用【导航器】面板也可以控制图像的显示比例，包括在左下角输入数值，单击【缩小】按钮或【放大】按钮，都可按一定比例缩小或放大对象，如图1-18所示。

图1-17

图1-18

实例 005 新建和打开文件

素材：素材\Cha01\海边的电车.ai

本例讲解新建和打开文件的基本操作。

Step 01 在Illustrator CC 2018中，选择菜单栏中的【文件】|【新建】命令，在弹出的【新建文档】对话框中

设置【名称】为“空白文件”，将【单位】设置为“像素”，【宽度】和【高度】均设置为500px，将画板数量设置为1，出血设置为3px，其他采用默认选项即可，如图1-19所示。

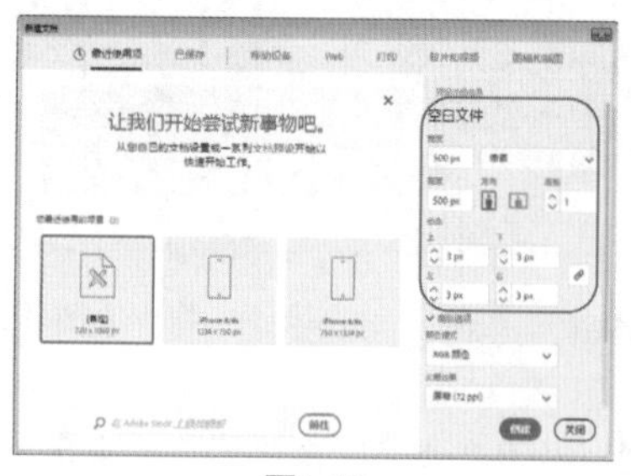

图1-19

Step 02 设置完成后，单击【创建】按钮，此时根据选项将创建新的文档，如图1-20所示。

Step 03 在菜单栏中选择【文件】|【打开】命令，在弹出的对话框中选择“素材\Cha01\海边的电车.ai”文件，单击【打开】按钮，如图1-21所示。

图1-20

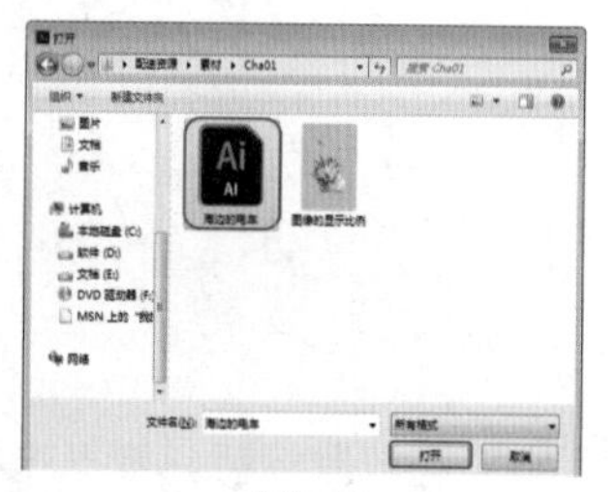

图1-21

Step 04 打开场景文件后的效果如图1-22所示。

图1-22

实例006 保存文件

场景：场景\Cha01\实例006 矢量插画.epsi

本例将讲解如何保存素材文件。

Step 01 继续上一实例的操作，在菜单栏中选择【文件】|【存储为】命令，如图1-23所示。

Step 02 弹出【存储为】对话框，设置保存路径，将【文件名】设置为“矢量插画”，将【保存类型】设置为Illustrator EPS（*.EPS），单击【保存】按钮，即可存储文件，如图1-24所示。

图1-23

图1-24

Step 03 弹出【EPS选项】对话框，保持默认设置，单击【确定】按钮，如图1-25所示。

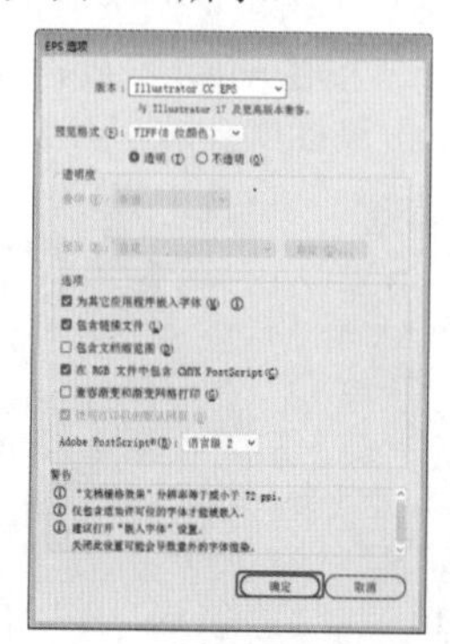

图1-25

实例007 置入和导出文件

素材：素材\Cha01\拿着花篮的女孩子.jpg

本例主要讲解置入文件和导出文件命令的使用。

Step 01 选择【文件】|【新建】菜单命令，在弹出的【新建文档】对话框中，将【单位】设置为“像素”，【宽度】和【高度】分别设置为892px、595px，将画板数量设置为1，其他采用默认设置即可，单击【创建】按钮，如图1-26所示。

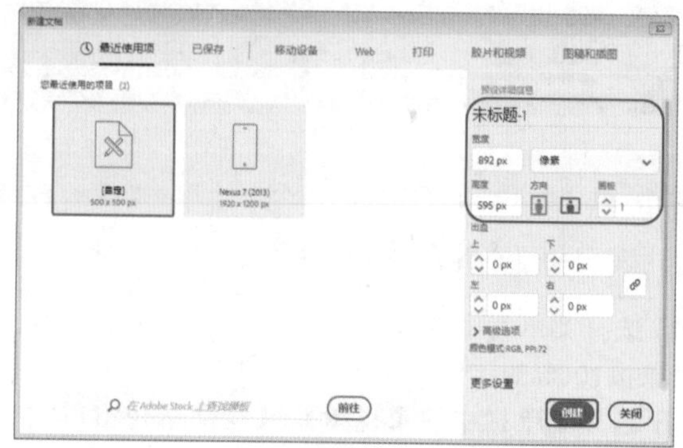

图1-26

Step 02 在菜单栏中选择【文件】|【置入】命令，弹出【打开】对话框，选择“素材\Cha01\拿着花篮的女孩子.jpg”文件，如图1-27所示。

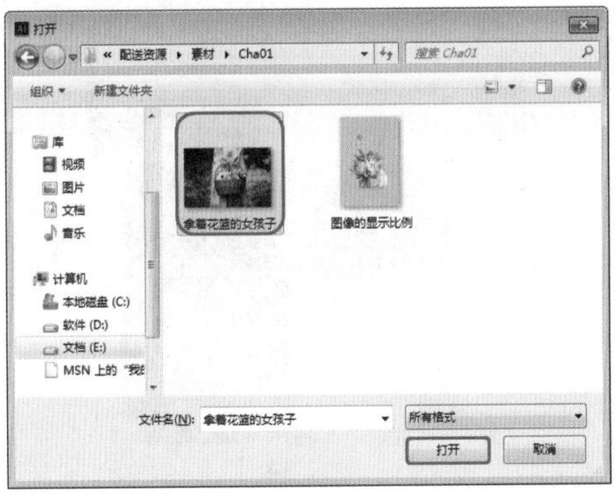

图1-27

Step 03 单击鼠标，置入图片，调整图片的位置，如图1-28所示。

图1-28

Step 04 选择【文件】|【导出】|【导出为】菜单命令，如图1-29所示。

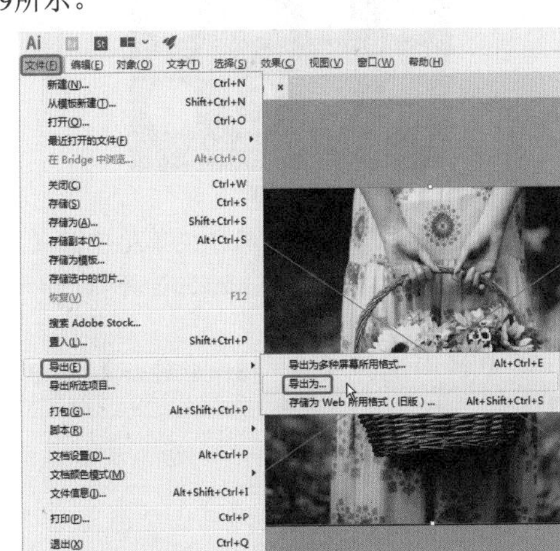

图1-29

Step 05 弹出【导出】对话框，设置保存路径，将【文件名】设置为“拿着花篮的女孩子”，将【保存类型】设置为JPEG（*.JPG），单击【导出】按钮，如图1-30所示。

Step 06 弹出【JPEG选项】对话框，保持默认设置，单击【确定】按钮，如图1-31所示。

Step 07 导出后，预览效果如图1-32所示。

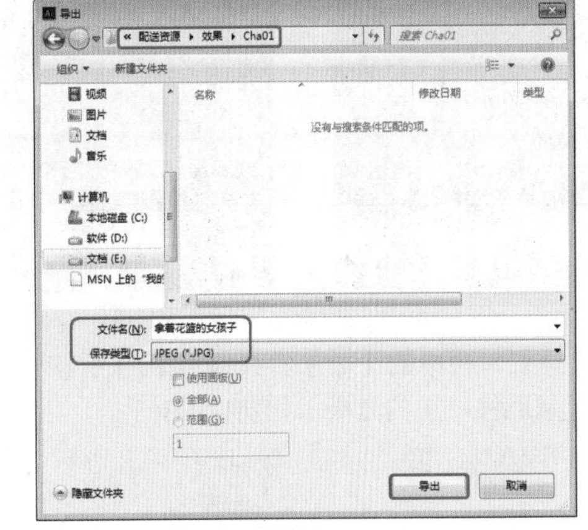

图1-30

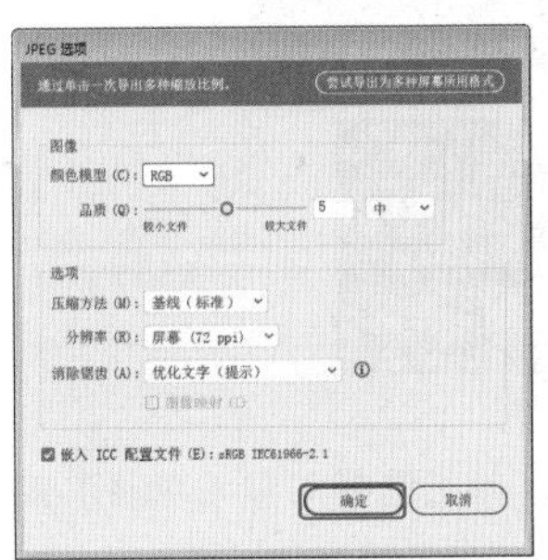

图1-31

图1-32

实例 008 对象的排列顺序

素材：素材\Cha01\圣诞节.ai

场景：场景\Cha01\实例008 圣诞节.ai

本例将讲解Illustrator CC 2018的对象排列顺序，以及如何在菜单栏中移动图形，如图1-33所示。

图1-33

Step 01 在Illustrator CC 2018中，选择菜单栏中的【文件】|【打开】命令，选择“素材\Cha01\圣诞节.ai”文件，如图1-34所示。

Step 02 使用【选择工具】单击选择图中的对象，如图1-35所示。

图1-34

图1-35

Step 03 选择菜单栏中的【对象】|【排列】|【后移一层】命令，将对象后移一层的效果，如图1-36所示。

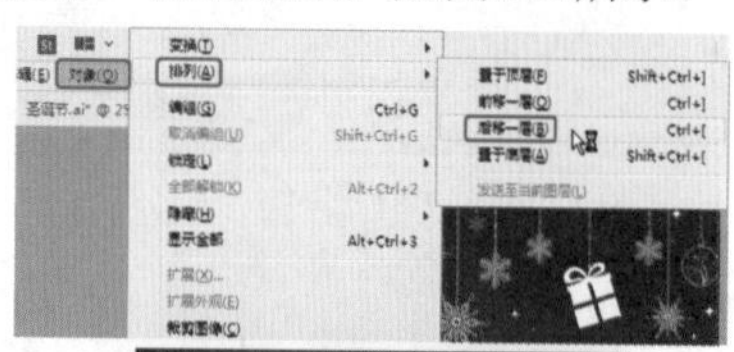

图1-36

Step 04 选择【选择工具】▶，单击选择对象，如图1-37所示。

图1-37

Step 05 选择菜单栏中的【对象】|【排列】|【置于底层】命令，将所选对象移动到底层，效果如图1-38所示。

图1-38

Step 06 使用【选择工具】选择所有图形对象，选择菜单栏中的【对象】|【锁定】|【所选对象】命令，如图1-39所示。

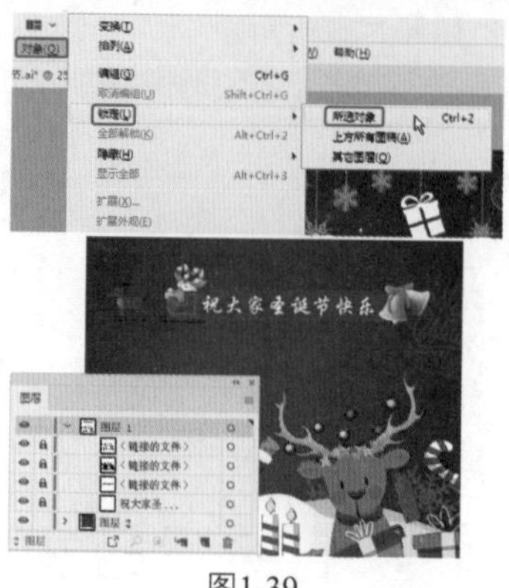

图1-39

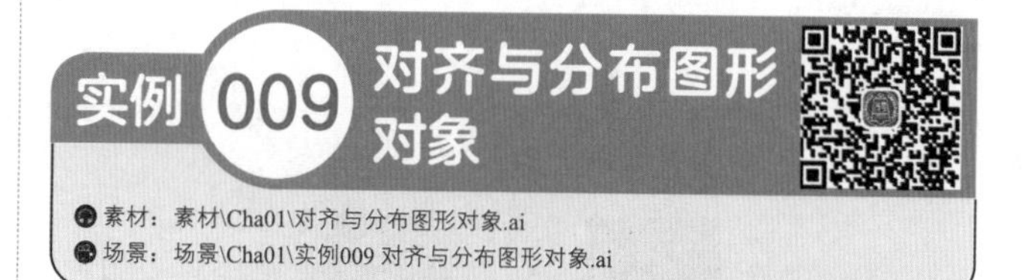

本例将讲解Illustrator CC 2018的对齐与分布图形对象，使用对齐与分布完成后的效果，如图1-40所示。

图1-40

Step 01 在Illustrator CC 2018中选择菜单栏中的【文件】|【打开】命令，打开“素材\Cha01\对齐与分布图形对象.ai”文件，如图1-41所示。

Step 02 在菜单栏中选择【窗口】|【对齐】命令，打开【对齐】面板，如图1-42所示。

图1-41

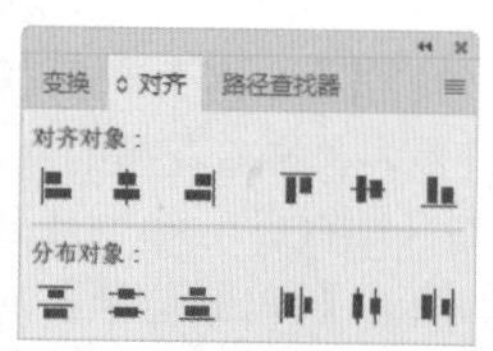

图 1-42

Step 03 使用【选择工具】单击选择对象，如图1-43所示。

图1-43

Step 04 拖动鼠标将对象移动至图1-44所示的位置上。

Step 05 使用【选择工具】拖曳对象，如图1-45所示。

图1-44

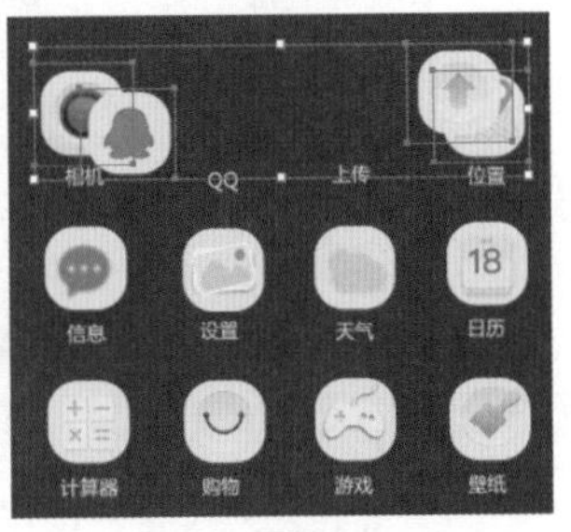

图1-45

Step 06 在【对齐】面板中单击【垂直底对齐】按钮，即所有选取对象都将向下对齐，如图1-46所示。

Step 07 单击【对齐】面板中的【水平居中分布】按钮，所有选取的对象都将水平居中分布，如图1-47所示。

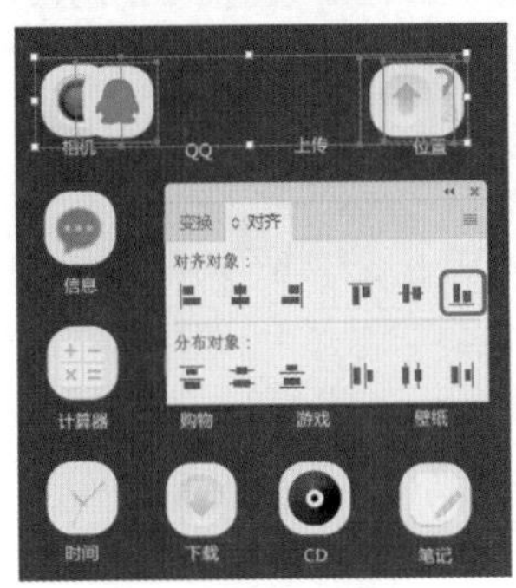

图1-46

图1-47

Step 08 使用【选择工具】拖曳选择图示中的对象，选择菜单栏中的【对象】|【编组】命令，将所选对象组合为一个整体，如图1-48所示。

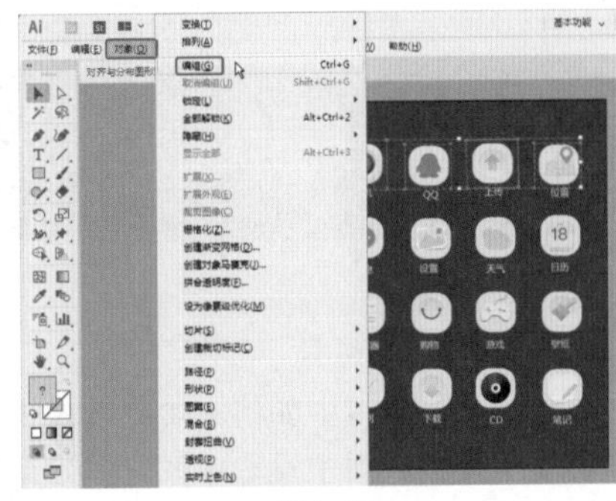

图1-48

实例 010 对象的显示与隐藏

素材：素材\Cha01\国际航空.ai

本例将讲解Illustrator CC 2018对象的显示与隐藏，在菜单栏中实施对素材的隐藏效果。

Step 01 在Illustrator CC 2018中，选择菜单栏中的【文件】|【打开】命令，选择“素材\Cha01\国际航空.ai”文件，如图1-49所示。

Step 02 使用【选择工具】单击选择文本对象，如图1-50所示。

图1-49

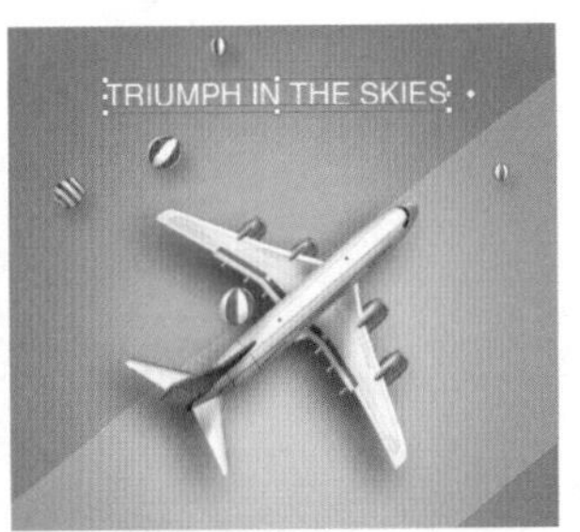

图1-50

Step 03 选择菜单栏中的【对象】|【隐藏】|【所选对象】命令，将所选对象暂时隐藏，如图1-51所示。

Step 04 继续使用【选择工具】单击，选择如图1-52所示的对象。

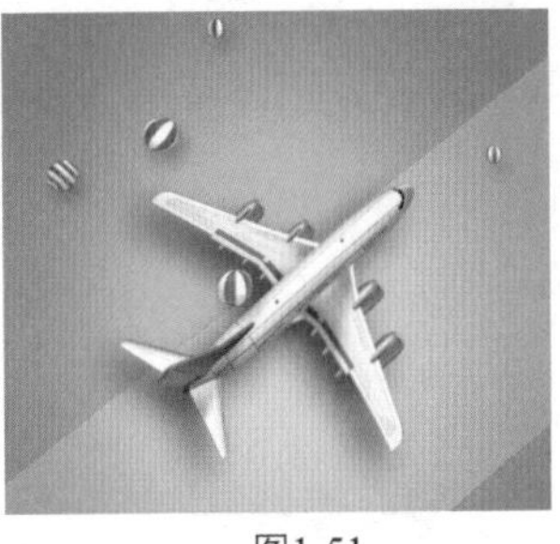

图1-51

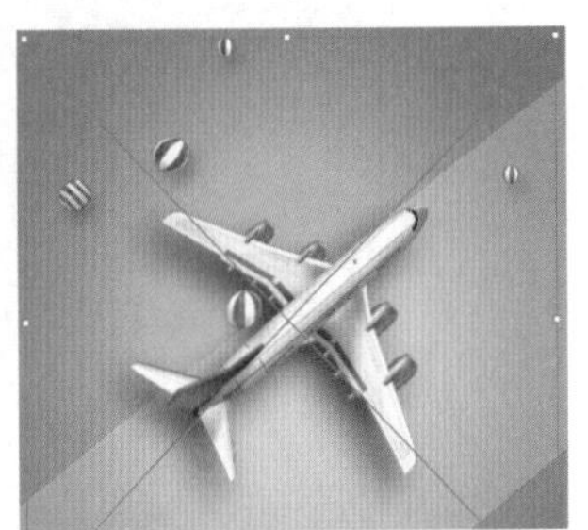

图1-52

Step 05 选择菜单栏中的【对象】|【隐藏】|【所选对象】命令，隐藏所选的对象，如图1-53所示。

Step 06 选择菜单栏中的【对象】|【显示全部】命令，先前被隐藏的图形对象都将显示出来，如图1-54所示。

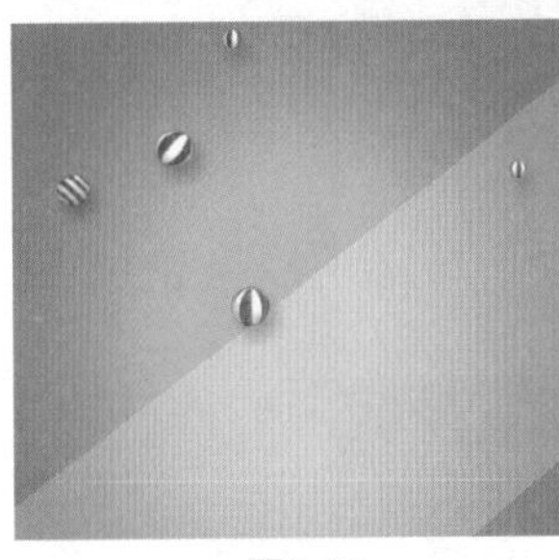

图1-53

图1-54

实例 011 设置用户界面

本例将讲解如何设置用户界面颜色等简单操作。

Step 01 在菜单栏中选择【编辑】|【首选项】|【用户界面】命令，如图1-55所示。

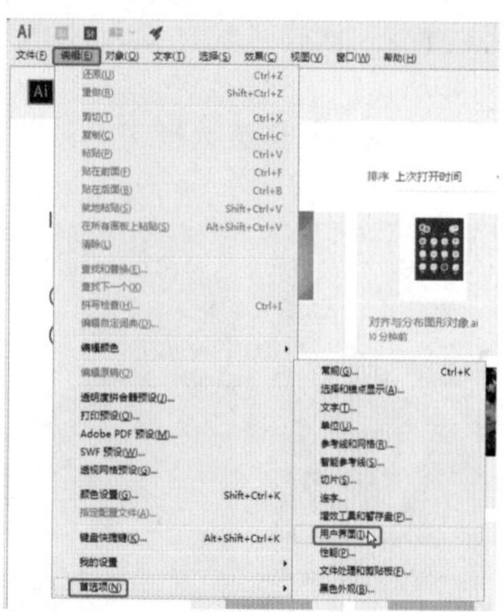

图1-55

Step 02 弹出【首选项】对话框，将【亮度】设置为“中等浅色”，单击【确定】按钮，如图1-56所示。

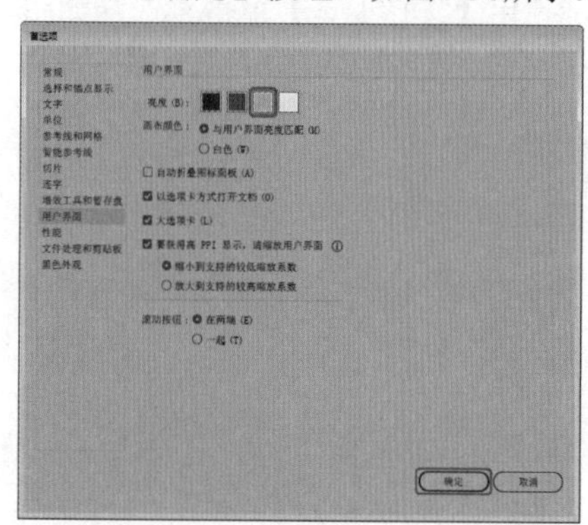

图1-56

Step 03 此时可以发现界面发生的变化，如图1-57所示。

图1-57

实例 012 设置页面大小

在创建文件时就对文档进行了最初设置，当对设置参数不满意时，还可以重新进行设置。

Step 01 选择【文件】|【新建】命令，在【新建文档】对话框中进行页面设置，单击【创建】按钮完成设置，Illustrator会按照当前的设置创建一个新文档，如图1-58所示。

图1-58

Step 02 如果希望改变目前的页面设置，可选择【文件】|【文档设置】菜单命令，弹出【文档设置】对话框，然后依据个人的需要进行设置，即可设置页面大小，如图1-59所示。

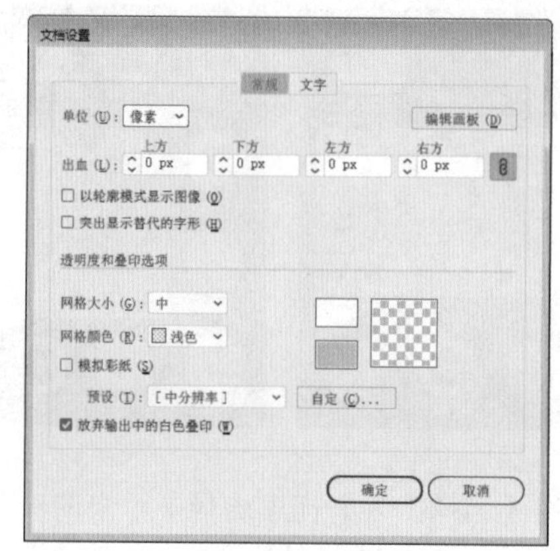

图1-59

实例 013 设置裁剪标记

素材：素材\Cha01\设置裁剪标记.ai

场景：场景\Cha01\实例013 设置裁剪标记.ai

本例主要介绍在菜单栏中如何去实施【裁剪标记】效果，还可以在【常规】界面中设置【裁剪标记】效果，如图1-60所示。

图1-60

Step 01 在Illustrator CC 2018中，选择菜单栏中的【文件】|【打开】命令，选择“素材\Cha01\设置裁剪标记.ai”文件，如图1-61所示。

Step 02 单击【选择工具】按钮，单击选择图像，在菜单栏中选择【效果】|【裁剪标记】命令，画板中将添加裁剪标记，如图1-62所示。

图1-61

图1-62

Step 03 选择菜单栏中的【编辑】|【首选项】|【常规】命令，在打开的【首选项】对话框中勾选【使用日式裁剪标记】复选框，单击【确定】按钮，如图1-63所示。

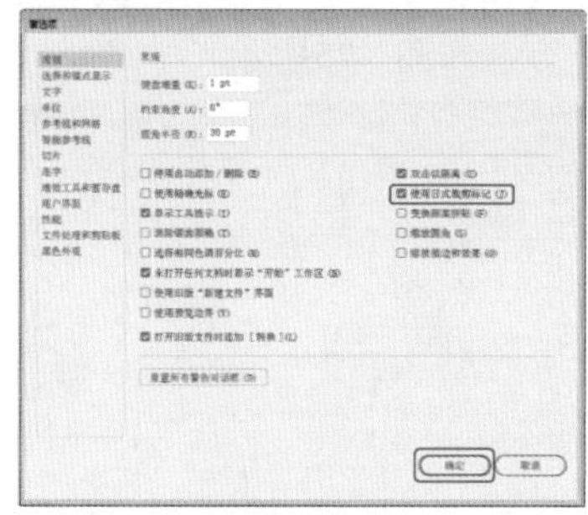

图1-63

Step 04 使用【选择工具】，单击选择图形对象，选择菜单栏中的【效果】|【裁剪标记】命令。画板中将添加裁剪标记，如图1-64所示。

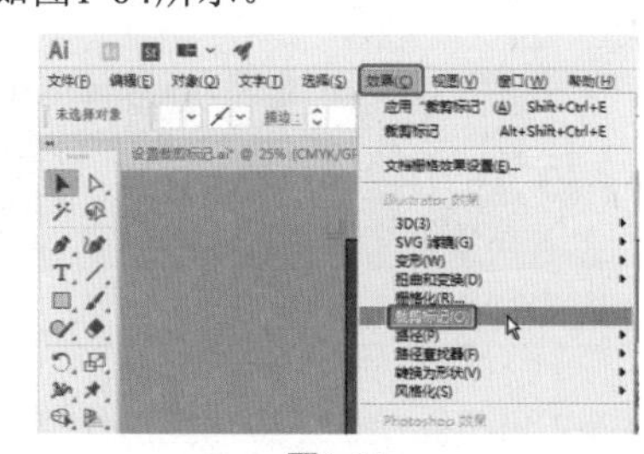

图1-64

Step 05 选择菜单栏中的【编辑】|【首选项】|【常规】命令，在打开的【首选项】对话框中勾选【消除锯齿图稿】复选框，单击【确定】按钮，如图1-65所示。

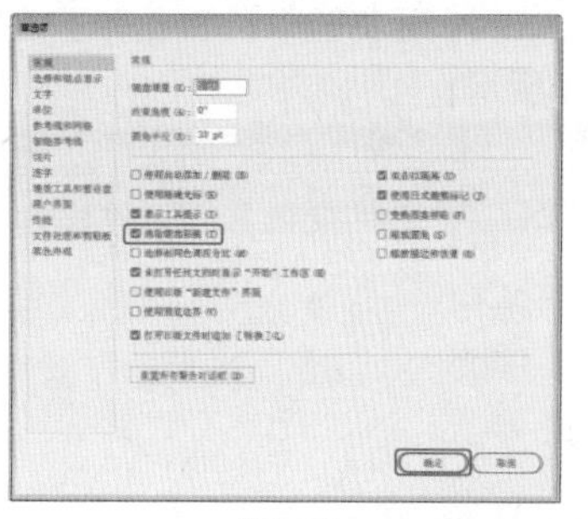

图1-65

Step 06 此时图稿文件边缘将出现锯齿效果，如图1-66所示。也可以在【常规】界面中设置光标移动图形对象的距离及圆角半径的大小、使用精确光标显示等。

图1-66

实例 014 辅助工具的使用

素材：素材\Cha01\玩耍的狗.ai

本例将讲解如何设置显示标尺，如何设置标尺单位，以及如何为素材添加参考线与删除参考线的效果。

Step 01 在Illustrator CC 2018中选择菜单栏中的【文件】|【打开】命令，选择“素材\Cha01\玩耍的狗.ai”文件，单击【打开】按钮，如图1-67所示。

图1-67

Step 02 选择菜单栏中的【视图】|【标尺】|【显示标尺】命令，如图1-68所示。

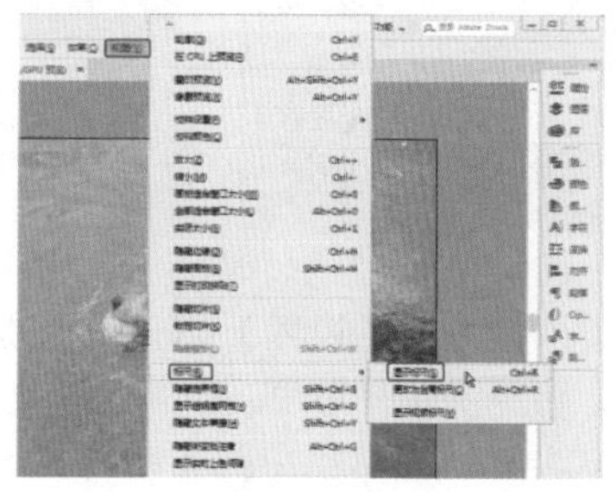

图1-68

Step 03 执行该命令后，即可显示标尺，选择菜单栏中的【编辑】|【首选项】|【单位】命令，可以在打开对话框的【常规】下拉列表框中，根据用户的需求进行设置，如图1-69所示。

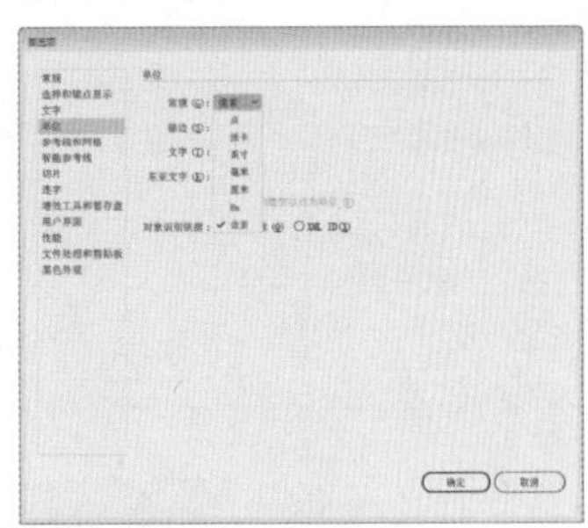

图1-69

Step 04 设置完成后，单击【确定】按钮。还可以直接将光标指向标尺，右击，在弹出的快捷菜单中选择具体的单位，如图1-70所示。

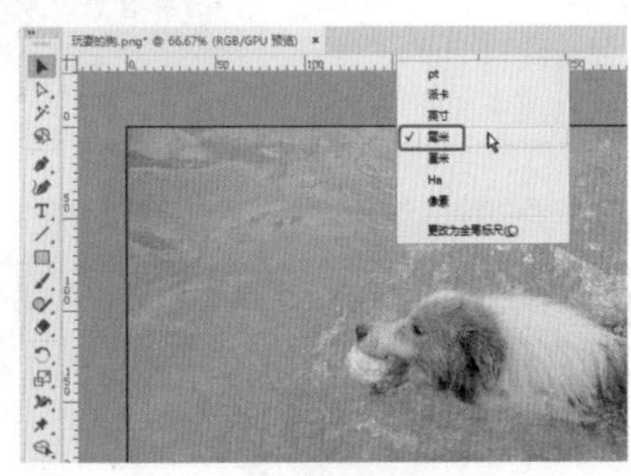

图1-70

Step 05 在默认状态下，标尺的坐标原点在工作页面的左上角，如果要更改坐标原点，则在指向水平与垂直标尺的交界处单击鼠标，并将其拖曳到任意位置上，释放鼠标后即可将坐标原点设置在此处。如果想恢复坐标原点的位置，双击水平与垂直标尺的交界处即可，如图1-71所示。

Step 06 在绘制图形的过程中，参考线可以在页面的任意位置上帮助对齐对象。参考线也是对象，能被选择、移动和删除，如果要增加参考线，可用鼠标在水平或垂直标尺上向页面中拖曳，即可拖出水平或垂直参考线，如图1-72所示。

图1-71　　图1-72

Step 07 选择菜单栏中的【视图】|【参考线】|【清除参考线】命令，可以清除参考线。如果要设置参考线的颜色和线型样式，选择菜单栏中的【编辑】|【首选项】|【参考线和网格】命令，在打开的对话框中的【颜色】和【样式】处设置具体参数，如图1-73所示。

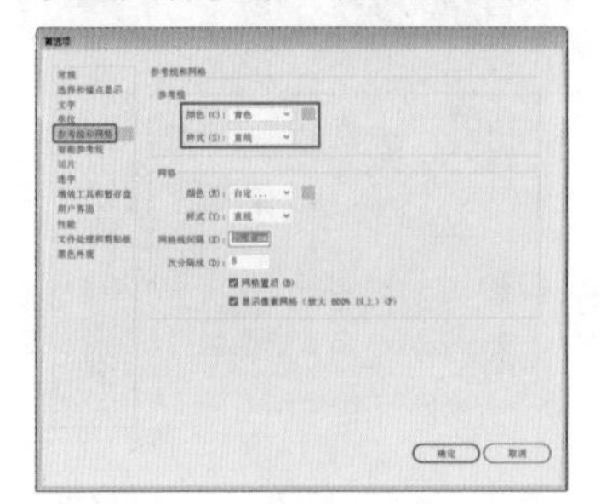

图1-73

Step 08 网格用于对齐对象，选择菜单栏中的【视图】|【显示网格】命令，即可显示出网格，如图1-74所示。选择菜单栏中的【视图】|【隐藏网格】命令，可以隐藏网格。

图1-74

Step 09 选择菜单栏中的【编辑】|【首选项】|【参考线和网格】命令，在打开的对话框中设置【颜色】【样式】【网格线间隔】等选项，其中【次分隔线】用于设置分隔线的多少，【网格置后】用于设置网格线显示在图形的上方还是下方，如图1-75所示。

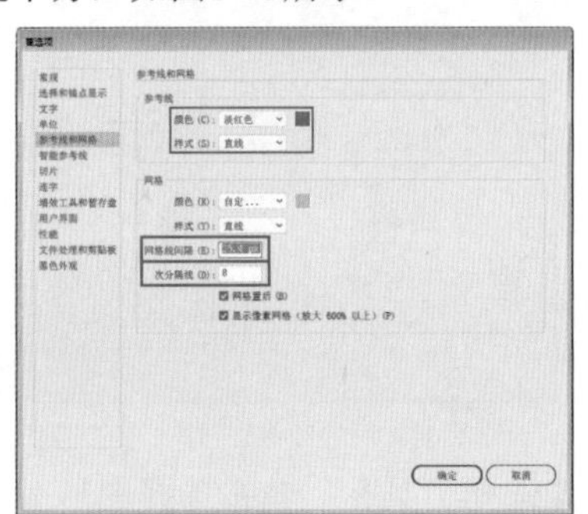

图1-75

实例 015 图形的显示模式

素材：素材\Cha01\小清新植物元素.ai

本例将讲解Illustrator CC 2018图形的显示模式，要将素材视图设置为轮廓模式、叠印预览模式、像素预览模式。

Step 01 在Illustrator CC 2018中选择菜单栏中的【文件】|【打开】命令，选择“素材\Cha01\小清新植物元素.ai”文件，如图1-76所示。

图1-76

Step 02 选择菜单栏中的【视图】|【轮廓】命令，可将视图切换到轮廓模式，如图1-77所示。

图1-77

Step 03 选择菜单栏中的【视图】|【GPU预览】命令，可将视图切换到预览模式。选择菜单栏中的【视图】|【叠印预览】命令，可将视图切换到叠印预览模式，如图1-78所示。

图1-78

Step 04 选择菜单栏中的【视图】|【像素预览】命令，可将视图切换到像素预览模式，如图1-79所示。

图1-79

实例016 窗口的屏幕模式与排列

素材：素材\Cha01\小清新植物元素.ai、玩耍的狗.ai

本例将讲解Illustrator CC 2018图形的窗口排列，除了可以在工具箱中的【更改屏幕模式】中转换效果外，还可以在菜单栏中设置窗口效果。

Step 01 在Illustrator CC 2018中选择菜单栏中的【文件】|【打开】命令，选择“素材\Cha01\小清新植物元素.ai”文件，使用工具箱中的【更改屏幕模式】，可以在3种模式之间转换，如图1-80所示。

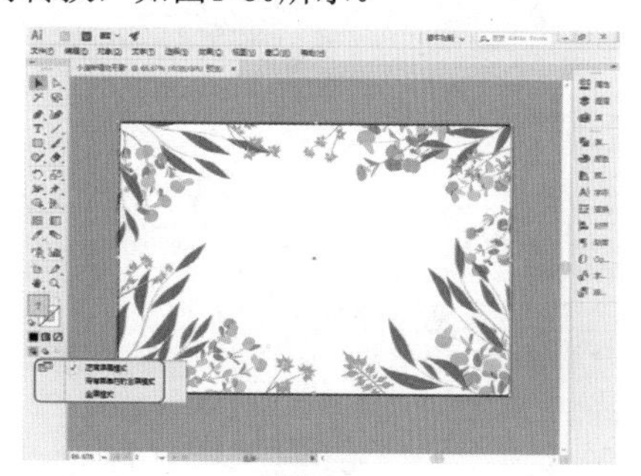

图1-80

Step 02 带有菜单栏的全屏模式包括菜单栏、工具箱、浮动面板，如图1-81所示。

图1-81

Step 03 全屏模式只有状态栏，工具箱、浮动面板、标题栏和菜单栏将被隐藏，如图1-82所示。

图1-82

Step 04 按Tab键可以关闭工具箱和浮动面板，再按一次又可以将其显示，如图1-83所示。

图1-83

Step 05 按Shift+Tab组合键，可以关闭浮动面板，再按一次可以将其显示，如图1-84所示。

图1-84

Step 06 将其更改为正常屏幕模式，通过【打开】命令，打开“素材\Cha01\玩耍的狗.ai”文件，选择菜单栏中的【窗口】|【排列】|【平铺】命令，即可平铺窗口，如图1-85所示。

图1-85

Step 07 选择菜单栏中的【窗口】|【排列】|【合并所有窗口】命令，效果如图1-86所示。

图1-86

Step 08 选择菜单栏中的【窗口】|【排列】|【全部在窗口中浮动】命令，效果如图1-87所示。

图1-87

实例017 使用选择工具选择对象

素材：素材\Cha01\使用选择工具选择对象.ai

场景：场景\Cha01\实例017 使用选择工具选择对象.ai

本实例主要讲解使用选择工具、魔棒工具和直接选择工具选择图形对象及其节点，并且在选择对象后进行移动、删除、修改对象属性等操作，最终完成效果如图1-88所示。

图1-88

Step 01 启动Illustrator CC 2018软件，选择【文件】|【打开】命令，选择“素材\Cha01\使用选择工具选择对象.ai”文件，如图1-89所示。

Step 02 使用【选择工具】单击对象，选择如图1-90所示的对象。

图1-89

图1-90

提示

【选择工具】的快捷键为V。

Step 03 通过【颜色】面板将所选对象【填色】的RGB值设置为128、199、244，如图1-91所示。

Step 04 使用【魔棒工具】，单击选择具有相同颜色的对象，如图1-92所示。

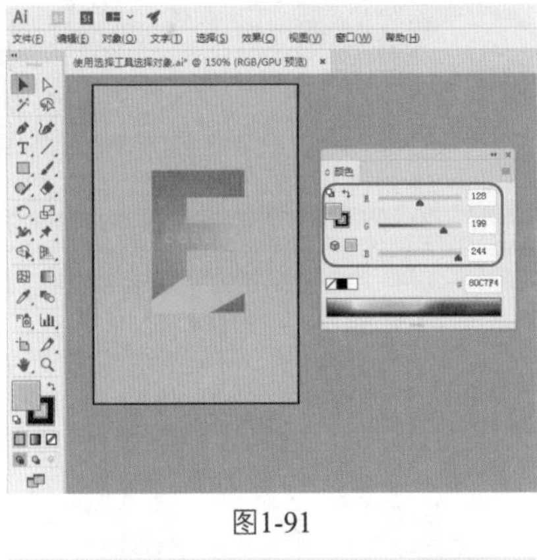

图1-91

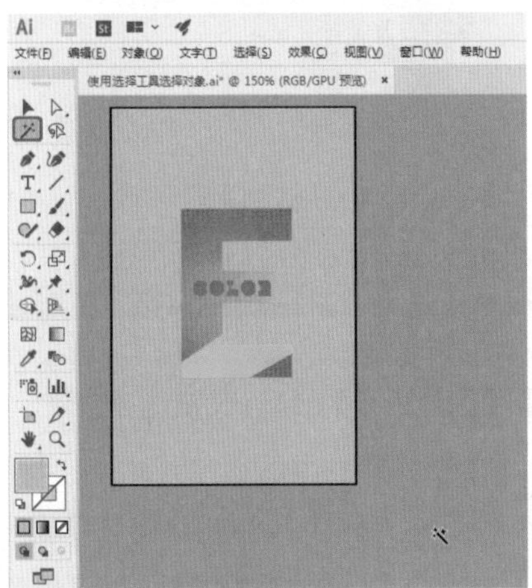

图1-92

◎提示·◦

按住Shift键，分别在相应的物体上单击，可连续选择多个对象，支持加选或减选；使用鼠标拖曳框选的方法，可同时选择一个或多个对象。

Step 05 通过【颜色】面板将所选对象【填色】的RGB值设置为255、255、255，效果如图1-93所示。

◎提示·◦

【魔棒工具】的快捷键为Y。

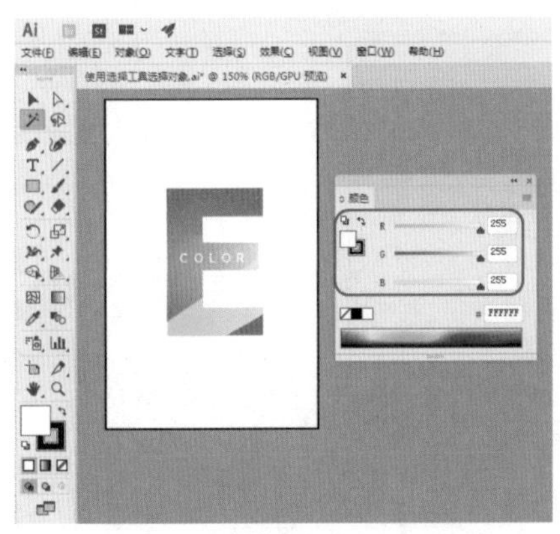

图1-93

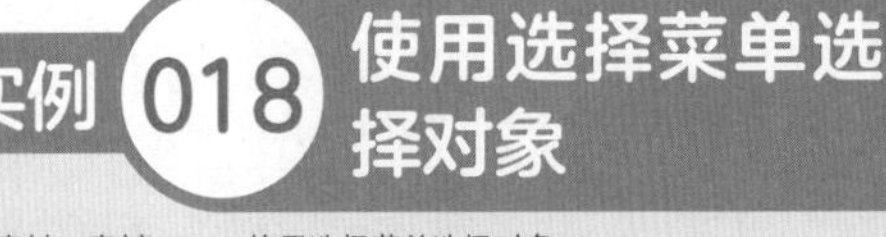

实例018 使用选择菜单选择对象

素材：素材\Cha01\使用选择菜单选择对象.ai

场景：场景\Cha01\实例018 使用选择菜单选择对象.ai

本实例主要讲解使用选择菜单中的命令选择图形对象，并通过【渐变】和【颜色】面板更改其填充属性，最终完成效果如图1-94所示。

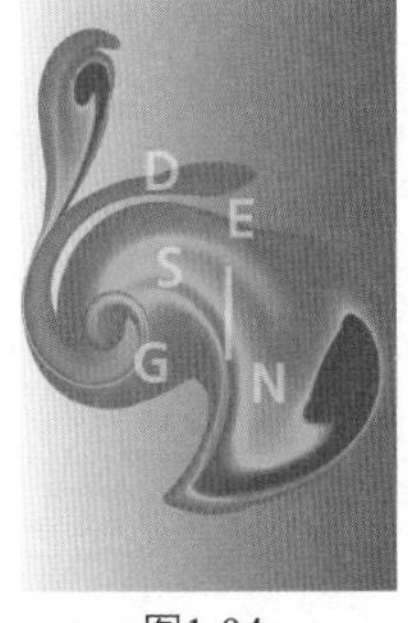

图1-94

Step 01 启动Illustrator CC 2018软件，选择【文件】|【打开】命令，选择“素材\Cha01\使用选择菜单选择对象.ai”文件，如图1-95所示。

Step 02 使用【选择工具】▶，单击选择矩形对象，效果如图1-96所示。

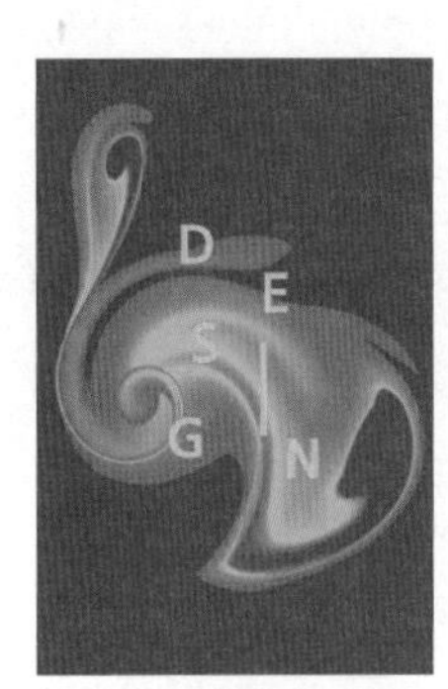

图1-95

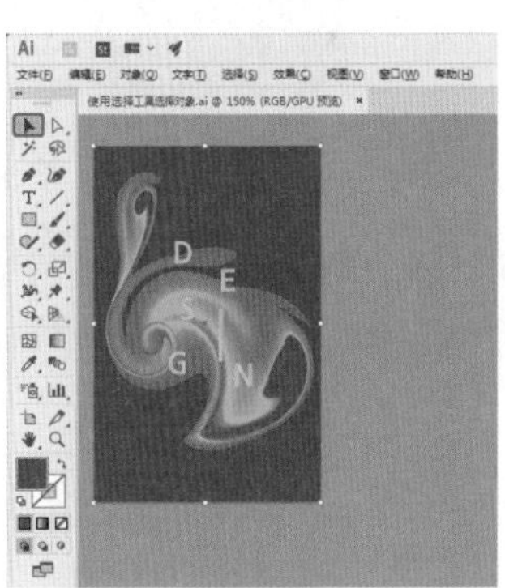

图1-96

Step 03 通过【渐变】面板设置素材的【填色】，将【类型】设置为“线性”，将颜色色块左侧的RGB设置为255、255、255，将右侧色块的RGB设置为214、60、200，【不透明度】设置为100%，【位置】设置为100%，如图1-97所示。

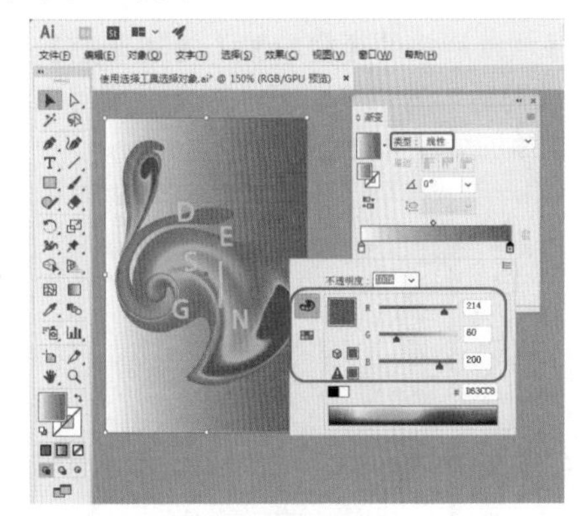

图1-97

Step 04 使用【选择工具】▶，在画板中单击选择字母对象，如图1-98所示。

图1-98

Step 05 在菜单栏中选择【窗口】|【颜色】命令，如图1-99所示。

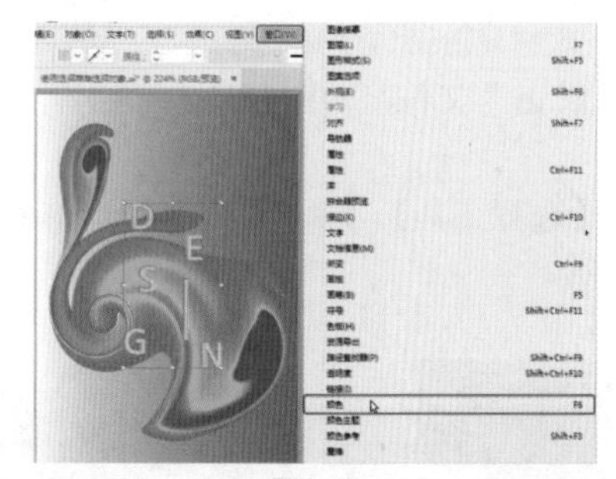

图1-99

Step 06 通过【颜色】面板将【填色】设置为白色，如图1-100所示。

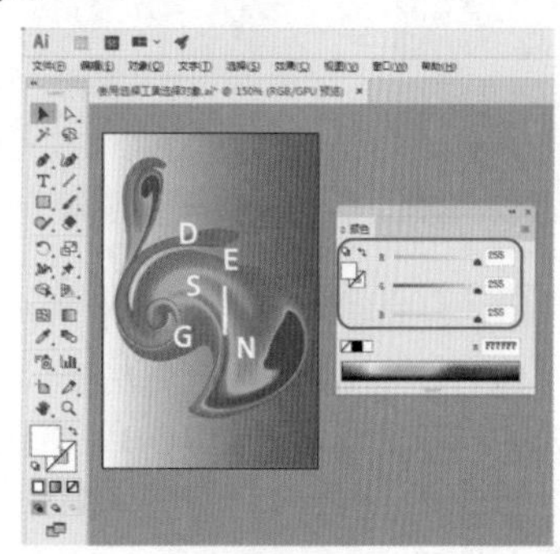

图1-100

Step 07 选择菜单栏中的【窗口】|【透明度】命令，弹出面板后进行适当的调整即可，将【不透明度】设置为61%，设置后的效果如图1-101所示。

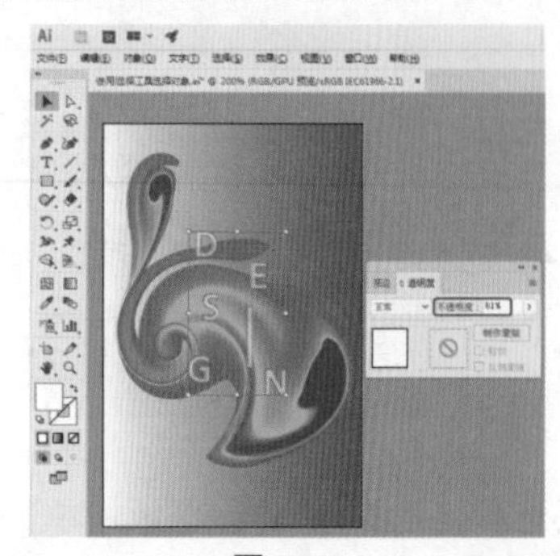

图1-101

实例019 移动图形对象

素材：素材\Cha01\移动图形对象.ai

场景：场景\Cha01\实例019 移动图形对象. ai

本实例主要讲解通过【移动】对话框、选择工具拖曳鼠标等方式移动图形对象，最终完成效果如图1-102所示。

图1-102

Step 01 启动Illustrator CC 2018软件，选择【文件】|【打开】菜单命令，选择“素材\Cha01\移动图形对象.ai”文件，如图1-103所示。

Step 02 使用【选择工具】，单击选择对象，如图1-104所示。

图1-103　图1-104

Step 03 按Enter键，此时弹出【移动】对话框，将【水平】设置为80px，【垂直】设置为0px，【距离】设置为80px，角度设置为0°，单击【确定】按钮，如图1-105所示。

Step 04 移动后的效果如图1-106所示。

图1-105　图1-106

Step 05 使用【选择工具】，单击选择图1-107所示的对象。

Step 06 按Enter键，此时弹出【移动】对话框，将【水平】设置为94px，【垂直】设置为0px，【距离】设置为94px，如图1-108所示。

图1-107　　图1-108

Step 07 设置完成以后，单击【确定】按钮，移动后的效果如图1-109所示。

Step 08 还可以使用【选择工具】▶，单击选择对象，拖曳鼠标直接将选择对象移动到图1-110所示的位置。

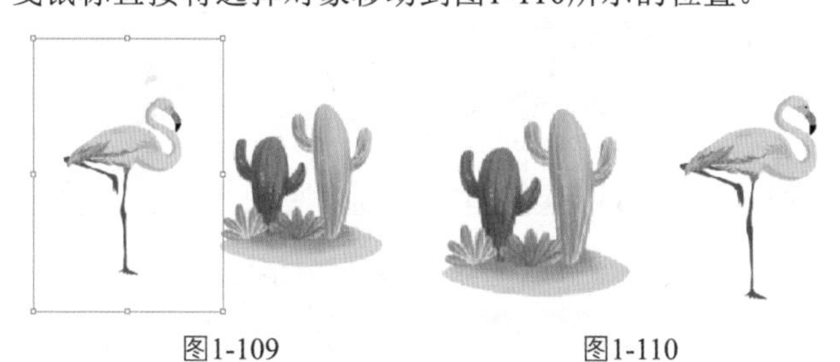

图1-109　　图1-110

实例020 复制图形对象

素材：素材\Cha01\复制图形对象.ai

场景：场景\Cha01\实例020 复制图形对象.ai

本实例主要讲解通过复制图形对象、使用【再次变换】命令来复制对象，还可以按Alt键复制对象，然后选择菜单栏中的【再次变换】命令，多次按Ctrl+D组合键，可以重复复制多个对象，还可以按住Alt+Shift组合键不放，复制出对象，最终完成效果如图1-111所示。

图1-111

Step 01 启动Illustrator CC 2018软件，选择【文件】|【打开】菜单命令，选择“素材\Cha01\复制图形对象.ai”文件，如图1-112所示。

Step 02 使用【选择工具】▶，单击选择对象，如图1-113所示。

图1-112　　图1-113

Step 03 按Enter键，此时将弹出【移动】对话框，在该对话框中进行相应的参数设置，如图1-114所示。

Step 04 勾选【预览】复选框可以查看复制后的效果，最后单击【复制】按钮完成操作。完成后的效果如图1-115所示。

图1-114　　图1-115

Step 05 使用【再次变换】菜单命令来复制对象。使用【选择工具】▶，还可以按Alt键，拖动鼠标复制图形，然后选择菜单栏中的【对象】|【变换】|【再次变换】命令，多次执行【再次变换】菜单命令可以重复复制多个对象，效果如图1-116所示。

Step 06 使用【选择工具】▶在画板中调整4个对象的位置，效果如图1-117所示。

图 1-116　　图1-117

> **提示**
>
> 【再次变换】命令的组合键为Ctrl+D。

Step 07 选择要复制的对象，按住Alt+Shift组合键不放，沿垂直方向拖曳鼠标，移动至合适的位置后释放鼠标，效果如图1-118所示。

图1-118

Step 08 使用【选择工具】▶，单击选择复制的图形，如图1-119所示。

Step 09 最后按住Alt+Shift组合键不放，沿水平方向拖曳鼠标，移动到合适的位置后释放鼠标，即可完成图形对象的复制，如图1-120所示。

图1-119

图1-120

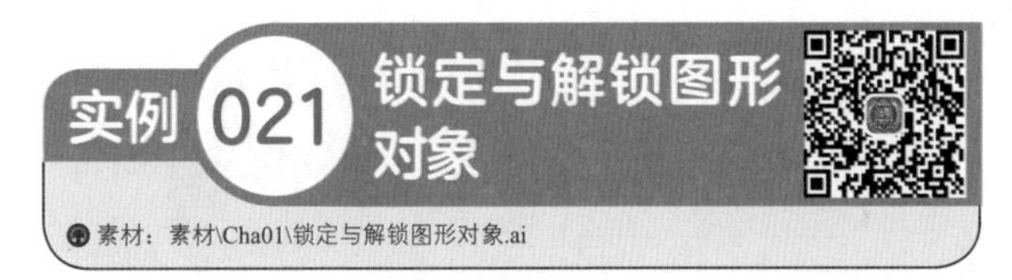

本实例主要讲解对图形对象进行锁定和再解锁操作，重点掌握过程中对快捷键的使用。在菜单栏中选择【锁定】|【所选对象】菜单命令，此时所选对象被锁定；如果要解锁对象，选择【对象】|【全部解锁】菜单命令即可。

Step 01 启动Illustrator CC 2018软件，选择【文件】|【打开】菜单命令，选择“素材\Cha01\锁定与解锁图形对象.ai”文件，如图1-121所示。

Step 02 使用【选择工具】▶，单击选择对象，如图1-122所示。

图1-121

图1-122

Step 03 选择【对象】|【锁定】|【所选对象】菜单命令，如图1-123所示，锁定对象后，选择菜单栏中的【选择】|【全部】命令，此时只选择未被锁定的对象，可对它进行相应的移动、复制等编辑操作。

Step 04 如果要解锁对象，选择【对象】|【全部解锁】菜单命令，此时，可对被解锁后的对象进行任意编辑操作，如图1-124所示。

图1-123

图1-124

提示

【所选对象】命令的组合键为Ctrl+2，【全部解锁】命令的组合键为Ctrl+Alt+2。

实例 022 对图形对象进行编组

素材：素材\Cha01\对图形对象进行编组.ai
场景：场景\Cha01\实例022 对图形对象进行编组.ai

本实例主要讲解可以将多个对象编组，编组对象可以作为一个单元被处理，可以对其进行移动或变换，这些将影响对象各自的位置或属性。例如，可以将图稿中的某些对象编成一组，以便将其作为一个单元进行移动和缩放，最终完成效果如图1-125所示。

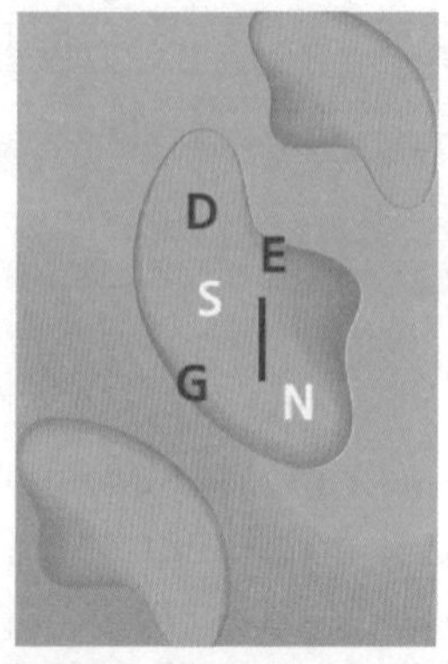

图1-125

Step 01 启动Illustrator CC 2018软件，选择【文件】|【打开】菜单命令，选择“素材\Cha01\对图形对象进行编组.ai”文件，如图1-126所示。

Step 02 使用【选择工具】▶，按住Shift键单击选中字母，如图1-127所示。

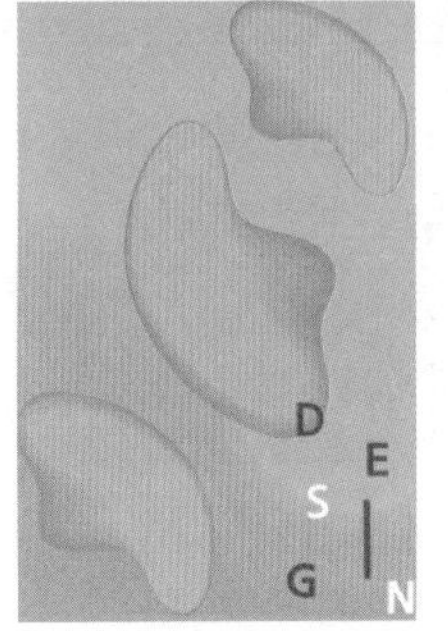

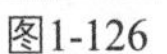
图1-126

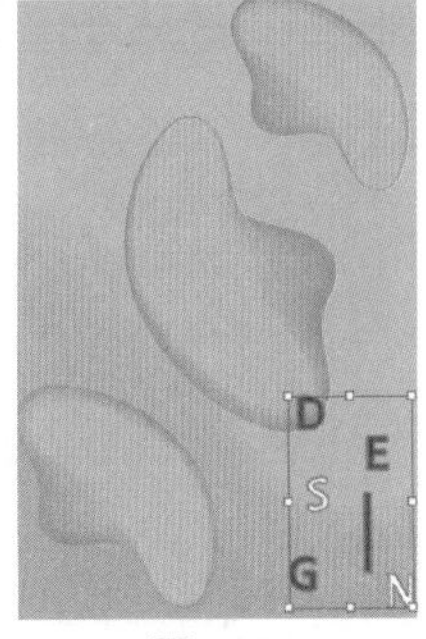

图1-127

Step 03 在选中字母图层的情况下移动位置即可，如图1-128所示。

Step 04 再次使用【选择工具】▶，单击选中图形，如图1-129所示。

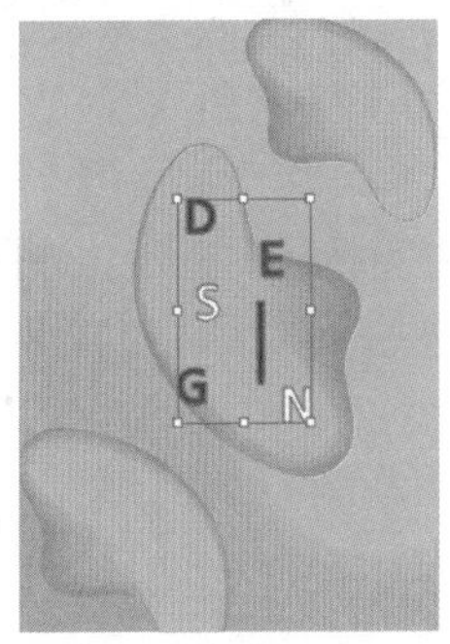

图1-128

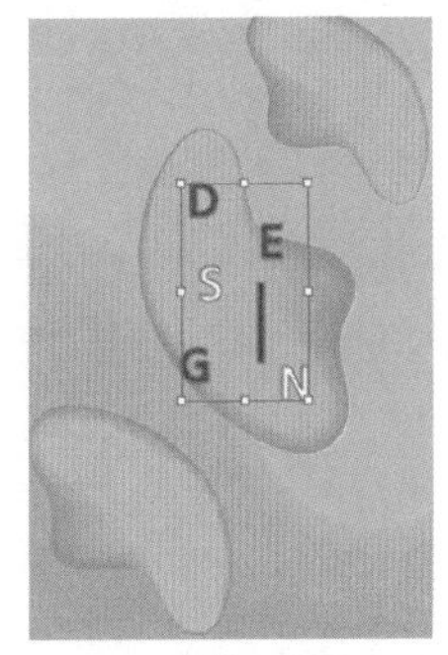

图1-129

Step 05 通过【选择工具】拖曳鼠标选择移动后的所有图形，在菜单栏中选择【对象】|【编组】命令，如图1-130所示。

图1-130

◎提示·◦

【编组】命令的组合键为Ctrl+G。

Step 06 编组后，可以在【图层】面板中查看图形编组的前后效果，如图1-131所示。

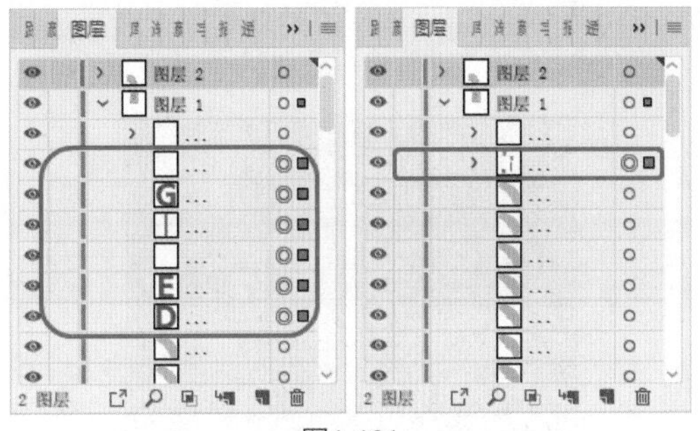

图1-131

实例023 对象的删除与恢复

素材：素材\Cha01\对象的删除与恢复.ai

本实例主要讲解对图形对象进行删除与恢复操作，首先选择素材图形，按Delete键，将所选对象删除。要恢复图形，首先选择菜单栏中的【编辑】|【还原清除】命令，还可以按Ctrl+Z组合键，撤销最近一步操作，重复执行此命令可撤销多步操作。

Step 01 启动Illustrator CC 2018软件，选择【文件】|【打开】菜单命令，选择“素材\Cha01\对象的删除与恢复.ai”文件，如图1-132所示。

Step 02 使用【选择工具】▶，单击选择对象，如图1-133所示。

图1-132

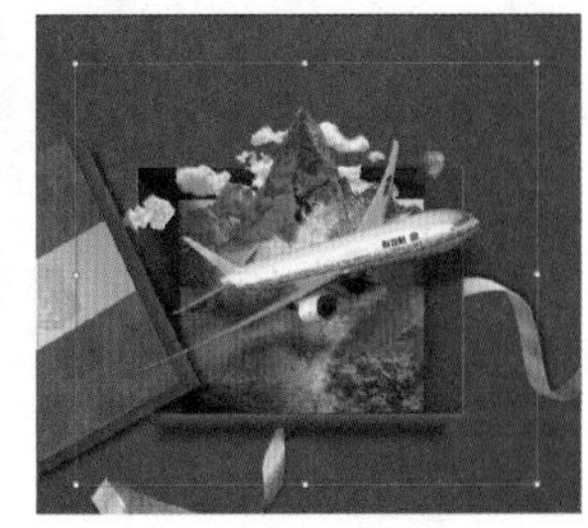
图1-133

Step 03 此时按Delete键，将所选对象删除，效果如图1-134所示。

Step 04 再次使用【选择工具】▶，单击选择对象，如图1-135所示。

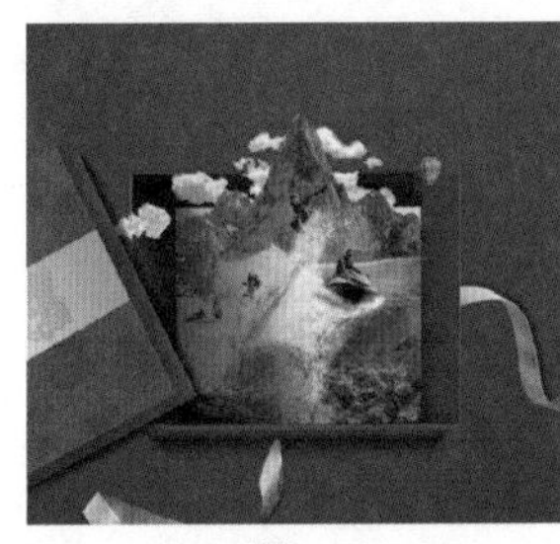
图1-134

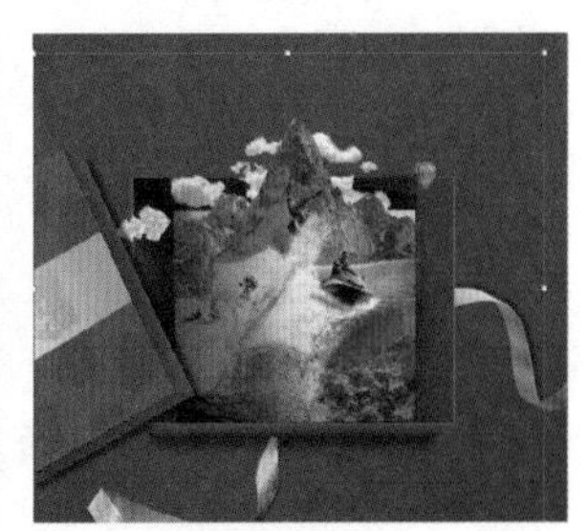
图1-135

Step 05 再次按Delete键，将所选对象删除，效果如图1-136所示。

图1-136

Step 06 选择菜单栏中的【编辑】|【还原清除】命令，可撤销最近一步操作。重复执行此命令可撤销多步操作，效果如图1-137所示。

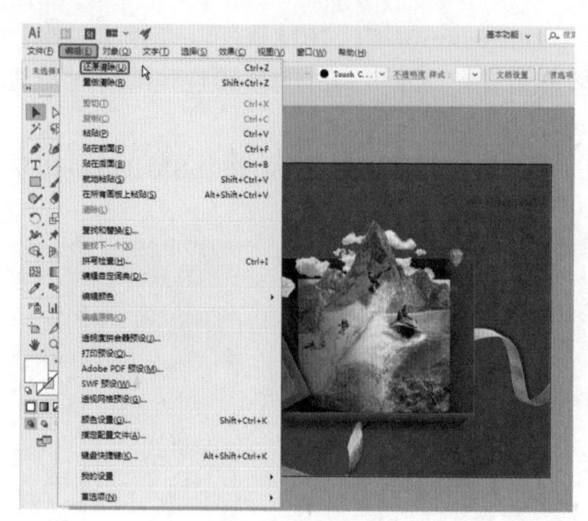

图1-137

◎提示

【还原清除】命令的组合键为Ctrl+Z。

第2章 绘制简单图形

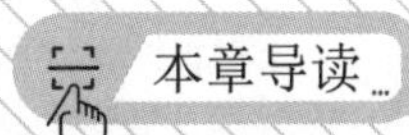

在图形绘制中，用户经常会使用几何形状进行设计和创意，为了满足这些需求，Illustrator CC 2018提供了各种基本几何图形绘制工具，它们极大地满足了用户在平面设计中绘制各种图形的需求。

本章主要介绍绘制基本图形的使用方法和技巧，如矩形、椭圆形、多边形等。

实例 024 矩形工具

素材：素材\Cha02\矩形工具.ai
场景：场景\Cha02\实例024 矩形工具 .ai

本实例主要讲解矩形对象的绘制方法及技巧，以及如何修改已绘制好的图形的大小，设置图形的颜色效果如图2-1所示。

Step 01 在Illustrator CC 2018中选择菜单栏中的【文件】|【打开】命令，打开“素材\Cha02\矩形工具.ai”文件，如图2-2所示。

图2-1

图2-2

Step 02 使用【矩形工具】绘制矩形，调整位置，双击工具栏（也称工具箱）中的【填色】色块，如图2-3所示。

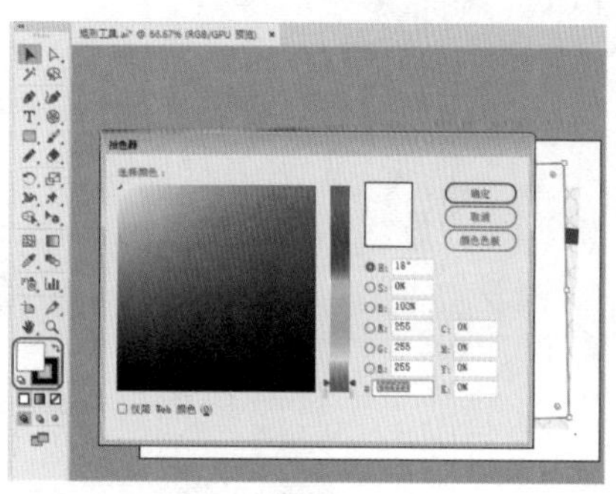
图2-3

Step 03 弹出【拾色器】对话框，将【填色】设置为#c79279，单击【确定】按钮，如图2-4所示。

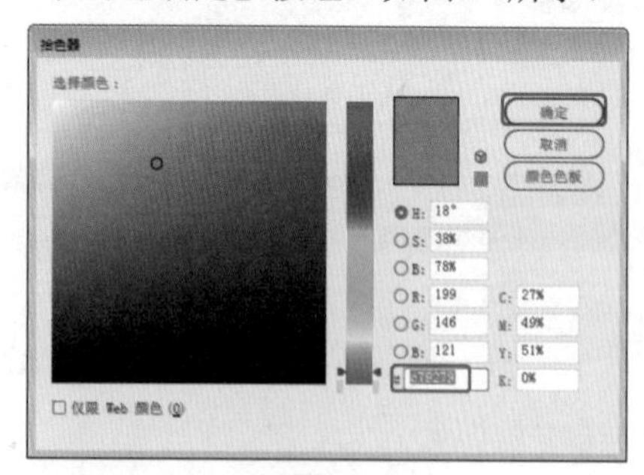
图2-4

Step 04 打开【图层】面板，将绘制的矩形调整至其他图层的下方，设置矩形合适的位置与旋转，如图2-5所示。

Step 05 使用同样的方法绘制矩形，将【填色】设置为“无”，【描边】设置为# d49a00，如图2-6所示。

图2-5

图2-6

Step 06 按F7键，打开【图层】面板，将绘制的矩形调整至其他图层的下方，设置矩形合适的位置与旋转，如图2-7所示。

图2-7

实例 025 圆角矩形工具

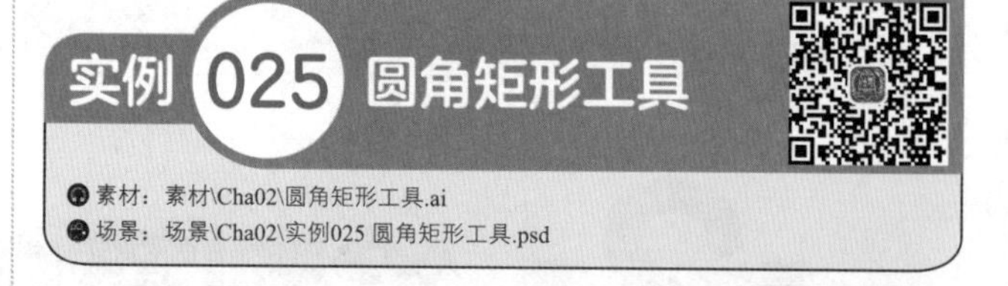

素材：素材\Cha02\圆角矩形工具.ai
场景：场景\Cha02\实例025 圆角矩形工具.psd

本实例主要讲解圆角矩形工具的使用方法及技巧，使用户掌握复制及粘贴命令的使用，使用文字工具填充文字，效果如图2-8所示。

图2-8

Step 01 在Illustrator CC 2018中选择菜单栏中的【文件】|【打开】命令，打开“素材\Cha02\圆角矩形工具.ai”文件，如图2-9所示。

Step 02 在工具栏中选择【圆角矩形工具】，在页面中合适的位置单击，此时弹出【圆角矩形】对话框，在对话框中将【宽度】和【高度】分别设置为531px、170px，将【圆角半径】设置为80，单击【确定】按钮，如图2-10所示。

图2-9

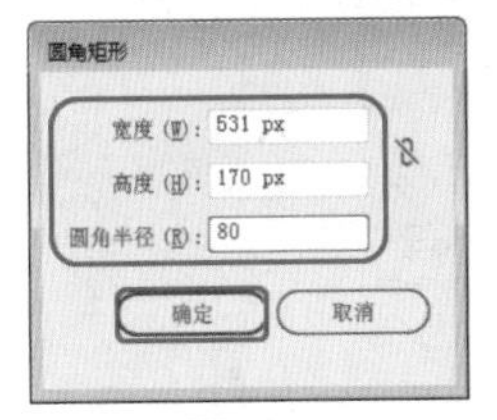

图2-10

Step 03 单击工具栏中的【填色】色块，弹出【拾色器】对话框，将【填色】设置为#2ebdff，然后调整对象的位置，如图2-11所示。

Step 04 选中绘制的圆角矩形，按住Alt键，对图形进行复制，然后调整对象的位置，如图2-12所示。

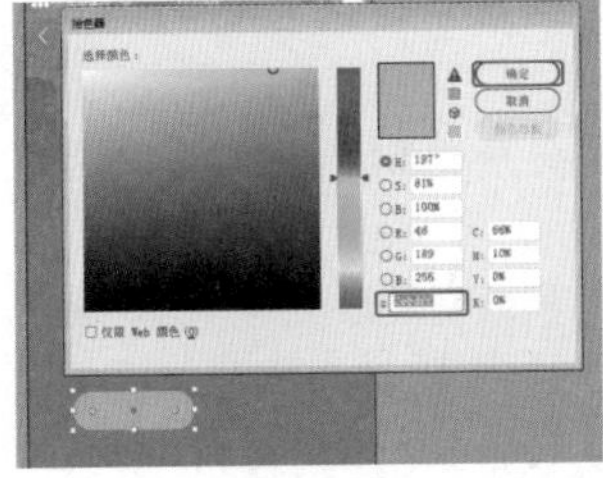

图2-11

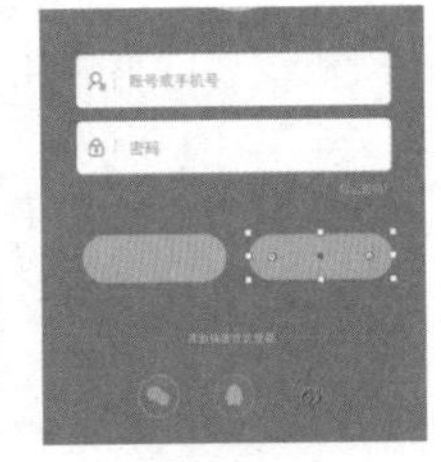

图2-12

Step 05 选中复制的矩形，将【填色】设置为#ffb400，单击【确定】按钮，如图2-13所示。

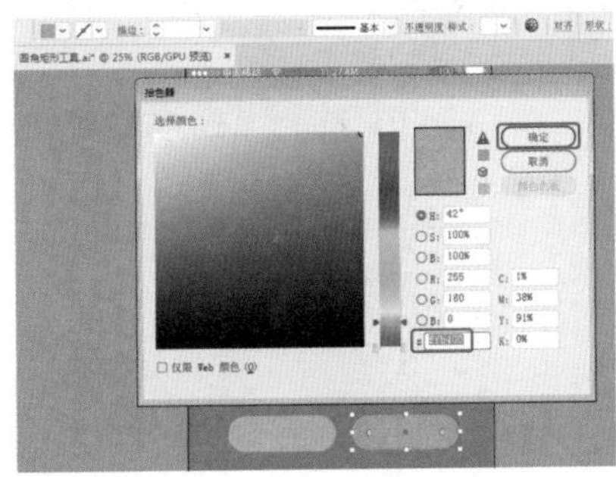

图2-13

Step 06 在工具栏中选择【文字工具】T，填充文本，将【字体】设置为“创艺简黑体”，将【字体大小】设置为67，对文字进行复制与更改，如图2-14所示。

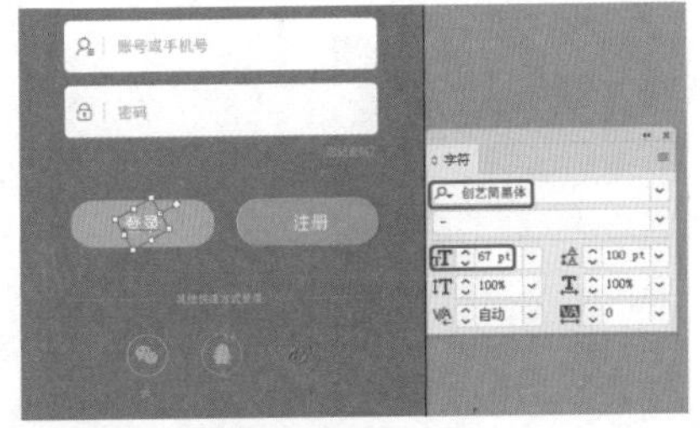

图2-14

实例026 椭圆工具

素材：素材\Cha02\椭圆工具.ai

场景：场景\Cha02\实例026 椭圆工具.ai

本实例主要讲解椭圆工具的使用方法及技巧，重点掌握通过数值精确绘制椭圆，使用【橡皮擦工具】，可设置橡皮擦工具大小的数值对椭圆进行擦除，效果如图2-15所示。

图2-15

Step 01 按Ctrl+N组合键，弹出【新建文档】对话框，将【单位】设置为“像素”，将【宽度】和【高度】分别设置为1622px、2275px，单击【创建】按钮，如图2-16所示。

图2-16

Step 02 在工具栏中选择【椭圆工具】，在页面中合适的位置单击，将【宽度】和【高度】都设置为1212px，将【填色】设置为#10b4d3，【描边】设置为“无”，如图2-17所示。

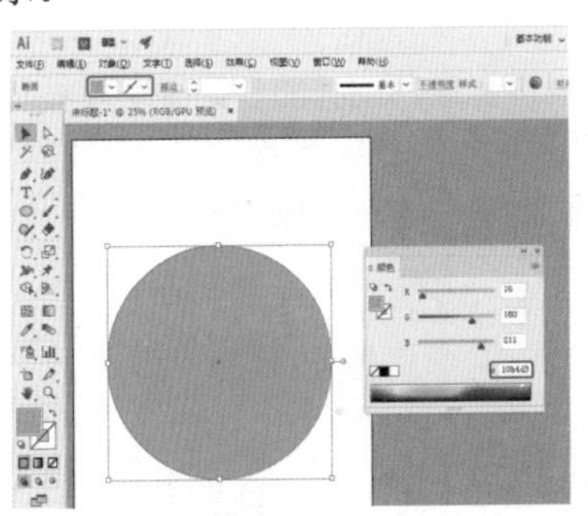

图2-17

Step 03 在工具栏中选择【橡皮擦工具】，双击橡皮擦工具，弹出橡皮擦工具选项栏，可设置橡皮擦工具大小的数值，对椭圆图形进行擦除，如图2-18所示。

Step 04 在工具栏中选择【矩形工具】，绘制矩形，将【填色】设置为#25cae9，【描边】设置为“无”，如图2-19所示。

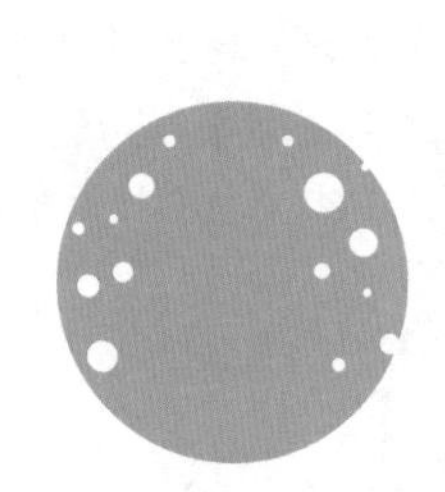

图2-18

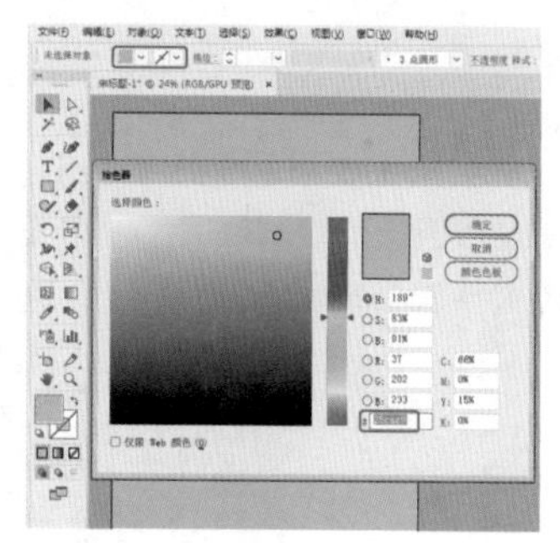

图2-19

Step 05 选中绘制的矩形，右击，选择右键菜单中的【排列】|【置于底层】命令，执行【文件】|【打开】菜单命令，打开“素材\Cha02\椭圆工具.ai”文件，如图2-20所示。

Step 06 将“椭圆工具”素材拖曳至新建文档中，调整位置，最终效果如图2-21所示。

图2-20

图2-21

实例027 星形工具

素材：素材\Cha02\星形工具.ai

场景：场景\Cha02\实例027 星形工具.ai

本实例将讲解星形工具的使用方法及技巧。执行【窗口】|【外观】菜单命令，可设置星形图形的投影，对星形执行复制和粘贴命令，效果如图2-22所示。

图2-22

Step 01 按Ctrl+O组合键，打开“素材\Cha02\星形工具.ai”文件，如图2-23所示。

Step 02 选择【星形工具】，在画板中单击鼠标，在弹出的【星形】对话框中，将【半径1】设置为5mm，将【半径2】设置为3mm，将【角点数】设置为5，如图2-24所示。

图2-23

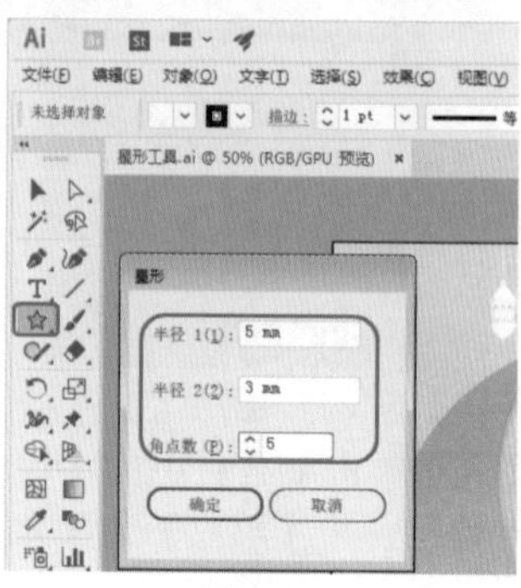

图2-24

提示

【半径1】：可以定义所绘制的星形内侧点（凹处）到星形中心的距离。

【半径2】：可以定义所绘制的星形外侧点（顶端）到星形中心的距离。

【角点数】：可以定义所绘制星形图形的角点数。

【半径1】与【半径2】的数值相等时，所绘制的图形为多边形，且边数为【角点数】的两倍。

Step 03 单击【确定】按钮，选择绘制的星形图形，调整位置，将【填色】设置为白色，将【描边】设置为“无”，如图2-25所示。

图2-25

Step 04 选中星形图形，在菜单栏中选择【窗口】|【外观】命令，如图2-26所示。

图2-26

Step 05 弹出【外观】面板，单击【添加新效果】按钮 fx.，如图2-27所示。

Step 06 在弹出的菜单中选择【风格化】|【投影】命令，如图2-28所示。

图2-27

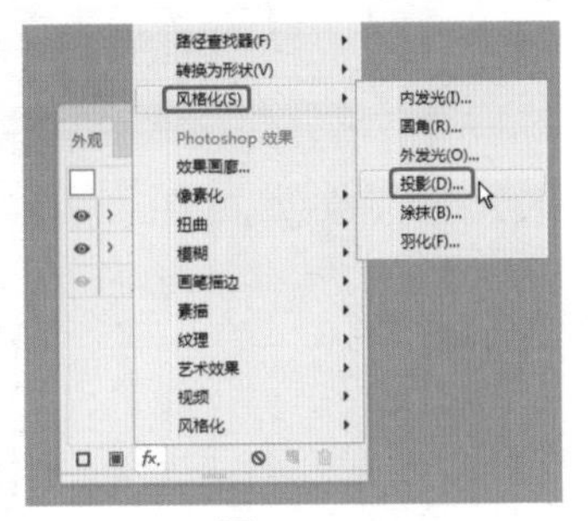

图2-28

Step 07 弹出【投影】对话框，将【模式】设置为“正片叠底”，将【不透明度】设置为30%，将【X位移】设置为0mm，将【Y位移】设置为3.17mm，将【模糊】设置为1.06mm，单击【确定】按钮，如图2-29所示。

Step 08 在选中星形图形的情况下，按住Alt键拖曳鼠标，多次复制图形，将复制图形进行旋转，如图2-30所示。

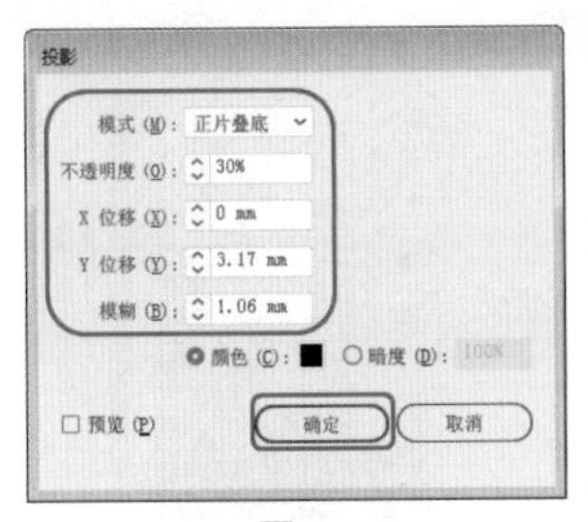

图2-29

图2-30

实例 028 光晕工具

素材：素材\Cha02\光晕工具.ai

场景：场景\Cha02\实例028 光晕工具.ai

本实例将讲解光晕工具的使用方法，同时使用户了解蒙版命令的功能，效果如图2-31所示。

图2-31

Step 01 按Ctrl+O组合键，打开“素材\Cha02\光晕工具.ai”文件，如图2-32所示。

Step 02 单击【光晕工具】按钮，再双击光晕工具，弹出【光晕工具选项】对话框，根据用户的需求进行设置，如图2-33所示。

图2-32

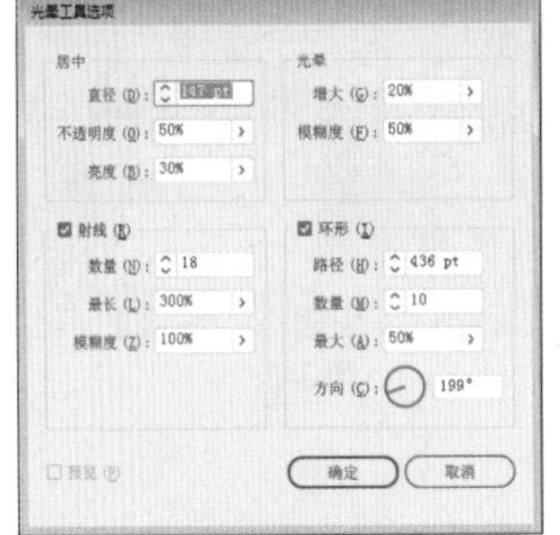

图2-33

Step 03 在页面中需要的位置绘制光晕，按住并拖曳鼠标左键不放，可放大或缩小光晕，如图2-34所示。

Step 04 在绘制的光晕位置按住鼠标左键不放，拖曳鼠标到需要的位置松开鼠标左键，如图2-35所示。

图2-34

图2-35

> **提示**
>
> 选择【光晕工具】后，按住Ctrl键拖动鼠标，中心控制点的大小保持不变，而光线和光晕会随鼠标的拖动按比例缩放。

Step 05 再次使用【光晕工具】在页面中需要的位置绘制光晕，如图2-36所示。

Step 06 在绘制的光晕位置按住鼠标左键不放，拖曳鼠标到需要的位置松开鼠标左键，如图2-37所示。

图2-36

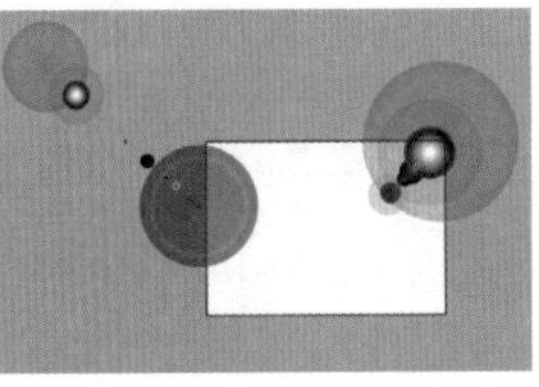

图2-37

> **提示**
>
> 选择【光晕工具】后，按住鼠标左键拖曳，此时再按住光标上下移动可增减光线的数量；按住Shift键拖动鼠标，中心控制点、光线和光晕会随鼠标的拖动按比例缩放。

Step 07 使用【矩形工具】，绘制一个与页面大小相同的矩形，将【填色】设置为白色，将【描边】设置为"无"，如图2-38所示。

Step 08 按Ctrl+A组合键，选择所有的对象；按Ctrl+7组合键，创建剪切蒙版，效果如图2-39所示。

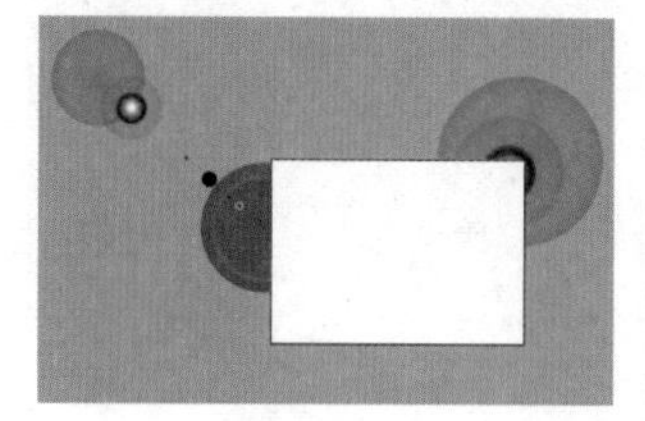

图2-38

图2-39

实例029 直线段工具

素材：素材\Cha2\直线段工具.ai

场景：场景\Cha02\实例029 直线段工具.ai

下面将讲解如何使用直线段工具设置直线段图形的【填色】和【描边粗细】，该操作可使图形更加美观，效果如图2-40所示。

图2-40

Step 01 按Ctrl+N组合键，弹出【新建文档】对话框，将【单位】设置为"像素"，将【宽度】和【高度】都设置为500px，如图2-41所示。

图2-41

Step 02 单击【创建】按钮，使用【直线段工具】在画板中绘制直线，将【描边】设置为#b2dadb，将【描边粗细】设置为18pt，如图2-42所示。

图2-42

Step 03 使用同样的方法绘制直线，将【描边】设置为#9ac9cc，将【描边粗细】设置为30pt，如图2-43所示。

图2-43

Step 04 再次绘制直线，将【描边】设置为#b2dadb，将【描边粗细】设置为22 pt，如图2-44所示。

图2-44

Step 05 选中绘制的直线，右击，选中右键菜单中的【编组】命令，如图2-45所示。

Step 06 选中编组后的直线，按住Alt键拖曳鼠标复制多个图形，如图2-46所示。

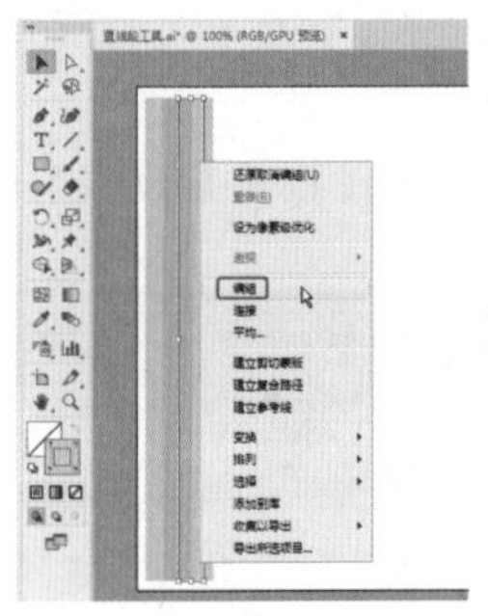

图2-45　　图2-46

Step 07 使用【直线段工具】在画板中绘制直线，将【填色】设置为“无”、【描边】设置为#b2dadb，将【描边粗细】设置为18pt，如图2-47所示。

图2-47

Step 08 在菜单栏中选择【文件】|【置入】命令，弹出【置入】对话框，选择“素材\Cha02\直线段工具.ai”文件，单击【置入】按钮，如图2-48所示。

Step 09 将素材文件置入场景中后，调整对象的大小和位置，如图2-49所示。

图2-48　　图2-49

实例030 弧形工具

素材：素材\Cha02\弧形工具.ai

场景：场景\Cha02\实例030 弧形工具.ai

本例主要讲解弧形工具的使用方法和技巧，同时了解直接选择工具的使用方法，效果如图2-50所示。

图2-50

Step 01 按Ctrl+O组合键，打开“素材\Cha02\弧形工具.ai”文件，如图2-51所示。

Step 02 选择【弧形工具】，在页面中按住鼠标左键不放，拖曳鼠标至合适的位置，选择【直接选择工具】，单击绘制的弧形，并调整至合适的位置，如图2-52所示。

图2-51　　图2-52

Step 03 选中绘制的弧形，将【填色】设置为“无”，将【描边】设置为黑色，将【描边粗细】设置为3pt，如图2-53所示。

图2-53

Step 04 使用同样的方法绘制弧形，将【填色】设置为“无”，将【描边】设置为黑色，将【描边粗细】设置为1pt，如图2-54所示。

图2-54

Step 05 使用同样的方法绘制其他弧形，如图2-55所示。

Step 06 绘制完成后，选中所有弧形，右击，在弹出的快捷菜单中选择【编组】命令，效果如图2-56所示。

图2-55　　图2-56

本例主要讲解矩形网格工具的使用方法与技巧，巩固调整图层命令和素材置入命令的使用方法，了解【橡皮擦工具】和【网格工具】的使用方法，效果如图2-57所示。

图2-57

Step 01 按Ctrl+O组合键，打开“素材\Cha02\矩形网格工具.ai”文件，如图2-58所示。

Step 02 选择【矩形网格工具】，在画板上单击鼠标左键，弹出【矩形网格工具选项】对话框，将【宽度】设置为1605mm，【高度】设置为2273mm，如图2-59所示。

图2-58　　图2-59

Step 03 将【水平分隔线】下的【数量】设置为12，【倾斜】设置为0%，如图2-60所示。

Step 04 将【垂直分隔线】下的【数量】设置为8，【倾斜】设置为0%，如图2-61所示。

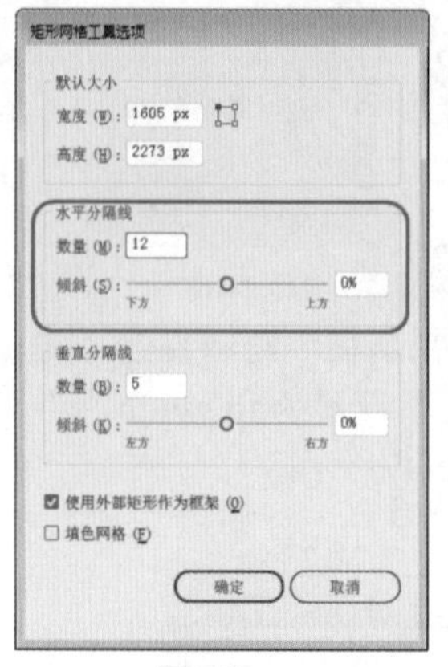
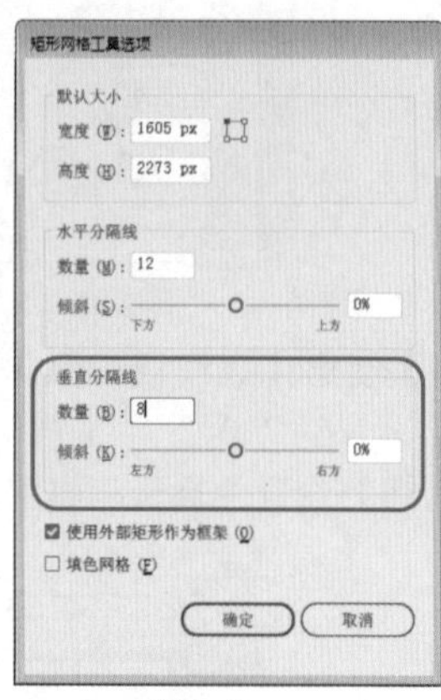

图2-60　　图2-61

Step 05 单击【确定】按钮，将网格的【填充】设置为“无”，将【描边】设置为#feffe9，如图2-62所示。

Step 06 右击，在弹出的快捷菜单中选择【排列】|【后移一层】命令，如图2-63所示。

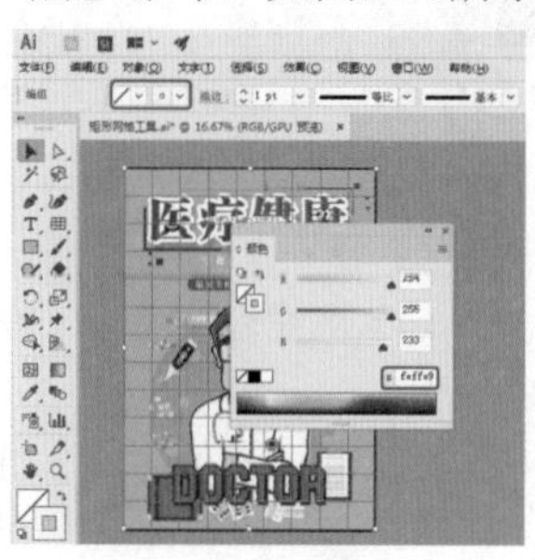
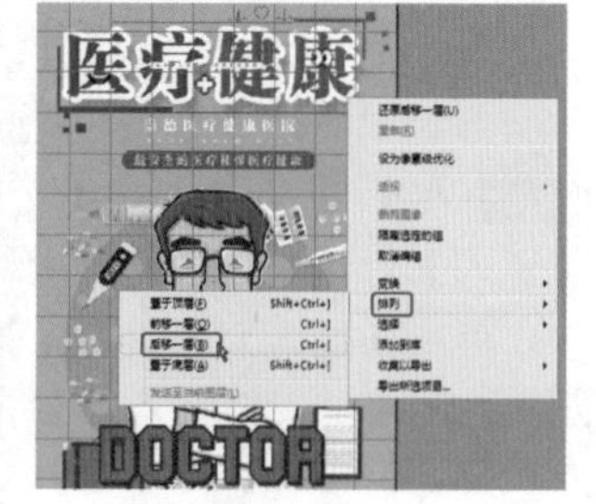

图2-62　　图2-63

◎提示·◦

【宽度】和【高度】可以设置矩形网格的宽度和高度。

【水平分隔线】：用户可以在该选项组中设置水平分隔线的参数。

【数量】：表示矩形网格内横线的数量，即行数。

【倾斜】：指行的位置，数值为0%时，线与线距离均等；数值大于0%时，网格向上的行间距逐渐变窄；数值小于0%时，网格向下的行间距逐渐变窄。

【垂直分隔线】：用户可以在该选项组中设置垂直分隔线的参数。

【数量】：指矩形网格内竖线的数量，即列数。

【倾斜】：表示列的位置，数值为0%时，线与线距离均等；数值大于0%时，网格向右的列间距逐渐变窄；数值小于0%时，网格向左的列间距逐渐变窄。

实例 032 极坐标网格工具

素材：素材\Cha02\极坐标网格工具.ai

场景：场景\Cha02\实例032 极坐标网格工具.ai

本实例将讲解如何使用极坐标网格工具，效果如图2-64所示。

图2-64

Step 01 按Ctrl+O组合键，打开“素材\Cha02\极坐标网格工具.ai”文件，如图2-65所示。

Step 02 选择工具栏中的【缩放工具】，在绘制区中单击鼠标，放大效果如图2-66所示。

图2-65

图2-66

Step 03 使用【极坐标网格工具】在画板上单击，此时弹出【极坐标网格工具选项】对话框，将【宽度】和【高度】均设置为25px，如图2-67所示。

Step 04 将【同心圆分隔线】下的【数量】设置为0，【倾斜】设置为0%，如图2-68所示。

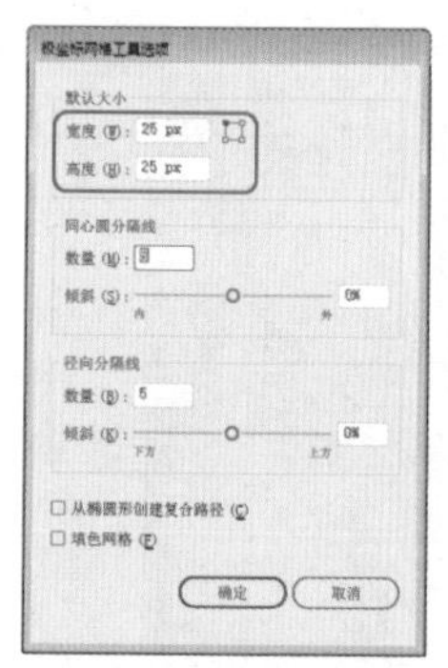

图2-67

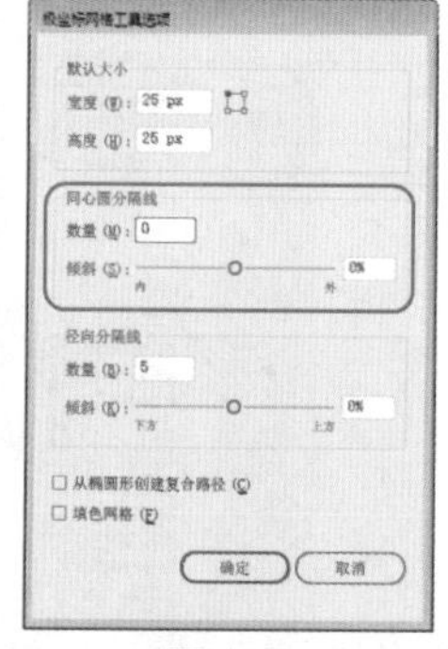

图2-68

Step 05 将【径向分隔线】下的【数量】设置为6，【倾斜】设置为0%，设置完成后单击【确定】按钮，如图2-69所示。

Step 06 在对象上右击，在弹出的快捷菜单中选择【取消编组】命令，选择正圆，按Delete键将圆删除，调整位置后如图2-70所示。

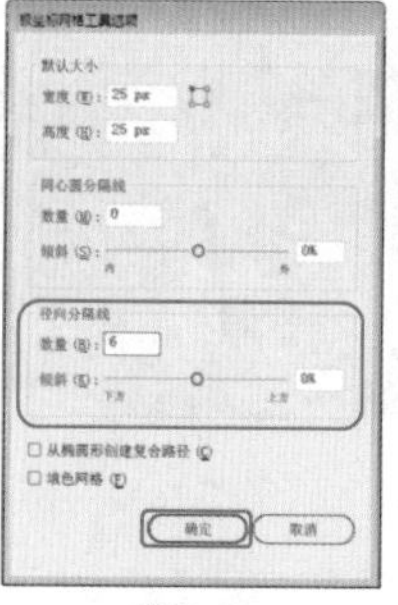

图2-69

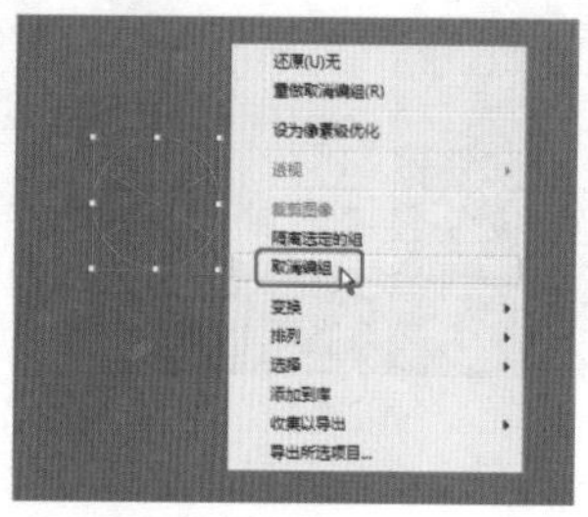

图2-70

Step 07 将【填色】设置为“无”，【描边】设置为白色，在工具栏中单击【描边】选项，勾选【虚线】复选框，选择【保留虚线与间隙的精确长度】，将【描边粗细】设置为3pt，如图2-71所示。

Step 08 选中绘制的极坐标网格，按住Alt键，拖曳鼠标复制出多个图形，如图2-72所示。

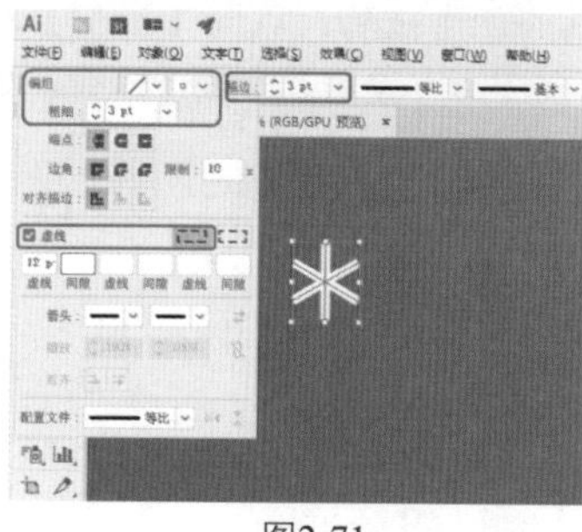

图2-71

图2-72

Step 09 使用【极坐标网格工具】在画板上单击鼠标，此时弹出【极坐标网格工具选项】对话框，将【宽度】和【高度】均设置为156px，将【径向分隔线】下的【数量】设置为35，【倾斜】设置为0%，设置完成后单击【确定】按钮，如图2-73所示。

Step 10 将【填色】设置为“无”，【描边】设置为#fff576，将【描边粗细】设置为1pt，如图2-74所示。

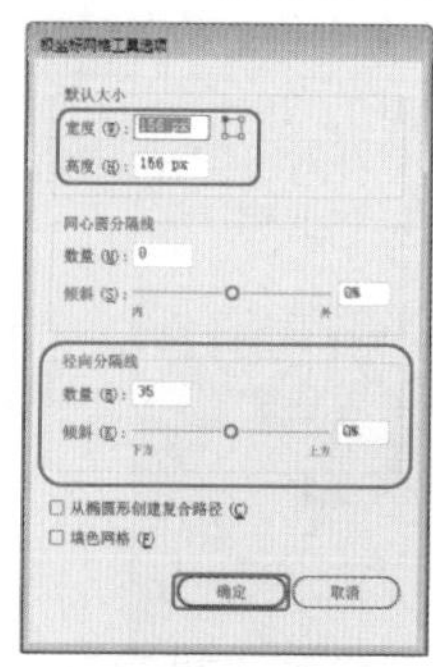

图2-73

图2-74

Step 11 在对象上右击，在弹出的快捷菜单中选择【取消编组】命令，选择正圆，按Delete键将圆删除，调整位置后效果如图2-75所示。

Step 12 在工具栏中单击【描边】选项，将【虚线】设置为12，最终效果如图2-76所示。

图2-75

图2-76

实例033 铅笔工具

素材：素材\Cha02\铅笔工具.ai

场景：场景\Cha02\实例033 铅笔工具.ai

本例将讲解铅笔工具的使用技巧，巩固【渐变】和【颜色】面板的功能，掌握图形对象的基本操作命令，如图2-77所示。

图2-77

Step 01 按Ctrl+O组合键，打开"素材\Cha02\铅笔工具.ai"文件，效果如图2-78所示。

Step 02 首先来绘制卡通兔的耳部区域，使用【铅笔工具】 在页面中合适的位置绘制图形，通过【直接选择工具】可对相应的节点进行修改。将【填色】设置为白色，将【描边】设置为"无"，效果如图2-79所示。

图2-78

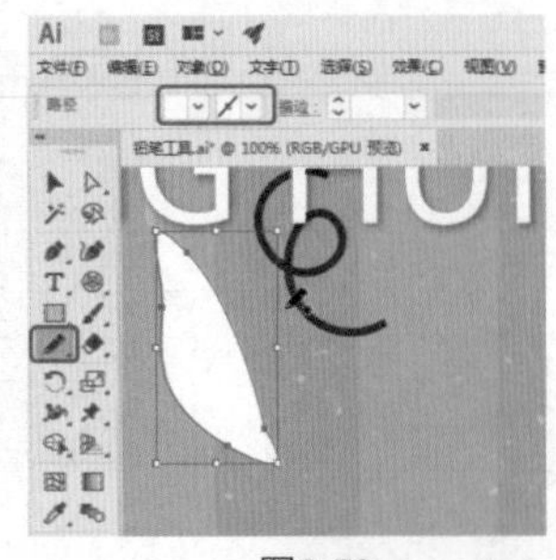
图2-79

◎提示

【铅笔工具】的快捷键为N。

使用【铅笔工具】可以在画板上任意绘制路径，双击【铅笔工具】，可弹出【铅笔工具首选项】对话框，通过该对话框可以设置铅笔的参数。

Step 03 选中绘制的图形，按住Alt键，拖曳鼠标复制图形，选中复制的图形，单击鼠标右键，弹出快捷菜单，选择【变换】|【对称】命令，如图2-80所示。

图2-80

Step 04 弹出【镜像】对话框，保持默认设置，单击【确定】按钮，调整图形位置。使用同样的方法绘制图形，将【填色】设置为#f099ae，将【描边】设置为"无"，效果如图2-81所示。

图2-81

Step 05 选中绘制的图形，按住Alt键拖曳鼠标复制图形，使用上面所介绍的方法设置【镜像】效果，调整图形位置，右击，弹出快捷菜单，选择【排列】|【前移一层】命令，如图2-82所示。

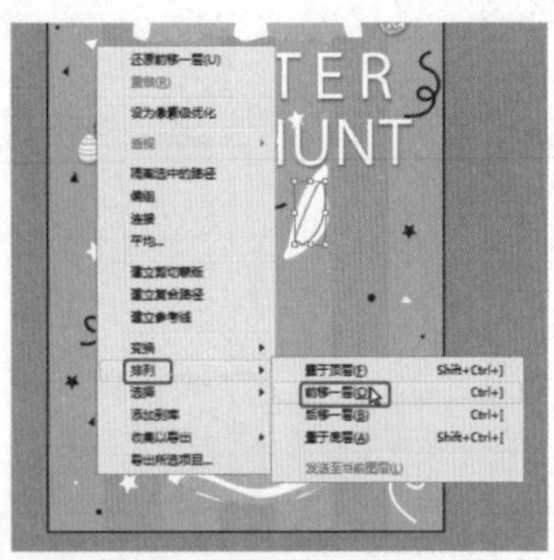
图2-82

Step 06 使用同样的方法绘制卡通兔的头部区域图形，将【填色】设置为白色，将【描边】设置为“无”，效果如图2-83所示。

图2-83

Step 07 选中绘制的图形，按住Alt键拖曳鼠标复制图形，选择【窗口】|【属性】菜单命令，弹出【属性】面板，将【填色】设置为黑色，将【描边】设置为“无”，将【不透明度】设置为19%，效果如图2-84所示。

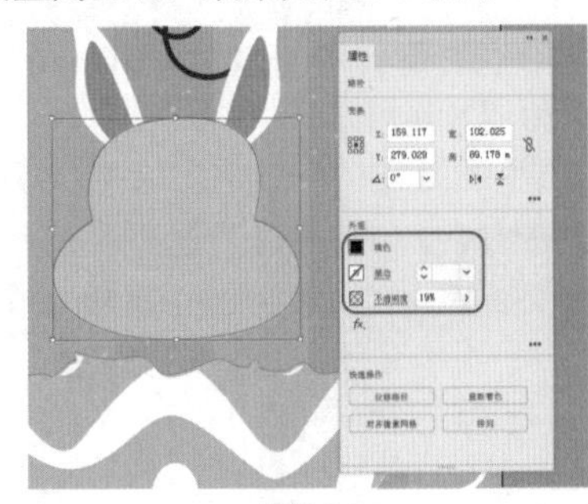

图2-84

提示

使用【铅笔工具】绘制路径时，按住Alt键拖曳鼠标，可以绘制一条闭合的路径。

Step 08 将图形后移一层，使用同样方法绘制卡通兔的脸部区域图形，将【填色】设置为#593330，将【描边】设置为“无”，绘制其他图形，如图2-85所示。

图2-85

Step 09 使用【椭圆工具】绘制图形，将【填色】设置为#f099ae，将【描边】设置为“无”，调整图层位置，如图2-86所示。

图2-86

Step 10 接下来制作兔子的身体区域。选择【铅笔工具】，在页面中合适的位置绘制图形，将【填色】设置为白色，将【描边】设置为“无”，调整图层位置，如图2-87所示。

Step 11 选中绘制的卡通兔图形，右击，选择快捷菜单中的【编组】命令，如图2-88所示。

图2-87

图2-88

实例034 平滑工具

素材：素材\Cha02\平滑工具.ai
场景：场景\Cha02\实例034 平滑工具.ai

本例主要讲解平滑工具的使用技巧，并使用户掌握【平滑工具选项】对话框的功能，如图2-89所示。

Step 01 按Ctrl+O组合键，打开“素材\Cha02\平滑工具.ai”文件，如图2-90所示。

图2-89

图2-90

Step 02 在工具栏中选择【多边形工具】，绘制图形，将【填色】设置为#d24429，将【描边】设置为“无”，如图2-91所示。

图2-91

Step 03 双击【平滑工具】，打开【平滑工具选项】对话框，通过此对话框可以设置【平滑工具】的参数，如图2-92所示。

Step 04 使用【选择工具】，单击选择要使用【平滑工具】编辑的路径，选择【平滑工具】，在选定的路径上拖曳鼠标，平滑左下角的路径线，平滑后的效果如图2-93所示。

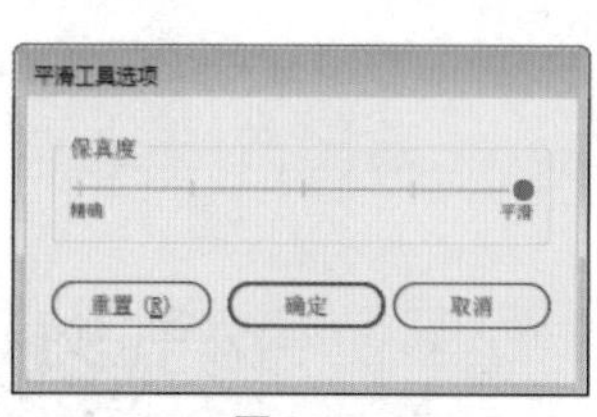

图2-92

图2-93

Step 05 设置完成后，调整图形位置，打开【图层】面板，将“多边形图层”拖曳至文字的下方，如图2-94所示。

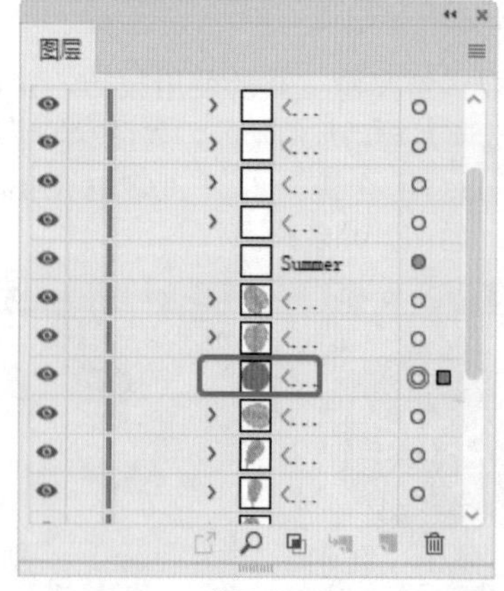

图2-94

实例035 橡皮擦工具

素材：素材\Cha02\橡皮擦工具.ai

场景：场景\Cha02\实例035 橡皮擦工具.ai

本例将讲解橡皮擦工具及【橡皮擦工具选项】对话框中各参数的使用方法，如图2-95所示。

图2-95

Step 01 按Ctrl+O组合键，打开“素材\Cha02\橡皮擦工具.ai”文件，如图2-96所示。

Step 02 先将图层里的路径切换锁定，如图2-97所示。

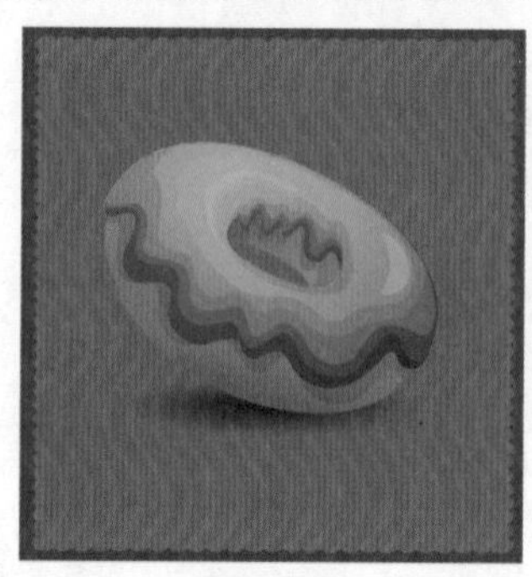

图2-96

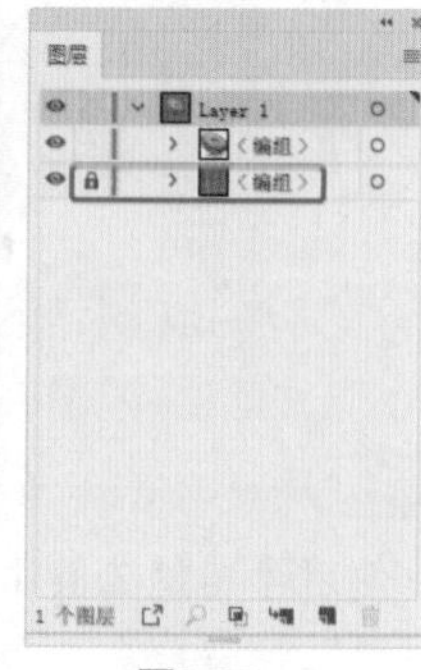

图2-97

Step 03 使用【选择工具】选择对象，如图2-98所示。

Step 04 选择【橡皮擦工具】，将鼠标指针放置到需要擦除的路径上，按住鼠标左键不放并在路径上拖曳鼠标，擦除后的效果如图2-99所示。

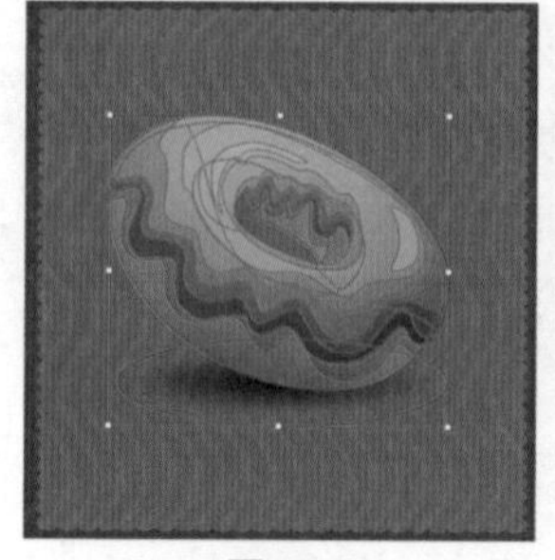

图2-98

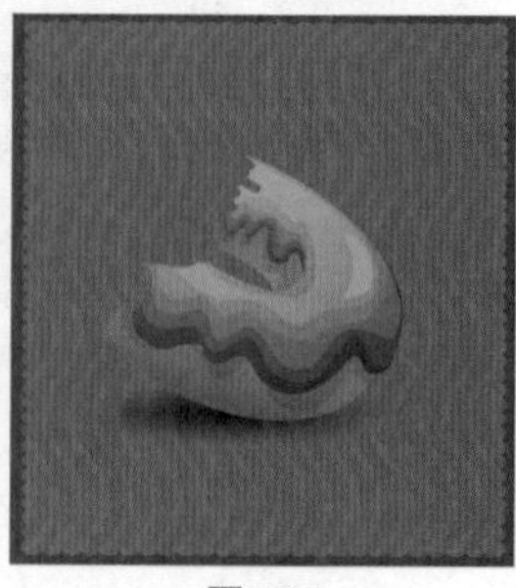

图2-99

实例036 色彩斑斓的墨迹

素材：素材\Cha02\色彩斑斓的墨迹.ai

场景：场景\Cha02\实例036 色彩斑斓的墨迹.ai

本例通过色彩斑斓墨迹的设计与制作，巩固画笔工具和【画笔】面板的使用，重点掌握载入画笔笔刷命令的使用，为图形填色，如图2-100所示。

Step 01 按Ctrl+O组合键，打开“素材\Cha02\色彩斑斓的墨迹.ai”文件，如图2-101所示。

图2-100

图2-101

Step 02 在菜单栏中选择【窗口】|【画笔库】|【艺术效果】|【艺术效果_油墨】命令，如图2-102所示。

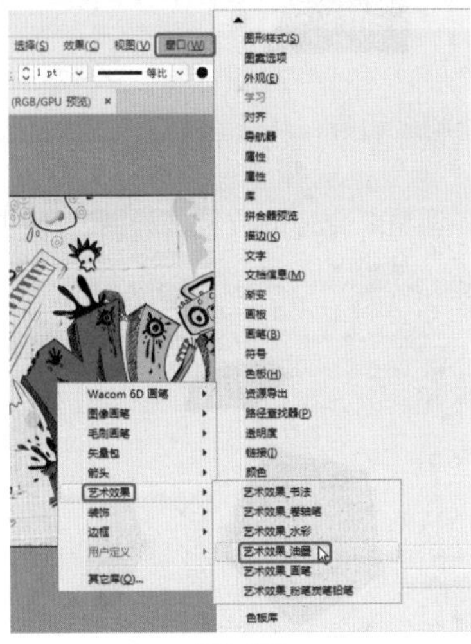

图2-102

Step 03 弹出【艺术效果_油墨】面板，将“油墨泼溅”拖曳至画板中，如图2-103所示。

Step 04 选择添加的“油墨泼溅”效果，右击，在弹出的快捷菜单中选择【取消编组】命令，如图2-104所示。

图2-103

图2-104

Step 05 选择图形对象，可通过【画笔】面板对其分别填色，调整至合适的位置，如图2-105所示。

Step 06 使用同样的方法，用户可根据自身的喜好，添加“油墨泼溅”效果，对“油墨泼溅”设置渐变颜色或填充单色，设置完成后的效果如图2-106所示。

图2-105

图2-106

实例037 多边形工具

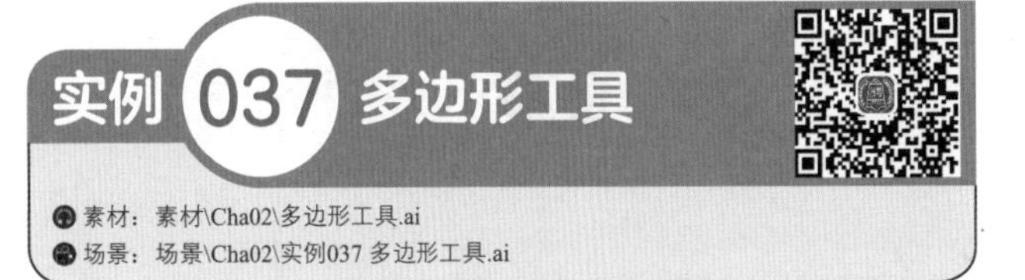

素材：素材\Cha02\多边形工具.ai

场景：场景\Cha02\实例037 多边形工具.ai

本例将讲解多边形工具的使用方法，使用【直接选择工具】调整图形的位置，通过【多边形工具】【直线工具】及【椭圆工具】绘制图形，效果如图2-107所示。

图2-107

Step 01 按Ctrl+N组合键，弹出【新建文档】对话框，将【单位】设置为“像素”，将【宽度】和【高度】分别设置为2000px、1800px，单击【创建】按钮，如图2-108所示。

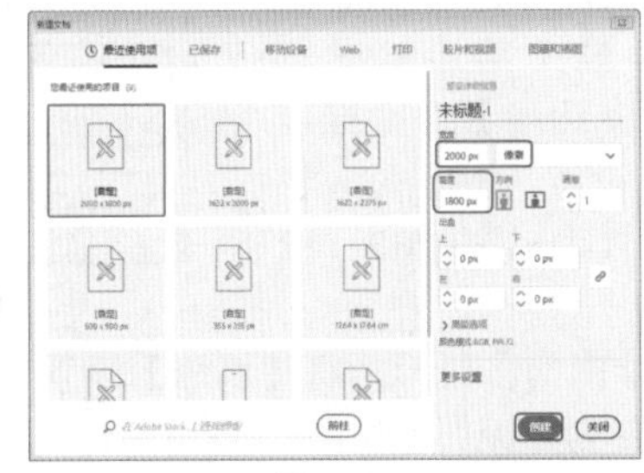

图2-108

Step 02 选择【多边形工具】，在画板中单击鼠标左键，弹出【多边形】对话框，将【半径】设置为240px，将【边数】设置为5，如图2-109所示。

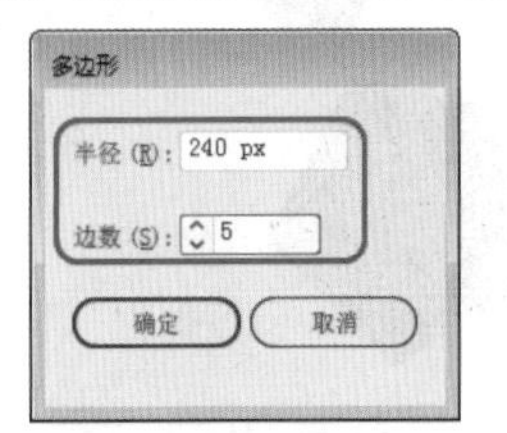

图2-109

提示

【半径】：设置绘制多边形的边数。边数越多，生成的多边形越接近于圆形。

【边数】：设置绘制多边形的边数。

Step 03 单击【确定】按钮，选择绘制的多边形，将【填色】设置为黑色，将【描边】设置为“无”，如图2-110所示。

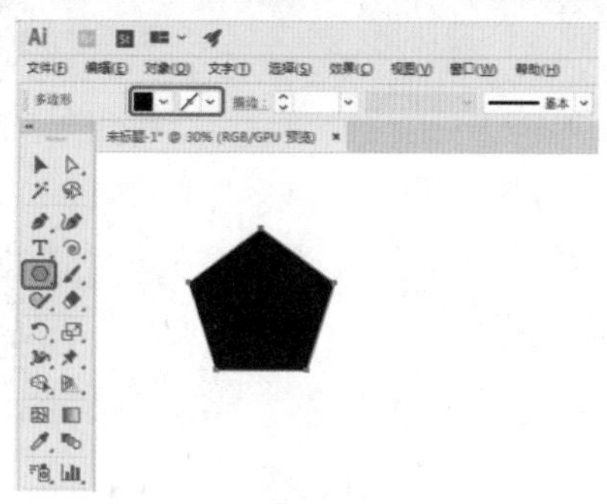

图2-110

Step 04 选择【直接选择工具】，单击绘制的多边形，并调整至合适的位置，如图2-111所示。

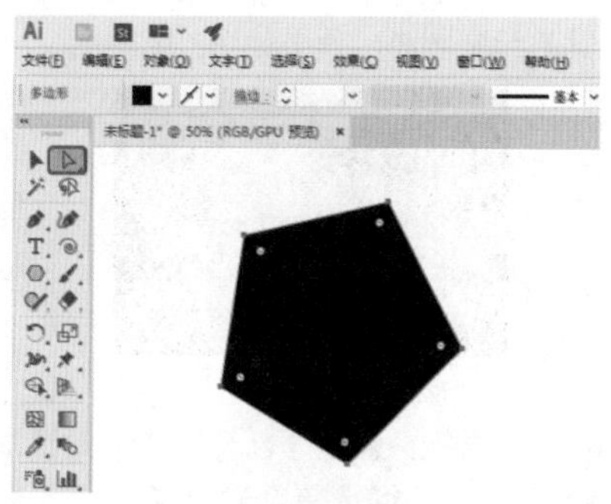

图2-111

Step 05 再次选择【多边形工具】，在画板中单击鼠标左键，弹出【多边形】对话框，将【半径】设置为120px，将【边数】设置为6，如图2-112所示。

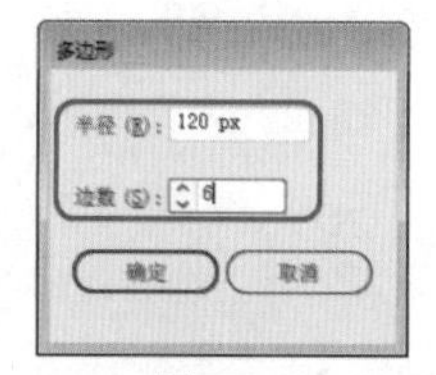

图2-112

Step 06 选择绘制的多边形，将【填色】设置为黑色，将【描边】设置为“无”，如图2-113所示。

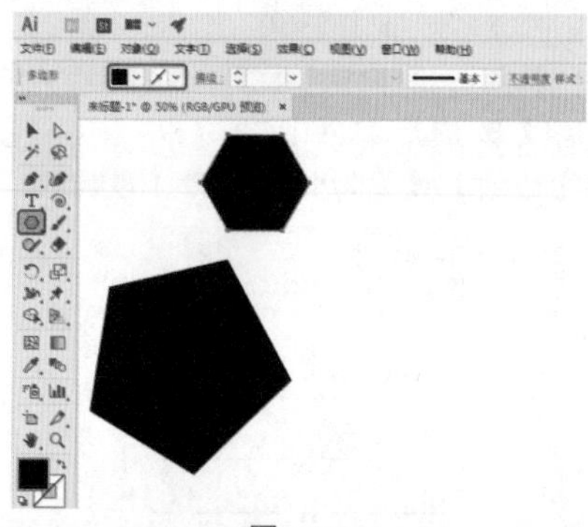

图2-113

Step 07 选择【直接选择工具】，单击绘制的多边形，并调整至合适的位置，在如图2-114所示。

图2-114

Step 08 使用【直线段工具】在画板中绘制直线，将【填色】设置为“无”，将【描边】设置为黑色，将【描边粗细】设置为9pt，如图2-115所示。

图2-115

Step 09 再次绘制多边形，将【填色】设置为黑色，将【描边】设置为“无”，选择【直接选择工具】，单击绘制的多边形，并调整至合适的位置，如图2-116所示。

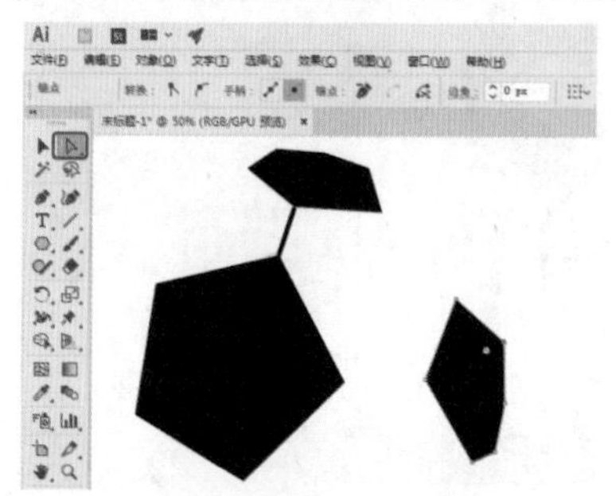

图2-116

Step 10 使用【直线段工具】在画板上绘制直线，将【填色】设置为“无”，将【描边】设置为黑色，将【描边粗细】设置为9pt，如图2-117所示。

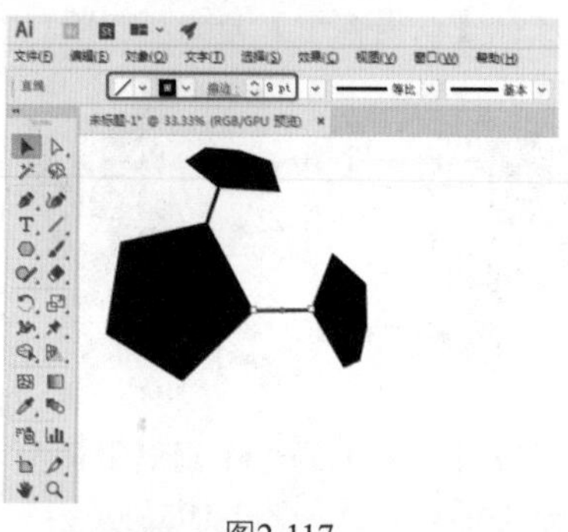

图2-117

Step 11 使用上面所介绍的方法制作其他多边形与直线图形，如图2-118所示。

Step 12 选中绘制的所有图形，右击，在弹出的快捷菜单中选择【编组】命令，如图2-119所示。

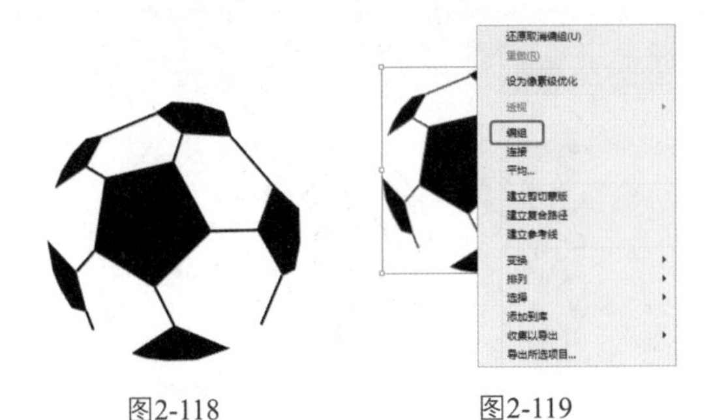

图2-118　　图2-119

Step 13 使用【椭圆工具】绘制图形，将【填色】设置为#efebea、【描边】设置为#eae8e8、【描边粗细】设置为12pt，如图2-120所示。

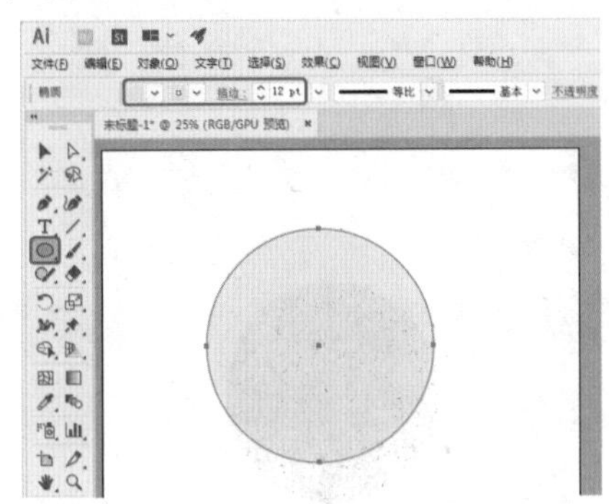

图2-120

Step 14 选中绘制的椭圆图形，右击，在弹出的快捷菜单中选择【排列】|【后移一层】命令，如图2-121所示。

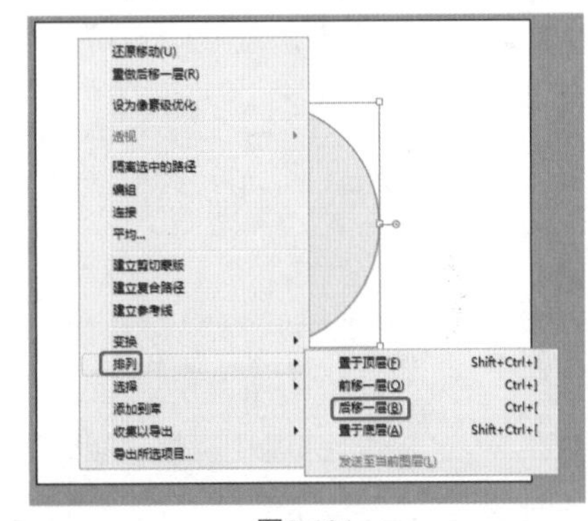

图2-121

Step 15 再次使用【椭圆工具】绘制图形，使用【渐变工具】拖曳至图形上，将【类型】设置为“线性”，将【角度】设置为-53°，如图2-122所示。

Step 16 双击左侧渐变滑块，将【颜色】设置为白色，将【不透明度】设置为2%；双击右侧渐变滑块，将【颜色】设置为#918e8e，将【不透明度】设置为25%，如图2-123所示。

Step 17 选中绘制的所有图形，右击，弹出快捷菜单，选择【编组】命令，如图2-124所示。

图2-122

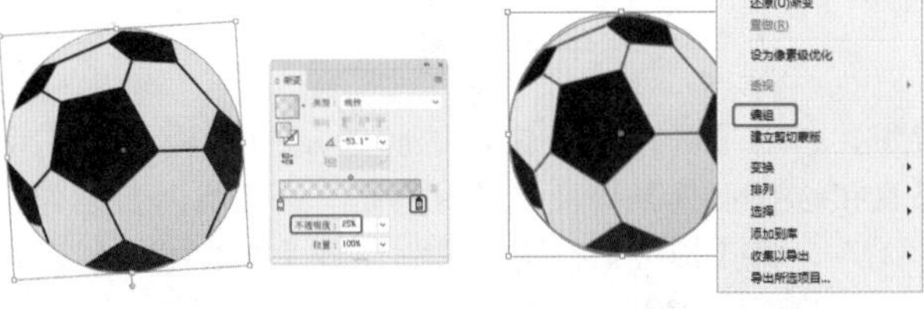

图2-123　　图2-124

Step 18 在菜单栏中选择【文件】|【打开】命令，弹出【打开】对话框，选择“素材\Cha02\多边形工具.ai”文件，单击【打开】按钮，将绘制的图形拖曳至打开的素材文件中，调整图形位置，如图2-125所示。

图2-125

实例038 螺旋线工具

素材：素材\Cha02\螺旋线工具.ai

场景：场景\Cha02\实例038 螺旋线工具.ai

本实例将讲解如何使用螺旋线工具，对绘制的图形施以“复合路径”效果，如图2-126所示。

图2-126

Step 01 按Ctrl+O组合键，打开“素材\Cha02\螺旋线工具.ai”文件，选择【螺旋线工具】，在画板中单击，弹出【螺旋线】对话框，将【半径】设置为50px，将【衰减】设置为90%，将【段数】设置为9，设置螺旋线的样式，如图2-127所示。

图2-127

Step 02 单击【确定】按钮，选择绘制的螺旋线，使用【直接选择工具】调整图形的位置，将【填色】设置为“无”，将【描边】设置为黑色，将【描边粗细】设置为3pt，如图2-128所示。

图2-128

◎提示

【半径】：表示中心到外侧最后一点的距离。

【衰减】：用来控制螺旋线之间相差的比例，百分比越小，螺旋线之间的差距就越小。

【段数】：可以调节螺旋内路径片段的数量。

【样式】：可选择顺时针方向或逆时针方向螺旋线形。

Step 03 再次使用【螺旋线工具】，设置螺旋线的样式，如图2-129所示。

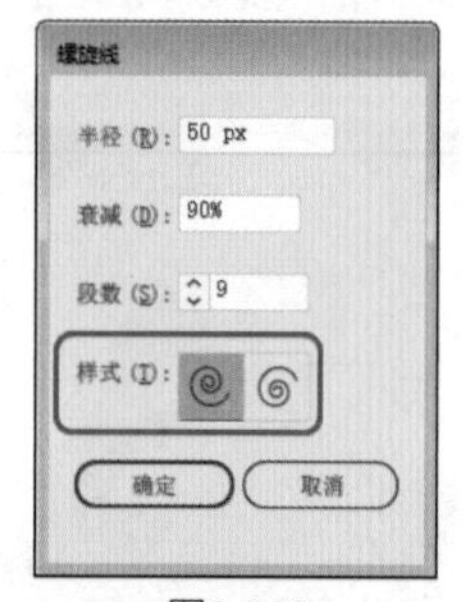

图2-129

Step 04 单击【确定】按钮，选择绘制的螺旋线，使用【直接选择工具】调整图形的位置，如图2-130所示。

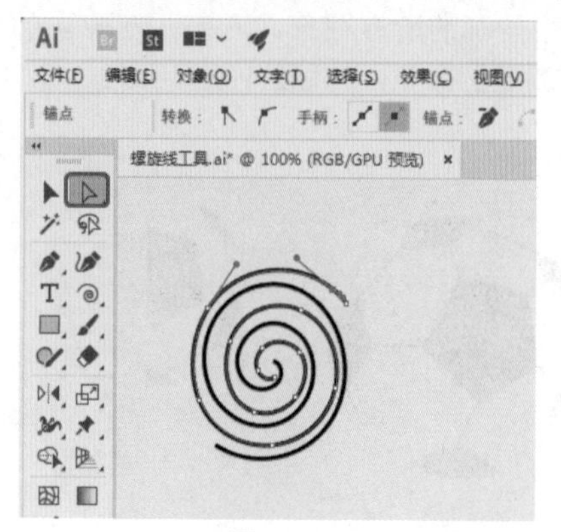

图2-130

Step 05 使用【椭圆工具】绘制图形，将【填色】设置为黑色，【描边】设置为“无”，如图2-131所示。

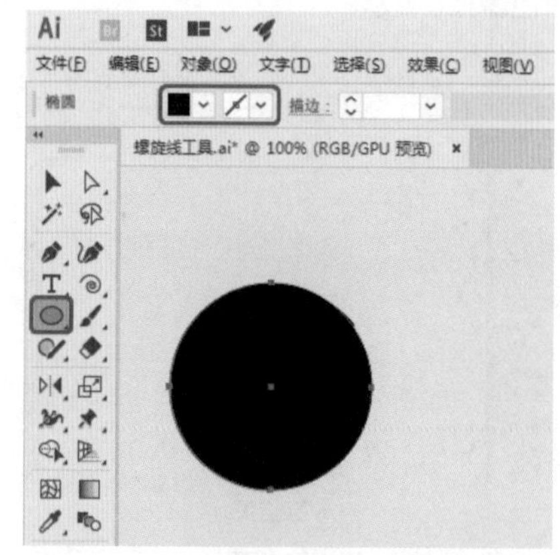

图2-131

Step 06 选中所绘制的图形，在菜单栏中选择【对象】|【复合路径】|【建立】命令，如图2-132所示。

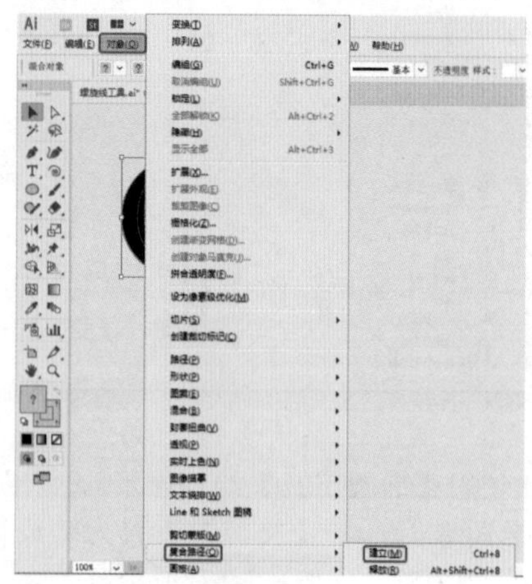

图2-132

Step 07 再次使用【椭圆工具】绘制图形，将【填色】设置为白色，【描边】设置为“无”，如图2-133所示。

Step 08 将图形拖曳至合适位置，选中所绘制的图形，右击，选择快捷菜单中的【编组】命令，如图2-134所示。

图2-133

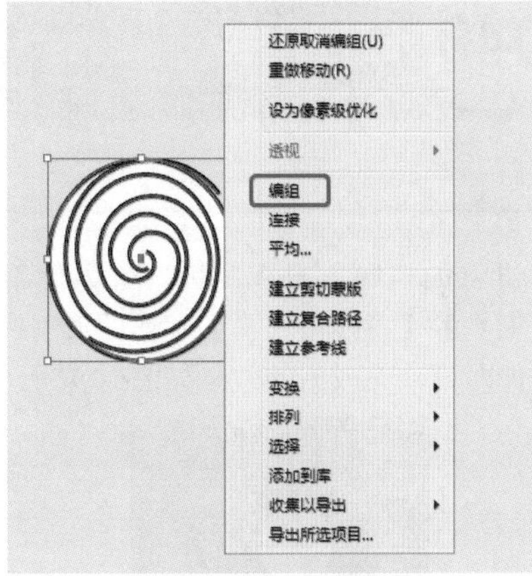

图2-134

Step 09 将图形拖曳至合适位置，如图2-135所示。

Step 10 选择图形，按住Alt键拖曳鼠标复制图形，调整位置，效果如图2-136所示。

图2-135

图2-136

本例主要讲解画笔工具、【画笔】面板的使用等，掌握载入画笔命令以及如何将画笔样式应用于图形中，如图2-137所示。

图2-137

Step 01 按Ctrl+O组合键，打开“素材\Cha02\画笔工具.ai”文件，如图2-138所示。

Step 02 选择【窗口】|【画笔】菜单命令（快捷键为F5），弹出【画笔】面板，单击【画笔库菜单】按钮，如图2-139所示。

图2-138

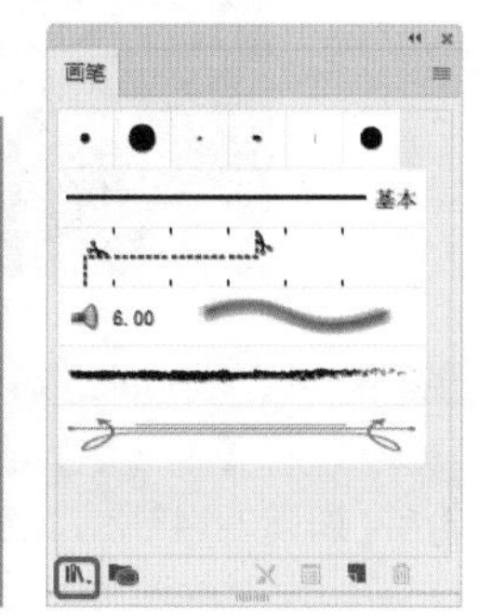

图2-139

提示

使用【画笔】面板底部的命令按钮可以对画笔进行管理。

【画笔库菜单】按钮：单击该按钮，选择相应的菜单命令，可以将画笔库中更多的画笔载入。

【库面板】按钮：单击该按钮，可打开【库】面板。

【移去画笔描边】按钮：将路径的画笔描边效果去除，恢复路径原先的填色。

【所选对象的选项】按钮：选中应用画笔的路径，单击该按钮，可以打开相应的对话框，控制画笔的大小、角度等参数。

【新建画笔】按钮：可以创建不同类型的新画笔。

【删除画笔】按钮：可以删除面板中的画笔。

Step 03 选择【装饰】|【典雅的卷曲和花形画笔组】命令，在【典雅的卷曲和花形画笔组】面板中选择“随机大小的花朵”画笔，如图2-140所示。

Step 04 将图形拖曳至绘制区，调整图形大小与位置，如图2-141所示。

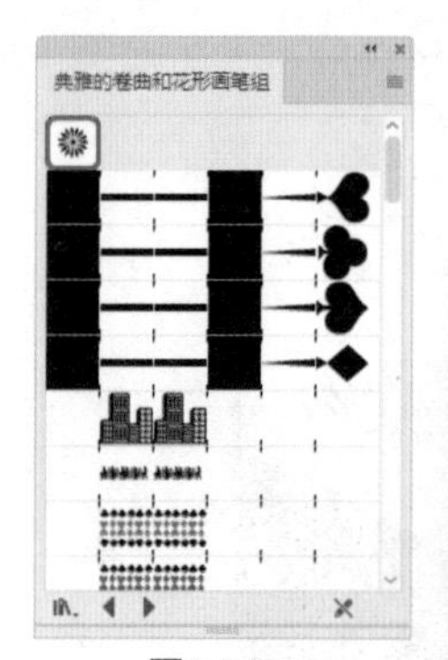
图2-140

图2-141

Step 05 选中图形，右击，在弹出的快捷菜单中选择【取消编组】命令，如图2-142所示。

图2-142

Step 06 选中取消编组后的图形，将【填色】设置为#f7bea1，将【描边】设置为白色，将【描边粗细】设置为3pt，如图2-143所示。

图2-143

Step 07 再次选中图形，右击，在弹出的快捷菜单中选择【编组】命令，如图2-144所示。

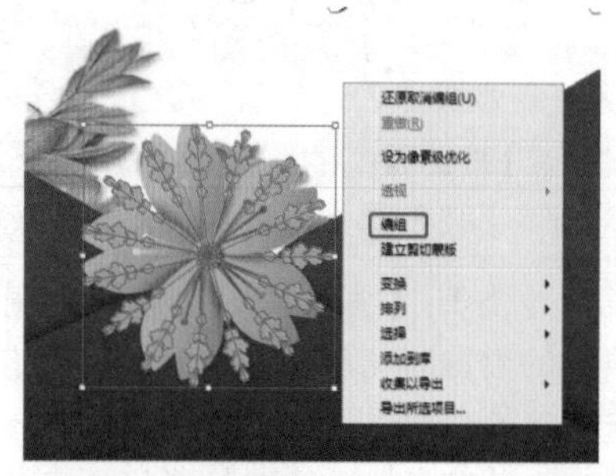
图2-144

Step 08 在菜单栏中选择【对象】|【排列】|【后移一层】命令，如图2-145所示。

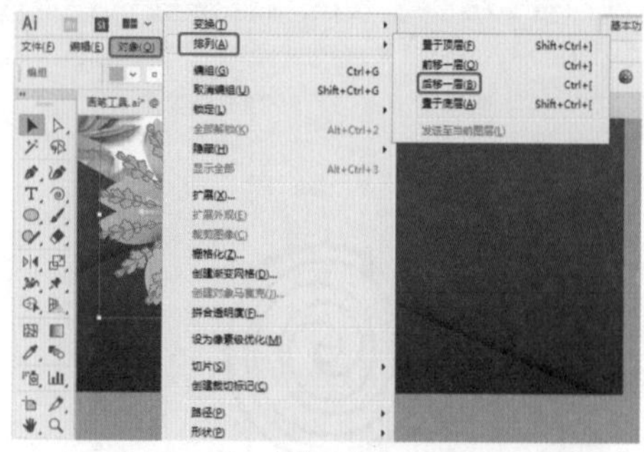
图2-145

实例040 日程闹钟

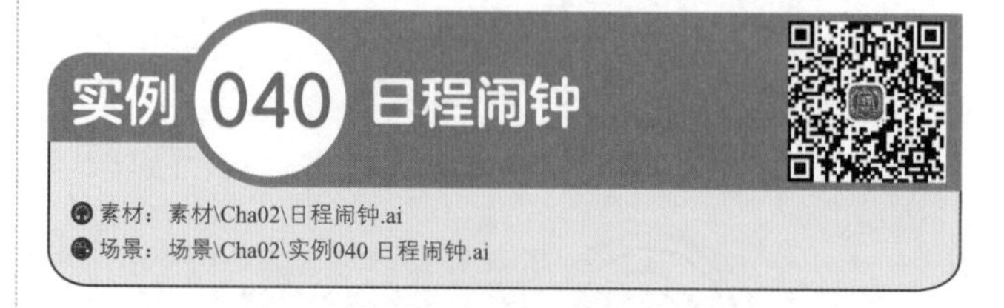

素材：素材\Cha02\日程闹钟.ai

场景：场景\Cha02\实例040 日程闹钟.ai

本例将讲解如何制作日程闹钟，首先使用【钢笔工具】【椭圆工具】【直线段工具】制作图形闹钟，然后拖曳至素材文件即可，完成后的效果如图2-146所示。

图2-146

Step 01 启动软件后按Ctrl+N组合键新建文档。在【新建文档】对话框中，将【宽度】和【高度】都设置为500px，然后单击【创建】按钮，如图2-147所示。

图2-147

Step 02 使用【钢笔工具】绘制图形，绘制完成后，将【填色】设置为黑色，将【描边】设置为“无”，如图2-148所示。

图2-148

Step 03 使用【椭圆工具】绘制图形，将【填色】设置为黑色，将【描边】设置为“无”，调整图形位置，如图2-149所示。

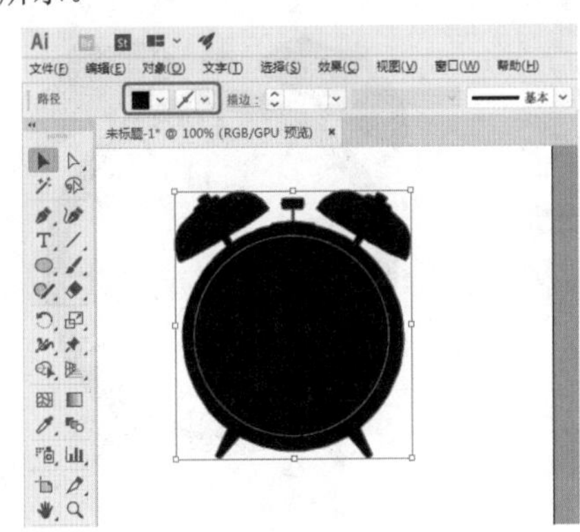

图2-149

Step 04 在菜单栏中选择【对象】|【复合路径】|【建立】命令，如图2-150所示。

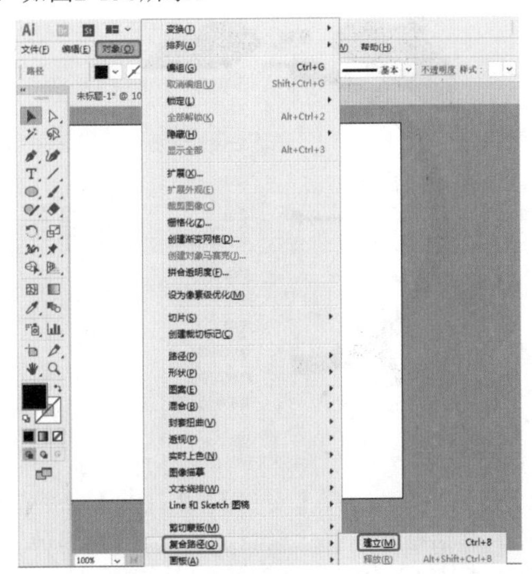

图2-150

Step 05 再次使用【椭圆工具】绘制图形，将【填色】设置为白色，将【描边】设置为“无”，调整图形位置，如图2-151所示。

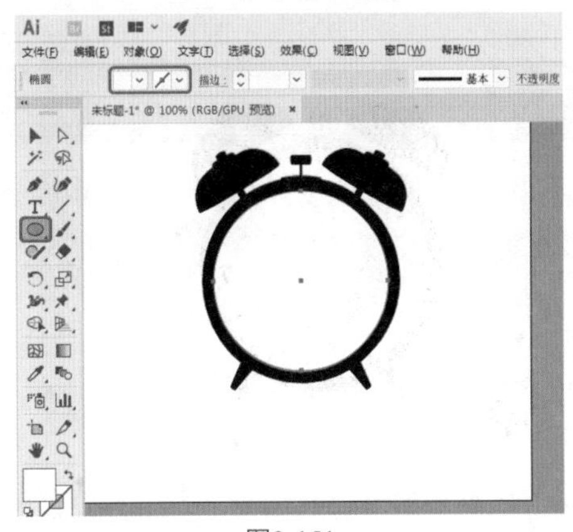

图2-151

Step 06 使用【直线段工具】绘制图形，将【填色】设置为“无”，将【描边】设置为黑色，将【描边粗细】设置为4.5pt，如图2-152所示。

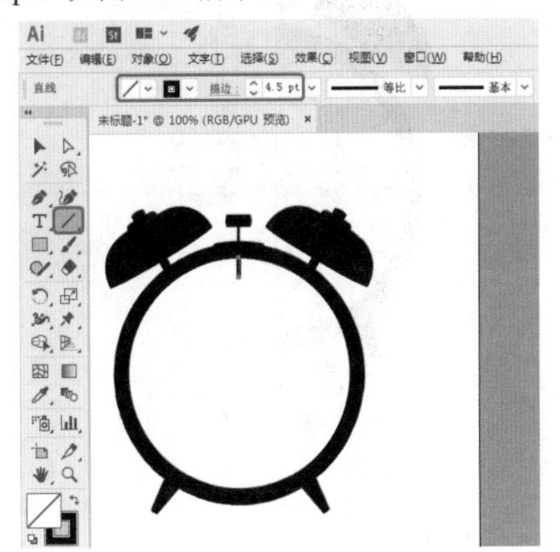

图2-152

Step 07 使用上面介绍的方法绘制其他图形，如图2-153所示。

图2-153

Step 08 再次使用【直线段工具】绘制图形，将【填色】设置为“无”，将【描边】设置为黑色，将【描边粗细】设置为1.5pt，绘制其他图形，如图2-154所示。

图2-154

Step 09 选中绘制的所有直线图形，右击，选择快捷菜单中的【编组】命令，如图2-155所示。

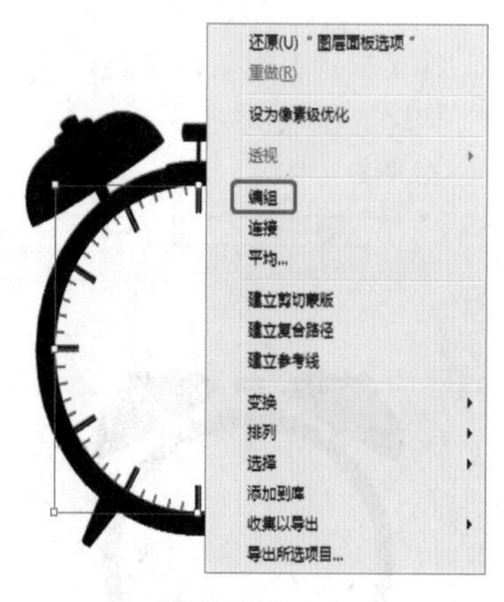

图2-155

Step 10 使用【椭圆工具】绘制椭圆图形，将【填色】设置为黑色，将【描边】设置为“无”，调整至合适位置，如图2-156所示。

图2-156

Step 11 使用【钢笔工具】绘制图形，将【填色】设置为黑色，将【描边】设置为“无”，如图2-157所示。

Step 12 使用上面所介绍的方法绘制图形，将【填色】设置为#ea0606，将【描边】设置为“无”，调整至合适位置，如图2-158所示。

图2-157

图2-158

Step 13 选中绘制的所有图形，右击，选择快捷菜单中的【编组】命令，如图2-159所示。

图2-159

Step 14 在菜单栏中选择【文件】|【打开】命令，弹出【打开】对话框，选择“素材\Cha02\日程闹钟.ai”文件，单击【打开】按钮，如图2-160所示。

◎提示·◦

用户也可以将椭圆进行复制并将其缩放。

Step 15 将绘制的图形拖曳至打开的素材文件里，调整图形位置，如图2-161所示。

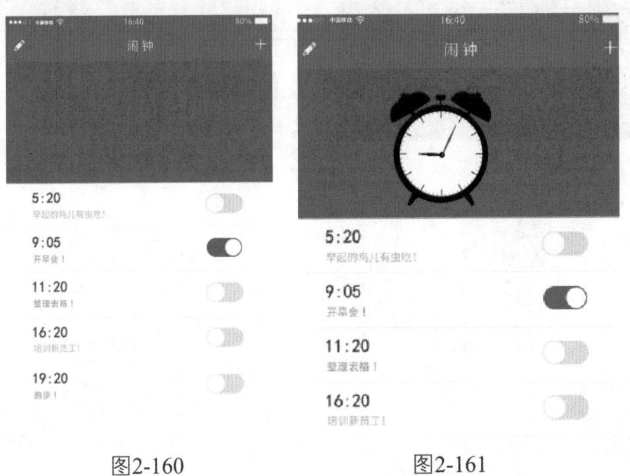

图2-160　　　　图2-161

Step 16 使用【椭圆工具】绘制椭圆，将【填色】设置为白色，将【描边】设置为“无”，绘制其他椭圆图形，最终效果如图2-162所示。

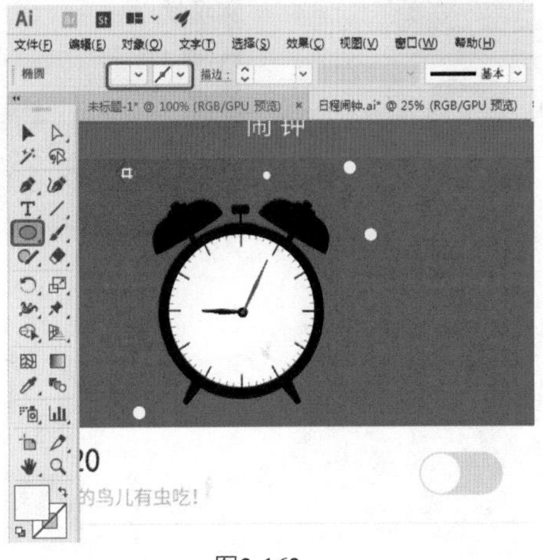

图2-162

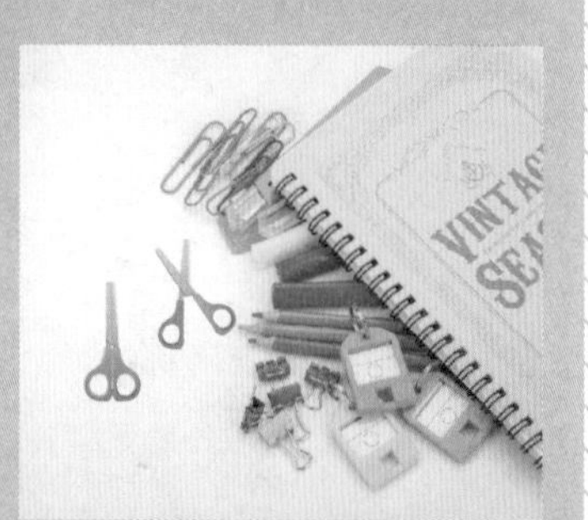

第3章 高级绘图

本章导读

本章主要介绍钢笔工具和路径菜单命令的使用。通过本章的学习，可以使用户轻松编辑路径，熟练掌握钢笔工具组在实际工作中的应用。

实例041 制作播放器

场景：场景\Cha03\实例041 制作播放器.ai

本例通过播放器的设计与制作，讲解钢笔工具、基本绘图工具、【渐变】和【颜色】面板的使用等，了解【透明度】面板的使用，效果如图3-1所示。

图3-1

Step 01 启动软件后，按Ctrl+N组合键，在弹出的【新建文档】对话框中输入【名称】为“播放器”，将【单位】设置为“毫米”，【宽度】和【高度】均设置为250mm，【颜色模式】设置为RGB，然后单击【创建】按钮，如图3-2所示。

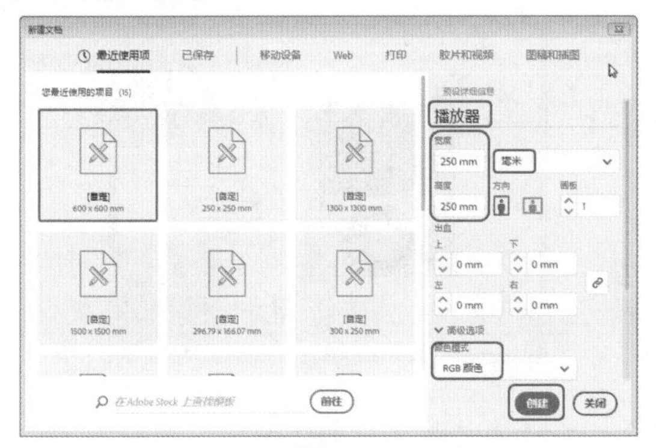

图3-2

Step 02 单击工具箱中的【圆角矩形工具】按钮，在画板中单击，弹出【圆角矩形】对话框，将【宽度】设置为116mm、【高度】设置为150mm，将【圆角半径】设置为10mm，单击【确定】按钮，如图3-3所示。

图3-3

Step 03 将圆角矩形的【填色】设置为渐变，按Ctrl+F9组合键，在弹出的【渐变】面板中将【类型】设置为“线性”，将【角度】设置为0°。将0%位置色标的RGB值设置为255、215、0，将50%位置色标的RGB值设置为255、250、205，将100%位置色标的RGB值设置为255、215、0，效果如图3-4所示。

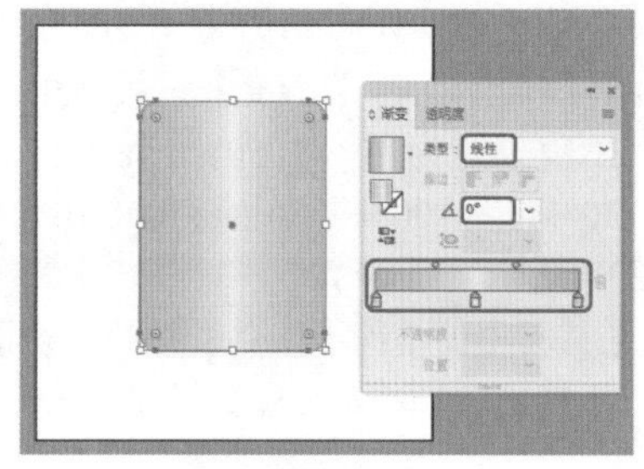

图3-4

Step 04 单击工具箱中的【圆角矩形工具】按钮，在画板中单击，弹出【圆角矩形】对话框，将【宽度】设置为100mm、【高度】设置为75mm，将【圆角半径】设置为10mm，单击【确定】按钮，然后将其调整至合适的位置，如图3-5所示。

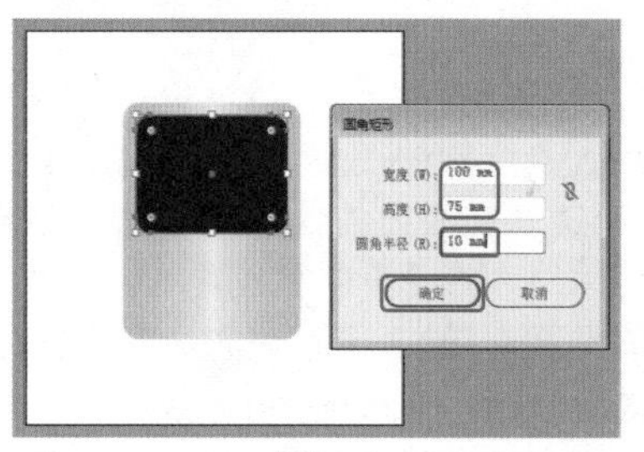

图3-5

Step 05 单击工具箱中的【选择工具】按钮，选择上一步绘制的圆角矩形，按F6键，在弹出的【颜色】面板中将其【填色】的RGB值设置为255、205、0，如图3-6所示。

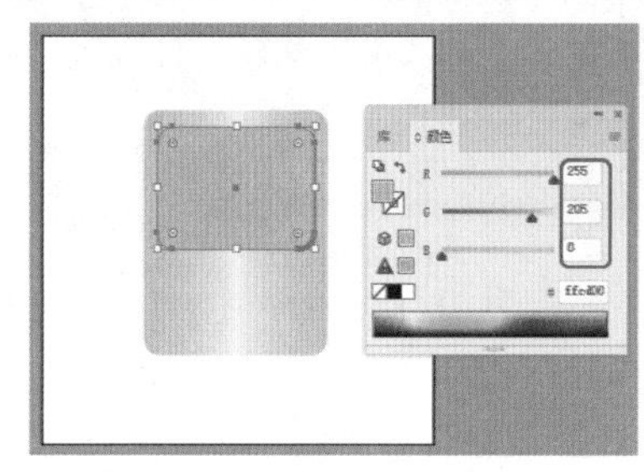

图3-6

Step 06 单击工具箱中的【圆角矩形工具】按钮，在画板中单击，弹出【圆角矩形】对话框，将【宽度】设置为96mm、【高度】设置为72mm，将【圆角半径】设置为10mm，单击【确定】按钮，然后将其调整至合适的位置，如图3-7所示。

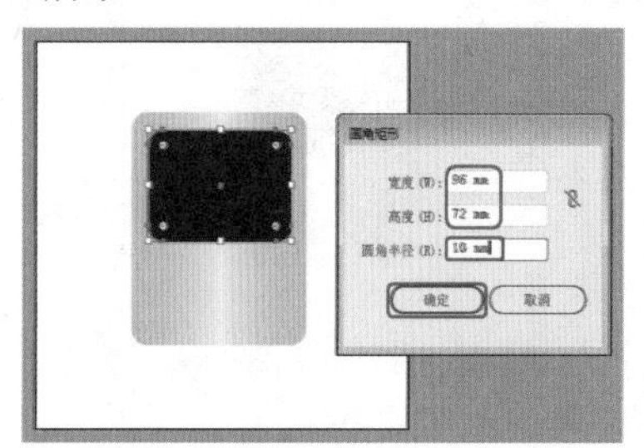

图3-7

Step 07 将上一步绘制的圆角矩形的【填色】设置为渐

变，按Ctrl+F9组合键，在弹出的【渐变】面板中将【类型】设置为“线性”，将【角度】设置为0°，将0%位置色标的RGB值设置为150、150、150，将色标滑块的位置设置为20%，将100%位置色标的RGB值设置为0、0、0，如图3-8所示。

Step 08 单击工具箱中的【钢笔工具】按钮，在画板中绘制图3-9所示的不规则图形，然后将其调整至合适的位置。

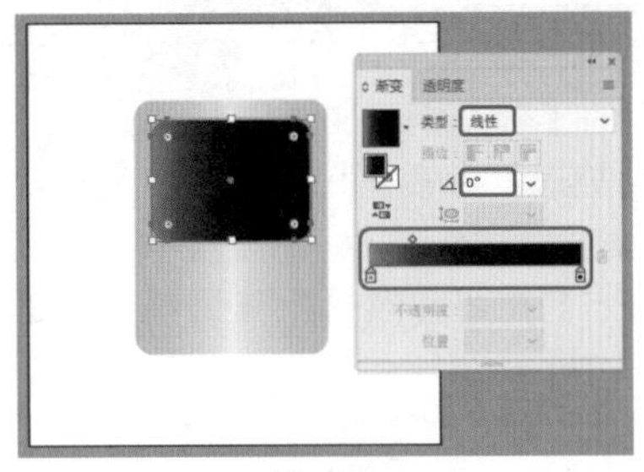

图3-8

图3-9

Step 09 将上一步绘制的图形【填色】设置为渐变，按Ctrl+F9组合键，在弹出的【渐变】面板中将【类型】设置为“线性”，将【角度】设置为0°，将0%位置色标的RGB值设置为100、100、100，将100%位置色标的RGB值设置为0、0、0，如图3-10所示。

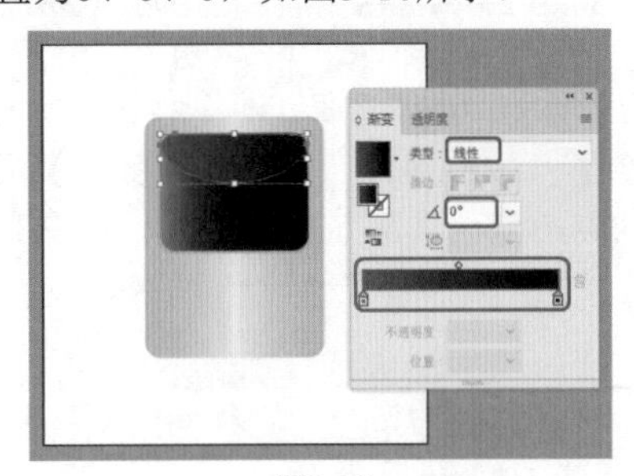

图3-10

Step 10 单击工具箱中的【选择工具】按钮，选择上一步设置渐变的图形，在控制栏单击【不透明度】按钮，将其【混合模式】设置为“滤色”，【不透明度】设置为80%，如图3-11所示。

图3-11

Step 11 单击工具箱中的【椭圆工具】按钮，在画板中单击左键，在弹出的【椭圆】对话框中将【宽度】和【高度】均设置为56mm，单击【确定】按钮，在【颜色】面板中将其【填色】的RGB值设置为35、24、21，然后将其调整至合适的位置，如图3-12所示。

图3-12

Step 12 单击工具箱中的【椭圆工具】按钮，在画板中单击，在弹出的对话框中将【宽度】和【高度】均设置为26mm，单击【确定】按钮，在【颜色】面板中将其【填色】的RGB值设置为255、215、0，然后将其调整至合适的位置，如图3-13所示。

图3-13

Step 13 通过【多边形工具】【矩形工具】和【文字工具】在画板中分别绘制图形和输入文字，在【颜色】面板中将其【填色】设置为白色，并将其调整至合适的位置，如图3-14所示。

图3-14

实例042 制作色卡

场景：场景\Cha03\实例042 制作色卡.ai

本例将通过色卡的设计与制作来讲解基本绘图工具的使用，使用户可以掌握【混合工具】的使用及混合选项的设置等技巧，效果如图3-15所示。

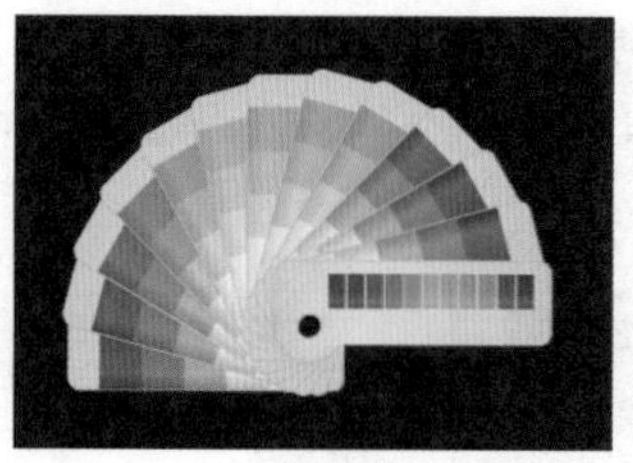

图3-15

Step 01 启动软件后，按Ctrl+N组合键，在弹出的【新建文档】对话框中输入【名称】为“色卡”，将【单位】设置为“毫米”，【宽度】和【高度】均设置为600mm，【颜色模式】设置为RGB，然后单击【创建】按钮，如图3-16所示。

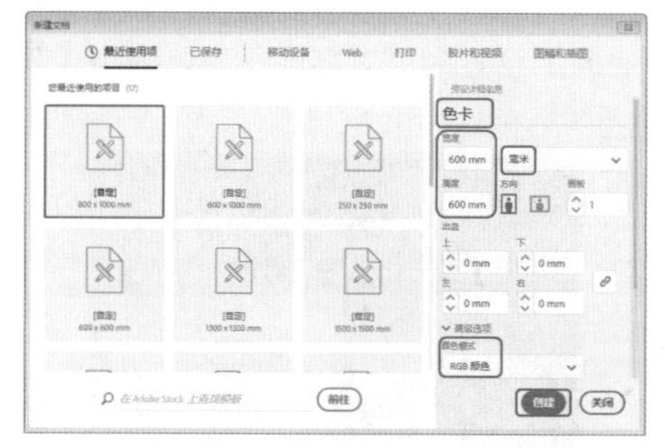

图3-16

Step 02 单击工具箱中的【矩形工具】按钮，在画板中单击，在弹出的【矩形】对话框中将【宽度】和【高度】均设置为600mm、单击【确定】按钮，绘制一个和画板相同大小的正方形，在【颜色】面板中将其【填色】的RGB值设置为35、24、21，如图3-17所示。

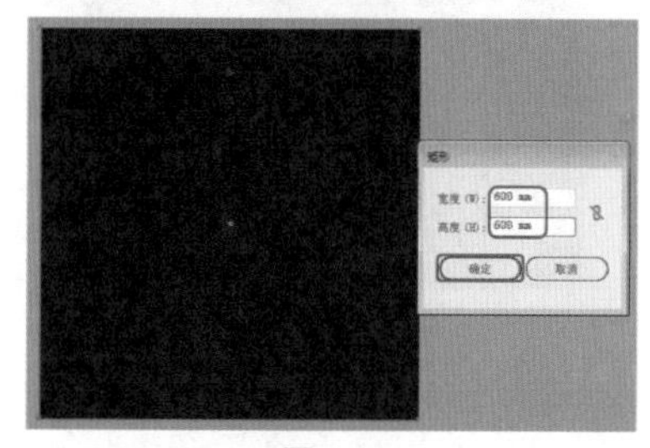

图3-17

Step 03 单击工具箱中的【圆角矩形工具】按钮，在画板中单击，弹出【圆角矩形】对话框，将【宽度】设置为240mm、【高度】设置为70mm，将【圆角半径】设置为10mm，单击【确定】按钮，如图3-18所示。

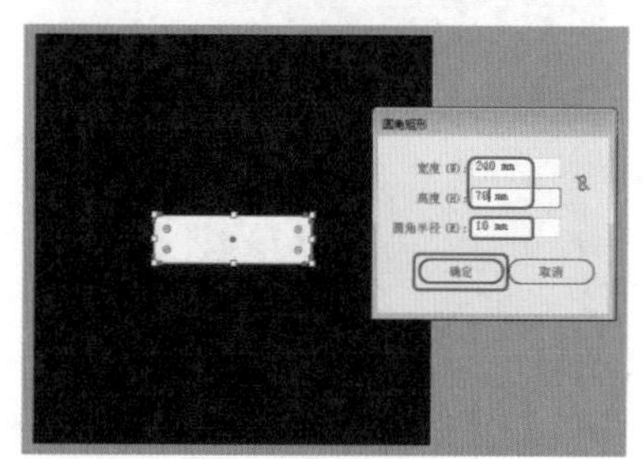

图3-18

Step 04 将上一步绘制的圆角矩形的【填色】设置为渐变，按Ctrl+F9组合键，在弹出的【渐变】面板中将【类型】设置为“线性”，将【角度】设置为0°，将0%位置色标的RGB值设置为231、226、216，将70%位置色标的RGB值设置为243、240、235，将100%位置色标的RGB值设置为231、226、216，效果如图3-19所示。

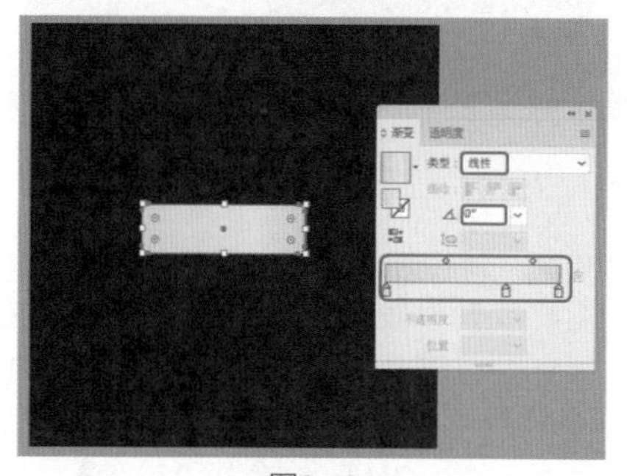

图3-19

Step 05 单击工具箱中的【椭圆工具】按钮，在画板中单击，在弹出的【椭圆】对话框中将【宽度】和【高度】均设置为23mm，单击【确定】按钮，然后将其调整至合适的位置，如图3-20所示。

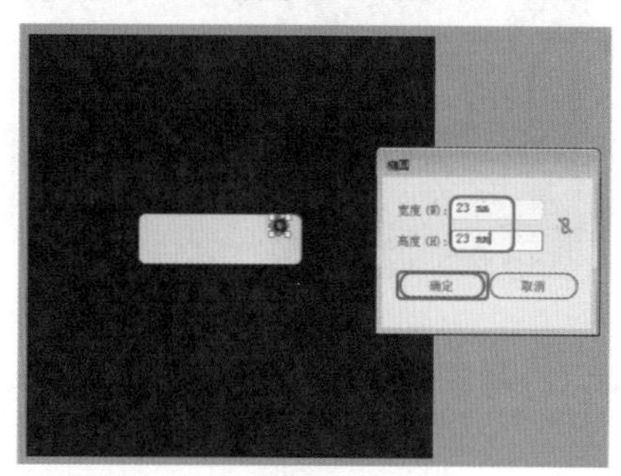

图3-20

Step 06 单击工具箱中的【选择工具】按钮，按住Shift键单击选择圆角矩形和圆形，按Ctrl+Shift+F9组合键，在弹出的【路径查找器】面板中单击【减去顶层】按钮，如图3-21所示。

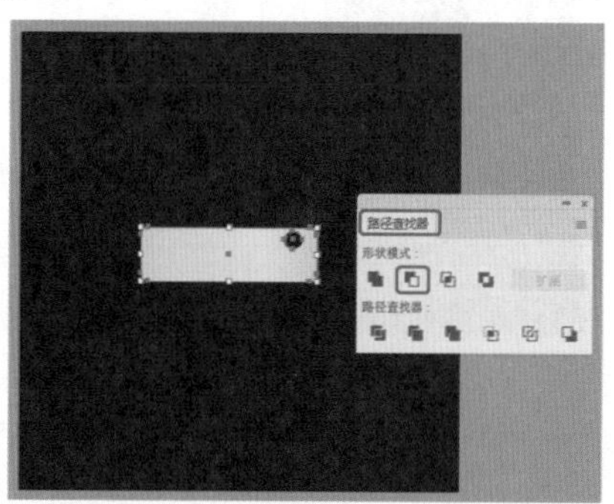

图3-21

Step 07 单击工具箱中的【矩形工具】按钮，在画板中单击，在弹出的对话框中将【宽度】设置为37mm、【高度】设置为70mm，单击【确定】按钮，然后将其调整至合适的位置，如图3-22所示。

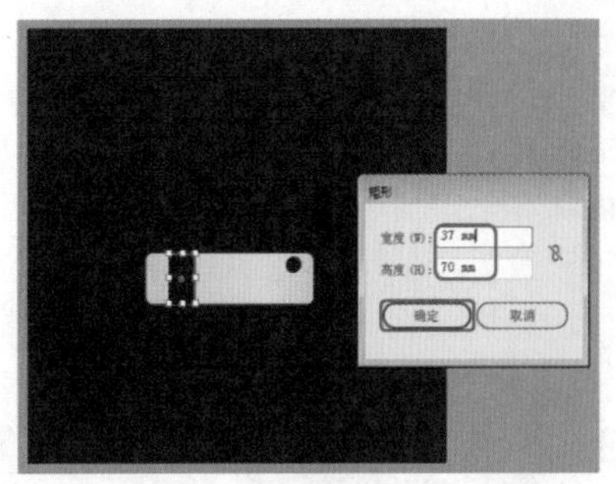

图3-22

Step 08 单击工具箱中的【选择工具】按钮，选择上一步绘制的矩形，按Ctrl+F9组合键，在弹出的【渐变】面板中将【类型】设置为“线性”，将【角度】设置为-90°，将0%位置色标的RGB值设置为128、29、127，将80%位置色标的RGB值设置为166、97、165，将100%位置色标的RGB值设置为128、29、127，效果如图3-23所示。

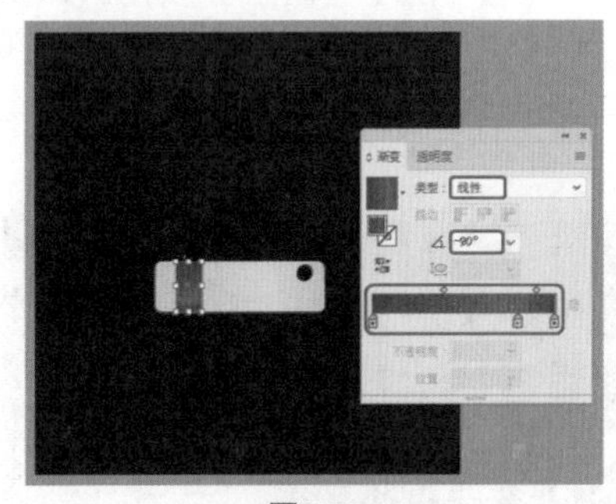

图3-23

Step 09 单击工具箱中的【选择工具】按钮，选择上一步设置渐变的矩形，在菜单栏中选择【对象】|【变换】|【移动】命令，在弹出的【移动】对话框中将【水平】设置为111mm、【垂直】设置为0mm、【距离】设置为111mm、【角度】设置为0°，单击【复制】按钮，如图3-24所示。

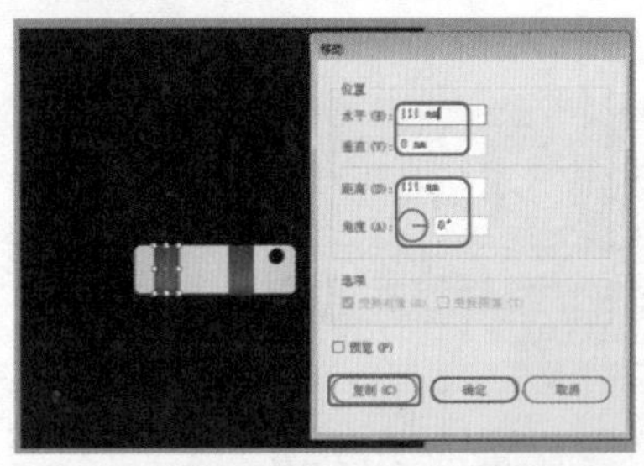

图3-24

Step 10 单击工具箱中的【选择工具】按钮，选择上一步右边移动并复制的矩形，按Ctrl+F9组合键，在弹出的【渐变】面板中将【类型】设置为“线性”，将【角度】设置为-90°，将0%位置色标的RGB值设置为223、198、223，将80%位置色标的RGB值设置为255、244、255，将100%位置色标的RGB值设置为223、198、223，效果如图3-25所示。

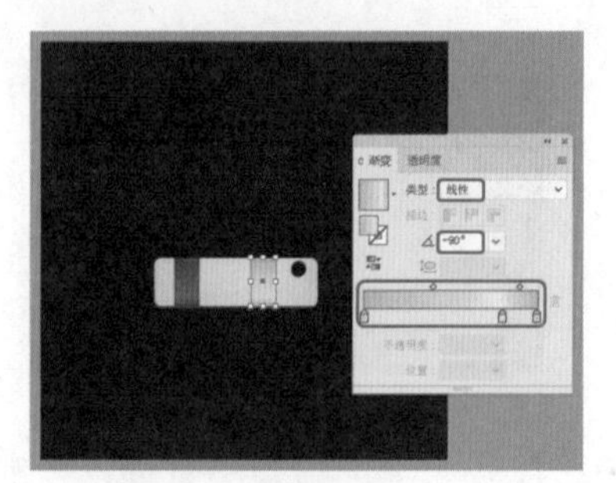

图3-25

Step 11 单击工具箱中的【选择工具】按钮，按住Shift键选择两个设置渐变的矩形，单击工具箱中的【混合工具】按钮，按住Alt键单击左边的矩形，在弹出的对话框中将【间距】设置为“指定的步数”，【步数】设置为2，【取向】设置为“对齐路径”，单击【确定】按钮，如图3-26所示。

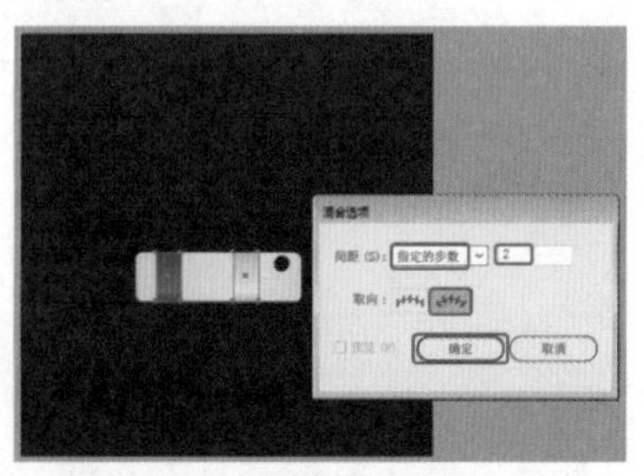

图3-26

Step 12 在右侧矩形上单击，即可创建混合效果，如图3-27所示。

图3-27

Step 13 单击工具箱中的【选择工具】按钮，选择圆角矩形，按住Alt键单击并拖曳，使其移动并复制，在【颜色】面板中将其【填色】的RGB值设置为211、210、209，如图3-28所示。

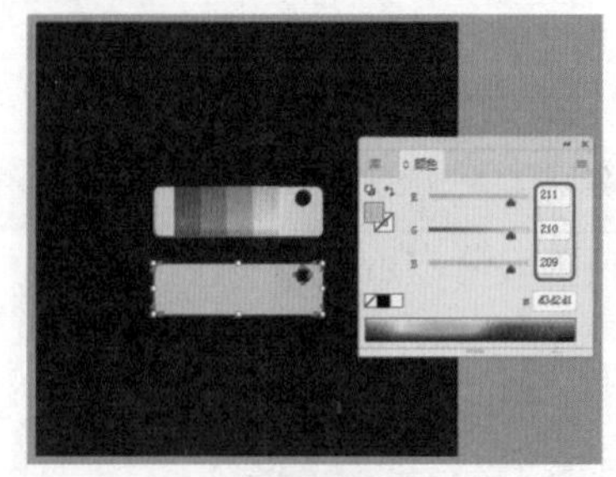

图3-28

Step 14 在【图层】面板中将其调整至圆角矩形的下方，然后调整至合适的位置，效果如图3-29所示。

图3-29

Step 15 单击工具箱中的【选择工具】按钮，按住Shift键选择两个圆角矩形和4个矩形，单击工具箱中的【旋转工具】按钮，将旋转的中心点调整至图3-30所示的位置，然后按Enter键确定。

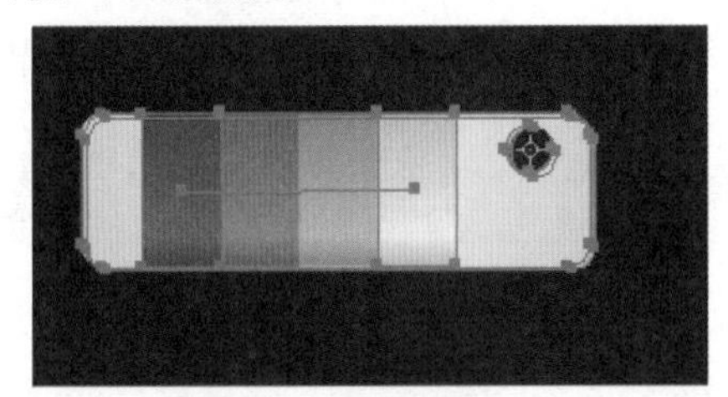

图3-30

Step 16 按住Alt键单击上一步调整好的中心点，在弹出的【旋转】对话框中将【角度】设置为-15°，单击【复制】按钮，如图3-31所示。

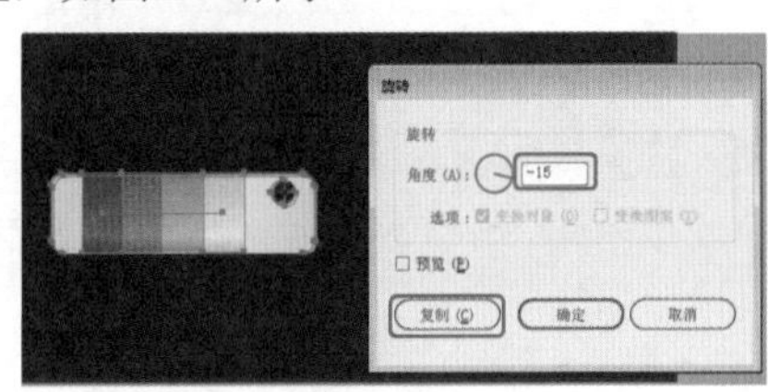

图3-31

Step 17 连续按Ctrl+D组合键，使上一步的命令复制，效果如图3-32所示。

Step 18 根据前面所介绍的方法制作其他色卡填色，最终效果如图3-33所示。

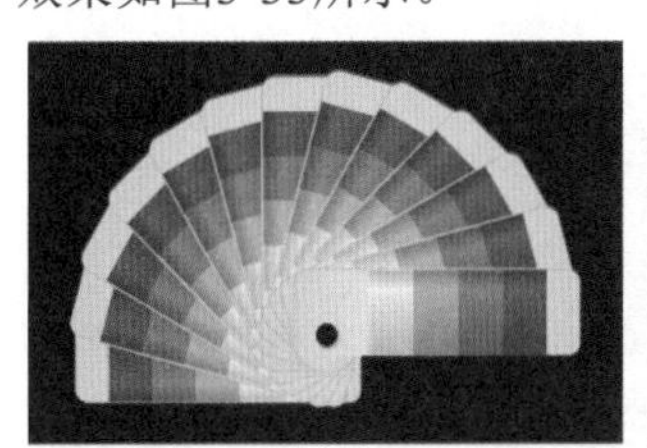

图3-32

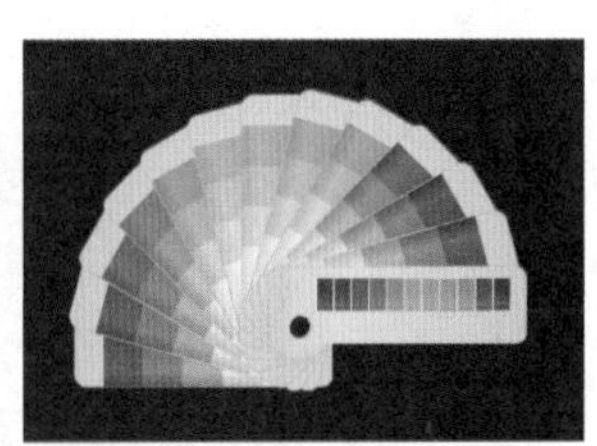

图3-33

实例043 制作文字苹果

场景：场景\Cha03\实例043 制作文字苹果.ai

本例通过文字苹果的设计与制作，讲解钢笔工具、文字工具、封套扭曲命令的使用等，效果如图3-34所示。

图3-34

Step 01 启动软件后，按Ctrl+N组合键，在弹出的【新建文档】对话框中输入【名称】为“文字苹果”，将【单位】设置为“毫米”，【宽度】和【高度】均设置为250mm，【颜色模式】设置为RGB，然后单击【创建】按钮，如图3-35所示。

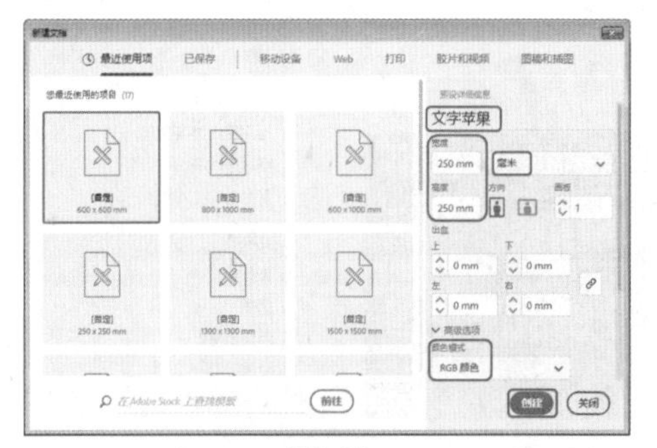

图3-35

Step 02 单击工具箱中的【矩形工具】按钮，在画板中单击，在弹出的对话框中将【宽度】设置为164mm、【高度】设置为138mm，单击【确定】按钮，如图3-36所示。

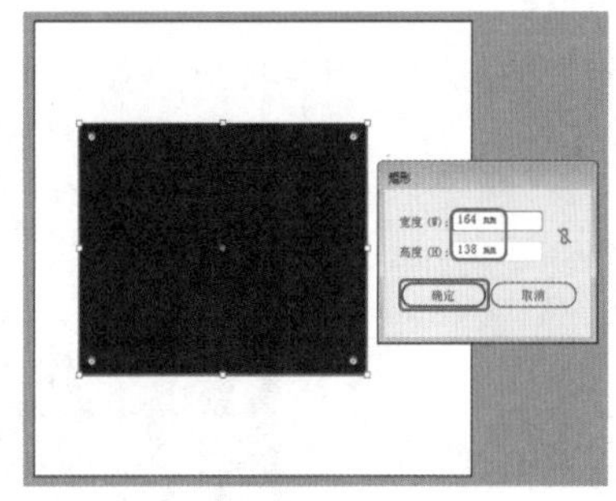

图3-36

Step 03 单击工具箱中的【钢笔工具】按钮，在画板中绘制如图3-37所示的苹果形状。

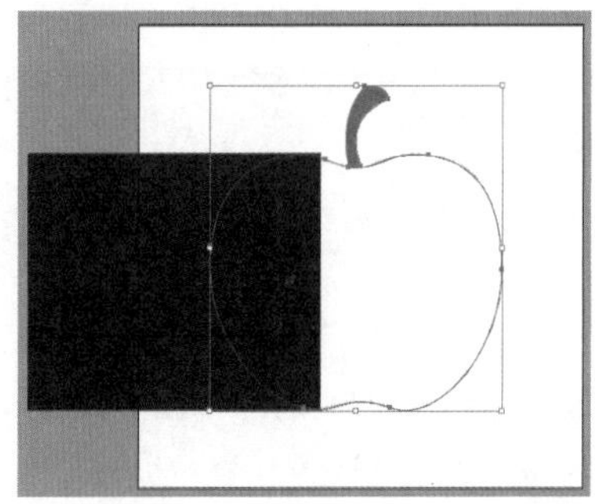

图3-37

Step 04 单击工具箱中的【文字工具】按钮，在画板中单击，分别输入“Apple”“hello”“Disc”“Rainbow”等英文单词，单击控制栏中的【字符】按钮，将【字体系列】设置为“impact”，适当调整其大小和颜色，然后调整至合适的位置，如图3-38所示。

Step 05 单击工具箱中的【选择工具】按钮，按住Shift键选择所有字符，右键单击，在弹出的快捷菜单中选择【创建轮廓】命令，如图3-39所示。再次右键单击，在弹出的快捷菜单中选择【编组】命令。

图3-38

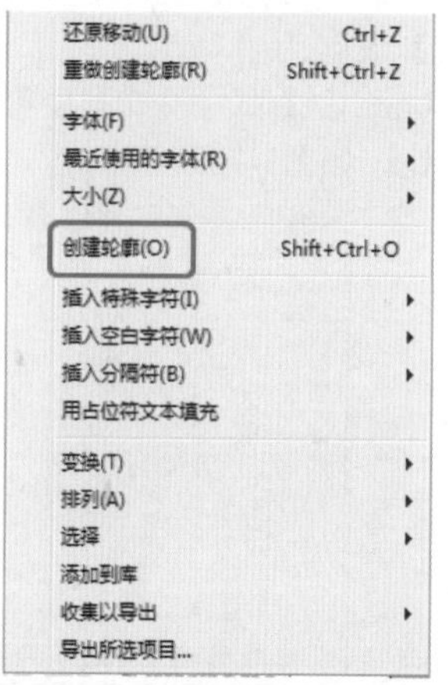

图3-39

Step 06 单击工具箱中的【选择工具】按钮，单击选择苹果形状，在【图层】面板中将其置于顶层，按住Shift键选择所有字符和上面的苹果图形，在菜单栏中选择【对象】|【封套扭曲】|【用顶层对象建立】命令，效果如图3-40所示。

Step 07 将矩形调整至与画板相同大小，如图3-41所示。

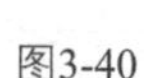

图3-40

图3-41

实例044 制作彩铅

场景：场景\Cha03\实例044 制作彩铅.ai

本例通过彩铅的设计与制作，讲解钢笔工具、基本绘图工具、直接选择工具的使用，熟悉并掌握【颜色】面板的使用，效果如图3-42所示。

图3-42

Step 01 启动软件后，按Ctrl+N组合键，在弹出的【新建文档】对话框中输入【名称】为“彩铅”，将【单位】设置为“毫米”，【宽度】和【高度】均设置为1000mm，【颜色模式】设置为RGB，然后单击【创建】按钮，如图3-43所示。

图3-43

Step 02 单击工具箱中的【矩形工具】按钮，在画板中单击，在弹出的【矩形】对话框中将【宽度】设置为13.3mm、【高度】设置为414.8mm，如图3-44所示。

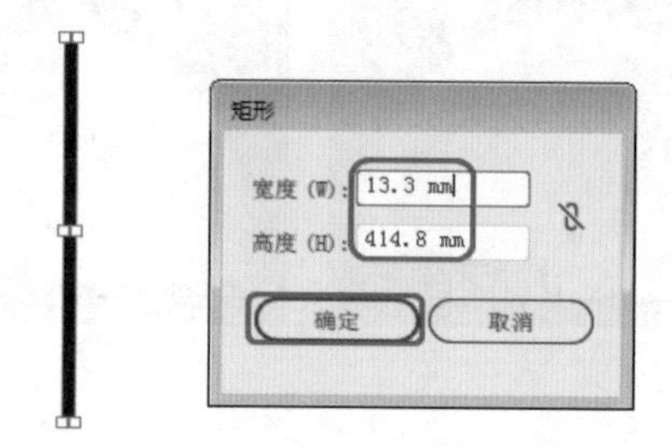

图3-44

Step 03 单击工具箱中的【添加锚点工具】按钮，在矩形上方的路径上单击左键添加锚点，单击工具箱中的【直接选择工具】，将锚点调整至合适的位置，如图3-45所示。

Step 04 单击工具箱中的【选择工具】按钮，选择上一步调整的图形，按住Alt键单击并拖曳，使其移动并复制出两个，如图3-46所示。

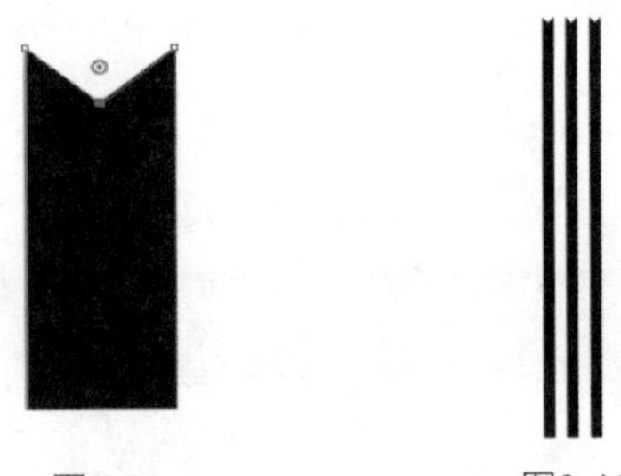

图3-45　　图3-46

Step 05 在【颜色】面板中将左边图形【填色】的RGB值设置为241、153、117，中间图形【填色】的RGB值设置为229、0、18，右边图形【填色】的RGB值设置为190、0、8，【描边】均设置为“无”，如图3-47所示。

Step 06 单击工具箱中的【选择工具】按钮，分别单击选择左边图形和右边图形，将其宽度适当缩小，单击工具箱中的【直接选择工具】按钮调整其形状，然后调整至合适的位置，效果如图3-48所示。

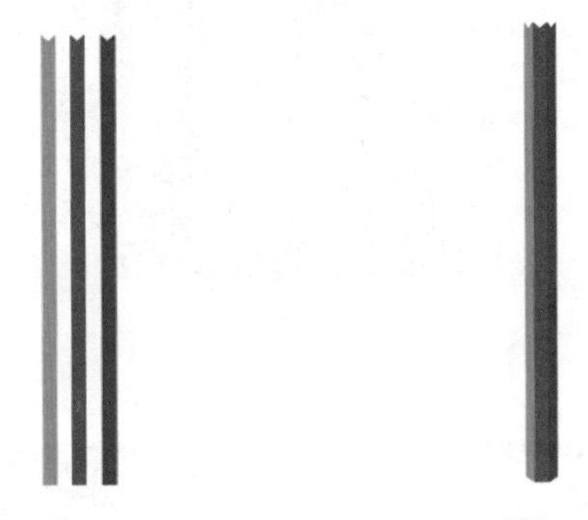

图3-47　　图3-48

Step 07 单击工具箱中的【钢笔工具】按钮，在画板中绘制一个如图3-49所示的图形，在【颜色】面板中将其【填色】的RGB值设置为240、213、182，将其调整至合适的位置，在绘制的图形上右击，在弹出的快捷菜单中选择【排列】|【置于底层】命令，调整排列顺序。

Step 08 单击工具箱中的【钢笔工具】按钮，在画板中绘制一个如图3-50所示的三角形，在【颜色】面板中将其【填色】的RGB值设置为229、0、18，将其调整至合适的位置。

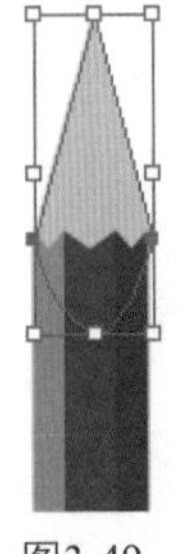

图3-49

图3-50

Step 09 单击工具箱中的【选择工具】按钮，框选绘制的所有图形，按住Alt键单击并拖曳，使其移动并复制，将移动出来的图形【填色】的RGB值设置为216、216、216，如图3-51所示。

Step 10 单击工具箱中的【选择工具】按钮，选择上一步绘制的阴影，右击，在弹出的快捷菜单中选择【排列】|【置于底层】命令，然后将其调整至合适的位置，如图3-52所示。

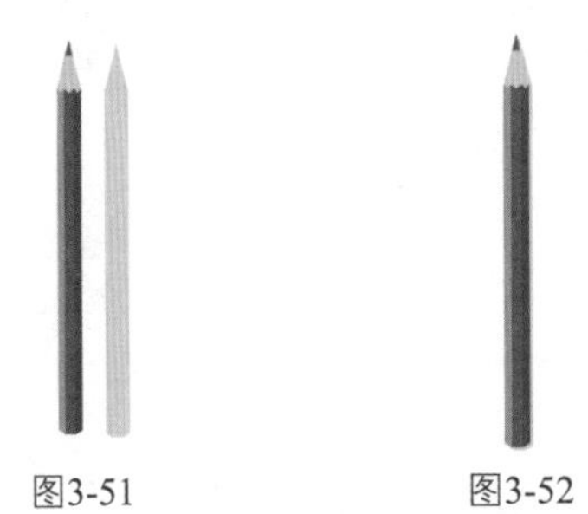

图3-51　　图3-52

Step 11 其他彩铅的制作同上，最终效果如图3-53所示。

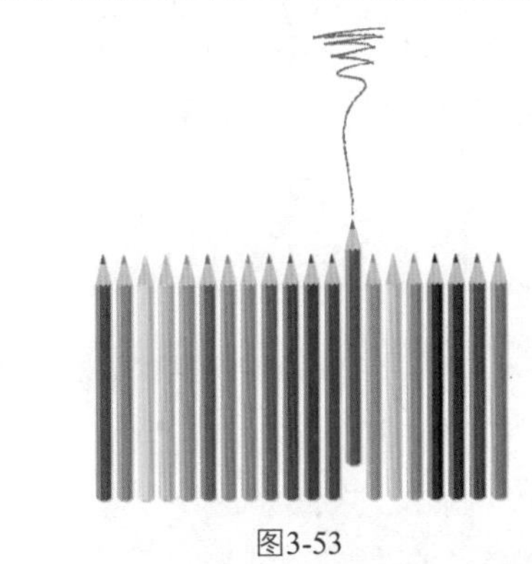

图3-53

实例 045 制作海豚

场景：场景\Cha03\实例045 制作海豚.ai

本例可以使用户掌握钢笔工具组合直接选择工具的使用，以及通过【渐变】和【颜色】面板设置图形的填色和描边，效果如图3-54所示。

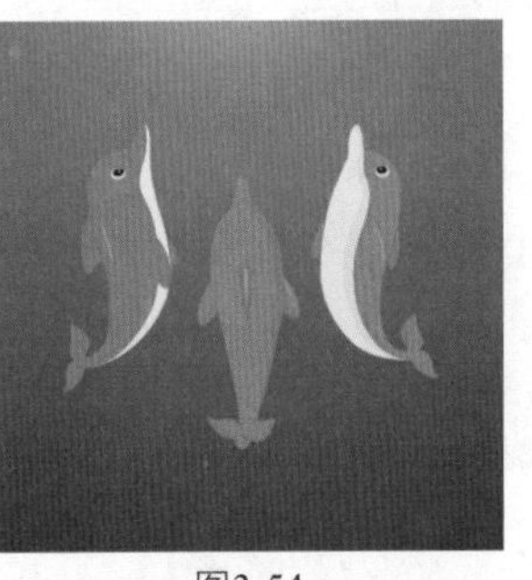

图3-54

Step 01 启动软件后，按Ctrl+N组合键，在弹出的【新建文档】对话框中输入【名称】为“海豚”，将【单位】设置为“毫米”，【宽度】和【高度】均设置为180mm，【颜色模式】设置为RGB，然后单击【创建】按钮，如图3-55所示。

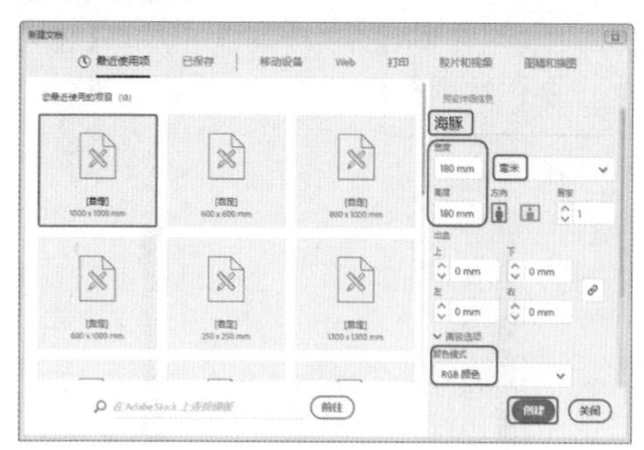

图3-55

Step 02 单击工具箱中的【矩形工具】按钮，在画板中单击左键，在弹出的对话框中将【宽度】和【高度】均设置为180mm，单击【确定】按钮，绘制一个和画板相同大小的正方形。单击控制栏中【样式】的下拉三角按钮，选择【凸边】样式，如图3-56所示。

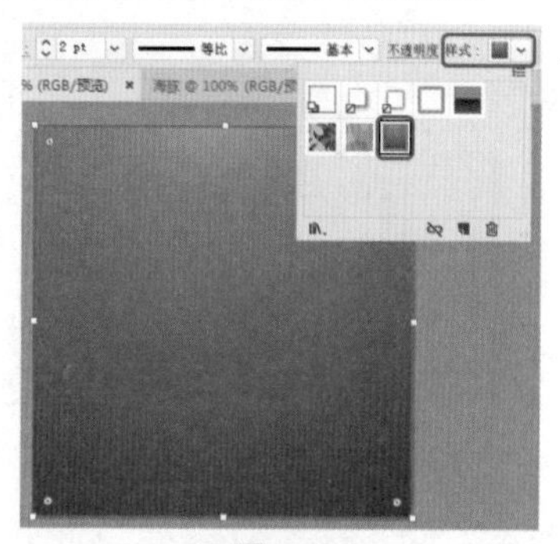

图3-56

Step 03 单击工具箱中的【钢笔工具】按钮，绘制海豚的轮廓，在【颜色】面板中将其【填色】的RGB值设置为96、157、213，【描边】设置为“无”，如图3-57所示。

Step 04 单击工具箱中的【钢笔工具】按钮，绘制海豚的其他部位，将腹部【填色】的RGB值设置为235、246、248，效果如图3-58所示。

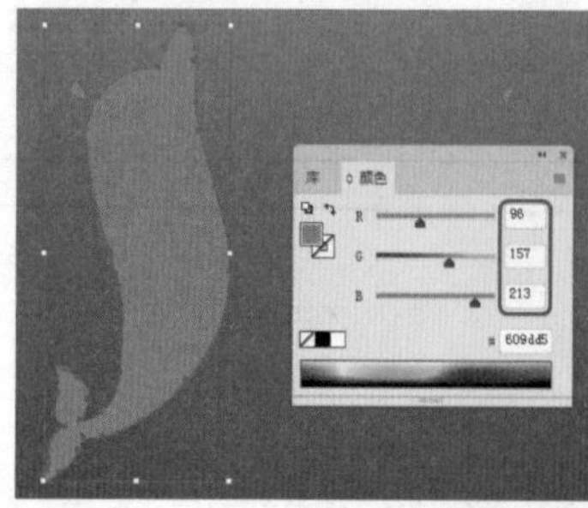

图3-57

图3-58

Step 05 单击工具箱中的【椭圆工具】按钮，在画板中绘制海豚眼睛，然后将其调整至合适的位置，如图3-59所示。

Step 06 单击工具箱中的【选择工具】按钮，将所有图形调整至合适的位置，然后单击工具箱中的【钢笔工具】按钮绘制轮廓线条，效果如图3-60所示。

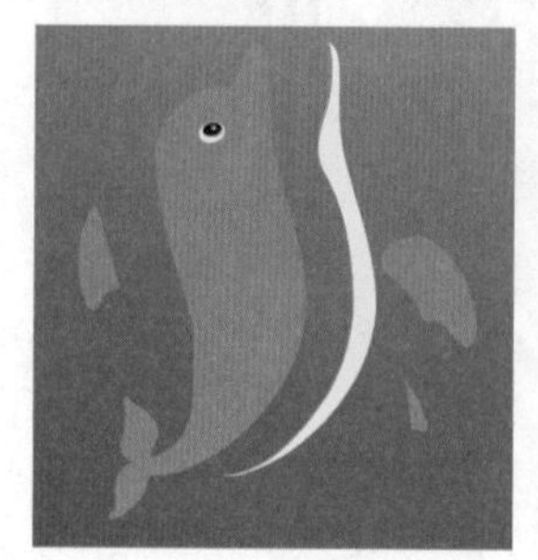

图3-59　　图3-60

Step 07 用同样的方法绘制另外两只海豚。最终效果如图3-61所示。

图3-61

实例046 制作热气球

素材：素材\Cha03\热气球背景.ai

场景：场景\Cha03\实例046 制作热气球.ai

本实例使用户掌握钢笔工具组的使用，通过【渐变】和【颜色】面板设置图形的填色属性，了解【透明度】面板的使用，效果如图3-62所示。

图3-62

Step 01 启动软件后，按Ctrl+O组合键，打开“素材\Cha03\热气球背景.ai”文件，如图3-63所示。

Step 02 单击工具箱中的【文字工具】按钮，在画板中单击左键，输入文字“热气球之旅”，单击控制栏的【字符】按钮，在弹出的【字符】面板中将【字体系列】设置为“方正少儿简体”，【字号】设置为180pt，如图3-64所示。

图3-63

图3-64

Step 03 单击工具箱中的【选择工具】按钮，选择上一步输入的文字，在菜单栏中选择【对象】|【扩展】命令，在弹出的【扩展】对话框中勾选【对象】复选框，如图3-65所示，单击【确定】按钮，然后右击，在弹出的快捷菜单中选择【取消编组】命令。

Step 04 单击工具箱中的【选择工具】按钮，按住Shift键单击选择“热”“气”“球”，在【颜色】面板中将【填色】的RGB值设置为240、178、20，用相同的方法选择“之”“旅”，在【颜色】面板中将【填色】的RGB值设置为255、255、255，然后将其移动至合适的位置，如图3-66所示。

图3-65

图3-66

Step 05 单击工具箱中的【钢笔工具】按钮，绘制图3-67所示的图形，然后将其调整至合适的位置。

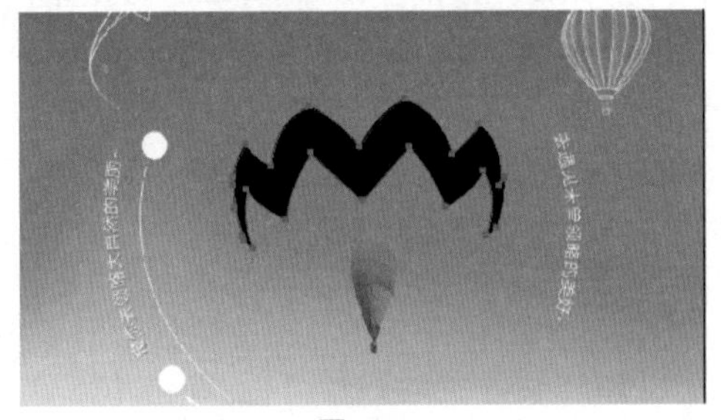

图3-67

Step 06 单击工具箱中的【选择工具】按钮，选择上一步绘制的图形，按Ctrl+F9组合键，在弹出的【渐变】面板中将【类型】设置为“径向”、【角度】设置为0°，将0%位置色标的RGB值设置为128、195、130，100%位置色标的RGB值设置为102、145、203，如图3-68所示。

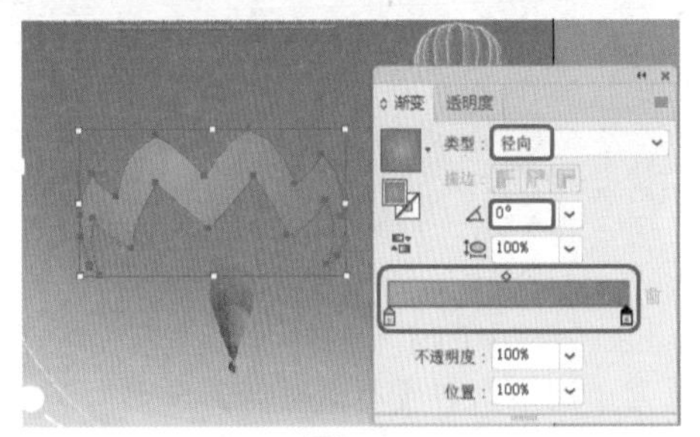

图3-68

Step 07 用相同的方法绘制热气球的其他部分，完成后的效果如图3-69所示。

图3-69

Step 08 单击工具箱中的【钢笔工具】按钮，在画板中绘制6个图3-70所示的图形，单击控制栏中的【不透明度】按钮，将【混合模式】设置为“滤色”、【不透明度】设置为70%，然后将其调整至合适的位置。

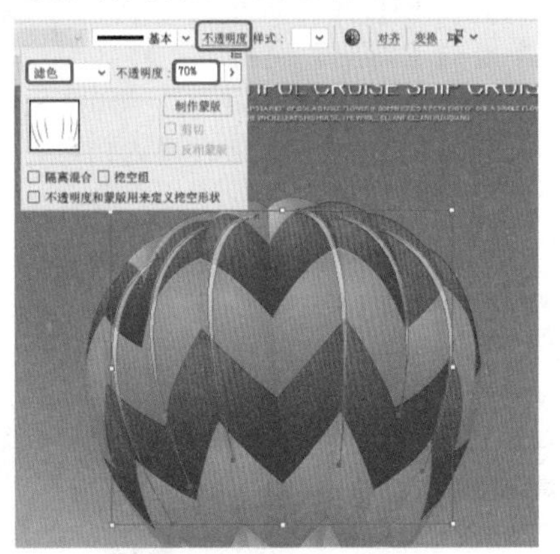

图3-70

Step 09 单击工具箱中的【椭圆工具】按钮，在画板中绘制图3-71所示的6个椭圆，按Ctrl+F9组合键，在弹出的【渐变】面板中将【类型】设置为“径向”、【角度】设置为-18.6°、【长宽比】设置为161%，将左侧色标的RGB值设置为229、229、229，将其调整至25.3%位置处，将100%位置色标的RGB值设置为4、0、0。

图3-71

Step 10 单击控制栏中的【不透明度】按钮，将【混合模式】设置为“滤色”、【不透明度】设置为50%，然后将其调整至合适的位置，如图3-72所示。

图3-72

Step 11 单击工具箱中的【钢笔工具】按钮，沿着热气球的轮廓绘制一个和它相同大小的形状，按Ctrl+F9组合键，在弹出的【渐变】面板中，将【类型】设置为“线性”、【角度】设置为90°，将0%位置的色标设置为黑色，100%位置的色标设置为白色，如图3-73所示。

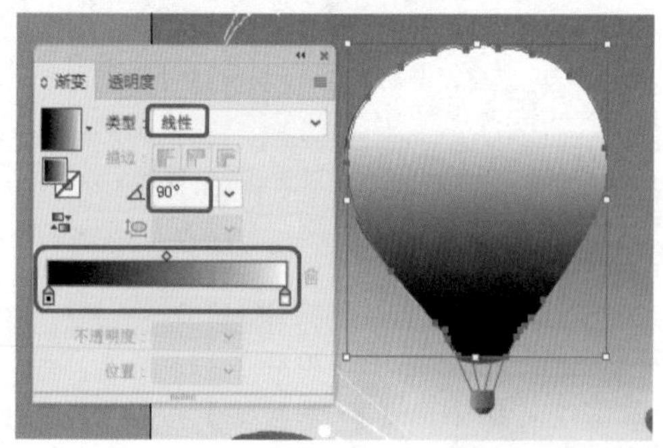

图3-73

Step 12 单击工具箱中的【选择工具】按钮，选择上一步设置渐变的图形，单击控制栏中的【不透明度】按钮，将【混合模式】设置为“正片叠底”、【不透明度】设置为10%，如图3-74所示，完成效果如图3-75所示。

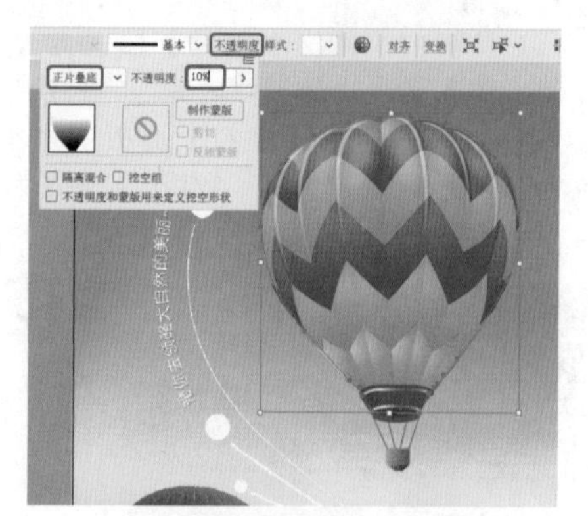

图3-74

图3-75

实例047 制作标志设计一

场景：场景\Cha03\实例047 制作标志设计一.ai

本实例通过标志设计的制作，主要讲解【钢笔工具】的使用，然后通过【颜色】面板设置颜色，效果如图3-76所示。

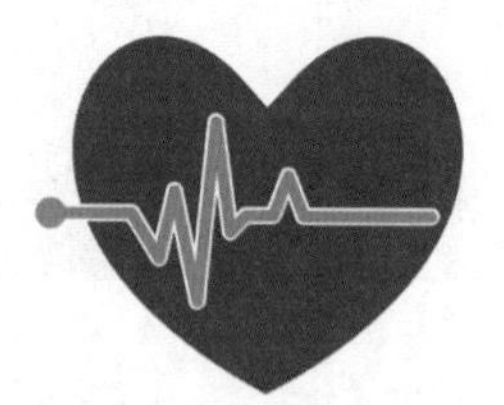

图3-76

Step 01 启动软件后，按Ctrl+N组合键，在弹出的【新建文档】对话框中输入【名称】为“标志设计一”，将【单位】设置为“毫米”，【宽度】和【高度】均设置为180mm，【颜色模式】设置为RGB，然后单击【创建】按钮，如图3-77所示。

Step 02 单击工具箱中的【钢笔工具】按钮，在画板中绘制图3-78所示的图形，在【颜色】面板中将其【填色】的RGB值设置为211、11、26，【描边】设置为“无”。

图3-77

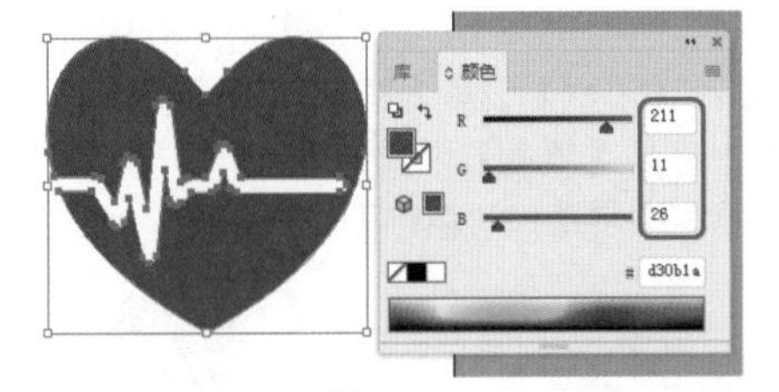

图3-78

Step 03 单击工具箱中的【钢笔工具】按钮，在画板中绘制图3-79所示的图形，在【颜色】面板中将其【填色】的RGB值设置为35、152、216，【描边】设置为“无”，然后将其调整至合适的位置。

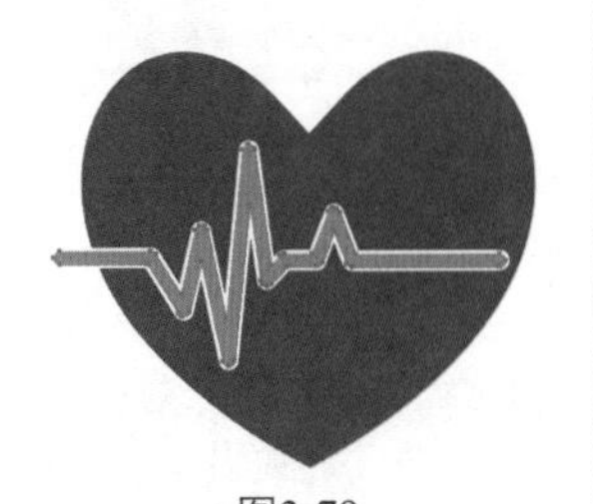

图3-79

Step 04 单击工具箱中的【椭圆工具】按钮，在画板中单击左键，在弹出的对话框中将【宽度】和【高度】均设置为9mm，在【颜色】面板中将其【填色】的RGB值设置为35、152、216，【描边】设置为“无”，然后将其调整至合适的位置，如图3-80所示。

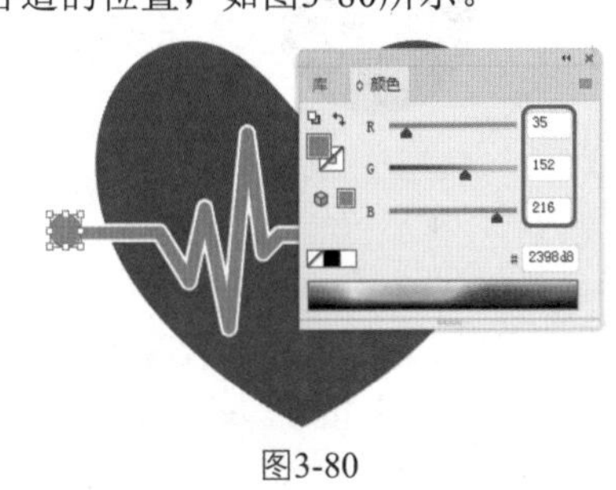

图3-80

实例048 制作标志设计二

素材：素材\Cha03\足球.ai

场景：场景\Cha03\实例048 制作标志设计二.ai

本实例的制作方法与实例48相同，效果如图3-81所示。

Step 01 启动软件后，按Ctrl+N组合键，在弹出的【新建文档】对话框中输入【名称】为“标志设计二”，将【单位】设置为“毫米”，【宽度】和【高度】均设置为180mm，【颜色模式】设置为RGB，然后单击【创建】按钮。单击工具箱中的【钢笔工具】按钮，绘制图3-82所示的图形，在【颜色】面板中将【填色】的RGB值设置为15、92、150。

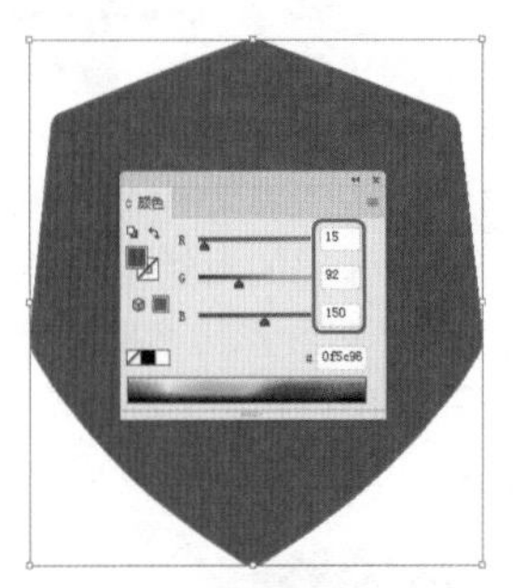

图3-81　　图3-82

Step 02 再次使用【钢笔工具】在画板中绘制图3-83所示的两个图形，并在【颜色】面板中将【填色】的RGB值设置为255、255、255。

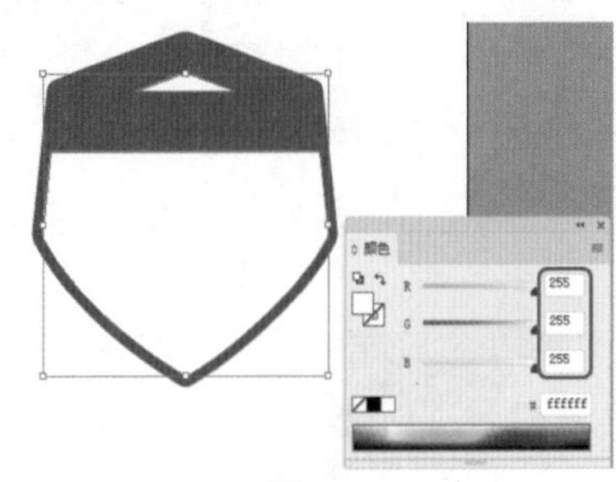

图3-83

Step 03 单击工具箱中的【文字工具】按钮，在画板中输入单词“FOOTBALL CLUB”，在控制栏中单击【字符】按钮，在弹出的面板中将【字体系列】设置为“汉仪综艺体简”，将【字体大小】设置为36pt、【行距】设置为18pt、【垂直缩放】设置为100%、【水平缩放】设置为60%，在【颜色】面板中将其【填色】设置为白色，如图3-84所示。

图3-84

Step 04 单击工具箱中的【钢笔工具】按钮，在画板中绘制图3-85所示的图形，在【颜色】面板中将其【填色】

的RGB值设置为247、139、8。

Step 05 单击工具箱中的【钢笔工具】按钮，绘制图3-86所示的图形，然后将其调整至合适的位置。

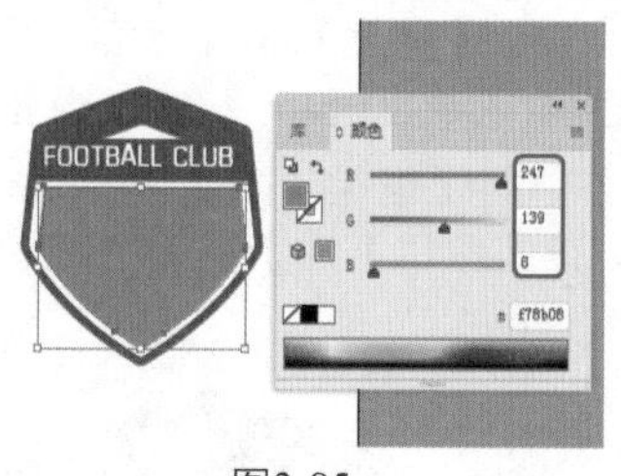

图3-85

图3-86

Step 06 单击工具箱中的【椭圆工具】按钮，在画板中单击，在弹出的对话框中将【宽度】和【高度】均设置为41.4mm，然后将其调整至合适的位置，如图3-87所示。

Step 07 打开“素材\Cha03\足球.ai”文件，将其复制粘贴至文档中，然后将其调整至合适的位置，如图3-88所示。

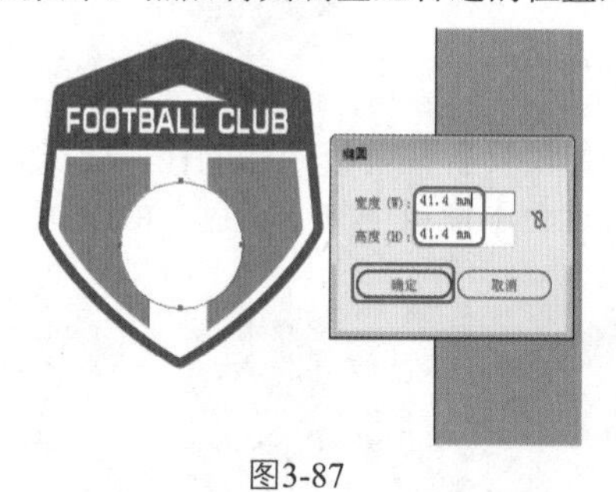

图3-87

图3-88

实例049 制作太极八卦图

场景：场景\Cha03\实例049 制作太极八卦图.ai

本实例通过太极八卦图的设计与制作，重点使用户掌握基本绘图工具和钢笔工具的使用，效果如图3-89所示。

图3-89

Step 01 启动软件后，按Ctrl+N组合键，在弹出的【新建文档】对话框中输入【名称】为“太极八卦图”，将【单位】设置为“毫米”，【宽度】和【高度】均设置为180mm，【颜色模式】设置为RGB，然后单击【创建】按钮，如图3-90所示。

图3-90

Step 02 单击工具箱中的【多边形工具】按钮，在画板中单击左键，在弹出的【多边形】对话框中将【半径】设置为62mm，【边数】设置为8，单击【确定】按钮，在【颜色】面板中将其【填色】设置为“无”、【描边】设置为黑色，在控制栏中将【描边粗细】设置为1pt，如图3-91所示。

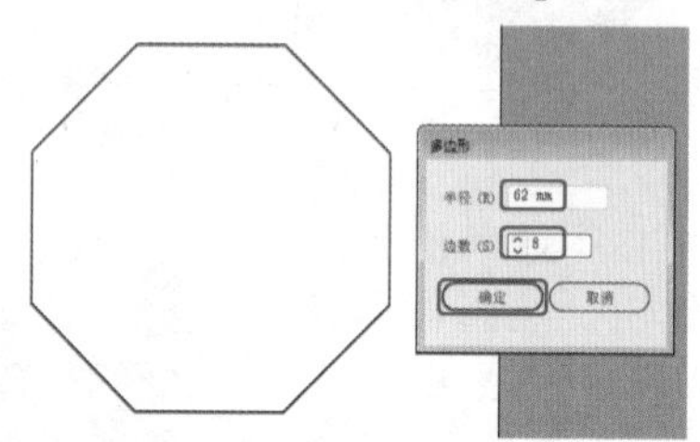
图3-91

Step 03 单击工具箱中的【椭圆工具】按钮，在画板中单击，在弹出的【椭圆】对话框中将【宽度】和【高度】均设置为68.6mm，单击【确定】按钮，在【颜色】面板中将其【填色】设置为黑色，【描边】设置为“无”，如图3-92所示。

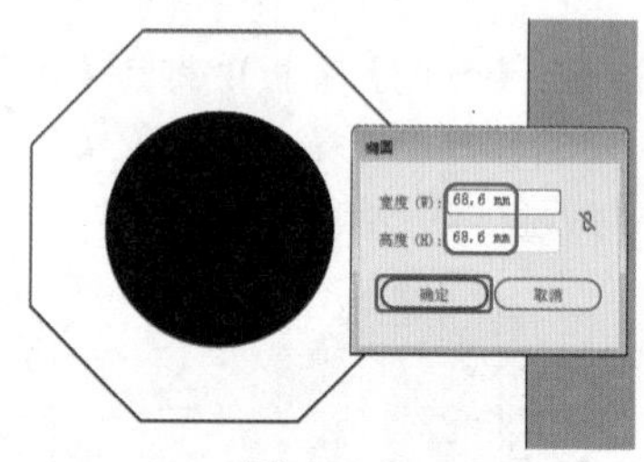
图3-92

Step 04 单击工具箱中的【椭圆工具】按钮，在画板中单击，在弹出的对话框中将【宽度】和【高度】均设置为66.6mm，单击【确定】按钮，在【颜色】面板中将其【填色】的RGB值设置为216、216、216，【描边】设置为“无”，如图3-93所示。

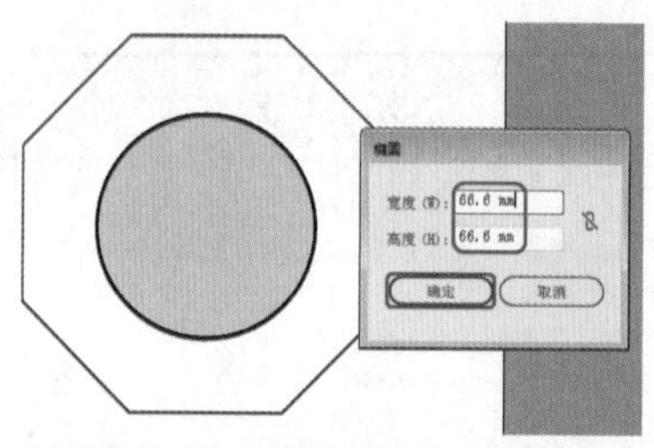
图3-93

Step 05 单击工具箱中的【钢笔工具】按钮，在画板中绘制图3-94所示的图形，在【颜色】面板中将其【填色】设置为黑色。

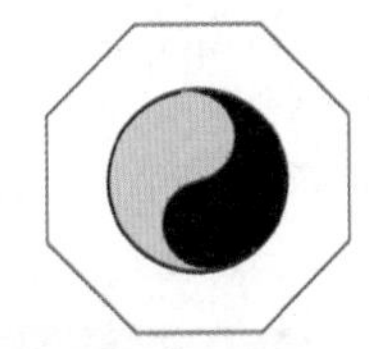

图3-94

Step 06 单击工具箱中的【椭圆工具】按钮，在画板中单击，在弹出的【椭圆】对话框中将【宽度】和【高度】均设置为10.6mm，单击【确定】按钮，并对绘制的圆形进行复制，在【颜色】面板中分别将两个圆的【填色】设置为黑色和灰色，如图3-95所示。

Step 07 单击工具箱中的【矩形工具】按钮，绘制其他的矩形图形，在【颜色】面板中将其【填色】设置为黑色，最终效果如图3-96所示。

图3-95　图3-96

实例 050 制作招财猫

素材：素材\Cha03\招财猫背景.ai

场景：场景\Cha03\实例050 制作招财猫.ai

本实例通过招财猫的制作，主要讲解钢笔工具的使用，然后通过【颜色】面板设置颜色，效果如图3-97所示。

图3-97

Step 01 启动软件后，按Ctrl+O组合键，打开"素材\Cha03\招财猫背景.ai"文件，如图3-98所示。

Step 02 单击工具箱中的【钢笔工具】按钮，在画板中绘制招财猫的头部轮廓，在【颜色】面板中将其【填色】的RGB值设置为255、226、148，【描边】设置为"无"，然后将其调整至合适的位置，再使用【钢笔工具】在画板中绘制招财猫耳部轮廓，在【颜色】面板中将其【填色】的RGB值设置为237、27、36，如图3-99所示。

图3-98　图3-99

Step 03 单击工具箱中的【钢笔工具】按钮，在画板中绘制招财猫肚子轮廓，在【颜色】面板中将其【填色】的RGB值设置为255、226、148，【描边】设置为"无"，然后将其调整至合适的位置，如图3-100所示。

Step 04 单击工具箱中的【钢笔工具】按钮，在画板中绘制招财猫的其他部分，在【颜色】面板中将其【填色】的RGB值设置为255、226、148，【描边】设置为"无"，然后将其调整至合适的位置，如图3-101所示。

图3-100　图3-101

实例 051 制作玩具熊

素材：素材\Cha03\玩具熊背景.ai

场景：场景\Cha03\实例051 制作玩具熊.ai

本实例重点使用户掌握钢笔工具的使用方法，效果如图3-102所示。

图3-102

Step 01 启动软件后，按Ctrl+O组合键，打开"素材\Cha03\玩具熊背景.ai"文件，如图3-103所示。

图3-103

Step 02 单击工具箱中的【钢笔工具】按钮，在画板中绘制图3-104所示的图形，在【颜色】面板中将【填色】的RGB值设置为152、83、29，【描边】设置为“无”，然后将其调整至合适的位置。

图3-104

Step 03 单击工具箱中的【钢笔工具】按钮，在画板中绘制图3-105所示的图形，在【颜色】面板中将【填色】的RGB值设置为187、114、58，【描边】设置为“无”，然后将其调整至合适的位置。

Step 04 单击工具箱中的【钢笔工具】按钮，在画板中绘制图3-106所示的图形，在【颜色】面板中将【填色】的RGB值设置为120、66、28，【描边】设置为“无”，然后将其调整至合适的位置。

图3-105　　图3-106

Step 05 单击工具箱中的【钢笔工具】按钮，在画板中绘制图3-107所示的图形，在【颜色】面板中将【填色】的RGB值设置为213、151、88，【描边】设置为“无”，然后将其调整至合适的位置。

Step 06 单击工具箱中的【钢笔工具】按钮，在画板中绘制图3-108所示的图形，在【颜色】面板中将【填色】的RGB值设置为136、74、29，【描边】设置为“无”，然后将其调整至合适的位置。

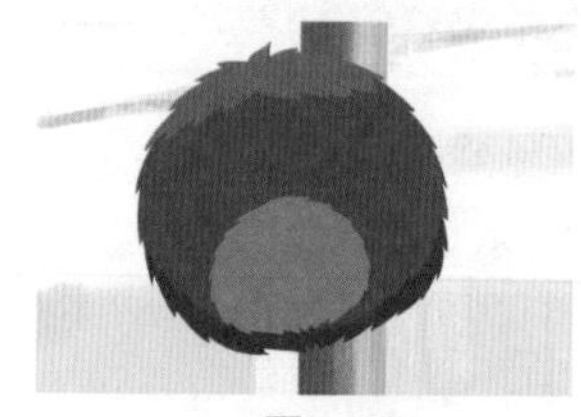

图3-107

图3-108

Step 07 单击工具箱中的【钢笔工具】按钮，在画板中绘制图3-109所示的图形，在【颜色】面板中将【填色】的RGB值设置为80、53、17，【描边】设置为“无”，然后将其调整至合适的位置。

Step 08 单击工具箱中的【钢笔工具】按钮，在画板中绘制玩具熊的其他部分，然后将其调整至合适的位置，完成后如图3-110所示。

图3-109

图3-110

实例 052 制作色子

场景：场景\Cha03\实例052 制作色子.ai

本实例通过色子的设计与制作，主要使用户掌握钢笔工具绘制图形的技巧，通过【渐变】和【颜色】面板设置填色和描边属性等，效果如图3-111所示。

图3-111

Step 01 启动软件后，按Ctrl+N组合键，在弹出的【新建文档】对话框中输入【名称】为“色子”，将【单位】设置为“毫米”，【宽度】和【高度】均设置为180mm，【颜色模式】设置为RGB，然后单击【创建】按钮，如图3-112所示。

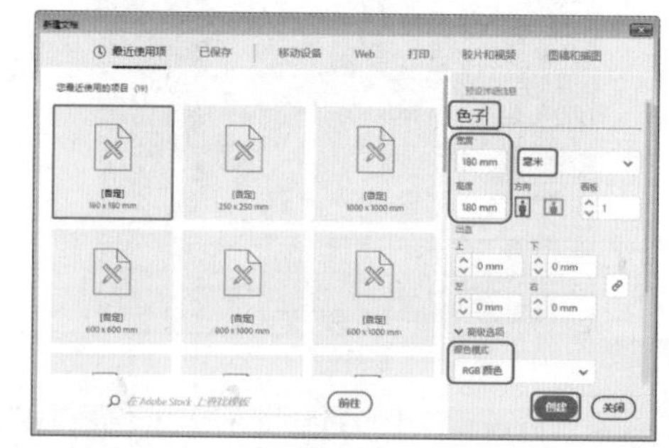

图3-112

Step 02 单击工具箱中的【钢笔工具】按钮，在画板中绘制图3-113所示的图形。

Step 03 单击工具箱中的【选择工具】按钮，选择上一步绘制的图形，按Ctrl+F9组合键，在【渐变】面板

图3-113

中将【类型】设置为“线性”、“角度”设置为90°，将0%位置色标的RGB值设置为19、146、202，100%位置色标的RGB值设置为135、206、250，在【颜色】面板中将【描边】设置为“无”，如图3-114所示。

Step 04 单击工具箱中的【钢笔工具】按钮，在画板中绘制图3-115所示的图形，然后将其调整至合适的位置。

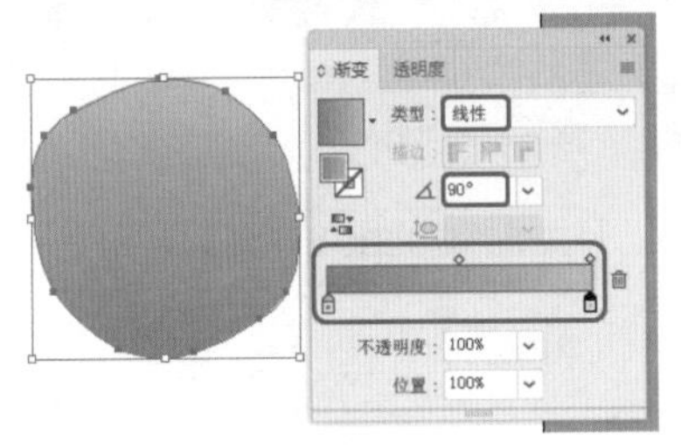

图3-114

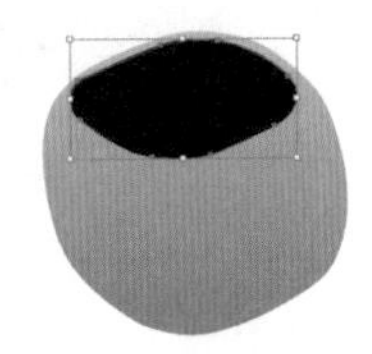

图3-115

Step 05 单击工具箱中的【选择工具】按钮，选择上一步绘制的图形，按Ctrl+F9组合键，在【渐变】面板中将【类型】设置为“线性”、【角度】设置为90°，将0%位置色标的RGB值设置为135、206、250，100%位置色标的RGB值设置为0、191、255，在【颜色】面板中将【描边】设置为“无”，如图3-116所示。

Step 06 单击工具箱中的【钢笔工具】按钮，在画板中绘制图3-117所示的图形，然后将其调整至合适的位置。

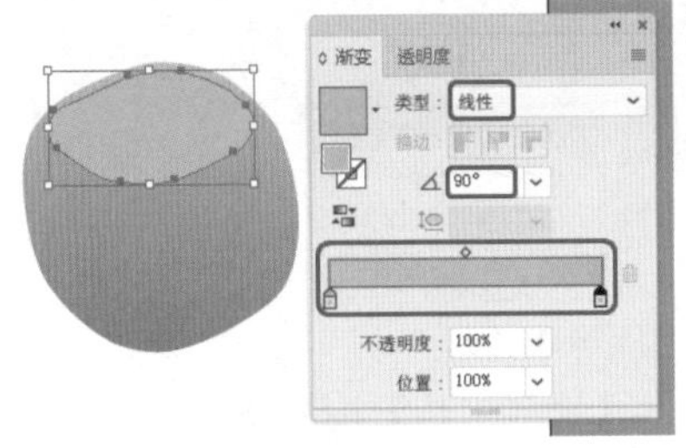

图3-116

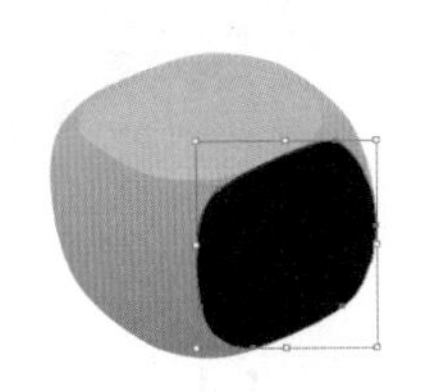

图3-117

Step 07 单击工具箱中的【选择工具】按钮，选择上一步绘制的图形，按Ctrl+F9组合键，在【渐变】面板中将【类型】设置为“线性”、【角度】设置为90°，将0%位置色标的RGB值设置为135、206、250，100%位置色标的RGB值设置为0、191、255，在【颜色】面板中将【描边】设置为“无”，如图3-118所示。

Step 08 单击工具箱中的【钢笔工具】按钮，在画板中绘制图3-119所示的图形，然后将其调整至合适的位置。

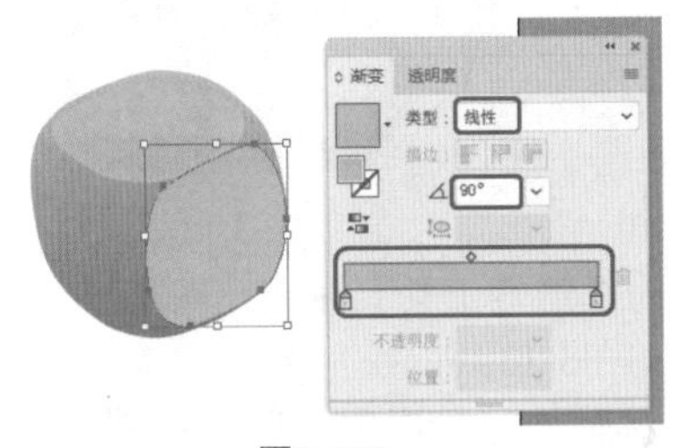

图3-118

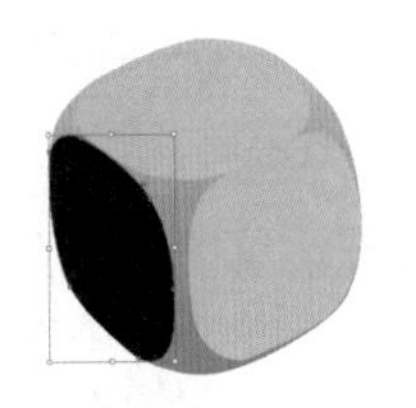

图3-119

Step 09 单击工具箱中的【选择工具】按钮，选择上一步绘制的图形，按Ctrl+F9组合键，在【渐变】面板中将【类型】设置为“线性”、【角度】设置为90°，将0%位置色标的RGB值设置为135、206、250，100%位置色标的RGB值设置为0、191、255，在【颜色】面板中将【描边】设置为“无”，如图3-120所示。

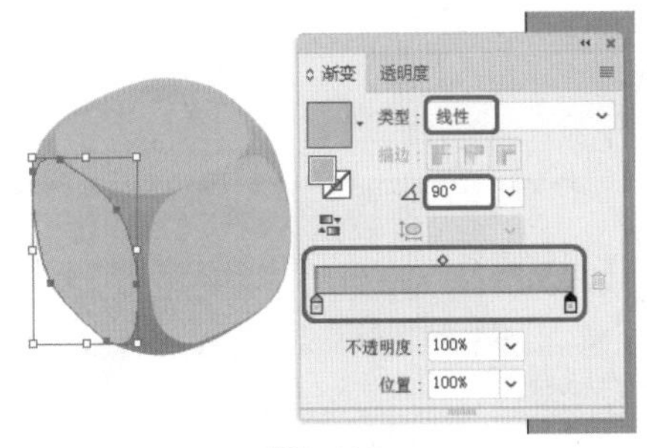

图3-120

Step 10 单击工具箱中的【钢笔工具】按钮，在画板中绘制图3-121所示的图形，在【颜色】面板中将其【填色】设置为白色，【描边】设置为“无”，然后将其调整至合适的位置。

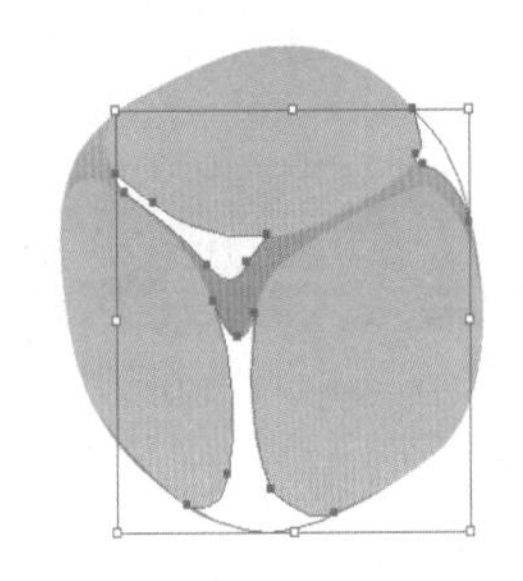

图3-121

Step 11 单击工具箱中的【选择工具】按钮，按住Shift键选择上一步绘制的3个图形，单击控制栏中的【不透明度】按钮，在弹出的面板中将【不透明度】设置为15%，如图3-122所示。

Step 12 单击工具箱中的【椭圆工具】按钮，在面板中绘制其他的圆点，在【颜色】面板中将其【填色】设置为白色，【描边】设置为“无”，然后将其调整至合适的位置，如图3-123所示。

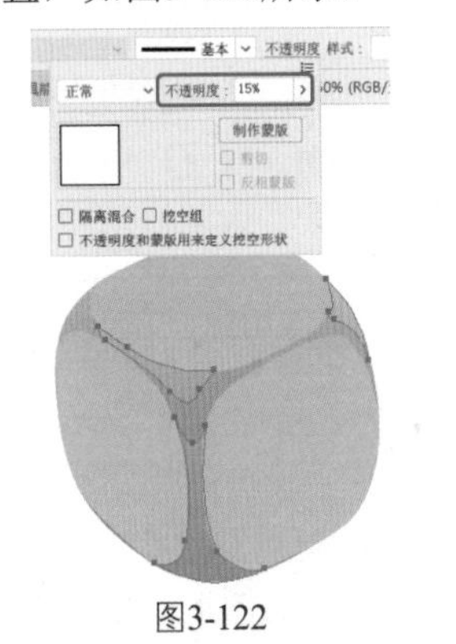

图3-122

图3-123

Step 13 使用相同的方法，绘制其他的色子。最终效果如图3-124所示。

图3-124

实例053 制作剪刀

素材：素材\Cha03\剪刀背景.ai

场景：场景\Cha03\实例053 制作剪刀.ai

本实例通过剪刀的设计与制作，主要使用户掌握用钢笔工具绘制图形，通过【渐变】和【颜色】面板设置填色和描边属性，效果如图3-125所示。

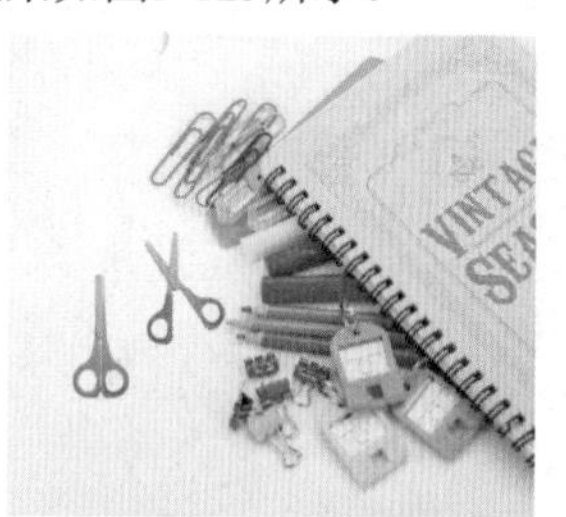

图3-125

Step 01 启动软件后，按Ctrl+O组合键，打开“素材\Cha03\剪刀背景.ai”文件，单击工具箱中的【钢笔工具】按钮，绘制图3-126所示的两个图形，并为其填充任意一种颜色。

Step 02 选中绘制的两个图形，按Ctrl+8组合键建立复合路径，继续选中该图形，按Ctrl+F9组合键，在【渐变】面板中将【类型】设置为“线性”、【角度】设置为-92°，将0%位置色标的RGB值设置为249、194、0，100%位置色标的RGB值设置为230、56、13，在【颜色】面板中将【描边】设置为“无”，如图3-127所示。

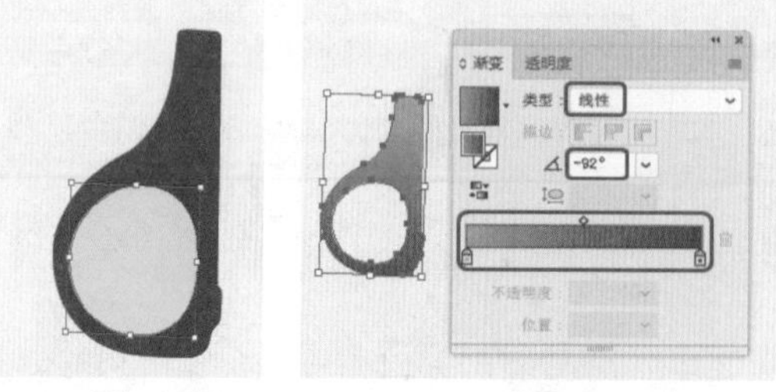

图3-126　　图3-127

Step 03 继续选中该图形，按住Alt键对其进行复制，并对复制的图形进行调整，选中调整后的图形，按Ctrl+F9组合键，在【渐变】面板中将【类型】设置为“线性”、【角度】设置为-92°，将0%位置色标的RGB值设置为247、181、0，100%位置色标的RGB值设置为238、129、0，在【颜色】面板中将【描边】设置为“无”，如图3-128所示。

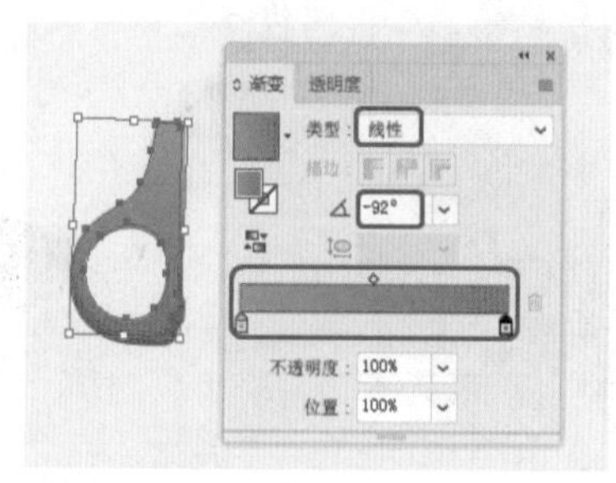

图3-128

Step 04 单击工具箱中的【钢笔工具】按钮，绘制图3-129所示的图形，按Ctrl+F9组合键，在【渐变】面板中将【类型】设置为“线性”、【角度】设置为-90°，将0%位置色标的RGB值设置为249、192、0，100%位置色标的RGB值设置为245、169、0，在【颜色】面板中将【描边】设置为“无”。

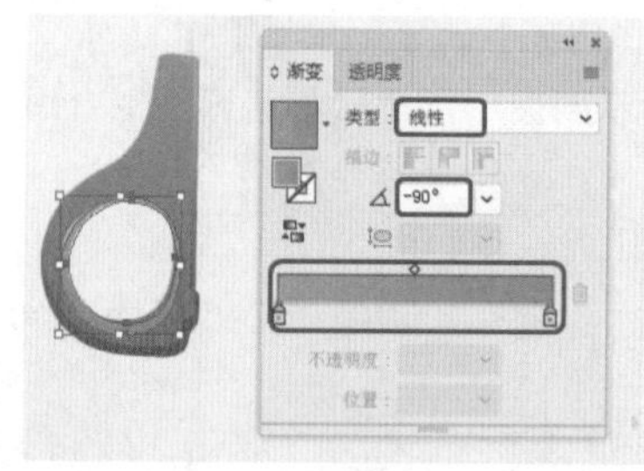

图3-129

Step 05 单击工具箱中的【选择工具】按钮，按住Shift键选择所有的图形对象，单击工具箱中的【镜像工具】按钮，在画板中确定镜像中心点的位置，按住Alt键单击左键，在弹出的【镜像】对话框中将【轴】设置为“垂直”、【角度】设置为90°，然后单击【复制】按钮，如图3-130所示。

Step 06 镜像并复制后的效果如图3-131所示。

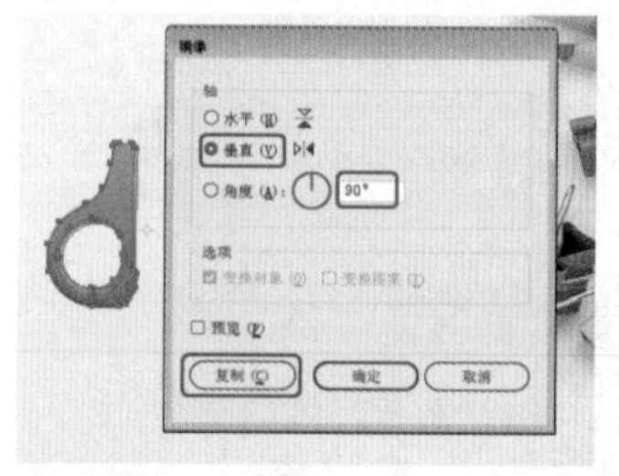

图3-130

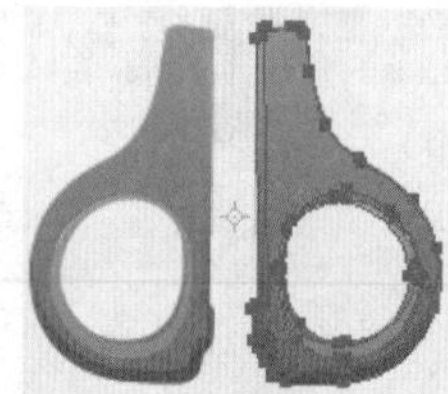

图3-131

Step 07 单击工具箱中的【钢笔工具】按钮，在画板中绘制剪刀的上半部分，如图3-132所示。

Step 08 用相同的方法绘制另一把剪刀，效果如图3-133所示。

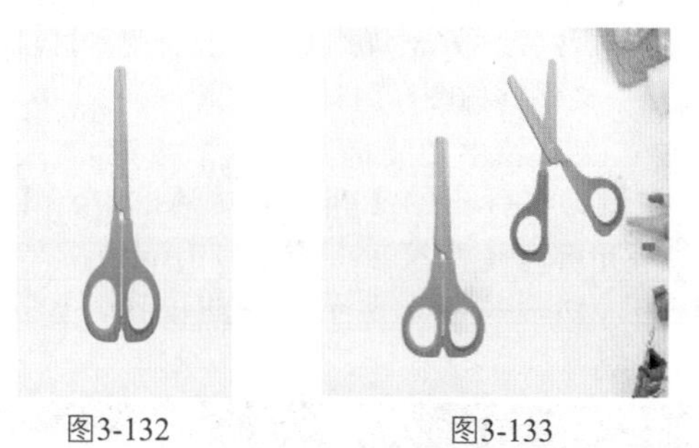

图3-132　　　　图3-133

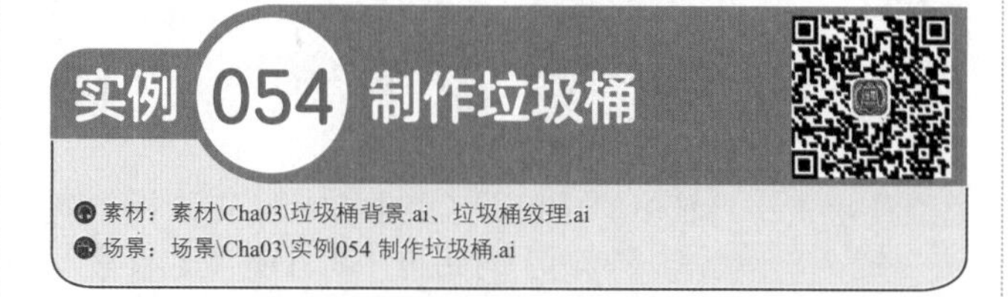

实例054 制作垃圾桶

素材：素材\Cha03\垃圾桶背景.ai、垃圾桶纹理.ai

场景：场景\Cha03\实例054 制作垃圾桶.ai

本例将使用户掌握【钢笔工具】组合【直接选择工具】的使用，通过【渐变】和【颜色】面板设置图形的填色和描边属性，效果如图3-134所示。

Step 01 启动软件后，按Ctrl+O组合键，打开“素材\Cha03\垃圾桶背景.ai”文件，如图3-135所示。

图3-134

图3-135

Step 02 单击工具箱中的【钢笔工具】按钮，在画板中绘制图3-136所示图形，在【颜色】面板中将其【填色】的RGB值设置为60、186、66，【描边】设置为“无”。

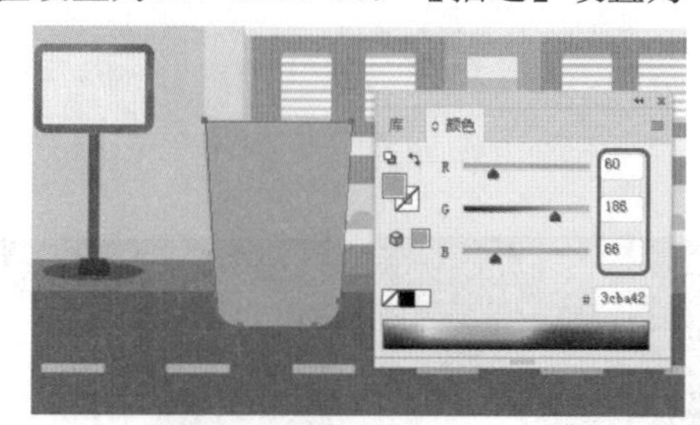

图3-136

Step 03 单击工具箱中的【圆角矩形】按钮，在画板中单击，在弹出的【圆角矩形】对话框中将【宽度】设置为135mm，【高度】设置为22mm，【圆角半径】设置为5mm，单击【确定】按钮，然后将其调整至合适的位置，如图3-137所示。

Step 04 单击工具箱中的【选择工具】按钮，选择上一步绘制的圆角矩形，在【颜色】面板中将其【填色】的RGB值设置为56、137、75，【描边】设置为“无”，如图3-138所示。

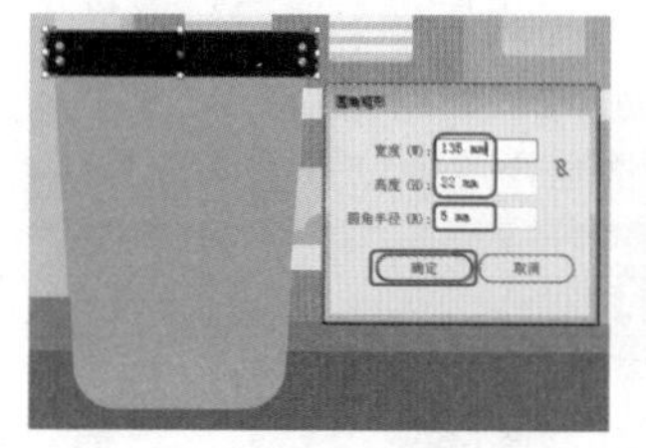

图3-137

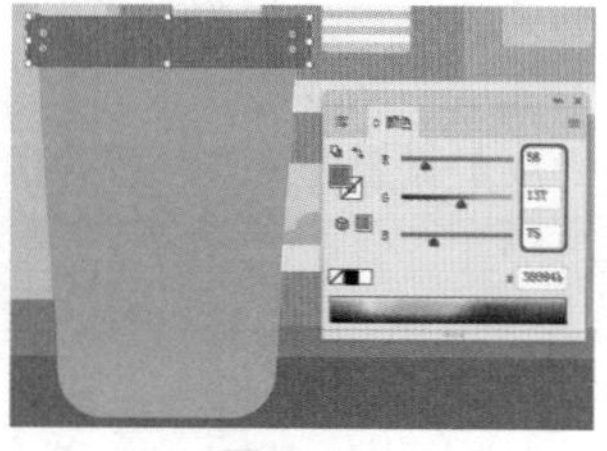

图3-138

Step 05 单击工具箱中的【钢笔工具】按钮，在画板中绘制图3-139所示的图形，在【颜色】面板中将其【填色】的RGB值设置为60、186、66，【描边】设置为“无”，然后调整至合适的位置。

Step 06 选中绘制的矩形，右击，在弹出的快捷菜单中选择【排列】|【后移一层】命令，然后单击工具箱中的【圆角矩形】按钮，在画板中单击左键，在弹出的【圆角矩形】对话框中将【宽度】设置为78mm，【高度】设置为14mm，【圆角半径】设置为3mm，单击【确定】按钮，将其调整至合适的位置，如图3-140所示。

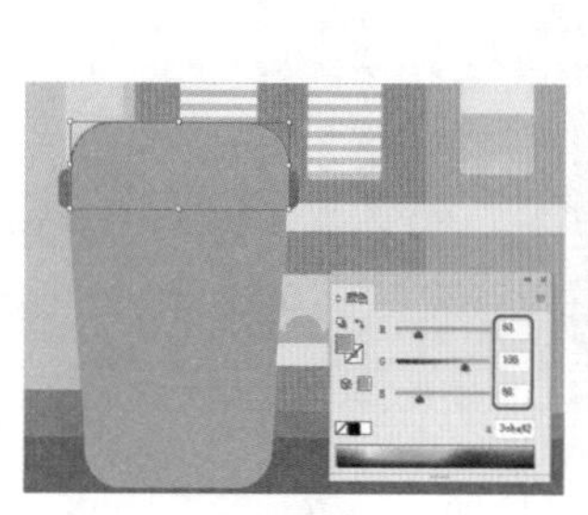

图3-139

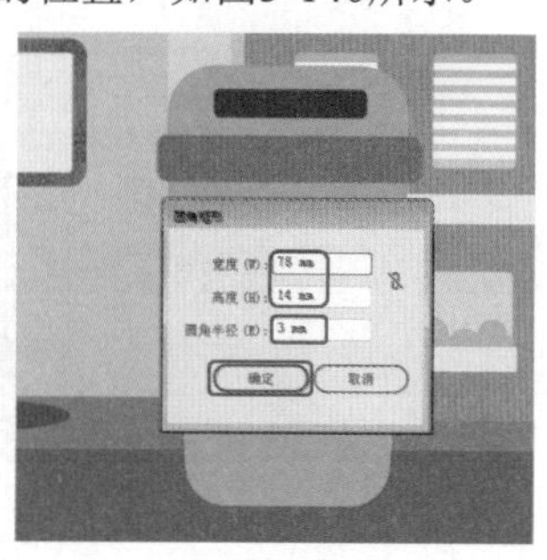

图3-140

Step 07 单击工具箱中的【钢笔工具】按钮，绘制图3-141所示的图形，在【颜色】面板中将其【填色】设置为白色，【描边】设置为“无”，然后将其调整至合适的位置。

Step 08 单击工具箱中的【文字工具】按钮，在画板中单击并输入“厨余垃圾”，单击控制栏中的【字符】按钮，在弹出的面板中将【字体系列】设置为“方正少儿简体”，【字体大小】设置为46pt，如图3-142所示。

图3-141

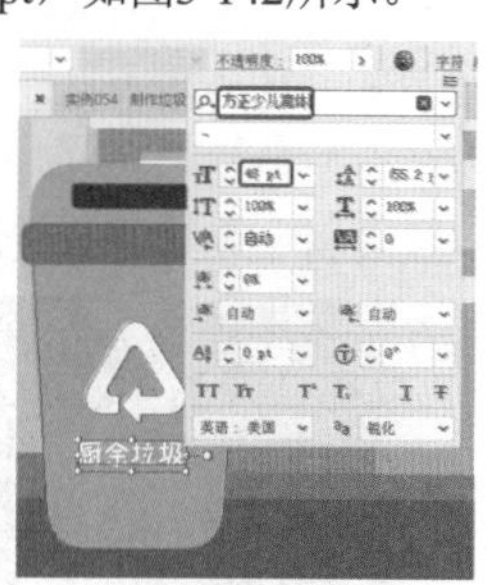

图3-142

Step 09 单击工具箱中的【钢笔工具】按钮，在画板中绘制图3-143所示的图形，在【颜色】面板中将其【填色】的RGB值设置为99、113、119，【描边】设置为“无”，并在【图层】面板中调整其排放顺序。

Step 10 单击工具箱中的【选择工具】按钮，选择上一步绘制的图形，单击控制栏中的【不透明度】按钮，在弹出的面板中将【混合模式】设置为“正片叠底”、【不透明度】设置为60%，将其调整至合适的位置，如图3-144所示。

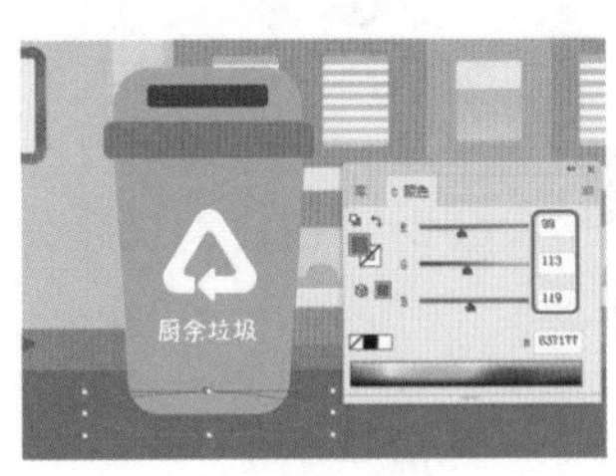
图3-143

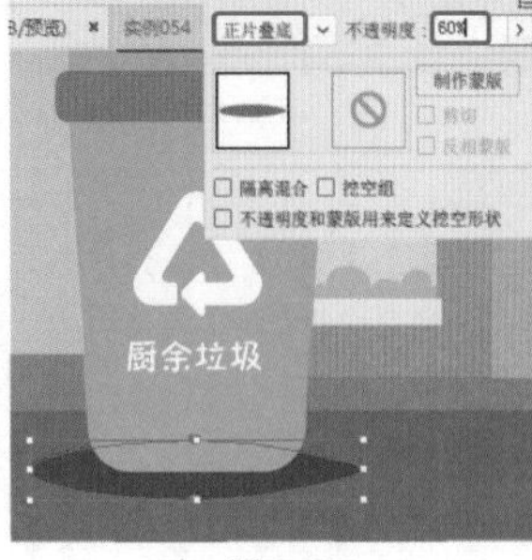
图3-144

Step 11 将“垃圾桶纹理.ai”素材文件置入文档中，并调整其位置，使用相同的方法绘制其他的垃圾桶，完成后如图3-145所示。

图3-145

实例055 制作酒杯

素材：素材\Cha03\酒杯背景.ai
场景：场景\Cha03\实例055 制作酒杯.ai

本例将通过酒杯的设计与制作，使用户掌握基本绘图工具和钢笔工具的使用方法，进一步巩固【路径查找器】面板中各命令的使用，以及【渐变】和【颜色】面板设置填色和描边属性等功能，效果如图3-146所示。

图3-146

Step 01 启动软件后，按Ctrl+O组合键，打开“素材\Cha03\酒杯背景.ai”文件，如图3-147所示。

Step 02 单击工具箱中的【椭圆工具】按钮，在画板中单击左键，在弹出的【椭圆】对话框中将【宽度】设置为78mm，【高度】设置为100mm，单击【确定】按钮，然后将其调整至合适的位置，如图3-148所示。

图3-147

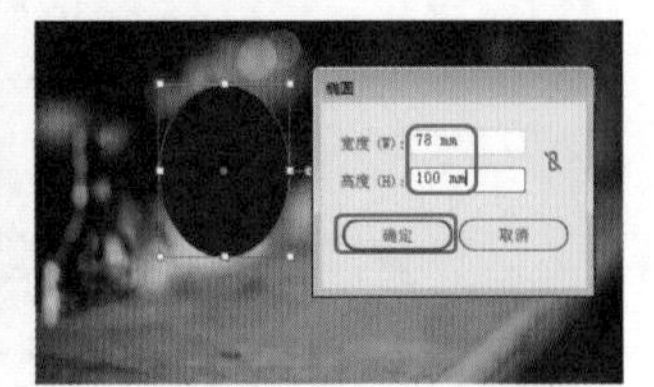
图3-148

Step 03 单击工具箱中的【椭圆工具】按钮，在画板中单击左键，在弹出的【椭圆】对话框中将【宽度】设置为70mm，【高度】设置为92mm，单击【确定】按钮，然后将其调整至合适的位置，如图3-149所示。

Step 04 单击工具箱中的【选择工具】按钮，按住Shift键选择两个椭圆，按Shift+Ctrl+F9组合键，在弹出的【路径查找器】面板中单击【减去顶层】按钮，如图3-150所示。

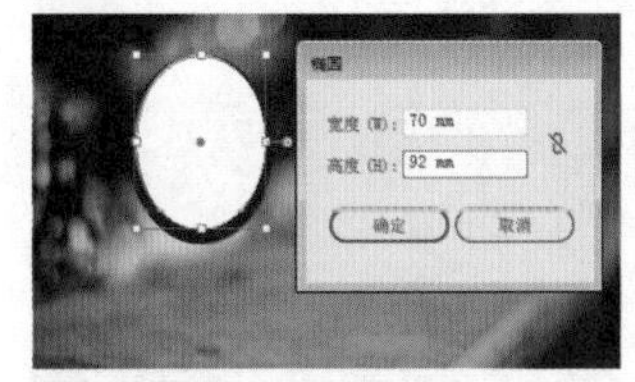
图3-149

图3-150

Step 05 单击工具箱中的【矩形工具】按钮，在画板中单击左键并拖曳，绘制一个适当大小的矩形，然后将其调整至合适的位置，如图3-151所示。

Step 06 单击工具箱中的【选择工具】按钮，按住Shift键选择之前绘制的两个图形，按Shift+Ctrl+F9组合键，在弹出的【路径查找器】面板中单击【减去顶层】按钮，如图3-152所示。

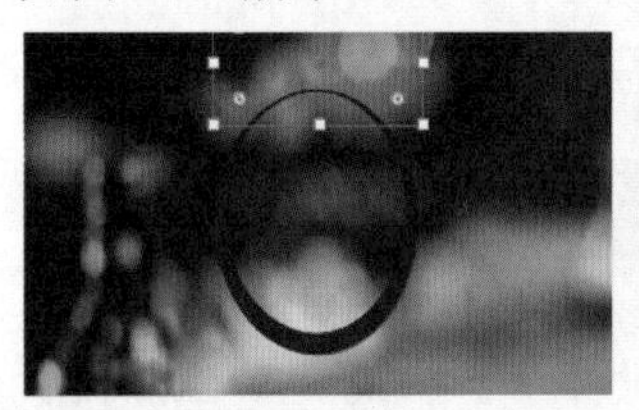
图3-151

图3-152

Step 07 单击工具箱中的【选择工具】按钮，选择上一步绘制的图形，在【颜色】面板中将其【填色】的RGB值设置为231、196、190，【描边】设置为“无”，如图3-153所示。

Step 08 使用相同的方法绘制图3-154所示的图形，按Ctrl+F9组合键，在弹出的【渐变】面板中将【类型】设置为“径向”、【角度】设置为-0.5°、【长宽比】

设置为54%，将0%位置处的RGB值设置为185、193、223，将100%位置处的RGB值设置为205、130、129，【描边】设置为“无”。

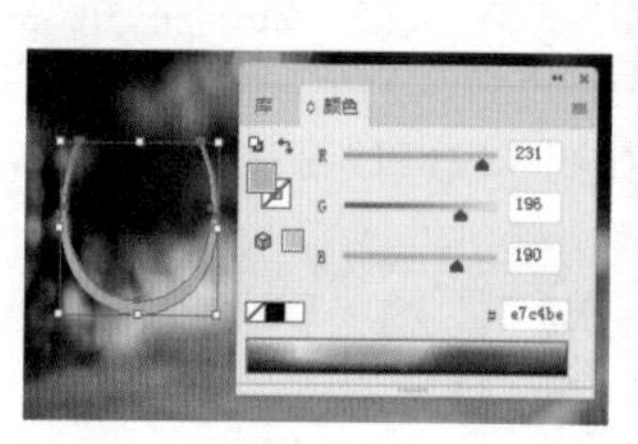
图3-153

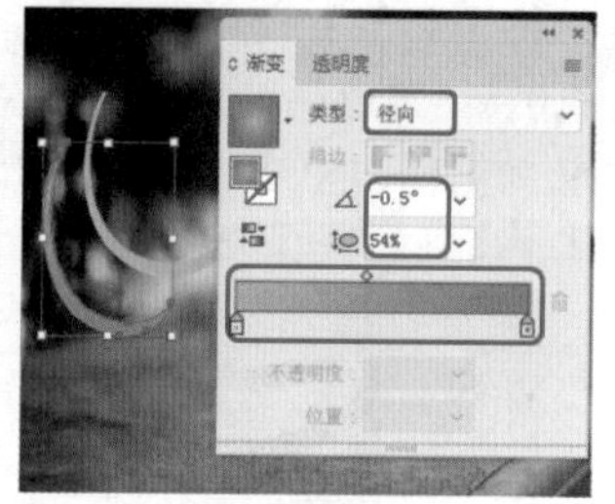
图3-154

Step 09 使用相同的方法绘制图3-155所示的图形，按Ctrl+F9组合键，在弹出的【渐变】面板中将【类型】设置为“径向”、【角度】设置为0.2°、【长宽比】设置为50%，将0%位置处的RGB值设置为185、214、237，将80%位置处的RGB值设置为140、44、45，将100%位置处的RGB值设置为140、43、78，在【颜色】面板中将【描边】设置为“无”。

Step 10 使用相同的方法绘制图3-156所示的图形，按Ctrl+F9组合键，在弹出的【渐变】面板中将【类型】设置为“径向”、【角度】设置为-2.5°、【长宽比】设置为42%，将0%位置处的RGB值设置为140、43、78，将55%位置处的RGB值设置为154、43、41，将100%位置处的RGB值设置为100、39、81，【描边】设置为“无”。在工具箱中单击【渐变工具】按钮，对渐变进行调整。

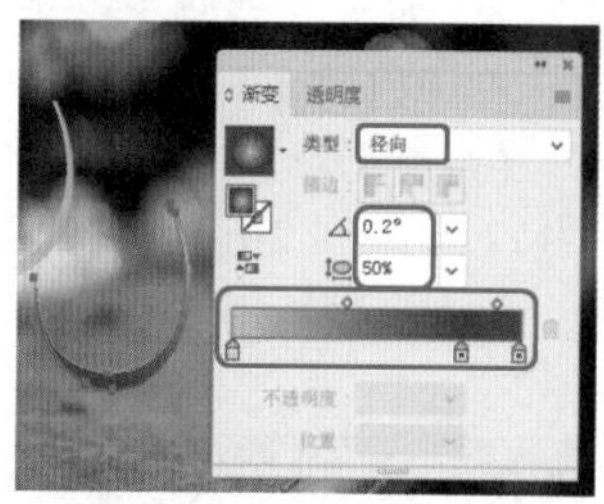
图3-155

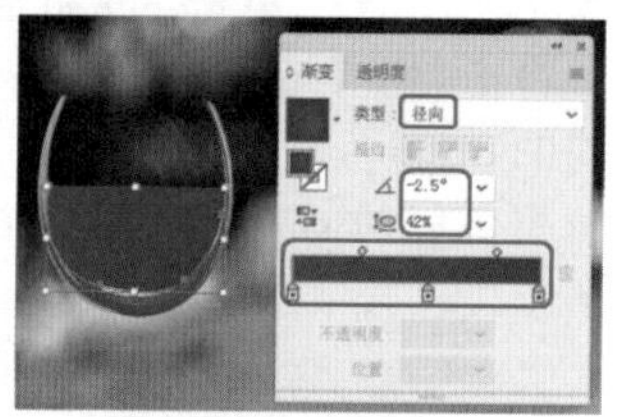
图3-156

Step 11 单击工具箱中的【钢笔工具】按钮，绘制图3-157所示的图形，按Ctrl+F9组合键，在弹出的【渐变】面板中将【类型】设置为“径向”、【角度】设置为-2.5°、【长宽比】设置为41.5%，将0%位置处的RGB值设置为140、43、78，将55%位置处的RGB值设置为180、38、38，将100%位置处的RGB值设置为100、39、81，【描边】设置为“无”。

Step 12 单击工具箱中的【钢笔工具】按钮，绘制图3-158所示的图形，按Ctrl+F9组合键，在弹出的【渐变】面板中将【类型】设置为“径向”、【角度】设置为0°、【长宽比】设置为36.9%，将0%位置处的RGB值设置为140、43、78，将55%位置处的RGB值设置为140、44、45，将100%位置处的RGB值设置为100、39、81，【描边】设置为“无”。

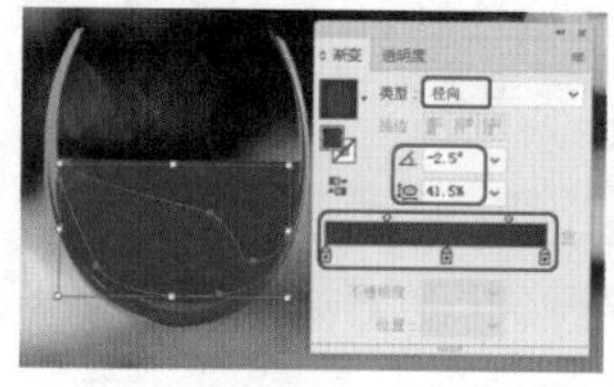
图3-157

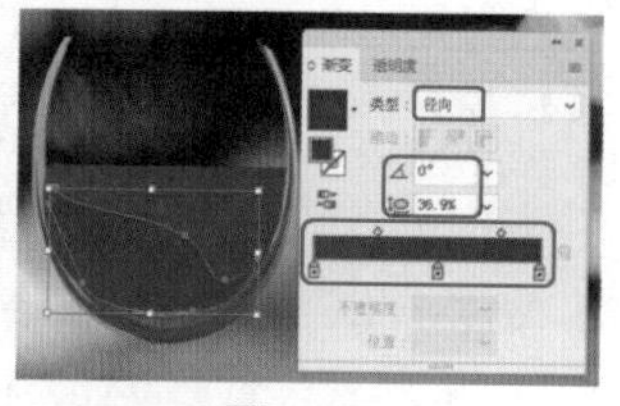
图3-158

Step 13 绘制高光与杯柄，完成后效果如图3-159所示。

图3-159

实例056 制作圣诞蜡烛

素材：素材\Cha03\圣诞背景.ai
场景：场景\Cha03\实例056 制作圣诞蜡烛.ai

本例通过制作圣诞蜡烛来讲解钢笔工具、基本绘图工具、【渐变】和【颜色】面板的使用，可以使读者进一步掌握图形对象的基本操作命令，效果如图3-160所示。

Step 01 启动软件后，按Ctrl+O组合键，打开“素材\Cha03\圣诞背景.ai”文件，如图3-161所示。

图3-160

图3-161

Step 02 单击工具箱中的【矩形工具】按钮，在画板中单击，在弹出的对话框中将【宽度】设置为40.5mm、【高度】设置为76.5mm，如图3-162所示。

Step 03 单击工具箱中的【椭圆工具】按钮，在画板中单击左键，在弹出的对话框中将【宽度】设置为40.5mm、【高度】设置为10mm，单击【确定】按钮，然后将其调整至合适的位置，如图3-163所示。

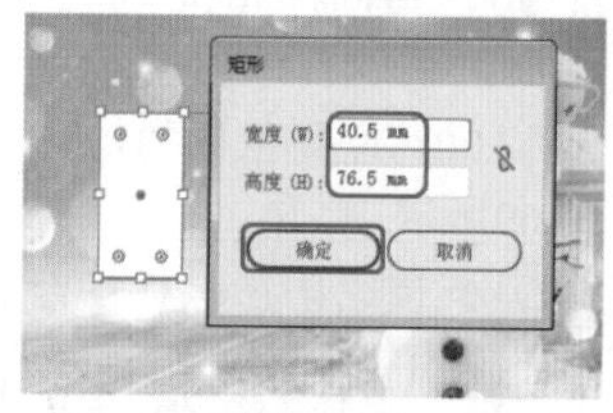

图3-162

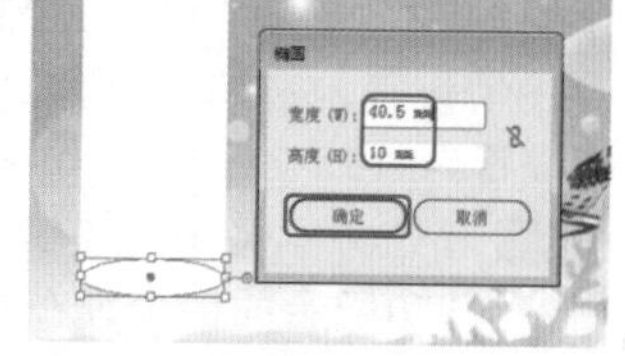

图3-163

Step 04 单击工具箱中的【选择工具】按钮，按住Shift键选择矩形和椭圆，按Shift+Ctrl+F9组合键，在弹出的【路径查找器】面板中单击【联集】按钮，使其形成一个新的图形，如图3-164所示。

Step 05 单击工具箱中的【椭圆工具】按钮，在画板中单击左键，在弹出的对话框中将【宽度】设置为40.5mm、【高度】设置为10mm，单击【确定】按钮，然后将其调整至圆柱体的顶端，如图3-165所示。

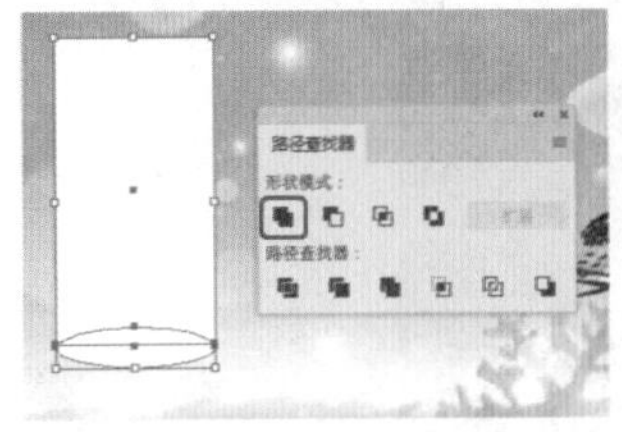

图3-164

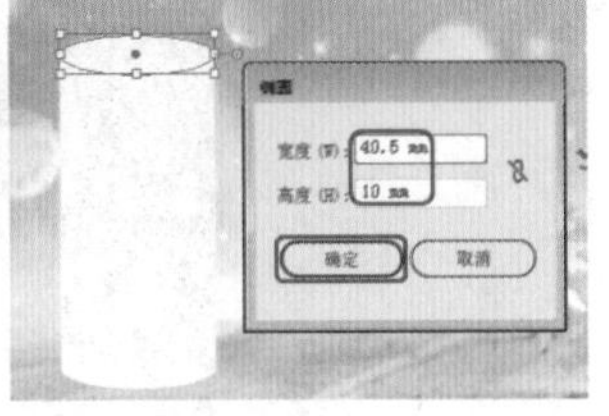

图3-165

Step 06 选择绘制的椭圆，打开【渐变】面板，将【类型】设置为“线性”，将【角度】设置为0°，将0%位置处的RGB值设置为250、244、176，将100%位置处的RGB值设置为203、151、75，将【描边】设置为“无”，如图3-166所示。

Step 07 选择绘制的椭圆，打开【渐变】面板，将【类型】设置为“线性”，将【角度】设置为0°，将0%位置处的RGB值设置为250、244、176，将12%位置处的RGB值设置为203、151、75，将65%位置处的RGB值设置为250、244、176，将100%位置处的RGB值设置为203、151、75，如图3-167所示。

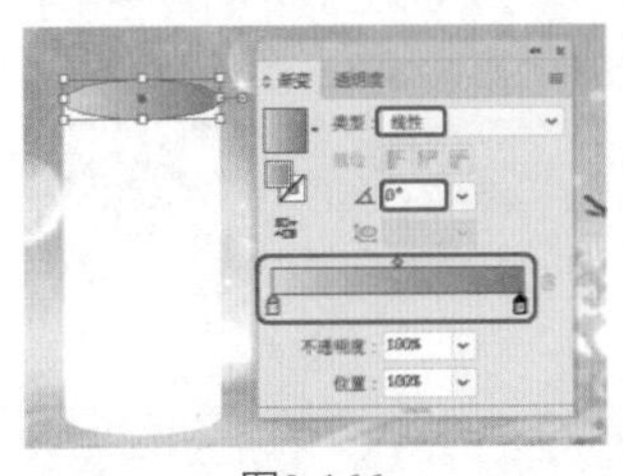

图3-166

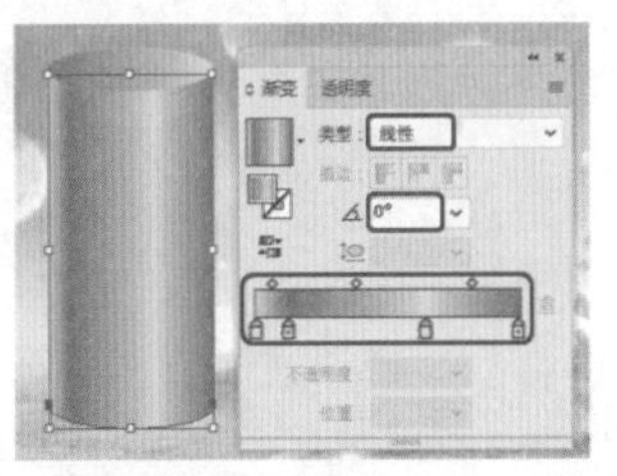

图3-167

Step 08 单击工具箱中的【钢笔工具】按钮，在画板中绘制图3-168所示的图形，在绘制过程中可以使用工具箱中的【直接选择工具】对锚点进行修改。

Step 09 单击工具箱中的【选择工具】按钮，选择上一步绘制的图形，按Ctrl+F9组合键，在弹出的【渐变】面板中将【类型】设置为“线性”、【角度】设置为0°，将0%位置色标的RGB值设置为221、77、28，将18.5%位置色标的RGB值设置为154、30、35，将50%位置色标的RGB值设置为215、23、24，将74%位置色标的RGB值设置为226、115、26，将100%位置色标的RGB值设置为215、23、24，如图3-169所示。

Step 10 单击工具箱中的【钢笔工具】按钮，在画板中绘制图3-170所示的图形，在绘制过程中可以使用工具箱中的【直接选择工具】对锚点进行修改，然后将其调整至合适的位置。

Step 11 单击工具箱中的【选择工具】按钮，选择上一步绘制的图形，按Ctrl+F9组合键，在弹出的【渐变】面板中将【类型】设置为“线性”、【角度】设置为12°，将0%位置色标的RGB值设置为226、115、26，将100%位置色标的RGB值设置为255、255、255，选中【渐变工具】，对渐变进行调整，如图3-171所示。

图3-168

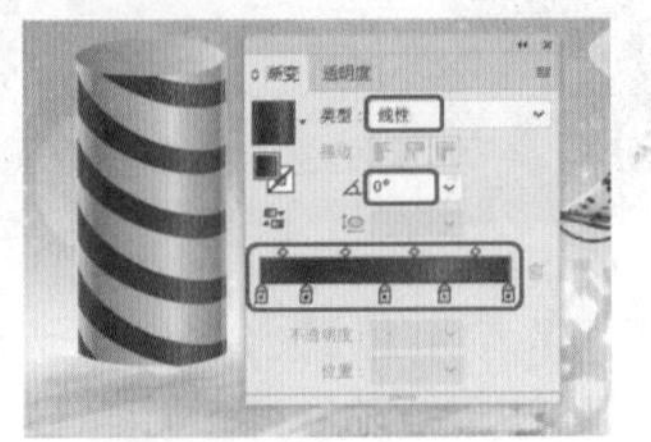

图3-169

图3-170

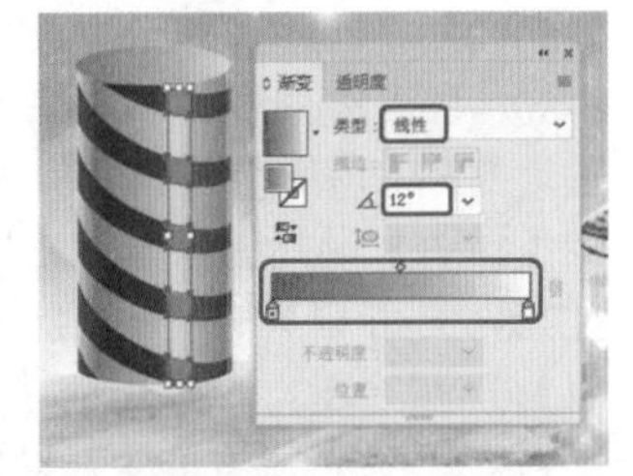

图3-171

Step 12 单击工具箱中的【钢笔工具】按钮，在画板中绘制图3-172所示的图形，在绘制过程中可以使用工具箱中的【直接选择工具】对锚点进行修改，然后将其调整至合适的位置。

Step 13 单击工具箱中的【选择工具】按钮，选择上一步绘制的图形，按Ctrl+F9组合键，在弹出的【渐变】面板中将【类型】设置为“线性”、【角度】设置为180°，将0%位置色标的RGB值设置为221、77、26，将100%位置色标的RGB值设置为255、255、255，如图3-173所示。

图3-172

图3-173

Step 14 单击工具箱中的【矩形工具】按钮，在画板中绘制图3-174所示的图形，在【颜色】面板中将其【填色】的RGB值设置为228、199、125。

Step 15 单击工具箱中的【椭圆工具】按钮，在画板中单击左键，在弹出的对话框中将【宽度】设置为37.2mm、【高度】设置为8.8mm，然后将其调整至合适的位置，如图3-175所示。

图3-174

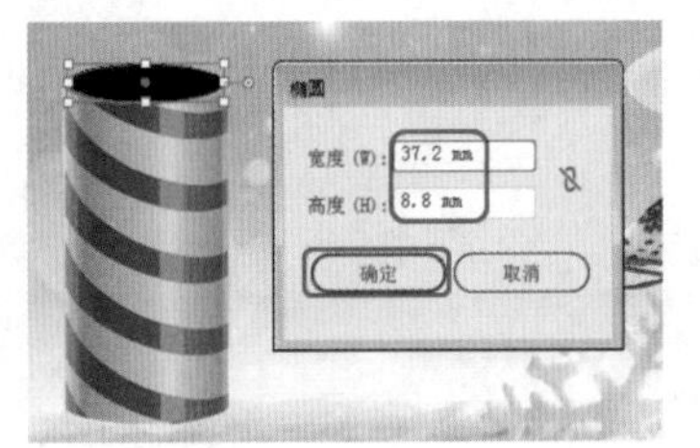

图3-175

Step 16 单击工具箱中的【选择工具】按钮，选择上一步绘制的图形，按Ctrl+F9组合键，在弹出的【渐变】面板中将【类型】设置为“线性”、【角度】设置为179°，将0%位置色标的RGB值设置为203、151、76，将100%位置色标的RGB值设置为250、243、174，如图3-176所示。

Step 17 单击工具箱中的【钢笔工具】按钮，在画板中绘制图3-177所示的图形，在绘制过程中可以使用工具箱中的【直接选择工具】对锚点进行修改，然后将其调整至合适的位置。

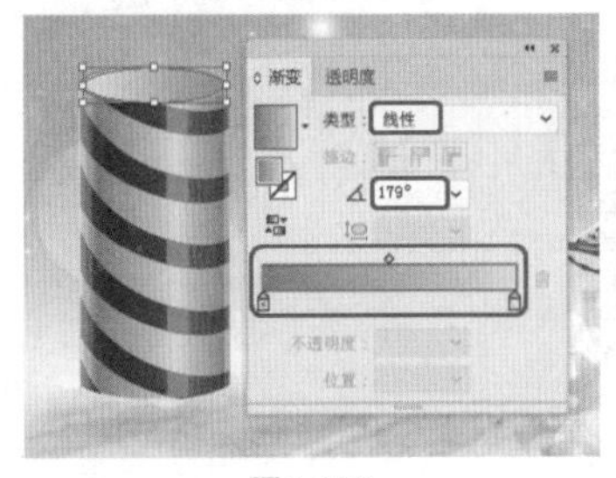

图3-176

图3-177

Step 18 单击工具箱中的【选择工具】按钮，选择上一步绘制的图形，按Ctrl+F9组合键，在弹出的【渐变】面板中将【类型】设置为“径向”、【角度】设置为0°，将0%位置色标的RGB值设置为255、255、255，100%位置色标的RGB值设置为241、192、29，将渐变滑块的位置设置为23%，如图3-178所示。

Step 19 单击工具箱中的【选择工具】按钮，选择上一步绘制的火苗，按住Alt键单击左键并拖曳，使其移动并复制，复制完成后，在画板中调整其大小与位置，如图3-179所示。

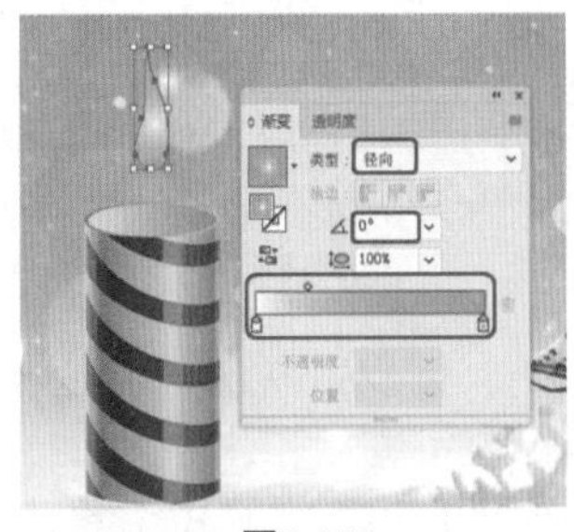

图3-178

图3-179

Step 20 单击工具箱中的【选择工具】按钮，选择上一步绘制的图形，按Ctrl+F9组合键，在弹出的【渐变】面板中将【类型】设置为“径向”、【角度】设置为0°，将0%位置色标的RGB值设置为255、255、255，将100%位置色标的RGB值设置为242、202、81，如图3-180所示。

Step 21 单击工具箱中的【钢笔工具】按钮，在画板中绘制图3-181所示的图形，在绘制过程中可以使用工具箱中的【直接选择工具】对锚点进行修改，然后将其调整至合适的位置。

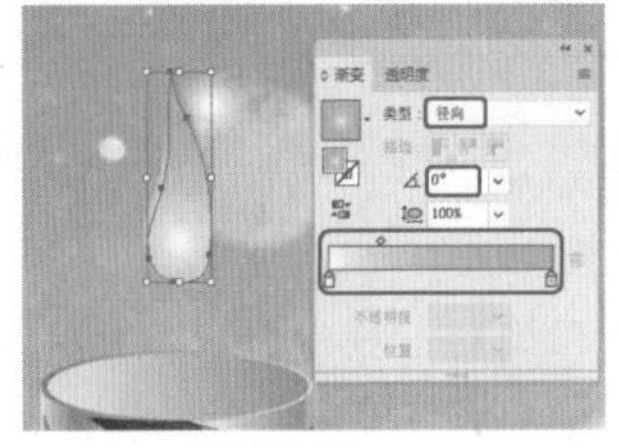

图3-180

图3-181

Step 22 单击工具箱中的【选择工具】按钮，选择上一步绘制的图形，按Ctrl+F9组合键，在弹出的【渐变】面板中将【类型】设置为“线性”、【角度】设置为179°，将0%位置色标的RGB值设置为230、187、73，将28%位置色标的RGB值设为140、77、35，将100%位置色标的RGB值设置为255、255、255，将垂直图形的角度设置为90°，将水平图形的角度设置为0°，如图3-182所示。

Step 23 用相同的方法绘制另一根蜡烛。最终效果如图3-183所示。

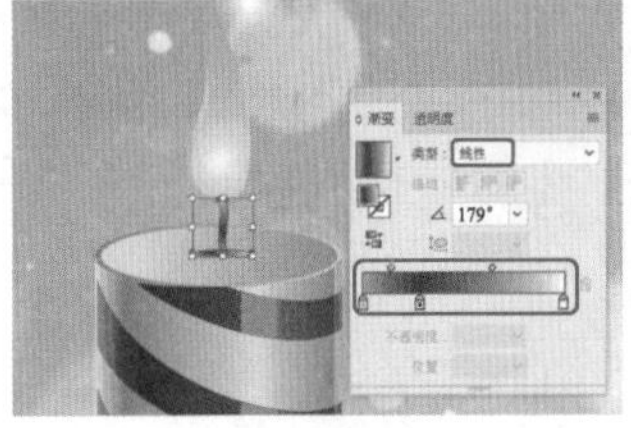

图3-182

图3-183

实例 057 制作手套

场景：场景\Cha03\实例057 制作手套.ai

本例将通过手套的制作使用户掌握钢笔工具组和直接选择工具的使用，进一步掌握图形对象的基本操作命令，如图3-184所示。

图3-184

Step 01 启动软件后，按Ctrl+N组合键，在弹出的【新建文档】对话框中输入【名称】为“手套”，将【单位】设置为“毫米”，【宽度】和【高度】均设置为250mm，【颜色模式】设置为RGB，然后单击【创建】按钮，如图3-185所示。

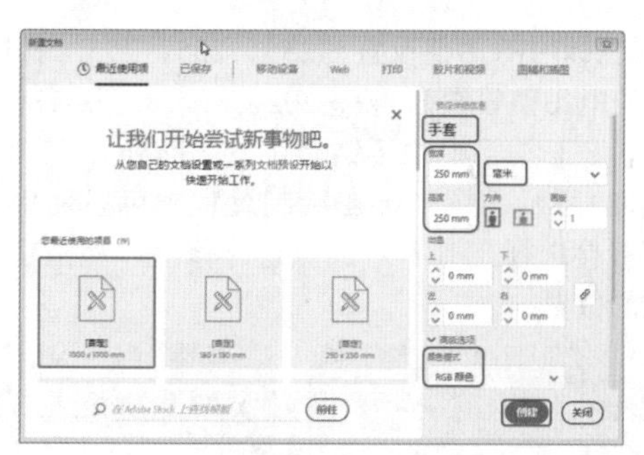

图3-185

Step 02 单击工具箱中的【钢笔工具】按钮，在画板中绘制图3-186所示的图形，在绘制过程中可以使用工具箱中的【直接选择工具】对锚点进行修改。

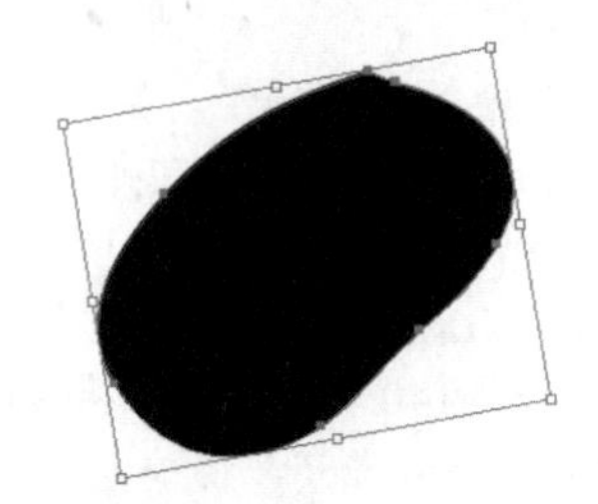
图3-186

Step 03 单击工具箱中的【选择工具】按钮，选择上一步绘制的图形，按Ctrl+F9组合键，在弹出的【渐变】面板中将【类型】设置为“径向”、【角度】设置为10.1°，将0%位置色标的RGB值设置为255、255、255，将100%位置色标的RGB值设置为127、249、255，如图3-187所示。

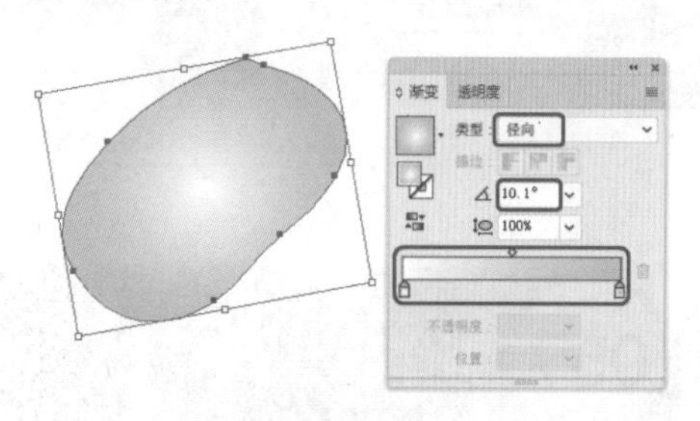

图3-187

Step 04 单击工具箱中的【钢笔工具】按钮，在画板中绘制手套纹路图形，在绘制过程中可以使用工具箱中的【直接选择工具】对锚点进行修改，如图3-188所示。

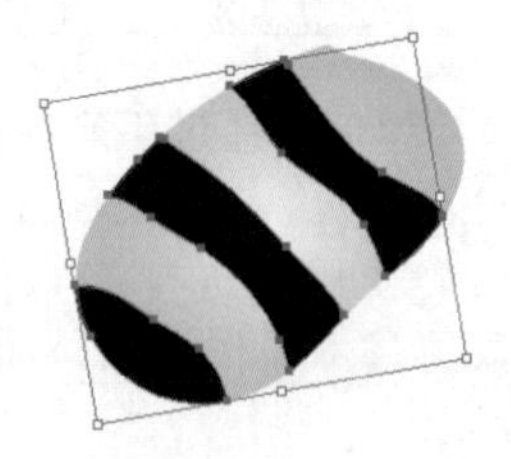
图3-188

Step 05 单击工具箱中的【选择工具】按钮，选择上一步绘制的图形，按Ctrl+F9组合键，在弹出的【渐变】面板中将【类型】设置为“径向”、【角度】设置为10.1°，将0%位置色标的RGB值设置为0、151、255，将100%位置色标的RGB值设置为85、200、255，如图3-189所示。

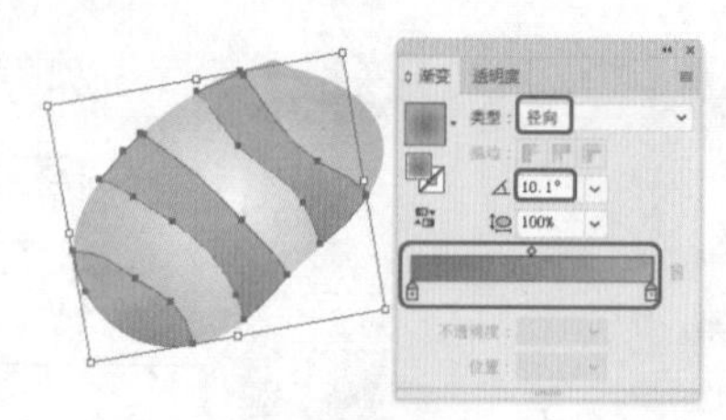

图3-189

Step 06 单击工具箱中的【钢笔工具】按钮，在画板中绘制手套腕口区域图形，在绘制过程中可以使用工具箱中的【直接选择工具】对锚点进行修改，如图3-190所示。

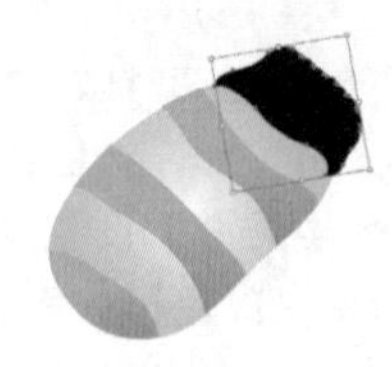
图3-190

Step 07 单击工具箱中的【选择工具】按钮，选择上一步绘制的图形，按Ctrl+F9组合键，在弹出的【渐变】面板中将【类型】设置为“径向”、【角度】设置为0°，将0%位置色标的RGB值设置为255、255、255，将100%位置色标的RGB值设置为127、249、255，如图3-191所示。

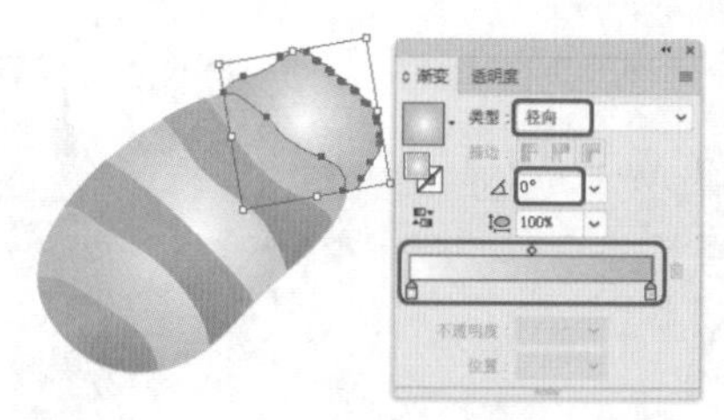

图3-191

Step 08 单击工具箱中的【钢笔工具】按钮，在画板中绘制手套纹路图形，在绘制过程中可以使用工具箱中的【直接选择工具】对锚点进行修改，如图3-192所示。

Step 09 单击工具箱中的【选择工具】按钮，选择上一步绘制的图形，在【颜色】面板中将其【填色】的RGB值设置为201、185、147，单击控制栏的【不透明度】按钮，在弹出的面板中将【混合模式】设置为“正片叠底”、【不透明度】设置为60%，如图3-193所示。

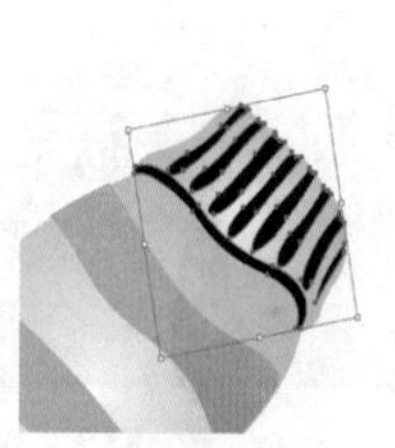
图3-192

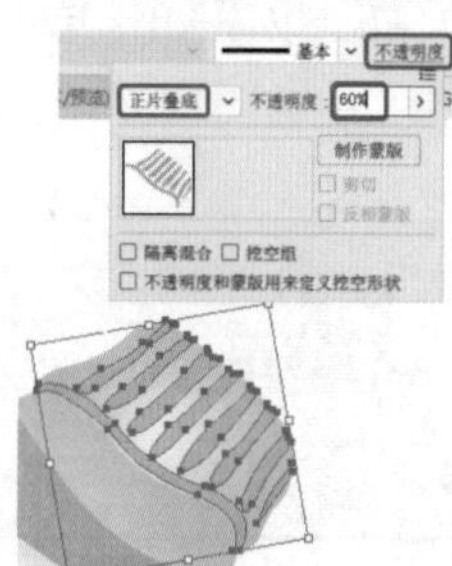

图3-193

Step 10 单击工具箱中的【钢笔工具】按钮，在画板中绘制图3-194所示的图形，在绘制过程中可以使用工具箱中的【直接选择工具】对锚点进行修改。按Ctrl+F9组合键，在弹出的【渐变】面板中将【类型】设置为“线性”、【角度】设置为-126.9°，将0%位置色标的RGB

值设置为255、255、255，将100%位置色标的RGB值设置为186、108、113。

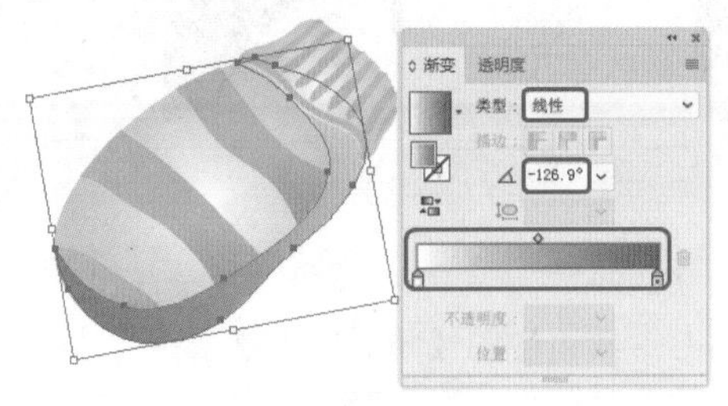

图3-194

Step 11 单击工具箱中的【选择工具】按钮，选择上一步绘制的图形，单击控制栏中的【不透明度】按钮，在弹出的面板中将【混合模式】设置为“正片叠底”、【不透明度】设置为66%，效果如图3-195所示。

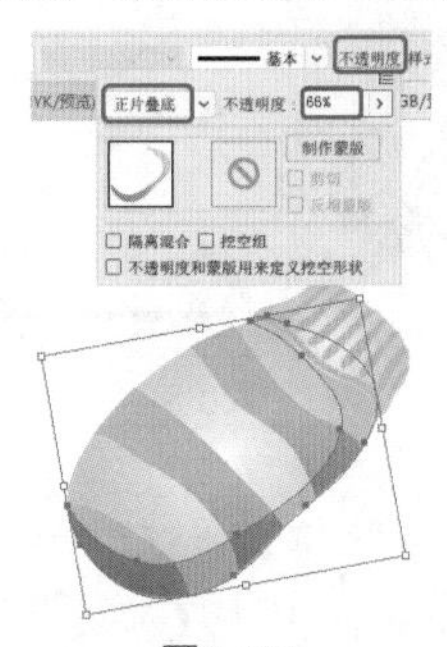

图3-195

Step 12 单击工具箱中的【钢笔工具】按钮，在画板中绘制图3-196所示的图形，在绘制过程中可以使用工具箱中的【直接选择工具】对锚点进行修改。

Step 13 单击工具箱中的【选择工具】按钮，选择上一步绘制的图形，按Ctrl+F9组合键，在弹出的【渐变】面板中将【类型】设置为“径向”、【角度】设置为10.1°，将0%位置色标的RGB值设置为0、151、255，将100%位置色标的RGB值设置为85、200、255，如图3-197所示。

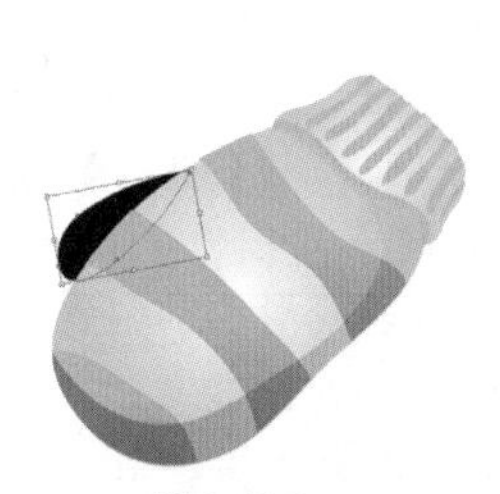

图3-196

图3-197

Step 14 单击工具箱中的【选择工具】按钮，按住鼠标左键拖曳框选手套的所有图形，按住Alt键单击并拖曳，移动并复制出另一个手套，然后将其调整至合适的位置，最终效果如图3-198所示。

图3-198

实例058 制作乒乓球拍

场景：场景\Cha03\实例058 制作乒乓球拍.ai

本例将通过乒乓球拍的设计与制作来讲解钢笔工具、镜像工具、【渐变】和【颜色】面板的使用方法及技巧，效果如图3-199所示。

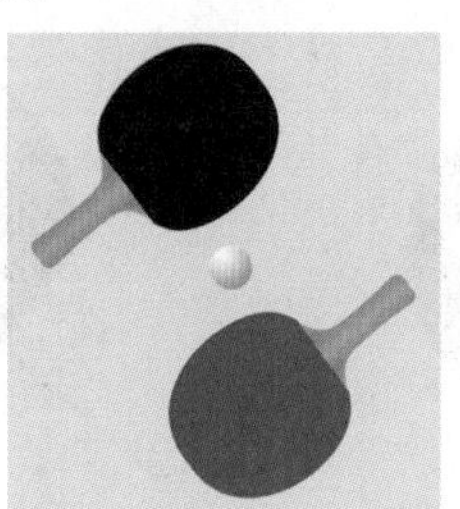

图3-199

Step 01 启动软件后，按Ctrl+N组合键，在弹出的【新建文档】对话框中输入【名称】为“乒乓球拍”，将【单位】设置为“毫米”，【宽度】和【高度】均设置为180mm，【颜色模式】设置为RGB，然后单击【创建】按钮，如图3-200所示。

图3-200

Step 02 单击工具箱中的【矩形工具】按钮，在画板中单击左键，在弹出的对话框中将【宽度】和【高度】均设置为180mm，然后单击【确定】按钮，绘制一个和画板相同大小的正方形，在【颜色】面板中将其【填色】的RGB值设置为27、209、234，【描边】设置为“无”，在【透明度】面板中将【不透明度】设置为30%，如图3-201所示。

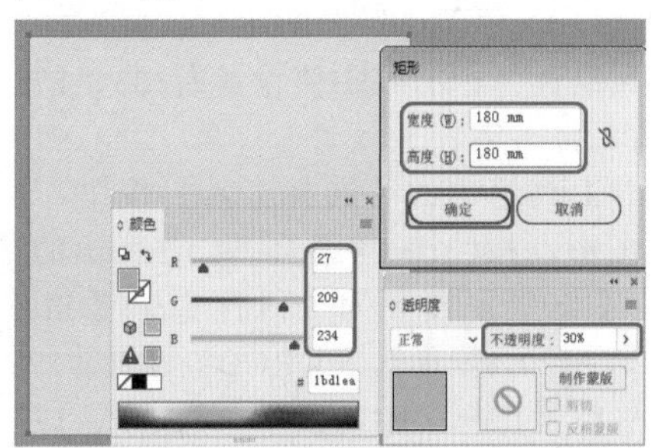

图3-201

Step 03 单击工具箱中的【钢笔工具】按钮，在画板中绘制图3-202所示的图形，在绘制过程中可以使用工具箱中的【直接选择工具】对锚点进行修改，在【颜色】面板中将其【填色】设置为黑色，【描边】设置为“无”。

Step 04 单击工具箱中的【钢笔工具】按钮，在画板中绘制图3-203所示的图形，在绘制过程中可以使用工具箱中的【直接选择工具】对锚点进行修改。

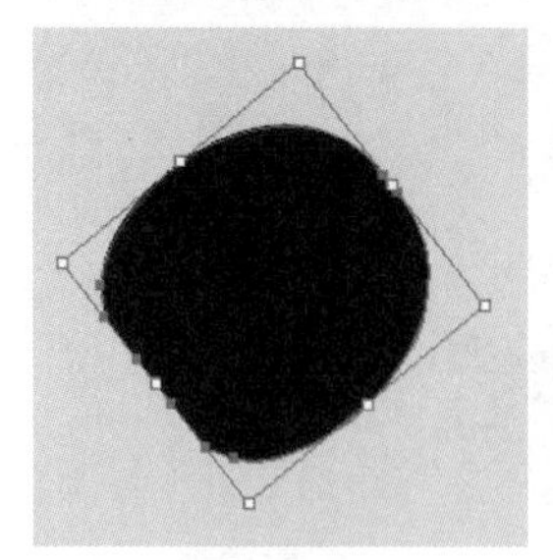

图3-202

图3-203

Step 05 单击工具箱中的【选择工具】按钮，选择上一步绘制的图形，按Ctrl+F9组合键，在弹出的【渐变】面板中将【类型】设置为“线性”、【角度】设置为-51.1°，将10%位置色标的RGB值设置为186、153、116，将50%位置色标的RGB值设置为207、179、149，将90%位置色标的RGB值设置为186、153、116，如图3-204所示。

Step 06 单击工具箱中的【钢笔工具】按钮，在画板中绘制图3-205所示的图形，在绘制过程中可以使用工具箱中的【直接选择工具】对锚点进行修改。

图3-204

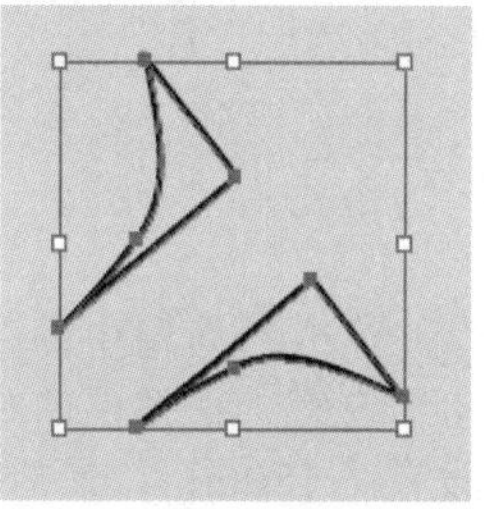

图3-205

Step 07 单击工具箱中的【选择工具】按钮，选择上一步绘制的图形，按Ctrl+F9组合键，在弹出的【渐变】面板中将【类型】设置为“线性”、【角度】设置为158.9°，将20%位置色标的RGB值设置为178、141、72，将90%位置色标的RGB值设置为203、173、129，如图3-206所示。

Step 08 单击工具箱中的【选择工具】按钮，选择上一步绘制的图形，按Ctrl+F9组合键，在弹出的【渐变】面板中将【类型】设置为“线性”、【角度】设置为-81.1°，将20%位置色标的RGB值设置为178、141、72，将90%位置色标的RGB值设置为203、173、129，如图3-207所示。

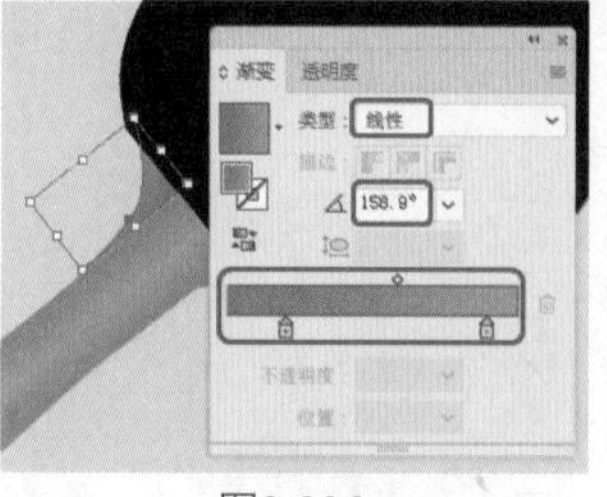

图3-206

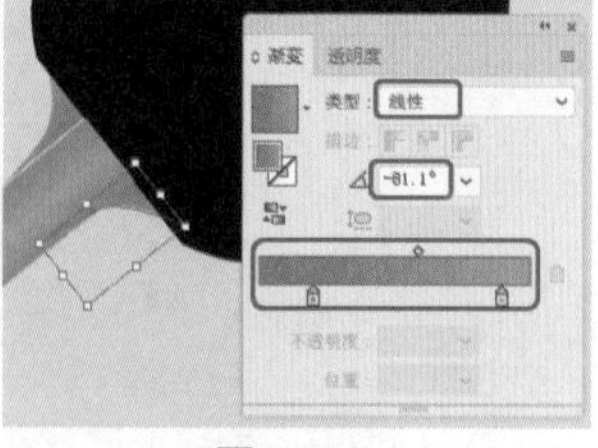

图3-207

Step 09 单击工具箱中的【选择工具】按钮，按住Shift键依次选择乒乓球拍的所有图形，按住Alt键单击并拖曳，使其移动并复制，在【颜色】面板中将复制出来的球拍拍面【颜色】的RGB值设置为204、21、56，然后将其调整至合适的位置，如图3-208所示。

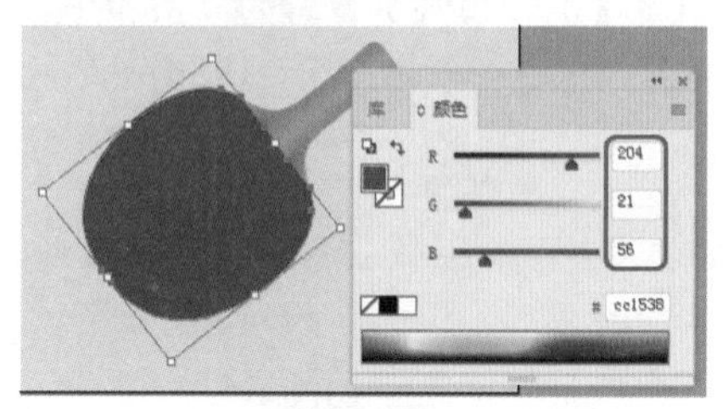

图3-208

Step 10 单击工具箱中的【椭圆工具】按钮，在画板中单击，在弹出的【椭圆】对话框中将【宽度】和【高度】均设置为12.9mm，单击【确定】按钮，如图3-209所示。

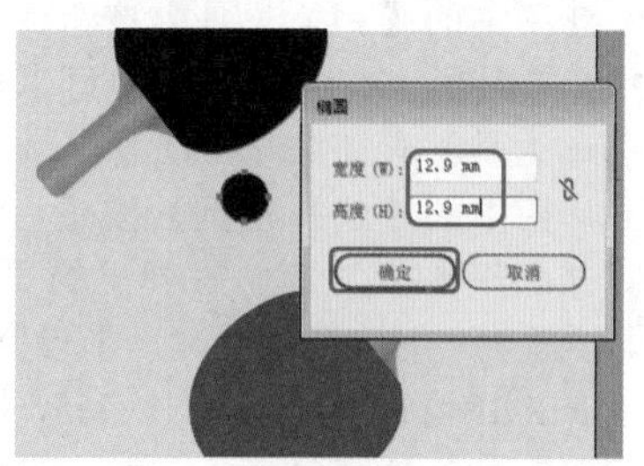

图3-209

Step 11 单击工具箱中的【选择工具】按钮，选择上一步绘制的椭圆图形，按Ctrl+F9组合键，在弹出的【渐变】面板中将【类型】设置为“径向”、【角度】设置为0°，将0%位置色标的RGB值设置为白色，将100%位置色标的RGB值设置为黑色，将渐变滑块的位置设置为64.4%，如图3-210所示。

Step 12 单击工具箱中的【渐变工具】按钮，对上一步设置的渐变进行调整，如图3-211所示。

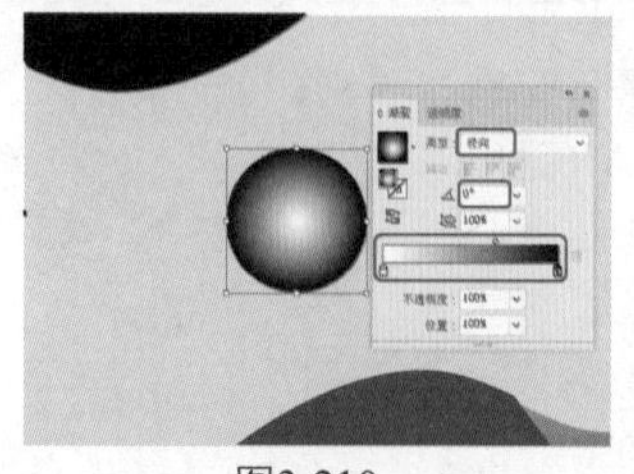

图3-210

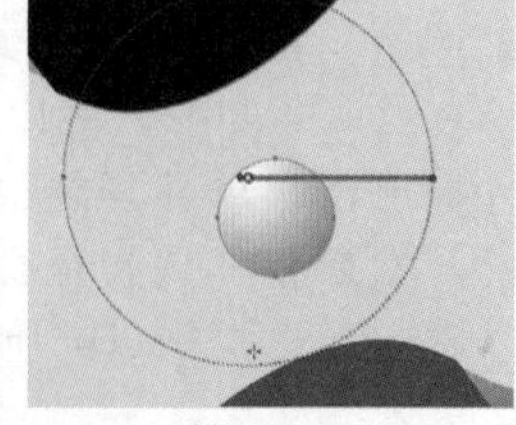

图3-211

第4章 常用文字特效的制作与表现

本章导读

在日常生活中所看到的海报、网页、宣传单，随处可见一些文字特效，这些文字特效是如何出现的呢？本章着重讲解常用文字特效的制作，其中包括金属文字、粉笔文字、凹凸文字、电商广告、浪漫情缘艺术字、新春贺卡、杂志页面等。通过本章的学习可以对文字特效的制作有一定的了解。

实例059 金属文字

场景：场景\Cha04\实例059 金属文字.ai

本例将讲解如何制作金属质感文字，其中主要介绍渐变色、扩展和蒙版的应用。具体操作方法如下，完成后的效果如图4-1所示。

图4-1

Step 01 启动软件后，按Ctrl+N组合键，在弹出的【新建文档】对话框中输入【名称】为“金属文字”，将【单位】设置为“毫米”，将【宽度】设置为300mm、【高度】设置为200mm，将【颜色模式】设置为“CMYK颜色”，然后单击【创建】按钮，如图4-2所示。

图4-2

Step 02 按M键激活【矩形工具】，绘制与文档同样大小的矩形，并将其【填色】设置为黑色，将【描边】设置为“无”，如图4-3所示。

提示

CMYK：CMYK也称为印刷色彩模式，是一种依靠反光的色彩模式，与RGB类似，CMY是3种印刷油墨名称的首字母：Cyan（青色）、Magenta（品红色）、Yellow（黄色），K是源自一种只使用黑墨的印刷版Key Plate。从理论上来说，只需要CMY3种油墨就足够了，它们3个加在一起就应该得到黑色。但是由于目前制造工艺还不能造出高纯度的油墨，CMY相加的结果实际是一种暗红色。

Step 03 选择上一步创建的矩形，按Ctrl+2组合键将其锁定，按T键激活【文字工具】，输入“HELLO”，在【字符】面板中，将【字体系列】设置为“Clarendon Blk BT Black”，【字体大小】设置为150pt，【字符间距】设置为150，如图4-4所示。

图4-3

图4-4

Step 04 选择输入的文字，右击，在弹出的快捷菜单中选择【创建轮廓】命令，如图4-5所示。

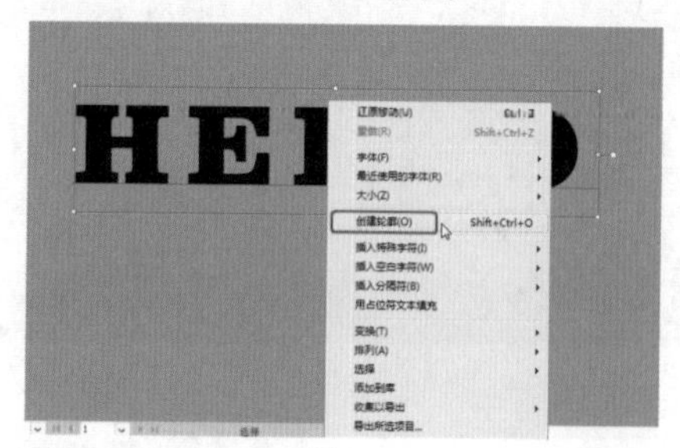

图4-5

Step 05 选择输入的文字，将其【填色】设置为渐变色，按Ctrl+F9组合键，在弹出的【渐变】面板中将【类型】设置为“线性”，将【角度】设置为90°，分别将0%位置色标的CMYK值设置为46、37、35、0，将53%位置色标的CMYK值设置为8.2、5.4、5.8、0，将100%位置色标的CMYK值设置为67、58.6、56、6，如图4-6所示。

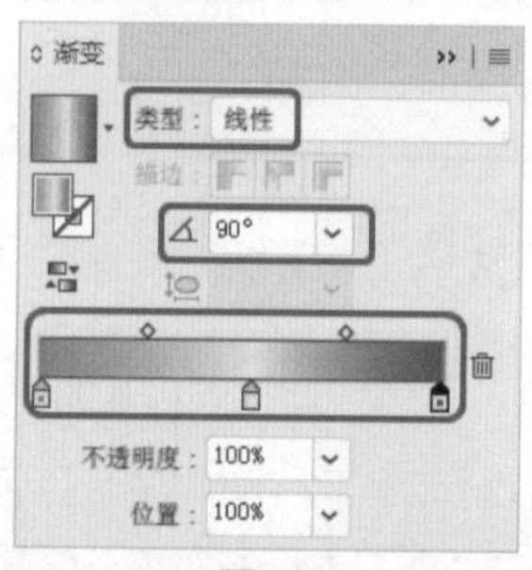

图4-6

Step 06 选择输入的文字，按Ctrl+C组合键对其进行复制，按Ctrl+V组合键将文字贴在后面，选择图层最下层的文字，在控制栏中对其添加描边，将【描边】设置为黑色，将【描边粗细】设置为5pt，完成后的效果如图4-7所示。

图4-7

Step 07 在菜单栏中选择【窗口】|【色板】命令，打开【色板】面板，选择上一步创建的文字，在工具箱中确认【填色】处于上侧，单击【色板】底部的【新建色板】按钮，弹出【新建色板】对话框，将【色板名称】设置为“金属”，如图4-8所示。

Step 08 选择添加描边的文字，在工具箱中将【描边】设置为在上侧，在【色板】面板中单击上一步创建的【金属】色板，对描边添加渐变色，如图4-9所示。

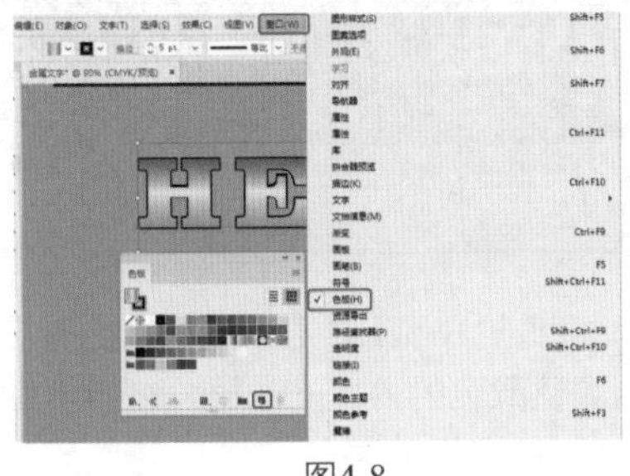

图4-8

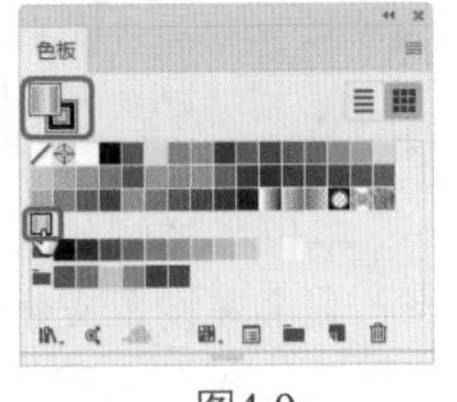

图4-9

Step 09 继续上一步设置描边的文字，在菜单栏中选择【对象】|【扩展】命令，弹出【扩展】对话框，勾选【填充】和【描边】复选框，【将渐变扩展为】设置为“渐变网格”，单击【确定】按钮，如图4-10所示。

Step 10 将创建的两行文字对齐放置到矩形内，如图4-11所示。

图4-10

图4-11

Step 11 选择创建的两行文字，按Ctrl+G组合键将其进行编组，选择编组后的文字，右击，在弹出的快捷菜单中选择【变换】|【对称】命令，弹出【镜像】对话框，将【轴】设置为“水平”，并单击【复制】按钮，如图4-12所示。

Step 12 选择镜像后的对象，并调整位置，如图4-13所示。

图4-12

图4-13

Step 13 按M键激活【矩形工具】，在图中绘制矩形，使其能覆盖镜像后的文字，如图4-14所示。

图4-14

Step 14 选择上一步创建的矩形，将其【填色】设置为白色到黑色的渐变，将【角度】设置为-88°，将【轮廓】设置为“无”，如图4-15所示。

图4-15

Step 15 选择创建的矩形和矩形下的文字，按Shift+Ctrl+F10组合键，弹出【透明度】面板，单击其右侧的【菜单】按钮≡，在弹出的下拉菜单中选择【建立不透明度蒙版】命令，如图4-16所示。

Step 16 在【透明度】面板中选择【蒙版】，在场景中选择矩形，使用【渐变工具】调整渐变色，如图4-17所示。

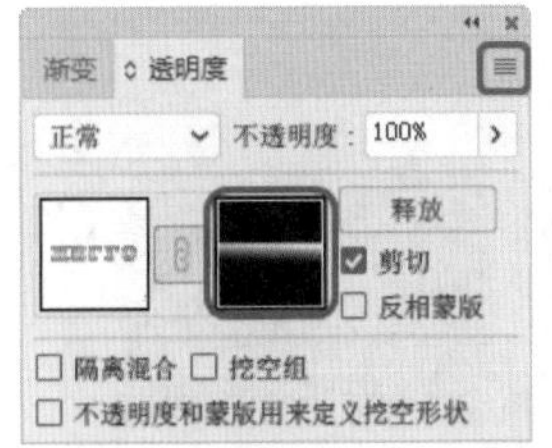

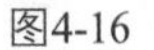

图4-16

图4-17

实例060 粉笔文字

素材：素材\Cha04\黑板.ai

场景：场景\Cha04\实例060 粉笔文字.ai

本例将讲解如何制作粉笔文字。首先导入背景图片，然后输入文字并设置【涂抹】效果和【粗糙化】效果。具体操作方法如下，完成后的效果如图4-18所示。

图4-18

Step 01 按Ctrl+O组合键，打开“素材\Cha04\黑板.ai”文件，如图4-19所示。

Step 02 单击工具箱中的【文字工具】按钮T，在画板中输入文字，在【字符】面板中将【字体系列】设置为“汉仪综艺体简”，【字体大小】设置为56pt，【字符间距】设置为100，然后调整文字的位置，如图4-20所示。

图4-19

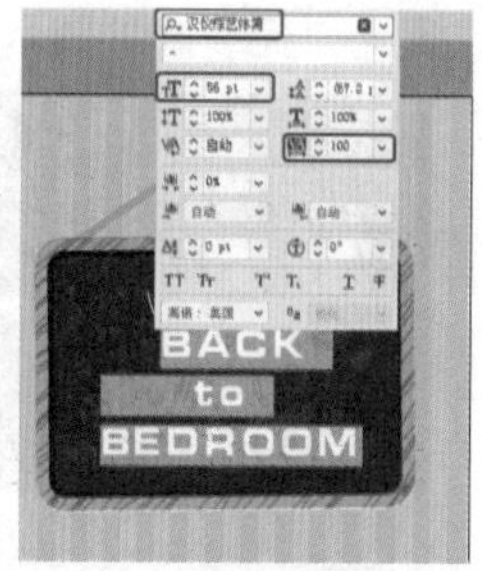

图4-20

Step 03 选中所有文字，在菜单栏中选择【效果】|【风格化】|【涂抹】命令，在弹出的【涂抹选项】对话框中设置涂抹参数，如图4-21所示。

Step 04 然后将文字的【填色】和【描边】的RGB值都设置为255、255、255，如图4-22所示。

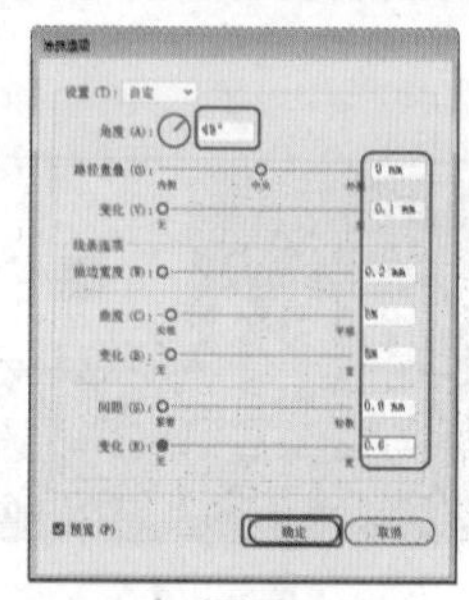

图4-21

图4-22

◎提示·◦

在【涂抹选项】对话框中勾选【预览】复选框，可以查看设置完参数后的涂抹效果。

Step 05 选中所有文字，在菜单栏中选择【效果】|【扭曲和变换】|【粗糙化】命令，在弹出的【粗糙化】对话框中设置参数，单击【确定】按钮，如图4-23所示。

图4-23

实例061 凹凸文字

本例将讲解如何制作凹凸文字。首先打开素材，然后输入文字并设置文字新填色颜色的内发光效果，之后继续添加新的填色并设置填色的变换效果。完成后的效果如图4-24所示。

图4-24

Step 01 按Ctrl+O组合键，打开“素材\Cha04\凹凸背景.ai”文件，如图4-25所示。

图4-25

Step 02 单击工具箱中的【文字工具】按钮T，在画板中输入英文“S·C”，然后在控制栏中单击【字符】按钮，在弹出的面板中将【字体系列】设置为“Vani”，

【字体大小】设置为72pt，然后调整文字的位置，如图4-26所示。

图4-26

Step 03 在控制栏中将文字的【填色】设置为“无”，如图4-27所示。

图4-27

Step 04 打开【外观】面板，单击【添加新填色】按钮[■]，将添加的填色设置为170、170、170，如图4-28所示。

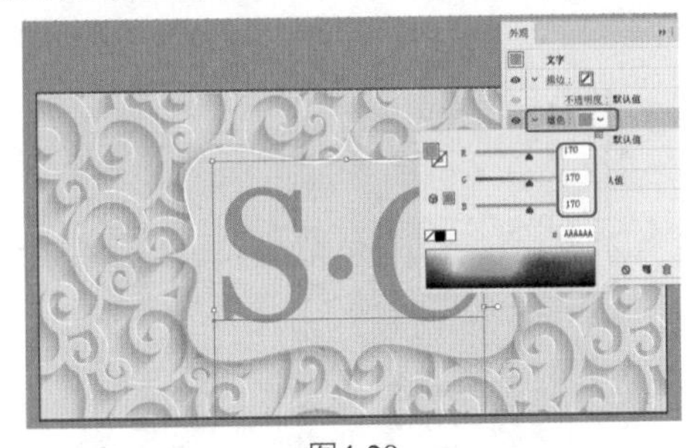

图4-28

Step 05 选中文字，在菜单栏中选择【效果】|【风格化】|【内发光】命令，如图4-29所示。

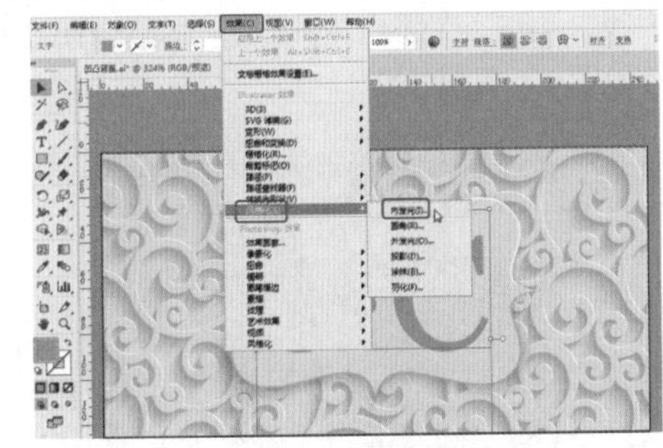

图4-29

Step 06 在弹出的【内发光】对话框中，将【模式】设置为“滤色”，将【颜色】设置为白色，【不透明度】设置为30%，【模糊】设置为1px，选中【中心】单选按钮，然后单击【确定】按钮，如图4-30所示。

图4-30

Step 07 在【外观】面板，单击【添加新填色】按钮[■]，将添加填色的RGB值设置为193、193、193，如图4-31所示。

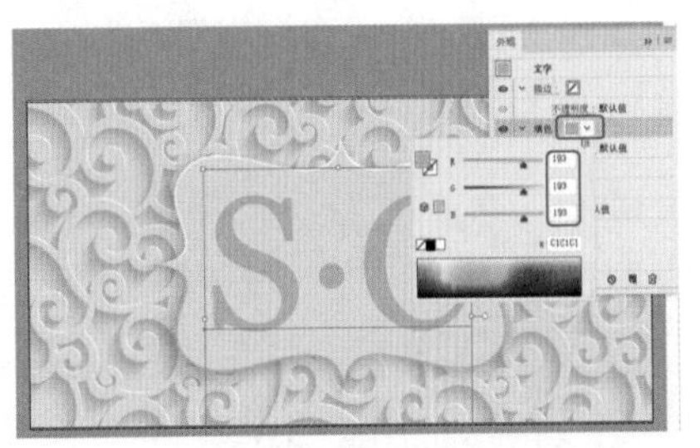

图4-31

Step 08 选中新添加的填色，在菜单栏中选择【效果】|【扭曲和变换】|【变换】命令，在弹出的【变换效果】对话框中，将【移动】选项组中的【垂直】设置为-0.4px，然后单击【确定】按钮，如图4-32所示。

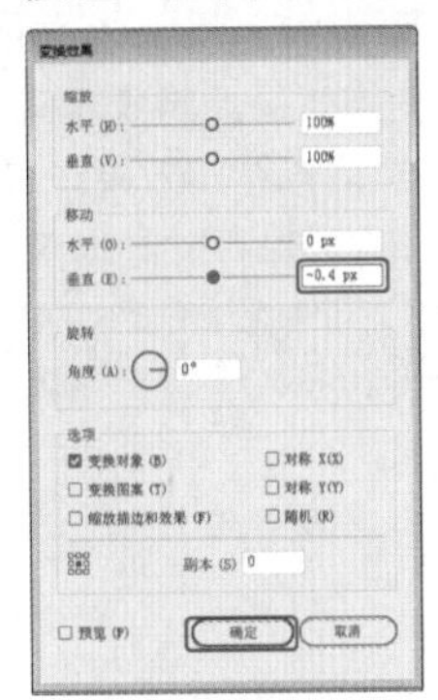

图4-32

Step 09 在【外观】面板中，将新添加的填色移动至最底层，然后查看其效果，如图4-33所示。

图4-33

Step 10 在【外观】面板中，单击【添加新填色】按钮[■]，将【填色】设置为白色，如图4-34所示。

图4-34

Step 11 选中新添加的填色，在菜单栏中选择【效果】|【扭曲和变换】|【变换】命令，在弹出的【变换效果】对话框中，将【移动】选项组中的【垂直】设置为0.4 px，然后单击【确定】按钮，如图4-35所示。

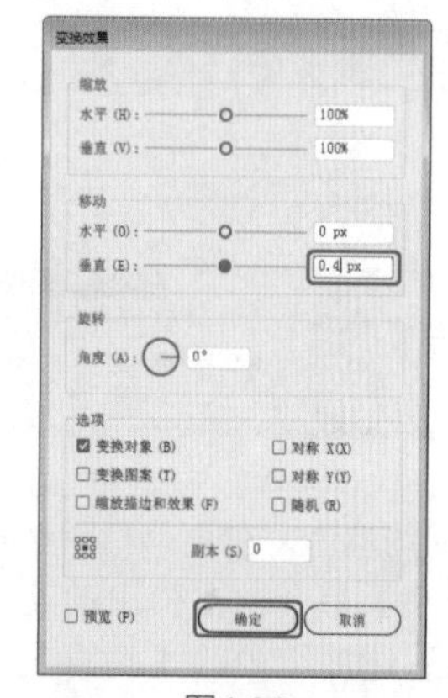

图4-35

Step 12 在【外观】面板中，将新添加的填色移动至最底层，再次添加一个变换效果，将【移动】选项组中的【垂直】设置为0.4 px，然后查看其效果。最终效果如图4-36所示。最后将场景文件进行保存并导出效果图片。

图4-36

实例062 电商广告

素材：素材\Cha04\电商广告背景.ai

场景：场景\Cha04\实例062 电商广告.ai

本例将学习如何制作电商广告，其中制作重点是如何对文字进行变形，具体操作方法如下，完成后的效果如图4-37所示。

Step 01 按Ctrl+O组合键，打开"素材\Cha04\电商广告背景.ai"文件，如图4-38所示。

图4-37

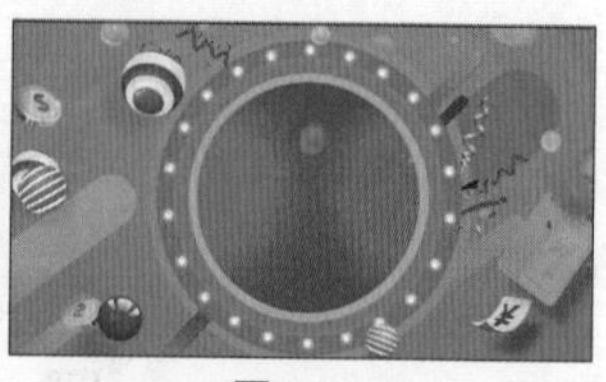

图4-38

Step 02 单击工具箱中的【文字工具】按钮T，在画板中输入文字"秒杀"，然后在控制栏中单击【字符】按钮，在弹出的面板中，将【字体系列】设置为"汉仪菱心体简"，【字体大小】设置为180pt，将【字体颜色】设置为白色，【描边】设置为"无"，然后调整文字的位置，如图4-39所示。

图4-39

Step 03 选择上一步输入的文字，右击，在弹出的快捷菜单中选择【创建轮廓】命令，将其转换为轮廓，如图4-40所示。

图4-40

Step 04 单击工具箱中的【删除锚点工具】按钮，依次单击"秒"字下面路径上的锚点，将整个闭合路径删除，效果如图4-41所示。

图4-41

Step 05 单击工具箱中的【钢笔工具】按钮，绘制一个左宽右窄的四边形，打开【颜色】面板，将【填色】的RGB值设置为249、218、85，将【描边】设置为“无”，适当旋转调整至合适的位置，如图4-42所示。

图4-42

Step 06 单击工具箱中的【文字工具】按钮，在画板中输入文字“极限”，然后在控制栏中单击【字符】按钮，在弹出的面板中将【字体系列】设置为“汉仪菱心体简”，【字体大小】设置为115pt，【垂直缩放】设置为90%，【字符间距】设置为-50，【字体颜色】的RGB值设置为249、218、85，将文字调整至合适的位置，如图4-43所示。

图4-43

Step 07 选择上一步创建的文字，打开【变换】面板，将【倾斜】设置为10，如图4-44所示。

Step 08 单击工具箱中的【星形工具】按钮，在画板中单击，在弹出的【星形】对话框中设置【半径】和【角点数】，单击【确定】按钮，如图4-45所示。在【颜色】面板中将【填色】的RGB值设置为64、221、217，【描边】设置为“无”。

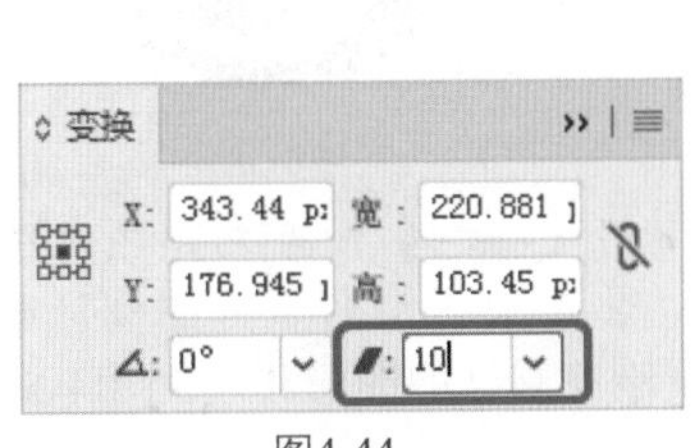

图4-44

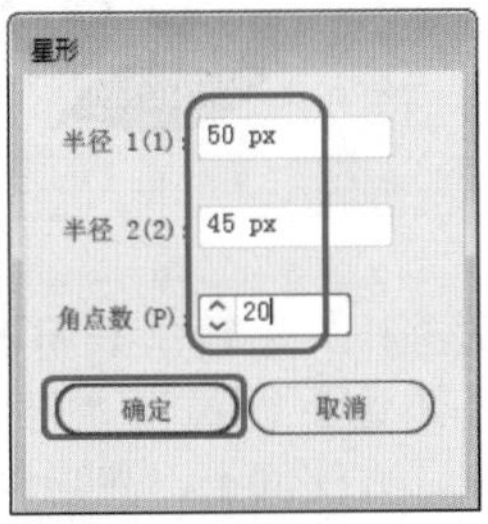

星形
半径 1(1): 50 px
半径 2(2): 45 px
角点数 (P): 20
确定
取消

图4-45

Step 09 适当调整星形的大小，单击工具箱中的【文字工具】按钮，在星形中分别输入文字“会”“员”“日”，然后在控制栏中单击【字符】按钮，在弹出的面板中将【字体系列】设置为“方正少儿简体”，【字体大小】设置为26pt，【字体颜色】设置为白色，【描边】设置为“无”，如图4-46所示。

Step 10 单击工具箱中的【文字工具】按钮，在画板中输入“sale”，然后在控制栏中单击【字符】按钮，在弹出的面板中，将【字体系列】设置为“Franklin Gothic Heavy”，【字体大小】设置为145pt，【字符间距】设置为 50，【字体颜色】设置为白色，如图4-47所示。

图4-46

图4-47

Step 11 单击工具箱中的【椭圆工具】按钮，绘制6个水平等距的圆形，在【颜色】面板中将【填色】的RGB值设置为249、218、85，【描边】设置为“无”，将所有的文字和图形调整至合适的位置，如图4-48所示。

图4-48

Step 12 按住Shift键加选绘制的所有对象，在菜单栏中选择【效果】|【风格化】|【投影】命令，在弹出的【投影】对话框中设置数值，如图4-49所示。

图4-49

实例063 浪漫情缘艺术字

素材：素材\Cha04\情人节背景.ai

场景：场景\Cha04\实例063 浪漫情缘.ai

本例通过“浪漫情缘”艺术字体的制作来讲解使用【文字工具】输入文字，使用户掌握如何将文字转换为轮廓命令的使用，并结合【钢笔工具】对文字进行变形设计的制作方法，效果如图4-50所示。

Step 01 启动软件后，按Ctrl+N组合键，在弹出的【新建文档】对话框中将【单位】设置为“毫米”，将【宽度】设置为600mm，【高度】设置为600mm，将【颜色模式】设置为CMYK颜色，然后单击【创建】按钮。单击工具箱中的【文字工具】按钮，在画板中输入文字“浪漫情缘”，打开【字符】面板，将【字体系列】设置为“方正粗倩简体”，将【字体大小】设置为200pt，如图4-51所示。

图4-50

图4-51

Step 02 单击工具箱中的【选择工具】按钮选择文字，在菜单栏中选择【文字】|【创建轮廓】命令或者按Ctrl+Shift+O组合键将其转换为轮廓，如图4-52所示。

图4-52

Step 03 单击工具箱中的【删除锚点工具】按钮，依次单击“浪”文字左侧的三点水字旁图形上的锚点，将其删除，如图4-53所示。

Step 04 单击工具箱中的【钢笔工具】按钮，在画板中绘制“浪”字左侧的三点水艺术字旁图形，单击工具箱中的【直接选择工具】按钮进行修改，如图4-54所示。

图4-53

图4-54

Step 05 单击工具箱中的【选择工具】按钮，选择并拖曳该图形，将其移动至“良”字的左侧，在控制栏中将图形的【填色】设置为黑色，【描边】设置为“无”，如图4-55所示。

图4-55

Step 06 单击工具箱中的【删除锚点工具】按钮，依次单击“良”字上方的锚点，将其删除，如图4-56所示。

图4-56

Step 07 单击工具箱中的【椭圆工具】按钮，按住Shift键单击在画板中拖曳，绘制一个正圆图形，并将其拖曳到图4-57所示的位置处。

Step 08 单击工具箱中的【钢笔工具】按钮，在页面中绘制图形，如图4-58所示。

图4-57　　图4-58

Step 09 在【颜色】面板中将【填色】设置为黑色，将【描边】设置为“无”，将“浪”字右下方的图形删除，方法同上。然后将刚刚绘制好的图形移动到图4-59所示的位置处。

Step 10 单击工具箱中的【删除锚点工具】按钮，用鼠标左键依次单击锚点，删除“漫”字三点水中间的点字图形，如图4-60所示。

图4-59 　　图4-60

Step 11 单击工具箱中的【钢笔工具】按钮绘制图形，在【颜色】面板中将【填色】设置为黑色、【描边】设置为“无”，最后将其移动至“漫”字三点水中间的位置处，如图4-61所示。

Step 12 选择工具箱中的【删除锚点工具】按钮，将“漫”字三点水字旁的上下两个笔画删除，如图4-62所示。

图4-61 　　图4-62

Step 13 单击工具箱中的【钢笔工具】按钮，绘制“漫”字三点水字旁的上下两个笔画，在【颜色】面板中将【填色】设置为黑色、【描边】设置为“无”，然后将其移动至图4-63所示的位置处。

Step 14 使用同样的方法对文字的其他部分进行变形。在工具箱中选择【文字工具】，输入字母“LANGMANQINGYUAN”，适当调整文字的大小，如图4-64所示。

图4-63 　　图4-64

Step 15 单击工具箱中的【选择工具】按钮，选择所有的图形，在菜单栏中选择【对象】|【编组】命令，对当前所有图形进行编组。在菜单栏中选择【文件】|【打开】命令，打开“素材\Cha04\情人节背景.ai”文件，如图4-65所示。

Step 16 将图形复制粘贴到素材文件中，对文字进行适当的调整，选中图形，单击工具箱中的【吸管工具】按钮，单击红色“心”形，将渐变色附着给“浪漫情缘”中所有文字和图形，如图4-66所示。

图4-65

图4-66

实例064 新春贺卡

素材：素材\Cha04\贺卡背景.jpg、老鼠.ai

场景：场景\Cha04\实例064 新春贺卡.ai

贺卡是人们在遇到喜庆的日期或事件时互相表示问候的一种卡片，人们通常赠送贺卡的日子包括生日、圣诞、元旦、春节、母亲节、父亲节、情人节等。本例将详细讲解如何制作新春贺卡，完成后的效果如图4-67所示。

Step 01 按Ctrl+O组合键，打开“素材\Cha04\贺卡背景.jpg”文件，如图4-68所示。

图4-67

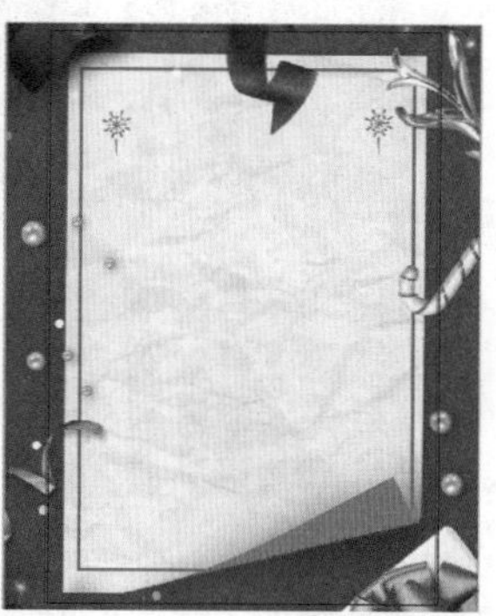

图4-68

Step 02 单击工具箱中的【文字工具】按钮T，在画板中输入文字“恭贺新春”，打开【字符】面板，将【字体系列】设置为“迷你简综艺”、【字体大小】设置为200pt，如图4-69所示。

图4-69

Step 03 单击工具箱中的【选择工具】按钮，选择文字并右击，在弹出的快捷菜单中选择【创建轮廓】命令，或者按Ctrl+Shift+O组合键将其转换为轮廓，如图4-70所示。

Step 04 创建轮廓后，再次右击，在弹出的快捷菜单中选择【取消编组】命令，将创建的图形取消编组，如图4-71所示。

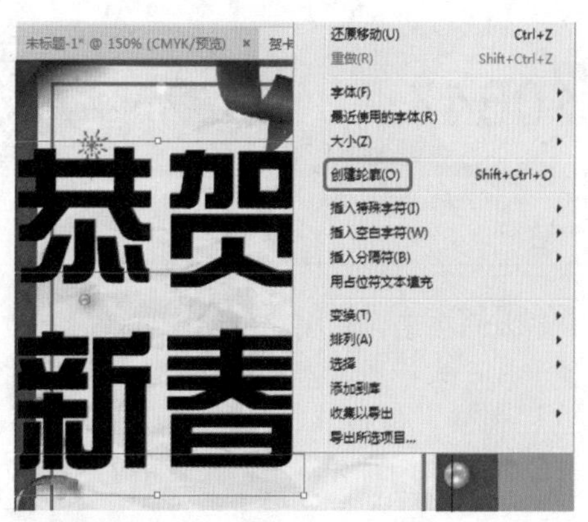

图4-70

图4-71

Step 05 单击空白处，单击工具箱中的【选择工具】按钮，选择“新”字图形，右击，在弹出的快捷菜单中选择【释放复合路径】命令，如图4-72所示。

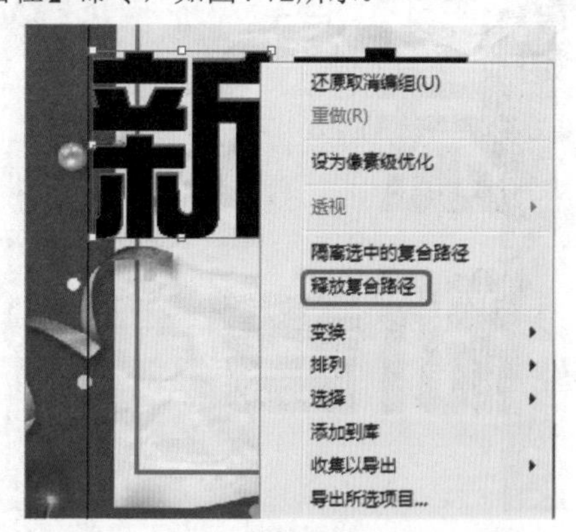

图4-72

Step 06 单击空白处，单击工具箱中的【选择工具】按钮，选择“斤”字图形，按住Alt键拖曳鼠标，将其移动并复制，如图4-73所示。

Step 07 在工具箱中单击【添加锚点工具】按钮，在复制出来的“斤”字图形的路径上单击，添加两个水平的锚点，如图4-74所示。

图4-73

图4-74

Step 08 在工具箱中单击【删除锚点工具】按钮，依次在复制出来的“斤”字图形的路径上单击，删除两个水平锚点下面多余的锚点，如图4-75所示。

图4-75

Step 09 在工具箱中单击【添加锚点工具】按钮，在原来的“斤”字图形上添加两个水平的锚点，如图4-76所示。

图4-76

Step 10 在工具箱中单击【删除锚点工具】按钮，在原来的“斤”字图形的路径上依次单击，删除两个水平锚点上多余的锚点，如图4-77所示。

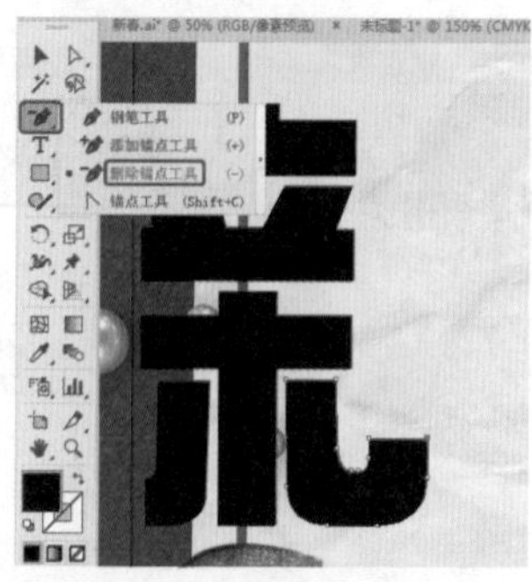

图4-77

Step 11 将图形调整至合适的位置，如图4-78所示。

Step 12 在工具箱中单击【文字工具】按钮T，在页面中输入文字“2020”，打开【字符】面板，将【字体系列】设置为“迷你简综艺”、【字体大小】设置为30pt，如图4-79所示。

图4-78

图4-79

Step 13 将光标放到数字四周，当出现旋转箭头形状时，按住Shift键单击并拖曳，让其旋转90°，然后调整至合适的位置，如图4-80所示。

图4-80

Step 14 单击工具箱中的【文字工具】按钮T，在画板中输入文字“Happy New Year”，打开【字符】面板，将【字体系列】设置为“迷你简综艺”、【字体大小】设置为30pt，【行距】设置为36pt、【字符间距】设置为25，如图4-81所示。

图4-81

Step 15 单击工具箱中的【选择工具】按钮，按住Shift键依次单击加选所有图形和文字，在【颜色】面板中将【填色】的RGB值设置为188、19、46，【描边】设置为“无”，按Shift+O组合键，激活【画板工具】，调整画板大小与背景大小相一致，如图4-82所示。

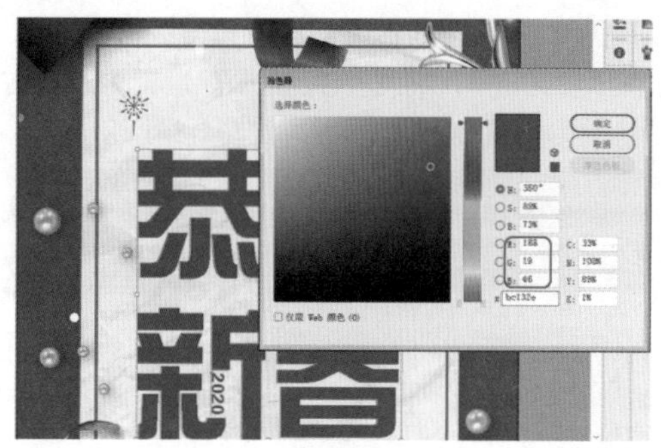

图4-82

Step 16 打开“素材\Cha04\老鼠.ai”文件，如图4-83所示。

Step 17 单击工具箱中的【选择工具】按钮，选择“老鼠”，按Ctrl+C组合键将其复制，回到贺卡的文件界面，按Ctrl+V组合键将其粘贴进来，将其调整至合适的位置，最终效果如图4-84所示。

图4-83

图4-84

实例 065 杂志页面

素材：素材\Cha04\商务背景.jpg

场景：场景\Cha04\实例065 杂志页面.ai

本例将详细讲解如何制作杂志页面，通过【矩形工具】制作出杂志页面背景的部分，然后通过【文字工具】输入段落文本，制作出杂志页面的内容，完成后的效果如图4-85所示。

图4-85

Step 01 启动软件后，按Ctrl+N组合键，在弹出的【新建文档】对话框中输入【名称】为“杂志页面”，将【单位】设置为“毫米”，将【宽度】设置为476mm，【高度】设置为220mm，将【颜色模式】设置为“CMYK颜色”，然后单击【创建】按钮，如图4-86所示。

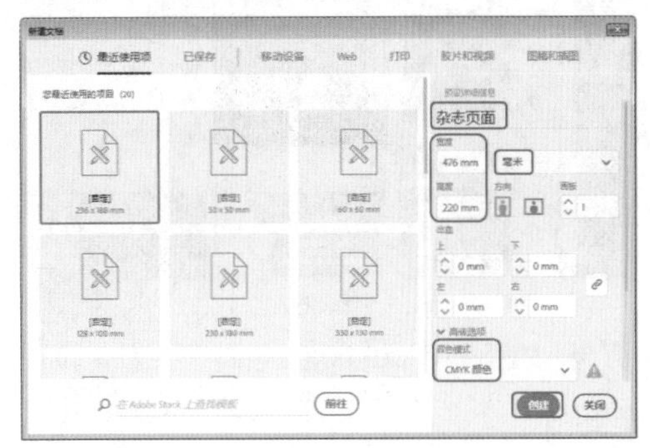

图4-86

Step 02 在工具箱中单击【矩形工具】按钮，绘制一个和画板一样大小的矩形，在【颜色】面板中将【填色】的CMYK值设置为10.42、7.76、7.76、0，将【描边】设置为“无”，如图4-87所示。

图4-87

Step 03 打开“素材\Cha04\商务背景.jpg”文件，如图4-88所示。

Step 04 在工具箱中选择【选择工具】，选择素材图片，按Ctrl+C组合键复制图片，返回杂志页面中，按Ctrl+V组合键将素材图片粘贴进来，调整位置和大小，在【属性】面板中单击【嵌入】按钮，如图4-89所示。

图4-88

图4-89

Step 05 在工具箱中单击【钢笔工具】按钮，沿矩形路径画一个四边形，如图4-90所示。

图4-90

Step 06 按住Shift键单击素材图片，使四边形和图片都被选中，右击，在弹出的快捷菜单中选择【建立剪切蒙版】命令，如图4-91所示。

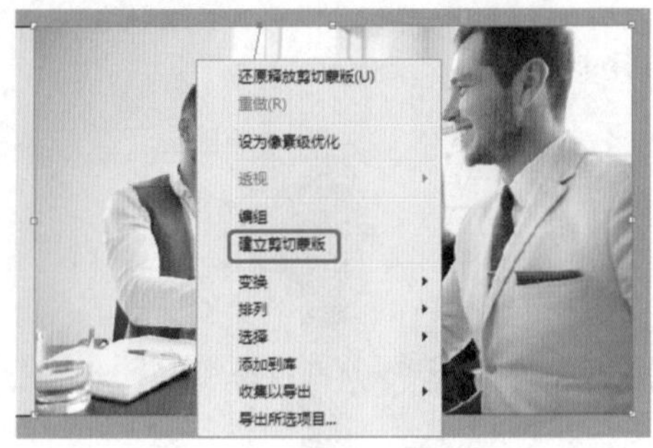

图4-91

Step 07 单击工具箱中【文字工具】按钮T，在页面的左侧空白处单击鼠标左键并拖曳，绘制出3个大小相同、间距相等的矩形文本框，在文本框中输入内容，如图4-92所示。

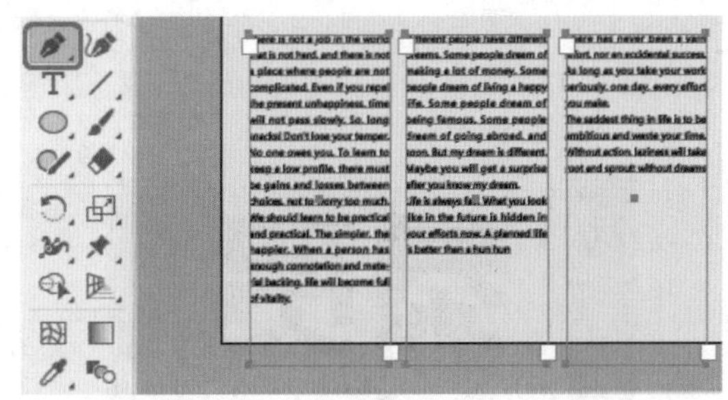

图4-92

Step 08 单击工具箱中的【文字工具】按钮，输入文本“NO.1 Part /01”，在【字符】面板中将【字体系列】设置为“Impact”，将【字体大小】设置为48pt，如图4-93所示。

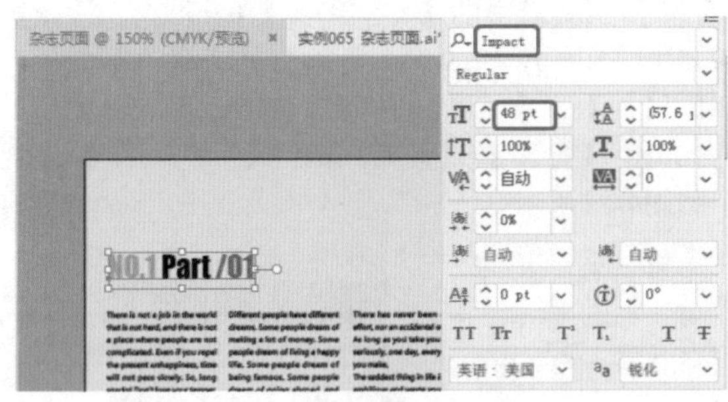

图4-93

第5章 图标和按钮的设计

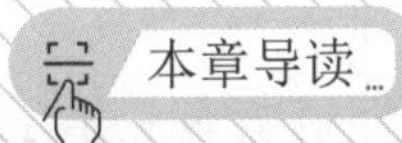

在浏览网页时会发现很多按钮图标，本章将详细介绍一些按钮图标的制作流程，包括播放按钮、日历图标、开关按钮等。通过本章的学习可以对图标按钮的制作有一定的了解。

本例将讲解如何制作透明的播放按钮，其重点是学习基本图形的绘制，掌握渐变色和不透明度工具的使用。具体操作方法如下，完成后的效果如图5-1所示。

图5-1

Step 01 启动软件后，按Ctrl+N组合键，在弹出的【新建文档】对话框中输入【名称】为“播放按钮”，将【单位】设置为“毫米”，【宽度】和【高度】均设置为250mm，【颜色模式】设置为“RGB颜色”，然后单击【创建】按钮，如图5-2所示。

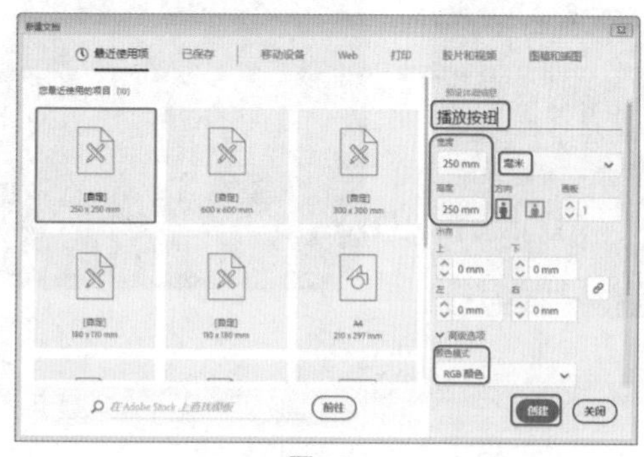

图5-2

Step 02 单击工具箱中的【圆角矩形工具】按钮，在画板中单击，弹出【圆角矩形】对话框，将【宽度】和【高度】都设置为111mm，将【圆角半径】设置为10mm，单击【确定】按钮，如图5-3所示。

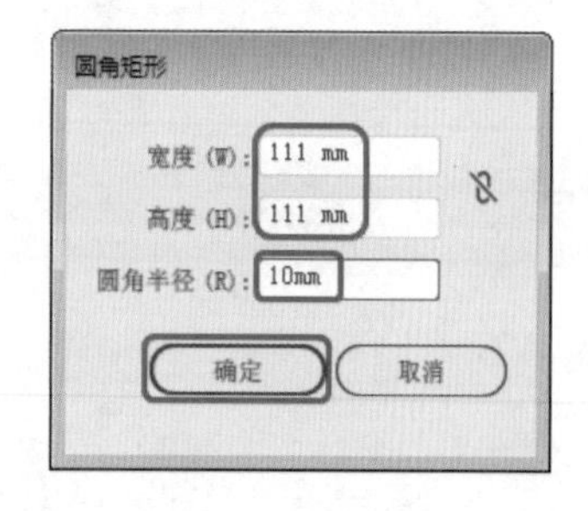

图5-3

Step 03 将圆角矩形的【填色】设置为渐变，按Ctrl+F9组合键，在弹出的【渐变】面板中将【类型】设置为“线性”，将【角度】设置为90°，将0%位置色标的RGB值设置为255、255、255，将100%位置色标的RGB值设置为77、77、77，效果如图5-4所示。

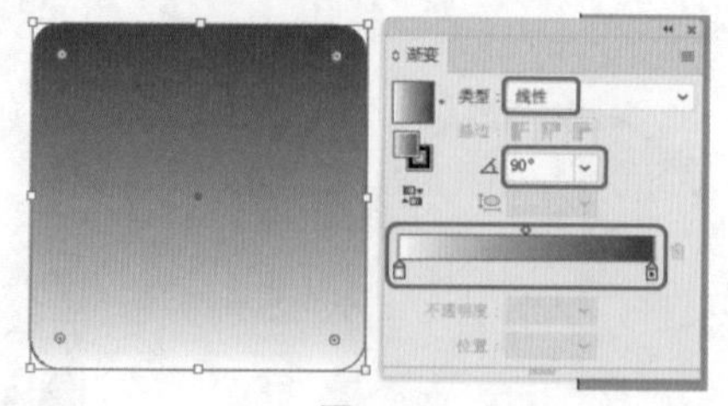

图5-4

Step 04 将圆角矩形的【描边】设置为渐变，按Ctrl+F9组合键，在弹出的【渐变】面板中将【类型】设置为“线性”，【角度】设置为-90°，将0%位置色标的RGB值设置为255、255、255，将100%位置色标的RGB值设置为77、77、77，将【描边粗细】设置为3pt，如图5-5所示。

Step 05 单击工具箱中的【选择工具】按钮，选择上一步绘制的圆角矩形，按住Alt键单击并拖曳，对其进行复制，在【颜色】面板中将复制出的矩形的【填色】设置为黑色，【描边】设置为“无”，并将其放置到渐变矩形的正上方，如图5-6所示。

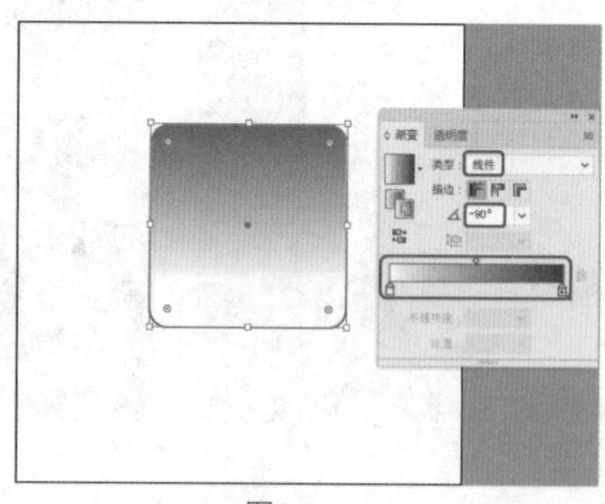

图5-5　　图5-6

Step 06 单击工具箱中的【选择工具】按钮，选择上一步复制出的矩形，在菜单栏中选择【效果】|【风格化】|【外发光】命令，弹出【外发光】对话框，将【模式】设置为“正常”，【发光颜色】的RGB值设置为7、7、7，【不透明度】设置为100%，【模糊】设置为10mm，单击【确定】按钮，如图5-7所示。

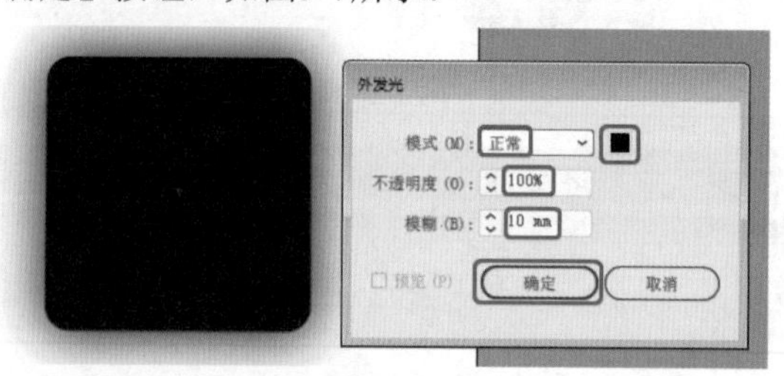

图5-7

Step 07 单击工具箱中的【选择工具】按钮，选择第一步创建的渐变圆角矩形，按住Alt键单击鼠标并拖曳，对其进行复制，修改其渐变填色颜色，按Ctrl+F9组合键，在弹出的【渐变】面板中将【类型】设置为“线性”，【角度】设置为-90°。将0%位置色标的RGB值设置为255、255、255，将100%位置色标的RGB值设置为190、190、190，并对其进行调整，如图5-8所示。

图5-8

Step 08 单击工具箱中的【圆角矩形】按钮，在画板中单击，弹出【圆角矩形】对话框，将【宽度】和【高度】分别设置为100mm、70mm，将【圆角半径】设置为12mm，单击【确定】按钮，如图5-9所示。

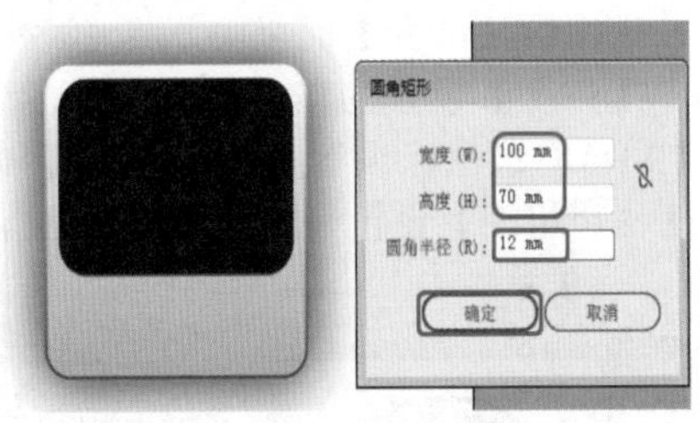

图5-9

Step 09 将上一步创建的矩形的【填色】设置为渐变，按Ctrl+F9组合键，在弹出的【渐变】面板中将【类型】设置为“线性”，将【角度】设置为-90°。将0%位置色标的RGB值设置为255、255、255，将100%位置色标的RGB值设置为0、0、0，将【描边】设置为“无”，使用【渐变工具】调整渐变，如图5-10所示。

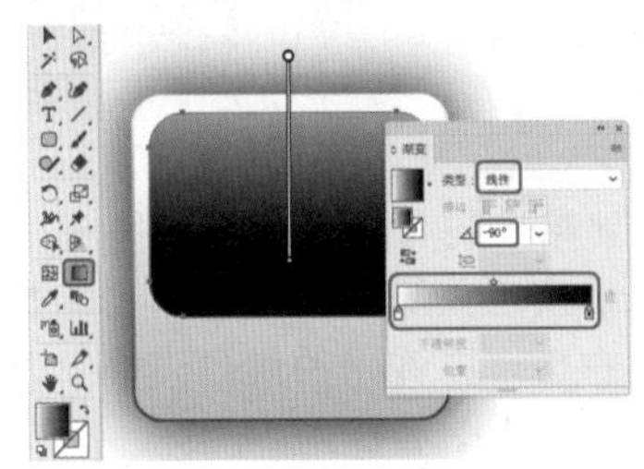

图5-10

Step 10 单击工具箱中的【选择工具】按钮，选择上一步填充渐变的圆角矩形，在控制栏中单击【不透明度】按钮，将其【混合模式】设置为“叠加”，将【不透明度】设置为15%，效果如图5-11所示。

图5-11

提示

叠加：作用于图像像素与周围像素之间，导致图像反差增大或减小，是一个基色决定混合效果的模式，由基色的明暗决定了混合色的混合方式。使用“叠加”混合模式后一般不会产生色阶溢出，不会导致图像细节损失，当调换基色和混合色的位置时，结果色不相同。

Step 11 单击工具箱中的【椭圆工具】按钮，在画板中单击，弹出【椭圆】对话框，将【宽度】和【高度】都设置为91.5mm，单击【确定】按钮，如图5-12所示。

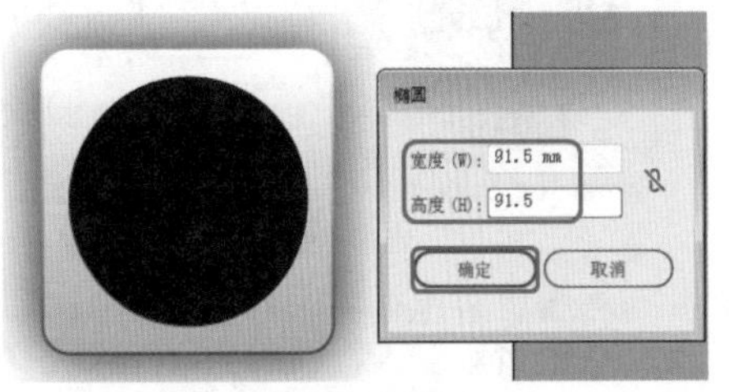

图5-12

Step 12 单击工具箱中的【选择工具】按钮，选择上一步创建的正圆为其设置渐变，按Ctrl+F9组合键，在弹出的【渐变】面板中将【类型】设置为“线性”，将【角度】设置为90°。将0%位置色标的RGB值设置为255、255、255，将100%位置色标的RGB值设置为178、178、178，单击工具箱中的【渐变工具】对渐变进行调整，如图5-13所示。

Step 13 单击工具箱中的【椭圆工具】按钮，在画板中单击，弹出【椭圆】对话框，将【宽度】和【高度】都设置87mm，单击【确定】按钮，然后将其放置到上一步绘制圆的正上方，如图5-14所示。

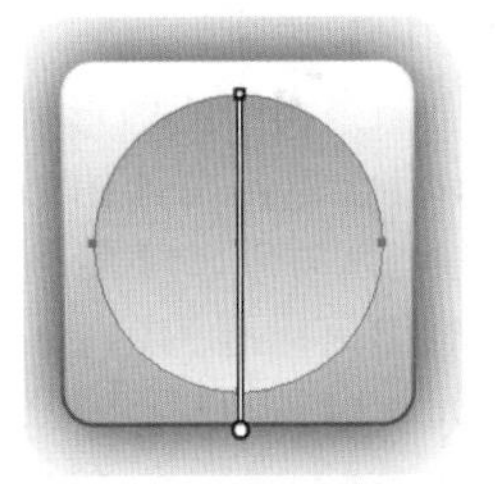

图5-13

图5-14

Step 14 单击工具箱中的【选择工具】按钮，选择上一步创建的正圆为其设置渐变，按Ctrl+F9组合键，在弹出的【渐变】面板中将【类型】设置为“线性”，将【角度】设置为90°，将0%位置色标的RGB值设置为163、163、163，将100%位置色标的RGB值设置为0、0、0，单击工具箱中的【渐变工具】对渐变进行调整，如图5-15所示。

Step 15 单击工具箱中的【椭圆工具】按钮，在画板中单击，弹出【椭圆】对话框，将【宽度】和【高度】都设置为83mm，单击【确定】按钮，如图5-16所示。

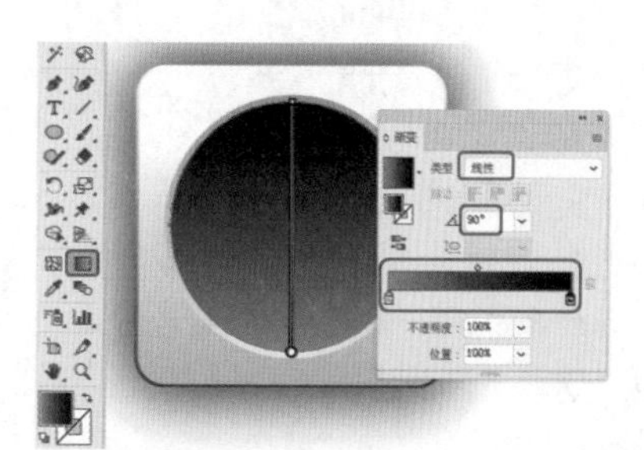

图5-15

图5-16

Step 16 单击工具箱中的【选择工具】按钮，选择上一步创建的正圆为其设置渐变，按Ctrl+F9组合键，在弹出的【渐变】面板中将【类型】设置为“径向”，【角度】设置为0°，将0%位置色标的RGB值设置为4、208、254，54%位置色标的RGB值设置为6、156、252，100%位置色标的RGB值设置为0、55、212，如图5-17所示。

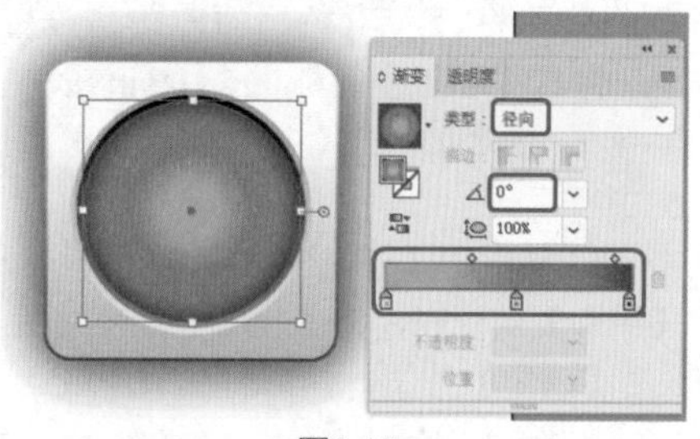

图5-17

Step 17 单击工具箱中的【选择工具】按钮，选择上一步创建的圆形，单击并拖曳复制出一个相同的圆形，修改复制后圆形的渐变，按Ctrl+F9组合键，在弹出的【渐变】面板中将【类型】设置为“径向”，【角度】设置为0°，将86%位置色标的RGB值设置为0、0、0，将100%位置色标的RGB值为100、149、237，如图5-18所示。

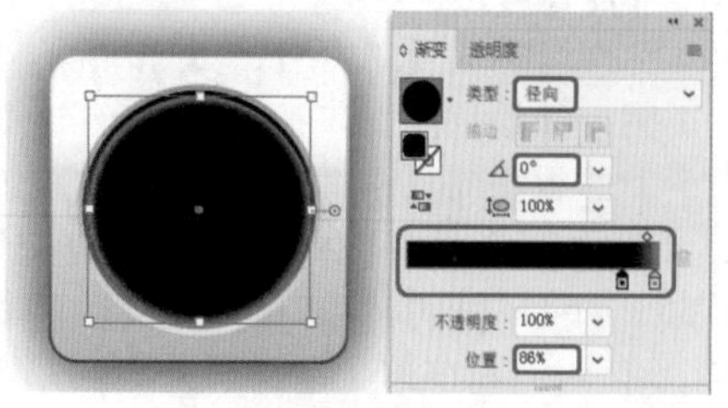

图5-18

Step 18 选择上一步设置渐变的正圆，在控制栏中单击【不透明度】按钮，将其【模式】设置为“滤色”，如图5-19所示。

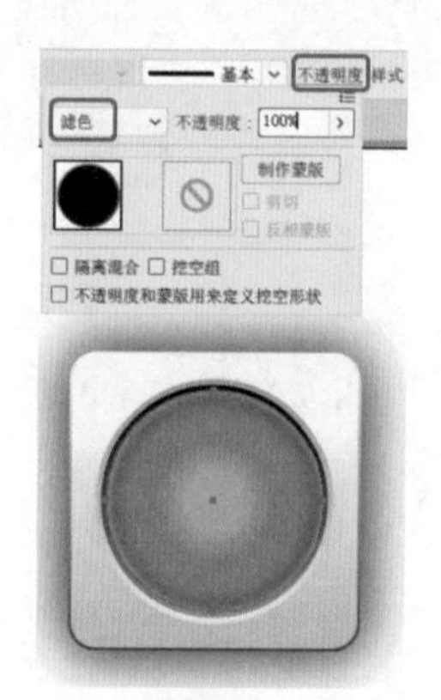

图5-19

Step 19 单击工具箱中的【钢笔工具】按钮，在画板中绘制图5-20所示的图形，为其填充渐变效果，按Ctrl+F9组合键，在弹出的【渐变】面板中，将【类型】设置为“线性”，【角度】设置为180°，将0%位置色标设置为白色，100%位置色标设置为黑色，将【描边】设置为黑色，【描边粗细】设置为1，如图5-20所示。

图5-20

Step 20 单击工具箱中的【选择工具】按钮，选择上一步创建的图形，在控制栏中单击【不透明度】按钮，将【混合模式】设置为“滤色”，【不透明度】设置为50%，效果如图5-21所示。

Step 21 单击工具箱中的【钢笔工具】按钮，绘制图5-22所示的形状，单击工具箱中的【选择工具】按钮，框选绘制的图形，右击，在弹出的快捷菜单中选择【编组】命令，使其变成一个图形整体。

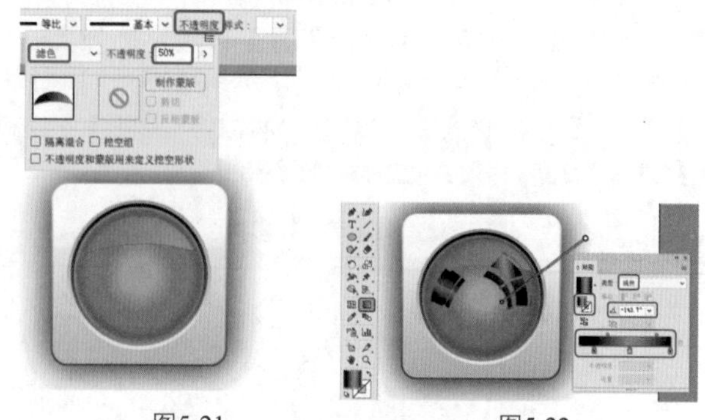

图5-21　　图5-22

Step 22 对上一步创建的图形填充渐变效果，按Ctrl+F9组合键，在弹出的【渐变】面板中将【类型】设置为“线性”，【角度】设置为0°，将16.3%位置色标的RGB值设置为0、0、0，55.6%位置色标的RGB值设置为127、178、255，100%位置色标的RGB值设置为0、0、0，两个色标滑块的位置分别是37.7%、65.8%，最后将其排列顺序后移一位，如图5-23所示。

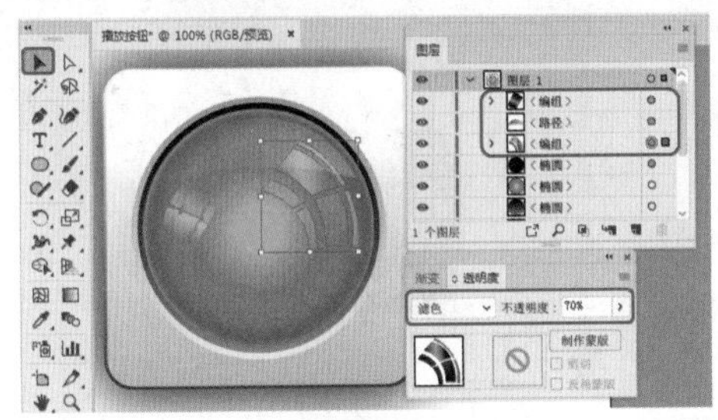

图5-23

Step 23 单击工具箱中的【椭圆工具】按钮，在画板中单击鼠标，在弹出的对话框中将【宽度】和【高度】都设置为72mm，并对其填充渐变，打开【渐变】面板，如图5-24所示。将【类型】设置为【径向】，将0%位置处色标的RGB值设置为90、141、203，将32%位置处色标的RGB值设置为73、113、163，将【不透明度】设置为97%，将100%位置处色标的RGB值设置为4、6、9，将【角度】设置为-51°，将【长宽比】设置为87%，并使用【渐变工具】调整渐变。

图5-24

Step 24 选择上一步创建的渐变圆形，在控制栏中单击【不透明度】按钮，将【混合模式】设置为“滤色”，完成后的效果如图5-25所示。

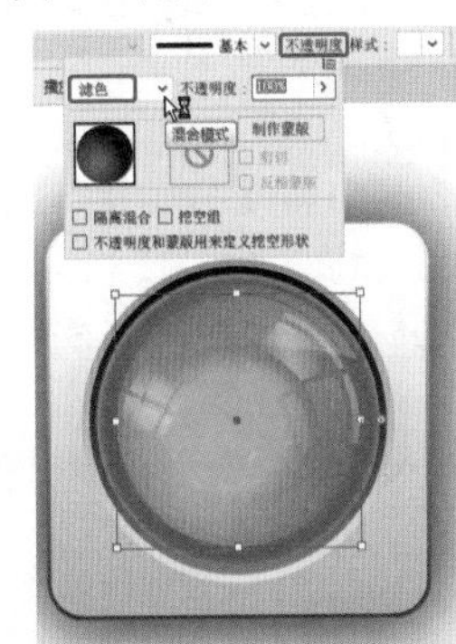

图5-25

Step 25 单击工具箱中的【星形工具】按钮 ，在画板中单击，在弹出的【星形】对话框中将【角点数】设置为3，单击【确定】按钮，将其调整至合适大小，在【颜色】面板中将其【填色】设置为黑色，并移动至合适的位置，如图5-26所示。

> **提示**
>
> 单击工具箱中的【星形工具】按钮，在画板中单击鼠标左键并拖曳的同时按键盘上的↑键或↓键可以增加角点或减少角点。

Step 26 单击工具箱中的【选择工具】按钮，选择上一步创建的三角形，在控制栏中单击【不透明度】按钮，将【不透明度】设置为40%。完成后的效果如图5-27所示。

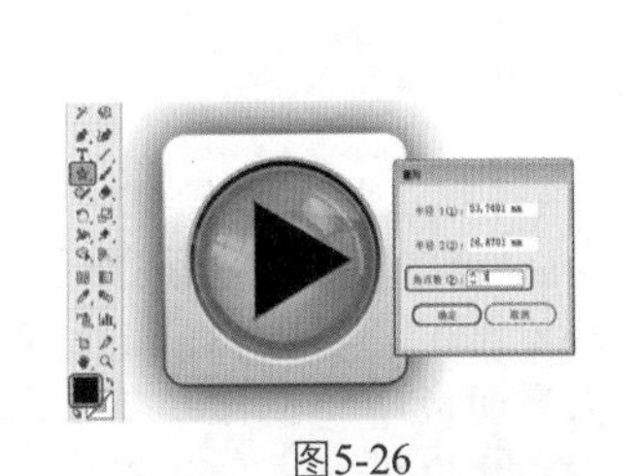

图5-26

图5-27

实例067 日历图标

场景：场景\Cha05\实例067 日历图标.ai

本例讲解如何制作日历图标。首先使用【圆角矩形工具】【钢笔工具】制作图标的背景，然后使用【文字工具】绘制日历中的星期和日期，完成后的效果如图5-28所示。

图5-28

Step 01 启动软件后，按Ctrl+N组合键，在弹出的【新建文档】对话框中输入【名称】为“日历图标”，将【单位】设置为“毫米”，将【宽度】和【高度】都设置为250mm，将【颜色模式】设置为RGB，然后单击【创建】按钮，如图5-29所示。

图5-29

Step 02 单击工具箱中的【圆角矩形工具】按钮，在画板中单击左键，在弹出的对话框中将【宽度】和【高度】都设置为100mm，【圆角半径】设置为15mm，单击【确定】按钮，在【颜色】面板中将其【填色】的RGB值设置为125、5、7，【描边】设置为“无”，如图5-30所示。

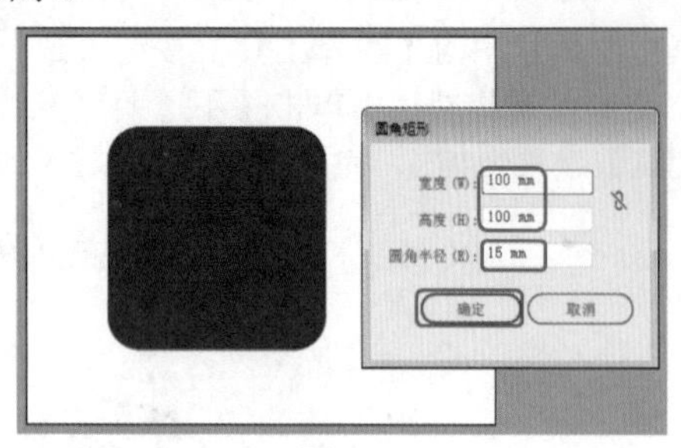

图5-30

Step 03 单击工具箱中的【圆角矩形工具】按钮，在画板中单击左键，在弹出的对话框中将【宽度】和【高度】都设置为100mm，【圆角半径】设置为15mm，单击【确定】按钮，在【颜色】面板中将其【填色】的RGB值设置为202、0、0，【描边】设置为“无”，将其调整至合适的位置，如图5-31所示。

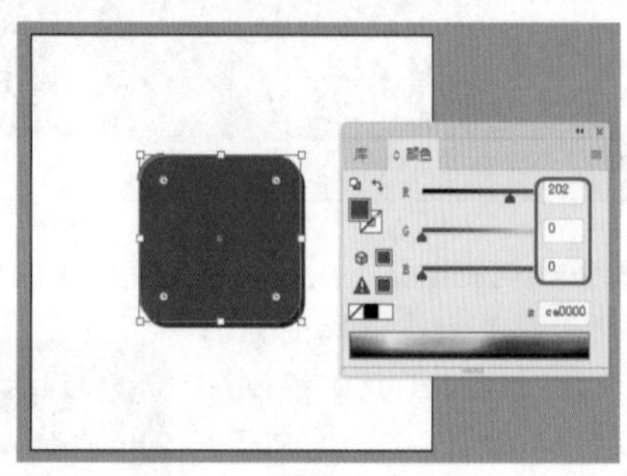

图5-31

Step 04 单击工具箱中的【钢笔工具】按钮，绘制图5-32所示的图形，按Ctrl+F9组合键，在弹出的【渐变】面板中将【类型】设置为“线性”，【角度】设置为45°，将0%位置色标的RGB值设置为160、160、160，50%位置色标的RGB值设置为255、255、255，100%位置色标的RGB值设置为160、160、160，将两个渐变滑块的位置分别设置为25%、75%，然后调整至合适的位置。

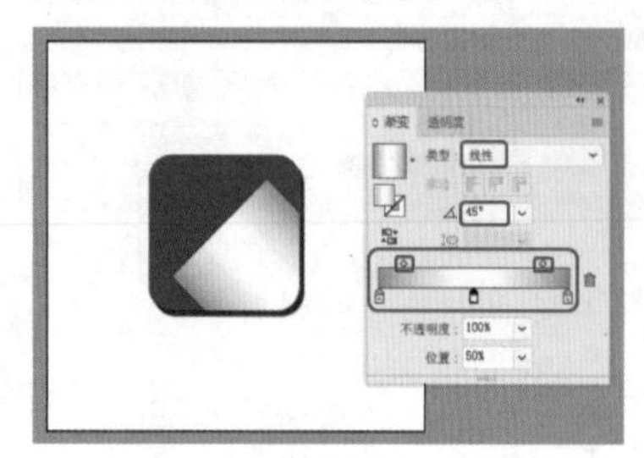

图5-32

Step 05 单击工具箱中的【选择工具】按钮，选择上一步设置渐变的图形，单击控制栏中的【不透明度】按钮，在弹出的面板中将【混合模式】设置为“正片叠底”，如图5-33所示。

图5-33

Step 06 单击工具箱中的【圆角矩形工具】按钮，在画板中单击，在弹出的对话框中将【宽度】和【高度】都设置为70mm，【圆角半径】设置为15mm，单击【确定】按钮，按Ctrl+F9组合键，在弹出的【渐变】面板中将【类型】设置为“线性”，【角度】设置为0°。将0%位置色标的RGB值设置为255、255、255，将100%位置色标的RGB值设置为213、213、213，将其【描边】设置为白色，将【描边粗细】设置为4pt，然后将其调整至合适的位置，如图5-34所示。

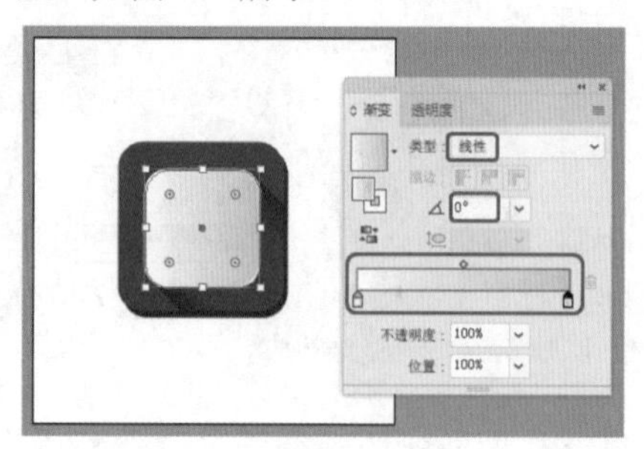

图5-34

Step 07 将新绘制的圆角矩形进行复制，将其【填色】与【描边】的RGB值均设置为192、192、192，按Ctrl+[组合键将复制的圆角矩形后移一层，并调整其位置，单击工具箱中的【圆角矩形工具】按钮，在画板中单击，在弹出的对话框中将【宽度】和【高度】都设置为68mm，【圆角半径】设置为15mm，单击【确定】按钮，如图5-35所示。在【颜色】面板中将【填色】的RGB值设置为206、0、0。

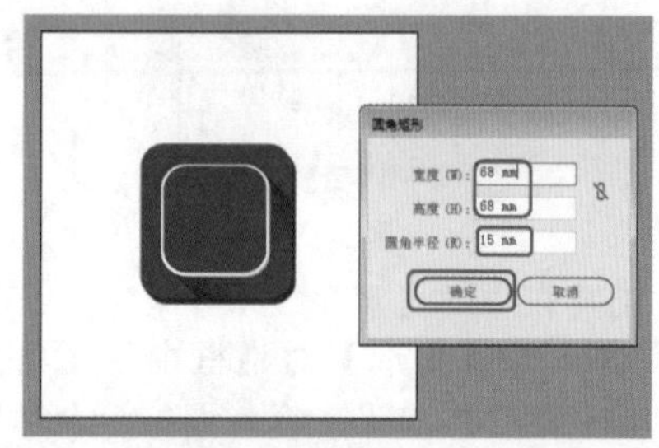

图5-35

Step 08 单击工具箱中的【添加锚点工具】按钮，在上一步绘制的圆角矩形的路径上单击，添加两个水平的锚点，然后单击工具箱中的【剪刀工具】按钮，单击新添加的两个锚点，将其分成两个图形，删除下方多余的图形，如图5-36所示。

图5-36

Step 09 单击工具箱中的【文字工具】按钮，在画板中单击，输入英文“Friday”，在【字符】面板中将【字体系列】设置为“方正大黑简体”，【字体大小】设置为50pt，【字体间距】设置为-10，将其【填色】设置为白色，如图5-37所示。

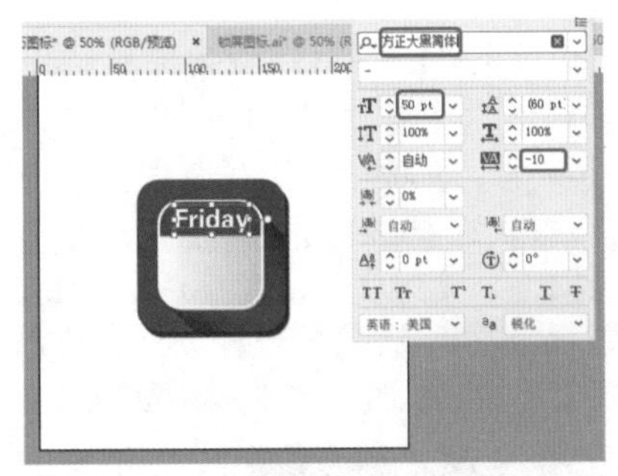

图5-37

Step 10 单击工具箱中的【文字工具】按钮，在画板中单击左键，输入数字“5”，在【字符】面板中将【字体系列】设置为“方正大黑简体”，【字体大小】设置为140pt，【字符间距】设置为-10，将其【填色】的RGB值设置为112、116、117，如图5-38所示。

图5-38

实例068 开关按钮

场景：场景\Cha05\实例068 开关按钮.ai

按钮是一种常用的控制电器元件，通常用来接通或断开电路，从而达到控制电动机或其他电气设备运行目的的一种开关。本例将讲解如何制作开关按钮，完成后的效果如图5-39所示。

图5-39

Step 01 启动软件后，按Ctrl+N组合键，在【新建文档】对话框中，将【名称】设置为“开关按钮”，将【宽度】和【高度】都设置为250mm，【颜色模式】设置为“RGB颜色”，然后单击【创建】按钮，如图5-40所示。

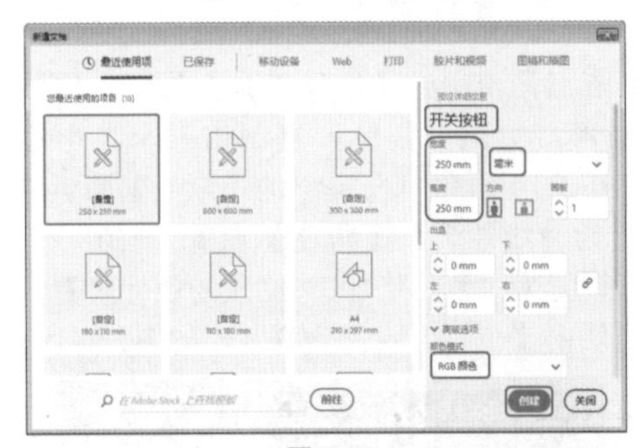

图5-40

Step 02 单击工具箱中的【矩形工具】按钮，单击并拖曳，绘制出一个和画板大小相同的正方形，在【颜色】面板中将其【填色】设置为黑色，【描边】设置为“无”，如图5-41所示。

图5-41

Step 03 单击工具箱中的【椭圆工具】按钮，在画板中单击，在弹出的对话框中将【宽度】和【高度】均设置为120mm，然后单击【确定】按钮，如图5-42所示。

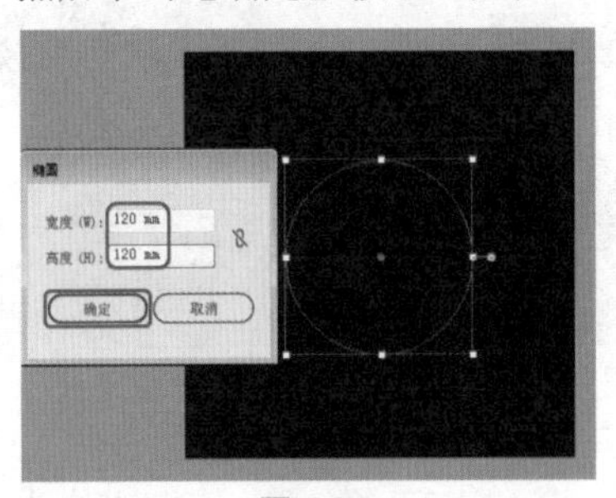

图5-42

Step 04 在菜单栏中选择【效果】|【风格化】|【外发光】命令，在弹出的对话框中将【模式】设置为“正常”，【颜色】设置为白色，【不透明度】设置为100%，【模糊】设置为6mm，然后单击【确定】按钮，如图5-43所示。

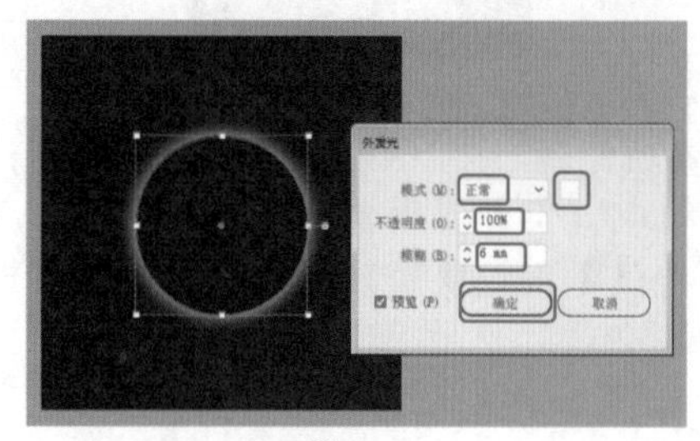

图5-43

Step 05 单击工具箱中的【选择工具】按钮，选择上一步绘制的圆形，单击并拖曳，复制出一个大小相等的圆形，按Ctrl+F9组合键，在弹出的【渐变】面板中将【类型】设置为“线性”，【角度】设置为-50°，将0%位置的色标设置为白色，将100%位置的色标设置为黑色，将渐变滑块的【位置】设置为16%，如图5-44所示。

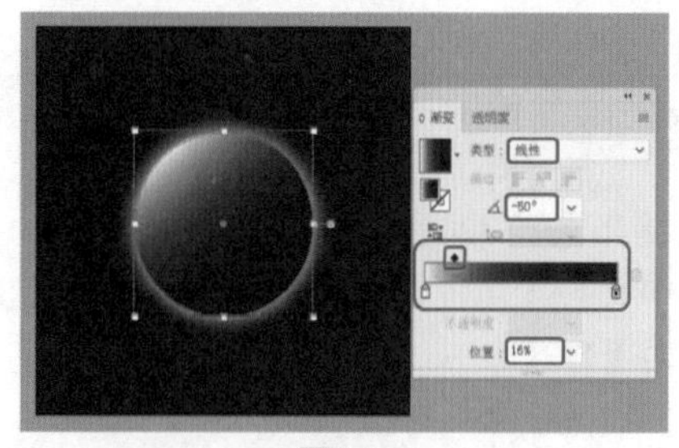

图5-44

Step 06 在控制栏中单击【不透明度】按钮，将【不透明度】设置为70%，然后调整至合适的位置，如图5-45所示。

Step 07 单击工具箱中的【椭圆工具】按钮，在画板中单击，在弹出的对话框中将【宽度】和【高度】都设置为90mm，然后单击【确定】按钮，在控制栏中将【描边颜色】设置为黑色，【描边粗细】设置为8pt，然后将其调整至合适的位置，如图5-46所示。

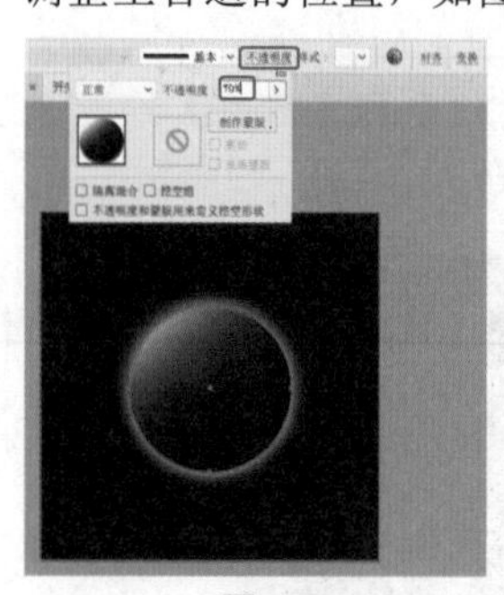

图5-45

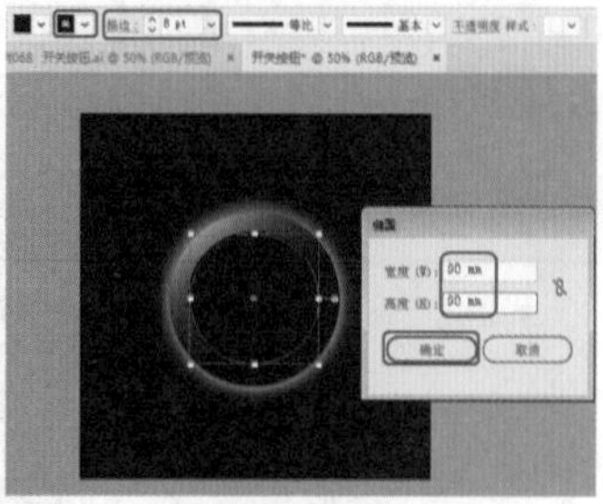

图5-46

Step 08 单击工具箱中的【选择工具】按钮，选择上一步绘制的圆形，按Ctrl+F9组合键，在弹出的【渐变】面板中将【类型】设置为“线性”，【角度】设置为-50°，将0%位置的色标设置为白色，50%位置的色标设置为黑色，100%位置的色标设置为白色，将渐变滑块的【位置】分别设置为25%、75%，如图5-47所示。

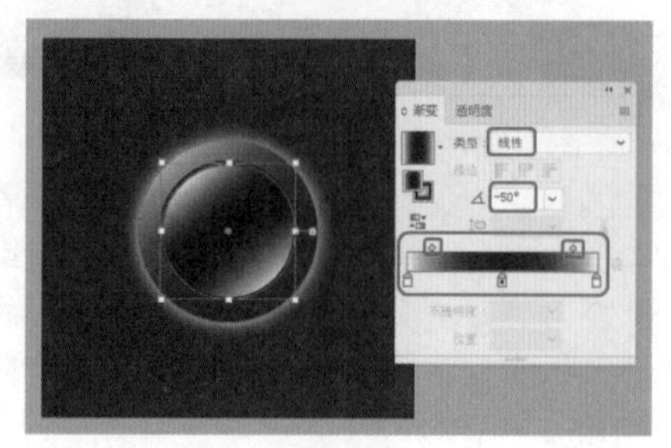

图5-47

Step 09 再复制出一个【宽度】和【高度】都为90mm的圆形，在控制栏中将【描边粗细】设置为8pt，单击工具箱中的【选择工具】按钮，选择复制出来的圆形，按Ctrl+F9组合键，在弹出的【渐变】面板中将【类型】设置为“径向”，【角度】设置为0°，将0%位置的色标设置为黑色，100%位置的色标设置为白色，渐变滑块的【位置】设置为87%，如图5-48所示。

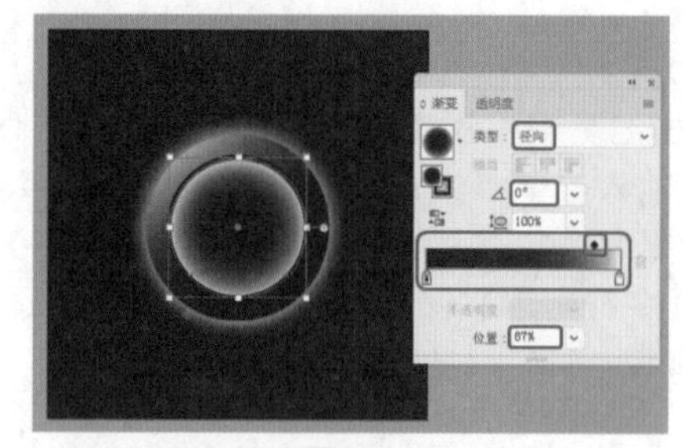

图5-48

Step 10 单击工具箱中的【选择工具】按钮，选择上一步绘制的圆形，单击控制栏中的【不透明度】按钮，将【不透明度】设置为50%，如图5-49所示。

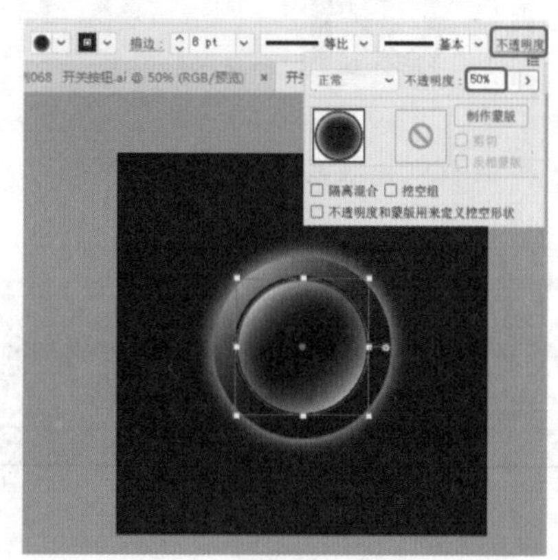

图5-49

Step 11 单击工具箱中的【椭圆工具】按钮，在画板中单击，在弹出的对话框中将【宽度】和【高度】都设置为52mm，然后单击【确定】按钮，如图5-50所示。

Step 12 单击工具箱中的【椭圆工具】按钮，在画板中单击，在弹出的对话框中将【宽度】和【高度】都设置为42mm，然后单击【确定】按钮，如图5-51所示。

图5-50

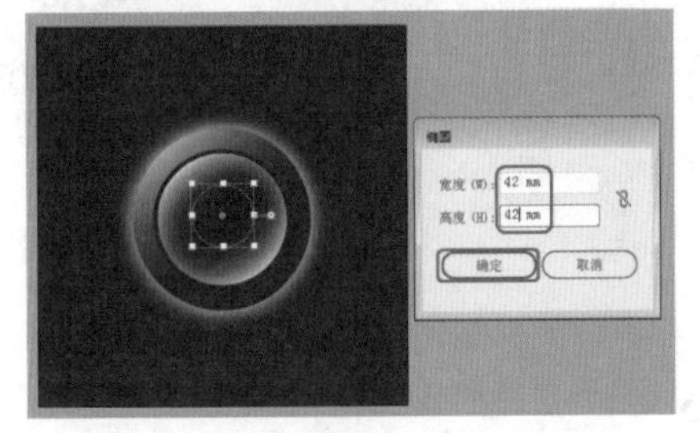

图5-51

Step 13 单击工具箱中的【选择工具】按钮，按住Shift键单击选择上两步绘制的两个圆形，按Shift+Ctrl+F9组合键，打开【路径查找器】面板，在【形状模式】组中单击【减去顶层】按钮，使其成为一个圆环，如图5-52所示。

图5-52

Step 14 单击工具箱中的【钢笔工具】按钮，在画板中绘制一个上宽下窄的四边形，然后将其调整至合适的位置，如图5-53所示。

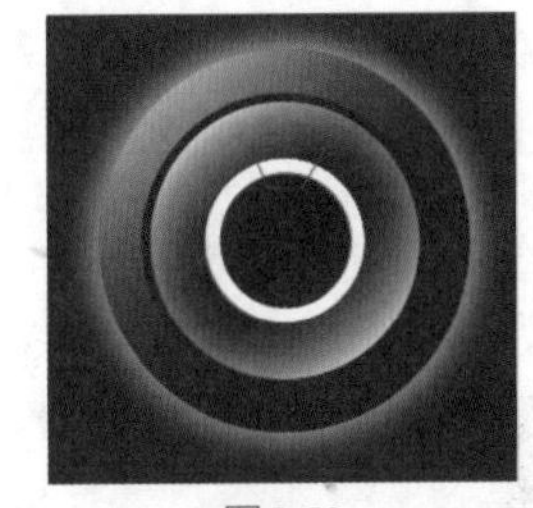

图5-53

Step 15 单击工具箱中的【选择工具】按钮，按住Shift键单击选择圆环和四边形，按Shift+Ctrl+F9组合键，打开【路径查找器】面板，在【形状模式】组中单击【减去顶层】按钮，如图5-54所示。

图5-54

Step 16 单击工具箱中的【椭圆工具】按钮，按住Shift键单击并拖曳，绘制两个大小适当的正圆，并将其调整至合适的位置，如图5-55所示。

图5-55

Step 17 单击工具箱中的【选择工具】按钮，按住Shift键单击选择圆环和上一步绘制的两个正圆，按Shift+Ctrl+F9组合键，打开【路径查找器】面板，在【形状模式】组中单击【联集】按钮，如图5-56所示。

图5-56

Step 18 单击工具箱中的【圆角矩形工具】按钮，在画板中单击，在弹出的对话框中将【宽度】设置为6.3mm、【高度】设置为39.8mm、【圆角半径】设置为1.176mm，单击【确定】按钮，将其调整至合适的位置，如图5-57所示。

图5-57

Step 19 单击工具箱中的【选择工具】按钮，右击圆环和圆角矩形，在弹出的快捷菜单中选择【编组】命令，如图5-58所示。

图5-58

Step 20 单击工具箱中的【选择工具】按钮，单击左键选择上一步制作的图形，按Ctrl+F9组合键，在弹出的【渐变】面板中将【类型】设置为“线性”，【角度】设置为130°，将0%位置色标的RGB值设置为21、153、255，54%位置色标的RGB值设置为85、86、255，100%位置色标的RGB值设置为195、21、255，两个色标滑块的位置分别设置为54.1%、77.5%，如图5-59所示。

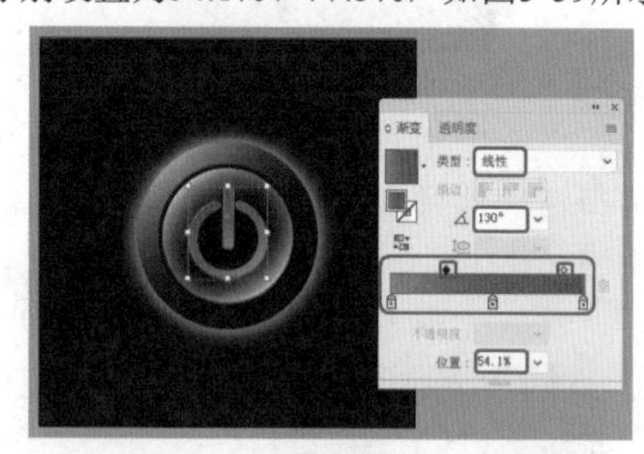

图5-59

Step 21 单击工具箱中的【选择工具】按钮，单击左键选择上一步设置渐变的图形，在菜单栏中选择【效果】|【风格化】|【外发光】命令，在弹出的对话框中将【模式】设置为“强光”，颜色的RGB值设置为23、255、255，【不透明度】设置为100%，【模糊】设置为2mm，然后单击【确定】按钮，如图5-60所示。

图5-60

Step 22 单击工具箱中的【选择工具】按钮，选择上一步设置外发光的图形，单击并拖动，将其移动并复制，先在【外观】面板中删除【外发光】效果，再在菜单栏中选择【效果】|【风格化】|【内发光】命令，在弹出的对话框中将【模式】设置为“强光”，颜色的RGB值设置为152、244、244，【不透明度】设置为75%，【模糊】设置为4mm，选中【边缘】单选按钮，然后单击【确定】按钮，如图5-61所示。

图5-61

实例069 锁屏图标

素材：素材\Cha05\屏幕背景.ai

场景：场景\Cha05\实例069 锁屏图标.ai

本例将讲解如何制作锁屏图标，其重点是学习基本图形的绘制，熟悉并掌握【路径查找器】面板的使用，完成后的效果如图5-62所示。

图5-62

Step 01 按Ctrl+O组合键，打开“素材\Cha05\屏幕背景.ai”文件，如图5-63所示。

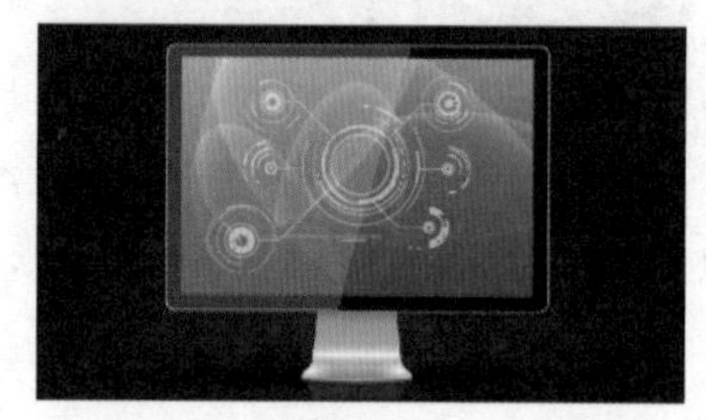

图5-63

Step 02 单击工具箱中的【圆角矩形工具】按钮，在画板中单击，在弹出的对话框中将【宽度】设置为17mm，【高度】设置为11.34mm，【圆角半径】设置为2mm，单击【确定】按钮。在【颜色】面板中将其【填色】设置为白色，【描边】设置为“无”，如图5-64所示。

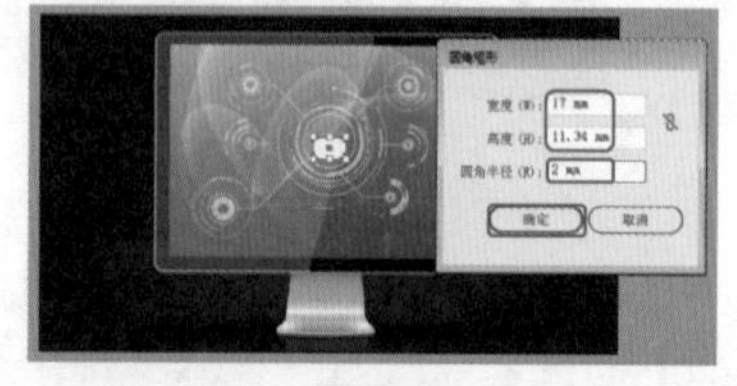

图5-64

Step 03 单击工具箱中的【椭圆工具】按钮，在画板中单击，在弹出的对话框中将【宽度】和【高度】都设置为3mm，单击【确定】按钮，然后将其调整至合适的位置，如图5-65所示。

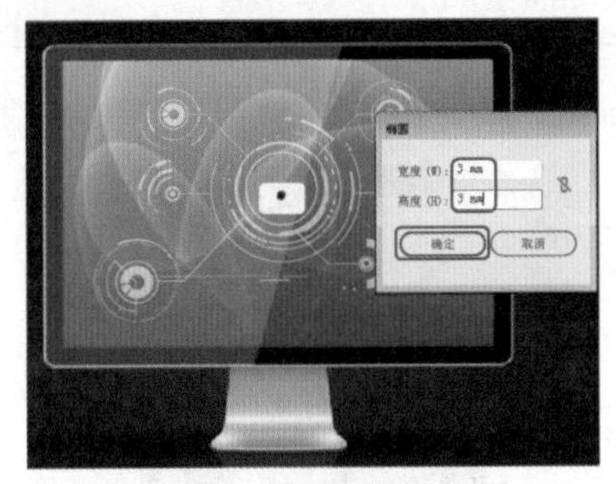

图5-65

Step 04 单击工具箱中的【选择工具】按钮，按住Shift键选择上两步绘制的圆角矩形和圆形，按Shift+Ctrl+F9组合键，在弹出的【路径查找器】面板中单击【减去顶层】按钮，如图5-66所示。

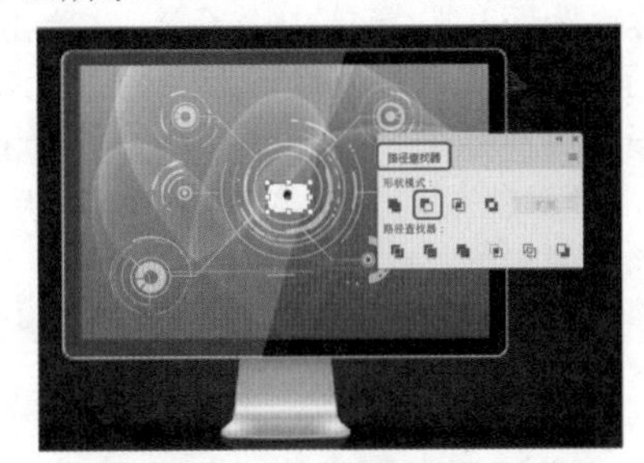

图5-66

Step 05 单击工具箱中的【椭圆工具】按钮，在画板中单击，在弹出的对话框中将【宽度】设置为15.5mm、【高度】设置为20mm，单击【确定】按钮，如图5-67所示。

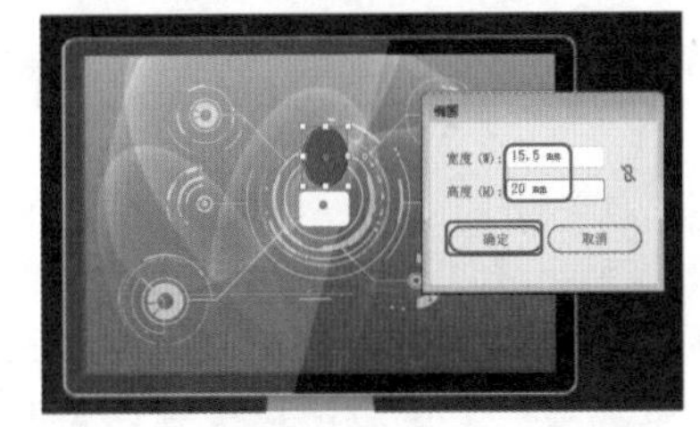

图5-67

Step 06 单击工具箱中的【椭圆工具】按钮，在画板中单击，在弹出的对话框中将【宽度】设置为12.16mm、【高度】设置为14.57mm，单击【确定】按钮，如图5-68所示。

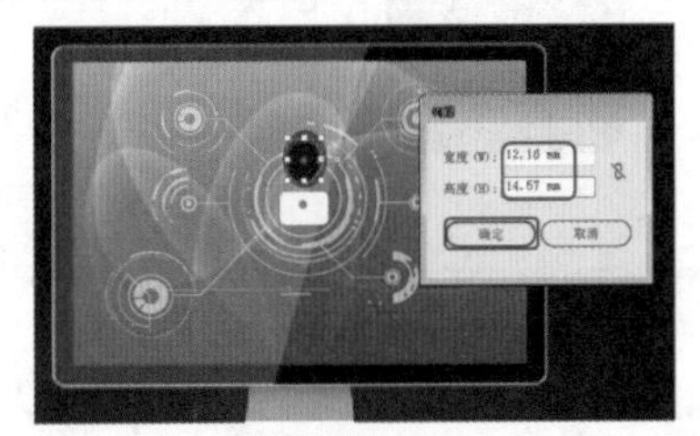

图5-68

Step 07 在工具箱中单击【选择工具】按钮，选择大椭圆，在工具箱中单击【剪刀工具】按钮，依次单击大椭圆左右两侧的锚点，将其剪成一个半圆，删除下面多余的半圆，小椭圆同上，如图5-69所示。

图5-69

Step 08 在工具箱中单击【选择工具】按钮，按住Shift键选择上一步绘制的两个半圆，按Shift+Ctrl+F9组合键，在弹出的【路径查找器】面板中单击【减去顶层】按钮，效果如图5-70所示。

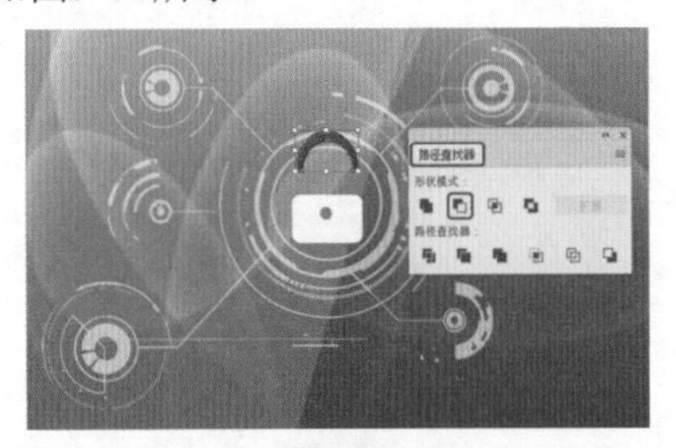

图5-70

Step 09 在工具箱中单击【椭圆工具】按钮，绘制两个大小相同的正圆，在画板中单击，在弹出的对话框中将【宽度】和【高度】都设置为1.7mm，然后单击【确定】按钮，将它们调整至合适的位置，如图5-71所示。

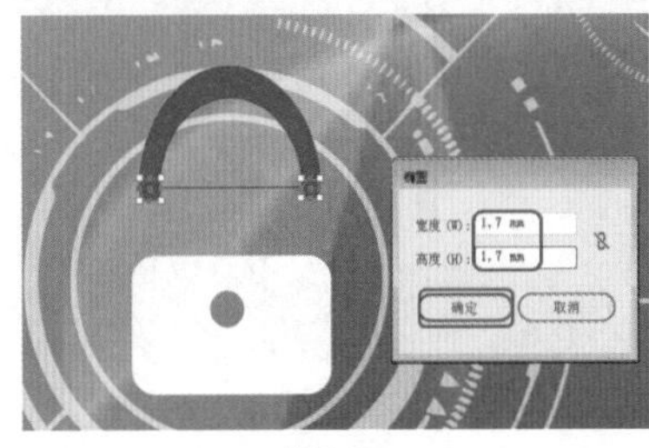

图5-71

Step 10 在工具箱中单击【选择工具】按钮，按住Shift键选择两个圆形和弧形，按Shift+Ctrl+F9组合键，在弹出的【路径查找器】面板中单击【联集】按钮，如图5-72所示。

图5-72

Step 11 在工具箱中单击【选择工具】按钮，选择上一步创建的图形，在【颜色】面板中将【填色】设置为白色，适当调整其大小，然后将其调整至合适的位置，如图5-73所示。

图5-73

Step 12 单击工具箱中的【圆角矩形工具】按钮，在画板中单击，在弹出的对话框中将【宽度】设置为1.4mm、【高度】设置为4.2mm、【圆角半径】设置为0.7mm，单击【确定】按钮，如图5-74所示。

图5-74

Step 13 在工具箱中单击【选择工具】按钮，按住Shift键选择两个圆角矩形，按Shift+Ctrl+F9组合键，在弹出的【路径查找器】面板中单击【减去顶部】按钮，如图5-75所示。

图5-75

Step 14 在工具箱中单击【选择工具】按钮，按住Shift键选择锁的两个图形，右击，在弹出的快捷菜单中选择【编组】命令，然后在控制栏中单击【不透明度】按钮，将【不透明度】设置为80%，如图5-76所示。

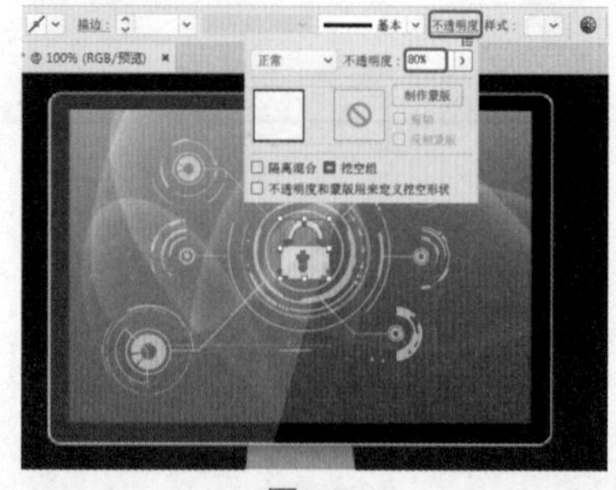

图5-76

实例070 计时器图标

场景：场景\Cha05\实例070 计时器图标.ai

本例将讲解如何制作计时器图标，其重点是学习基本图形的绘制，熟悉并掌握【旋转工具】的使用，完成后的效果如图5-77所示。

图5-77

Step 01 启动软件后，按Ctrl+N组合键，在弹出的【新建文档】对话框中将【名称】设置为“计时器图标”，将【单位】设置为“毫米”，【宽度】和【高度】都设置为250mm，【颜色模式】设置为RGB，然后单击【创建】按钮，如图5-78所示。

图5-78

Step 02 单击工具箱中的【圆角矩形工具】按钮，在画板中单击，弹出【圆角矩形】对话框，将【宽度】和【高度】都设置为130mm，将【圆角半径】设置为18mm，单击【确定】按钮，在【颜色】面板中将其【填色】设置为黑色，如图5-79所示。

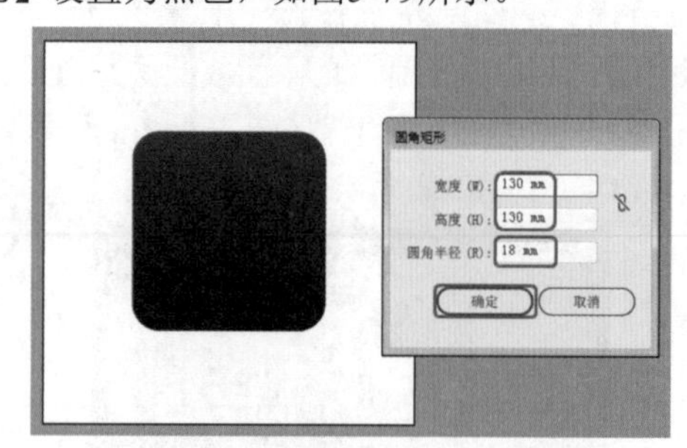

图5-79

Step 03 单击工具箱中的【选择工具】按钮，选择上一步绘制的圆角矩形，按Ctrl+F9组合键，在弹出的【渐变】

面板中将【类型】设置为“线性”，将【角度】设置为-90°，将0%位置色标的RGB值设置为60、60、60，将100%位置色标的RGB值设置为0、0、0，如图5-80所示。

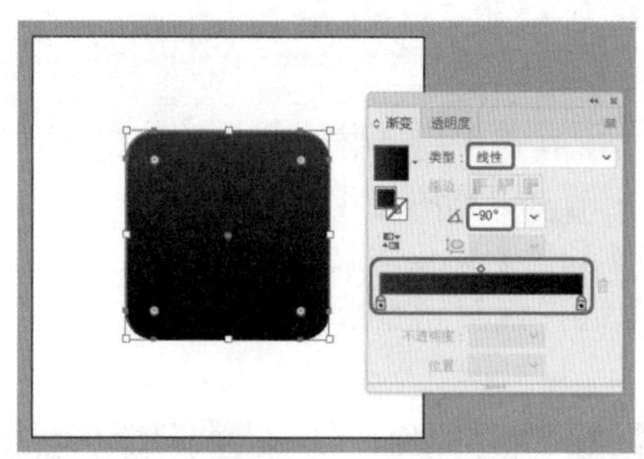

图5-80

Step 04 单击工具箱中的【椭圆工具】按钮，在画板中单击，在弹出的对话框中将【宽度】和【高度】都设置为120mm，单击【确定】按钮，然后将其调整至合适的位置，如图5-81所示。

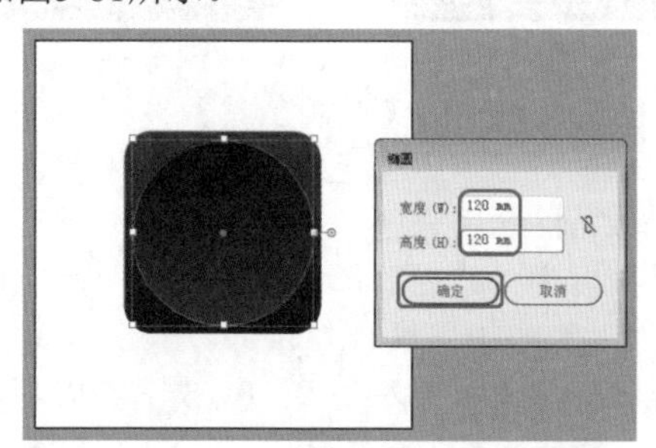

图5-81

Step 05 单击工具箱中的【选择工具】按钮，选择上一步绘制的正圆，按Ctrl+F9组合键，在弹出的【渐变】面板中将【类型】设置为“线性”，将【角度】设置为90°，将0%位置色标的RGB值设置为60、60、60，将100%位置色标的RGB值设置为0、0、0，如图5-82所示。

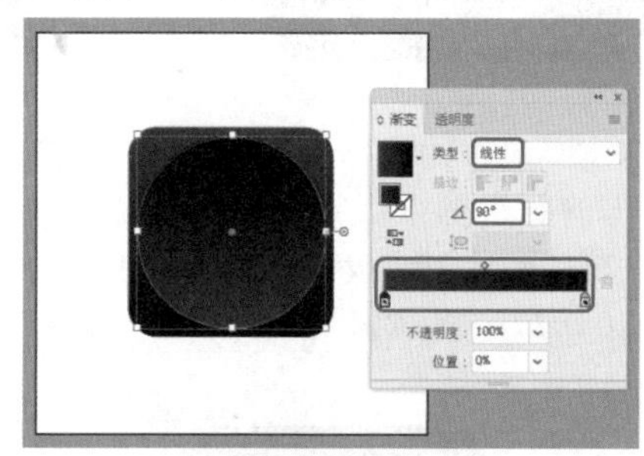

图5-82

Step 06 单击工具箱中的【钢笔工具】按钮，在画板中绘制图5-83所示的梯形，将其调整至合适的位置，在【颜色】面板中将【填色】的RGB值设置为140、0、140。

Step 07 单击工具箱中的【选择工具】按钮，选择上一步绘制的梯形，单击工具箱中的【旋转工具】按钮，单击鼠标左键将梯形的旋转中心点移动至圆形的中心，如图5-84所示。

图5-83　图5-84

Step 08 按住Alt键在梯形的旋转中心点单击，在弹出的对话框中将【角度】设置为15°，单击【复制】按钮，如图5-85所示。

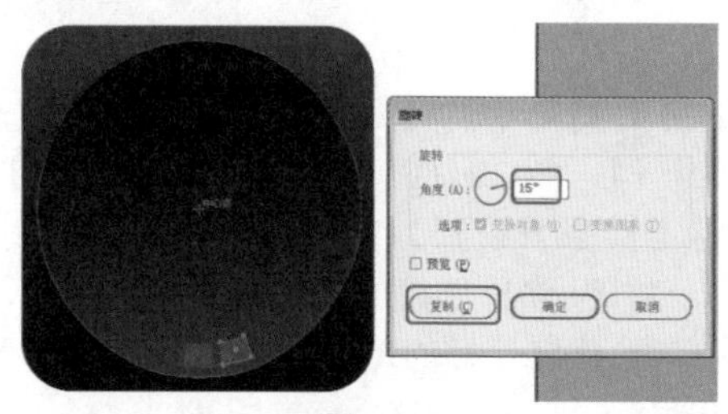

图5-85

Step 09 连续按Ctrl+D组合键，使上一步命令复制，直到旋转并复制完一整圈，完成后的效果如图5-86所示。

Step 10 单击工具箱中的【选择工具】按钮，按住Shift键依次选择左边的7个梯形块，单击控制栏的【不透明度】面板，将【不透明度】设置为30%，如图5-87所示。

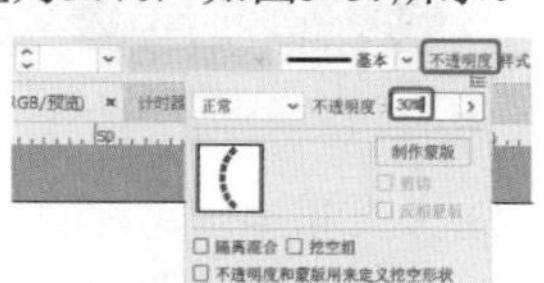

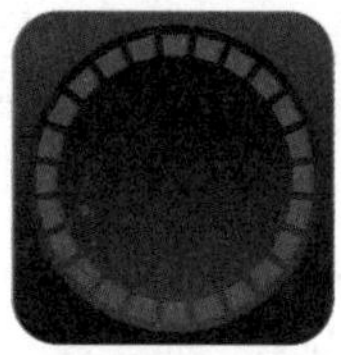

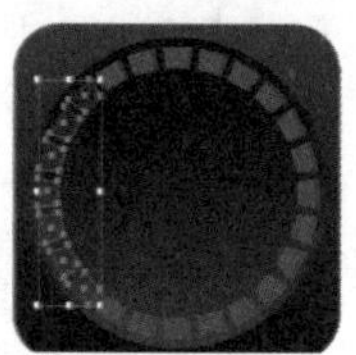

图5-86　图5-87

Step 11 单击工具箱中的【选择工具】按钮，按住Shift键的同时依次选择其他所有的梯形块，在菜单栏中选择【效果】|【风格化】|【内发光】命令，在弹出的对话框中将【模式】设置为“正常”，【发光颜色】的RGB值设置为239、89、235，【不透明度】设置为75%，【模糊】设置为1.76mm，选中【边缘】单选按钮，然后单击【确定】按钮，如图5-88所示。

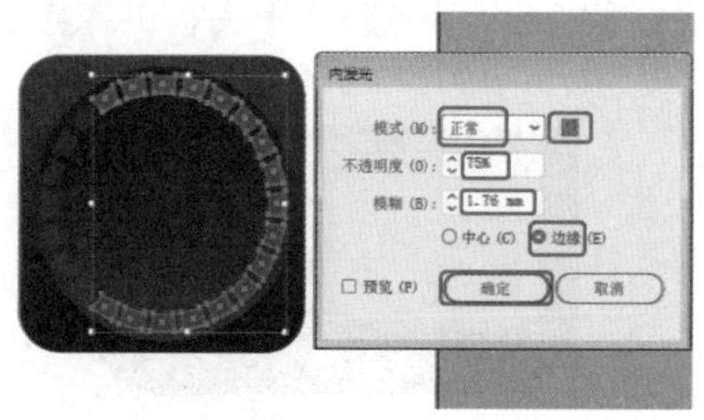

图5-88

Step 12 单击工具箱中的【椭圆工具】按钮，在画板中单击左键，在弹出的对话框中将【宽度】和【高度】都设置为89.7mm，然后单击【确定】按钮，如图5-89所示。

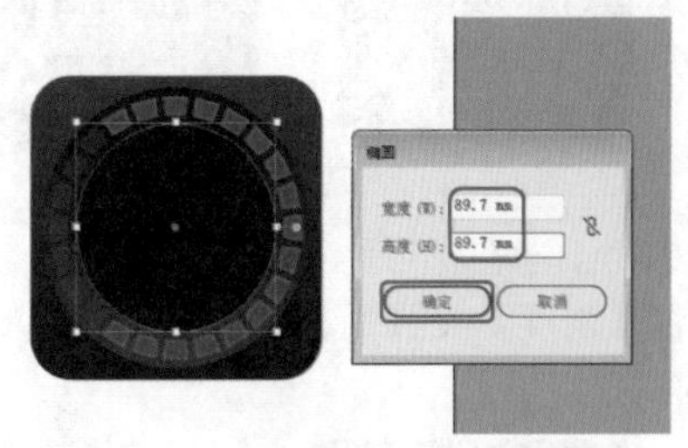

图5-89

Step 13 单击工具箱中的【选择工具】按钮，选择上一步绘制的正圆，按Ctrl+F9组合键，在弹出的【渐变】面板中将【类型】设置为“线性”，将【角度】设置为-90°，将0%位置色标的RGB值设置为140、140、140，将100%位置色标的RGB值设置为0、0、0，效果如图5-90所示。

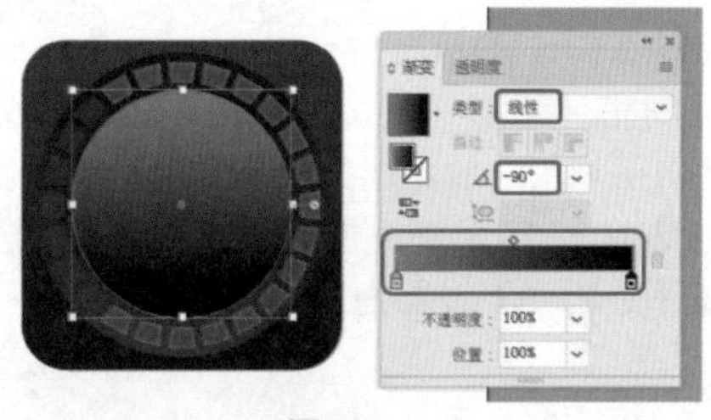

图5-90

Step 14 单击工具箱中的【椭圆工具】按钮，在画板中单击，在弹出的对话框中将【宽度】和【高度】都设置为81.4mm，单击【确定】按钮，在【颜色】面板中将其【填色】的RGB值设置为74、75、78，如图5-91所示。

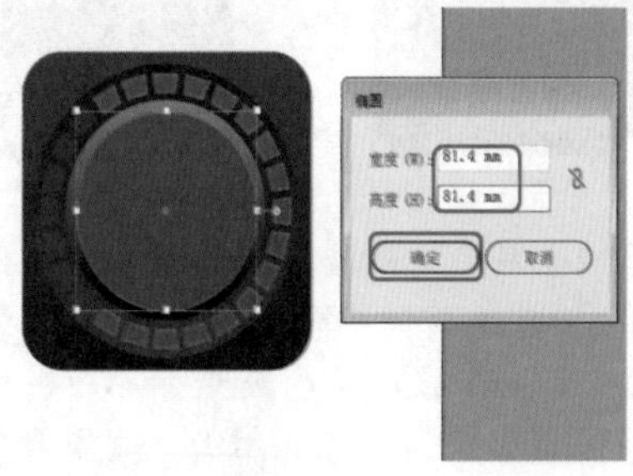

图5-91

Step 15 在工具箱中选择【椭圆工具】，在画板中单击，在弹出的对话框中将【宽度】和【高度】都设置为3.88mm，单击【确定】按钮，在【颜色】面板中将其【填色】的RGB值设置为120、120、120，如图5-92所示。

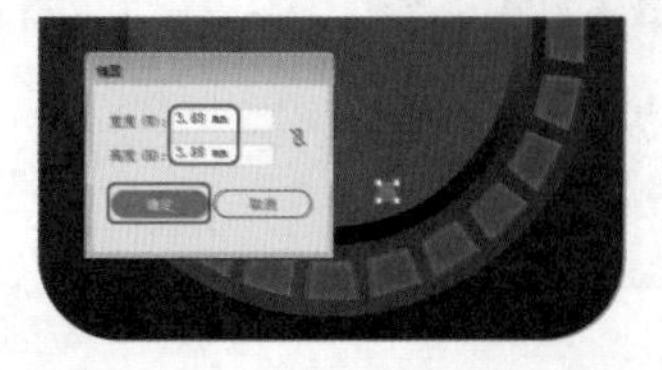

图5-92

Step 16 单击工具箱中的【旋转工具】按钮，将上一步绘制的小圆的旋转中心点调整至大圆的圆心位置，按住Alt键单击小圆的旋转中心点，在弹出的对话框中将【角度】设置为30°，单击【复制】按钮，然后连续按Ctrl+D组合键复制命令，最后将其调整至合适的位置，效果如图5-93所示。

Step 17 单击工具箱中的【椭圆工具】按钮，在画板中单击，在弹出的对话框中将【宽度】和【高度】都设置为6mm，在【颜色】面板中将其【填色】的RGB值设置为201、129、0，然后调整至合适的位置，效果如图5-94所示。

图5-93　图5-94

Step 18 单击工具箱中的【椭圆工具】按钮，在画板中单击，在弹出的对话框中将【宽度】和【高度】都设置为63mm，按Ctrl+F9组合键，在弹出的【渐变】面板中将【类型】设置为“线性”，将【角度】设置为90°，将0%位置色标的RGB值设置为140、140、140，将100%位置色标的RGB值设置为0、0、0，如图5-95所示。

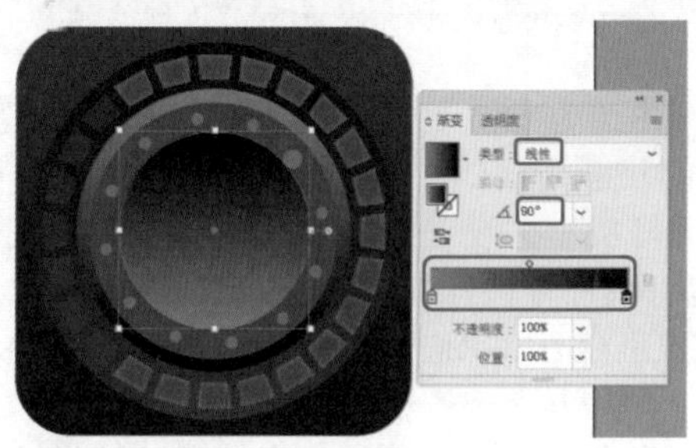

图5-95

Step 19 单击工具箱中的【椭圆工具】按钮，在画板中单击，在弹出的对话框中将【宽度】和【高度】都设置为58mm，在【颜色】面板中将其【填色】的RGB值设置为54、70、77，将其调整至合适的位置，如图5-96所示。

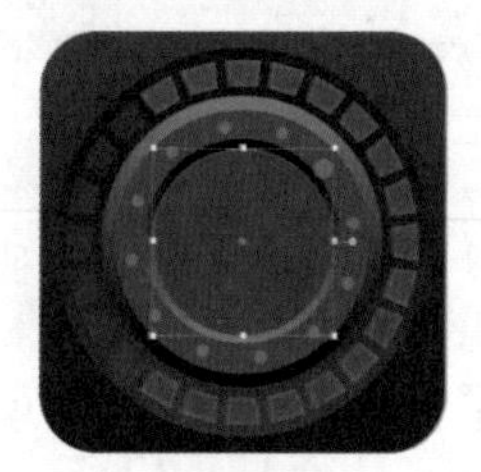

图5-96

Step 20 单击工具箱中的【文字工具】按钮T，在画板中单击，输入数字“5:36”，在【字符】面板中将【字体系列】设置为“迷你简综艺”，【字体大小】设置为75pt，在【颜色】面板中将【填色】的RGB值设置为140、0、140，将其调整至合适的位置，如图5-97所示，按Shift+Ctrl+O组合键，为文字创建轮廓，并根据前面所介绍的方法为文字添加内发光效果。

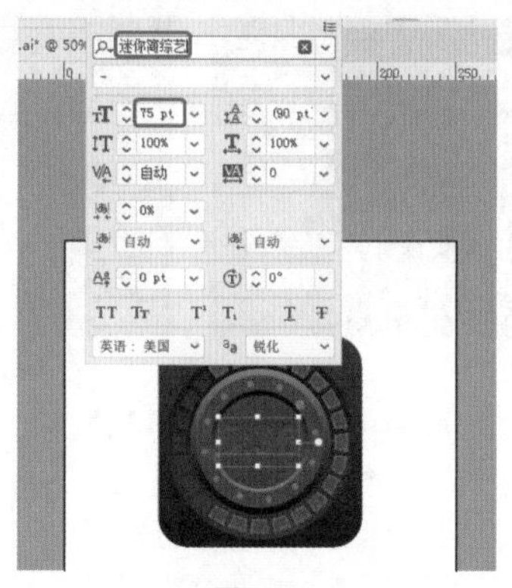

图5-97

实例071 指纹图标

场景：场景\Cha05\实例071 指纹图标.ai

本例将讲解如何制作指纹图标，其重点是学习基本图形的绘制，熟悉并掌握【混合工具】【直接选择工具】的使用，具体操作方法如下，完成后的效果如图5-98所示。

图5-98

Step 01 启动软件后，按Ctrl+N组合键，在弹出的【新建文档】对话框中输入【名称】为“指纹图标”，将【单位】设置为“毫米”，【宽度】和【高度】都设置为1300mm，【颜色模式】设置为RGB，然后单击【创建】按钮，如图5-99所示。

图5-99

Step 02 单击工具箱中的【矩形工具】按钮，在画板中单击，在弹出的对话框中将【宽度】和【高度】都设置为 1300mm，单击【确定】按钮，绘制一个和画板大小相同的正方形，在【颜色】面板中将【填色】设置为黑色，如图5-100所示。

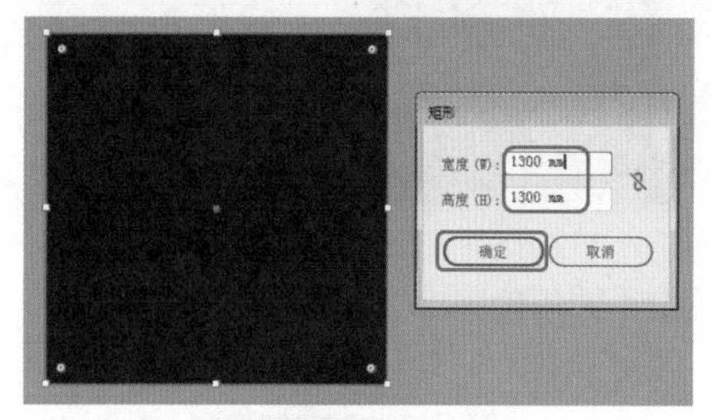

图5-100

Step 03 单击工具箱中的【椭圆工具】按钮，在画板中单击左键，在弹出的对话框中将【宽度】和【高度】都设置为 1000mm，单击【确定】按钮，在【颜色】面板中将【描边】的RGB值设置为23、255、253，在控制栏中将【描边粗细】设置为8pt，如图5-101所示。

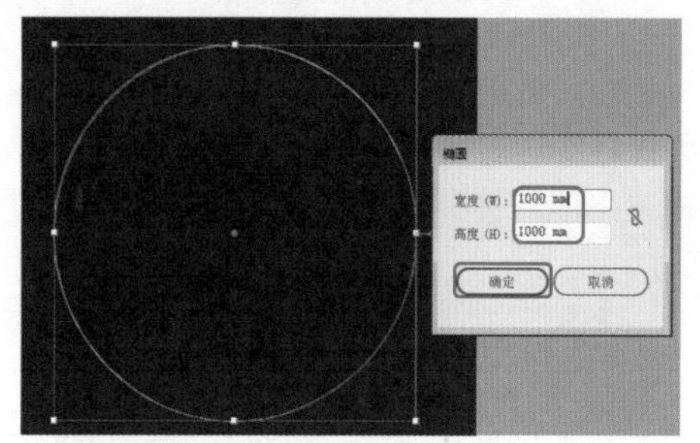

图5-101

Step 04 单击工具箱中的【椭圆工具】按钮，在画板中单击左键，在弹出的对话框中将【宽度】和【高度】都设置为 100mm，单击【确定】按钮。在【颜色】面板中将【描边】的RGB值设置为23、255、253，在控制栏中将【描边粗细】设置为8pt，如图5-102所示。

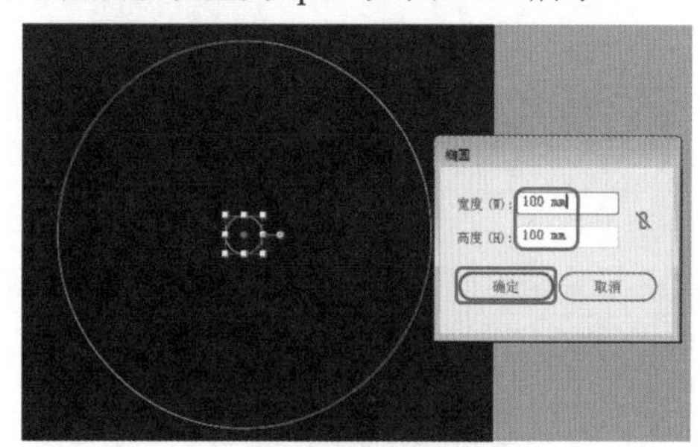

图5-102

Step 05 单击工具箱中的【选择工具】按钮，按住Shift键单击大圆和小圆，单击工具箱中的【混合工具】按钮，按住Alt键单击小圆的轮廓，在弹出的对话框中将【间距】设置为“指定的步数”，【步数】设置为8，【取向】设置为“对齐路径”，单击【确定】按钮，如图5-103所示。

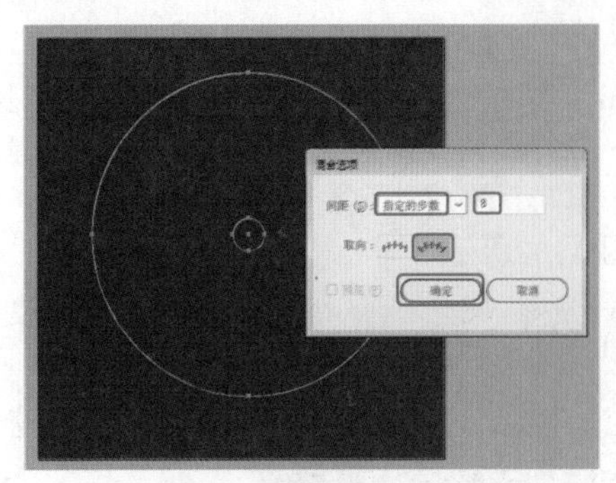

图5-103

Step 06 单击小圆的轮廓，小圆和大圆之间会出现8个等距的圆环，效果如图5-104所示。

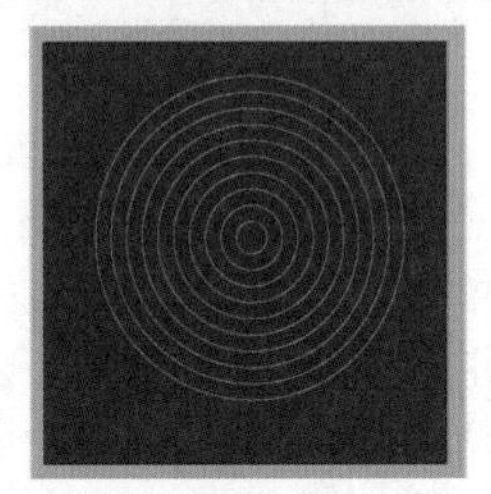

图5-104

Step 07 单击工具箱中的【选择工具】按钮，选择所有圆环，在菜单栏中选择【对象】|【扩展】命令，然后右键单击，在弹出的快捷菜单中选择【取消编组】命令，如图5-105所示。

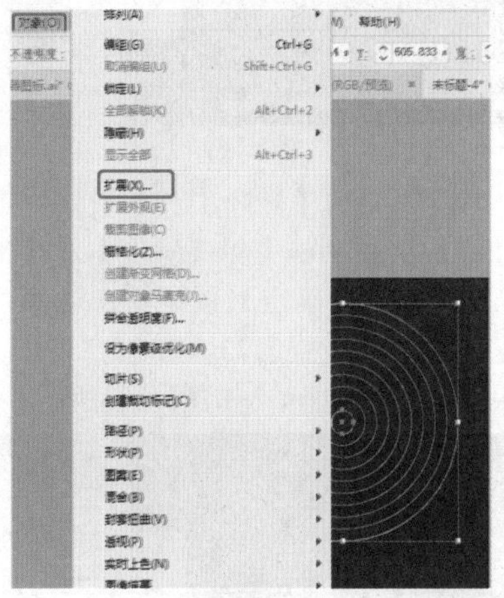

图5-105

Step 08 单击工具箱中的【选择工具】按钮，按住Shift键依次单击内圈的5个小圆，按住Alt键单击并拖曳，使其移动并复制，如图5-106所示。

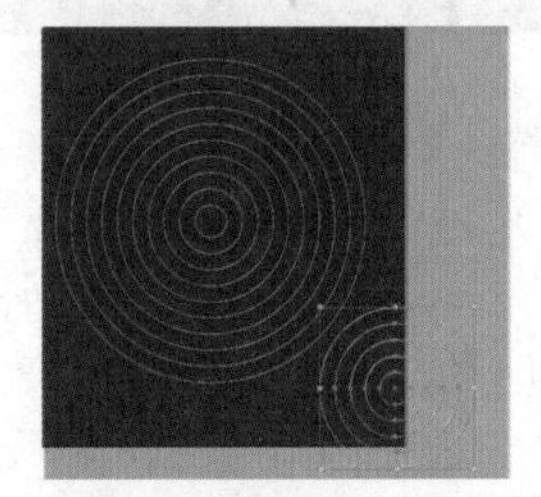

图5-106

Step 09 单击工具箱中的【直接选择工具】按钮，单击拖曳框选线条，删除多余的线条，如图5-107所示。

Step 10 将两部分线条调整至合适的位置，在控制栏中将其【描边粗细】设置为15pt，拼合后的图形如图5-108所示。

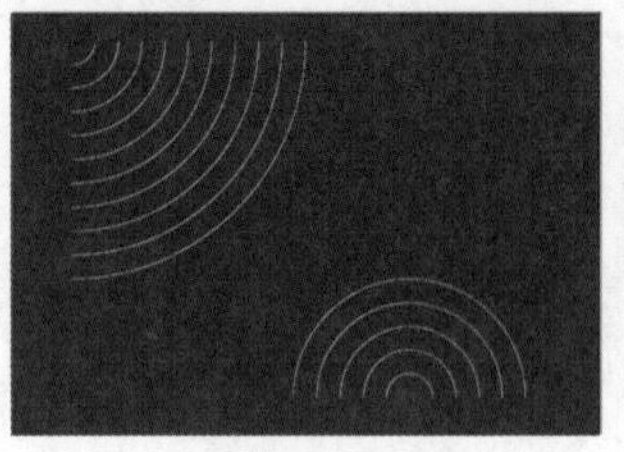

图5-107　图5-108

Step 11 单击工具箱中的【椭圆工具】按钮，将光标放在锚点处，按住Shift+Alt组合键单击并拖曳，绘制一个和外轮廓相同大小的正圆，如图5-109所示。

Step 12 单击工具箱中的【选择工具】按钮，按住Shift键依次选择大圆环的线段，单击工具箱中的【添加锚点工具】按钮，在圆形和线段的交汇处单击添加锚点，如图5-110所示。

图5-109　图5-110

Step 13 单击工具箱中的【删除锚点工具】按钮，在线段末端单击删除锚点，如图5-111所示。

Step 14 单击工具箱中的【剪刀工具】按钮，单击圆形两侧的锚点，然后删除下面多余的半圆，如图5-112所示。

图5-111　图5-112

Step 15 单击工具箱中的【橡皮擦工具】按钮，在线段中擦出一些断口，如图5-113所示。

图5-113

第6章 插画设计

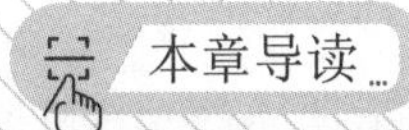

本章导读

插画又称插图，是一种艺术形式，作为现代设计的一种重要的视觉传达形式，以其直观的形象性、真实的生活感和美的感染力，在现代设计中占有特定的地位，已广泛用于现代设计的多个领域，涉及文化活动、社会公共事业、商业活动、影视文化等方面。本章就来介绍一下插画的设计。

实例072 看报纸的小狗

场景：场景\Cha06\实例072 看报纸的小狗.ai

本例将介绍插画看报纸的小狗的绘制，首先使用【钢笔工具】和【椭圆工具】绘制宠物狗，然后绘制报纸和钟表，完成后的效果如图6-1所示。

图6-1

Step 01 按Ctrl+N组合键，在弹出的【新建文档】对话框中输入【名称】为“看报纸的小狗”，将【单位】设置为“毫米”，将【宽度】和【高度】均设置为355mm，如图6-2所示。

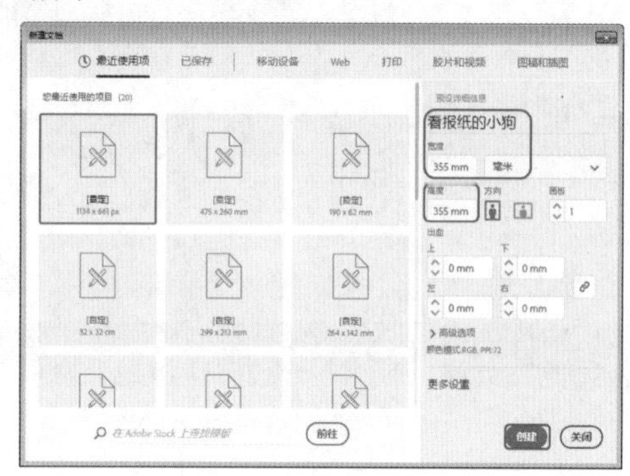

图6-2

Step 02 单击【创建】按钮，在工具栏中选择【矩形工具】，在页面中合适的位置单击，此时弹出【矩形】对话框，在对话框中将【宽度】和【高度】均设置为355mm，单击【确定】按钮，如图6-3所示。

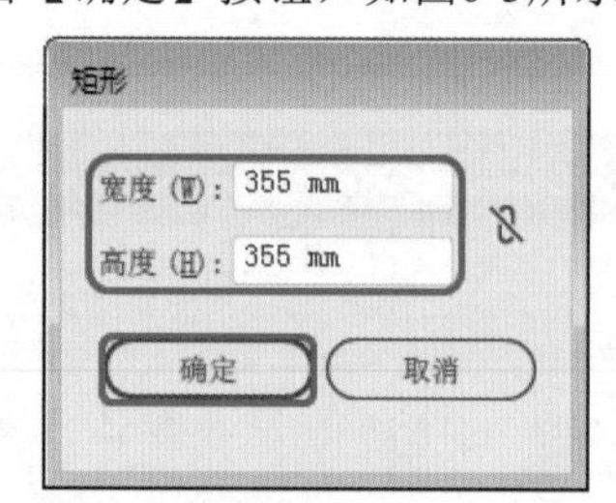

图6-3

Step 03 单击工具栏中的【填色】色块，弹出【拾色器】对话框，将【填色】设置为#69c5d4，将【描边】设置为“无”，单击【确定】按钮，如图6-4所示。

Step 04 调整图形位置的效果如图6-5所示。

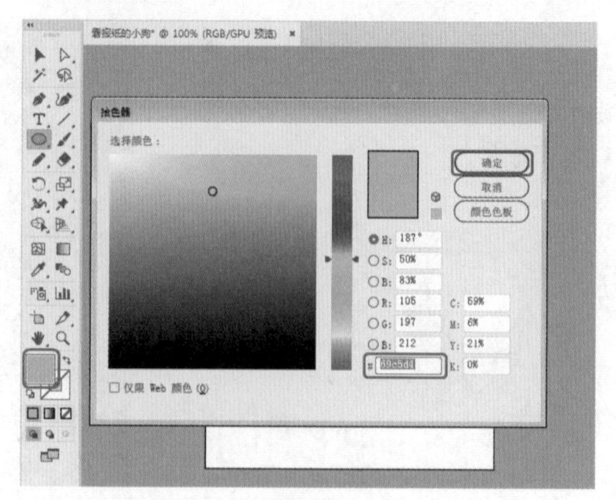

图6-4

图6-5

Step 05 在工具箱中选择【椭圆工具】，按住Shift键绘制正圆，然后选择绘制的正圆，在属性栏中将【填色】设置为#be966a，将【描边】设置为#462911，将【描边粗细】设置为4pt，效果如图6-6所示。

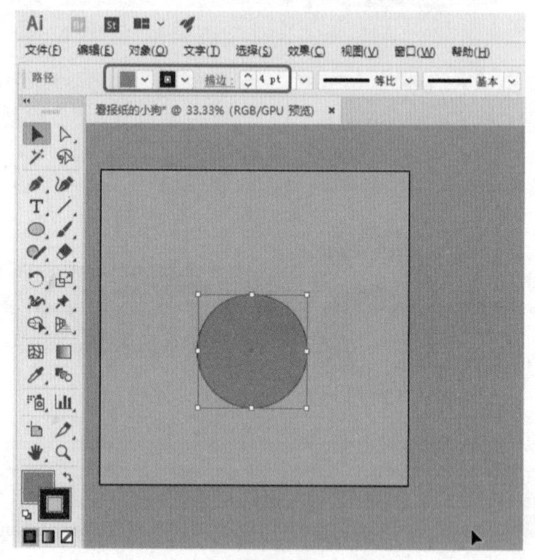

图6-6

提示

按住Shift键拖曳鼠标，可以绘制圆形；按住Alt键拖曳鼠标，可以绘制由光标落点为中心点向四周延伸的椭圆；同时按住Shift键和Alt键拖曳鼠标，可以绘制以光标落点为中心点向四周延伸的椭圆。同理，按住Alt键单击鼠标，以对话框方式制作的椭圆，光标的落点即为所绘制椭圆的中心点。

Step 06 在工具箱中选择【钢笔工具】绘制图形，如图6-7所示。

图6-7

Step 07 在绘制的图形上右击，在弹出的快捷菜单中选择【变换】|【对称】命令，如图6-8所示。

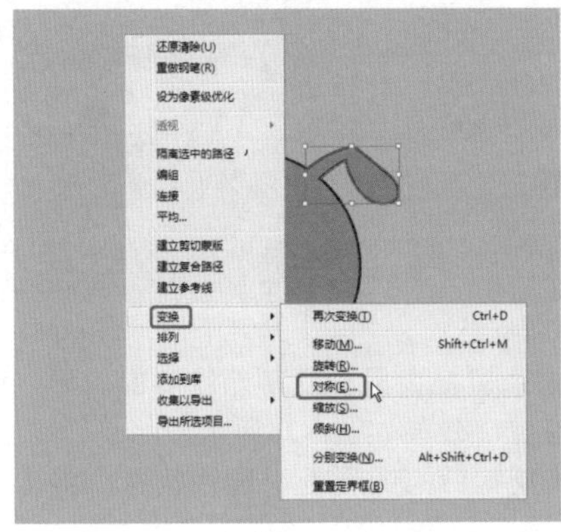

图6-8

Step 08 弹出【镜像】对话框，在【轴】选项组中选中【垂直】单选按钮，然后单击【复制】按钮，如图6-9所示。

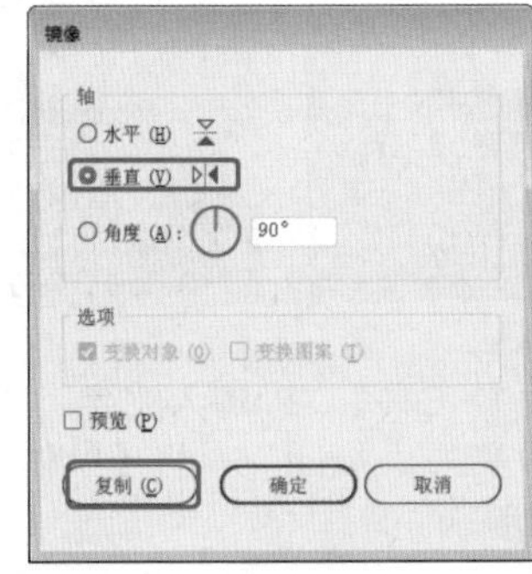

图6-9

> **◎提示·◦**
>
> 双击工具箱中的【镜像工具】，也可以弹出【镜像】对话框。

Step 09 即可镜像复制图形，然后在画板中调整复制后图形的位置，如图6-10所示。

Step 10 使用【椭圆工具】绘制椭圆，然后选择绘制的椭圆，将【填色】设置为#e8eff3，将【描边】设置为#472911，将【描边粗细】设置为4pt，如图6-11所示。

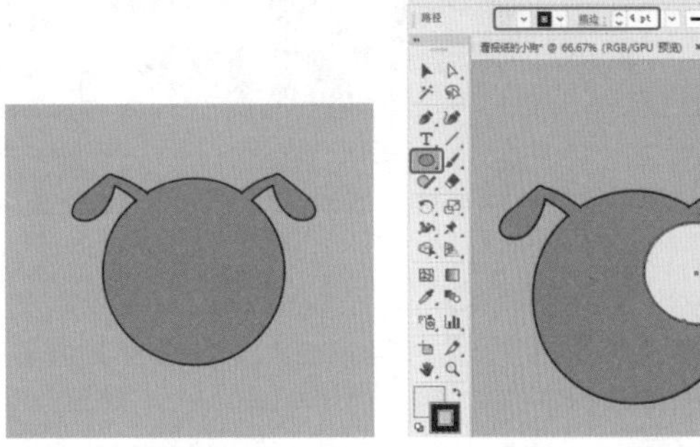

图6-10　　图6-11

Step 11 选择图形并右击，在弹出的快捷菜单中选择【变换】|【旋转】命令，将【角度】设置为-40°，如图6-12所示。

Step 12 调整椭圆的位置，按Ctrl+C组合键复制椭圆，然后按Ctrl+V组合键粘贴椭圆，并调整复制后椭圆的大小和位置，如图6-13所示。

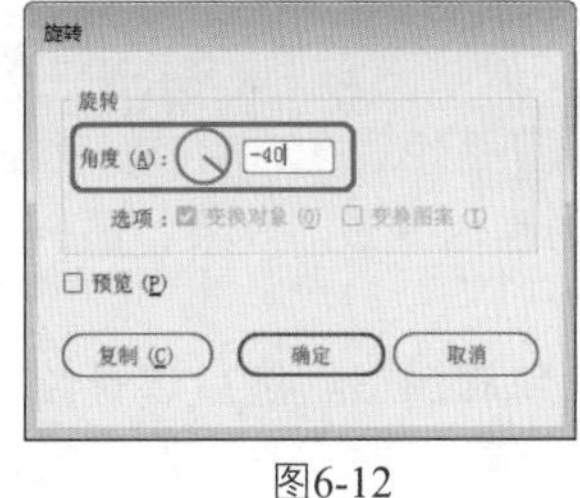

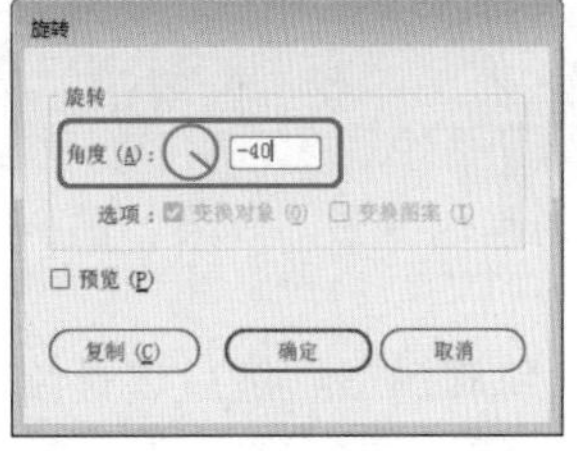

图6-12　　图6-13

Step 13 确认复制后的椭圆处于选择状态，将【填色】设置为#f1f5f9，将【描边】设置为“无”，效果如图6-14所示。

Step 14 选择【钢笔工具】绘制图形，并选择绘制的图形，将【填色】设置为#472911，效果如图6-15所示。

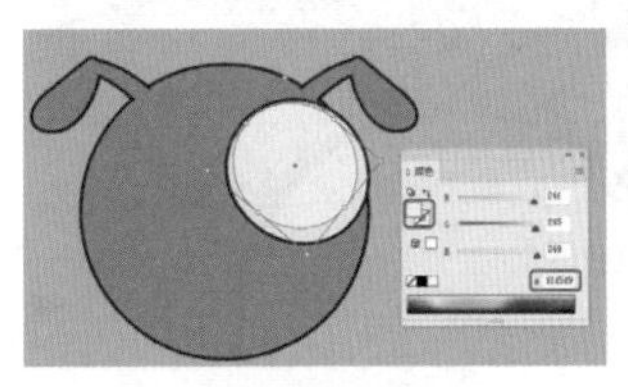

图6-14　　图6-15

Step 15 选择组成眼睛的所有对象，结合前面介绍的方法，垂直镜像复制选择的对象，并在画板中调整复制后对象的位置，效果如图6-16所示。

Step 16 使用【钢笔工具】绘制图形，并选择绘制的图形，将【填色】设置为#9f1f2f，将【描边】设置为#472911，将【描边粗细】设置为3pt，效果如图6-17所示。

图6-16

图6-17

Step 17 继续使用【钢笔工具】绘制图形，并为绘制的图形填色，将【填色】设置为#482a12，【描边】设置为“无”，如图6-18所示。

Step 18 使用【钢笔工具】绘制图形，并选择绘制的图形，将【填色】设置为#cdaa87，将【描边】设置为“无”，效果如图6-19所示。

图6-18

图6-19

Step 19 使用同样的方法，绘制其他图形，效果如图6-20所示。

Step 20 使用【椭圆工具】绘制图形，然后选择绘制的图形，将【填色】设置为白色，将【描边】设置为#472911，将【描边粗细】设置5pt，如图6-21所示。

图6-20

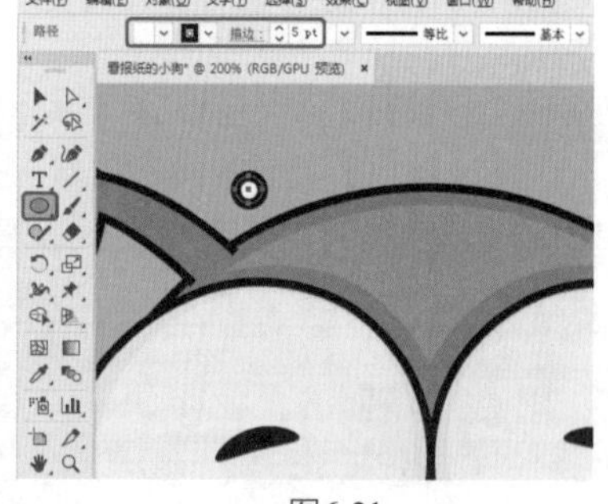

图6-21

Step 21 复制两次绘制的椭圆，并调整复制后椭圆的大小和位置，如图6-22所示。

Step 22 使用【钢笔工具】绘制图形，并选择绘制的图形，将【填色】设置为#db2f75，将【描边】设置为“无”，如图6-23所示。

图6-22

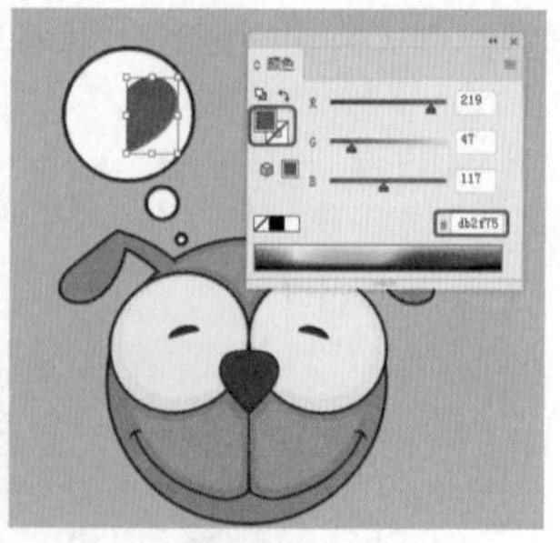

图6-23

Step 23 按住Alt键拖曳鼠标复制新绘制的图形，并调整复制后图形的位置，使用同样的方法绘制耳朵的光晕，效果如图6-24所示。

Step 24 使用【钢笔工具】绘制图形，并选择绘制的图形，将【填色】设置为#c1b9b2，将【描边】设置为“无”，效果如图6-25所示。

图6-24

图6-25

Step 25 按住Alt键拖曳鼠标复制新绘制的图形，调整复制后图形的位置，效果如图6-26所示。

Step 26 确认复制后的图形处于选择状态，将【填色】设置为# e9eaeb，效果如图6-27所示。

图6-26

图6-27

Step 27 使用【文字工具】输入文字，并选择输入的文字，将字体设置为“Arial”，将【字体大小】设置为60pt，如图6-28所示。

Step 28 确认输入的文字处于选择状态，在菜单栏中选择【效果】|【扭曲和变换】|【自由扭曲】命令，弹出【自由扭曲】对话框，在该对话框中通过拖动控制点调整输入的文字，效果如图6-29所示。

图6-28

图6-29

Step 29 在该对话框中通过拖动控制点调整输入的文字，调整完成后，单击【确定】按钮即可，如图6-30所示。

Step 30 然后在工具箱中选择【直线段工具】绘制直线，将【填色】设置为“无”，【描边】设置为#da2f74，将【描边粗细】设置为5pt，效果如图6-31所示。

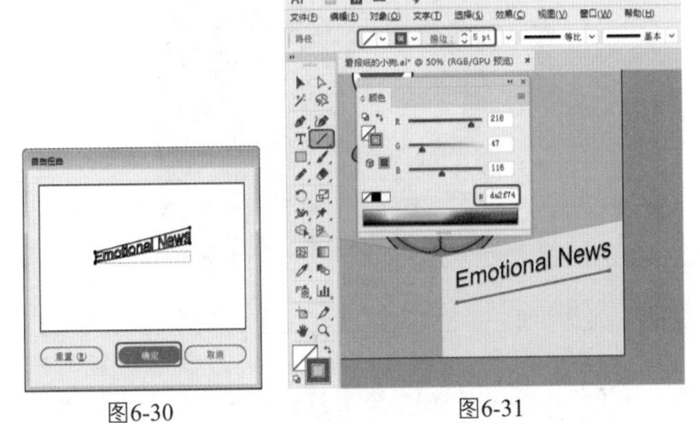

图6-30　图6-31

Step 31 使用【椭圆工具】绘制图形，然后选择绘制的图形，将【填色】设置为#e27254，将【描边】设置为#532011，将【描边粗细】设置为3pt，如图6-32所示。

Step 32 复制正圆，将复制后图形的【填色】设置为白色，然后调整其大小和位置，如图6-33所示。

图6-32　图6-33

Step 33 使用上面所介绍的方法绘制椭圆图形，在菜单栏中选择【效果】|【风格化】|【投影】命令，弹出【投影】对话框，默认对话框中设置的投影参数，单击【确定】按钮，如图6-34所示。

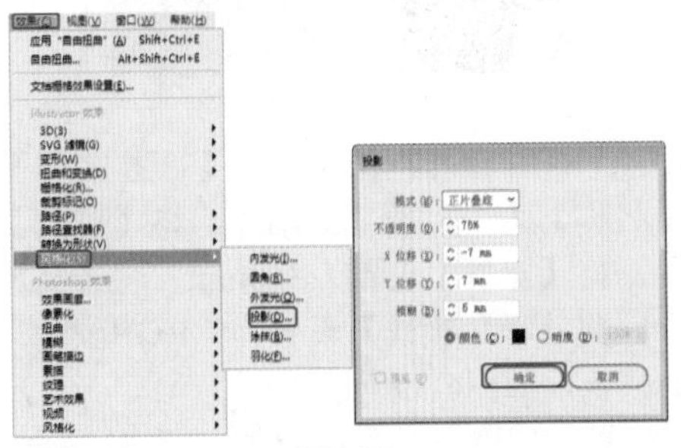

图6-34

Step 34 即可为选择的正圆添加投影，使用【钢笔工具】绘制图形，并选择绘制的图形，将【填色】设置为#e27254，将【描边】设置为“无”，效果如图6-35所示。

Step 35 使用【椭圆工具】绘制正圆，然后选择绘制的正圆，将【填色】设置为#c1b9b2，将【描边】设置为“无”，如图6-36所示。

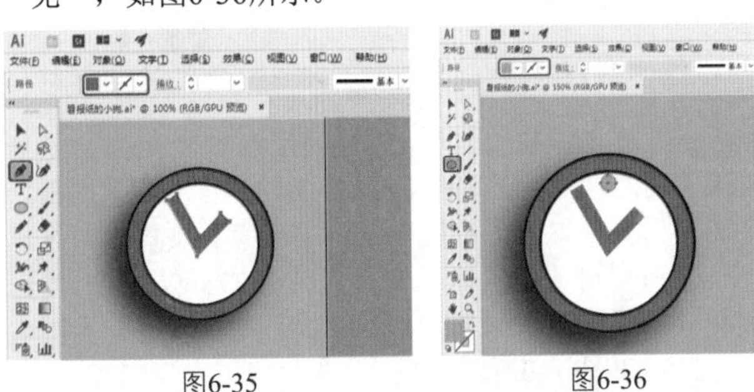

图6-35　图6-36

Step 36 复制绘制的正圆，并调整复制后正圆的位置，效果如图6-37所示。

图6-37

实例073 万圣节插画

场景：场景\Cha06\实例073 万圣节插画.ai

本例将介绍万圣节插画的绘制。首先进行背景、物体和渐变颜色的设置，再利用【钢笔工具】制作图形效果，完成后的效果如图6-38所示。

图6-38

Step 01 按Ctrl+N组合键，在弹出的【新建文档】对话框中输入【名称】为“万圣节插画”，将【单位】设置为“毫米”，将【宽度】设置为350mm，将【高度】设置为263mm，将【颜色模式】设置为“RGB颜色”，单击【创建】按钮，如图6-39所示。

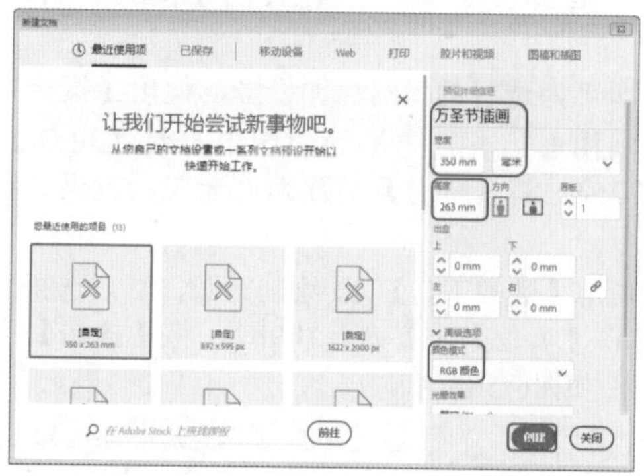

图6-39

Step 02 使用【矩形工具】在画板中绘制图形，然后选择绘制的矩形，按Ctrl+F9组合键打开【渐变】面板，将【类型】设置为“线性”，将【角度】设置为91°，将左侧渐变滑块的【颜色】设置为#b27ce7，将右侧渐变滑块的【颜色】设置为#223082，将【描边】设置为“无”，如图6-40所示。

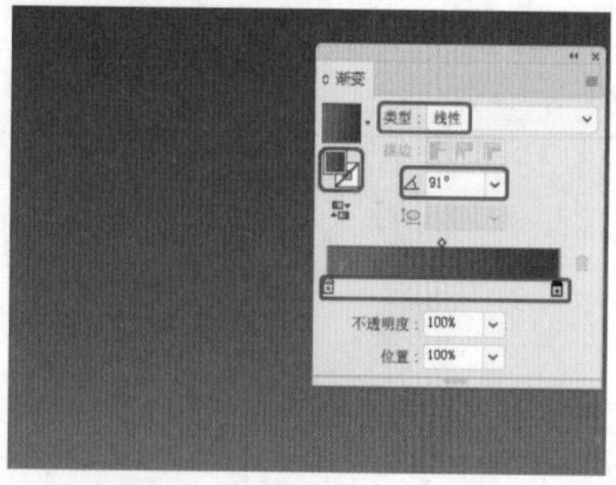

图6-40

Step 03 使用【钢笔工具】绘制图形，将【填色】设置为黑色，将【描边】设置为“无”，如图6-41所示。

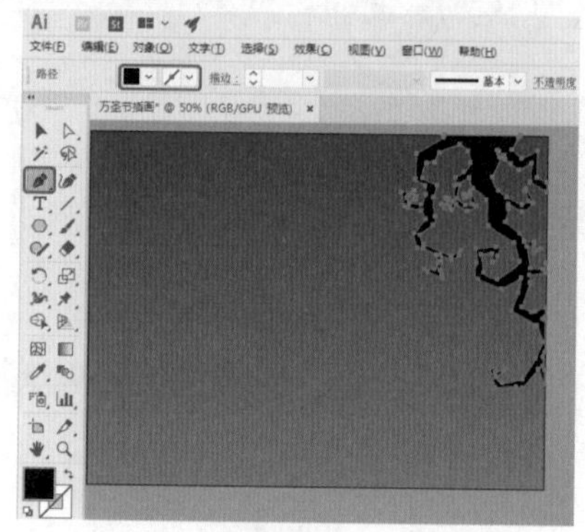

图6-41

Step 04 继续使用【钢笔工具】绘制图形，并选择绘制的图形，在【渐变】面板中将【类型】设置为“线性”，将左侧渐变滑块的【颜色】设置为白色，将右侧渐变滑块的【颜色】设置为黑色，如图6-42所示。

Step 05 按Ctrl+Shift+F10组合键打开【透明度】面板，将【混合模式】设置为“正片叠底”，如图6-43所示。

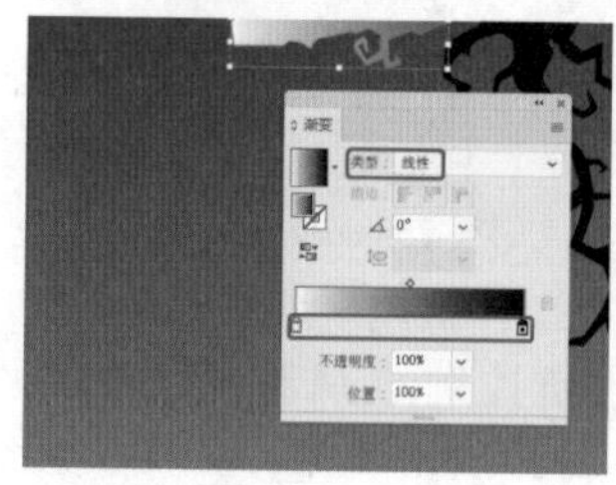

图6-42

图6-43

Step 06 使用【椭圆工具】绘制一个【宽】和【高】均为118mm的椭圆图形，如图6-44所示。

图6-44

Step 07 选择绘制的正圆，在【渐变】面板中将【类型】设置为“径向”，将左侧渐变滑块的颜色设置为白色，在65%位置处添加渐变滑块，将【颜色】设置为黑色，在77%位置处添加渐变滑块，将【颜色】设置为#f49e00，将右侧渐变滑块的【颜色】设置为黑色，然后将上方第一个节点的位置设置为76%，将第二个节点的位置设置为85%，将第三个节点的位置设置为23%，如图6-45所示。

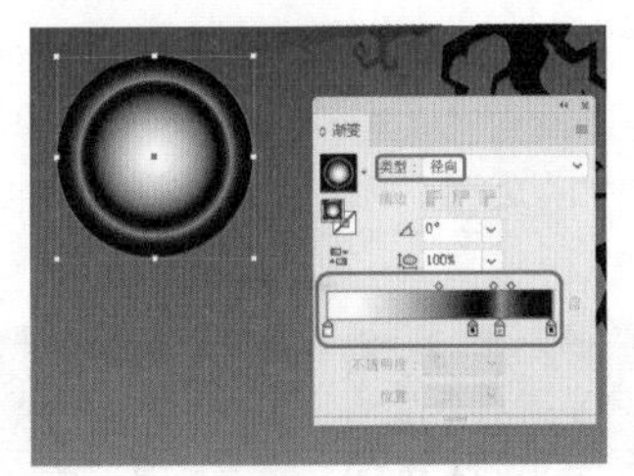

图6-45

Step 08 在菜单栏中选择【窗口】|【透明度】命令，打开【透明度】面板，将【混合模式】设置为“滤色”，将【不透明度】设置为71%，如图6-46所示。

Step 09 继续使用【椭圆工具】绘制图形，选择绘制的图形，在【渐变】面板中将【类型】设置为“径向”，将左侧渐变滑块的【颜色】设置为#f4e07f，将右侧渐变滑块的【颜色】设置为#f5aa66，如图6-47所示。将上方节点位置设置为50%。

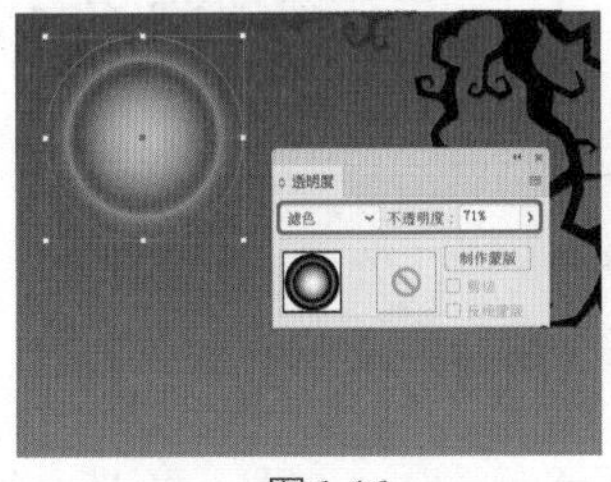

图6-46

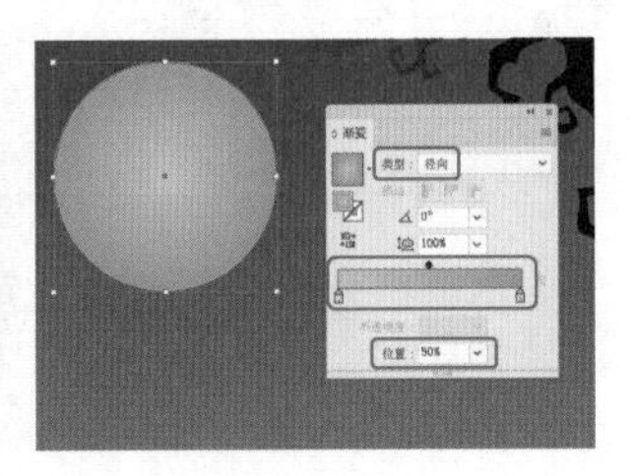

图6-47

Step 10 使用【椭圆工具】绘制正圆，选择绘制的正圆，在【渐变】面板中将【类型】设置为“径向”，将左侧渐变滑块的【颜色】设置为#e4e4e4，将右侧渐变滑块的【颜色】设置为黑色，将上方节点的位置设置为25%，如图6-48所示。

Step 11 打开【透明度】面板，将【混合模式】设置为“颜色减淡”，如图6-49所示。

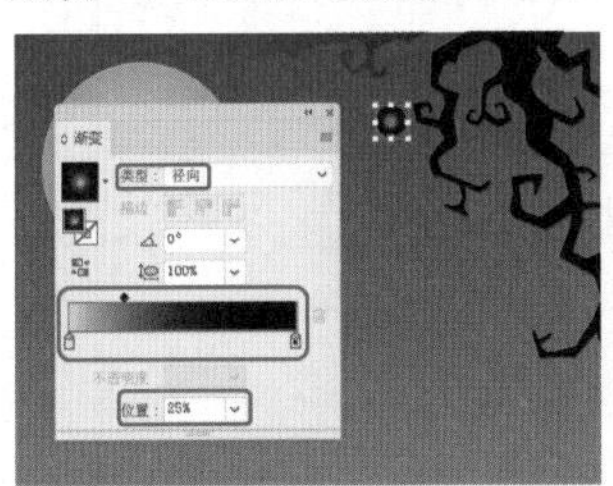

图6-48

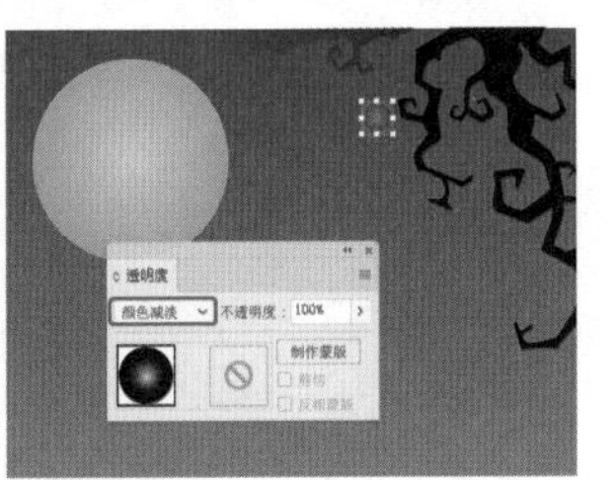

图6-49

Step 12 选中图形，按住Alt键拖曳鼠标绘制其他图形，然后调整正圆的大小和位置，如图6-50所示。

图6-50

Step 13 在工具箱中选择【钢笔工具】绘制图形，将【填色】设置为黑色，将【描边】设置为“无”，如图6-51所示。

图6-51

Step 14 继续使用【钢笔工具】绘制图形，并选择绘制的图形，在【渐变】面板中将【类型】设置为“线性”，将【角度】设置为-83°，将左侧渐变滑块的【颜色】设置为#fad97c，将右侧渐变滑块的【颜色】设置为#df3900，将上方节点的位置设置为61%，如图6-52所示。

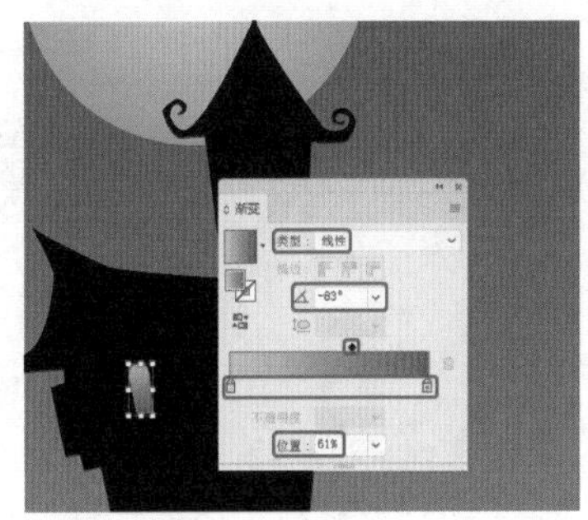

图6-52

Step 15 使用【直线段工具】绘制两条直线，并选择绘制的直线，将【填色】设置为“无”，将【描边】设置为黑色，将【描边粗细】设置为2pt，如图6-53所示。

图6-53

Step 16 使用【钢笔工具】绘制图形，并选择绘制的图形，将【填色】设置为#ffeec6，将【描边】设置为

“无”，如图6-54所示。

图6-54

◎提示·◦

在按住Shift键的同时单击属性栏中的【填色】色块或【描边】色块，可以在打开的面板中设置颜色参数。

Step 17 使用同样的方法，绘制其他的图形对象，将【填色】设置为黑色，将【描边】设置为“无”，如图6-55所示。

图6-55

Step 18 继续使用【钢笔工具】绘制其他图形，并选择绘制的图形，在【渐变】面板中将【类型】设置为“线性”，将【角度】设置为-86°，将左侧渐变滑块的【颜色】设置为#e2ccf8，将右侧渐变滑块的【颜色】设置为#8f7be0，将上方节点的位置设置为58%，效果如图6-56所示。

图6-56

Step 19 打开【透明度】面板，然后在【透明度】面板中将【不透明度】设置为30%，如图6-57所示。

Step 20 使用同样的方法，绘制其他图形对象并添加不透明度，如图6-58所示。

图6-57

图6-58

实例074 卡通世界

场景：场景\Cha06\实例074 卡通世界.ai

本例将介绍插画卡通世界的绘制。首先绘制背景、卡通建筑和彩虹，然后绘制草坪并输入文字，完成后的效果如图6-59所示。

图6-59

Step 01 按Ctrl+N组合键，在弹出的【新建文档】对话框中输入【名称】为“卡通世界”，将【宽度】设置为533mm，将【高度】设置为610mm，将【颜色模式】设置为“RGB颜色”，单击【创建】按钮，如图6-60所示。

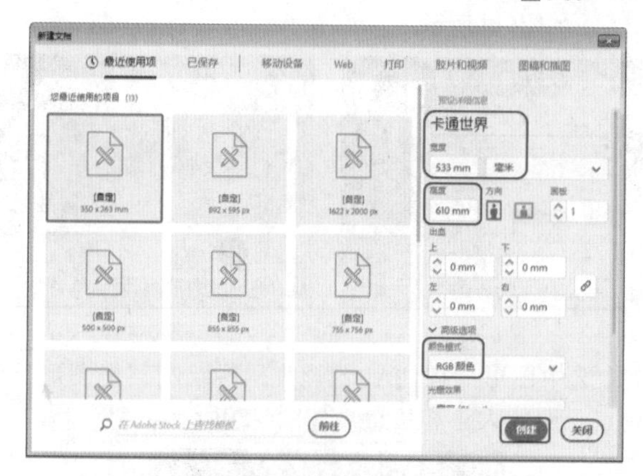

图6-60

Step 02 使用【矩形工具】绘制图形，然后选择绘制的矩形，按Ctrl+F9快捷组合键打开【渐变】面板，将【类型】设置为“线性”，将【角度】设置为-90°，将左侧渐变滑块的【颜色】设置为# 42d9f2，将右侧渐变滑块的【颜色】设置为白色，【描边】设置为“无”，如图6-61所示。

Step 03 使用【钢笔工具】绘制图形，并选择绘制的图形，将【填色】设置为#c7eaf2，将【描边】设置为"无"，如图6-62所示。

图6-61

图6-62

Step 04 然后在【透明度】面板中将【不透明度】设置为60%，如图6-63所示。

Step 05 使用同样的方法，继续绘制其他图形并调整不透明度，如图6-64所示。

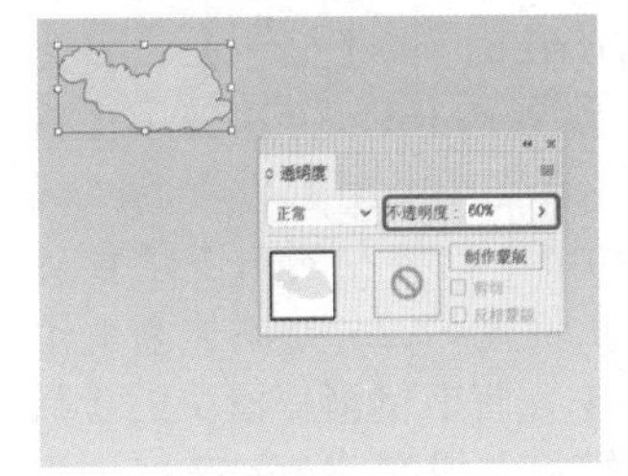

图6-63

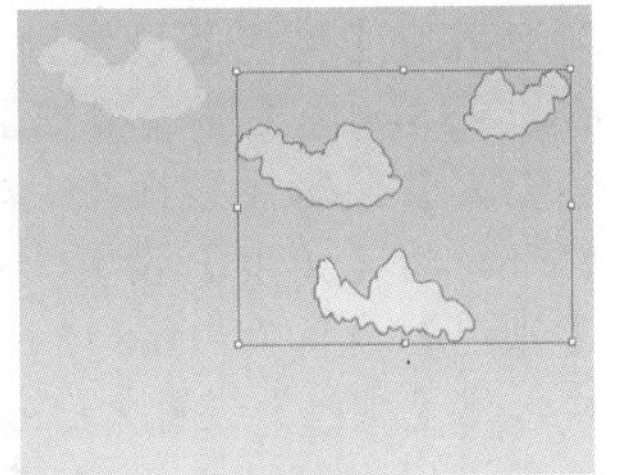

图6-64

Step 06 按F7键打开【图层】面板，将"图层1"重命名为"背景"，然后单击面板下方的【创建新图层】按钮，新建"图层2"，并将"图层2"重命名为"卡通建筑"，如图6-65所示。

Step 07 在工具箱中选择【钢笔工具】并绘制图形，选择绘制的图形，在【渐变】面板中将【类型】设置为"线性"，将【角度】设置为90°，将左侧渐变滑块的【颜色】设置为#fab391，在52%位置处添加渐变滑块，将【颜色】设置为# f0e37a，将右侧渐变滑块的【颜色】设置为#ffebbd，如图6-66所示。

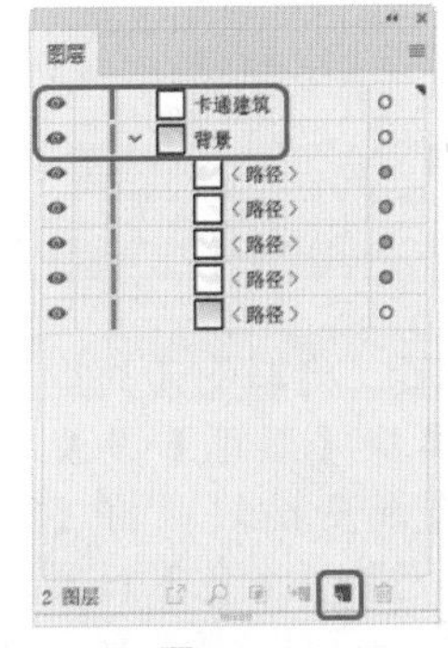

图6-65

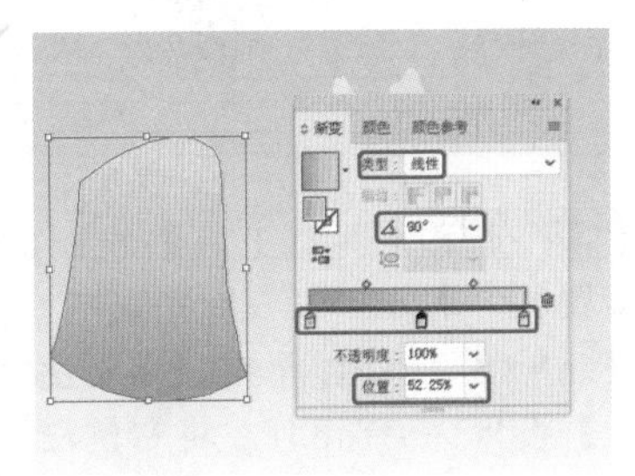

图6-66

Step 08 将【描边】设置为#6c5935，将【描边粗细】设置为3pt，如图6-67所示。

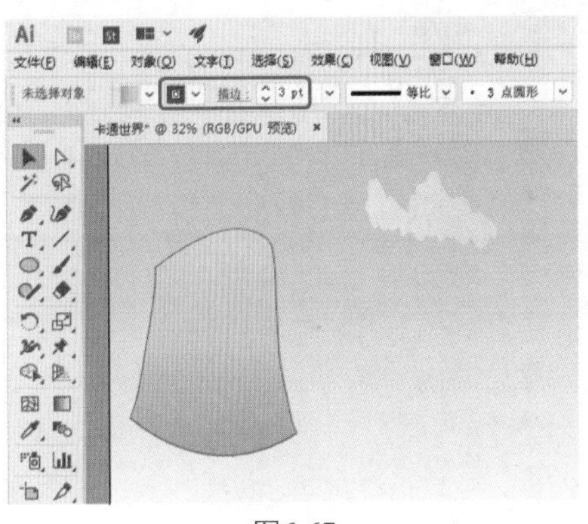

图6-67

Step 09 使用【钢笔工具】绘制图形，将【填色】设置为#cc8c33，将【描边】设置为#6c5935，将【描边粗细】设置为3pt，使用同样的方法绘制图形，将渐变【类型】设置为"线性"，将【角度】设置为- 90°，将左侧渐变滑块【颜色】设置为#a14f08，将右侧渐变滑块【颜色】设置为#d66135，将【描边】设置为#695635，再次使用同样的方法绘制图形，将渐变【类型】设置为"线性"，将【角度】设置为-90°，将左侧渐变滑块的【颜色】设置为#4a0f08，将右侧渐变滑块的【颜色】设置为#993b35，将【描边】设置为#6c5935，【描边粗细】设置为3pt，如图6-68所示。

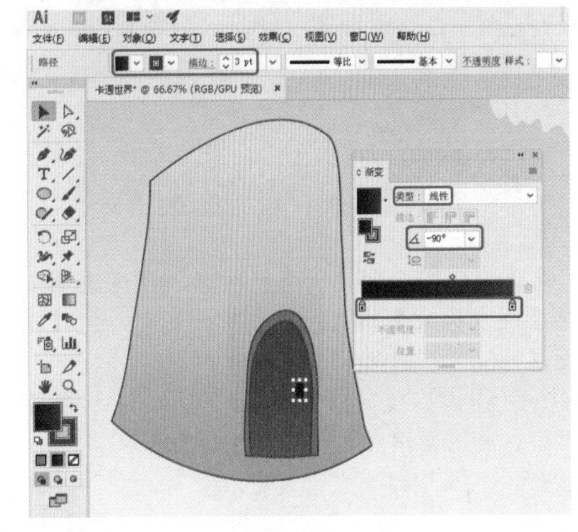

图6-68

Step 10 继续使用【钢笔工具】绘制其他图形，将渐变【类型】设置为"线性"，将【角度】设置为90°，将左侧渐变滑块【颜色】设置为#fa5e9c，在位置50%处添加渐变滑块，将【颜色】设置为#ffa89e，将右侧渐变滑块【颜色】设置为#ffdebd，将【描边】设置为# 6c5935，将【描边粗细】设置为3pt，使用同样的方法绘制图形，将【填色】设置为白色，将【描边】设置为#695635，将【描边粗细】设置为3pt，再次使用同样的方法绘制图形，将【填色】设置为# cfd100，将【描边】设置为#6c5935，将【描边粗细】设置为3pt，如图6-69所示。

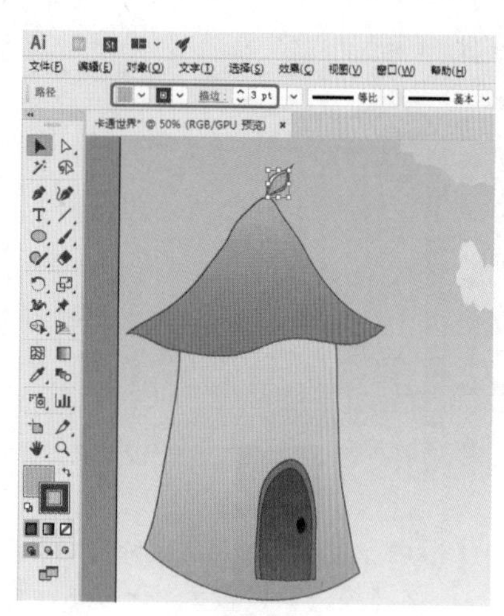

图6-69

Step 11 使用【钢笔工具】绘制心形，将【填色】设置为#fd869d，将【描边】设置为“无”，如图6-70所示。

图6-70

Step 12 确认绘制的心形处于选择状态，在【透明度】面板中将【混合模式】设置为“正片叠底”，将【不透明度】设置为66%，如图6-71所示。

Step 13 按住Alt键拖曳鼠标复制多个图层，并调整图形对象的大小、旋转角度和位置，如图6-72所示。

图6-71

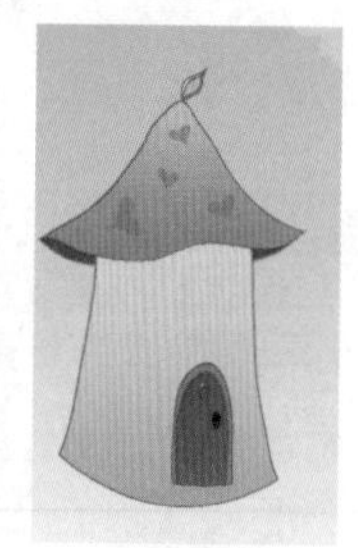

图6-72

Step 14 使用【曲率工具】绘制曲线，将曲线【填色】设置为“无”，将【描边】设置为#6c5935，将【描边粗细】设置为3pt，效果如图6-73所示。

Step 15 使用同样的方法绘制其他曲线，效果如图6-74所示。

图6-73

图6-74

Step 16 使用【钢笔工具】绘制房屋图形，将渐变【类型】设置为“线性”，将【角度】设置为92.3°，将左侧渐变滑块【颜色】设置为#ffdeb5，在位置52.25%处添加渐变滑块，将【颜色】设置为#ffe3d1，将右侧渐变滑块【颜色】设置为#ffffeb，将【描边】设置为#6c5935，将【描边粗细】设置为3pt，再次使用【钢笔工具】绘制屋顶图形，将渐变【类型】设置为“线性”，将【角度】设置为90.4°，将左侧渐变滑块的【颜色】设置为#ffa833，在位置47.2%处添加渐变滑块，将【颜色】设置为#ffdb4f，将右侧渐变滑块的【颜色】设置为#ffde5e，将【描边】设置为#6c5935，将【描边粗细】设置为3pt，如图6-75所示。

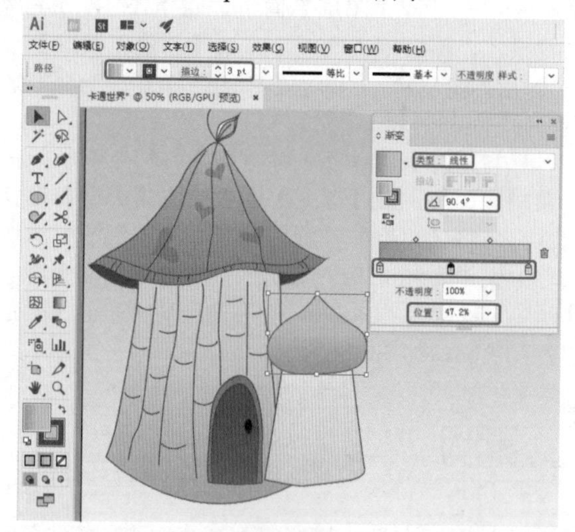

图6-75

Step 17 使用【钢笔工具】绘制图形，将渐变【类型】设置为“线性”，将左侧渐变滑块【颜色】设置为#ffa833，在位置47.2%处添加渐变滑块，将【颜色】设置为#ffdb4f，将右侧渐变滑块【颜色】设置为#ffde5e，将【描边】设置为“无”，绘制其他图形，再次使用【钢笔工具】绘制窗户图形，将渐变【类型】设置为“线性”，将【角度】设置为-85.6°，将左侧渐变滑块的【颜色】设置为#edb385，将右侧渐变滑块的

【颜色】设置为#ffc98f，将【描边】设置为#6c5935，将【描边粗细】设置为3pt，在【透明度】面板中将图形均设置为“正片叠底”效果，使用前面介绍的方法绘制其他图形，效果如图6-76所示。

Step 18 在【图层】面板中单击【创建新图层】按钮，新建“图层3”，并将其重命名为“彩虹和热气球”，如图6-77所示。

图6-76

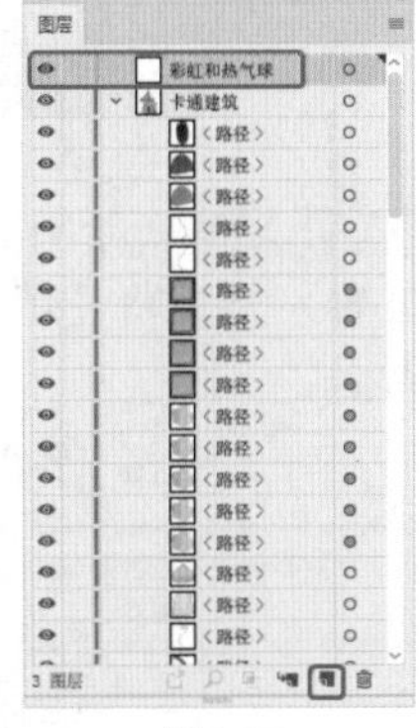
图6-77

Step 19 使用【钢笔工具】绘制图形，使用【直接选择工具】调整图形位置，将【填色】设置为#ff9796，将【描边】设置为#6c5935，将【描边粗细】设置为1pt，如图6-78所示。

Step 20 继续使用【钢笔工具】绘制图形，然后根据自己的喜好为图形填充不同的颜色，如图6-79所示。

图6-78

图6-79

Step 21 使用【钢笔工具】绘制热气球，将渐变【类型】设置为“线性”，将左侧渐变滑块【颜色】设置为#ffe6c7，在位置41%处添加渐变滑块，将【颜色】设置为#ffbaa6，将右侧渐变滑块【颜色】设置为#ffa19c，将【描边】设置为#6c5935，将【描边粗细】设置为3pt，继续使用【钢笔工具】绘制热气球，将【填色】设置为#ed6600，将【描边】设置为#6c5935，将【描边粗细】设置为3pt，继续使用【钢笔工具】将渐变【类型】设置为“线性”，将左侧渐变滑块的【颜色】设置为#fffaab，在位置54.5%处添加渐变滑块，将【颜色】设置为#f7b008，将右侧渐变滑块的【颜色】设置为#f08000，将【描边】设置为#6c5935，将【描边粗细】设置为3pt，如图6-80所示。

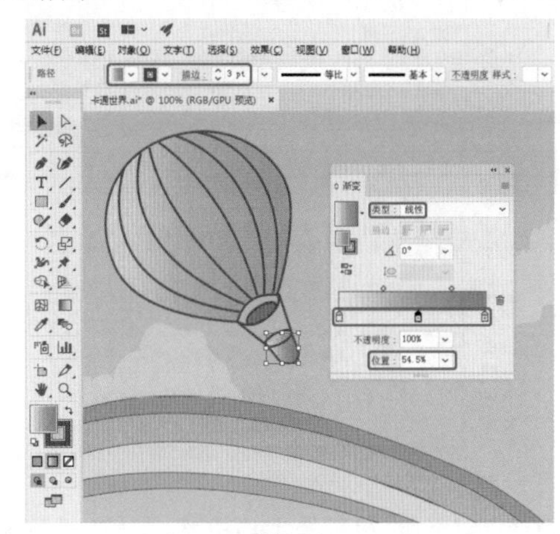
图6-80

Step 22 在【图层】面板中将“彩虹和热气球”图层移至“卡通建筑”图层的下方，然后新建图层，并将新建的图层重命名为“草坪”，如图6-81所示。

图6-81

Step 23 在工具箱中选择【钢笔工具】，绘制图形，并选择绘制的图形，将【填色】设置为“无”，将【描边】设置为#6c5935，将【描边粗细】设置为1pt，如图6-82所示。

Step 24 然后在【渐变】面板中，将【类型】设置为“线性”，将左侧渐变滑块的【颜色】设置为#f7ff1c，在46%位置处添加渐变滑块，将【颜色】设置为#a4d220，将右侧渐变滑块的【颜色】设置为#6bba00，如图6-83所示。

图6-82

图6-83

Step 25 继续使用【钢笔工具】绘制图形，颜色同上，并将图形的【描边】设置为“无”，效果如图6-84所示。

图6-84

Step 26 确认新绘制的图形处于选中状态，在【透明度】面板中将【混合模式】设置为“正片叠底”，将【不透明度】设置为26%，效果如图6-85所示。

Step 27 再次使用【钢笔工具】绘制图形，将渐变【类型】设置为“线性”，将【角度】设置为-90°。将左侧渐变滑块的【颜色】设置为#def075，在位置58%处添加渐变滑块，将【颜色】设置为#b9e321，将右侧渐变滑块的【颜色】设置为#9ec900，将【描边】设置为#6c5935，将【描边粗细】设置为1pt，使用同上方法绘制图形，将【渐变类型】设置为“线性”，将【角度】设置为-90°，将左侧渐变滑块的【颜色】设置为#def075，将右侧渐变滑块的【颜色】设置为#9ec900，使用同上方法绘制图形，将【渐变类型】设置为“线性”，将【角度】设置为0，将左侧渐变滑块的【颜色】设置为#def075，将右侧渐变滑块【颜色】设置为#9ec900，在【透明度】面板中将绘制后的两个图形的【混合模式】设置为“正片叠底”，将【不透明度】设置为37%，使用同上方法绘制图形，如图6-86所示。

图6-85

图6-86

Step 28 再次使用【钢笔工具】绘制图形，将【填色】设置为#7ddaff，将【描边】设置为“无”，如图6-87所示。

图6-87

Step 29 复制新绘制的图形，并调整复制后图形的大小和位置，然后将【填色】设置为#caeefc，效果如图6-88所示。

图6-88

Step 30 选中两个图形后，在工具箱中选择【混合工具】，在复制后的图形上单击鼠标左键，然后在第一个图形上单击鼠标左键，即可添加混合效果，如图6-89所示。

图6-89

Step 31 然后双击【混合工具】，弹出【混合选项】对话框，将【间距】设置为“指定的步数”，将步数设置为4，单击【确定】按钮，如图6-90所示。

Step 32 指定步数后的效果如图6-91所示。

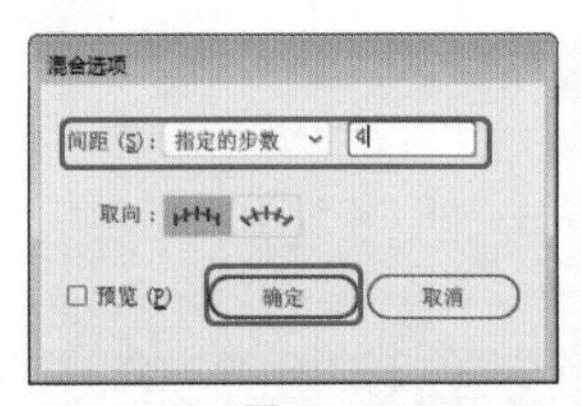

图6-90

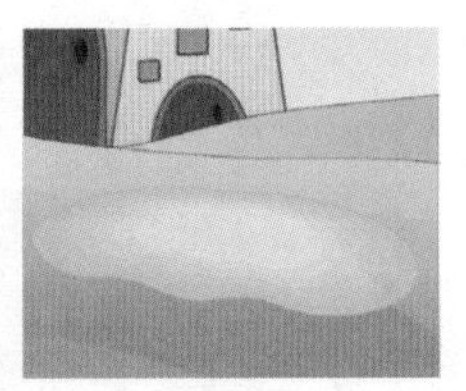

图6-91

Step 33 使用【钢笔工具】绘制树图形，将渐变【类型】设置为“线性”，将【角度】设置为-90°，将左侧渐变滑块的【颜色】设置为#c9eb33，在位置49%处添加渐变滑块，将【颜色】设置为#abc21a，将右侧渐变滑块的【颜色】设置为#6ebf00，将【描边】设置为#6c5935，将【描边粗细】设置为1pt，使用同上方法绘制图形，将渐变【类型】设置为“线性”，将【角度】设置为-89°，颜色同上，将【描边】设置为“无”，将【混合模式】设置为“正片叠底”，将【不透明度】设置为44%。使用【椭圆工具】绘制图形，将【填色】设置为#f6ecb5，【描边】设置为“无”，复制出其他图形，如图6-92所示。

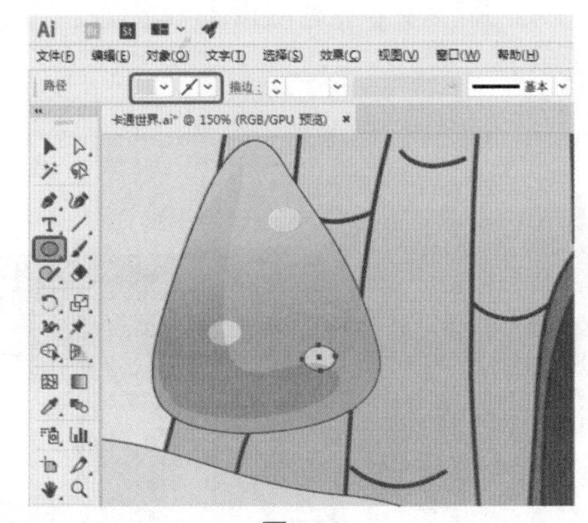

图6-92

Step 34 使用【钢笔工具】绘制树身图形，将【填色】设置为#f2e2a5，【描边】设置为#6c5935，【描边粗细】设置为1pt，使用同上方法绘制底部图形，将渐变【类型】设置为“线性”，将【角度】设置为-107.7°将左侧渐变滑块的【颜色】设置为#e3ed42，在位置55.06%处添加渐变滑块，将【颜色】设置为#a1d11e，将右侧渐变滑块的【颜色】设置为#6bba00，将【描边】设置为“无”，将【混合模式】设置为“正片叠底”，效果如图6-93所示。

Step 35 在【图层】面板中新建图层，并将其重命名为“文字”，如图6-94所示。

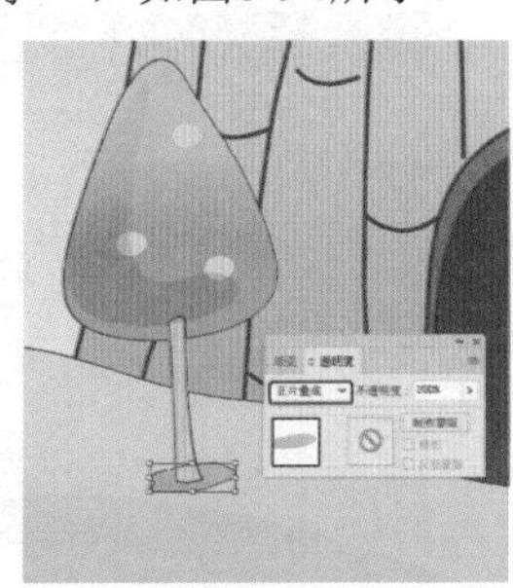

图6-93

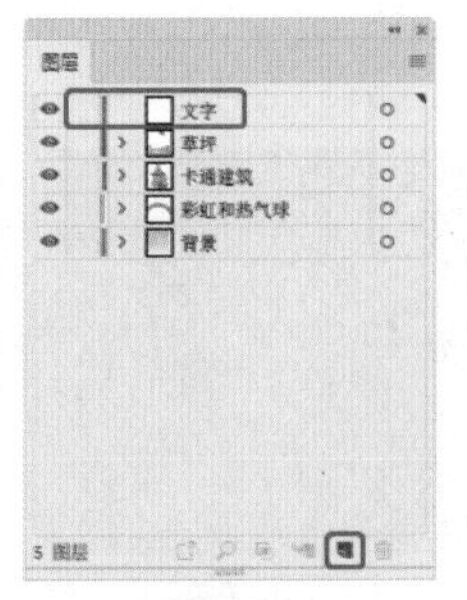

图6-94

Step 36 在工具箱中选择【文字工具】T，并选择输入的文字，将【填色】设置为#6c5935，将【字体系列】设置为“Freehand521 BT”，将【字体大小】设置为68pt，如图6-95所示。

Step 37 使用同样的方法输入其他文字，将【字体大小】设置为34pt，效果如图6-96所示。

图6-95

图6-96

实例 075 夕阳美景

素材：素材\Cha06\椰子树.ai

场景：场景\Cha06\实例075 夕阳美景.ai

本例将介绍插画夕阳美景的绘制。首先使用【矩形工具】和【钢笔工具】绘制天空和大海，然后使用【椭圆工具】绘制夕阳和倒影，最后导入椰子树。完成后的效果如图6-97所示。

图6-97

Step 01 按Ctrl+N组合键，在弹出的【新建文档】对话框中输入【名称】为“夕阳美景”，将【单位】设置为“毫米”，将【宽度】和【高度】均设置为210mm，将【颜色模式】设置为“RGB颜色”，单击【创建】按钮，如图6-98所示。

图6-98

Step 02 使用【矩形工具】绘制矩形，然后选择绘制的矩形，按Ctrl+F9组合键打开【渐变】面板，将【类型】设置为“径向”，将【长宽比】设置为71%，将左侧渐变滑块的【颜色】设置为#ffff3e，在31%位置处添加一个渐变滑块，将【颜色】设置为#ff1a00，将右侧渐变滑块的【颜色】设置为#5d0e12，如图6-99所示。

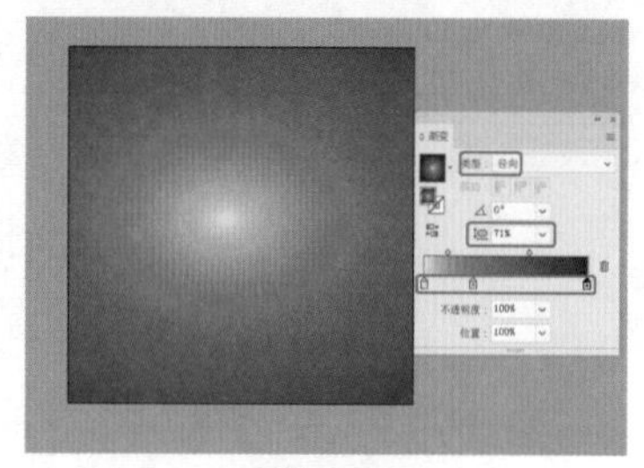

图6-99

Step 03 使用【渐变工具】调整渐变位置，将【描边】设置为“无”，如图6-100所示。

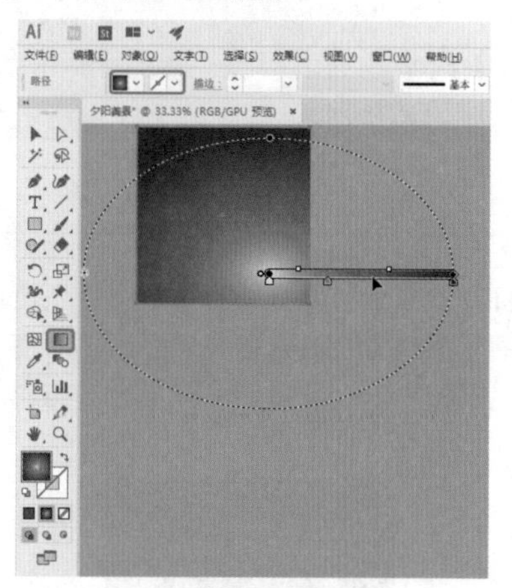

图6-100

Step 04 继续使用【矩形工具】在画板中绘制一个【宽】为210mm、【高】为45mm的矩形，在【渐变】面板中将【类型】设置为“径向”，将【长宽比】设置为24%，将左侧渐变滑块的【颜色】设置为#ff7200，在38%位置处添加一个渐变滑块，将【颜色】设置为#970f00，将右侧渐变滑块的【颜色】设置为#300000，如图6-101所示。

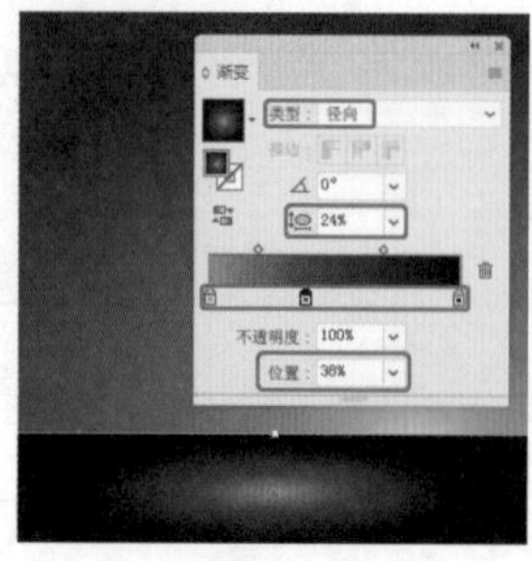

图6-101

Step 05 在工具箱中选择【渐变工具】，在画板中调整渐变，如图6-102所示。

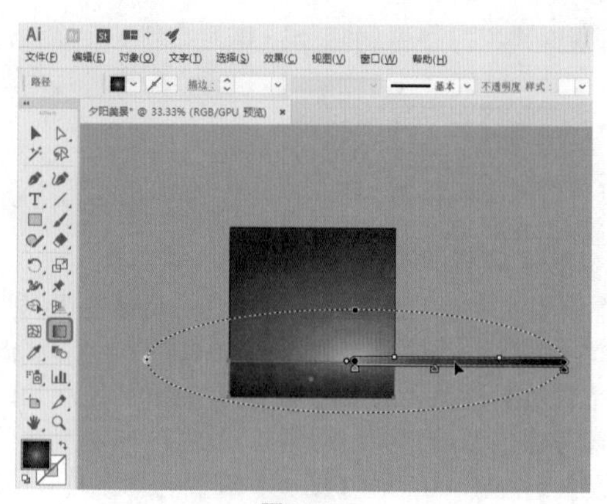

图6-102

Step 06 在工具箱中选择【钢笔工具】，在画板中绘制图形，并选择绘制的图形，将【填色】设置为#fc4100，【描边】设置为“无”，效果如图6-103所示。

Step 07 在菜单栏中选择【窗口】|【透明度】命令，打开【透明度】面板，将【不透明度】设置为20%，效果如图6-104所示。

图6-103

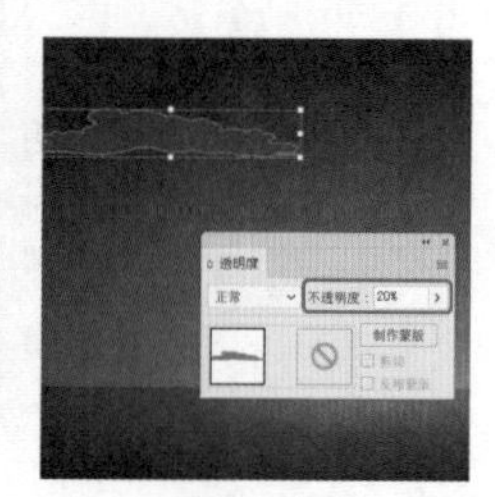

图6-104

Step 08 使用同样的方法，绘制其他图形并设置不透明度，效果如图6-105所示。

Step 09 在工具箱中选择【椭圆工具】，在按住Shift键的同时绘制正圆，将【填色】设置为#fed458，将【描边】设置为#f39518，将【描边粗细】设置为4pt，效果如图6-106所示。

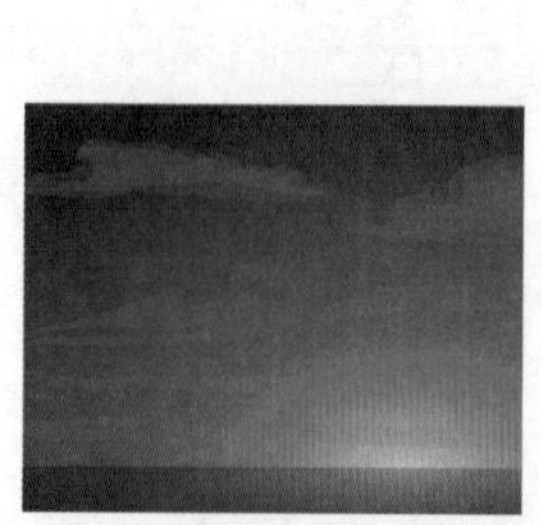

图6-105

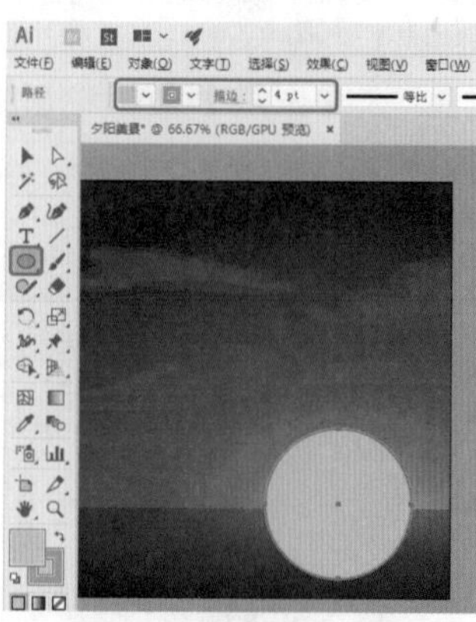

图6-106

Step 10 选择绘制的矩形，单击鼠标右键，在弹出的快捷菜单中选择【排列】|【置于顶层】命令，如图6-107所示。

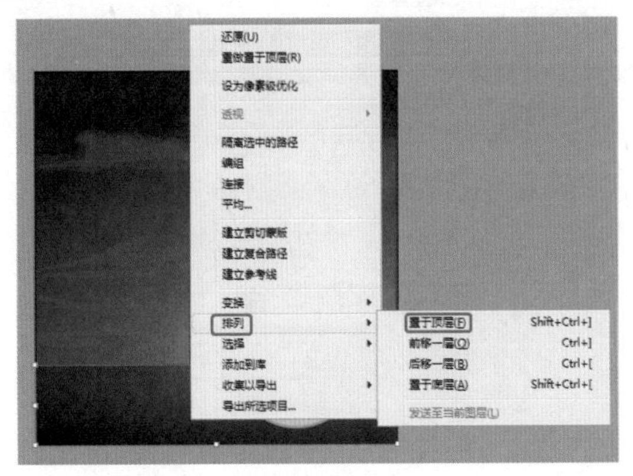

图6-107

Step 11 在工具箱中选择【椭圆工具】，在画板中绘制椭圆，将【填色】设置为#fec058，将【描边】设置为“无”，如图6-108所示。

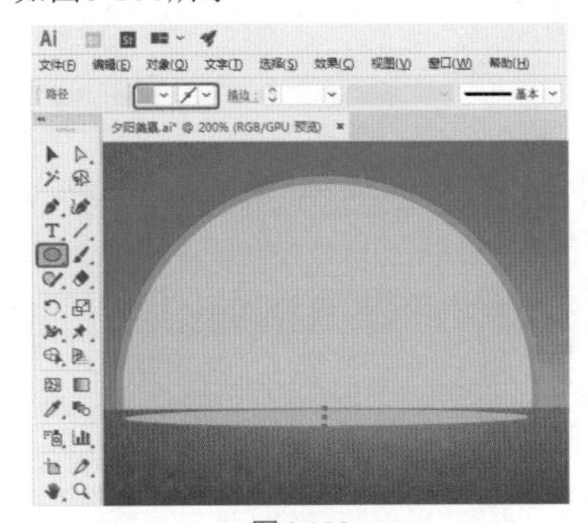

图6-108

Step 12 使用同样的方法绘制其他椭圆并填色，将第二个椭圆图形【填色】设置为#f2ab3f，第三个椭圆图形【填色】设置为# d4761f，第四个椭圆图形【填色】设置为#c44f1d，如图6-109所示。

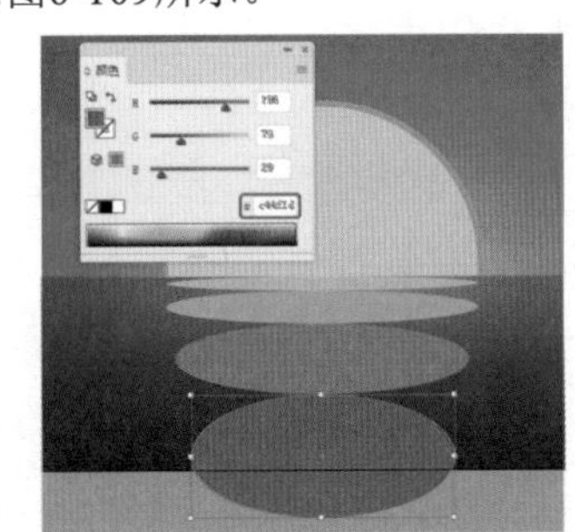

图6-109

Step 13 在工具箱中选择【矩形工具】绘制矩形，如图6-110所示。

Step 14 选择新绘制的矩形和下面的椭圆并右击，在弹出的快捷菜单中选择【建立剪切蒙版】命令，如图6-111所示。

Step 15 创建剪切蒙版后的效果如图6-112所示。

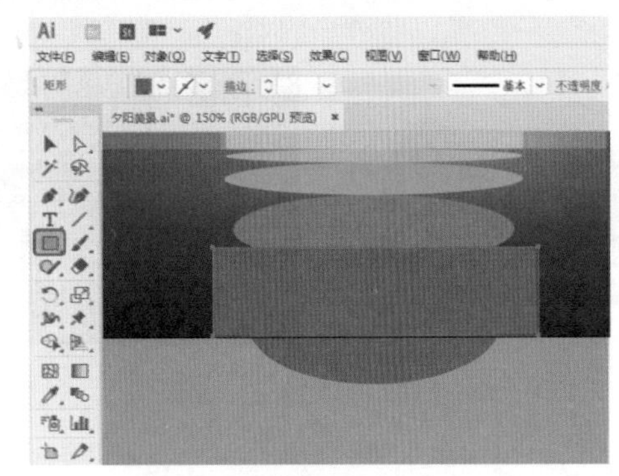

图6-110

图6-111　　图6-112

Step 16 在菜单栏中选择【文件】|【打开】命令，弹出【打开】对话框，在该对话框中选择“素材\Cha06\椰子树.ai”文件，单击【打开】按钮，如图6-113所示。

图6-113

◎提示·◦

在菜单栏中选择【文件】|【打开】命令也可以弹出【打开】对话框。在【文件】|【最近打开的文档】下拉菜单中包含了用户最近在Illustrator CC中打开的10个文件，单击某文件的名称，即可快速打开该文件。

Step 17 即可打开选择的素材文件，然后按Ctrl+A组合键选择所有的对象，按Ctrl+C组合键复制选择的对象，如图6-114所示。

Step 18 返回到新建文档中，按Ctrl+V组合键粘贴选择的对象，并调整复制后的对象位置，效果如图6-115所示。

图6-114

图6-115

实例 076 风景插画

素材：素材\Cha06\风景插画.ai
场景：场景\Cha06\实例076 风景插画.ai

本例将介绍风景插画的绘制。首先使用【钢笔工具】绘制背景，然后再绘制其他图形，对图形添加颜色效果。完成后的效果如图6-116所示。

图6-116

Step 01 按Ctrl+N组合键，在弹出的【新建文档】对话框中输入【名称】为“风景插画”，将【单位】设置为“毫米”，将【宽度】设置为243mm，将【高度】设置为147mm，将【颜色模式】设置为“RGB颜色”，单击【创建】按钮，如图6-117所示。

图6-117

Step 02 在工具箱中选择【矩形工具】绘制矩形，将渐变【类型】设置为“线性”，将【角度】设置为-90°，将左侧渐变滑块的【颜色】设置为#e2fbf9，将右侧渐变滑块的【颜色】设置为#6da9bd，将【描边】设置为“无”，效果如图6-118所示。

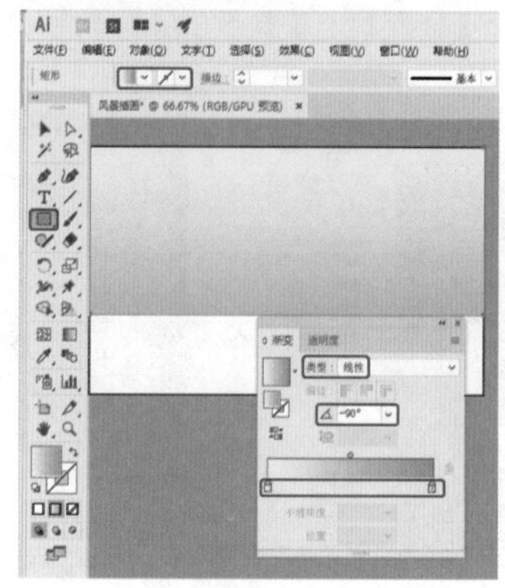
图6-118

Step 03 使用【椭圆工具】绘制椭圆图形，将【填色】设置为白色，【描边】设置为“无”，调整图形位置，按住Alt键拖曳鼠标复制图形，并设置图形的大小与位置，如图6-119所示。

图6-119

Step 04 在工具箱中选择【钢笔工具】绘制图形，将【填色】设置为白色，将【描边】设置为“无”，使用同样的方法绘制其他图形，效果如图6-120所示。

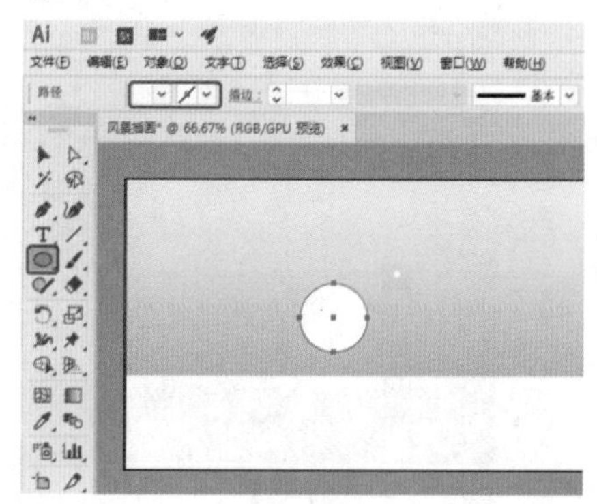
图6-120

Step 05 选中绘制的图形，右击，在弹出的快捷菜单中选

择【编组】命令，如图6-121所示。

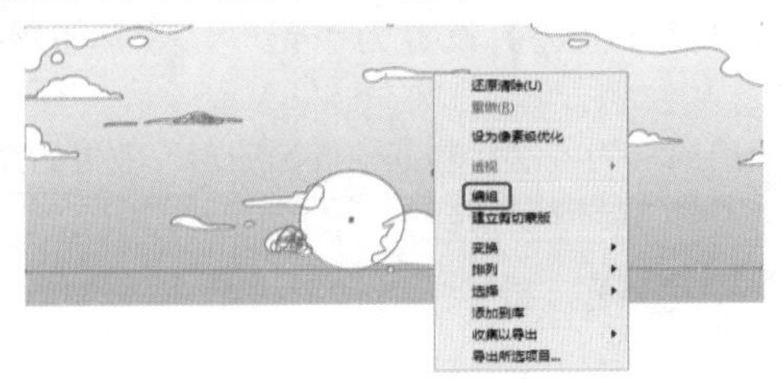

图6-121

Step 06 使用【钢笔工具】绘制图形，并选择绘制的图形，在【渐变】面板中将【类型】设置为“线性”，将【角度】设置为98.3，将左侧渐变滑块的【颜色】设置为#fbfbfb，将右侧渐变滑块的【颜色】设置为#69cfcc，效果如图6-122所示。

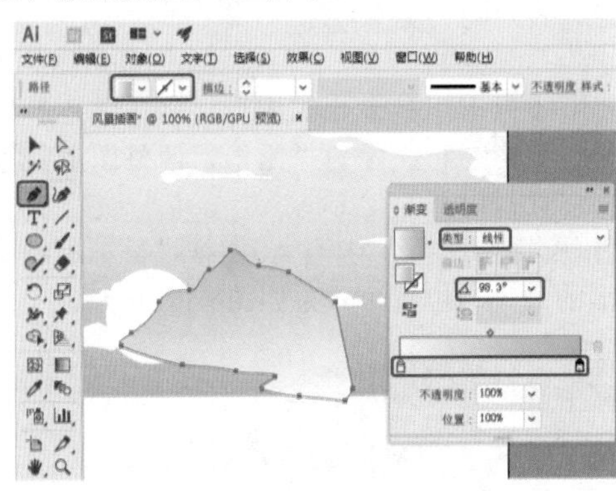

图6-122

Step 07 使用上面所介绍的方法绘制其他图形，渐变颜色同上，第二个图形角度设置为93.2°，第三个图形角度设置为92.5°，效果如图6-123所示。

图6-123

Step 08 选中绘制的3个图形，右击，在弹出的快捷菜单中选择【编组】命令，然后使用同样的方法再选择【排列】|【后移一层】命令，如图6-124所示。

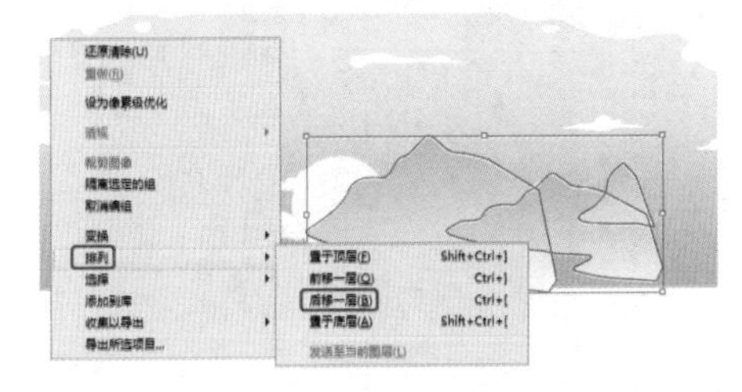

图6-124

Step 09 使用【椭圆工具】绘制太阳图形，将【填色】设置为#ffca05，【描边】设置为“无”，如图6-125所示。

图6-125

Step 10 使用【钢笔工具】绘制图形，将【填色】设置为#ffca05，【描边】设置为“无”，按住Alt键拖曳鼠标复制多个图形，调整图形位置，如图6-126所示。

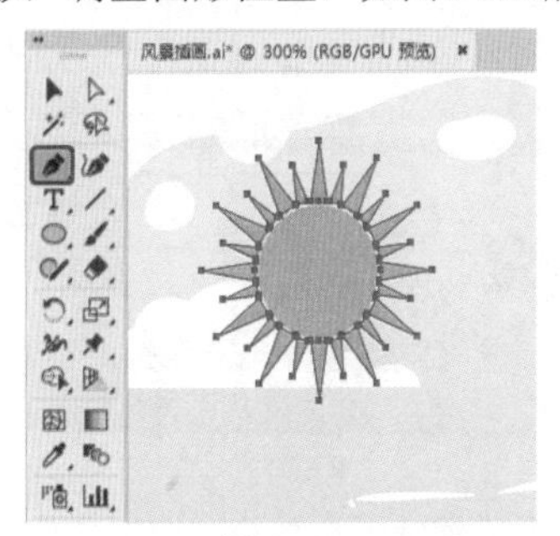

图6-126

Step 11 设置完成后，选中绘制的图形，右击，在弹出的快捷菜单中选择【编组】命令，设置完成后，使用同样的方法再选择【排列】|【后移一层】命令，如图6-127所示。

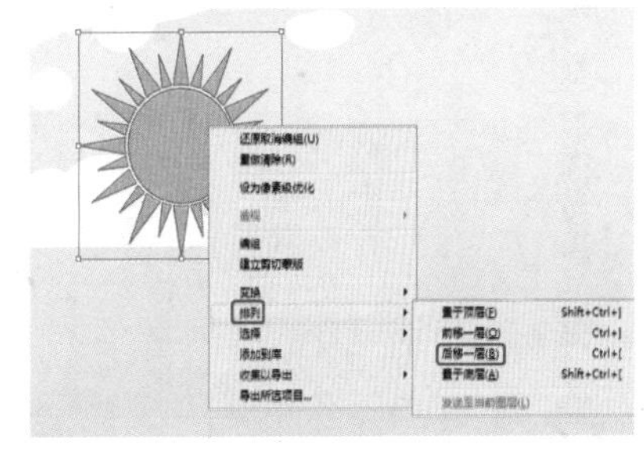

图6-127

Step 12 使用【钢笔工具】绘制海鸥图形，将【填色】设置为#353a42，【描边】设置为“无”，按住Alt键拖曳鼠标复制多个图形，调整图形的位置，如图6-128所示。

Step 13 使用【钢笔工具】绘制山丘图形，将渐变【类型】设置为“线性”，将左侧渐变滑块的【颜色】设置为#f3be64，将右侧渐变滑块的【颜色】设置为#e19642，将【描边】设置为“无”，效果如图6-129所示。

图6-128

图6-129

Step 14 再次使用【钢笔工具】绘制图形，将【填色】设置为#ffd683，【描边】设置为“无”，效果如图6-130所示。

图6-130

Step 15 使用上面介绍的方法绘制其他图形，填色同上，将第二个图形的【角度】设置为-64.8°，将第三个图形的【角度】设置为-90°，将第四个图形的【角度】设置为-144.8°，调整图形位置，效果如图6-131所示。

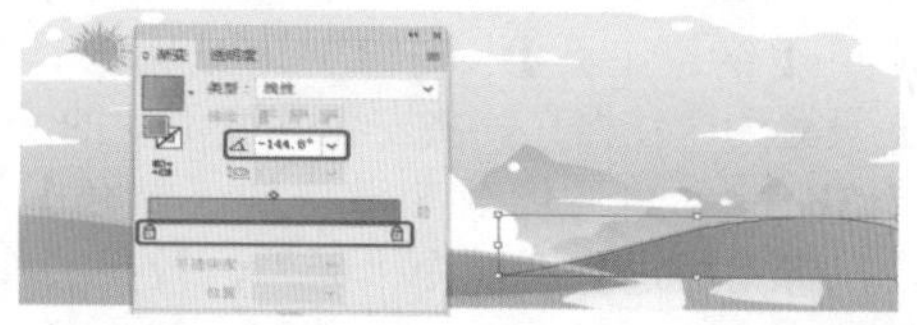

图6-131

Step 16 使用【椭圆工具】绘制图形，将【填色】设置为#ff763b，【描边】设置为“无”，效果如图6-132所示。

Step 17 使用同样的方法绘制其他椭圆图形，效果如图6-133所示。

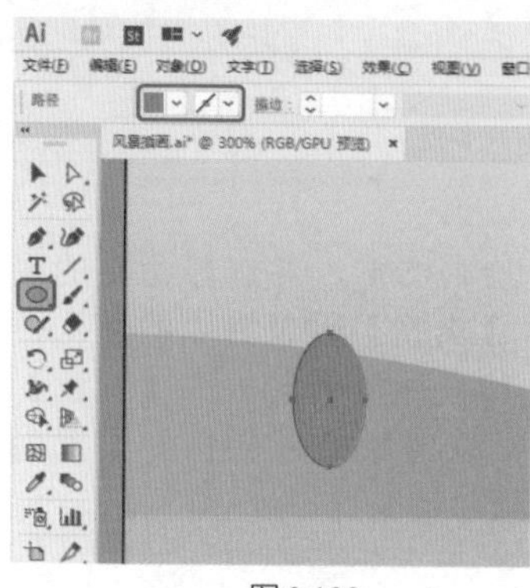

图6-132

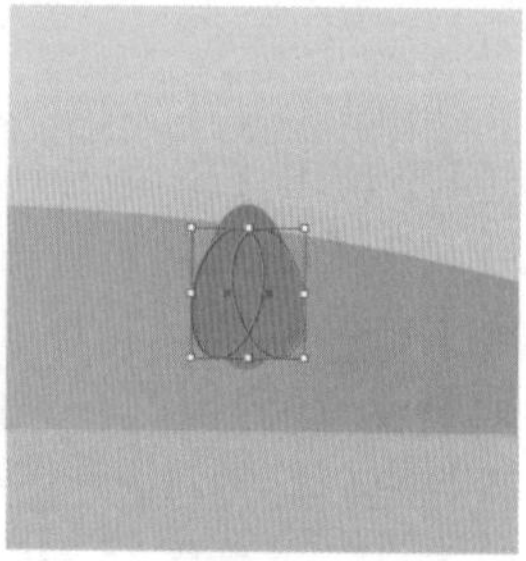

图6-133

Step 18 使用【矩形工具】绘制图形，将【填色】设置为#80301f，【描边】设置为“无”，调整图形位置，效果如图6-134所示。

Step 19 选中绘制的图形，按住Alt键拖曳鼠标复制图形，设置图形的大小与位置，效果如图6-135所示。

图6-134

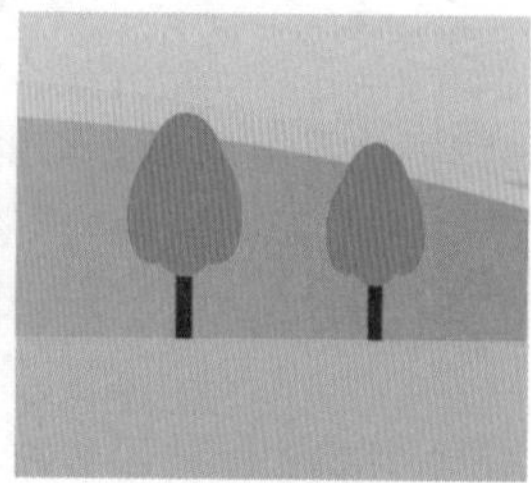

图6-135

Step 20 使用【钢笔工具】绘制图形，将【填色】设置为#ff763b，【描边】设置为“无”，如图6-136所示。

图6-136

Step 21 使用前面介绍的方法绘制其他图形，并调整位置，如图6-137所示。

图6-137

Step 22 使用【钢笔工具】绘制房屋图形，将【填色】设置为#a05d4a，【描边】设置为“无”，如图6-138所示。

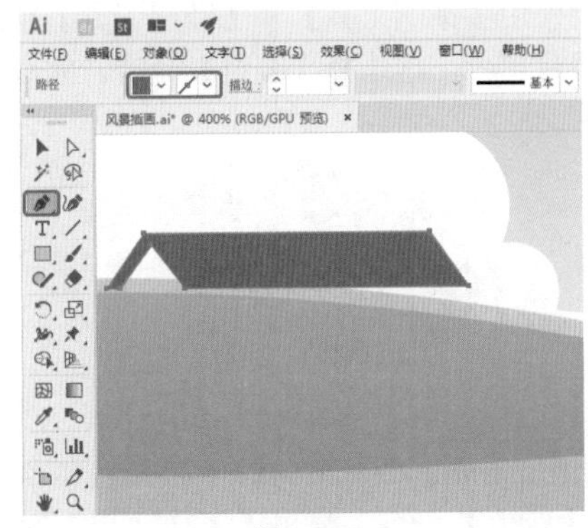

图6-138

Step 23 使用同样的方法绘制图形，将【填色】设置为#9e704e，【描边】设置为“无”，按住Alt键拖曳鼠标复制图形，调整图形的位置，效果如图6-139所示。

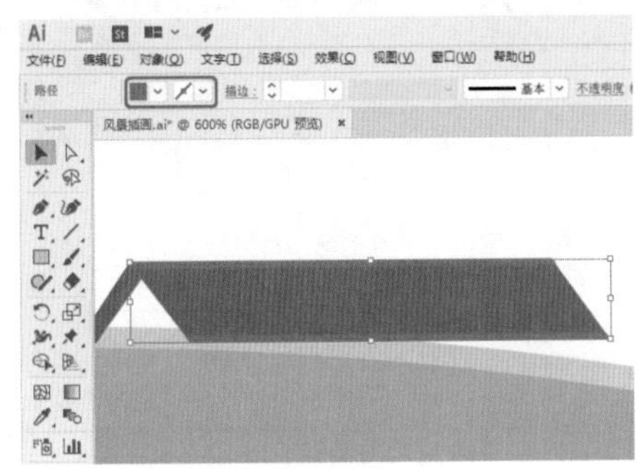

图6-139

Step24 使用【钢笔工具】绘制图形，将【填色】设置为#85361e，【描边】设置为“无”，按住Alt键拖曳鼠标复制多个图形，调整图形的位置与大小，如图6-140所示。

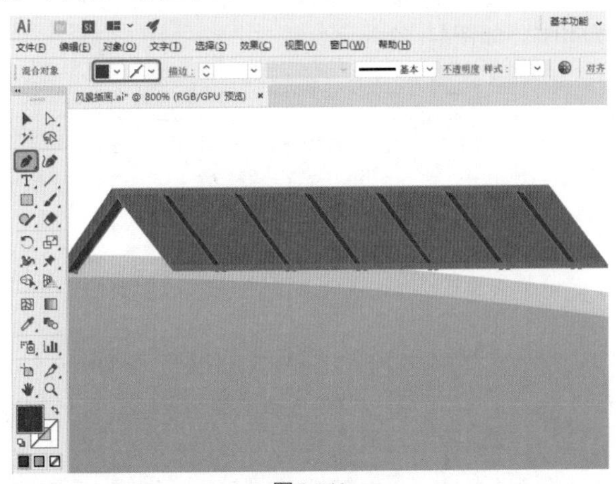

图6-140

Step 25 继续使用【钢笔工具】绘制图形，将【填色】设置为#ffe5ab，【描边】设置为“无”，调整图形位置，如图6-141所示。

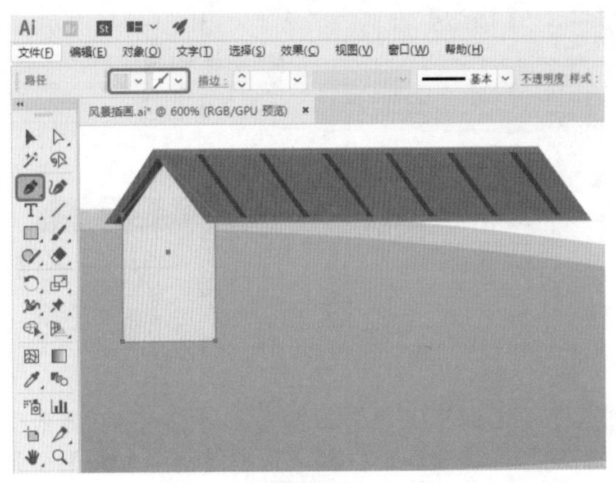

图6-141

Step 26 使用【矩形工具】绘制图形，将【填色】设置为#b66f44，【描边】设置为“无”，如图6-142所示。

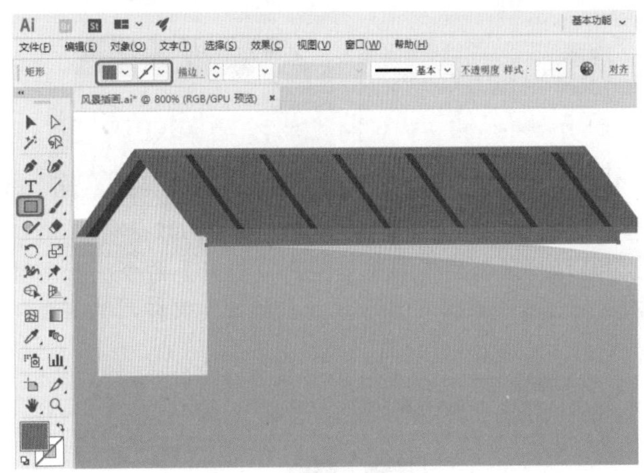

图6-142

Step27 使用【矩形工具】绘制图形，将【填色】设置为#ffdeb3，【描边】设置为“无”。使用同样方法绘制其他图形，如图6-143所示。

图6-143

Step 28 使用同样的方法绘制图形，将【填色】设置为#b66f44，【描边】设置为“无”，按住Alt键拖曳鼠标复制多个图形，选中复制的图形，右击，选择快捷菜单中的【编组】命令，如图6-144所示。

Step 29 使用同样的方法绘制图形，将【填色】设置为#a05d4a，【描边】设置为“无”，如图6-145所示。

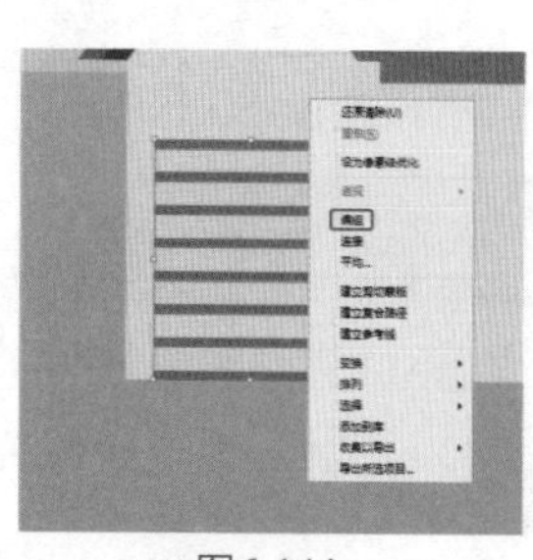

图6-144

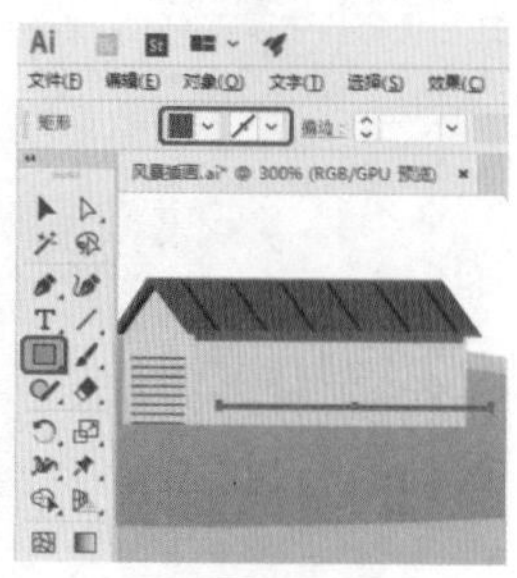

图6-145

Step 30 使用【钢笔工具】绘制图形，按住Alt键拖曳鼠标复制图形，调整图形位置，双击【混合工具】，弹出【混合选项】对话框，将【间距】设置为“指定的步数”，将【步数】设置为15，如图6-146所示。

Step 31 设置完成后的效果如图6-147所示。

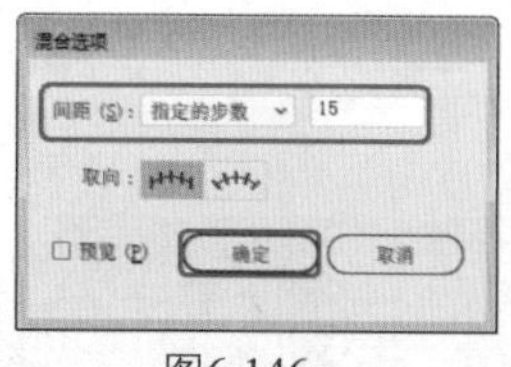

图6-146

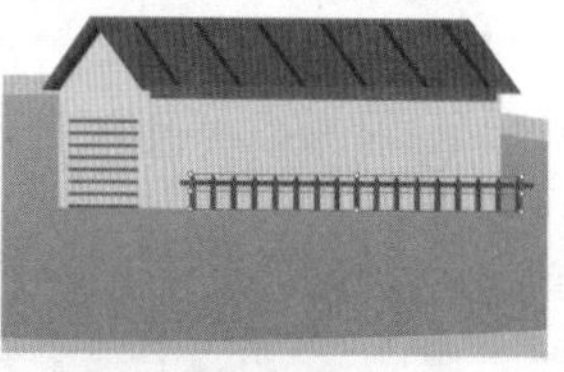

图6-147

Step 32 选择菜单栏中的【文件】|【打开】命令，在该对话框中选择“素材\Cha06\风景插画.ai”文件，单击【打开】按钮，如图6-148所示。

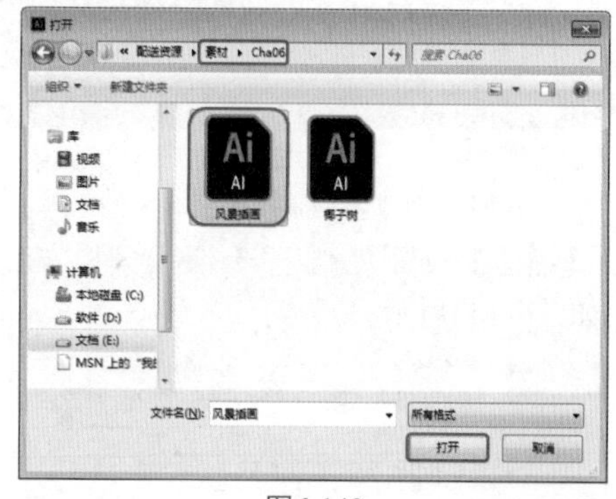

图6-148

Step 33 打开选择的素材文件，然后按Ctrl+A组合键选择所有的对象，按Ctrl+C组合键复制选择的对象，返回到新建文档中，按Ctrl+V组合键粘贴选择的对象，并调整复制后对象的位置，最终效果如图6-149所示。

图6-149

实例077 圣诞驯鹿

素材：素材\Cha06\圣诞驯鹿.ai

场景：场景\Cha06\实例077 圣诞驯鹿.ai

本例介绍圣诞驯鹿插画的绘制方法。该例的制作比较简单，主要使用【钢笔工具】和【椭圆工具】绘制出驯鹿的形状，然后填色，再选择【编组】命令。完成后的效果如图6-150所示。

图6-150

Step 01 启动Illustrator CC 2018软件后，在菜单栏中选择【文件】|【新建】命令，弹出【新建文档】对话框，将【单位】设置为“毫米”，将【宽度】和【高度】分别设置为415mm、231mm，将【颜色模式】设置为“RGB颜色”，单击【创建】按钮，如图6-151所示。

图6-151

Step 02 使用【钢笔工具】绘制鹿角图形，将【填色】设置为#594d43，将【描边】设置为“无”，选择【窗口】|【透明度】菜单命令，打开【透明度】面板，将【混合模式】设置为“正片叠底”，将【不透明度】设置为40%，如图6-152所示。

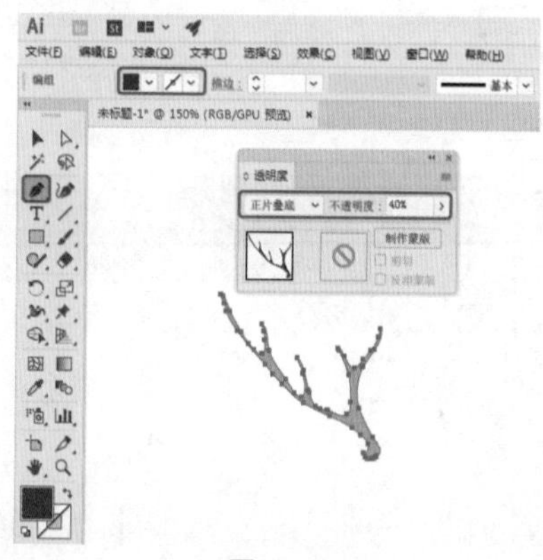

图6-152

Step 03 再次使用【钢笔工具】绘制图形，将【填色】设置#594d43，【描边】设置为“无”，调整图形位置，选中绘制的图形，右击，在弹出的快捷菜单中选择【编组】命令，如图6-153所示。

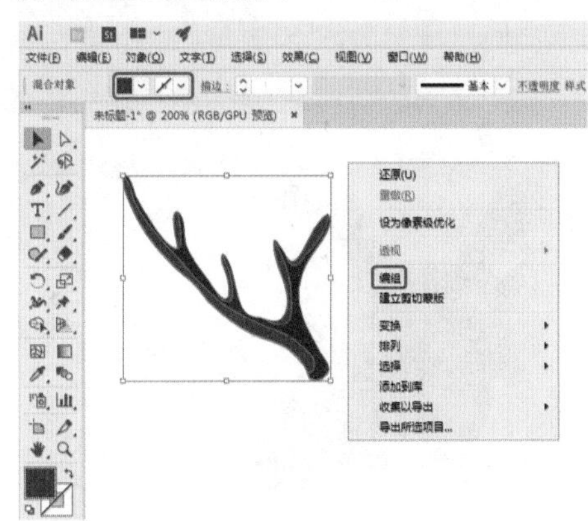

图6-153

Step 04 选中图形的情况下右击，在弹出的快捷菜单中选择【变换】|【对称】命令，弹出【镜像】对话框，选中【垂直】单选按钮，单击【复制】按钮，如图6-154所示。

Step 05 调整复制后的图形，效果如图6-155所示。

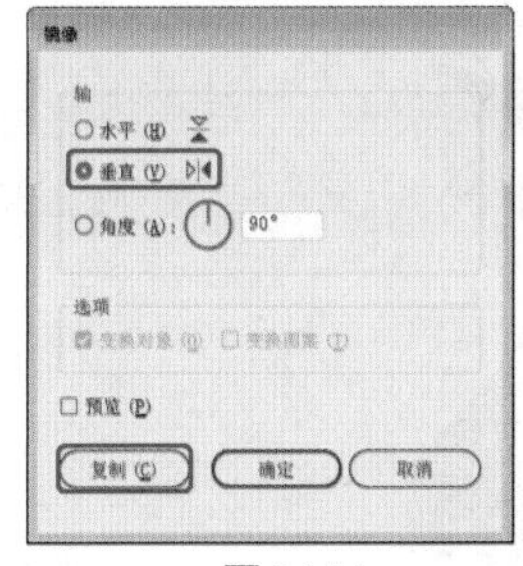

图6-154　　图6-155

Step 06 使用【钢笔工具】绘制头部图形，将【填色】设置为#97623c，【描边】设置为“无”，调整图形位置，如图6-156所示。

图6-156

Step 07 使用【钢笔工具】绘制图形，将【填色】设置为#6c4322，【描边】设置为“无”，将【不透明度】设置为70%。使用同样的方法绘制图形，将【不透明度】设置为50%，效果如图6-157所示。

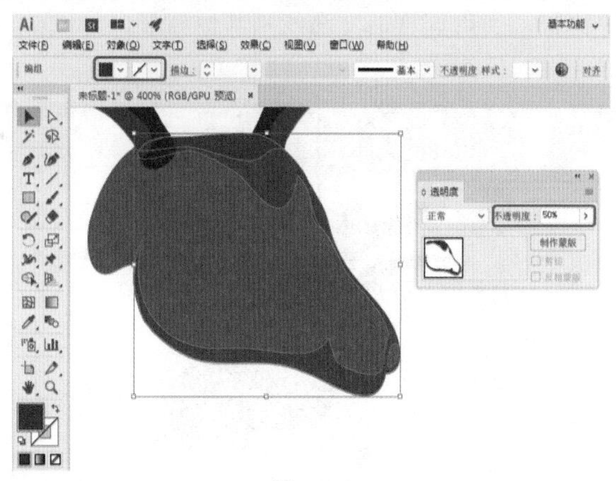

图6-157

Step 08 继续使用【钢笔工具】绘制图形，将【填色】设置为#6c4322，【描边】设置为“无”。使用同样的方法绘制其他图形，调整图形位置，如图6-158所示。

图6-158

Step 09 使用同样的方法绘制图形，将【填色】设置为#97623c，【描边】设置为“无”，在菜单栏中选择【窗口】|【透明度】命令，弹出【透明度】面板，将【混合模式】设置为“滤色”，将【不透明度】设置为50%，如图6-159所示。

图6-159

Step 10 使用【钢笔工具】绘制图形，将【填色】设置为#dabba4，【描边】设置为“无”，调整图层至合适的位置，使用同样的方法绘制其他图形，如图6-160所示。

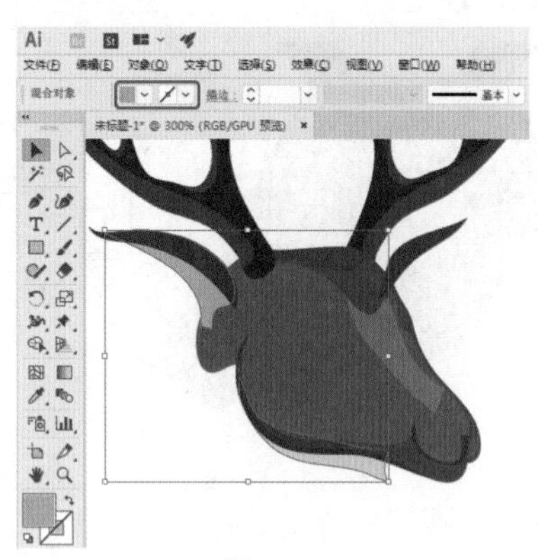

图6-160

Step 11 再次使用【钢笔工具】绘制耳部图形，将【填色】设置为#dabba4，【描边】设置为“无”，在菜单栏中选择【窗口】|【透明度】命令，打开【透明度】面板，将【混合模式】设置为“正片叠底”，将【不透明度】设置为50%，如图6-161所示。

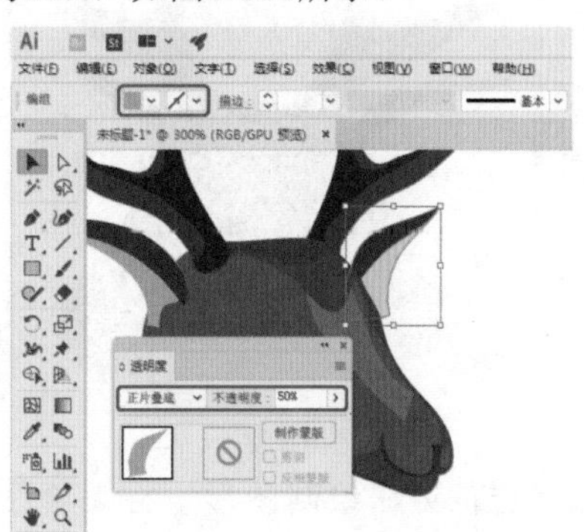

图6-161

Step 12 使用同样的方法绘制图形，调整图层至合适的位置，将【填色】设置为#e0c3ac，【描边】设置为“无”，如图6-162所示。

图6-162

Step 13 使用【椭圆工具】绘制眼部图形，将左眼的【填色】设置为#2d241d，【描边】设置为“无”，将【混合模式】设置为“正片叠底”，将【不透明度】设置为73%，再使用【钢笔工具】绘制右眼图形，将【填色】设置为# 594d43，【描边】设置为“无”，将【混合模式】设置为“正片叠底”，将【不透明度】设置为87%，完成后的效果如图6-163所示。

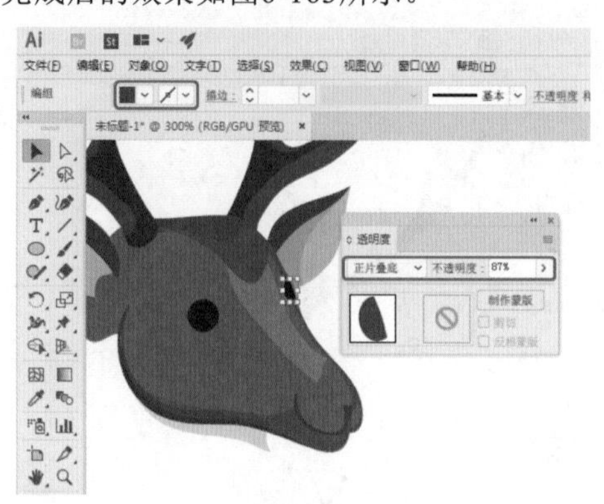

图6-163

Step 14 使用【椭圆工具】绘制椭圆图形，调整图形位置，将【填色】设置为白色，将【描边】设置为“无”，如图6-164所示。

图6-164

Step 15 使用【钢笔工具】绘制鼻部图形，将【填色】设置为#6c4322，将【描边】设置为“无”，使用同样的方法绘制图形，将【混合模式】设置为“正片叠底”，如图6-165所示。

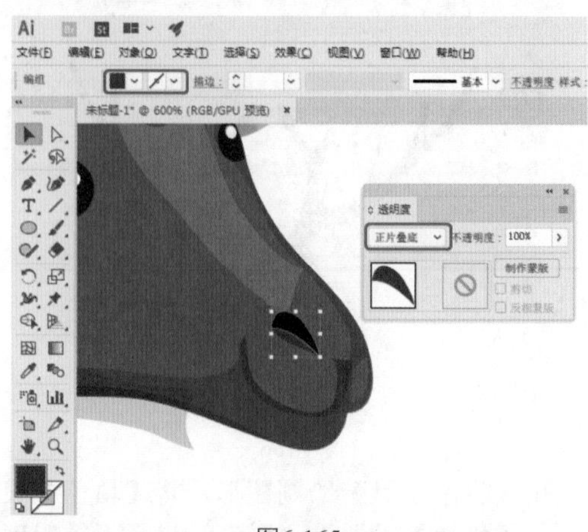

图6-165

Step 16 再次使用【钢笔工具】绘制图形，将【填色】设置为#d62621，将【描边】设置为“无”，如图6-166所示。

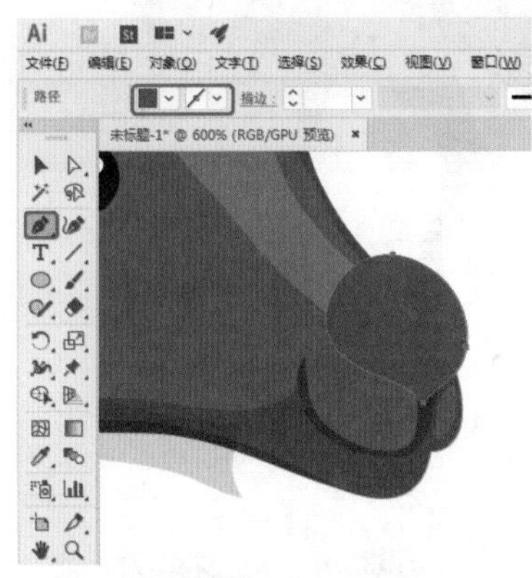

图6-166

Step 17 使用同样的方法绘制图形，将【填色】设置为#b0302a，将【描边】设置为“无”，将【混合模式】设置为“正片叠底”，如图6-167所示。

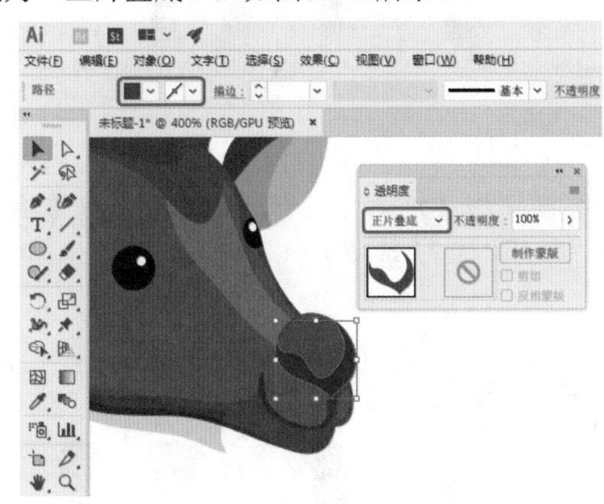

图6-167

Step 18 使用同样的方法选择另一个图形，将【填色】设置为#cf2f1a，将【描边】设置为“无”，将【混合模式】设置为“滤色”，将【不透明度】设置为70%，调整鼻部图形的位置，如图6-168所示。

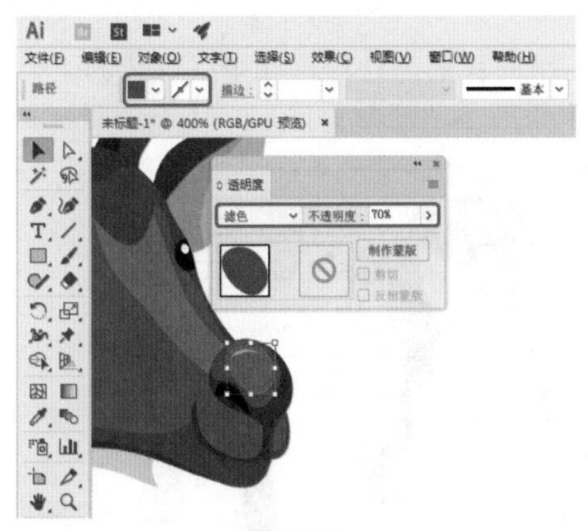

图6-168

Step 19 使用【钢笔工具】绘制身体图形，将【填色】设置为#97623c，将【描边】设置为“无”，调整图层至合适的位置，如图6-169所示。

图6-169

Step 20 使用同样的方法绘制图形，将【填色】设置为#6c4322，【描边】设置为“无”，如图6-170所示。

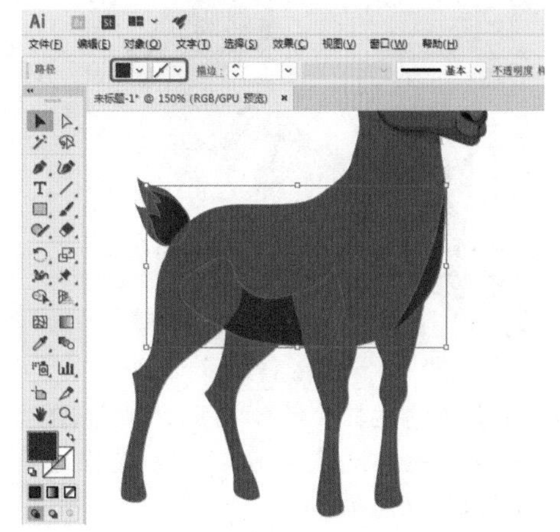

图6-170

Step 21 使用【钢笔工具】绘制图形，将【填色】设置为#e0c3ac，【描边】设置为“无”，图形如图6-171所示。

图6-171

Step 22 再次使用【钢笔工具】绘制图形，将【填色】设置为#f2e6dd，【描边】设置为“无”，如图6-172所示。

图6-172

Step 23 使用同样的方法绘制图形，将【填色】设置为#caab98，【描边】设置为“无”，如图6-173所示。

图6-173

Step 24 使用【钢笔工具】绘制图形，调整图形至合适的位置，将【填色】设置为#6c4322，【描边】设置为“无”，如图6-174所示。

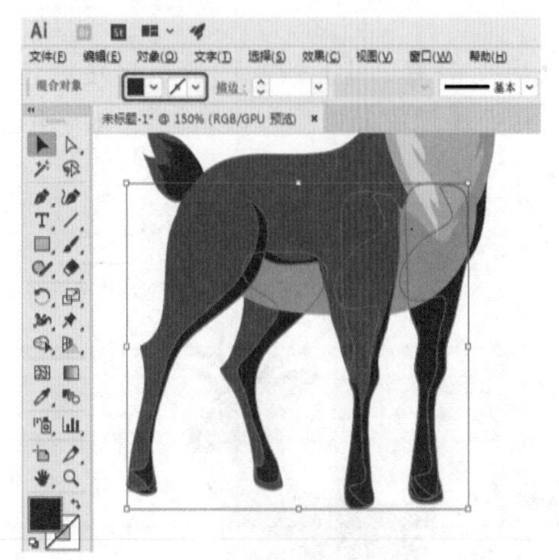

图6-174

Step 25 继续使用【钢笔工具】绘制图形，将【填色】设置为#6c4322，【描边】设置为“无”，将其【不透明度】设置为50%，如图6-175所示。

Step 26 继续使用【钢笔工具】绘制图形，将【填色】设置为#cb7d4c，【描边】设置为“无”，如图6-176所示。

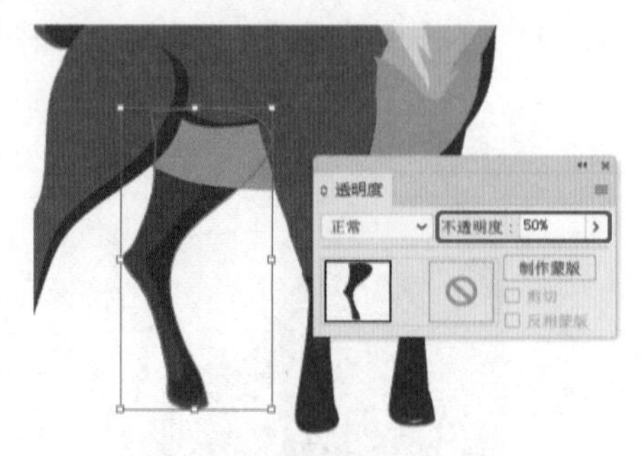

图6-175

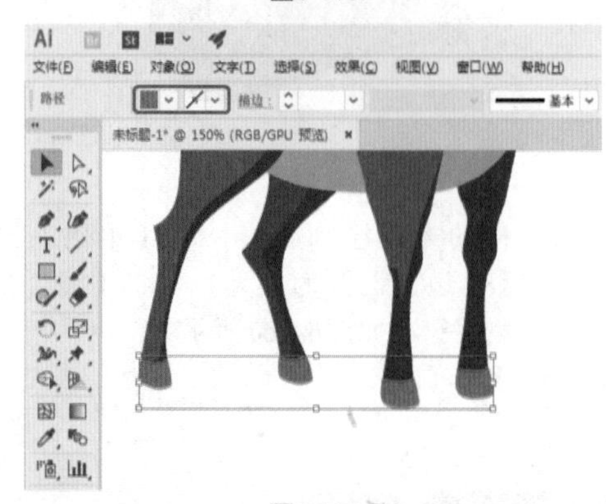

图6-176

Step 27 继续使用【钢笔工具】绘制图形，将【填色】设置为#6c4322，【描边】设置为“无”，如图6-177所示。

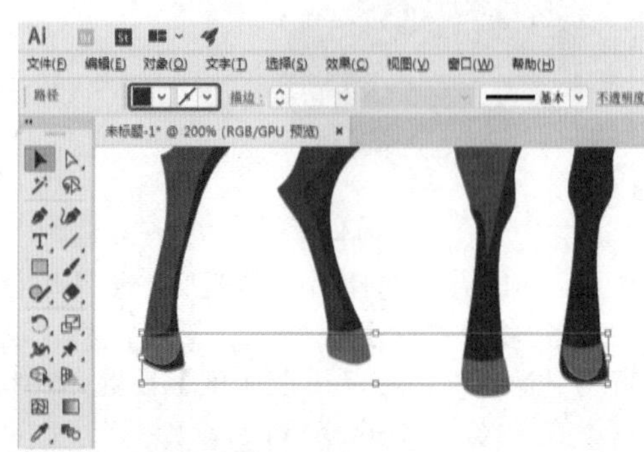

图6-177

Step 28 使用同样的方法绘制图形，颜色同上，将【混合模式】设置为“正片叠底”，【不透明度】设置为50%，如图6-178所示。

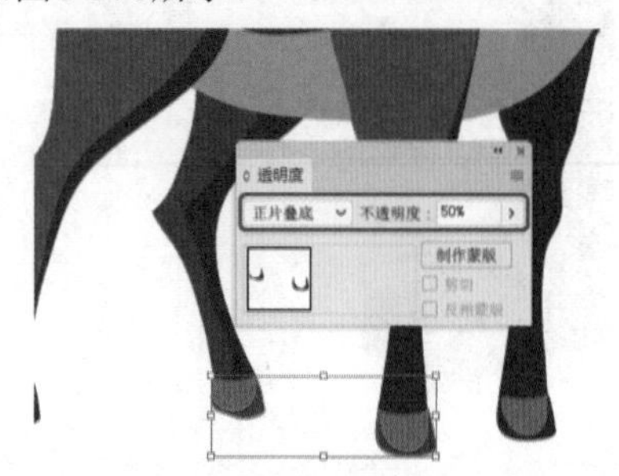

图6-178

Step 29 使用【钢笔工具】绘制图形，将【填色】设置为#c28361，【描边】设置为“无”，将【混合模式】设置为“正片叠底”，【不透明度】设置为40%。使用同样的方法绘制图形，颜色同上，将【不透明度】设置为50%，如图6-179所示。

图6-179

Step 30 使用同样的方法绘制图形，颜色同上，将【不透明度】设置为100%，如图6-180所示。

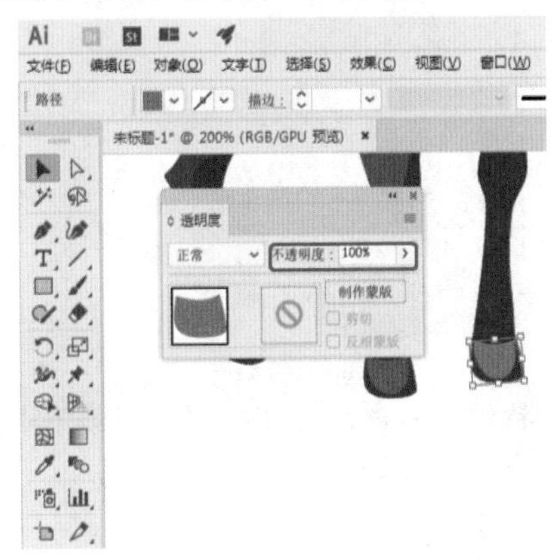

图6-180

Step 31 使用【钢笔工具】绘制图形，将【填色】设置为#cb7d4c，【描边】设置为“无”，将【混合模式】设置为“滤色”，【不透明度】设置为90%，效果如图6-181所示。

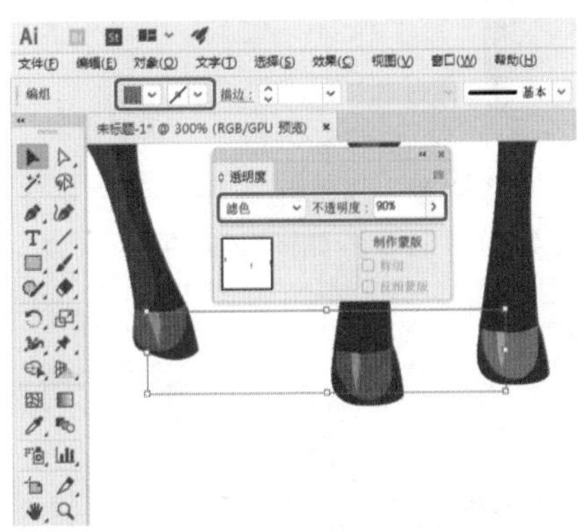

图6-181

Step 32 使用【钢笔工具】绘制图形，将【填色】设置为#ff1948，【描边】设置为“无”，使用同样的方法绘制图形，将【填色】设置为#e44f41，【描边】设置为“无”，如图6-182所示。

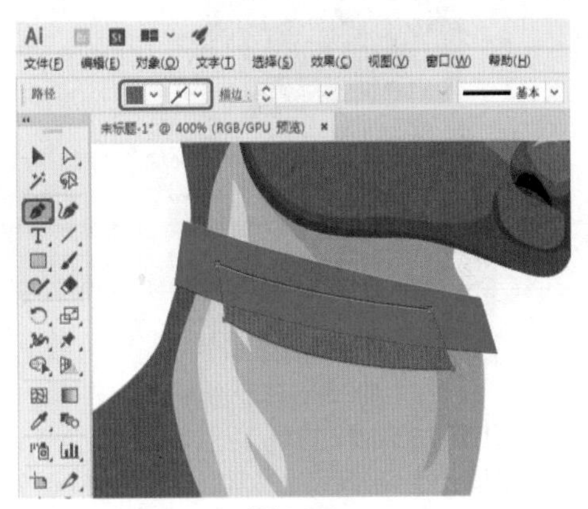

图6-182

Step 33 使用【钢笔工具】绘制图形，将【填色】设置为#ad1246，【描边】设置为“无”，使用同样的方法绘制图形，将【填色】设置为#d81249，【描边】设置为“无”，如图6-183所示。

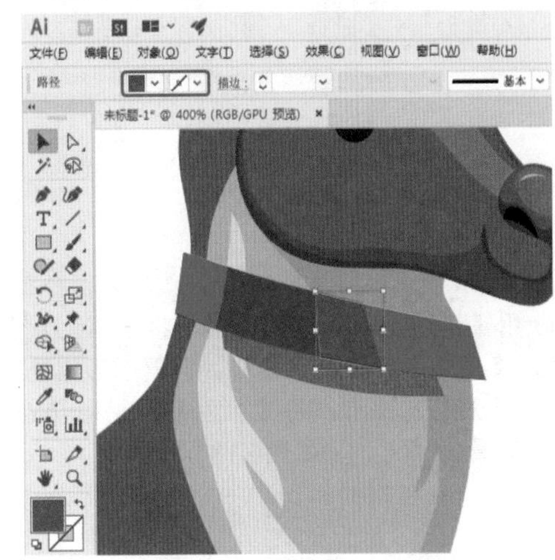

图6-183

Step 34 使用【钢笔工具】绘制图形，将【填色】设置为#ffd593，【描边】设置为“无”，如图6-184所示。

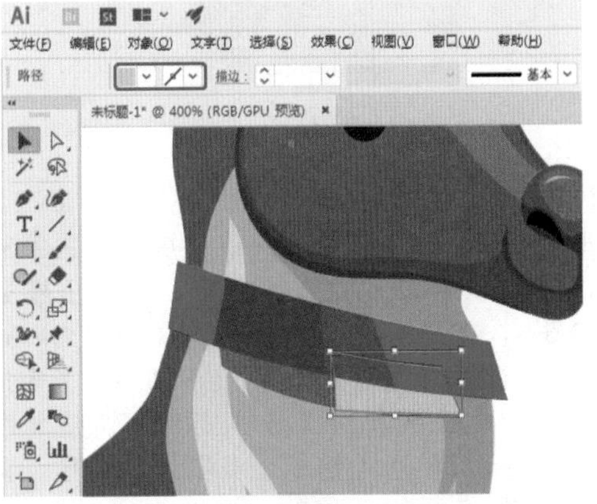

图6-184

Step 35 选中绘制的图形，右击，在弹出的快捷菜单中选择【编组】命令，效果如图6-185所示。

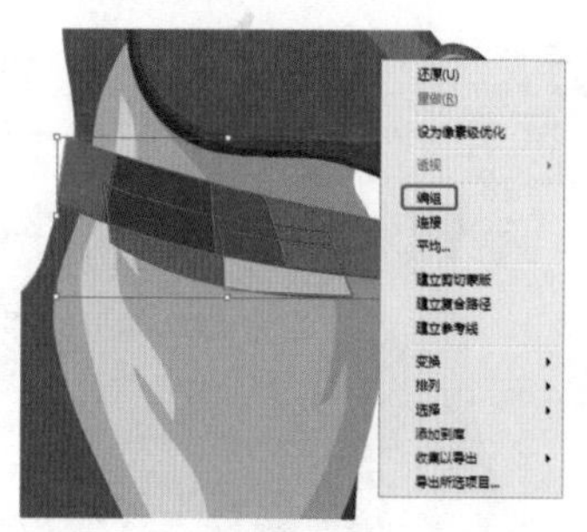

图6-185

Step 36 继续使用【钢笔工具】，将【填色】设置为#ffbd46，【描边】设置为“无”，使用相同的方法绘制图形，将【填色】设置为#f2883a，【描边】设置为“无”，如图6-186所示。

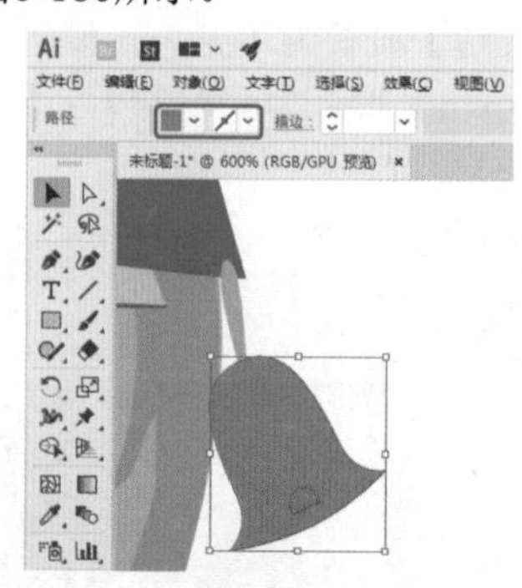

图6-186

Step 37 使用【椭圆工具】绘制图形，将【填色】设置为#ffcc59，【描边】设置为“无”，调整图形位置，使用【钢笔工具】绘制图形，将【填色】设置为#de5b3a，【描边】设置为“无”，如图6-187所示。

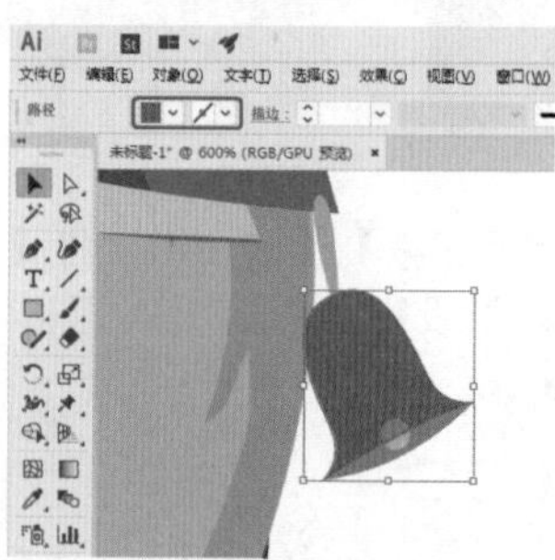

图6-187

Step 38 调整两个图形的图层顺序，使用【矩形工具】绘制矩形，在【渐变】面板中将【角度】设置为30°，将渐变【类型】设置为“线性”，将【角度】设置为-153.5°，将左侧渐变滑块【颜色】设置为#ffcc59，将右侧渐变滑块【颜色】设置为#f9703a，将【描边】设置为“无”，并使用【渐变工具】调整渐变，如图6-188所示。使用【钢笔工具】绘制图形，同时选择两个图形，单击鼠标右键，在弹出的快捷菜单中选择【建立剪切蒙版】命令。

Step 39 继续使用【钢笔工具】绘制图形，将【填色】设置为#ffe959，【描边】设置为“无”，调整图形位置，继续绘制图形，将【填色】设置为#f2883a，【描边】设置为“无”，如图6-189所示。

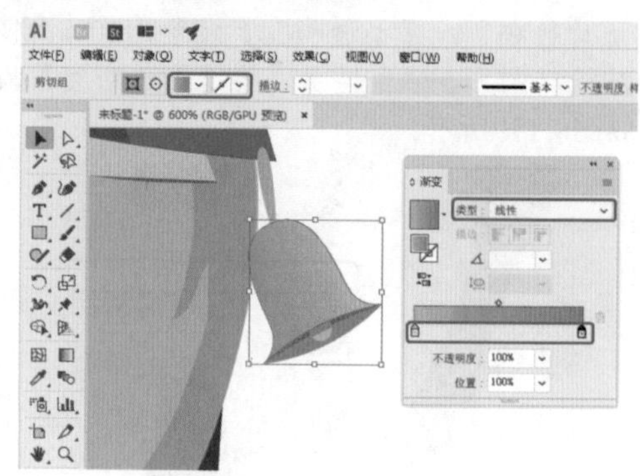

图6-188

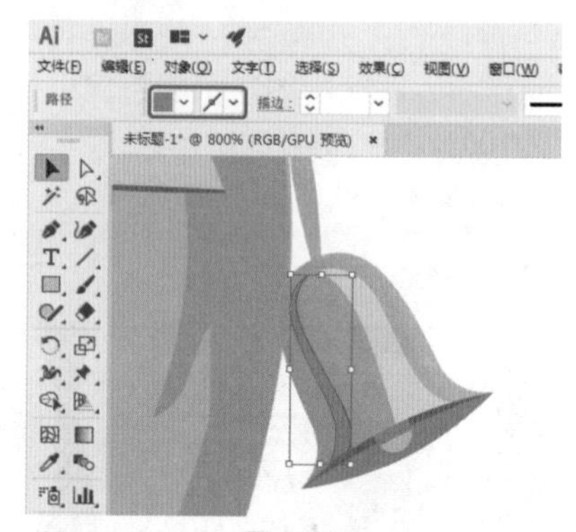

图6-189

Step 40 选中铃铛，右击，在弹出的快捷菜单中选择【编组】命令，如图6-190所示。

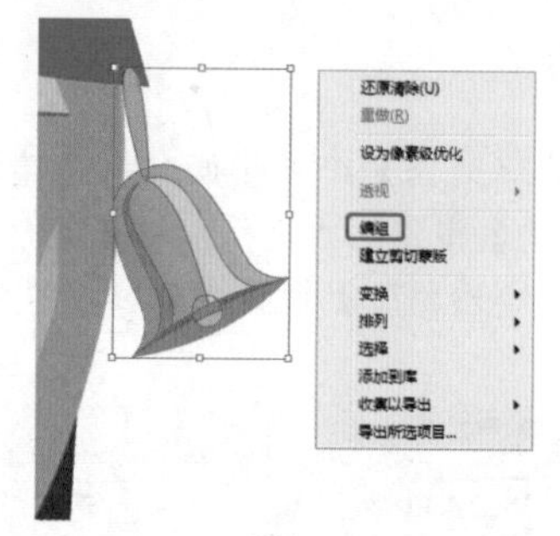

图6-190

Step 41 调整铃铛位置，选中所有图层，右击，选择快捷菜单中的【编组】命令，如图6-191所示。

图6-191

Step 42 选择菜单栏中的【文件】|【打开】命令，弹出【打开】对话框，选择“素材\Cha06\圣诞驯鹿.ai”素材文件，单击【打开】按钮，如图6-192所示。

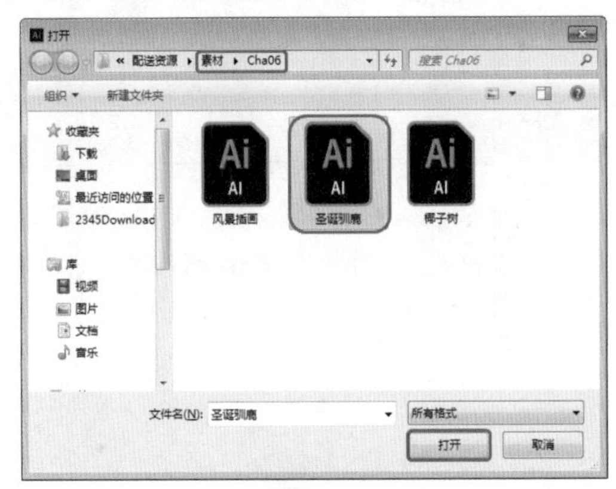

图6-192

Step 43 打开选择的素材文件，按Ctrl+A组合键选择所有的对象，按Ctrl+C组合键复制选择的对象，返回到新建文档中，按Ctrl+V组合键粘贴选择的对象，并调整复制后图层的位置，效果如图6-193所示。

图6-193

实例078 海滩风光

素材：素材\Cha06\海滩风光.ai

场景：场景\Cha06\实例078 海滩风光.ai

本例介绍海滩风光的绘制方法，主要是灵活地使用【钢笔工具】【椭圆工具】和【弧形工具】绘制出图形的形状，然后对图形填色，效果如图6-194所示。

图6-194

Step 01 启动Illustrator CC 2018软件后，在菜单栏中选择【文件】|【新建】命令，弹出【新建文档】对话框，将【单位】设置为“毫米”，将【宽度】和【高度】分别设置为731mm、569mm，将【颜色模式】设置为“RGB颜色”，单击【创建】按钮，如图6-195所示。

图6-195

Step 02 使用【矩形工具】绘制图形，按Ctrl+F9组合键打开【渐变】面板，将【类型】设置为“线性”，将【角度】设置为90°，将左侧渐变滑块的【位置】设置为29%，【颜色】设置为#dcf4f0，在64%位置处添加一个渐变滑块，将【颜色】设置为#40e6fe，将右侧渐变滑块的【颜色】设置为#18bcef，【描边】设置为“无”，如图6-196所示。

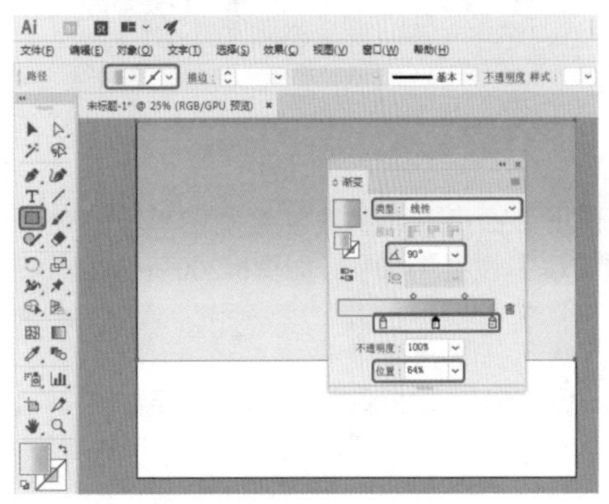

图6-196

Step 03 使用【钢笔工具】绘制图形，将【填色】设置为白色，【描边】设置为“无”，调整图形位置，选中绘制的图形，将【不透明度】设置为40%，如图6-197所示。

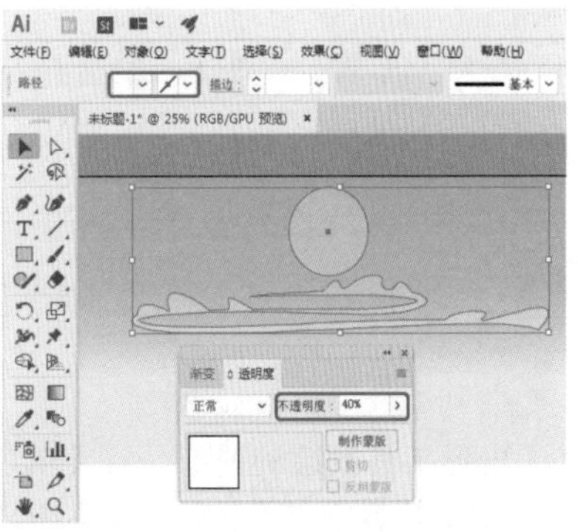

图6-197

Step 04 使用上面所介绍的方法绘制图形，颜色同上，将【不透明度】设置为20%，效果如图6-198所示。

图6-198

Step 05 使用【椭圆工具】绘制图形，将【填色】设置为白色，【描边】设置为“无”，如图6-199所示。

图6-199

Step 06 使用上面所介绍的方法绘制图形，颜色同上，将【不透明度】设置为60%，如图6-200所示。

图6-200

Step 07 选中绘制的图形并右击，在弹出的快捷菜单中选择【编组】命令，如图6-201所示。

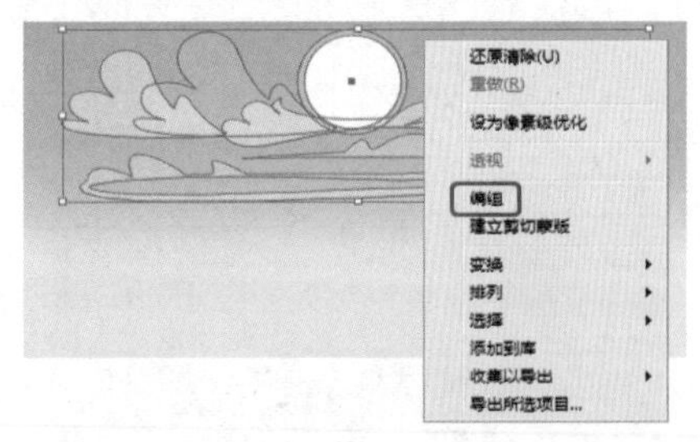

图6-201

Step 08 使用【矩形工具】绘制图形，将【填色】设置为#2fcfdd，【描边】设置为“无”，如图6-202所示。

Step 09 使用【弧形工具】绘制图形，将【填色】设置为无，【描边】设置为白色，【描边粗细】设置为4.252pt，【变量宽度配置文件】设置为变量宽度配置文件1，按住Alt键拖曳鼠标复制多个图形，如图6-203所示。

图6-202

图6-203

Step 10 选中绘制的图形，右击，在弹出的快捷菜单中选择【编组】命令，如图6-204所示。

图6-204

Step 11 再次使用【钢笔工具】绘制图形，将【填色】设置为#2fcfdd，【描边】设置为“无”，如图6-205所示。

图6-205

Step 12 在菜单栏中选择【窗口】|【透明度】命令，打开【透

明度】面板，将【不透明度】设置为40%，如图6-206所示。

图6-206

Step 13 使用【钢笔工具】绘制图形，将【填色】设置为白色，【描边】设置为“无”，用同样的方法绘制图形，将【填色】设置为#d2fff8，【描边】设置为“无”，如图6-207所示。

图6-207

Step 14 再次使用【钢笔工具】绘制图形，调整图形位置，将【填色】设置为#99fff3，将【描边】设置为“无”，如图6-208所示。

图6-208

Step 15 使用【钢笔工具】绘制图形，将【填色】设置为#4793c4，将【描边】设置为“无”，调整图形位置。用同样的方法绘制图形，将【填色】设置为#d2fff8，【描边】设置为“无”，如图6-209所示。

图6-209

Step 16 右击绘制的图形，选择快捷菜单中的【编组】命令，编组完成后，再右击，在快捷菜单中选择【变换】|【对称】命令，如图6-210所示。

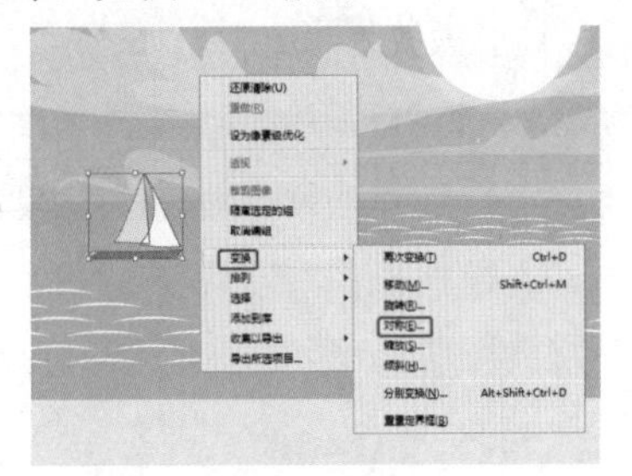

图6-210

Step 17 弹出【镜像】对话框，选中【垂直】单选按钮，单击复制，调整图形位置，按住Alt键拖曳鼠标复制其他图形，如图6-211所示。

图6-211

Step 18 使用【钢笔工具】绘制图形，将【填色】设置为#fffa99，将【描边】设置为“无”，如图6-212所示。

图6-212

Step 19 使用【钢笔工具】绘制图形，将【填色】设置为#ffdc83，将【描边】设置为“无”，调整图形的位置，效果如图6-213所示。

图6-213

Step 20 使用【钢笔工具】绘制图形，将【填色】设置为#603813，【描边】设置为#3a2316，【描边粗细】设置为0.25，使用同样的方法绘制图形，将【填色】设置为#874c23，【描边】设置为“无”，如图6-214所示。

图6-214

Step 21 使用【钢笔工具】绘制图形，将【填色】设置为#1d7527，【描边】设置为“无”，再次使用同样的方法绘制图形，将【填色】设置为“无”，【描边】设置为#74bb44，【描边粗细】设置为2pt，【变量宽度配置文件】设置为变量宽度配置文件1，如图6-215所示。

图6-215

Step 22 再次使用【钢笔工具】绘制图形，将【填色】设置为#1a6326，【描边】设置为“无”，调整图形位置，右击绘制的图形，选择快捷菜单中的【编组】命令，如图6-216所示。

Step 23 选择编组后的图形，按住Alt键拖曳鼠标复制多个图形，调整图形的位置与大小，效果如图6-217所示。

图6-216

图6-217

Step 24 使用【弧形工具】绘制图形，调整图形至合适的位置，将【填色】设置为#6c4322，【描边】设置为“无”，如图6-218所示。

图6-218

Step 25 使用【钢笔工具】绘制图形，将【填色】设置为#ef912b，【描边】设置为“无”。使用同样的方法绘制图形，将【填色】设置为#bc7815，【描边】设置为“无”，将【不透明度】设置为60%，如图6-219所示。

图6-219

Step 26 继续使用【钢笔工具】绘制图形，将【填色】设置为#bc7815，【描边】设置为“无”，如图6-220所示。

图6-220

Step 27 继续使用【钢笔工具】绘制图形，将【填色】设置为#17b98a，【描边】设置为“无”，如图6-221所示。

图6-221

Step 28 使用同样的方法绘制图形，将【填色】设置为#2e8c74，【描边】设置为“无”，如图6-222所示。

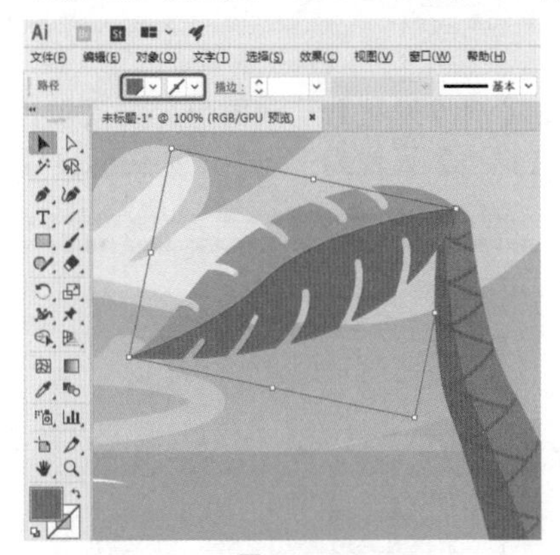

图6-222

Step 29 选中绘制的图形，右击，选择快捷菜单中的【编组】命令，完成编组后再次右击，选择快捷菜单中的【变换】|【对称】命令，如图6-223所示。

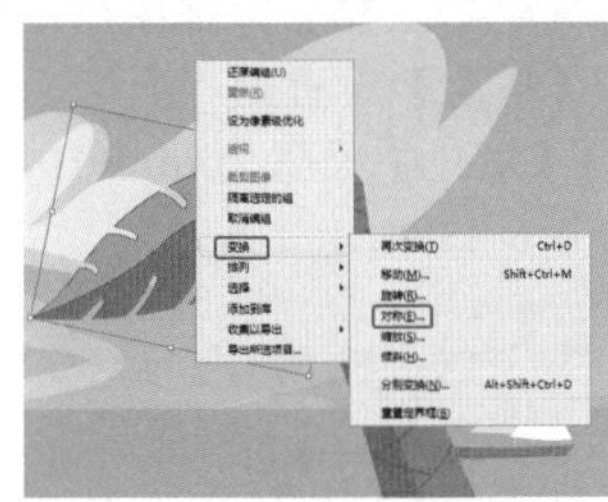

图6-223

Step 30 弹出【镜像】对话框，选中【垂直】单选按钮，单击【复制】按钮，如图6-224所示。

Step 31 选中图形，按住Alt键拖曳鼠标复制多个图形，调整图形位置，效果如图6-225所示。

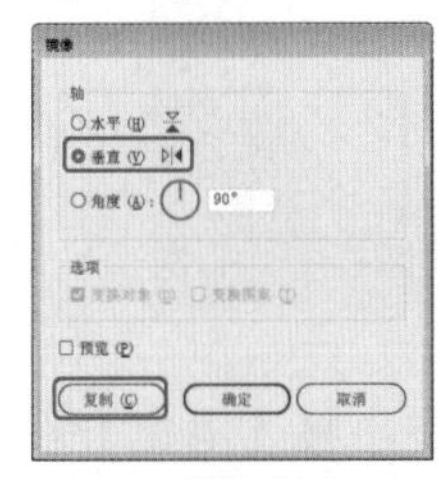

图6-224

图6-225

Step 32 使用【钢笔工具】绘制图形，将【填色】设置为#2e8c74，【描边】设置为“无”。使用同样的方法绘制图形，将【填色】设置为#17b98a，【描边】设置为“无”，使用同样的方法绘制其他图形，效果如图6-226所示。

图6-226

Step 33 选中绘制的图形，右击，在弹出的快捷菜单中选择【编组】命令，调整图形位置，如图6-227所示。

图6-227

Step 34 使用【钢笔工具】绘制图形，将【填色】设置为#f7f8fc，【描边】设置为“无”，复制其他图形，并调整图形位置，如图6-228所示。

图6-228

Step 35 使用【钢笔工具】绘制图形，将【填色】设置为#dzfff8，【描边】设置为“无”，使用同样的方法绘制其他图形，效果如图6-229所示。

图6-229

Step 36 继续使用【钢笔工具】绘制图形，将【填色】设置为#4793c4，【描边】设置为“无”，使用同样的方法绘制其他图形，选择阴影部分，打开【透明度】面板，将【混合模式】设置为“正片叠底”，【不透明度】设置为30%，效果如图6-230所示。

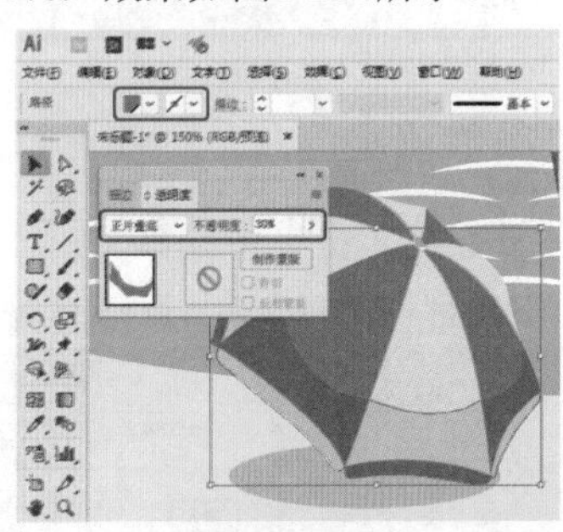

图6-230

Step 37 使用【椭圆工具】绘制图形，将【填色】设置为白色，【描边】设置为“无”，调整图形位置，如图6-231所示。

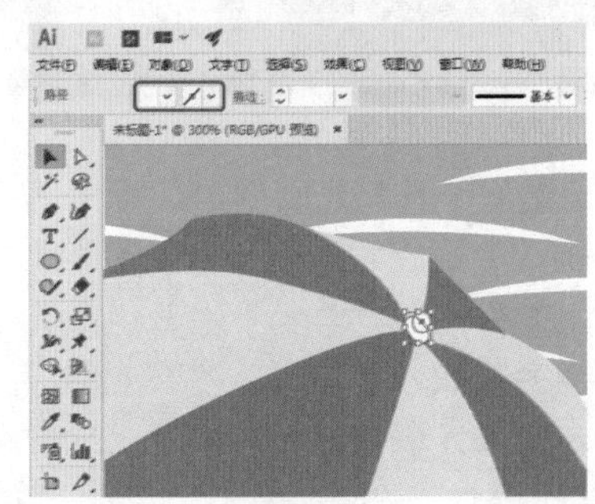

图6-231

Step 38 使用【钢笔工具】绘制图形，将【填色】设置为#d6d6d8，将【描边】设置为“无”，如图6-232所示。

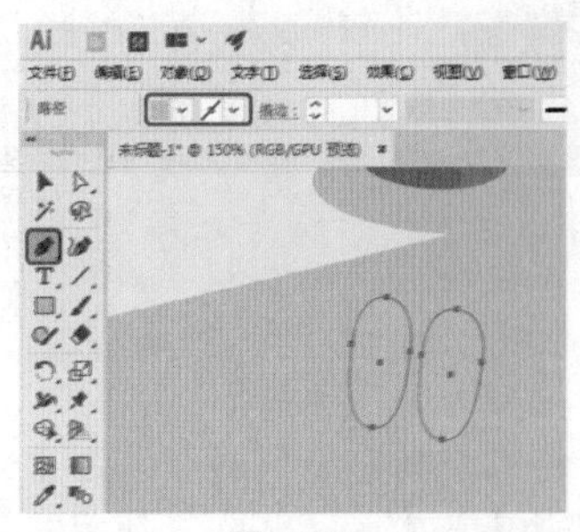

图6-232

Step 39 使用【弧形工具】绘制图形，使用【直接选择工具】调整图形，将【填色】设置为“无”，【描边】设置为#3a2316，【描边粗细】设置为0.25pt，【变量宽度配置文件】设置为变量宽度配置文件1，如图6-233所示。

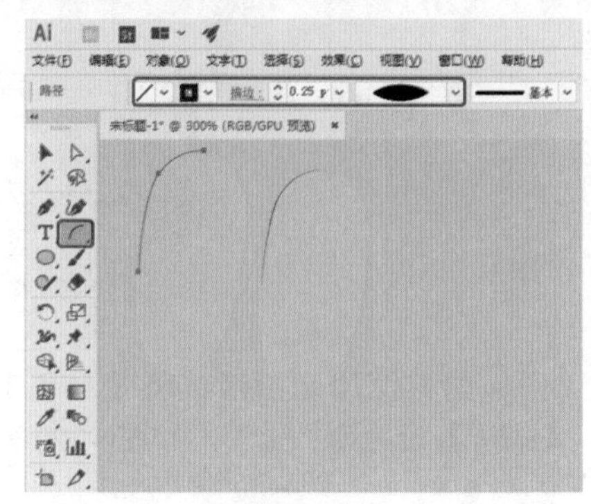

图6-233

Step 40 使用【钢笔工具】绘制图形，将【填色】设置为#f7f8fc，【描边】设置为“无”，如图6-234所示。

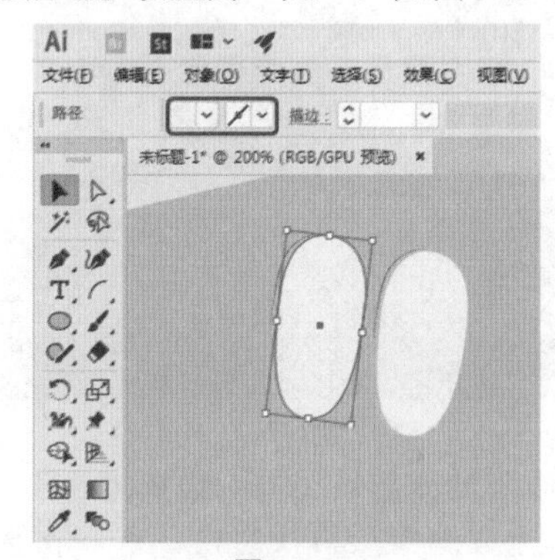

图6-234

Step 41 再次使用【钢笔工具】绘制图形，将【填色】设置为#eca321，【描边】设置为“无”。使用同样的方法绘制图形，将【填色】设置为#dd9014，【描边】设置为“无”，如图6-235所示。

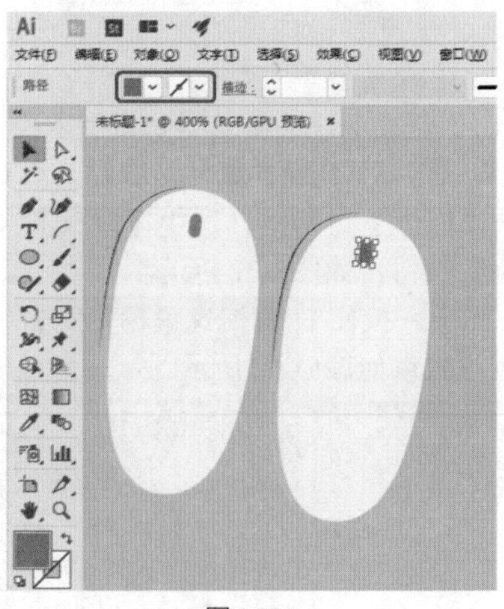

图6-235

Step 42 使用同样的方法绘制图形，将【填色】设置为#f47b29，【描边】设置为“无”，如图6-236所示。

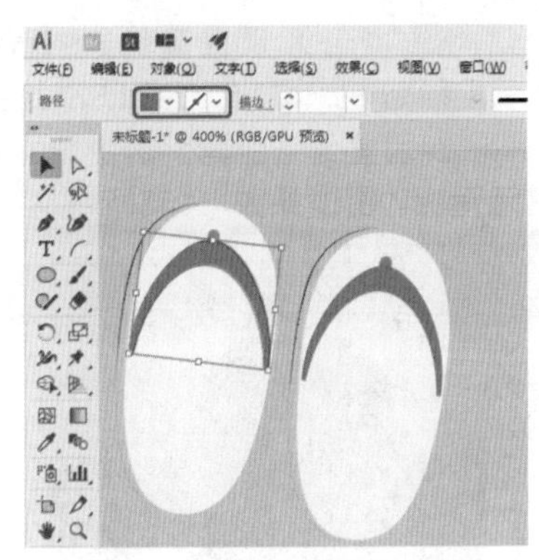

图6-236

Step 43 再次使用【钢笔工具】绘制图形，按Ctrl+F9组合键打开【渐变】面板，将【类型】设置为“线性”，将【角度】设置为-92.3°，将左侧渐变滑块的【位置】设置为27.37%，【颜色】设置为#fbf7c7，将右侧渐变滑块的【位置】设置为82.65%，【颜色】设置为#fcc566，将【描边】设置为“无”，如图6-237所示。

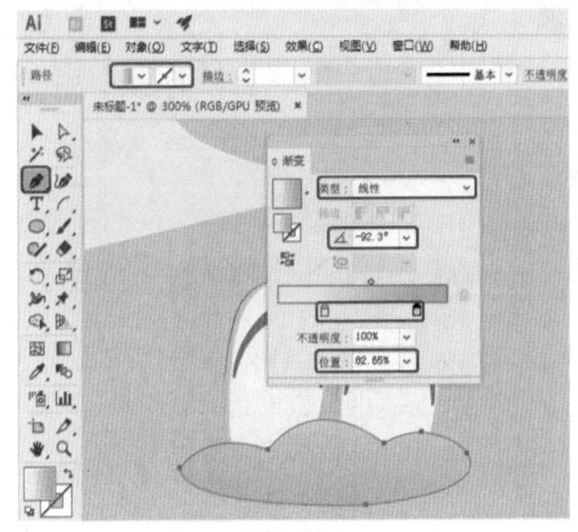

图6-237

Step 44 再次使用【钢笔工具】绘制图形，将【填色】设置为#f5faf8，【描边】设置为“无”，如图6-238所示。

图6-238

Step 45 再次使用【钢笔工具】绘制图形，将【填色】设置为#e6e7e8，【描边】设置为“无”，如图6-239所示。

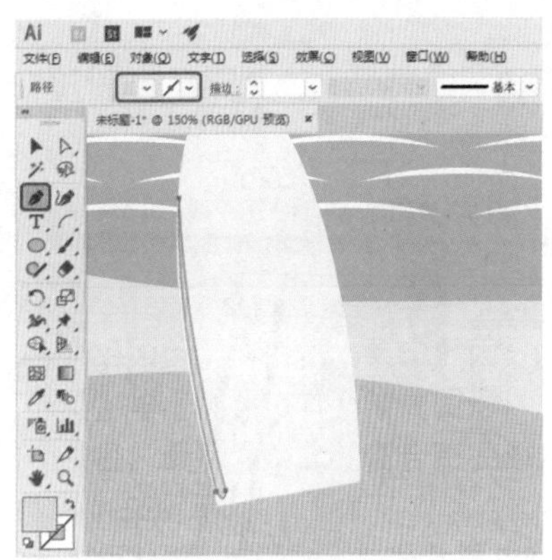

图6-239

Step 46 使用同样的方法绘制图形，将【填色】设置为白色，【描边】设置为“无”，如图6-240所示。

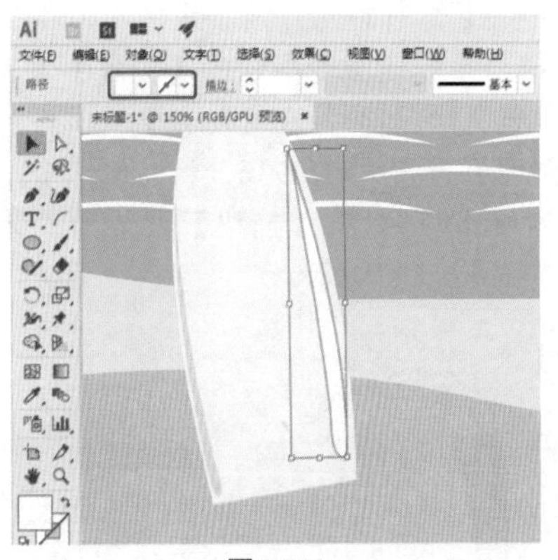

图6-240

Step 47 再次使用【钢笔工具】绘制图形，按Ctrl+F9组合键打开【渐变】面板，将【类型】设置为“线性”，将【角度】设置为0.5°，将左侧渐变滑块的【颜色】设置为#fbf7c7，将右侧渐变滑块的【颜色】设置为#393531，将上方渐变滑块的位置设置为27.55%，将【描边】设置为“无”，按Shift+Ctrl+F10组合键打开【透明度】面板，将【混合模式】设置为“正片叠底”，【不透明度】设置为30%，如图6-241所示。

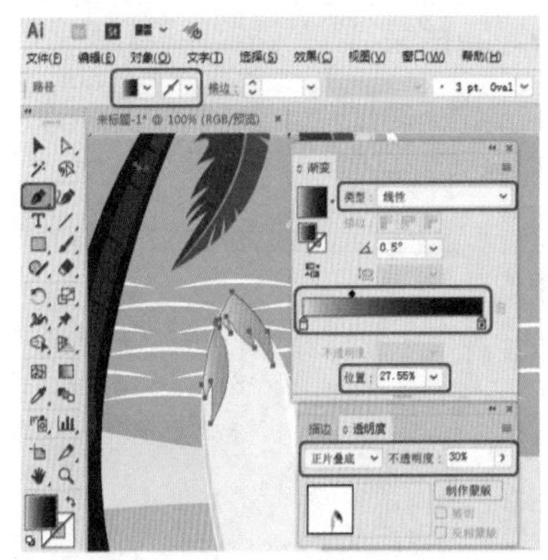

图6-241

Step 48 使用同样的方法绘制图形，将【填色】设置为#68b168，【描边】设置为“无”并调整图形，如

图6-242所示。

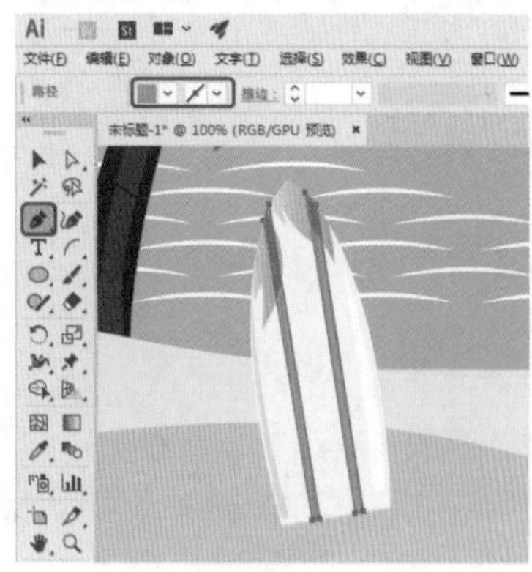

图6-242

Step 49 再次使用【钢笔工具】绘制图形，打开【渐变】面板，将渐变【类型】设置为“线性”，将【角度】设置为101.6°，将左侧渐变滑块的【位置】设置为17%，【颜色】设置为#ffd93b，在【位置】40%处添加渐变滑块，将【颜色】设置为#ffd93b，将右侧渐变滑块的【颜色】设置为#fab919，将【描边】设置为“无”，调整图形位置，如图6-243所示。

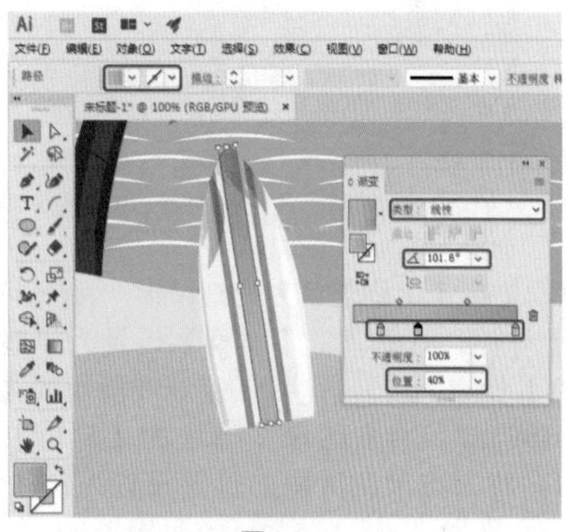

图6-243

Step 50 使用【圆角矩形工具】绘制图形，将【填色】设置为#f4511e，【描边】设置为“无”，调整图形位置与大小，如图6-244所示。

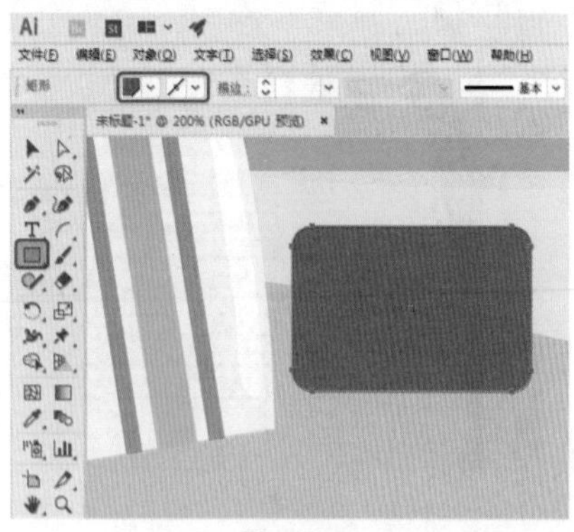

图6-244

Step 51 使用【圆角矩形工具】绘制图形，调整图形大小与位置，将【填色】设置为无，【描边】设置为#546e7a，【描边粗细】设置为18pt，如图6-245所示。

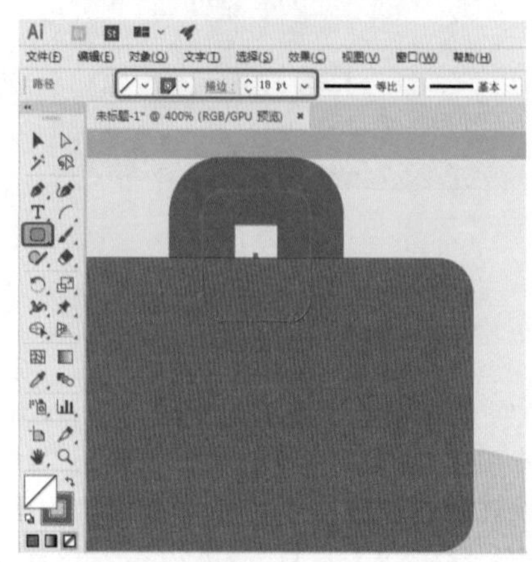

图6-245

Step 52 使用【圆角矩形工具】绘制图形，将【填色】设置为#8d6e63，【描边】设置为“无”，如图6-246所示。

图6-246

Step 53 再次使用【圆角矩形工具】绘制图形，调整图形大小与位置，将【填色】设置为白色，【描边】设置为“无”，如图6-247所示。

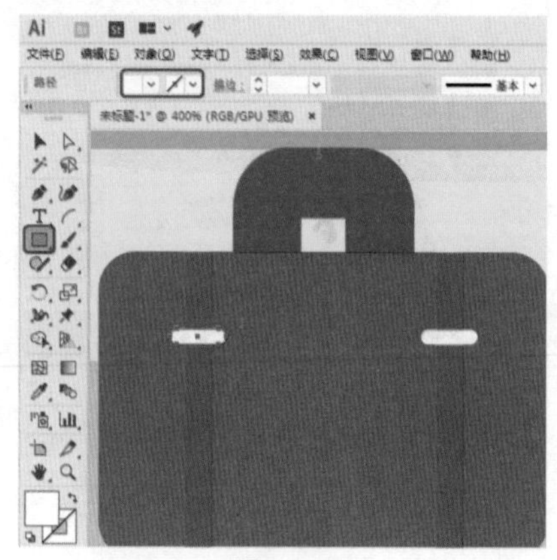

图6-247

Step 54 使用【钢笔工具】绘制图形，将【填色】设置为#ffb300，【描边】设置为“无”，调整图形位置，如

图6-248所示。

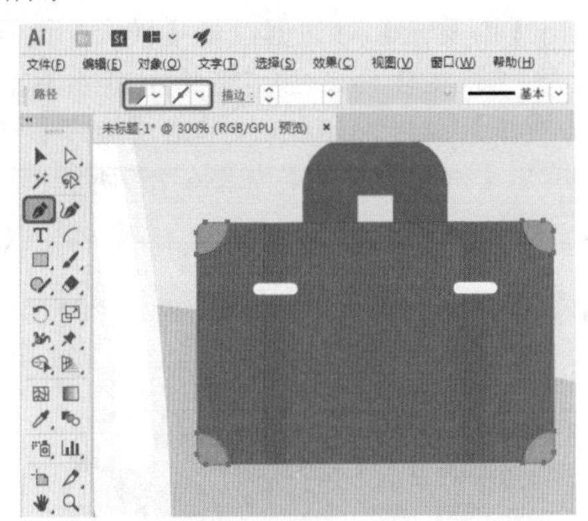
图6-248

Step 55 选中绘制的图形，右击，在弹出的快捷菜单中选择【编组】命令，如图6-249所示。

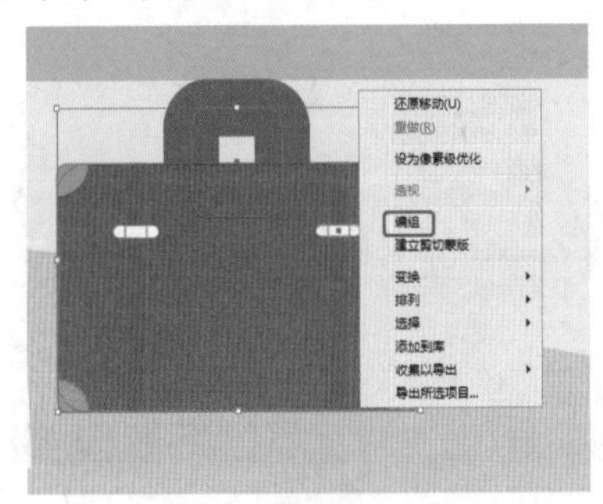
图6-249

Step 56 使用【钢笔工具】绘制图形，将渐变【类型】设置为“线性”，将【角度】设置为-126°，将左侧渐变滑块的【位置】设置为5%，【颜色】设置为#fbde97，将右侧渐变滑块的【位置】设置为60%，【颜色】设置为#fcc566，将上方渐变滑块的【位置】设置为42.17%，将【描边】设置为“无”，如图6-250所示。

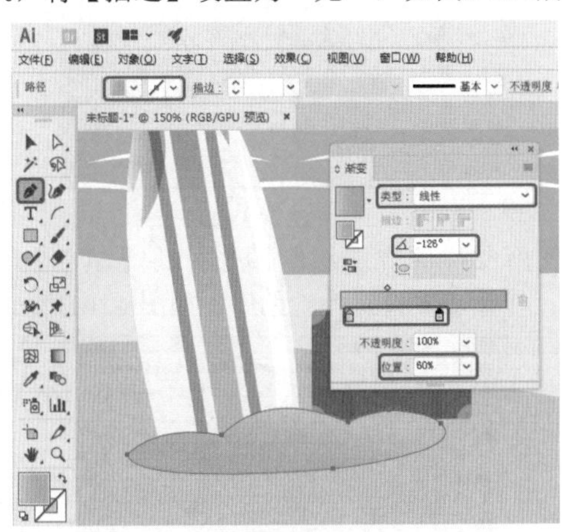
图6-250

Step 57 选择菜单栏中的【文件】|【打开】命令，弹出【打开】对话框，选择“素材\Cha06\海滩风光.ai”文件，单击【打开】按钮，如图6-251所示。

Step 58 打开选择的素材文件，然后按Ctrl+A组合键选择所有的对象，按Ctrl+C组合键复制选择的对象，返回到新建文档中，按Ctrl+V组合键粘贴选择的对象，调整复制后图层的位置，效果如图6-252所示。

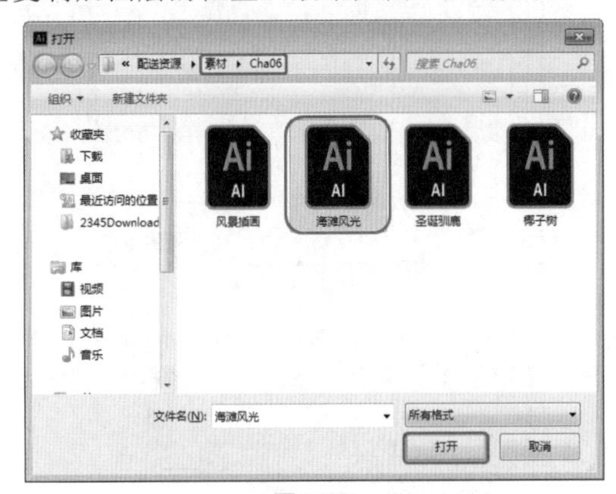
图6-251

图6-252

本例介绍旅行插画的绘制方法。首先使用【钢笔工具】和【椭圆工具】绘制出图形，然后填色。完成后的效果如图6-253所示。

图6-253

Step 01 启动Illustrator CC 2018软件后，在菜单栏中选择【文件】|【新建】命令，弹出【新建文档】对话框，将【单位】设置为“毫米”，将【宽度】和【高度】分别设置为295mm、210mm，将【颜色模式】设为“RGB颜

色”，单击【创建】按钮，如图6-254所示。

图6-254

Step 02 使用【矩形工具】绘制图形，将【填色】设置#7cd3fd，【描边】设置为“无”，如图6-255所示。

图6-255

Step 03 使用【钢笔工具】绘制图形，将【填色】设置白色，【描边】设置为“无”，如图6-256所示。

图6-256

Step 04 选中图形，按住Alt键拖曳鼠标复制多个图形，并调整图形位置，效果如图6-257所示。

图6-257

Step 05 再次使用【钢笔工具】绘制图形，将【填色】设置为白色，【描边】设置为“无”，如图6-258所示。

Step 06 使用【椭圆工具】绘制图形，将【填色】设置为#ffe340，【描边】设置为白色，【描边粗细】设置为5，打开【外观】面板，单击底部的【添加新效果】按钮，在弹出的快捷菜单中选择【风格化】|【内发光】命令，弹出【内发光】对话框，将【模式】设置为“正常”，【颜色】设置为白色，将【不透明度】设置为100%，【模糊】设置为10mm，单击【边缘】按钮，设置完成后单击【确定】按钮，如图6-259所示。

图6-258

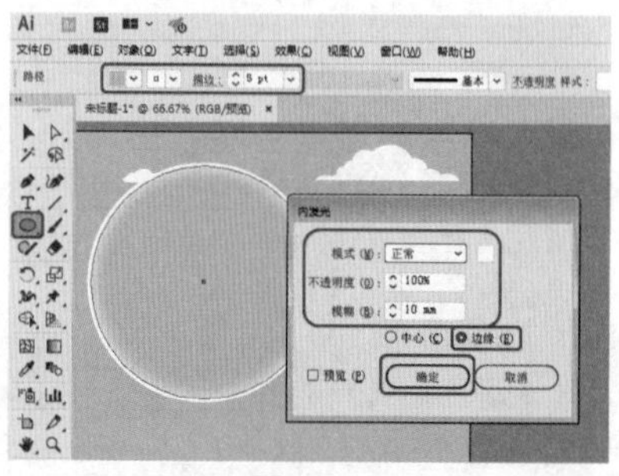

图6-259

Step 07 使用【钢笔工具】绘制图形，将【填色】设置为#fffff2，【描边】设置为“无”，如图6-260所示。

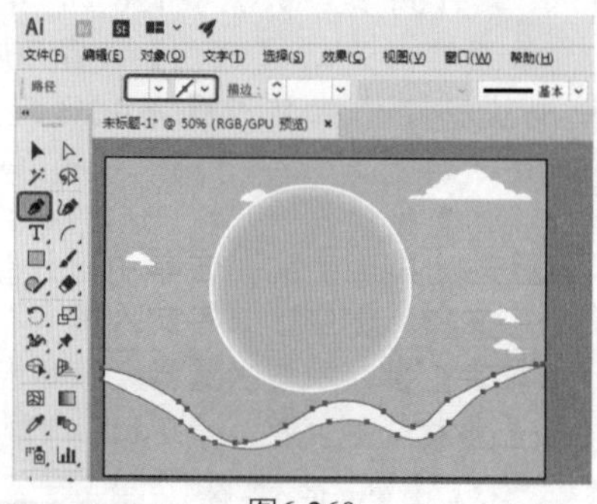

图6-260

Step 08 使用同样的方法绘制图形，将【填色】设置为#e3fcfe，【描边】设置为“无”，如图6-261所示。

图6-261

Step 09 使用【钢笔工具】绘制图形，将【填色】设置为#ffb662，【描边】设置为“无”，调整图层位置，如图6-262所示。

图6-262

Step 10 使用【钢笔工具】绘制图形，将【填色】设置为#7a5334，【描边】设置为“无”，如图6-263所示。

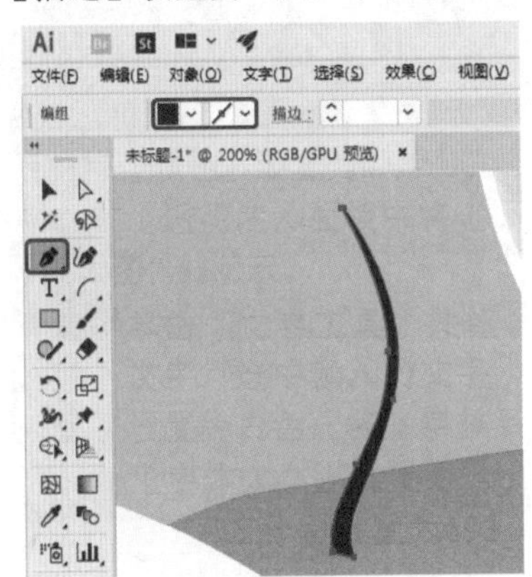

图6-263

Step 11 再次使用【钢笔工具】绘制图形，将【填色】设置为#8a5e3c，【描边】设置为“无”，将图形后移一层，如图6-264所示。

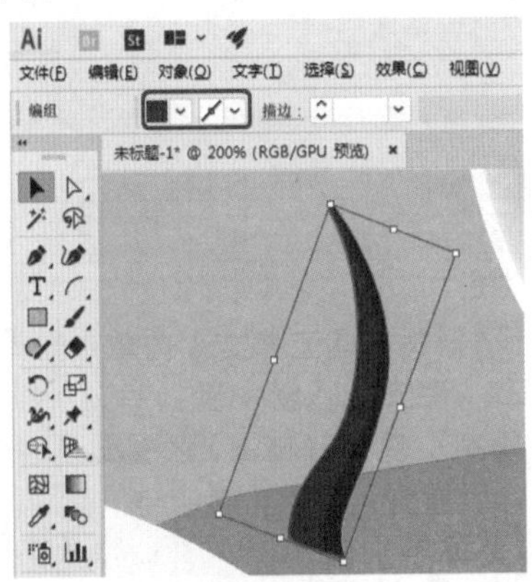

图6-264

Step 12 使用同样的方法绘制图形，将【填色】设置为#b7d234，【描边】设置为“无”，如图6-265所示。

图6-265

Step 13 使用【钢笔工具】绘制图形，将【填色】设置为#92c53e，【描边】设置为“无”，按住Alt键拖曳鼠标复制其他图形，并调整图形位置，如图6-266所示。

图6-266

Step 14 选中绘制的图形，单击鼠标右键，在弹出的快捷菜单中选择【编组】命令，如图6-267所示。

Step 15 选中图形，按住Alt键拖曳鼠标复制图形，并调整图形位置与大小，如图6-268所示。

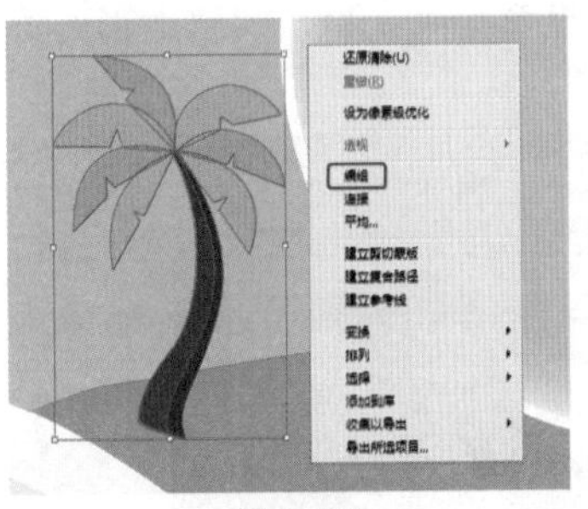

图6-267

图6-268

Step 16 使用【钢笔工具】绘制图形，将【填色】设置为#663333，【描边】设置为“无”，如图6-269所示。

Step 17 再次使用【钢笔工具】绘制图形，将【填色】设置为#006b00，【描边】设置为“无”，如图6-270所示。

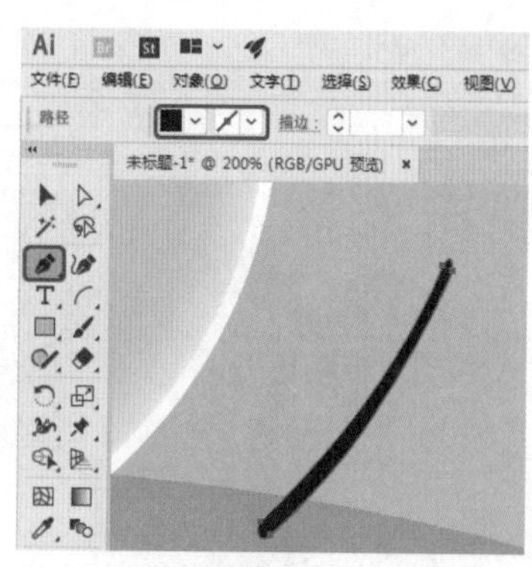

图6-269

图6-270

Step 18 选中图形，按住Alt键拖曳鼠标复制图形，并调整图形位置与大小。选中绘制的图形，右击，在弹出的快捷菜单中选择【编组】命令，如图6-271所示。

图6-271

Step 19 使用【钢笔工具】绘制图形，将【填色】设置为#fa4251，将【描边】设置为“无”，调整图形的位置，如图6-272所示。

图6-272

Step 20 再次使用【钢笔工具】绘制图形，将【填色】设置为#e7334c，【描边】设置为“无”，如图6-273所示。

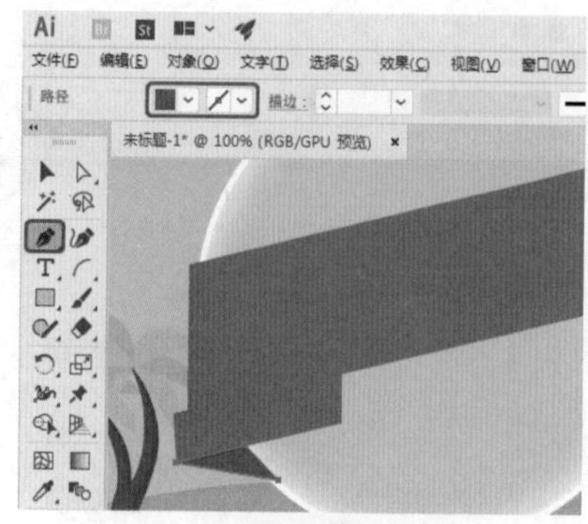

图6-273

Step 21 使用同样的方法绘制图形，将【填色】设置为#56a577，将【描边】设置为“无”，调整图形的位置，如图6-274所示。

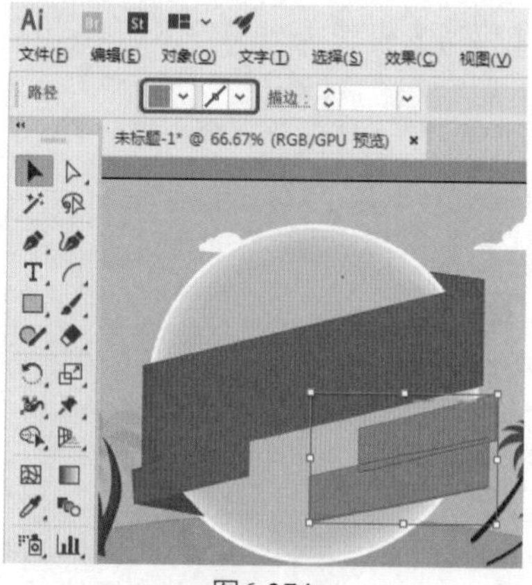

图6-274

Step 22 再次使用【钢笔工具】绘制图形，将【填色】设置为白色，【描边】设置为“无”，如图6-275所示。

图6-275

Step 23 使用【文字工具】输入文本，将【填色】设置为白色，将【描边】设置为#ea4844，将【描边粗细】设置为2pt，【字体系列】设置为“汉仪菱心体简”，【字体大小】设置为90pt，如图6-276所示。

图6-276

Step 24 在菜单栏中选择【效果】|【风格化】|【投影】命令，弹出【投影】对话框，将【模式】设置为“正片叠底”，【不透明度】设置为60%，【X位移】设置为0mm，【Y位移】设置为0mm，【模糊】设置为0.8mm，【颜色】设置为黑色，单击【确定】按钮，如图6-277所示。

Step 25 选中文字，右击，在弹出的快捷菜单中选择【变换】|【倾斜】命令，弹出【倾斜】对话框，将【倾斜角度】设置为167°，【角度】设置为112°，单击【确定】按钮，如图6-278所示。

图6-277

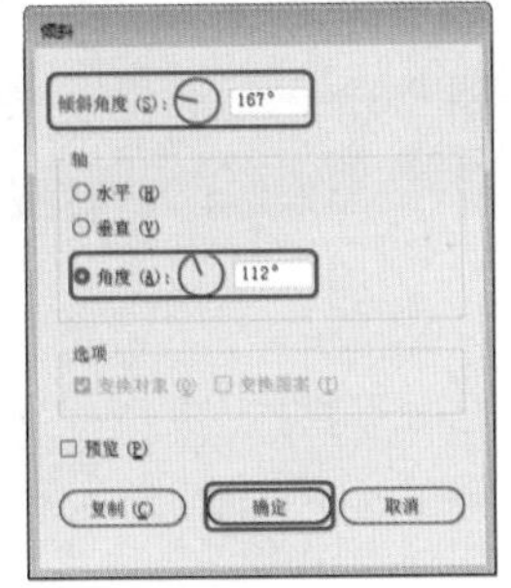

图6-278

Step 26 使用同样方法输入文本，将【填色】设置为白色，将【描边】设置为#ea4844，将【描边粗细】设置为1pt，【字体大小】设置为31，调整文字位置，如图6-279所示。

图6-279

Step 27 使用【文字工具】输入文本，将【填色】设置为#ffea00，将【描边】设置为“无”，【字体大小】设置为34pt，如图6-280所示。

图6-280

Step 28 再次使用【文字工具】输入文本，将【填色】设置为白色，将【描边】设置为“无”，【字体大小】设置为33pt，如图6-281所示。

图6-281

Step 29 使用同样的方法输入文本，将【填色】设置为#7cd3fd，将【描边】设置为“无”，【字体大小】设置为34pt。使用前面所介绍的方法调整文字的倾斜度，如图6-282所示。

图6-282

Step 30 选择菜单栏中的【文件】|【打开】命令，在弹出的对话框中选择“素材\Cha06\旅行插画.ai”文件，单击【打开】按钮，如图6-283所示。

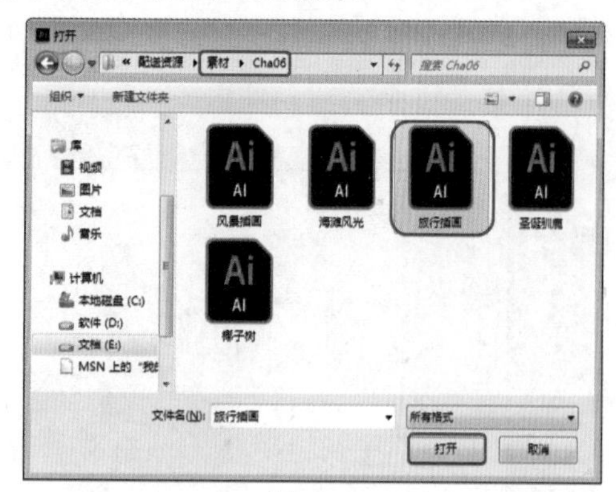

图6-283

Step 31 打开选择的素材文件，然后按Ctrl+A组合键选择所有的对象，按Ctrl+C组合键复制选择的对象，返回到新建文档中，按Ctrl+V组合键粘贴选择的对象，并调整复制后图层的位置。效果如图6-284所示。

图6-284

第7章 手机UI界面设计

UI设计主要指界面的样式和美观程度。而使用上，对软件的人机交互、操作逻辑、界面美观的整体设计则是同样重要的另一个因素，本章将介绍如何制作手机UI界面。

实例080 个人中心UI界面设计

素材：素材\Cha07\个人中心素材01.png、个人中心素材02.jpg、个人中心素材03.png、个人中心素材04.ai、个人中心素材05.png、个人中心素材06.png

场景：场景\Cha07\实例080 个人中心UI界面设计.ai

本实例将介绍如何制作个人中心UI界面。在制作个人主页界面时，界面需要简洁，看上去一目了然。首先利用【矩形工具】与【文字工具】制作个人中心UI界面的版式与文字内容，然后置入相应的素材，为置入的素材添加【投影】效果，使素材看起来具有立体感。效果如图7-1所示。

图7-1

Step 01 按Ctrl+N组合键，在弹出的对话框中将【单位】设置为“像素”，将【宽度】和【高度】分别设置为750px、1334px，将【颜色模式】设置为“RGB颜色”，如图7-2所示。

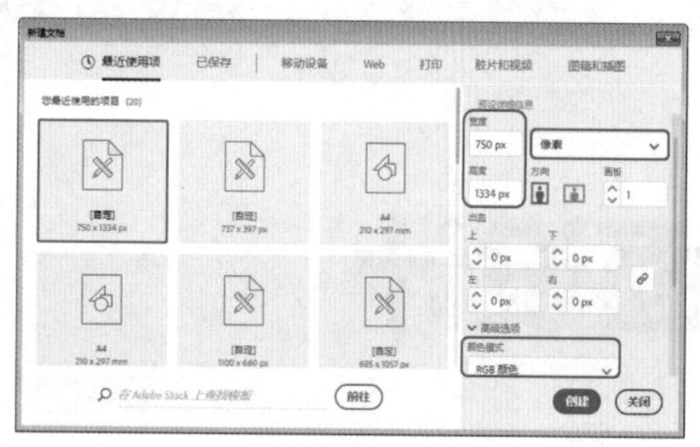

图7-2

Step 02 设置完成后，单击【创建】按钮，在工具箱中单击【矩形工具】，在画板中绘制一个矩形，在【属性】面板中将【宽】和【高】分别设置为750px、1334px，将【填色】设置为#f2f2f2，将【描边】设置为“无”，在画板中调整其位置，效果如图7-3所示。

Step 03 再次使用【矩形工具】在画板中绘制一个矩形，在【属性】面板中将【宽】和【高】分别设置为750px、417px，将X、Y分别设置为375px 、208.5px，将【填色】设置为#ff4c4d，将【描边】设置为“无”，效果如图7-4所示。

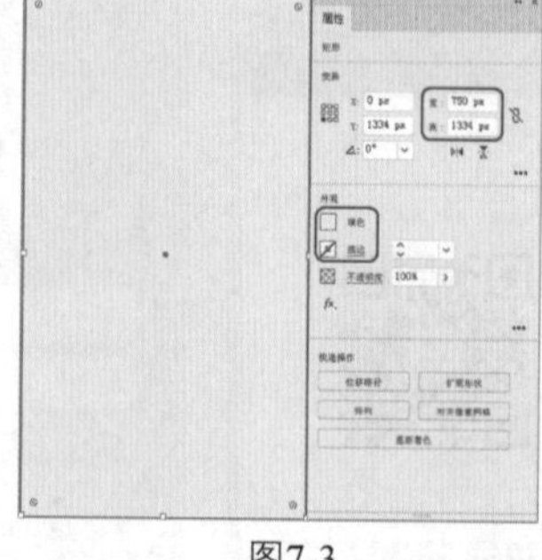

图7-3

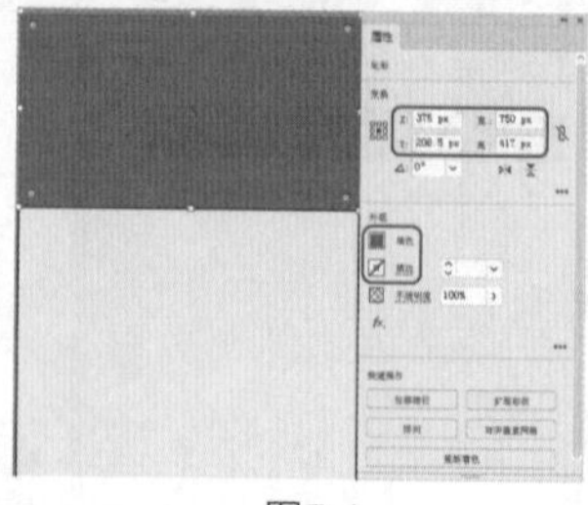

图7-4

Step 04 使用【矩形工具】在画板中绘制一个矩形，在【属性】面板中将【宽】和【高】分别设置为750px、40px，将X和Y分别设置为375px、20px，将【填色】设置为#000000，将【描边】设置为“无”，将【不透明度】设置为85%，效果如图7-5所示。

Step 05 按Shift+Ctrl+P组合键，在弹出的对话框中选择“素材\Cha07\个人中心素材01.png”文件，单击【置入】按钮，在画板中单击鼠标，将选中的素材文件置入至文档中，在【属性】面板中将X和Y分别设置为375px、20px，单击【嵌入】按钮，如图7-6所示。

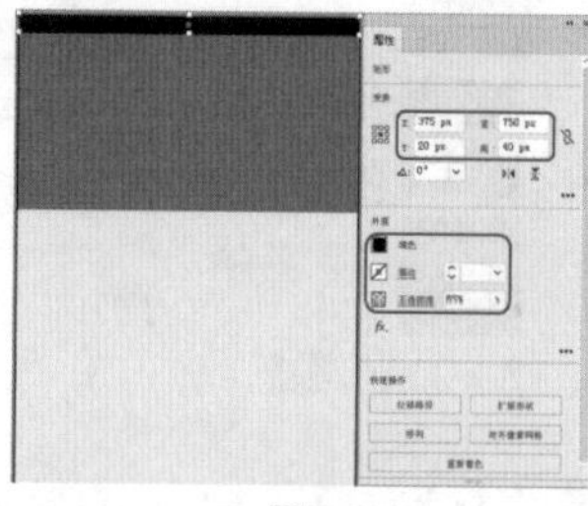

图7-5

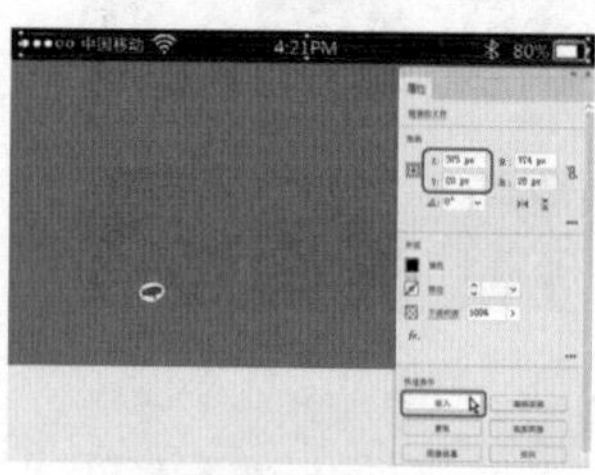

图7-6

Step 06 使用同样的方法将“个人中心素材02.jpg”文件置入文档中，并将其嵌入文档，在【属性】面板中将【宽】和【高】分别设置为132px、161.7px，将X和Y分别设置为89.5px、154px，效果如图7-7所示。

Step 07 在工具箱中单击【椭圆工具】，在画板中按住Shift键绘制一个正圆，在【属性】面板中将【宽】和【高】均设置为128px ，将X和Y分别设置为88.5px、147.5px，为其填充任意一种颜色，将【描边】设置为“无”，效果如图7-8所示。

图7-7

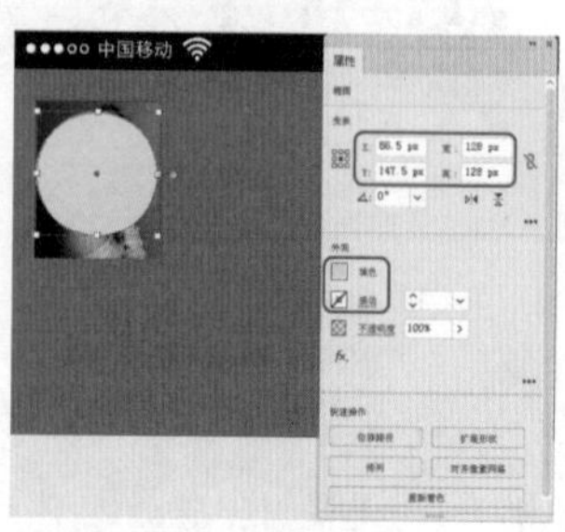

图7-8

Step 08 在画板中选择置入的素材文件与绘制的圆形，右击，在弹出的快捷菜单中选择【建立剪切蒙版】命令，如图7-9所示。

◎提示·○

> 剪切蒙版是一个可以用其形状遮盖其他图稿的对象，因此使用剪切蒙版，只能看到蒙版形状内的区域，从效果上来说，就是将图稿裁剪为蒙版的形状。剪切蒙版和遮盖的对象称为剪切组合。可以通过选择的两个或多个对象或者一个组或图层中的所有对象来建立剪切组合。

Step 09 在工具箱中单击【文字工具】按钮，在画板中单击鼠标，输入文字，选中输入的文字，在【属性】面板中将【填色】设置为白色，将【字体系列】设置为“汉标中黑体”，将【字体大小】设置为36pt，将【字符间距】设置为-100，将X和Y分别设置为311px、119px，效果如图7-10所示。

图7-9

图7-10

Step 10 在工具箱中单击【圆角矩形工具】，在画板中绘制一个圆角矩形，在【变换】面板中将【宽】和【高】分别设置为102px、34px，将X、Y分别设置为221px、171px，将所有的圆角半径均设置为17px，在【颜色】面板中将【填色】设置为#2b4237，将【描边】设置为“无”，如图7-11所示。

Step 11 在工具箱中单击【文字工具】按钮，在画板中单击鼠标，输入文字，选中输入的文字，在【属性】面板中将【填色】设置为#f6d44f，将【字体系列】设置为“汉标中黑体”，将【字体大小】设置为22pt，将【字符间距】设置为-100，将X和Y分别设置为220px、170px，效果如图7-12所示。

图7-11

图7-12

Step 12 在工具箱中单击【圆角矩形工具】按钮，在画板中绘制一个圆角矩形，在【变换】面板中将【宽】和【高】分别设置为118px、34px，将X和Y分别设置为343px、171px，将所有的圆角半径均设置为17px，在【颜色】面板中将【填色】设置为#fffeff，将【描边】设置为“无”，如图7-13所示。

Step 13 在工具箱中单击【文字工具】按钮，在画板中单击鼠标，输入文字，选中输入的文字，在【属性】面板中将【填色】设置为#d0807d，将【字体系列】设置为“汉标中黑体”，将【字体大小】设置为22pt，将【字符间距】设置为-100，将X和Y分别设置为332px、170px，效果如图7-14所示。

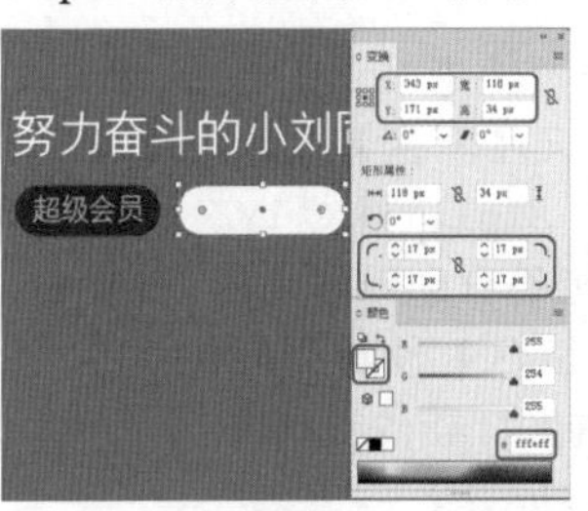

图7-13

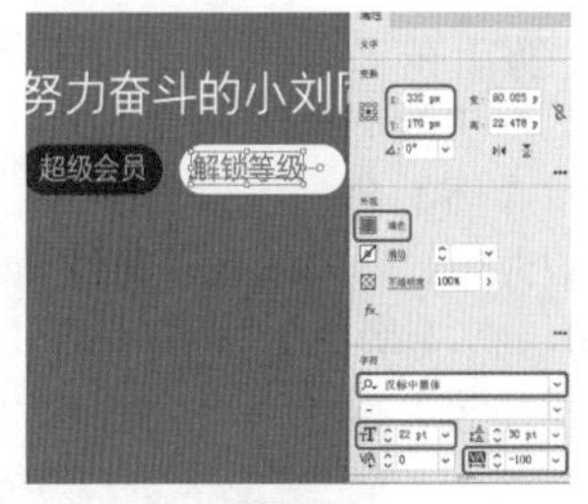

图7-14

Step 14 在工具箱中单击【矩形工具】按钮，在画板中绘制一个矩形，在【变换】面板中将【宽】和【高】均设置为11px，在【颜色】面板中将【填色】设置为“无”，将【描边】设置为#ff5e56，在【描边】面板中将【粗细】设置为1pt，单击【圆头端点】按钮和【圆角连接】按钮，如图7-15所示。

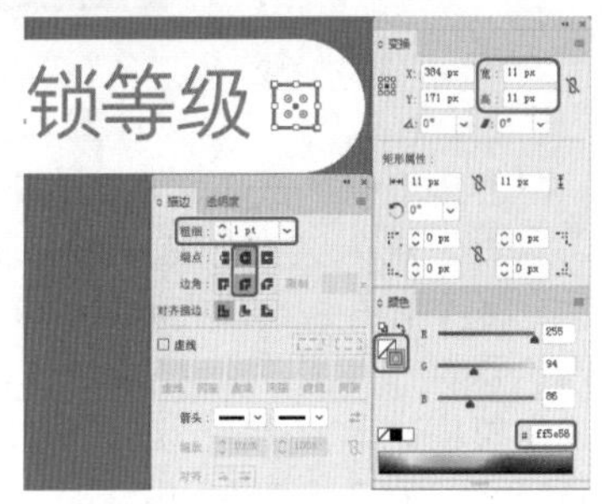

图7-15

Step 15 选中绘制的矩形，在【属性】面板中将【角度】设置为45°，在工具箱中单击【直接选择工具】，选中左侧的锚点，按Delete键将选中的锚点删除，效果如图7-16所示。

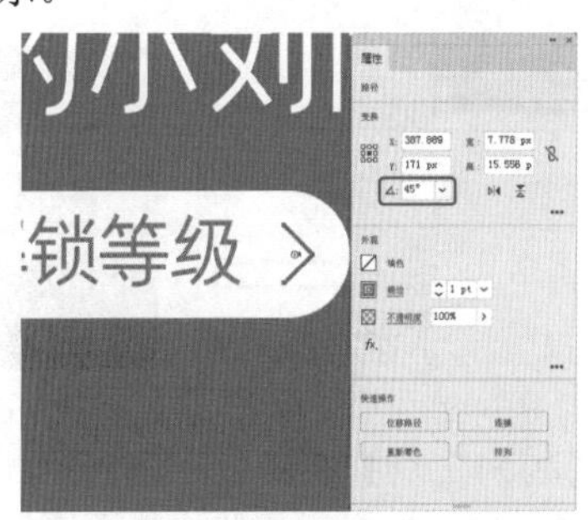

图7-16

Step 16 根据前面介绍的方法输入文字内容，并将“个人中心素材03.png”文件置入文档中，将其嵌入文档，在画板中调整其位置，效果如图7-17所示。

图7-17

Step 17 在工具箱中单击【圆角矩形工具】按钮，在画板中绘制一个圆角矩形，在【变换】面板中将【宽】和【高】分别设置为695px、81px，将X和Y分别设置为375.5px、376.5px，将圆角半径分别设置为10、10、0、0，在【颜色】面板中将【填色】设置为#393939，将【描边】设置为“无”，如图7-18所示。

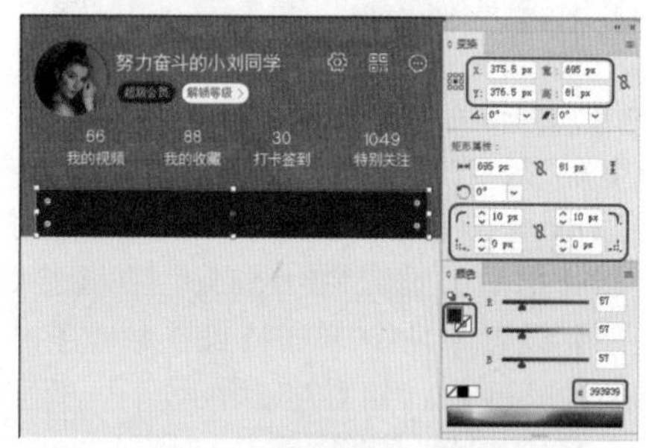

图7-18

Step 18 将“个人中心素材04.ai”文件置入文档中，将其嵌入文档，在工具箱中单击【文字工具】按钮T，在画板中单击鼠标，输入文字，选中输入的文字，在【属性】面板中将【填色】设置为#e8bd80，将【字体系列】设置为“汉标中黑体”，将【字体大小】设置为24pt，将【字符间距】设置为-75，将X和Y分别设置为351px、376px，效果如图7-19所示。

Step 19 根据前面介绍的方法在画板中绘制图7-20所示的图形。

图7-19

1049
特别关注
属身份标识

图7-20

Step 20 使用【矩形工具】在画板中分别绘制750×97、750×415、750×294的矩形，并将其【填色】设置为白色，将【描边】设置为“无”，效果如图7-21所示。

Step 21 将“个人中心素材05.png”文件置入文档中，将其嵌入文档，并调整其位置，如图7-22所示。

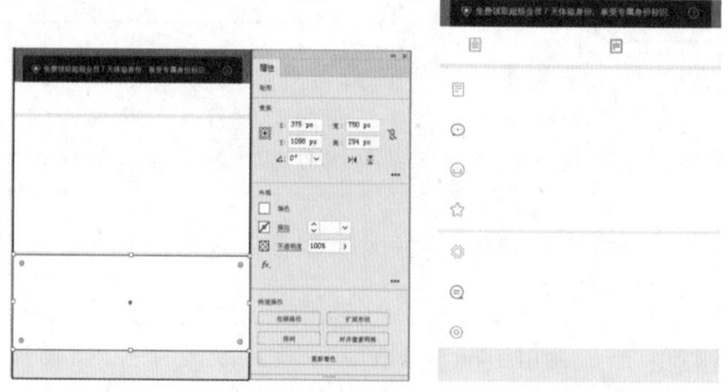
图7-21　　图7-22

Step 22 使用【文字工具】T在画板中输入其他文字内容，并在【字符】面板中将【字体系列】设置为“微软雅黑”，将【字体大小】设置为24pt，将【字符间距】设置为200，在【颜色】面板中将【填色】设置为#666666，将【描边】设置为“无”，并在画板中调整文字位置，效果如图7-23所示。

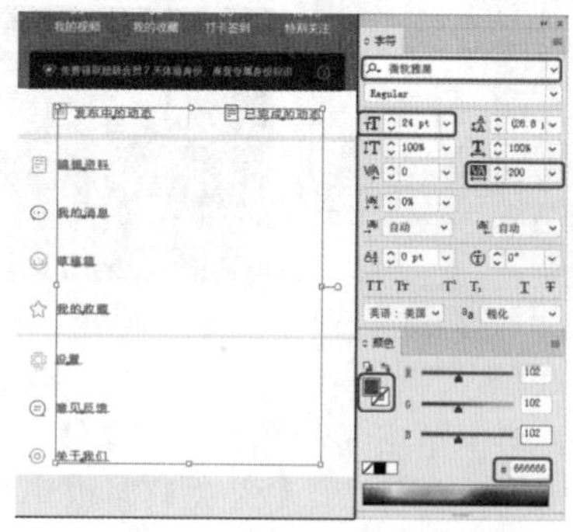
图7-23

Step 23 在工具箱中单击【直线段工具】按钮，在画板中按住Shift键绘制一条水平直线，在【属性】面板中将【宽】设置为720px，将【填色】设置为“无”，将【描边】设置为#ebebeb，将【描边粗细】设置为1.5pt，效果如图7-24所示。

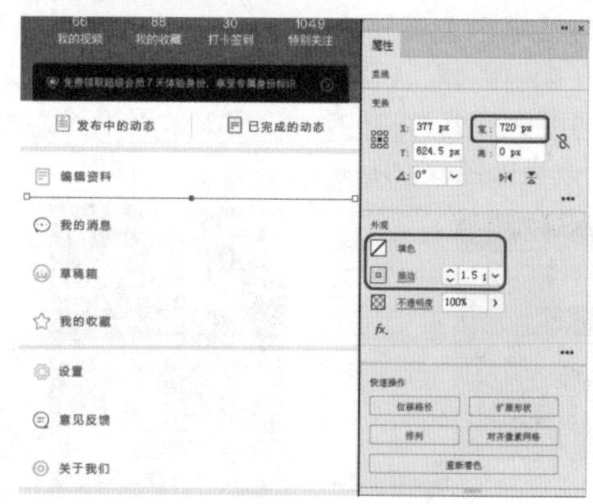

图7-24

Step 24 在工具箱中单击【选择工具】按钮，在画板中选中绘制的直线，按住Alt键拖曳鼠标对直线进行多次复制，效果如图7-25所示。

发布中的动态　已完成的动态

编辑资料

我的消息

草稿箱

我的收藏

设置

意见反馈

关于我们

图7-25

Step 25 将“个人中心素材06.png”文件置入文档中，将其嵌入文档，并调整其位置，选中置入的素材文件，在【外观】面板中单击【添加新效果】按钮 fx.，在弹出的下拉菜单中选择【风格化】|【投影】命令，如图7-26所示。

图7-26

Step 26 在弹出的【投影】对话框中将【模式】设置为“正片叠底”，将【不透明度】设置为6%，将【X位移】【Y位移】【模糊】分别设置为0px、-2px、3px，将【颜色】设置为#000000，如图7-27所示。

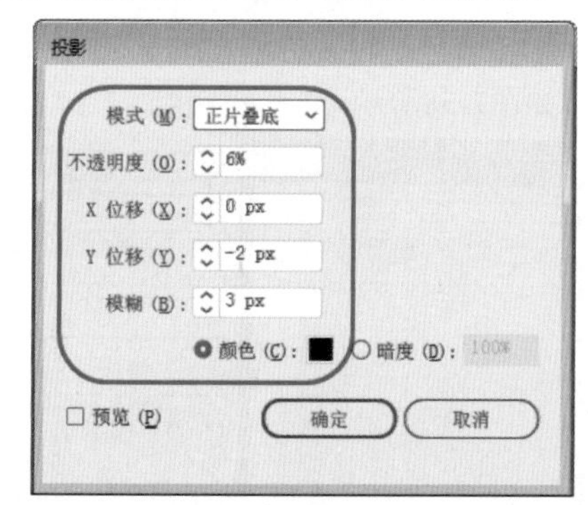

图7-27

Step 27 设置完成后，单击【确定】按钮，对完成后的文档进行保存即可。

实例081 收款UI界面设计

素材：素材\Cha07\收款素材01.ai、收款素材02.ai、收款素材03.png、收款素材04.ai、收款素材05.ai、收款素材06.ai

场景：场景\Cha07\实例081 收款UI界面设计.ai

本实例将介绍如何制作收款UI界面。首先利用【矩形工具】制作UI界面背景，并为其填充渐变颜色，然后利用【钢笔工具】绘制图形制作背景纹理，最后利用【圆角矩形工具】绘制收款码背景，并输入文字、置入素材文件，完成收款UI界面的制作，效果如图7-28所示。

Step 01 按Ctrl+N组合键，在弹出的对话框中将【单位】设置为“像素”，将【宽度】和【高度】分别设置为750px、1334px，将【颜色模式】设置为“RGB颜色”，设置完成后，单击【创建】按钮，在工具箱中单击【矩形工具】按钮，在画板中绘制一个矩形，在【变换】面板中将【宽】和【高】分别设置为750px、1334px，在【渐变】面板中将【类型】设置为“线性”，将【角度】设置为-60.8°，将左侧色标的颜色值设置为#026de9，将右侧色标的颜色值设置为#025ee9，将【描边】设置为“无”，在画板中调整其位置，如图7-29所示。

图7-28　　图7-29

Step 02 在工具箱中单击【钢笔工具】按钮，在画板中绘制一个图形，在【渐变】面板中将【类型】设置为“线性”，将【角度】设置为-177.8°，将左侧色标的颜色值设置为#FFFFFF，将右侧色标的颜色值设置为#FFFFFF，将右侧色标的【不透明度】设置为0%，将【描边】设置为“无”，在【透明度】面板中将【不透明度】设置为20，如图7-30所示。

Step 03 使用同样的方法在画板中绘制其他图形，并填充渐变颜色，效果如图7-31所示。

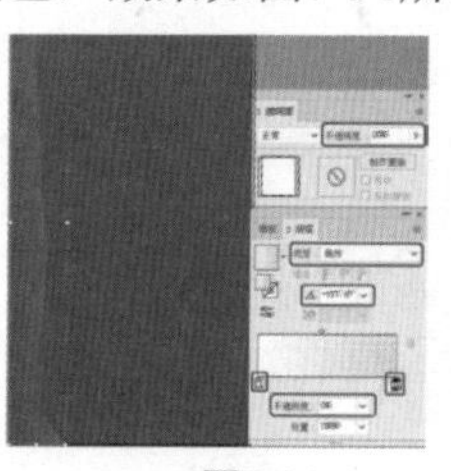

图7-30

图7-31

Step 04 将“收款素材01.ai”文件置入文档中，将其嵌入文档，并在画板中调整其位置，效果如图7-32所示。

Step 05 在工具箱中单击【矩形工具】按钮，在画板中绘制一个矩形，在【变换】面板中将【宽】和【高】均设置为17px，将X和Y分别设置为28px、100px，在【颜色】面板中将【填色】设置为“无”，将【描边】设置为白色，在【描边】面板中将【粗细】设置为4pt，单击【圆头端点】按钮和【圆角连接】按钮，如图7-33所示。

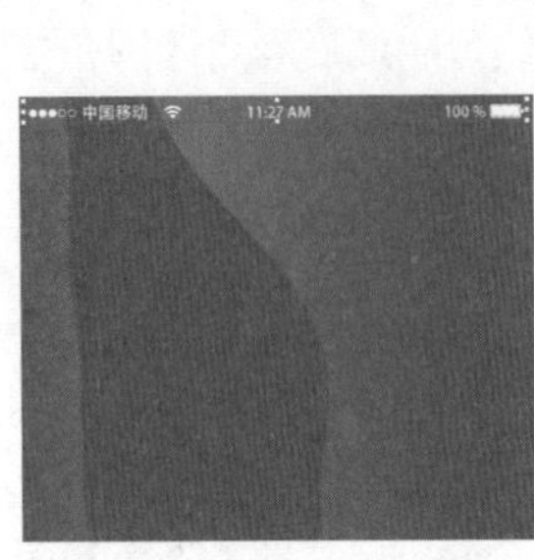

图7-32

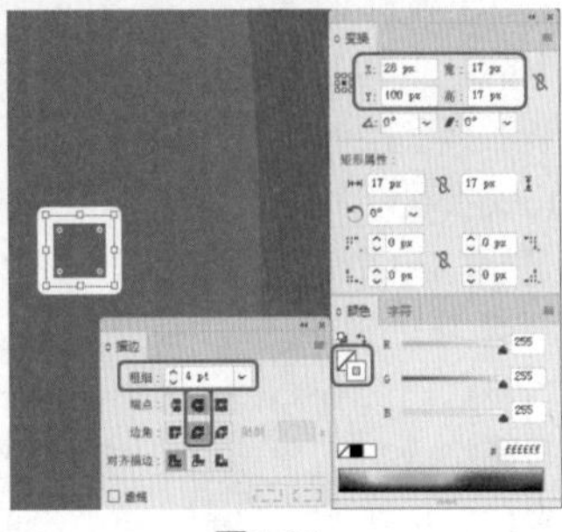

图7-33

Step 06 选中绘制的矩形，在【属性】面板中将【旋转】设置为45°，在工具箱中单击【直接选择工具】按钮，选中右侧的锚点，按Delete键将选中的锚点删除，效果如图7-34所示。

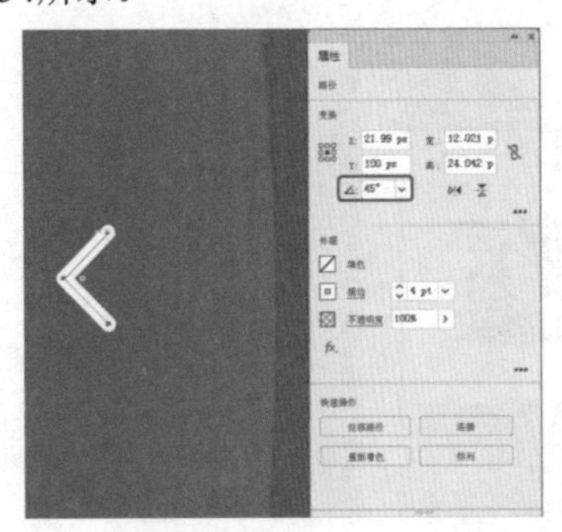

图7-34

Step 07 在工具箱中单击【文字工具】按钮，在画板中单击鼠标，输入文字，选中输入的文字，在【属性】面板中将【填色】设置为白色，将【字体系列】设置为“Adobe 黑体 Std R”，将【字体大小】设置为35pt，将【字符间距】设置为100，将X和Y分别设置为152px和101px，效果如图7-35所示。

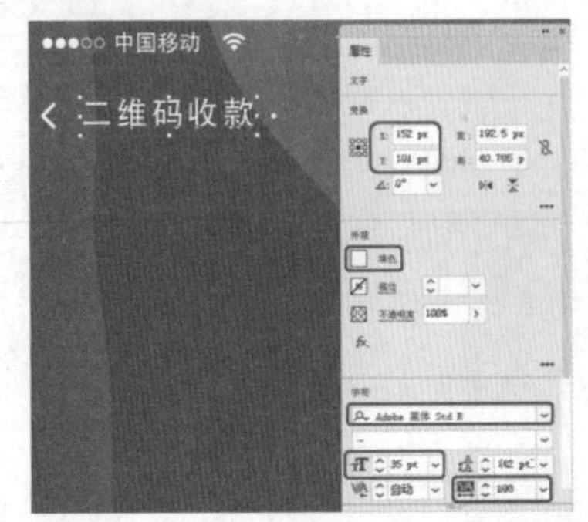

图7-35

Step 08 在工具箱中单击【椭圆工具】按钮，在画板中绘制3个【宽】和【高】都为8的圆形，将其【填色】设置为白色，将【描边】设置为“无”，并在画板中调整其位置，效果如图7-36所示。

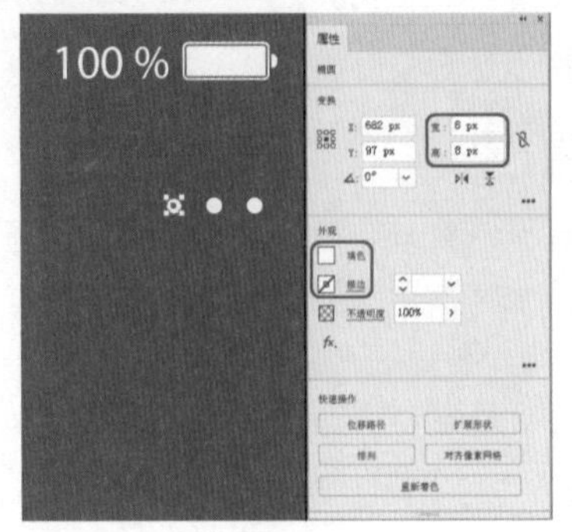

图7-36

Step 09 在工具箱中单击【圆角矩形工具】按钮，在画板中绘制一个圆角矩形，在【变换】面板中将【宽】和【高】分别设置为701px、760px，将X和Y分别设置为374.5px、570px，将圆角半径均设置为20，在【颜色】面板中将【填色】设置为#ffffff，将【描边】设置为“无”，如图7-37所示。

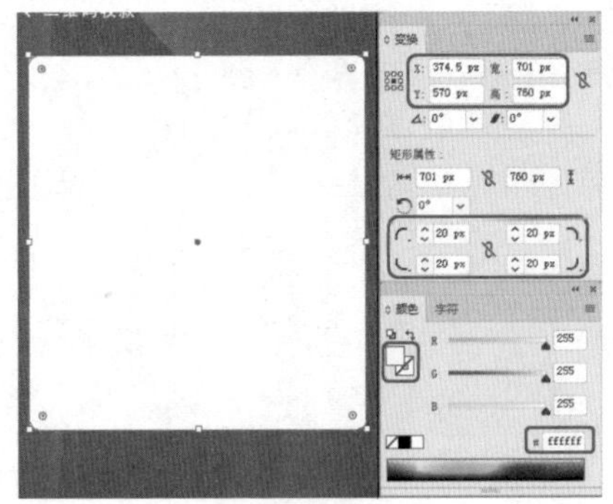

图7-37

Step 10 再次使用【圆角矩形工具】在画板中绘制一个圆角矩形，在【变换】面板中将【宽】和【高】分别设置为701px、120px，将X和Y分别设置为374.5px、250px，将圆角半径分别设置为12、12、0、0，在【颜色】面板中将【填色】设置为#f7f7f7，将【描边】设置为“无”，如图7-38所示。

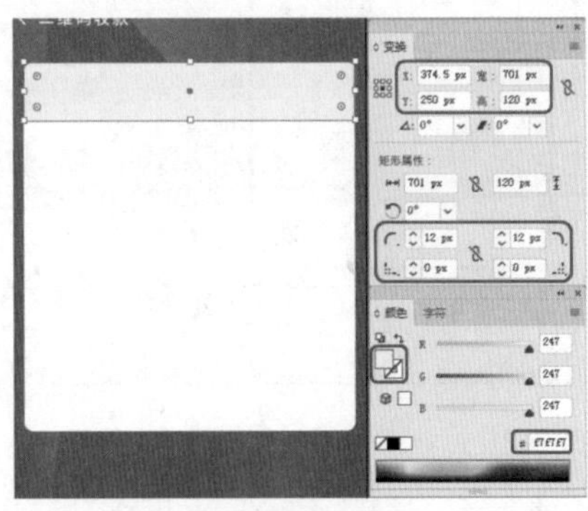

图7-38

Step 11 将“收款素材02.ai”文件置入文档中，并将其嵌入文档，在工具箱中单击【文字工具】按钮T，在画板中单击鼠标，输入文字，选中输入的文字，在【属性】面板中将【填色】设置为#026de9，将【字体系列】设置为“汉标中黑体”，将【字体大小】设置为36pt，将【字符间距】设置为0，将X和Y分别设置为217px、247px，效果如图7-39所示。

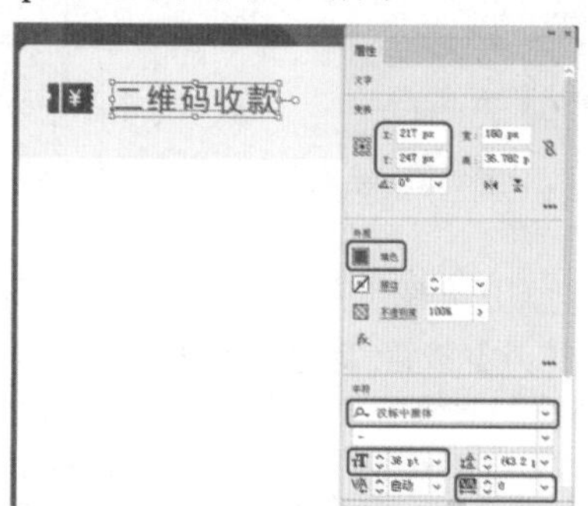

图7-39

Step 12 将前面所绘制的圆形进行复制，在【属性】面板中将【宽】和【高】均设置为7px，将【填色】设置为#c7c7c7，在画板中调整其位置，效果如图7-40所示。

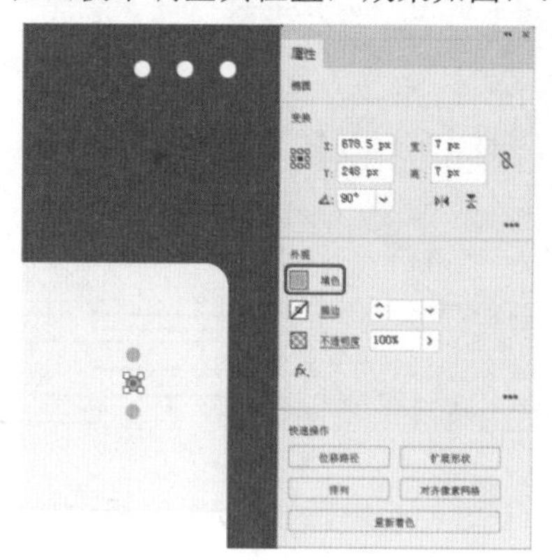

图7-40

Step 13 在工具箱中单击【文字工具】按钮T，在画板中单击鼠标，输入文字，选中输入的文字，在【属性】面板中将【填色】设置为#4f4f4f，将【字体系列】设置为“Adobe 黑体 Std R”，将【字体大小】设置为30pt，将【字符间距】设置为100，将X和Y分别设置为378px、397px，效果如图7-41所示。

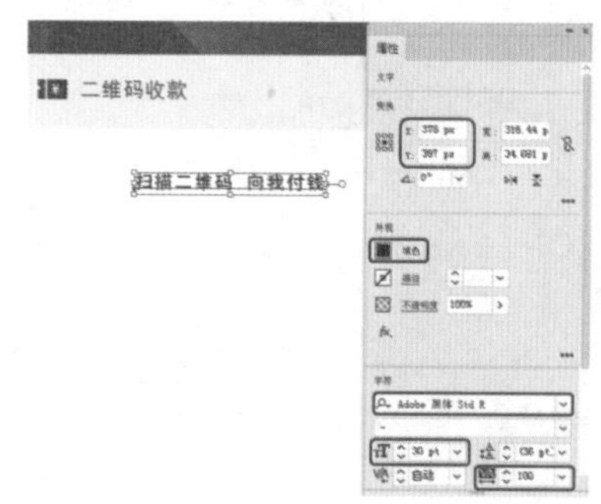

图7-41

Step 14 根据前面所介绍的方法置入素材文件，并创建其他图形与文字内容，效果如图7-42所示。

图7-42

实例 082 手机UI登录界面设计

素材：素材\Cha07\登录素材01.jpg、登录素材02.ai、登录素材03.jpg、登录素材04.png、登录素材05.png、登录素材06.png

场景：场景\Cha07\实例082 手机UI登录界面设计.ai

本实例将介绍如何制作手机UI登录界面。首先绘制一个矩形作为登录界面背景，然后置入素材图片，在素材图片的上方绘制一个黑白渐变的矩形，为黑白渐变矩形与图片创建蒙版效果，并设置素材图片的【混合模式】与【不透明度】，使图片与背景完美结合，最后利用【圆角矩形工具】与【文字工具】完善手机UI登录界面的制作，效果如图7-43所示。

Step 01 按Ctrl+N组合键，在弹出的对话框中将【单位】设置为“像素”，将【宽度】和【高度】分别设置为750px和1334px，将【颜色模式】设置为“RGB颜色”，设置完成后，单击【创建】按钮，在工具箱中单击【矩形工具】按钮，在画板中绘制一个矩形，在【属性】面板中将【宽】和【高】分别设置为750px和1334px，将【填色】设置为#2687ff，将【描边】设置为“无”，在画板中调整其位置，如图7-44所示。

图7-43　　图7-44

Step 02 在【图层】面板中将【矩形】图层锁定，将“登录素材01.jpg”文件置入文档，在【属性】面板中将

【宽】和【高】分别设置为750px和500px，将X和Y分别设置为375px和250 px，单击【嵌入】按钮，如图7-45所示。

图7-45

◎提示·◦

除了上述方法可以锁定对象外，还可以通过以下操作锁定对象。

锁定所选对象：如果要锁定当前选择的对象，可以执行【对象】|【锁定】|【所示对象】菜单命令，即可锁定所选对象。

锁定所有图层：如果要锁定所有图层，可在【图层】面板中选择所有的图层，单击【图层】面板右上角的≡按钮，在弹出的下拉菜单中选择【锁定所有图层】命令，即可将全部图层进行锁定。

Step 03 在工具箱中单击【矩形工具】按钮，在画板中绘制一个矩形，在【变换】面板中将【宽】和【高】分别设置为750px和500px，将X和Y分别设置为375px和250px，在【渐变】面板中将【类型】设置为“线性”，将【角度】设置为90°，将左侧色标的颜色值设置为#ffffff，将右侧色标的颜色值设置为#000000，将上方渐变滑块调整至64%位置处，效果如图7-46所示。

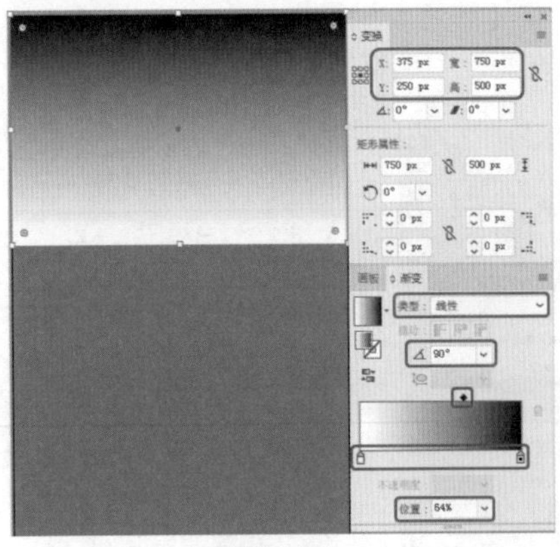

图7-46

Step 04 按Ctrl+A组合键选中画板中的所有对象，在【透明度】面板中单击【制作蒙版】按钮，勾选【反相蒙版】复选框，将【混合模式】设置为“叠加”，将【不透明度】设置为50%，如图7-47所示。

Step 05 将“登录素材02.ai”文件置入文档，将其嵌入文档，并在画板中调整其位置，效果如图7-48所示。

图7-47　　图7-48

Step 06 根据前面所介绍的方法绘制返回图形，在工具箱中单击【文字工具】按钮T，在画板中单击鼠标，输入文字，在【属性】面板中将【填色】设置为白色，将【字体系列】设置为“Adobe 黑体 Std R”，将【字体大小】设置为37pt，将【字符间距】设置为10，并在画板中调整其位置，效果如图7-49所示。

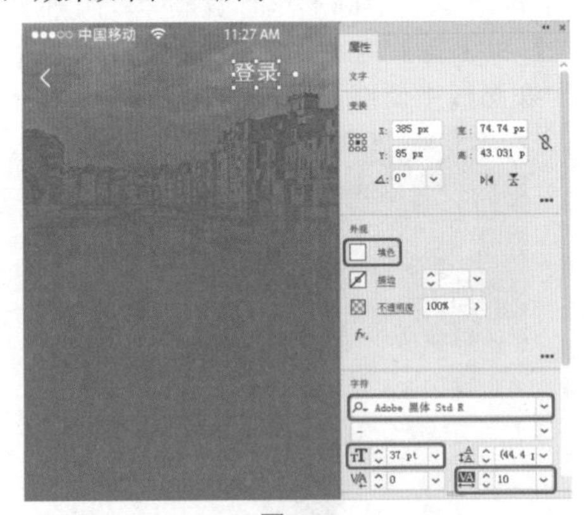

图7-49

Step 07 选择【文字工具】T，在画板中单击鼠标，输入文字，在【属性】面板中将【填色】设置为白色，将【字体系列】设置为“Adobe 黑体 Std R”，将【字体大小】设置为25pt，将【字符间距】设置为10，并在画板中调整其位置，效果如图7-50所示。

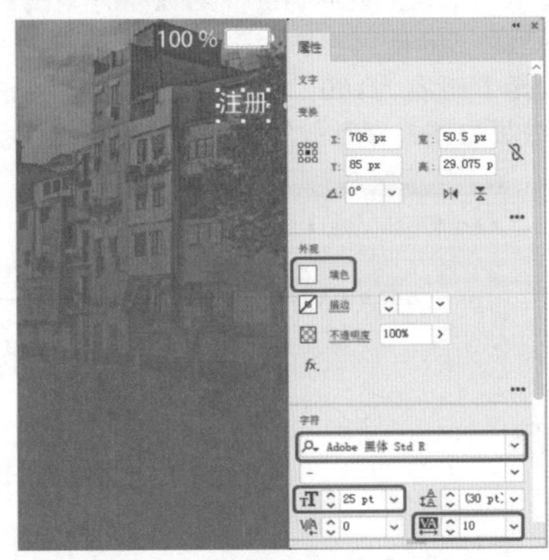

图7-50

Step 08 在工具箱中单击【椭圆工具】，在画板中按住Shift键绘制一个圆形，在【属性】面板中将【宽】和【高】均设置为220px，将X和Y分别设置为385px、337px，将【填色】设置为白色，将【描边】设置为“无”，将【不透明度】设置为70%，如图7-51所示。

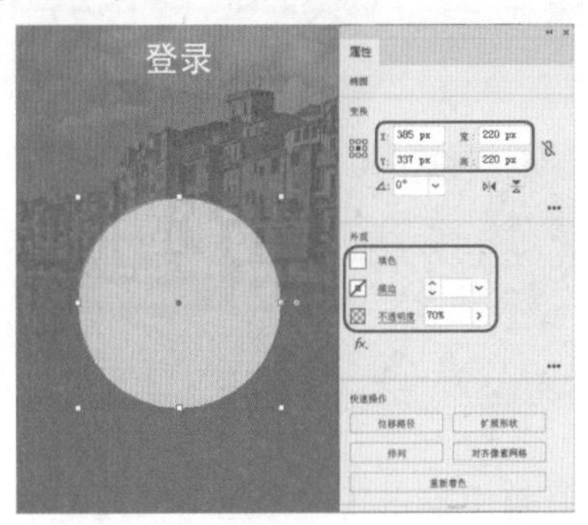

图7-51

Step 09 使用【椭圆工具】在画板中按住Shift键绘制一个圆形，在【变换】面板中将【宽】和【高】均设置为196px，将X和Y分别设置为385px和337px，在【外观】面板中将【描边】设置为白色，将【描边粗细】设置为6pt，将【不透明度】设置为70%，将【填色】设置为白色，如图7-52所示。

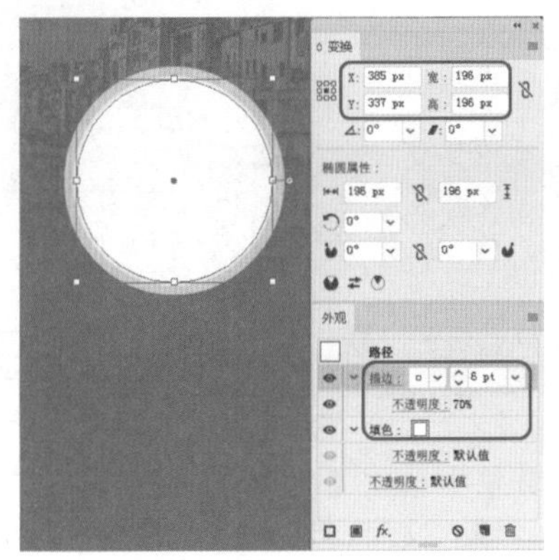

图7-52

Step 10 将“登录素材03.jpg”文件置入文档，并将其嵌入文档，在【属性】面板中将【宽】和【高】分别设置为282px和352.5px，将X和Y分别设置为385px和382px，效果如图7-53所示。

图7-53

Step 11 在工具箱中单击【椭圆工具】，在画板中按住Shift键绘制一个圆形，在【属性】面板中将【宽】和【高】均设置为182px，将X和Y分别设置为385px和337px，将【填色】设置为白色，将【描边】设置为“无”，如图7-54所示。

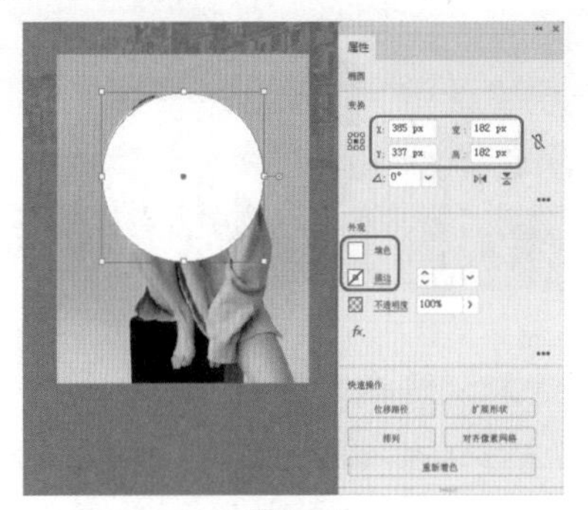

图7-54

Step 12 在画板中选中新绘制的圆形以及新置入的素材文件，右击，在弹出的快捷菜单中选择【建立剪切蒙版】命令，如图7-55所示。

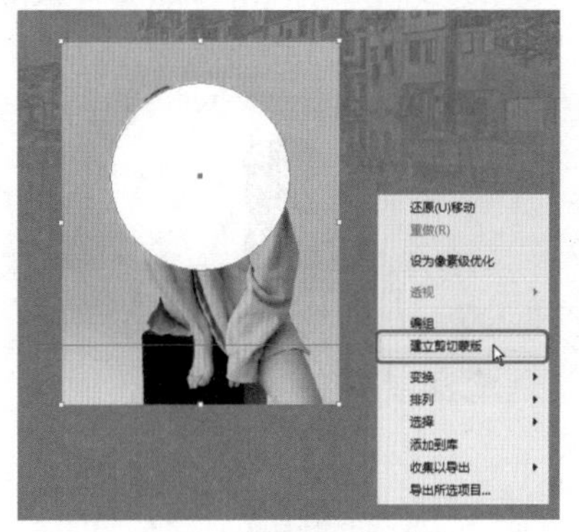

图7-55

Step 13 在工具箱中单击【圆角矩形工具】按钮，在画板中绘制一个圆角矩形，在【变换】面板中将【宽】和【高】分别设置为575px和93px，将X和Y分别设置为377.5px和565.5px，将所有的圆角半径均设置为10px，在【颜色】面板中将【填色】设置为白色，将【描边】设置为“无”，效果如图7-56所示。

图7-56

Step 14 将“登录素材04.png”文件置入文档，并将其嵌入文档，在工具箱中单击【直线段工具】按钮，在画板中按住Shift键绘制一条垂直直线，在【属性】面板中将【高】设置为33px，将【填色】设置为“无”，将【描边】设置为#b5b5b5，将【描边粗细】设置为1pt，在画板中调整其位置，效果如图7-57所示。

图7-57

Step 15 在工具箱中单击【文字工具】按钮，在画板中单击鼠标，输入文字，选中输入的文字，在【属性】面板中将【填色】设置为#acacac，将【字体系列】设置为“汉标中黑体”，将【字体大小】设置为28pt，将【字符间距】设置为0，如图7-58所示。

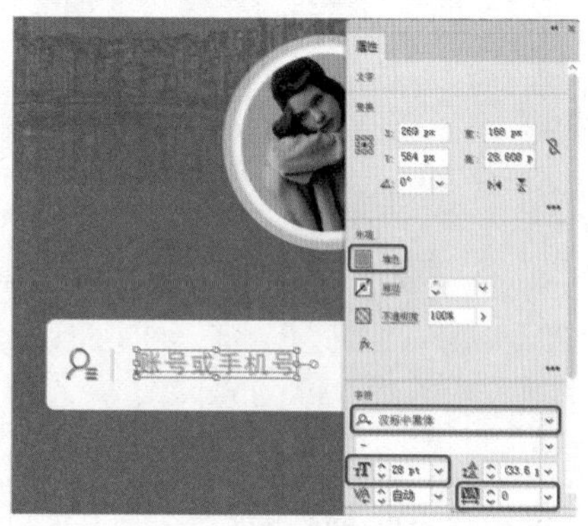

图7-58

Step 16 对前面制作的图形与文字内容进行复制，并对文字内容加以修改，将“登录素材05.png”文件置入文档，将其嵌入文档，如图7-59所示。

图7-59

Step 17 在工具箱中单击【文字工具】按钮，在画板中单击鼠标，输入文字，选中输入的文字，在【属性】面板中将【填色】设置为#bbbbbb，将【字体系列】设置为“汉标中黑体”，将【字体大小】设置为20pt，将【字符间距】设置为0，在画板中调整其位置，如图7-60所示。

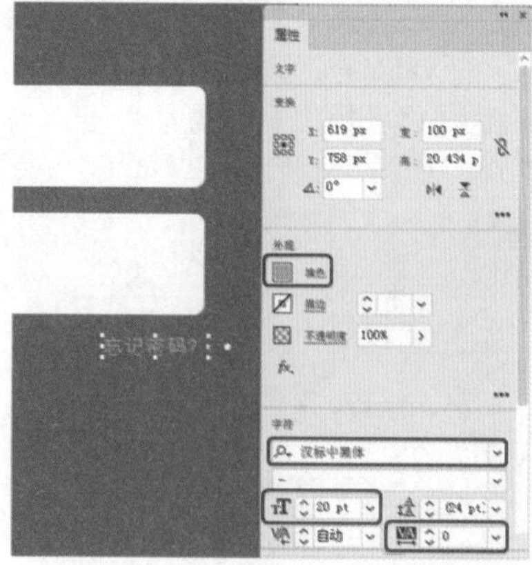

图7-60

Step 18 在工具箱中单击【圆角矩形工具】按钮，在画板中绘制一个圆角矩形，在【变换】面板中将【宽】和【高】分别设置为277px和86px，将所有的圆角半径均设置为43px，在【颜色】面板中将【填色】设置为#2ebdff，将【描边】设置为“无”，在画板中调整其位置，效果如图7-61所示。

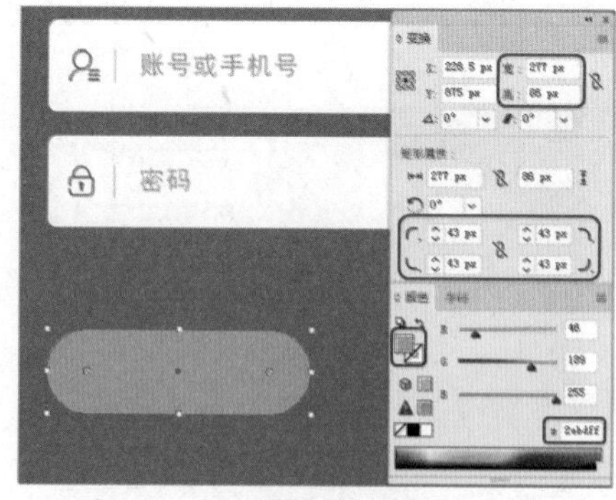

图7-61

Step 19 在工具箱中单击【文字工具】按钮，在画板中单击鼠标，输入文字，选中输入的文字，在【属性】面板中将【填色】设置为白色，将【字体系列】设置为“Adobe 黑体 Std R”，将【字体大小】设置为30pt，将【字符间距】设置为100，在画板中调整其位置，如图7-62所示。

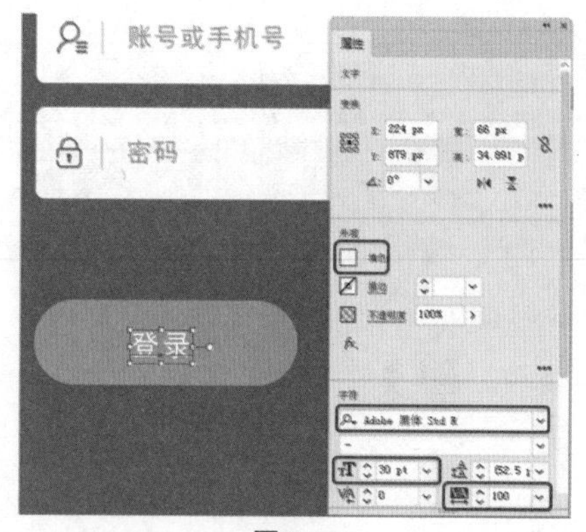

图7-62

Step 20 在画板中选择蓝色圆角矩形与新输入的文字，按住Alt键对选中的对象进行复制，选中复制的圆角矩形，在【属性】面板中将【填色】设置为#ffb400，然后将复制的文字内容进行修改，效果如图7-63所示。

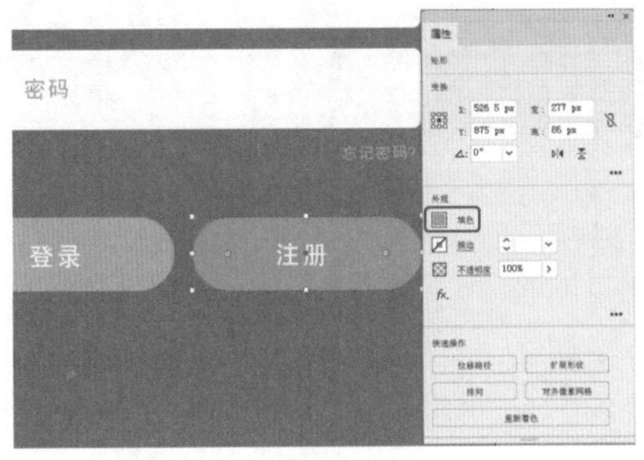

图7-63

Step 21 在工具箱中单击【文字工具】按钮T，在画板中单击鼠标，输入文字，选中输入的文字，在【属性】面板中将【填色】设置为#d5d5d5，将【字体系列】设置为“Adobe 黑体 Std R”，将【字体大小】设置为20pt，将【字符间距】设置为0，在画板中调整其位置，如图7-64所示。

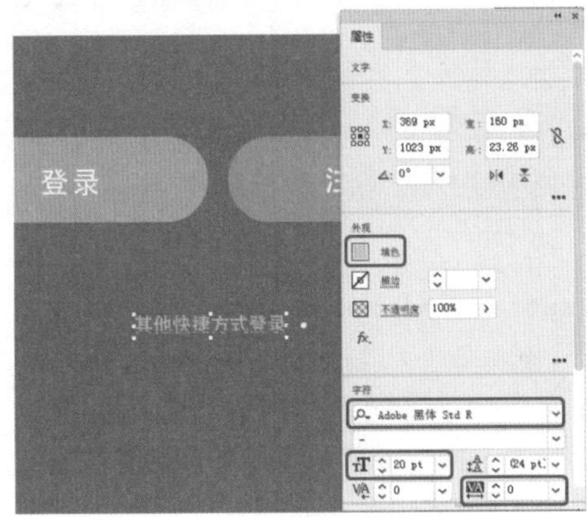

图7-64

Step 22 在工具箱中单击【直线段工具】按钮，在画板中绘制两条水平直线，并将【填色】设置为无，将【描边】设置为白色，将【描边粗细】设置为1pt，并根据前面所介绍的方法置入“登录素材06.png”文件，效果如图7-65所示。

图7-65

实例083 手机出票UI界面设计

素材：素材\Cha07\出票素材01.ai、出票素材02.ai、出票素材03.ai、出票素材04.ai

场景：场景\Cha07\实例083 手机出票UI界面设计.ai

本实例将介绍如何制作手机出票UI界面。本实例主要利用【矩形工具】与【椭圆工具】绘制图形，并为绘制的图形建立复合路径，最后为建立的复合路径添加【投影】效果，效果如图7-66所示。

Step 01 按Ctrl+N组合键，在弹出的对话框中将【单位】设置为“像素”，将【宽度】和【高度】分别设置为750px和1334px，将【颜色模式】设置为“RGB颜色”，设置完成后，单击【创建】按钮，在工具箱中单击【矩形工具】按钮，在画板中绘制一个矩形，在【属性】面板中将【宽】和【高】分别设置为750px和810px，将【填色】设置为# 68b1e8，将【描边】设置为“无”，在画板中调整其位置，如图7-67所示。

图7-66

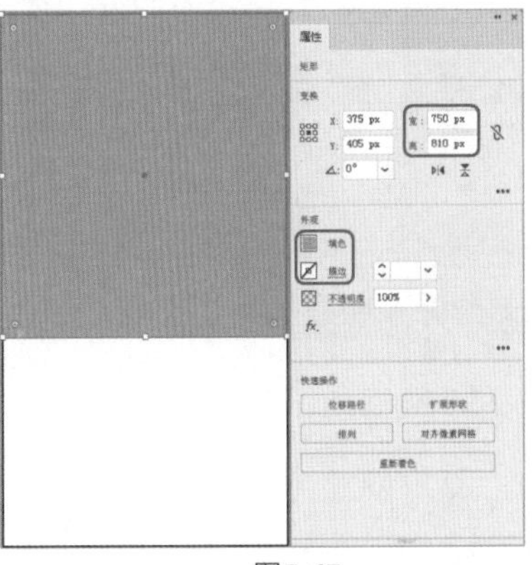

图7-67

Step 02 在工具箱中单击【矩形工具】，在画板中绘制一个矩形，在【属性】面板中将【宽】和【高】分别设置为750px和541px，将【填色】设置为#edf1fa，将【描边】设置无，在画板中调整其位置，效果如图7-68所示。

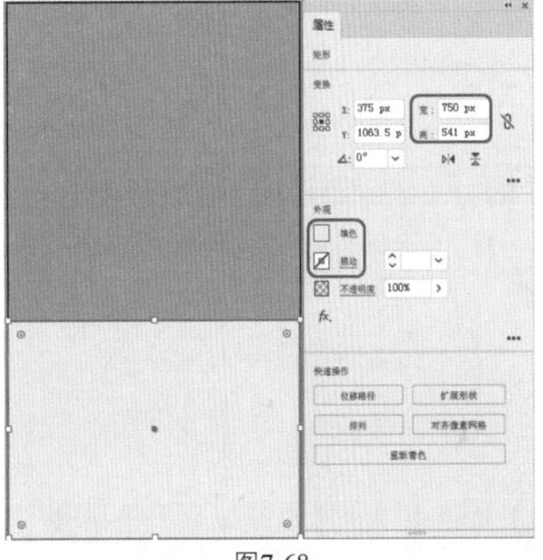

图7-68

Step 03 将“出票素材01.ai”与“出票素材02.ai”文件置入文档，并将其嵌入文档，在画板中调整其位置，效果如图7-69所示。

图7-69

Step 04 在工具箱中单击【矩形工具】按钮，在画板中绘制一个矩形，在【属性】面板中将【宽】和【高】分别设置为678px和931px，将X和Y分别设置为379px和824.5px，将【填色】设置为#fdfdfd，将【描边】设置为“无”，效果如图7-70所示。

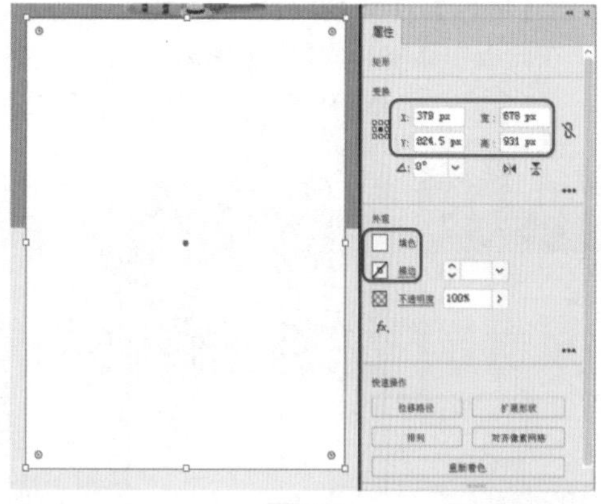

图7-70

Step 05 在工具箱中单击【椭圆工具】按钮，在画板中按住Shift键绘制一个正圆，在【属性】面板中将【宽】和【高】均设置为55px，将X和Y分别设置为40.5px和1016.5px，将【填色】设置为#0099ff，将【描边】设置为“无”，效果如图7-71所示。

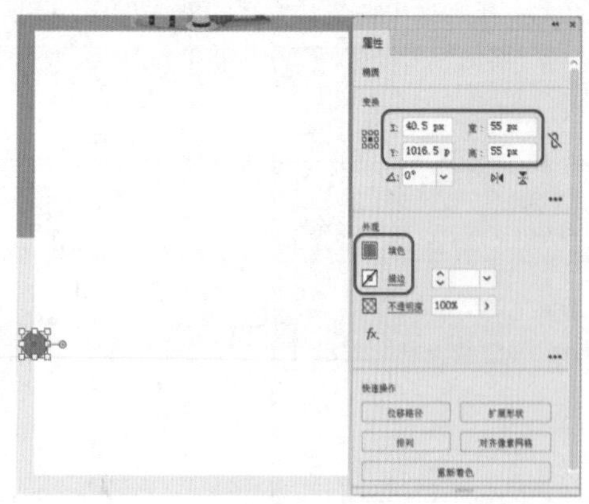

图7-71

Step 06 在工具箱中单击【选择工具】按钮，选中绘制的圆形，按住Alt+Shift组合键向右进行水平复制，如图7-72所示。

Step 07 在画板中选择两个蓝色圆形与白色矩形，在【路径查找器】面板中单击【减去顶层】按钮，减去后的效果如图7-73所示。

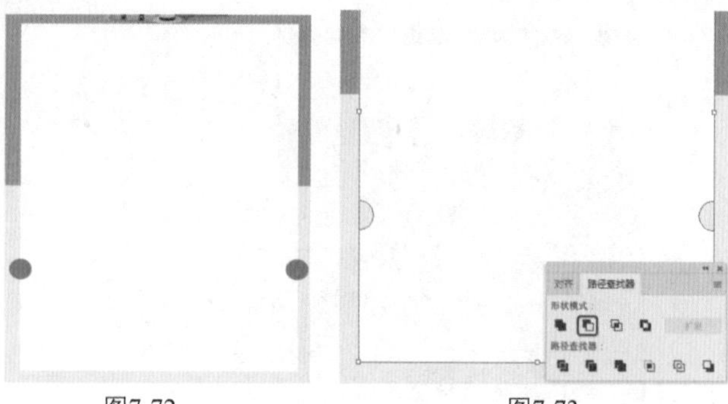

图7-72　　图7-73

Step 08 使用【椭圆工具】在画板中绘制多个【宽】和【高】均为23.5px的正圆，并为其填充任意一种颜色，效果如图7-74所示。

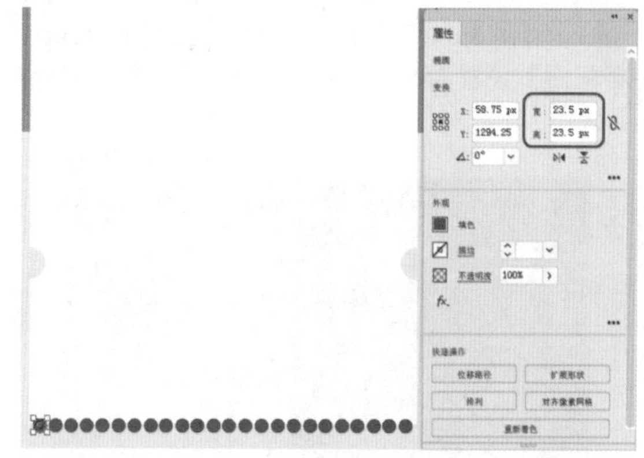

图7-74

Step 09 在画板中选择绘制的所有圆形与白色矩形，在【路径查找器】面板中单击【减去顶层】按钮，减去后的效果如图7-75所示。

图7-75

Step 10 选中白色矩形，在【外观】面板中单击【添加新效果】按钮fx，在弹出的下拉菜单中选择【风格化】|【投影】命令，如图7-76所示。

Step 11 在弹出的【投影】对话框中将【模式】设置为“正片叠底”，将【不透明度】设置为23%，将【X位移】【Y位移】【模糊】分别设置为0px、11px、8px，将【颜色】设置为# 0b7aec，如图7-77所示。

图7-76

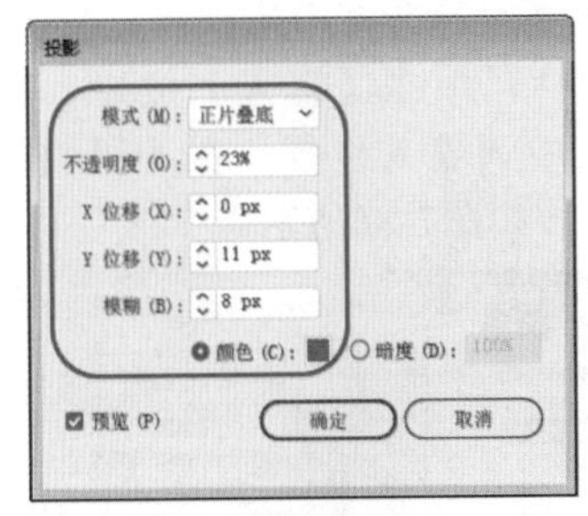

图7-77

Step 12 设置完成后，单击【确定】按钮，在工具箱中单击【圆角矩形工具】按钮，在画板中绘制一个圆角矩形，在【变换】面板中将【宽】和【高】分别设置为164px、43px，将X和Y分别设置为170.5px和436.5px，将所有的圆角半径均设置为21.5，在【颜色】面板中将【填色】设置为“无”，将【描边】设置为#7ed321，在【描边】面板中将【粗细】设置为0.7pt，如图7-78所示。

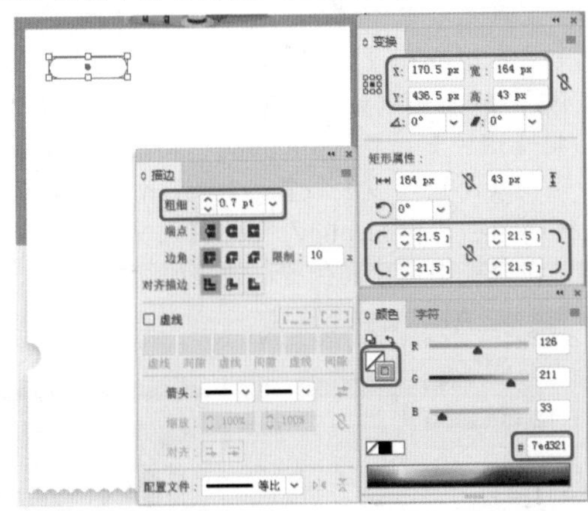

图7-78

Step 13 在工具箱中单击【文字工具】按钮，在画板中单击鼠标，输入文字，选中输入的文字，在【属性】面板中将【填色】设置为#76be26，将【字体系列】设置为“微软雅黑”，将【字体大小】设置为20pt，将【字符间距】设置为0，将X和Y分别设置为172px和438px，效果如图7-79所示。

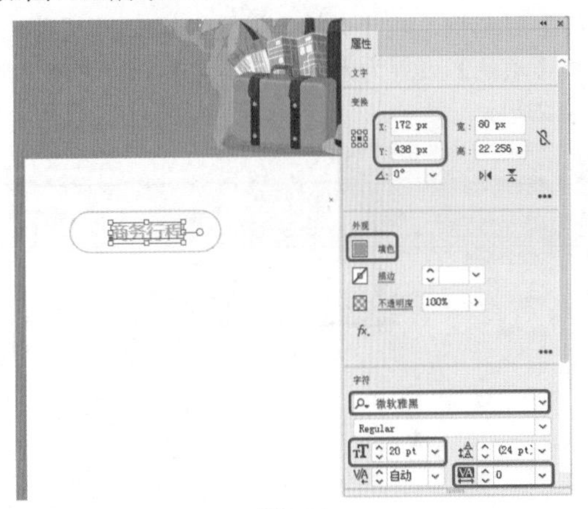

图7-79

Step 14 使用【文字工具】在画板中单击鼠标，输入文字，选中输入的文字，在【属性】面板中将【填色】设置为#161646，将【字体系列】设置为“微软雅黑”，将【字体大小】设置为34pt，将【字符间距】设置为130，将X和Y分别设置为181px和508px，效果如图7-80所示。

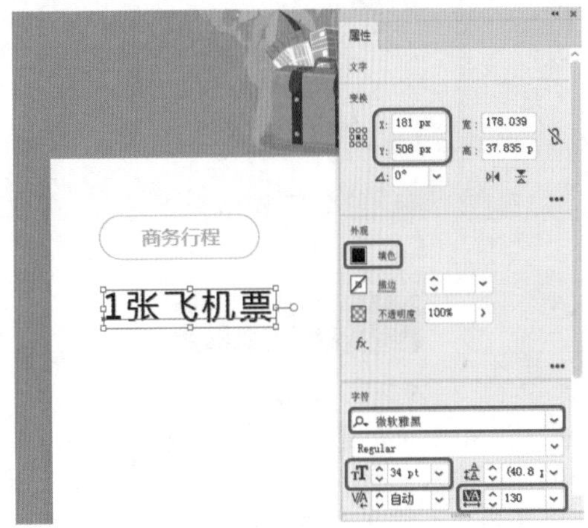

图7-80

Step 15 根据前面所介绍的方法在画板中输入其他文字内容，效果如图7-81所示。

图7-81

Step 16 在工具箱中单击【直线段工具】按钮，在画板中按住Shift键绘制一条水平直线，在【变换】面板中将【宽】设置为604px，将X和Y分别设置为377px和

1022px，在【描边】面板中将【粗细】设置为1pt，勾选【虚线】复选框，将【虚线】设置为7pt，在【颜色】面板中将【填色】设置为无，将【描边】设置为#979797，如图7-82所示。

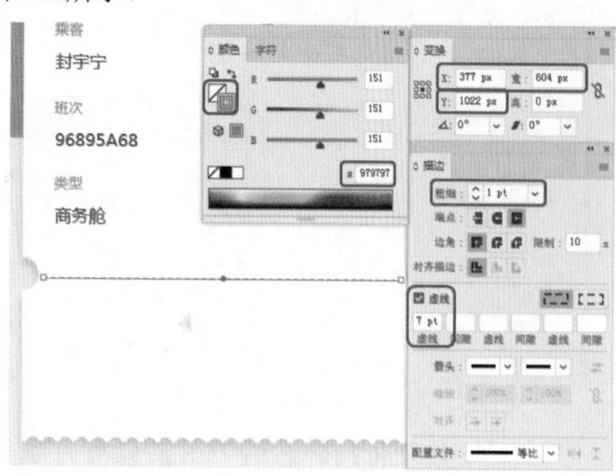

图7-82

Step 17 将“出票素材03.ai”和“出票素材04.ai”文件置入文档，并调整其位置，效果如图7-83所示。

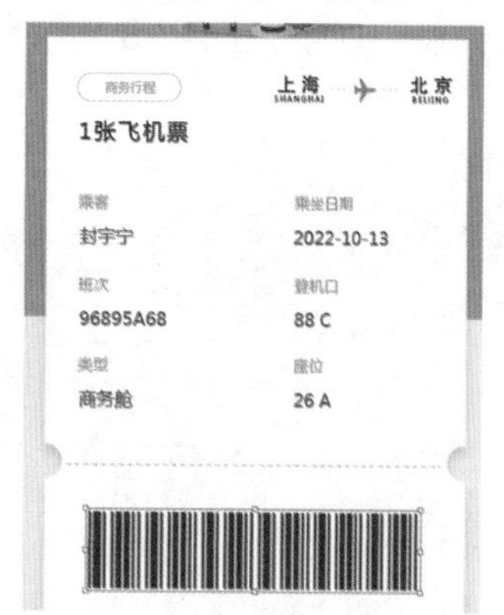

图7-83

Step 18 在工具箱中单击【文字工具】按钮，在画板中单击鼠标，输入文字，选中输入的文字，在【属性】面板中将【填色】设置为#848484，将【字体系列】设置为“创艺简黑体”，将【字体大小】设置为30pt，将【字符间距】设置为75，并在画板中调整其位置，效果如图7-84所示。

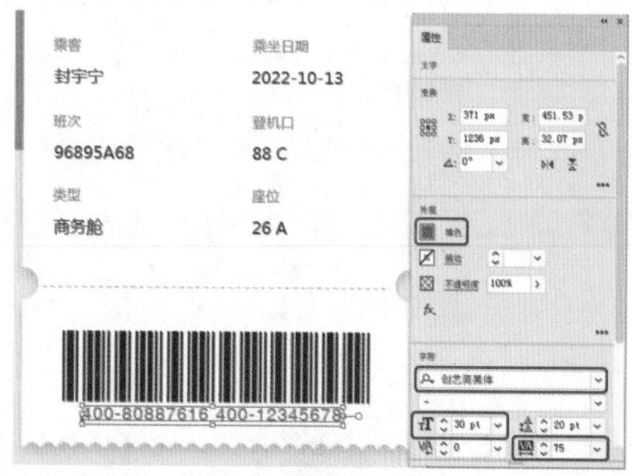

图7-84

实例084 购物UI界面设计

素材：素材\Cha07\购物素材01.jpg、购物素材02.png、购物素材03.png、购物素材04.png、购物素材05.png、购物素材06.jpg

场景：场景\Cha07\实例084 购物UI界面设计.ai

本实例将介绍如何制作购物UI界面。本实例主要通过【矩形工具】和【椭圆工具】制作页面效果，并添加相应的素材文件进行美化，效果如图7-85所示。

Step 01 按Ctrl+N组合键，在弹出的对话框中将【单位】设置为“像素”，将【宽度】和【高度】分别设置为750px和809px，将【颜色模式】设置为“RGB颜色”，设置完成后单击【创建】按钮，按Shift+Ctrl+P组合键，在弹出的对话框中选择“素材\Cha07\购物素材01.jpg”文件，单击【置入】按钮，在画板中单击鼠标，在画板中调整其位置，在【属性】面板中单击【嵌入】按钮，如图7-86所示。

图7-85

图7-86

Step 02 在工具箱中单击【矩形工具】按钮，在画板中绘制一个矩形，在【属性】面板中将【宽】和【高】分别设置为750px和46px，将X和Y分别设置为375px和23px，将【填色】设置为#000000，将【描边】设置为“无”，将【不透明度】设置为40%，如图7-87所示。

Step 03 将“购物素材02.png”文件置入文档，并将其嵌入文档，在画板中调整其位置，效果如图7-88所示。

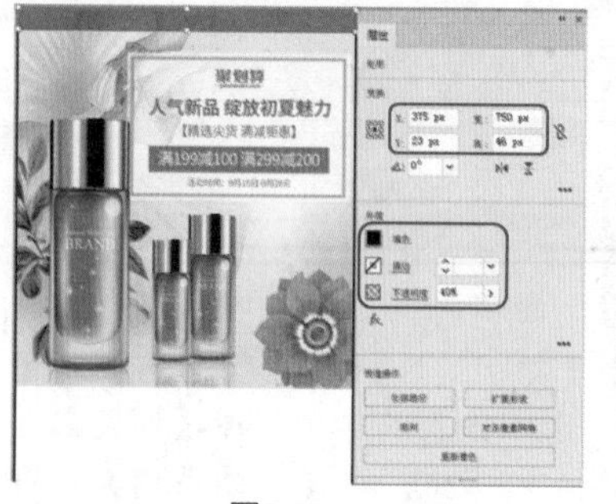

图7-87

图7-88

Step 04 在工具箱中单击【椭圆工具】按钮，在画板中按住Shift键绘制一个正圆，在【属性】面板中将【宽】和【高】均设置为60px，将X和Y分别设置为47px和110px，将【填色】设置为黑色，将【描边】设置为“无”，将【不透明度】设置为50%，如图7-89所示。

Step 05 在画板中对绘制的圆形进行复制，并调整其位置，根据前面所介绍的方法将“购物素材03.png”与“购物素材04.png”文件置入文档，将其嵌入文档，在画板中调整其大小与位置，效果如图7-90所示。

图7-89

图7-90

Step 06 在工具箱中单击【圆角矩形工具】按钮，在画板中绘制一个圆角矩形，在【变换】面板中将【宽】和【高】分别设置为70px和40px，将X和Y分别设置为693px和759px，将所有的圆角半径均设置为20px，在【颜色】面板中将【填色】设置为# 000000，将【描边】设置为“无”，在【透明度】面板中将【不透明度】设置为50%，效果如图7-91所示。

Step 07 在工具箱中单击【文字工具】按钮，在画板中单击鼠标，输入文字，选中输入的文字，在【属性】面板中将【填色】设置为白色，将【字体系列】设置为“微软雅黑”，将【字体大小】设置为24pt，将【字符间距】设置为25，将X和Y分别设置为693px和760px，效果如图7-92所示。

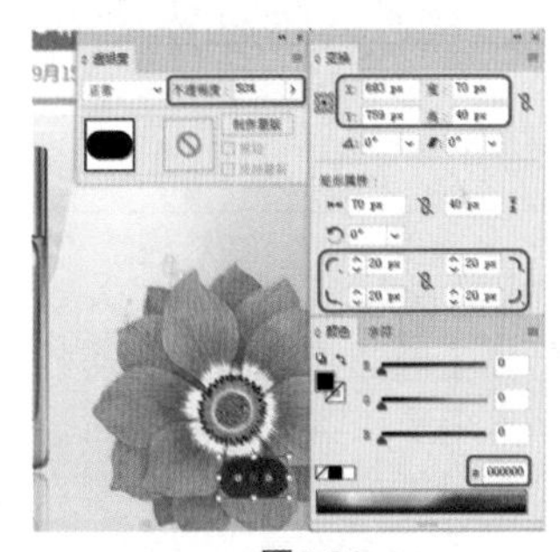

图7-91

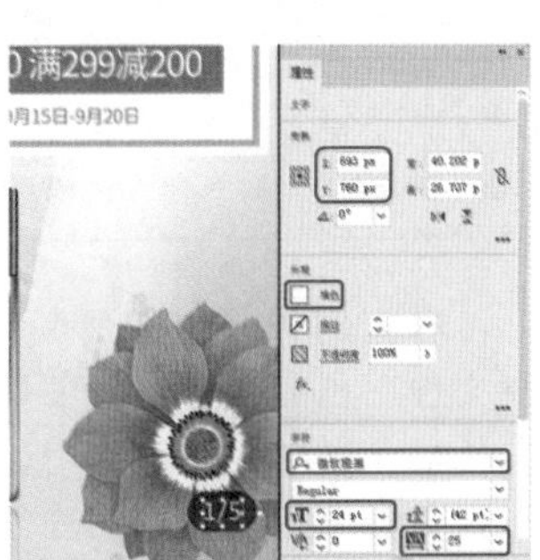

图7-92

Step 08 在工具箱中单击【文字工具】按钮，在画板中单击鼠标，输入文字，选中输入的文字，在【属性】面板中将【填色】设置为# fe2448，将【字体系列】设置为“微软雅黑”，将【字体大小】设置为44pt，将【字符间距】设置为25，将“¥”的【字体大小】设置为35pt，将X和Y分别设置为72px和856px，效果如图7-93所示。

Step 09 使用【文字工具】在画板中单击鼠标，输入文字，选中输入的文字，在【字符】面板中将【字体系列】设置为“微软雅黑”，将【字体大小】设置为26pt，将【字符间距】设置为25，将“¥”的【字体大小】设置为22pt，单击【删除线】按钮，在【颜色】面板中将【填色】设置为#a6a6a6，在【变换】面板中将X和Y分别设置为189px和860px，效果如图7-94所示。

图7-93

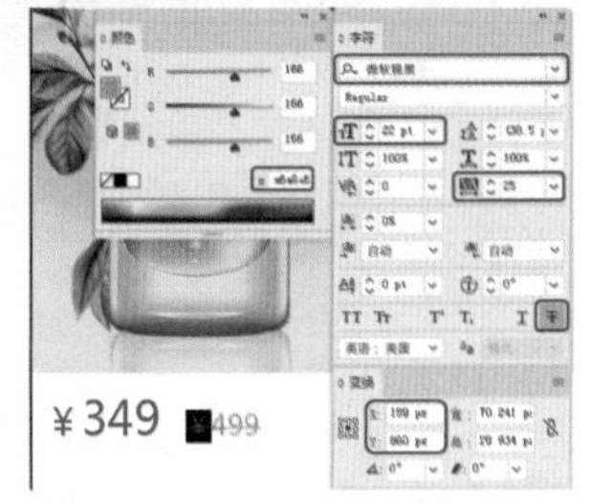

图7-94

Step 10 使用相同的方法在画板中输入其他文字内容，并对输入的文字进行相应的设置，效果如图7-95所示。

图7-95

Step 11 将“购物素材05.png”文件置入文档，并将其嵌入文档，在画板中调整其位置，在工具箱中单击【直线段工具】按钮，在画板中按住Shift键绘制一条水平直线，在【变换】面板中将【宽】设置为737px，在【描边】面板中将【粗细】设置为1pt，取消勾选【虚线】复选框，在【颜色】面板中将【填色】设置为“无”，将【描边】设置为#c8c8c8，如图7-96所示。

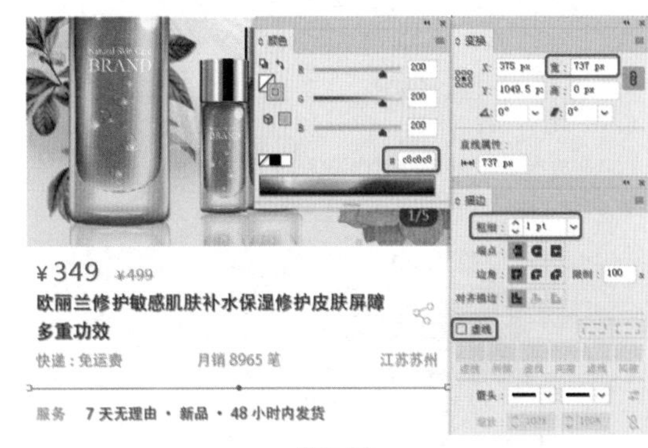

图7-96

Step 12 在工具箱中单击【矩形工具】按钮，在画板中绘制一个矩形，在【属性】面板中将【宽】和【高】分别设置为750px和25px，将【填色】设置为# f1f1f1，将【描边】设置为“无”，并在画板中调整其位置，效果如图7-97所示。

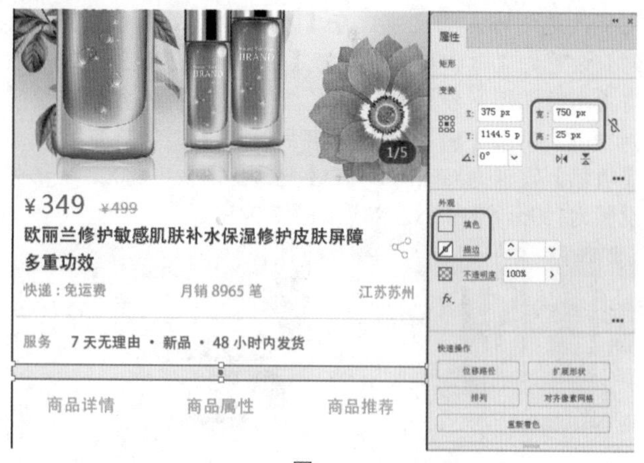

图7-97

Step 13 将“购物素材06.jpg”文件置入文档，并将其嵌入文档，在画板中调整其位置，效果如图7-98所示。

图7-98

Step 14 在工具箱中单击【矩形工具】按钮，在画板中绘制一个矩形，在【属性】面板中将【宽】和【高】分别设置为240px和100px，将【填色】设置为# ffcc00，将【描边】设置为“无”，并在画板中调整其位置，效果如图7-99所示。

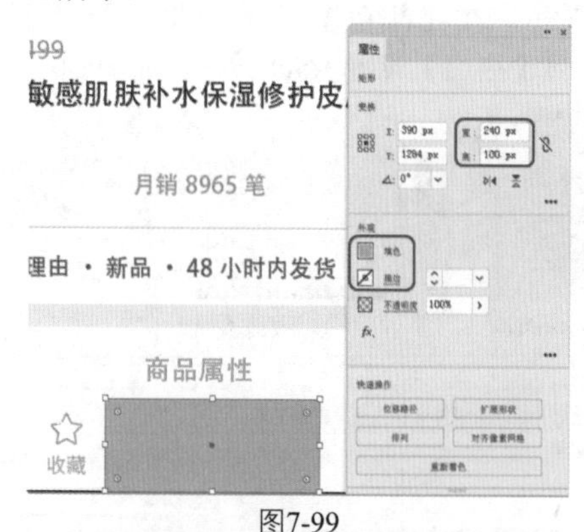

图7-99

Step 15 在工具箱中单击【文字工具】按钮T，在画板中单击鼠标，输入文字，选中输入的文字，在【属性】面板中将【填色】设置为#fefefe，将【字体系列】设置为“黑体”，将【字体大小】设置为34pt，将【字符间距】设置为0，效果如图7-100所示。

图7-100

Step 16 对绘制的矩形与输入的文字进行复制，并将复制后的矩形的【填色】更改为#ff3855，然后对复制的文字内容进行修改，效果如图7-101所示。

图7-101

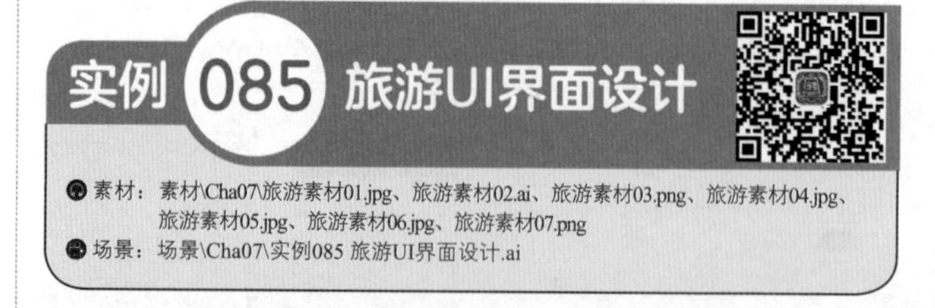

实例085 旅游UI界面设计

素材：素材\Cha07\旅游素材01.jpg、旅游素材02.ai、旅游素材03.png、旅游素材04.jpg、旅游素材05.jpg、旅游素材06.jpg、旅游素材07.png

场景：场景\Cha07\实例085 旅游UI界面设计.ai

本实例将介绍如何制作旅游UI界面。首先置入素材文件，再利用【矩形工具】与【椭圆工具】制作功能图标显示区域，然后利用【圆角矩形工具】绘制圆角矩形，并与置入的素材图片创建剪切蒙版，从而制作景点推荐区域，效果如图7-102所示。

Step 01 按Ctrl+N组合键，在弹出的对话框中将【单位】设置为“像素”，将【宽度】和【高度】分别设置为750px和437px，将【颜色模式】设置为“RGB颜色”，设置完成后，单击【创建】按钮，按Shift+Ctrl+P组合键，在弹出的对话框中选择“素材\Cha07\旅游素材01.jpg”文件，单击【置入】按钮，在画板中单击鼠标，在画板中调整其位置，在【属性】面板中单击【嵌入】按钮，如图7-103所示。

图7-102　　图7-103

Step 02 使用同样的方法将“旅游素材02.ai”文件置入文档，并嵌入文档，在画板中调整其位置，效果如图7-104所示。

图7-104

Step 03 在工具箱中单击【文字工具】按钮T，在画板中单击鼠标，输入文字，选中输入的文字，在【字符】面板中将【字体系列】设置为“汉仪中黑简”，将【字体大小】设置为28pt，将【垂直缩放】设置为90%，将【字符间距】设置为0，在【颜色】面板中将【填色】设置为#888989，并在画板中调整其位置，效果如图7-105所示。

图7-105

Step 04 在工具箱中单击【矩形工具】按钮，在画板中绘制一个矩形，在【属性】面板中将【宽】和【高】分别设置为750px和1334px，将【填色】设置为#eeeeee，将【描边】设置为“无”，并在画板中调整其位置，效果如图7-106所示。

Step 05 选中绘制的矩形，右击，在弹出的快捷菜单中选择【排列】|【置于底层】命令，如图7-107所示。

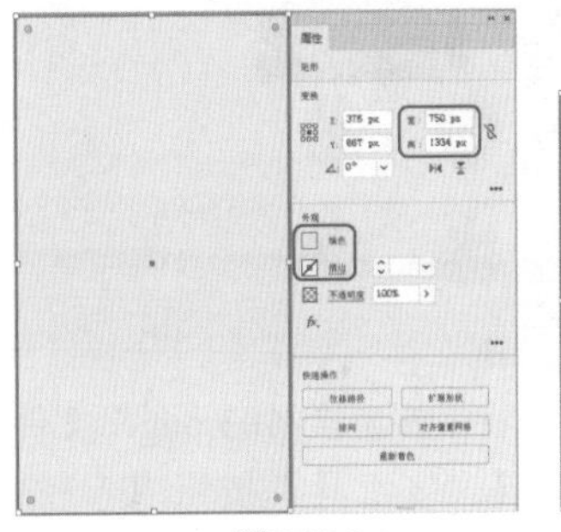

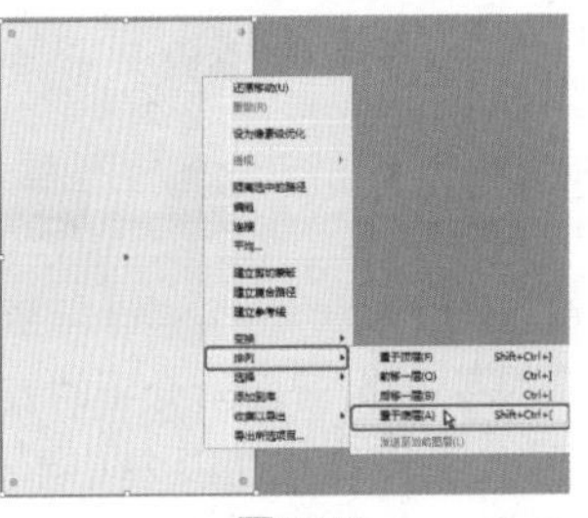

图7-106　　图7-107

Step 06 在工具箱中单击【矩形工具】按钮，在画板中绘制一个矩形，在【属性】面板中将【宽】和【高】分别设置为750px和328px，将X和Y分别设置为375px和483px，将【填色】设置为#ffffff，将【描边】设置为“无”，效果如图7-108所示。

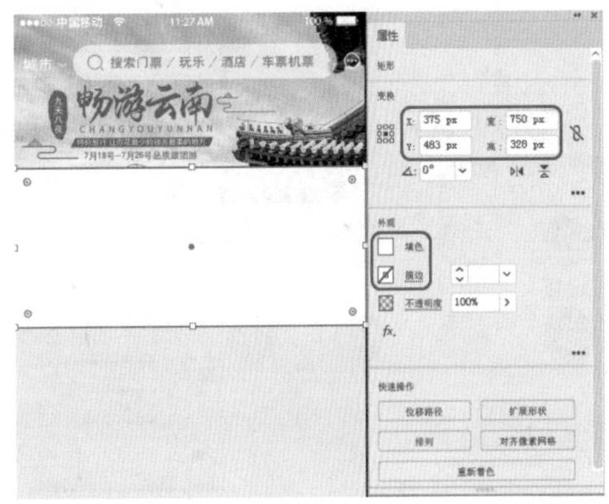

图7-108

Step 07 在工具箱中单击【椭圆工具】按钮，在画板中按住Shift键绘制一个正圆，在【属性】面板中将【宽】和【高】均设置为90px，将X和Y分别设置为107px和382px，将【填色】设置为#fe7656，将【描边】设置为“无”，效果如图7-109所示。

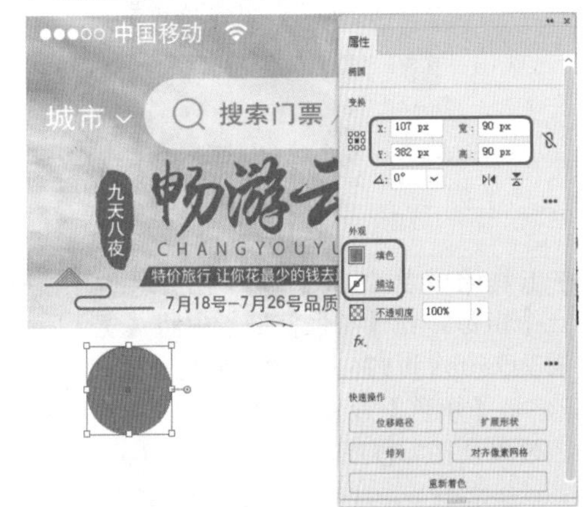

图7-109

Step 08 对绘制的圆形进行复制，并修改复制圆形的填色与位置，效果如图7-110所示。

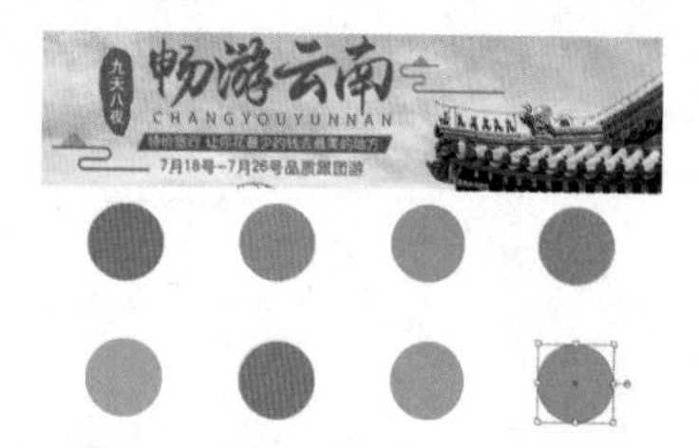

图7-110

Step 09 根据前面所介绍的方法将“旅游素材03.png”文件置入文档，在工具箱中单击【文字工具】按钮T，在画板中单击鼠标，输入文字，选中输入的文字，在【字符】面板中将【字体系列】设置为“汉标中黑体”，将【字体大小】设置为28pt，将【垂直缩放】设置为100%，将【字符间距】设置为0，在【颜色】面板中将【填色】设置为#333333，并在画板中调整其位置，如图7-111所示。

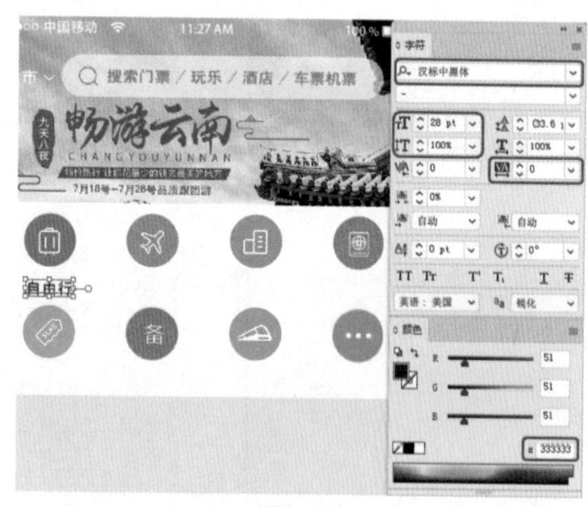

图7-111

Step 10 使用同样的方法在画板中输入其他文字内容，效果如图7-112所示。

图7-112

Step 11 在工具箱中单击【矩形工具】按钮，在画板中绘制一个矩形，在【属性】面板中将【宽】和【高】分别设置为750px和576px，将X和Y分别设置为375px和949px，将【填色】设置为#ffffff，将【描边】设置为“无”，效果如图7-113所示。

Step 12 在工具箱中单击【文字工具】按钮T，在画板中单击鼠标，输入文字，选中输入的文字，在【字符】面板中将【字体系列】设置为“汉标中黑体”，将【字体大小】设置为36pt，将【垂直缩放】设置为90%，将【字符间距】设置为0，在【颜色】面板中将【填色】设置为#262626，在【变换】面板中将X和Y分别设置为98px和699px，如图7-114所示。

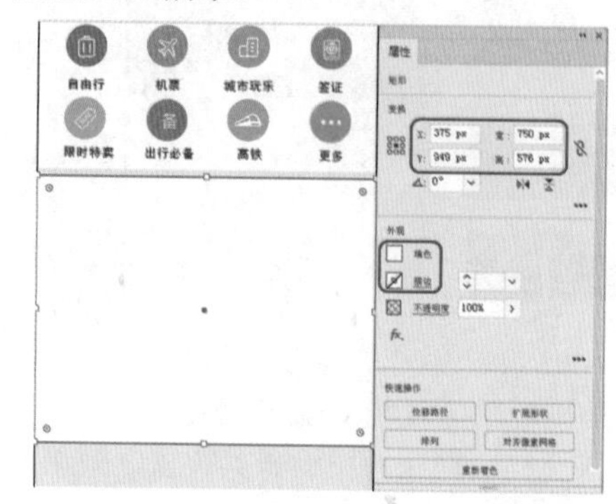

图7-113

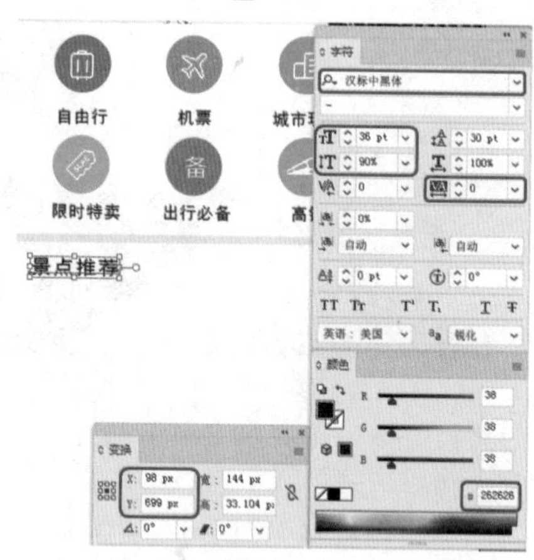

图7-114

Step 13 在工具箱中单击【文字工具】按钮T，在画板中单击鼠标，输入文字，选中输入的文字，在【字符】面板中将【字体系列】设置为“汉标中黑体”，将【字体大小】设置为28pt，将【垂直缩放】设置为100%，将【字符间距】设置为0，在【颜色】面板中将【填色】设置为#999999，在【变换】面板中将X和Y分别设置为679px和695px，如图7-115所示。

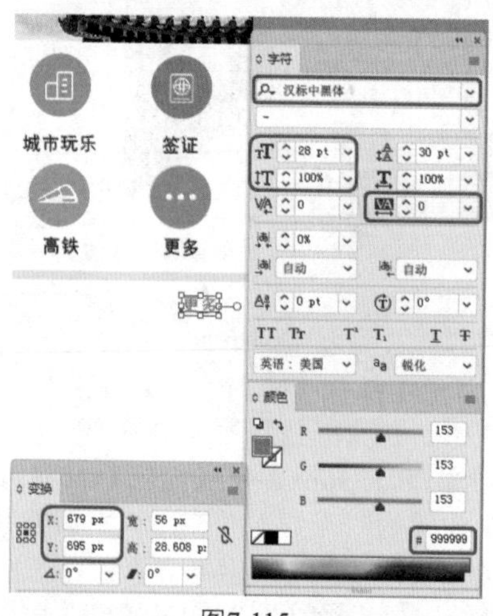

图7-115

Step 14 在工具箱中单击【钢笔工具】按钮，在画板中绘制图7-116所示的图形，在【描边】面板中将【粗细】设置为1.3pt，单击【圆头端点】按钮与【圆角连接】按钮，在【颜色】面板中将【填色】设置为“无”，将【描边】设置为#a7a7a7。

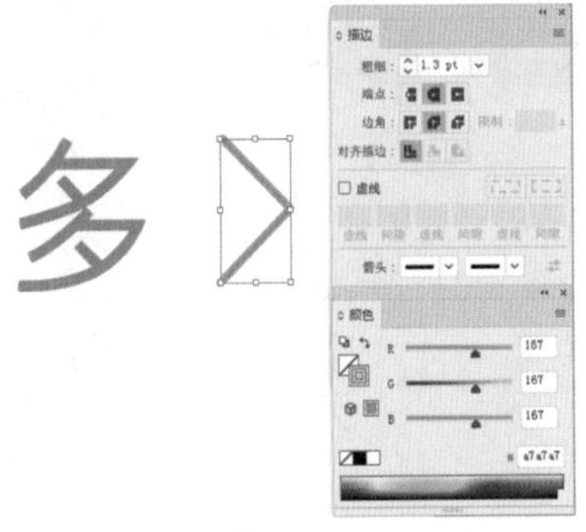

图7-116

Step 15 将“旅游素材04.jpg”文件置入文档，选中置入的素材文件，在【属性】面板中将【宽】和【高】分别设置为338px和223px，将X和Y分别设置为108px和844px，效果如图7-117所示。

图7-117

Step 16 在工具箱中单击【圆角矩形工具】按钮，在画板中绘制一个圆角矩形，在【变换】面板中将【宽】和【高】均设置为220px，将X和Y分别设置为135px和846px，将所有的圆角半径均设置为12px，在【颜色】面板中将【填色】设置为#ff7200，将【描边】设置为“无”，效果如图7-118所示。

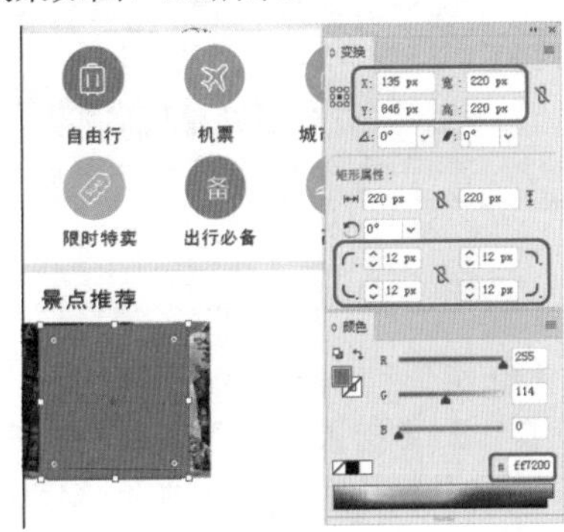

图7-118

Step 17 选中置入的素材文件与新绘制的圆角矩形，右击，在弹出的快捷菜单中选择【建立剪切蒙版】命令，在工具箱中单击【钢笔工具】按钮，在画板中绘制图7-119所示的图形，并将其填色设置为白色。

图7-119

Step 18 在工具箱中单击【椭圆工具】按钮，在画板中按住Shift键绘制一个正圆，在【属性】面板中将【宽】和【高】均设置为8px，将【填色】设置为#fff800，将【描边】设置为“无”，并在画板中调整其位置，效果如图7-120所示。

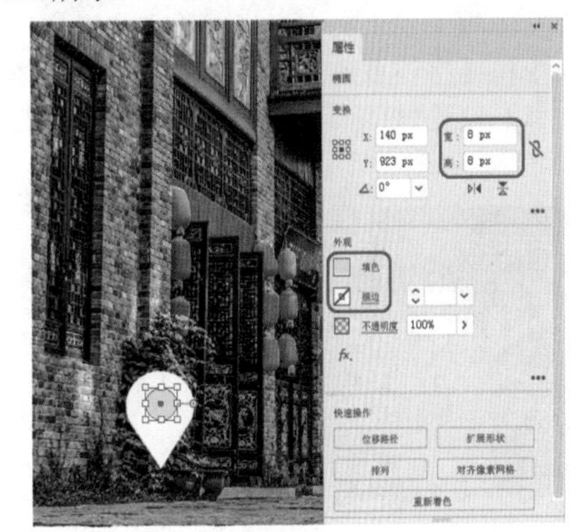

图7-120

Step 19 选中绘制的两个图形，在【路径查找器】面板中单击【减去顶层】按钮，选中减去顶层后的图形，在【属性】面板中将【不透明度】设置为70%，如图7-121所示。

图7-121

Step 20 在工具箱中单击【文字工具】按钮T，在画板中单击鼠标，输入文字，选中输入的文字，在【属性】面板中将【字体系列】设置为“汉标中黑体”，将【字体大小】设置为24pt，将【字符间距】设置为0，将【填色】设置为#ffffff，如图7-122所示。

图7-122

Step 21 使用【文字工具】在画板中绘制一个文本框，在【属性】面板中将【宽】和【高】分别设置为221px和54px，在文本框中输入文字，选中输入的文字，在【属性】面板中将【字体系列】设置为“汉标中黑体”，将【字体大小】设置为24pt，将【字符间距】设置为0，将【填色】设置为#262626，如图7-123所示。

图7-123

Step 22 使用同样的方法在画板中制作其他内容，效果如图7-124所示。

图7-124

Step 23 在工具箱中单击【矩形工具】按钮，在画板中绘制一个【宽】和【高】分别为750px和101px的矩形，将其【填色】设置为白色，将【描边】设置为“无”，在画板中调整其位置，在【外观】面板中单击【添加新效果】按钮fx，在弹出的菜单中选择【风格化】|【投影】命令，如图7-125所示。

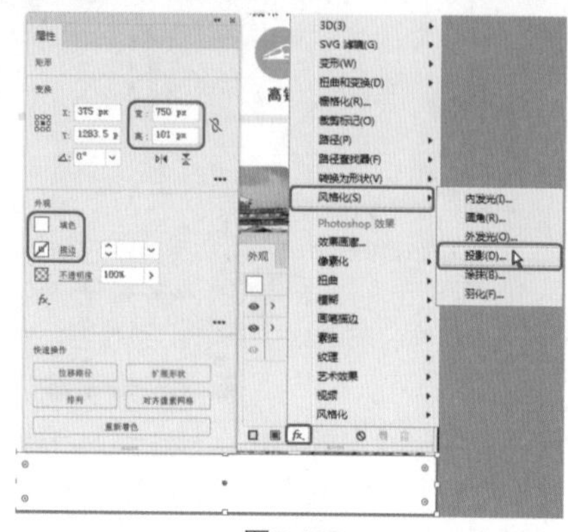

图7-125

Step 24 在弹出的【投影】对话框中将【模式】设置为“正常”，将【不透明度】、【X位移】、【Y位移】、【模糊】分别设置为20%、0px、-4px、2px，将【颜色】设置为#000000，单击【确定】按钮，并将“旅游素材07.png”文件置入文档，效果如图7-126所示。

图7-126

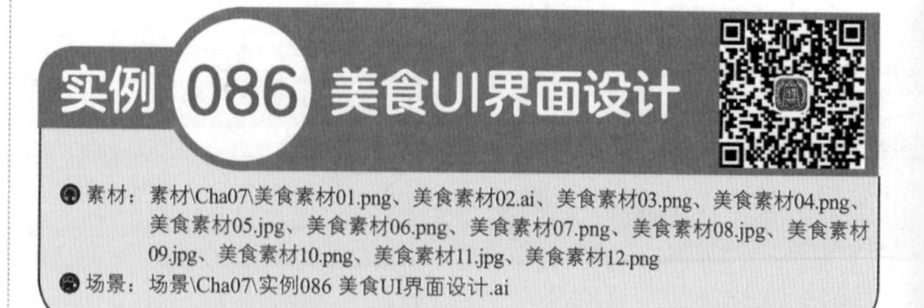

实例086 美食UI界面设计

素材：素材\Cha07\美食素材01.png、美食素材02.ai、美食素材03.png、美食素材04.png、美食素材05.jpg、美食素材06.png、美食素材07.png、美食素材08.jpg、美食素材09.jpg、美食素材10.png、美食素材11.jpg、美食素材12.png

场景：场景\Cha07\实例086 美食UI界面设计.ai

本实例将介绍如何制作美食UI界面。本实例主要通过【矩形工具】【椭圆工具】【圆角矩形工具】以及【文字工具】来制作美食UI界面，效果如图7-127所示。

Step 01 按Ctrl+N组合键，在弹出的对话框中将【单位】设置为“像素”，将【宽度】和【高度】分别设置为750px和1334px，将【颜色模式】设置为“RGB颜色”，设置完成后，单击【创建】按钮，在工具箱中单击【矩形工具】按钮，在画板中绘制一个矩形，在【属性】面板中将【宽】和【高】分别设置为750px和1334px，将【填色】设置为#f2f2f2，将【描边】设置为“无”，在画板中调整其位置，效果如图7-128所示。

图7-127

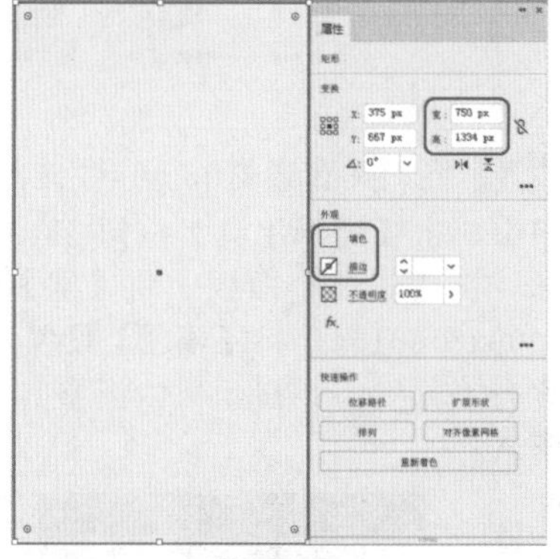

图7-128

Step 02 再次使用【矩形工具】在画板中绘制一个矩形，在【属性】面板中将【宽】和【高】分别设置为750px和140px，将X和Y分别设置为375px和70px，将【填色】设置为#f92e42，将【描边】设置为“无”，效果如图7-129所示。

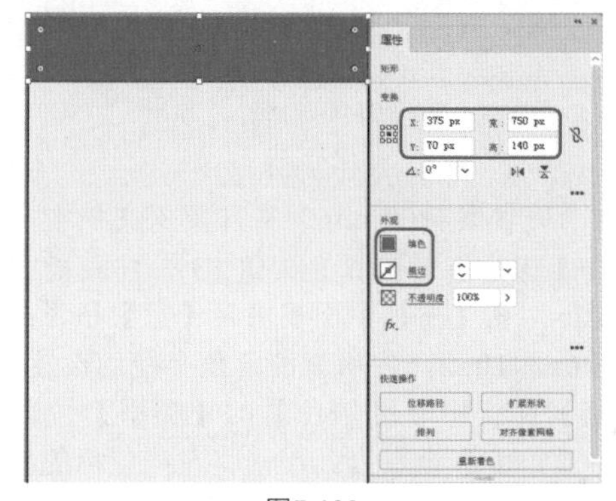

图7-129

Step 03 将“美食素材01.png”和“美食素材02.ai”文件置入文档，将其嵌入文档，并调整其位置，效果如图7-130所示。

图7-130

Step 04 在工具箱中单击【文字工具】按钮，在画板中单击鼠标，输入文字，选中输入的文字，在【属性】面板中将【填色】设置为白色，将【字体系列】设置为“微软雅黑”，将【字体大小】设置为28pt，将【字符间距】设置为60，如图7-131所示。

图7-131

Step 05 在工具箱中单击【圆角矩形工具】按钮，在画板中绘制一个圆角矩形，在【变换】面板中将【宽】和【高】分别设置为556px和53px，将所有圆角半径均设置为8px，在【颜色】面板中将【填色】设置为#ffffff，将【描边】设置为“无”，效果如图7-132所示。

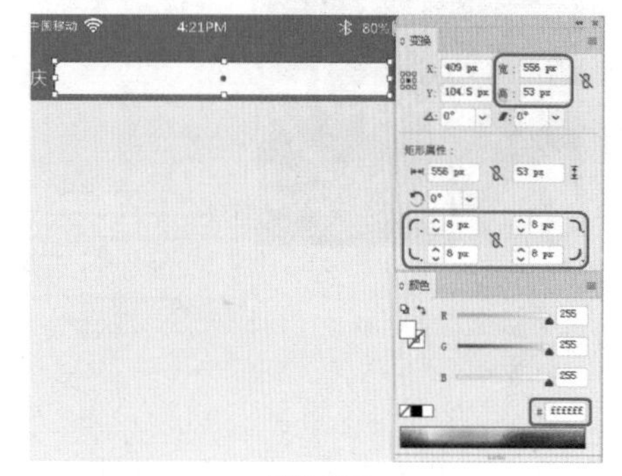

图7-132

Step 06 将“美食素材03.png”和“美食素材04.png”及“美食素材05.jpg”文件置入文档，将其嵌入文档，并在画板中调整其位置，效果如图7-133所示。

图7-133

Step 07 在工具箱中单击【矩形工具】按钮，在画板中绘制一个矩形，在【属性】面板中将【宽】和【高】分别设置为750px和202px，将【填色】设置为白色，将

【描边】设置为“无”，并在画板中调整其位置，效果如图7-134所示。

图7-134

Step 08 在工具箱中单击【椭圆工具】，在画板中按住Shift键绘制一个正圆，在【变换】面板中将【宽】和【高】均设置为108px，在【渐变】面板中将【填色】的【类型】设置为“线性”，将【角度】设置为90°，将左侧色标的颜色值设置为#f3ad17，将右侧色标的颜色值设置为#ff9b26，将【描边】设置为“无”，在画板中调整其位置，效果如图7-135所示。

图7-135

Step 09 在工具箱中单击【文字工具】按钮T，在画板中单击鼠标，输入文字，选中输入的文字，在【属性】面板中将【填色】设置为#212020，将【字体系列】设置为“汉标中黑体”，将【字体大小】设置为30pt，将【字符间距】设置为0，如图7-136所示。

图7-136

Step 10 对文字与圆形进行复制，并修改圆形的填色与文字内容，效果如图7-137所示。

图7-137

Step 11 将“美食素材06.png”文件置入文档中，在工具箱中单击【矩形工具】按钮，在画板中绘制一个矩形，在【属性】面板中将【宽】和【高】分别设置为750px和601px，将【填色】设置为白色，将【描边】设置为“无”，并在画板中调整其位置，效果如图7-138所示。

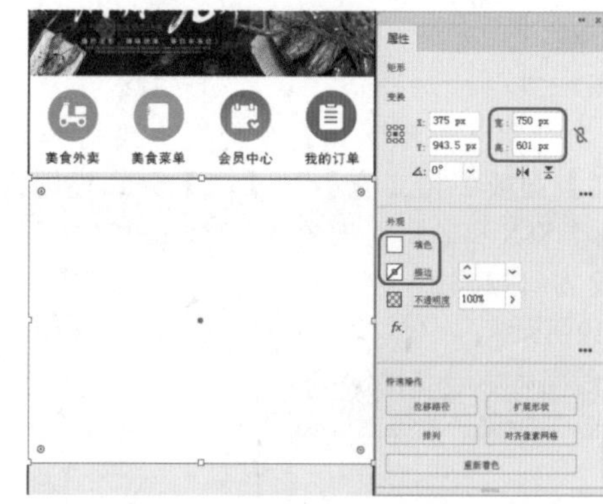

图7-138

Step 12 将“美食素材07.png”文件置入文档中，在工具箱中单击【圆角矩形工具】按钮，在画板中绘制一个圆角矩形，在【变换】面板中将【宽】和【高】分别设置为70px和10px，将所有的圆角半径均设置为5px，在【渐变】面板中将【填色】的【类型】设置为“线性”，将【角度】设置为90°，将左侧色标的颜色值设置为#ff5968，将右侧色标的颜色值设置为#fd6c8a，效果如图7-139所示。

图7-139

Step 13 在工具箱中单击【文字工具】按钮T，在画板中单击鼠标，输入文字，选中输入的文字，在【属性】面板中将【填色】设置为#333030，将【字体系列】设置为“汉标中黑体”，将【字体大小】设置为36pt，将【字符间距】设置为-25，并在画板中调整其位置，如图7-140所示。

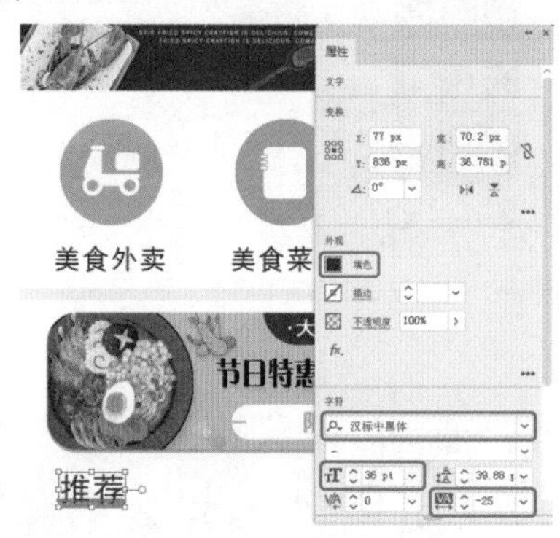

图7-140

Step 14 使用同样的方法在画板中输入其他文字内容，效果如图7-141所示。

图7-141

Step 15 在工具箱中单击【矩形工具】按钮，在画板中绘制一个矩形，在【属性】面板中将【宽】和【高】分别设置为706px和371px，将【填色】设置为白色，将【描边】设置为“无”，并在画板中调整其位置，效果如图7-142所示。

图7-142

Step 16 继续选中绘制的矩形，在【外观】面板中单击【添加新效果】按钮，在弹出的下拉菜单中选择【风格化】|【投影】命令，在弹出的对话框中将【模式】设置为“正片叠底”，将【不透明度】【X位移】【Y位移】【模糊】分别设置为10%、0px、0px、3px，将【颜色】设置为#000000，如图7-143所示。

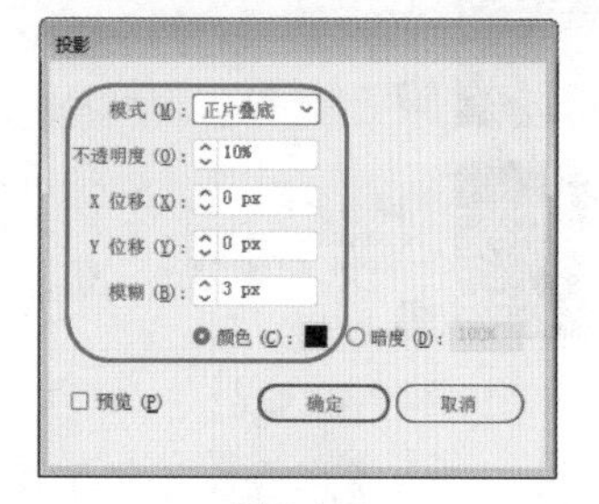

图7-143

Step 17 设置完成后，单击【确定】按钮，将“美食素材08.jpg”文件置入文档中，将其嵌入文档，在【属性】面板中将【宽】和【高】分别设置为244.5px和163px，并在画板中调整其位置，效果如图7-144所示。

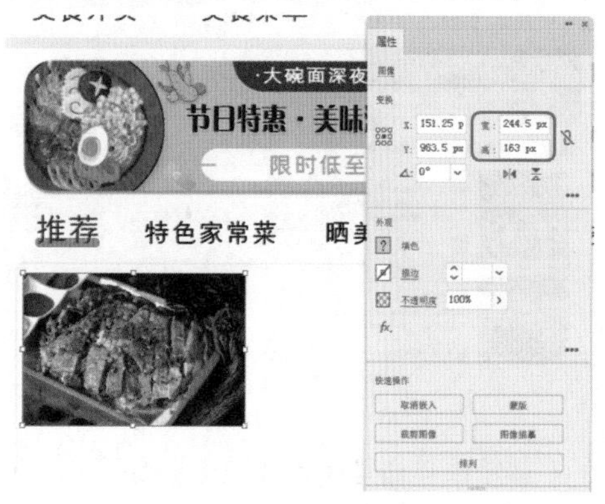

图7-144

Step 18 在工具箱中单击【矩形工具】，在画板中绘制一个矩形，在【属性】面板中将【宽】和【高】分别设置为170px和163px，将【填色】设置为#00d3be，将【描边】设置为“无”，效果如图7-145所示。

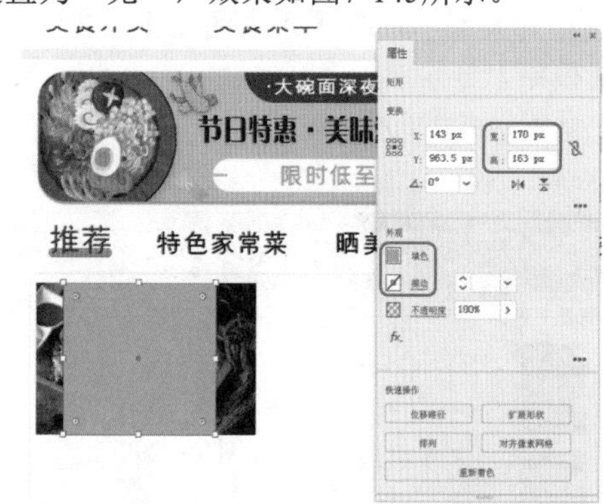

图7-145

Step 19 选中新绘制的矩形与“美食素材08.jpg”文件，右击，在弹出的快捷菜单中选择【建立剪切蒙版】命令，根据前面所介绍的方法输入其他文字内容，并绘制相应的图形，置入素材文件，效果如图7-146所示。

图7-146

Step 20 在工具箱中单击【直线段工具】按钮，在画板中按住Shift键绘制一条水平直线，在【属性】面板中将【宽】设置为647px，将【填色】设置为“无”，将【描边】设置为#ececeb，将【描边粗细】设置为5pt，在画板中调整其位置，效果如图7-147所示。

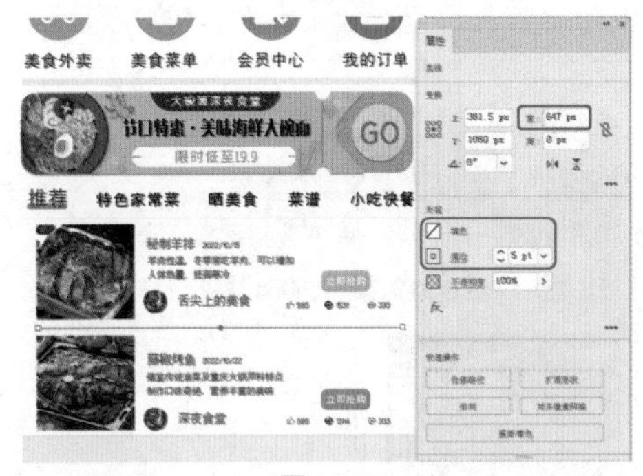

图7-147

Step 21 在工具箱中单击【矩形工具】按钮，在画板中绘制一个【宽】和【高】分别为750px和91px的矩形，将其【填色】设置为白色，将【描边】设置为“无”，在画板中调整其位置，在【外观】面板中单击【添加新效果】按钮，在弹出的下拉菜单中选择【风格化】|【投影】命令，在弹出的【投影】对话框中将【模式】设置为“正片叠底”，将【不透明度】【X位移】【Y位移】【模糊】分别设置为10%、0px、-5px、3px，将【颜色】设置为#000000，如图7-148所示。

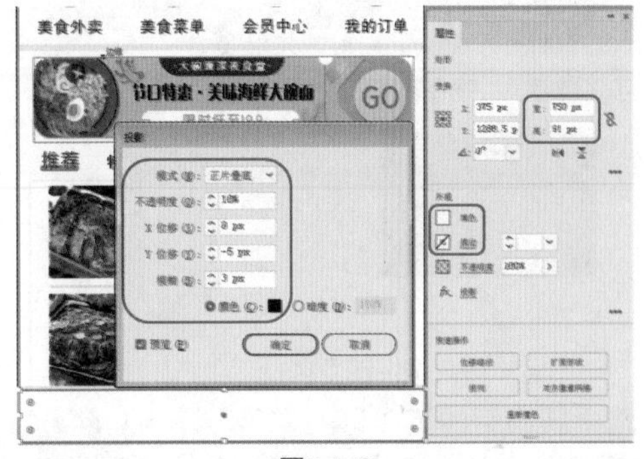

图7-148

Step 22 设置完成后，单击【确定】按钮，根据前面所介绍的方法将“美食素材12.png”文件置入文档中，效果如图7-149所示。

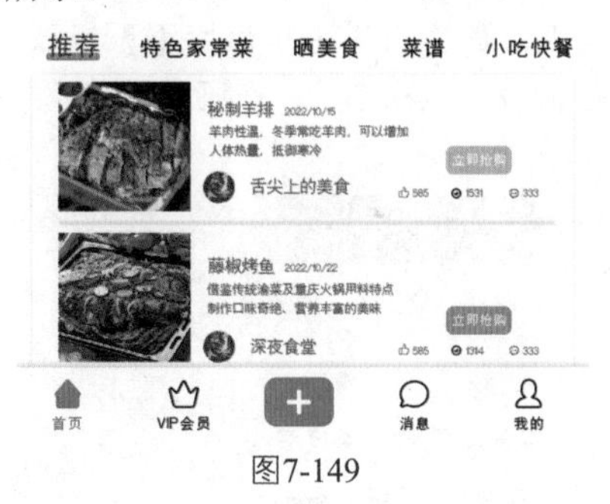

图7-149

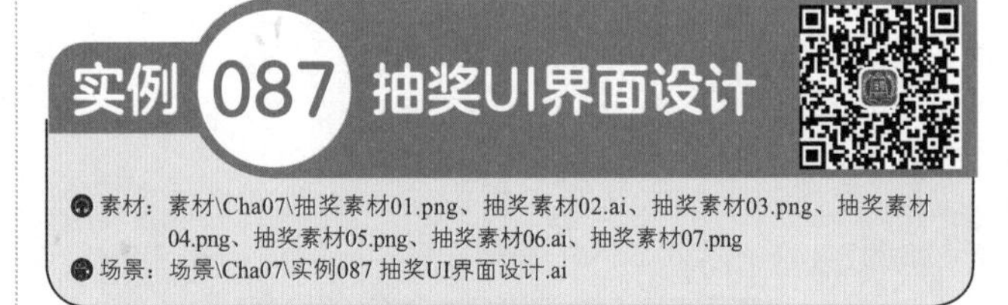

实例087 抽奖UI界面设计

素材：素材\Cha07\抽奖素材01.png、抽奖素材02.ai、抽奖素材03.png、抽奖素材04.png、抽奖素材05.png、抽奖素材06.ai、抽奖素材07.png

场景：场景\Cha07\实例087 抽奖UI界面设计.ai

本实例将介绍如何制作抽奖UI界面。本实例主要利用【圆角矩形工具】与【椭圆工具】绘制图形，并为图形添加【内发光】以及【投影】效果，使绘制的图形看起来更加立体，效果如图7-150所示。

Step 01 按Ctrl+N组合键，在弹出的对话框中将【单位】设置为“像素”，将【宽度】和【高度】分别设置为750px和1334px，将【颜色模式】设置为“RGB颜色”，设置完成后，单击【创建】按钮，在工具箱中单击【矩形工具】按钮，在画板中绘制一个矩形，在【属性】面板中将【宽】和【高】分别设置为750px和1334px，将【填色】设置为#ff513c，将【描边】设置为“无”，在画板中调整其位置，效果如图7-151所示。

图7-150

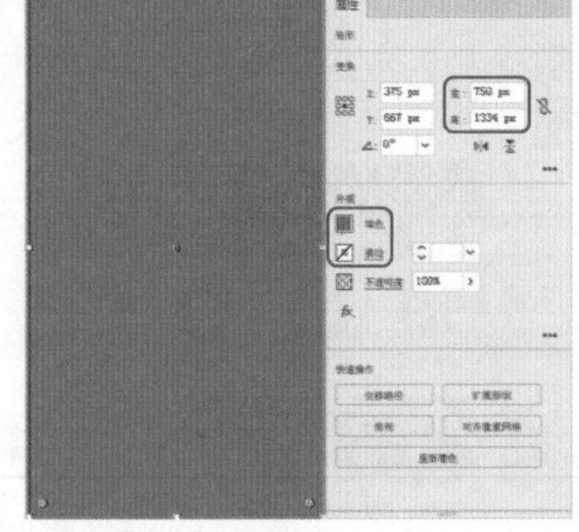

图7-151

Step 02 将“抽奖素材01.png”和“抽奖素材02.ai”文件置入文档中，将其嵌入文档，并调整其位置，效果如图7-152所示。

Step 03 在工具箱中单击【圆角矩形工具】按钮，在画板中绘制一个圆角矩形，在【变换】面板中将【宽】和【高】分别设置为650px和55px，将X和Y分别设置为384px和123.5px，将所有的圆角半径均设置为27.5px，在【颜色】面板中将【填色】设置为#000000，将【描边】设置为“无”，在【透明度】面板中将【不透明度】设置为30%，如图7-153所示。

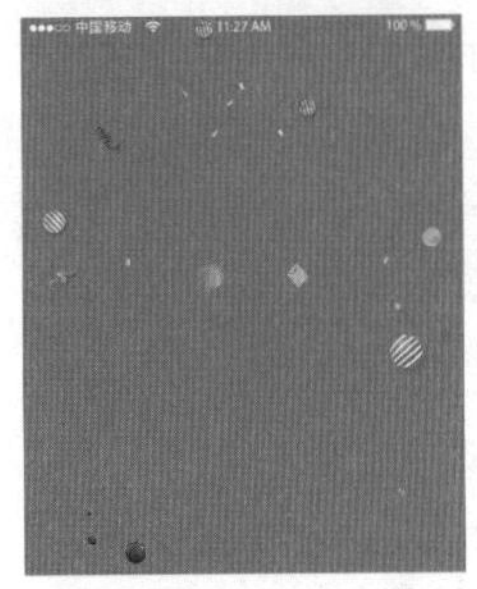

图7-152

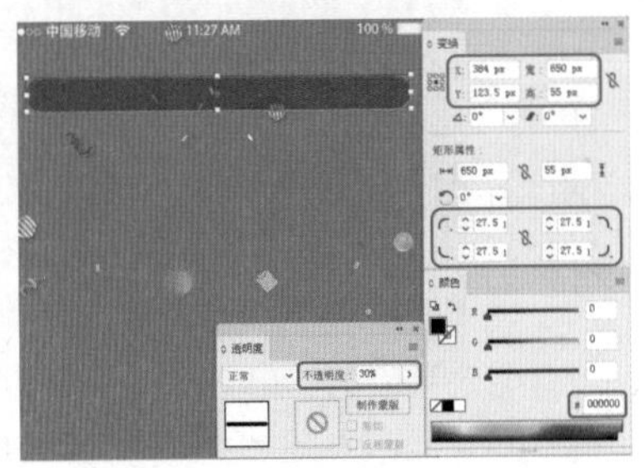

图7-153

Step 04 在工具箱中单击【矩形工具】，在画板中绘制一个矩形，在【属性】面板中将【宽】和【高】分别设置为5px和55px，将X和Y分别设置为215.5px和123.5px，将【填色】设置为#000000，将【描边】设置为“无”，效果如图7-154所示。

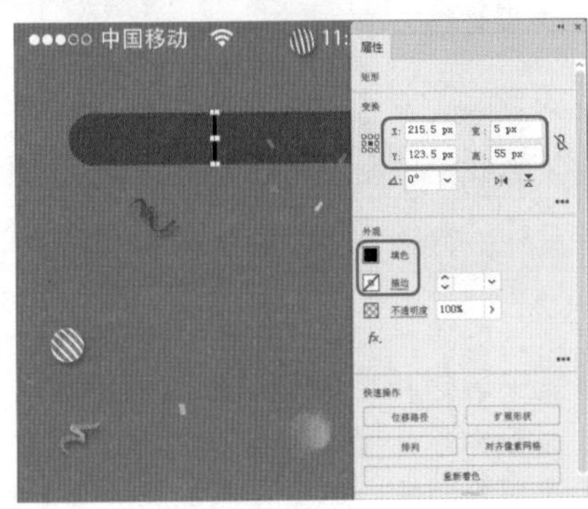

图7-154

Step 05 在画板中选择圆角矩形与矩形，在【路径查找器】面板中单击【减去顶层】按钮，然后在工具箱中单击【文字工具】按钮T，在画板中单击鼠标，输入文字，选中输入的文字，在【属性】面板中将【填色】设置为# ffe336，将【字体系列】设置为“创艺简黑体”，将【字体大小】设置为29pt，将【字符间距】设置为-10，将X和Y分别设置为135px和125px，如图7-155所示。

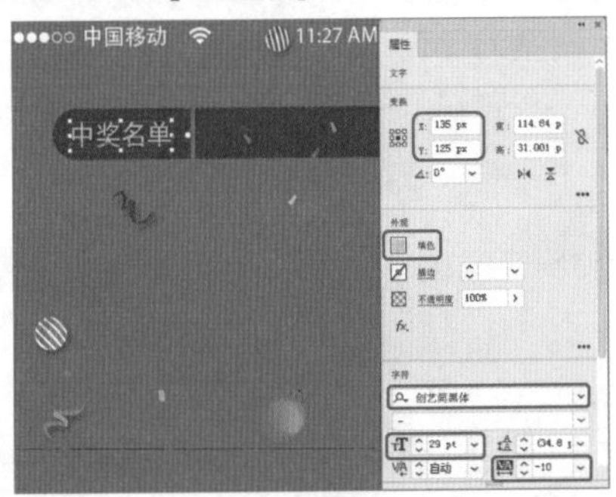

图7-155

Step 06 再次使用【文字工具】T在画板中输入文字，选中输入的文字，在【属性】面板中将【填色】设置为白色，将【字体系列】设置为“汉标中黑体”，将【字体大小】设置为28pt，将【字符间距】设置为-50，将“旅游卡一张”文本的【填色】更改为#ffe336，将X和Y分别设置为445px和124px，效果如图7-156所示。

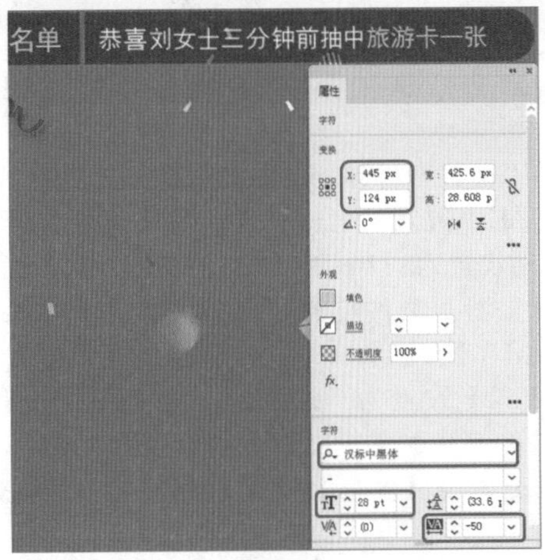

图7-156

Step 07 再次使用【文字工具】T在画板中输入文字，选中输入的文字，在【属性】面板中将【填色】设置为白色，将【字体系列】设置为“微软简综艺”，将【字体大小】设置为120pt，将【字符间距】设置为-50，将X和Y分别设置为373px和232px，效果如图7-157所示。

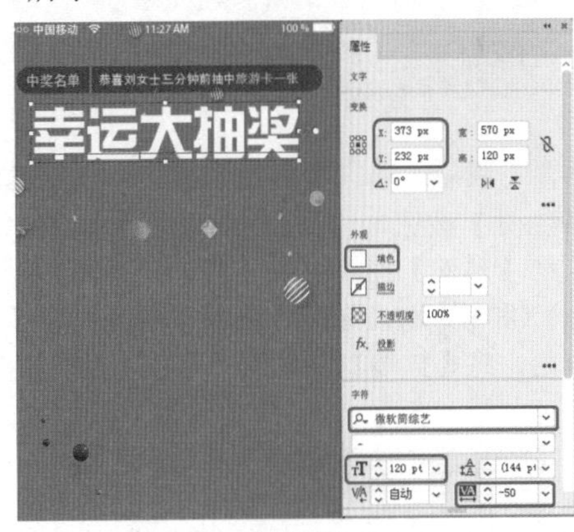

图7-157

Step 08 选中输入的文字，在【外观】面板中单击【添加新效果】按钮fx.，在弹出的下拉菜单中选择【风格化】|【投影】命令，在弹出的【投影】对话框中将【模式】设置为“正片叠底”，将【不透明度】【X位移】【Y位移】【模糊】分别设置为50%、0px、20px、0px，将【颜色】设置为#b2392a，如图7-158所示。

Step 09 设置完成后，单击【确定】按钮，根据前面所介绍的方法在画板中绘制其他图形，并输入文字内容，效果如图7-159所示。

图7-158

图7-159

Step 10 将“抽奖素材03.png”文件置入文档中，将其嵌入文档，选中置入的素材文件，在【属性】面板中将X和Y分别设置为372px和755px，在【外观】面板中单击【添加新效果】按钮 fx，在弹出的下拉菜单中选择【风格化】|【投影】命令，在弹出的【投影】对话框中将【模式】设置为“正常”，将【不透明度】【X位移】【Y位移】【模糊】分别设置为100%、0px、22px、0px，将【颜色】设置为#b2392a，如图7-160所示。

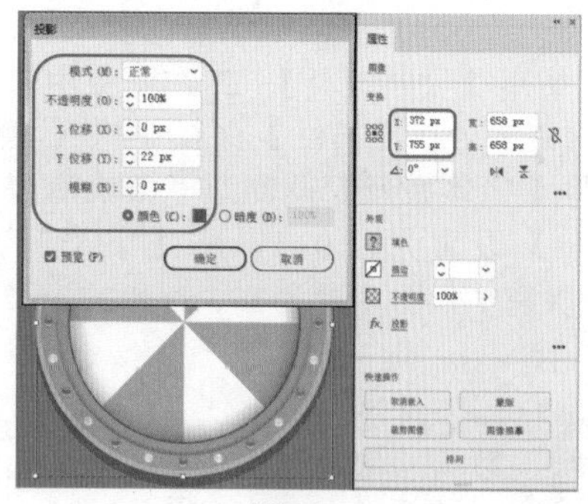
图7-160

Step 11 设置完成后，单击【确定】按钮，在工具箱中单击【椭圆工具】按钮，在画板中按住Shift键绘制一个正圆，在【属性】面板中将【宽】和【高】均设置为184px，将X和Y分别设置为371px和749px，将【填色】设置为白色，将【描边】设置为“无”，效果如图7-161所示。

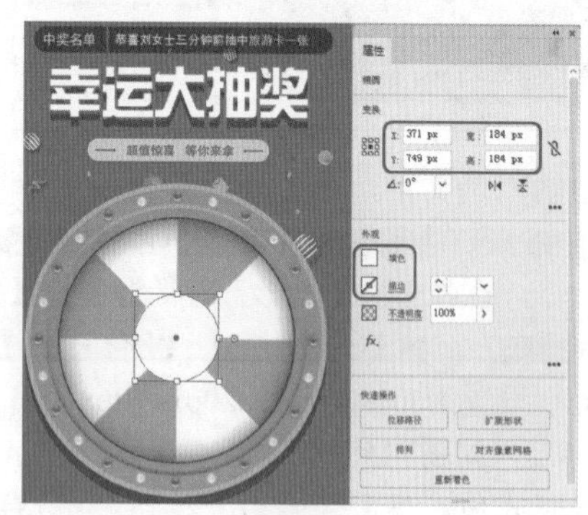
图7-161

Step 12 使用【椭圆工具】在画板中按住Shift键绘制一个正圆，在【属性】面板中将【宽】和【高】均设置为168px，将X和Y分别设置为371px和749px，将【填色】设置为#ff4a3f，将【描边】设置为“无”，效果如图7-162所示。

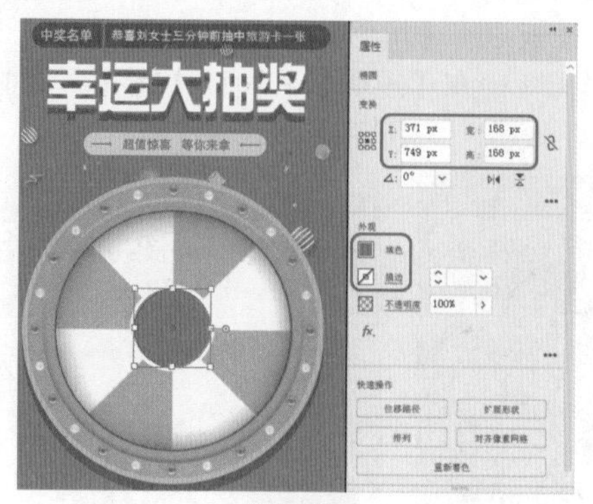
图7-162

Step 13 在工具箱中单击【钢笔工具】按钮，在画板中绘制图7-163所示的图形，在【颜色】面板中将【填色】设置为#ff4a3f，将【描边】设置为“无”。

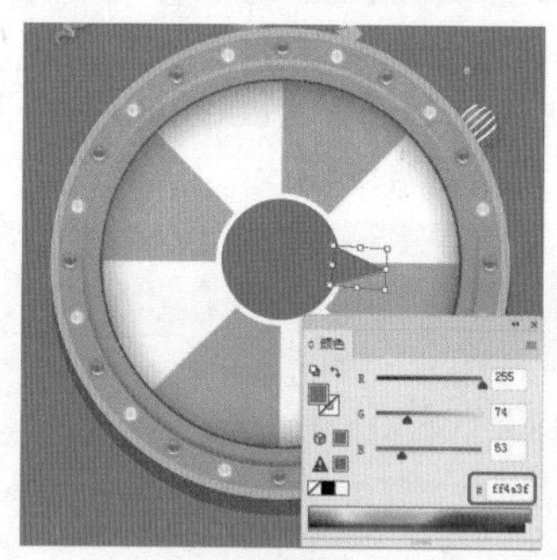
图7-163

Step 14 在画板中选择新绘制的图形与红色圆形，在【路径查找器】面板中单击【联集】按钮，选中联集后的图形，在【外观】面板中单击【添加新效果】按钮 fx，在弹出的下拉菜单中选择【风格化】|【投影】命令，在弹出的【投影】对话框中将【模式】设置为“正片叠底”，将【不透明度】【X位移】【Y位移】【模糊】分别设置为50%、0px、0px、3px，将【颜色】设置为#720700，如图7-164所示。

Step 15 设置完成后，单击【确定】按钮，在工具箱中单击【钢笔工具】按钮，在画板中绘制图7-165所示的图形，在【颜色】面板中将【填色】设置为#e9261a，将【描边】设置为“无”。

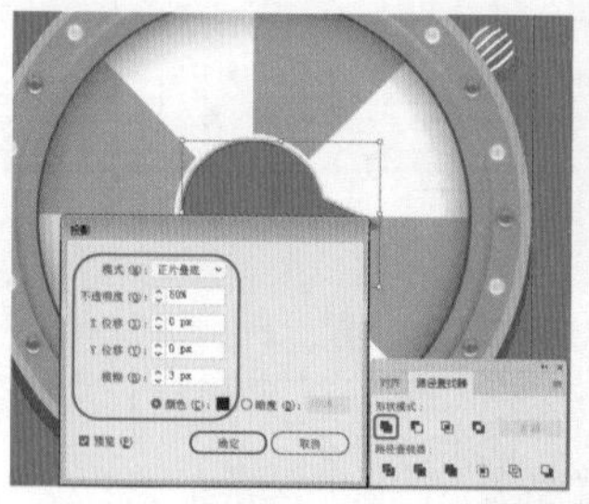
图7-164

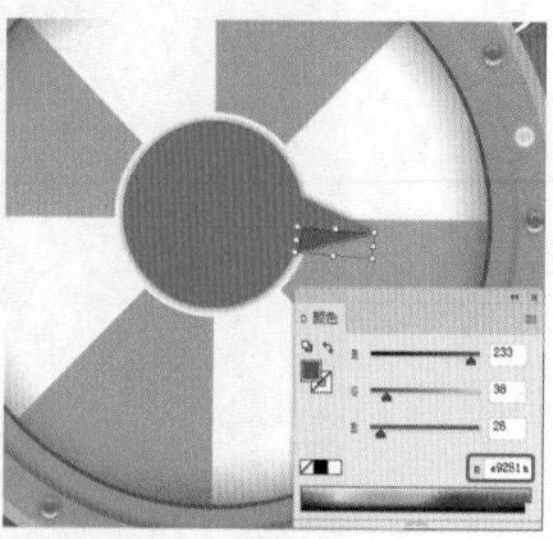
图7-165

Step 16 在工具箱中单击【椭圆工具】按钮，在画板中按住Shift键绘制一个正圆，在【变换】面板中将【宽】和【高】均设置为134，将X和Y分别设置为371和749px，在【渐变】面板中将【填色】的【类型】设置为【线性】，将【角度】设置为119°，将左侧色标的颜色值设置为#eea429，将右侧色标的颜色值设置为#ffe48a，效果如图7-166所示。

Step 17 选中新绘制的圆形，在【外观】面板中单击【添加新效果】按钮，在弹出的下拉菜单中选择【风格化】|【内发光】命令，在弹出的【内发光】对话框中将【模式】设置为“滤色”，将发光颜色设置为#ffffff，将【不透明度】和【模糊】分别设置为35%和7px，选中【边缘】单选按钮，如图7-167所示。

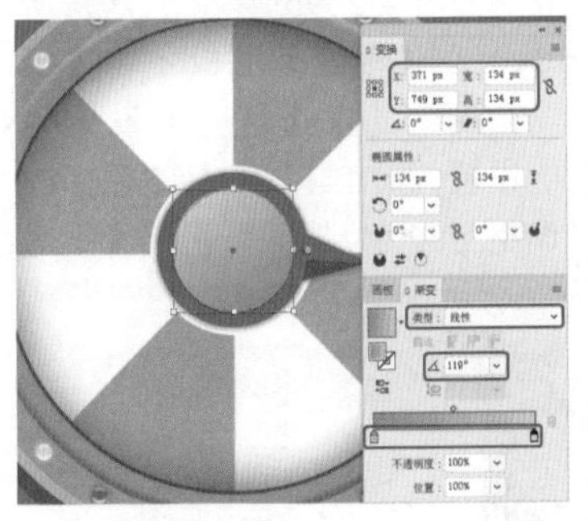

图7-166

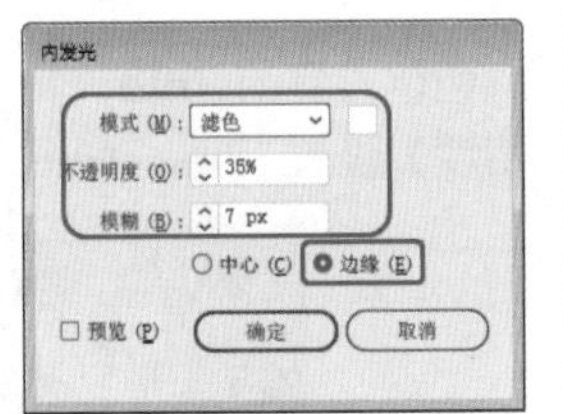

图7-167

Step 18 设置完成后，单击【确定】按钮，在【外观】面板中单击【添加新效果】按钮，在弹出的下拉菜单中选择【风格化】|【投影】命令，在弹出的【投影】对话框中将【模式】设置为“正片叠底”，将【不透明度】【X位移】【Y位移】【模糊】分别设置为18%、0px、3px、3px，将【颜色】设置为#000000，如图7-168所示。

Step 19 设置完成后，单击【确定】按钮，在工具箱中单击【椭圆工具】按钮，在画板中绘制一个椭圆，在【变换】面板中将椭圆【宽度】和【高度】分别设置为23px、26px，将【椭圆角度】设置为300°，在【透明度】面板中将【不透明度】设置为66%，在【外观】面板中将【描边】设置为“无”，将【填色】设置为白色，单击【添加新效果】按钮，在弹出的下拉菜单中选择【风格化】|【羽化】命令，在弹出的对话框中将【半径】设置为10px，如图7-169所示。

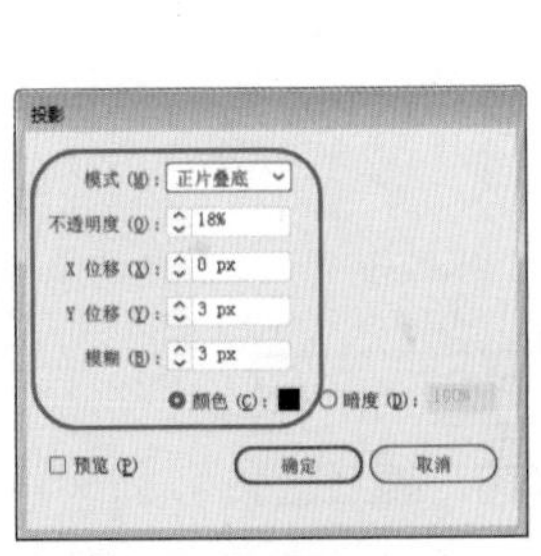

图7-168

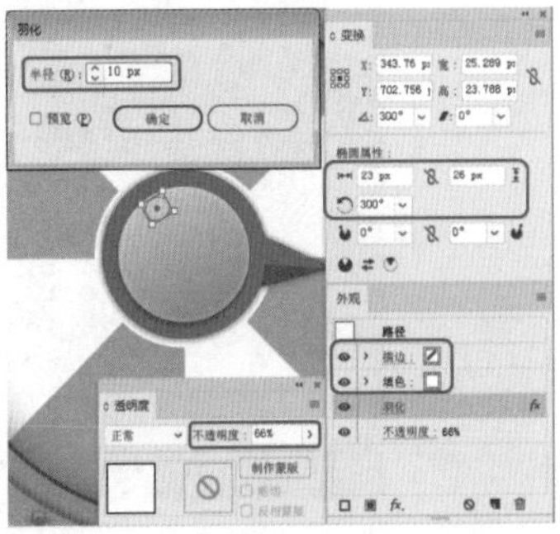

图7-169

Step 20 设置完成后，单击【确定】按钮，在工具箱中单击【椭圆工具】按钮，在画板中绘制一个椭圆，在【变换】面板中将椭圆【宽度】和【高度】分别设置为13px和16px，将【椭圆角度】设置为300°，在【透明度】面板中将【不透明度】设置为100%，在【外观】面板中将【描边】设置为“无”，将【填色】设置为白色，单击【添加新效果】按钮，在弹出的下拉菜单中选择【风格化】|【羽化】命令，在弹出的对话框中将【半径】设置为10px，如图7-170所示。

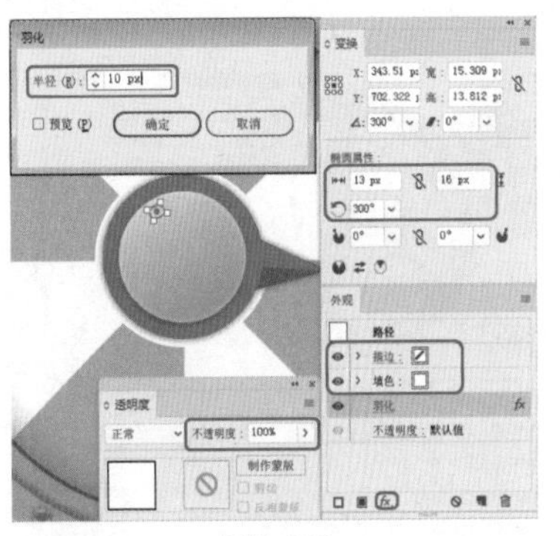

图7-170

Step 21 在工具箱中单击【文字工具】按钮，在画板中单击鼠标，输入文字，选中输入的文字，在【属性】面板中将【字体系列】设置为“方正粗黑宋简体”，将【字体大小】设置为43pt，将【字符间距】设置为0，并调整其位置，效果如图7-171所示。

图7-171

Step 22 选中输入的文字，右击，在弹出的快捷菜单中选择【创建轮廓】命令，如图7-172所示。

图7-172

Step 23 选中创建轮廓的文字对象，在【渐变】面板中将【填色】的【类型】设置为“线性”，将【角度】设置为90°，将左侧色标的颜色值设置为#ff392f，将右侧色标的颜色值设置为#ff7e28，在【外观】面板中单击【添加新效果】按钮，在弹出的下拉菜单中选择【风格化】|【投影】命令，在弹出的【投影】对话框中将【模式】设置为“正常”，将【不透明度】【X位移】【Y位移】【模糊】分别设置为100%、0px、1px、0px，将【颜色】设置为#d9472b，效果如图7-173所示。

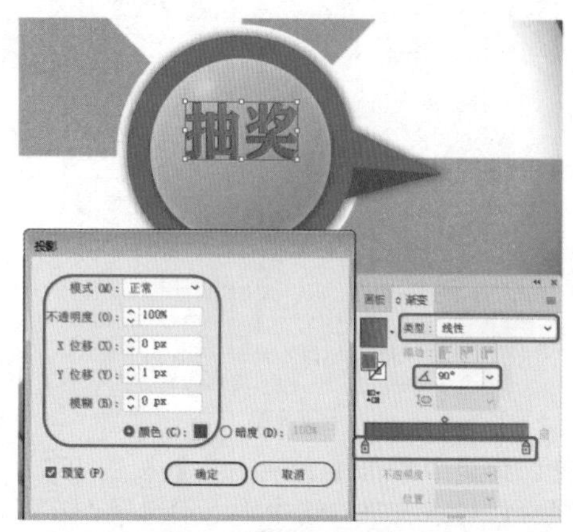

图7-173

Step 24 设置完成后，单击【确定】按钮，根据前面所介绍的方法再制作其他效果，并置入相应的素材文件，效果如图7-174所示。

图7-174

Step 25 在工具箱中单击【圆角矩形工具】，在画板中绘制一个圆角矩形，在【变换】面板中将【宽】和【高】分别设置为269px和80px，将所有的圆角半径均设置为40px，在【颜色】面板中将【填色】设置为#fff3f0，将【描边】设置为“无”。在【外观】面板中单击【添加新效果】按钮，在弹出的下拉菜单中选择【风格化】|【投影】命令，在弹出的【投影】对话框中将【模式】设置为“正片叠底”，将【不透明度】【X位移】【Y位移】【模糊】分别设置为15%、0px、6px、0px，将【颜色】设置为#851c04，效果如图7-175所示。

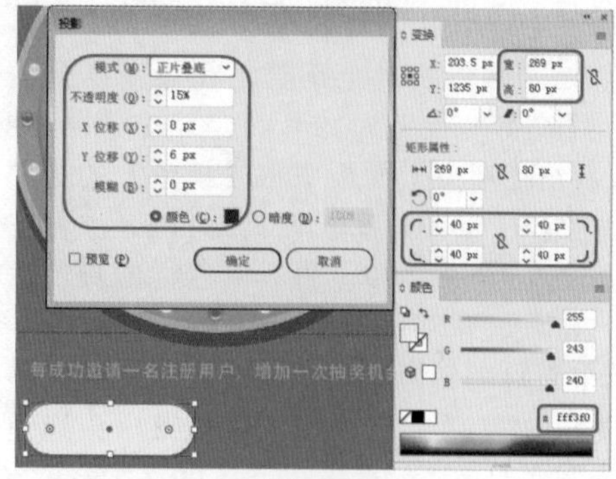
图7-175

Step 26 设置完成后，单击【确定】按钮，再次使用【圆角矩形工具】在画板中绘制一个圆角矩形，在【变换】面板中将【宽】和【高】分别设置为269px和80px，将所有的圆角半径均设置为40px，在【渐变】面板中将【填色】的【类型】设置为“线性”，将【角度】设置为90°，将右侧色标的颜色值设置为#ffffff，将左侧色标的颜色值设置为#ffffff，将其调整至85%位置处，将其【不透明度】设置为0%，如图7-176所示。

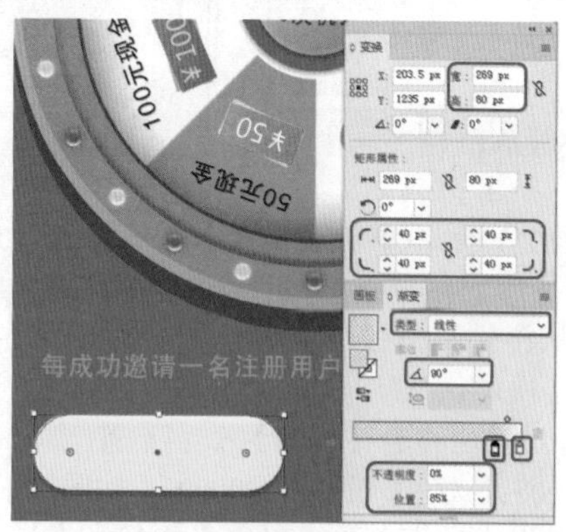
图7-176

Step 27 在工具箱中单击【文字工具】，在画板中单击鼠标，输入文字，选中输入的文字，在【属性】面板中将【填色】设置为#fb6c1e，将【字体系列】设置为“Adobe 黑体 Std R”，将【字体大小】设置为30pt，将【字符间距】设置为60，并调整其位置，效果如图7-177所示。

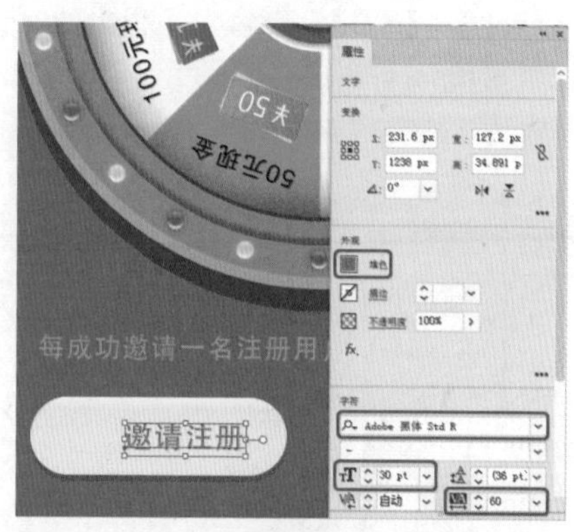

图7-177

Step 28 将“抽奖素材06.ai”文件置入文档中，并使用同样的方法在画板中制作其他内容，效果如图7-178所示。

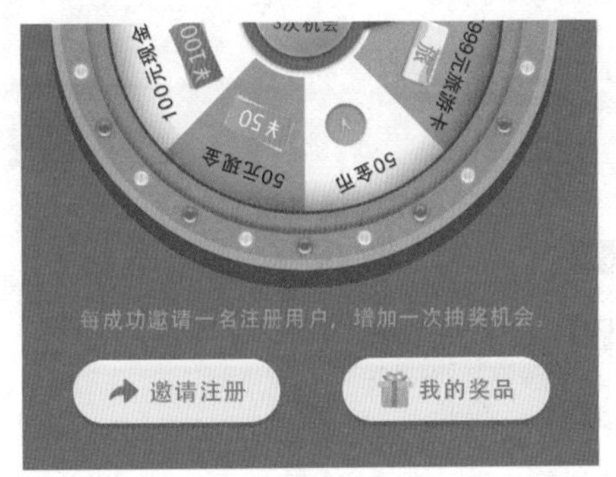

图7-178

实例088 运动UI界面设计

素材：素材\Cha07\运动素材.ai、运动素材01.jpg、运动素材02.jpg、运动素材03.jpg、运动素材04.png、运动素材05.jpg、运动素材06.jpg、运动素材07.png

场景：场景\Cha07\实例088 运动UI界面设计.ai

在互联网时代，健身运动文化正在觉醒，应该有更专业的工具、更纯粹的社区，让好身材来得更容易些。随着健身、运动需求越来越多，运动App手机应用软件也越来越多，本节将介绍如何设计与制作运动界面，效果如图7-179所示。

Step 01 按Ctrl+O组合键，弹出【打开】对话框，选择“素材\Cha07\运动素材.ai”文件，单击【打开】按钮，效果如图7-180所示。

图7-179

图7-180

Step 02 在工具箱中单击【圆角矩形工具】按钮，在画板中拖曳鼠标进行绘制，在【属性】面板中将【宽】和【高】分别设置为250 mm和95 mm，单击【变换】选项组右下角的【更多选项】按钮，在弹出的下拉列表中将【圆角半径】设置为3.5cm，在【颜色】面板中将【填色】设置为白色，将【描边】设置为“无”，效果如图7-181所示。

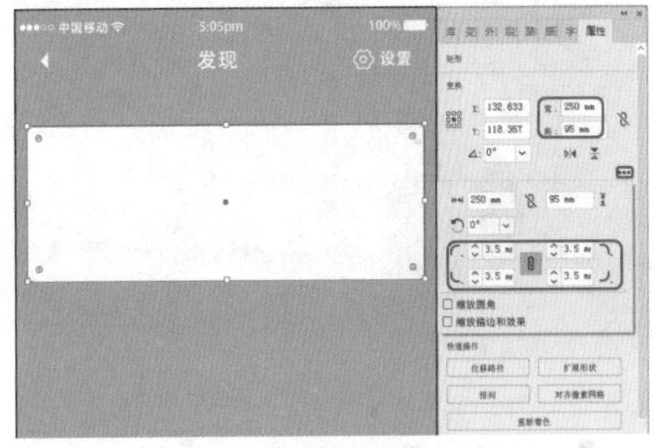

图7-181

Step 03 置入“素材\Cha07\运动素材01.jpg”文件，在画板中拖曳鼠标进行绘制，并适当调整大小及位置，打开【属性】面板，在【快速操作】选项组中单击【嵌入】按钮，在工具箱中单击【椭圆工具】按钮，绘制【宽】和【高】均为48mm的白色圆形，选择绘制的圆形和置入的素材文件，按Ctrl+7组合键建立剪切蒙版，如图7-182所示。

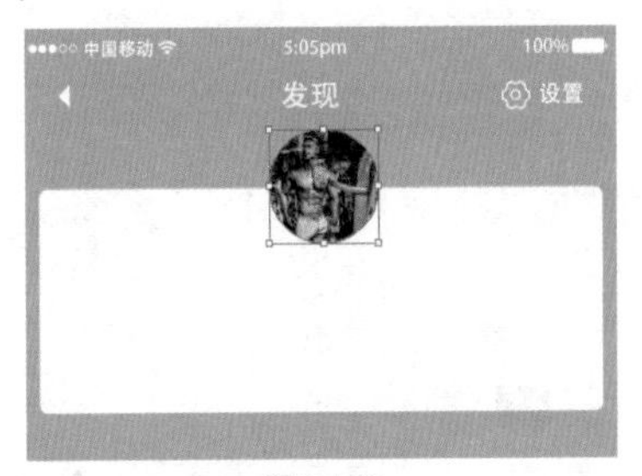

图7-182

Step 04 在工具箱中单击【文字工具】按钮，在画板中单击鼠标，输入文本，选择输入的文本，在【字符】面板中将【字体系列】设置为“Adobe 黑体 Std R”，将【字体大小】设置为28pt，【字符间距】设置为0，将【颜色】的RGB值设置为133、184、253，如图7-183所示。

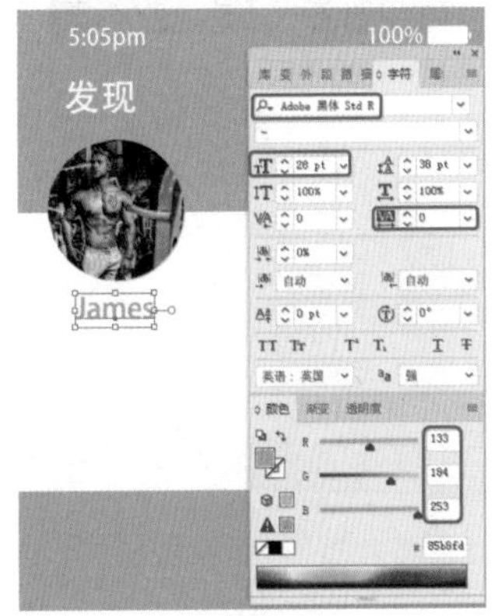

图7-183

Step 05 在工具箱中单击【文字工具】按钮，输入文本，在【字符】面板中将【字体系列】设置为“Adobe 黑体 Std R”，将【字体大小】设置为24pt，【字符间距】设置为20，将【颜色】的RGB值设置为153、153、153，如图7-184所示。

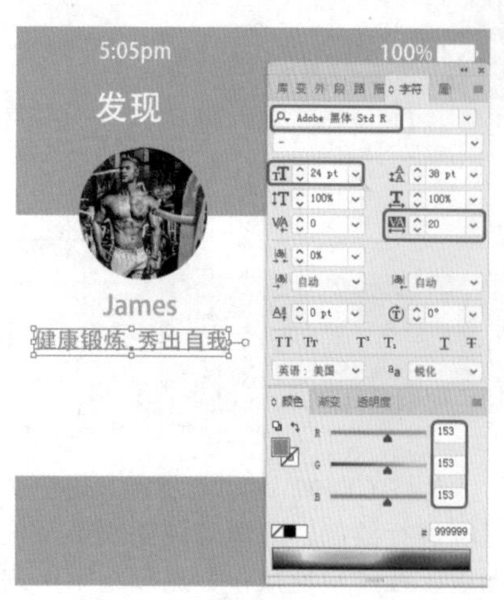

图7-184

Step 06 使用【矩形工具】和【文字工具】制作图7-185所示的内容，置入相应的素材文件，调整对象的位置并建立剪切蒙版。

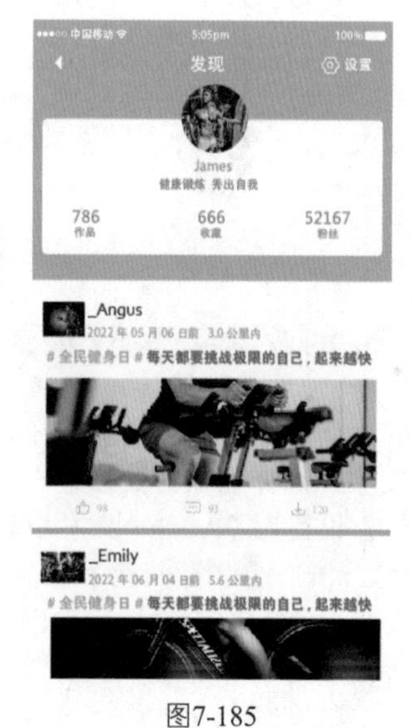

图7-185

Step 07 在工具箱中单击【矩形工具】按钮，绘制【宽】和【高】分别为37mm和18mm的矩形，将【填色】设置为"无"，【描边】的RGB值设置为255、189、54，如图7-186所示。

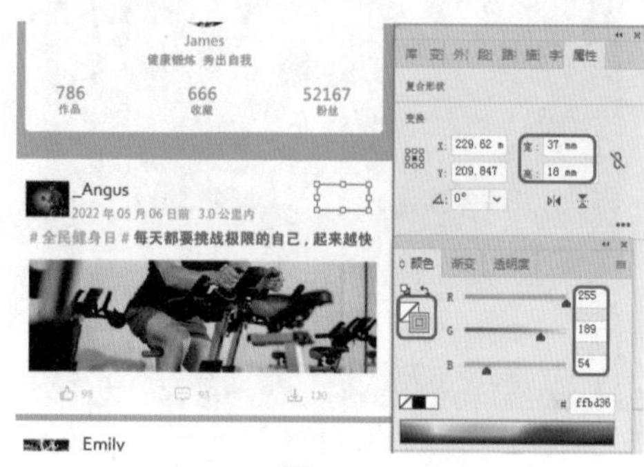

图7-186

Step 08 在工具箱中单击【文字工具】按钮，输入文本，在【字符】面板中将【字体系列】设置为“Adobe 黑体 Std R”，将【字体大小】设置为28pt，【字符间距】设置为0，将【颜色】的RGB值设置为255、189、54，对绘制的矩形和“关注”文字进行复制，适当调整对象的位置，置入“素材\Cha07\运动素材07.png”文件并嵌入图片，最终效果如图7-187所示。

图7-187

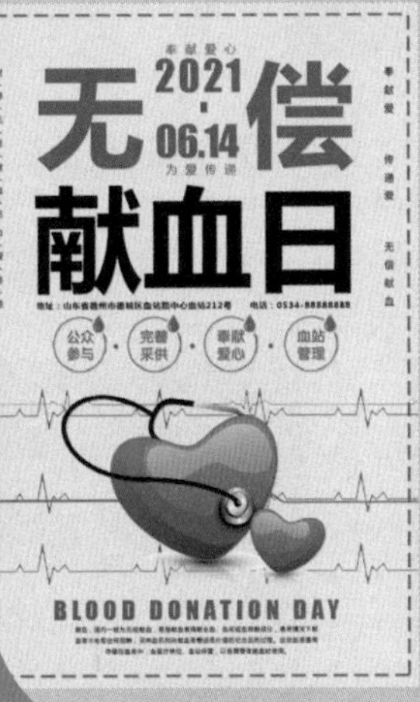

第8章 海报设计

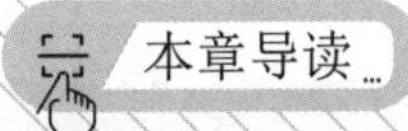

在现代生活中，海报是一种最为常见的宣传方式，海报大多用于影视剧和新品、商业活动等宣传中，主要利用图片、文字、色彩、空间等要素进行完美的结合，以恰当的形式向人们展示出宣传信息。

实例089 制作护肤品海报

素材：素材\Cha08\护肤品背景.jpg

场景：场景\Cha08\实例089 制作护肤品海报.ai

护肤品已成为每个女性必备的法宝，精美的妆容能唤起女性心理和生理上的活力，增强自信心，随着消费者自我意识的日渐提升，护肤市场迅速发展。然而随着社会发展的加快，人们对于护肤品的消费从商店走向网购，因此，众多化妆品销售部门都专门建立了相应的宣传海报进行宣传，本节介绍如何制作护肤品海报，效果如图8-1所示。

图8-1

Step 01 按Ctrl+N组合键，弹出【新建文档】对话框，将【单位】设置为“毫米”，【宽度】和【高度】分别设置为600mm和900mm，【画板】设置为1，【颜色模式】设置为“RGB颜色”，【光栅效果】设置为“屏幕（72ppi）”，单击【创建】按钮，在菜单栏中选择【文件】|【置入】命令，弹出【置入】对话框，选择“素材\Cha08\护肤品背景.jpg”文件，单击【置入】按钮，在画板中拖曳鼠标进行绘制并调整素材的位置及大小，打开【属性】面板，在【快速操作】选项组中单击【嵌入】按钮，在工具箱中单击【矩形工具】按钮，绘制【宽】和【高】分别为430mm和44mm的矩形，将【填色】设置为无，将【描边】设置为白色，【描边粗细】设置为5pt，如图8-2所示。

图8-2

Step 02 在工具箱中单击【钢笔工具】按钮，在画板中绘制图形，在【属性】面板中将【填色】设置为无，将【描边】设置为白色，【描边粗细】设置为5pt，如图8-3所示。

图8-3

Step 03 在工具箱中单击【添加锚点工具】按钮，在线段上添加两个锚点，如图8-4所示。

Step 04 在工具箱中单击【直接选择工具】按钮，选中图8-5所示的顶点，按Delete键删除。

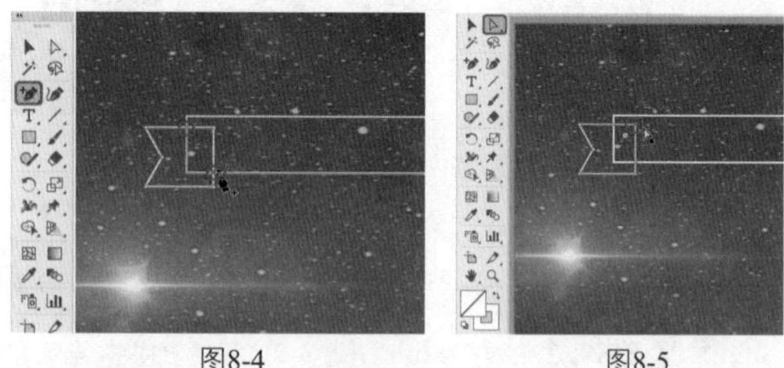

图8-4　　图8-5

Step 05 在图形上右击，在弹出的快捷菜单中选择【变换】|【对称】命令，弹出【镜像】对话框，选中【垂直】单选按钮，单击【复制】按钮，如图8-6所示。

图8-6

Step 06 调整复制后的对象位置，在工具箱中单击【文字工具】按钮，输入文本，将【字体系列】设置为“汉仪粗宋简”，【字体大小】设置为90pt，【字符间距】设置为70，将【填色】设置为白色，如图8-7所示。

图8-7

Step 07 在工具箱中单击【文字工具】按钮，输入文本，将【字体系列】设置为“汉仪综艺体简”，【字体大小】设置为186pt，将【垂直缩放】和【水平缩放】分别设置为80%和78%，【字符间距】设置为-60，将“锁住”文本的【填色】设置为白色，将“年轻”“美丽”文本的【填色】RGB值设置为0、240、249，如图8-8所示。

图8-8

Step 08 在工具箱中单击【文字工具】按钮，输入文本，将【字体系列】设置为“Adobe 黑体 Std R”，【字体大小】设置为45pt，将【垂直缩放】【水平缩放】分别设置为80%和78%，【字符间距】设置为40，将【填色】设置为白色，如图8-9所示。

图8-9

Step 09 在工具箱中单击【文字工具】按钮，输入文本，将【字体系列】设置为“Adobe 黑体 Std R”，【字体大小】设置为85pt，将【垂直缩放】和【水平缩放】分别设置为80%和78%，【字符间距】设置为40，将【填色】设置为白色，如图8-10所示。

Step 10 在工具箱中单击【文字工具】按钮，输入文本，将【字体系列】设置为“方正小标宋简体”，【字体大小】设置为40pt，将【垂直缩放】【水平缩放】都设置为100%，【字符间距】设置为50，将【填色】设置为白色，如图8-11所示。

图8-10

图8-11

实例090 制作口红海报

素材：素材\Cha08\口红背景.jpg

场景：场景\Cha08\实例090 制作口红海报.ai

口红是唇用美容化妆品的一种，本实例讲解如何制作口红海报。通过文字工具输入文本内容，然后添加投影效果完成最终制作，如图8-12所示。

Step 01 按Ctrl+N组合键，弹出【新建文档】对话框，将【单位】设置为“毫米”，【宽度】和【高度】分别设置为190.5mm和285mm，【画板】设置为1，【颜色模式】设置为“RGB颜色”，【光栅效果】设置为“屏幕（72ppi）”，单击【创建】按钮，在菜单栏中选择【文件】|【置入】命令，弹出【置入】对话框，选择“素材\Cha08\口红背景.jpg”文件，单击【置入】按钮，在画板中拖曳鼠标进行绘制，并调整素材的位置及大小。打开【属性】面板，在【快速操作】选项组中单击【嵌入】按钮，在工具箱中单击【文字工具】按钮，输入文本，将【字符】面板中的【字体系列】设置为“方正毡笔黑繁体”，将【字体大小】设置为90pt，

将【字符间距】设置为100，【颜色】的RGB值设置为248、216、159，如图8-13所示。

图8-12

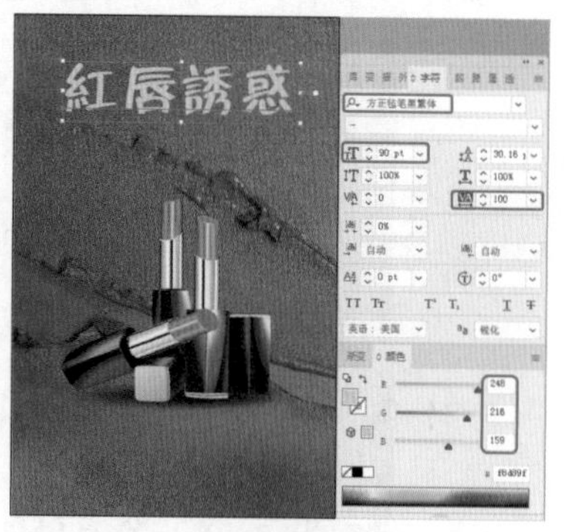

图8-13

Step 02 在【外观】面板中，单击底部的【添加新效果】按钮 fx，在弹出的下拉菜单中选择【风格化】|【投影】命令，弹出【投影】对话框，将【模式】设置为“正常”，【不透明度】设置为100%，【X位移】和【Y位移】均设置为1 mm，【模糊】设置为0.5 mm，【颜色】的RGB值设置为158、52、36，单击【确定】按钮，如图8-14所示。

Step 03 在工具箱中单击【文字工具】按钮，输入文本，将【字符】面板中的【字体系列】设置为“微软雅黑”，将【字体大小】设置为26pt，将【字符间距】设置为1000，【颜色】设置为248、216、159，在【外观】面板中，单击底部的【添加新效果】按钮 fx，在弹出的下拉菜单中选择【风格化】|【投影】命令，弹出【投影】对话框，将【模式】设置为“正常”，【不透明度】设置为100%，【X位移】和【Y位移】均设置为1 mm，【模糊】设置为0.5 mm，【颜色】的RGB值设置为158、52、36，单击【确定】按钮，如图8-15所示。

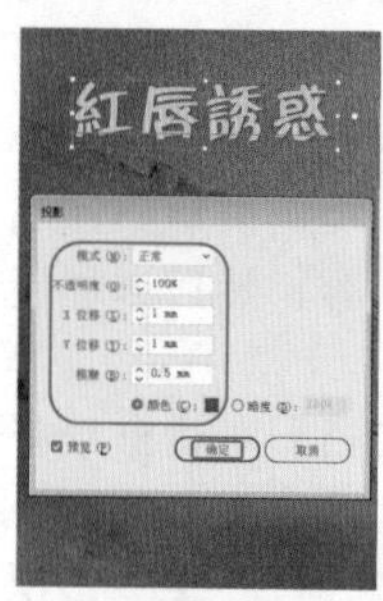

图8-14

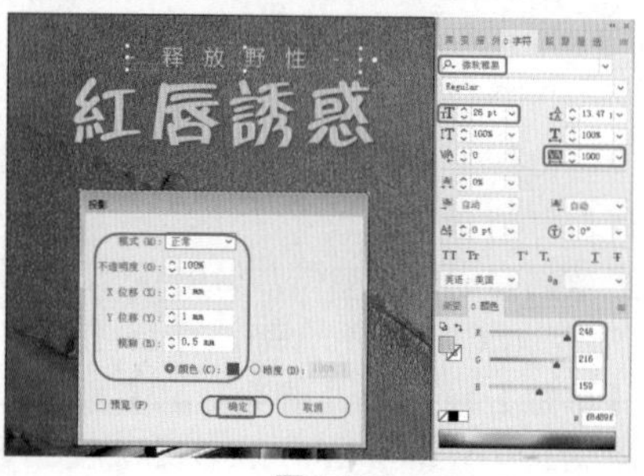

图8-15

Step 04 在工具箱中单击【矩形工具】按钮，绘制【宽】和【高】分别为138mm和19mm的矩形，将【填色】的RGB值设置为186、28、34，【描边】设置为“无”，如图8-16所示。

Step 05 在【外观】面板中，单击底部的【添加新效果】按钮 fx，在弹出的下拉菜单中选择【风格化】|【投影】命令，弹出【投影】对话框，将【模式】设置为“正常”，【不透明度】设置为30%，【X位移】和【Y位移】均设置为1 mm，【模糊】设置为0.5 mm，【颜色】的RGB值设置为0、0、0，单击【确定】按钮，如图8-17所示。

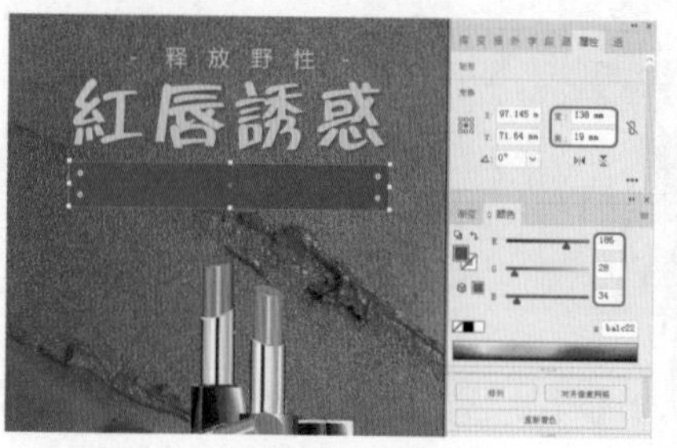

图8-16

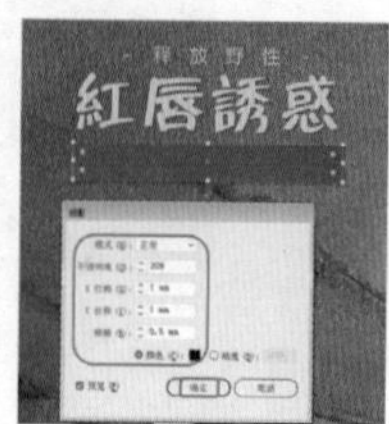

图8-17

Step 06 在工具箱中单击【文字工具】按钮，输入文本，将【字符】面板中的【字体系列】设置为“方正小标宋简体”，将【字体大小】设置为24pt，将【字符间距】设置为0，【颜色】设置为白色，如图8-18所示。

Step 07 在工具箱中单击【直线段工具】按钮，绘制两条水平线段，将【填色】设置为“无”，【描边】的RGB值设置为233、204、156，【描边粗细】设置为1pt，如图8-19所示。

图8-18

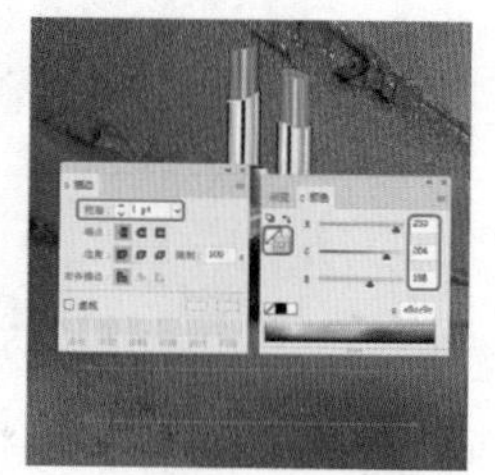

图8-19

Step 08 在工具箱中单击【文字工具】按钮，输入文本，将【字符】面板中的【字体系列】设置为“创艺简黑体”，将【字体大小】设置为22pt，将【字符间距】设置为0，单击【全部大写字母】按钮 TT，将【颜色】的RGB值设置为248、216、159，在【外观】面板中，单击底部的【添加新效果】按钮 fx，在弹出的下拉菜单中选择【风格化】|【投影】命令，弹出【投影】对话框，将【模式】设置为“正常”，【不透明度】设置为30%，【X位移】和【Y位移】均设置为1 mm，【模糊】设置为0.5 mm，【颜色】的RGB值设置为0、0、0，单击【确定】按钮，如图8-20所示。

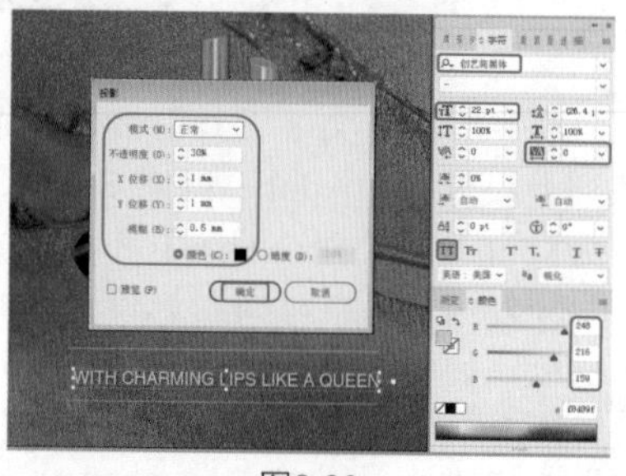

图8-20

实例 091 制作健身海报

素材：素材\Cha08\健身素材.jpg、二维码.png
场景：场景\Cha08\实例091 制作健身海报.ai

本实例讲解如何制作健身海报。打开素材文件，通过【钢笔工具】绘制图形并添加不透明度效果，然后添加相应的文案，完成后的最终效果如图8-21所示。

Step 01 按Ctrl+N组合键，弹出【新建文档】对话框，将【单位】设置为“毫米”，【宽度】和【高度】分别设置为600mm和900 mm，【画板】设置为1，【颜色模式】设置为“RGB颜色”，【光栅效果】设置为“屏幕（72ppi）”，单击【创建】按钮，在菜单栏中选择【文件】|【置入】命令，弹出【置入】对话框，选择“素材\Cha08\健身素材.jpg”文件，单击【置入】按钮，在画板中拖曳鼠标进行绘制，并调整素材的位置及大小。打开【属性】面板，在【快速操作】选项组中单击【嵌入】按钮，在图像上右击，在弹出的快捷菜单中选择【变换】|【对称】命令，弹出【镜像】对话框，选中【垂直】单选按钮，单击【确定】按钮，如图8-22所示。

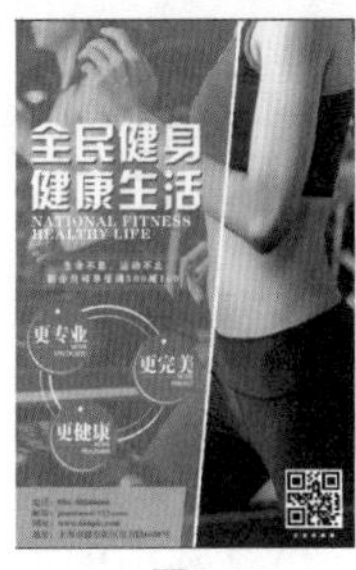

图8-21

图8-22

Step 02 使用【矩形工具】绘制【宽】和【高】分别为600mm和900mm的白色矩形，调整矩形对象与画板大小、位置相同，选中矩形和置入的“健身素材.jpg”文件，按Ctrl+7组合键建立剪切蒙版，如图8-23所示。

Step 03 在工具箱中单击【钢笔工具】按钮，绘制图形，将【填色】的RGB值设置为227、186、164，【描边】设置为“无”，如图8-24所示。

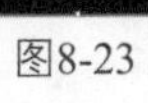
图8-23

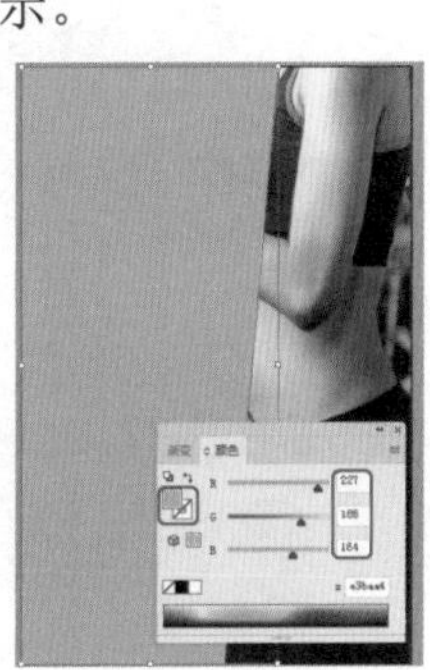
图8-24

Step 04 打开【透明度】面板，将【不透明度】设置为54%，如图8-25所示。

Step 05 在工具箱中单击【钢笔工具】按钮，绘制图形，将【填色】设置为白色、【描边】设置为“无”，如图8-26所示。

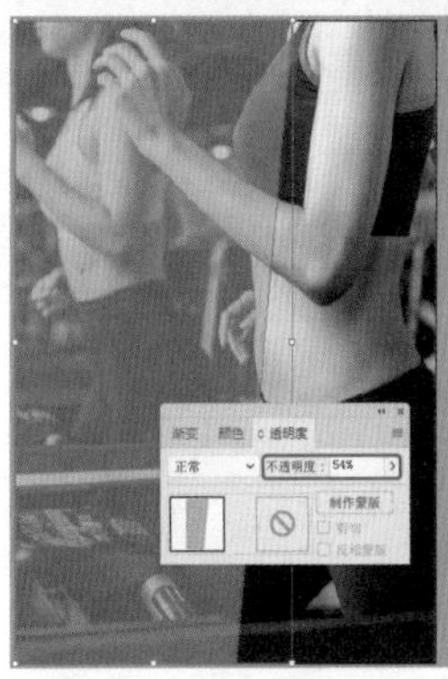
图8-25

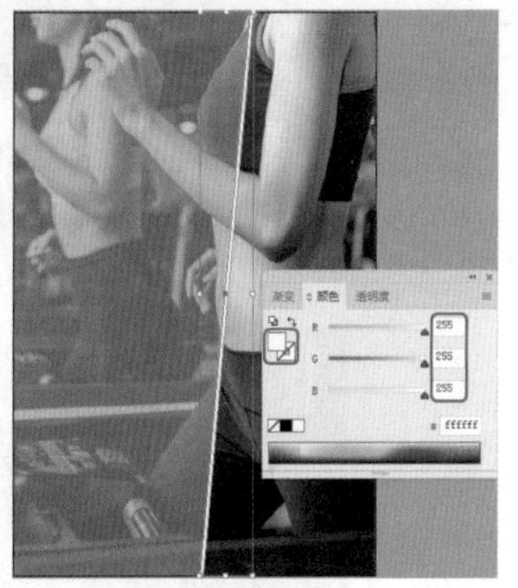
图8-26

Step 06 在工具箱中单击【文字工具】按钮，输入文本，将【字符】面板中的【字体系列】设置为“汉仪菱心体简”，将【字体大小】设置为211pt，将【行距】设置为230pt，将【字符间距】设置为40，【颜色】的RGB值设置为95、95、95，如图8-27所示。

Step 07 在工具箱中单击【文字工具】按钮，输入文本，将【字符】面板中的【字体系列】设置为“汉仪菱心体简”，将【字体大小】设置为211pt，将【行距】设置为230pt，将【字符间距】设置为40，【颜色】设置为白色，如图8-28所示。

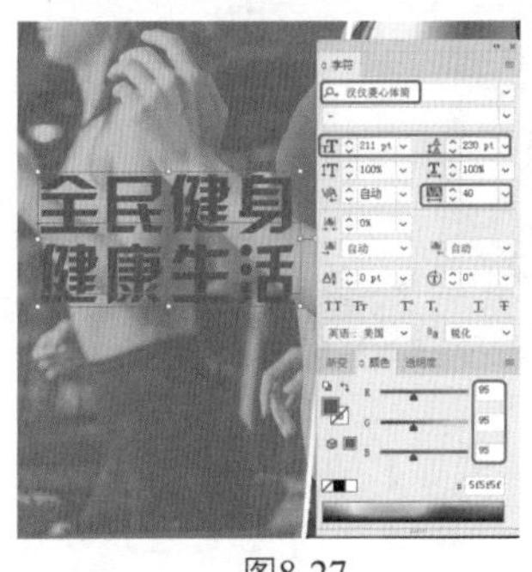

图8-27

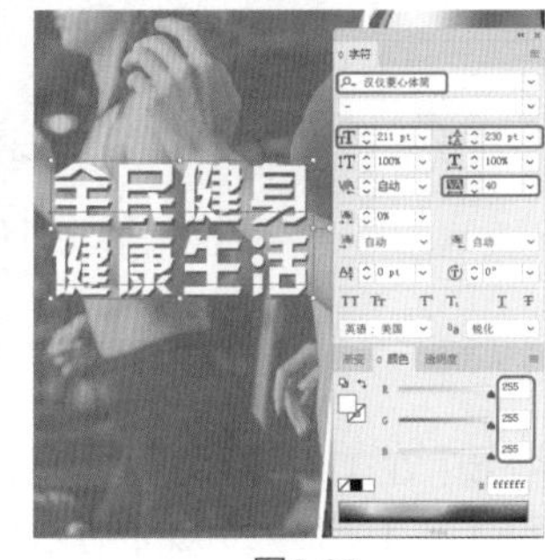

图8-28

Step 08 在工具箱中单击【文字工具】按钮，输入文本，在【字符】面板中将【字体系列】设置为“方正粗黑宋简体”，【字体大小】设置为73pt，【行距】设置为66pt，【字符间距】设置为40，单击【全部大写字母】按钮TT，将【颜色】设置为白色，如图8-29所示。

Step 09 在工具箱中单击【矩形工具】按钮，绘制两个【宽】和【高】分别为275mm和52mm的矩形，将【填色】设置为“无”，【描边】的RGB值设置为253、251、252，【描边粗细】设置为1pt，如图8-30所示。

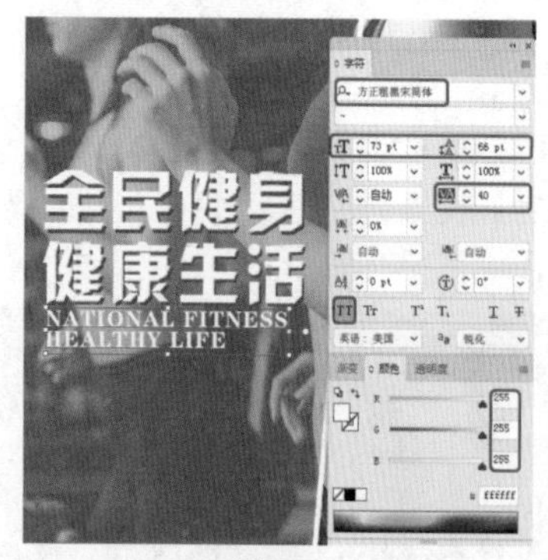

图8-29

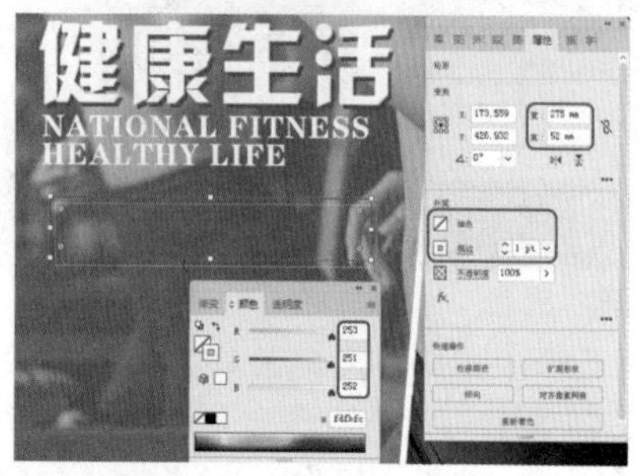

图8-30

Step 10 在工具箱中单击【文字工具】按钮，输入文本，在【字符】面板中将【字体系列】设置为“方正粗黑宋简体”，【字体大小】设置为47pt，【行距】设置为60pt，【字符间距】设置为200，将【填色】的RGB值设置为253、251、252，如图8-31所示。

图8-31

Step 11 在工具箱中单击【椭圆工具】按钮，绘制【宽】和【高】均为230mm的圆形，将椭圆的【填色】设置为“无”，【描边】设置为白色，【描边粗细】设置为10pt，将控制栏中的【变量宽度配置文件】设置为宽度配置文件2，如图8-32所示。

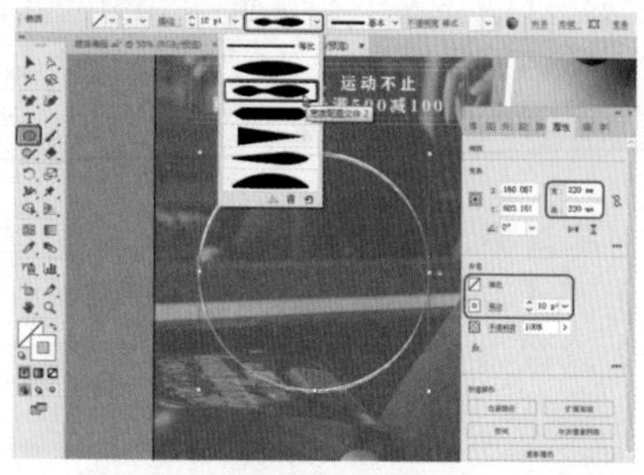

图8-32

Step 12 在工具箱中单击【椭圆工具】按钮，绘制【宽】和【高】均为197mm的圆形，将椭圆的【填色】设置为“无”，【描边】设置为白色，【描边粗细】设置为10pt，将控制栏中的【变量宽度配置文件】设置为宽度配置文件1，如图8-33所示。

图8-33

Step 13 在工具箱中单击【椭圆工具】按钮，绘制【宽】和【高】均为124mm的圆形，将椭圆的【填色】RGB值设置为179、129、103，【描边】设置为“无”，如图8-34所示。

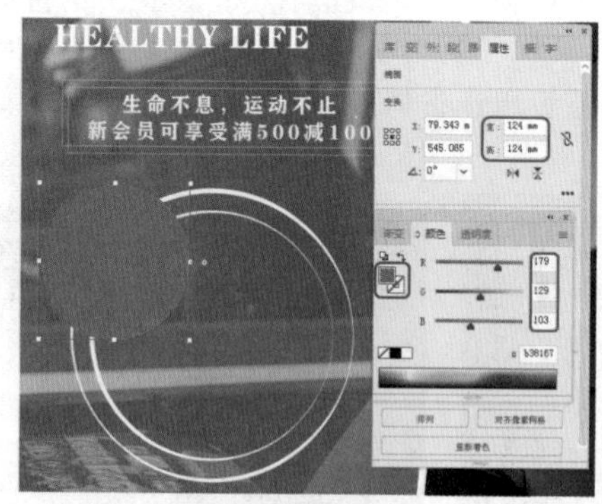

图8-34

Step 14 在工具箱中单击【钢笔工具】按钮，绘制图形，在【颜色】面板中将【填色】的RGB值设置为255、255、255，【描边】设置为“无”，在工具箱中单击【文字工具】按钮，输入文本，将【字符】面板中的【字体系列】设置为“方正粗宋简体”，将【字体大小】设置为93pt，将【字符间距】设置为0，【填色】的RGB值设置为253、253、253，如图8-35所示。

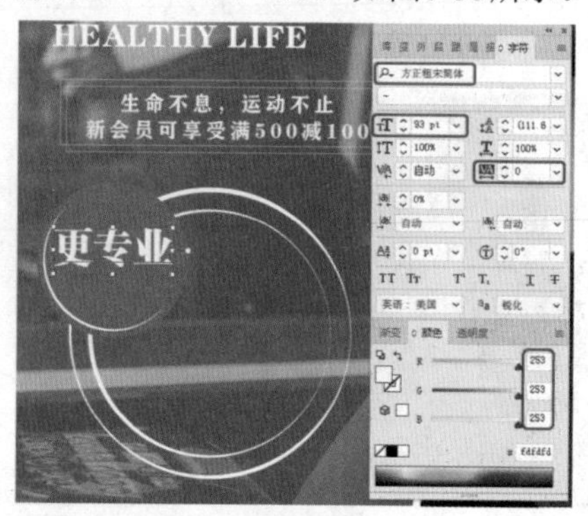

图8-35

Step 15 在工具箱中单击【椭圆工具】按钮，绘制【宽】和【高】均为8mm的圆形，将椭圆的【填色】RGB值设置为253、253、253，【描边】设置为“无”，使用【直线段工具】绘制白色的水平线段，【描边宽度】设置为1pt，在工具箱中单击【文字工具】按钮，在空白处单击，输入文本，将【字体系列】设置为“微软雅黑”，【字体样式】设置为“Regular”，【字体大小】设置为27pt，【行距】设置为36pt，【字符间距】设置为0，单击【段落】组中的【右对齐】按钮，打开【颜色】面板，将【填色】的RGB值设置为253、253、253，如图8-36所示。

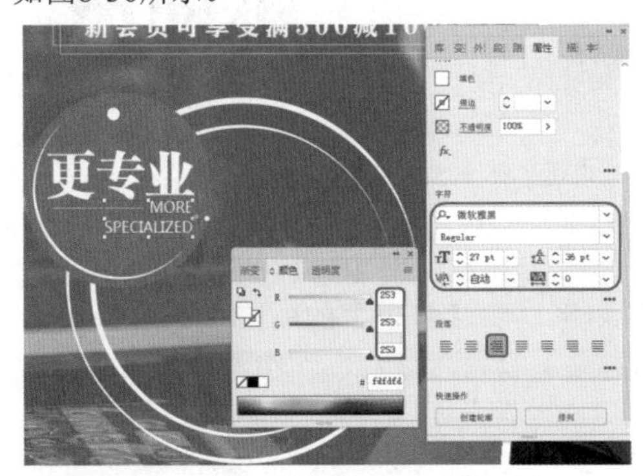

图8-36

Step 16 使用同样的方法制作图8-37所示的内容。

Step 17 在工具箱中单击【钢笔工具】按钮，绘制图形，在【颜色】面板中将【填色】的RGB值设置为227、186、164，【描边】设置为“无”，打开【透明度】面板，将【不透明度】设置为94%，如图8-38所示。

图8-37

图8-38

Step 18 在工具箱中单击【文字工具】按钮，输入文本，将【字体系列】设置为“方正小标宋简体”，【字体大小】设置为43pt，【行距】设置为52pt，【字符间距】设置为0，将【填色】的RGB值设置为134、86、61，如图8-39所示。

Step 19 在菜单栏中选择【文件】|【置入】命令，弹出【置入】对话框，置入“素材\Cha08\二维码.png”文件，单击【置入】按钮，在画板中拖曳鼠标进行绘制，并调整素材的位置及大小，打开【属性】面板，在【快速操作】选项组中单击【嵌入】按钮，效果如图8-40所示。

图8-39

图8-40

Step 20 在工具箱中单击【文字工具】按钮，输入文本，将【字体系列】设置为“汉仪菱心体简”，【字体大小】设置为20pt，【字符间距】设置为1280，将【填色】的RGB值设置为255、255、255，如图8-41所示。

图8-41

实例 092 制作公益海报

素材：素材\Cha08\公益背景.jpg、公益素材.png
场景：场景\Cha08\实例092 制作公益海报.ai

随着信息技术在传播媒体领域中的广泛渗透，公益海报中的图形设计形式也随着现代广告活动步入国际化潮流，逐渐成为超越国度的具有共识基础的图形语言。本节将介绍如何制作公益海报，效果如图8-42所示。

Step 01 按Ctrl+N组合键，弹出【新建文档】对话框，将【单位】设置为“毫米”，【宽度】和【高度】分别设置为137mm和202mm，【画板】设置为1，【颜色模式】设置为“RGB颜色”，【光栅效果】设置为“屏幕（72ppi）”，单击【创建】按钮，在菜单栏中选择【文件】|【置入】命令，弹出【置入】对话框，选择“素材\Cha08\公益背景.jpg”文件，单击【置入】按钮，在画板中拖曳鼠标进行绘制，并调整素材的位置及大小，打开【属性】面板，在【快速操作】选项组中单击【嵌入】按钮，如图8-43所示。

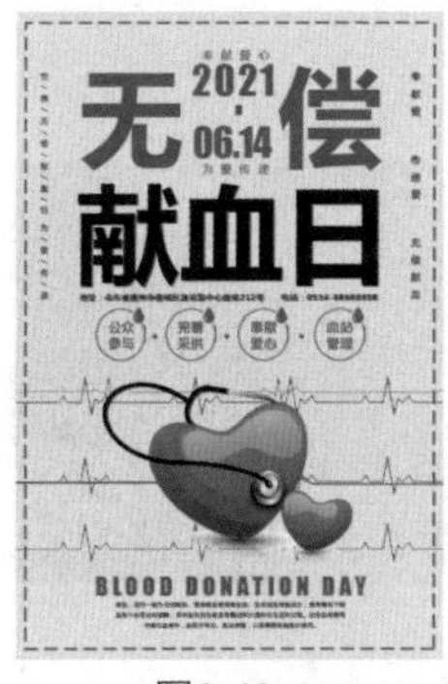

图8-42

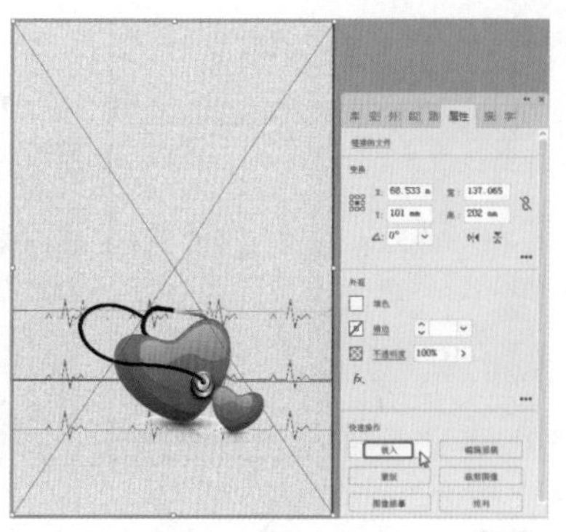
图8-43

Step 02 在工具箱中单击【矩形工具】按钮，绘制【宽】和【高】分别为131mm和195mm的矩形，将【填色】设置为“无”，【描边】的RGB值设置为190、30、45，打开【描边】面板，将【粗细】设置为2pt，勾选【虚线】复选框，将【虚线】和【间隙】分别设置为12pt和6pt，如图8-44所示。

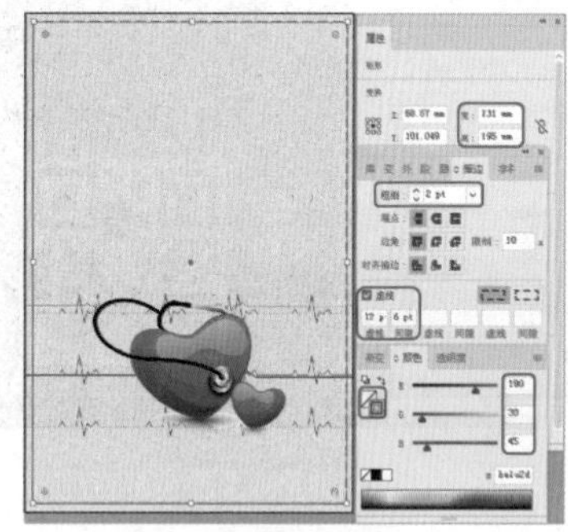
图8-44

Step 03 在工具箱中单击【文字工具】按钮，在空白处单击鼠标，输入文本，将【字体系列】设置为“微软雅黑”，【字体样式】设置为“Bold”，【字体大小】设置为95pt，【字符间距】设置为900，打开【颜色】面板，将【填色】的RGB值设置为190、30、45，如图8-45所示。

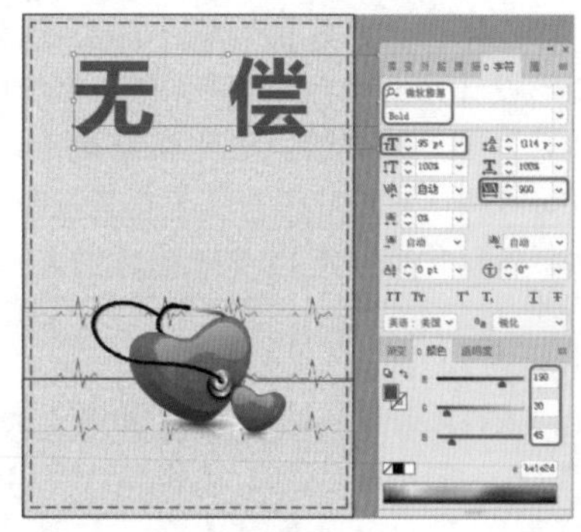

图8-45

Step 04 在工具箱中单击【文字工具】按钮，在空白处单击，输入文本，将【字体系列】设置为“微软雅黑”，【字体样式】设置为“Bold”，【字体大小】设置为95pt，【字符间距】设置为0，打开【颜色】面板，将【填色】的RGB值设置为0、0、0，如图8-46所示。

Step 05 在工具箱中单击【文字工具】按钮，在空白处单击，输入文本，将【字体系列】设置为“微软雅黑”，【字体样式】设置为“Regular”，【字体大小】设置为10 pt，【行距】设置为100pt，【字符间距】设置为700，打开【颜色】面板，将【填色】的RGB值设置为190、30、45，如图8-47所示。

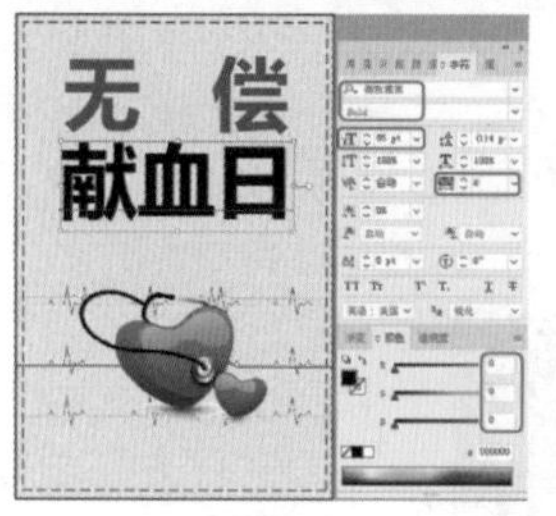

图8-46

图8-47

Step 06 使用【文字工具】输入其他的文本并进行设置，使用【矩形工具】绘制【宽】和【高】分别为2mm和3mm的矩形，将【填色】的RGB值设置为190、30、45，【描边】设置为“无”，如图8-48所示。

图8-48

Step 07 在工具箱中单击【直排文字工具】按钮，输入文本，将【字体系列】设置为“微软雅黑”，【字体样式】设置为“Regular”，【字体大小】设置为7pt，【字符间距】设置为450，打开【颜色】面板，将【填色】的RGB值设置为0、0、0，如图8-49所示。

图8-49

Step 08 在工具箱中单击【直排文字工具】按钮，输入文本，将【字体系列】设置为“微软雅黑”，【字体样式】设置为“Regular”，【字体大小】设置为8.44pt，【字符间距】设置为800，打开【颜色】面板，将【填色】的RGB值设置为0、0、0，如图8-50所示。

Step 09 置入“素材\Cha08\公益素材.png”文件，并嵌入对象，如图8-51所示。

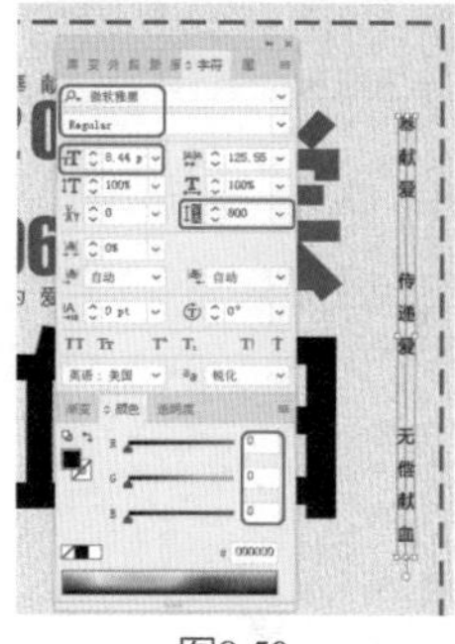

图8-50

图8-51

Step 10 在工具箱中单击【文字工具】按钮，在空白处单击鼠标，输入文本，将【字体系列】设置为“方正粗圆简体”，【字体大小】设置为12pt，【行距】设置为14pt，【字符间距】设置为0，打开【颜色】面板，将【填色】的RGB值设置为215、48、48，如图8-52所示。

图8-52

Step 11 使用【椭圆工具】绘制【宽】和【高】均为1.4 mm的圆形，将【填色】的RGB值设置为203、26、24，【描边】设置为“无”，使用同样的方法制作图8-53所示的内容。

图8-53

Step 12 在工具箱中单击【文字工具】按钮，在空白处单击鼠标，输入文本，将【字体系列】设置为“Impact”，【字体样式】设置为“Regular”，【字体大小】设置为21 pt，【字符间距】设置为200，单击【全部大写字母】按钮TT，打开【颜色】面板，将【填色】的RGB值设置为190、30、45，如图8-54所示。

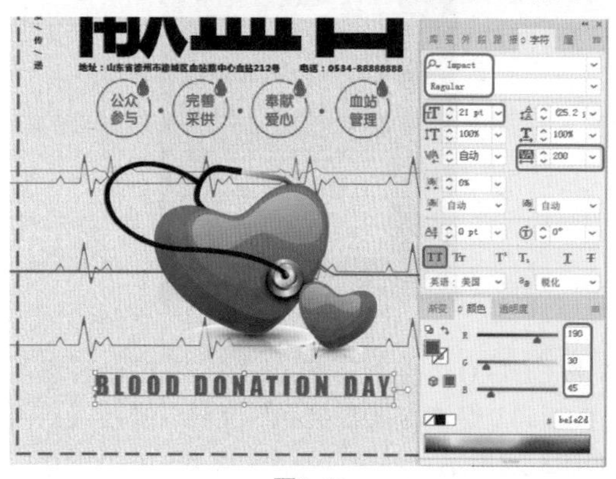

图8-54

Step 13 在工具箱中单击【文字工具】按钮，输入段落文本，在【字符】面板中将【字体系列】设置为“微软雅黑”，【字体大小】设置为5pt，【行距】设置为9pt，【字符间距】设置为100，将【填色】的RGB值设置为0、0、0，单击【段落】组中的【居中对齐】按钮，如图8-55所示。

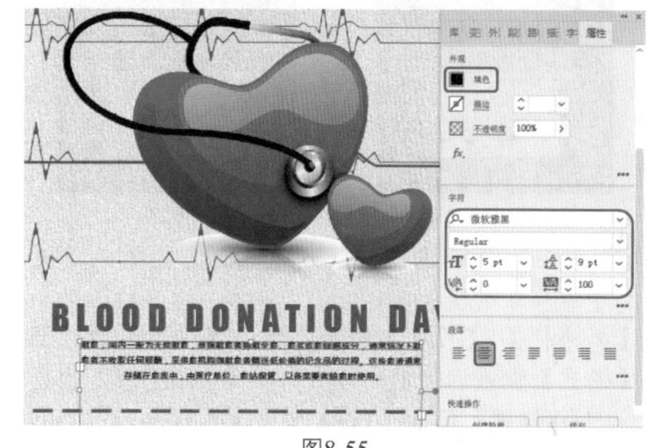

图8-55

实例093 制作美食自助促销海报

素材：素材\Cha08\促销海报素材.ai、火锅背景.jpg

场景：场景\Cha08\实例093 制作美食自助促销海报.ai

本实例将讲解如何制作美食自助促销海报，打开素材文件，通过【钢笔工具】和【直线段工具】制作出海报边框，置入素材文件并添加剪切蒙版，通过【星形工具】和【钢笔工具】制作出“自助”、打折的图标，通过设置渐变颜色提升图标的质感，最后通过【文字工具】完善文案，效果如图8-56所示。

图8-56

Step 01 按Ctrl+O组合键，弹出【打开】对话框，选择“素材\Cha08\促销海报素材.ai”文件，单击【打开】按钮，如图8-57所示。

Step 02 通过【钢笔工具】和【直线段工具】绘制图8-58所示的线段作为促销海报的装饰框。

图8-57

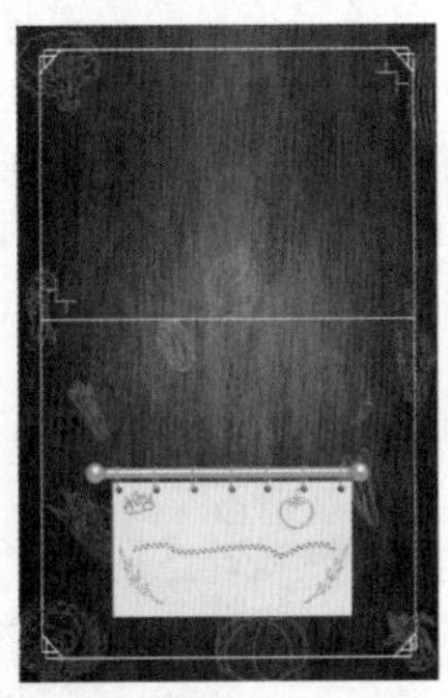
图8-58

Step 03 选中绘制的线段，打开【外观】面板，单击底部的【添加新效果】按钮fx，在弹出的下拉菜单中选择【风格化】|【投影】命令，弹出【投影】对话框，将【模式】设置为“正片叠底”，【不透明度】设置为75%，【X位移】和【Y位移】分别设置为0cm和0.4cm，【模糊】设置为0.18cm，将【颜色】设置为黑色，单击【确定】按钮，如图8-59所示。

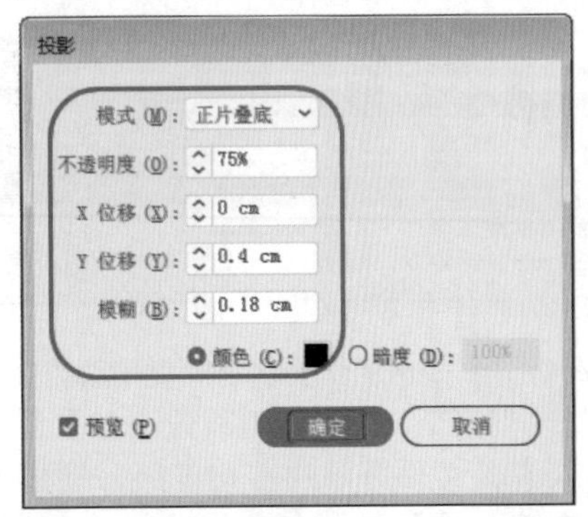

图8-59

Step 04 置入“素材\Cha08\火锅背景.jpg”文件，调整对象的大小及位置，并嵌入素材，在工具箱中单击【矩形工具】按钮，绘制【宽】和【高】分别为45cm和28cm的矩形，将【填色】设置为白色，【描边】设置为“无”，如图8-60所示。

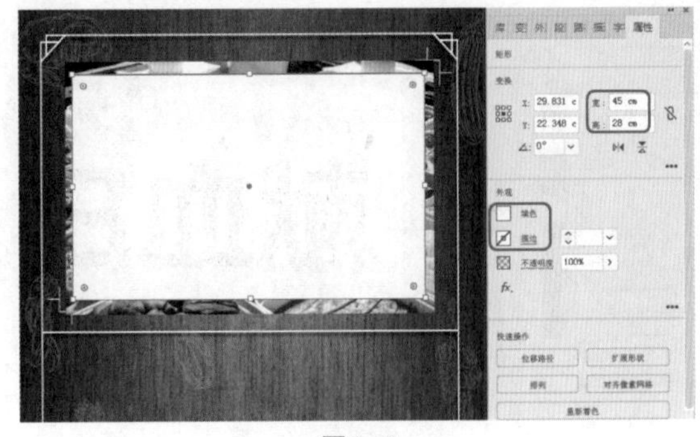
图8-60

Step 05 选择绘制的矩形和置入的“火锅背景.jpg”文件，按Ctrl+7组合键创建剪切蒙版，打开【属性】面板，将【描边粗细】设置为8pt，【描边】设置为白色，如图8-61所示。

图8-61

Step 06 在工具箱中单击【星形工具】按钮，在空白位置处单击鼠标，将【半径1】和【半径2】分别设置为7cm和5.6cm，【角点数】设置为12，单击【确定】按钮，如图8-62所示。

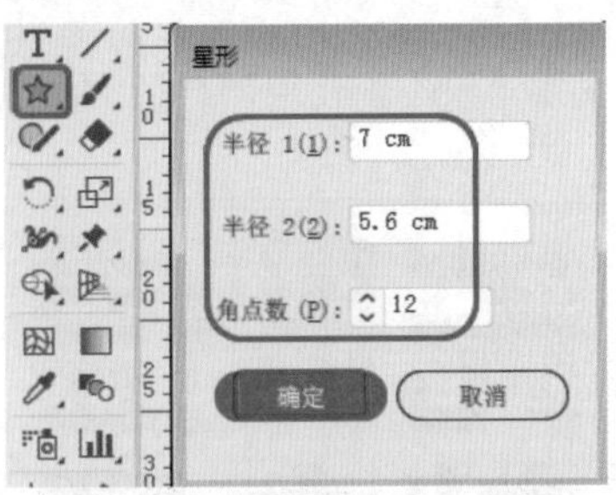

图8-62

Step 07 在工具箱中单击【直接选择工具】按钮，按住Alt键拖动星形图形的角点，可以调整星形的角半径，打开【渐变】面板，将【类型】设置为“径向”，将【填色】左侧色块的RGB值设置为230、0、59，右侧色块的RGB值设置为236、85、36，将【描边】的RGB值设置为195、22、28，【描边粗细】设置为0.25pt，如图8-63所示。

图8-63

Step 08 在工具箱中单击【钢笔工具】按钮，在画板中绘制图形，打开【渐变】面板，将【类型】设置为“线性”，将【填色】左侧色块的RGB值设置为255、255、255，右侧色块的RGB值设置为0、0、0，【角度】设置为-67.3°，【描边】设置为“无”，如图8-64所示。

图8-64

Step 09 打开【透明度】面板，将【混合模式】设置为“滤色”，如图8-65所示。

图8-65

Step 10 在工具箱中单击【文字工具】按钮，在空白处单击，输入文本，将【字体系列】设置为“汉仪蝶语体简”，【字体大小】设置为155pt，【字符间距】设置为107，【旋转】设置为15°，将【填色】设置为白色，如图8-66所示。

图8-66

Step 11 在工具箱中单击【文字工具】按钮，在空白处单击鼠标，分别输入文本“火锅”“自助”，选中“火锅”文本，在【字符】面板中将【字体系列】设置为“汉仪菱心体简”，【字体大小】设置为346，将【字符间距】设置为-40，【填色】的RGB值设置为255、255、255。选中“自助”文本，在【字符】面板中将【字体系列】设置为“汉仪菱心体简”，【字体大小】设置为208pt，将【字符间距】设置为-40，【填色】的RGB值设置为255、255、255，如图8-67所示。

图8-67

Step 12 在工具箱中单击【矩形工具】按钮，绘制【宽】和【高】分别为13cm和3cm的矩形，【填色】设置为“无”，【描边】设置为白色，选择图8-68所示的画笔，将【描边粗细】设置为0.25pt。

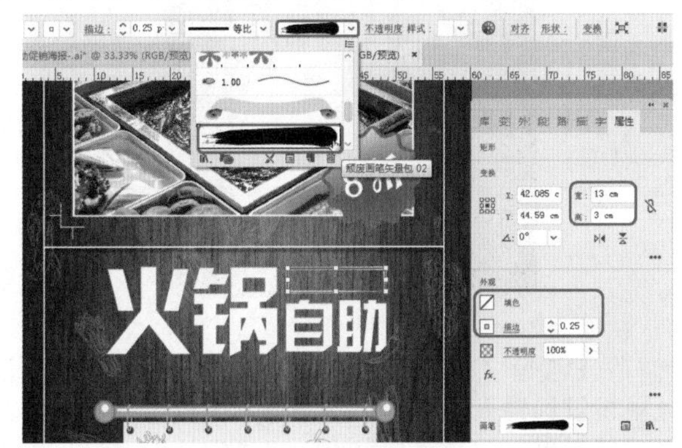

图8-68

Step 13 在工具箱中单击【文字工具】按钮，在空白处单击鼠标，输入文本，将【字体系列】设置为“汉仪粗宋简”，【字体大小】设置为57pt，【字符间距】设置为100，将【填色】设置为白色，如图8-69所示。

图8-69

Step 14 通过【椭圆工具】和【文字工具】制作图8-70所示的内容，选中火锅自助标题部分，按Ctrl+G组合键进行编组。

图8-70

Step 15 打开【外观】面板，单击底部的【添加新效果】按钮 fx，在弹出的下拉菜单中选择【风格化】|【投影】命令，弹出【投影】对话框，将【模式】设置为“正片叠底”，【不透明度】设置为75%，【X位移】和【Y位移】分别设置为0cm和0.4cm，【模糊】设置为0.18cm，将【颜色】设置为黑色，单击【确定】按钮，如图8-71所示。

图8-71

Step 16 在工具箱中单击【文字工具】按钮 T，在空白位置处单击鼠标输入文本，在【字符】面板中将【字体系列】设置为“汉仪蝶语体简”，将【字体大小】设置为48pt，【字符间距】设置为0，【颜色】的RGB值设置为0、0、0，如图8-72所示。

图8-72

Step 17 在工具箱中单击【文字工具】按钮，在空白处单击，输入文本，将【字体系列】设置为“汉仪蝶语体简”，【字体大小】设置为30pt，【字符间距】设置为70，单击【全部大写字母】按钮 TT，打开【颜色】面板，将【填色】的RGB值设置为0、0、0，如图8-73所示。

图8-73

Step 18 在工具箱中单击【文字工具】按钮 T，在空白位置处单击鼠标输入文本，在【字符】面板中将【字体系列】设置为“汉仪蝶语体简”，将【字体大小】设置为50pt，【行距】设置为60pt，【字符间距】设置为8，【颜色】的RGB值设置为0、0、0，如图8-74所示。

图8-74

实例094 制作元旦宣传海报

素材：素材\Cha08\元旦背景.jpg
场景：场景\Cha08\实例094 制作元旦宣传海报.ai

元旦，即公历的1月1日，是世界多数国家通称的“新年”。元，谓“始”，凡数之始称为“元”；旦，谓“日”；“元旦”意即“初始之日”。元旦又称“三元”，即岁之元、月之元、时之元。由于地理环境和历法的不同，在不同时代，世界各国、各民族元旦的时间定位不尽相同。本节将介绍如何制作元旦宣传海报，效果如图8-75所示。

图8-75

Step 01 按Ctrl+N组合键，弹出【新建文档】对话框，将【单位】设置为“像素”，【宽度】和【高度】分别设置为495px和742px，【画板】设置为1，【颜色模式】设置为“RGB颜色”，【光栅效果】设置为“屏幕（72ppi）”，单击【创建】按钮，在菜单栏中选择【文件】|【置入】命令，弹出【置入】对话框，选择“素材\Cha08\元旦背景.jpg”文件，单击【置入】按钮，在画板中拖曳鼠标进行绘制并调整素材的位置及大小，打开【属性】面板，在【快速操作】选项组中单击【嵌入】按钮，如图8-76所示。

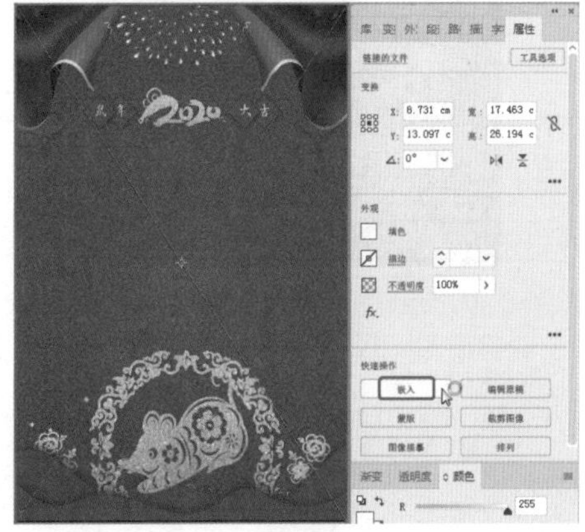
图8-76

Step 02 在工具箱中单击【文字工具】按钮T，在空白位置处单击鼠标输入文本，在【字符】面板中将【字体系列】设置为“方正综艺简体”，将【字体大小】设置为15pt，【字符间距】设置为100，【颜色】的RGB值设置为246、222、118，如图8-77所示。

图8-77

Step 03 在工具箱中单击【文字工具】按钮T，在画板中单击鼠标输入文字，选中输入的文字，在【属性】面板中将【字体系列】设置为“苏新诗卵石体”，将【字体大小】设置为100pt，将【字符间距】设置为0，将【填色】的RGB值设置为246、222、118，并在画板中调整其位置，效果如图8-78所示。

图8-78

Step 04 使用【选择工具】▶选中输入的文字，按住Alt键对选中的文字进行复制，将复制后对象的【填色】RGB值设置为94、0、22，将【不透明度】设置为50%，如图8-79所示。

图8-79

Step 05 继续选中该文字，在菜单栏中选择【效果】|【模糊】|【高斯模糊】命令，在弹出的对话框中将【半径】设置为10像素，设置完成后，单击【确定】按钮，如图8-80所示。

Step 06 选中模糊后的对象，右击，在弹出的快捷菜单中选择【排列】|【后移一层】命令，效果如图8-81所示。

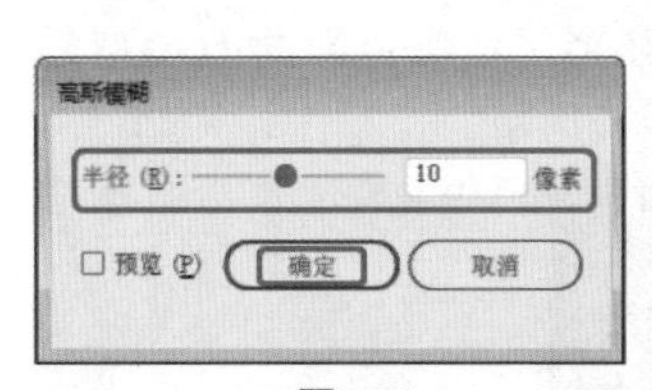

图8-80

图8-81

Step 07 在工具箱中单击【钢笔工具】按钮，在画板中绘制两个如图8-82所示的图形，将花瓣的RGB值设置为41、171、226，将花蕊的RGB值设置为246、222、118。

Step 08 选中绘制的两个图形，按Ctrl+G组合键将选中的对象进行编组，选中编组后的对象，在菜单栏中选择【效果】|【路径查找器】|【差集】命令，如图8-83所示。

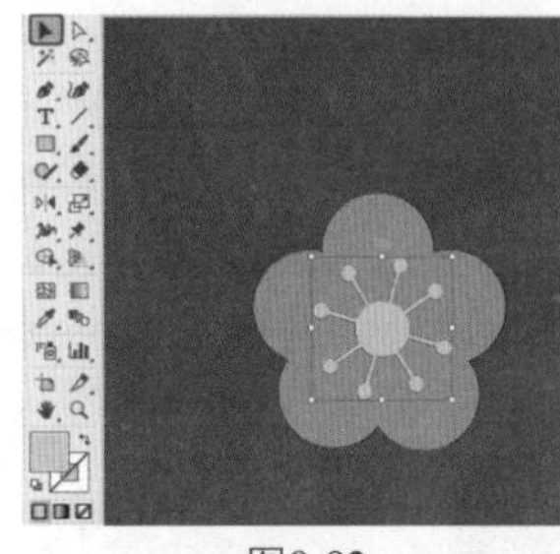

图8-82

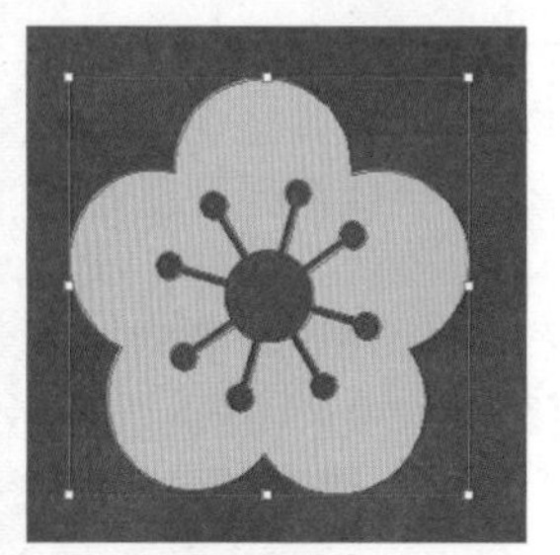

图8-83

Step 09 将绘制的花进行复制，在工具箱中单击【文字工具】按钮T，在空白位置处单击鼠标输入文本，在【字符】面板中将【字体系列】设置为“方正综艺简体”，将【字体大小】设置为14 pt，【字符间距】设置为100，【颜色】的RGB值设置为246、222、118，如图8-84所示。

图8-84

Step 10 在工具箱中单击【文字工具】按钮T，在画板中单击，输入文字，选中输入的文字，在【属性】面板中将【字体系列】设置为“方正大黑简体”，将【字体大小】设置为36pt，将【字符间距】设置为75，将【填色】设置为白色，并在画板中调整文字的位置，如图8-85所示。

图8-85

Step 11 在工具箱中单击【文字工具】按钮T，在画板中单击鼠标，输入文字，选中输入的文字，在【属性】面板中将【字体系列】设置为“微软雅黑”，【字体样式】设置为“Bold”，将【字体大小】设置为18pt，将【字符间距】设置为0，将【填色】的RGB值设置为255、223、0，并在画板中调整文字的位置，如图8-86所示。

图8-86

Step 12 使用同样的方法输入其他文字并绘制图形，对其进行相应的设置，效果如图8-87所示。

图8-87

第9章 户外广告设计

本章导读

户外广告制作是在20世纪90年代末期产生，近两年发展起来的。如今，众多的广告公司越来越关注户外广告的创意、设计效果的实现。各行各业热切希望迅速提升企业形象，传播商业信息，各级政府也希望通过户外广告树立城市形象，美化城市。这些都给户外广告制作提供了巨大的市场机会，也因此对其提出了更高的要求。本章将介绍如何制作户外广告。

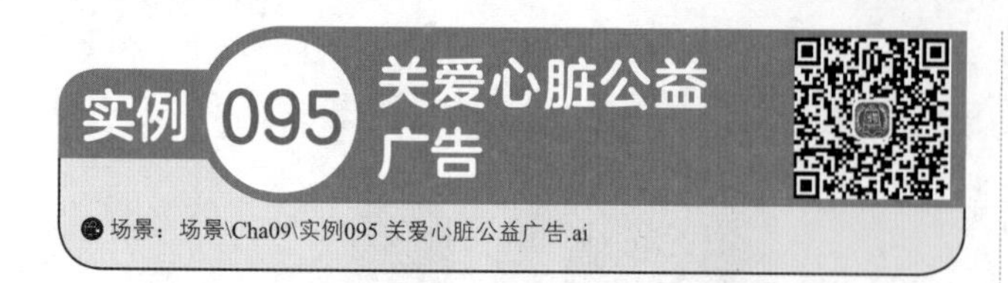

实例095 关爱心脏公益广告

场景：场景\Cha09\实例095 关爱心脏公益广告.ai

本实例将介绍如何制作关爱心脏公益广告。该实例主要通过制作背景、绘制心脏图形以及输入文字等来完成制作，效果如图9-1所示。

图9-1

Step 01 按Ctrl+N组合键，在弹出的【新建文档】对话框中，将【名称】设置为“关爱心脏公益广告”，将【单位】设置为“毫米”，将【宽度】和【高度】分别设置为150mm和94mm，单击【创建】按钮，如图9-2所示。

图9-2

Step 02 使用【矩形工具】在画板中绘制一个与画板大小相同的矩形，如图9-3所示。

图9-3

Step 03 选中绘制的矩形，按Ctrl+F9组合键，在弹出的面板中将填充【类型】设置为“线性”，将【角度】设置为-90°，将左侧渐变滑块的【颜色】设置为#c6c7c8，在位置50%处添加一个渐变滑块，将【颜色】设置为白色，将右侧渐变滑块的【颜色】设置为#d1d1d2，将上方第一个节点的位置设置为30%，将第二个节点的位置设置为70%，将【描边】设置为“无”，如图9-4所示。

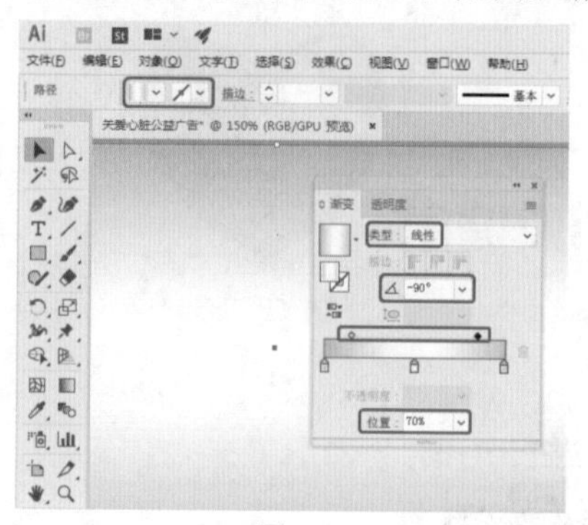

图9-4

Step 04 设置完成后，使用【钢笔工具】绘制一个图形，如图9-5所示。

图9-5

Step 05 选择绘制的图形，在工具箱中单击【网格工具】按钮，在选中的图形上添加锚点，并设置锚点的颜色为#e73219，可根据用户的喜好设置填色，效果如图9-6所示。

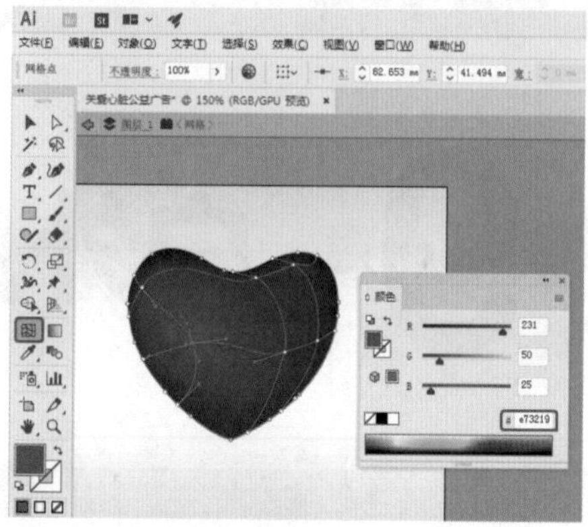

图9-6

Step 06 在工具箱中单击【钢笔工具】按钮，在绘图页中绘制图9-7所示的图形。

> **提示**
>
> 使用【网格工具】，可以产生对象的网格填充效果。网格工具可以方便地处理复杂形状图形中的细微颜色变化，适于控制水果、花瓣、叶等复杂形状色彩的过渡，从而制作出逼真的效果。

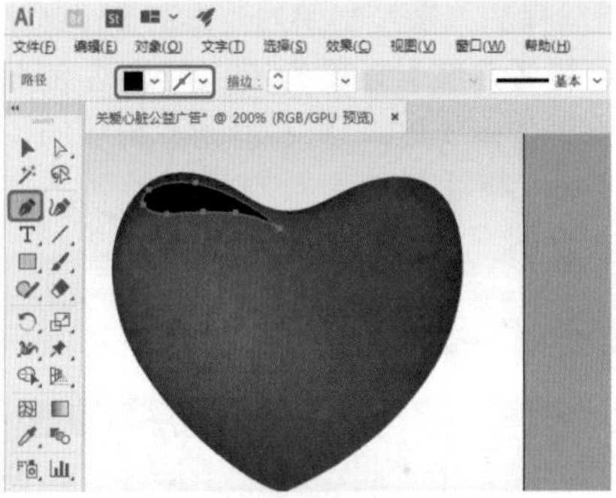

图9-7

Step 07 选中绘制的图形，按Ctrl+F9组合键，在【渐变】面板中将【类型】设置为“线性”，将【角度】设置为-64.5°，将左侧渐变滑块的【颜色】设置为#e67677，将右侧渐变滑块的【颜色】设置为#e21913，使用【渐变工具】调整渐变的位置，将【描边】设置为“无”，使用同样的方法绘制图形并进行设置，将新绘制的图形后移一层，如图9-8所示。

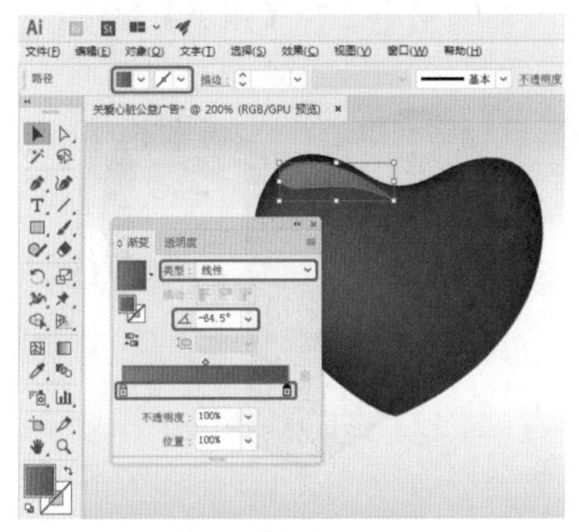

图9-8

Step 08 使用【钢笔工具】绘制图形，如图9-9所示。

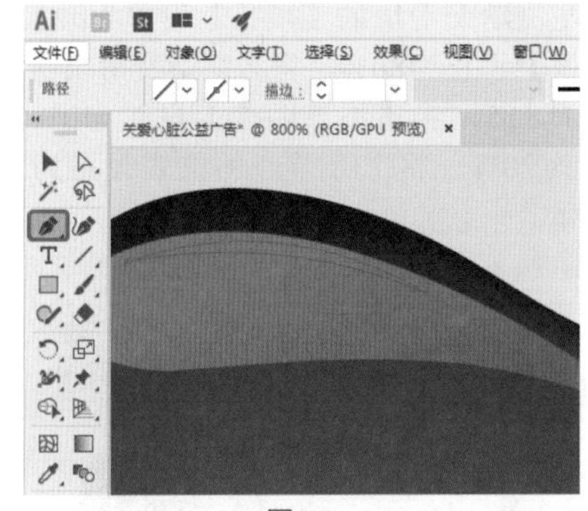

图9-9

Step 09 选中绘制的图形，在【渐变】面板中将填充【类型】设置为“线性”，将左侧渐变滑块的【颜色】设置为白色，【不透明度】设置为20%，在位置52%处添加一个渐变滑块，将【颜色】设置为白色，右侧渐变滑块的【颜色】设置为白色，并将其【不透明度】设置为20%，效果如图9-10所示。

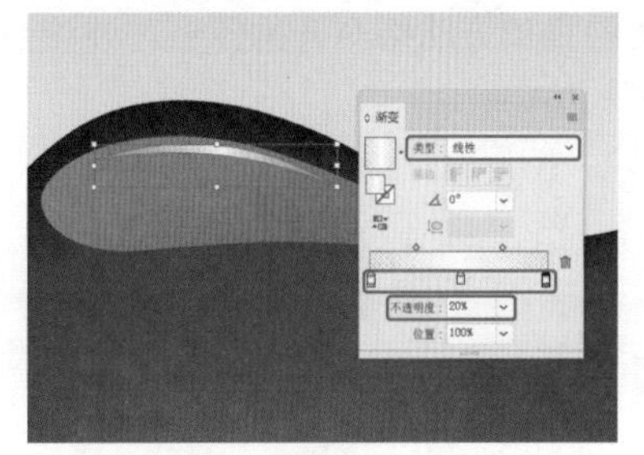

图9-10

Step 10 使用【钢笔工具】绘制图形，如图9-11所示。

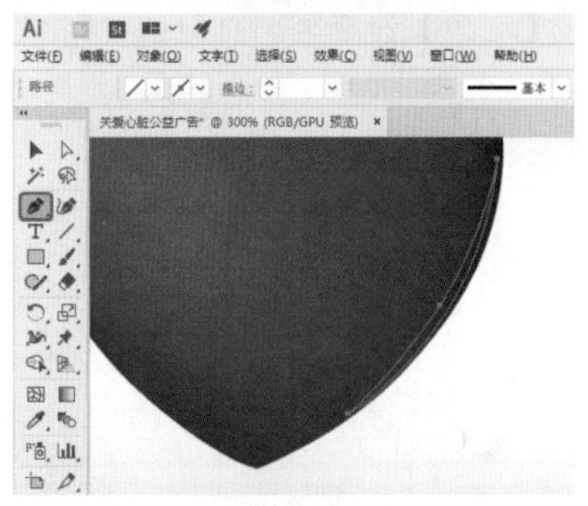

图9-11

Step 11 选中该图形，在【渐变】面板中将填充【类型】设置为“线性”，将左侧渐变滑块的【颜色】设置为#911d22，在位置52%处添加渐变滑块，【颜色】设置为#e46a66，将右侧渐变滑块的【颜色】设置为#911d22，如图9-12所示。

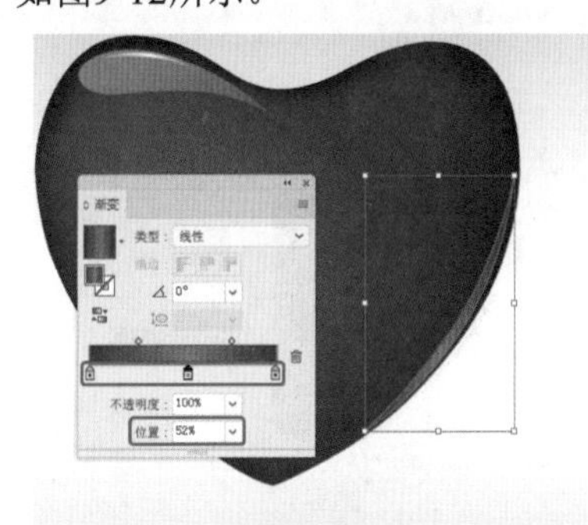

图9-12

Step 12 在工具箱中单击【钢笔工具】按钮，绘制图形并调整图形位置，如图9-13所示。

Step 13 选中该图形，在【渐变】面板中将填充【类型】设置为“径向”，将左侧渐变滑块的【颜色】设置为#e61f1a，将右侧渐变滑块的【颜色】设置为#ab1f24，将上方节点的位置设置为37%，效果如图9-14所示。

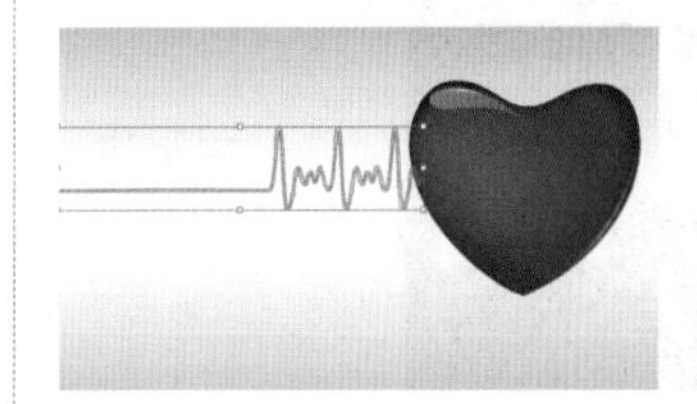

图9-13

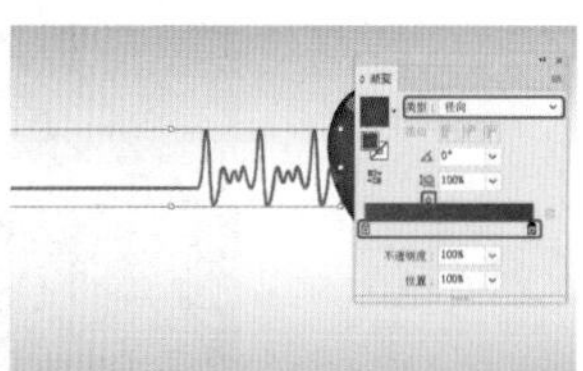

图9-14

Step 14 使用同样的方法绘制其他图形，并调整其位置，效果如图9-15所示。

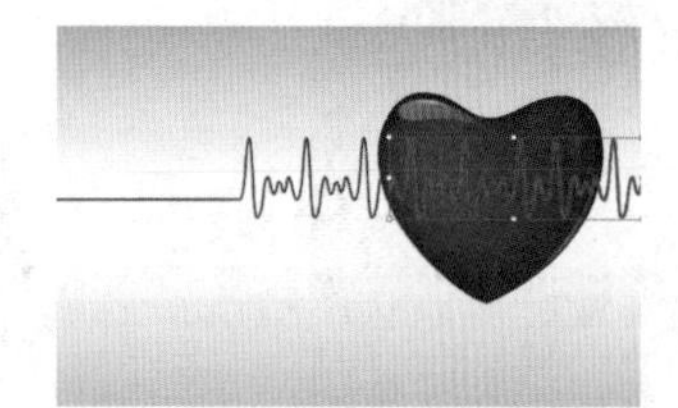

图9-15

Step 15 使用【钢笔工具】绘制创可贴图形，并调整图形位置，将【填色】设置为#7f191e，【描边】设置为“无”，如图9-16所示。

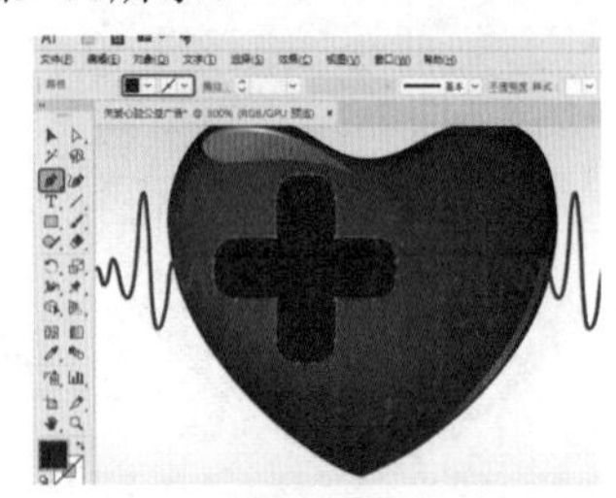

图9-16

Step 16 选择【圆角矩形工具】，绘制两个圆角矩形，在【渐变】面板中将【类型】设置为“线性”，将【角度】设置为-90°，将左侧渐变滑块的【颜色】设置为#f5bf8c，将右侧渐变滑块的【颜色】设置为#e6714e，将【描边】设置为“无”，如图9-17所示。

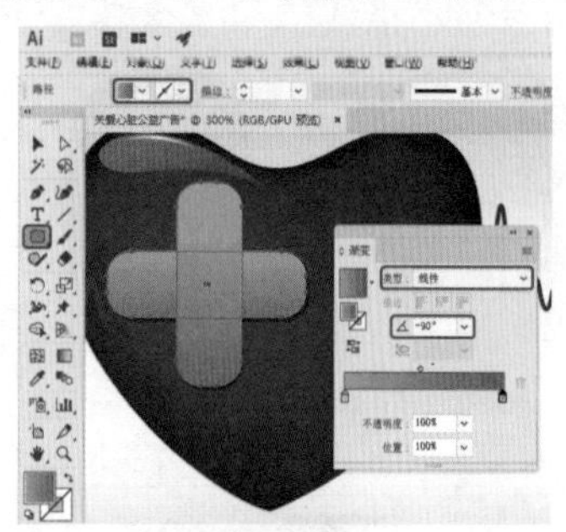

图9-17

Step 17 使用【钢笔工具】绘制图形，在【渐变】面板中将填充【类型】设置为“线性”，将【渐变】角度设置为90°，将左侧渐变滑块的【颜色】设置为#d2523f，在位置52%处添加一个渐变滑块，将【颜色】设置为白色，将右侧渐变滑块的【颜色】设置为#d45c4a，选中绘制的图形，按住Alt键拖曳鼠标，复制多个图形，并调整复制图形的位置，如图9-18所示。

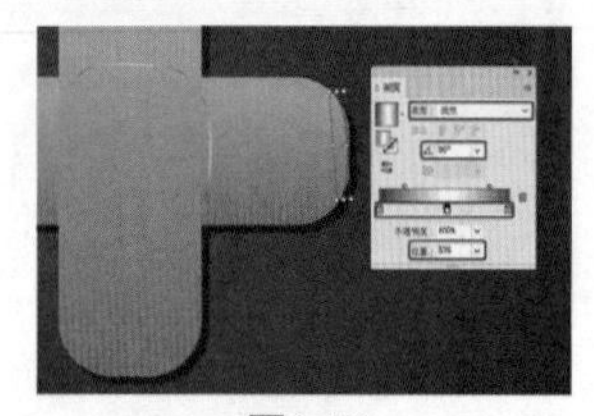

图9-18

Step 18 使用同样的方法绘制图形，将渐变【类型】设置为“线性”，将【角度】设置为-90°，将左侧渐变滑块的【填色】设置为#f5bf8c，将右侧渐变滑块的【颜色】设置为#e6714e，将【描边】设置为“无”，并使用【渐变工具】调整图形渐变，如图9-19所示。

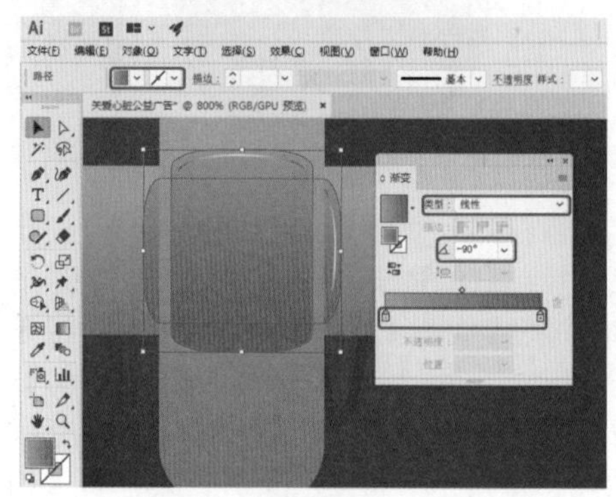

图9-19

Step 19 调整图层至合适位置，选中绘制的图形，右击，在弹出的快捷菜单中选择【编组】命令，如图9-20所示。

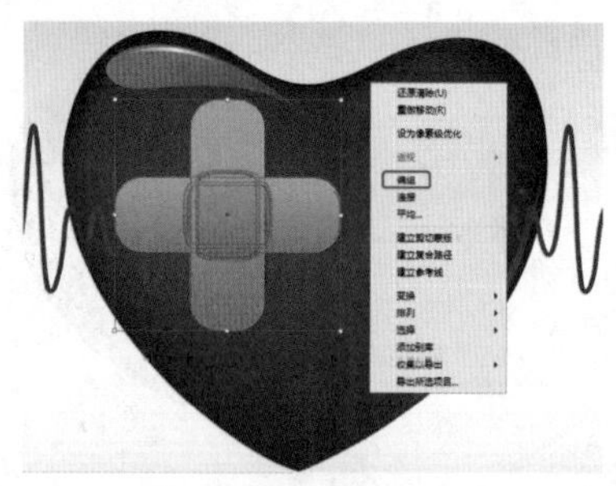

图9-20

Step 20 使用【椭圆工具】绘制图形，在【渐变】面板中将【类型】设置为“径向”，将【长宽比】设置为22%，将左侧渐变滑块的【填色】设置为#231815，将【不透明度】设置为80%，将右侧渐变滑块的【填色】设置为#231815，将【不透明度】设置为0%，将【位置】设置为90%，将上方节点的位置设置为37%，如图9-21所示。

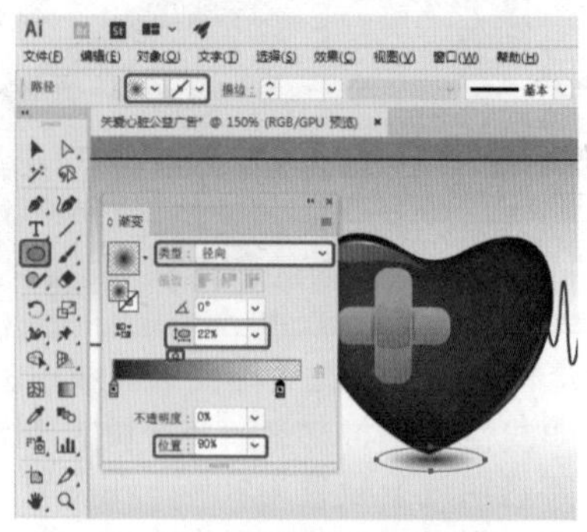

图9-21

Step 21 在工具箱中单击【文字工具】按钮T输入文字，选中输入的文字，将【字体系列】设置为“汉仪菱心体简”，将【字体大小】设置为36pt，将【填色】设置为#c7161d，【描边】设置为#e3d4d4，【描边粗细】设置为1pt，如图9-22所示。

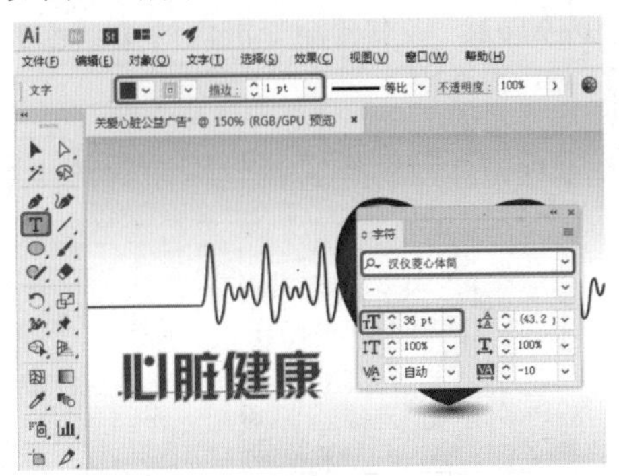

图9-22

Step 22 继续选中该文字，按住Alt键拖曳鼠标复制图形，调整复制图形的位置，将“文字”更改为“Heart health”，将【字体系列】设置为“微软雅黑”，【字体样式】设置为“Bold”，【字体大小】设置为24pt，将字母“H”【填色】设置为#bc1c21，【描边】设置为“无”，如图9-23所示。

图9-23

Step 23 在工具箱中单击【矩形工具】按钮，绘制一个矩形，将渐变【类型】设置为“线性”，将【角度】设置为-90°，将左侧渐变滑块的【颜色】设置为#d1d1d2，将右侧渐变滑块的【颜色】设置为白色，将【不透明度】设置为50%，将上方节点的位置设置为80%，如图9-24所示。

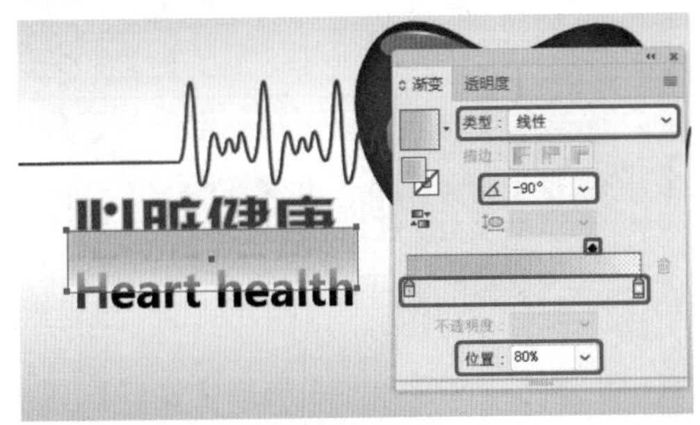

图9-24

Step 24 按住Shift键选择矩形和英文文字，在【透明度】面板中单击【制作蒙版】按钮，勾选【反相蒙版】复选框，如图9-25所示。

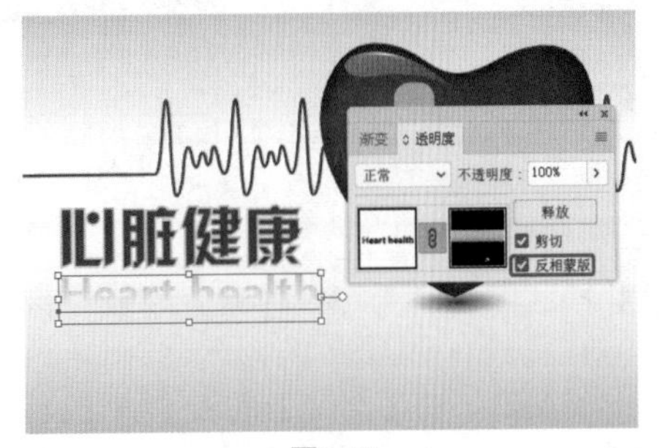

图9-25

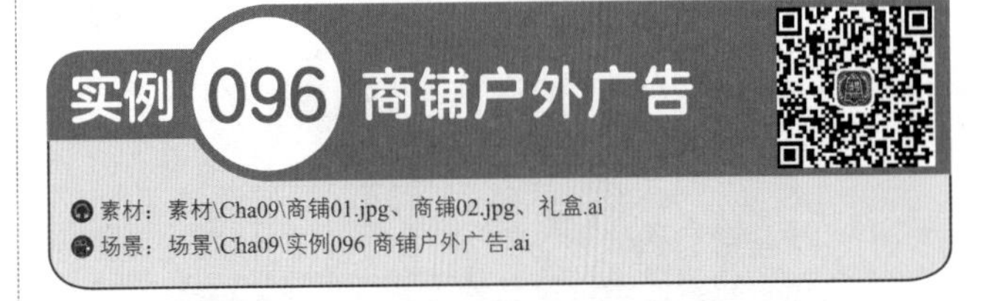

本例将介绍如何制作商铺户外广告。该实例主要利用【矩形工具】绘制背景并为其填充渐变，然后再绘制其他图形、输入文字，最后导入素材并为其添加效果，即可完成最终制作，效果如图9-26所示。

图9-26

Step 01 按Ctrl+N组合键，在弹出的【新建文档】对话框中，将【名称】设置为“商铺户外广告”，将【单位】设置为“毫米”，将【宽度】和【高度】分别设置为252mm和114mm，单击【创建】按钮，如图9-27所示。

图9-27

Step 02 在工具箱中单击【矩形工具】按钮，绘制一个【宽】和【高】分别为252mm和90mm的矩形，如图9-28所示。

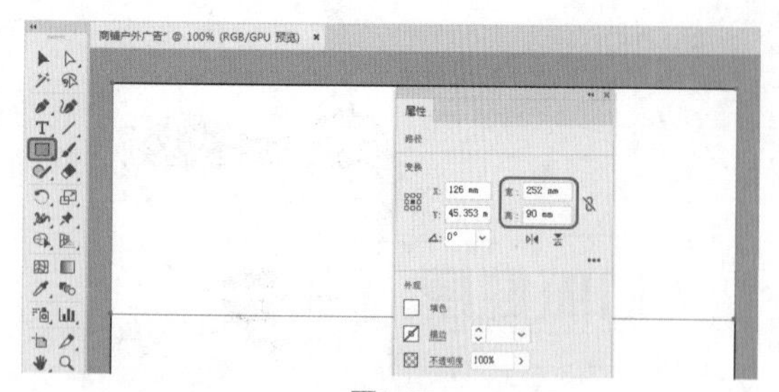
图9-28

Step 03 选中该图形，在【渐变】面板中将【类型】设置为“线性”，将【角度】设置为-90°，将左侧渐变滑块的【颜色】设置为#22a0d1，将右侧渐变滑块的【颜色】设置为#0060a5，【描边】设置为“无”，如图9-29所示。

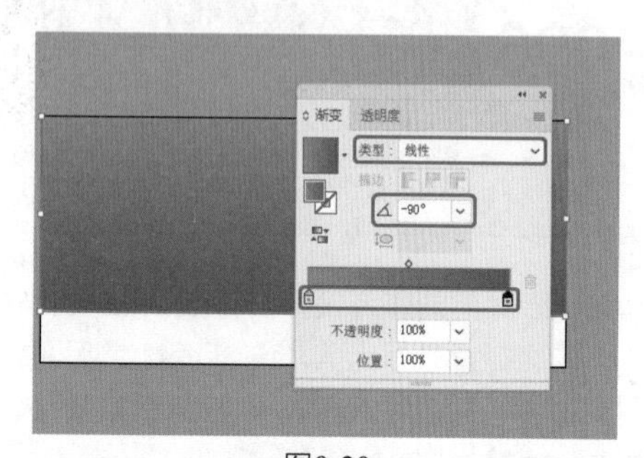
图9-29

Step 04 使用【矩形工具】按钮绘制一个【宽】和【高】分别为252mm和24mm的矩形，如图9-30所示。

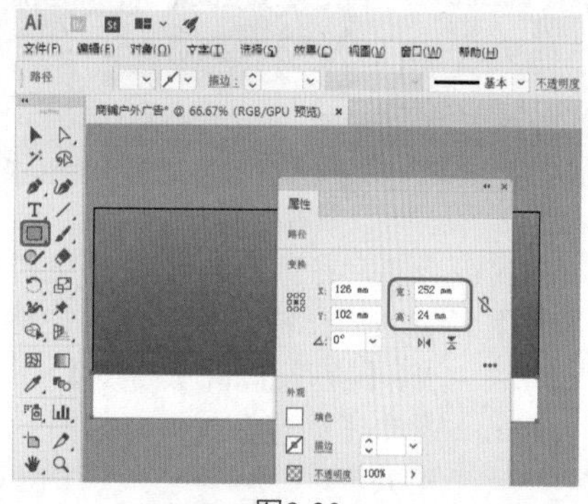
图9-30

Step 05 选中绘制的图形，在【渐变】面板中将【类型】设置为“线性”，将【角度】设置为90°，将左侧渐变滑块的【颜色】设置为#1980bb，将右侧渐变滑块的【颜色】设置为#0b4c85，如图9-31所示。

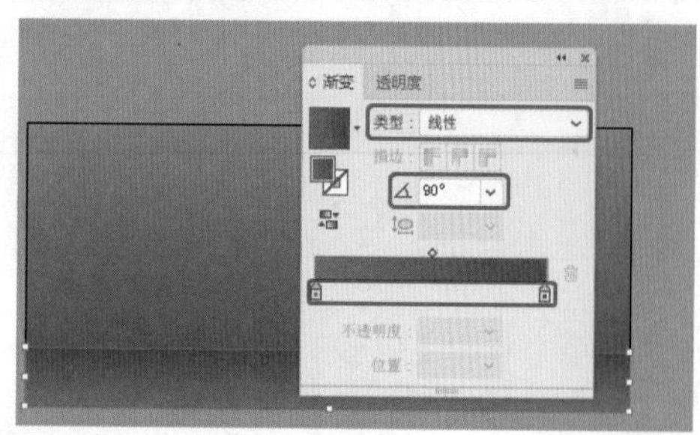
图9-31

Step 06 在工具箱中单击【椭圆工具】按钮绘制图形，在【渐变】面板中，将【类型】设置为“线性”，将【角度】设置为-90°，将左侧渐变滑块的【颜色】设置为#0e91c2，将右侧渐变滑块的【颜色】设置为#0d74a3，如图9-32所示。

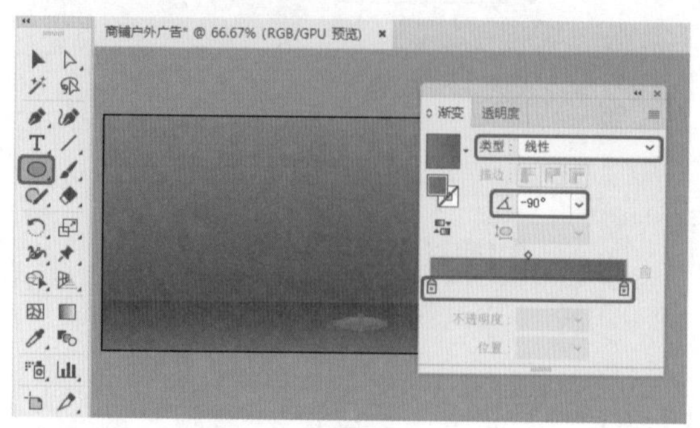
图9-32

Step 07 再次使用【椭圆工具】在画板中绘制一个椭圆形，将左侧渐变滑块的【颜色】设置为#043f70，将右侧渐变滑块的【颜色】设置为#043452，如图9-33所示。

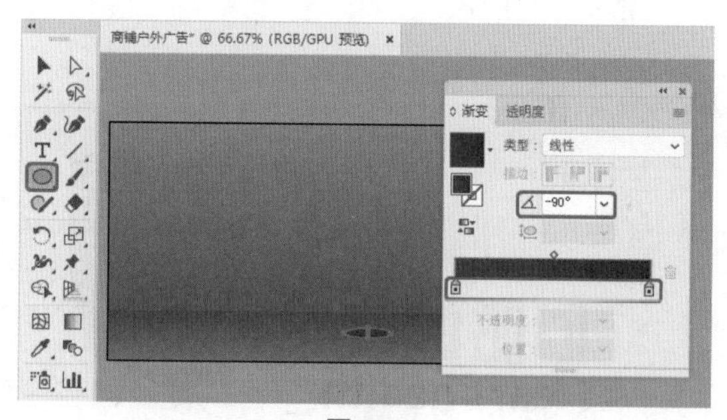
图9-33

Step 08 在工具箱中单击【钢笔工具】按钮绘制图形，将【填色】设置为白色，【描边】设置为“无”，如图9-34所示。

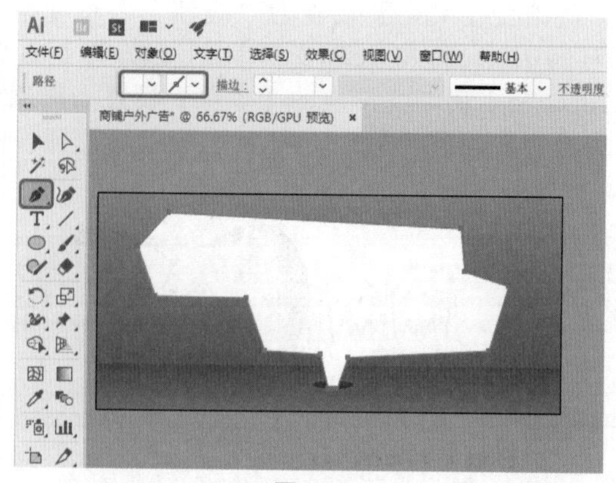
图9-34

Step 09 选中该图形，在菜单栏中选择【窗口】|【外观】命令，在面板中单击【添加新效果】按钮 fx，选择下拉菜单中的【风格化】|【投影】命令，如图9-35所示。

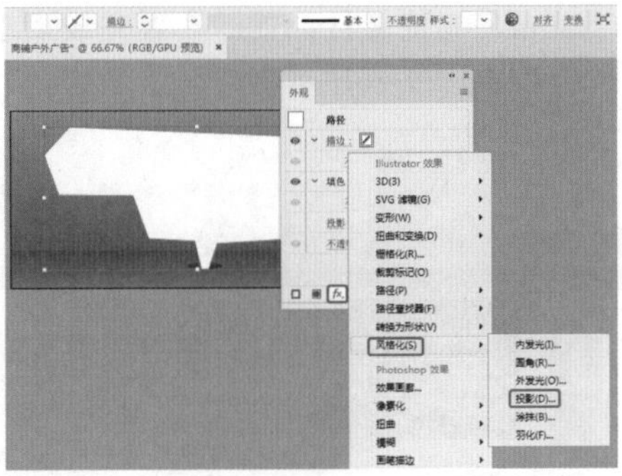

图9-35

Step 10 在弹出的【投影】对话框中，将【不透明度】【X位移】【Y位移】【模糊】分别设置为75%、0mm、0mm、2mm，如图9-36所示。

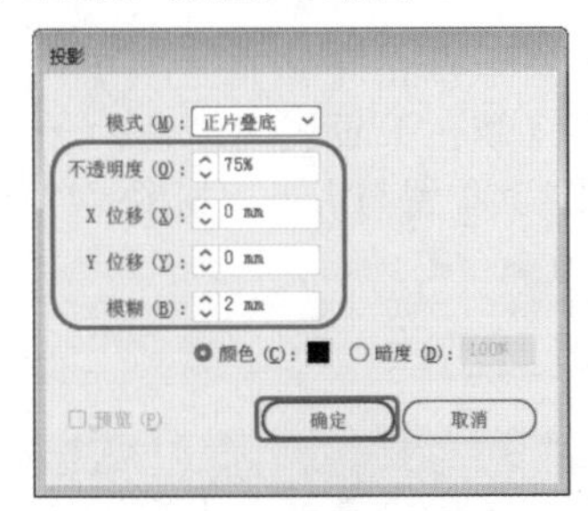

图9-36

Step 11 设置完成后，单击【确定】按钮，即可为选中图形添加投影效果，如图9-37所示。

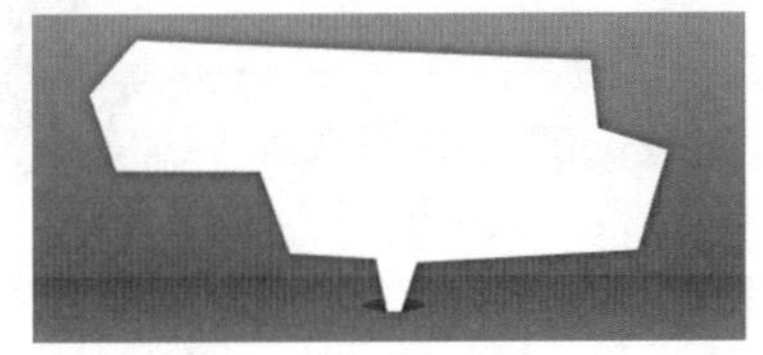

图9-37

Step 12 在工具箱中单击【文字工具】按钮 T 输入文字，选中输入的文字，将【字体系列】设置为“文鼎CS大黑”，将【字体大小】设置为52pt，【填色】设置为#ee7b1b，【描边】设置为“无”，效果如图9-38所示。

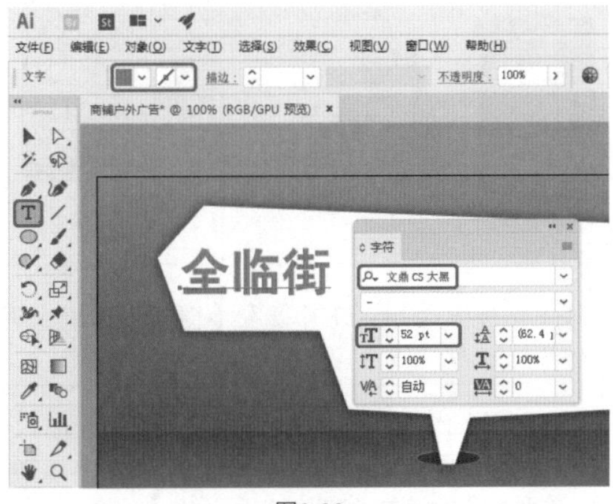

图9-38

Step 13 再次使用【文字工具】 T 输入文字，选中输入的文字，将【字体系列】设置为“汉仪菱心体简”，将【字体大小】设置为65pt，并调整其位置，效果如图9-39所示。

图9-39

Step 14 继续选中该文字，单击鼠标右键，在弹出的快捷菜单中选择【创建轮廓】命令，如图9-40所示。

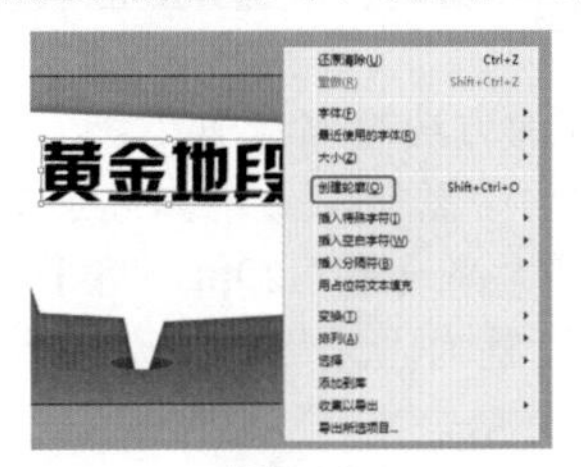

图9-40

Step 15 按Ctrl+8组合键建立复合路径，在【渐变】面板中将【类型】设置为“线性”，将【角度】设置为-90°，左侧渐变滑块的【颜色】设置为#198fae，右侧渐变滑块的【颜色】设置为#004b80，如图9-41所示。

图9-41

Step 16 使用【文字工具】 T 输入文字，将【字体系列】设置为“长城新艺体”，将【字体大小】设置为75pt，【填色】设置为#784721，【描边】设置为“无”，如图9-42所示。

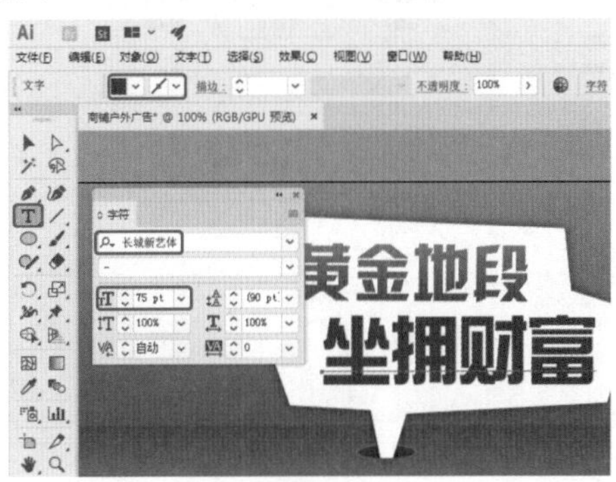

图9-42

Step 17 继续选中该文字，按住Alt键拖动该文字，对其进行复制，将【填色】设置为7、62、91、0，【描边】设置为“无”，并调整其位置，如图9-43所示。

图9-43

Step 18 使用同样的方法输入其他文字，将【字体系列】设置为“文鼎CS中黑”，【字体大小】设置为20pt，将“无限”文字大小设置为29pt，将【填色】设置为白色，【描边】设置为“无”，并对输入的文字进行设置，如图9-44所示。

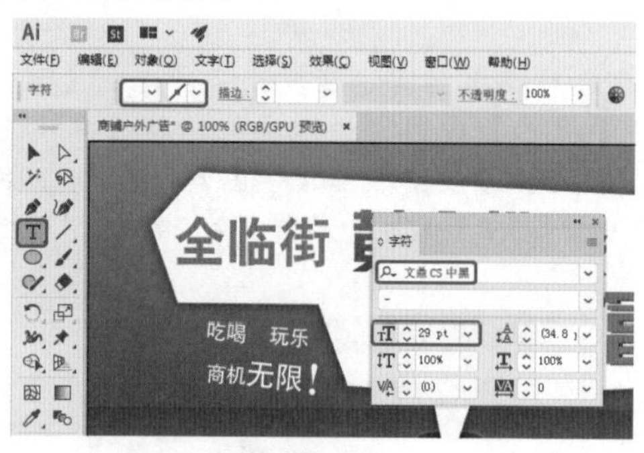

图9-44

Step 19 在菜单栏中选择【文件】|【置入】命令，在弹出的【置入】对话框中，选择“素材\Cha09\商铺01.jpg”文件，单击【置入】按钮，如图9-45所示。

图9-45

Step 20 在【变换】面板中将【宽】和【高】分别设置为38mm和26mm，调整素材位置，设置完成后单击【嵌入】按钮，效果如图9-46所示。

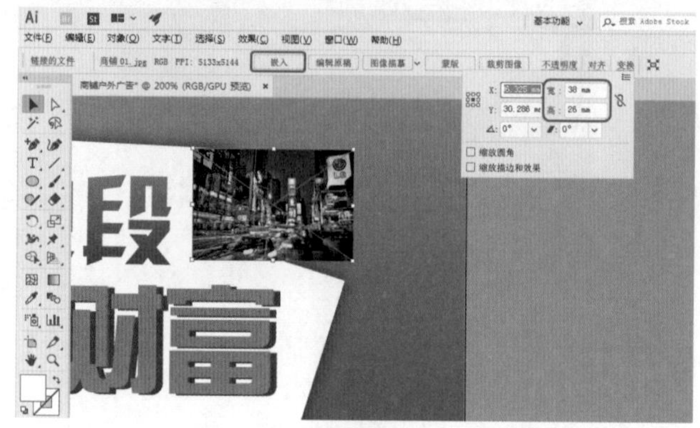

图9-46

Step 21 在工具箱中单击【矩形工具】按钮，绘制一个矩形，将【填色】设置为白色，【描边】设置为“无”，并调整其位置与大小，如图9-47所示。

图9-47

Step 22 选中绘制的矩形，右击，在弹出的快捷菜单中选择【排列】|【后移一层】命令，如图9-48所示。

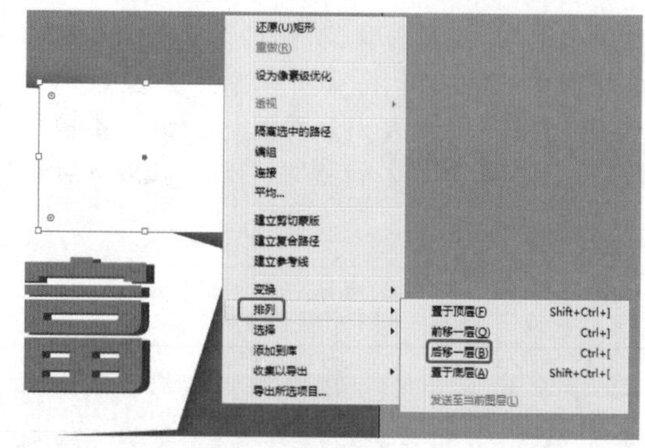

图9-48

提示

除了上述方法外，还可以在【图层】面板中调整对象的排放顺序。

Step 23 选中矩形上方的图像文件，在【外观】面板中单击【添加新效果】按钮，在弹出的下拉菜单中选择【风格化】|【羽化】命令，如图9-49所示。

图9-49

Step 24 在弹出的【羽化】对话框中，将【半径】设置为1mm，设置完成后，单击【确定】按钮。选中白色矩形和图像文件，按Ctrl+G组合键对其进行编组，在【外观】面板中单击【添加新效果】按钮，在弹出的下拉菜单中选择【风格化】|【投影】命令，如图9-50所示。

图9-50

◎提示

使用【羽化】效果可以柔化对象的边缘，使其产生从内部到边缘逐渐透明的效果。

Step 25 在弹出的【投影】对话框中，将【X位移】【Y位移】【模糊】分别设置为0mm、0mm、1，单击【确定】按钮，如图9-51所示。

Step 26 设置完成后，使用前面介绍的方法将“商铺02.jpg”素材文件置入，并将对象进行相应的设置，调整对象位置，如图9-52所示。

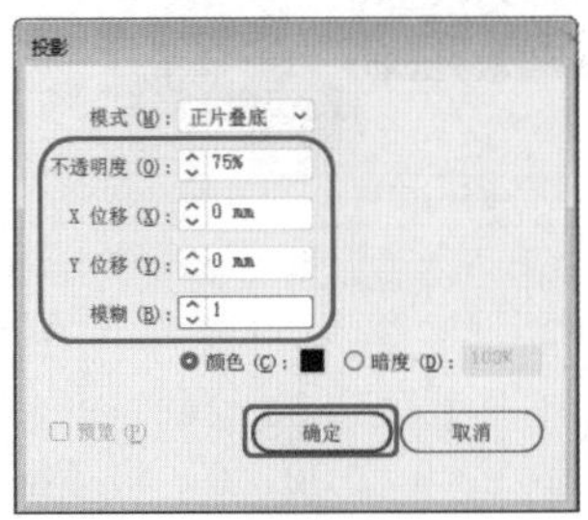

图9-51

图9-52

Step 27 在菜单栏中选择【文件】|【置入】命令，在弹出的【置入】对话框中，选择“素材\Cha09\礼盒.ai”文件，单击【置入】按钮，将其置入到画板中，设置完成后单击【嵌入】按钮，调整其大小和位置，如图9-53所示。

图9-53

本实例将介绍如何制作相机广告。该实例主要通过导入素材、输入文字以及绘制图形，并为其添加描边来达到最终效果，其效果如图9-54所示。

图9-54

Step 01 按Ctrl+N组合键，在弹出的【新建文档】对话框中，将【名称】设置为“相机广告”，将【单位】设置为“毫米”，将【宽度】和【高度】分别设置为264mm和142mm，将颜色模式设置为CMYK颜色，单击【创建】按钮，如图9-55所示。

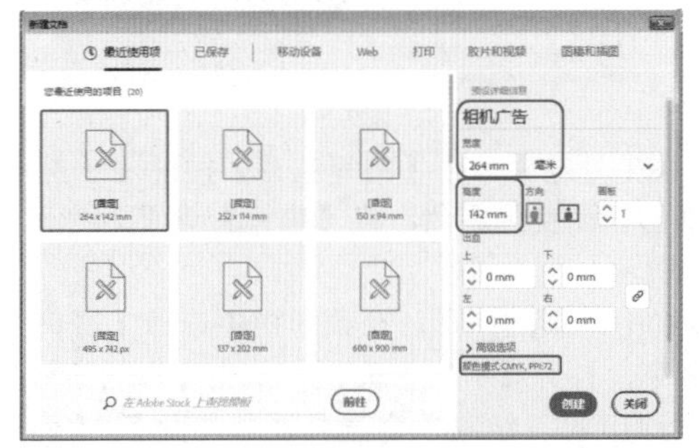

图9-55

Step 02 设置完成后，在工具箱中单击【矩形工具】按钮，绘制与画板一样大的矩形，如图9-56所示。

图9-56

Step 03 选中绘制的矩形，在【渐变】面板中将【类型】设置为“径向”，将左侧渐变滑块的【颜色】设置为白色，将右侧渐变滑块的【颜色】设置为31、24、23、0，将【描边】设置为“无”，如图9-57所示。

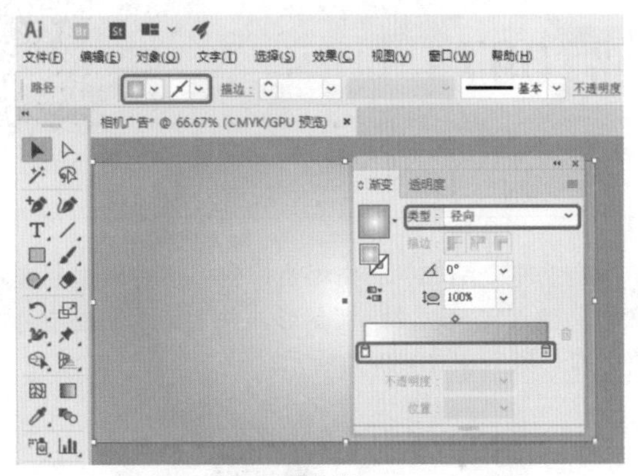

图9-57

Step 04 在菜单栏中选择【文件】|【打开】命令，在弹出的【打开】对话框中，选择“素材\Cha09\相机.ai”文件，将素材拖曳至新建文档中，调整文件位置，如图9-58所示。

图9-58

Step 05 在工具箱中单击【钢笔工具】按钮 绘制图形，将【填色】设置为黑色，将【描边】设置为“无”，如图9-59所示。

Step 06 选中绘制的图形，在菜单栏中选择【窗口】|【外观】命令，打开【外观】面板，单击【添加新效果】按钮，在弹出的下拉菜单中选择【风格化】|【羽化】命令，如图9-60所示。

Step 07 在弹出的【羽化】对话框中将【半径】设置为10mm，如图9-61所示。

图9-59

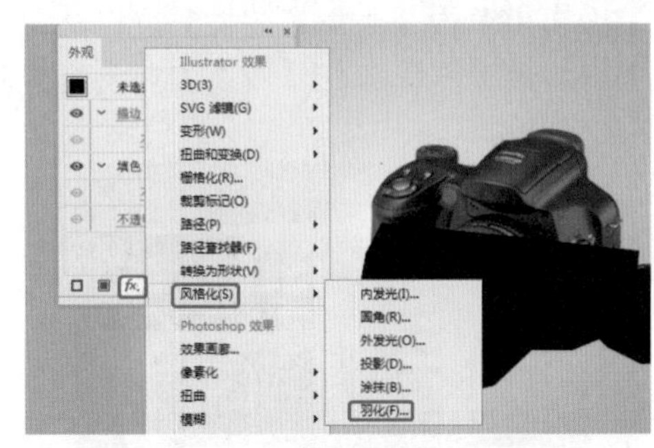

图9-60

图9-61

Step 08 设置完成后，单击【确定】按钮，选择“相机”文件，右击，在弹出的快捷菜单中选择【排列】|【置于顶层】命令，如图9-62所示。

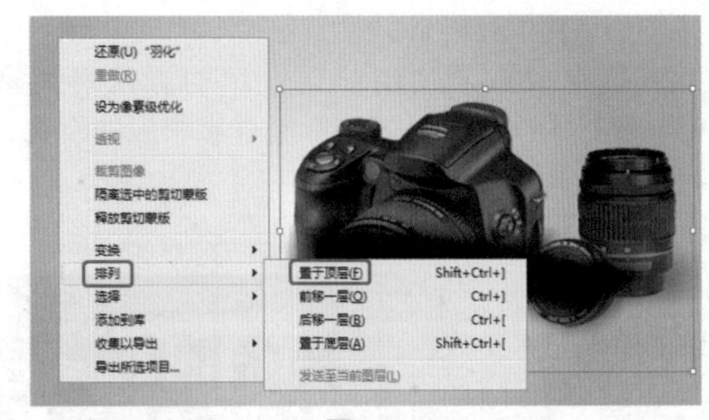

图9-62

Step 09 在工具箱中单击【矩形工具】按钮 绘制矩形，将【填色】和【描边】设置为63、0、100、0，将【描边粗细】设置为2pt，将【画笔定义】设置为“铅笔-粗”，将【不透明度】设置为72%，将矩形的【宽】【高】分别设置为102mm和46mm，将【旋转】设置为14°，如图9-63所示。

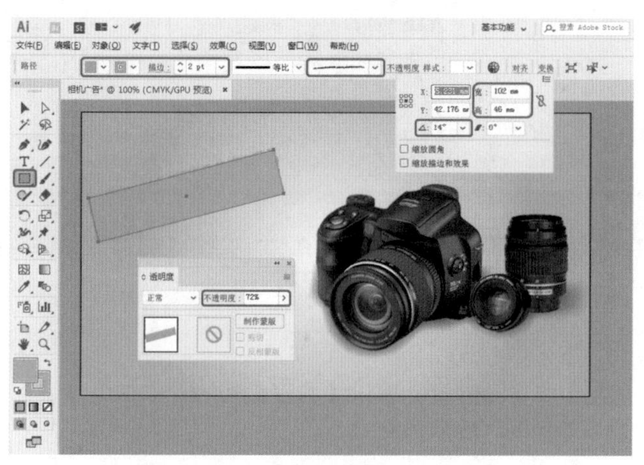

图9-63

Step 10 按住Alt键拖曳鼠标，对该矩形进行复制，调整复制图形的位置，如图9-64所示。

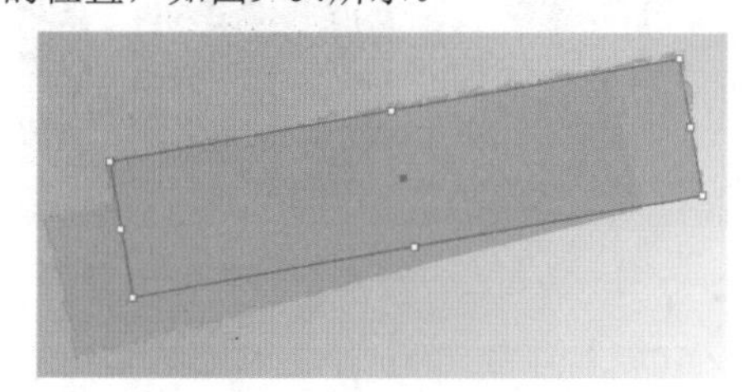

图9-64

Step 11 再次对该矩形进行复制，将复制图形的【填色】和【描边】设置为50、0、99、0，将【描边粗细】设置为1pt，如图9-65所示。

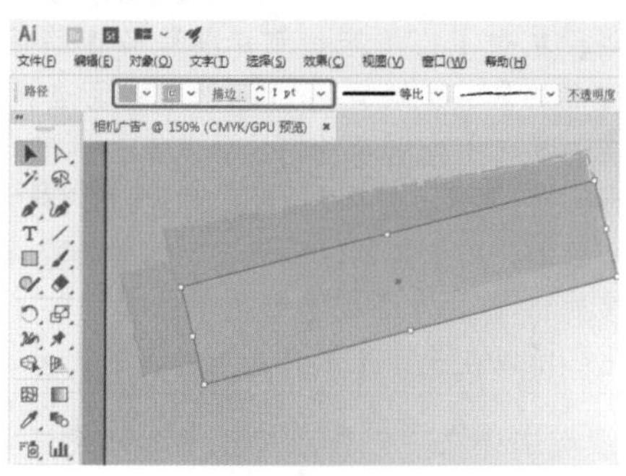

图9-65

Step 12 使用【直线工具】绘制图形，将【填色】设置为“无”，【描边】设置为63、0、100、0，将【描边粗细】设置为2pt，将【画笔定义】设置为“粉笔”，将【不透明度】设置为72%，如图9-66所示。

Step 13 使用【矩形工具】绘制图形，将【填色】和【描边】设置为69、3、10、0，将【描边粗细】设置为2pt，将【画笔定义】为“铅笔-粗”，将【不透明度】设置为72%，再使用【钢笔工具】绘制图形，颜色同上，如图9-67所示。

Step 14 使用【矩形工具】绘制图形，将【填色】设置为82、55、7、0，将【描边】设置为80、51、0、0，将【描边粗细】设置为2pt，将画笔定义设置为“铅笔-粗”，将【不透明度】设置为72，选中绘制的图形，右击，在弹出的快捷菜单中选择【排列】|【后移一层】命令，如图9-68所示。

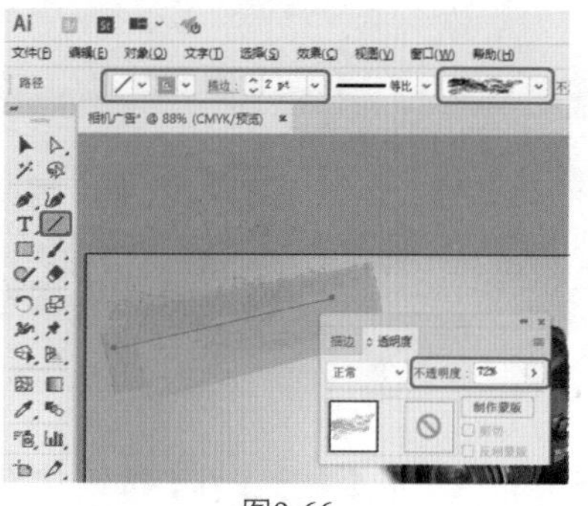

图9-66

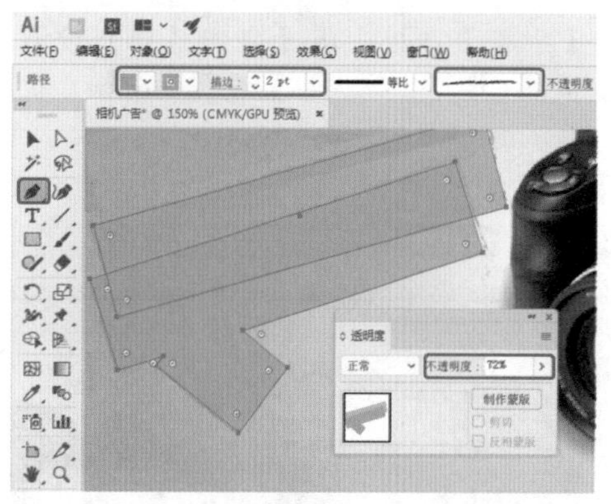

图9-67

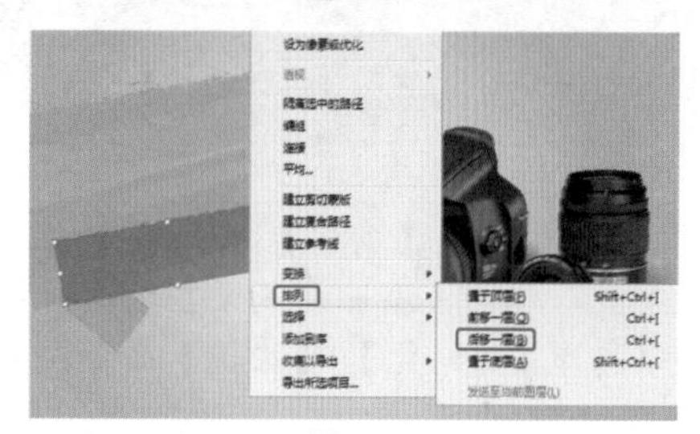

图9-68

Step 15 使用【直线段工具】绘制图形，将【填色】设置为“无”，【描边】设置为63、0、10、0，将【描边粗细】设置为2pt，将【画笔定义】设置为“粉笔”，将【不透明度】设置为72%，如图9-69所示。

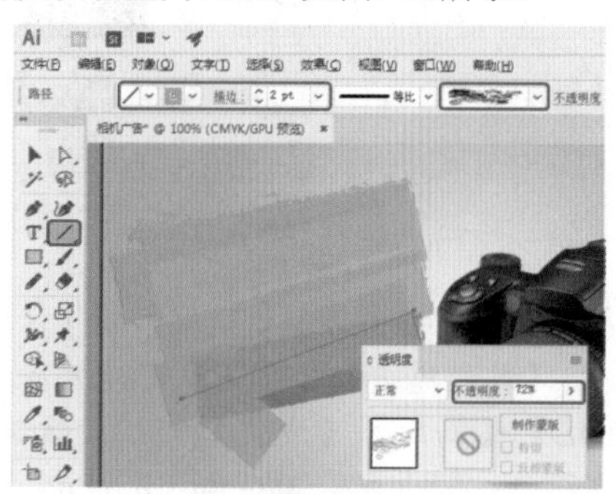

图9-69

Step 16 在菜单栏中选择【文件】|【打开】命令，在弹出的【打开】对话框中，选择“刷子.ai”文件，将素材文件拖曳至新建文档中，调整至合适的位置，如图9-70所示。

图9-70

Step 17 在工具箱中单击【文字工具】按钮T，输入文字，选中输入的文字，将【填色】和【描边】都设置为白色，在【字符】面板中将【字体系列】设置为“长城新艺体”，将【字体大小】设置为65pt，如图9-71所示。

图9-71

Step 18 在菜单栏中选择【窗口】|【外观】命令，打开【外观】面板，单击【添加新效果】按钮，在弹出的下拉菜单中选择【风格化】|【涂抹】命令，如图9-72所示。

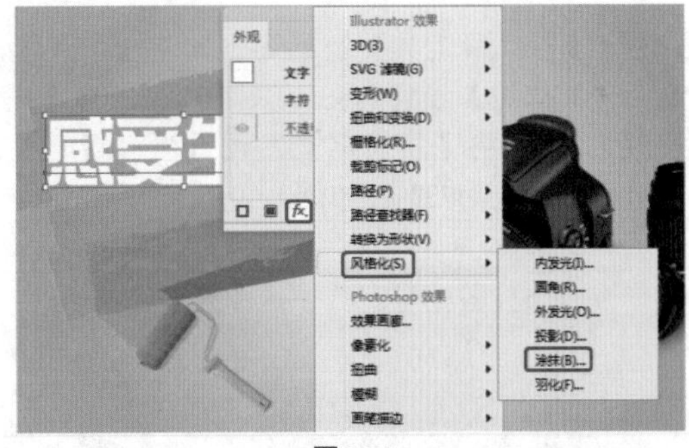

图9-72

Step 19 在弹出的【涂抹选项】对话框中将【角度】设置为45°，将【路径重叠】【变化】【描边宽度】【曲度】【变化】【间距】【变化】分别设置为0mm、0.1mm、0.2mm、5%、5%、0.6mm、0.6mm，如图9-73所示。

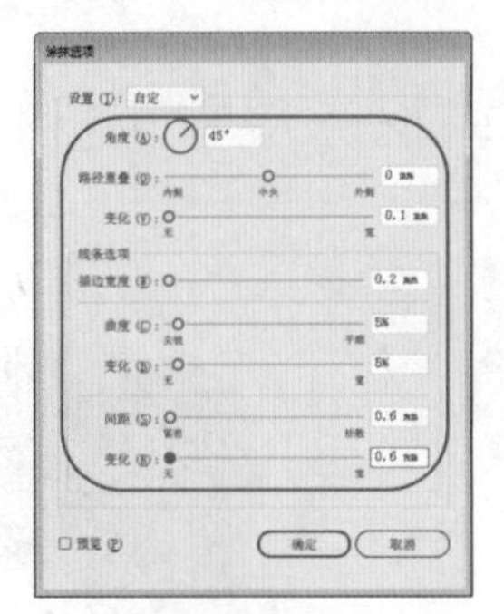

图9-73

Step 20 设置完成后，单击【确定】按钮，添加涂抹后的效果如图9-74所示。

图9-74

◎提示

【涂抹选项】对话框中的各个选项的功能如下。

【设置】：在该下拉列表框中可以选择Illustrator中预设的涂抹效果，也可以根据需要自定义设置。

【角度】：该选项用来控制涂抹线条的方向。

【路径重叠】：用来控制涂抹线条在路径边界内距路径边界的量，或在路径边界外距路径边界的量。

【描边宽度】：用来控制涂抹线条的宽度。

【曲度】：用来控制涂抹曲线在改变方向之前的曲度。

【间距】：用来控制涂抹线条之间的折叠间距量。

在该对话框中的多个【变化】选项控制了相应选项的变化，所以在此处不进行详细的讲解。

Step 21 继续选中该文字，在菜单栏中选择【窗口】|【外观】命令，打开【外观】面板，单击【添加新效果】按钮，在弹出的下拉菜单中选择【扭曲和变换】|【粗糙化】命令，如图9-75所示。

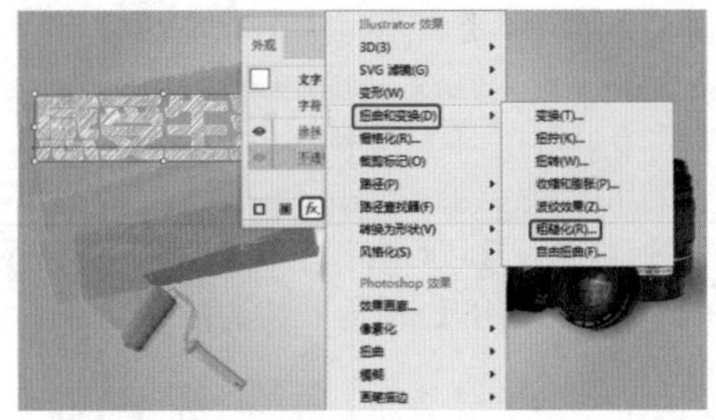

图9-75

Step 22 在弹出的【粗糙化】对话框中设置【大小】和【细节】的参数，如图9-76所示。

图9-76

◎提示·◦

【粗糙化】滤镜可以将矢量对象的路径变为各种大小的尖峰和凹谷的锯齿数组。使用绝对大小或者相对大小可以设置路径段的最大长度。

Step 23 设置完成后，单击【确定】按钮，在菜单栏中选择【窗口】|【变换】命令，弹出【变换】面板，将【旋转】设置为13°，如图9-77所示。

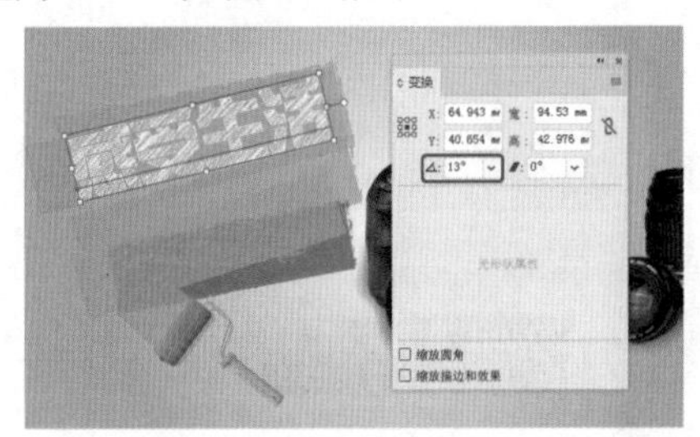

图9-77

Step 24 在工具箱中单击【文字工具】按钮T，在画板中单击鼠标，输入文字，将【填色】设置为白色，将【字体系列】设置为“微软雅黑”，【字体样式】设置为“Regular”，将【字体大小】设置为24pt，将【旋转】设置为15°，如图9-78所示。

图9-78

Step 25 选中绘制的图形和文字，右击，在弹出的快捷菜单中选择【编组】命令，如图9-79所示。

图9-79

实例 098 汽车户外广告

素材：素材\Cha09\汽车.jpg

场景：场景\Cha09\实例098 汽车户外广告.ai

本实例将介绍汽车户外广告的制作。该实例主要通过导入素材，并为素材添加剪切蒙版来制作背景，然后输入文字并绘制图形，并对其进行相应的设置，从而完成最终制作，效果如图9-80所示。

图9-80

Step 01 按Ctrl+N组合键，在弹出的【新建文档】对话框中，将【名称】设置为“汽车户外广告”，将【单位】设置为“毫米”，将【宽度】【高度】分别设置为299mm和213mm，将【颜色模式】设置为“RGB颜色”，如图9-81所示。

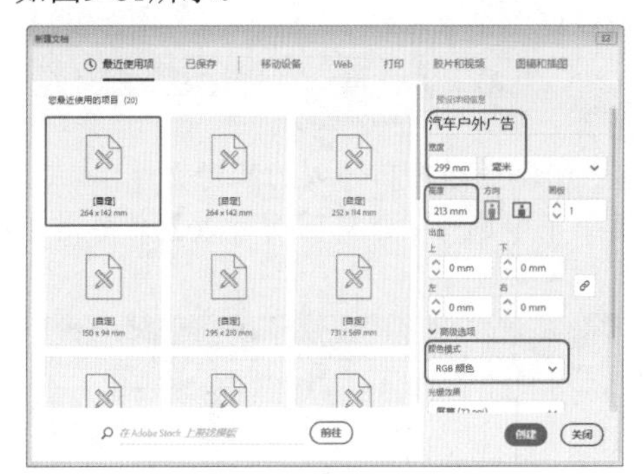

图9-81

Step 02 设置完成后，单击【创建】按钮，在菜单栏中选择【文件】|【置入】命令，在弹出的【置入】对话框中选择“素材\Cha09\汽车.jpg”文件，如图9-82所示。

图9-82

Step 03 单击【置入】按钮，调整素材文件的位置与大小，单击【嵌入】按钮，如图9-83所示。

图9-83

Step 04 在工具箱中单击【矩形工具】按钮，绘制一个与画板大小相同的矩形，如图9-84所示。

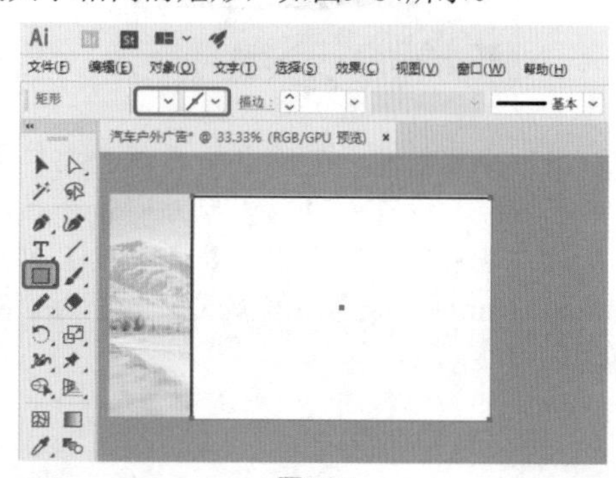

图9-84

Step 05 选中绘制的矩形和导入的素材文件，右击，在弹出的快捷菜单中选择【建立剪切蒙版】命令，如图9-85所示。

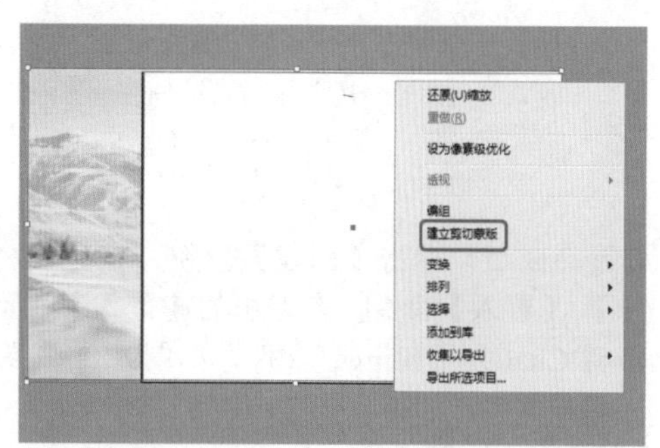

图9-85

Step 06 在工具箱中单击【矩形工具】按钮，在画板中绘制一个矩形，将其【填色】和【描边】都设置为黑色，【描边粗细】设置为1pt，将【画笔定义】设置为“粉笔-涂抹”，在【变换】面板中将【宽度】和【高度】分别设置为93mm和10mm，如图9-86所示。

Step 07 按住Alt键对绘制的矩形进行复制，并调整其位置和大小，使用【文字工具】输入文字，选中输入的文字，将【填色】设置为白色，【描边】设置为“无”，将【字体系列】设置为“方正综艺简体”，将【字体大小】设置为33pt，如图9-87所示。

图9-86

图9-87

Step 08 按住Alt键对该文字进行复制，并更改文字与位置，将“火线预售中”文本的【填色】设置为#e61f19，【描边】设置为“无”，如图9-88所示。

图9-88

Step 09 在工具箱中单击【直线段工具】按钮绘制直线段，将【填色】设置为“无”，将【描边】设置为#231815，将【描边粗细】设置为0.3pt，将【画笔定义】设置为“粉笔-涂抹”，如图9-89所示。

图9-89

Step 10 使用【文字工具】T在直线段上输入文字，将【字体系列】设置为“长城新艺体”，将【字体大小】设置为33pt，【字符间距】设置为200，将【水平缩放】设置为64，将【倾斜】设置为5，将“全新升级”的【填色】设置为#b41018，将“为你制定”的【填色】设置为#1e0204，使用【矩形工具】在画板中绘制一个【宽】和【高】分别为299mm和47mm的矩形，如图9-90所示。

图9-90

Step 11 选中绘制的矩形，在【渐变】面板中将【类型】设置为“线性”，将【角度】设置为90°，将左侧渐变滑块的颜色设置为#231815，将右侧渐变滑块的颜色设置为#231815，将【不透明度】设置为0%，将上方节点的位置设置为25%，将【描边】设置为“无”，使用【渐变工具】调整渐变，如图9-91所示。

图9-91

Step 12 设置完成后，在菜单栏中选择【窗口】|【透明度】命令，打开【透明度】面板，将【混合样式】设置为“正片叠底”，将【不透明度】设置为42%，如图9-92所示。

图9-92

Step 13 使用【直线段工具】绘制一条直线段，将【填色】设置为“无”，将【描边】设置为白色，将【画笔定义】设置为“粉笔-圆头”，将【描边粗细】设置为1.2pt，将【画笔定义】设置为“粉笔-圆头”，将【不透明度】设置为73%，如图9-93所示。

图9-93

Step 14 使用【文字工具】T输入文字，将【字体系列】设置为“长城特圆体”，将【字体大小】设置为12pt，将【字符间距】设置为150，将【水平缩放】设置为100%，将【颜色】设置为#231815，如图9-94所示。

图9-94

Step 15 使用【直线段工具】绘制一条直线段，将【填色】设置为“无”，将【描边】设置为白色，将【画笔

定义】设置为“铅笔-羽化”，将【描边粗细】设置为0.6pt，使用同样的方法绘制垂直线段，使用【文字工具】输入文字，将【字体系列】设置为“方正超粗黑简体”，【倾斜】设置为-350，将“速度”的【字体大小】设置为41，【水平缩放】设置为64%，将“与激情”的【字体大小】设置为33pt，【水平缩放】设置为80%，【字符间距】设置为-10。在菜单栏中选择【效果】|【风格化】|【投影】命令，弹出【投影】对话框，将【模式】设置为“正常”，将【不透明度】【X位移】【Y位移】【模糊】分别设置为100%、0.5mm、0.5mm、1mm，将【颜色】设置为白色，如图9-95所示。

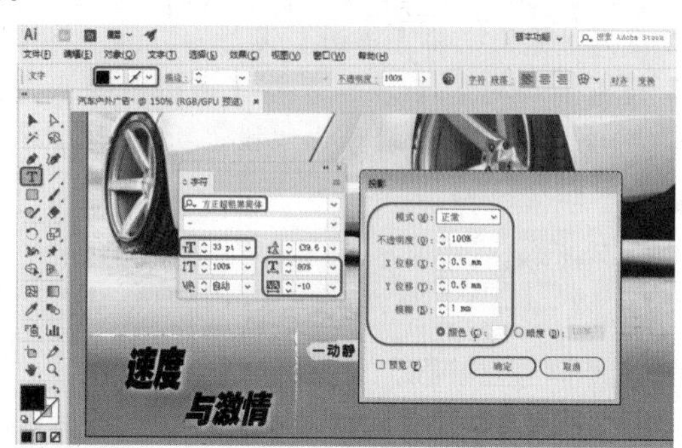

图9-95

Step 16 单击【确定】按钮，使用【文字工具】输入文字，将【字体系列】设置为“方正超粗黑简体”，【倾斜】设置为-350，【字体大小】设置为15，将【外发光】下的【模式】设置为“滤色”，将【不透明度】设置为75%，将【模糊】设置为0.2，【颜色】设置为#e84618，将【投影】下的【X位移】【Y位移】均设置为0.2mm，将【字符间距】均设置为0，【水平缩放】设置为100，如图9-96所示。

图9-96

Step 17 使用同样方法输入文字，将【字体系列】设置为“方正超粗黑简体”，【字体大小】设置为38pt，将【填色】设置为#a22124，【描边】设置为“无”，选中文字右击，选择快捷菜单中的【创建轮廓】命令，如图9-97所示。

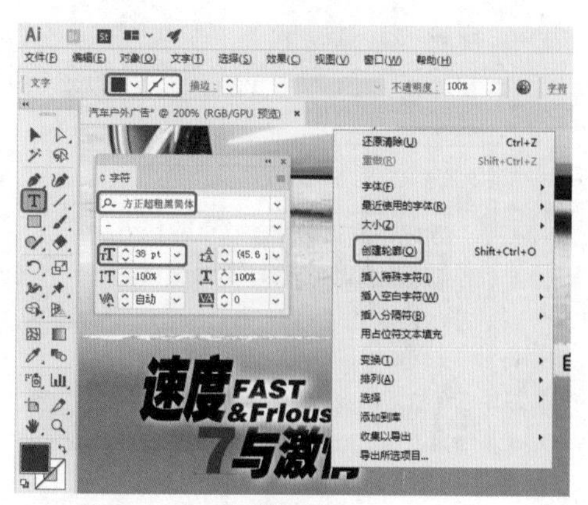

图9-97

Step 18 创建轮廓后，将【外发光】下的【模式】设置为“滤色”，将【不透明度】设置为75，【模糊】设置为0.2，【颜色】设置为#ab1e24，将【投影】下的【模式】设置为“正常”，【不透明度】【X位移】【Y位移】【模糊】分别设置为100、0.2、0.2、0.6，将【颜色】设置为白色，效果如图9-98所示。

图9-98

Step 19 单击【确定】按钮，使用【直线段工具】绘制图形，将【填色】设置为“无”，【描边】设置为白色，【描边粗细】设置为0.3pt，将【画笔定义】设置为“炭笔-羽毛”，选中绘制的图形，按住Alt键拖曳鼠标复制多个图形，并调整图形位置，如图9-99所示。

图9-99

Step 20 再次使用【直线段工具】绘制图形，将【填色】设置为“无”，【描边】设置为#b41018，【描边粗细】设置为1.2pt，将【画笔定义】设置为“粉笔-圆头”，选中绘制的图形，按住Alt键拖曳鼠标复制图形，并调整图形位置，如图9-100所示。

图9-100

Step 21 使用【文字工具】输入文字，将【字体系列】设置为“微软雅黑”，【字体大小】设置为13pt，将【填色】【描边】设置为白色，将【投影】下的【模式】设置为“正常”，将【不透明度】【X位移】【Y位移】【模糊】分别设置为100%、0.2mm、0.2mm、0.6mm，【颜色】设置为黑色。使用同样的方法输入其他文字，如图9-101所示。

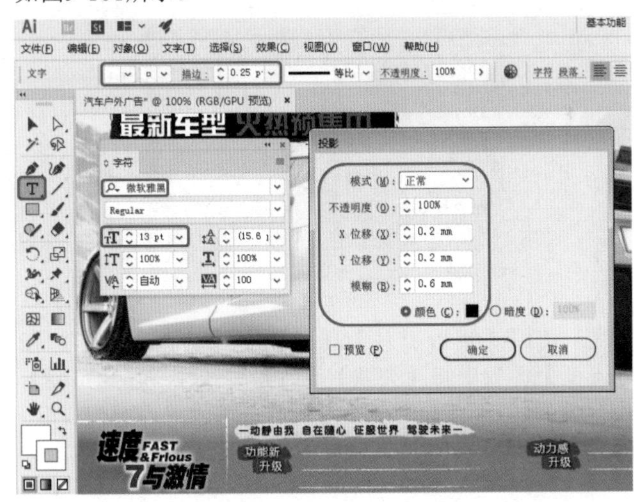

图9-101

Step 22 使用【椭圆工具】绘制图形，将【填色】设置为白色，【描边】设置为“无”，按住Alt键拖曳鼠标复制多个图形，并调整位置，使用【文字工具】输入文字，将【字体系列】设置为“微软雅黑”，【字体大小】设置为11pt，将【填色】设置为白色，【描边】设置为“无”，选中绘制的图形与文字，右击，选择快捷菜单中的【编组】命令，如图9-102所示。

Step 23 在菜单栏中选择【效果】|【投影】命令，弹出【投影】对话框，将【模式】设置为“正片叠底”，将【不透明度】【X位移】【Y位移】【模糊】分别设置为75%、0.5mm、0.5mm、1mm，如图9-103所示。

图9-102

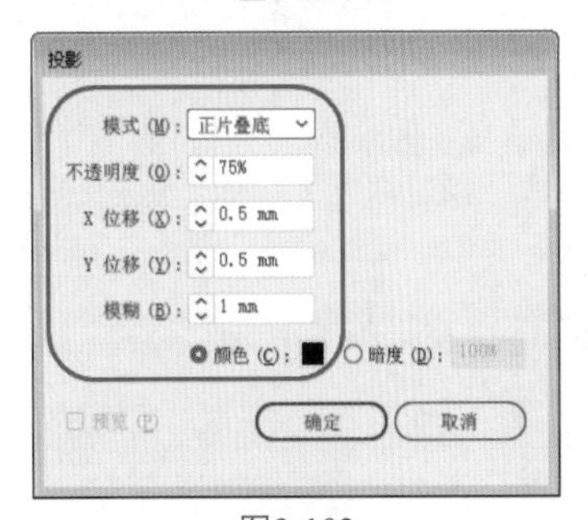

图9-103

Step 24 设置完成后单击【确定】按钮，选中绘制的椭圆与文字，右击，选择快捷菜单中的【编组】命令，如图9-104所示。

图9-104

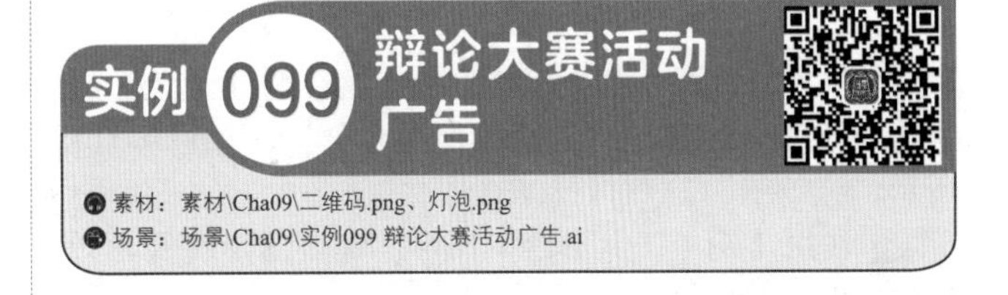

实例099 辩论大赛活动广告

素材：素材\Cha09\二维码.png、灯泡.png

场景：场景\Cha09\实例099 辩论大赛活动广告.ai

该实例主要介绍设计大赛活动广告的制作方法，其中包括如何创建背景、利用【铅笔工具】绘制图形、混合工具的运用以及卷页的体现等，效果如图9-105所示。

图9-105

Step 01 按Ctrl+N组合键，在弹出的【新建文档】对话框中，将【名称】设置为“辩论大赛活动广告”，将【单位】设置为“厘米”，将【宽度】和【高度】均设置为32cm，单击【创建】按钮，如图9-106所示。

图9-106

Step 02 在工具箱中单击【矩形工具】按钮，绘制一个与文档大小相同的矩形，将【填色】设置为黑色，将【描边】设置为“无”，如图9-107所示。

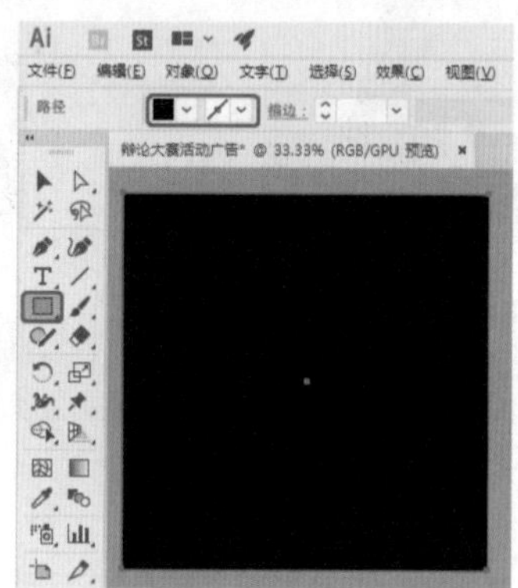
图9-107

Step 03 再次绘制与文档大小相同的矩形，将【填色】设置为#00a199，将【描边】设置为“无”，如图9-108所示。

Step 04 使用【钢笔工具】绘制图形，调整图形位置，效果如图9-109所示。

Step 05 选中新绘制的图形与第二个矩形，在菜单栏中选择【窗口】|【路径查找器】命令，弹出【路径查找器】面板，单击【减去顶层】按钮，如图9-110所示。

图9-108

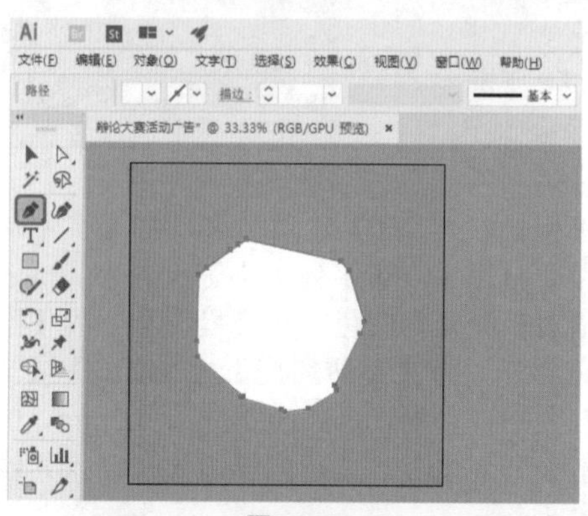
图9-109

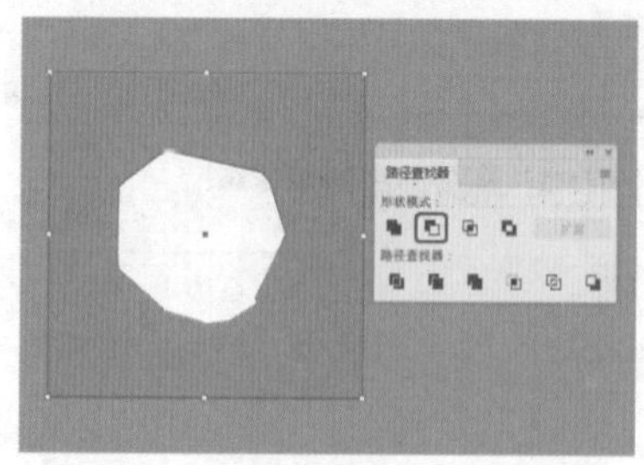
图9-110

Step 06 使用【矩形工具】在画板中绘制一个矩形，在【渐变】面板中将【类型】设置为“线性”，【角度】设置为0.4°，将左侧渐变滑块的颜色设置为#ec711d，将右侧渐变滑块的颜色设置为#f5b816，将【描边】设置为“无”，如图9-111所示。

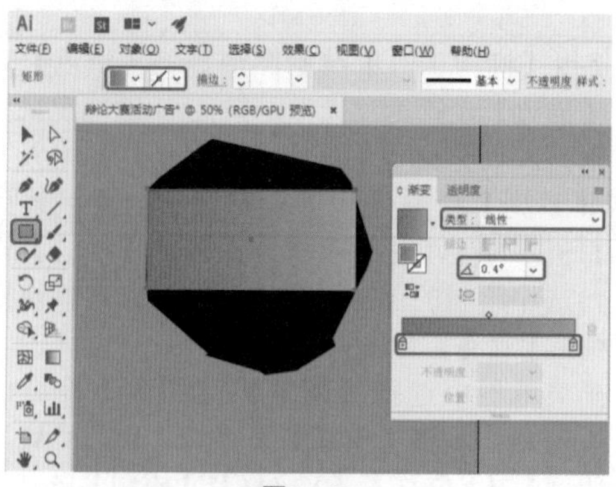
图9-111

Step 07 使用【直接选择工具】调整矩形的形状，如图9-112所示。

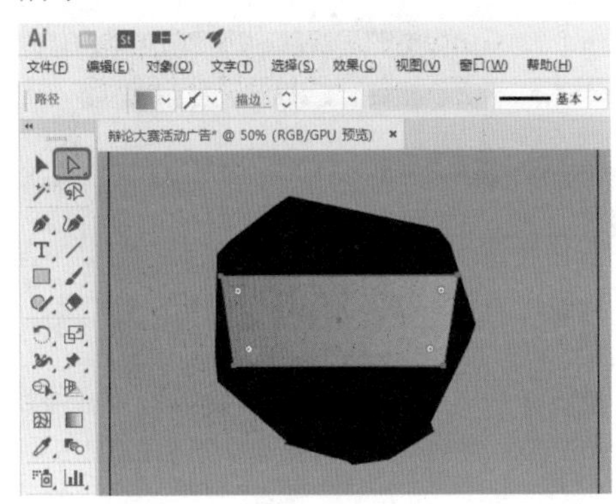

图9-112

Step 08 使用【直线段工具】绘制图形，将【填色】设置为“无”，【描边】设置为白色，【描边粗细】设置为2pt，按住Alt键拖曳鼠标复制图形，并调整其位置，效果如图9-113所示。

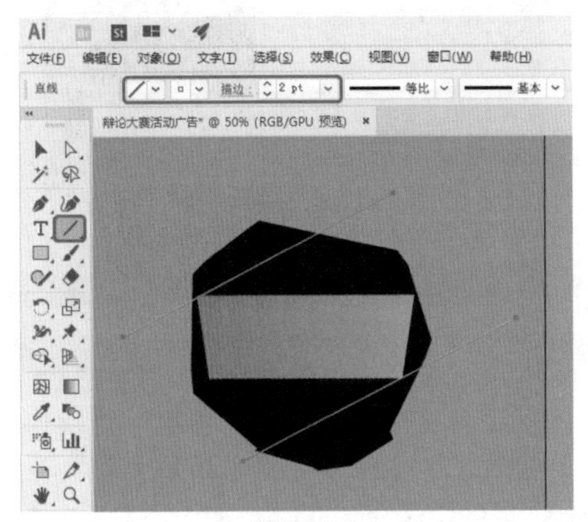

图9-113

Step 09 选中直线段图形，双击【混合工具】按钮，在弹出的【混合选项】对话框中，将【间距】设置为“指定的步数”，将【步数】设置为45。设置完成后，鼠标在直线图形上进行操作，如图9-114所示。

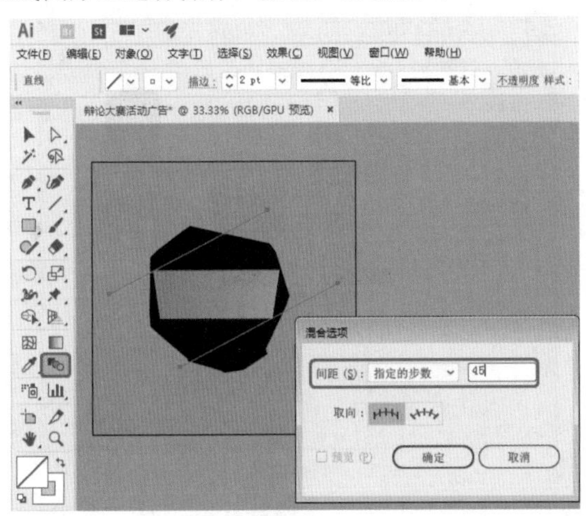

图9-114

Step 10 选中混合后的对象，将【不透明度】设置为20%，如图9-115所示。

> **提示**
>
> 在添加混合效果后，如果需要进行修改或释放，可以通过在【对象】|【混合】子菜单中选择相应的命令进行操作。

Step 11 在【图层】面板中将矩形图形拖曳至【创建新图层】按钮上，对其进行复制，并将复制的图形调整至最顶层，效果如图9-116所示。

图9-115

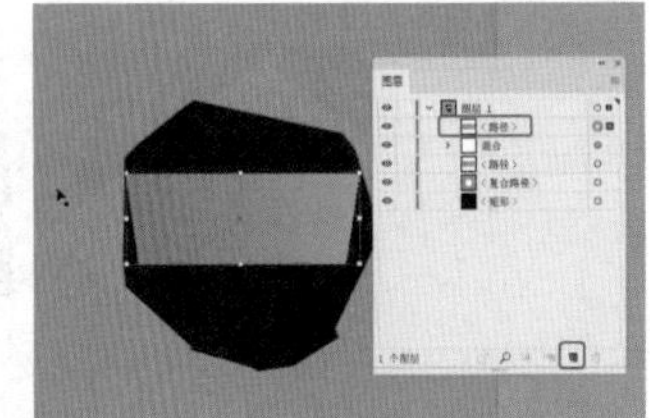

图9-116

Step 12 选中矩形图形和直线线段，右击，在弹出的快捷菜单中选择【建立剪切蒙版】命令，如图9-117所示。

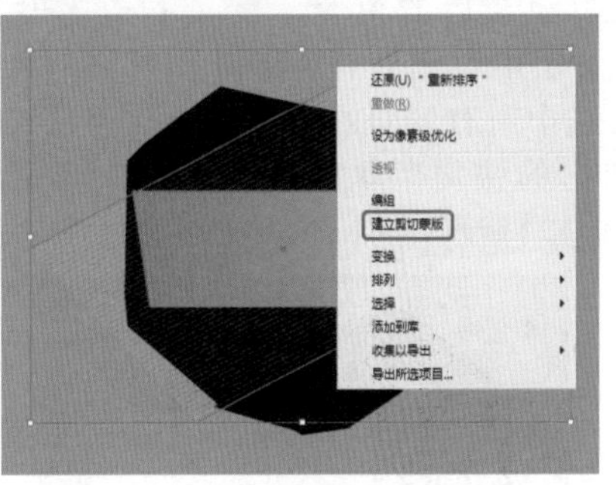

图9-117

Step 13 使用【矩形工具】绘制图形，在【渐变】面板中将【类型】设置为“线性”，将【角度】设置为0.3°，将左侧渐变滑块的颜色设置为#f5b816，将右侧渐变滑块的颜色设置为#c1381f，将【描边】设置为“无”，如图9-118所示。

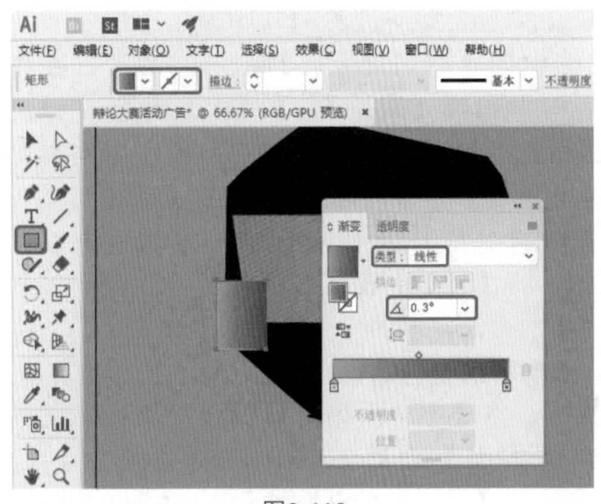

图9-118

Step 14 选中图形并右击，在弹出的快捷菜单中选择【变换】|【倾斜】命令，在弹出的【倾斜】对话框中，将【倾斜角度】设置为-12，如图9-119所示。

Step 15 单击【确定】按钮，使用【直线段工具】绘制图形，将【填色】设置为“无”，将【描边】设置为白色，【描边粗细】设置为2pt，按住Alt键对该直线线段进行复制，并调整其位置，选中复制的直线线段，然后双击工具箱中的【混合工具】按钮，在弹出的对话框中，将【步数】设置为16，设置完成后，鼠标在直线图形上进行操作，如图9-120所示。

图9-119

图9-120

Step 16 选中混合后的图形，将【不透明度】设置为20%，在图层中对倾斜的矩形进行复制，将图形拖曳至顶层，选中所有倾斜的矩形和混合的直线线段，右击，在弹出的快捷菜单中选择【建立剪切蒙版】命令，如图9-121所示。

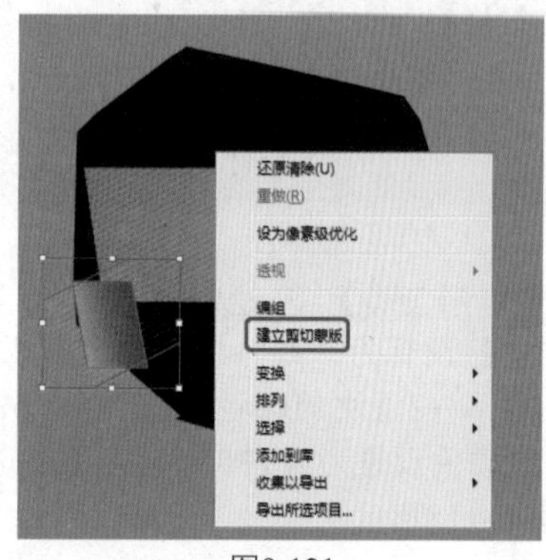

图9-121

Step 17 选中创建剪切蒙版后的图形，右击，在弹出的快捷菜单中选择【变换】|【对称】命令，弹出对话框，保持默认选项，单击【复制】按钮，将复制图层的【渐变角度】设置为180°，调整复制图形的位置，使用【钢笔工具】绘制图形，将【填色】设置为#a41f24，将【描边】设置为“无”，如图9-122所示。使用同样的方法绘制另一个图形。

Step 18 调整图形至合适的位置，使用【文字工具】输入文字，将【字体系列】设置为“长城新艺体”，将【字体大小】设置为65pt，将【填色】设置为#964723，将【描边】设置为“无”，如图9-123所示。

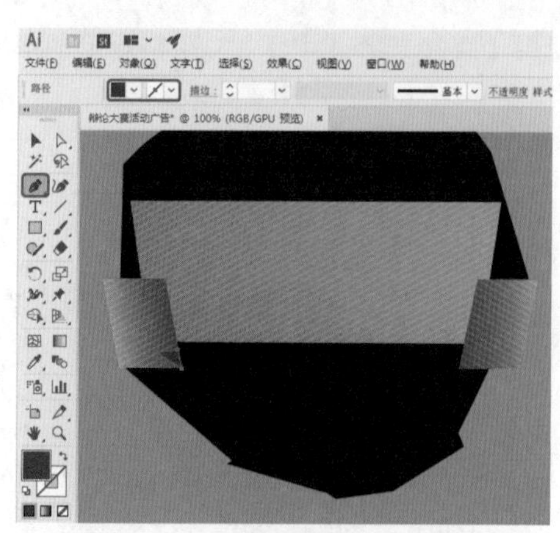

图9-122

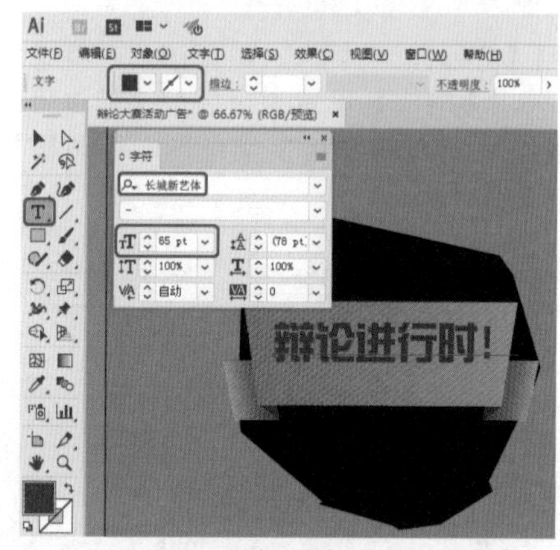

图9-123

Step 19 设置完成后，选中该文字，对其进行复制，并调整其位置，将【填色】设置为白色，再次使用【文字工具】输入文字，将【字体系列】设置为“Minion Variable Concept”，将“YES”的字体大小设置为43，将“NO”的字体大小设置为39pt，调整文字位置，在菜单栏中选择【文件】|【置入】命令，在弹出的【置入】对话框中选择“素材\Cha09\灯泡.png”文件，如图9-124所示。

图9-124

Step 20 单击【置入】按钮，调整素材位置，选中导入的素材文件，单击【嵌入】按钮，设置完成后，在【图层】面板中按住Shift键选择图层，按Ctrl+G组合键，将选中的图形进行编组，将【旋转】设置为18，如图9-125所示。

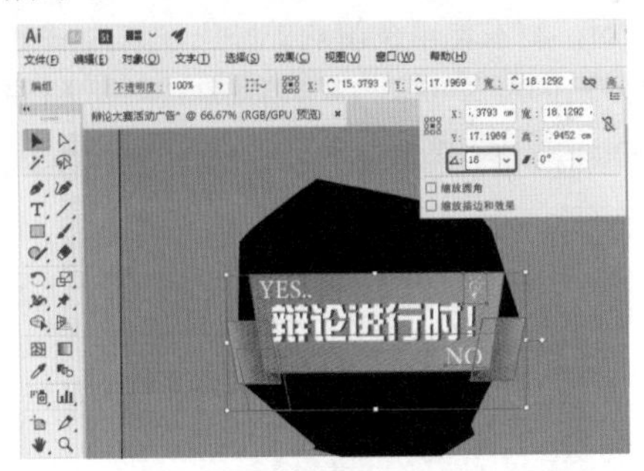

图9-125

Step 21 旋转完成后，调整该图形的位置，然后选择矩形，右击，在弹出的快捷菜单中选择【排列】|【置于顶层】命令，在画板中单击【铅笔工具】按钮，按住鼠标进行绘制，将【描边】设置为#363737。在【透明度】面板中将该图形的【混合模式】设置为“滤色”，如图9-126所示。使用同样的方法绘制图形，将【填色】设置为#373838。

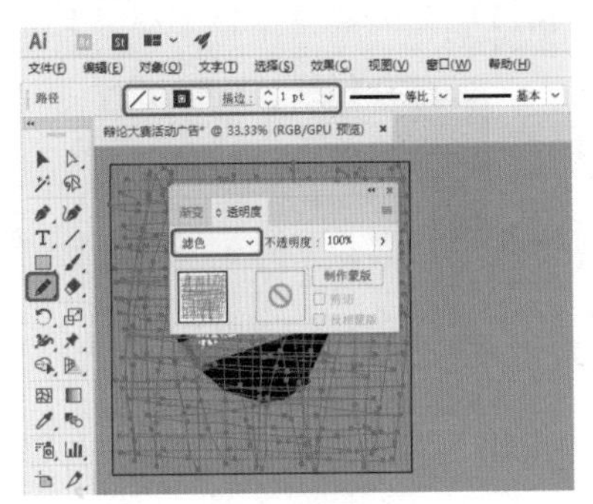

图9-126

Step 22 使用【钢笔工具】绘制图形，在【渐变】面板中将【类型】设置为“线性”，将【角度】设置为-107.5°，将左侧渐变滑块的颜色设置为白色，将右侧渐变滑块的颜色设置为#9e9e9f，将上方节点的位置调整为65%，如图9-127所示。使用【渐变工具】调整渐变。

图9-127

提示

为了更加美观地体现效果，在此将使用【铅笔工具】绘制的图形进行了复制，并调整其位置和大小，读者可以根据需要进行操作，此处不再赘述。

Step 23 设置完成后，对该图形进行复制，并调整其位置，在【渐变】面板中将【角度】设置为72°，选中该对象，在【透明度】面板中将【混合模式】设置为“正片叠底”，如图9-128所示。

图9-128

Step 24 使用【钢笔工具】绘制图形，在【渐变】面板中将【类型】设置为和“线性”，【角度】设置为-47.7°，将左侧渐变滑块的颜色设置为白色，右侧渐变滑块的颜色设置为#9e9e9f，将上方节点的位置调整为65%，如图9-129所示，使用【渐变工具】调整渐变。

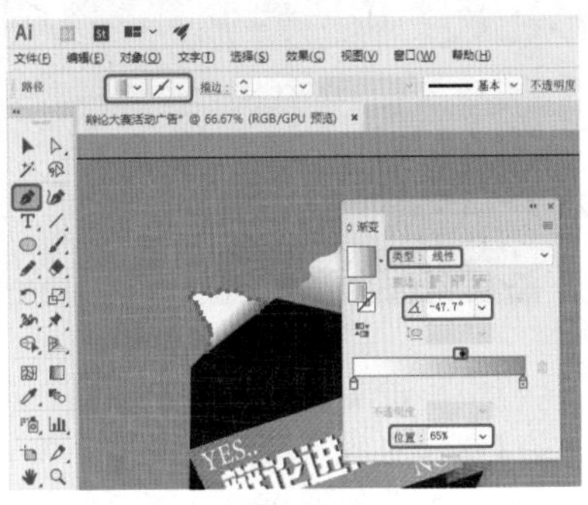

图9-129

Step 25 选中图形按住Alt键进行复制，将复制图形的【渐变角度】设置为144°，【混合模式】设置为“正片叠底”，使用前所介绍的方法绘制其他图形，如图9-130所示。

图9-130

Step 26 使用【钢笔工具】绘制图形，将【填色】设置为#e41512，【描边】设置为“无”，使用同样的方法绘制其他图形，并调整图形位置，如图9-131所示。

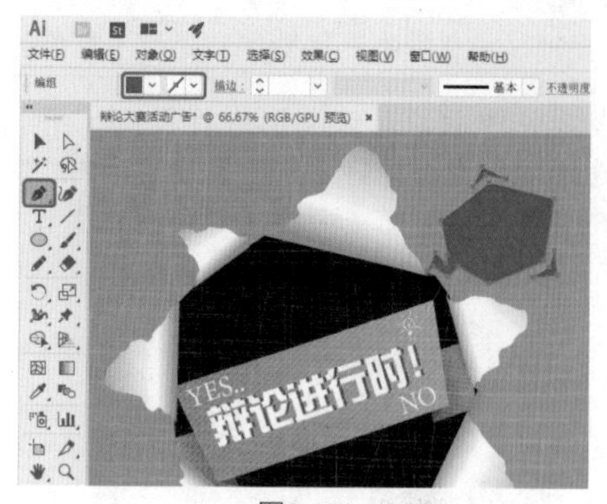

图9-131

Step 27 使用【文字工具】输入文字，将【字体系列】设置为“微软雅黑”，【字体大小】设置为30pt，使用同样的方法输入其他文字，将【字体大小】设置为21pt，调整文字位置，将【填色】设置为白色，【描边】设置为“无”，如图9-132所示。

图9-132

Step 28 在工具箱中单击【钢笔工具】绘制图形，在【渐变】面板中将【类型】设置为“径向”，将【角度】和【长宽比】分别设置为0和100%，将左侧渐变滑块的颜色设置为195、195、195，将右侧渐变滑块的颜色设置为88、87、87。使用同样的方法绘制图形，将【填色】设置为#8b867c，【描边】的设置为“无”，将【混合模式】设置为“正片叠底”，如图9-133所示。

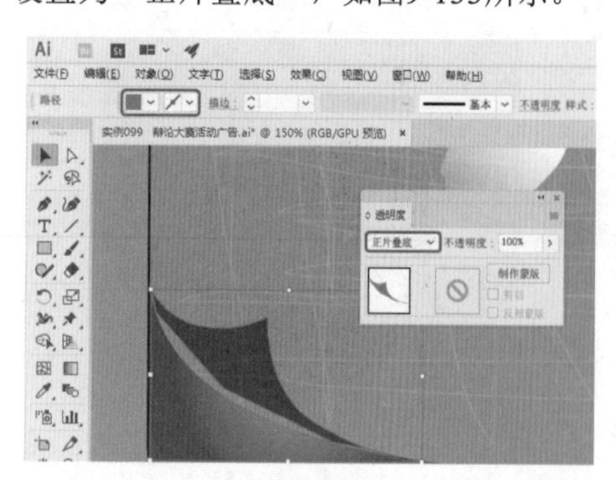

图9-133

Step 29 再次使用【钢笔工具】在画板中绘制一个图形，在【渐变】面板中将【类型】设置为“线性”，将【角度】设置为51°，将左侧渐变滑块的颜色设置为白色，【位置】设置为11%，在位置62%处添加一个渐变滑块，颜色设置为#cdc7bf，将右侧渐变滑块的颜色设置为白色，将上方两个节点分别调整至70%、68%位置处，如图9-134所示。

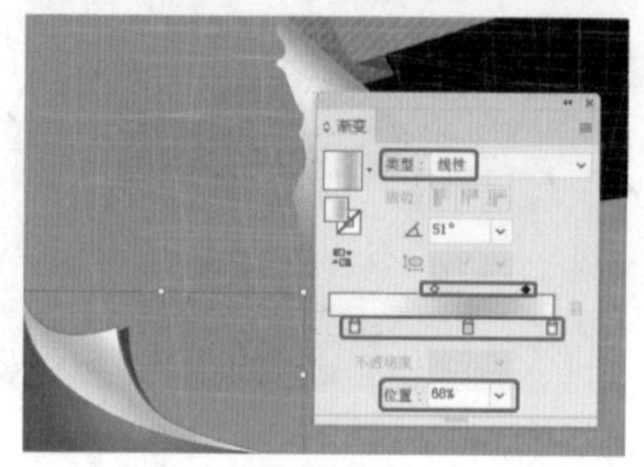

图9-134

Step 30 在菜单栏中选择【文件】|【置入】命令，在弹出的【置入】对话框中，选择“素材\Cha09\二维码.png”文件，调整素材位置，使用【文字工具】输入文字，将【字体系列】设置为“文鼎CS中黑”，【字体大小】设置为18pt，将文字【填色】设置为白色，并调整文字位置，如图9-135所示。将使用【铅笔工具】绘制的图形编组并置于顶层。

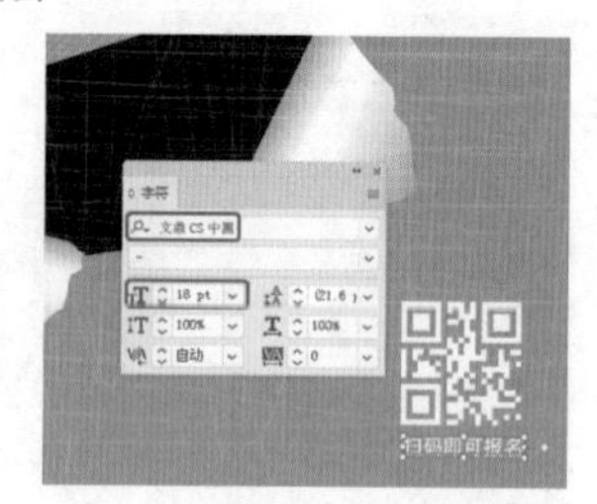

图9-135

实例 100 影院广告

素材：素材\Cha09\影院广告.ai、录影带.png

场景：场景\Cha09\实例100 影院广告.ai

本实例主要介绍制作影院广告的方法。首先打开素材，使用【文字工具】输入文字，然后对文字进行颜色设置，再使用【椭圆工具】绘制图形并添加投影效果，如图9-136所示。

图9-136

Step 01 选择菜单栏中的【文件】|【打开】命令，弹出【打开】对话框中，选择“素材\Cha09\影院广告.ai”文件，如图9-137所示。

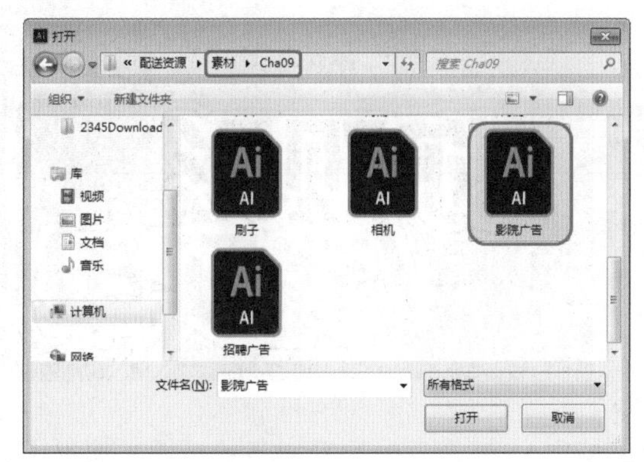

图9-137

Step 02 单击【打开】按钮，使用【文字工具】输入文字，将【字体系列】设置为“汉仪菱心体简”，将【字体大小】设置为223pt，将【填色】设置为黑色，将【描边】设置为“无”，如图9-138所示。

图9-138

Step 03 使用【文字工具】输入文字，将【字体系列】设置为“汉仪菱心体简”，将【字体大小】设置为223pt，在【颜色】面板中将【填色】设置为#cf181c，将【描边】设置为“无”，选中输入的文字，右击，在弹出的快捷菜单中选择【创建轮廓】命令，如图9-139所示。

图9-139

Step 04 继续选中创建轮廓后的文字，按Ctrl+G组合键进行编组，使用【直接选择工具】对编组后的文字进行调整，如图9-140所示。

图9-140

Step 05 继续选中调整后的对象，在【描边】面板中将【粗细】设置为60pt，单击【圆角连接】按钮，将【描边】设置为白色，如图9-141所示。

图9-141

Step 06 按Ctrl+C组合键对选中的对象进行复制，按Shift+Ctrl+V组合键进行粘贴，选择粘贴后的对象，将【描边粗细】设置为45pt，将【填色】设置为“无”，将【描边】设置为#231815，如图9-142所示。

图9-142

Step 07 再次按Ctrl+C组合键对选中对象进行复制，按Shift+Ctrl+V组合键进行粘贴，选择粘贴后的对象，将【粗细】设置为30pt，将【描边】设置为白色，如图9-143所示。

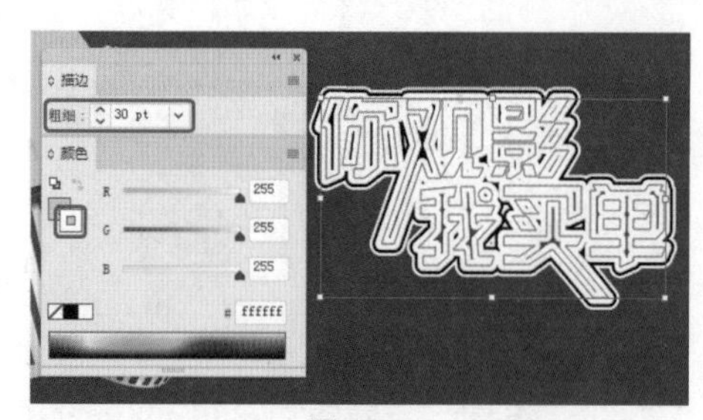

图9-143

Step 08 按Ctrl+C组合键对选中对象进行复制，按Shift+Ctrl+V组合键进行粘贴，选择粘贴后的对象，将【描边】设置“无”，使用【钢笔工具】绘制图形，将【填色】设置为#f5d925，将【描边】设置为“无”，如图9-144所示。

图9-144

Step 09 使用【直线段工具】绘制图形，将【填色】设置为“无”，将【描边】设置为#231815，将【描边粗细】设置为4pt，在工具箱中单击【椭圆工具】，按住Shift键绘制一个正圆，选中绘制的圆形，在【属性】面板中将【宽】和【高】都设置为0.9，将【填色】设置为#fffef8，将【描边】设置为#231815，将【描边粗细】设置为4pt，如图9-145所示。

图9-145

Step 10 使用同样的方法绘制相同的图形，使用【椭圆工具】绘制圆形，将【填色】设置为白色，将【描边】设置为#231815，将【描边粗细】设置为4pt，如图9-146所示。

图9-146

Step 11 按住Alt键拖曳鼠标复制其他椭圆，使用【文字工具】输入文字，将【字体系列】设置为“汉仪中楷简”，将【字体大小】设置为69pt，将【填色】设置为#040000，将【描边】设置为“无”，如图9-147所示。

图9-147

Step 12 选中椭圆图形，按Ctrl+G组合键，将选中的图形进行编组，在【外观】面板中单击【添加新效果】按钮 fx ，选择下拉菜单中的【风格化】|【投影】命令，在弹出的对话框中，将【模式】设置为“正常”，将【不透明度】设置为100%，将【X位移】【Y位移】【模糊】分别设置为-0.3cm、0.15cm、0cm，将【颜色】设置为#231815，如图9-148所示。

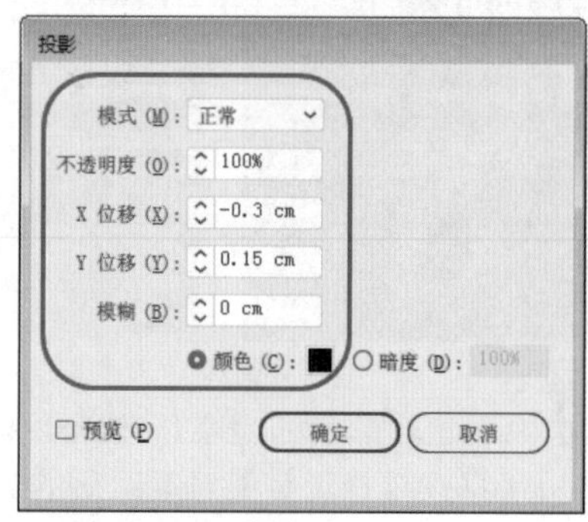

图9-148

Step 13 单击【确定】按钮，在菜单栏中选择【文件】|【置入】命令，弹出【置入】对话框，选择“素材\Cha09\录影带.png”文件，单击【置入】按钮并调整其位置，选中置入的素材，单击【嵌入】按钮，如图9-149所示。

图9-149

Step 14 使用【文字工具】输入文字，将【字体系列】设置为“微软雅黑”，将【字体样式】设置为“Regular”，将【字体大小】设置为46pt，将【填色】设置为白色，将【描边】设置为“无”，如图9-150所示。使用【钢笔工具】绘制爆米花图形并设置填色。

图9-150

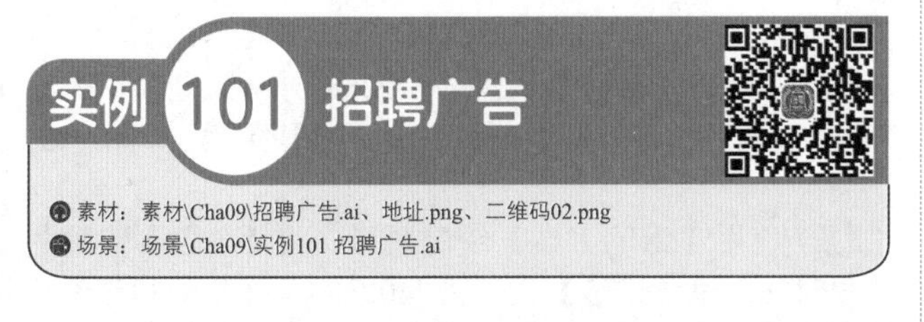

实例 101 招聘广告

素材：素材\Cha09\招聘广告.ai、地址.png、二维码02.png

场景：场景\Cha09\实例101 招聘广告.ai

本实例主要介绍制作招聘活动广告的方法。在打开的素材场景里添加矩形图形和文字的效果，结合【钢笔工具】与文字颜色设置的操作，效果如图9-151所示。

图9-151

Step 01 选择菜单栏中的【文件】|【打开】命令，弹出【打开】对话框，选择“素材\Cha09\招聘广告.ai”文件，单击【打开】按钮，如图9-152所示。

图9-152

Step 02 使用【矩形工具】绘制图形，将【填色】设置为#99d4e3，将【描边】设置为#402c85，【描边粗细】设置为6pt，调整图形位置，如图9-153所示。

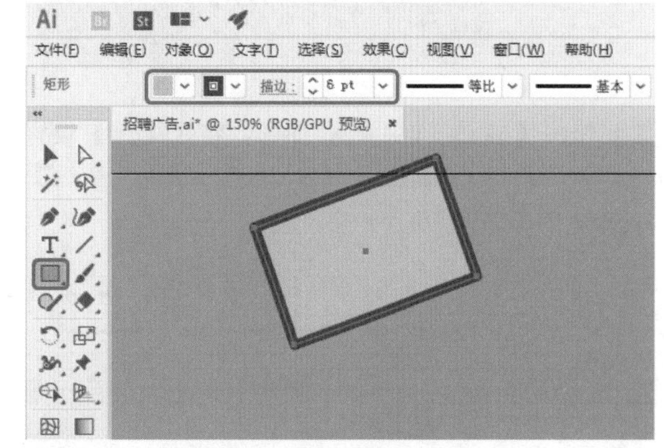

图9-153

Step 03 使用【钢笔工具】绘制图形，将【填色】设置为#7fcbe3，将【描边】设置为#402c85，【描边粗细】设置为6pt，使用同样的方法绘制其他图形，将【填色】设置为#55c0d5，将【描边】设置为#402c85，【描边粗细】设置为6pt，调整图形位置，如图9-154所示。

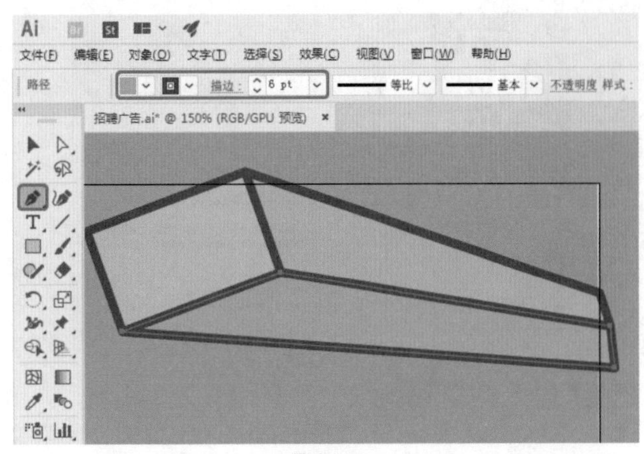

图9-154

Step 04 再次使用【钢笔工具】绘制图形，将【填色】设置为#eb6b6a，将【描边】设置为#402c85，【描边粗细】设置为6pt，使用同样的方法绘制其他图形，将【填色】设置为#de3b39，将【描边】设置为#402c85，【描边粗细】设置为6pt，调整图形位置，如图9-155所示。

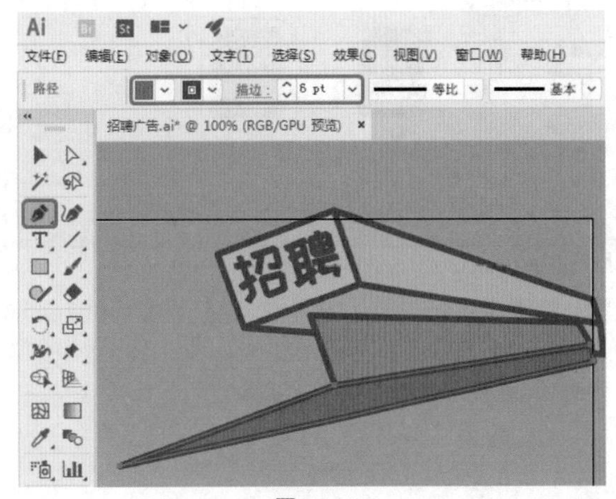

图9-155

Step 05 使用【椭圆工具】绘制图形，将【填色】设置为#f1ee77，将【描边】设置为#402c85，【描边粗细】设置为8pt，如图9-156所示。

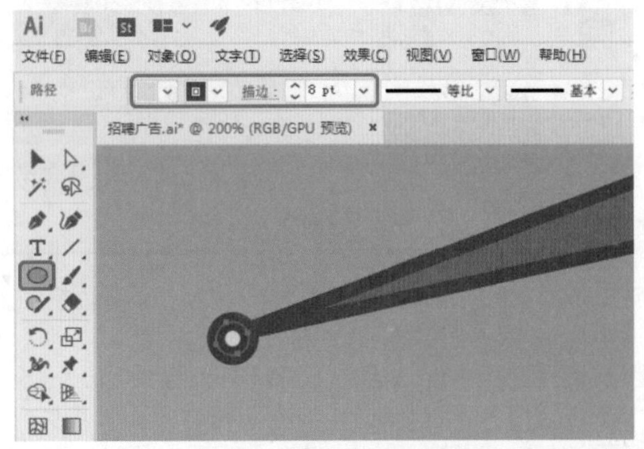

图9-156

Step 06 选中绘制的椭圆图形，右击，在弹出的快捷菜单中选择【排列】|【后移一层】命令，设置完成后，使用【矩形工具】绘制图形，将【填色】设置为#ee8485，将【描边】设置为#402c85，【描边粗细】设置为8pt，如图9-157所示。

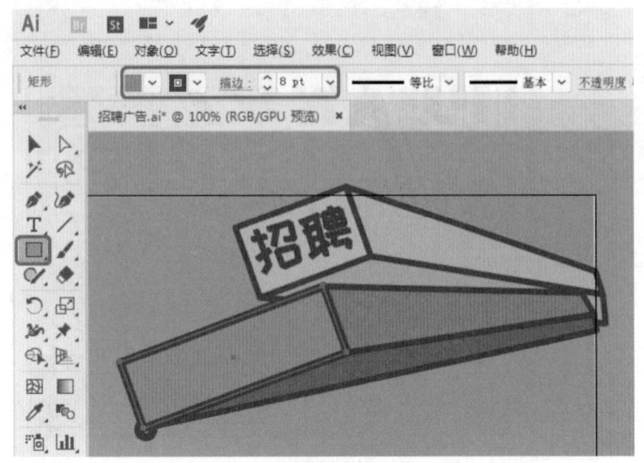

图9-157

Step 07 再次使用【矩形工具】绘制图形，将【填色】设置为#99d4e3，将【描边】设置为#402c85，【描边粗细】设置为6pt，设置完成后，使用【钢笔工具】绘制图形，将【填色】设置为#7fcbe3，将【描边】设置为#402c85，【描边粗细】设置为6pt，调整绘制图形的位置，如图9-158所示。

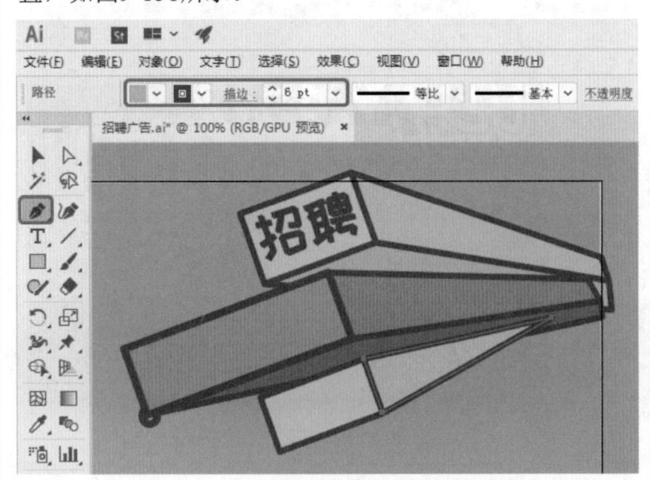

图9-158

Step 08 使用【钢笔工具】绘制图形，将【填色】设置为#ecd650，将【描边】设置为#402c85，【描边粗细】设置为6pt，并在【图层】面板中调整图形位置，如图9-159所示。

Step 09 使用【钢笔工具】绘制图形，将【填色】设置为#e7d42e，将【描边】设置为#402c85，【描边粗细】设置为6pt，设置完成后，使用【矩形工具】绘制图形，将【填色】设置为# f1ee77，将【描边】设置为#402c85，【描边粗细】设置为8pt，如图9-160所示。

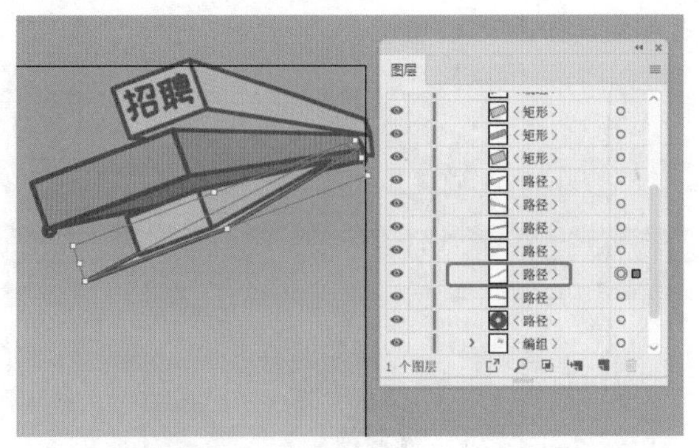

图9-159

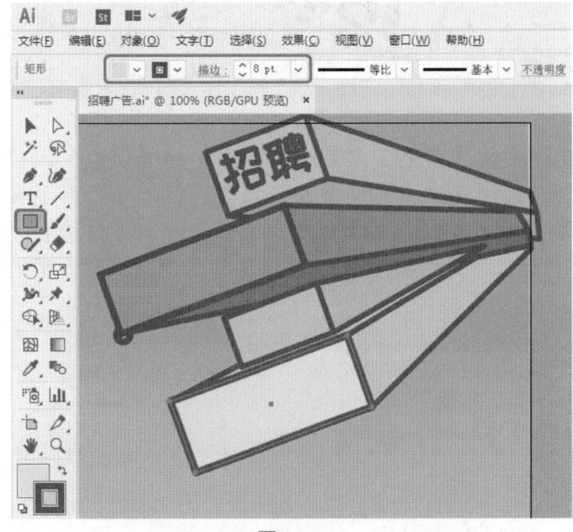

图9-160

Step 10 使用【椭圆工具】绘制图形，将【填色】设置为#eb6b6a，将【描边】设置为#402c85，【描边粗细】设置为6pt，如图9-161所示。

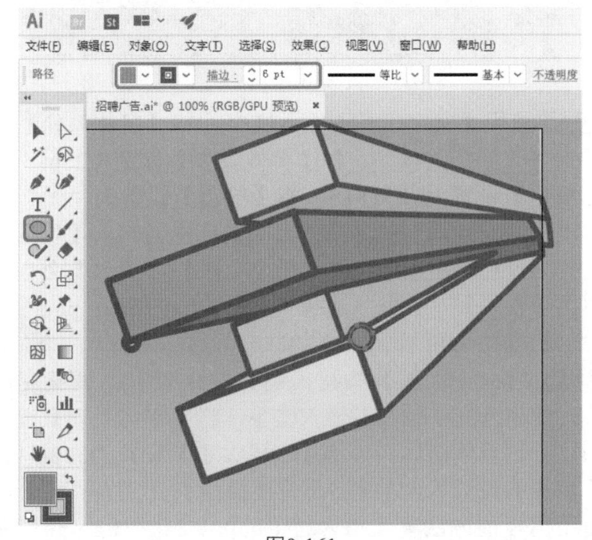

图9-161

Step 11 使用【钢笔工具】绘制图形，将【填色】设置为#402c85，将【描边】设置为“无”，使用同样的方法绘制其他图形，如图9-162所示。

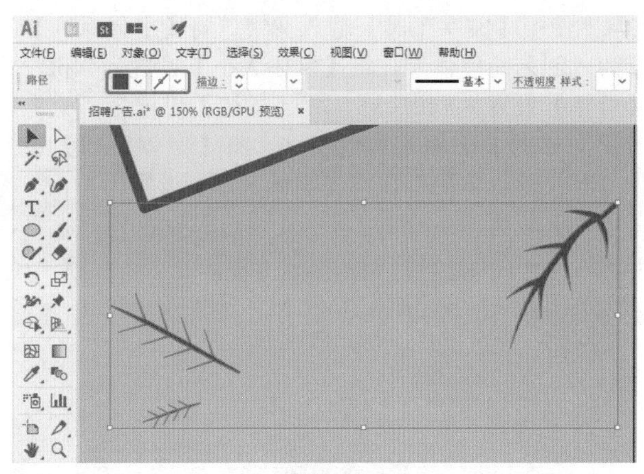

图9-162

Step 12 再次使用【钢笔工具】绘制图形，将【填色】设置为#1f9a9b，将【描边】设置为“无”，使用同样的方法绘制其他图形，并调整绘制的图形位置，如图9-163所示。

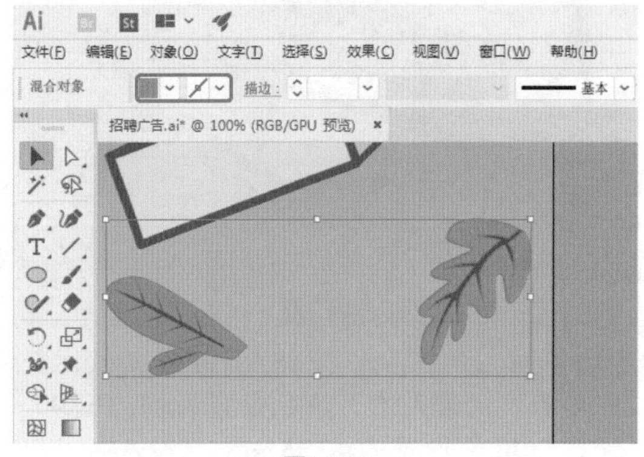

图9-163

Step 13 使用【文字工具】输入文字，将【字体系列】设置为“汉仪菱心体简”，将【字体大小】设置为57pt，将【字符间距】设置为-76，将【填色】设置为#402c85，将【描边】设置为“无”。使用同样的方法输入其他文字，将【字体系列】设置为“汉仪菱心体简”，将【字体大小】设置为49pt，将【字符间距】设置为0，将【填色】设置为白色，将【描边】设置为“无”，如图9-164所示。

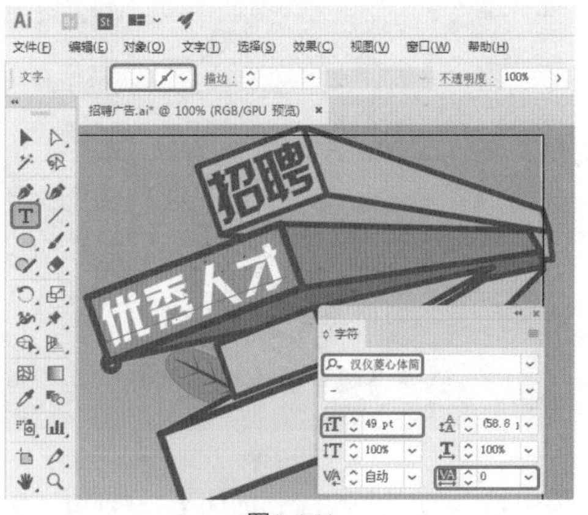

图9-164

Step 14 使用【文字工具】输入文字，将【字体系列】设置为“创艺简黑体”，将【字体大小】设置为44pt，将【填色】设置为#402c85，将【描边】设置为“无”，使用同样的方法输入其他文字，将【字体系列】设置为“汉仪菱心体简”，将【字体大小】设置为71pt，将【填色】设置为#dfd842，将【描边】设置为“无”，如图9-165所示。

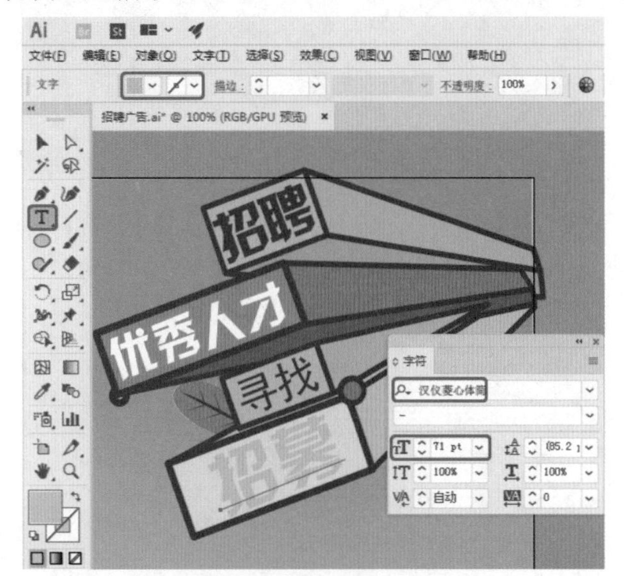

图9-165

Step 15 选中输入的文字，按住Alt键拖曳鼠标复制文字，将文字“优秀人才”填色设置为#dc3b39，将文字“寻找”填色设置为#225ba8，将文字“招募”填色设置为黑色，并调整文字的位置，如图9-166所示。

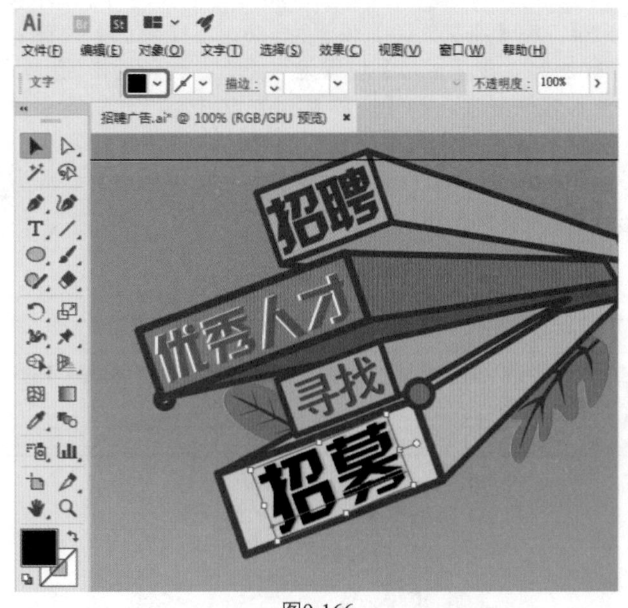

图9-166

Step 16 选中输入的文字和绘制的图形，按Ctrl+G组合键进行编组，如图9-167所示。

图9-167

Step 17 使用【钢笔工具】绘制图形，将【填色】设置为#221714，【描边】设置为“无”，使用【矩形工具】绘制图形，将【填色】设置为#221714，【描边】设置为“无”，按住Alt键拖曳鼠标复制图形，调整图形的位置，如图9-168所示。

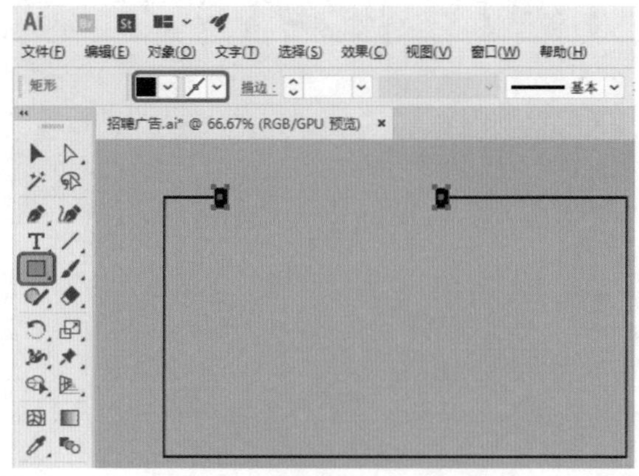

图9-168

Step 18 使用【文字工具】输入文字，将【字体系列】设置为“长城特圆体”，将【字体大小】设置为28pt，将【填色】设置为#231815，将【描边】设置为“无”。将“资深设计师”的【字体大小】设置为46，【填色】设置为黑色。在菜单栏中选择【文件】|【置入】命令，弹出【置入】对话框，选择“素材\Cha09\地址.png”文件，如图9-169所示。

Step 19 单击【置入】按钮，调整文件位置，调整完成后，使用【文字工具】输入文字，将【字体系列】设置为“方正黑体简体”，将【字体大小】设置为32pt，将【填色】设置为#231815，将【描边】设置为“无”，使用同样的方法置入“素材\Cha09\二维码02.png”文件，如图9-170所示。

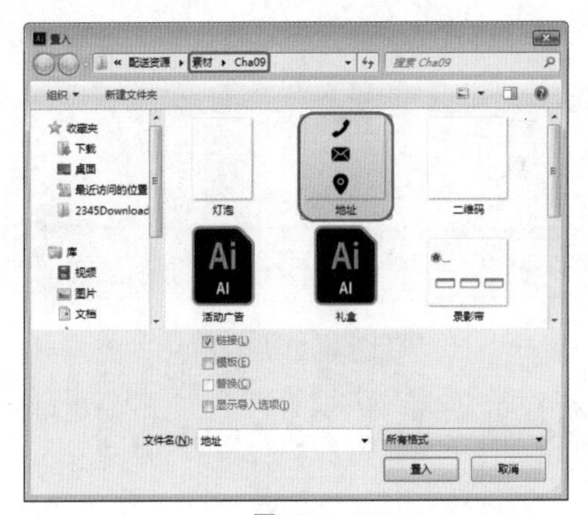

图9-169

图9-170

Step 20 单击【置入】按钮，调整文件位置，调整完成后，使用【文字工具】输入文字，将【字体系列】设置为“文鼎CS中黑”，将【字体大小】设置为18pt，使用【矩形工具】绘制图形，按Ctrl+A组合键选中所有图层，右击，选择快捷菜单中的【建立剪切蒙版】命令，如图9-171所示。

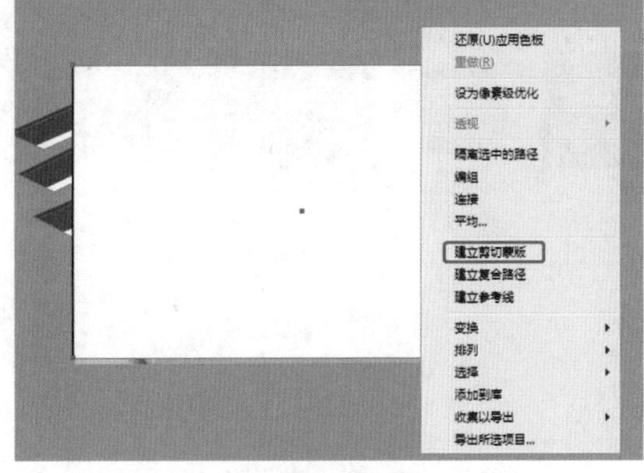

图9-171

第10章 折页设计

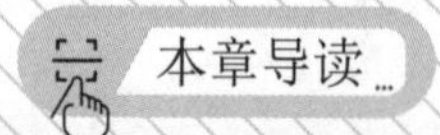

折页是以一个完整的宣传形式，在销售季节或流行期，通过有关企业和人员在针对展销会、洽谈会，针对购买货物的消费者进行邮寄、分发、赠送，以扩大企业、商品的知名度，推售产品和加强购买者对商品的了解，强化广告的效用。

实例102 制作企业折页正面

素材：素材\Cha10\二维码.png、企业素材1.jpg、企业素材2.png、企业素材3.jpg

场景：场景\Cha10\实例102 制作企业折页正面.ai

宣传折页具有针对性、独立性和整体性的特点，为工商界所广泛应用。下面将介绍如何制作企业三折页，通过【钢笔工具】制作出企业折页的背景效果，然后置入素材文件，创建剪切蒙版美化折页，再使用【文字工具】和【钢笔工具】制作折页的其他内容，效果如图10-1所示。

图10-1

Step 01 按Ctrl+N组合键，弹出【新建文档】对话框，将【单位】设置为“厘米”，【宽度】和【高度】分别设置为29.7cm和21cm，【画板】设置为2，【颜色模式】设置为“RGB颜色”，【光栅效果】设置为“屏幕（72ppi）”，单击【创建】按钮，如图10-2所示。

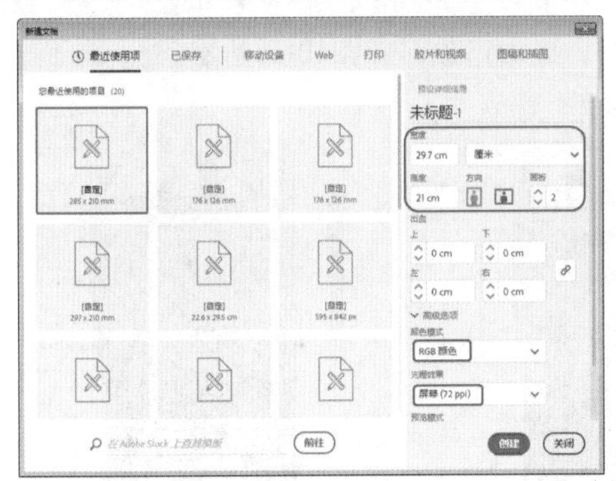

图10-2

Step 02 在工具箱中单击【矩形工具】按钮，在左侧画板中绘制【宽】和【高】分别为29.7cm和21cm的矩形，将【填色】的RGB值设置为240、240、240，将【描边】设置为“无”，在工具箱中单击【钢笔工具】按钮，在画板中绘制图形，在【颜色】面板中将【填色】的RGB值设置为213、21、25，【描边】设置为“无”，如图10-3所示。

Step 03 在菜单栏中选择【文件】|【置入】命令，弹出【置入】对话框，选择“素材\Cha10\企业素材1.jpg”文件，单击【置入】按钮，在左侧的画板中拖曳鼠标进行绘制，并调整素材的位置及大小，打开【属性】面板，在【快速操作】选项组中单击【嵌入】按钮，如图10-4所示。

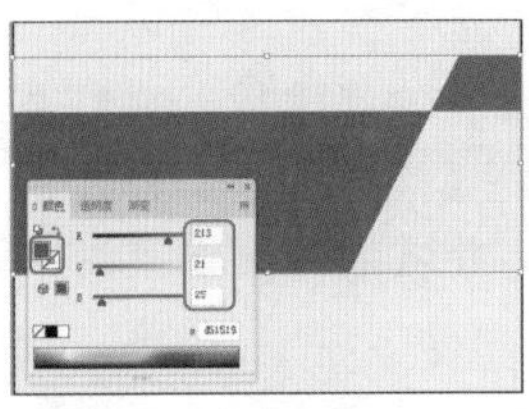

图10-3

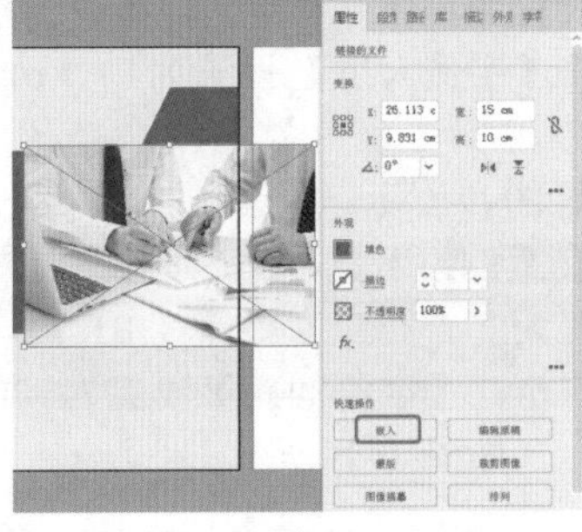

图10-4

Step 04 在工具箱中单击【钢笔工具】按钮，在画板中绘制图形，在【颜色】面板中将【填色】设置为黑色，【描边】设置为“无”，如图10-5所示。

Step 05 选择置入的“企业素材1.jpg”和绘制的图形，右击，在弹出的快捷菜单中选择【建立剪切蒙版】命令，创建剪切蒙版后的效果如图10-6所示。

图10-5

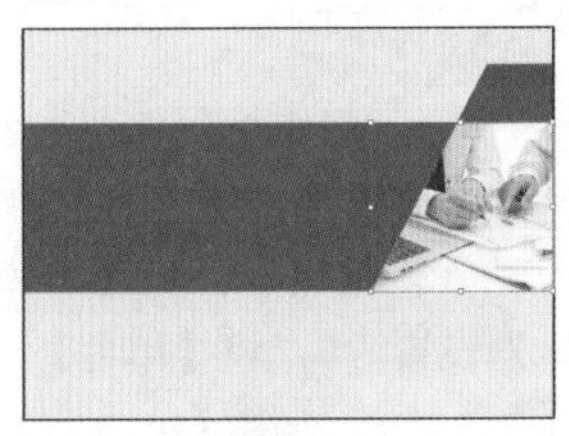

图10-6

Step 06 在工具箱中单击【矩形工具】按钮，绘制两个【宽】和【高】分别为9.9cm和6.8cm的矩形，将【填色】的RGB值设置为23、39、44，将【描边】设置为“无”，如图10-7所示。

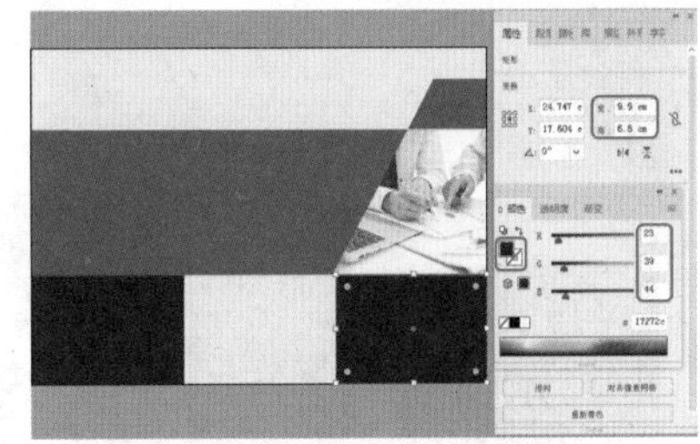

图10-7

Step 07 在工具箱中单击【多边形工具】按钮，绘制两个【宽】和【高】分别为0.7cm和0.8cm的多边形，将【填色】的RGB值设置为221、36、49，将【描边】设置为“无”，如图10-8所示。

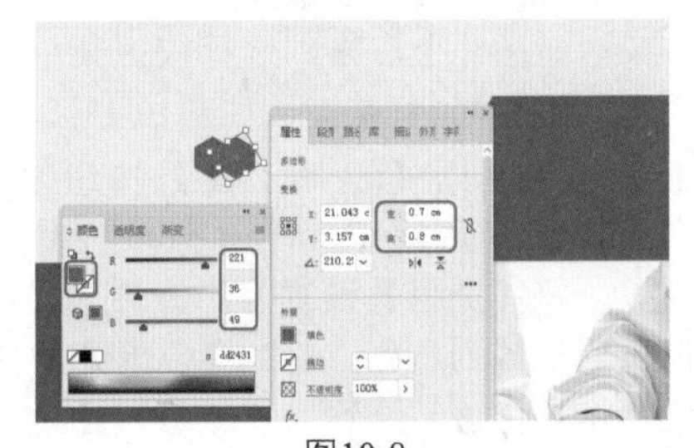

图10-8

Step 08 使用【文字工具】输入文本，将【字体系列】

设置为“微软雅黑”，【字体样式】设置为“Bold”，将【字体大小】设置为17.8pt，【字符间距】设置为25，将【填色】的RGB值设置为221、36、49，如图10-9所示。

Step 09 使用【文字工具】输入文本，将【字体系列】设置为“方正兰亭中黑_GBK”，将【字体大小】设置为25pt，【字符间距】设置为100，将【填色】设置为白色，如图10-10所示。

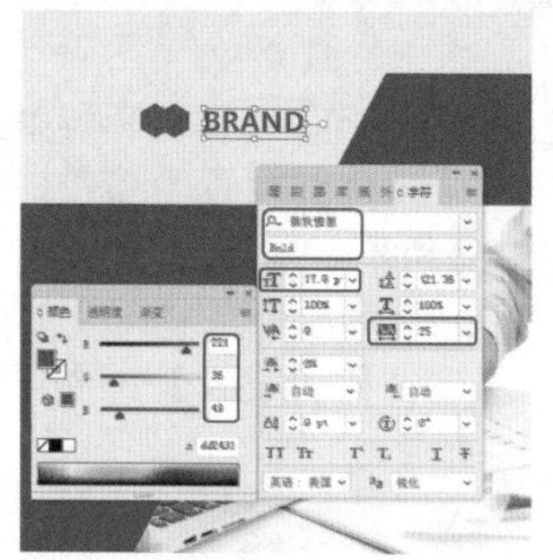

图10-9

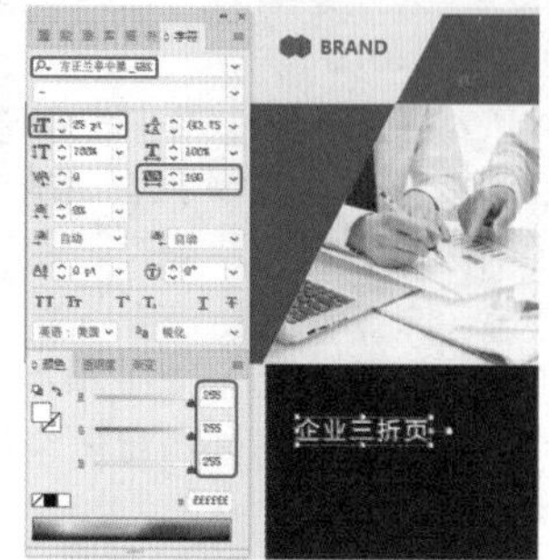

图10-10

Step 10 使用【文字工具】输入文本，将【字体系列】设置为“微软雅黑”，将【字体大小】设置为26pt，【字符间距】设置为0，将【填色】设置为白色，如图10-11所示。

Step 11 继续使用【文字工具】输入其他文本，分别置入“二维码.png”“企业素材2.png”文件并进行适当的调整，打开【属性】面板，在【快速操作】选项组中单击【嵌入】按钮，效果如图10-12所示。

图10-11

图10-12

Step 12 在菜单栏中选择【文件】|【置入】命令，弹出【置入】对话框，选择“素材\Cha10\企业素材3.jpg”文件，单击【置入】按钮，在左侧画板中拖曳鼠标进行绘制，在【属性】面板的【快速操作】选项组中单击【嵌入】按钮，在素材图片上右击，选择快捷菜单中的【裁剪图像】命令，对图像进行裁剪，如图10-13所示。

Step 13 在工具箱中单击【矩形工具】按钮，绘制【宽】和【高】分别为29.7cm和0.5cm的矩形，打开【渐变】面板，将【类型】设置为“线性”，将24%位置处的色标颜色设置为白色，将91%位置处的色标颜色设置为黑色，将【描边】设置为“无”，【角度】设置为90°，如图10-14所示。

图10-13

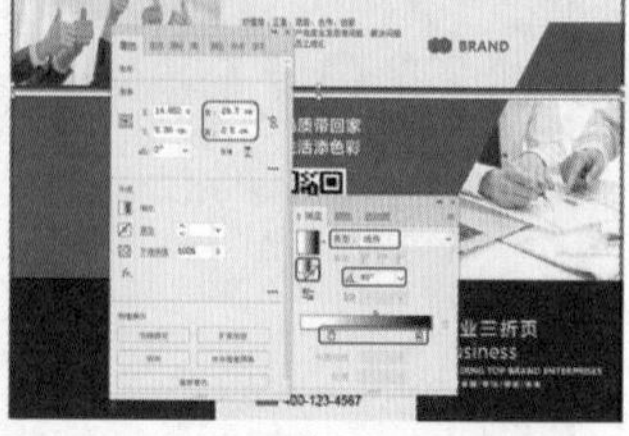

图10-14

Step 14 打开【透明度】面板，将【混合模式】设置为“正片叠底”，【不透明度】设置为40%，如图10-15所示。

Step 15 使用同样的方法制作图10-16所示的阴影部分。

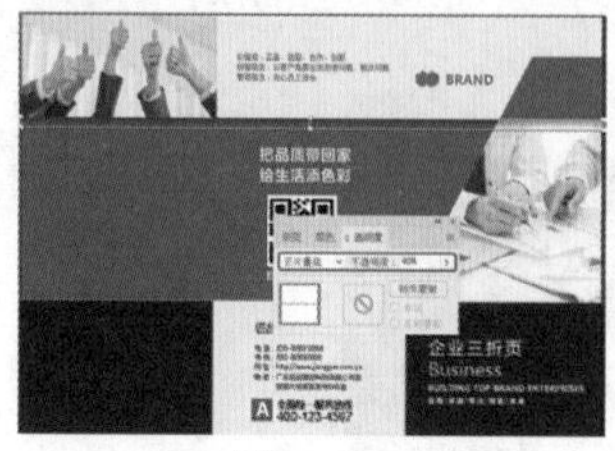

图10-15

图10-16

Step 16 使用【文字工具】输入文本，将【字体系列】设置为“汉仪综艺体简”，将【字体大小】设置为16pt，【字符间距】设置为60，将【填色】设置为白色，如图10-17所示。

Step 17 使用【文字工具】输入文本，将【字体系列】设置为“微软雅黑”，【字体样式】设置为“Regular”，将【字体大小】设置为14pt，【字符间距】设置为200，将【填色】设置为白色，如图10-18所示。

图10-17

图10-18

Step 18 在工具箱中单击【矩形工具】按钮，绘制【宽】和【高】均为0.8cm的白色矩形，通过【钢笔工具】和【椭圆工具】绘制图10-19所示的图形，将【填色】的RGB值设置为213、21、25，【描边】设置为“无”。

图10-19

Step 19 使用【文字工具】输入文本，将【字体系列】设置为“微软雅黑”，【字体样式】设置为“Bold”，将【字体大小】设置为10pt，【字符间距】设置为0，将【填色】设置为白色，如图10-20所示。

Step 20 使用同样的方法制作图10-21所示的其他内容。

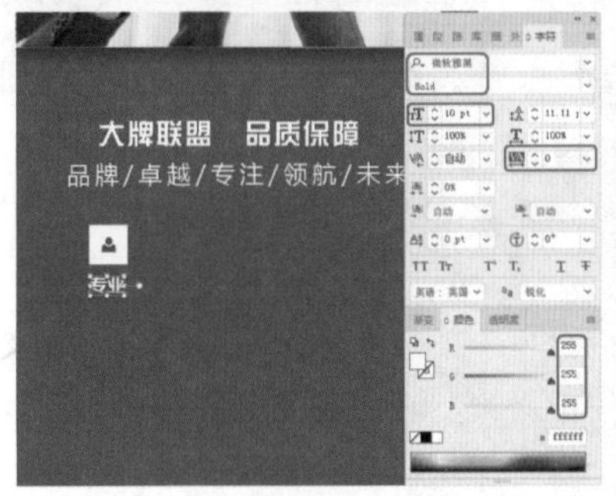

图10-20

图10-21

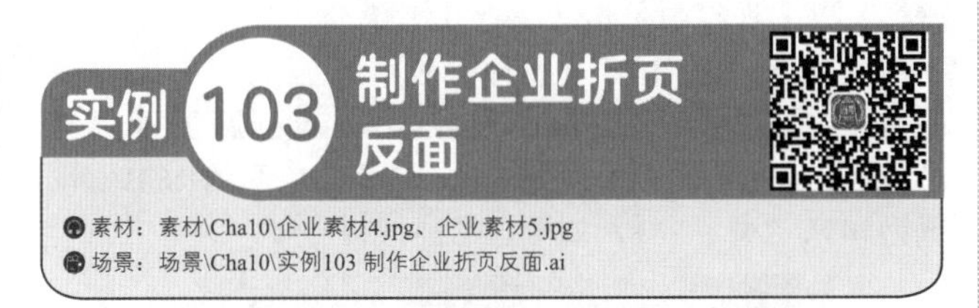

实例103 制作企业折页反面

素材：素材\Cha10\企业素材4.jpg、企业素材5.jpg

场景：场景\Cha10\实例103 制作企业折页反面.ai

制作完企业折页正面内容，反面内容相对来说就比较简单了，首先制作折页的背景部分，其中为背景部分添加了纹理化效果，可以使页面更加丰富，然后置入图片并建立剪切蒙版，通过【文字工具】输入文本内容，完善企业折页反面内容，效果如图10-22所示。

图10-22

Step 01 在工具箱中单击【矩形工具】按钮，在右侧的画板中绘制【宽】和【高】分别为9.9cm和21cm的矩形，将【填色】的RGB值设置为52、66、69，【描边】设置为“无”，如图10-23所示。

Step 02 继续选中绘制的矩形，在【外观】面板中单击底部的【添加新效果】按钮 fx，在弹出的下拉菜单中选择【纹理】|【纹理化】命令，弹出【纹理化】对话框，将【纹理】设置为“画布”，【缩放】设置为50%，【凸现】设置为2，【光照】设置为“上”，取消勾选【反相】复选框，如图10-24所示。

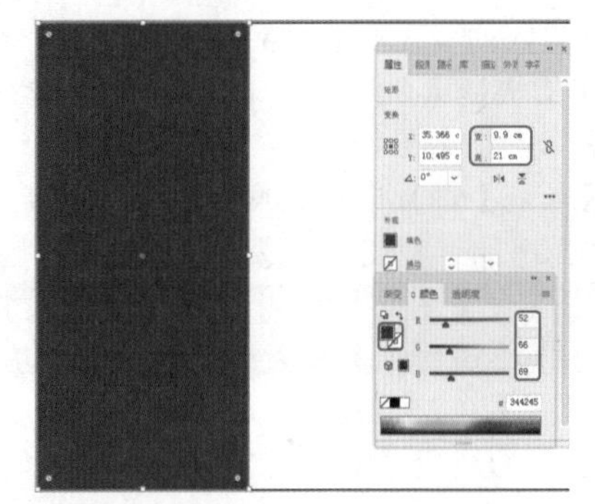

图10-23

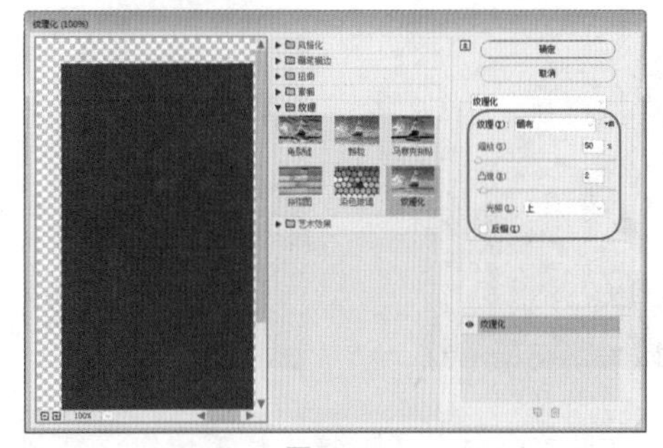

图10-24

Step 03 单击【确定】按钮，在菜单栏中选择【文件】|【置入】命令，弹出【置入】对话框，选择“素材\Cha10\企业素材4.jpg”文件，单击【置入】按钮，在画板中拖曳鼠标进行绘制，并调整素材的位置及大小，打开【属性】面板，在【快速操作】选项组中单击【嵌入】按钮，如图10-25所示。

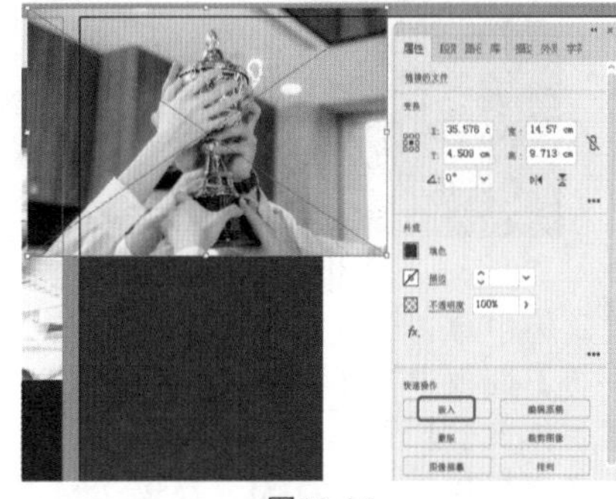

图10-25

Step 04 在工具箱中单击【钢笔工具】按钮，在画板中绘制图形，在【颜色】面板中将【填色】设置为黑色，【描边】设置为“无”，效果如图10-26所示。

图10-26

Step 05 选择置入的“企业素材4.jpg”和绘制的图形，右击，在弹出的快捷菜单中选择【建立剪切蒙版】命令，创建剪切蒙版后的效果如图10-27所示。

Step 06 在【外观】面板中单击底部的【添加新效果】按钮fx，在弹出的下拉菜单中选择【风格化】|【投影】命令，弹出【投影】对话框，将【模式】设置为“正片叠底”，【不透明度】设置为75%，【X位移】【Y位移】均设置为0.25cm，【模糊】设置为0.18 cm，【颜色】设置为黑色，单击【确定】按钮，如图10-28所示。

图10-27

图10-28

Step 07 在工具箱中单击【钢笔工具】按钮，绘制图形，将【填色】的RGB值设置为213、21、25，【描边】设置为“无”，如图10-29所示。

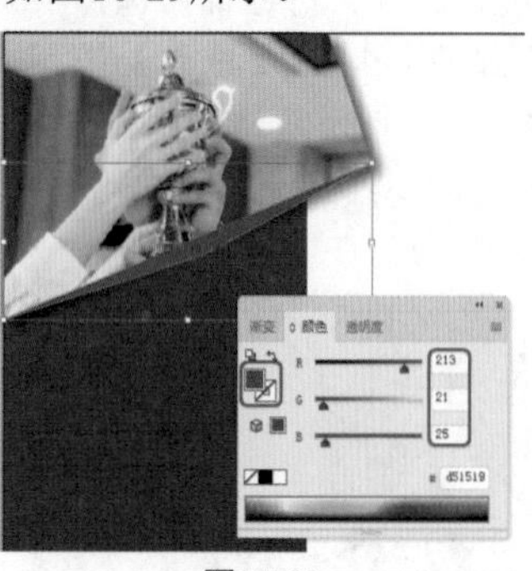

图10-29

Step 08 在工具箱中单击【文字工具】按钮T，输入文本，在【字符】面板中将【字体系列】设置为“创艺简老宋”，【字体大小】设置为25pt，【字符间距】设置为0，将【颜色】的RGB值设置为255、255、255，如图10-30所示。

图10-30

Step 09 在工具箱中单击【文字工具】按钮，输入文本，在【字符】面板中将【字体系列】设置为“创艺简老宋”，【字体大小】设置为12pt，【字符间距】设置为0，将【颜色】的RGB值设置为255、255、255，如图10-31所示。

图10-31

Step 10 在工具箱中单击【文字工具】按钮，输入文本，在【字符】面板中将【字体系列】设置为“方正黑体简体”，【字体大小】设置为9pt，【行距】设置为11.5pt，【字符间距】设置为0，将【颜色】的RGB值设置为241、241、241，如图10-32所示。

图10-32

Step 11 使用【文字工具】输入文本，将【字体系列】设置为“微软雅黑”，【字体样式】设置为“Bold”，将【字体大小】设置为20pt，【字符间距】设置为0，将【填色】的RGB值设置为255、255、255，如图10-33所示。

图10-33

Step 12 在工具箱中单击【文字工具】按钮，输入段落文本，在【字符】面板中将【字体系列】设置为“黑体”，【字体大小】设置为12pt，【行距】设置为19pt，【字符间距】设置为50，将【颜色】的RGB值设置为255、255、255，如图10-34所示。

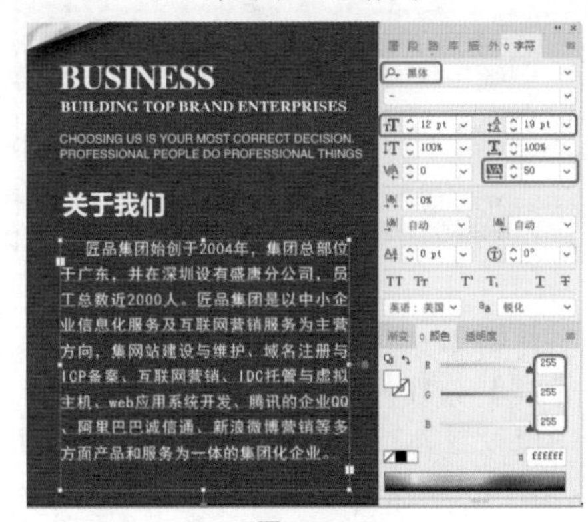

图10-34

Step 13 在工具箱中单击【矩形工具】按钮，在右侧的画板中绘制【宽】和【高】分别为9.9cm和21cm的矩形，将【填色】的RGB值设置为213、21、25，【描边】设置为“无”，在矩形上右击，在弹出的快捷菜单中选择【排列】|【置于底层】命令，效果如图10-35所示。

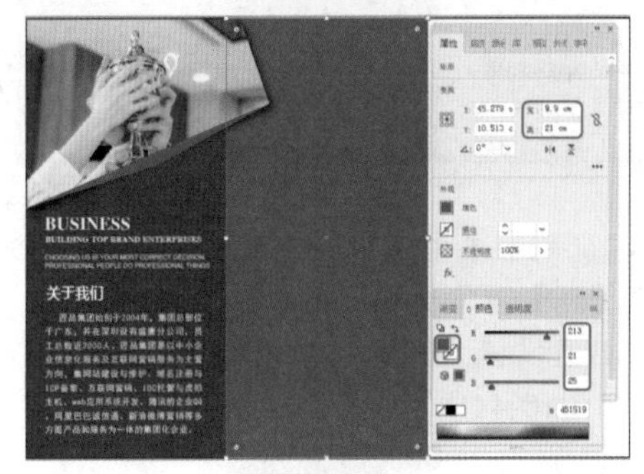

图10-35

Step 14 在工具箱中单击【矩形工具】按钮，在右侧的画板中绘制【宽】和【高】分别为9.9cm和21cm的矩形，将【填色】的RGB值设置为244、244、244，【描边】设置为“无”，使用【钢笔工具】绘制三角形，将【填色】的RGB值设置为213、21、25，【描边】设置为“无”，如图10-36所示。

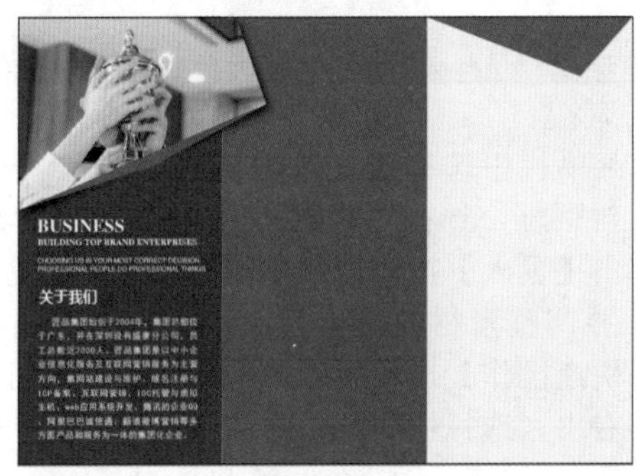

图10-36

Step 15 选中红色的矩形和三角形，在【外观】面板中单击底部的【添加新效果】按钮 *fx.*，在弹出的下拉菜单中选择【纹理】|【纹理化】命令，弹出【纹理化】对话框，将【纹理】设置为“画布”，【缩放】设置为50%，【凸现】设置为2，【光照】设置为“上”，取消勾选【反相】复选框，如图10-37所示。

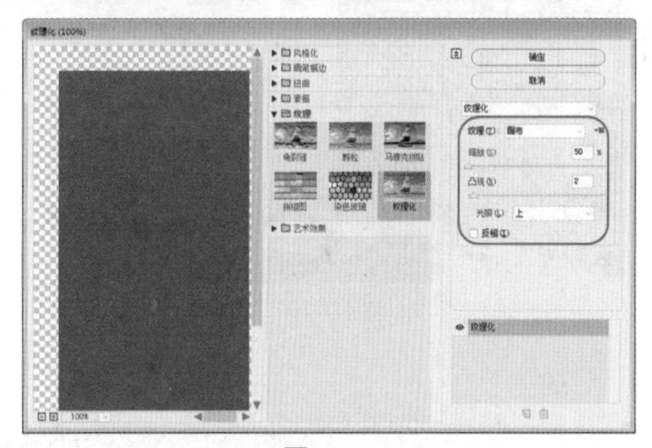

图10-37

Step 16 单击【确定】按钮，选择三角形，在【外观】面板中单击底部的【添加新效果】按钮 *fx.*，在弹出的下拉菜单中选择【风格化】|【投影】命令，弹出【投影】对话框，将【模式】设置为“正片叠底”，【不透明度】设置为60%，【X位移】【Y位移】【模糊】均设置为0.1cm，【颜色】设置为黑色，单击【确定】按钮，如图10-38所示。

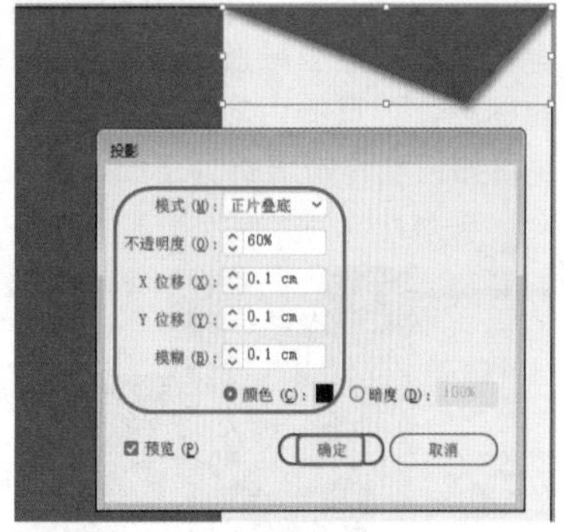

图10-38

Step 17 结合前面介绍的方法，通过【文字工具】输入其他文本内容，通过【矩形工具】和【钢笔工具】绘制出图10-39所示的图标部分内容。

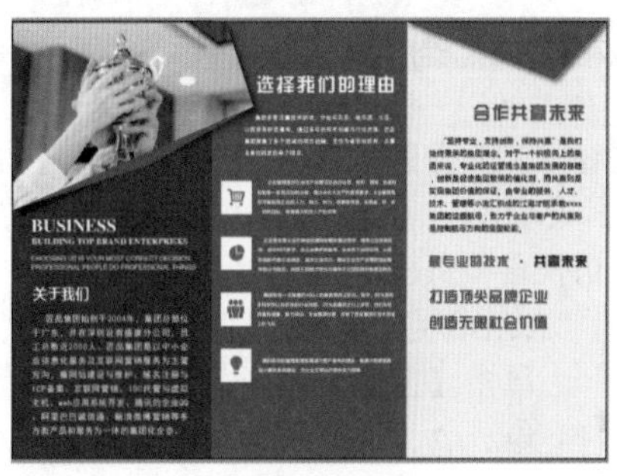

图10-39

Step 18 置入“企业素材5.jpg”文件，在画板中拖曳鼠标进行绘制，在【属性】面板的【快速操作】选项组中单击【嵌入】按钮，使用【钢笔工具】绘制出三角形，为对象创建剪切蒙版，如图10-40所示。

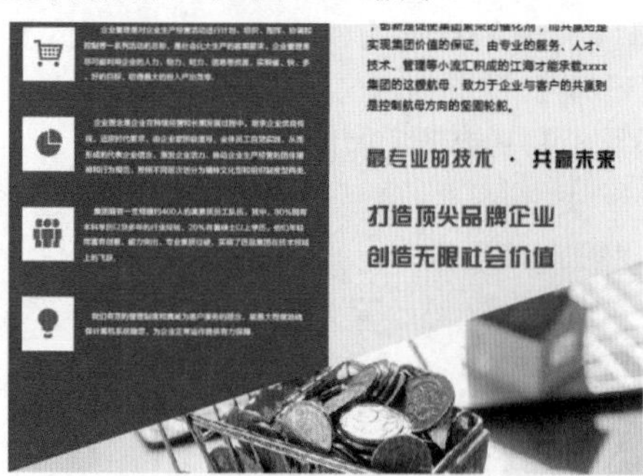

图10-40

实例104 制作婚庆折页正面

素材：素材\Cha10\二维码.png、婚礼素材1.jpg、婚礼素材2.jpg

场景：场景\Cha10\实例104 制作婚庆折页正面.ai

宣传折页不能像宣传单页那样只有文字，没有图片，而且宣传折页图片应占有比较大的比例，这个比例应当控制在60%~70%，因为当消费者打开折页时，关注的重点是图片，而对文字却很少顾及。在文字的说明上应当有一个良好的标题，折页的内容应当能吸引消费者读下去。下面来学习如何制作婚庆折页正面，效果如图10-41所示。

图10-41

Step 01 按Ctrl+N组合键，弹出【新建文档】对话框，将【单位】设置为“厘米”，【宽度】和【高度】分别设置为29.7cm和21cm，【画板】设置为2，【颜色模式】设置为“RGB颜色”，【光栅效果】设置为“屏幕（72ppi）”，单击【创建】按钮，在工具箱中单击【矩形工具】按钮，在左侧画板中绘制【宽】和【高】分别为29.7cm、21cm的矩形，将【填色】的RGB值设置为239、239、239，将【描边】设置为“无”，如图10-42所示。

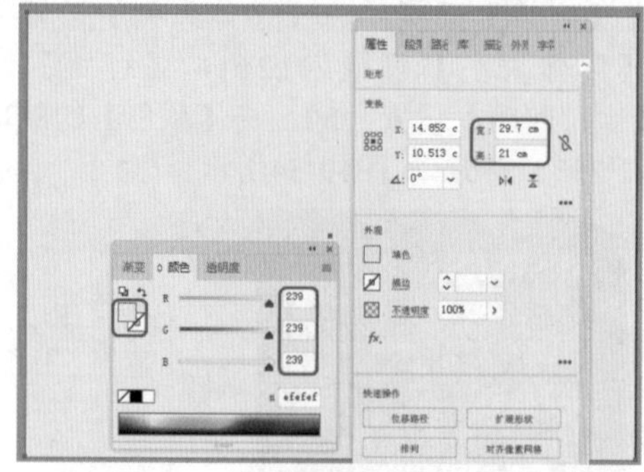

图10-42

Step 02 在工具箱中单击【矩形工具】按钮，绘制【宽】和【高】分别为9.9cm和21cm的矩形，将【填色】的RGB值设置为229、31、63，将【描边】设置为“无”，如图10-43所示。

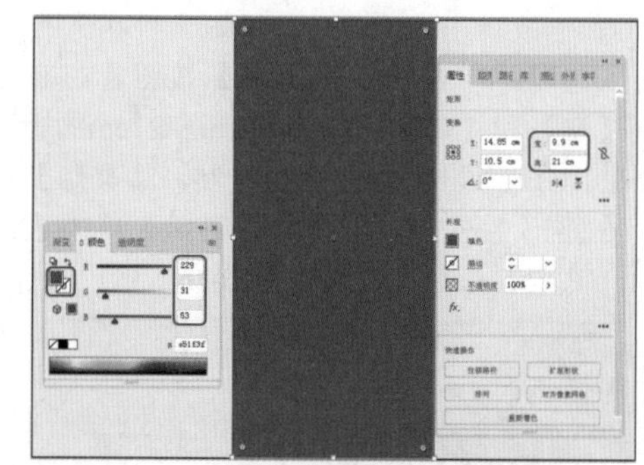

图10-43

Step 03 在工具箱中单击【矩形工具】按钮，绘制两个【宽】和【高】分别为6.7cm和0.4 cm的矩形，将【填色】的RGB值设置为229、31、63，将【描边】设置为“无”，如图10-44所示。

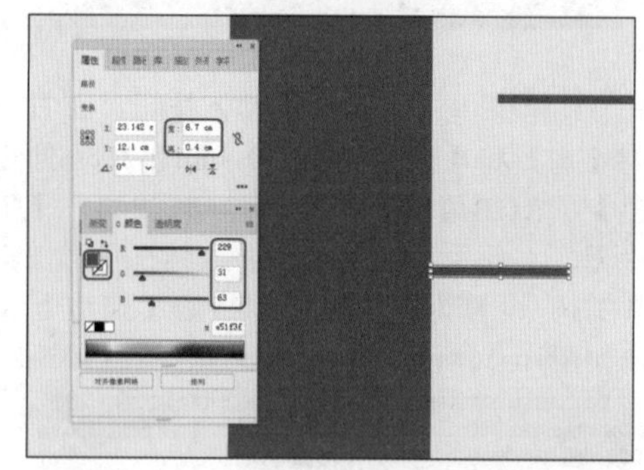

图10-44

Step 04 在菜单栏中选择【文件】|【置入】命令，弹出【置入】对话框，选择“素材\Cha10\婚礼素材1.jpg”文件，单击【置入】按钮，在左侧的画板中拖曳鼠标进行绘制，并调整素材的位置及大小，打开【属性】面板，在【快速操作】选项组中单击【嵌入】按钮，在素材图片上右击，选择快捷菜单中的【裁剪图像】命令，然后对图像进行裁剪，如图10-45所示。

图10-45

Step 05 在工具箱中单击【矩形工具】按钮，绘制两个【宽】和【高】分别为3.2cm和0.4 cm的矩形，将【填色】的RGB值设置为210、210、211，将【描边】设置为“无”，如图10-46所示。

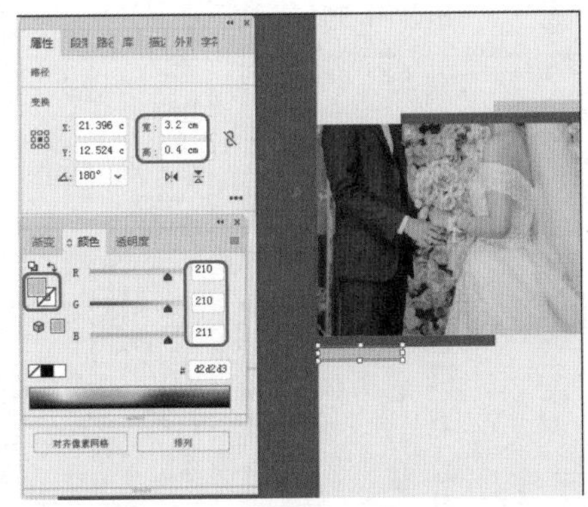

图10-46

Step 06 在工具箱中单击【文字工具】按钮，输入文本，将【字体系列】设置为“方正粗活意简体”，将【字体大小】设置为30pt，【字符间距】设置为0，【填色】的RGB值设置为247、202、196，将【描边】设置为白色，【描边粗细】设置为1pt，如图10-47所示。

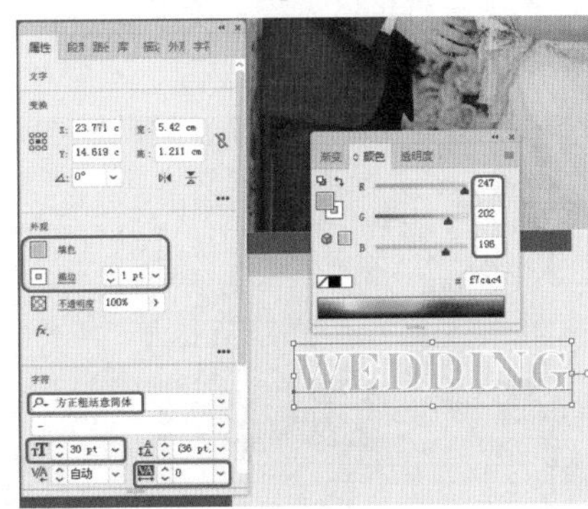

图10-47

Step 07 选择所有的文字，右击，在弹出的快捷菜单中选择【创建轮廓】命令，单击【直接选择工具】按钮，调整文本，如图10-48所示。

Step 08 将文字复制一层，将复制后的文本颜色RGB值更改为229、31、63，【描边】设置为“无”。根据上面介绍的方法制作“CEREMONY”艺术字，如图10-49所示。

图10-48　　图10-49

Step 09 在工具箱中单击【钢笔工具】按钮，绘制波浪线，在【颜色】面板中将【填色】设置为“无”，【描边】的RGB值设置为229、31、63，如图10-50所示。

Step 10 在工具箱中单击【文字工具】按钮，输入文本，在【字符】面板中将【字体系列】设置为“微软雅黑”，【字体样式】设置为“Regular”，将【字体大小】设置为16pt，【字符间距】设置为0，【填色】的RGB值设置为229、31、63，如图10-51所示。

图10-50

图10-51

Step 11 使用【钢笔工具】绘制图10-52所示的图形，将【填色】的RGB值设置为229、31、63，将【描边】设置为“无”。

Step 12 使用【文字工具】和【钢笔工具】制作其他的文本内容，置入“素材\Cha10\二维码.png”文件，打开【属性】面板，在【快速操作】选项组中单击【嵌入】按钮，效果如图10-53所示。

图10-52　　图10-53

Step 13 置入“素材\Cha10\婚礼素材2.jpg”文件，打开【属性】面板，在【快速操作】选项组中单击【嵌入】按钮，在工具箱中单击【矩形工具】按钮，在画板中绘制一个矩形，在【属性】面板中将【宽】和【高】分别设置为9.9cm和7.6cm，将【填色】设置为黑色，将【描边】设置为“无”，并在画板中调整其位置，如图10-54所示。

Step 14 在工具箱中单击【矩形工具】按钮，在画板中绘制两个矩形，在【属性】面板中将【宽】和【高】分别设置为0.2cm和7.9cm，将【填色】设置为红色，将【描边】设置为“无”，并在画板中调整其位置，如图10-55所示。

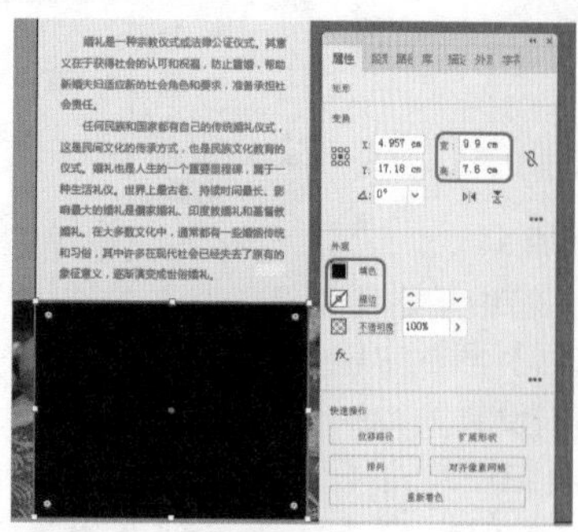

图10-54

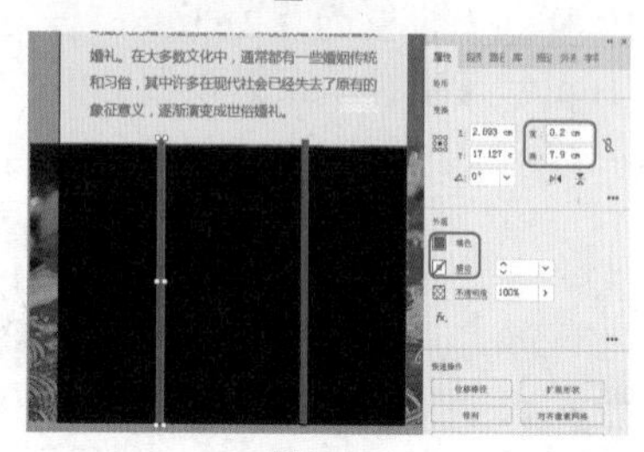

图10-55

Step 15 在画板中选择两个红色矩形与黑色矩形，在【路径查找器】面板中单击【减去顶层】按钮，减去顶层后的效果如图10-56所示。

Step 16 继续选中该图形，在菜单栏中选择【对象】|【复合路径】|【建立】命令，选中图形与置入的素材文件，按Ctrl+7组合键为选中的对象建立剪切蒙版，如图10-57所示。

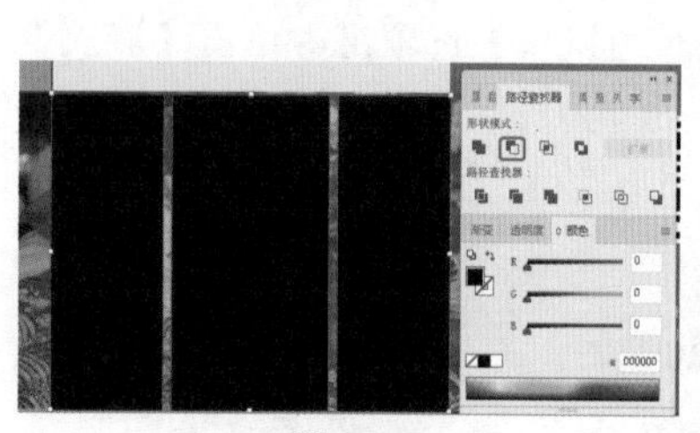

图10-56

图10-57

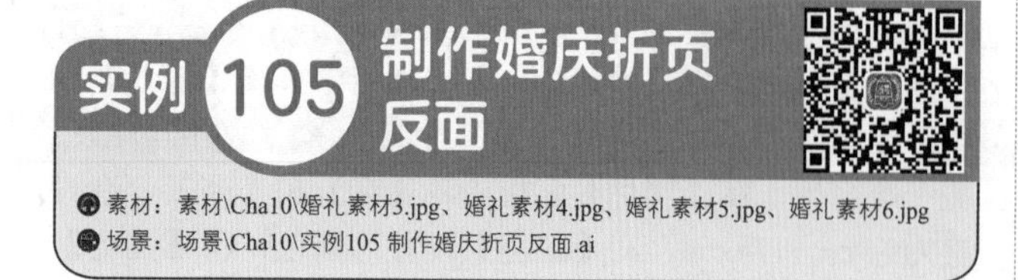

实例105 制作婚庆折页反面

素材：素材\Cha10\婚礼素材3.jpg、婚礼素材4.jpg、婚礼素材5.jpg、婚礼素材6.jpg

场景：场景\Cha10\实例105 制作婚庆折页反面.ai

婚庆折页反面设计需要体现出婚庆定制的特色服务、主题和婚礼流程内容，婚庆折页反面效果如图10-58所示。

图10-58

Step 01 在工具箱中单击【矩形工具】按钮，在右侧的画板中绘制【宽】和【高】分别为9.9cm和21cm的矩形，将【填色】的RGB值设置为239、239、239，【描边】设置为“无”，如图10-59所示。

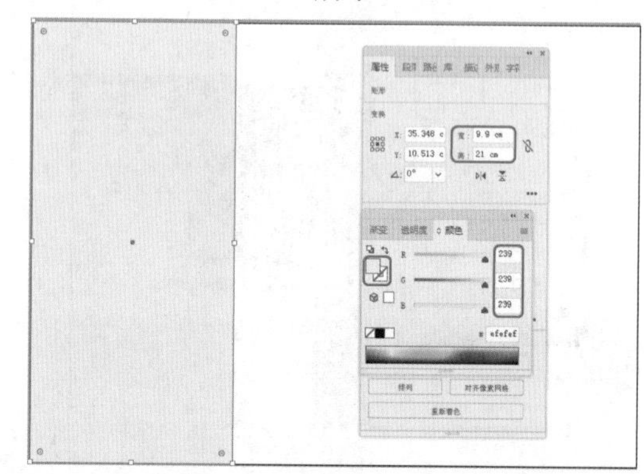

图10-59

Step 02 在菜单栏中选择【文件】|【置入】命令，弹出【置入】对话框，选择“素材\Cha10\婚礼素材3.jpg”文件，单击【置入】按钮，在画板中拖曳鼠标进行绘制，并调整素材的位置及大小，打开【属性】面板，在【快速操作】选项组中单击【嵌入】按钮，如图10-60所示。

图10-60

Step 03 在工具箱中单击【钢笔工具】按钮，在画板中绘制图形，在【属性】面板中将【填色】设置为黑色，【描边】设置为“无”，如图10-61所示。

Step 04 选择置入的“婚礼素材3.jpg”文件和绘制的图

形，右击，在弹出的快捷菜单中选择【建立剪切蒙版】命令，创建剪切蒙版后的效果如图10-62所示。

图10-61

图10-62

Step 05 使用【钢笔工具】绘制图10-63所示的线段，将【填色】设置为无，【描边】的RGB值设置为216、47、23，【描边粗细】设置为2pt。

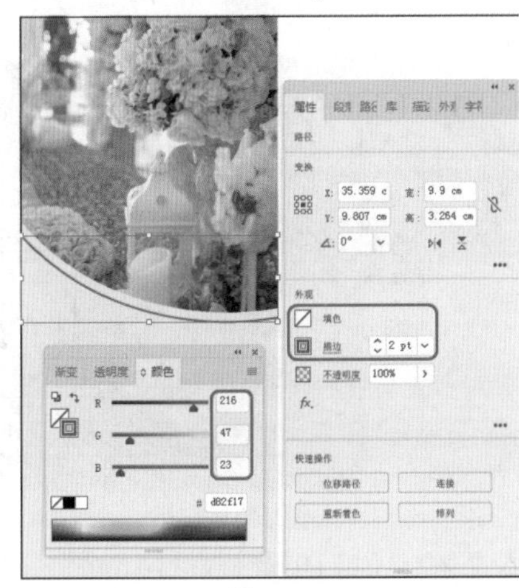

图10-63

Step 06 在工具箱中单击【文字工具】按钮，输入文本，在【字符】面板中将【字体系列】设置为“微软雅黑”，【字体样式】设置为“Regular”，将【字体大小】设置为36pt，【填色】的RGB值设置为230、44、19，如图10-64所示。

图10-64

Step 07 在工具箱中单击【文字工具】按钮，输入文本，在【字符】面板中将【字体系列】设置为“微软雅黑”，【字体样式】设置为“Regular”，将【字体大小】设置为16pt，【填色】的RGB值设置为230、44、19，如图10-65所示。

图10-65

Step 08 在工具箱中单击【文字工具】按钮，输入文本，在【字符】面板中将【字体系列】设置为“微软雅黑”，【字体样式】设置为“Regular”，将【字体大小】设置为9pt，【填色】的RGB值设置为230、44、19，如图10-66所示。

图10-66

Step 09 在工具箱中单击【文字工具】按钮，输入段落文本，在【字符】面板中将【字体系列】设置为“微软雅黑”，【字体样式】设置为“Regular”，将【字体大小】设置为8pt，【行距】设置为18pt，【字符间距】设置为0，【填色】的RGB值设置为229、31、63，如图10-67所示。

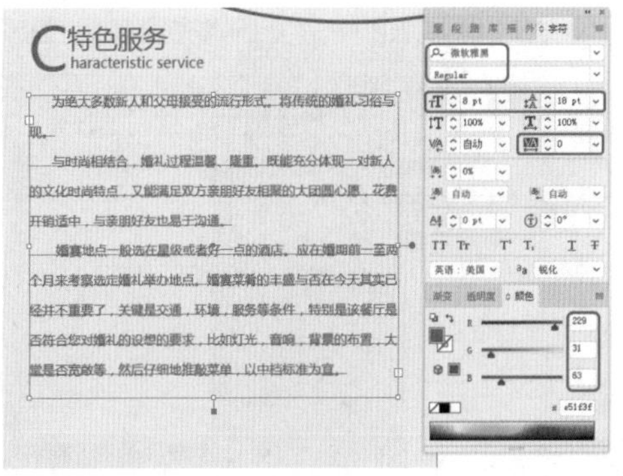

图10-67

Step 10 在工具箱中单击【矩形工具】按钮，绘制【宽】和【高】分别为6.7cm和0.5cm的矩形，【填色】的RGB值设置为229、31、63，【描边】设置为“无”，如图10-68所示。

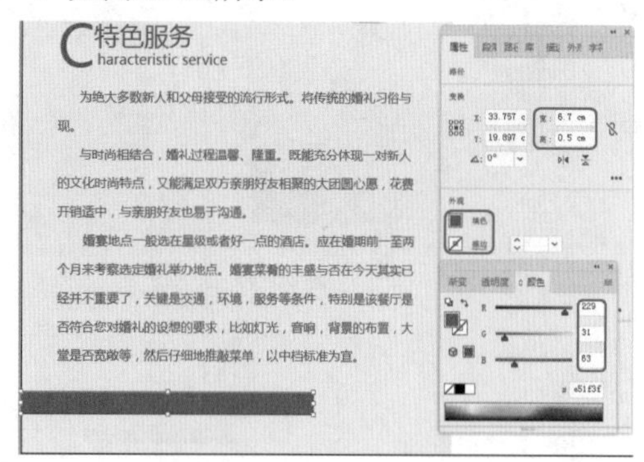

图10-68

Step 11 在工具箱中单击【矩形工具】按钮，绘制【宽】和【高】为分别3.2 cm、0.5cm的矩形，【填色】的RGB值设置为210、210、211，【描边】设置为“无”，使用【钢笔工具】绘制波浪线并设置描边颜色，如图10-69所示。

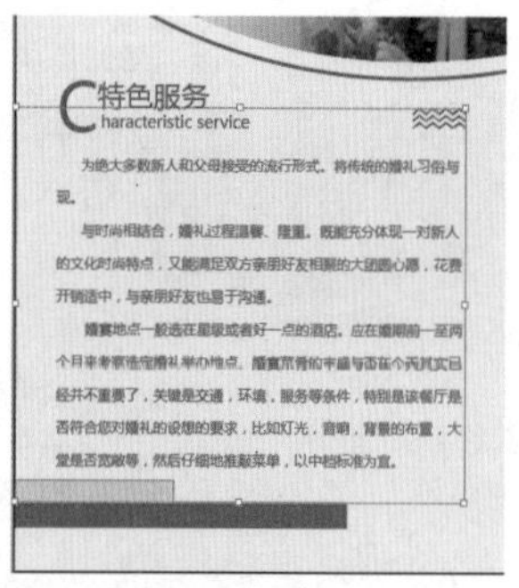

图10-69

Step 12 在工具箱中单击【矩形工具】按钮，绘制【宽】和【高】分别为19.8cm和21cm的矩形，【填色】的RGB值设置为229、31、63，【描边】设置为“无”。在工具箱中单击【矩形工具】按钮，绘制【宽】和【高】分别为18.6cm和19.8cm的矩形，【填色】设置为无，【描边】设置为白色，【描边粗细】设置为1pt，如图10-70所示。

图10-70

Step 13 在工具箱中单击【剪刀工具】按钮，在线段上单击，切割对象，将多余的线段删除，如图10-71所示。

Step 14 使用【文字工具】分别输入文本，并进行相应的设置，如图10-72所示。

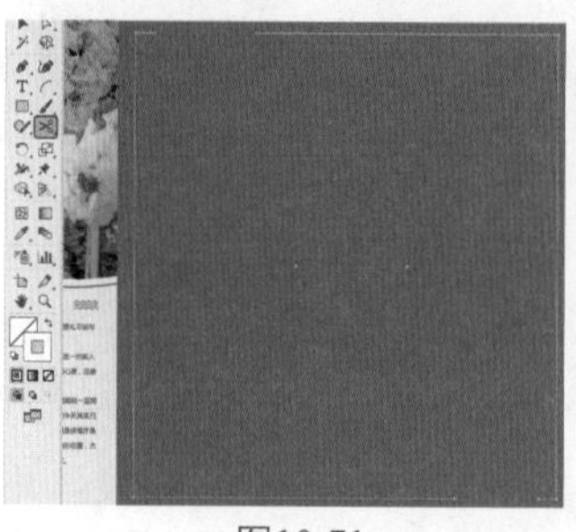

图10-71

图10-72

Step 15 根据前面介绍的方法完善图10-73所示的文字内容和图案。

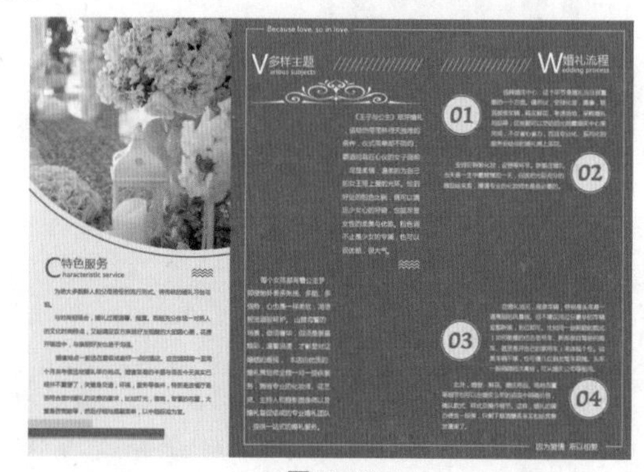

图10-73

Step 16 置入“素材\Cha10\婚礼素材4.jpg”文件，打开【属性】面板，在【快速操作】选项组中单击【嵌入】按钮，在工具箱中单击【矩形工具】按钮，在画板中绘制一个矩形，在【属性】面板中将【宽】和【高】分别设置为4.3cm和6.8cm，将【填充】设置为黑色，将【描边】设置为“无”，并在画板中调整其位置，如图10-74所示。

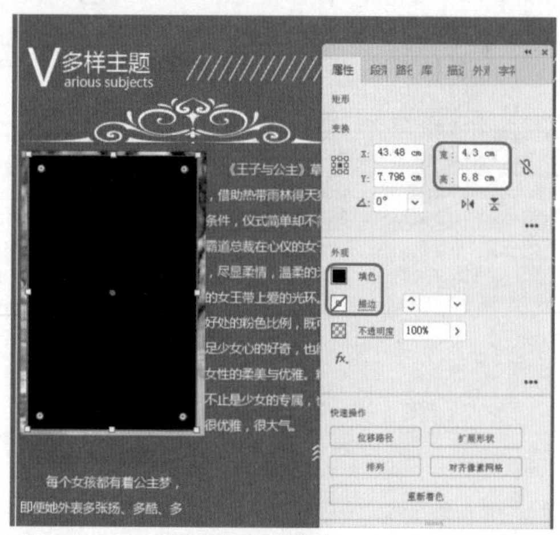

图10-74

Step 17 选择置入的“婚礼素材4.jpg”文件和绘制的图形，右击，在弹出的快捷菜单中选择【建立剪切蒙版】命令，在【属性】面板中将【描边】设置为白色，【描边粗细】设置为1pt，如图10-75所示。

图10-75

Step 18 使用同样的方法制作图10-76所示的内容。

图10-76

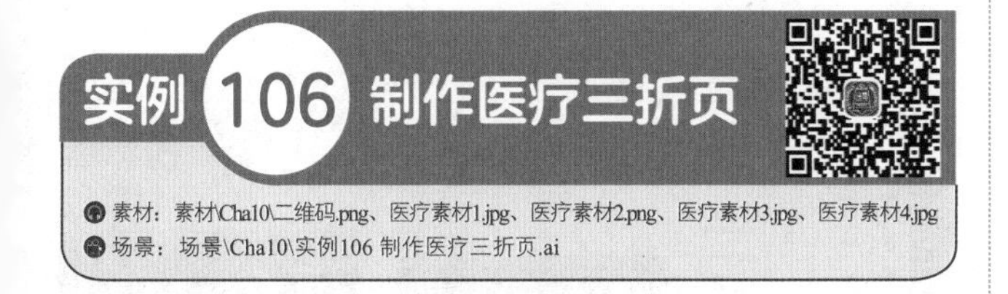

实例106 制作医疗三折页

素材：素材\Cha10\二维码.png、医疗素材1.jpg、医疗素材2.png、医疗素材3.jpg、医疗素材4.jpg

场景：场景\Cha10\实例106 制作医疗三折页.ai

宣传折页自成一体，无须借助其他媒体，不受其他媒体的宣传环境、公众特点、信息安排、版面、印刷、纸张等各种限制，又称为“非媒介性广告”。下面来学习如何制作医疗三折页，如图10-77所示。

图10-77

Step 01 按Ctrl+N组合键，弹出【新建文档】对话框，将【单位】设置为“毫米”，【宽度】和【高度】分别设置为178mm和126mm，【画板】设置为1，【颜色模式】设置为“RGB颜色”，【光栅效果】设置为“屏幕（72ppi）”，单击【创建】按钮，如图10-78所示。

图10-78

Step 02 绘制一个【宽】和【高】分别为178mm和126mm的矩形，【填色】的RGB值设置为240、240、240，【描边】设置为“无”。在菜单栏中选择【文件】|【置入】命令，弹出【置入】对话框，选择“素材\Cha10\医疗素材1.jpg”文件，单击【置入】按钮，在画板中拖曳鼠标进行绘制，并调整素材的位置及大小，打开【属性】面板，在【快速操作】选项组中单击【嵌入】按钮，在工具箱中单击【矩形工具】按钮，绘制【宽】和【高】分别为60mm和79mm的矩形，将【填色】设置为黑色，将【描边】设置为“无”，如图10-79所示。

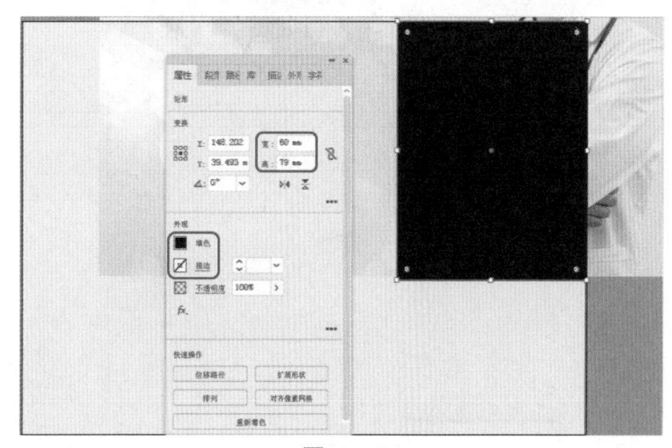

图10-79

Step 03 选择绘制的黑色矩形和置入的“医疗素材1.jpg”文件，按Ctrl+7组合键建立剪切蒙版，如图10-80所示。

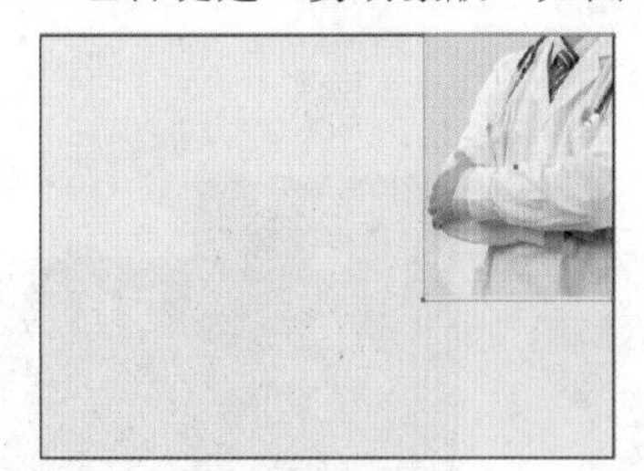

图10-80

Step 04 在工具箱中单击【矩形工具】按钮，绘制【宽】和【高】分别为60mm和2.1mm的矩形，将【填色】的RGB值设置为206、59、45，将【描边】设置为“无”，如图10-81所示。

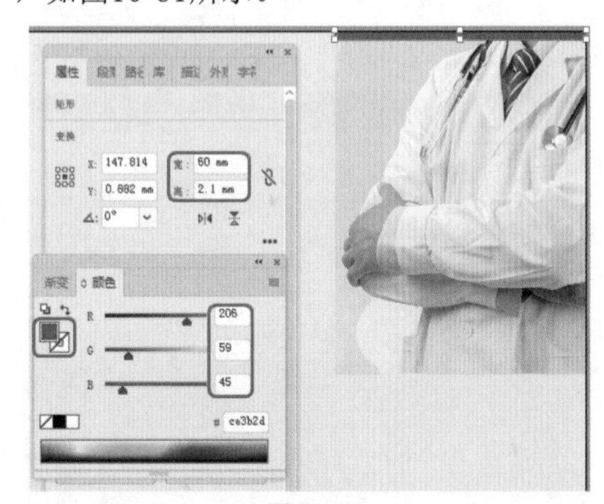

图10-81

Step 05 在工具箱中单击【矩形工具】按钮，绘制【宽】和【高】分别为30mm和13mm的矩形，将【填色】的RGB值设置为40、43、52，将【描边】设置为“无”，置入“医疗素材2.png”文件并进行适当的调整，打开【属性】面板，在【快速操作】选项组中单击【嵌入】按钮，在工具箱中单击【文字工具】按钮T，在空白处单击鼠标输入文本，在【字符】面板中将【字体系列】设置为“创艺简老宋”，【字体大小】设置为8pt，将【字符间距】设置为0，【填色】的RGB值设置为255、255、255，如图10-82所示。

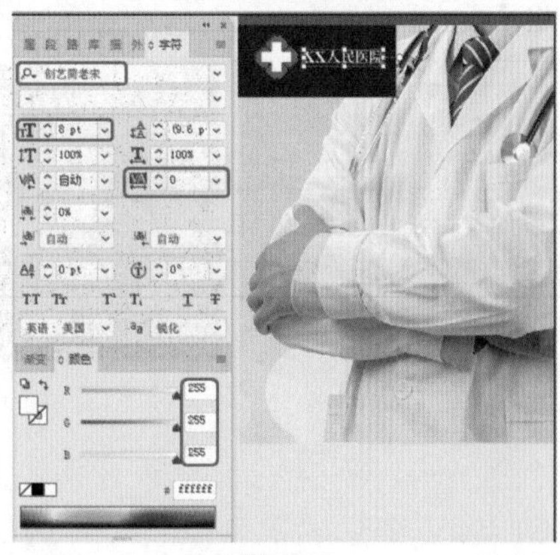

图10-82

Step 06 通过【矩形工具】绘制其他的矩形，并填充相应的颜色，效果如图10-83所示。

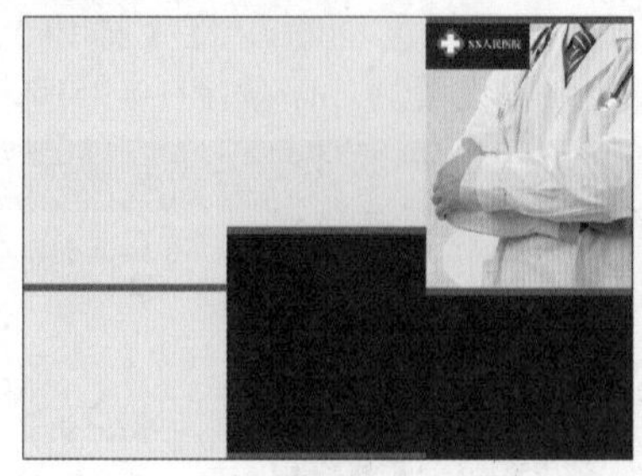

图10-83

Step 07 在工具箱中单击【文字工具】按钮T，在空白处单击鼠标输入文本，在【字符】面板中将【字体系列】设置为“方正粗黑宋简体”，【字体大小】设置为25pt，将【字符间距】设置为100，将“医疗”的【填色】设置为白色，将“三折页”的RGB值设置为206、59、45，如图10-84所示。

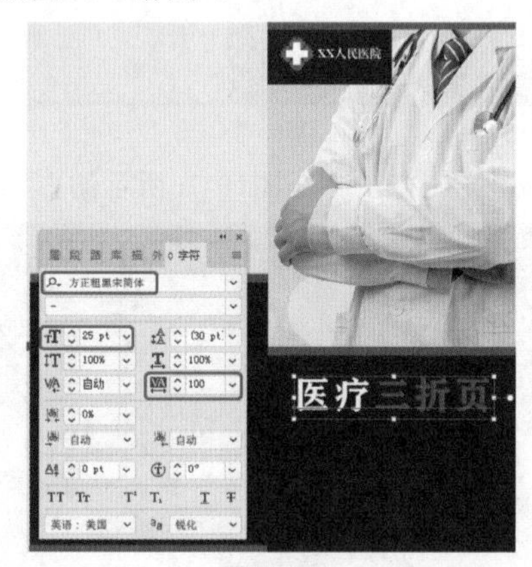

图10-84

Step 08 在工具箱中单击【文字工具】按钮T，在空白处单击鼠标输入文本，在【字符】面板中将【字体系列】设置为“创艺简老宋”，【字体大小】设置为11pt，将【字符间距】设置为10，单击【全部大写字母】按钮TT，【填色】的RGB值设置为255、255、255，如图10-85所示。

Step 09 置入“医疗素材3.png”文件并进行适当的调整，打开【属性】面板，在【快速操作】选项组中单击【嵌入】按钮，如图10-86所示。

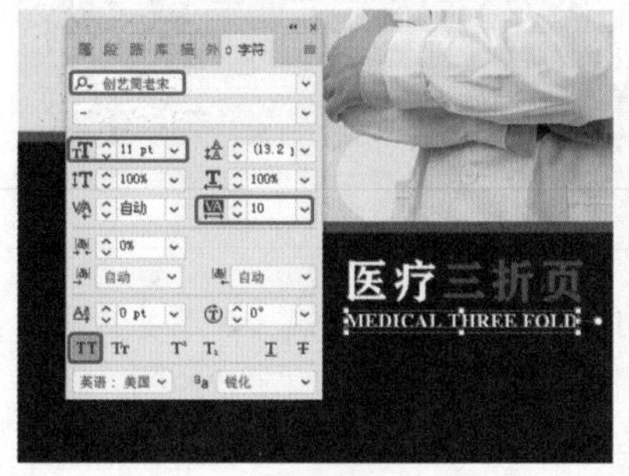

图10-85

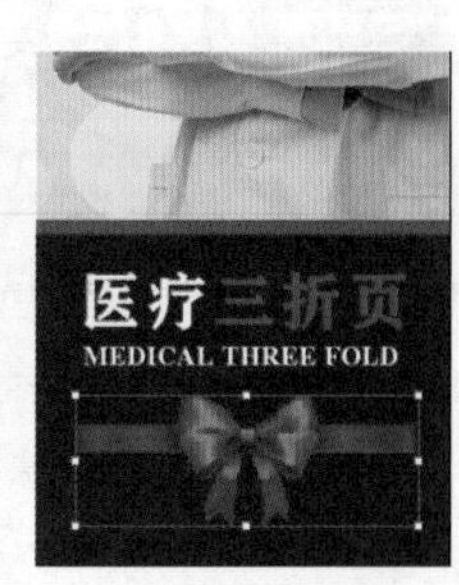

图10-86

Illustrator平面创意设计完全实训手册

Step 10 在工具箱中单击【文字工具】按钮T，在空白处单击鼠标输入文本，在【字符】面板中将【字体系列】设置为“微软雅黑”，【字体大小】设置为8.3pt，【行距】设置为10pt，将【字符间距】设置为0，【填色】的RGB值设置为40、43、52，在【段落】面板中单击【居中对齐】按钮，如图10-87所示。

Step 11 在工具箱中单击【直线段工具】按钮，绘制线段，将【填色】设置为“无”，【描边】设置为黑色，将【描边粗细】设置为0.5pt，如图10-88所示。

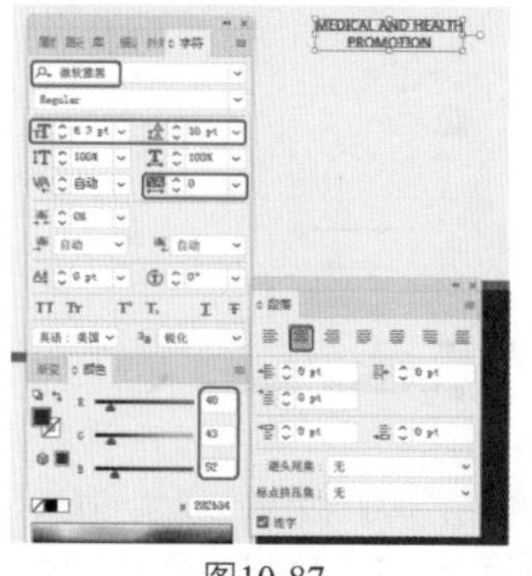

图10-87

图10-88

Step 12 根据前面所介绍的方法，使用【文字工具】完善折页的其他内容，置入相应的素材文件，并进行相应的设置，效果如图10-89所示。

图10-89

素材：素材\Cha10\家居素材.png

场景：场景\Cha10\实例107 制作家居三折页.ai

家居三折页内容应该体现出公司的企业文化、公司保障以及公司的联系信息等知识内容，家居三折页的效果如图10-90所示。

图10-90

Step 01 按Ctrl+N组合键，弹出【新建文档】对话框，将【单位】设置为“毫米”，【宽度】和【高度】分别设置为285mm和210mm，【画板】设置为1，【颜色模式】设置为“RGB颜色”，【光栅效果】设置为“屏幕（72ppi）”，单击【创建】按钮，在工具箱中单击【矩形工具】按钮，绘制【宽】和【高】分别为285mm和210mm的矩形，将【填色】的RGB值设置为239、239、239，【描边】设置为“无”，如图10-91所示。

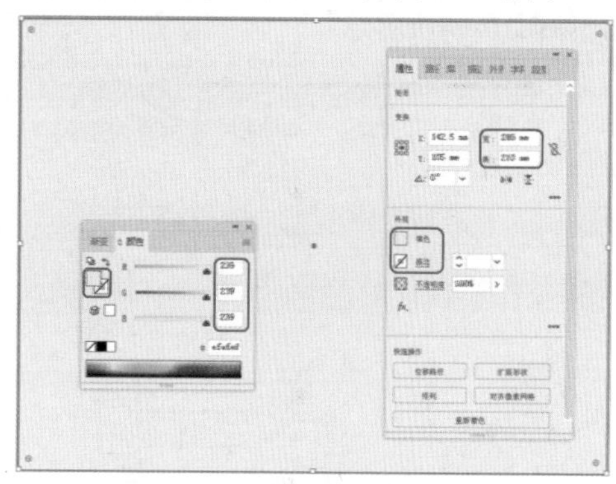

图10-91

Step 02 置入“素材\Cha10\家居素材.png”文件，在画板中拖曳鼠标进行绘制，适当调整大小及位置，打开【属性】面板，在【快速操作】选项组中单击【嵌入】按钮，如图10-92所示。

图10-92

Step 03 在工具箱中单击【矩形工具】按钮，绘制【宽】和【高】分别为22mm和1.5mm的矩形，将【填色】的RGB值设置为3、0、0，将【描边】设置为

"无"，如图10-93所示。

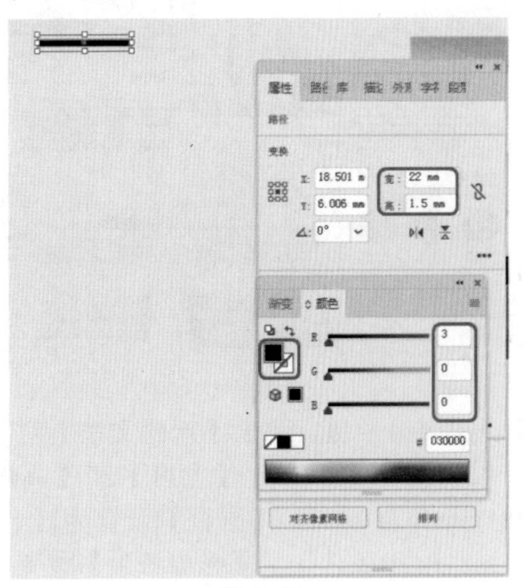

图10-93

Step 04 在工具箱中单击【矩形工具】按钮，绘制【宽】和【高】分别为58mm和1.5mm的矩形，将【填色】的RGB值设置为201、57、40，将【描边】设置为"无"，如图10-94所示。

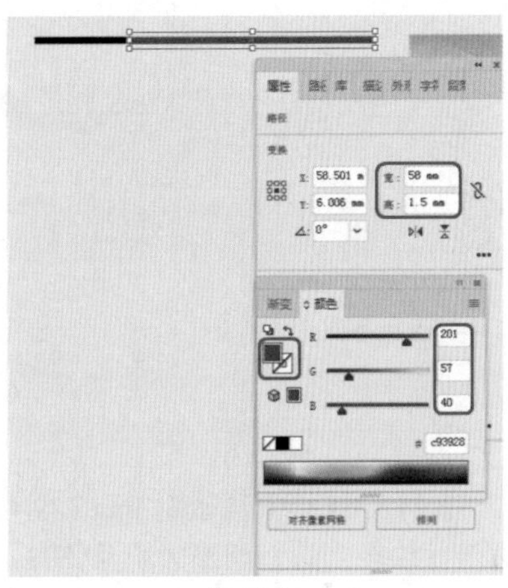

图10-94

Step 05 使用【文字工具】输入文本，将【字体系列】设置为"微软雅黑"，【字体样式】设置为"Bold"，将【字体大小】设置为16pt，【字符间距】设置为0，将【填色】的RGB值设置为3、0、0，如图10-95所示。

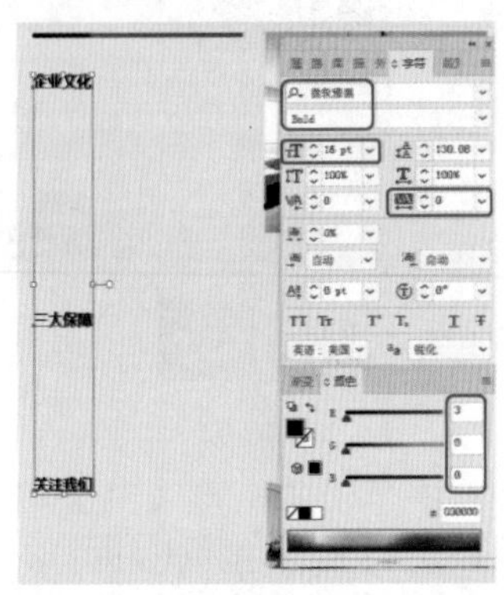

图10-95

Step 06 使用【文字工具】输入文本，将【字体系列】设置为"微软雅黑"，【字体样式】设置为"Bold"，将【字体大小】设置为5.5pt，【字符间距】设置为0，单击【全部大写字母】按钮TT，将【填色】的RGB值设置为201、57、40，如图10-96所示。

图10-96

Step 07 在工具箱中单击【直线段工具】按钮，绘制线段，将【填色】设置为无，【描边】的RGB值设置为149、143、140，将【描边粗细】设置为1pt，如图10-97所示。

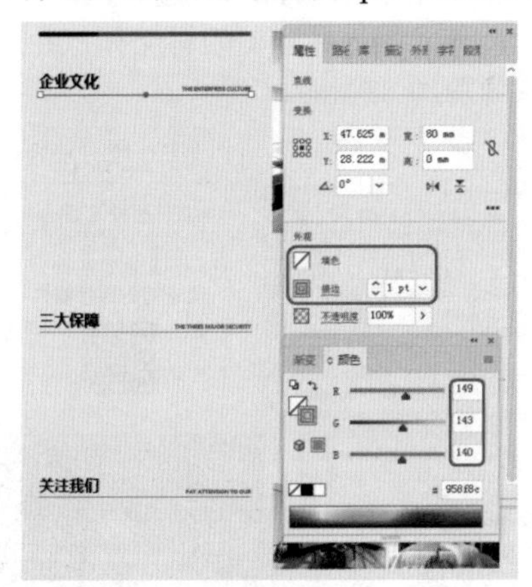

图10-97

Step 08 使用【文字工具】输入文本，将【字体系列】设置为"创艺简黑体"，将【字体大小】设置为9pt，【字符间距】设置为0，将【填色】的RGB值设置为35、24、21，如图10-98所示。

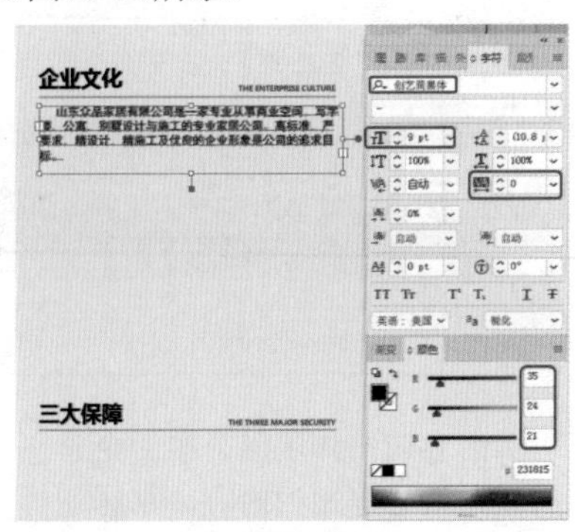

图10-98

Step 09 通过【椭圆工具】绘制【宽】和【高】均为8mm的圆形，将【填色】的RGB值设置为201、57、40，【描边】设置为“无”，分别输入文字“1”、“2”，将【字体系列】设置为“微软雅黑”，将【字体大小】设置为14pt，【颜色】设置为白色，如图10-99所示。

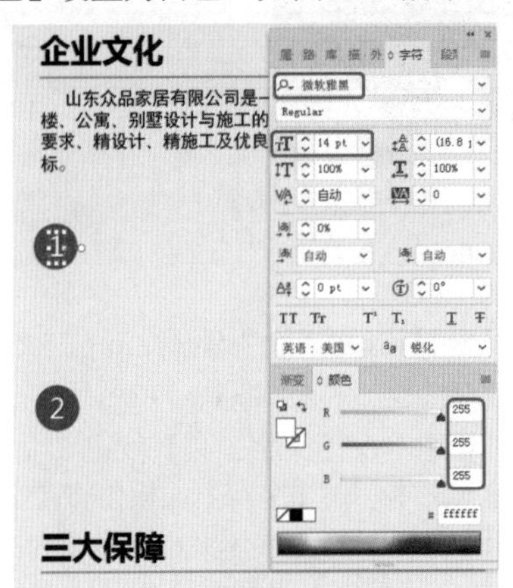

图10-99

Step 10 使用【文字工具】输入段落文本，将【字体系列】设置为“宋体”，【字体大小】设置为7pt，【行距】设置为12pt，【字符间距】设置为0，【填色】的RGB值设置为4、0、0，如图10-100所示。

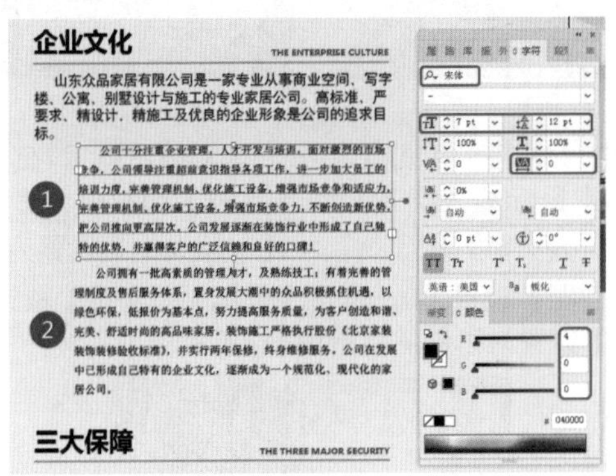

图10-100

Step 11 根据前面介绍过的方法制作图10-101所示的内容。

图10-101

Step 12 在工具箱中单击【圆角矩形工具】按钮，在画板中拖曳鼠标进行绘制，在【属性】面板中将【宽】和【高】均设置为6.4mm，单击【变换】选项组右下角的【更多选项】按钮，在弹出的选项中将【圆角半径】设置为0.5cm，在【颜色】面板中将【填色】设置为黑色，将【描边】设置为“无”，如图10-102所示。

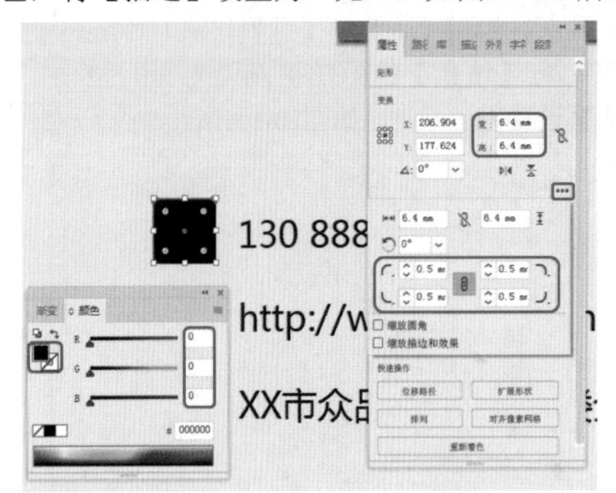

图10-102

Step 13 使用【钢笔工具】绘制电话图标，将【填色】设置为白色，【描边】设置为“无”，如图10-103所示。

Step 14 继续通过【圆角矩形工具】和【钢笔工具】绘制其他图标部分，效果如图10-104所示。

图10-103　　图10-104

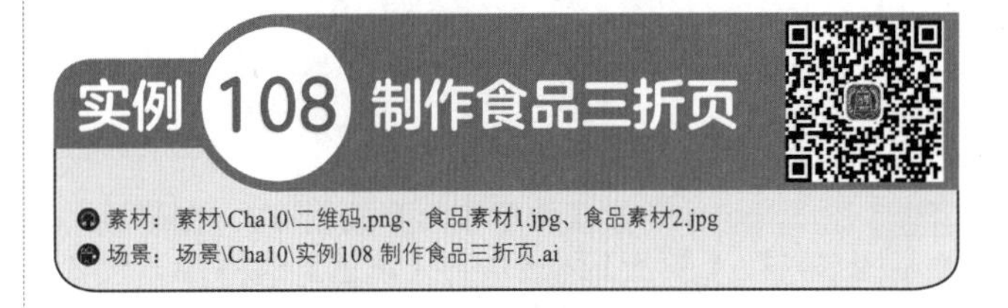

素材：素材\Cha10\二维码.png、食品素材1.jpg、食品素材2.jpg

场景：场景\Cha10\实例108 制作食品三折页.ai

本实例以图片为主、文字为辅。首先将素材文件置入画板中，然后绘制图形建立剪切蒙版来制作食品部分，最后使用【文字工具】完善其他内容，效果如图10-105所示。

图10-105

Step 01 按Ctrl+N组合键，弹出【新建文档】对话框，将

【单位】设置为“毫米”，【宽度】和【高度】分别设置为297mm和210mm，【画板】设置为1，【颜色模式】设置为“RGB颜色”，【光栅效果】设置为“屏幕（72ppi）”，单击【创建】按钮，在工具箱中单击【矩形工具】按钮，绘制【宽】和【高】分别为297mm和210mm的矩形，将【填色】的RGB值设置为240、240、240，【描边】设置为“无”，如图10-106所示。

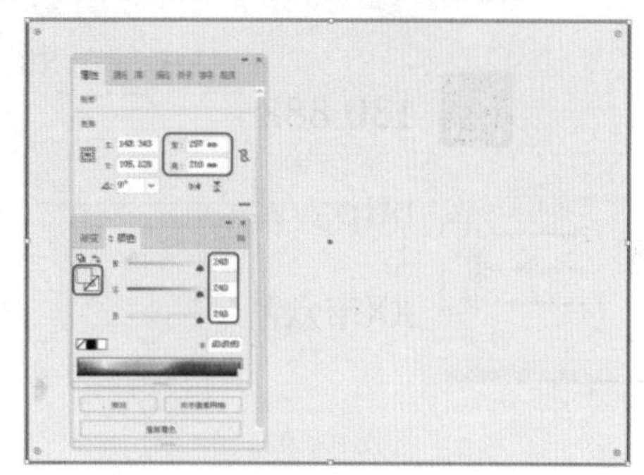

图10-106

Step 02 在工具箱中单击【钢笔工具】按钮，在画板中绘制图形，在【颜色】面板中将【填色】的RGB值设置为255、162、26，【描边】设置为“无”，如图10-107所示。

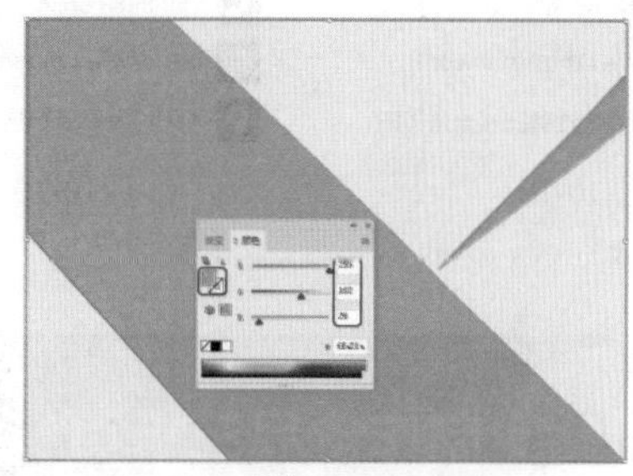

图10-107

Step 03 在工具箱中单击【钢笔工具】按钮，在画板中绘制图形，在【颜色】面板中将【填色】的RGB值设置为203、99、10，【描边】设置为“无”，如图10-108所示。

Step 04 在工具箱中单击【钢笔工具】按钮，在画板中绘制图形，在【颜色】面板中将【填色】设置为黑色，【描边】设置为“无”，如图10-109所示。

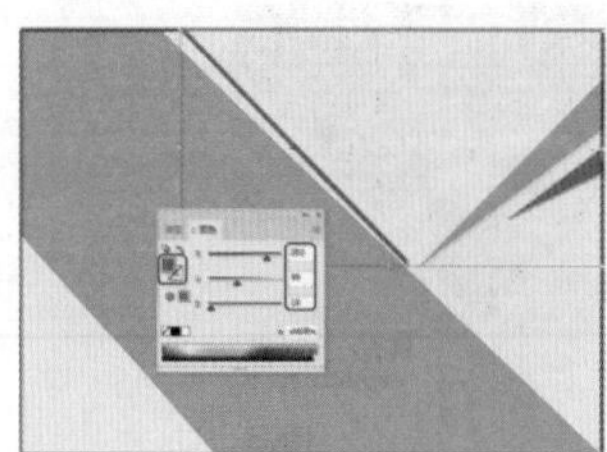

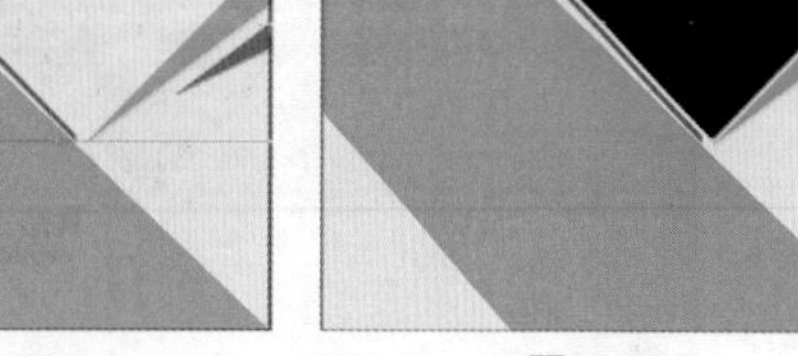

图10-108　　图10-109

Step 05 置入“素材\Cha10\食品素材1.jpg”文件，在画板中拖曳鼠标进行绘制，适当调整大小及位置，打开【属性】面板，在【快速操作】选项组中单击【嵌入】按钮，右击，在弹出的快捷菜单中选择【排列】|【后移一层】命令，如图10-110所示。

Step 06 选择绘制的三角形和置入的“食品素材1.jpg”文件，按Ctrl+7组合键建立剪切蒙版，如图10-111所示。

图10-110　　图10-111

Step 07 置入“素材\Cha10\食品素材2.jpg”文件，嵌入素材并创建剪切蒙版，效果如图10-112所示。

Step 08 在工具箱中单击【文字工具】按钮，在空白位置处单击鼠标输入文本，在【字符】面板中将【字体系列】设置为“汉仪粗宋简”，将【字体大小】设置为36pt，【字符间距】设置为0，【填色】设置为黑色，如图10-113所示。

图10-112　　图10-113

Step 09 在工具箱中单击【文字工具】按钮，在空白位置处单击鼠标输入文本，在【字符】面板中将【字体系列】设置为“微软雅黑”，将【字体大小】设置为19pt，【字符间距】设置为0，单击【全部大写字母】按钮，【填色】设置为黑色，如图10-114所示。

图10-114

Step 10 置入“素材\Cha10\二维码.png”文件，嵌入素材，如图10-115所示。

Step 11 在工具箱中单击【椭圆工具】按钮，绘制【宽】和【高】均为6.8mm的白色圆形，再次使用【椭圆工具】绘制【宽】和【高】均为5.8mm的黑色圆形，如图10-116所示。

图10-115

图10-116

Step 12 选中白色圆形和黑色圆形，打开【路径查找器】面板，单击【减去顶层】按钮，效果如图10-117所示。

Step 13 在工具箱中单击【直线段工具】按钮，绘制垂直和水平的直线段，在【描边】面板中将【粗细】设置为1.5pt，将【端点】设置为圆头端点，【填色】设置为“无”，【描边】设置为白色，如图10-118所示。

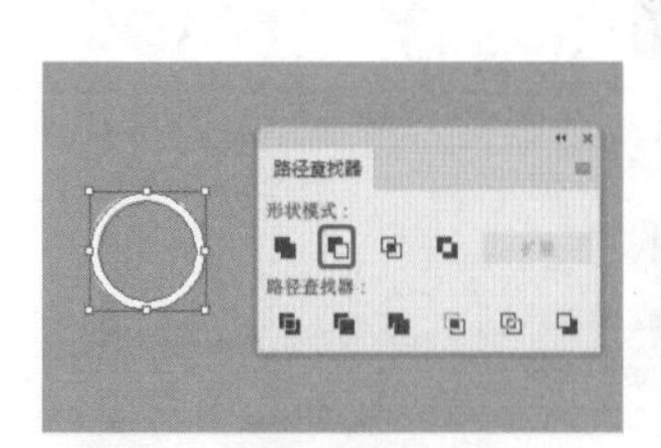

图10-117

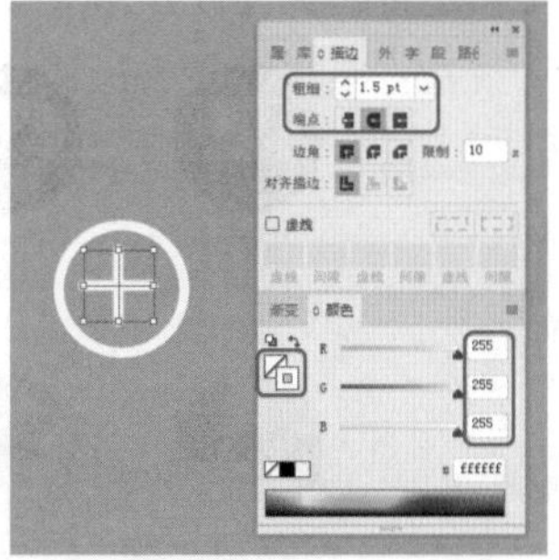

图10-118

Step 14 选中绘制的圆和线段，在【属性】面板【对齐】组中单击【水平居中对齐】按钮，使用【文字工具】输入文本，将【字符】面板中的【字体系列】设置为“微软雅黑”，【字体大小】设置为14 pt，【字符间距】设置为0，将【填色】设置为白色，使用同样的方法制作图10-119所示的其他内容。

图10-119

Step 15 在工具箱中单击【椭圆工具】按钮，绘制【宽】和【高】均为50mm的白色圆形，【描边】设置为“无”，如图10-120所示。

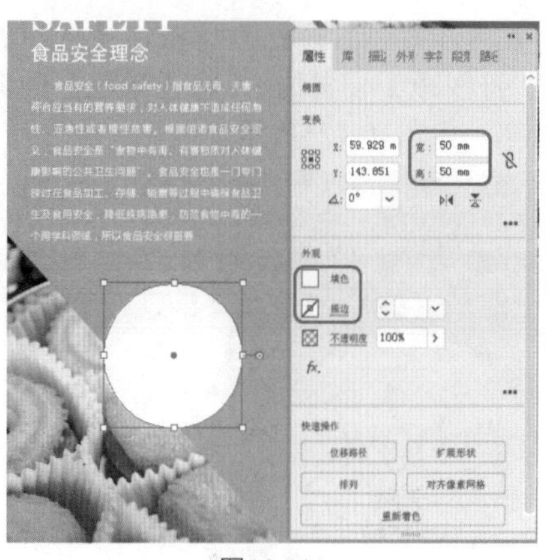

图10-120

Step 16 在工具箱中单击【椭圆工具】按钮，绘制【宽】和【高】均为38mm的圆形，将【填色】设置为“无”，【描边】的RGB值设置为107、107、107，在【描边】面板中将【粗细】设置为2pt，勾选【虚线】复选框，将【虚线】和【间隙】分别设置为1pt、3pt，如图10-121所示。

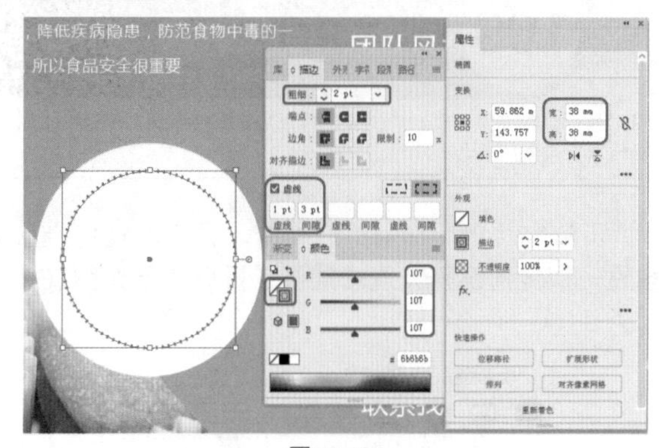

图10-121

Step 17 在工具箱中单击【文字工具】按钮，输入文本，在【字符】面板中将【字体系列】设置为“微软雅黑”，【字体大小】设置为32pt，【字符间距】设置为0，将【颜色】的RGB值设置为255、162、26，如图10-122所示。

图10-122

Step 18 在工具箱中单击【文字工具】按钮，输入文本，在【字符】面板中将【字体系列】设置为“微软雅黑”，【字体大小】设置为14pt，【行距】设置为17pt，【字符间距】设置为0，将【颜色】的RGB值设置为0、0、0，如图10-123所示。

图10-123

实例 109 制作茶具三折页

素材：素材\Cha10\茶具素材1.png、茶具素材2.jpg、茶具素材3.jpg、茶具素材4.png

场景：场景\Cha10\实例109 制作茶具三折页.ai

折页和宣传单的作用是一样的，是商家宣传产品、服务的一种传播媒介。茶具宣传三折页效果如图10-124所示。

图10-124

Step 01 按Ctrl+N组合键，弹出【新建文档】对话框，将【单位】设置为“毫米”，【宽度】和【高度】分别设置为297mm和210mm，【画板】设置为1，【颜色模式】设置为“RGB颜色”，【光栅效果】设置为“屏幕（72ppi）”，单击【创建】按钮，在工具箱中单击【矩形工具】按钮，绘制【宽】和【高】分别为297mm和210mm的矩形，将【填色】的RGB值设置为240、240、240，【描边】设置为“无”，置入“素材\Cha10\茶具素材1.png”文件并嵌入图片，如图10-125所示。

Step 02 在工具箱中单击【文字工具】按钮，输入文本，将【字体系列】设置为“长城新艺体”，【字体大小】设置为26pt，将【字符间距】设置为0，将【颜色】面板中的【填色】RGB值设置为136、13、35，如图10-126所示。

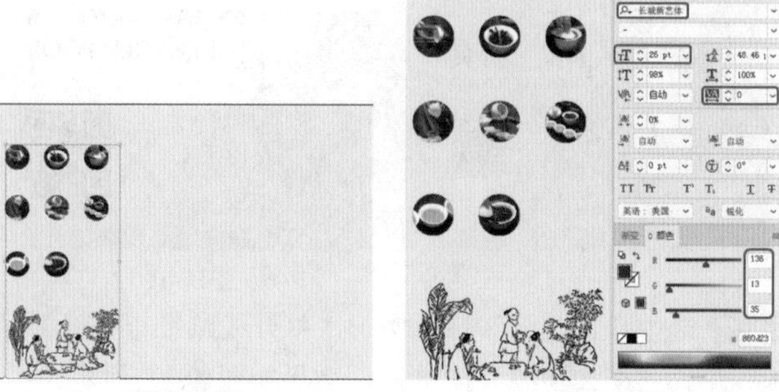

图10-125　　图10-126

Step 03 在工具箱中单击【直线段工具】按钮，绘制两条垂直线段，将【高】设置为7.8mm，将【填色】设置为“无”，【描边】的RGB值设置为113、112、113，【描边粗细】设置为1pt，如图10-127所示。

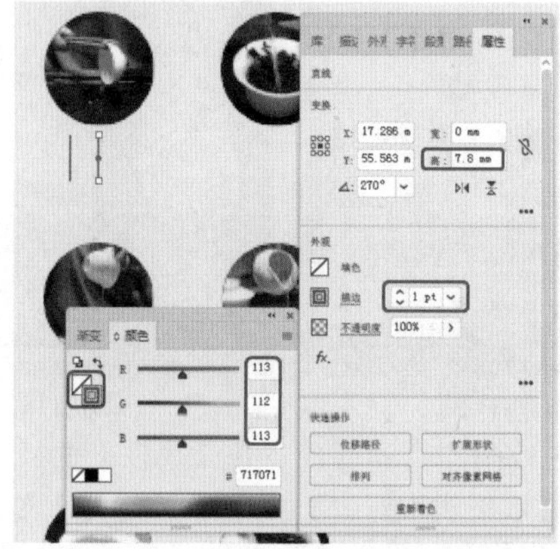
图10-127

Step 04 在工具箱中单击【文字工具】按钮，分别输入文本“洗”和“杯”，将【字体系列】设置为“长城新艺体”，【字体大小】设置为6.2pt，将【填色】的RGB值设置为113、112、113，调整对象的位置，如图10-128所示。

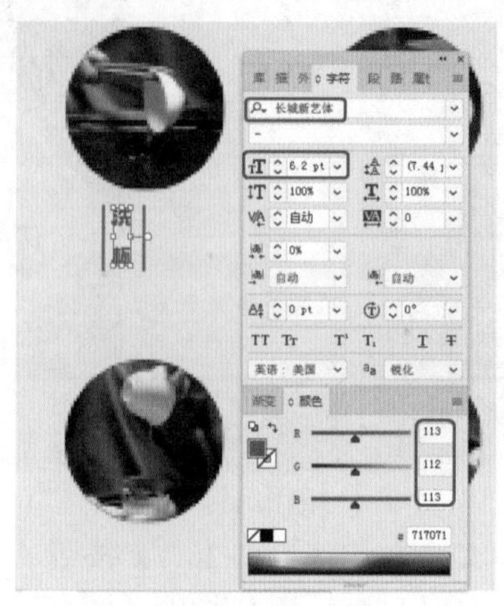
图10-128

Step 05 在工具箱中单击【文字工具】按钮，输入文本，将【字体系列】设置为“Adobe 宋体 Std L”，【字体大小】设置为3pt，【行距】设置为3pt，【字符间距】设置为-60，将【填色】的RGB值设置为113、112、113，调整对象的位置，如图10-129所示。

图10-129

Step 06 在工具箱中单击【直排文字工具】按钮，输入文本，将【字体系列】设置为“幼圆”，【字体大小】设置为4.65pt，将【字符间距】设置为0，将【颜色】面板中【填色】的RGB值设置为113、112、113，如图10-130所示。

图10-130

Step 07 在工具箱中单击【直排文字工具】按钮，输入文本，将【字体系列】设置为“方正细等线简体”，【字体大小】设置为3.6pt，将【字符间距】设置为0，将【颜色】面板中【填色】的RGB值设置为113、112、113，如图10-131所示。

图10-131

Step 08 通过【文字工具】和【直线段工具】制作图10-132所示的内容。

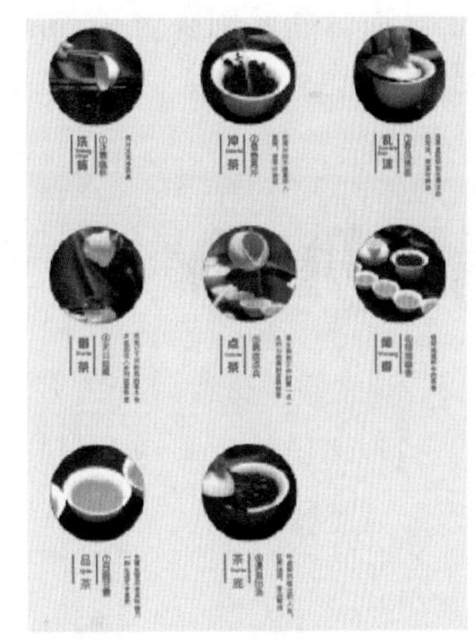

图10-132

Step 09 在工具箱中单击【文字工具】按钮，分别输入文本“茶”和“的”，将【字体系列】设置为“创艺简老宋”，将【字体大小】设置为25.2pt，将“茶”文本的【填色】RGB值设置为7、107、54，将“的”文本的【填色】RGB值设置为136、13、35，如图10-133所示。

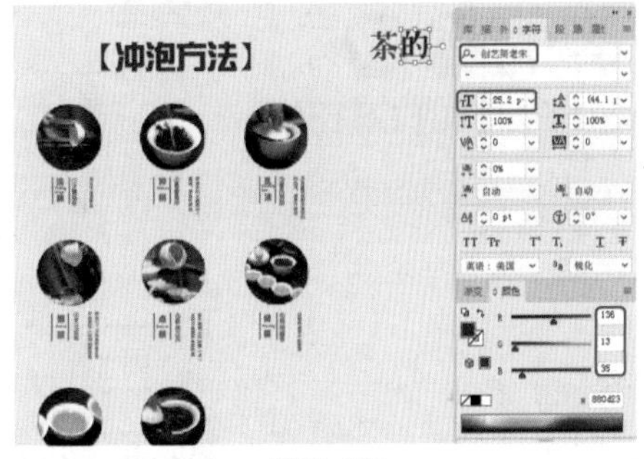

图10-133

Step 10 在工具箱中单击【椭圆工具】按钮，绘制两个【宽】和【高】均为8.3mm的圆形，将【填色】的RGB值设置为136、13、35，【描边】设置为“无”，如图10-134所示。

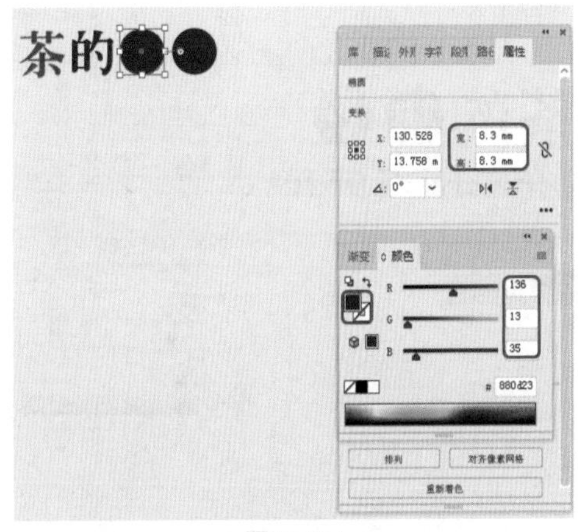

图10-134

Step 11 在工具箱中单击【文字工具】按钮，输入文本，将【字体系列】设置为“创艺简老宋”，【字体大小】设置为18pt，将【字符间距】设置为600，将【填色】设置为白色，如图10-135所示。

图10-135

Step 12 在工具箱中单击【文字工具】按钮，输入文本，将【字体系列】设置为“方正美黑简体”，【字体大小】设置为14.5pt，将【字符间距】设置为0，将【填色】的RGB值设置为136、13、35，如图10-136所示。

图10-136

Step 13 在工具箱中单击【矩形工具】按钮，绘制【宽】和【高】分别为19.5mm和4.5mm的矩形，将【填色】的RGB值设置为136、13、35，【描边】设置为“无”，如图10-137所示。

图10-137

Step 14 在工具箱中单击【文字工具】按钮，输入文本，将【字体系列】设置为“汉仪粗宋简”，【字体大小】设置为9.4pt，将【字符间距】设置为-60，将【填色】的RGB值设置为255、255、255，如图10-138所示。

图10-138

Step 15 在工具箱中单击【文字工具】按钮，输入文本，将【字体系列】设置为“华文细黑”，【字体大小】设置为6.7pt，将【字符间距】设置为-40，将【填色】的RGB值设置为34、23、20，如图10-139所示。

Step 16 使用【矩形工具】和【文字工具】完善茶具折页的其他文本内容，如图10-140所示。

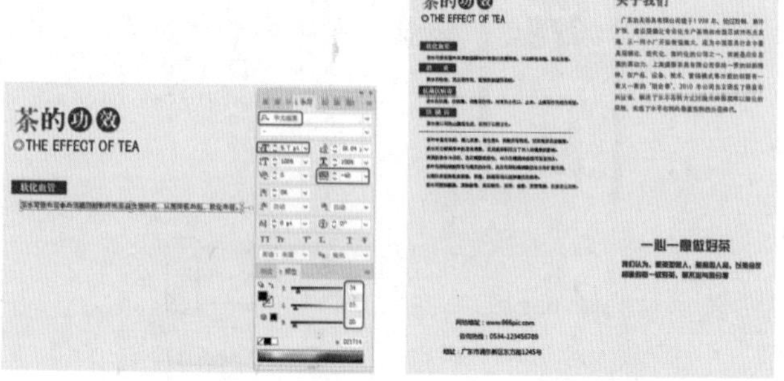

图10-139　　图10-140

Step 17 分别置入“茶具素材2.jpg”“茶具素材3.jpg”“茶具素材4.png”文件，调整对象的位置并嵌入素材，如图10-141所示。

图10-141

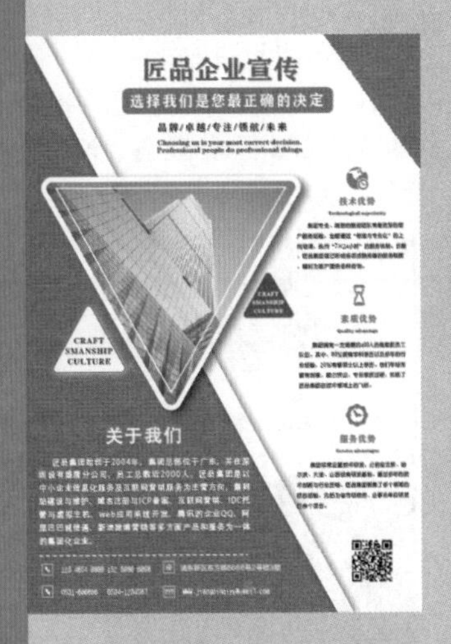

第11章 宣传单设计

宣传单又称为宣传单页，是商家为宣传自己而制作的一种印刷品，一般为单张双面印刷或单面印刷，宣传单一般分为两大类：一类的主要作用是推销产品、发布一些商业信息或寻人启事之类，另一类是义务宣传，如宣传人们无偿献血、宣传征兵等。

实例110 制作开业宣传单正面

素材：素材\Cha11\开业宣传单素材1.png、开业宣传单素材2.png、家电.png

场景：场景\Cha11\实例110 制作开业宣传单正面.ai

本实例讲解如何制作开业宣传单正面，首先置入宣传单的背景，通过【钢笔工具】绘制出形状，使用【文字工具】输入文本，为了使效果更富有层次感，为文本添加了外发光效果，最终完成效果如图11-1所示。

图11-1

Step 01 按Ctrl+N组合键，弹出【新建文档】对话框，将【单位】设置为“像素”，【宽度】和【高度】分别设置为595px、842px，【画板】设置为2，【颜色模式】设置为“RGB颜色”，【光栅效果】设置为“屏幕（72ppi）”，单击【创建】按钮，如图11-2所示。

图11-2

Step 02 在菜单栏中选择【文件】|【置入】命令，弹出【置入】对话框，选择“素材\Cha11\开业宣传单素材1.png”文件，单击【置入】按钮，在左侧的画板中拖曳鼠标进行绘制，并调整素材的位置及大小，打开【属性】面板，在【快速操作】选项组中单击【嵌入】按钮，如图11-3所示。

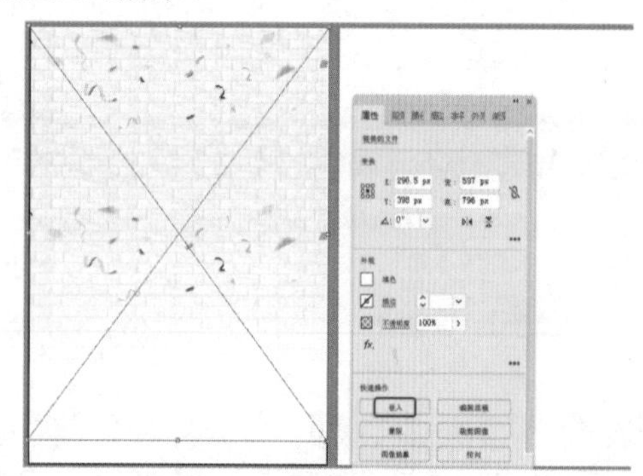

图11-3

Step 03 在工具箱中单击【钢笔工具】按钮，绘制图形，在【颜色】面板中将【填色】的RGB值设置为182、21、52，【描边】设置为“无”，如图11-4所示。

Step 04 在工具箱中单击【钢笔工具】按钮，绘制图形，在【颜色】面板中将【填色】的RGB值设置为238、17、38，【描边】设置为“无”，如图11-5所示。

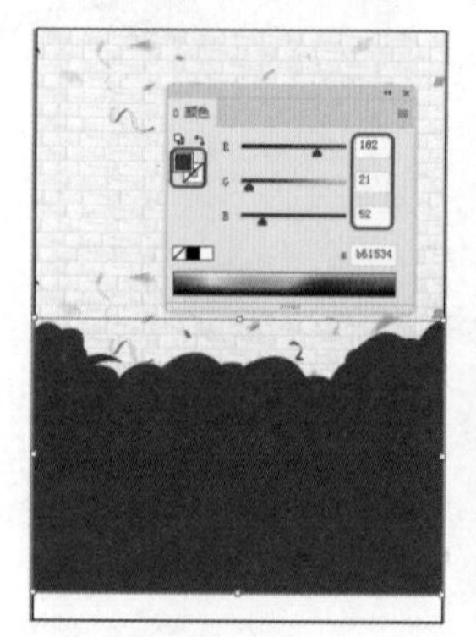

图11-4

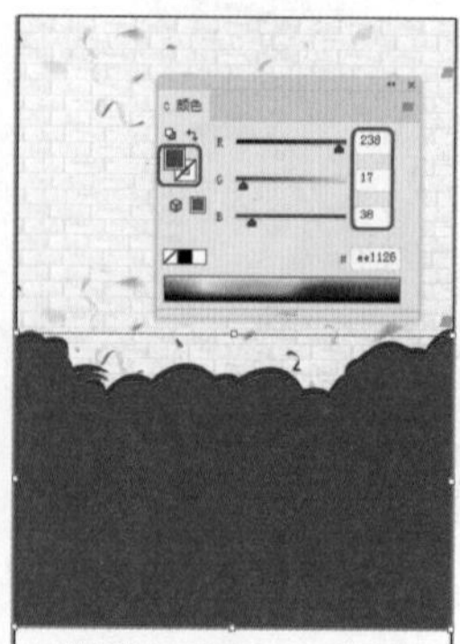

图11-5

Step 05 在工具箱中单击【文字工具】按钮，输入文本，在【字符】面板中将【字体系列】设置为“方正粗黑宋简体”，【字体大小】设置为134pt，【字符间距】设置为0，将【填色】的RGB值设置为201、23、29，如图11-6所示。

图11-6

Step 06 在工具箱中单击【文字工具】按钮，输入文本，在【字符】面板中将【字体系列】设置为“方正粗黑宋简体”，【字体大小】设置为107pt，【字符间距】设置为0，将【填色】的RGB值设置为201、23、29，如图11-7所示。

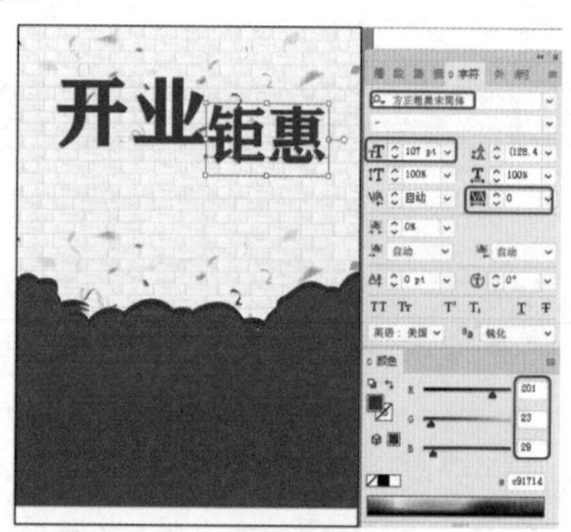

图11-7

Step 07 在工具箱中单击【钢笔工具】按钮，绘制图形，在【颜色】面板中将【填色】的RGB值设置为201、23、29，【描边】设置为“无”，如图11-8所示。

Step 08 在工具箱中单击【文字工具】按钮，输入文本，在【字符】面板中将【字体系列】设置为“方正粗黑宋简体”，【字体大小】设置为30pt，【字符间距】设置为30，将【填色】的RGB值设置为201、23、29，如图11-9所示。

图11-8

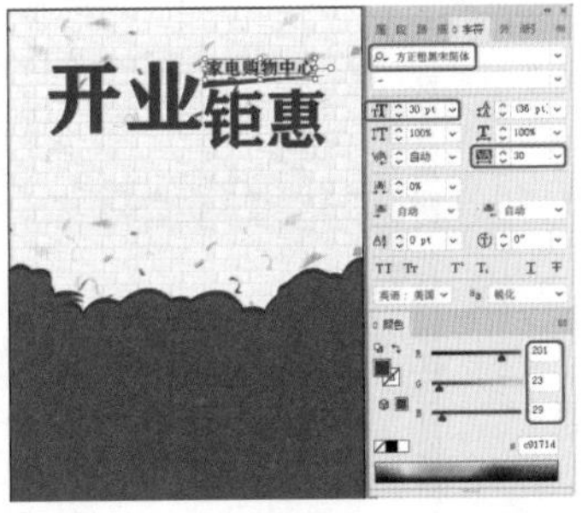

图11-9

Step 09 使用【文字工具】输入其他文本内容，使用【钢笔工具】绘制图形，将【填色】的RGB值设置为201、23、29，【描边】设置为“无”，选中输入的所有文本内容和绘制的五角星对象，右击，在弹出的快捷菜单中选择【编组】命令，如图11-10所示。

Step 10 选中编组后的对象，在【外观】面板中单击底部的【添加新效果】按钮 fx.，在弹出的下拉菜单中选择【风格化】|【外发光】命令，弹出【外发光】对话框，将【模式】设置为“正片叠底”，将【填色】的RGB值设置为255、0、0，将【不透明度】和【模糊】分别设置为75%、1px，如图11-11所示。

图11-10

图11-11

Step 11 单击【确定】按钮，在工具箱中单击【文字工具】按钮，输入文本，将【字体系列】设置为“方正大黑简体”，【字体大小】设置为14pt，【字符间距】设置为0，将【填色】的RGB值设置为201、23、29，如图11-12所示。

Step 12 在菜单栏中选择【文件】|【置入】命令，弹出【置入】对话框，分别置入“家电.png”和“开业宣传单素材2.png”文件，单击【置入】按钮，在画板中拖曳鼠标进行绘制并调整素材的位置及大小，打开【属性】面板，在【快速操作】选项组中单击【嵌入】按钮，如图11-13所示。

图11-12

图11-13

Step 13 在工具箱中单击【文字工具】按钮，输入文本，在【字符】面板中将【字体系列】设置为“方正粗黑宋简体”，【字体大小】设置为52pt，【字符间距】设置为0，将【填色】的RGB值设置为252、243、229，如图11-14所示。

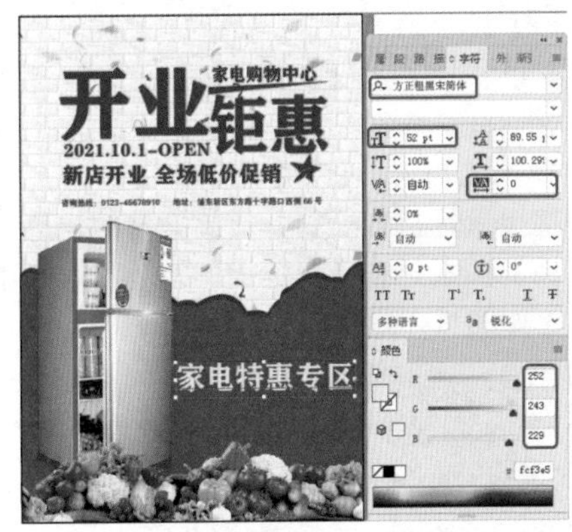

图11-14

Step 14 在工具箱中单击【文字工具】按钮，输入文本，在【字符】面板中将【字体系列】设置为“方正粗黑宋简体”，【字体大小】设置为23pt，【字符间距】设置为0，将【填色】的RGB值设置为252、243、229，如图11-15所示。

图11-15

实例 111 制作开业宣传单反面

素材：素材\Cha11\开业宣传单素材3.png、开业宣传单素材4.png、开业宣传单素材5.png、开业宣传单素材6.png

场景：场景\Cha11\实例111 制作开业宣传单反面.ai

本实例讲解如何制作开业宣传单反面，首先绘制矩形图形作为开业宣传单反面背景，然后置入相应的素材文件，通过【矩形工具】和【文字工具】完善宣传单内容，最终完成效果如图11-16所示。

图11-16

Step 01 继续上一节的操作，在工具箱中单击【矩形工具】按钮，在右侧的画板上绘制【宽】和【高】分别为595px和842px的矩形，将【填色】的RGB值设置为201、23、29，【描边】设置为“无”，如图11-17所示。

Step 02 在菜单栏中选择【文件】|【置入】命令，弹出【置入】对话框，分别置入“开业宣传单素材3.png”和“开业宣传单素材4.png”文件，单击【置入】按钮，在画板中拖曳鼠标进行绘制并调整素材的位置及大小，打开【属性】面板，在【快速操作】选项组中单击【嵌入】按钮，如图11-18所示。

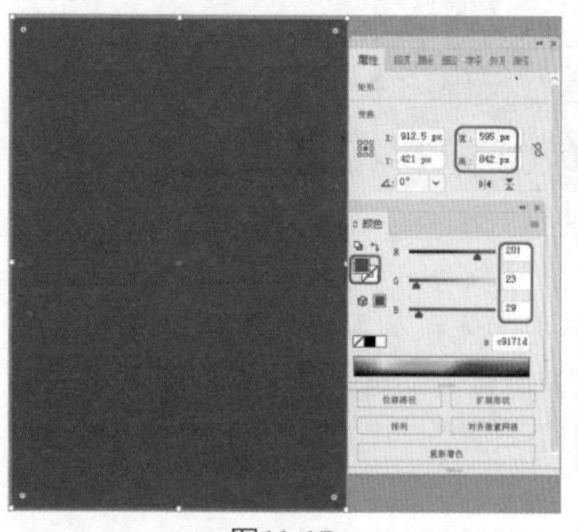

图11-17

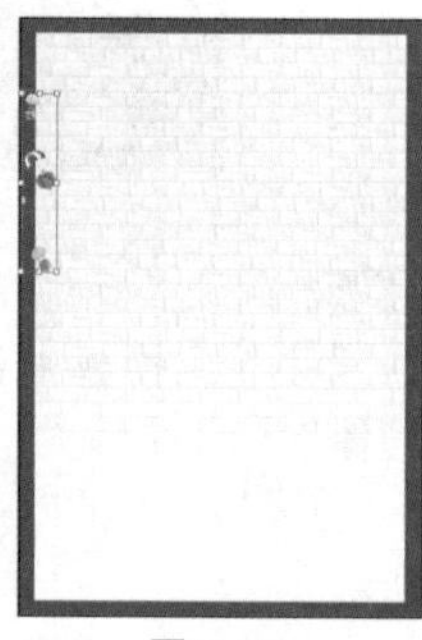

图11-18

Step 03 在工具箱中单击【矩形工具】按钮，绘制【宽】和【高】分别为522px和140px的矩形，将【填色】的RGB值设置为201、23、29，【描边】设置为“无”，如图11-19所示。

Step 04 在工具箱中单击【文字工具】按钮，输入文本，在【字符】面板中将【字体系列】设置为“方正大黑简体”，【字体大小】设置为47pt，【字符间距】设置为0，将【填色】的RGB值设置为255、222、37，如图11-20所示。

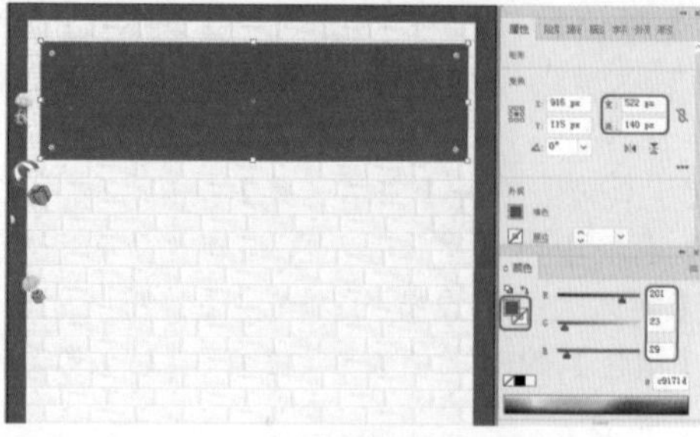

图11-19

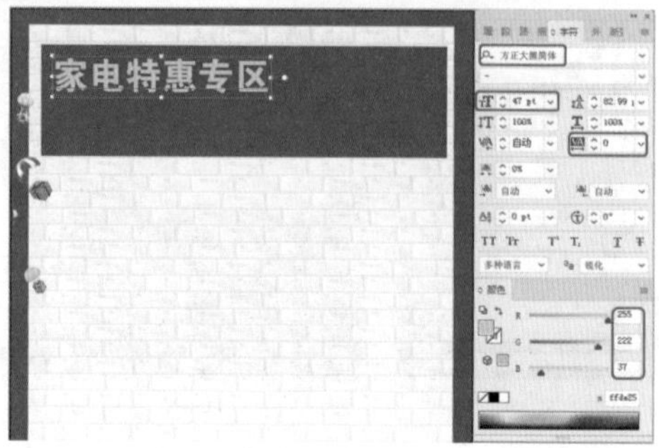

图11-20

Step 05 在工具箱中单击【文字工具】按钮，输入文本，在【字符】面板中将【字体系列】设置为“方正粗黑宋简体”，【字体大小】设置为15pt，【字符间距】设置为0，将【填色】的RGB值设置为252、243、229，如图11-21所示。

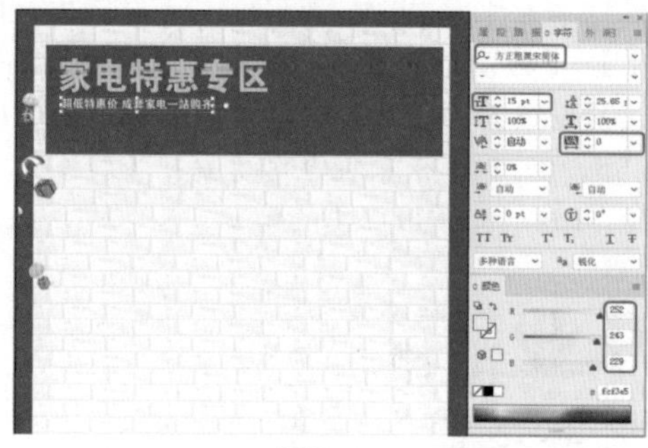

图11-21

Step 06 在工具箱中单击【矩形工具】按钮，绘制【宽】和【高】分别为272px和24px的矩形，将【填色】设置为“无”，【描边】的RGB值设置为252、243、229，【描边粗细】设置为2pt，如图11-22所示。

图11-22

Step 07 在工具箱中单击【矩形工具】按钮，绘制【宽】和【高】分别为110px、23px的矩形，将【填色】的RGB值设置为252、243、229，【描边】的RGB值设置为“无”，如图11-23所示。

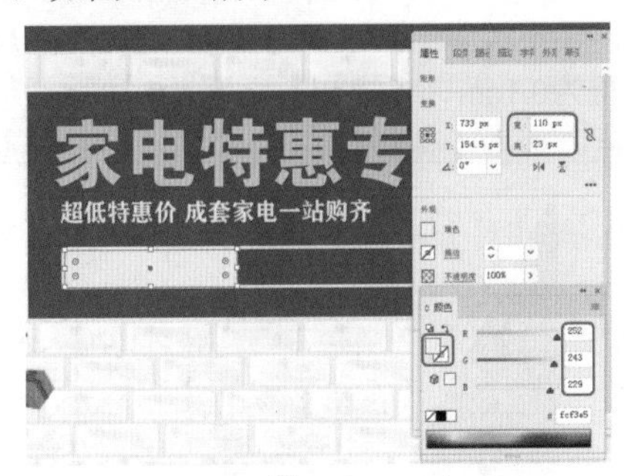

图11-23

Step 08 在工具箱中单击【文字工具】按钮，输入文本，在【字符】面板中将【字体系列】设置为“方正粗黑宋简体”，【字体大小】设置为15pt，【字符间距】设置为0，将【填色】的RGB值设置为187、6、17，如图11-24所示。

图11-24

Step 09 在工具箱中单击【文字工具】按钮，输入文本，在【字符】面板中将【字体系列】设置为“方正粗黑宋简体”，【字体大小】设置为17pt，【字符间距】设置为0，将【填色】的RGB值设置为252、243、229，如图11-25所示。

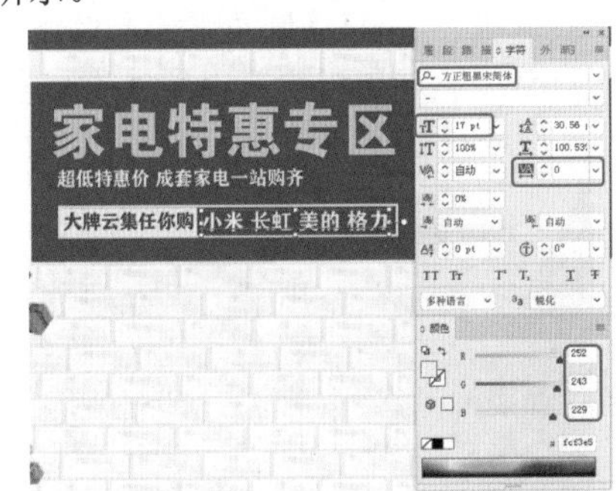

图11-25

Step 10 在菜单栏中选择【文件】|【置入】命令，弹出【置入】对话框，置入“开业宣传单素材5.png”文件，单击【置入】按钮，在画板中拖曳鼠标进行绘制并调整素材的位置及大小，打开【属性】面板，在【快速操作】选项组中单击【嵌入】按钮，如图11-26所示。

图11-26

Step 11 在工具箱中单击【文字工具】按钮，输入文本，在【字符】面板中将【字体系列】设置为“微软雅黑”，将【字体样式】设置为“Bold”，【字体大小】设置为28pt，【字符间距】设置为200，将【填色】的RGB值设置为229、2、18，如图11-27所示。

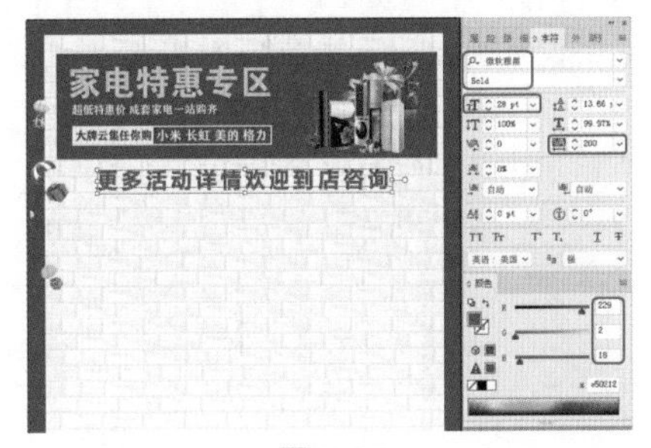

图11-27

Step 12 使用同样的方法绘制其他矩形对象，通过【文字工具】输入其他的文本内容，并置入“开业宣传单素材6.png”文件，调整对象的位置及大小，在【属性】面板中单击【嵌入】按钮，制作完成后的效果如图11-28所示。

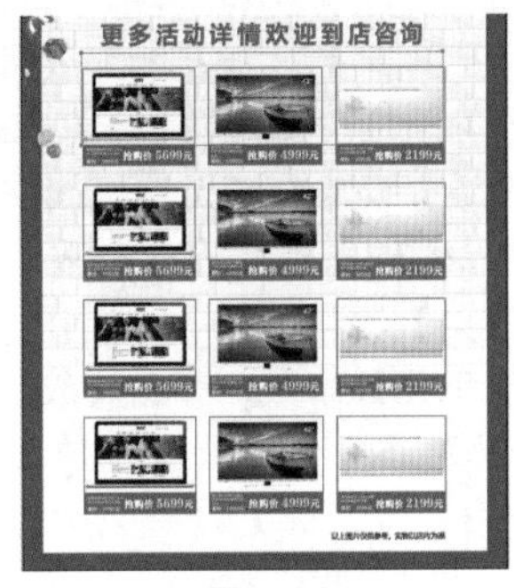

图11-28

实例112 制作企业宣传单正面

素材：素材\Cha11\建筑1.jpg、企业二维码.png

场景：场景\Cha11\实例112 制作企业宣传单正面.ai

本实例讲解如何制作企业宣传单正面，在制作宣传单背景时为其添加了【纹理化】特效，可以使背景更富有层次感，其次通过【钢笔工具】和【文字工具】制作出其他的内容，最终完成效果如图11-29所示。

图11-29

Step 01 按Ctrl+N组合键，弹出【新建文档】对话框，将【单位】设置为“厘米”，【宽度】和【高度】分别设置为21cm和29.7cm，将【画板】设置为2，【颜色模式】设置为“RGB颜色”，【光栅效果】设置为“屏幕（72ppi）”，单击【创建】按钮，如图11-30所示。

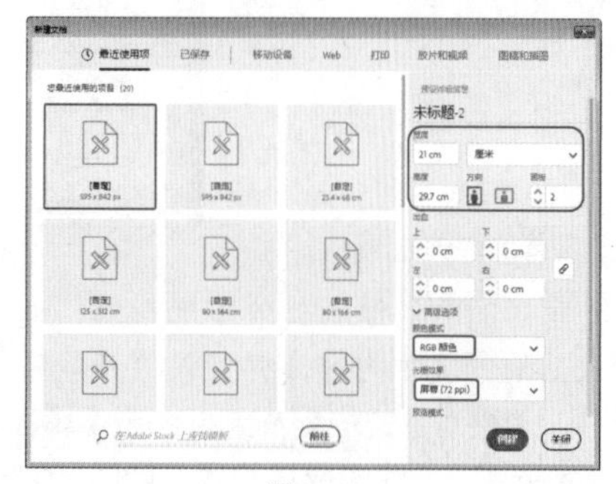

图11-30

Step 02 在工具箱中单击【钢笔工具】按钮，绘制两个三角形，将【颜色】面板中的【填色】RGB值设置为35、102、176，【描边】设置为“无”，如图11-31所示。

Step 03 继续选中绘制的图形，在【外观】面板中单击底部的【添加新效果】按钮 fx，在弹出的下拉菜单中选择【纹理】|【纹理化】命令，弹出【纹理化】对话框，将【纹理】设置为“画布”，【缩放】设置为80%，【凸现】设置为3，【光照】设置为“上”，取消勾选【反相】复选框，如图11-32所示。

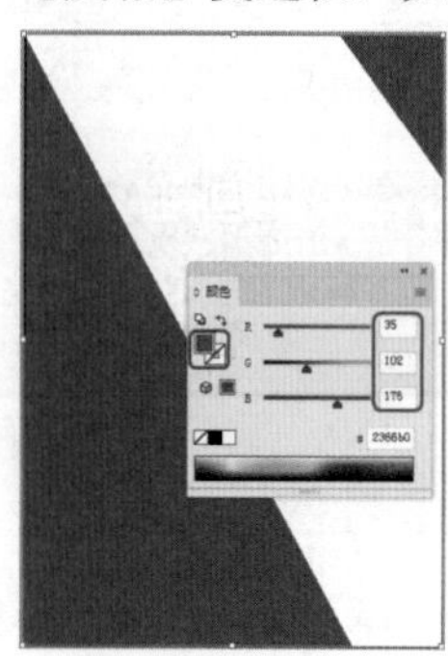

图11-31

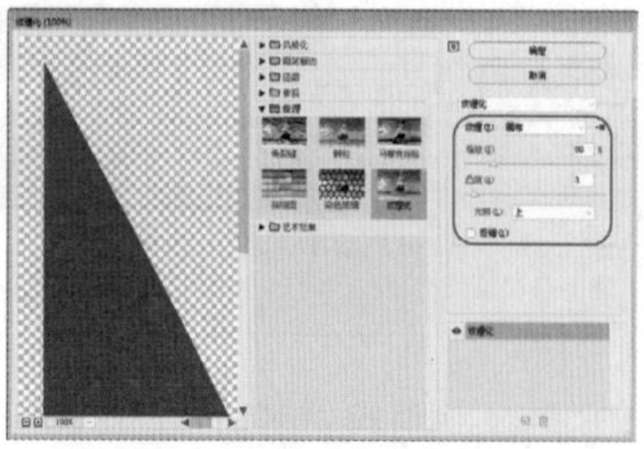

图11-32

Step 04 单击【确定】按钮，在工具箱中单击【钢笔工具】按钮，绘制图形，将【填色】设置为白色，【描边】设置为“无”，在【外观】面板中单击底部的【添加新效果】按钮 fx，在弹出的下拉菜单中选择【风格化】|【投影】命令，弹出【投影】对话框，将【模式】设置为“正常”，【不透明度】设置为70%，【X位移】和【Y位移】均设置为0.1cm，【模糊】设置为0.18 cm，【颜色】设置为黑色，单击【确定】按钮，如图11-33所示。

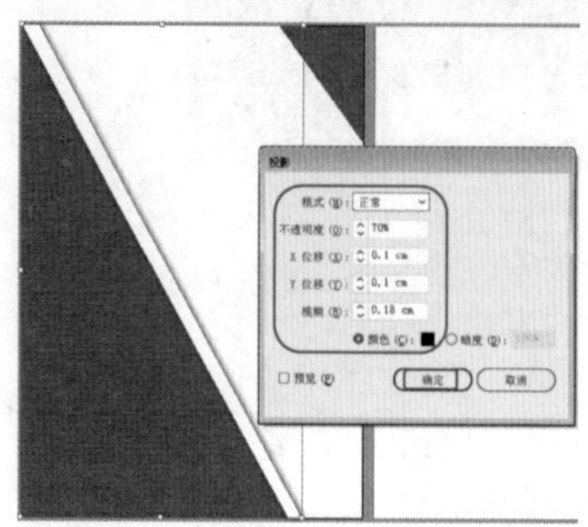

图11-33

Step 05 在工具箱中单击【文字工具】按钮，输入文本，在【字符】面板中将【字体系列】设置为“方正粗黑宋简体”，【字体大小】设置为38pt，【字符间距】设置为0，将【填色】的RGB值设置为83、83、84，如图11-34所示。

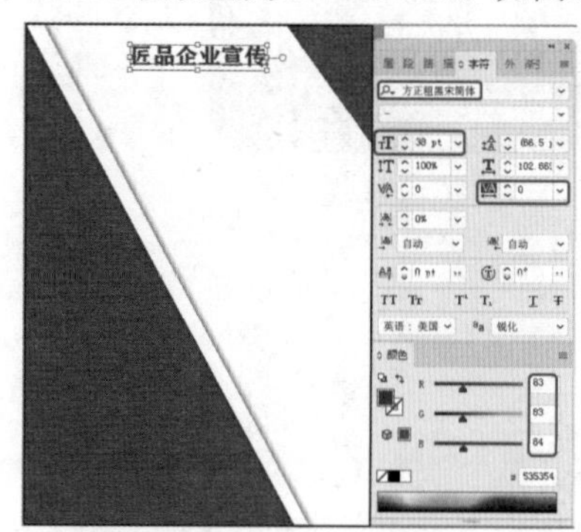

图11-34

Step 06 在工具箱中单击【圆角矩形工具】按钮，绘制【宽】和【高】分别为11cm和1.3cm的圆角矩形，单击【更多选项】按钮 •••，将【圆角半径】设置为0.3cm，将【填色】的RGB值设置为35、102、176，【描边】设置为“无”，如图11-35所示。

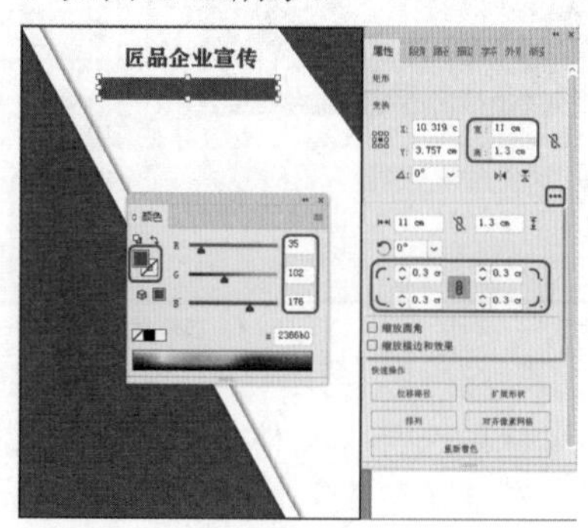

图11-35

Step 07 在工具箱中单击【文字工具】按钮，输入文本，在【字符】面板中将【字体系列】设置为“方正粗黑宋简体”，【字体大小】设置为22pt，【字符间距】设置为100，将【填色】的RGB值设置为255、255、255，如图11-36所示。

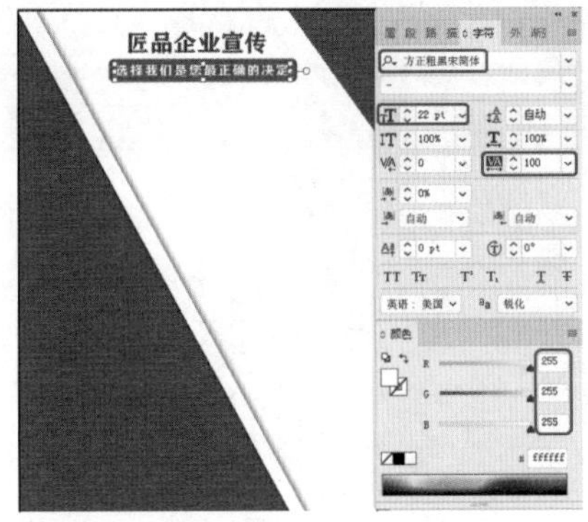

图11-36

Step 08 在工具箱中单击【文字工具】按钮，输入文本，在【字符】面板中将【字体系列】设置为“方正粗黑宋简体”，【字体大小】设置为14pt，【字符间距】设置为200，将【填色】的RGB值设置为14、46、64，如图11-37所示。

图11-37

Step 09 在工具箱中单击【文字工具】按钮，输入文本，在【字符】面板中将【字体系列】设置为“方正粗黑宋简体”，【字体大小】设置为10.5pt，【字符间距】设置为0，将【填色】的RGB值设置为14、46、64，如图11-38所示。

图11-38

Step 10 在菜单栏中选择【文件】|【置入】命令，弹出【置入】对话框，选择“素材\Cha11\建筑1.jpg”文件，单击【置入】按钮，在画板中拖曳鼠标进行绘制并调整素材的位置及大小，打开【属性】面板，在【快速操作】选项组中单击【嵌入】按钮，如图11-39所示。

Step 11 在工具箱中单击【钢笔工具】按钮，绘制图11-40所示的图形，将【填色】设置为白色，【描边】设置为“无”。

图11-39　图11-40

Step 12 选中置入的素材和绘制的图形，右击，在弹出的快捷菜单中选择【建立剪切蒙版】命令，在【属性】面板中将【描边粗细】设置为8pt，【描边】的颜色设置为白色，如图11-41所示。

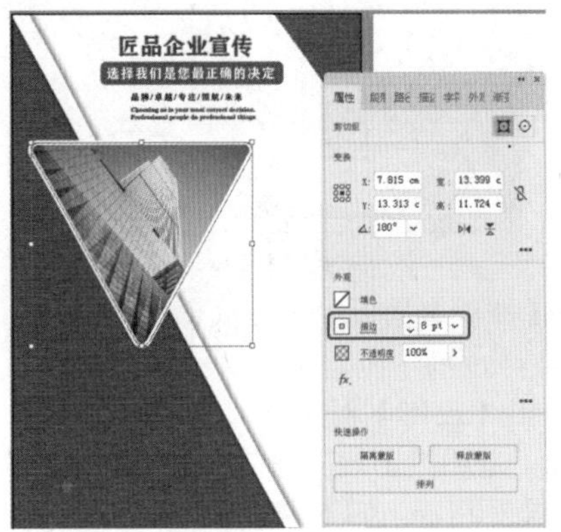

图11-41

Step 13 在【外观】面板中单击底部的【添加新效果】按钮 fx，在弹出的下拉菜单中选择【风格化】|【投影】命令，弹出【投影】对话框，将【模式】设置为“正常”，【不透明度】设置为70%，【X位移】和【Y位移】分别设置为0.25cm和0.2cm，【模糊】设置为0.18 cm，【颜色】设置为黑色，单击【确定】按钮，如图11-42所示。

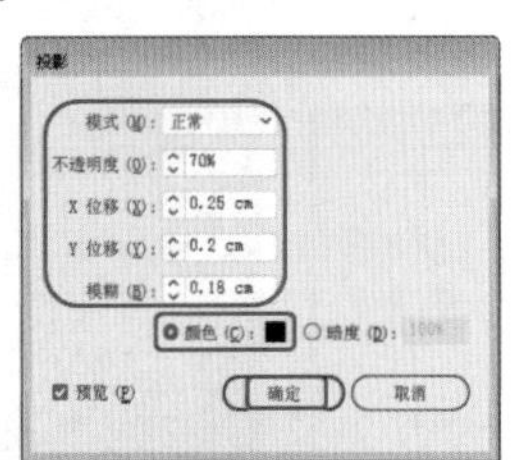

图11-42

Step 14 在工具箱中单击【钢笔工具】按钮，绘制图11-43所示的图形，将【填色】设置为“无”，【描边】设置为白色，【描边粗细】设置为2pt。

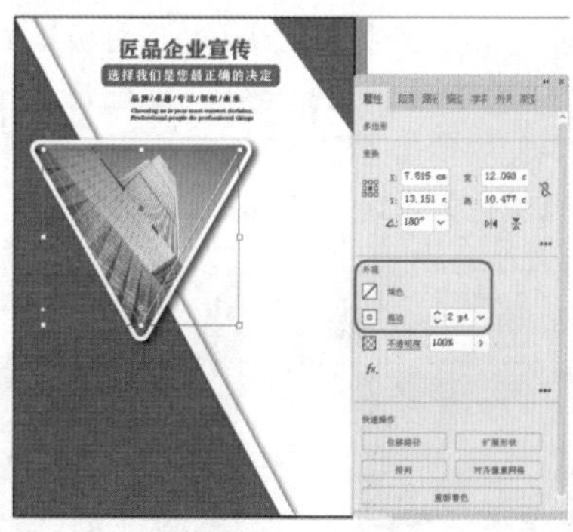

图11-43

Step 15 在工具箱中单击【钢笔工具】按钮，绘制图形，将【填色】设置为白色，【描边】的RGB值设置为20、49、123，【描边粗细】设置为1pt，如图11-44所示。

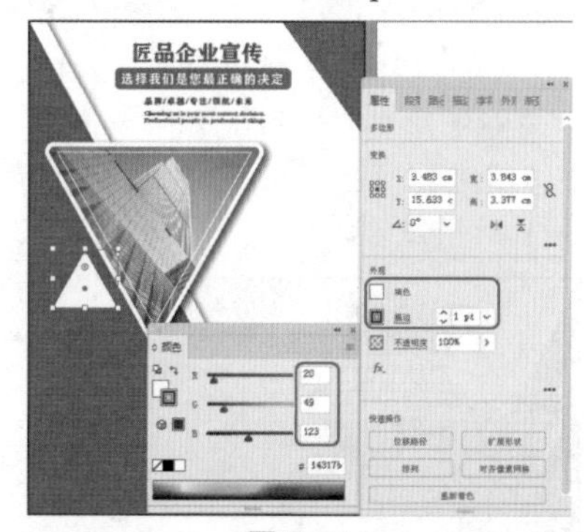

图11-44

Step 16 在【外观】面板中单击底部的【添加新效果】按钮 fx，在弹出的下拉菜单中选择【风格化】|【投影】命令，弹出【投影】对话框，将【模式】设置为“正常”，【不透明度】设置为70%，【X位移】和【Y位移】均设置为0.1cm，【模糊】设置为0.18 cm，【颜色】设置为白色，单击【确定】按钮，如图11-45所示。

Step 17 在工具箱中单击【文字工具】按钮，输入段落文本，在【字符】面板中将【字体系列】设置为“方正小标宋繁体”，【字体大小】设置为12pt，【行距】设置为15pt，【字符间距】设置为100，单击【全部大写字母】按钮 TT，将【填色】的RGB值设置为14、46、64，如图11-46所示。

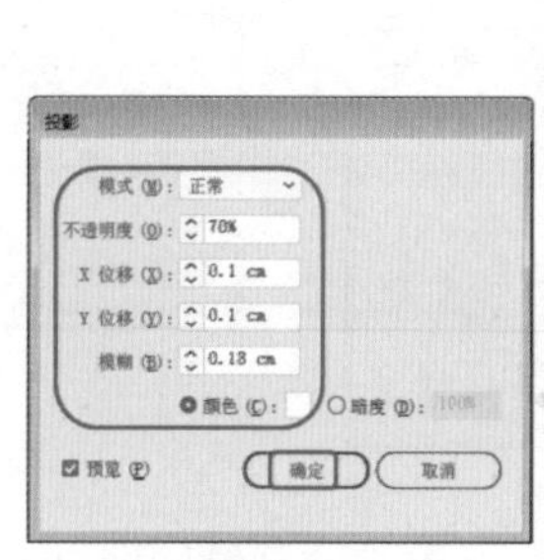

图11-45　　图11-46

Step 18 使用【钢笔工具】和【文字工具】制作其他内容，效果如图11-47所示。

图11-47

Step 19 在工具箱中单击【直线段工具】按钮，绘制直线段，在【描边】面板中将【粗细】设置为2pt，将【端点】设置为圆头端点，勾选【虚线】复选框，将【虚线】和【间隙】均设置为5pt，【填色】设置为“无”，【描边】设置为白色，如图11-48所示。

图11-48

Step 20 在菜单栏中选择【文件】|【置入】命令，弹出【置入】对话框，置入“企业二维码.png”文件，单击【置入】按钮，在画板中拖曳鼠标进行绘制并调整素材的位置及大小，打开【属性】面板，在【快速操作】选项组中单击【嵌入】按钮，如图11-49所示。

图11-49

实例113 制作企业宣传单反面

素材：素材\Cha11\建筑2.jpg、企业二维码.png
场景：场景\Cha11\实例113 制作企业宣传单反面.ai

本实例讲解如何制作企业宣传单反面，通过【钢笔工具】和【文字工具】完善企业宣传单反面内容，通过【柱形图工具】制作出企业数据表，最终完成效果如图11-50所示。

图11-50

Step 01 继续上一节的操作，根据前面所介绍的方法，制作出图11-51所示的图形，并置入和嵌入“素材\Cha11\建筑2.jpg”文件，为对象建立剪切蒙版。

Step 02 选择制作的图形对象，右击，在弹出的快捷菜单中选择【编组】命令，在工具箱中单击【矩形工具】按钮，绘制一个矩形，将【填色】设置为黑色，【描边】设置为“无”，如图11-52所示。

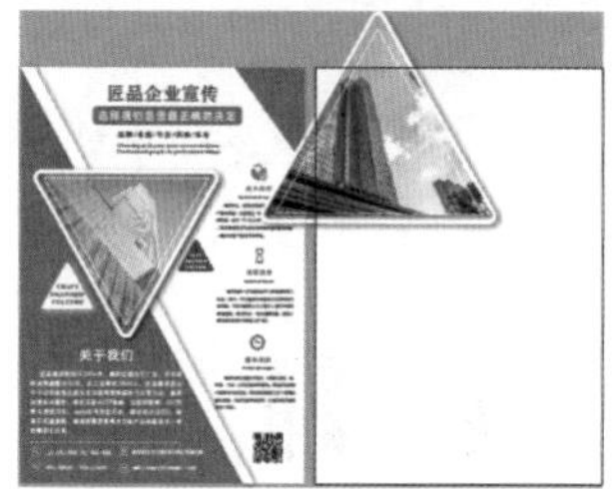

图11-51

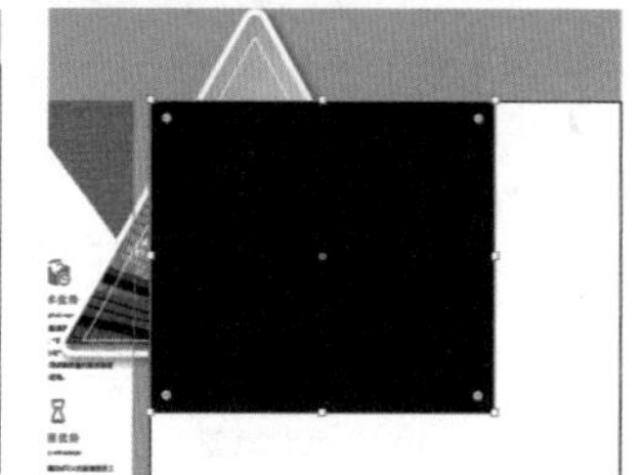

图11-52

Step 03 选中绘制的矩形和编组后的对象，右击，在弹出的快捷菜单中选择【建立剪切蒙版】命令，创建剪切蒙版后的效果如图11-53所示。

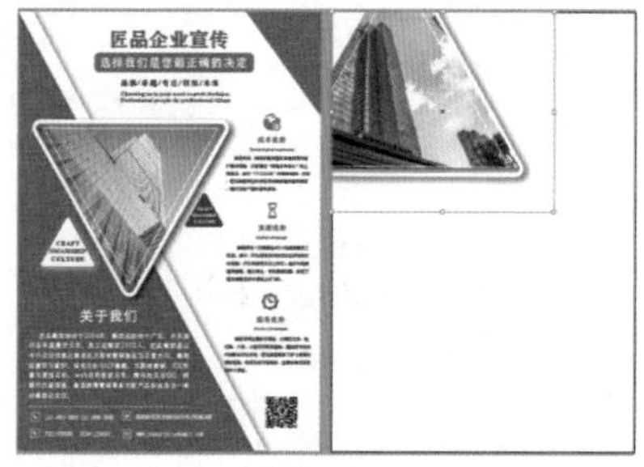

图11-53

Step 04 在工具箱中单击【矩形工具】按钮，绘制【宽】和【高】分别为8.8cm和1.2cm的矩形，将【填色】的RGB值设置为41、101、175，【描边】设置为“无”，如图11-54所示。

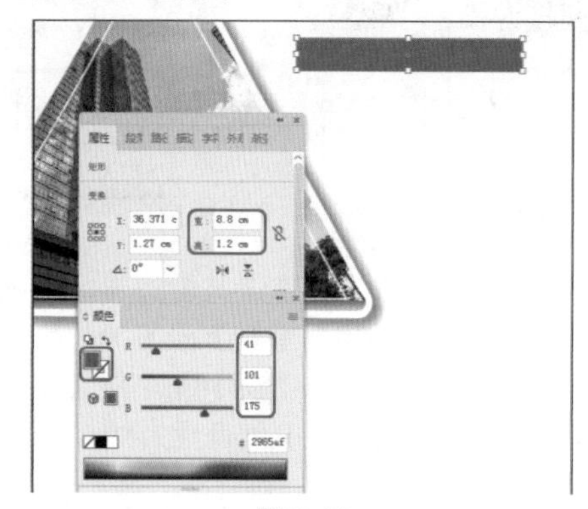

图11-54

Step 05 在工具箱中单击【文字工具】按钮，输入文本，将【字符】面板中的【字体系列】设置为“方正粗黑宋简体”，将【字体大小】设置为20pt，将【字符间距】设置为0，单击【全部大写字母】按钮TT，【填色】设置为白色，如图11-55所示。

图11-55

Step 06 在工具箱中单击【钢笔工具】按钮，绘制三角形，将【填色】的RGB值设置为41、101、175，【描边】的颜色设置为“无”，如图11-56所示。

图11-56

Step 07 在工具箱中单击【文字工具】按钮，输入文本，将【字符】面板中的【字体系列】设置为“方正粗黑宋简体”，将【字体大小】设置为40pt，将【字符间距】设置为0，单击【全部大写字母】按钮TT，【填色】的RGB值设置为35、102、176，如图11-57所示。

图11-57

Step 08 在工具箱中单击【文字工具】按钮，输入文本，将【字符】面板中的【字体系列】设置为“方正粗黑宋简体”，将【字体大小】设置为50pt，将【字符间距】设置为100，【填色】的RGB值设置为89、108、121，如图11-58所示。

图11-58

Step 09 在工具箱中单击【文字工具】按钮，输入段落文本，将【字符】面板中的【字体系列】设置为“方正粗黑宋简体”，将【字体大小】设置为23pt，【行距】设置为28pt，将【字符间距】设置为200，【填色】的RGB值设置为5、0、0，如图11-59所示。

图11-59

Step 10 在工具箱中单击【文字工具】按钮，输入段落文本，将【字符】面板中的【字体系列】设置为“方正粗黑宋简体”，将【字体大小】设置为15.5pt，【行距】设置为18pt，将【字符间距】设置为0，【填色】的RGB值设置为41、103、176，如图11-60所示。

图11-60

Step 11 使用【矩形工具】和【钢笔工具】绘制其他图形对象，通过【文字工具】完善其他的文本内容，如图11-61所示。

图11-61

Step 12 在工具箱中单击【柱形图工具】按钮，在画板中绘制一个柱形图，在表格中输入图11-62所示的数据，单击【应用】按钮。

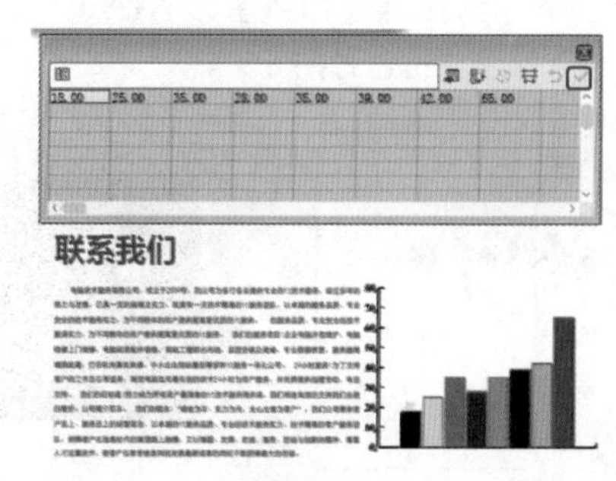

图11-62

Step 13 将表格关闭，选中绘制的图表，在【属性】面板中单击【工具选项】按钮，弹出【图表类型】对话框，将【选项】组下方的【列宽】和【簇宽度】分别设置为60%、80%，如图11-63所示。

图11-63

Step 14 单击【确定】按钮，将【填色】和【描边】的RGB值设置为35、102、176，将【字符】面板中的【字体系列】设置为“Adobe 宋体 Std L”，【字体大小】设置为9.8pt，如图11-64所示。

图11-64

◎提示·◦

只有在工具箱中单击【柱形图工具】按钮，在【属性】面板中才会出现【工具选项】按钮。

Step 15 在工具箱中单击【矩形工具】按钮，绘制一个矩形，将【属性】面板中的【宽】和【高】分别设置为21cm和3.3cm，将【填色】的RGB值设置为16、47、65，【描边】设置为“无”，如图11-65所示。

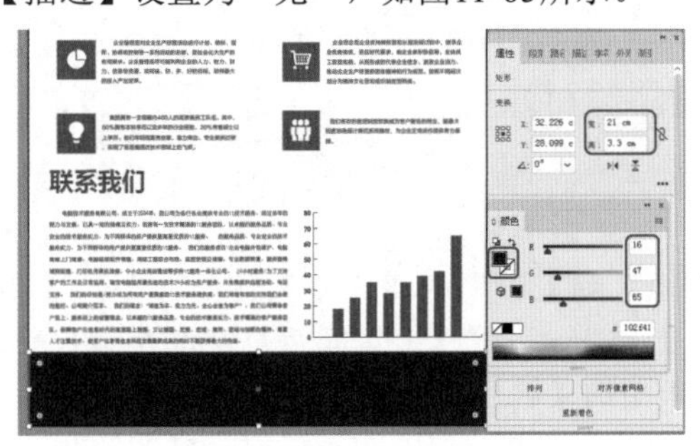

图11-65

Step 16 置入“素材\Cha11\企业二维码.png”文件，调整对象的大小及位置并将其嵌入，在工具箱中单击【文字工具】按钮，输入段落文本，将【字体系列】设置为“黑体”，将【字体大小】设置为12pt，【行距】设置为14pt，将【字符间距】设置为20，单击【全部大写字母】按钮TT，将【填色】的RGB值设置为255、253、253，如图11-66所示。

图11-66

实例114 制作旅游宣传单正面

素材：素材\Cha11\旅游1.jpg、旅游2.jpg、旅游3.png、吃.jpg、乐.jpg、游.jpg、城堡.png

场景：场景\Cha11\实例114 制作旅游宣传单正面.ai

本实例讲解如何制作旅游宣传单正面。首先导入素材制作出背景部分，通过【文字工具】输入文本，将文本转换为轮廓，然后调整文本实现艺术字效果，通过【圆角矩形工具】【文字工具】【直线段工具】完善其他内容，最终完成效果如图11-67所示。

图11-67

Step 01 按Ctrl+N组合键，弹出【新建文档】对话框，将【单位】设置为“像素”，【宽度】和【高度】分别设置为595px、842px，将【画板】设置为2，【颜色模式】设置为“RGB颜色”，【光栅效果】设置为“屏幕（72ppi）”，单击【创建】按钮，如图11-68所示。

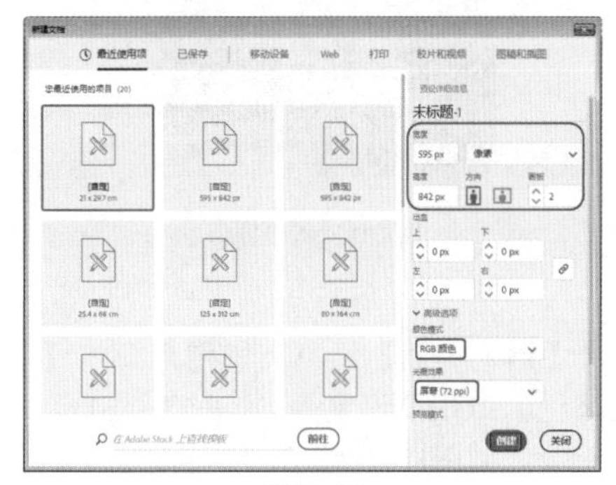

图11-68

Step 02 在菜单栏中选择【文件】|【置入】命令，弹出【置入】对话框，选择“素材\Cha11\旅游1.jpg”文件，单击【置入】按钮，在画板中拖曳鼠标进行绘制，调整对象的大小及位置，打开【属性】面板，在【快速操作】选项组中单击【嵌入】按钮，嵌入素材后的效果如图11-69所示。

Step 03 置入“旅游2.jpg”“旅游3.png”文件，适当调整对象的大小及位置并进行嵌入，如图11-70所示。

图11-69

图11-70

Step 04 在工具箱中单击【文字工具】按钮，输入文本，将【字体系列】设置为“方正康体简体”，将【字体大小】设置为92pt，将【垂直缩放】和【水平缩放】均设置为110%，将【字符间距】设置为-100，将【填色】的RGB值设置为49、147、191，如图11-71所示。

图11-71

Step 05 右击，在弹出的快捷菜单中选择【创建轮廓】命令，通过【直接选择工具】调整对象的顶点，调整完成后的效果如图11-72所示。

图11-72

Step 06 使用【钢笔工具】绘制飞机图形，将【颜色】面板中的【填色】RGB值设置为47、155、203，【描边】设置为“无”，如图11-73所示。

Step 07 在工具箱中单击【钢笔工具】按钮，绘制线段，在【描边】面板中将【粗细】设置为1.5pt，勾选【虚线】复选框，将【虚线】和【间隙】均设置为3pt，将【颜色】面板中的【填色】设置为“无”，【描边】的RGB值设置为47、155、203，如图11-74所示。

图11-73

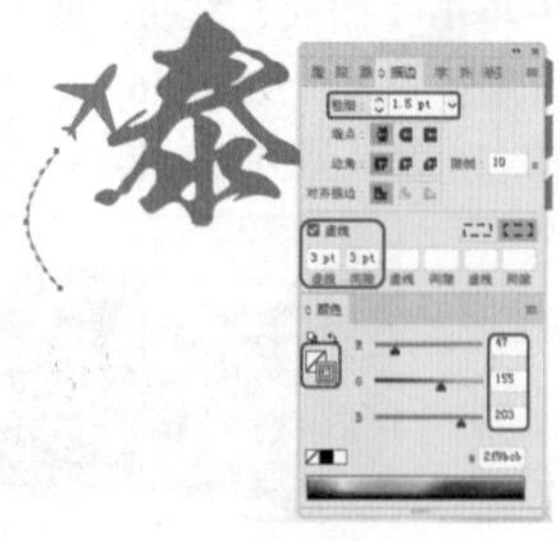
图11-74

Step 08 在工具箱中单击【文字工具】按钮，输入文本，将【字体系列】设置为“微软雅黑”，将【字体样式】设置为“Regular”，【字体大小】设置为14pt，将【字符间距】设置为0，将【颜色】面板中【填色】的RGB值设置为47、155、203，如图11-75所示。

图11-75

Step 09 在工具箱中单击【圆角矩形工具】按钮，绘制【宽】和【高】分别为380px、25px的圆角矩形，将【圆角半径】设置为12px，将【填色】的RGB值设置为47、155、203，【描边】设置为“无”，如图11-76所示。

图11-76

Step 10 在工具箱中单击【文字工具】按钮，输入文本，将【字体系列】设置为“方正黑体简体”，【字体大小】设置为18pt，将【字符间距】设置为140，将【颜色】面板中的【填色】设置为白色，如图11-77所示。

图11-77

Step 11 在工具箱中单击【文字工具】按钮，输入文本，将【字体系列】设置为“方正粗黑宋简体”，【字体大小】设置为20pt，【行距】设置为28pt，将【字符间距】设置为0，将【颜色】面板中【填色】的RGB值设置为47、155、203，将“¥5888”文本的【字体大小】设置为35pt，如图11-78所示。

图11-78

Step 12 在工具箱中单击【直线段工具】按钮，绘制垂直线段，将【填色】设置为“无”，【描边】设置为黑色，【描边粗细】设置为1pt，如图11-79所示。

Step 13 置入“素材\Cha11\吃.jpg”文件，调整大小及位置，在工具箱中单击【椭圆工具】按钮，绘制【宽】和【高】均为59px的圆形，为了便于显示，先将椭圆的描边颜色设置为白色，【描边粗细】设置为1pt，如图11-80所示。

图11-79

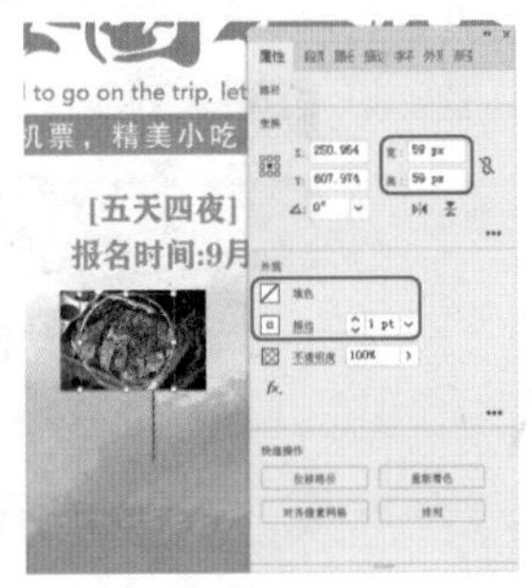

图11-80

Step 14 选中绘制的椭圆和置入的素材文件，右击，在弹出的快捷菜单中选择【建立剪切蒙版】命令，建立剪切蒙版后的效果如图11-81所示。

Step 15 在工具箱中单击【文字工具】按钮，输入文本，将【字体系列】设置为“微软雅黑”，【字体大小】设置为33pt，将【字符间距】设置为0，将【颜色】面板中【填色】的RGB值设置为62、58、57，如图11-82所示。

图11-81

图11-82

Step 16 在工具箱中单击【直排文字工具】按钮，输入文本，将【字体系列】设置为“微软雅黑”，【字体大小】设置为12pt，将【字符间距】设置为100%，将【颜色】面板中【填色】的RGB值设置为62、58、57，如图11-83所示。

Step 17 使用同样的方法制作图11-84所示的内容，并置入相应的素材文件。

图11-83

图11-84

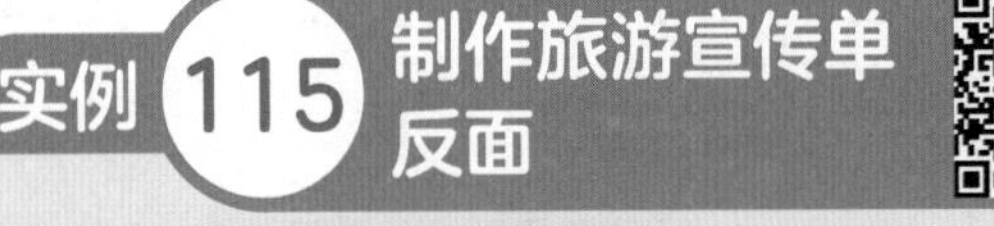

实例115 制作旅游宣传单反面

素材：素材\Cha11\旅游1.jpg、旅游3.png、旅游4.jpg、二维码.png

场景：场景\Cha11\实例115 制作旅游宣传单反面.ai

本实例讲解如何制作旅游宣传单反面，首先制作出旅游宣传单的背景部分，使用【文字工具】制作出文案内容，使用【钢笔工具】绘制出装饰线段，通过【矩形工具】绘制出照片展示的部分，为了使其更加立体，为矩形添加了投影效果，置入旅游素材文件，最终完成效果如图11-85所示。

图11-85

Step 01 在菜单栏中选择【文件】|【置入】命令，弹出【置入】对话框，选择“素材\Cha11\旅游4.jpg”文件，单击【置入】按钮，在右侧画板中拖曳鼠标进行绘制，在【属性】面板【快速操作】选项组中单击【嵌入】按钮，如图11-86所示。

Step 02 在素材图片上右击，选择快捷菜单中的【裁剪图像】命令，然后对图像进行裁剪，如图11-87所示。

图11-86　　图11-87

图11-88

Step 03 按Enter键进行确认，置入“素材\Cha11\旅游3.png”文件，调整大小及位置，在【属性】面板的【快速操作】选项组中单击【嵌入】按钮，嵌入素材后的效果如图11-88所示。

Step 04 在工具箱中单击【文字工具】按钮，输入文本，将【字体系列】设置为“微软雅黑”，【字体大小】设置为23pt，将【字符间距】设置为0，将【颜色】面板中【填色】的RGB值设置为76、66、61，如图11-89所示。

图11-89

Step 05 在工具箱中单击【文字工具】按钮，输入文本，将【字体系列】设置为“方正魏碑简体”，【字体大小】设置为12pt，将【字符间距】设置为0，单击【全部大写字母】按钮TT，将【颜色】面板中【填色】的RGB值设置为0、0、0，如图11-90所示。

图11-90

Step 06 在工具箱中单击【钢笔工具】按钮，绘制图11-91所示的图形，将【填色】的RGB值设置为47、155、203，【描边】设置为“无”。

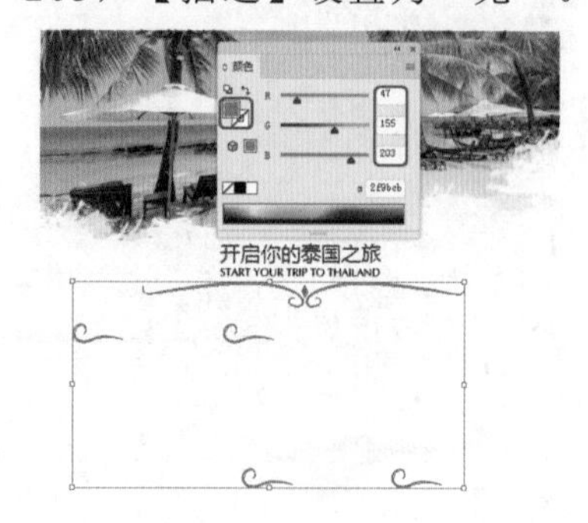

图11-91

Step 07 在工具箱中单击【文字工具】按钮，输入文本，将【字体系列】设置为“微软雅黑”，【字体样式】设置为“Bold”，【字体大小】设置为15.6pt，将【字符间距】设置为160，将【颜色】面板中【填色】的RGB值设置为47、155、203，如图11-92所示。

图11-92

Step 08 在工具箱中单击【文字工具】按钮，输入段落文本，将【字体系列】设置为“微软雅黑”，【字体样式】设置为“Regular”，将【字体大小】设置为7.82pt，【行距】设置为13.3pt，【字符间距】设置为0，将【颜色】面板中【填色】的RGB值设置为35、24、21，如图11-93所示。

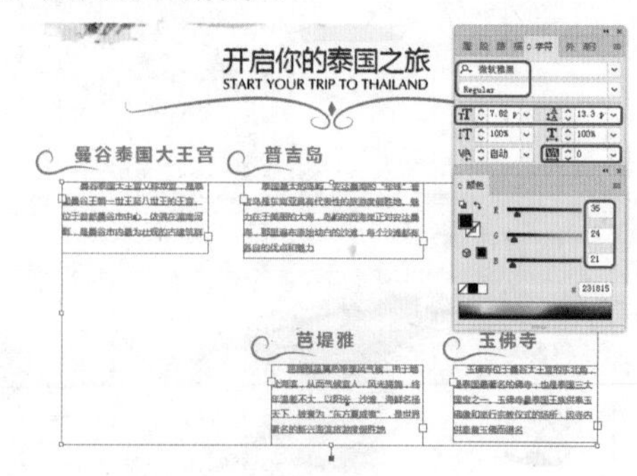

图11-93

Step 09 在工具箱中单击【圆角矩形工具】按钮，绘制【宽】和【高】分别为97.5px、26px的圆角矩形，将【圆角半径】设置为10px，【填色】的RGB值设置为47、

155、203，【描边】设置为“无”，如图11-94所示。

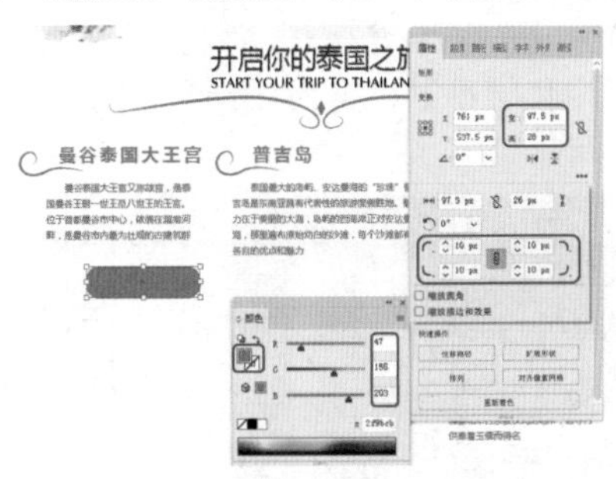

图11-94

Step 10 再次使用【圆角矩形工具】绘制【宽】和【高】分别为91px、21px的圆角矩形，将【圆角半径】设置为10px，【填色】设置为“无”，【描边】设置为白色，【描边粗细】设置为1.5pt，如图11-95所示。

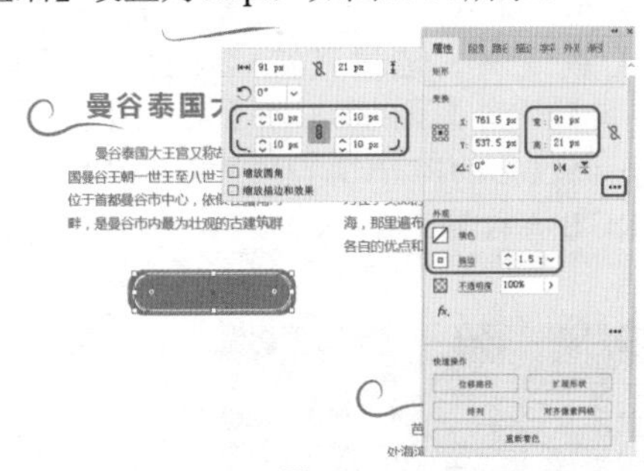

图11-95

Step 11 在工具箱中单击【文字工具】按钮，输入文本，将【字体系列】设置为“微软雅黑”，【字体样式】设置为“Regular”，将【字体大小】设置为11pt，【字符间距】设置为0，将【颜色】面板中的【填色】设置为白色，如图11-96所示。

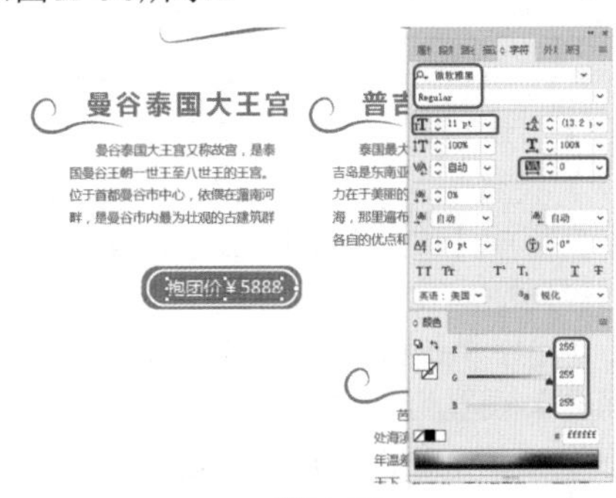

图11-96

Step 12 使用同样的方法制作其他内容，置入“素材\Cha11\二维码.png”文件，调整大小及位置，在【属性】面板【快速操作】选项组中单击【嵌入】按钮，如图11-97所示。

Step 13 在工具箱中单击【矩形工具】按钮，绘制【宽】和【高】分别为158px、96px的矩形，将【填色】设置为白色，【描边】设置为“无”，在【外观】面板中，单击底部的【添加新效果】按钮 fx，在弹出的下拉菜单中选择【风格化】|【投影】命令，弹出【投影】对话框，将【模式】设置为“正片叠底”，【不透明度】设置为50%，【X位移】和【Y位移】均设置为4px，【模糊】设置为5px，单击【确定】按钮，如图11-98所示。

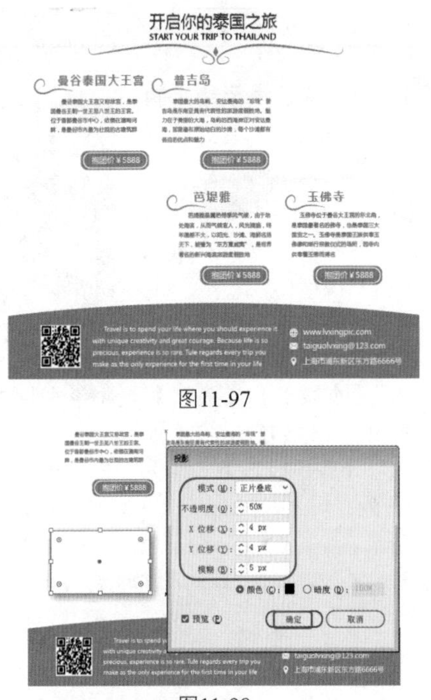

图11-97

图11-98

Step 14 置入“素材\Cha11\旅游1.jpg”文件，调整大小及位置，在【属性】面板【快速操作】选项组中单击【嵌入】按钮，选中绘制的白色矩形和置入的素材图片，右击，在弹出的快捷菜单中选择【编组】命令，在【属性】面板中将【旋转】设置为16.5°如图11-99所示。

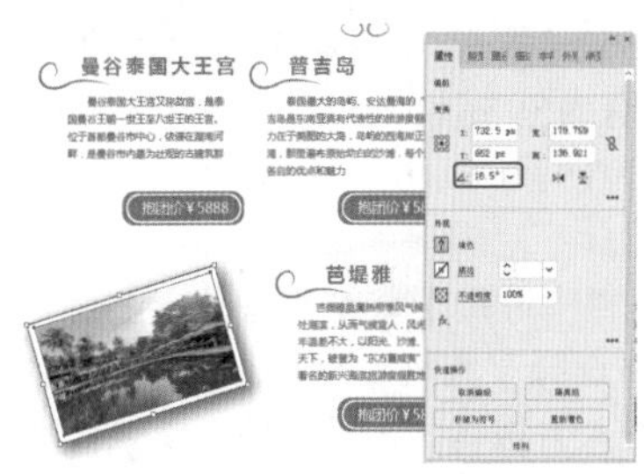

图11-99

Step 15 使用同样的方法制作图11-100所示的对象。

图11-100

实例 116 制作餐饮美食宣传单正面

素材：素材\Cha11\餐饮美食素材1.png、餐饮美食素材2.png、餐饮美食素材3.png、美食.jpg、光.png

场景：场景\Cha11\实例116 制作餐饮美食宣传单正面.ai

本实例采用了红色系风格来制作餐饮美食宣传单正面，重点通过【文字工具】输入文本，然后将其转换为轮廓，调整文本艺术字效果，然后为艺术字添加渐变效果，完成效果如图11-101所示。

图11-101

Step 01 按Ctrl+N组合键，弹出【新建文档】对话框，将【单位】设置为“像素”，【宽度】和【高度】分别设置为595px和842px，【画板】设置为2，【颜色模式】设置为“RGB颜色”，【光栅效果】设置为“屏幕（72ppi）”，单击【创建】按钮，如图11-102所示。

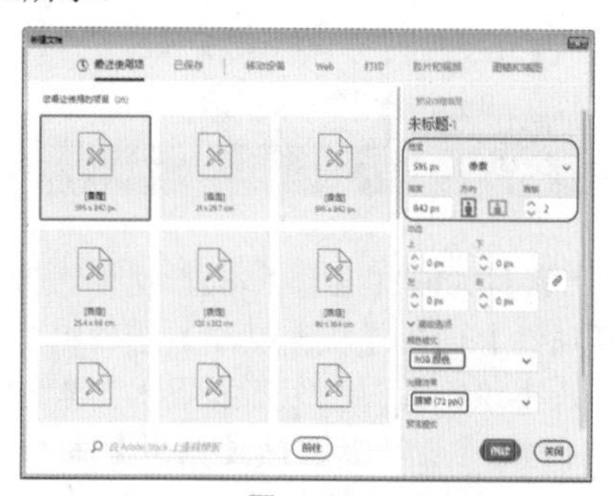
图11-102

Step 02 在工具箱中单击【矩形工具】按钮，绘制【宽】和【高】分别为595px和842px的矩形，将【填色】的RGB值设置为193、0、0，【描边】设置为“无”，如图11-103所示。

Step 03 在菜单栏中选择【文件】|【置入】命令，弹出【置入】对话框，选择“素材\Cha11\餐饮美食素材1.png”文件，单击【置入】按钮，在画板中拖曳鼠标进行绘制，在【属性】面板的【快速操作】选项组中单击【嵌入】按钮，置入“素材\Cha11\餐饮美食素材2.png”文件，调整对象的大小及位置，并将其嵌入，如图11-104所示。

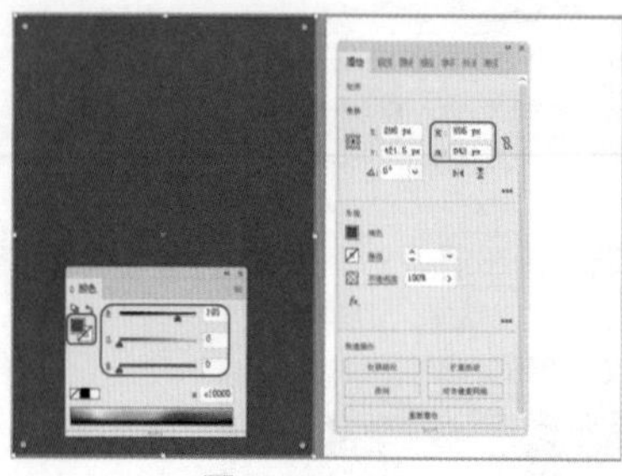
图11-103

图11-104

Step 04 在工具箱中单击【文字工具】按钮，分别输入文本“味”和“道”，将【字体系列】设置为“方正魏碑简体”，【字体大小】设置为150pt，调整对象的位置，如图11-105所示。

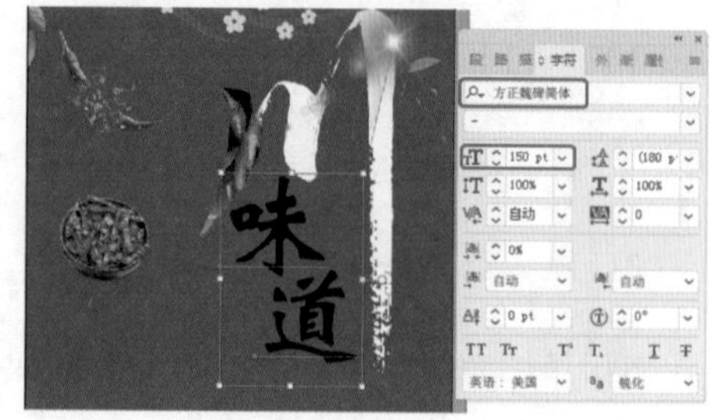

图11-105

Step 05 选中输入的文本，右击，在弹出的快捷菜单中选择【创建轮廓】命令，在【路径查找器】面板中单击【联集】按钮，通过【直接选择工具】调整对象，打开【渐变】面板，将【类型】设置为“线性”，将左侧色标的RGB值设置为203、172、84，右侧色标的RGB值设置为255、255、131，如图11-106所示。

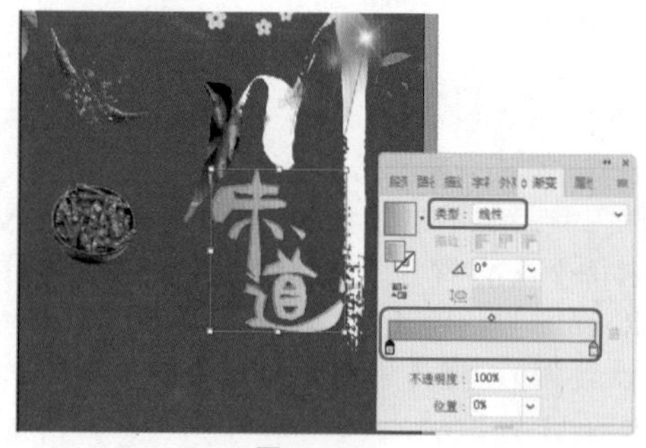
图11-106

Step 06 在工具箱中单击【直排文字工具】按钮，输入文本，将【字体系列】设置为“方正大标宋简体”，【字体大小】设置为20pt，将【字符间距】设置为0，将【颜色】面板中【填色】的RGB值设置为255、255、255，如图11-107所示。

Step 07 在工具箱中单击【文字工具】按钮，输入文本，将【字体系列】设置为“方正粗黑宋简体”，将【字体大小】设置为34pt，【字符间距】设置为0，如图11-108所示。

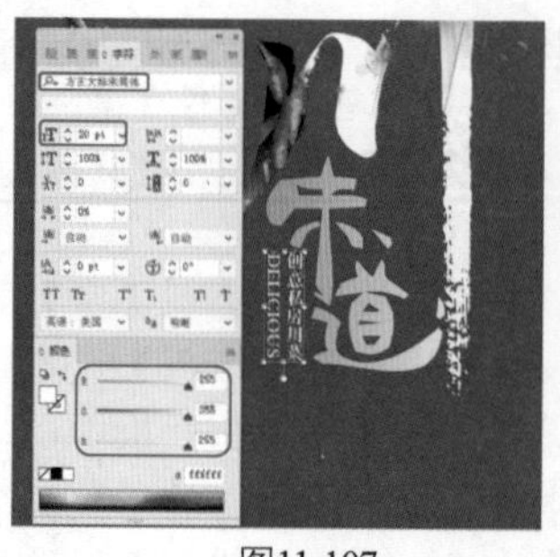
图11-107

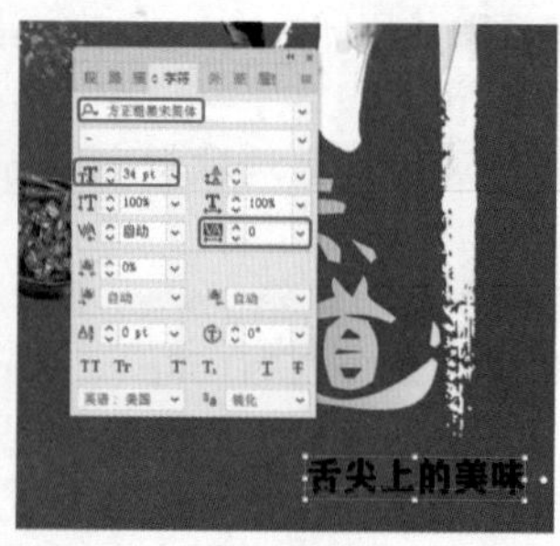

图11-108

Step 08 右击，在弹出的快捷菜单中选择【创建轮廓】命令，单击【吸管工具】按钮，吸取“味道”文本上的渐变颜色，效果如图11-109所示。

Step 09 在工具箱中单击【文字工具】按钮，输入文本，将【字体系列】设置为“方正粗黑宋简体”，【字体大小】设置为10pt，将【字符间距】设置为0，将【填色】设置为白色，如图11-110所示。

图11-109

图11-110

Step 10 在工具箱中单击【直排文字工具】按钮，输入段落文本，将【字体系列】设置为“方正大标宋简体”，【字体大小】设置为15pt，【行距】设置为34pt，将【字符间距】设置为0，将【颜色】面板中的【填色】设置为255、255、255，如图11-111所示。

Step 11 在工具箱中单击【直线段工具】按钮，绘制多条垂直线段，将【填色】设置为“无”，【描边】设置为白色，【描边粗细】设置为2pt，置入“素材\Cha11\餐饮美食素材3.png”文件，打开【属性】面板，在【快速操作】选项组中单击【嵌入】按钮，如图11-112所示。

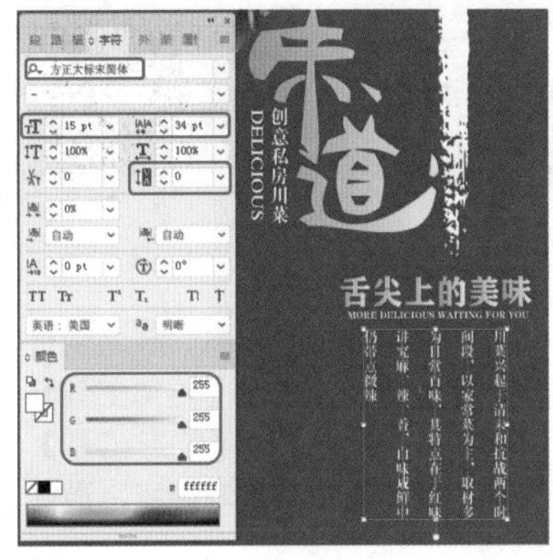

图11-111

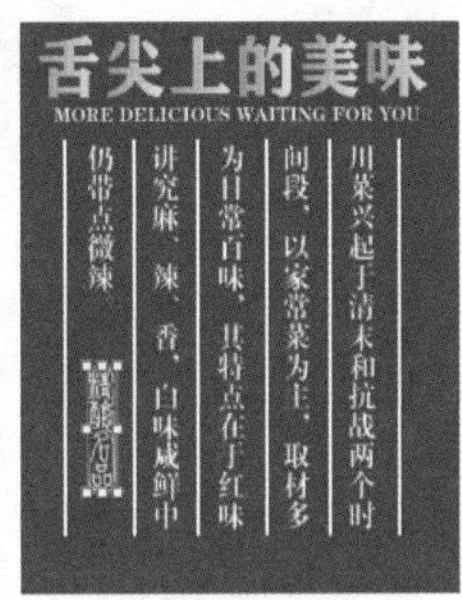

图11-112

Step 12 置入“素材\Cha11\美食.jpg”文件，调整大小及位置，打开【属性】面板，在【快速操作】组中单击【嵌入】按钮，在工具箱中单击【椭圆工具】按钮，绘制【宽】和【高】均为431px的圆形，将【填色】设置为白色，【描边】设置为“无”，如图11-113所示。

Step 13 选择绘制的圆形和置入的素材文件，右击，在弹出的快捷菜单中选择【建立剪切蒙版】命令，效果如图11-114所示。

图11-113

图11-114

Step 14 在工具箱中单击【矩形工具】按钮，绘制【宽】和【高】分别为374px和432px的矩形，将【填色】设置为白色，【描边】设置为“无”，如图11-115所示。

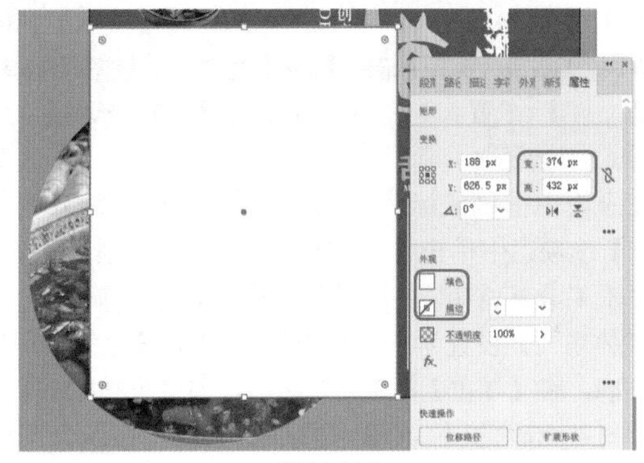

图11-115

Step 15 选择创建剪切蒙版后的对象和绘制的矩形，右击，在弹出的快捷菜单中选择【建立剪切蒙版】命令，置入“素材\Cha11\光.png”文件，调整大小及位置，打开【属性】面板，在【快速操作】选项组中单击【嵌入】按钮，如图11-116所示。

图11-116

实例117 制作餐饮美食宣传单反面

素材：素材\Cha11\餐饮美食素材4.png、餐饮美食素材5.png

场景：场景\Cha11\实例117 制作餐饮美食宣传单反面.ai

本实例讲解如何制作餐饮美食宣传单反面。宣传单反面的结构比较简单，将正面制作完成的文本内容复制到反面，然后调整对象的大小及位置，置入相应的美食素材，最终完成效果如图11-117所示。

图11-117

Step 01 在工具箱中单击【矩形工具】按钮，绘制【宽】和【高】分别为595px和842px的矩形，将【填色】的RGB值设置为193、0、0，【描边】设置为“无”，在菜单栏中选择【文件】|【置入】命令，弹出【置入】对话框，选择“素材\Cha11\餐饮美食素材1.png”文件，单击【置入】按钮，在画板中拖曳鼠标进行绘制，在【属性】面板的【快速操作】选项组中单击【嵌入】按钮，如图11-118所示。

Step 02 在工具箱中单击【文字工具】按钮，输入文本，将【字体系列】设置为“方正魏碑简体”，【字体大小】设置为120pt，将【填色】设置为白色，置入“素材\Cha11\餐饮美食素材4.png”文件，调整大小及位置，并嵌入图像，如图11-119所示。

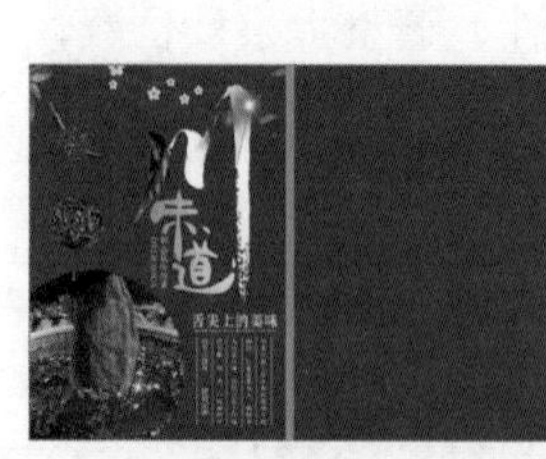

图11-118

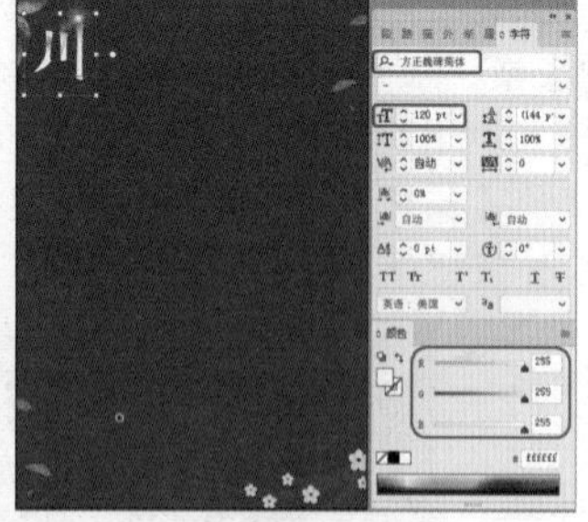

图11-119

Step 03 根据餐饮美食宣传单正面制作的文本内容，制作出图11-120所示的反面内容。

Step 04 置入“素材\Cha11\餐饮美食素材5.png”文件，在【属性】面板【快速操作】选项组中单击【嵌入】按钮，如图11-121所示。

图11-120

图11-121

Step 05 在工具箱中单击【文字工具】按钮，输入文本，将【字体系列】设置为“方正大标宋简体”，【字体大小】设置为21pt，将【字符间距】设置为25，将【填色】设置为白色，如图11-122所示。

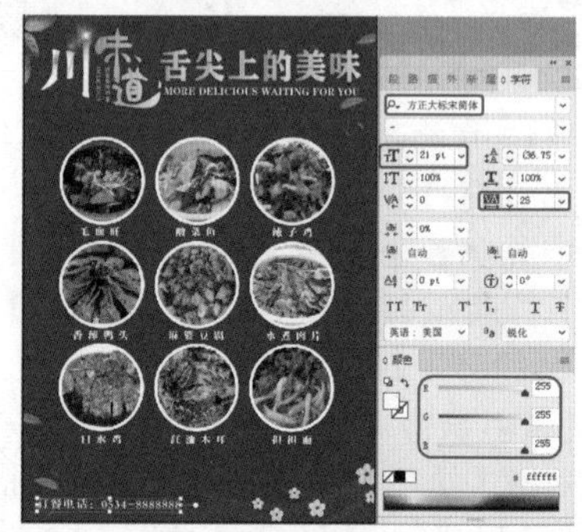

图11-122

实例118 制作夏日冷饮宣传单正面

素材：素材\Cha11\冷饮背景.jpg、冷饮素材1.png~冷饮素材6.png

场景：场景\Cha11\实例118 制作夏日冷饮宣传单正面.ai

本实例讲解如何制作夏日冷饮宣传单正面，置入素材文件完成夏日冷饮宣传单的背景部分，通过【矩形工具】和【文字工具】完善其他内容，通过【圆角矩形工具】【椭圆工具】和【钢笔工具】设计出新款推荐图标，最终完成效果如图11-123所示。

图11-123

Step 01 按Ctrl+N组合键，弹出【新建文档】对话框，将【单位】设置为“厘米”，【宽度】和【高度】分别设置为22.6 cm和29.5 cm，【画板】设置为2，【颜色模式】设置为“RGB颜色”，【光栅效果】设置为“屏幕（72ppi）”，单击【创建】按钮，如图11-124所示。

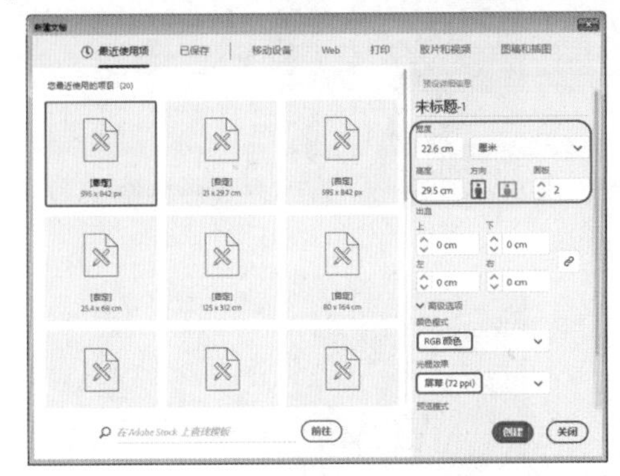

图11-124

Step 02 在菜单栏中选择【文件】|【置入】命令，弹出【置入】对话框，选择“素材\Cha11\冷饮背景.jpg”文件，单击【置入】按钮，在画板中拖曳鼠标进行绘制，调整对象的大小及位置，在【属性】面板的【快速操作】选项组中单击【嵌入】按钮，在图像上右击，在弹出的快捷菜单中选择【变换】|【对称】命令，弹出【镜像】对话框，选中【垂直】单选按钮，单击【确定】按钮。镜像后的效果如图11-125所示。

Step 03 在素材文件上右击，在弹出的快捷菜单中选择【裁剪图像】命令，对图像进行裁剪，如图11-126所示。

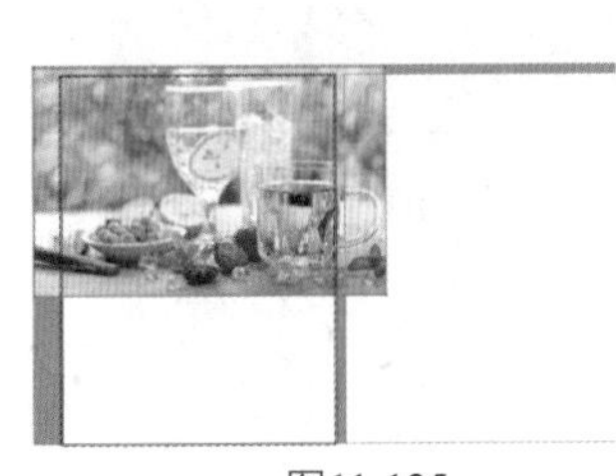

图11-125　图11-126

Step 04 在工具箱中单击【矩形工具】按钮，绘制【宽】和【高】分别为22.6cm和0.2cm的矩形，将【填色】的RGB值设置为143、195、31，【描边】设置为“无”，如图11-127所示。

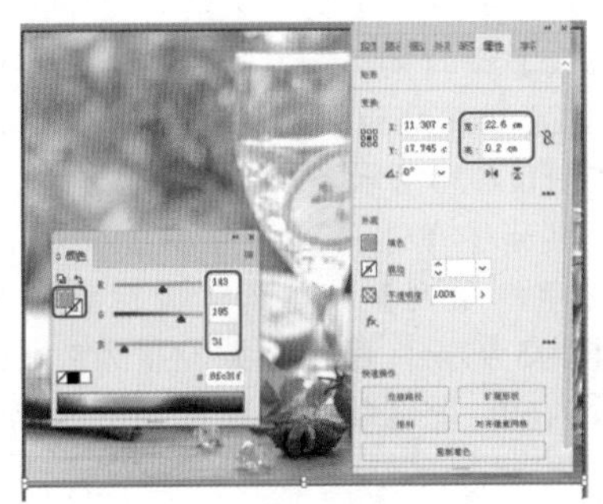

图11-127

Step 05 在工具箱中单击【矩形工具】按钮，绘制【宽】和【高】分别为7cm和29.5cm的矩形，将【填色】的RGB值设置为249、79、10，【描边】设置为“无”，在【外观】面板中单击底部的【添加新效果】按钮 fx，在弹出的下拉菜单中选择【风格化】|【投影】命令，弹出【投影】对话框，将【模式】设置为“正片叠底”，【不透明度】设置为75%，【X位移】和【Y位移】均设置为0cm，【模糊】设置为0.2cm，【颜色】设置为黑色，单击【确定】按钮，如图11-128所示。

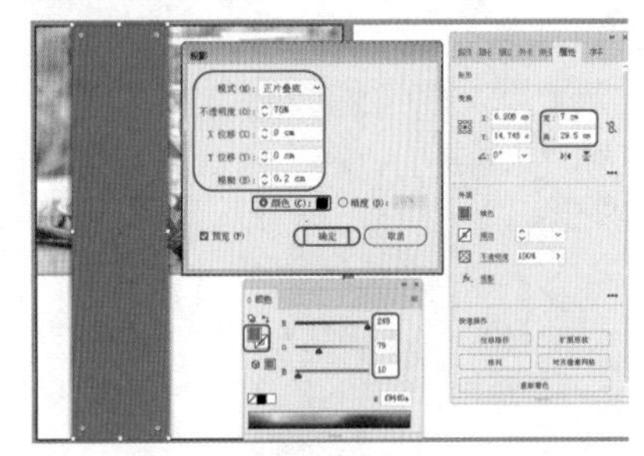

图11-128

Step 06 在工具箱中单击【文字工具】按钮，输入文本，将【字体系列】设置为“方正大标宋简体”，【字体大小】设置为72pt，将【填色】设置为白色，如图11-129所示。

Step 07 在工具箱中单击【文字工具】按钮，输入文本，将【字体系列】设置为“微软雅黑”，【字体大小】设置为72pt，【水平缩放】设置为80%，将【填色】设置为白色，如图11-130所示。

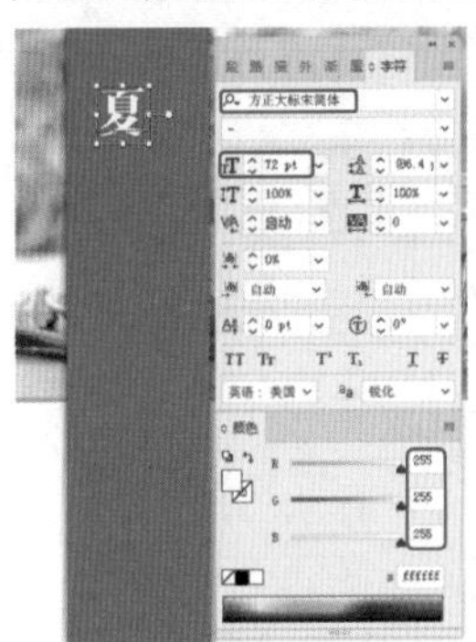

图11-129　图11-130

Step 08 右击，在弹出的快捷菜单中选择【创建轮廓】命令，在工具箱中单击【橡皮擦工具】按钮，对文本多余部分进行擦除，如图11-131所示。

Step 09 在工具箱中单击【文字工具】按钮，输入文本，将【字体系列】设置为“方正粗黑宋简体”，【字体大小】设置为6.5pt，将【字符间距】设置为0，【水平缩放】设置为100%，将【填色】设置为白色，如图11-132所示。

Step 10 在工具箱中单击【椭圆工具】按钮，绘制【宽】和【高】均为2.87cm的圆形，将椭圆的【填色】设置为白色，【描边】设置为“无”，如图11-133所示。

图11-131

图11-132

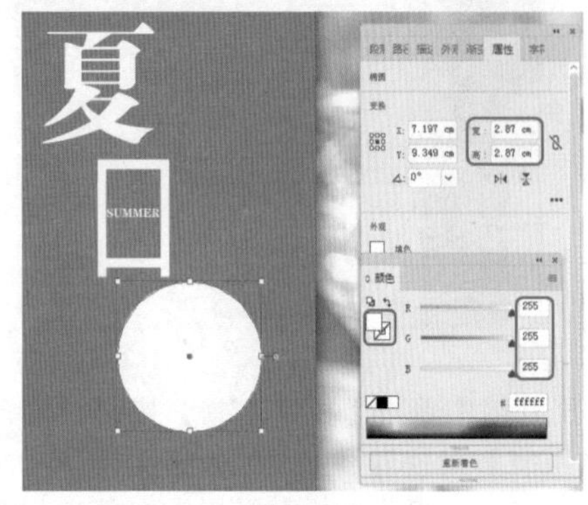

图11-133

Step 11 在工具箱中单击【文字工具】按钮，输入文本，将【字体系列】设置为“方正大标宋简体”，【字体大小】设置为72pt，将【填色】的RGB值设置为249、79、10，如图11-134所示。

图11-134

Step 12 在工具箱中单击【文字工具】按钮，输入文本，将【字体系列】设置为“方正小标宋繁体”，【字体大小】设置为72 pt，将【填色】设置为白色，如图11-135所示。

Step 13 在工具箱中单击【直排文字工具】按钮，输入文本，将【字体系列】设置为“方正小标宋繁体”，【字体大小】设置为16pt，将【字符间距】设置为100，将【颜色】面板中的【填色】设置为255、255、255，如图11-136所示。

图11-135

图11-136

Step 14 使用【直线段工具】【椭圆工具】【文字工具】【直排文字工具】制作出图11-137所示的内容。

Step 15 在工具箱中单击【钢笔工具】按钮，绘制图11-138所示的图形，将【填色】设置为白色，【描边】设置为“无”。

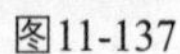

图11-137

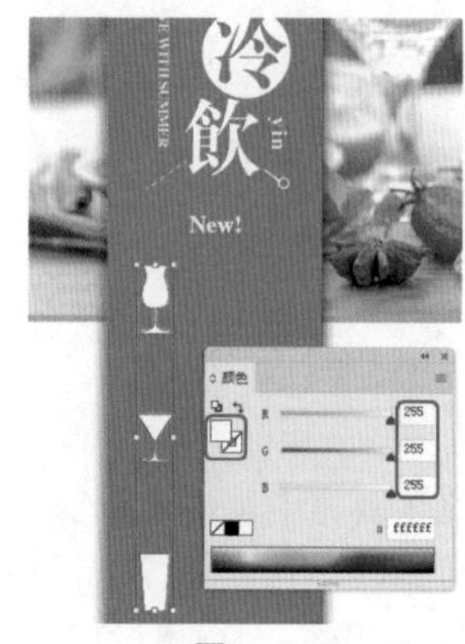

图11-138

Step 16 在工具箱中单击【文字工具】按钮，输入文本，将【字体系列】设置为“微软雅黑”，【字体大小】设置为13.8pt，【字符间距】设置为200，将【填色】设置为白色，如图11-139所示。

Step 17 在工具箱中单击【文字工具】按钮，输入段落文本，将【字体系列】设置为“微软雅黑”，【字体大小】设置为3.97pt，【行距】设置为5.96pt，【字符间距】设置为59，将【填色】设置为白色，如图11-140所示。

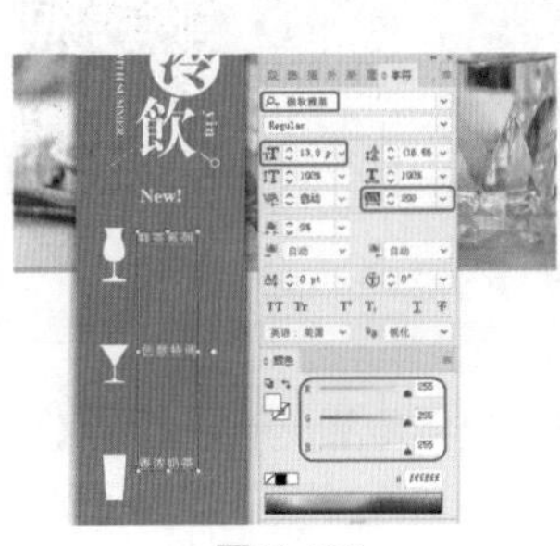

图11-139

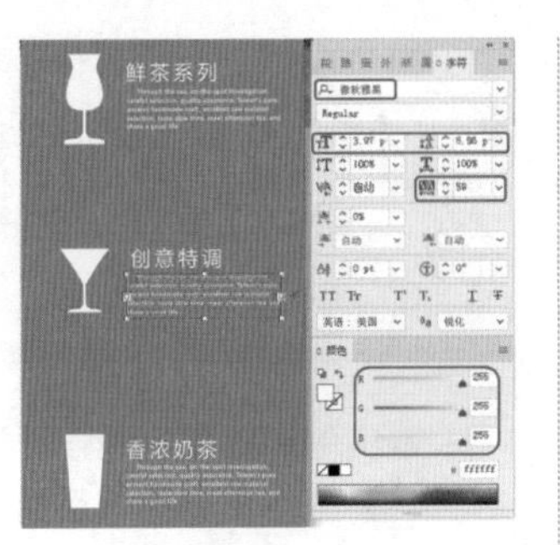

图11-140

Step 18 在工具箱中单击【直线段工具】按钮，绘制水平线段，将【填色】设置为“无”，【描边】设置为白色，【描边粗细】设置为1.2pt，如图11-141所示。

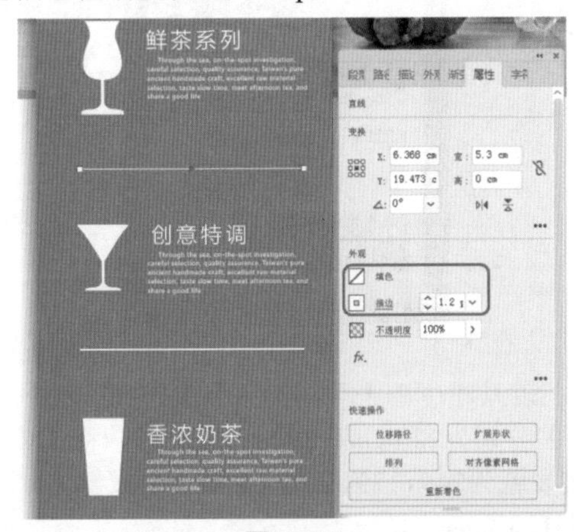

图11-141

Step 19 使用前面介绍过的方法制作其他内容，然后置入相应的素材图片并进行嵌入，如图11-142所示。

图11-142

Step 20 在工具箱中单击【椭圆工具】按钮，绘制【宽】和【高】分别为3.6cm和3.3cm的椭圆形，将椭圆【填色】的RGB值设置为255、0、0，【描边】设置为“无”，如图11-143所示。

Step 21 在工具箱中单击【圆角矩形工具】按钮，绘制【宽】和【高】分别为4.4cm和1.95cm的矩形，将【圆角半径】设置为0.3cm，将【填色】的RGB值设置为255、0、0，【描边】设置为“无”，如图11-144所示。

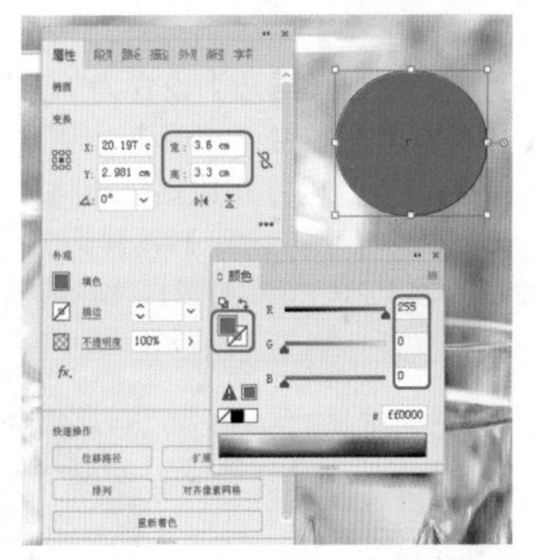

图11-143

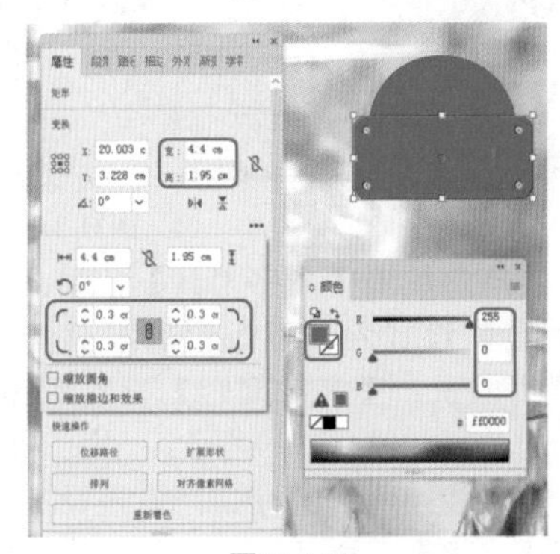

图11-144

Step 22 选择绘制的椭圆和矩形对象，打开【路径查找器】面板，单击【合并】按钮，如图11-145所示。

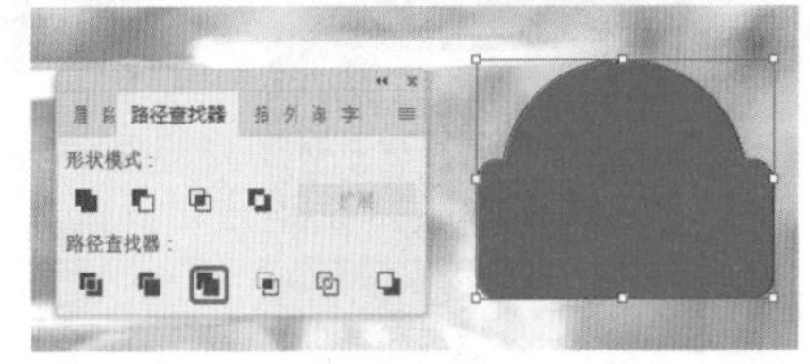

图11-145

Step 23 在工具箱中单击【椭圆工具】按钮，绘制【宽】和【高】分别为3.2cm和2.9cm的圆形，将椭圆的【填色】设置为“无”，【描边】设置为白色，在工具箱中单击【圆角矩形工具】按钮，绘制【宽】和【高】分别为3.9cm和1.5cm的圆角矩形，将【圆角半径】设置为0.1cm，将【填色】的RGB值设置为“无”，【描边】设置为白色，选择绘制的椭圆和矩形对象，将【描边粗细】设置为1.5pt。打开【路径查找器】面板，单击【联集】按钮，如图11-146所示。

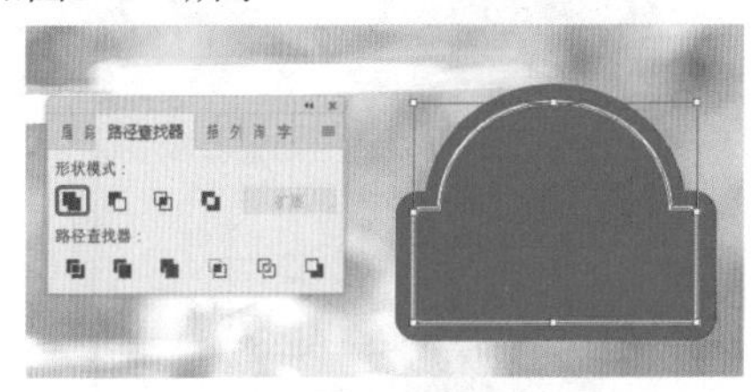

图11-146

Step 24 使用【钢笔工具】绘制图11-147所示的图形，将【填色】设置为白色，【描边】设置为“无”。

Step 25 在工具箱中单击【文字工具】按钮，输入文本，将【字体系列】设置为“方正粗黑宋简体”，【字体大小】设置为7.95pt，【字符间距】设置为0，将【填色】的RGB值设置为255、0、0，如图11-148所示。

图11-147

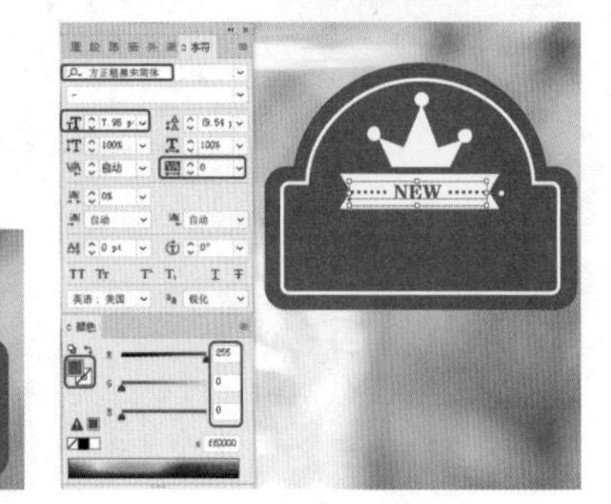

图11-148

Step 26 在工具箱中单击【文字工具】按钮，输入文本，将【字体系列】设置为“方正粗黑宋简体”，【字体大小】设置为22pt，【字符间距】设置为100，将【填色】设置为白色，如图11-149所示。

Step 27 选择图11-150所示的标识，右击，在弹出的快捷菜单中选择【编组】命令。

图11-149

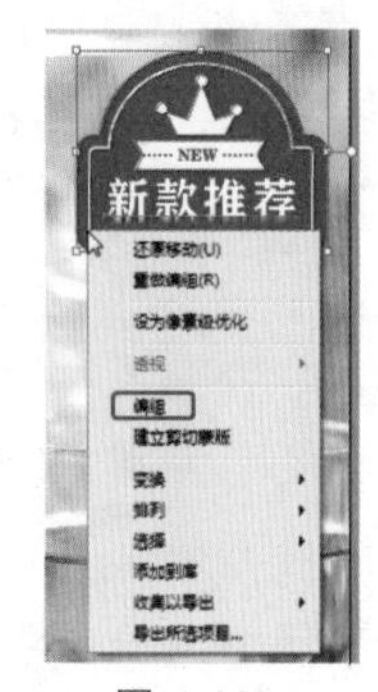

图11-150

Step 28 在【外观】面板中单击底部的【添加新效果】按钮 fx，在弹出的下拉菜单中选择【风格化】|【投影】命令，弹出【投影】对话框，将【模式】设置为“正片叠底”，【不透明度】设置为75%，【X位移】和【Y位移】均设置为0cm，【模糊】设置为0.1 cm，【颜色】设置为黑色，单击【确定】按钮，如图11-151所示。

图11-151

实例 119 制作夏日冷饮宣传单反面

素材：素材\Cha11\1.jpg~8.jpg

场景：场景\Cha11\实例119 制作夏日冷饮宣传单反面.ai

本实例讲解如何制作夏日冷饮宣传单反面，通过【文字工具】制作出宣传单反面的饮品系列文案，置入相应的奶茶素材完成最后的制作，效果如图11-152所示。

图11-152

Step 01 在工具箱中单击【矩形工具】按钮，绘制【宽】和【高】分别为22.6cm和29.5cm的矩形，将【填色】的RGB值设置为249、79、10，【描边】设置为“无”，如图11-153所示。

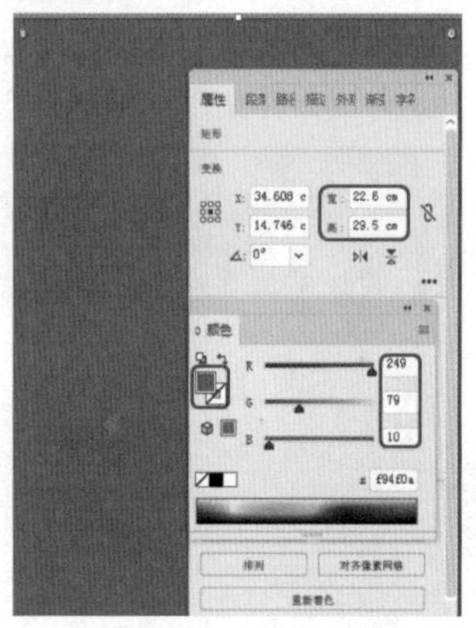

图11-153

Step 02 在工具箱中单击【矩形工具】按钮，绘制【宽】和【高】分别为19cm和26cm的矩形，将【填色】设置为白色，【描边】设置为“无”，在工具箱中单击【文字工具】按钮，输入文本，将【字体系列】设置为“方正黑体简体”，【字体大小】设置为43pt，将【字符间距】设置为200，将【填色】的RGB值设置为233、70、43，如图11-154所示。

Step 03 在工具箱中单击【圆角矩形工具】按钮，绘制【宽】和【高】分别为3.8cm和0.9cm的矩形，单击【更多选项】按钮 •••，将【圆角半径】设置为0.45cm，将

【填色】的RGB值设置为233、70、43，【描边】设置为“无”，如图11-155所示。

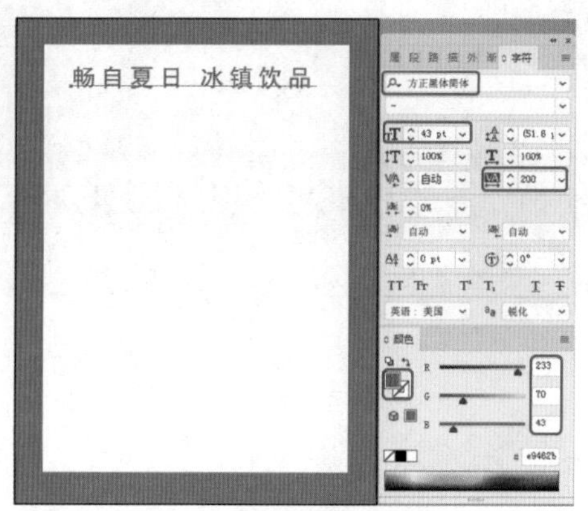

图11-154

图11-155

Step 04 在工具箱中单击【文字工具】按钮，输入文本，将【字体系列】设置为“微软雅黑”，【字体大小】设置为19pt，【字符间距】设置为0，将【填色】设置为白色，如图11-156所示。

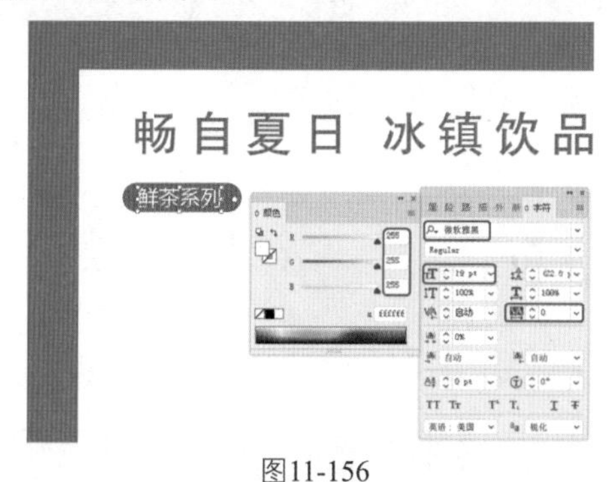

图11-156

Step 05 在工具箱中单击【文字工具】按钮，输入段落文本，在【字符】面板中将【字体系列】设置为“微软雅黑”，【字体大小】设置为14.5pt，【行距】设置为17.5pt，【字符间距】设置为0，将【填色】的RGB值设置为126、126、127，如图11-157所示。

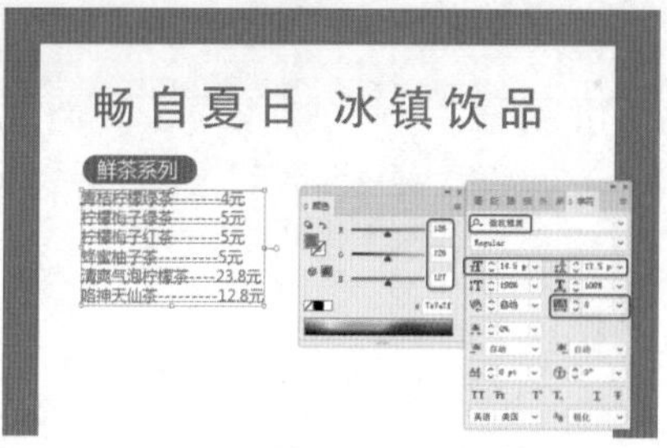

图11-157

Step 06 在菜单栏中选择【文件】|【置入】命令，弹出【置入】对话框，分别置入“1.jpg”和“2.jpg”素材文件，在画板中拖曳鼠标进行绘制，在【属性】面板的【快速操作】选项组中单击【嵌入】按钮，如图11-158所示。

图11-158

Step 07 使用同样的方法制作其他内容，并置入其他素材文件进行嵌入，如图11-159所示。

图11-159

第12章 画册设计

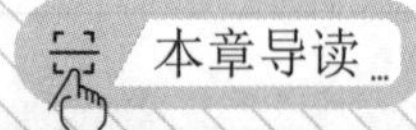

画册是一个展示平台，画册设计可以用流畅的线条、有个人及企业的风貌、理念、和谐的图片或优美文字，富有创意，有可赏性，组合成一本具有宣传产品、品牌形象的精美画册。

实例 120 美食画册封面设计

素材：素材\Cha12\美食素材01.jpg、美食素材02.png、美食素材03.ai

场景：场景\Cha12\实例120 美食画册封面设计.ai

本实例主要介绍美食画册封面设计，首先置入封面背景图片，然后利用【圆角矩形工具】与【文字工具】制作封面标题，最后使用【矩形工具】【椭圆工具】以及【文字工具】制作封面反面，效果如图12-1所示。

图12-1

Step 01 按Ctrl+N组合键，在弹出的对话框中将【单位】设置为“毫米”，将【宽度】和【高度】分别设置为420mm、210mm，将【颜色模式】设置为“CMYK颜色”，如图12-2所示。

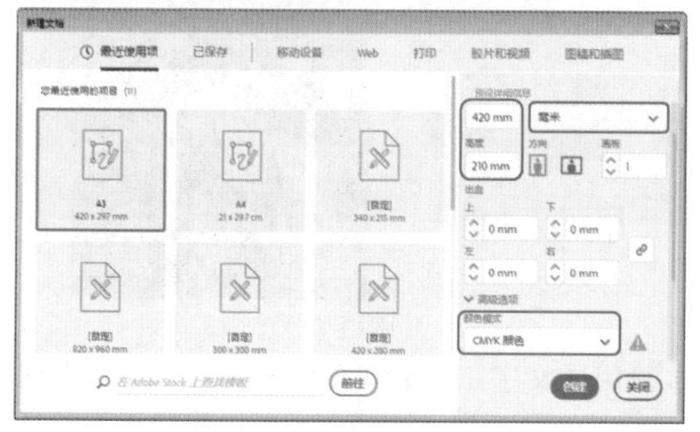

图12-2

Step 02 设置完成后，单击【创建】按钮，按Ctrl+Shift+P组合键，在弹出的对话框中选择“素材\Cha12\美食素材01.jpg”文件，单击【置入】按钮，在画板中单击鼠标，将选中的素材文件置入文档中，在【属性】面板中将【宽】和【高】分别设置为323mm、211mm，将X和Y分别设置为261mm和105mm，单击【水平轴翻转】按钮，单击【嵌入】按钮，如图12-3所示。

图12-3

Step 03 在工具箱中单击【矩形工具】按钮，在画板中绘制一个矩形，在【属性】面板中将【宽】和【高】均设置为210mm，将X和Y分别设置为315mm和105mm，并为其填充任意一种颜色，将【描边】设置为“无”，如图12-4所示。

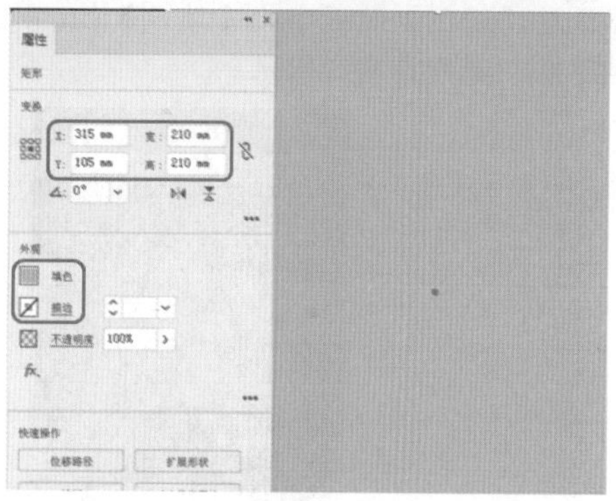

图12-4

Step 04 在画板中选择绘制的矩形与置入的素材文件，右击，在弹出的快捷菜单中选择【建立剪切蒙版】命令，如图12-5所示。

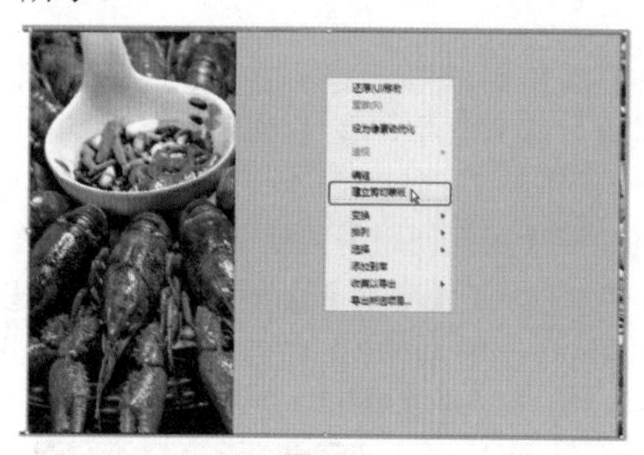

图12-5

Step 05 在工具箱中单击【圆角矩形工具】按钮，在画板中绘制一个圆角矩形，在【属性】面板中将【宽】和【高】分别设置为94mm和110mm，将X和Y分别设置为363mm和55mm，将【填色】的CMYK值设置为2、96、86、0，将【描边】设置为“无”，将【不透明度】设置为70%，在【变换】面板中取消圆角半径的链接，将圆角半径分别设置为0mm、0mm、5mm、5mm，如图12-6所示。

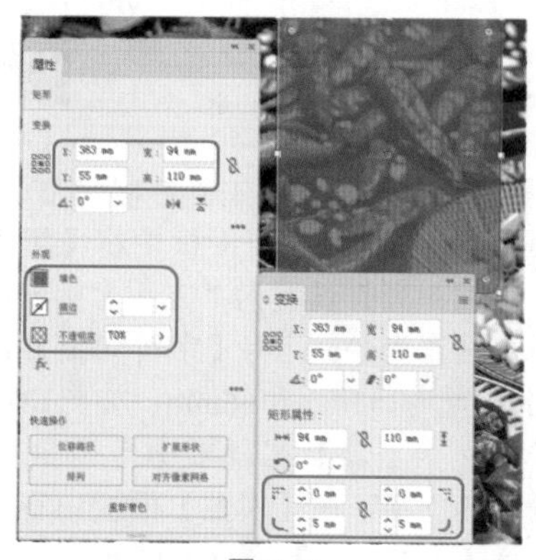

图12-6

Step 06 在工具箱中单击【文字工具】按钮T，在画板中单击鼠标，输入文字，在【字符】面板中将【字体系列】设置为“Arial Bold”，将【字体大小】设置为48pt，将【字符间距】设置为0，单击【全部大写字母】按钮TT，在【变换】面板中将X和Y分别设置为363mm和25mm，在【颜色】面板中将【填色】的CMYK值设置为0、0、0、0，如图12-7所示。

图12-7

Step 07 在工具箱中单击【文字工具】按钮T，在画板中单击鼠标，输入文字，在【字符】面板中将【字体系列】设置为“Imprint MT Shadow”，将【字体大小】设置为38pt，将【字符间距】设置为25，单击【全部大写字母】按钮TT，在【变换】面板中将X和Y分别设置为356mm和40mm，在【颜色】面板中将【填色】的CMYK值设置为0、0、0、0，如图12-8所示。

图12-8

Step 08 在工具箱中单击【文字工具】按钮T，在画板中单击，输入文字，在【属性】面板中将【填色】设置为白色，将【字体系列】设置为“方正大标宋简体”，将【字体大小】设置为49pt，将【字符间距】设置为75，将X和Y分别设置为357mm和66mm，如图12-9所示。

Step 09 使用【文字工具】在画板中单击鼠标，输入文字，选中输入的文字，在【属性】面板中将【填色】设置为白色，将【字体大小】设置为17pt，将X和Y分别设置为336mm和86mm，如图12-10所示。

图12-9

图12-10

Step 10 使用【文字工具】在画板中绘制一个文本框，选中绘制的文本框，在【变换】面板中将【宽】和【高】分别设置为81mm和10mm，将X和Y分别设置为364mm和97mm，在文本框中输入文字，选中输入的文字，在【字符】面板中将【字体系列】设置为“黑体”，将【字体大小】设置为7pt，取消单击【全部大写字母】按钮TT，在【颜色】面板中将【填色】的CMYK值设置为0、0、0、0，如图12-11所示。

图12-11

◎提示·◦

若需要调整绘制的文本框大小时，需要先设置文本框的大小，然后再输入文字，如果先输入文字，然后再设置文本框大小，则输入的文字会根据文本框的调整产生变形效果。

Step 11 使用【文字工具】在画板中单击，输入文字，选中输入的文字，在【属性】面板中将【填色】设置白色，将【不透明度】设置为70%，将【字体系列】设置为“方正综艺简体”，将【字体大小】设置为117pt，将【字符间距】设置为-25，将X和Y分别设置为315mm和197mm，如图12-12所示。

图12-12

Step 12 在工具箱中单击【矩形工具】按钮，在画板中绘制一个矩形，在【属性】面板中将【宽】和【高】均设置为210mm，将X和Y均设置为105mm，将【填色】的CMYK值设置为2、96、86、0，将【描边】设置为“无”，如图12-13所示。

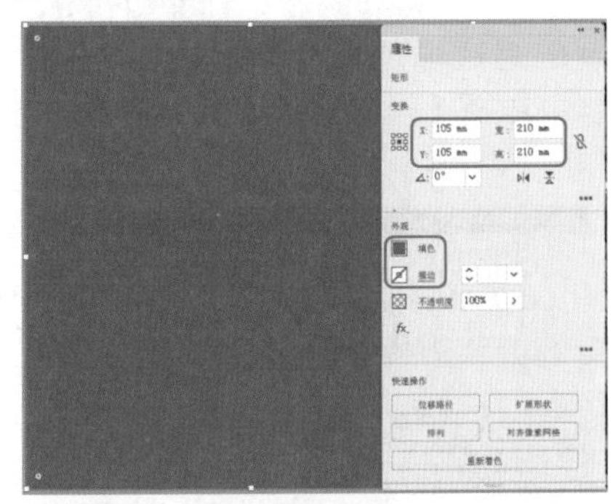

图12-13

Step 13 将“美食素材02.png”文件置入文档中，并将其嵌入文档，在画板中调整其大小与位置，如图12-14所示。

Step 14 在工具箱中单击【文字工具】按钮，在画板中单击鼠标，输入文字，在【属性】面板中将【填色】设置为白色，将【字体系列】设置为“方正粗宋简体”，将【字体大小】设置为20pt，将【字符间距】设置为25，将X和Y分别设置为105mm和127mm，如图12-15所示。

图12-14

图12-15

Step 15 在工具箱中单击【椭圆工具】按钮，在画板中按住Shift键绘制一个正圆，在【属性】面板中将【宽】和【高】均设置为16mm，将X和Y分别设置为70mm和153mm，将【填色】设置为白色，将【描边】设置为“无”，如图12-16所示。

图12-16

◎提示·◦

按住Shift键拖曳鼠标，可以绘制正圆形；按住Alt键拖曳鼠标，可以绘制由鼠标落点为中心点向四周延伸的椭圆；同时按住Shift+Alt组合键拖曳鼠标，可以绘制以鼠标落点为中心点向四周延伸的正圆形。同理，按住Alt键单击鼠标，以对话框方式制作的椭圆，鼠标的落点即为所绘制椭圆的中心点。

Step 16 在工具箱中单击【选择工具】按钮，在画板中选中绘制的圆形，按住Alt键对圆形进行复制，效果如图12-17所示。

图12-17

Step 17 将“美食素材03.ai”文件置入文档中，并将其嵌入文档中，在画板中调整其大小与位置，效果如图12-18所示。

Step 18 根据前面介绍的方法在画板中创建其他文本内容，效果如图12-19所示。

图12-18

图12-19

实例 121 美食画册内页设计

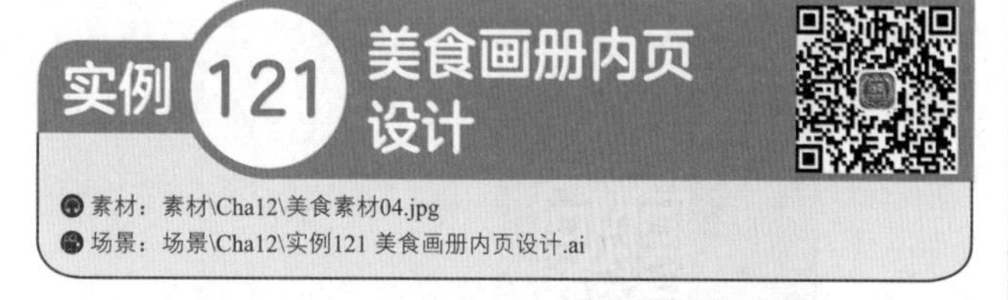

素材：素材\Cha12\美食素材04.jpg

场景：场景\Cha12\实例121 美食画册内页设计.ai

制作完美食画册封面之后，再制作美食画册内容就相对简单了，置入素材图片作为美食画册内页底纹，然后使用【直线工具】【文字工具】【矩形工具】完善美食画册内页的制作，效果如图12-20所示。

图12-20

Step 01 按Ctrl+N组合键，在弹出的对话框中将【单位】设置为“毫米”，将【宽度】和【高度】分别设置为420mm和210mm，将【颜色模式】设置为“CMYK颜色”，单击【创建】按钮，按Ctrl+Shift+P组合键，在弹出的对话框中选择“素材\Cha12\美食素材04.jpg”文件，单击【置入】按钮，在画板中单击鼠标，将选中的素材文件置入文档中，在【属性】面板中将【宽】和【高】分别设置为420mm和240mm，将X和Y分别设置为210mm和101mm，单击【嵌入】按钮，如图12-21所示。

图12-21

Step 02 在工具箱中单击【矩形工具】按钮，在画板中绘制一个矩形，在【属性】面板中将【宽】和【高】分别设置为420mm和210mm，将X和Y分别设置为210mm和105mm，为其填充任意一种颜色，将【描边】设置为“无”，如图12-22所示。

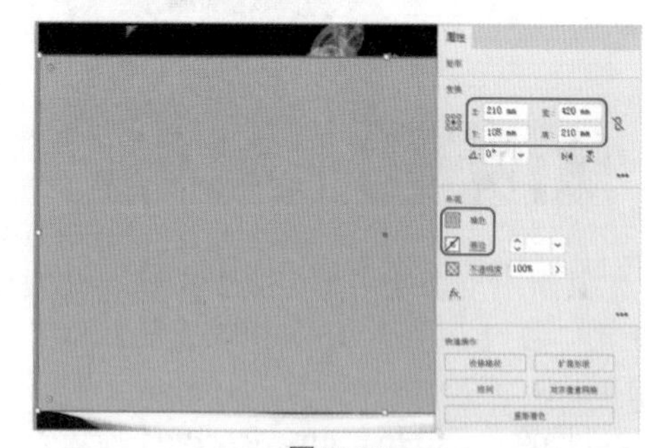
图12-22

Step 03 在工具箱中单击【选择工具】按钮，在画板中选择绘制的矩形与置入的素材文件，右击，在弹出的快捷菜单中选择【建立剪切蒙版】命令，如图12-23所示。

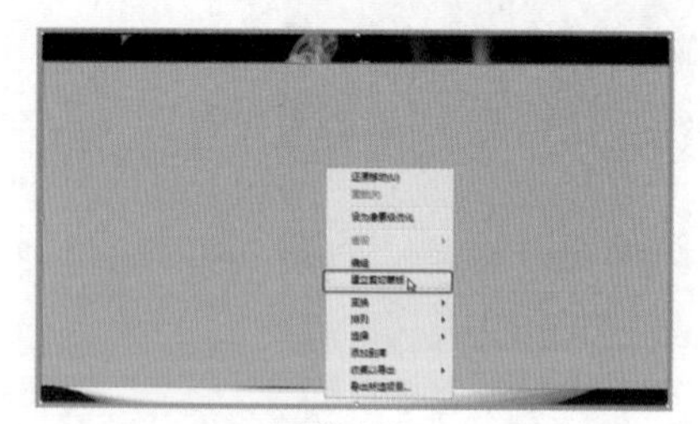
图12-23

Step 04 在工具箱中单击【文字工具】按钮，在画板中单击，输入文字，选中输入的文字，在【字符】面板中将【字体系列】设置为“Arial Bold”，将【字体大小】设置为26pt，将【字符间距】设置为0，单击【全部大写字母】按钮，在【变换】面板中将【旋转】设置为270°，将【填色】的CMYK值设置为0、0、0、0，并在画板中调整其位置，效果如图12-24所示。

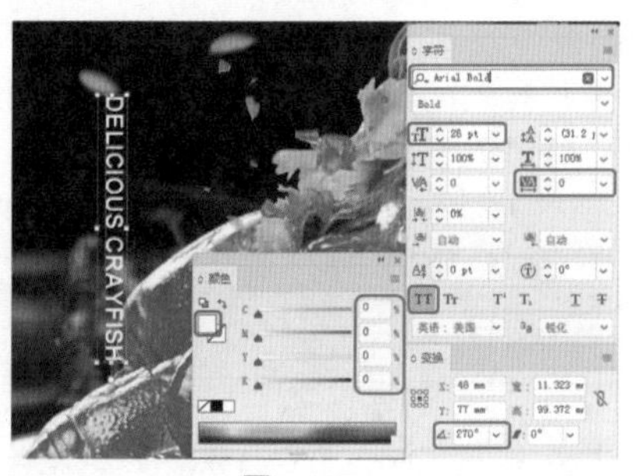

图12-24

Step 05 在工具箱中单击【直线段工具】按钮，在画板中按住Shift键绘制一条垂直直线，在【属性】面板中将【高】设置为153mm，将【填色】设置为“无”，将【描边】设置为白色，将【描边粗细】设置为1pt，并在画板中调整其位置，效果如图12-25所示。

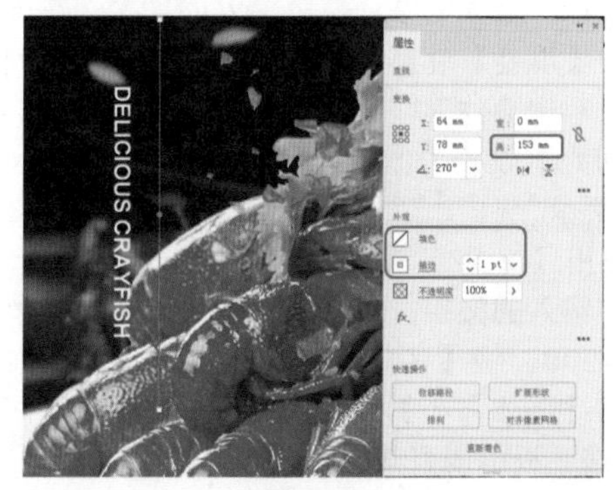

图12-25

Step 06 在工具箱中单击【选择工具】按钮，在画板中选择绘制的直线，按住Alt键对直线进行复制，并调整其位置，效果如图12-26所示。

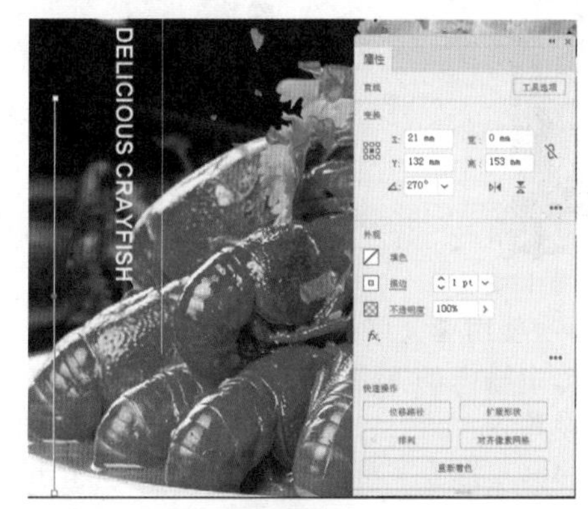

图12-26

Step 07 在工具箱中单击【椭圆工具】按钮，在画板中按住Shift键绘制两个【宽】和【高】均为3.5mm的圆形，将其【填色】设置为白色，将【描边】设置为“无”，效果如图12-27所示。

Step 08 在工具箱中单击【混合工具】按钮，分别在绘制的两个圆形对象上单击鼠标，在【属性】面板中单击【工具选项】按钮，在弹出的对话框中将【间距】设置为“指定的步数”，将【步数】设置为5，如图12-28所示。

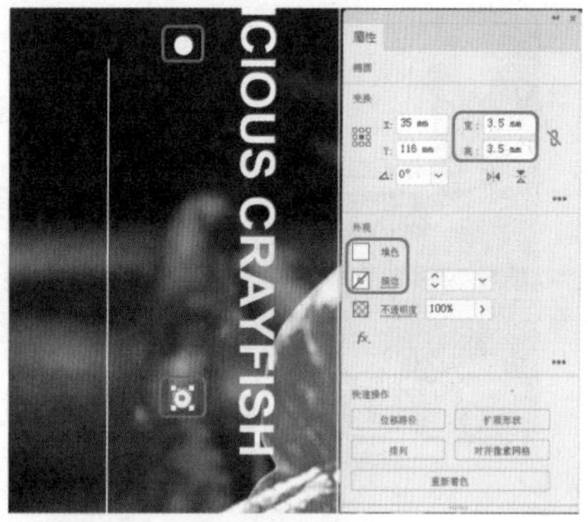

图12-27

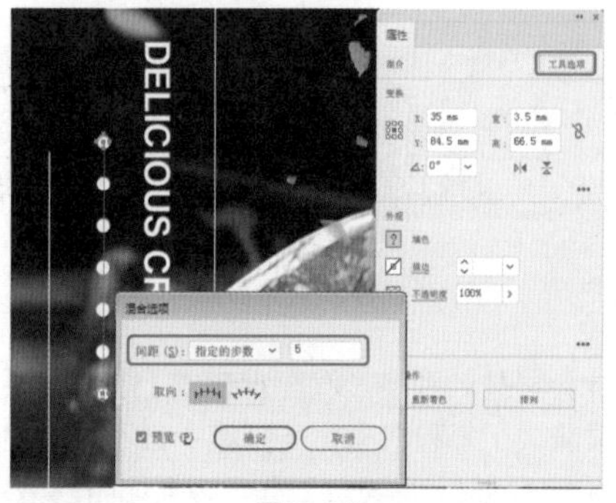

图12-28

Step 09 设置完成后，单击【确定】按钮，在工具箱中单击【矩形工具】按钮，在画板中绘制一个矩形，在【属性】面板中将【宽】和【高】分别设置为62mm和112mm，将【填色】的CMYK值设置为2、96、86、0，将【描边】设置为“无”，将【不透明度】设置为70%，并在画板中调整其位置，效果如图12-29所示。

图12-29

Step 10 在工具箱中单击【文字工具】按钮T，在画板中绘制一个文本框，在【变换】面板中将【宽】和【高】分别设置为43mm和88mm，在文本框中输入文字，在【颜色】面板中将【填色】设置为白色，在【字符】面板中将【字体系列】设置为“Arial Bold”，将【字体大小】设置为16pt，将【行距】设置为24pt，将【字符间距】设置为-50，取消单击【全部大写字母】按钮TT，并在画板中调整其位置，效果如图12-30所示。

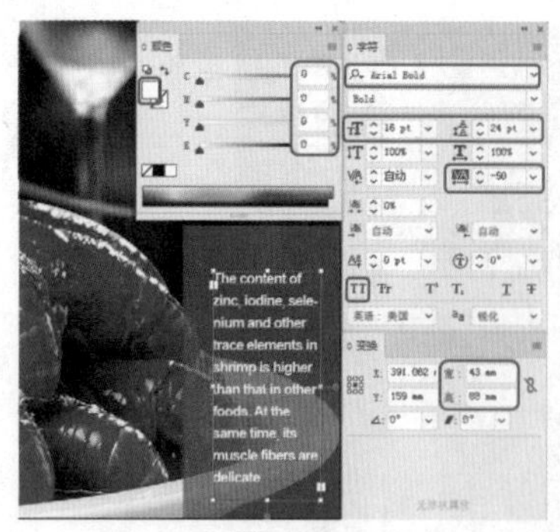

图12-30

实例 122 汽车画册封面设计

素材：素材\Cha12\汽车素材01.jpg、汽车素材02.png、汽车素材03.ai、汽车素材04.png

场景：场景\Cha12\实例122 汽车画册封面设计.ai

随着社会科技的进步，汽车现在成了非常重要的交通工具，汽车画册成了每种汽车宣传措施中必不可少的环节。本实例将介绍汽车画册封面设计制作，效果如图12-31所示。

图12-31

Step 01 按Ctrl+N组合键，在弹出的对话框中将【单位】设置为“毫米”，将【宽度】和【高度】分别设置为420mm和297mm，将【颜色模式】设置为“RGB颜色”，单击【创建】按钮，按Ctrl+Shift+P组合键，在弹出的对话框中选择“素材\Cha12\汽车素材01.jpg”文件，单击【置入】按钮，在画板中单击鼠标，将选中的素材文件置入文档中，在【属性】面板中将【宽】和【高】分别设置为420mm和315mm，将X和Y分别设置为210mm和157.5mm，单击【嵌入】按钮，如图12-32所示。

图12-32

Step 02 在画板中绘制一个与画板大小相同的矩形，选中绘制的矩形与置入的素材，右击，在弹出的快捷菜单中选择【建立剪切蒙版】命令，如图12-33所示。

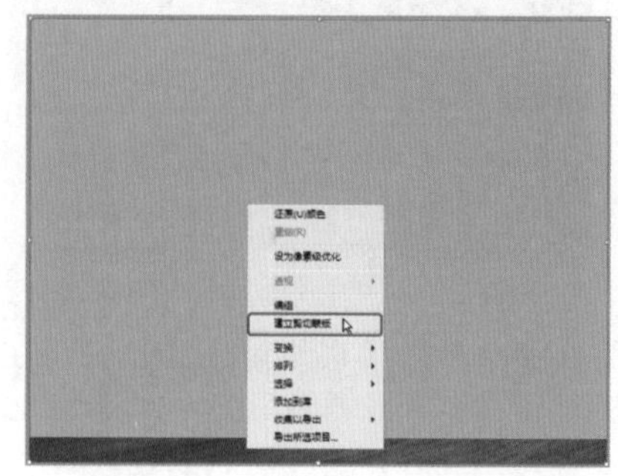

图12-33

Step 03 在工具箱中单击【文字工具】按钮T，在画板中单击鼠标，输入文字，选中输入的文字，在【属性】面板中将【填色】设置为#ffa200，将【字体系列】设置为“方正粗宋简体”，将【字体大小】设置为47pt，将【字符间距】设置为0，在画板中调整其位置，效果如图12-34所示。

Step 04 使用【文字工具】在画板中单击鼠标，输入文字，选中输入的文字，在【属性】面板中将【填色】设置为#ffa200，将【字体系列】设置为“方正大标宋简体”，将【字体大小】设置为53pt，将【字符间距】设置为0，在画板中调整其位置，效果如图12-35所示。

图12-34

图12-35

Step 05 再次使用【文字工具】在画板中单击鼠标，输入文字，选中输入的文字，在【字符】面板中将【字体系列】设置为“方正小标宋简体”，将【字体大小】设置为24pt，将【字符间距】设置为0，单击【全部大写字母】按钮TT，在【颜色】面板中将【填色】设置为# ffa200，并在画板中调整其位置，效果如图12-36所示。

Step 06 将“汽车素材02.png”文件置入文档中，并将其嵌入文档，在画板中调整其位置与大小，并根据前面所介绍的方法输入文字，效果如图12-37所示。

Step 07 在工具箱中单击【矩形工具】按钮，在画板中绘制一个矩形，在【变换】面板中将【宽】和【高】分别设置为210mm和38mm，在【渐变】面板中将【类型】设置为“线性”，将【角度】设置为0°，将左侧色标的颜色值设置为#e96929，将右侧色标的颜色值设置为#ef9e3f，将【描边】设置为“无”，并在画板中调整其位置，效果如图12-38所示。

图12-36

图12-37

图12-38

Step 08 使用【矩形工具】在画板中绘制一个矩形，在【变换】面板中将【宽】和【高】分别设置为210mm和36mm，在【渐变】面板中将【类型】设置为“线性”，将【角度】设置为0°，将左侧色标调整至4%位置处，将其颜色值设置为#19191a，将右侧色标的颜色值设置为#323333，将【描边】设置为“无”，并在画板中调整其位置，效果如图12-39所示。

图12-39

Step 09 将“汽车素材03.ai”文件置入文档中，并使用【文字工具】在画板中分别输入文字，在【属性】面板中将【填色】设置为白色，将【字体系列】设置为“黑体”，将【字体大小】设置为11pt，将【字符间距】设置为50，在画板中调整文字位置，效果如图12-40所示。

Step 10 将“汽车素材04.png”文件置入文档中，将其嵌入文档，并在画板中调整其大小与位置，效果如图12-41所示。

图12-40

图12-41

Step 11 在画板中选择前面绘制的橙色渐变矩形与黑色渐变矩形，右击，在弹出的快捷菜单中选择【变换】|【对称】命令，如图12-42所示。

Step 12 在弹出的对话框中选中【垂直】单选按钮，单击【复制】按钮，在画板中调整复制矩形的位置，效果如图12-43所示。

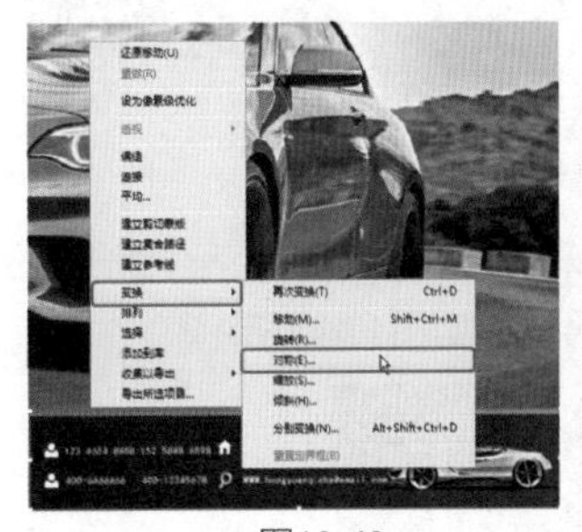

图12-42

图12-43

Step 13 在工具箱中单击【文字工具】按钮，在画板中绘制一个文本框，在文本框中输入文字，选中输入的文字，在【字符】面板中将【字体系列】设置为“黑体”，将【字体大小】设置为11pt，将【行距】设置为18pt，将【字符间距】设置为50，单击【全部大写字母】按钮TT，在【颜色】面板中将【填色】设置为#fffcfc，如图12-44所示。

Step 14 在画板中选择前面置入的二维码，对其进行复制，并调整其大小与位置，效果如图12-45所示。

图12-44

图12-45

Step 15 在工具箱中单击【钢笔工具】按钮，在画板中绘制一个三角形，在【属性】面板中将【填色】设置为#ffffff，将【描边】设置为“无”，在画板中调整其位置，效果如图12-46所示。

Step 16 根据前面所介绍的方法，在画板中输入其他文字，并调整其位置，效果如图12-47所示。

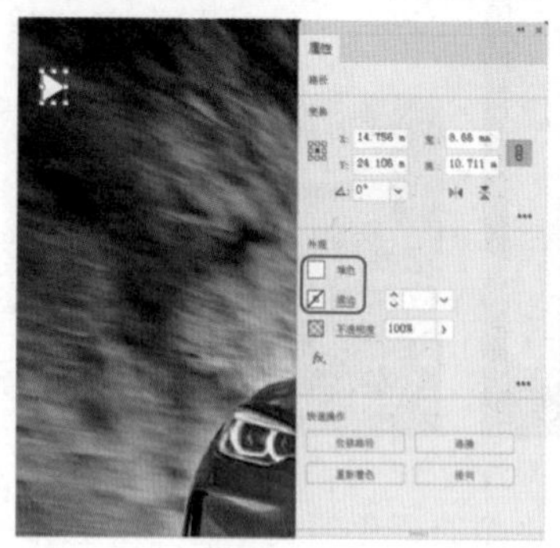

图12-46

图12-47

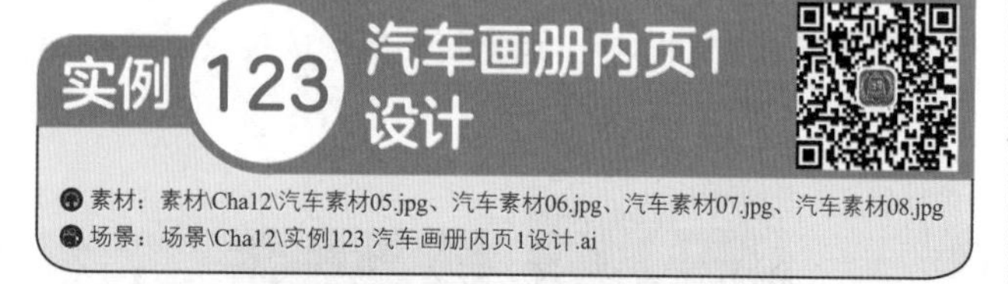

实例 123 汽车画册内页1设计

素材：素材\Cha12\汽车素材05.jpg、汽车素材06.jpg、汽车素材07.jpg、汽车素材08.jpg

场景：场景\Cha12\实例123 汽车画册内页1设计.ai

本实例将介绍如何制作汽车画册内页1。主要通过【文字工具】制作画册目录，效果如图12-48所示。

图12-48

Step 01 按Ctrl+N组合键，在弹出的对话框中将【单位】设置为“毫米”，将【宽度】和【高度】分别设置为420mm和297mm，将【颜色模式】设置为“RGB颜色”，单击【创建】按钮，按Ctrl+Shift+P组合键，在弹出的对话框中选择“素材\Cha12\汽车素材05.jpg”文件，单击【置入】按钮，在画板中单击鼠标，将选中的素材文件置入文档中，在【属性】面板中将【宽】和【高】分别设置为533mm和300mm，将X和Y分别设置为213mm和150mm，单击【嵌入】按钮，如图12-49所示。

Step 02 在画板中绘制一个与画板大小相同的矩形，并为其填充任意一种颜色，将【描边】设置为“无”，在画板中选择绘制的矩形与置入的素材文件，右击，在弹出的快捷菜单中选择【建立剪切蒙版】命令，如图12-50所示。

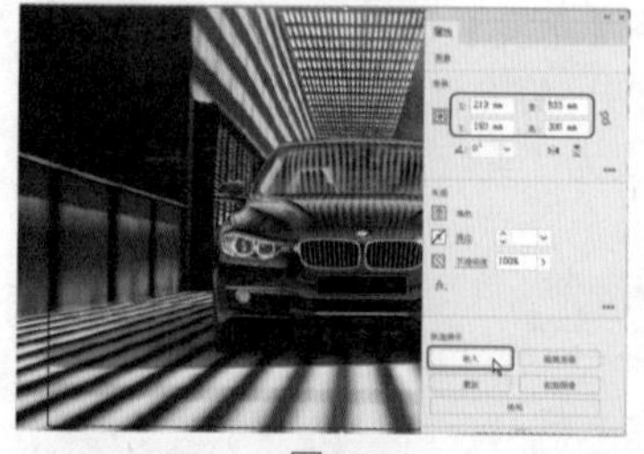

图12-49

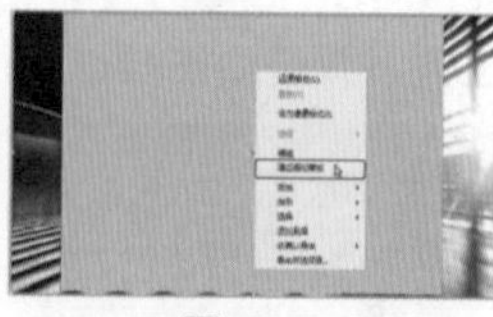

图12-50

Step 03 在工具箱中单击【矩形工具】按钮，在画板中绘制一个矩形，在【属性】面板中将【宽】和【高】分别设置为91mm和297mm，将X和Y分别设置为45.5mm和148.5mm，将【填色】设置为#de7a00，将【描边】设置为“无”，将【不透明度】设置为90%，如图12-51所示。

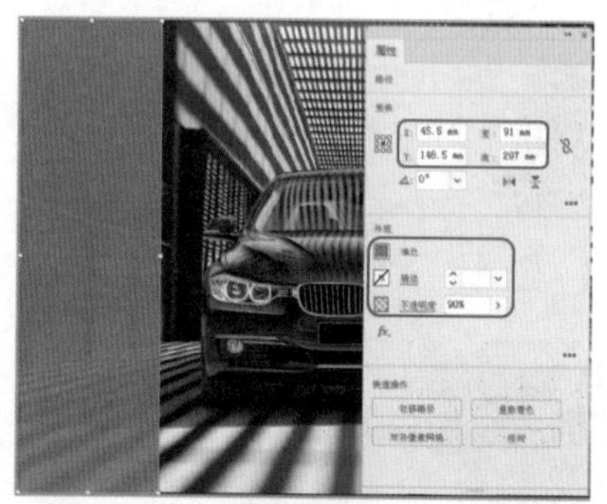

图12-51

Step 04 在工具箱中单击【钢笔工具】按钮，在画板中绘制图12-52所示的图形，在【属性】面板中将【填色】设置为白色，将【描边】设置为“无”，并在画板中调整其位置。

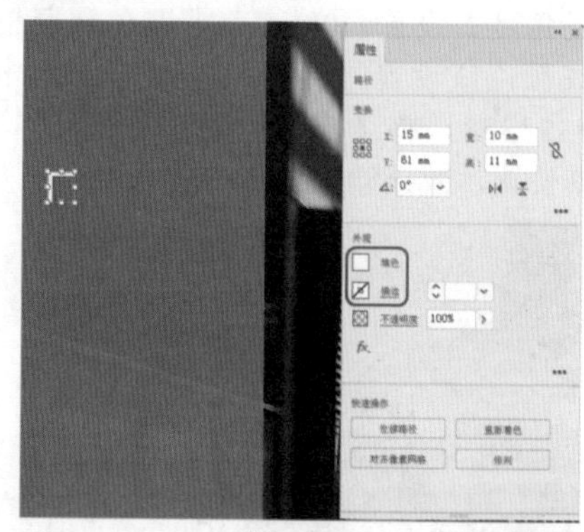

图12-52

Step 05 在工具箱中单击【文字工具】按钮，在画板中单击，输入文字，选中输入的文字，在【属性】面板中将【填色】设置为白色，将【字体系列】设置为“Adobe 黑体 Std R”，将【字体大小】设置为32pt，将【字符间距】设置为0，并在画板中调整其位置，效果如图12-53所示。

Step 06 在工具箱中单击【文字工具】按钮，在画板中单击鼠标，输入文字，选中输入的文字，在【属性】

面板中将【填色】设置为白色，将【字体系列】设置为“Adobe 黑体 Std R”，将【字体大小】设置为13pt，将【字符间距】设置为75，并在画板中调整其位置，效果如图12-54所示。

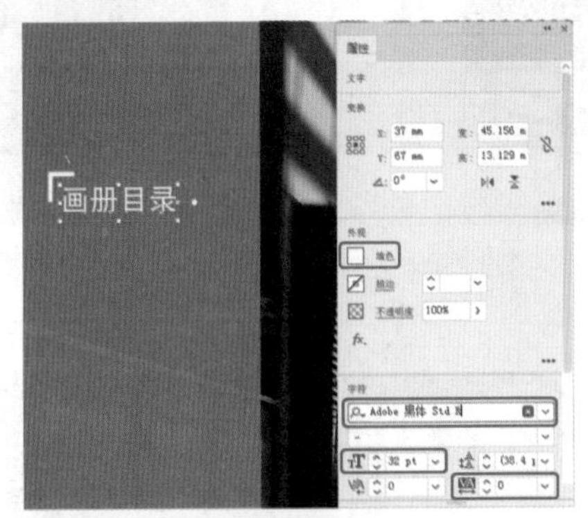

图12-53

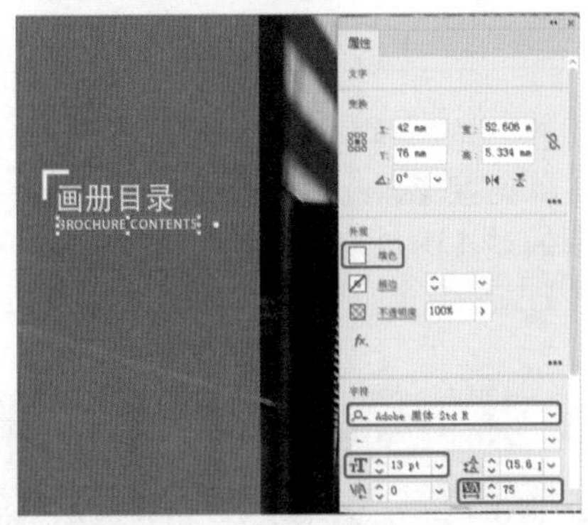

图12-54

Step 07 在工具箱中单击【直线段工具】按钮，在画板中按住Shift键绘制一条水平直线，在【属性】面板中将【宽】设置为73mm，将【填色】设置为“无”，将【描边】设置为白色，将【描边粗细】设置为1pt，并在画板中调整其位置，效果如图12-55所示。

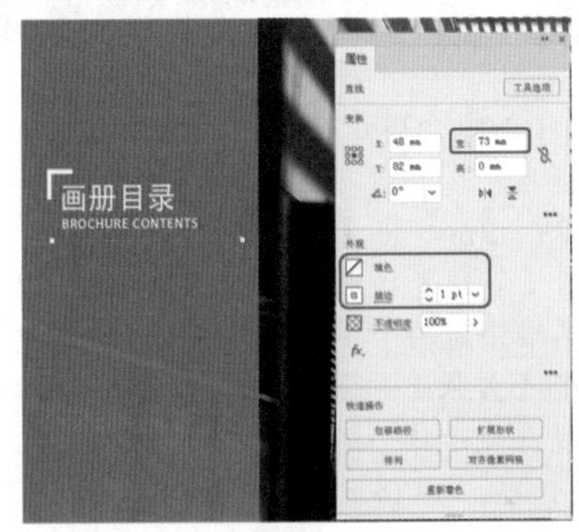

图12-55

Step 08 在工具箱中单击【文字工具】按钮，在画板中单击鼠标，输入文字，选中输入的文字，在【属性】面板中将【填色】设置为白色，将【字体系列】设置为“Adobe 黑体 Std R”，将【字体大小】设置为16pt，将【行距】设置为60pt，将【字符间距】设置为50，并在画板中调整其位置，效果如图12-56所示。

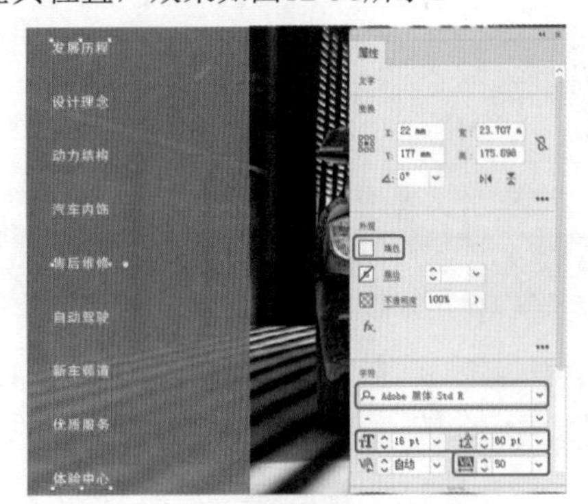

图12-56

Step 09 使用同样的方法在画板中输入其他文字，并进行相应的设置，效果如图12-57所示。

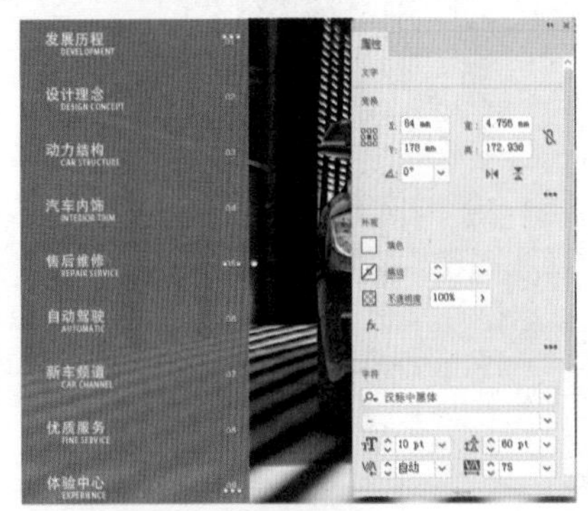

图12-57

Step 10 在工具箱中单击【直线段工具】按钮，在画板中按住Shift键绘制一条水平直线，在【颜色】面板中将【描边】设置为#ffffff，在【描边】面板中将【粗细】设置为0.5pt，勾选【虚线】复选框，将【虚线】设置为2pt，在【变换】面板中将【宽】设置为46mm，并在画板中调整其位置，效果如图12-58所示。

图12-58

Step 11 在画板中对绘制的虚线段进行复制，并调整其位置，效果如图12-59所示。

Step 12 在工具箱中单击【混合工具】按钮，分别在两个虚线段对象上单击鼠标，在【属性】面板中单击【工具选项】按钮，在弹出的对话框中将【间距】设置为“指定的步数”，将【步数】设置为7，如图12-60

所示。

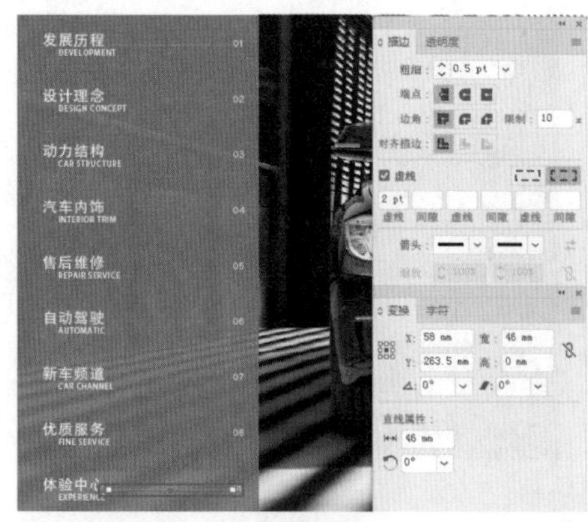

图12-59

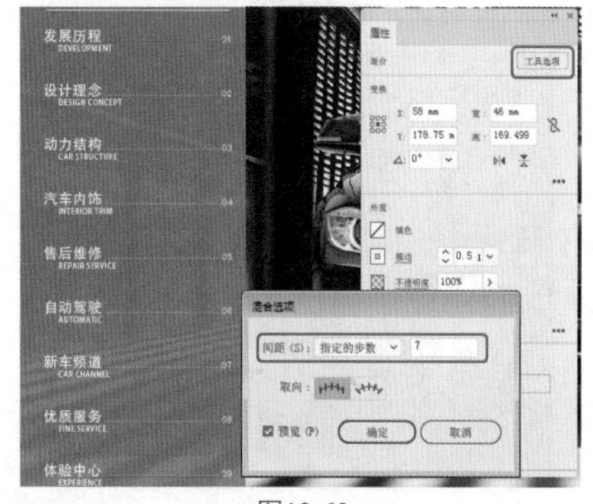

图12-60

Step 13 设置完成后，单击【确定】按钮，根据前面介绍的方法在画板中绘制直线段，效果如图12-61所示。

Step 14 将“汽车素材06.jpg”文件置入文档中，并将其嵌入文档，在画板中调整其大小与位置，效果如图12-62所示。

图12-61

图12-62

Step 15 在工具箱中单击【矩形工具】按钮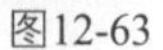，在画板中绘制一个矩形，在【属性】面板中将【宽】和【高】分别设置为69mm和73mm，并为其填充任意一种颜色，将【描边】设置为“无”，在画板中调整其位置，效果如图12-63所示。

Step 16 选中绘制的矩形与置入的“汽车素材06”文件，右击，在弹出的快捷菜单中选择【建立剪切蒙版】命令。使用同样的方法置入其他素材文件，然后创建剪切蒙版效果，完成后的效果如图12-64所示。

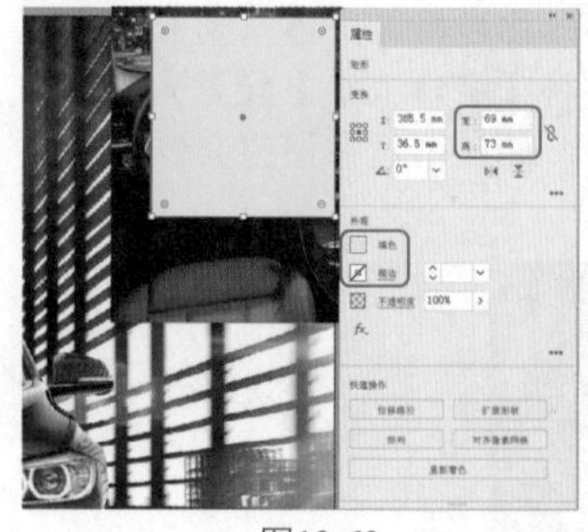

图12-63

图12-64

实例 124 汽车画册内页2设计

素材：素材\Cha12\汽车素材09.jpg

场景：场景\Cha12\实例124 汽车画册内页2设计.ai

本实例将介绍如何制作汽车画册内页2。首先置入素材图片，并通过【建立剪切蒙版】命令制作画册内页底纹，然后通过【圆角矩形工具】制作标签，最后利用【文字工具】完善汽车画册内页2的制作，效果如图12-65所示。

图12-65

Step 01 按Ctrl+N组合键，在弹出的对话框中将【单位】设置为“毫米”，将【宽度】和【高度】分别设置为420mm和297mm，将【颜色模式】设置为“RGB颜色”，单击【创建】按钮，按Ctrl+Shift+P组合键，在弹出的对话框中选择“素材\Cha12\汽车素材09.jpg”文件，单击【置入】按钮，在画板中单击，将选中的素材文件置入文档中，在【属性】面板中将【宽】和【高】分别设置为475mm和297mm，将X和Y分别设置为214mm和149mm，单击【嵌入】按钮，如图12-66所示。

Step 02 在画板中绘制一个与画板大小相同的矩形，选中绘制的矩形与置入的素材，右击，在弹出的快捷菜单中选择【建立剪切蒙版】命令，创建剪切蒙版后的效果如图12-67所示。

图12-66

图12-67

Step 03 在工具箱中单击【圆角矩形工具】按钮，在画板中绘制一个圆角矩形，在【变换】面板中将【宽】和【高】分别设置为202mm和51mm，将X和Y分别设置为319mm和32mm，将圆角半径取消链接，将所有的圆角半径分别设置为25.5mm、0mm、25.5mm、0mm，在【透明度】面板中将【不透明度】设置为80%，在【颜色】面板中将【填色】的颜色值设置为#de7a00，将【描边】设置为“无”，效果如图12-68所示。

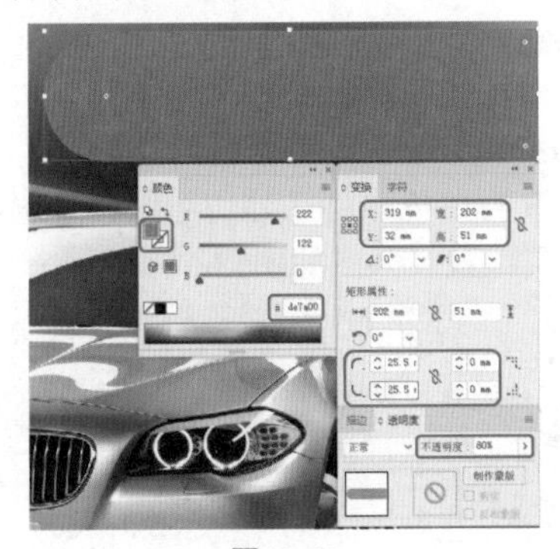

图12-68

Step 04 在工具箱中单击【文字工具】按钮，在画板中绘制一个文本框，在【属性】面板中将【宽】和【高】分别设置为158mm和46mm，将X和Y分别设置为334mm和34mm，在文本框中输入文字，选中输入的文字，在【属性】面板中将【填色】设置为白色，将【字体系列】设置为“创艺简黑体”，将【字体大小】设置为14pt，将【行距】设置为24pt，将【字符间距】设置为0，在【段落】面板中单击【两端对齐，末行左对齐】按钮，将【首行左缩进】设置为26pt，如图12-69所示。

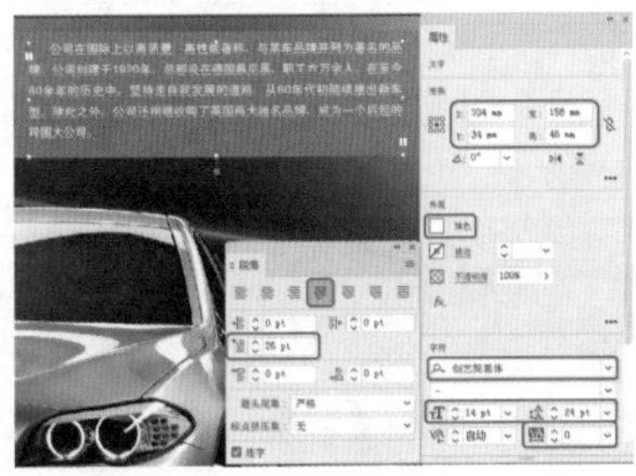

图12-69

Step 05 使用【文字工具】在画板中单击鼠标，输入文字，选中输入的文字，在【属性】面板中将【旋转】设置为270°，将【填色】设置为白色，将【描边】设置为白色，将【描边粗细】设置为1pt，将【字体系列】设置为“Arial”，将【字体大小】设置为25pt，将【字符间距】设置为0，并在画板中调整其位置，效果如图12-70所示。

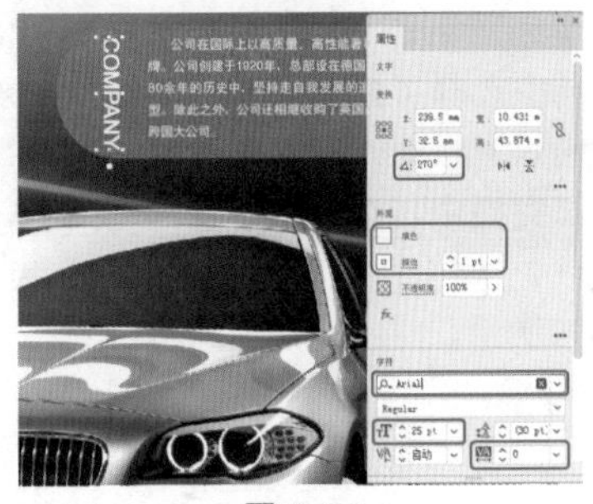

图12-70

Step 06 再次使用【文字工具】在画板中单击鼠标，输入文字，选中输入的文字，在【属性】面板中将【旋转】设置为270°，将【填色】设置为白色，将【描边】设置为白色，将【描边粗细】设置为1pt，将【字体系列】设置为“Arial”，将【字体大小】设置为10.5pt，将【行距】设置为43pt，将【字符间距】设置为0，并在画板中调整其位置，效果如图12-71所示。

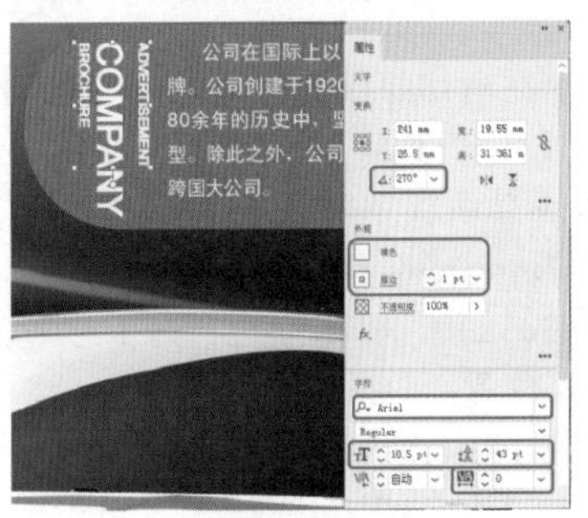

图12-71

实例125 旅游画册封面设计

素材：素材\Cha12\旅游素材01.jpg、旅游素材02.png

场景：场景\Cha12\实例125 旅游画册封面设计.ai

旅游宣传册指详细说明旅游经营商所提供的一次旅游、度假或旅行安排等具体内容的出版物。本实例将介绍如何制作旅游画册封面，效果如图12-72所示。

图12-72

Step 01 按Ctrl+N组合键，在弹出的对话框中将【单位】设置为“毫米”，将【宽度】和【高度】分别设置为420mm和297mm，将【颜色模式】设置为“RGB颜色”，单击【创建】按钮，按Ctrl+Shift+P组合键，在弹出的对话框中选择“素材\Cha12\旅游素材01.jpg”文件，单击【置入】按钮，在画板中单击鼠标，将选中的素材文件置入文档中，在【属性】面板中单击【水平轴翻转】按钮，单击【嵌入】按钮，在画板中调整其位置，如图12-73所示。

图12-73

Step 02 在画板中绘制一个与画板大小相同的矩形，选中绘制的矩形与置入的素材文件，右击，在弹出的快捷菜单中选择【建立剪切蒙版】命令，创建剪切蒙版，在工具箱中单击【矩形工具】按钮，在画板中绘制一个矩形，在【属性】面板中将【宽】和【高】分别设置为210mm、297mm，将【填色】设置为“无”，将【描边】设置为#3e3a39，将【描边粗细】设置为1pt，并在画板中调整其位置，效果如图12-74所示。

图12-74

Step 03 再使用【矩形工具】在画板中绘制矩形，在【属性】面板中将【宽】和【高】分别设置为111mm和245mm，将【填色】设置为#009fe8，将【描边】设置为“无”，将【不透明度】设置为70%，并在画板中调整其位置，效果如图12-75所示。

Step 04 在工具箱中单击【文字工具】按钮，在画板中单击鼠标，输入文字，在【字符】面板中将【字体系列】设置为“微软雅黑”，将【字体样式】设置为“Bold”，将【字体大小】设置为34pt，将【行距】设置为33pt，将【字符间距】设置为0，单击【全部大写字母】按钮TT，在【颜色】面板中将【填色】设置为#ffffff，在画板中调整其位置，效果如图12-76所示。

图12-75

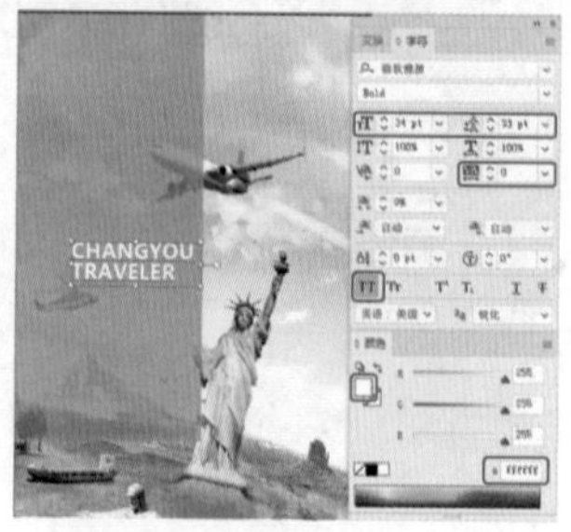

图12-76

Step 05 在工具箱中单击【文字工具】按钮，在画板中单击，输入文字，在【属性】面板中将【填色】设置为白色，将【字体系列】设置为“方正大黑简体”，将【字体大小】设置为35pt，将【字符间距】设置为-40，在画板中调整其位置，效果如图12-77所示。

Step 06 在画板中单击【矩形工具】按钮，在画板中绘制一个矩形，在【属性】面板中将【宽】和【高】分别设置为59mm和117mm，将【填色】设置为“无”，将【描边】设置为白色，将【描边粗细】设置为10pt，在画板中调整其位置，效果如图12-78所示。

图12-77

图12-78

Step 07 选中绘制的矩形，在工具箱中单击【添加锚点工具】按钮，在选中的矩形上单击鼠标添加3个锚点，如图12-79所示。

Step 08 在工具箱中单击【直接选择工具】按钮，在画板中选择中间添加的锚点，按Delete键将选中的锚点删除，并在画板中适当调整其他锚点的位置，效果如图12-80所示。

Step 09 根据前面介绍的方法在画板中输入其他文字，效果如图12-81所示。

图12-79

图12-80

图12-81

Step 10 在工具箱中单击【直线段工具】按钮，在画板中按住Shift键绘制水平直线，在【属性】面板中将【宽】设置为30mm，将【填色】设置为“无”，将【描边】设置为白色，将【描边粗细】设置为1pt，在画板中调整其位置，效果如图12-82所示。

图12-82

Step 11 在工具箱中单击【圆角矩形工具】按钮，在画板中绘制一个圆角矩形，在【变换】面板中将【宽】和【高】分别设置为192mm和78mm，取消圆角半径的链接，将所有的圆角半径分别设置为0mm、8mm、0mm、8mm，在【颜色】面板中将【填色】设置为#009fe8，将【描边】设置为“无”，在【透明度】面板中将【不透明度】设置为70%，如图12-83所示。

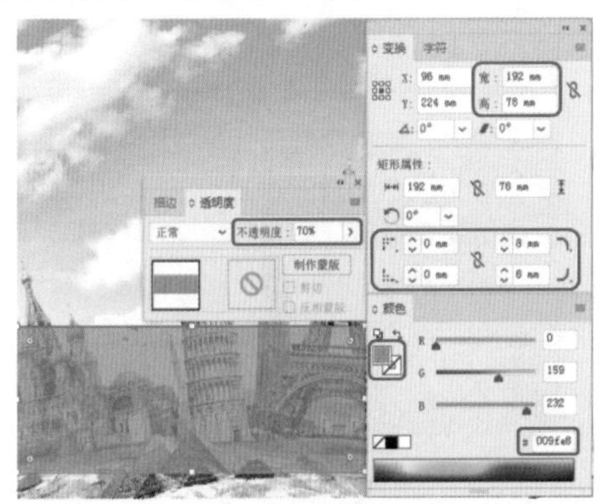

图12-83

Step 12 根据前面介绍的方法在画板中绘制矩形，并输入图12-84所示的内容。

图12-84

Step 13 将“旅游素材02.png”文件置入文档中，将其嵌入文档，并在画板中调整其大小与位置，效果如图12-85所示。

图12-85

Step 14 在工具箱中单击【文字工具】按钮，在画板中单击，输入文字，选中输入的文字，在【属性】面板中将【填色】设置为白色，将【字体系列】设置为“方正粗宋简体”，将【字体大小】设置为11pt，将【行距】设置为14pt，将【字符间距】设置为0，并在画板中调整其位置，效果如图12-86所示。

图12-86

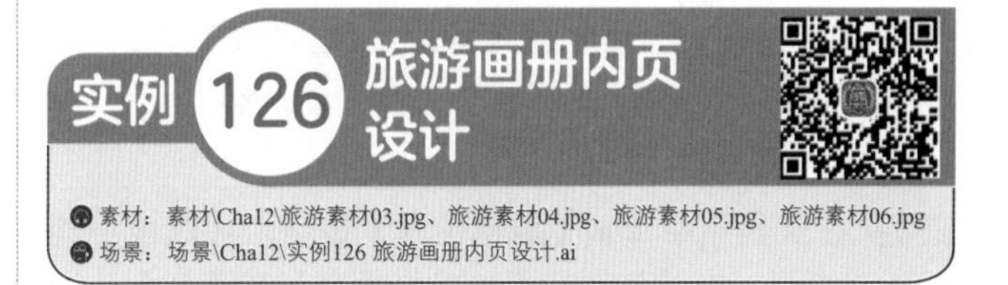

素材：素材\Cha12\旅游素材03.jpg、旅游素材04.jpg、旅游素材05.jpg、旅游素材06.jpg
场景：场景\Cha12\实例126 旅游画册内页设计.ai

本实例将介绍如何制作旅游画册内页。首先利用【矩形工具】绘制图形，然后使用【直接选择工具】对矩形进行调整，将调整的矩形与素材图像创建剪切蒙版，最后使用【文字工具】输入内容介绍。效果如图12-87所示。

图12-87

Step 01 按Ctrl+N组合键，在弹出的对话框中将【单位】设置为“毫米”，将【宽度】和【高度】分别设置为420mm和297mm，将【颜色模式】设置为“RGB颜色”，单击【创建】按钮，按Ctrl+Shift+P快捷组合键，在弹出的对话框中选择“素材\Cha12\旅游素材03.jpg”文件，单击【置入】按钮，在画板中单击鼠标，将选中的素材文件置入文档中，在【属性】面板中将【宽】和【高】分别设置为346mm和306mm，将X和Y分别设置为113mm和153mm，单击【嵌入】按钮，如图12-88所示。

图12-88

提示

颜色模式决定了用于显示和打印所处理图稿的颜色方法。常用的颜色模式有RGB模式、CMYK模式和灰度模式等。

在RGB模式下，每种RGB成分都可以使用从0（黑色）到255（白色）的值。当3种成分值相等时，可以产生灰色；当所有成分值均为255时，可以得到纯白色；当所有成分值均为0时，可以得到纯黑色。在CMYK模式下，每种油墨可使用从0％至100％的值。低油墨百分比更接近白色，高油墨百分比更接近黑色。CMYK模式是一种印刷模式，如果文件要用于印刷，应使用此模式。

Step 02 在工具箱中单击【矩形工具】按钮，在画板中绘制一个矩形，在【属性】面板中将【宽】和【高】分别设置为210mm和297mm，将X和Y分别设置为105mm和148.5mm，为其填充任意一种颜色，将【描边】设置为“无”，效果如图12-89所示。

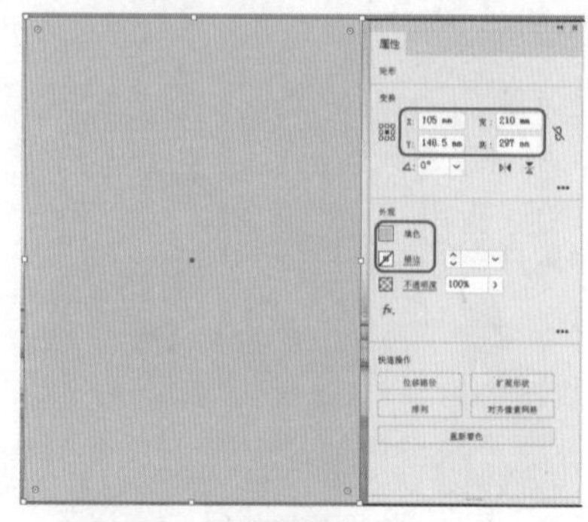

图12-89

Step 03 选中绘制的矩形与置入的素材文件，右击，在弹出的快捷菜单中选择【建立剪切蒙版】命令，在工具箱中单击【矩形工具】按钮，在画板中绘制一个矩形，在【属性】面板中将【宽】和【高】分别设置为210mm和48mm，将X和Y分别设置为105mm和78mm，将【填色】设置为#009fe8，将【描边】设置为“无”，效果如图12-90所示。

图12-90

Step 04 在工具箱中单击【文字工具】按钮，在画板中单击鼠标，输入文字，选中输入的文字，在【属性】面板中将【填色】设置为白色，将【字体系列】设置为“微软雅黑”，将【字体样式】设置为“Bold”，将【字体大小】设置为28pt，将【行距】设置为26pt，将【字符间距】设置为50，将X和Y分别设置为86mm和75mm，如图12-91所示。

图12-91

Step 05 在工具箱中单击【文字工具】按钮，在画板中单击鼠标，输入文字，选中输入的文字，在【属性】面板中将【填色】设置为白色，将【字体系列】设置为“汉仪大黑简”，将【字体大小】设置为26pt，将【字符间距】设置为0，将X和Y分别设置为82mm和91mm，如图12-92所示。

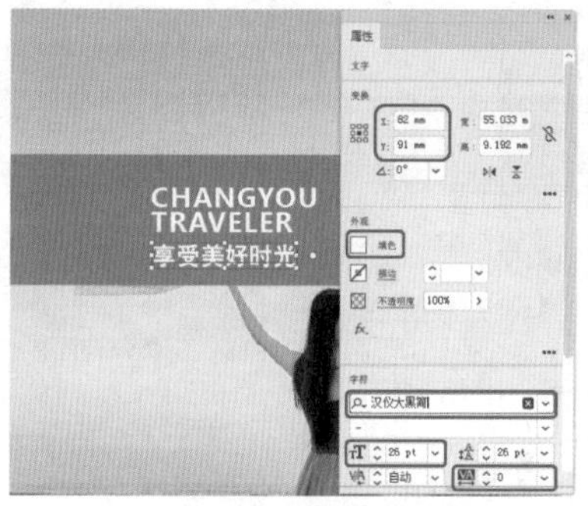

图12-92

Step 06 在工具箱中单击【矩形工具】按钮，在画板中绘制一个矩形，在【属性】面板中将【宽】和【高】分别设置为41mm和85mm，将X和Y分别设置为69mm和78mm，将【填色】设置为“无”，将【描边】设置为白色，将【描边粗细】设置为10pt，效果如图12-93所示。

Step 07 选中新绘制的矩形，在工具箱中单击【添加锚点工具】按钮，在选中的矩形上单击鼠标添加3个锚点，并根据前面所介绍的方法将中间添加的锚点删除，如图12-94所示。

图12-93

图12-94

Step 08 根据前面所介绍的方法在画板中制作图12-95所示的内容。

Step 09 在工具箱中单击【矩形工具】按钮，在画板中绘制一个矩形，在【属性】面板中将【宽】和【高】分别设置为210mm和297mm，将X和Y分别设置为315mm和148.5mm，将【填色】设置为#f1f1f1，将【描边】设置为“无”，效果如图12-96所示。

图12-95

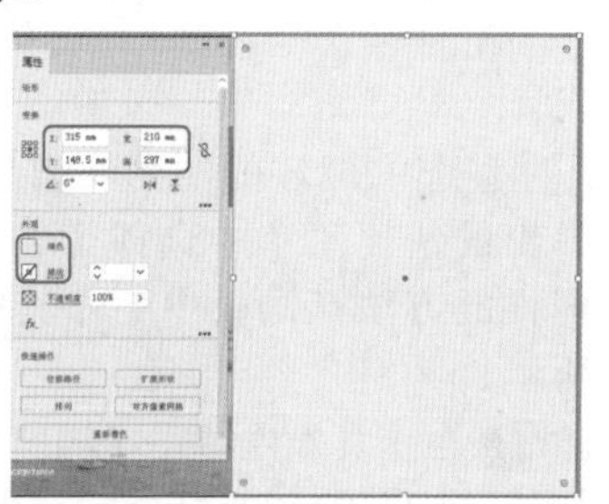
图12-96

Step 10 在工具箱中单击【矩形工具】按钮，在画板中绘制一个矩形，在【属性】面板中将【宽】和【高】分别设置为81mm和11mm，将X和Y分别设置为379.5mm、19mm，将【填色】设置为#009fe8，将【描边】设置为“无”，效果如图12-97所示。

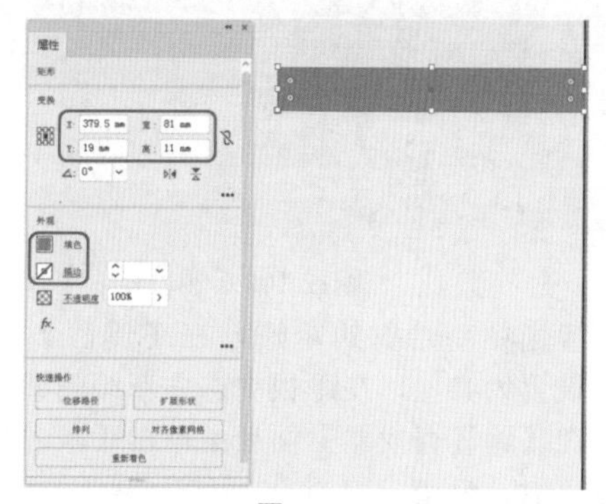
图12-97

Step 11 使用【矩形工具】在画板中绘制一个矩形，在【属性】面板中将【宽】和【高】分别设置为126mm和11mm，将X和Y分别设置为273mm和19mm，将【填色】设置为#c8c9ca，将【描边】设置为“无”，效果如图12-98所示。

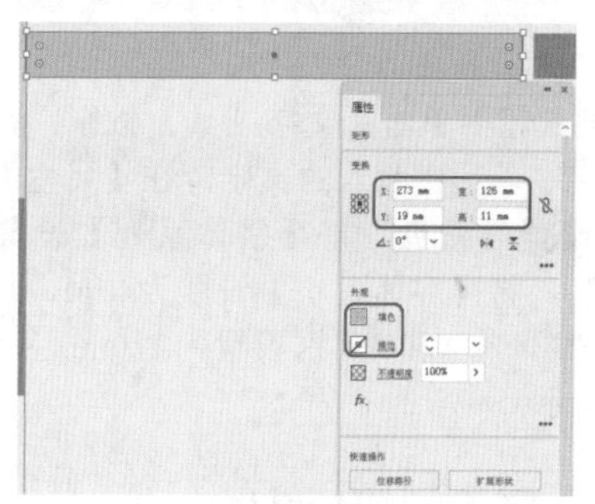
图12-98

Step 12 在工具箱中单击【矩形工具】按钮，在画板中绘制一个矩形，在【属性】面板中将【宽】和【高】均设置为78mm，将X和Y分别设置为274mm和75mm，将【填色】设置为#009fe8，将【描边】设置为“无”，效果如图12-99所示。

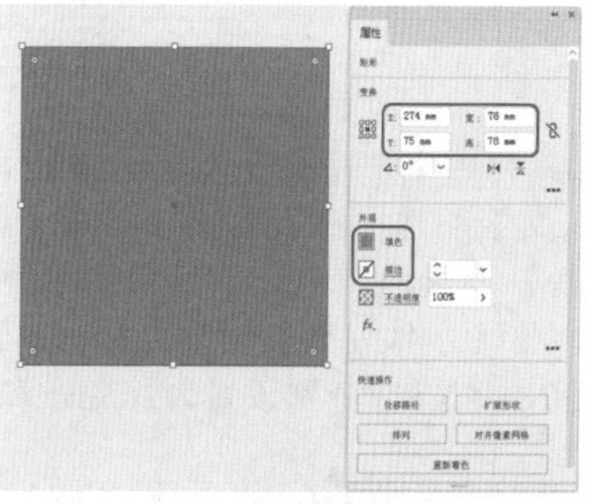
图12-99

Step 13 再次使用【矩形工具】在画板中绘制一个矩形，在【属性】面板中将【宽】和【高】均设置为24mm，将X

和Y分别设置为314mm和116mm，为其任意填充一种颜色，将【描边】设置为“无”，效果如图12-100所示。

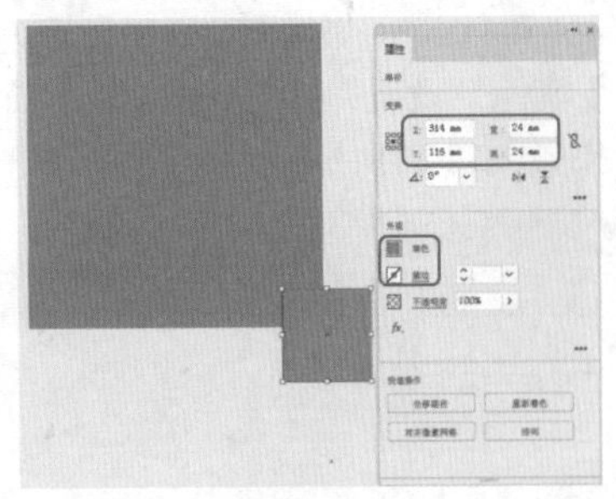

图12-100

Step 14 继续选中新绘制的矩形，在【属性】面板中将【旋转】设置为45°，在画板中选中新绘制的矩形与蓝色矩形，在【路径查找器】面板中单击【减去顶层】按钮，如图12-101所示。

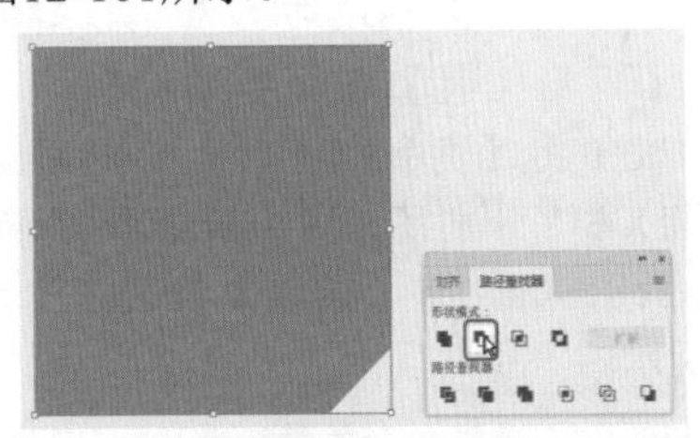

图12-101

Step 15 在工具箱中单击【文字工具】按钮，在画板中单击，输入文字，选中输入的文字，在【属性】面板中将【填色】设置为白色，将【字体系列】设置为“方正大黑简体”，将【字体大小】设置为47pt，将【字符间距】设置为0，将X和Y分别设置为270mm和53mm，如图12-102所示。

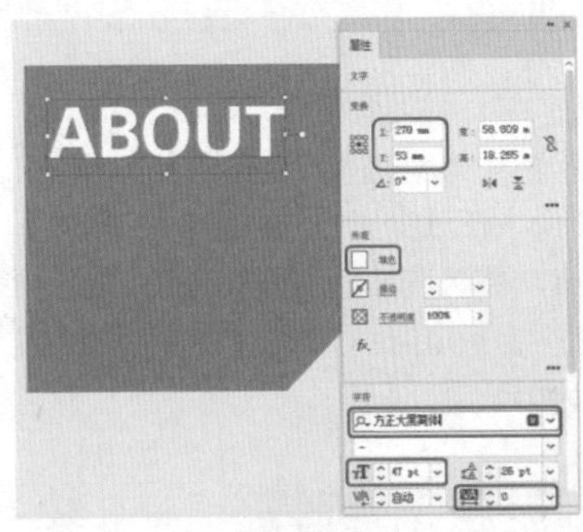

图12-102

Step 16 在工具箱中单击【文字工具】按钮，在画板中单击，输入文字，选中输入的文字，在【属性】面板中将【填色】设置为白色，将【字体系列】设置为“Arial”，将【字体大小】设置为30pt，将【字符间距】设置为0，将X和Y分别设置为265mm和65mm，如图12-103所示。

Step 17 在工具箱中单击【文字工具】按钮，在画板中绘制一个文本框，输入文字，选中输入的文字，在【属性】面板中将【填色】设置为白色，将【字体系列】设置为“微软雅黑”，将【字体大小】设置为7.3pt，将【行距】设置为16pt，将【字符间距】设置为40，并在画板中调整其位置，如图12-104所示。

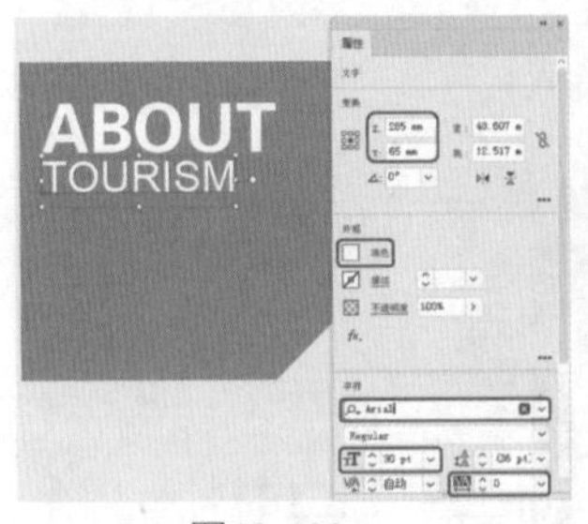

图12-103

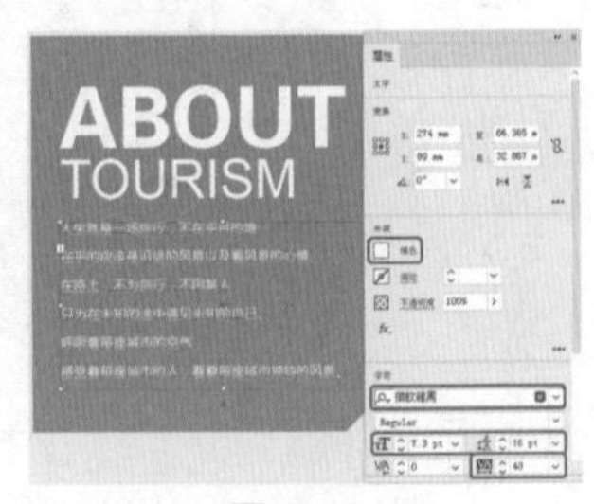

图12-104

Step 18 将“旅游素材04.jpg”文件置入文档中，将其嵌入文档，在【属性】面板中将【宽】和【高】分别设置为118mm和79mm，将X和Y分别设置为359mm和75mm，效果如图12-105所示。

图12-105

Step 19 在画板中选择减去顶层对象的蓝色矩形，按Ctrl+C组合键进行复制，按Ctrl+V组合键进行粘贴，选中复制的对象，在【属性】面板中将X和Y分别设置为356mm和75mm，单击【水平轴翻转】按钮，效果如图12-106所示。

图12-106

Step 20 选中翻转的图形与置入的素材文件，右击，在弹出的快捷菜单中选择【建立剪切蒙版】命令，使用同样的方法在画板中制作其他内容，效果如图12-107所示。

Step 21 在工具箱中单击【椭圆工具】按钮，在画板中按住Shift键绘制一个正圆，在【属性】面板中将【宽】

和【高】均设置为14mm，将X和Y分别设置为315mm和116mm，将【填色】设置为#009fe8，将【描边】设置为"无"，如图12-108所示。

图12-107

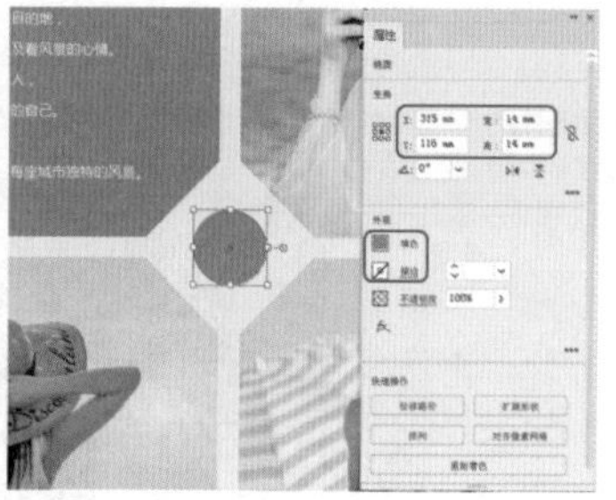
图12-108

Step 22 在工具箱中单击【钢笔工具】按钮，在画板中绘制图12-109所示的图形，在【属性】面板中将【填色】设置为#009fe8，将【描边】设置为"无"，并在画板中调整其位置。

图12-109

Step 23 在工具箱中单击【文字工具】按钮T，在画板中单击鼠标，输入文字，选中输入的文字，在【属性】面板中将【填色】设置为白色，将【字体系列】设置为"方正兰亭粗黑简体"，将【字体大小】设置为21pt，将【字符间距】设置为0，并在画板中调整其位置，如图12-110所示。

图12-110

Step 24 根据前面介绍的方法在画板中创建其他文字与图形，效果如图12-111所示。

图12-111

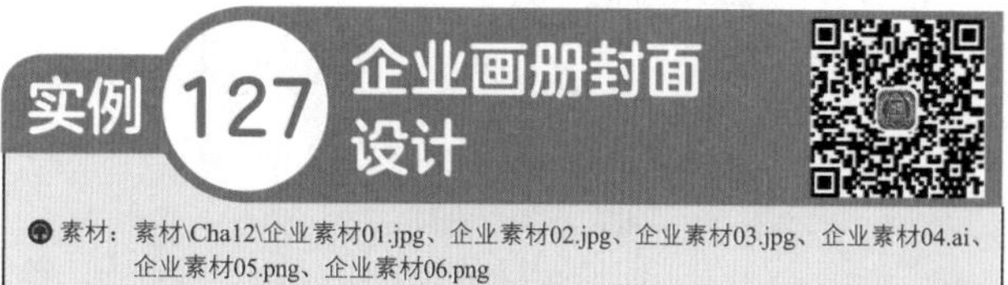

实例127 企业画册封面设计

素材：素材\Cha12\企业素材01.jpg、企业素材02.jpg、企业素材03.jpg、企业素材04.ai、企业素材05.png、企业素材06.png

场景：场景\Cha12\实例127 企业画册封面设计.ai

企业画册有很大的作用，很多企业都会以一本小小的画册来展现公司的规章制度和发展方向，使公司具有更大的影响力。本实例将介绍如何制作企业画册封面，效果如图12-112所示。

图12-112

Step 01 按Ctrl+N组合键，在弹出的对话框中将【单位】设置为"毫米"，将【宽度】和【高度】分别设置为420mm和297mm，将【颜色模式】设置为"RGB颜色"，单击【创建】按钮，在工具箱中单击【矩形工具】按钮，在画板中绘制一个矩形，在【属性】面板中将【宽】和【高】分别设置为420mm和297mm，将【填色】设置为#f2f2f2，将【描边】设置为"无"，在画板中调整其位置，效果如图12-113所示。

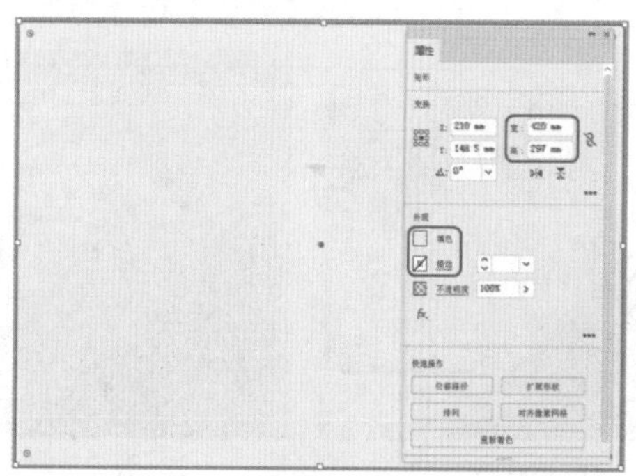
图12-113

Step 02 按Ctrl+Shift+P组合键，在弹出的对话框中选择“素材\Cha12\企业素材01.jpg”文件，单击【置入】按钮，在画板中单击鼠标，将选中的素材文件置入文档中，在【属性】面板中将【宽】和【高】分别设置为528mm和297mm，将X和Y分别设置为264mm和148.5mm，将【不透明度】设置为70%，单击【嵌入】按钮，如图12-114所示。

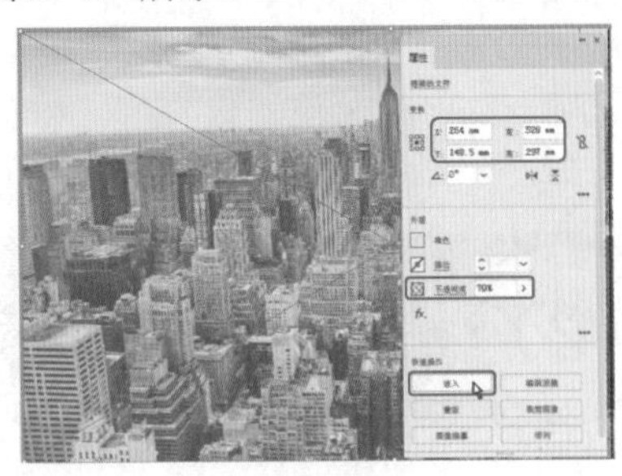

图12-114

Step 03 在画板中绘制一个与画板大小相同的矩形，选中绘制的矩形与置入的素材文件，右击，在弹出的快捷菜单中选择【建立剪切蒙版】命令，然后再使用【矩形工具】在画板中绘制一个矩形，在【属性】面板中将【宽】和【高】分别设置为210mm和297mm，将【填色】设置为“无”，将【描边】设置为#4d4d4d，将【描边粗细】设置为1pt，并在画板中调整其位置，效果如图12-115所示。

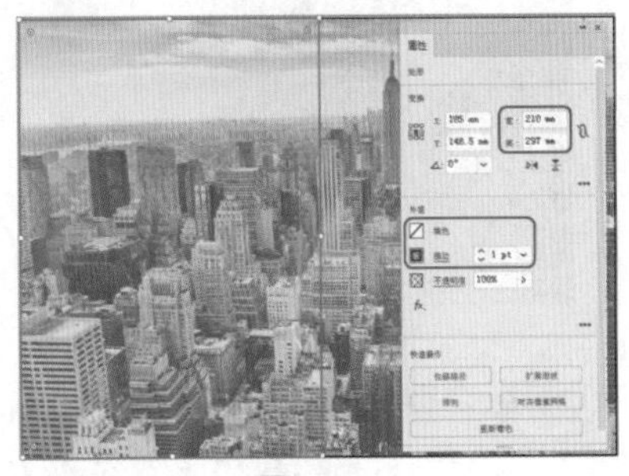

图12-115

Step 04 在工具箱中单击【钢笔工具】按钮，在画板中绘制一个三角形，在【颜色】面板中将【填色】设置为#323433，将【描边】设置为“无”，效果如图12-116所示。

Step 05 在工具箱中单击【钢笔工具】按钮，在画板中绘制一个图12-117所示的图形，在【颜色】面板中将【填色】设置为#df2726，将【描边】设置为“无”。

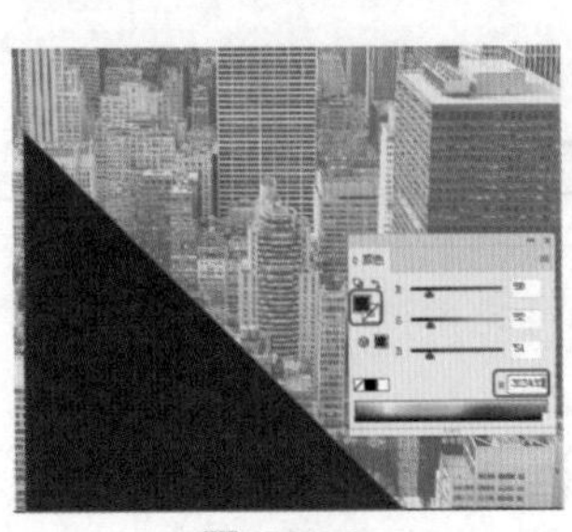

图12-116

图12-117

Step 06 在工具箱中单击【钢笔工具】按钮，在画板中绘制一个图12-118所示的图形，在【颜色】面板中将【填色】设置为#aa1f24，将【描边】设置为“无”。

图12-118

提示

在按住Shift键的同时单击属性栏中的填色色块或描边色块，可以在打开的【颜色】面板中设置颜色参数。

Step 07 在工具箱中单击【文字工具】按钮，在画板中单击，输入文字，选中输入的文字，在【属性】面板中将【填色】设置为白色，将【字体系列】设置为“方正兰亭中黑_GBK”，将【字体大小】设置为36pt，将【字符间距】设置为100，并在画板中调整其位置，如图12-119所示。

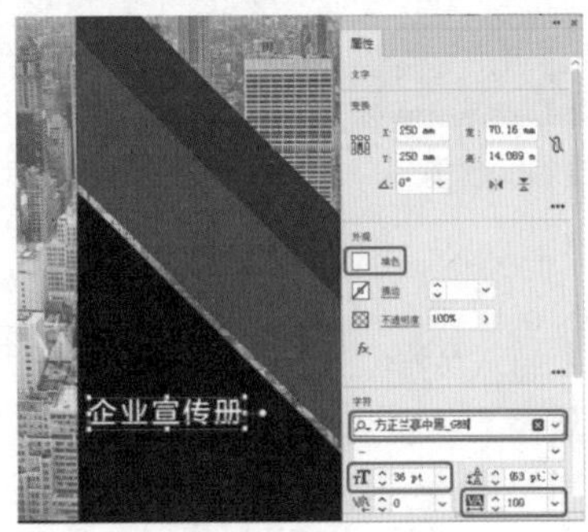

图12-119

Step 08 在工具箱中单击【文字工具】按钮，在画板中单击，输入文字，选中输入的文字，在【属性】面板中将【填色】设置为白色，将【字体系列】设置为“Myriad Pro”，将【字体大小】设置为43pt，将【字符间距】设置为0，并在画板中调整其位置，如图12-120所示。

图12-120

Step 09 使用同样的方法在画板中输入其他文字内容，效果如图12-121所示。

Step 10 在工具箱中单击【椭圆工具】按钮，在画板中按住Shift键绘制一个正圆，在【属性】面板中将【宽】和【高】均设置为140mm，为其填充任意一种颜色，将【描边】设置为白色，将【描边粗细】设置为16pt，并在画板中调整其位置，效果如图12-122所示。

图12-121

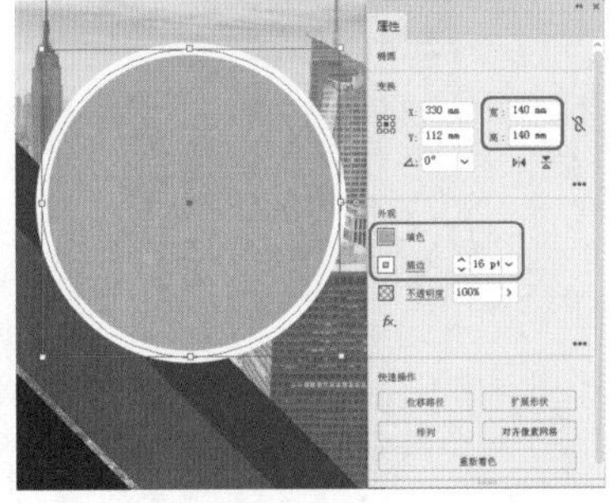
图12-122

Step 11 将“企业素材02.jpg”文件置入文档中，将其嵌入文档中，在画板中调整其大小与位置，在【图层】面板中选择“椭圆”图层，按住鼠标将其拖曳至【创建新图层】按钮上，将选中的图层进行复制，将复制的“椭圆”图层调整至【图层】面板的最顶层，效果如图12-123所示。

Step 12 选中复制的圆形与置入的素材文件，右击，在弹出的快捷菜单中选择【建立剪切蒙版】命令，选中创建剪切蒙版后的对象，在【属性】面板中将【宽】和【高】均设置为135mm，效果如图12-124所示。

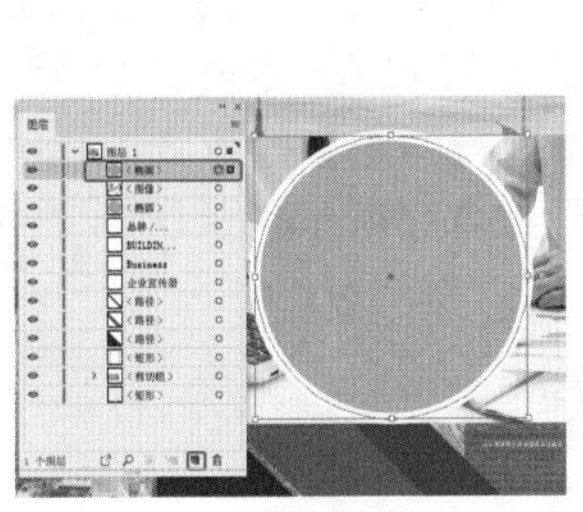
图12-123

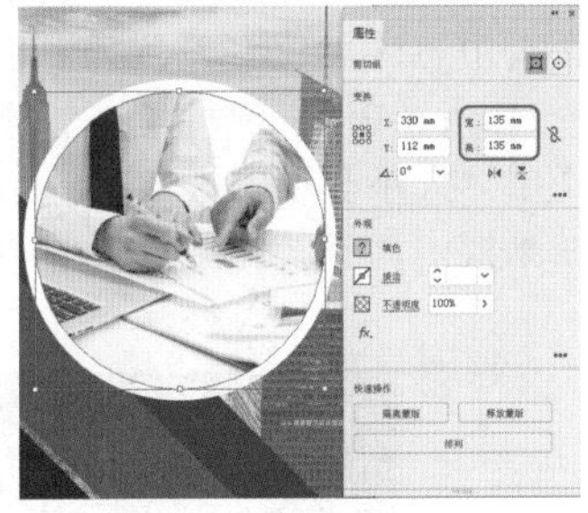
图12-124

Step 13 在画板中选择带有描边的圆形，在【外观】面板中单击【添加新效果】按钮 fx，在弹出的下拉菜单中选择【风格化】|【投影】命令，如图12-125所示。

Step 14 在弹出的【投影】对话框中将【模式】设置为“正片叠底”，将【不透明度】设置为20%，将【X位移】【Y位移】【模糊】分别设置为2.5mm、2.5mm、1.8mm，将【颜色】设置为#000000，如图12-126所示。

Step 15 设置完成后，单击【确定】按钮，使用同样的方法在画板中制作其他图形效果，如图12-127所示。

Step 16 在工具箱中单击【钢笔工具】按钮，在画板中绘制一个图12-128所示的图形，在【颜色】面板中将【填色】设置为#d1231e，将【描边】设置为“无”。

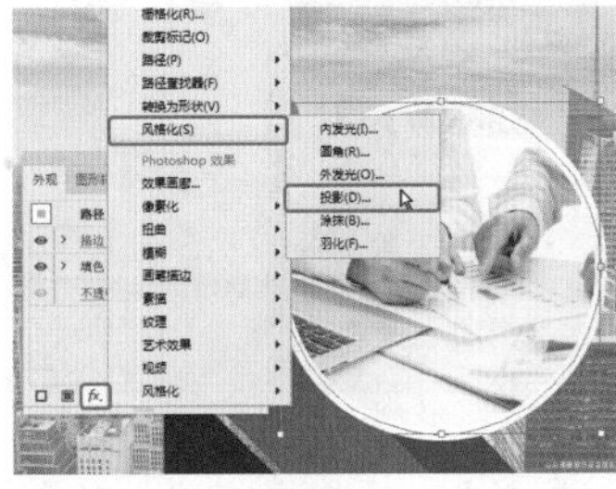
图12-125

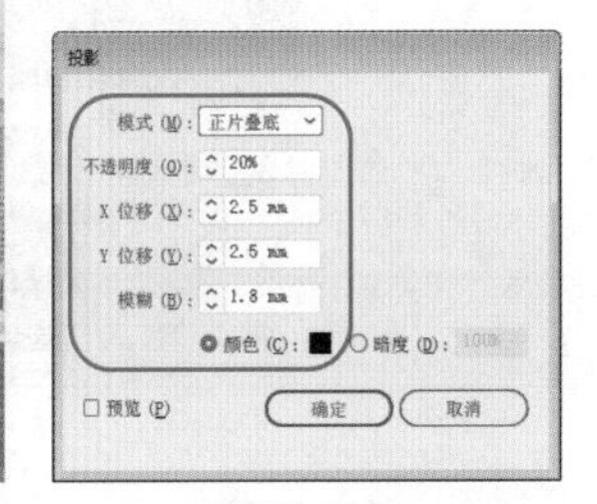

图12-126

图12-127

图12-128

Step 17 根据前面介绍的方法将“企业素材04.ai”与“企业素材05.png”文件置入文档中，并将其嵌入文档，在画板中调整其大小与位置，效果如图12-129所示。

Step 18 根据前面介绍的方法在画板中制作其他内容，并将“企业素材06.png”文件置入文档中，效果如图12-130所示。

图12-129

图12-130

实例128 企业画册内页设计

素材：素材\Cha12\企业素材07.ai、企业素材08.jpg、企业素材09.jpg、企业素材10.jpg

场景：场景\Cha12\实例128 企业画册内页设计.ai

本实例将介绍如何制作企业画册内页。首先使用【矩形工具】绘制内容介绍底纹，然后利用【文字工具】输入内容介绍，最后利用【钢笔工具】绘制图形，使内页产生立体效果。效果如图12-131所示。

图12-131

Step 01 按Ctrl+N组合键，在弹出的对话框中将【单位】设置为“毫米”，将【宽度】和【高度】分别设置为420mm和297mm，将【颜色模式】设置为“RGB颜色”，单击【创建】按钮，在工具箱中单击【矩形工具】按钮，在画板中绘制一个矩形，在【属性】面板中将【宽】和【高】分别设置为420mm和297mm，将【填色】设置为#f2f2f2，将【描边】设置为“无”，在画板中调整其位置，效果如图12-132所示。

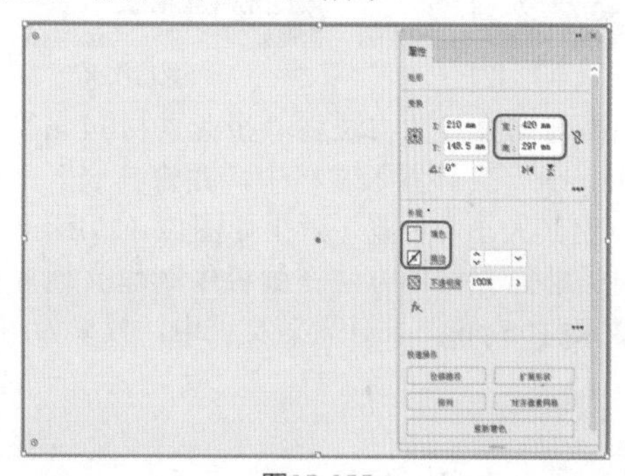

图12-132

Step 02 再在画板中绘制一个【宽】和【高】分别为210mm和297mm的矩形，将【填色】设置为“无”，将【描边】设置为#999999，将【描边粗细】设置为1pt，并调整其位置，如图12-133所示。

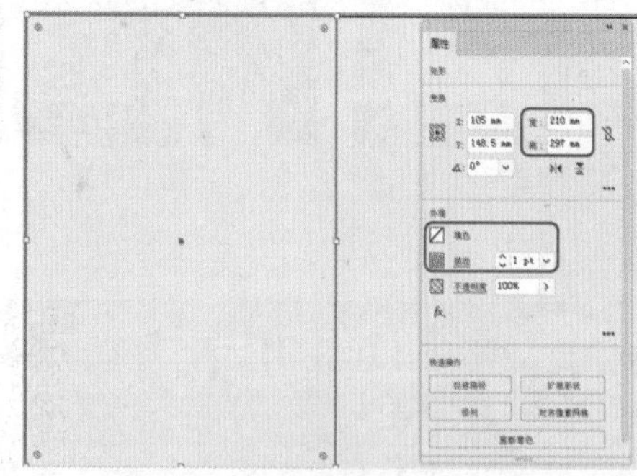

图12-133

Step 03 再次使用【矩形工具】在画板中绘制一个矩形，在【属性】面板中将【宽】和【高】分别设置为210mm和92mm，将X和Y分别设置为105mm和70mm，将【填色】设置为#d1231e，将【描边】设置为“无”，效果如图12-134所示。

Step 04 在工具箱中单击【文字工具】按钮，在画板中单击鼠标，输入文字，选中输入的文字，在【属性】面板中将【填色】设置为白色，将【字体系列】设置为“微软雅黑”，将【字体样式】设置为“Bold”，将【字体大小】设置为64pt，将【字符间距】设置为0，并在画板中调整其位置，效果如图12-135所示。

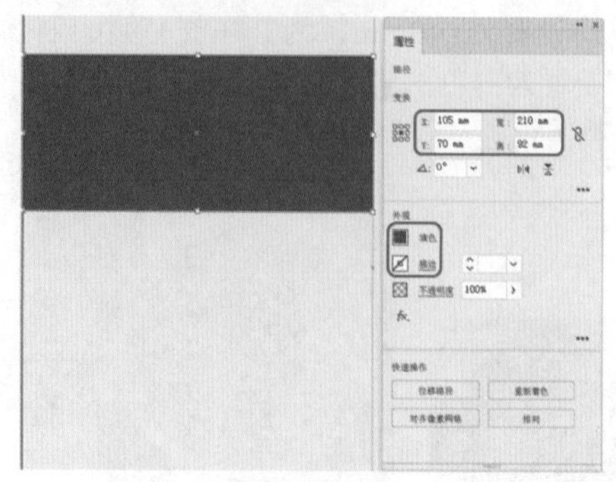

图12-134

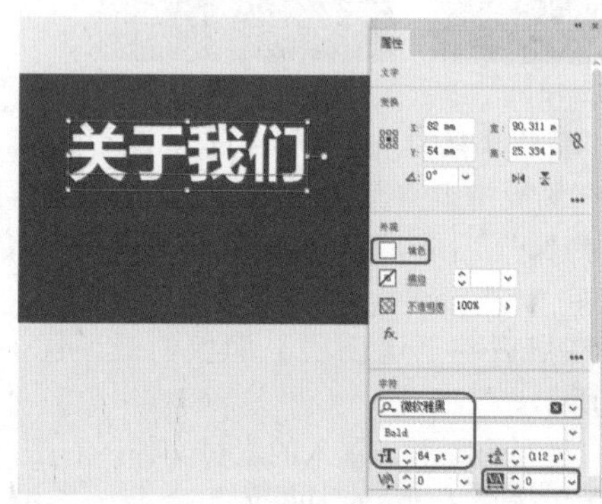

图12-135

Step 05 在工具箱中单击【文字工具】按钮，在画板中单击鼠标，输入文字，选中输入的文字，在【属性】面板中将【填色】设置为白色，将【字体系列】设置为“Minion Pro”，将【字体样式】设置为“Bold”，将【字体大小】设置为22pt，将【字符间距】设置为0，并在画板中调整其位置，效果如图12-136所示。

图12-136

Step 06 在工具箱中单击【文字工具】按钮，在画板中绘制一个文本框，在【属性】面板中将【宽】和【高】分别设置为160mm和37mm，在文本框中输入文字并选中输入的文字，在【属性】面板中将【填色】设置为白色，将【字体系列】设置为“Adobe 黑体 Std R”，将【字体大小】设置为12pt，将【行距】设置为19pt，将

【字符间距】设置为50，在【段落】面板中将【首行左缩进】设置为19pt，并在画板中调整其位置，效果如图12-137所示。

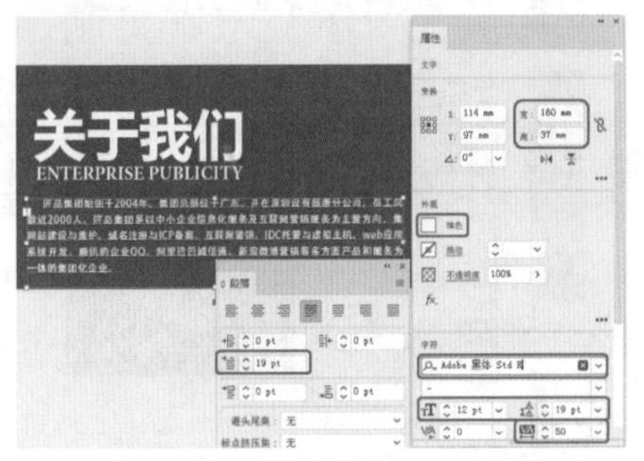

图12-137

Step 07 使用同样的方法在画板中输入其他文字内容，并进行相应的调整，效果如图12-138所示。

Step 08 将“企业素材07.ai”文件置入文档中，将其嵌入文档，并调整其大小与位置，效果如图12-139所示。

图12-138　　图12-139

Step 09 将“企业素材08.jpg”文件置入文档中，将其嵌入文档，并在画板中调整其大小与位置，效果如图12-140所示。

图12-140

Step 10 在工具箱中单击【矩形工具】按钮，在画板中绘制一个矩形，在【属性】面板中将【宽】和【高】分别设置为73mm和136mm，为其填充任意一种颜色，将【描边】设置为“无”，并在画板中调整其位置，效果如图12-141所示。

Step 11 在画板中选择绘制的矩形与置入的素材文件，右击，在弹出的快捷菜单中选择【建立剪切蒙版】命令，创建剪切蒙版，然后在工具箱中单击【钢笔工具】按钮，在画板中绘制图12-142所示的图形，在【颜色】面板中将【填色】设置为#323433，将【描边】设置为“无”，并在画板中调整其位置。

图12-141

图12-142

Step 12 在工具箱中单击【矩形工具】按钮，在画板中绘制一个矩形，在【属性】面板中将【宽】和【高】分别设置为92mm和96mm，将【填色】设置为红色，将【描边】设置为“无”，并在画板中调整其位置，效果如图12-143所示。

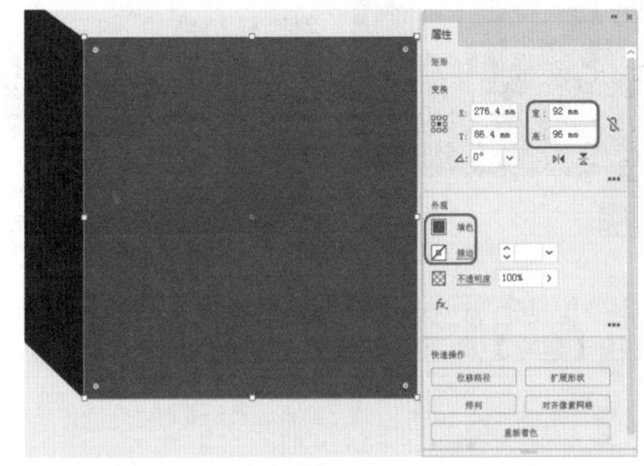

图12-143

Step 13 在工具箱中单击【矩形工具】按钮，在画板中绘制一个矩形，在【属性】面板中将【宽】和【高】分别设置为96mm和1.5mm，将【填色】设置为黄色，将【描边】设置为“无”，并在画板中调整其位置，效果如图12-144所示。

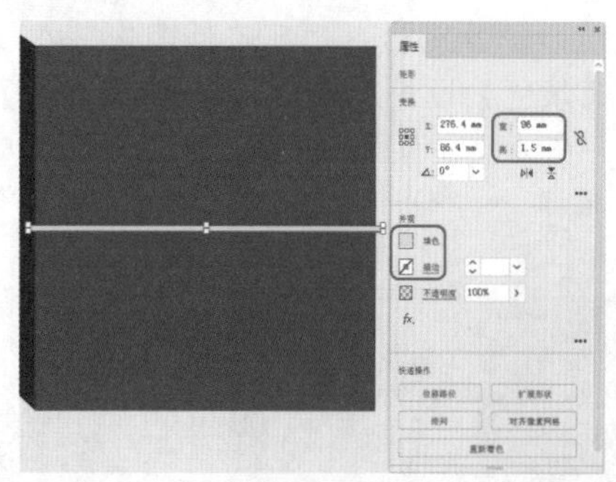

图12-144

Step 14 选中新绘制的矩形，右击，在弹出的快捷菜单中选择【变换】|【旋转】命令，在弹出的对话框中将【角度】设置为90°，如图12-145所示。

Step 15 在【旋转】对话框中单击【复制】按钮，在画板中选择两个黄色矩形与红色矩形，在【路径查找器】面板中单击【减去顶层】按钮，减去顶层后的效果如图12-146所示。

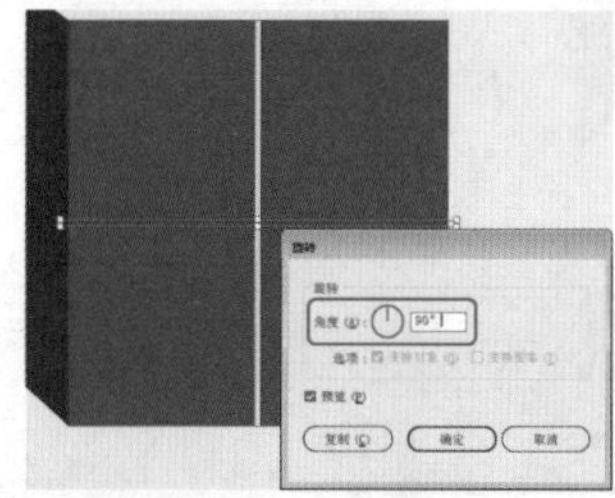

图12-145

图12-146

Step 16 将“企业素材09.jpg”文件置入文档中，将其嵌入文档，并在画板中调整其大小与位置，如图12-147所示。

Step 17 选中置入的素材文件，右击，在弹出的快捷菜单中选择【排列】|【后移一层】命令，如图12-148所示。

图12-147

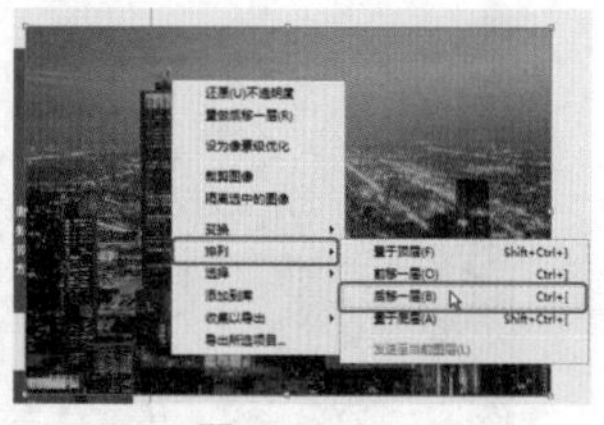

图12-148

Step 18 选中红色矩形，在菜单栏中选择【对象】|【复合路径】|【建立】命令，如图12-149所示。

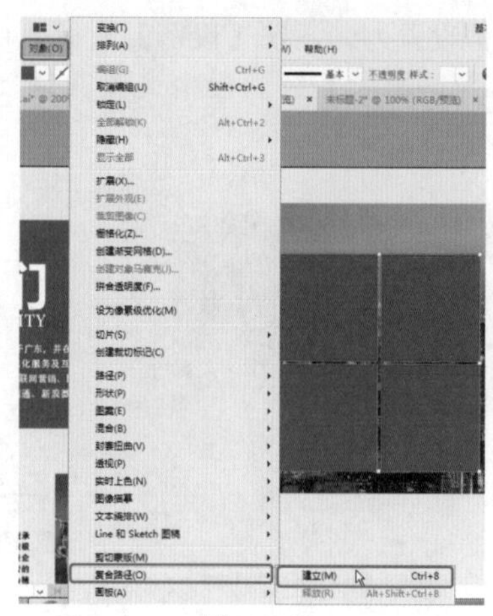

图12-149

◎提示·◦

如果不对红色矩形建立复合路径，则无法对置入的素材文件建立剪切蒙版，也可以通过按Ctrl+8组合键来创建复合路径。

Step 19 选中红色矩形与置入的素材文件，按Ctrl+7组合键为选中的对象建立剪切蒙版，在工具箱中单击【钢笔工具】按钮，在画板中绘制图12-150所示的图形，在【颜色】面板中将【填色】设置为#aa1f24，将【描边】设置为“无”，并在画板中调整其位置。

Step 20 根据前面介绍的方法在画板中制作其他内容，效果如图12-151所示。

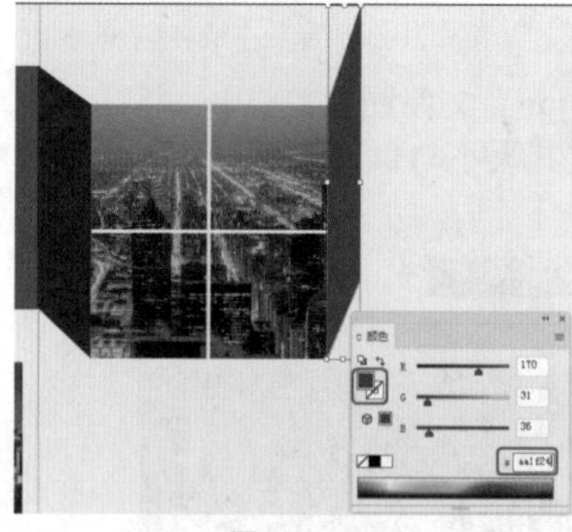

图12-150

图12-151

上海百商购物中心 | 百姓放心企业

VIP 会员积分卡

NO.8888001

会员服务热线：010-55734666　积分查询网站：http：//www.baishang.com

AUTHORIZED SIGNATURE 持卡人签名

1. 本卡仅限本人使用，购物时请先出示本卡，过后不再补办积分。
2. 本卡在天扬购物中心所属连锁机构均可使用，具体折扣及积分情况以会员手册规定为准。
3. 本卡具有使用方法及会员享受的具体优惠措施和优惠方法，详见各门店公告或直接登录百商购物中心网站查询。
4. 本卡不兑换现金，卡内金额请妥善使用。
5. 此卡丢失，凭有效证件补办。
6. 本卡请不要接近磁性物体，注意磁条不要受损。
7. 本卡最终解释权归天扬购物中心所有。

百姓放心企业

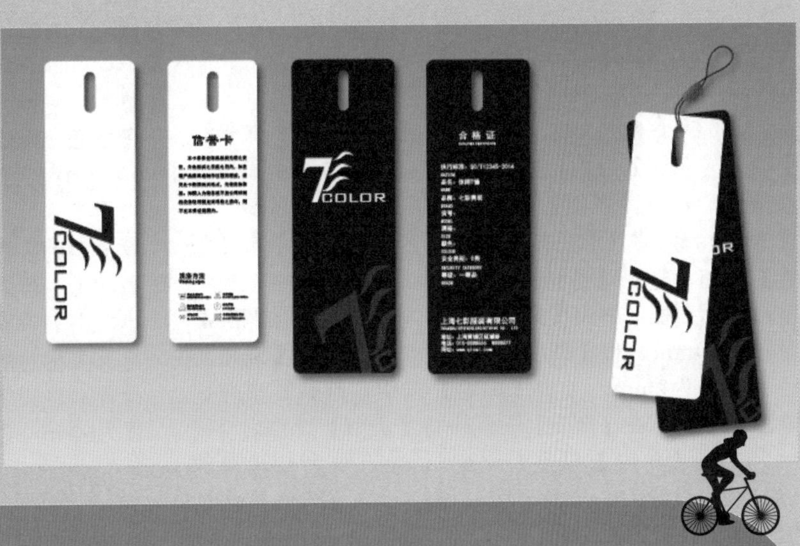

第13章　卡片设计

卡片是承载信息或娱乐用的物品，名片、电话卡、会员卡、吊牌、贺卡等均属此类，其制作材料可以是PVC、透明塑料、金属以及纸质材料等。本章将介绍卡片的设计方法。

实例 129 会员积分卡正面

素材：素材\Cha13\底纹.ai

场景：场景\Cha13\实例129 会员积分卡正面.ai

本例介绍一下会员积分卡正面的制作方法，其主要部分是输入并设置文字内容，为文字添加渐变效果，完成后的效果如图13-1所示。

图13-1

Step 01 按Ctrl+N组合键，在弹出的【新建文档】对话框中输入【名称】为“会员积分卡”，将【单位】设置为“毫米”，将【宽度】设置为190mm，将【高度】设置为62mm，将【颜色模式】设置为CMYK，单击【创建】按钮，选择【圆角矩形工具】，然后在画板中单击鼠标左键，弹出【圆角矩形】对话框，将【宽度】设置为90mm，将【高度】设置为55mm，将【圆角半径】设置为2mm，单击【确定】按钮，绘制图形并调整图形位置，在【渐变】面板中将【类型】设置为“线性”，将【角度】设置为-66°，将左侧渐变滑块的CMYK值设置为0、100、100、35，将右侧渐变滑块的CMYK值设置为0、100、100、0，如图13-2所示。

Step 02 在菜单栏中选择【文件】|【置入】命令，弹出【置入】对话框，选择“素材\Cha13\底纹”文件，单击【置入】按钮，如图13-3所示。

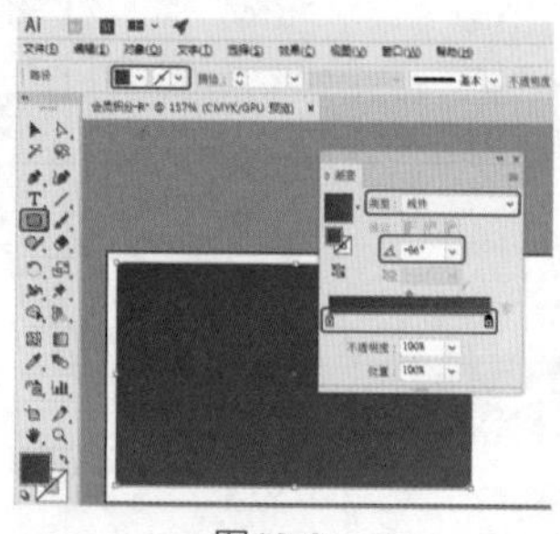

图13-2　　图13-3

Step 03 置入完成后调整素材位置，单击【嵌入】按钮，使用【文字工具】输入文字，将【字体系列】设置为“汉仪大隶书简”，将【字体大小】设置为17.8pt，将【水平缩放】设置为74%，按Shift+F6组合键打开【外观】面板，并单击右上角的≡按钮，在弹出的下拉菜单中选择【添加新填色】命令，如图13-4所示。

Step 04 然后在【渐变】面板中将【类型】设置为“线性”，将左侧渐变滑块的CMYK值设置为0、20、60、20，在51%位置处添加一个色块，将其CMYK值设置为3、6、37、0，将右侧渐变滑块的CMYK值设置为0、20、60、20。使用同样的方法输入文字并设置相同渐变色，将【字体大小】分别设置为10pt、4pt，将【水平缩放】设置为74.3%，【字符间距】分别设置为100%、130，如图13-5所示。

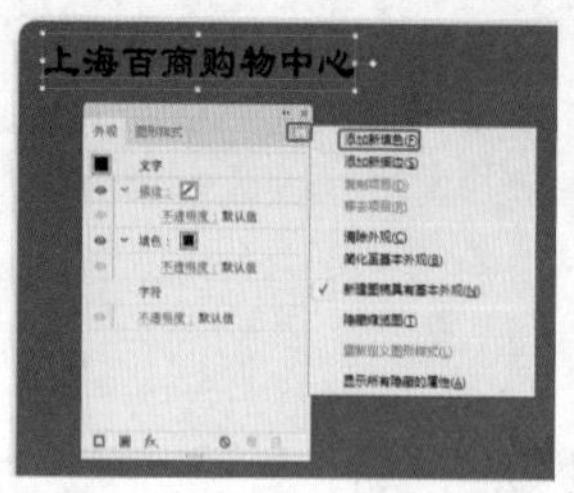

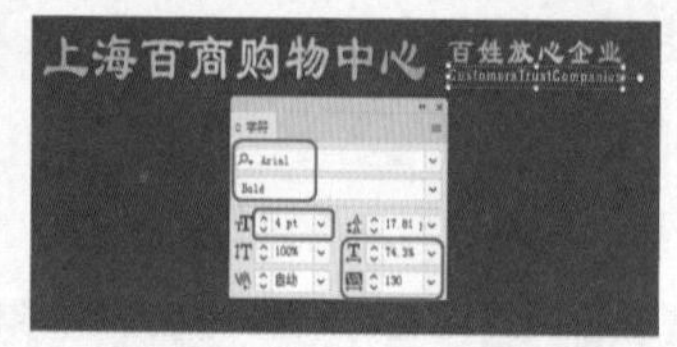

图13-4　　图13-5

Step 05 使用【直线段工具】绘制直线图形，将【填色】设置为“无”，将【描边】设置为0、20、60、20，将【描边粗细】设置为0.75pt，如图13-6所示。

Step 06 使用【文字工具】输入文字，并选择输入的文字，【字体系列】设置为“方正小标宋简体”，将【字体大小】设置为88pt，将【倾斜】设置为10°，并设置与上面相同的渐变色，使用同样的方法输入其他文字并设置，将文字“IP”倾斜设置为30°，【字体大小】设置为69pt，【水平缩放】设置为87%，如图13-7所示。

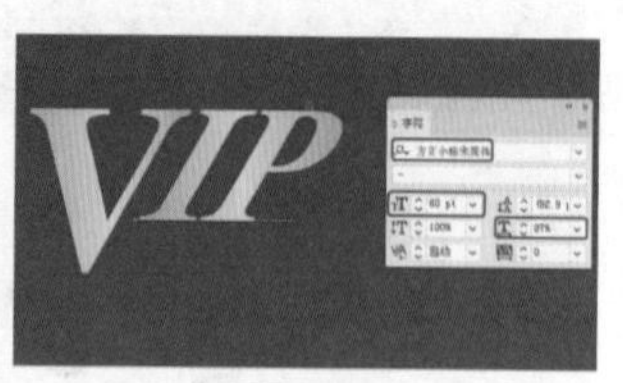

图13-6　　图13-7

Step 07 选中“上海百商购物中心”文字，按住Alt键拖曳鼠标，复制文字并将文字改为“会员积分卡”，将【字体系列】设置为“方正隶书简体”，【字体大小】设置为26pt，继续使用【文字工具】输入文字，选择输入的文字，将【填色】设置为0、0、100、0，【描边】设置为“无”，将【字体系列】设置为“微软雅黑”，将【字体大小】设置为10pt，将【字符间距】设置为66，如图13-8所示。

Step 08 选择绘制的圆角矩形，然后在菜单栏中选择【效果】|【风格化】|【投影】命令，弹出【投影】对话框，将【模式】设置为“正片叠底”，【不透明度】【X位移】【Y位移】【模糊】分别设置为50%、1mm、1mm、1mm，设置完成后单击【确定】按钮，即可为圆角矩形添加投影，如图13-9所示。

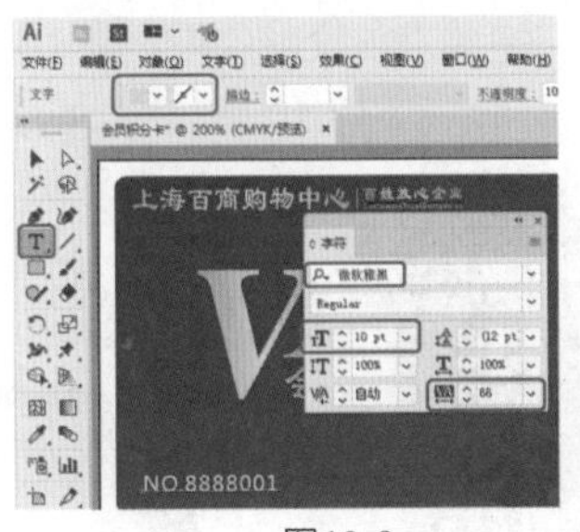

图13-8

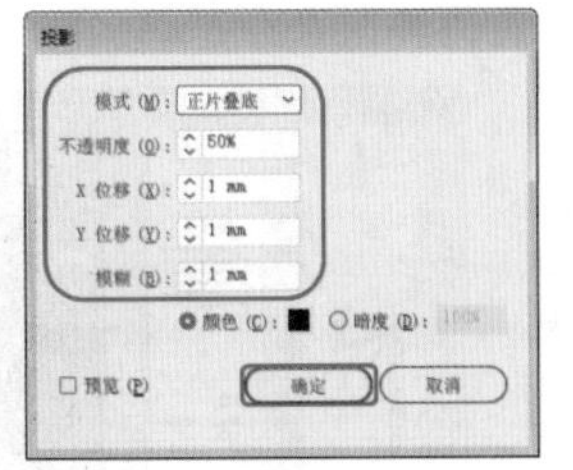

图13-9

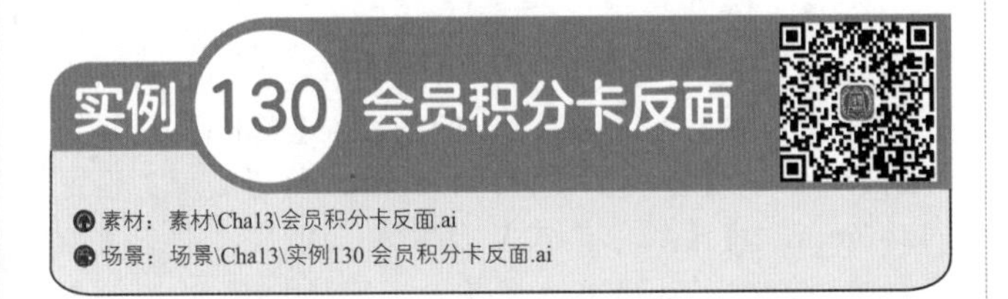

实例 130 会员积分卡反面

素材：素材\Cha13\会员积分卡反面.ai

场景：场景\Cha13\实例130 会员积分卡反面.ai

本例介绍会员积分卡反面的制作方法。首先使用【矩形工具】绘制图形，然后再输入其他文字，为输入的文字添加渐变颜色效果，完成后的效果如图13-10所示。

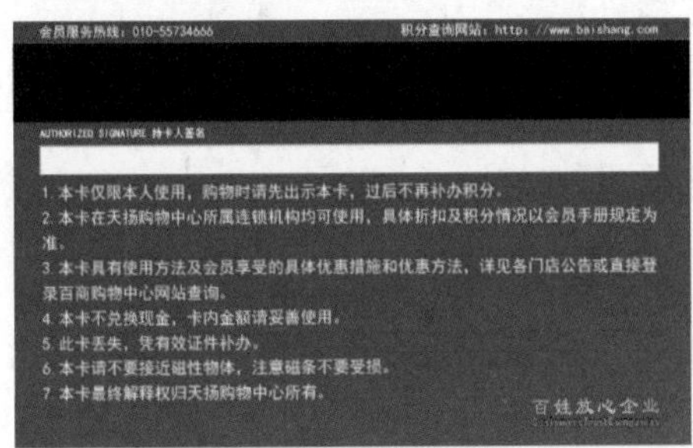

图13-10

Step 01 继续上一实例的操作。选中圆角矩形，按住Alt键单击并向右拖动圆角矩形，即可复制圆角矩形，然后使用【矩形工具】绘制一个黑色矩形和白色矩形，使用【文字工具】输入文字，将【填色】设置为白色，【描边】设置为“无”，将【字体系列】设置为“黑体”，将【字体大小】设置为4pt，如图13-11所示。

Step 02 使用同样的方法输入其他文字，将【字体大小】分别设置为5pt、6pt，在会员积分卡的正面复制文字“百姓放心企业”和其下面的英文，然后将其复制到会员积分卡背面，并调整其位置，如图13-12所示。

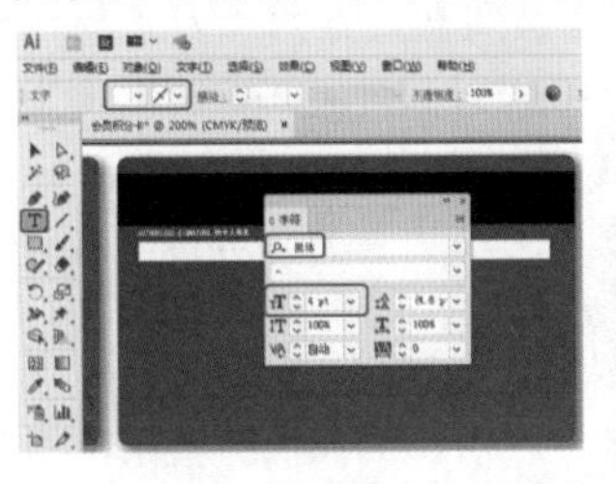

图13-11

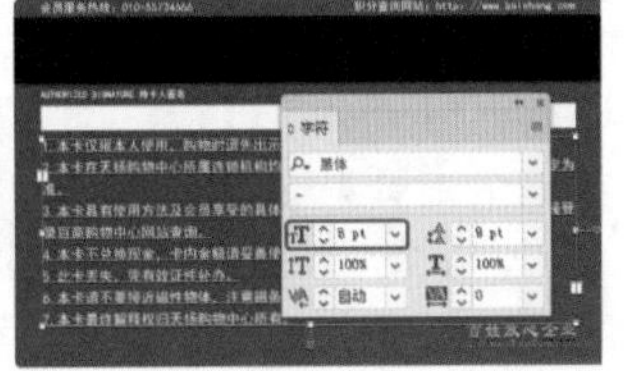

图13-12

实例 131 席位卡

素材：素材\Cha13\卡片.png、背景01.jpg、背景02.jpg、桌牌.ai

场景：场景\Cha13\实例131 席位卡.ai

本例介绍席位卡的制作方法。首先在置入的素材文件中添加文字效果，对文字进行设置，然后使用【钢笔工具】绘制图形，再对图形与添加的素材使用【用顶层对象建立】命令，完成后的效果如图13-13所示。

图13-13

Step 01 按Ctrl+N组合键，在弹出的【新建文档】对话框中输入【名称】为“席位卡”，将【单位】设置为“像素”，将【宽度】设置为736px，【高度】设置为396px，将【颜色模式】设置为RGB颜色，单击【创建】按钮。在菜单栏中选择【文件】|【置入】命令，弹出【置入】对话框，选择“素材\Cha13\背景01.jpg”文件，单击【置入】按钮。在画板中单击将素材置入文档，调整素材位置并将其嵌入文档。使用【文字工具】输入文字，将文字【填色】设置为黑色，【描边】设置为“无”，将【字体系列】设置为“方正康体简体”，【字体大小】设置为180pt，将【字符间距】设置为50，如图13-14所示。

Step 02 在菜单栏中选择【文件】|【置入】命令，弹出【置入】对话框，选择“素材\Cha13\背景02.jpg”文件，单击【置入】按钮。在画板中单击将素材置入文档，调整素材位置并将其嵌入文档中，选中置入的素材，右击，选择快捷菜单中的【排列】|【后移一层】命令，然后选中素材和文字，右击，在弹出的快捷菜单中选择【建立剪切蒙版】命令，如图13-15所示。

图13-14

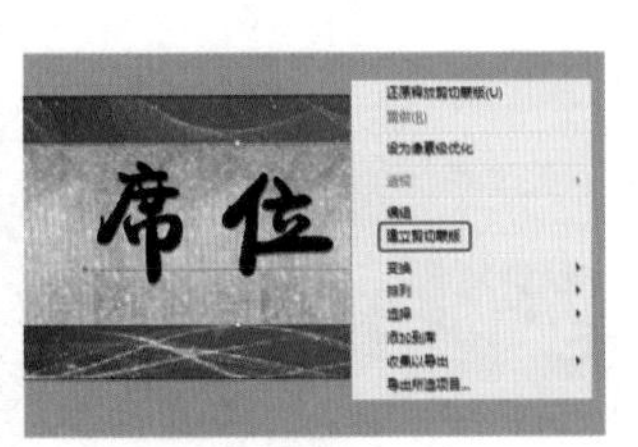

图13-15

Step 03 在菜单栏中选择【文件】|【置入】命令，弹出【置入】对话框，选择“素材\Cha13\背景03.png”文

件，单击【置入】按钮。在画板中单击将素材置入，单击【嵌入】按钮，调整素材位置，在菜单栏中选择【窗口】|【透明度】命令，打开【透明度】面板，将【混合模式】设置为"滤色"，选中素材，按住Alt键拖曳鼠标复制图像，调整复制图像的位置，如图13-16所示。

Step 04 使用【文字工具】输入文字，将【字体系列】设置为"微软雅黑"，【字体样式】设置为"Bold"，【字体大小】设置为28pt，【字体间距】设置为25，选中文字，右击，选择快捷菜单中的【创建轮廓】命令，将【渐变】面板中的【类型】设置为"线性"，将【角度】设置为90°，将左侧渐变滑块的颜色设置为#f6c25d，将右侧渐变滑块的颜色设置为#fcf6d9，将【描边】设置为"无"，如图13-17所示。

图13-16

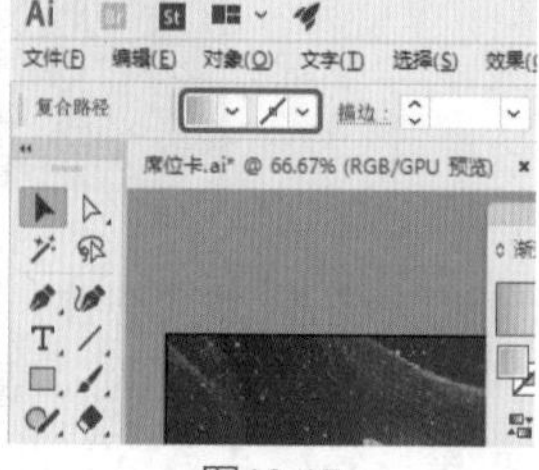
图13-17

Step 05 设置完成后，在菜单栏中选择【导出】|【导出为】命令，在弹出的对话框中将保存类型设置为"JPEG"，然后勾选【使用画板】复选框，设置文件名并进行导出，在菜单栏中选择【文件】|【打开】命令，弹出【打开】对话框，选择"素材\Cha13\桌牌.ai"文件，单击【打开】按钮，使用【钢笔工具】绘制如图13-18所示图形。

Step 06 将前面导出的图像文件置入至当前文档中，并调整位置，选中置入的图像文件，按Ctrl+[组合键，将选中的对象后移一层，继续选中置入的图像文件与绘制的图形，选择【对象】|【封套扭曲】|【用顶层对象建立】命令，设置完成后的效果如图13-19所示。

图13-18

图13-19

实例132 服装吊牌

素材：素材\Cha13\服装吊牌.ai

场景：场景\Cha13\实例132 服装吊牌.ai

本例介绍服装吊牌的制作方法。首先制作白色吊牌和黑色吊牌，然后为吊牌添加文字效果与投影效果，最后将所有吊牌组合在一起。完成后的效果如图13-20所示。

图13-20

Step 01 按Ctrl+N组合键，在弹出的【新建文档】对话框中输入【名称】为"服装吊牌"，将【单位】设置为"毫米"，将【宽度】设置为475mm，将【高度】设置为260mm，将【颜色模式】设置为CMYK，单击【创建】按钮，在工具箱中选择【矩形工具】，绘制与文档一样大小的矩形，按Ctrl+F9组合键打开【渐变】面板，将【类型】设置为"线性"，将【角度】设置为90°，将左侧渐变滑块的CMYK值设置为0、0、0、16，将右侧渐变滑块的CMYK值设置为42、34、32、20，将【描边】设置为"无"，如图13-21所示。

Step 02 选择【圆角矩形工具】在画板中单击，在【圆角矩形】对话框中将【宽度】【高度】【圆角半径】分别设置为52mm、158mm、4mm，单击【确定】按钮，将【填色】设置为白色，继续使用【圆角矩形工具】绘制一个小的圆角矩形，选择绘制的两个图形并右击，在弹出的快捷菜单中选择【建立复合路径】命令，如图13-22所示。

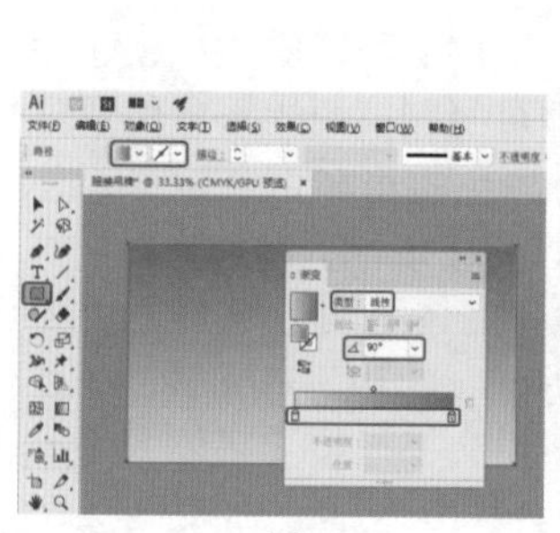
图13-21

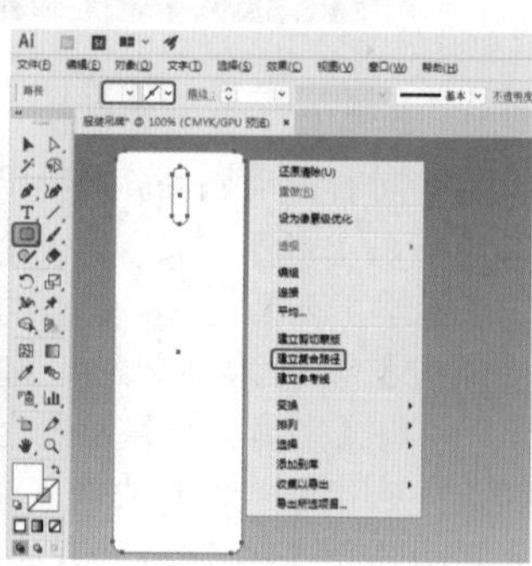
图13-22

Step 03 使用【文字工具】T输入文字，将【填色】设置为80、81、81、66，将【字体系列】设置为"方正小标宋简体"，将【字体大小】设置为143pt，继续使用【文字工具】T输入文字，将【字体系列】设置为"Bank Gothic Medium BT"，将【字体大小】设置为45pt，使用【钢笔工具】绘制图形，并为绘制的图形填充颜色。使用同样的方法，绘制其他图形，如图13-23所示。

Step 04 选择绘制的图形与文字，右击，选择快捷菜单中的【编组】命令，然后将【旋转】设置为-90°，并调整编组后图形的位置，在画板中选择白色圆角矩形，按住Alt键单击并向右拖动，即可复制白色圆角矩形，如图13-24所示。

图13-23

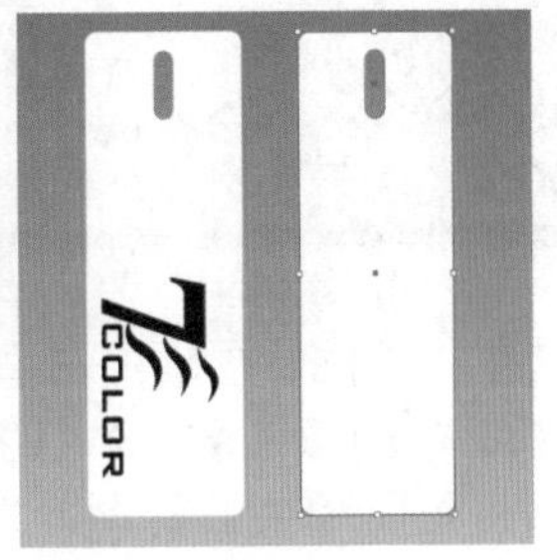
图13-24

Step 05 使用【文字工具】 输入文字，将【字体系列】设置为“汉仪方隶简”，将【字体大小】设置为23pt，继续使用【文字工具】 绘制文本框，然后在文本框中输入内容，将【字体系列】设置为“黑体”，将【字体大小】设置为7pt，将【行距】设置为14pt，将【字符间距】设置为75，然后在控制栏中单击【段落】按钮，在打开的面板中将【首行左缩进】设置为15pt，如图13-25所示。将【填色】均设置为93、88、89、80。

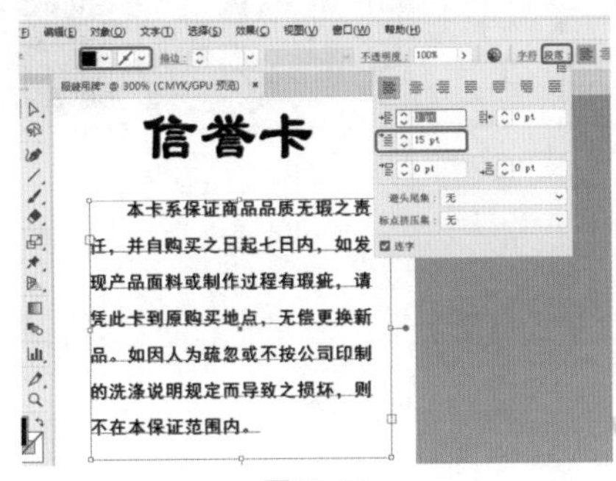

图13-25

Step 06 再次使用【文字工具】 输入文字，将【字体系列】设置为“黑体”，将【字体大小】设置为10pt，【字符间距】设置为0，【填色】设置为93、88、89、80，【描边】设置为“无”，使用同样的方法输入文字，将【字体系列】设置为“Arial”，【字体大小】设置为6.5pt，使用同样的方法输入其他文本文字，将【字体系列】设置为“黑体”，【字体大小】设置为4.5pt，将英文文字【字体系列】设置为“Arial”，【字体大小】设置为3.5pt，如图13-26所示。

图13-26

Step 07 使用【曲率工具】 绘制曲线图形，将【填色】设置为“无”，将【描边】设置为0、0、0、100，将【描边粗细】设置为0.75pt，然后使用【文字工具】 在绘制的图形内输入文字，并选择输入的文字，将【字体系列】设置为“黑体”，将【字体大小】设置为3pt，如图13-27所示。

Step 08 使用同样的方法绘制其他图标，然后使用前面介绍的方法制作黑色矩形吊牌，复制前面制作的Logo，将复制后的Logo【填色】设置为白色，【描边】设置为“无”，然后调整其大小和位置，效果如图13-28所示。

图13-27

图13-28

Step 09 再次复制Logo，调整Logo的旋转角度、大小和位置，然后在【透明度】面板中将【不透明度】设置为20%，使用【圆角矩形工具】 绘制一个圆角矩形，选择新绘制的圆角矩形和设置透明度的Logo并右击，在弹出的快捷菜单中选择【建立剪切蒙版】命令，如图13-29所示。

Step 10 使用前面介绍的方法，制作黑色吊牌的背面，使用【文字工具】输入文字并设置，选择组成黑色矩形吊牌正面的所有对象，并将其编组，然后复制黑色吊牌正面，并选择复制的对象，将【旋转】设置为6°，如图13-30所示。

图13-29

图13-30

Step 11 复制白色矩形吊牌正面，将【旋转】设置为-6，并调整位置，然后使用【钢笔工具】 绘制图形，并将绘制的图形【填色】设置为80、81、81、66，【描边】设置为“无”，继续使用【钢笔工具】 绘制图形，如图13-31所示。

Step 12 选择新绘制的两个图形并右击，在弹出的快捷菜单中选择【建立复合路径】命令，然后使用【钢笔工具】 绘制图形，将【填色】设置为67、60、57、7，【描边】设置为“无”，如图13-32所示。

图13-31

图13-32

Step 13 使用同样的方法绘制其他图形，使用【钢笔工具】绘制图形，在【渐变】面板中将【类型】设置为“线性”，将【角度】设置为-37°，将左侧渐变滑块的CMYK值设置为18、49、100、29，将右侧渐变滑块的CMYK值设置为43、72、100、38，【描边】设置为“无”，如图13-33所示。

Step 14 继续使用【钢笔工具】绘制图形，并选择绘制的图形，在【渐变】面板中将【类型】设置为“线性”，将【角度】设置为-36°，将左侧渐变滑块的CMYK值设置为11、32、74、38，将右侧渐变滑块的CMYK值设置为15、49、100、73，如图13-34所示。

图13-33

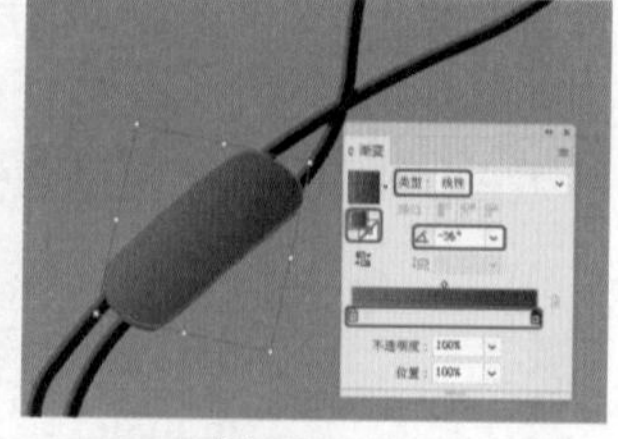
图13-34

Step 15 选择白色矩形吊牌正面对象，在菜单栏中选择【效果】|【风格化】|【投影】命令，弹出【投影】对话框，将【模式】设置为“正片叠底”，将【不透明度】【X位移】【Y位移】【模糊】分别设置为75%、3mm、3mm、2mm，设置完成后单击【确定】按钮即可，如图13-35所示。

Step 16 即可为选择的对象添加投影，使用同样的方法为其他对象添加投影，如图13-36所示。

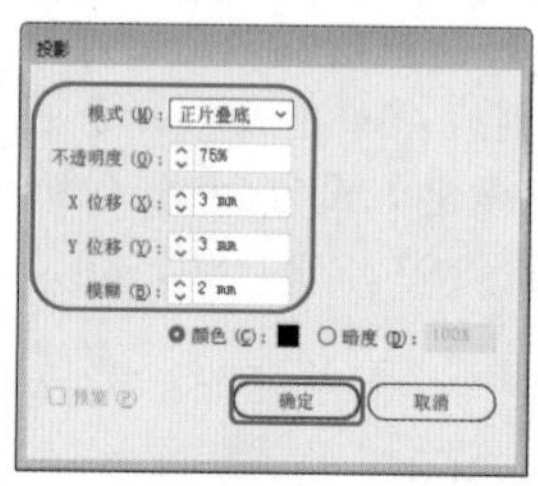

图13-35

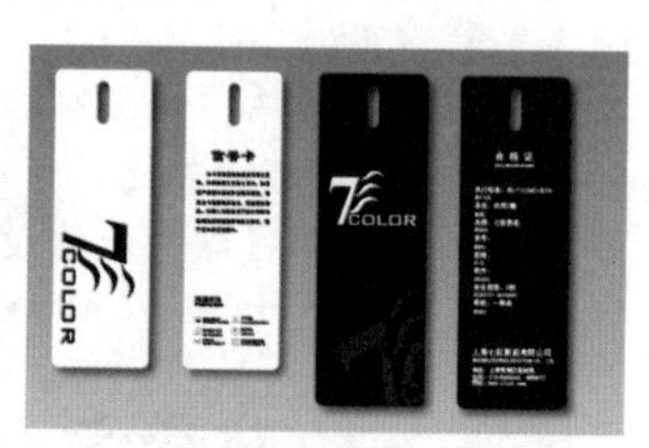

图13-36

第14章 Logo设计

在竞争日益激烈的全球市场上，严格管理和正确使用统一标准的公司徽标，将为我们提供一个更有效、更清晰和更亲切的市场形象。Logo是人们在长期的生活和实践中形成的一种视觉化的信息表达方式，具有一定含义并能够使人理解的视觉图形，其有简洁、明确、一目了然的视觉传递效果。本章将通过6个实例来介绍Logo的制作方法，其中包括物流公司Logo、金融公司Logo、房地产Logo以及童装Logo等。

实例133 物流公司Logo

场景：场景\Cha14\实例133 物流公司Logo.ai

本实例将介绍如何制作物流公司的Logo，该标识主要以公司名称的首字母进行变形，通过【文字工具】输入物流公司的名称，完成效果如图14-1所示。

图14-1

Step 01 启动软件后，按Ctrl+N组合键，在弹出的【新建文档】对话框中输入【名称】为“物流公司Logo”，将【单位】设置为“毫米”，【宽度】和【高度】都设置为50mm，【颜色模式】设置为“RGB颜色”，然后单击【创建】按钮，如图14-2所示。

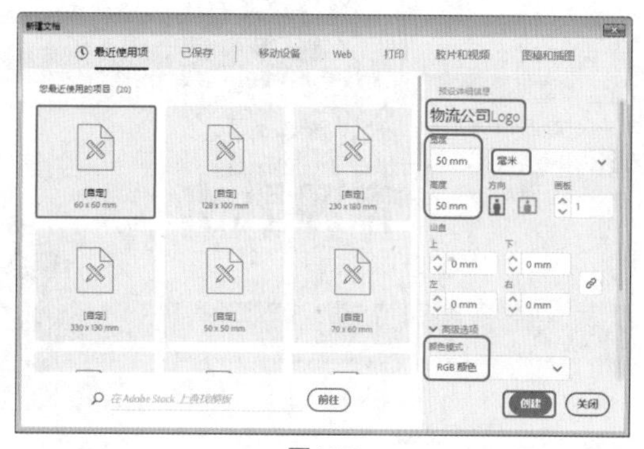

图14-2

Step 02 单击工具箱中的【文字工具】按钮，在画板中输入字母“T”，单击控制栏中的【字符】按钮，在弹出的面板中将【字体系列】设置为“汉仪圆叠体简”，【字体大小】设置为27pt，如图14-3所示。

Step 03 单击工具箱中的【选择工具】按钮，单击选择上一步输入的字母，在【变换】面板中将【倾斜】设置为20，如图14-4所示。

图14-3

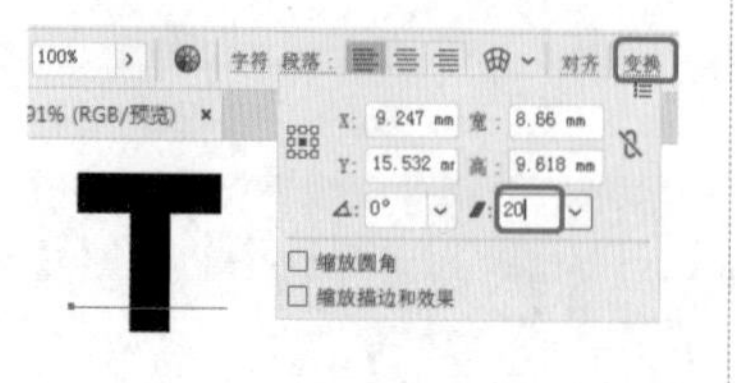

图14-4

Step 04 继续选中倾斜的字母，右键单击，在弹出的快捷菜单中选择【创建轮廓】命令，如图14-5所示。

Step 05 单击工具箱中的【直接选择工具】按钮，在画板中对文字图形进行调整，调整完成后在【颜色】面板中将【填色】的RGB值设置为221、83、24，如图14-6所示。

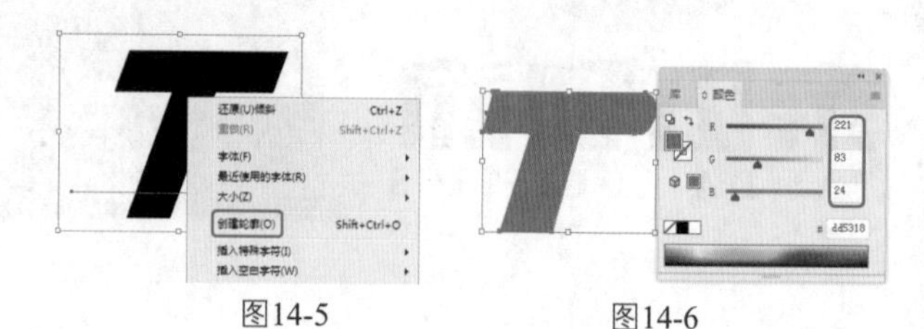

图14-5　　图14-6

Step 06 单击工具箱中的【钢笔工具】按钮，在画板中绘制图14-7所示的图形，在【颜色】面板中将其【填色】的RGB值设置为221、83、24，【描边】设置为“无”。

Step 07 单击工具箱中的【选择工具】按钮，按住Shift键选择绘制的图形和调整后的文字图形，按Ctrl+G组合键将其进行编组，在该对象上右击，在弹出的快捷菜单中选择【变换】|【对称】命令，如图14-8所示。

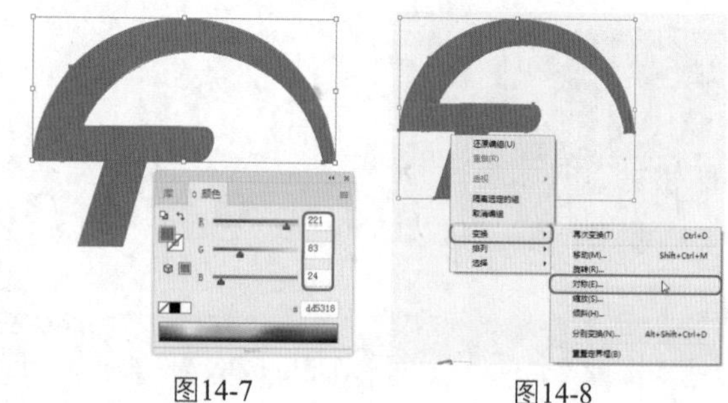

图14-7　　图14-8

Step 08 在弹出的对话框中选中【水平】单选按钮，然后单击【复制】按钮，完成镜像复制，如图14-9所示。

Step 09 再次选择【变换】|【对称】菜单命令，在弹出的对话框中选中【垂直】单选按钮，然后单击【确定】按钮，完成镜像复制，完成后的效果如图14-10所示。

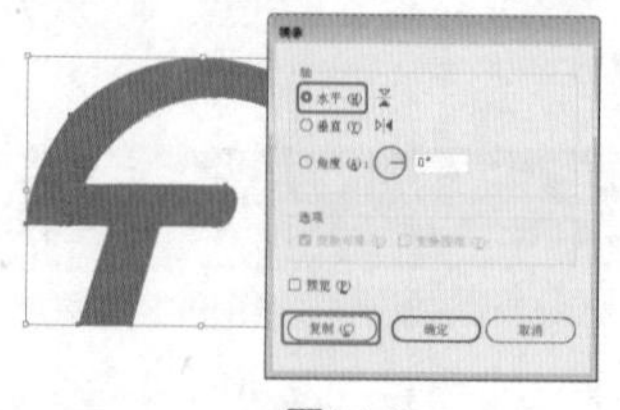

图14-9

图14-10

Step 10 单击工具箱中的【删除锚点工具】按钮，对镜像后的对象进行修剪，然后将其调整至合适的位置，效果如图14-11所示。

Step 11 单击工具箱中的【选择工具】按钮，选择上一步修剪的图形，在【颜色】面板中将其【填色】的RGB值设置为184、28、38，如图14-12所示。

图14-11

图14-12

Step 12 单击工具箱中的【文字工具】按钮，在画板中单击，输入汉字“泰达物流”，单击控制栏中的【字符】按钮，在弹出的面板中将【字体系列】设置为“方正粗谭黑简体”，【字体大小】设置为24pt，将【字符间距】设置为20，如图14-13所示。

Step 13 单击工具箱中的【文字工具】按钮，在画板中单击，输入英文“Tal Da Logistics”，单击控制栏中的【字符】按钮，在弹出的面板中将【字体系列】设置为“方正风雅宋简体”，【字体大小】设置为7pt，将【字符间距】设置为200，单击【全部大写字母】按钮，如图14-14所示。

图14-13

图14-14

实例 134 金融公司Logo

场景：场景\Cha14\实例134 金融公司Logo.ai

本实例将介绍金融公司Logo的制作方法。听到金融公司，首先会想到钱币，所以本实例以外圆内方，古代钱币的形式来体现金融服务行业的特点，效果如图14-15所示。

图14-15

Step 01 启动软件后，按Ctrl+N组合键，在弹出的【新建文档】对话框中输入【名称】为“金融公司Logo”，将【单位】设置为“毫米”，将【宽度】设置为330mm，【高度】设置为130mm，【颜色模式】设置为“RGB颜色”，然后单击【创建】按钮，如图14-16所示。

Step 02 单击工具箱中的【钢笔工具】按钮，在画板中绘制如图14-17所示的图形，在【颜色】面板中将其【填色】的RGB值设置为201、21、29。

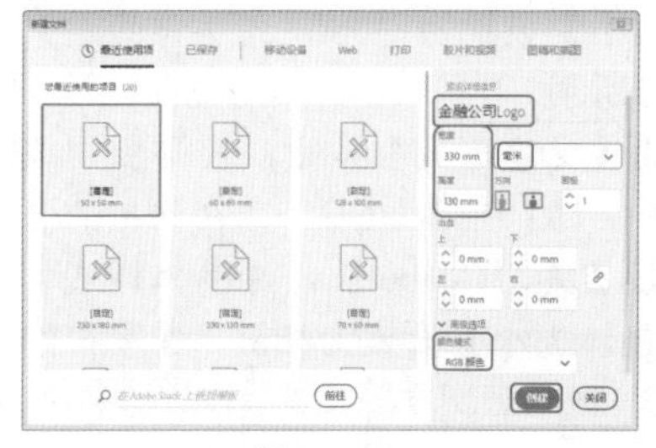

图14-16

图14-17

Step 03 单击工具箱中的【矩形工具】按钮，在画板中绘制一个白色的矩形，并将其调整至合适的位置，如图14-18所示。

Step 04 单击工具箱中的【选择工具】按钮，按住Shift键选择矩形和前面所绘制的图形，按Shift+Ctrl+F9组合键，在弹出的【路径查找器】面板中单击【减去顶层】按钮，如图14-19所示。

图14-18

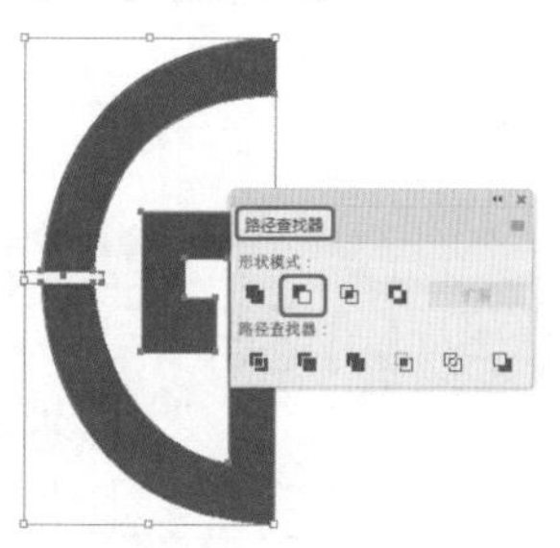

图14-19

Step 05 单击工具箱中的【选择工具】按钮，选择上一步绘制的图形，右击，在弹出的快捷菜单中选择【变换】|【对称】命令，如图14-20所示。

Step 06 在弹出的对话框中选中【垂直】单选按钮，单击【复制】按钮，然后将其调整至合适的位置，如图14-21所示。

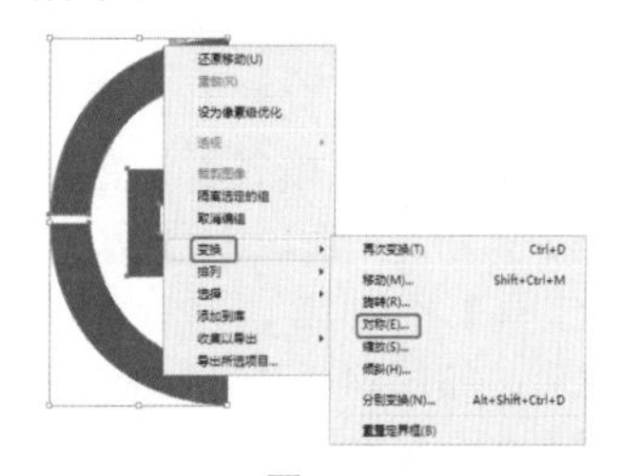

图14-20

图14-21

Step 07 单击工具箱中的【选择工具】按钮，选择上一步镜像并复制的图形，右击，在弹出的快捷菜单中选择【变换】|【对称】命令，在弹出的对话框中选中【水平】单选按钮，然后单击【确定】按钮，完成后的效果如图14-22所示。

图14-22

Step 08 单击工具箱中的【文字工具】按钮，在画板中单击，输入文字“中泰金融”，单击控制栏中的【字符】按钮，在弹出的面板中将【字体系列】设置为“长城新艺体”，【字体大小】设置为130pt，【字符间距】设置为200，如图14-23所示。

Step 09 单击工具箱中的【文字工具】按钮，在画板中单击，输入英文“ZHONG TAI JIN RONG”，在弹出的面板中将【字体系列】设置为“Corbel”，【字体样式】设置为“Bold”，【字体大小】设置为48pt，【字符间距】设置为85，如图14-24所示。

图14-23

图14-24

实例135 房地产Logo

场景：场景\Cha14\实例135 房地产Logo.ai

本实例将介绍如何制作房地产的Logo，该Logo以凤凰的形状来体现公司名称，效果如图14-25所示。

图14-25

Step 01 启动软件后，按Ctrl+N组合键，在弹出的【新建文档】对话框中输入【名称】为“房地产Logo”，将【单位】设置为“毫米”，【宽度】设置为230mm，【高度】设置为180mm，【颜色模式】设置为“RGB颜色”，然后单击【创建】按钮，如图14-26所示。

Step 02 单击工具箱中的【矩形工具】按钮，在画板中绘制一个与画板大小相同的矩形，如图14-27所示。

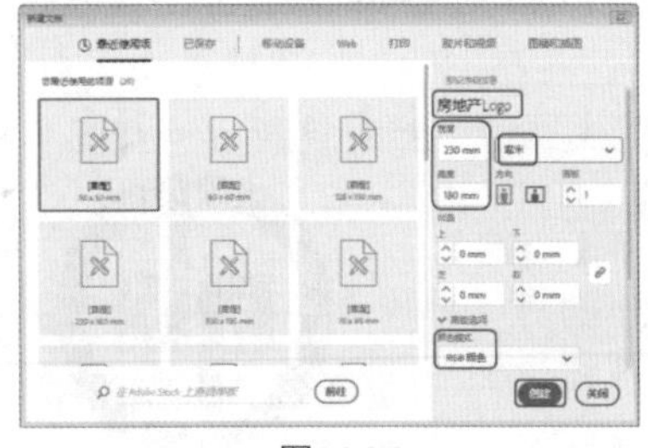

图14-26

图14-27

Step 03 单击工具箱中的【选择工具】按钮，选择上一步绘制的矩形，按Ctrl+F9组合键，在弹出的【渐变】面板中将【类型】设置为“径向”，将【角度】设置为0°。将0%位置色标的RGB值设置为103、102、102，将100%位置色标的RGB值设置为25、25、25，将渐变滑块的位置设置为67%，如图14-28所示。

Step 04 单击工具箱中的【钢笔工具】按钮，在画板中绘制图14-29所示的图形，按Ctrl+F9组合键，在弹出的【渐变】面板中将【类型】设置为“线性”，将【角度】设置为0°。将0%位置色标的RGB值设置为245、194、31，将26%位置色标的RGB值设置为242、176、20，将57%位置色标的RGB值设置为215、82、22，将100%位置色标的RGB值设置为229、0、28。

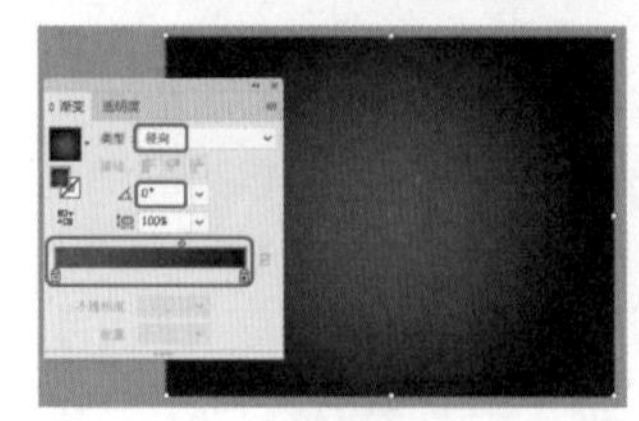

图14-28

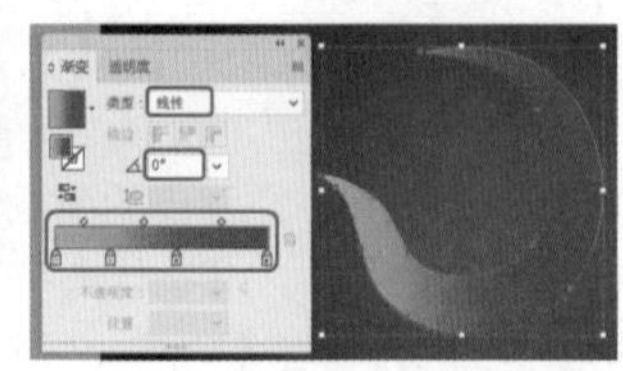

图14-29

Step 05 单击工具箱中的【钢笔工具】按钮，在画板中绘制图14-30所示的其他图形，并设置相应的渐变参数。

Step 06 单击工具箱中的【椭圆工具】按钮，在画板中绘制一个适当大小的椭圆，在【变换】面板中将【旋转】设置为-50，在【颜色】面板中将其【填色】设置为白色，【描边】设置为“无”，如图14-31所示。

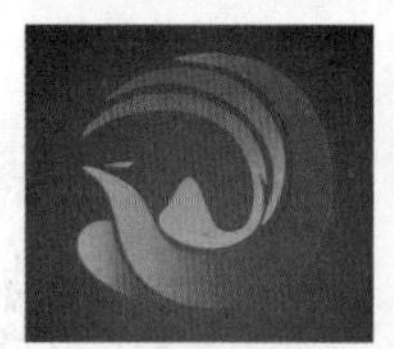

图14-30

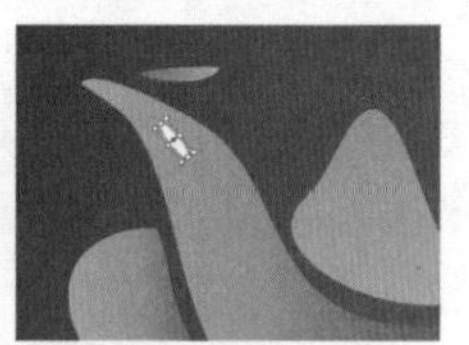

图14-31

Step 07 单击工具箱中的【文字工具】按钮，在画板中单击输入文字“凤凰地产”，单击控制栏中的【字符】按钮，在弹出的面板中将【字体系列】设置为“汉仪综艺体简”，【字体大小】设置为80pt，【字符间距】设置为100，在【颜色】面板中将其【填色】的RGB值设置为181、29、35，如图14-32所示。

Step 08 单击工具箱中的【文字工具】按钮，在画板中单击，输入英文“Phoenix Real Estate”，单击控制栏中的【字符】按钮，在弹出的面板中将【字体系列】设置为“Lucida Calligraphy Italic”，【字体大小】设置为30pt，【字符间距】设置为-25，在【颜色】面板中将其【填色】的RGB值设置为181、29、35，如图14-33所示。

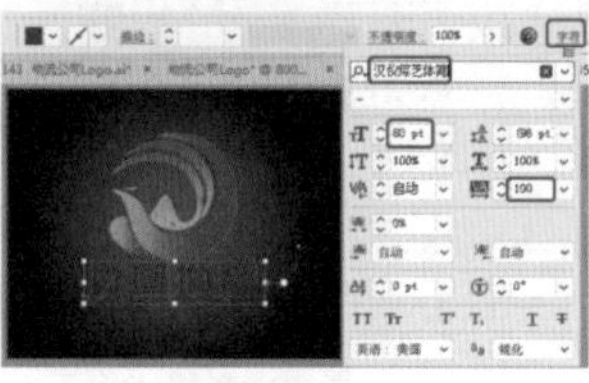

图14-32

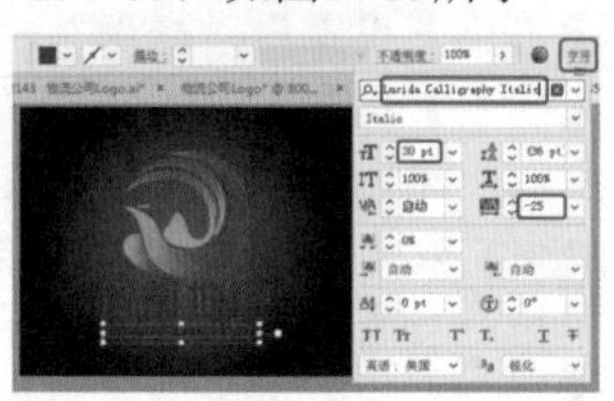

图14-33

实例136 矿泉水Logo

场景：场景\Cha14\实例136 矿泉水Logo.ai

本实例将介绍如何制作矿泉水广告。该实例以白色和蓝色体现雪山效果，以标示天然矿泉水及水源地点。效果如图14-34所示。

图14-34

Step 01 启动软件后，按Ctrl+N组合键，在弹出的【新建文档】对话框中输入【名称】为“矿泉水Logo”，将【单位】设置为“毫米”，【宽度】设置为128mm，【高度】设置为100mm，【颜色模式】设置为“RGB颜色”，然后单击【创建】按钮，如图14-35所示。

图14-35

Step 02 单击工具箱中的【矩形工具】按钮，在画板中单击，绘制一个与画板大小相同的矩形，在【颜色】面板中将其【填色】的RGB值设置为213、213、213，将【描边】设置为“无”，如图14-36所示。

Step 03 单击工具箱中的【钢笔工具】按钮，在画板中绘制一个图14-37所示的图形，在【颜色】面板中将其【填色】的RGB值设置为14、68、96，【描边】设置为“无”。

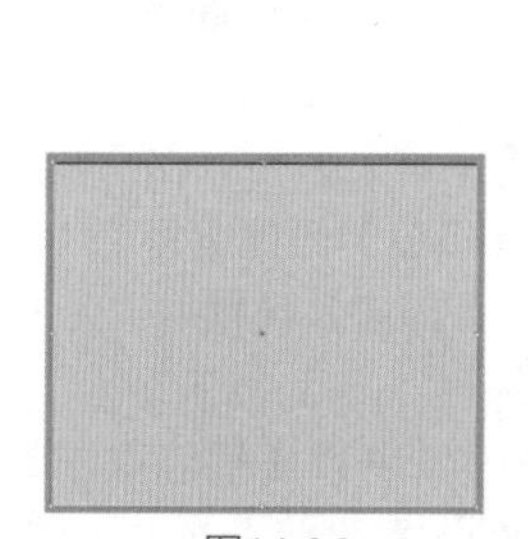

图14-36

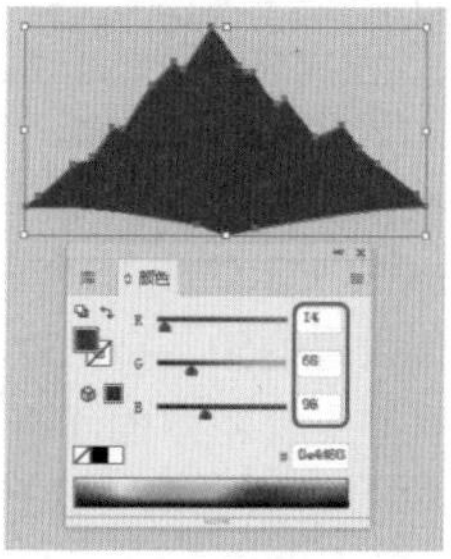

图14-37

Step 04 单击工具箱中的【钢笔工具】按钮，在画板中绘制一个图14-38所示的图形，在【颜色】面板中将其【填色】设置白色，【描边】设置为“无”，然后将其调整至合适的位置。

Step 05 单击工具箱中的【钢笔工具】按钮，在画板中绘制一个图14-39所示的图形，在【颜色】面板中将其【填色】的RGB值设置为15、136、186，【描边】设置为“无”，然后将其调整至合适的位置。

图14-38

图14-39

Step 06 单击工具箱中的【钢笔工具】按钮，在画板中绘制多个图14-40所示的图形，在【颜色】面板中将其【填色】的RGB值设置为14、68、96，【描边】设置为“无”，然后将其调整至合适的位置。

Step 07 单击工具箱中的【文字工具】按钮T，在画板中单击，输入文字“雪山冰泉”，单击控制栏中的【字符】按钮，在弹出的面板中将【字体系列】设置为“长城新艺体”，【字体大小】设置为53pt，【字符间距】设置为600，在控制栏中将其【填色】和【描边】都设置为白色，将【描边粗细】设置为7pt，如图14-41所示。

图14-40

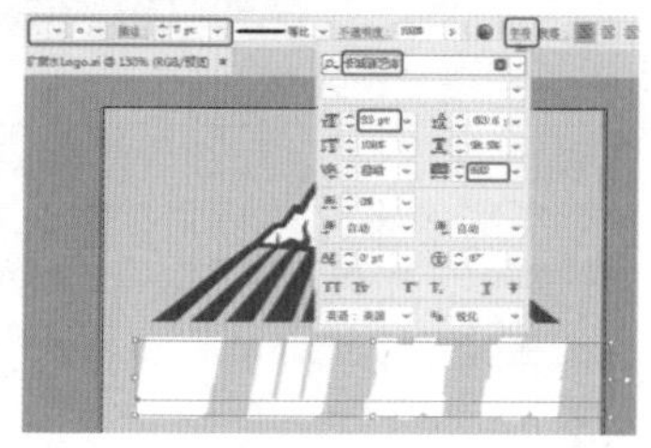

图14-41

Step 08 单击工具箱中的【文字工具】按钮，在画板中单击，输入文字“雪山冰泉”，单击控制栏中的【字符】按钮，在弹出的面板中将【字体系列】设置为“长城新艺体”，【字体大小】设置为53pt，【字符间距】设置为600，在【颜色】面板中将其【填色】的RGB值设置为14、68、96，然后将其调整至合适的位置，如图14-42所示。

Step 09 单击工具箱中的【选择工具】按钮，按住Shift键选择上两步输入的文字，单击控制栏中的【变换】按钮，在弹出的面板中将【倾斜】设置为20°，完成后的效果如图14-43所示。

图14-42

图14-43

Step 10 单击工具箱中的【椭圆工具】按钮，在画板中单击，在弹出的对话框中将【宽度】设置为123.5mm，【高度】设置为8mm，然后单击【确定】按钮，如图14-44所示。

Step 11 单击工具箱中的【选择工具】按钮，选择上一步绘制的椭圆，在【颜色】面板中将其【填色】设置为84、82、82，【描边】设置为“无”，在菜单栏中选择【效果】|【风格化】|【羽化】命令，在弹出的对话框中将【半径】设置为7mm，单击【确定】按钮，如图14-45所示。

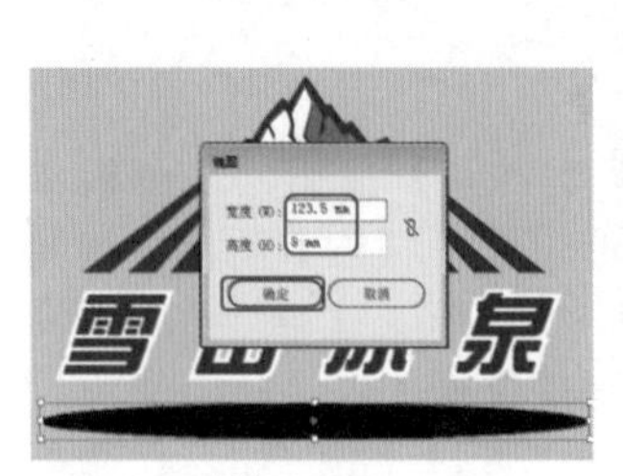

图14-44

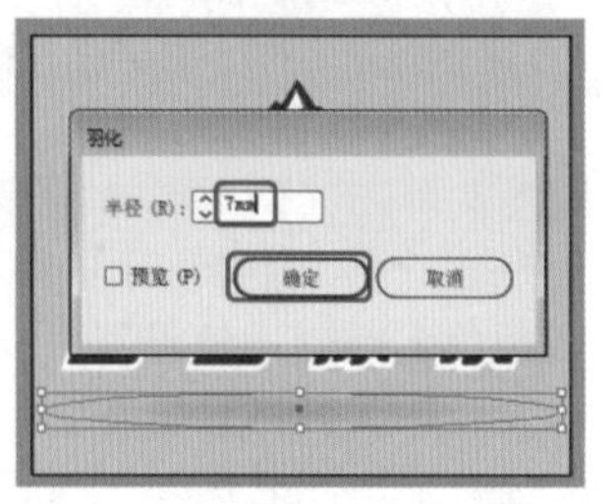

图14-45

实例137 乳业Logo

场景：场景\Cha14\实例137 乳业Logo.ai

本实例将介绍如何绘制乳业Logo，绿色代表着自然、环保，所以在该Logo中采用了绿色的叶子对牛进行环绕，体现了该乳业的乳品自然、健康。其效果如图14-46所示。

图14-46

Step 01 启动软件后，按Ctrl+N组合键，在弹出的【新建文档】对话框中输入【名称】为“乳业Logo”，将【单位】设置为“毫米”，【宽度】和【高度】都设置为60mm，【颜色模式】设置为“RGB颜色”，然后单击【创建】按钮，如图14-47所示。

Step 02 单击工具箱中的【矩形工具】按钮，在画板中绘制一个与画板大小相同的矩形，在【颜色】面板中将其【填色】的RGB值设置为213、213、213，【描边】设置为“无”，如图14-48所示。

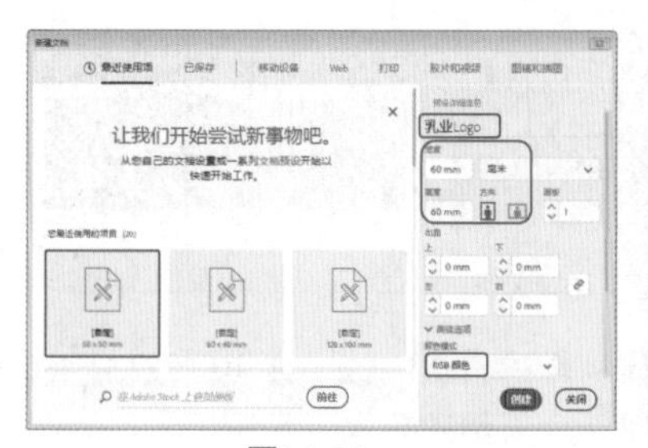

图14-47

图14-48

Step 03 单击工具箱中的【钢笔工具】按钮，在画板中绘制一个图14-49所示的图形，在【颜色】面板中将其【填色】的RGB值设置为107、169、66，【描边】设置为“无”。

Step 04 单击工具箱中的【钢笔工具】按钮，在画板中绘制一个图14-50所示的图形，在【颜色】面板中将其【填色】的RGB值设置为50、46、37，【描边】设置为“无”。

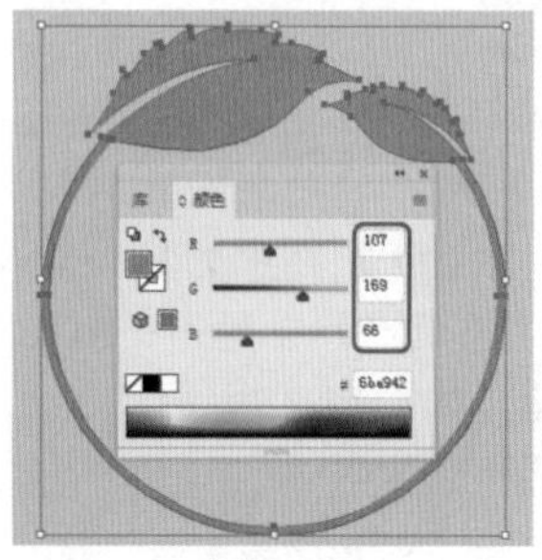

图14-49

图14-50

Step 05 单击工具箱中的【星形工具】按钮，在画板中绘制5个图14-51所示的星形，在【颜色】面板中将其【填色】的RGB值设置为50、46、37，然后将其调整至合适的位置。

Step 06 单击工具箱中的【钢笔工具】按钮，在画板中绘制一个图14-52所示的图形，在【颜色】面板中将其【填色】的RGB值设置为50、46、37，【描边】设置为“无”。

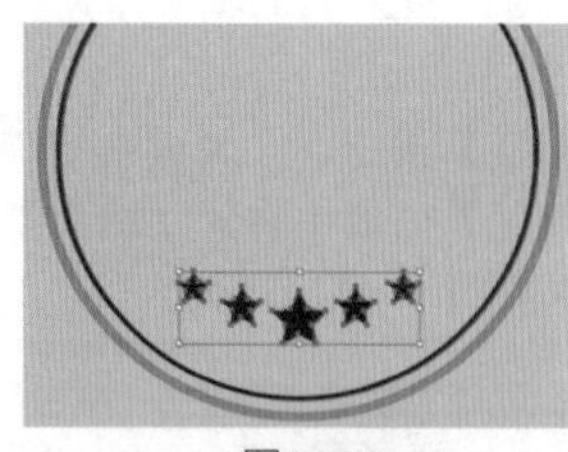

图14-51

图14-52

Step 07 单击工具箱中的【钢笔工具】按钮，在画板中绘制一个图14-53所示的图形，在【颜色】面板中将其【填色】的RGB值设置为50、46、37，【描边】设置为“无”。

Step 08 单击工具箱中的【直线段工具】按钮，在画板中绘制两条水平直线，在控制栏中将【描边粗细】设置为2pt，在【颜色】面板中将其【描边】的RGB值设置为107、169、66，如图14-54所示。

Step 09 单击工具箱中的【文字工具】按钮，在画板中单击，输入文字“清源乳业”，单击控制栏中的【字符】按钮，在弹出的面板中将【字体系列】设置为“微软雅黑”，【字体样式】设置为“Bold”，【字体大小】设置为24pt，【字符间距】设置为150，在【颜色】面板中将其【填色】的RGB值设置为50、46、37，如图14-55所示。

图14-53

图14-54

图14-55

本实例将介绍如何制作童装Logo。在本实例中以一头呆萌的小鹿作为服装的标识，融合纯真童趣、精致品味、流行时尚等多重元素。效果如图14-56所示。

图14-56

Step 01 启动软件后，按Ctrl+N组合键，在弹出的【新建文档】对话框中输入【名称】为“童装Logo”，将【单位】设置为“毫米”，【宽度】设置为236mm，【高度】设置为188mm，【颜色模式】设置为“RGB颜色”，然后单击【创建】按钮，如图14-57所示。

Step 02 单击工具箱中的【矩形工具】按钮，在画板中绘制一个与画板大小相同的矩形，在【颜色】面板中将其【填色】的RGB值设置为213、213、213，【描边】设置为“无”，如图14-58所示。

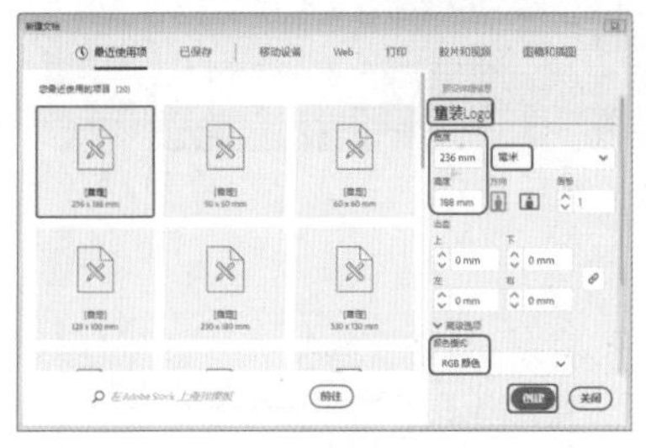

图14-57

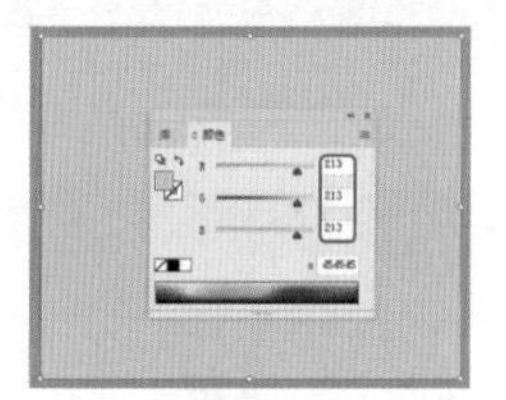

图14-58

Step 03 单击工具箱中的【钢笔工具】按钮，在画板中绘制一个图14-59所示的图形，将【填色】的RGB值设置为234、184、84，【描边】的RGB值设置为129、83、49，将【描边粗细】设置为2pt。

Step 04 单击工具箱中的【钢笔工具】按钮，在画板中绘制图14-60所示的两个图形，将【填色】的RGB值设置为181、178、81，【描边】的RGB值设置为93、56、26，将【描边粗细】设置为2pt，继续选中图形，单击鼠标右键，在弹出的快捷菜单中选择【排列】|【后移一层】命令，效果如图14-60所示。

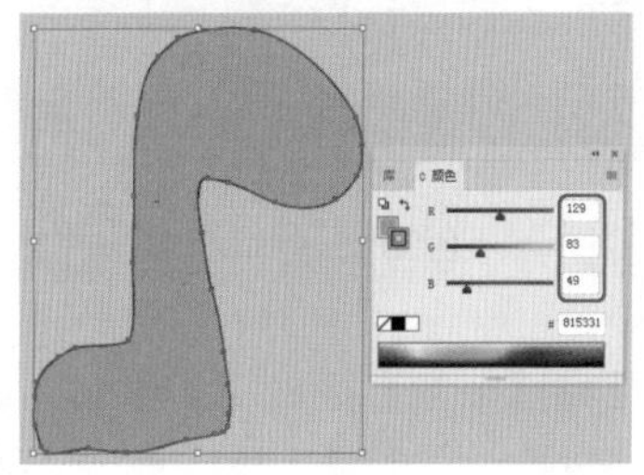

图14-59

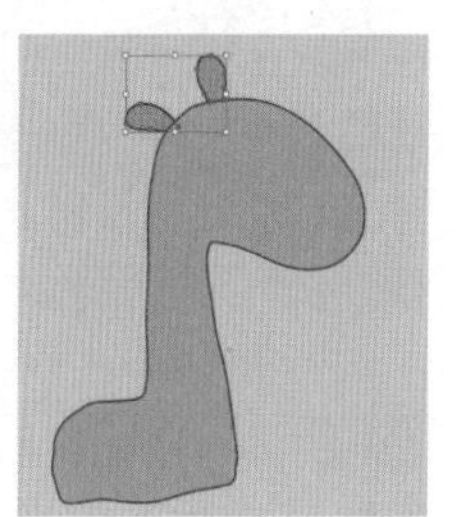

图14-60

Step 05 单击工具箱中的【钢笔工具】按钮，在画板中绘制几个图14-61所示的图形，将【填色】的RGB值设置为164、122、79，【描边】的RGB值设置为93、56、26，将【描边粗细】设置为2pt，根据前面介绍过的方法将图形后移。

Step 06 单击工具箱中的【钢笔工具】按钮，在画板中绘制一个如图14-62所示的图形，将【填色】的RGB值设置为227、118、68，【描边】的RGB值设置为91、55、25，将【描边粗细】设置为1.5pt。

Step 07 单击工具箱中的【椭圆工具】按钮，在画板中绘制两个相同大小的椭圆形，在【颜色】面板中将其【填色】的RGB值设置为59、36、20，【描边】设置为“无”，如图14-63所示。

Step 08 单击工具箱中的【椭圆工具】按钮，按住Shift键的同时在画板中单击并拖曳，绘制一个适当大小的正圆，将【填色】设置为白色，【描边】设置为黑色，将

【描边粗细】设置为2pt，如图14-64所示。

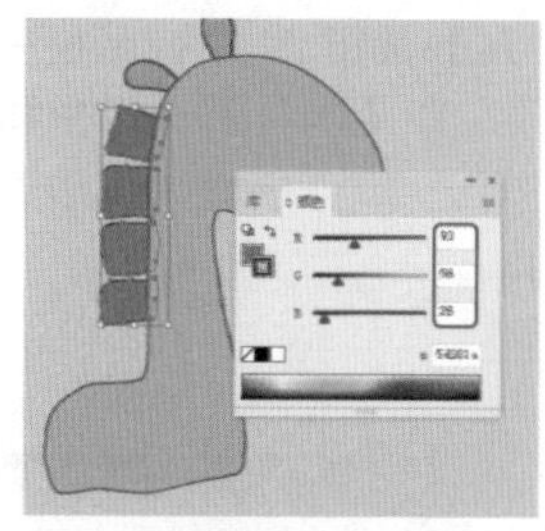
图14-61

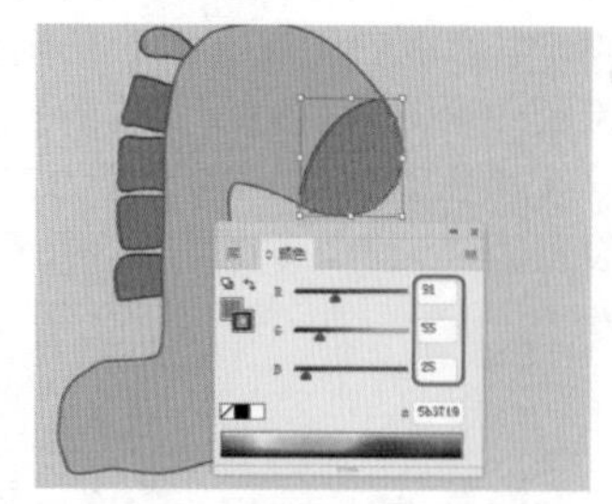
图14-62

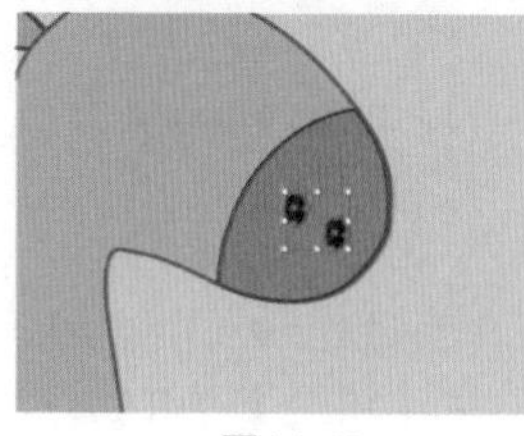
图14-63

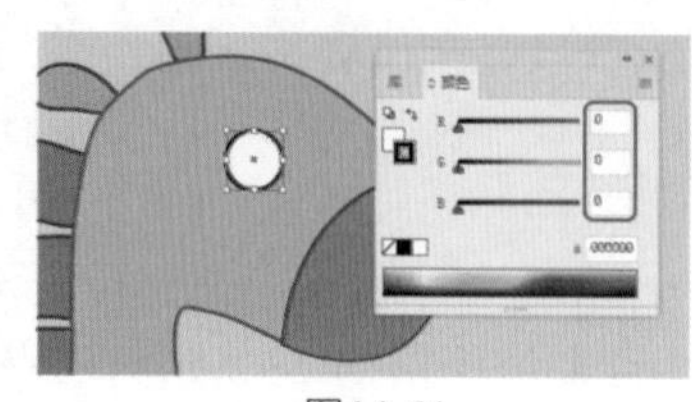
图14-64

Step 09 使用相同的方法再在画板中绘制一个椭圆形和正圆，为其填充颜色，并取消描边，效果如图14-65所示。

Step 10 单击工具箱中的【钢笔工具】按钮，在画板中绘制眼睫毛和眉毛，在【颜色】面板中将其【填色】的RGB值设置为34、30、31，如图14-66所示。

图14-65

图14-66

Step 11 单击工具箱中的【椭圆工具】按钮，按住Shift键在画板中单击并拖曳，绘制一个正圆，在【颜色】面板中将其【填色】的RGB值设置为216、92、88，【描边】设置为“无”，如图14-67所示。

Step 12 单击工具箱中的【钢笔工具】按钮，在画板中绘制图14-68所示的图形，在【颜色】面板中将其【填色】的RGB值设置为95、57、26。

图14-67

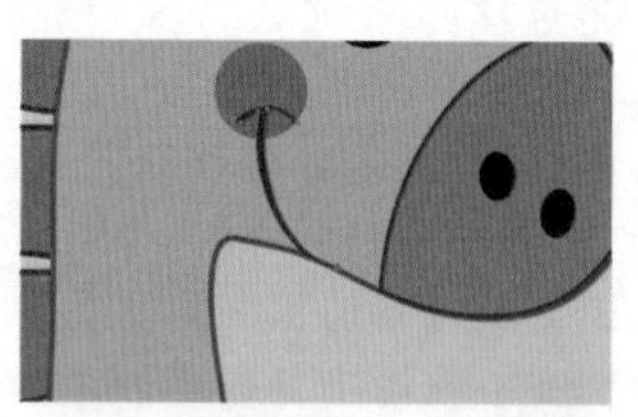
图14-68

Step 13 单击工具箱中的【钢笔工具】按钮，在画板中绘制4个图14-69所示的图形，在【颜色】面板中将其【填色】的RGB值设置为234、184、84，【描边】的RGB值设置为129、83、49，在控制栏将【描边粗细】设置为2pt。

Step 14 单击工具箱中的【钢笔工具】按钮，在画板中绘制多个图形，在【颜色】面板中将其【填色】的RGB值设置为131、84、50，【描边】设置为“无”，将绘制的图形进行编组，如图14-70所示。

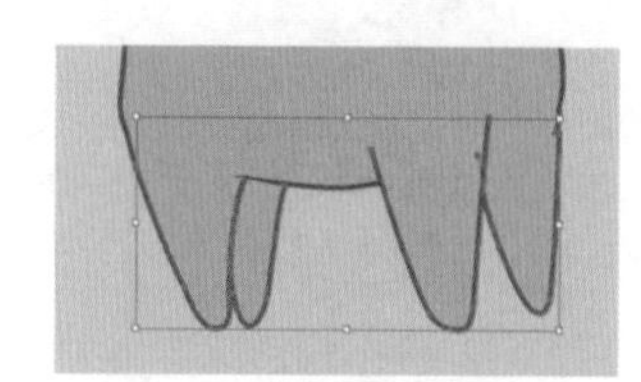
图14-69

图14-70

Step 15 单击工具箱中的【钢笔工具】按钮，再在画板中绘制一个小鹿轮廓的图形，在【颜色】面板中将其【填色】设置为“无”，【描边】设置为黑色，按住Shift键的同时在画板中选中绘制的轮廓和编组的对象，单击右键，在弹出的快捷菜单中选择【建立剪切蒙版】命令，效果如图14-71所示。

Step 16 单击工具箱中的【椭圆工具】和【钢笔工具】按钮，在画板中绘制阴影和尾巴，使用【网格工具】对阴影进行调整，将中间网格点的RGB值设置为34、30、31，其他网格点的RGB值均设置为128、128、128，在工具箱中单击【选择工具】按钮，单击空白处，然后重新选择阴影，将【透明度】面板中的【混合模式】设置为“强光”，【不透明度】设置为30%，完成后效果如图14-72所示。

图14-71

图14-72

Step 17 单击工具箱中的【文字工具】按钮T，在画板中单击，输入文字“萌鹿鹿童装”，单击控制栏中的【字符】按钮，在弹出的面板中将【字体系列】设置为“方正少儿简体”，将“萌鹿鹿”的【字体大小】设置为86pt，将“童装”的【字体大小】设置为48pt，单击工具箱中的【选择工具】按钮，选择所有文字，在【颜色】面板中将其【填色】的RGB值设置为129、83、49，【描边】设置为131、84、50，在控制栏中将其

【描边粗细】设置为4pt，如图14-73所示。

Step 18 继续选中上一步输入的方字，按住Alt键拖曳对其进行复制，在【颜色】面板中将其【填色】的RGB值设置为234、184、84，【描边】设置为“无”，将其调整至合适的位置，如图14-74所示。

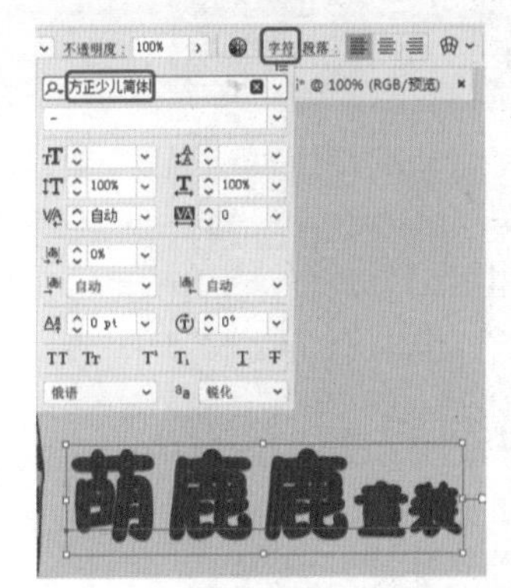

图14-73

图14-74

Step 19 单击工具箱中的【文字工具】按钮，在画板中单击鼠标，输入英文“Meng Deers Baby”，单击控制栏中的【字符】按钮，在弹出的面板中将【字体系列】设置为“方正少儿简体”，【字体大小】设置为40pt，【字符间距】设置为85，在【颜色】面板中将其【填色】的RGB值设置为107、65、30，【描边】设置为“无”，如图14-75所示。

图14-75

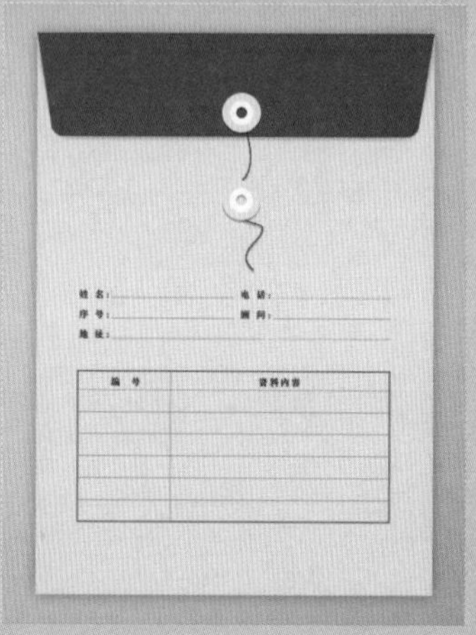

第15章 VI设计

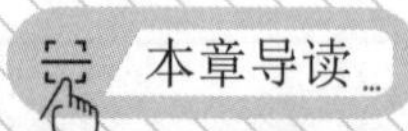

VI设计可以对生产系统、管理系统和营销、包装、广告以及促销形象做一个标准化设计和统一管理，从而调动企业的积极性和员工的归属感、身份认同，使各职能部门能够有效地合作。对外，通过符号形式的整合，形成了独特的企业形象，以方便消费者识别，认同企业形象，推广他们的产品或进行服务的推广。

实例139 制作Logo

场景：场景\Cha15\实例139 制作LOGO.ai

Logo是徽标或者商标的外语缩写，它起到对徽标拥有公司的识别和推广的作用，通过形象的徽标可以让消费者记住公司主体和品牌文化。本实例将通过【文字工具】【圆角矩形工具】【橡皮擦工具】来制作Logo，效果如图15-1所示。

图15-1

Step 01 按Ctrl+N组合键，在弹出的对话框中将【单位】设置为“像素”，将【宽度】和【高度】分别设置为868px和550px，将【颜色模式】设置为“RGB颜色”，单击【创建】按钮，在工具箱中单击【矩形工具】按钮，在画板中绘制一个矩形，在【属性】面板中将【宽】和【高】分别设置为868px和550px，将X和Y分别设置为434px和275px，将【填色】设置为#e8e8e8，将【描边】设置为“无”，如图15-2所示。

Step 02 在画板中选择绘制的矩形，按Ctrl+2组合键将选中的矩形进行锁定，在工具箱中单击【圆角矩形工具】按钮，在画板中绘制一个圆角矩形，在【变换】面板中将【宽】和【高】分别设置为314px和302px，将X和Y分别设置为438.5px和209.5px，将圆角半径分别设置为5.7px、5.7px、11px、20px，在【颜色】面板中将【填色】设置为#cd0000，将【描边】设置为“无”，效果如图15-3所示。

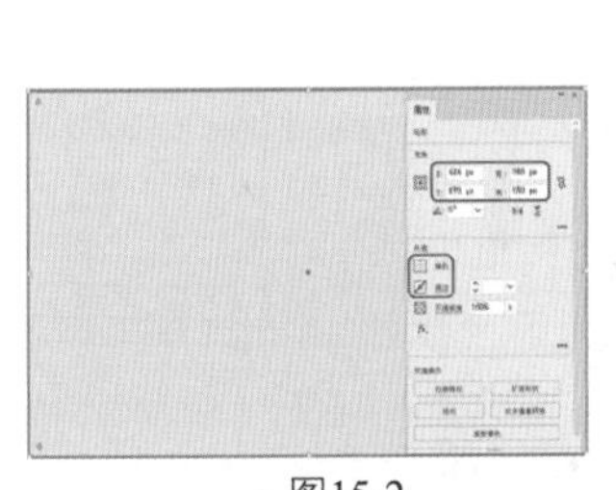

图15-2

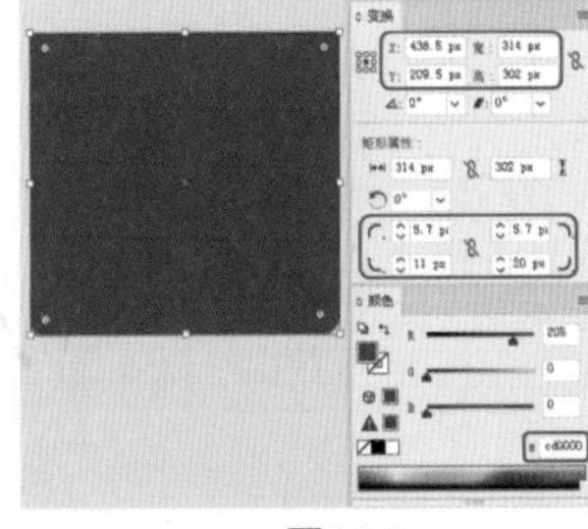

图15-3

Step 03 使用【圆角矩形工具】在画板中绘制一个圆角矩形，在【变换】面板中将【宽】和【高】分别设置为20px和303px，将X和Y分别设置为273px和211.5px，将圆角半径均设置为3px，在【颜色】面板中将【填色】设置为#cd0000，将【描边】设置为“无”，效果如图15-4所示。

Step 04 使用【圆角矩形工具】在画板中绘制一个圆角矩形，在【变换】面板中将【宽】和【高】分别设置为331.6px和24px，将X和Y分别设置为445px和46.6px，将圆角半径均设置为12px，在【颜色】面板中将【填色】设置为#cd0000，将【描边】设置为“无”，效果如图15-5所示。

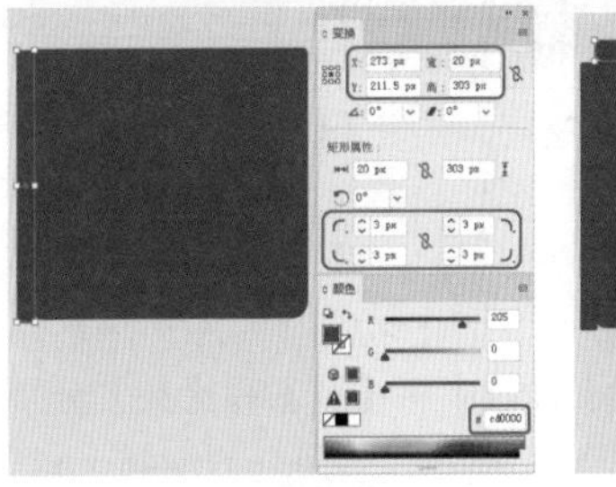

图15-4

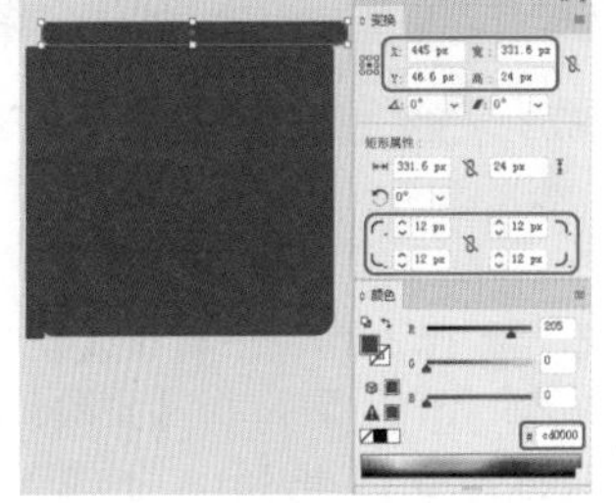

图15-5

Step 05 使用【圆角矩形工具】在画板中绘制一个圆角矩形，在【变换】面板中将【宽】和【高】分别设置为11px和329px，将X和Y分别设置为608.5px和212.5px，将圆角半径均设置为5.5px，在【颜色】面板中将【填色】设置为#cd0000，将【描边】设置为“无”，效果如图15-6所示。`

Step 06 使用【圆角矩形工具】在画板中绘制一个圆角矩形，在【变换】面板中将【宽】和【高】分别设置为320px和15px，将X和Y分别设置为432px和374.5px，将圆角半径均设置为6px，在【颜色】面板中将【填色】设置为#cd0000，将【描边】设置为“无”，然后在画板中选择所有的红色圆角矩形，在【路径查找器】面板中单击【联集】按钮，如图15-7所示。

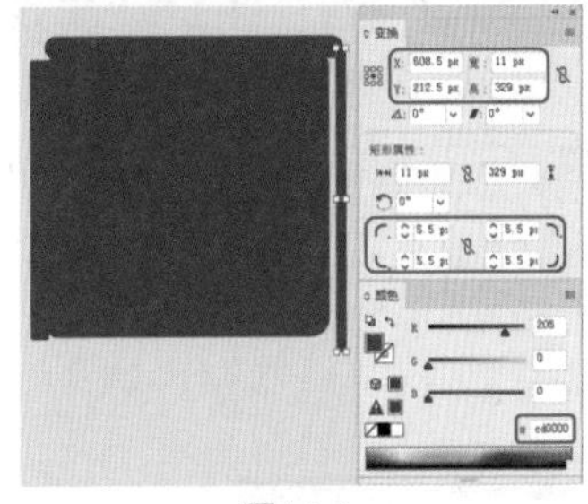

图15-6

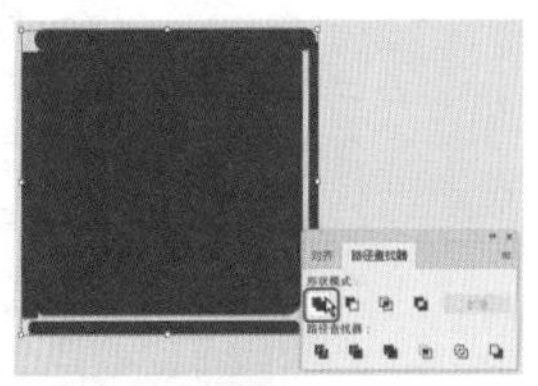

图15-7

Step 07 在工具箱中单击【橡皮擦工具】按钮，在画板中对联集后的图形进行擦除，效果如图15-8所示。

> **提示**
>
> 若对使用【橡皮擦工具】擦除的效果不满意，可以按Ctrl+Z组合键撤销上一步操作。

Step 08 在工具箱中单击【直排文字工具】按钮，在画板中单击，输入文字，选中输入的文字，在【属性】面板中将【填色】设置为#ffffff，将【描边】设置为#ffffff，将【描边粗细】设置为3pt，将【字体系列】设置为“文鼎古印體繁”，将【字体大小】设置为140pt，将【行距】设置为150pt，将【字符间距】设置为0，并在画板中调整其位置，效果如图15-9所示。

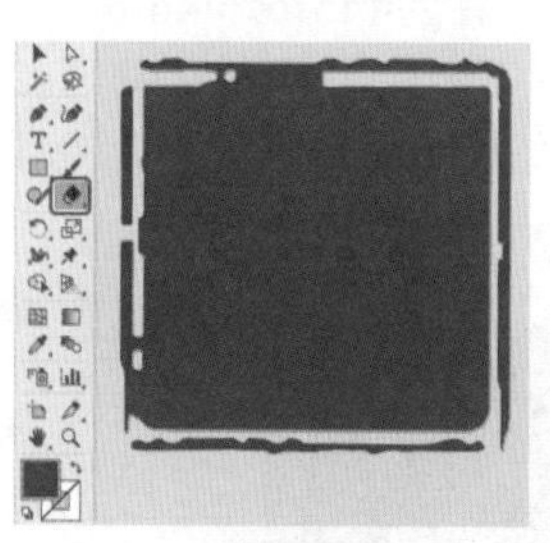

图15-8

图15-9

Step 09 在工具箱中单击【矩形工具】按钮，在画板中绘制一个矩形，在【变换】面板中将【宽】和【高】分别设置为737px和91px，将X和Y分别设置为436.5px和448.5px，在【颜色】面板中将【填色】设置为#cd0000，将【描边】设置为“无”，效果如图15-10所示。

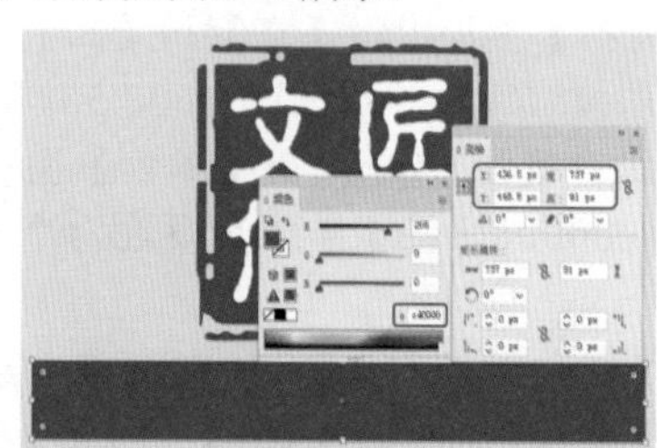

图15-10

Step 10 在工具箱中单击【文字工具】按钮，在画板中单击鼠标，输入文字，选中输入的文字，在【字符】面板中将【字体系列】设置为“汉仪大隶书简”，将【字体大小】设置为95pt，将【垂直缩放】【水平缩放】【字符间距】分别设置为80%、80%、-50，在【颜色】面板中将【填色】设置为#ffffff，并在画板中调整其位置，效果如图15-11所示。

图15-11

实例140 制作名片正面

场景：场景\Cha15\实例140 制作名片正面.ai

名片是新朋友互相认识、自我介绍的最快、最有效的方法。本实例将介绍名片正面的制作方法，效果如图15-12所示。

图15-12

Step 01 按Ctrl+N组合键，在弹出的对话框中将【单位】设置为“像素”，将【宽度】和【高度】分别设置为1134px和661px，将【画板】设置为2，将【颜色模式】设置为“RGB颜色”，单击【创建】按钮，在工具箱中单击【矩形工具】按钮，在画板中绘制一个和画板相同大小的矩形，在【颜色】面板中将【填色】设置为#fdfdfd，将【描边】设置为“无”，在工具箱中单击【钢笔工具】，在画板中绘制图15-13所示的图形，在【颜色】面板中将【填色】设置为#74665f，将【描边】设置为“无”，在【透明度】面板中将【不透明度】设置为10%。

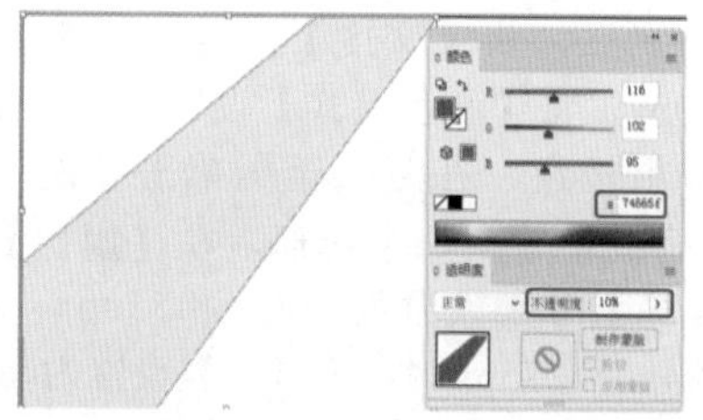

图15-13

Step 02 使用同样的方法在画板中再绘制两个图形，将其【填色】设置为#74665f，将【不透明度】设置为10%，打开“场景\Cha15\实例139制作LOGO.ai”文件，在画板中选中Logo图标，按Ctrl+C组合键进行复制，返回至前面新建的文档中，按Ctrl+V组合键进行粘贴，在画板中调整粘贴对象的大小与位置，选中粘贴的文字对象，在【描边】面板中将【粗细】设置为2pt，如图15-14所示。

图15-14

Step 03 在工具箱中单击【矩形工具】，在画板中绘制一个矩形，在【属性】面板中将【宽】和【高】分别设置为1134px和170px，将【填色】设置为#e9e8e8，将【描边】设置为“无”，在画板中调整其位置，在【图层】面板中将新绘制的矩形调整至路径图层的下方，效果如图15-15所示。

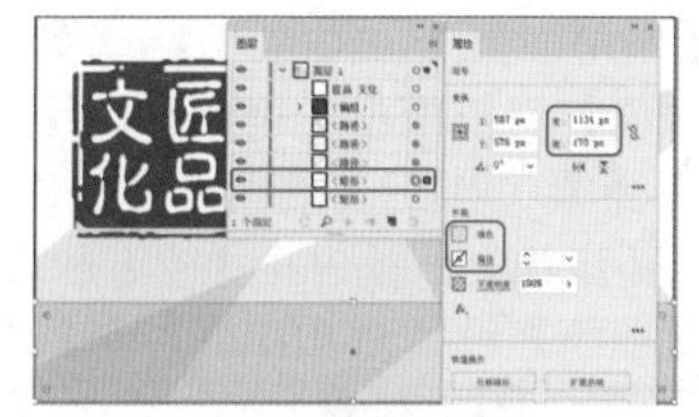

图15-15

Step 04 在工具箱中单击【钢笔工具】，在画板中绘制图15-16所示的图形，在【颜色】面板中将【填色】设置为#3f3f3f，将【描边】设置为“无”，在画板中调整其位置。

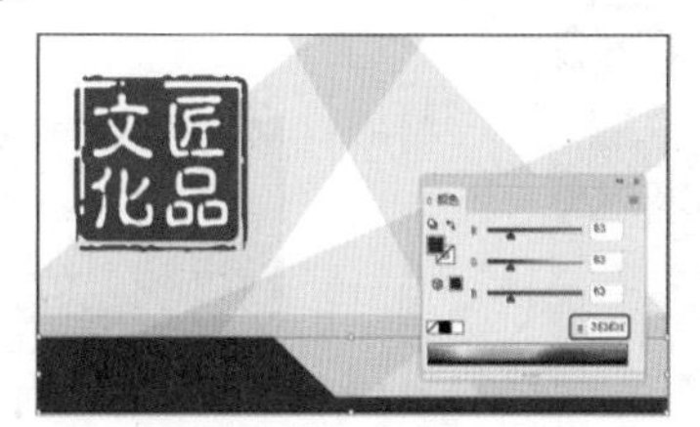

图15-16

Step 05 使用【钢笔工具】再在画板中绘制如图15-17所示的图形，在【颜色】面板中将【填色】设置为#de2330，将【描边】设置为“无”，在画板中调整其位置。

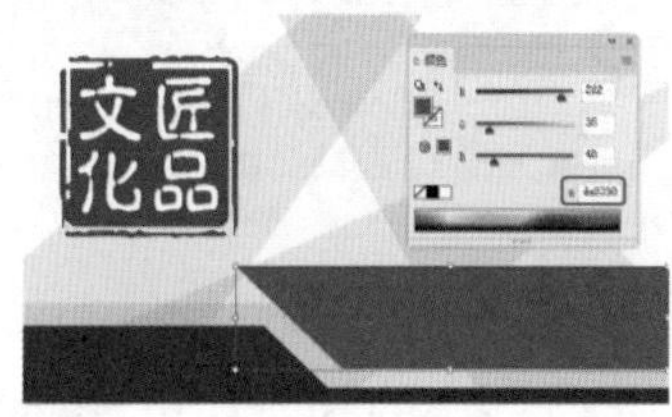

图15-17

Step 06 使用【钢笔工具】再在画板中绘制如图15-18所示的图形，在【颜色】面板中将【填色】设置为#a01e28，将【描边】设置为“无”，在画板中调整其位置。

Step 07 继续选中该图形，右击，在弹出的快捷菜单中选择【排列】|【后移一层】命令，在工具箱中单击【文字工具】，在画板中单击鼠标，输入文字，选中输入的文字，在【属性】面板中将【填色】设置为白色，将【字体系列】设置为“Adobe 黑体 Std R”，将【字体大小】设置为61pt，将【字符间距】设置为0，并在画板中调整其位置，效果如图15-19所示。

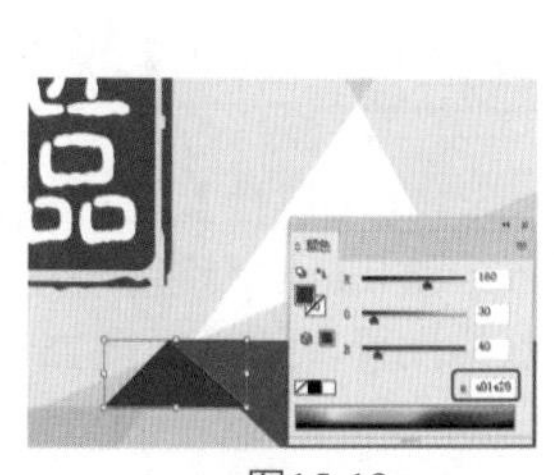

图15-18　　图15-19

Step 08 使用【文字工具】再在画板中输入其他文字内容，并进行相应的设置，效果如图15-20所示。

Step 09 在工具箱中单击【矩形工具】，在画板中绘制一个矩形，在【变换】面板中将【宽】和【高】分别设置为5pt和356pt，在【渐变】面板中将【类型】设置为“线性”，将【角度】设置为90°，将左侧色标的颜色值设置为#ffffff，将其【不透明度】设置为0%，在50%位置处添加一个色标，将其颜色值设置为#787878，将其【不透明度】设置为100%，将右侧色标的颜色值设置为#ffffff，将其【不透明度】设置为0%，并在画板中调整其位置，效果如图15-21所示。

图15-20　　图15-21

Step 10 再次使用【矩形工具】在画板中绘制一个矩形，在【属性】面板中将【宽】和【高】分别设置为1134px和27px，将【填色】设置为#3f3f3f，在画板中调整其位置，效果如图15-22所示。

图15-22

实例 141 制作名片反面

场景：场景\Cha15\实例141 制作名片反面.ai

本实例将介绍如何制作名片反面。其主要利用【矩形工具】【钢笔工具】【椭圆工具】绘制图形，并对绘制的图形建立复合路径。效果如图15-23所示。

图15-23

Step 01 继续上一个实例的操作，单击工具箱中的【矩形工具】按钮，在第二个画板中绘制一个和画板相同大小的矩形，在【颜色】面板中将【填色】设置为#3e3e3e，在左侧画板中选择Logo图标，按Ctrl+C组合键进行复制，按Ctrl+V组合键进行粘贴，选中粘贴后的对象，在画板中调整其大小与位置，选中红色图形，在【属性】面板中将【填色】设置为白色，将【不透明度】设置为85%，然后选中文字对象，在【属性】面板中将【填色】设置为#3e3e3e，将【描边】设置为#3e3e3e，如图15-24所示。

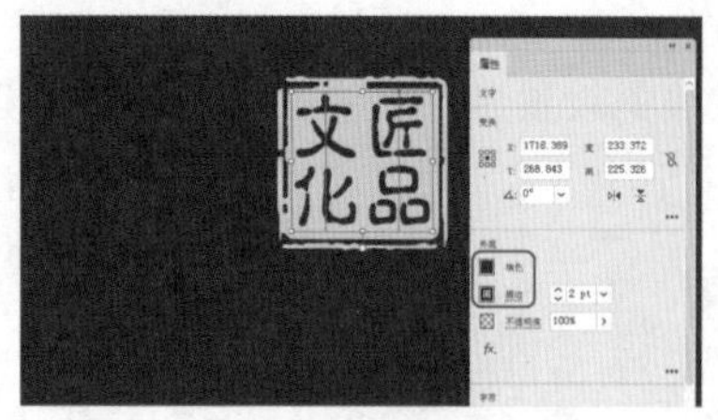

图15-24

Step 02 使用【矩形工具】在画板中绘制一个矩形，在【属性】面板中将【宽】和【高】分别设置为1134px和145px，将【填色】设置为#e8e8e8，将【描边】设置为“无”，在画板中调整其位置，效果如图15-25所示。

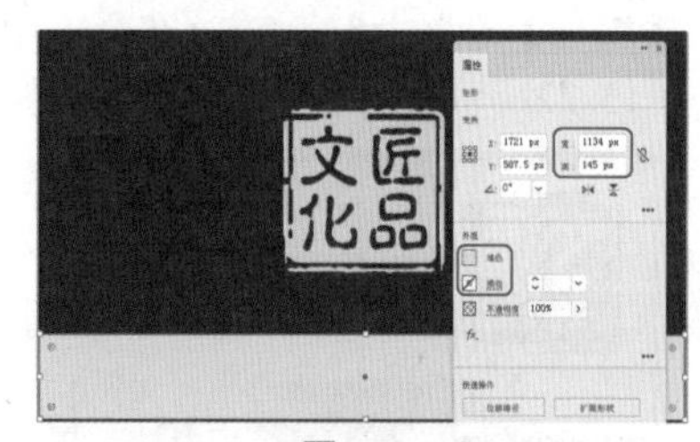

图15-25

Step 03 在工具箱中单击【钢笔工具】，在画板中绘制图15-26所示的图形，在【颜色】面板中将【填色】设置为#a11f28，将【描边】设置为“无”，并调整其位置。

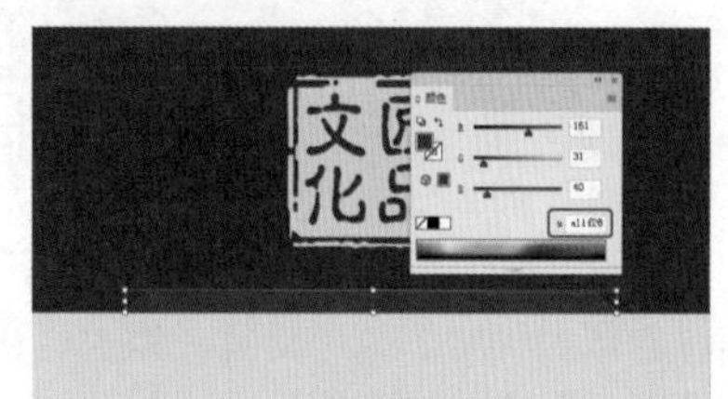

图15-26

Step 04 在工具箱中单击【钢笔工具】，在画板中绘制图15-27所示的图形，在【颜色】面板中将【填色】设置为#de2230，将【描边】设置为“无”，并调整其位置。

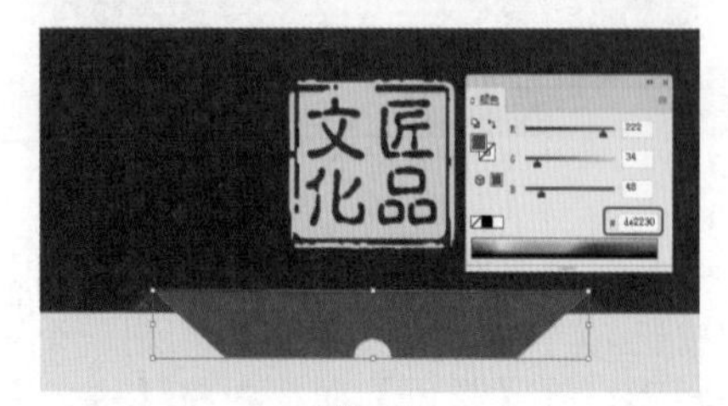

图15-27

Step 05 使用【钢笔工具】在画板中绘制图15-28所示的图形，在【颜色】面板中将【填色】设置为#de2230，然后再使用【椭圆工具】，在画板中按住Shift键绘制一个正圆，在【属性】面板中将【宽】和【高】均设置为20px，将【填色】设置为#ffff00，将【描边】设置为“无”，在画板中调整其位置。

Step 06 在画板中选择新绘制的两个图形，在【路径查找器】面板中单击【减去顶层】按钮，并根据前面介绍的方法在画板中输入文字内容，效果如图15-29所示。

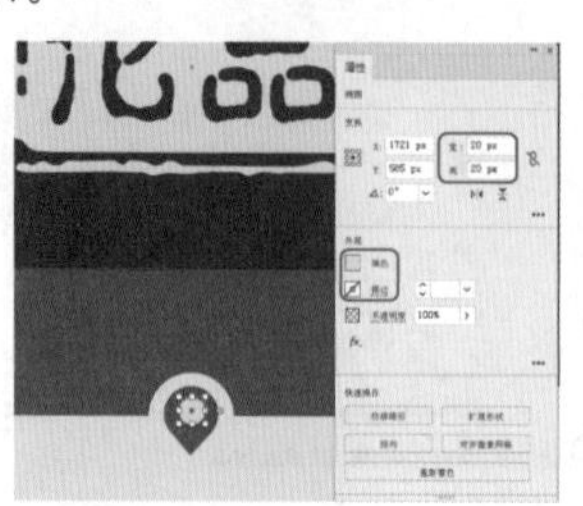

图15-28

图15-29

实例 142 制作工作证正面

素材：素材\Cha15\头像.ai

场景：场景\Cha15\实例142 制作工作证正面.ai

工作证是职工归属的证明，有了工作证就代表成为某个公司或组织的正式成员，本实例将介绍如何制作工作证正面。效果如图15-30所示。

图15-30

Step 01 按Ctrl+N组合键，在弹出的对话框中将【单位】设置为“像素”，将【宽度】和【高度】分别设置为685px和1057px，将【画板】设置为2，将【颜色模式】设置为“RGB颜色”，单击【创建】按钮，在工具箱中单击【矩形工具】按钮，在画板中绘制一个与画板大小相同的矩形，在【颜色】面板中将【填色】设置为#31353d，将【描边】设置为“无”，然后再使用【矩形工具】在画板中绘制一个矩形，在【属性】面板中将【宽】和【高】分别设置为685px和468px，将【填色】设置为#e8e8e8，在画板中调整其位置，效果如图15-31所示。

Step 02 根据前面介绍的方法将Logo图标添加至文档中，并进行相应的调整，在工具箱中单击【圆角矩形工具】，在画板中绘制一个圆角矩形，在【变换】面板中将【宽】和【高】分别设置为237px和293px，将所有的圆角半径均设置为12px，在【描边】面板中将【粗细】设置为4pt，勾选【虚线】复选框，将【虚线】和【间隙】分别设置为16pt和8pt，在【颜色】面板中将【填色】设置为“无”，将【描边】设置为#ffffff，并在画板中调整其位置，效果如图15-32所示。

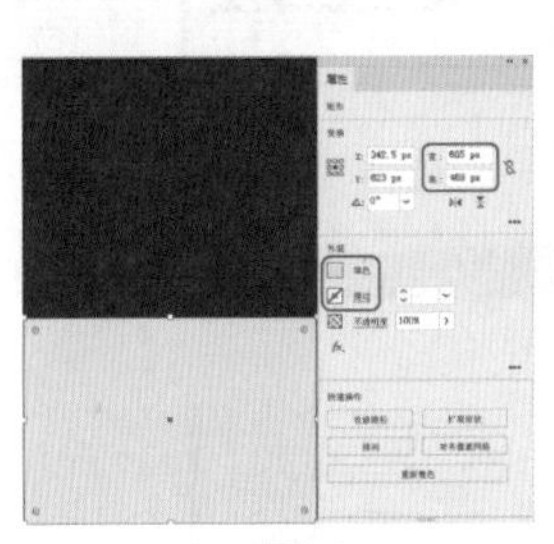

图15-31

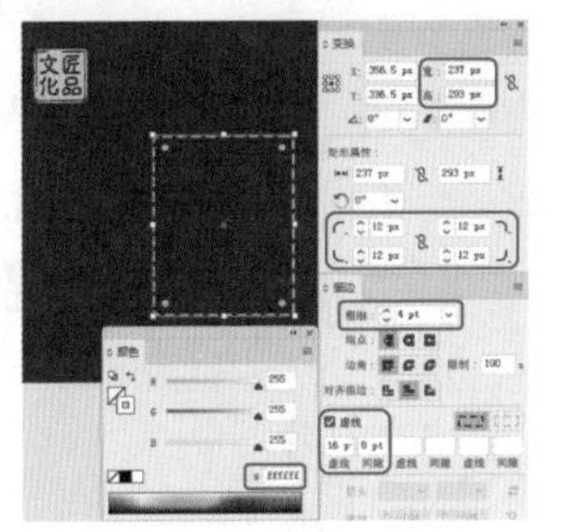

图15-32

Step 03 将“头像.ai”素材文件置入文档中，并将其嵌入文档，在【透明度】面板中将【不透明度】设置为30%，效果如图15-33所示。

Step 04 根据前面所介绍的方法在画板中绘制图15-34所示的两个图形，并为其填充颜色，然后在工具箱中单击【文字工具】，在画板中单击，输入文字，选中输入的文字，在【属性】面板中将【填色】设置为白色，将【字体系列】设置为“汉仪大隶书简”，将【字体大小】设置为33pt，将【字符间距】设置为100，并在画板中调整其位置，效果如图15-34所示。

图15-33

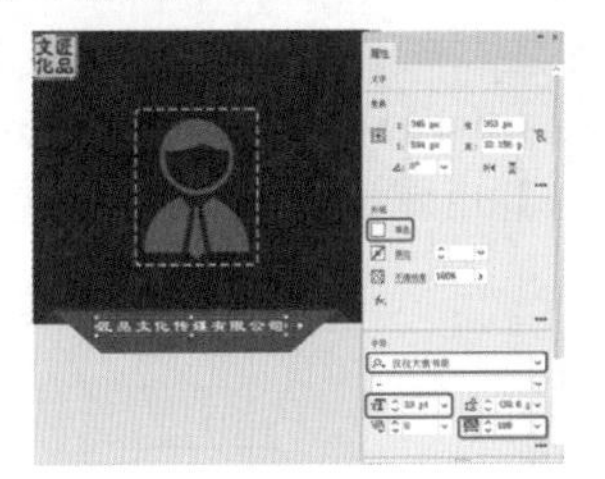

图15-34

Step 05 使用同样的方法在画板中输入其他文字内容，并进行相应的设置，效果如图15-35所示。

Step 06 在工具箱中单击【直线段工具】，在画板中按住Shift键绘制4条水平直线，在【属性】面板中将【宽】设置为488px，将【填色】设置为“无”，将【描边】设置为#02050e，将【描边粗细】设置为1pt，效果如图15-36所示。

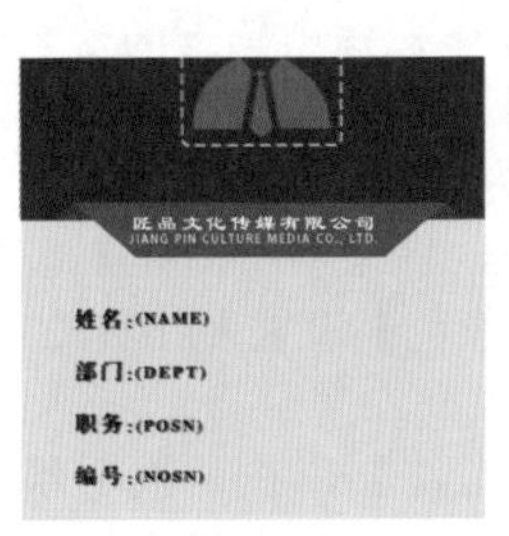

图15-35

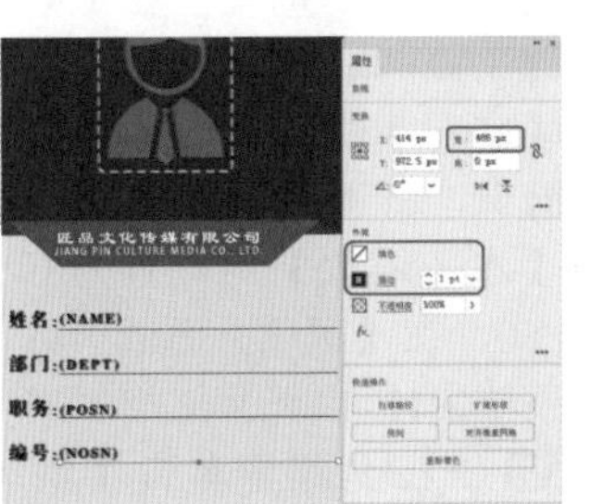

图15-36

实例 143 制作工作证反面

素材：素材\Cha15\底纹.psd

场景：场景\Cha15\实例143 制作工作证反面.ai

本实例将介绍如何制作工作证反面，效果如图15-37所示。

图15-37

Step 01 继续上一个实例的操作，单击工具箱中的【矩形工具】按钮，在第二个画板中绘制一个和画板相同大小的矩形，按Ctrl+F9组合键，在弹出的【渐变】面板中将【类型】设置为“线性”，将【角度】设置为90°，将左侧色标的颜色值设置为#b4030f，将右侧色标的颜色值设置为#de2330，如图15-38所示。

Step 02 将“底纹.psd”素材文件置入文档中，在【属性】面板中单击【嵌入】按钮，在弹出的【Photoshop导入选项】对话框中选中【将图层转换为对象】单选按钮，单击【确定】按钮，然后在画板中调整其大小与位置，如图15-39所示。

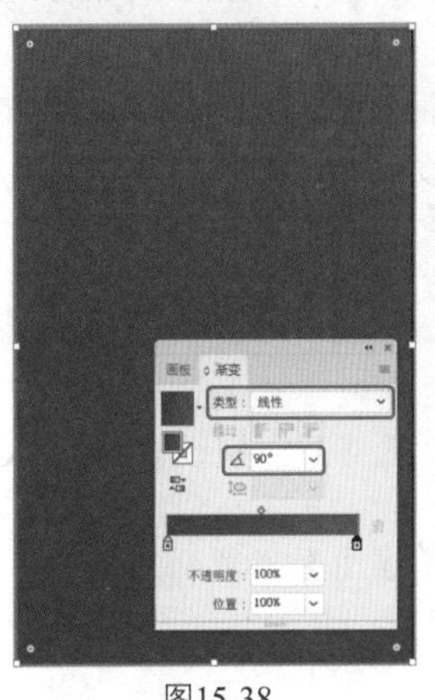

图15-38

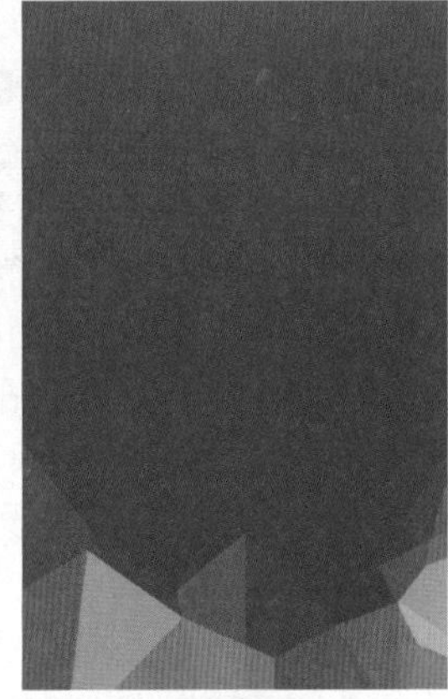

图15-39

Step 03 在工具箱中单击【文字工具】，在画板中单击鼠标，输入文字，选中输入的文字，在【属性】面板中将【填色】设置为白色，将【字体系列】设置为“方正大标宋简体”，将【字体大小】设置为141pt，将【字符间距】设置为0，在画板中调整其位置，效果如图15-40所示。

Step 04 根据前面介绍的方法将Logo图标添加至文档中，并对其进行相应的调整，在画板中调整其大小与位置，然后在画板中绘制其他图形并输入文字，如图15-41所示。

图15-40

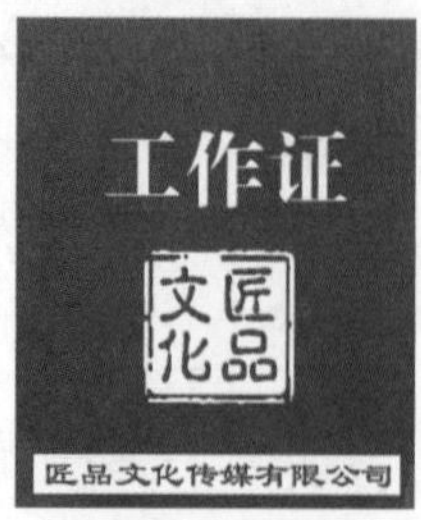
图15-41

实例 144 制作信纸正面

场景：场景\Cha15\实例144 制作信纸正面.ai

一个企业要印制自己公司的信纸，在信纸上应有企业基本信息，如企业名、地址、网址以及电话等。本实例将介绍信纸正面的制作方法，效果如图15-42所示。

图15-42

Step 01 按Ctrl+N组合键，在弹出的对话框中将【单位】设置为“毫米”，将【宽度】和【高度】分别设置为478mm和339mm，将【画板】设置为1，将【颜色模式】设置为“RGB颜色”，单击【创建】按钮，在工具箱中单击【矩形工具】，在画板中绘制一个与画板大小相同的矩形，在【颜色】面板中将【填色】设置为#4e445a，将【描边】设置为“无”，效果如图15-43所示。

Step 02 使用【矩形工具】在画板中绘制一个矩形，在【属性】面板中将【宽】和【高】分别设置为210mm和297mm，将X和Y分别设置为123mm和166mm，将【填色】设置为白色，将【描边】设置为“无”，效果如图15-44所示。

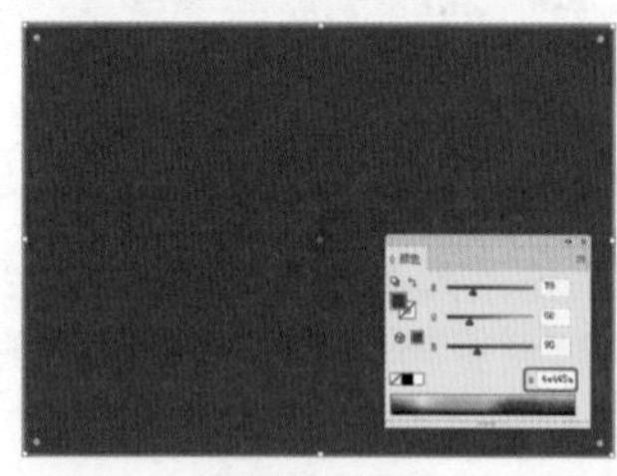
图15-43

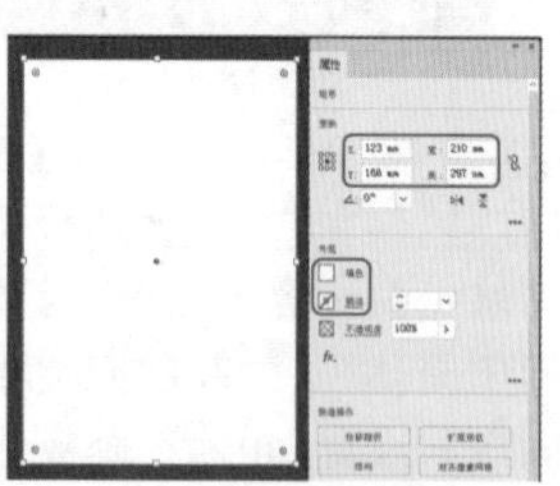
图15-44

Step 03 在工具箱中单击【钢笔工具】，在画板中绘制图15-45所示的图形，并在【颜色】面板中将【填色】设置为#ffffff，将【描边】设置为“无”。

Step 04 继续选中新绘制的图形，在工具箱中单击【网格工具】按钮，在选中的图形中添加多个网格点，并将网格点的【填色】设置为#626363，调整网格点的位置，效果如图15-46所示。

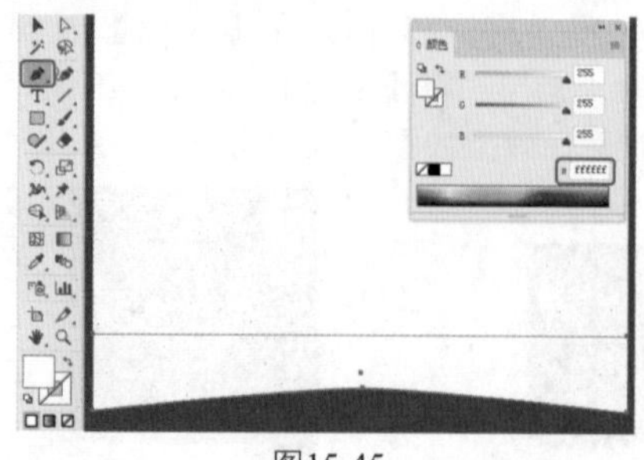
图15-45

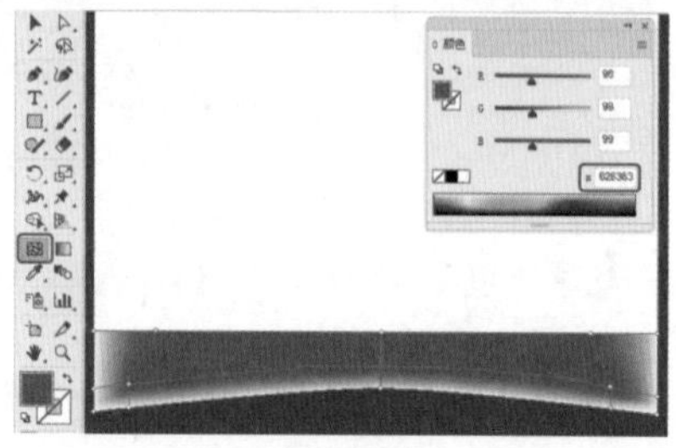
图15-46

Step 05 在工具箱中单击【选择工具】，在画板中选择添加网格填充的图形，右击，在弹出的快捷菜单中选择【排列】|【后移一层】命令，在【透明度】面板中将【混合模式】设置为“正片叠底”，效果如图15-47所示。

Step 06 在工具箱中单击【钢笔工具】，在画板中绘制图15-48所示的两个图形，在【颜色】面板中将【填色】设置为#f4f3f3，将【描边】设置为“无”。

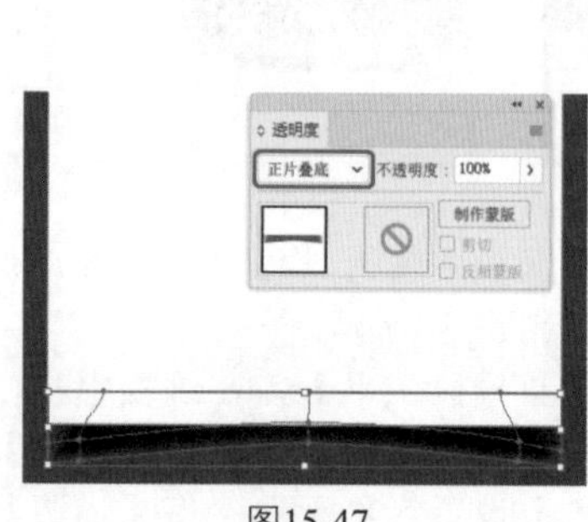

图15-47

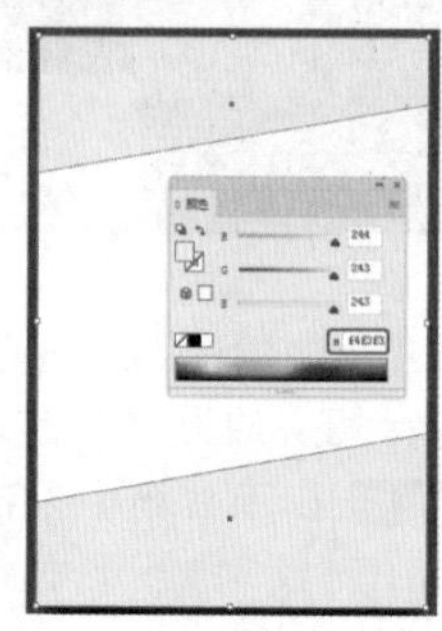
图15-48

Step 07 根据前面介绍的方法将Logo图标添加至文档中，并进行相应的调整，在工具箱中单击【文字工具】按钮T，在画板中单击，输入文字，选中输入的文字，在【字符】面板中将【字体系列】设置为“汉仪大隶书简”，将【字体大小】设置为50pt，将【垂直缩放】和【水平缩放】均设置为80%，将【字符间距】设置为-50，在【颜色】面板中将【填色】设置为#b41e23，效果如图15-49所示。

Step 08 在工具箱中单击【钢笔工具】，在画板中绘制图15-50所示的图形，在【颜色】面板中将【填色】设置为#b41e23，将【描边】设置为“无”。

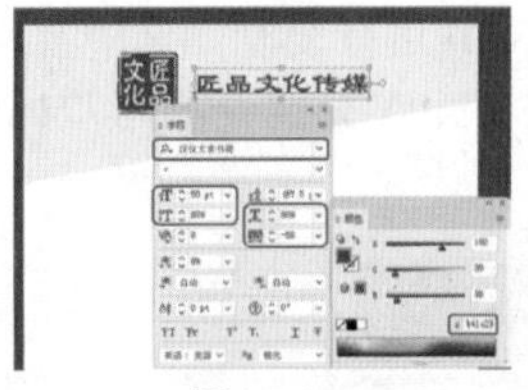

图15-49

图15-50

Step 09 在工具箱中单击【钢笔工具】，在画板中绘制图15-51所示的图形，在【颜色】面板中将【填色】设置为#31353d，将【描边】设置为“无”。

Step 10 根据前面介绍的方法在画板中输入其他文字内容，并绘制相应的图形，效果如图15-52所示。

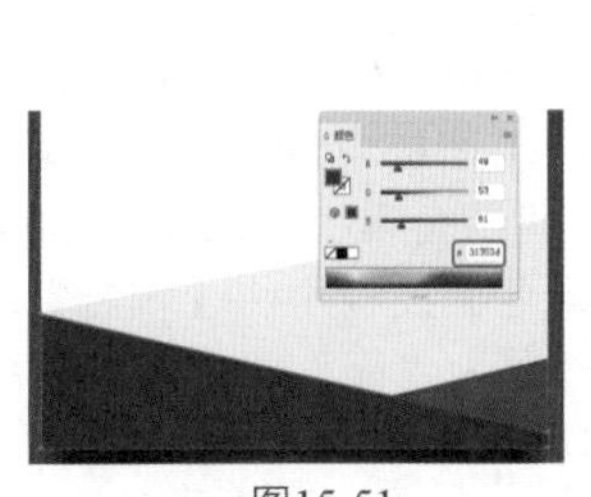

图15-51

图15-52

实例145 制作信纸反面

场景：场景\Cha15\实例145 制作信纸反面.ai

本实例将介绍信纸反面的制作方法，效果如图15-53所示。

图15-53

Step 01 继续上一个实例的操作，在工具箱中单击【矩形工具】，在画板中绘制一个矩形，在【属性】面板中将【宽】和【高】分别设置为210mm和297mm，将X和Y分别设置为356mm和166mm，将【填色】设置为#31353d，将【描边】设置为“无”，效果如图15-54所示。

Step 02 在画板中选中前面制作的投影效果，按住Alt键向右拖动鼠标，对其进行复制，复制后的效果如图15-55所示。

Step 03 根据前面介绍的方法将Logo图标添加至文档中，并调整其大小与位置，效果如图15-56所示。

Step 04 在工具箱中单击【文字工具】按钮T，在画板中单击鼠标，输入文字，选中输入的文字，在【字符】面板中将【字体系列】设置为“汉仪大隶书简”，将【字体大小】设置为50pt，将【垂直缩放】和【水平缩放】均设置为80%，将【字符间距】设置为50，在【颜色】面板中将【填色】设置为#ffffff，然后再使用【文字工具】在画板中输入文字，选中输入的文字，在【字符】面板中将【字体系列】设置为“Arial”，将【字体大小】设置为18pt，将【垂直缩放】和【水平缩放】均设置为80%，将【字符间距】设置为50，在【颜色】面板中将【填色】设置为#ffffff，效果如图15-57所示。

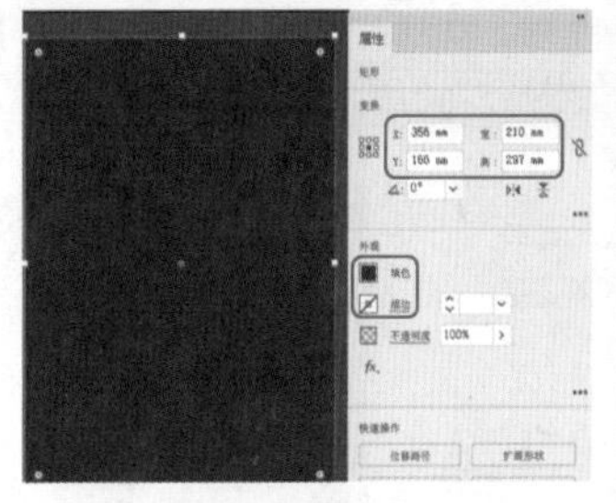

图15-54

图15-55

图15-56

图15-57

实例146 制作档案袋正面

素材：素材\Cha15\背景.ai

场景：场景\Cha15\实例146 制作档案袋正面.ai

档案袋属于办公用品，规格大小根据实际情况进行确定，其作用主要是容纳纸质档案。本实例将介绍档案袋正面的制作方法，效果如图15-58所示。

图15-58

Step 01 打开“素材\Cha15\背景.ai”文件，在工具箱中单击【矩形工具】，在画板中绘制一个矩形，在【属性】面板中将【宽】和【高】分别设置为370px和508px，将X和Y分别设置为336px和365px，将【填色】设置为#fbe6cb，将【描边】设置为“无”，效果如图15-59

所示。

Step 02 选中绘制的矩形，在【外观】面板中单击【添加新效果】按钮，在弹出的下拉菜单中选择【风格化】|【投影】命令，在弹出的对话框中将【模式】设置为"正片叠底"，将【不透明度】【X位移】【Y位移】【模糊】分别设置为41%、0px、0px、6px，将【颜色】设置为#0b0306，如图15-60所示。

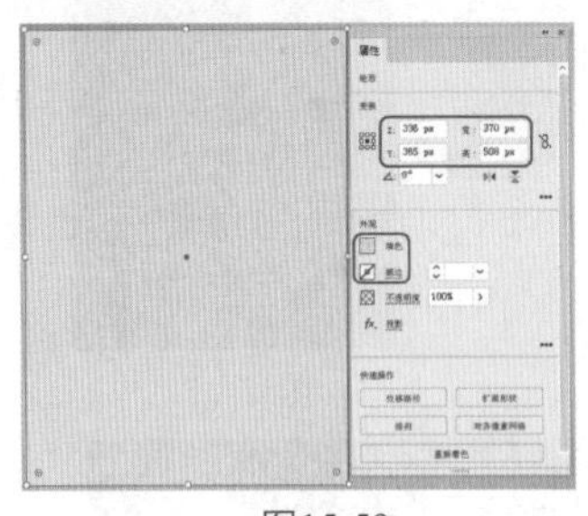
图15-59

图15-60

Step 03 设置完成后，单击【确定】按钮，在工具箱中单击【直排文字工具】，在画板中单击鼠标，输入文字，选中输入的文字，在【字符】面板中将【字体系列】设置为"方正粗宋简体"，将【字体大小】设置为59pt，将【垂直缩放】和【水平缩放】均设置为100%，将【字符间距】设置为260，在【颜色】面板中将【填色】设置为# b4030f，效果如图15-61所示。

Step 04 在工具箱中单击【矩形工具】，在画板中绘制一个矩形，在【属性】面板中将【宽】和【高】分别设置为370px和31px，将X和Y分别设置为336px和603.5px，将【填色】设置为# b4030f，然后在画板中输入相应的文字内容，并根据前面所介绍的方法添加Logo图标，效果如图15-62所示。

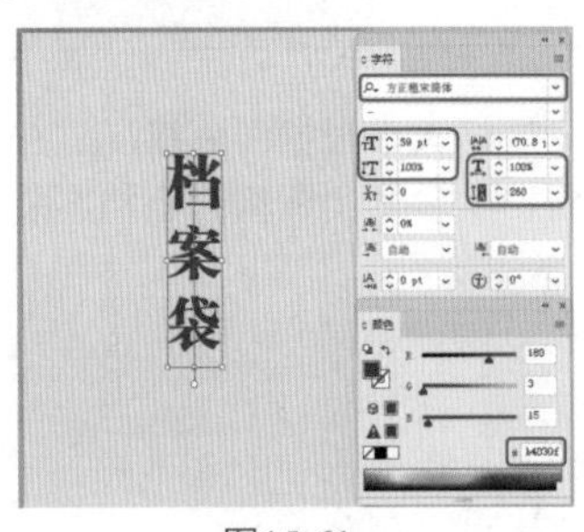

图15-61

图15-62

场景：场景\Cha15\实例147 制作档案袋反面.ai

本实例将介绍档案袋反面的制作方法，效果如图15-63所示。

Step 01 继续上一个实例的操作，在画板中选择最底层带有投影的大矩形，按住Alt键对其进行复制，选中复制后的矩形，在【变换】面板中将X和Y分别设置为771px和365px，效果如图15-64所示。

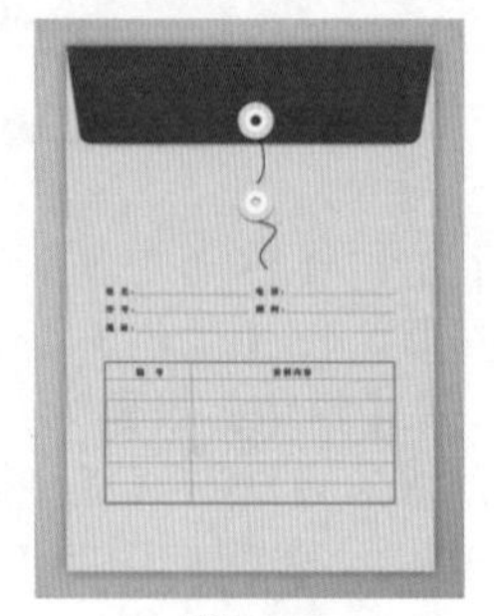
图15-63

Step 02 在工具箱中单击【圆角矩形工具】，在画板中绘制一个圆角矩形，在【变换】面板中将【宽】和【高】分别设置为343px和95px，将圆角半径分别设置为0px、0px、12px、12px，在【颜色】面板中将【填色】设置为#3a3a3a，将【描边】设置为"无"，并在画板中调整其位置，效果如图15-65所示。

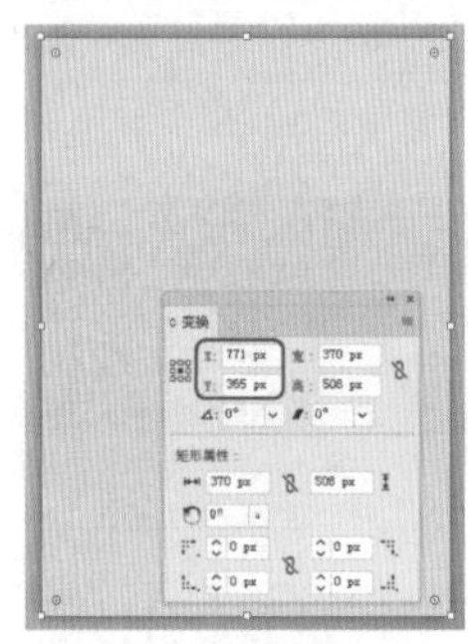
图15-64

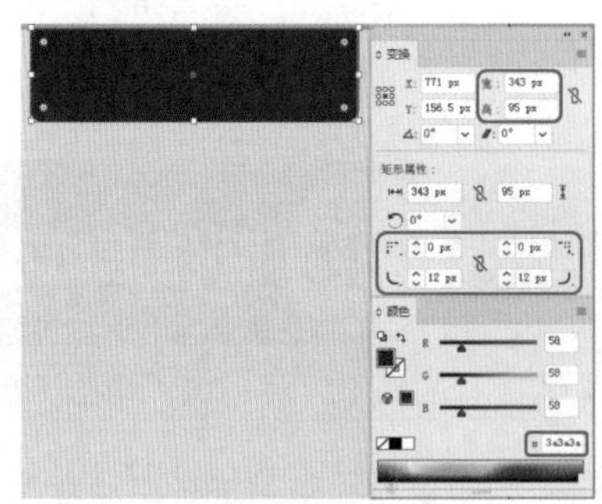
图15-65

Step 03 在工具箱中单击【直接选择工具】按钮▷，在画板中对圆角矩形进行调整，选中调整后的图形，在【外观】面板中单击【添加新效果】按钮，在弹出的下拉菜单中选择【风格化】|【羽化】命令，在弹出的对话框中将【半径】设置为20px，如图15-66所示。

Step 04 设置完成后，单击【确定】按钮，使用同样的方法再在画板中绘制相同的图形，在【颜色】面板中将【填色】设置为#b4030f，并在画板中调整其位置，效果如图15-67所示。

图15-66

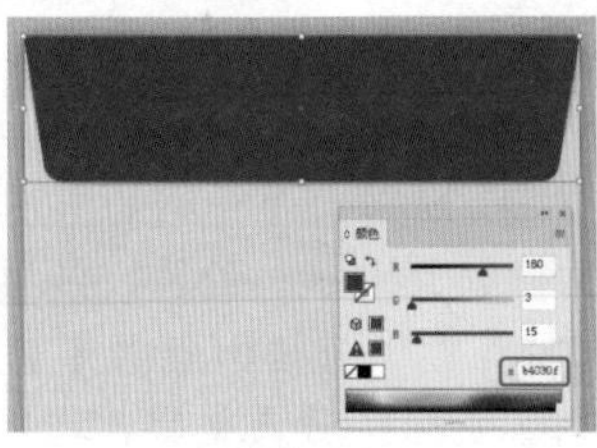
图15-67

Step 05 在工具箱中单击【椭圆工具】，在画板中按住Shift键绘制一个正圆，在【属性】面板中将【宽】和【高】均设置为24px，将【填色】设置为"无"，将

【描边】设置为#ebe8e8，将【描边粗细】设置为12pt，然后再在画板中绘制一个正圆，在【属性】面板中将【宽】和【高】均设置为16px，将【填色】设置为“无”，将【描边】设置为#ffffff，将【描边粗细】设置为6pt，并调整其位置，如图15-68所示。

Step 06 在画板中选择绘制的两个正圆，按Ctrl+G组合键，对选中的对象进行编组，在【外观】面板中单击【添加新效果】按钮，在弹出的下拉菜单中选择【风格化】|【投影】命令，在弹出的对话框中将【模式】设置为“正片叠底”，将【不透明度】【X位移】【Y位移】【模糊】分别设置为30%、0px、2px、0px，将【颜色】设置为# 0b0306，如图15-69所示。

图15-68

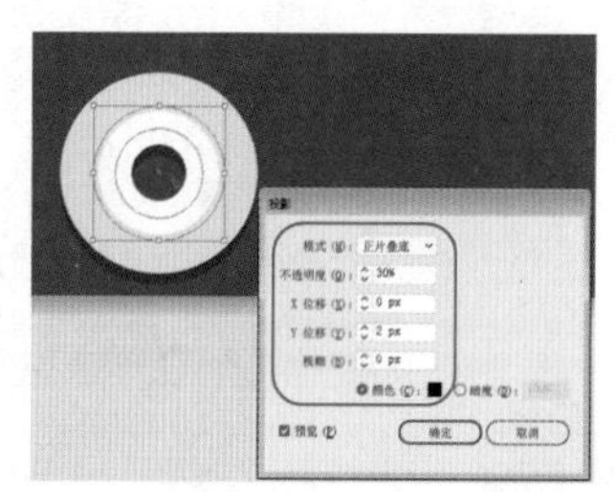

图15-69

Step 07 设置完成后，单击【确定】按钮，在工具箱中单击【钢笔工具】，在画板中绘制图15-70所示的路径，在【属性】面板中将【填色】设置为“无”，将【描边】设置为#262626，将【描边粗细】设置为1pt，如图15-70所示。

Step 08 继续选中该路径，右击，在弹出的快捷菜单中选择【排列】|【后移一层】命令，在【外观】面板中单击【添加新效果】按钮，在弹出的下拉菜单中选择【风格化】|【投影】命令，在弹出的对话框中将【模式】设置为“正片叠底”，将【不透明度】【X位移】【Y位移】【模糊】分别设置为30%、0px、2px、0px，将【颜色】设置为# 0b0306，如图15-71所示。

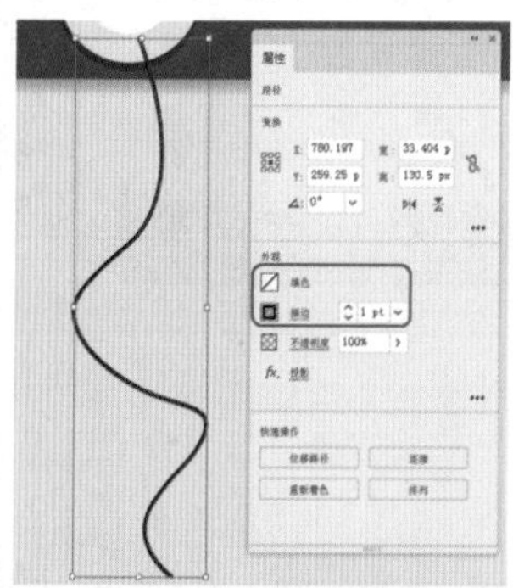

图15-70

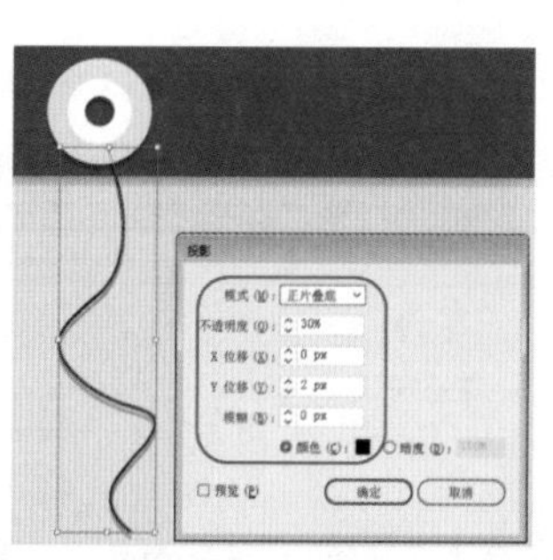

图15-71

Step 09 设置完成后，单击【确定】按钮，在画板中对前面所绘制的圆形进行复制，并调整其位置，在工具箱中单击【文字工具】，在画板中单击鼠标，输入文字，选中输入的文字，在【属性】面板中将【填色】设置为# b4030f，将【字体系列】设置为“方正粗宋简体”，将【字体大小】设置为8pt，将【行距】设置为18pt，将【字符间距】设置为260，并在画板中调整其位置，效果如图15-72所示。

Step 10 使用同样的方法在画板中输入其他文字内容，在工具箱中单击【直线段工具】，在画板中绘制5条水平直线，将绘制直线的【填色】设置为“无”，将【描边】设置为# b4030f，将【描边粗细】设置为1pt，将【不透明度】设置为30%，如图15-73所示。

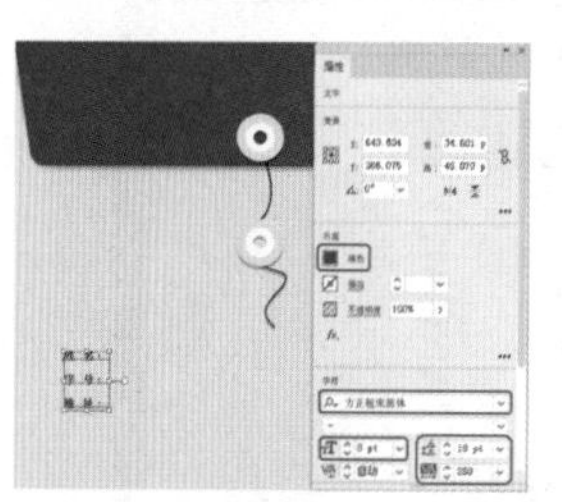

图15-72

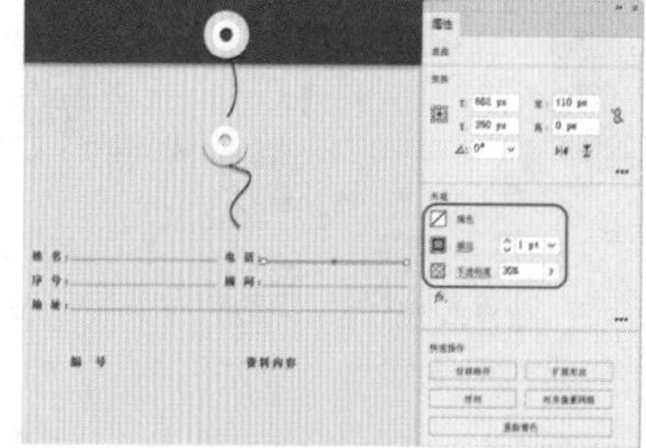

图15-73

Step 11 在工具箱中单击【矩形工具】，在画板中绘制一个矩形，在【属性】面板中将【宽】和【高】分别设置为291px和136.5px，将【填色】设置为“无”，将【描边】设置为# b4030f，将【描边粗细】设置为1，将【不透明度】设置为100%，并在画板中调整其位置，效果如图15-74所示。

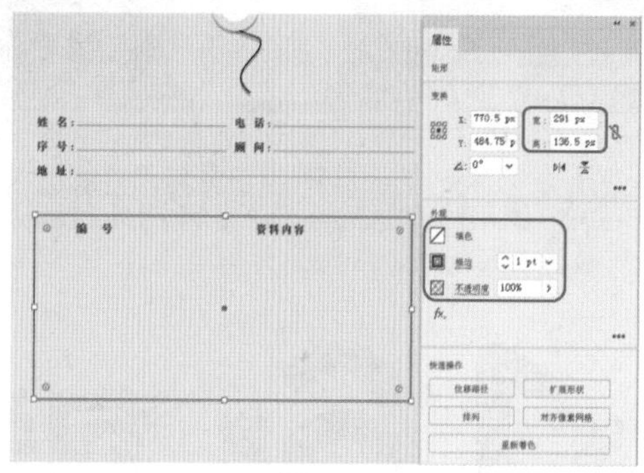

图15-74

Step 12 根据前面介绍的方法在画板中绘制直线，并进行相应的设置，效果如图15-75所示。

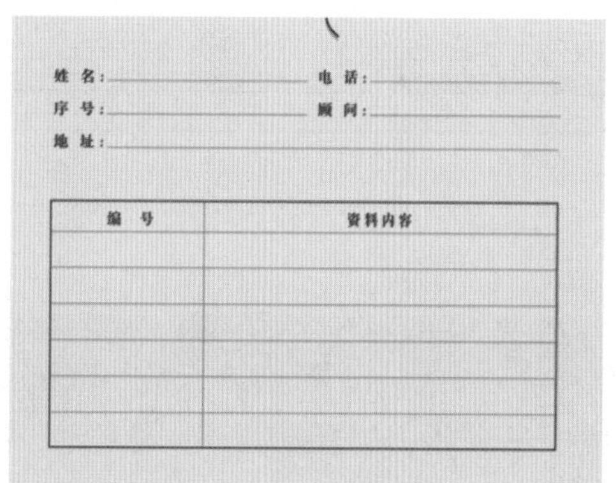

图15-75

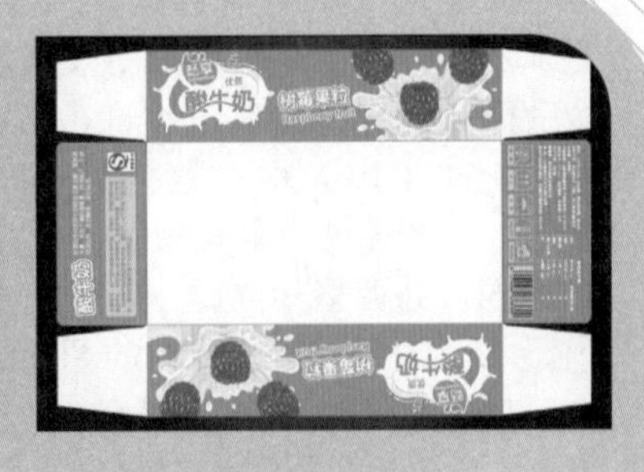

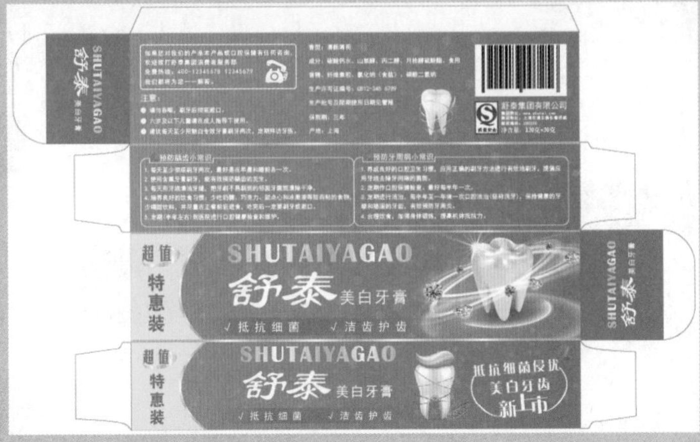

第16章 包装设计

包装设计是一门综合运用自然科学和美学知识，为在流通过程中更好地保护商品，并促进商品的销售而开设的专业学科。产品通过包装设计的特色来体现产品的独特新颖之处，以此来吸引更多的消费者前来购买，更有人把它当作礼品外送。因此，可以看出包装设计对产品的推广和建立品牌是至关重要的。

实例 148 蜂蜜包装设计

素材：素材\Cha16\蜂蜜素材01.ai、蜂蜜素材02.ai、蜂蜜素材03.ai、蜂蜜素材04.jpg、祥云.ai
场景：场景\Cha16\实例148 蜂蜜包装设计.ai

蜂蜜含有的营养成分很丰富，可广泛食用于各种小疾，因其营养价值较高，故而在生活中广受人们的喜爱，不少人都选择蜂蜜礼盒作为礼物赠送亲朋好友。本实例将介绍蜂蜜包装设计，效果如图16-1所示。

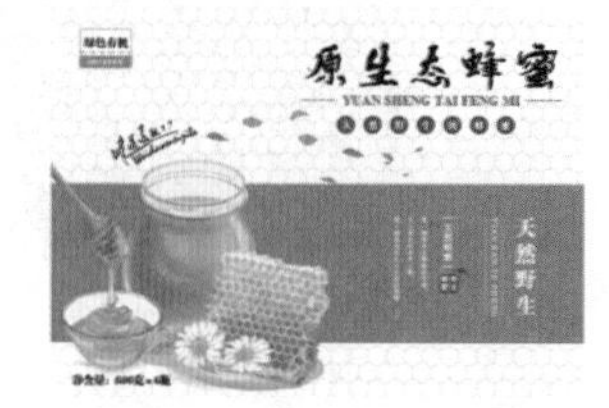

图16-1

Step 01 启动软件，按Ctrl+N组合键，在弹出的对话框中将【单位】设置为“厘米”，将【宽度】和【高度】分别设置为45cm和32cm，如图16-2所示。

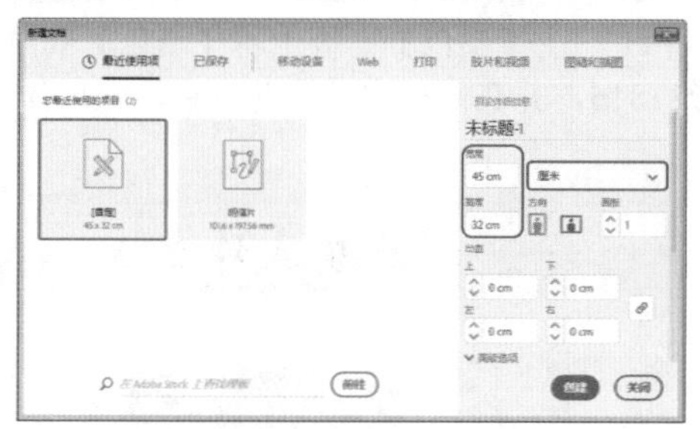
图16-2

Step 02 单击【创建】按钮，按Shift+Ctrl+P组合键，在弹出的对话框中选择“素材\Cha16\蜂蜜素材01.ai”文件，单击【置入】按钮，在画板中指定素材文件的放置位置，在【属性】面板中单击【嵌入】按钮，如图16-3所示。

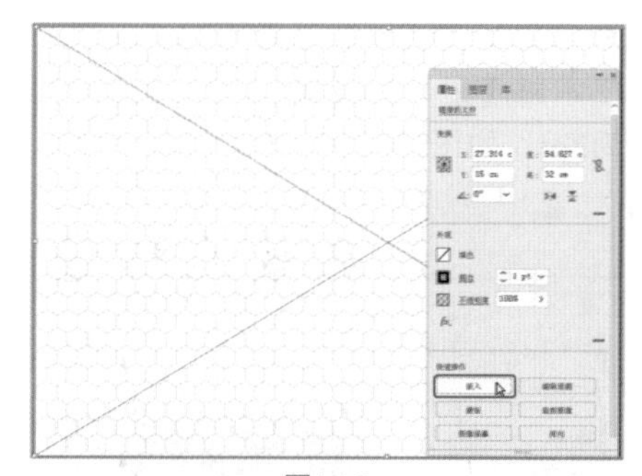
图16-3

Step 03 在工具箱中单击【矩形工具】按钮，在画板中绘制一个矩形，在【属性】面板中将【宽】和【高】分别设置为45cm和32cm，并为其填充任意一种颜色，将【描边】设置为“无”，在画板中调整矩形的位置，效果如图16-4所示。

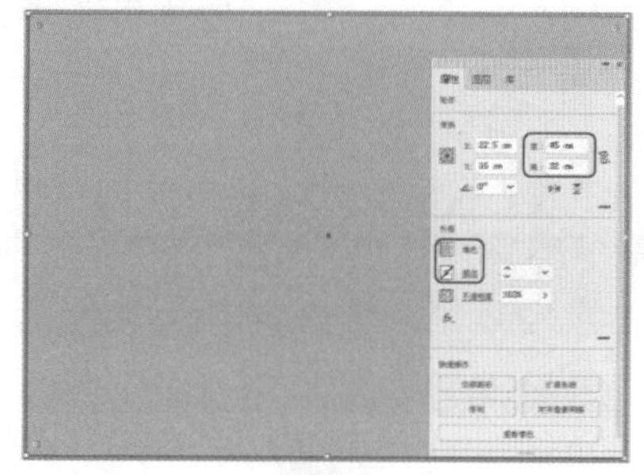
图16-4

Step 04 在工具箱中单击【选择工具】按钮，在画板中选择前面所置入的素材与绘制的矩形，右击，在弹出的快捷菜单中选择【建立剪切蒙版】命令，如图16-5所示。

Step 05 在工具箱中单击【矩形工具】按钮，在画板中绘制一个矩形，在【属性】面板中将【宽】和【高】分别设置为45cm和13cm，将X和Y分别设置为22.5cm和21cm，将【填色】颜色值设置为# e08b14，将【描边】设置为“无”，效果如图16-6所示。

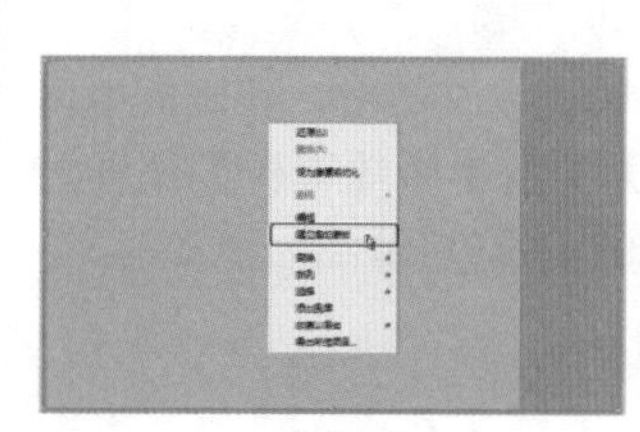
图16-5

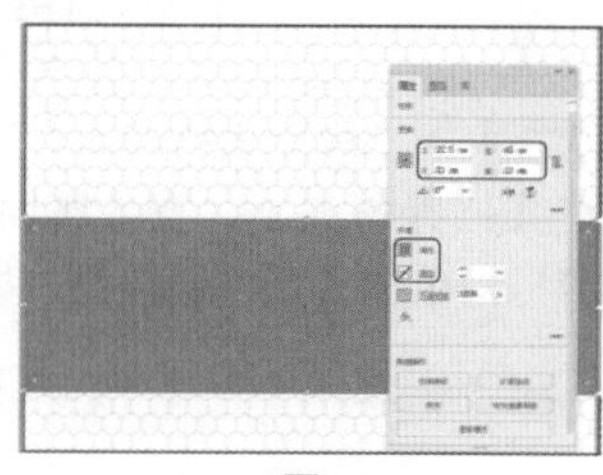
图16-6

Step 06 按Shift+Ctrl+P组合键，在弹出的对话框中选择“素材\Cha16\蜂蜜素材02.ai”文件，单击【置入】按钮，在画板中指定素材文件的放置位置，在【属性】面板中单击【嵌入】按钮，将【宽】和【高】分别设置为28cm和24cm，将X和Y分别设置为10.7cm和20.7cm，如图16-7所示。

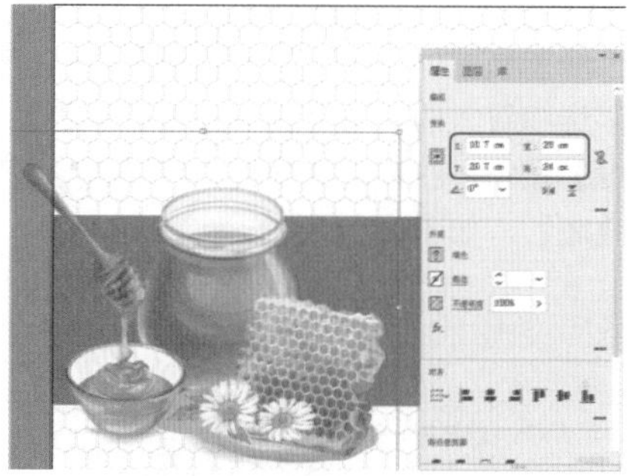
图16-7

Step 07 在工具箱中单击【矩形工具】按钮，在画板中绘制一个矩形，在【属性】面板中将【宽】和【高】均设置为25cm，将X和Y分别设置为12.5cm和19.5cm，为其填充任意一种颜色，将【描边】设置为“无”，效果如图16-8所示。

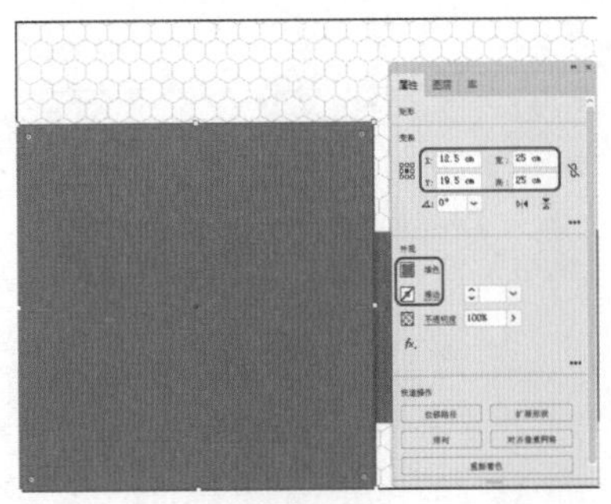

图16-8

Step 08 选中新绘制的矩形与置入的“蜂蜜素材02.ai”文件，右击，在弹出的快捷菜单中选择【建立剪切蒙版】命令，如图16-9所示。

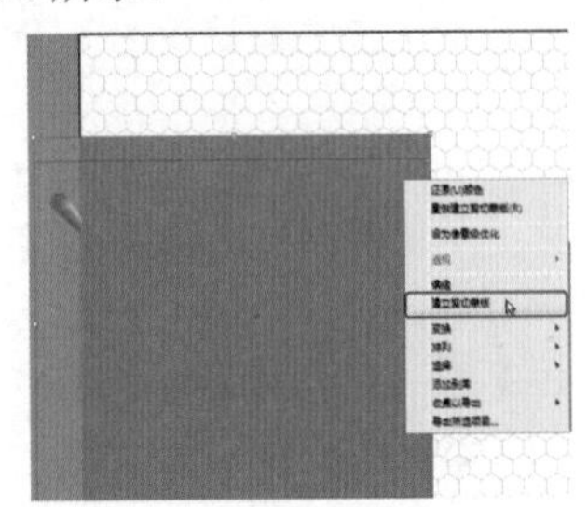

图16-9

Step 09 将“蜂蜜素材03.ai”文件置入文档中，在画板中调整其位置与大小，在【属性】面板中将【旋转】设置为27°，单击【嵌入】按钮，如图16-10所示。

图16-10

Step 10 将“蜂蜜素材04.jpg”文件置入文档中，并将其嵌入文档中，选中置入的素材文件，在【外观】面板中单击【不透明度】按钮，在弹出的面板中将【混合模式】设置为“正片叠底”，如图16-11所示。

图16-11

Step 11 在工具箱中单击【文字工具】按钮T，在画板中单击，输入文字，选中输入的文字，在【属性】面板中将【填色】的颜色值设置为# 231815，将【描边】设置为“无”，将【字体系列】设置为“电影海报字体”，将【字体大小】设置为126pt，并在画板中调整其位置，效果如图16-12所示。

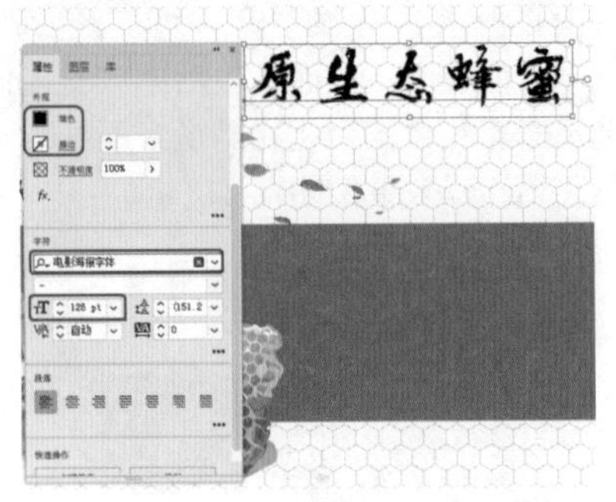

图16-12

Step 12 再次单击【文字工具】按钮T，在画板中单击，输入文字，选中输入的文字，在【字符】面板中将【字体系列】设置为“创艺简老宋”，将【字体大小】设置为30pt，将【字符间距】设置为40，单击【全部大写字母】按钮TT，在【颜色】面板中将【填色】的颜色值设置为# 231815，并在画板中调整其位置，效果如图16-13所示。

图16-13

Step 13 在工具箱中单击【直线段工具】按钮／，在画板中按住Shift键绘制一条水平直线，选中绘制的直线，在【属性】面板中将【宽】设置为3cm，将【填色】设置为“无”，将【描边】设置为# 231815，将【描边粗细】设置为2pt，如图16-14所示。

图16-14

Step 14 在画板中选择绘制的直线段，按住Alt+Shift组合键水平拖动鼠标，将绘制的直线段进行复制，效果如图16-15所示。

Step 15 在工具箱中单击【椭圆工具】按钮，在画板中按住Shift键绘制一个正圆，在【属性】面板中将【宽】和【高】均设置为1.5cm，将X和Y分别设置为25cm和9.7cm，将【填色】的颜色值设置为#c33227，将【描边】设置为“无”，效果如图16-16所示。

图16-15

图16-16

Step 16 选中绘制的正圆，按住Alt+Shift组合键水平拖动鼠标，对绘制的正圆进行复制，并在【属性】面板中将X和Y分别设置为38.5cm和9.7cm，如图16-17所示。

图16-17

Step 17 在工具箱中单击【混合工具】按钮，在画板中依次单击两个正圆图形，在【属性】面板中单击【工具选项】按钮 工具选项，在弹出的对话框中将【间距】设置为“指定的步数”，将【步数】设置为5，如图16-18所示。

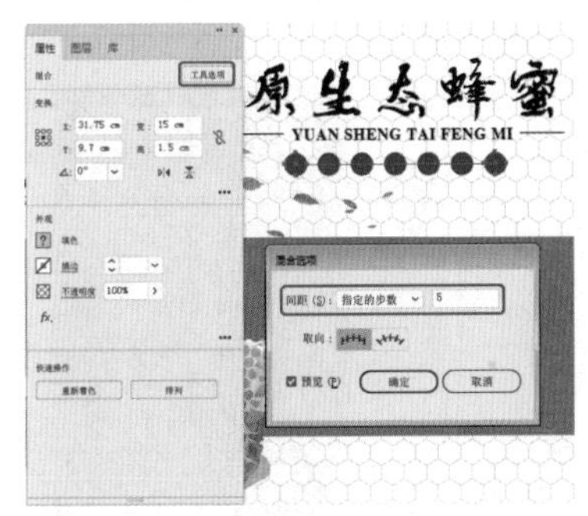

图16-18

Step 18 单击【确定】按钮，在工具箱中单击【文字工具】按钮T，在画板中单击鼠标，输入文字，选中输入的文字，在【属性】面板中将【填色】的颜色值设置为# ffffff，将【描边】设置为“无”，将【字体系列】设置为“方正粗宋简体”，将【字体大小】设置为21pt，将【字符间距】设置为2020，如图16-19所示。

图16-19

Step 19 在画板中选择图16-20所示的两条直线与文字对象，按Ctrl+G组合键将选中的对象进行编组，在【属性】面板中将【不透明度】设置为75%。

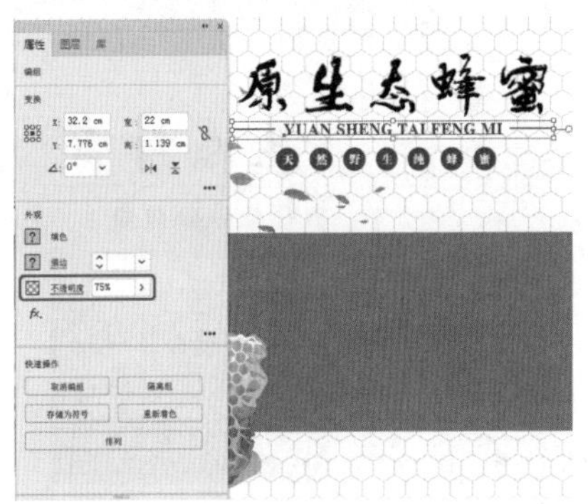

图16-20

Step 20 在工具箱中单击【直排文字工具】按钮↓T，在画板中单击，输入文字，选中输入的文字，在【属性】面板中将【填色】设置为白色，将【字体系列】设置为“方正粗宋简体”，将【字体大小】设置为48pt，将【字符间距】设置为240，并在画板中调整其位置，效果如图16-21所示。

图16-21

Step 21 在工具箱中单击【文字工具】按钮T，在画板中单击，输入文字，选中输入的文字，在【属性】面板中将【旋转】设置为270°，将【填色】的颜色值设置为#ffffff，将【描边】设置为“无”，将【字体系列】设置为“方正粗宋简体”，将【字体大小】设置为18pt，将【字符间距】设置为130，如图16-22所示。

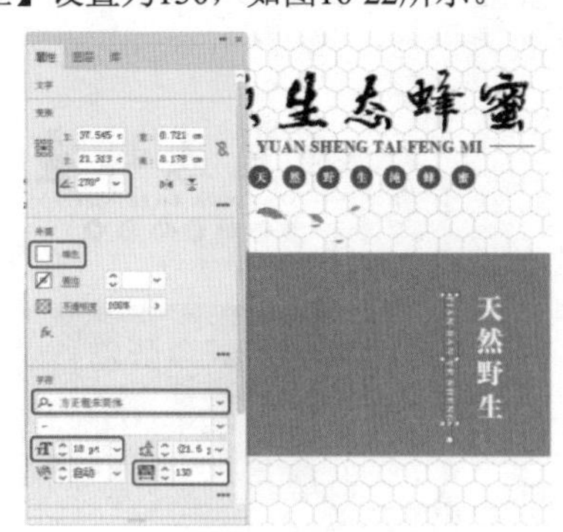

图16-22

Step 22 在工具箱中单击【直线段工具】按钮，在画板中按住Shift键绘制一条垂直直线，选中绘制的直线，在【属性】面板中将【高】设置为8cm，将【填色】设置为“无”，将【描边】设置为白色，将【描边粗细】设置为1pt，并对绘制的直线进行复制，如图16-23所示。

图16-23

Step 23 根据前面介绍的方法在画板中输入其他文字，并进行相应的设置，效果如图16-24所示。

图16-24

Step 24 在工具箱中单击【圆角矩形工具】按钮，在画板中绘制一个圆角矩形，在【变换】面板中将【宽】和【高】均设置为1.6cm，将【圆角半径】均设置为0.3cm，在【颜色】面板中将【填色】的颜色值设置为# c33227，如图16-25所示。

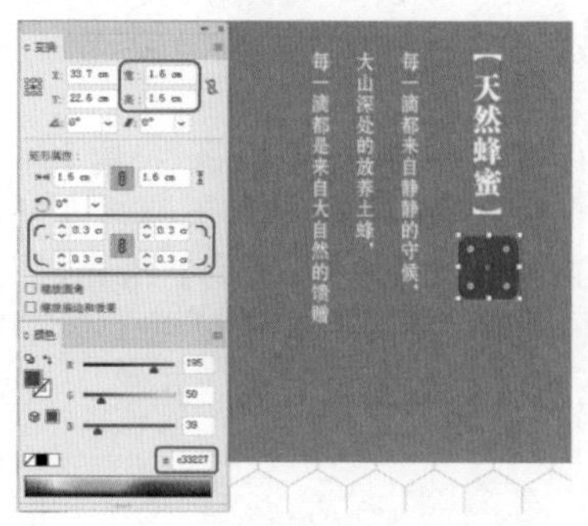

图16-25

◎提示·○

按住Shift键拖曳鼠标，可以绘制圆角正方形；按住Alt键拖曳鼠标，可以绘制以鼠标落点为中心点向四周延伸的圆角矩形；按住Shift+Alt组合键拖曳鼠标，可以绘制以鼠标落点为中心点向四周延伸的圆角正方形。同理，按住Alt键单击鼠标，以对话框方式制作的圆角矩形，鼠标的落点即为所绘制圆角矩形的中心点。

Step 25 在工具箱中单击【直排文字工具】按钮IT，在画板中单击，输入文字，选中输入的文字，在【属性】面板中将【填色】设置为白色，将【字体系列】设置为“方正大黑简体”，将【字体大小】设置为16pt，将【行距】设置为23pt，将【字符间距】设置为200，并在画板中调整其位置，效果如图16-26所示。

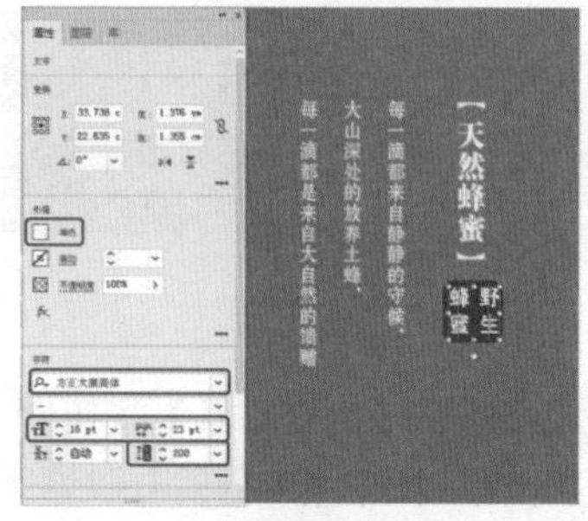

图16-26

Step 26 在工具箱中单击【直线段工具】按钮，在画板中绘制两条水平与垂直相交的直线段，并进行相应的设置，效果如图16-27所示。

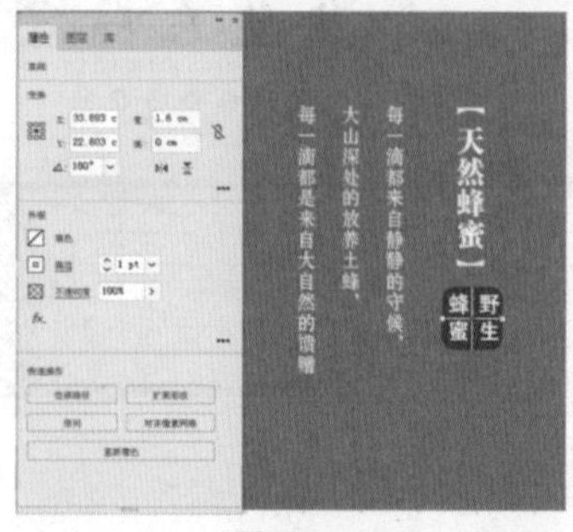

图16-27

Step 27 根据前面所介绍的方法将“祥云.ai”素材文件置入画板中，并嵌入置入的素材，在画板中调整其位置，效果如图16-28所示。

Step 28 根据前面介绍的方法制作其他对象，并进行相应的设置，效果如图16-29所示。

图16-28

图16-29

实例149 坚果包装设计

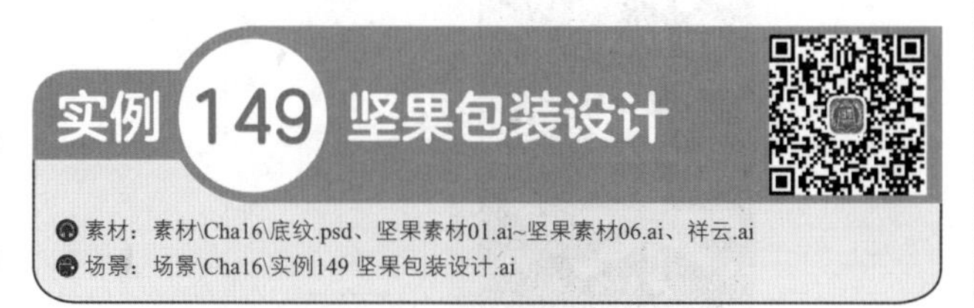

素材：素材\Cha16\底纹.psd、坚果素材01.ai~坚果素材06.ai、祥云.ai

场景：场景\Cha16\实例149 坚果包装设计.ai

本实例将介绍如何进行坚果包装设计，主要通过使用【矩形工具】与【文字工具】制作包装标题，然后置入相应的素材文件，为置入的素材添加投影效果，使素材变得更加立体，效果如图16-30所示。

图16-30

Step 01 按Ctrl+N组合键，在弹出的对话框中将【单位】设置为“毫米”，将【宽】和【高】分别设置为570mm和320mm，单击【创建】按钮，在工具箱中单击【矩形工具】按钮，在画板中绘制一个矩形，在【属性】面板中将【宽】和【高】分别设置为450mm和320mm，将【填色】的颜色值设置为# cf191b，将【描边】设置为“无”，在画板中调整其位置，效果如图16-31所示。

Step 02 按Shift+Ctrl+P组合键，在弹出的对话框中选择“素材\Cha16\底纹.psd”文件，在画板中单击鼠标，置入素材文件，在【属性】面板中将【不透明度】设置为10%，单击【嵌入】按钮，如图16-32所示。

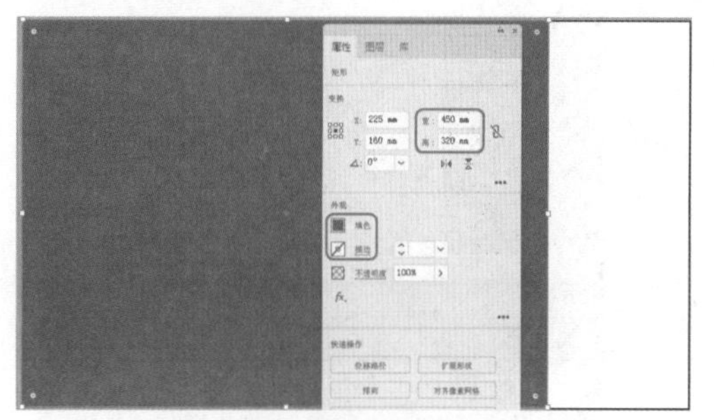

图16-31

图16-32

Step 03 在弹出的对话框中使用默认参数，单击【确定】按钮，在工具箱中单击【矩形工具】按钮，在画板中绘制一个矩形，在【属性】面板中将【宽】和【高】分别设置为68mm和170mm，在【渐变】面板中将【类型】设置为“线性”，将【角度】设置为0°，将左侧色标的颜色值设置为#c7a94a，在50%位置处添加一个色标，将其颜色值设置为#ebd891，将右侧色标的颜色值设置为#c7b363，将左上方的渐变滑块调整至22%位置处，将右上方的渐变滑块调整至81%位置处，如图16-33所示。

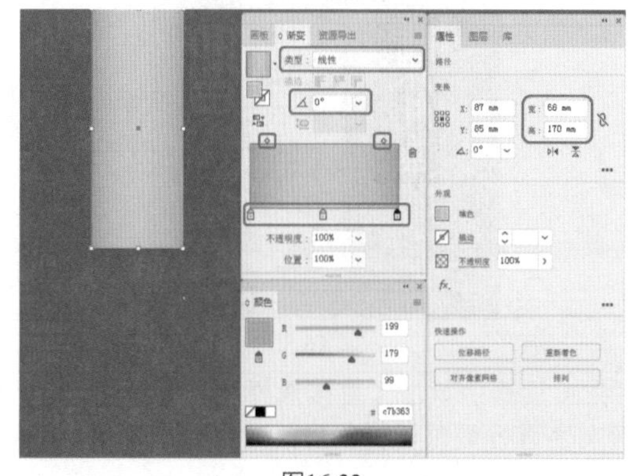

图16-33

Step 04 在工具箱中单击【矩形工具】按钮，在画板中绘制一个矩形，在【属性】面板中将【宽】和【高】分别设置为63mm和168mm，将【填色】的颜色值设置为#030000，将【描边】设置为“无”，在画板中调整其位置，效果如图16-34所示。

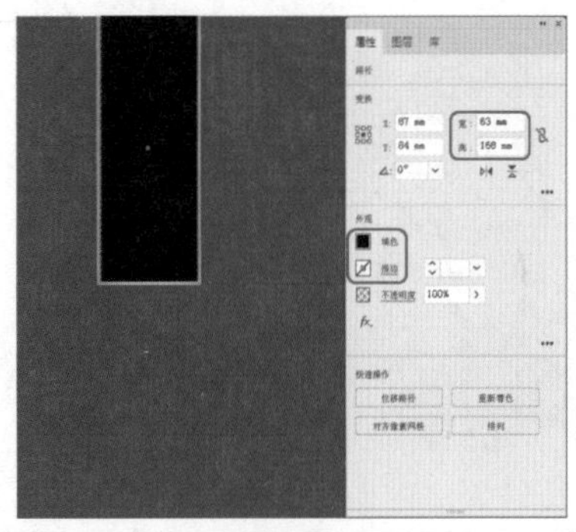

图16-34

Step 05 在工具箱中单击【直排文字工具】按钮 ，在画板中单击，输入文字，选中输入的文字，在【属性】面板中将【填色】设置为#f1db92，将【描边】设置为“无”，将【字体系列】设置为“长城粗圆体”，将【字体大小】设置为108pt，将【字符间距】设置为0，并在画板中调整其位置，效果如图16-35所示。

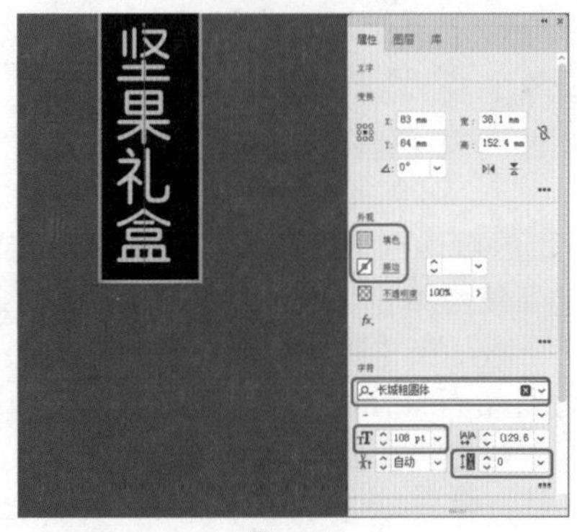

图16-35

Step 06 在工具箱中单击【选择工具】按钮 ，选中输入的文字，右击，在弹出的快捷菜单中选择【创建轮廓】命令，如图16-36所示。

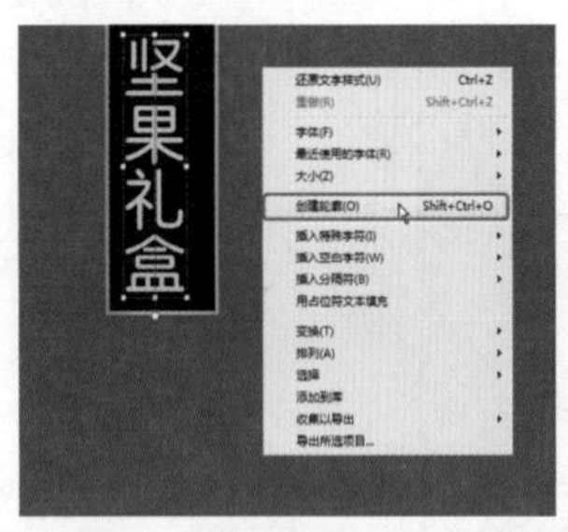

图16-36

Step 07 在工具箱中单击【直接选择工具】按钮 ，在画板中对文字进行调整，调整后的效果如图16-37所示。

Step 08 在工具箱中单击【直排文字工具】按钮 ，在画板中单击，输入文字，选中输入的文字，在【属性】面板中将【填色】设置为#f0da91，将【描边】设置为“无”，将【字体系列】设置为“汉仪中隶书简”，将【字体大小】设置为19pt，将【字符间距】设置为200，并在画板中调整其位置，效果如图16-38所示。

图16-37

图16-38

Step 09 在工具箱中单击【直线段工具】按钮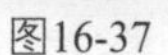，在画板中绘制多条斜线，在【属性】面板中将【填色】设置为“无”，将【描边】设置为#f0da91，将【描边粗细】设置为1pt，并调整其位置，效果如图16-39所示。

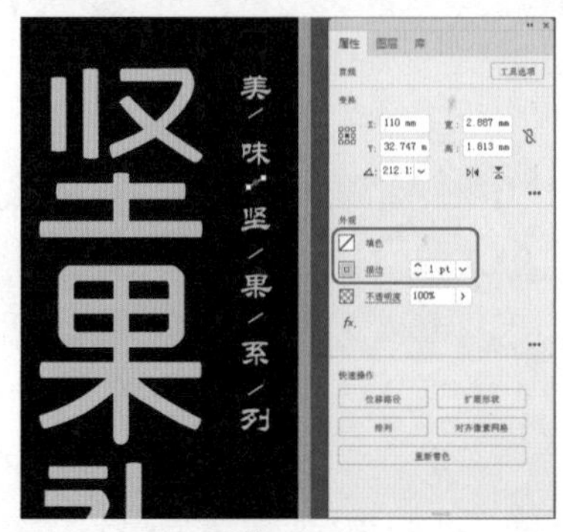

图16-39

Step 10 在工具箱中单击【圆角矩形工具】按钮 ，在画板中绘制一个圆角矩形，在【变换】面板中将【宽】和【高】分别设置为6.5mm和7mm，将所有角半径均设置为1mm，在【颜色】面板中将【填色】设置为#ae1e24，将【描边】设置为“无”，并在画板中调整其位置，效果如图16-40所示。

图16-40

Step 11 在工具箱中单击【文字工具】，在画板中单击，输入文字，选中输入的文字，在【属性】面板中将【填色】设置为#f0da91，将【描边】设置为“无”，将【字体系列】设置为“方正古隶简体”，将【字体大小】设置为19pt，将【字符间距】设置为0，并在画板中调整其位置，效果如图16-41所示。

Step 12 在文字上右击，在弹出的快捷菜单中选择【创建轮廓】命令，如图16-42所示。

图16-41

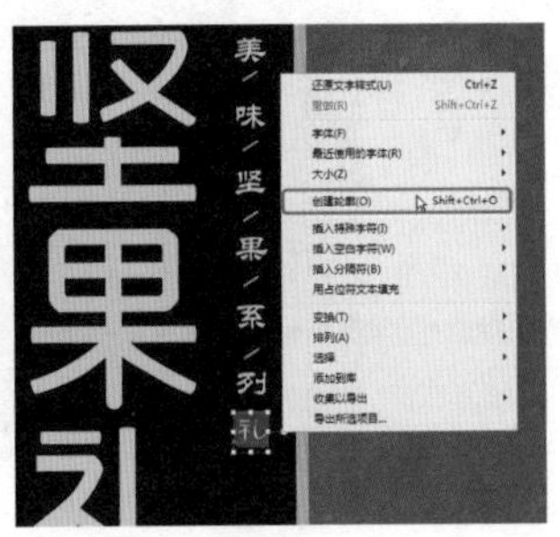

图16-42

Step 13 选中创建轮廓的文字对象与圆角矩形，在【路径查找器】面板中单击【减去顶层】按钮，如图16-43所示。

Step 14 在工具箱中单击【文字工具】，在画板中单击，输入文字，选中输入的文字，在【字符】面板中将【字体系列】设置为“方正大黑简体”，将【字体大小】设置为9pt，将【字符间距】设置为0，单击【全部大写字母】按钮TT，在【颜色】面板中将【填色】设置为#f0da91，在【变换】面板中将【旋转】设置为270°，并在画板中调整其位置，效果如图16-44所示。

图16-43

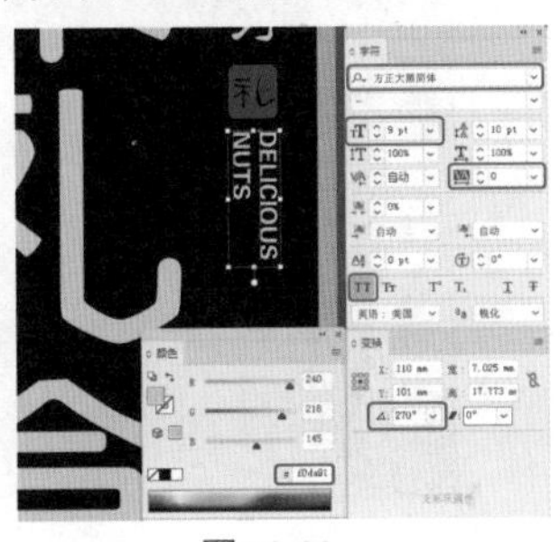

图16-44

Step 15 根据前面介绍的方法在工作区中创建其他图形与文字，效果如图16-45所示。

Step 16 按Shift+Ctrl+P组合键，在弹出的对话框中选择“素材\Cha16\坚果素材01.ai”文件，单击【置入】按钮，在画板中单击鼠标，置入素材，在【属性】面板中单击【嵌入】按钮，并在画板中调整其位置，效果如图16-46所示。

图16-45

图16-46

Step 17 选中置入的素材文件，在【属性】面板中单击【添加新效果】按钮fx，在弹出的下拉菜单中选择【风格化】|【投影】命令，如图16-47所示。

Step 18 在弹出的对话框中将【模式】设置为“正片叠底”，将【不透明度】设置为55%，将【X位移】【Y位移】【模糊】分别设置为5mm、2.5mm、2mm，将【颜色】设置为#971f23，如图16-48所示。

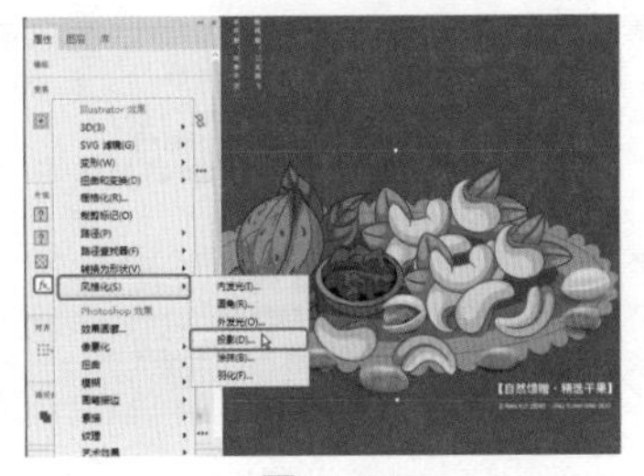

图16-47

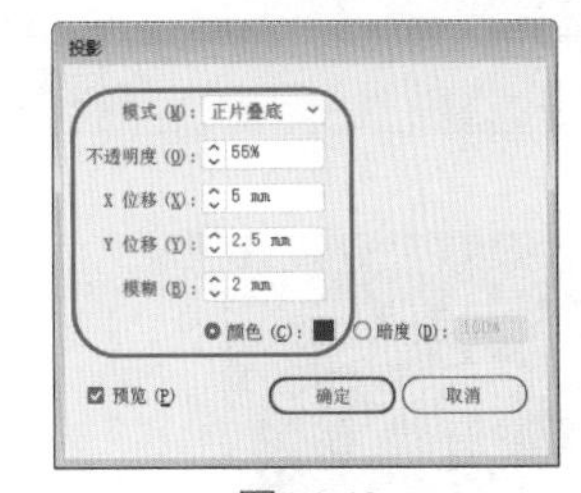

图16-48

Step 19 设置完成后，单击【确定】按钮，根据前面所介绍的方法置入其他素材文件，并调整其位置，效果如图16-49所示。

图16-49

Step 20 将“祥云.ai”素材文件置入文档中，并在画板中调整其位置，选中置入的素材，在【属性】面板中单击【重新着色】按钮，如图16-50所示。

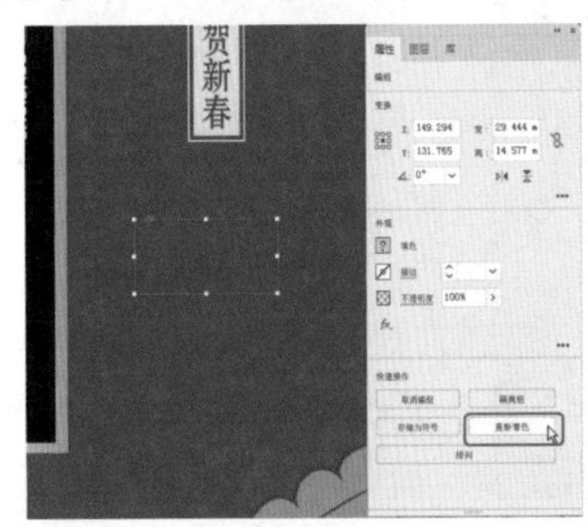

图16-50

Step 21 在弹出的对话框中将RGB颜色值设置为247、223、147，如图16-51所示。

Step 22 设置完成后，单击【确定】按钮，在工具箱中单击【文字工具】按钮T，在画板中单击鼠标，输入文字，选中输入的文字，在【属性】面板中将【填色】设置为白色，将【描边】设置为“无”，将【字体系列】设置为“汉仪大黑简”，将【字体大小】设置为23pt，将【字符间距】设置为200，如图16-52所示。

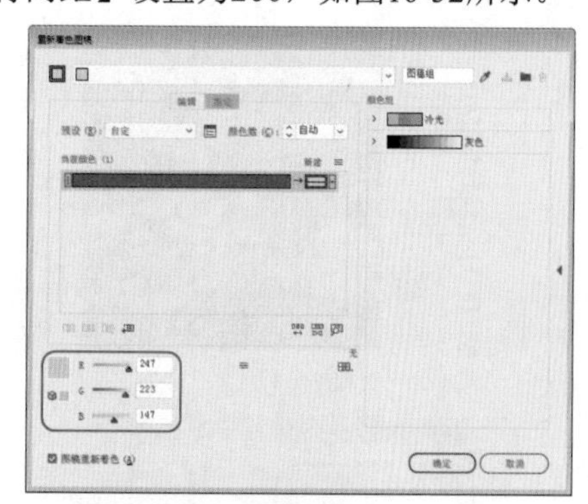

图16-51

图16-52

Step 23 在工具箱中单击【矩形工具】按钮，在画板中绘制一个矩形，在【属性】面板中将【宽】和【高】分别设置为120mm和320mm，将【填色】设置为#f3bc52，将【描边】设置为“无”，在画板中调整其位置，效果如图16-53所示。

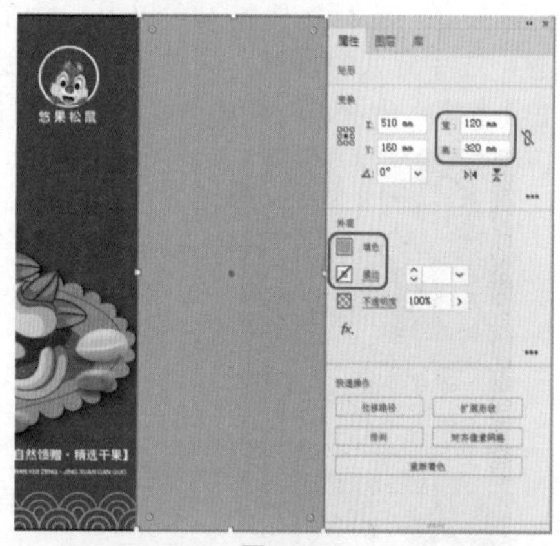

图16-53

Step 24 根据前面介绍的方法将“坚果素材05.ai”文件置入文档中，并将其嵌入，在工具箱中单击【圆角矩形工具】按钮，在画板中绘制圆角矩形，在【变换】面板中将【宽】和【高】分别设置为70mm和150mm，将所有的圆角半径均设置为9mm，在【颜色】面板中将【填色】设置为“无”，将【描边】设置为#862720，将【描边粗细】设置为1pt，如图16-54所示。

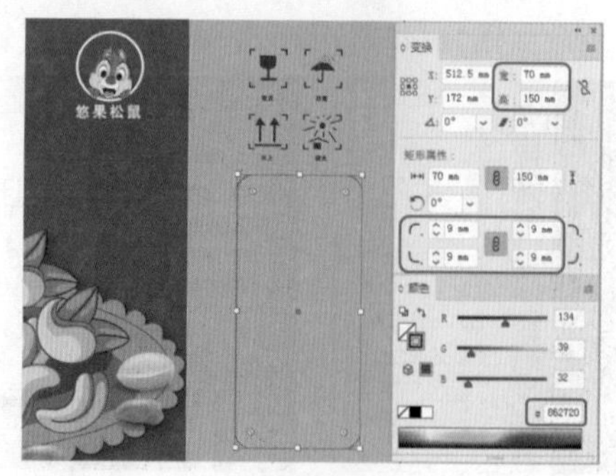

图16-54

Step 25 在工具箱中单击【直线段工具】按钮，在画板中绘制两条水平直线，并将其【宽】设置为70mm，在【属性】面板中将【填色】设置为“无”，将【描边】设置为#862720，将【描边粗细】设置为1.3pt，并在画板中调整其位置，效果如图16-55所示。

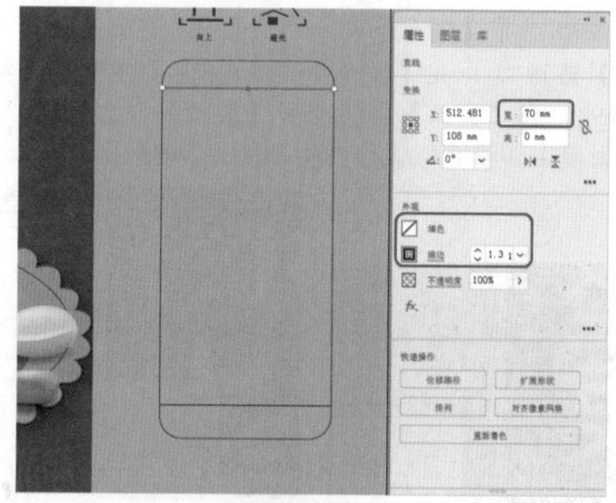

图16-55

Step 26 在工具箱中单击【混合工具】按钮，在画板中分别单击绘制的两条直线，在【属性】面板中单击【工具选项】按钮 工具选项 ，在弹出的对话框中将【间距】设置为“指定的步数”，将【步数】设置为12，如图16-56所示。

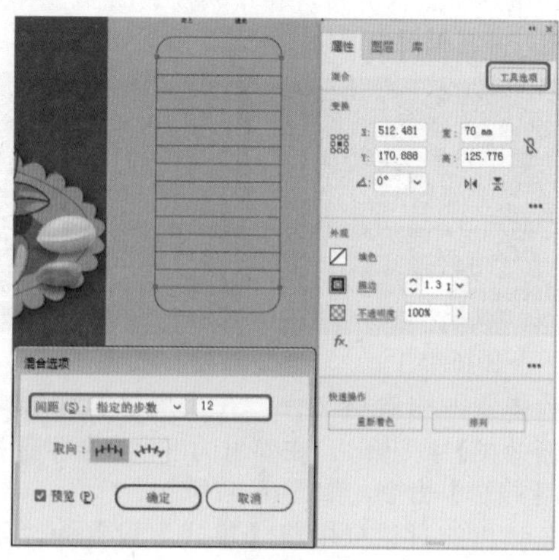

图16-56

Step 27 设置完成后，单击【确定】按钮，在工具箱中单击【文字工具】按钮T，在画板中绘制一个文本框，输入文字，选中输入的文字，在【属性】面板中将【填色】设置为#862720，将【描边】设置为“无”，将【字体系列】设置为“微软雅黑”，将【字体大小】设置为12.5pt，将【行距】设置为27.5pt，将【字符间距】设置为0，并在画板中调整其位置，效果如图16-57所示。

Step 28 根据前面介绍的方法将“坚果素材06.ai”文件置入文档中，将其嵌入，并调整其位置，效果如图16-58所示。

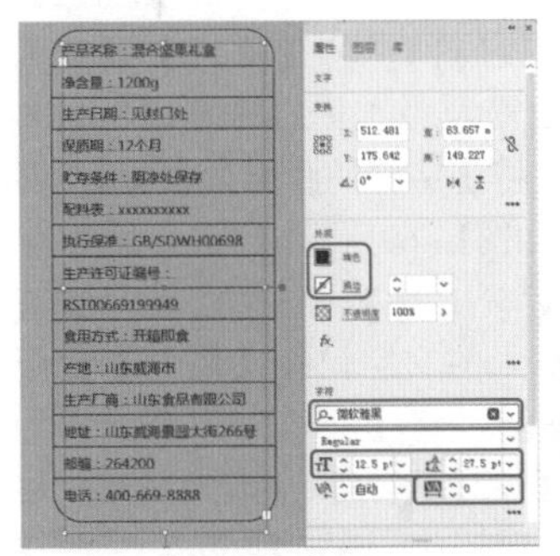

图16-57

图16-58

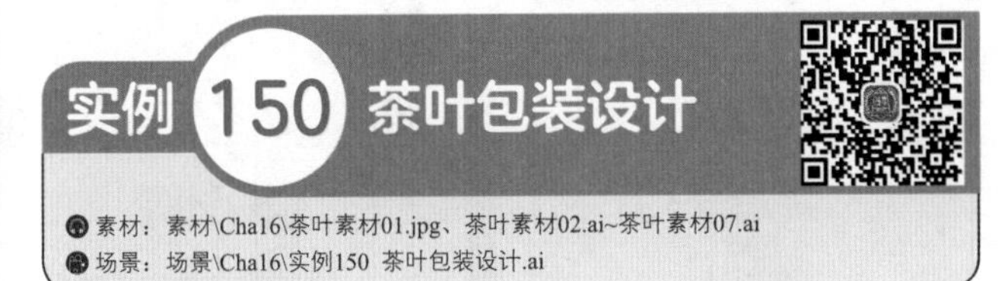

实例 150 茶叶包装设计

素材：素材\Cha16\茶叶素材01.jpg、茶叶素材02.ai~茶叶素材07.ai

场景：场景\Cha16\实例150 茶叶包装设计.ai

本实例将介绍如何制作茶叶包装。首先置入一张素材图片，作为包装盒的底纹图像，然后利用【矩形工具】绘制图形，并为其添加投影效果，最后利用【文字工具】输入文字，并置入相应的素材文件，完成茶叶包装的设计，效果如图16-59所示。

图16-59

Step 01 按Ctrl+N组合键，在弹出的对话框中将【单位】设置为“毫米”，将【宽】和【高】分别设置为590mm和320mm，单击【创建】按钮，按Shift+Ctrl+P组合键，在弹出的对话框中选择“素材\Cha16\茶叶素材01.jpg”文件，在画板中单击鼠标，置入素材文件，在【属性】面板中单击【嵌入】按钮，并调整其位置，效果如图16-60所示。

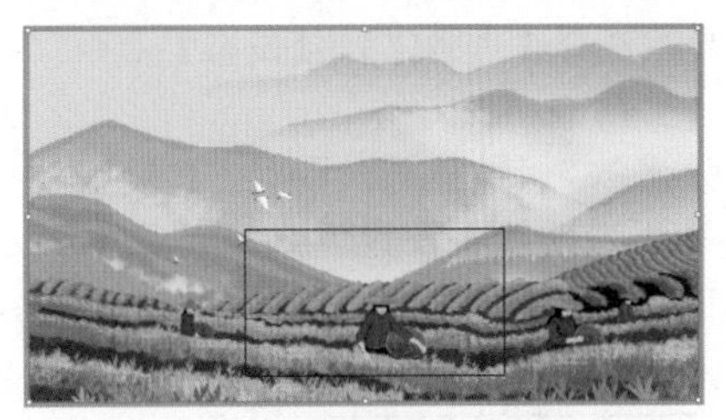

图16-60

Step 02 在工具箱中单击【矩形工具】按钮，在画板中绘制一个矩形，在【属性】面板中将【宽】和【高】分别设置为450mm和320mm，为其填充任意一种颜色，将【描边】设置为“无”，并调整其位置，如图16-61所示。

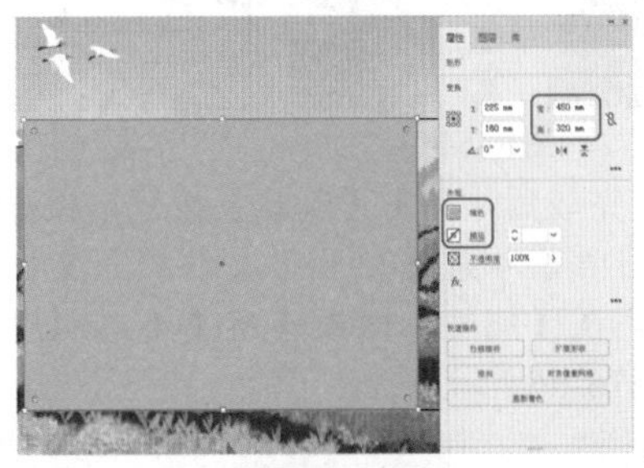

图16-61

Step 03 在工具箱中单击【选择工具】按钮，在画板中选择绘制的矩形与置入的素材，右击，在弹出的快捷菜单中选择【建立剪切蒙版】命令，如图16-62所示。

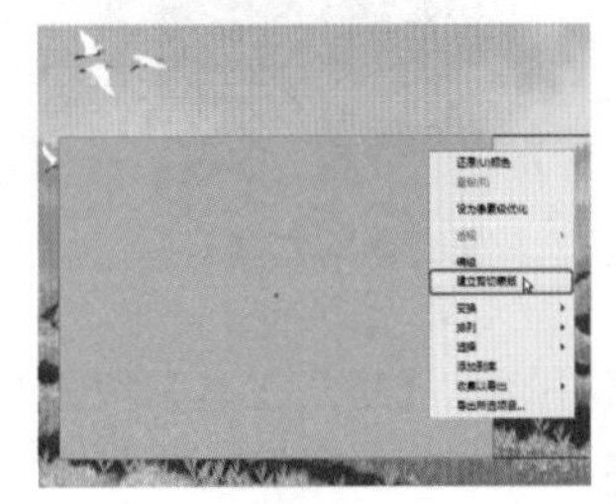

图16-62

Step 04 在工具箱中单击【矩形工具】按钮，在画板中绘制一个矩形，在【属性】面板中将【宽】和【高】分别设置为92mm和320mm，将【填色】设置为白色，将【描边】设置为“无”，并在画板中调整其位置，效果如图16-63所示。

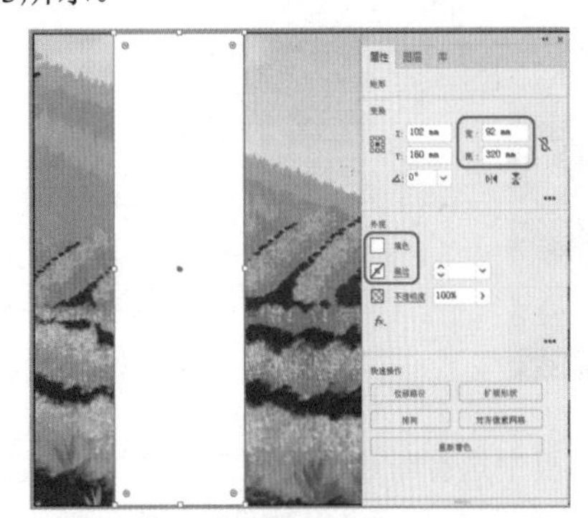

图16-63

Step 05 在【属性】面板中单击【选取效果】按钮，在弹出

的下拉菜单中选择【风格化】|【投影】命令，如图16-64所示。

Step 06 在弹出的对话框中将【模式】设置为“正片叠底”，将【不透明度】设置为40%，将【X位移】【Y位移】【模糊】分别设置为0mm、0mm、3mm，将【颜色】设置为# 353535，如图16-65所示。

图16-64

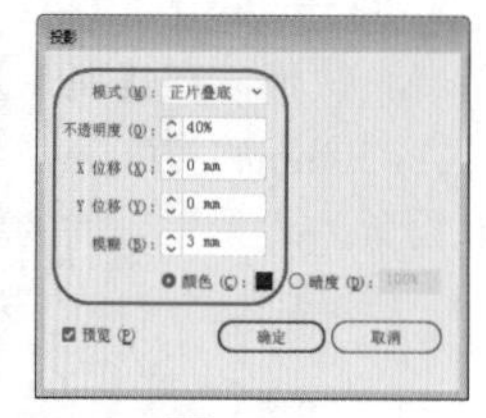

图16-65

Step 07 设置完成后，单击【确定】按钮，根据前面所介绍的方法将“茶叶素材02.ai”文件置入文档中，并调整其位置，在【属性】面板中将【不透明度】设置为14%，如图16-66所示。

图16-66

Step 08 在工具箱中单击【矩形工具】按钮，在画板中绘制一个矩形，在【属性】面板中将【宽】和【高】分别设置为92mm和160mm，为其填充任意一种颜色，将【描边】设置为“无”，并调整其位置，如图16-67所示。

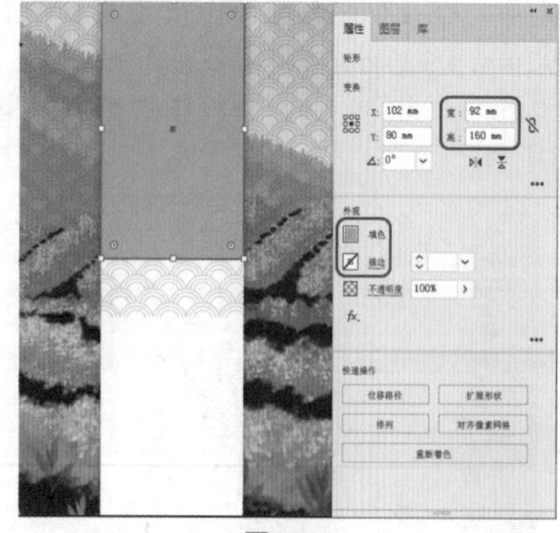

图16-67

Step 09 在画板中选择新绘制的矩形与置入的素材文件，右击，在弹出的快捷菜单中选择【建立剪切蒙版】命令，如图16-68所示。

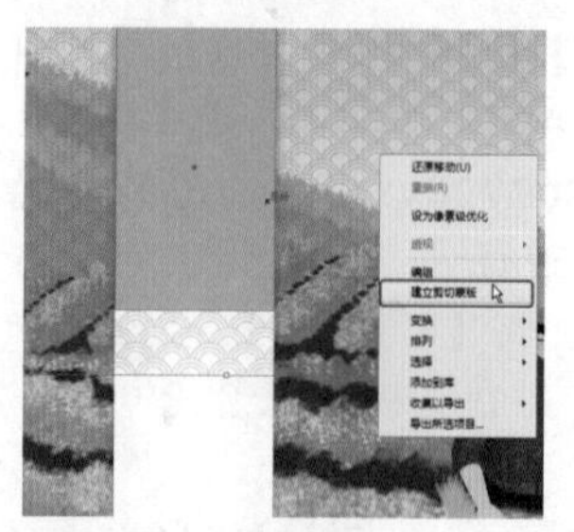

图16-68

Step 10 在工具箱中单击【直排文字工具】按钮，在画板中单击，输入文字，选中输入的文字，在【属性】面板中将【填色】设置为#221714，将【描边】设置为“无”，将【字体系列】设置为“方正启笛繁体”，将【字体大小】设置为139pt，将【字符间距】设置为0，并在画板中调整其位置，效果如图16-69所示。

Step 11 在工具箱中单击【文字工具】按钮，在画板中单击，输入文字，选中输入的文字，在【属性】面板中将【填色】设置为#888888，将【字体系列】设置为“方正大标宋简体”，将【字体大小】设置为30pt，将【字符间距】设置为0，将【旋转】设置为270°，并在画板中调整其位置，效果如图16-70所示。

图16-69

图16-70

Step 12 在工具箱中单击【圆角矩形工具】按钮，在画板中绘制一个圆角矩形，在【变换】面板中将【宽】和【高】均设置为17mm，将所有的圆角半径均设置为2mm，在【颜色】面板中将【填色】设置为#c11d1f，如图16-71所示。

Step 13 在工具箱中单击【直线段工具】按钮，在画板中绘制两条水平与垂直相交的直线，在【属性】面板中将【填色】设置为“无”，将【描边】设置为白色，将【描边粗细】设置为0.6pt，并调整其位置，效果如图16-72所示。

图16-71

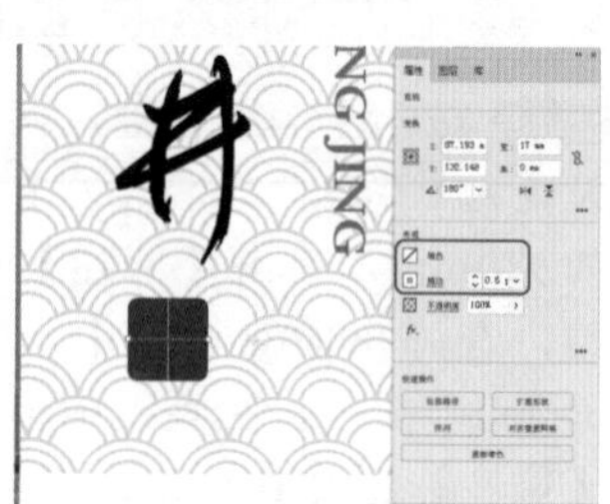

图16-72

Step 14 在工具箱中单击【直排文字工具】按钮，在画板中单击，输入文字，选中输入的文字，在【字符】面板中将【字体系列】设置为“方正隶书繁体”，将【字体大小】设置为18pt，将【垂直缩放】设置为110%，将【字符间距】设置为200，在【颜色】面板中将【填色】设置为白色，并在画板中调整其位置，如图16-73所示。

Step 15 根据前面所介绍的方法在画板中将“茶叶素材03.ai”和“祥云.ai”文件置入文档中，并调整其位置与角度，效果如图16-74所示。

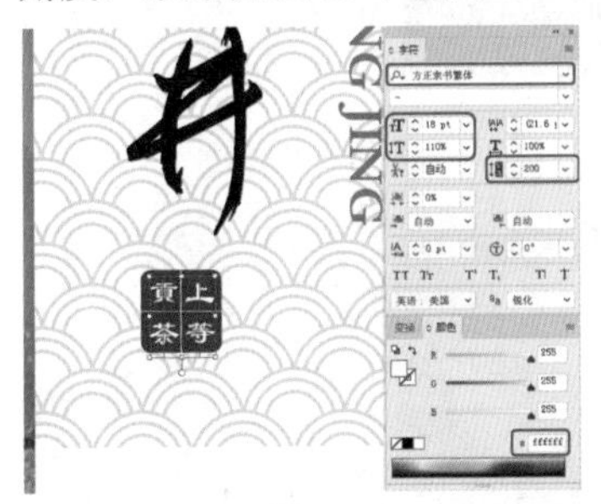

图16-73　　图16-74

Step 16 在工具箱中单击【文字工具】按钮，在画板中单击鼠标，输入文字，选中输入的文字，在【字符】面板中将【字体系列】设置为“方正粗宋简体”，将【字体大小】设置为20pt，将【垂直缩放】设置为100%，将【字符间距】设置为-25，在【颜色】面板中将【填色】设置为#2c2d2d，并在画板中调整其位置，如图16-75所示。

Step 17 在工具箱中单击【矩形工具】按钮，在画板中绘制一个矩形，在【属性】面板中将【宽】和【高】分别设置为92mm和160mm，将【填色】设置为#337337，将【描边】设置为“无”，并在画板中调整其位置，效果如图16-76所示。

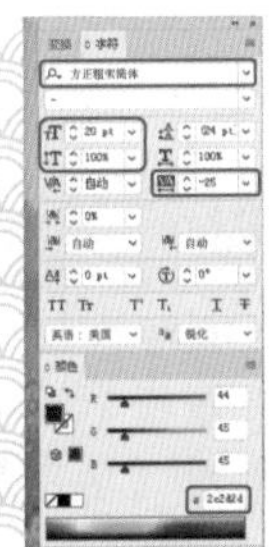

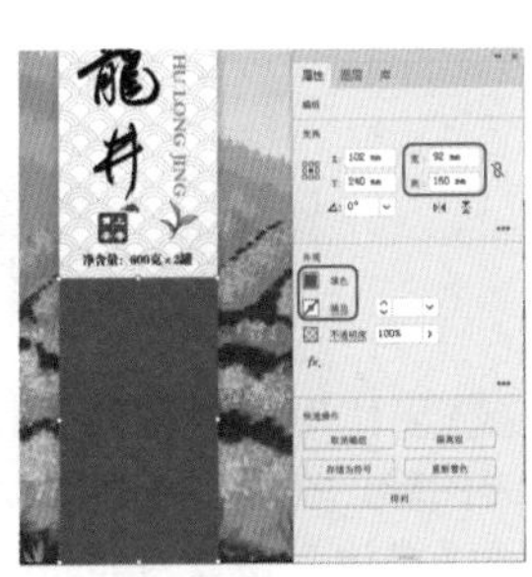

图16-75　　图16-76

Step 18 根据前面介绍的方法在画板中制作其他图形与文字对象，效果如图16-77所示。

图16-77

Step 19 根据前面介绍的方法将“茶叶素材04.ai”“茶叶素材05.ai”“茶叶素材06.ai”“茶叶素材07.ai”素材文件置入文档中，并将其嵌入，在画板中选中“茶叶素材04”素材文件，在【透明度】面板中将【不透明度】设置为85%，如图16-78所示。

图16-78

Step 20 在工具箱中单击【直线段工具】，在画板中绘制一条水平直线，在【属性】面板中将【宽】设置为120mm，将【填色】设置为“无”，将【描边】设置为白色，将【描边粗细】设置为2pt，在【描边】面板中勾选【虚线】复选框，将【虚线】设置为8pt，并在画板中调整其位置，如图16-79所示。

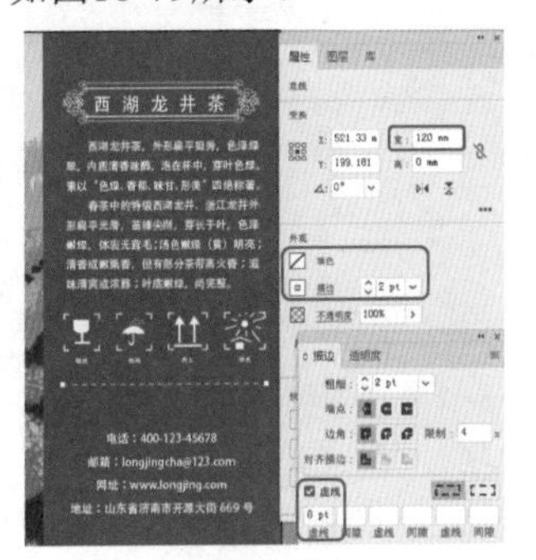

图16-79

实例 151 酸奶包装设计

素材：素材\Cha16\酸奶素材01.ai、酸奶素材02.ai

场景：场景\Cha16\实例151 酸奶包装设计.ai

本实例将介绍酸奶包装盒的制作方法，主要介绍包装盒正面图形、文字的制作方法。此外，在本实例中还简单介绍包装盒侧面的制作方法，通过全面的结合，从而完成包装盒的绘制。效果如图16-80所示。

图16-80

Step 01 按Ctrl+N组合键，在弹出的对话框中将【单位】设置为“毫米”，将【宽度】和【高度】分别设置为420mm和280mm，如图16-81所示。

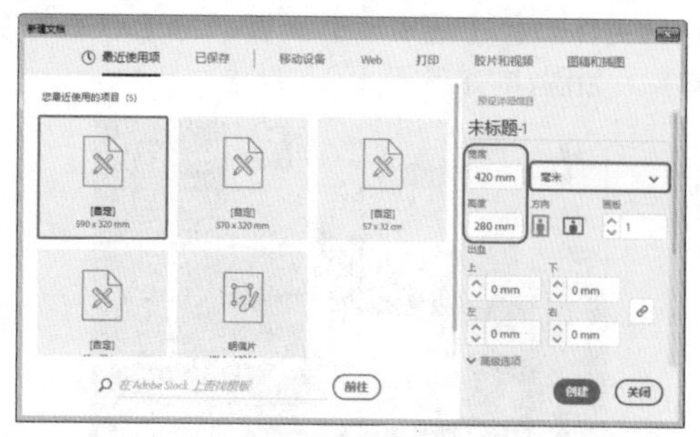

图16-81

Step 02 单击【创建】按钮，在工具箱中单击【矩形工具】，在画板中绘制一个与画板大小相同的矩形，如图16-82所示。

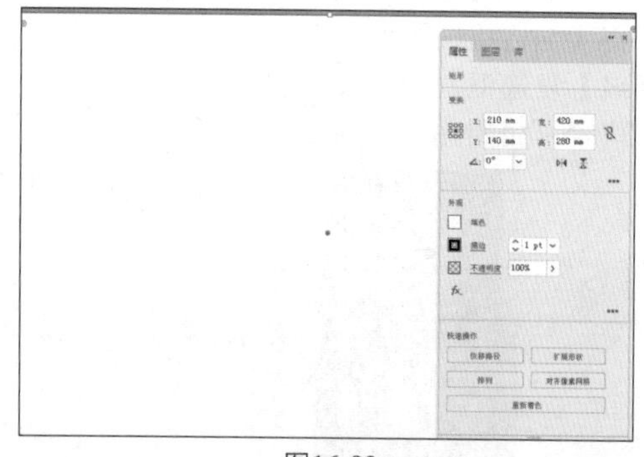

图16-82

Step 03 选中该矩形，在【渐变】面板中将【类型】设置为“径向”，将左侧色标的颜色值设置为#676666，将右侧色标的颜色值设置为#161616，将上方渐变滑块调整至67%位置处，将【描边】设置为“无”，如图16-83所示。

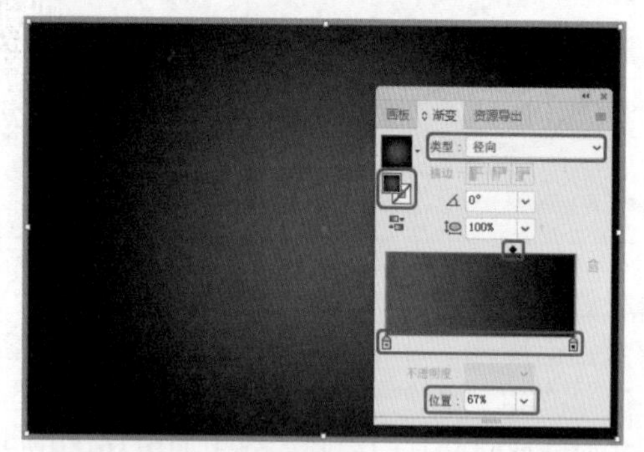

图16-83

Step 04 在工具箱中单击【矩形工具】，绘制一个矩形，在【属性】面板中将【宽】和【高】分别设置为260mm和65mm，将【填色】设置为#2096d4，将【描边】设置为“无”，并在画板中调整其位置，效果如图16-84所示。

Step 05 在工具箱中单击【钢笔工具】按钮，在画板中绘制一个图16-85所示的图形，在【属性】面板中将【填色】设置为白色，将【描边】设置为“无”。

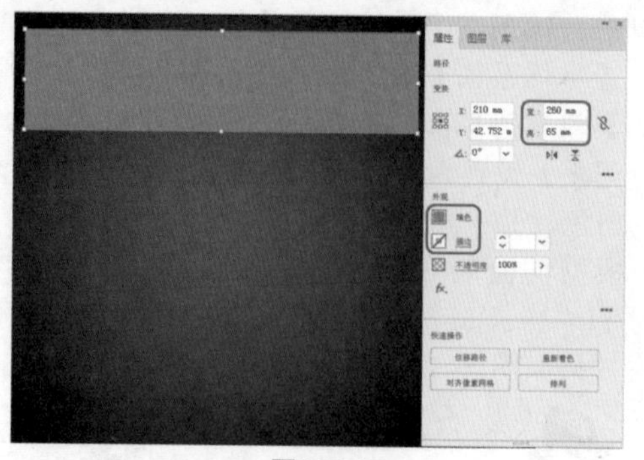

图16-84

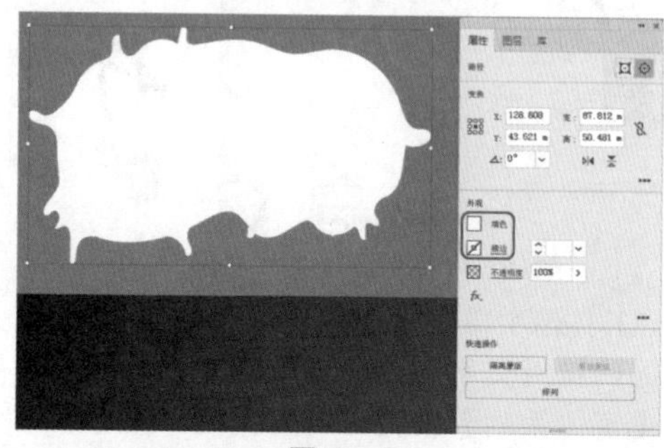

图16-85

Step 06 使用【钢笔工具】再绘制图16-86所示的图形，并为其填充白色，将【描边】设置为“无”。

图16-86

Step 07 使用【钢笔工具】在画板中绘制一个图16-87所示的图形，在【颜色】面板中将【填色】设置为#b5dcf0，将【描边】设置为“无”。

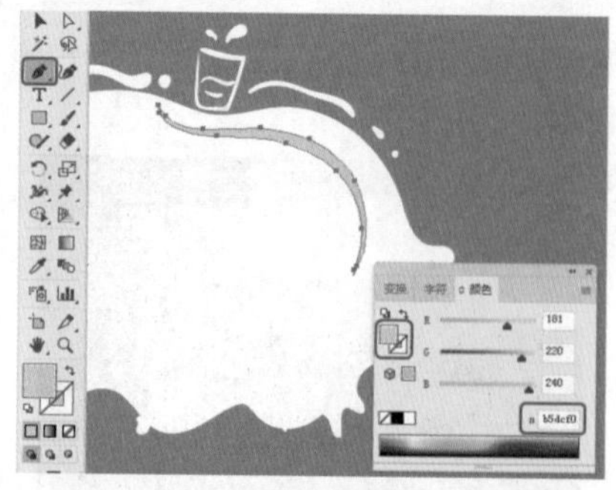

图16-87

Step 08 使用【钢笔工具】绘制一个图16-88所示的图形，在【颜色】面板中将【填色】设置为#c2dbed。

图16-88

Step 09 在工具箱中单击【钢笔工具】，在画板中绘制图16-89所示的图形，在【颜色】面板中将【填色】设置为#e9f5fc。

图16-89

Step 10 使用【钢笔工具】在画板中绘制4个图16-90所示的图形。

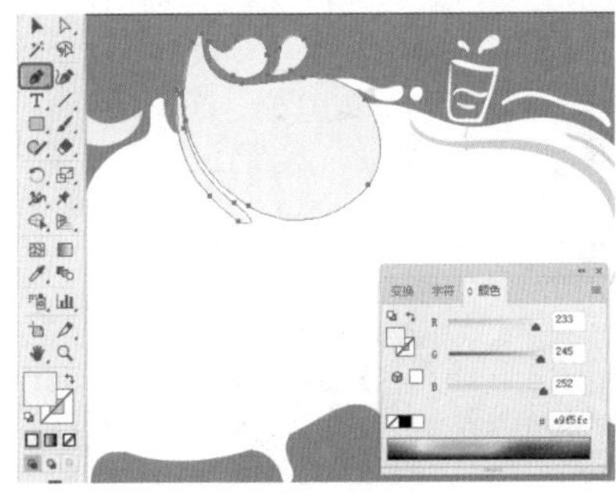

图16-90

Step 11 选中新绘制的4个图形，按Ctrl+G组合键将其进行编组，按住Alt键对该对象进行复制，如图16-91所示。

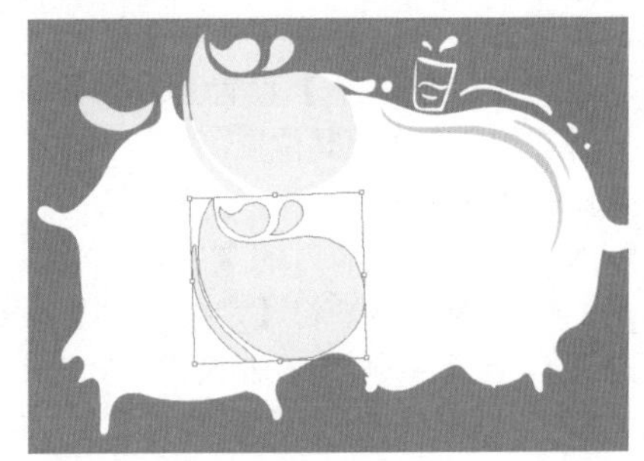

图16-91

Step 12 在画板中选择图16-92所示的图形，在【属性】面板中将【填色】设置为白色，将【描边】设置为白色，将【描边粗细】设置为6pt。

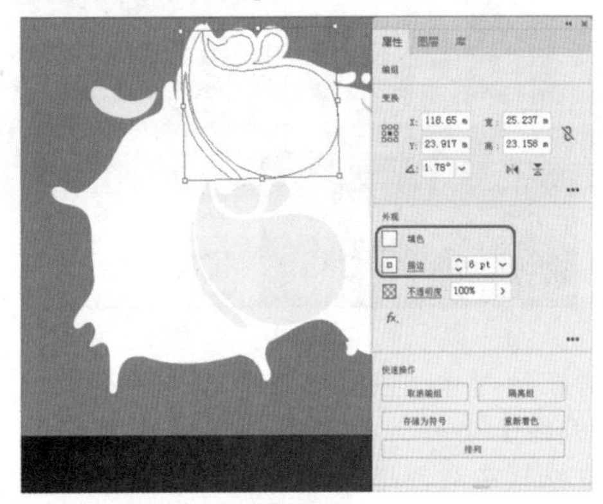

图16-92

Step 13 将前面复制的对象调整至原来的位置上，在【属性】面板中将【填色】设置为# 2096d4，效果如图16-93所示。

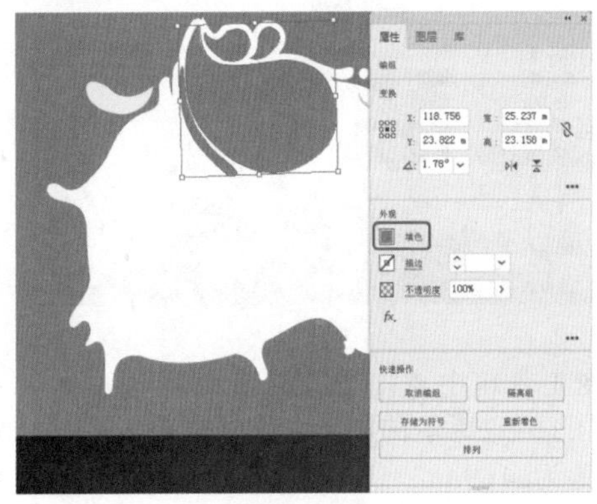

图16-93

Step 14 在工具箱中单击【文字工具】按钮T，在画板中单击，输入文字，选中输入的文字，在【属性】面板中将【填色】设置为#1e94d3，将【字体系列】设置为“长城特圆体”，将【字体大小】设置为48pt，将【字符间距】设置为0，如图16-94所示。

图16-94

Step 15 选中文字对象，右击，在弹出的快捷菜单中选择【创建轮廓】命令，如图16-95所示。

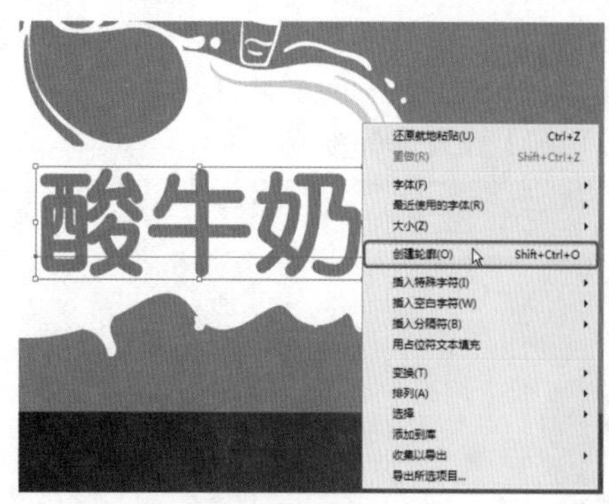

图16-95

Step 16 再在该对象上右击，在弹出的快捷菜单中选择【取消编组】命令，在工具箱中单击【删除锚点工具】，在画板中对创建轮廓的文字对象进行调整，效果如图16-96所示。

图16-96

Step 17 在工具箱中单击【钢笔工具】按钮，在画板中绘制图16-97所示的图形，在【属性】面板中将【填色】设置为#1e94d3，将【描边】设置为白色，将【描边粗细】设置为2pt，并调整其位置。

图16-97

Step 18 在画板中选中新绘制的图形，右击，在弹出的快捷菜单中选择【排列】|【后移一层】命令，如图16-98所示。

Step 19 在画板中选择调整的图形与文字轮廓，按Ctrl+G组合键，将其进行编组，在【属性】面板中将【旋转】设置为2°，如图16-99所示。

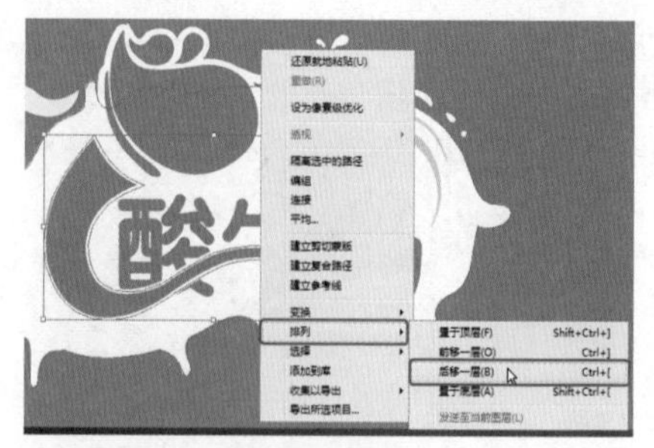

图16-98

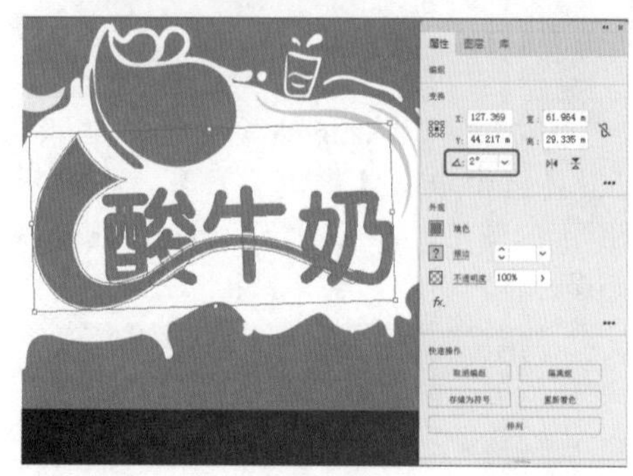

图16-99

Step 20 在工具箱中单击【文字工具】按钮T，在画板中单击鼠标，输入文字，选中输入的文字，在【属性】面板中将【填色】设置为#34a1d7，将【字体系列】设置为“文鼎CS中黑”，将【字体大小】设置为19pt，将【旋转】设置为2°，并在画板中调整其位置，如图16-100所示。

图16-100

Step 21 在工具箱中单击【文字工具】按钮T，在画板中单击，输入文字，选中输入的文字，在【属性】面板中将【填色】设置为白色，将【字体系列】设置为“方正水柱简体”，将【字体大小】设置为28pt，将【旋转】设置为7°，并在画板中调整其位置，如图16-101所示。

Step 22 在工具箱中单击【文字工具】按钮T，在画板中单击，输入文字，选中输入的文字，在【属性】面板中将【填色】设置为白色，将【字体系列】设置为“方正水柱简体”，将【字体大小】设置为8.5pt，将【旋转】设置为8°，并在画板中调整其位置，如图16-102所示。

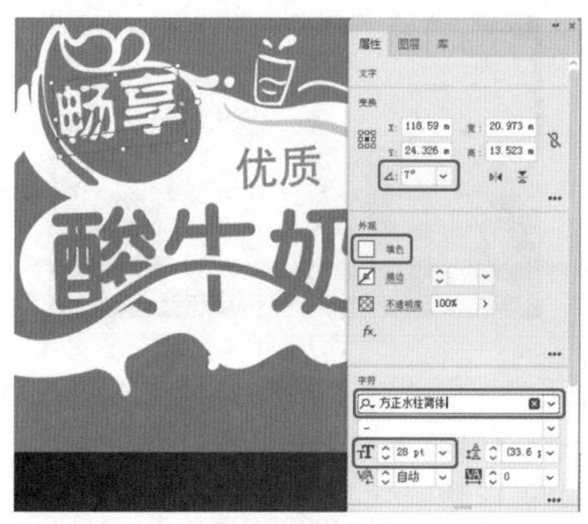
图16-101

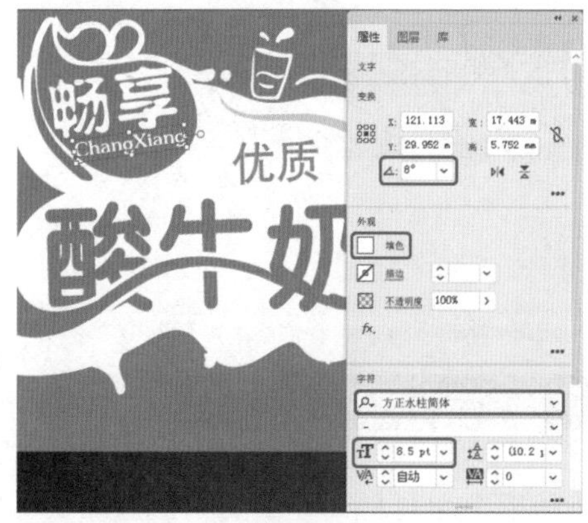
图16-102

Step 23 在工具箱中单击【文字工具】，在画板中单击，输入文字，选中输入的文字，在【属性】面板中将【填色】设置为白色，将【字体系列】设置为“长城特圆体”，将【字体大小】设置为35.8pt，并在画板中调整其位置，效果如图16-103所示。

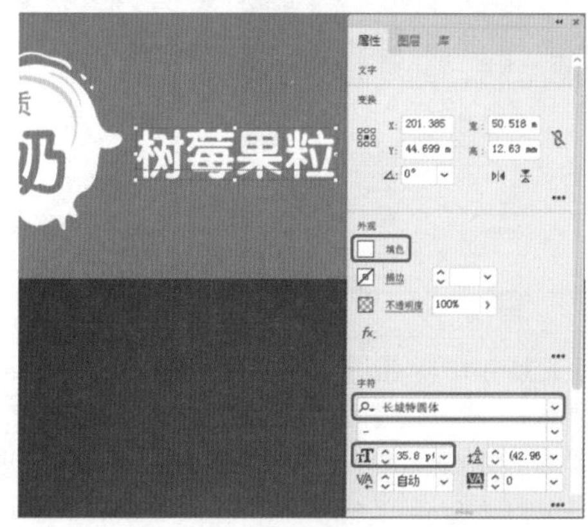
图16-103

Step 24 按住Alt键对该文字进行复制，选中图16-104所示的文字，在【属性】面板中将【描边】设置为白色，将【描边粗细】设置为10pt，效果如图16-104所示。

Step 25 再对添加描边后的文字进行复制，选中复制后的对象，在【属性】面板中将【描边】设置为#2096d4，将【描边粗细】设置为5pt，效果如图16-105所示。

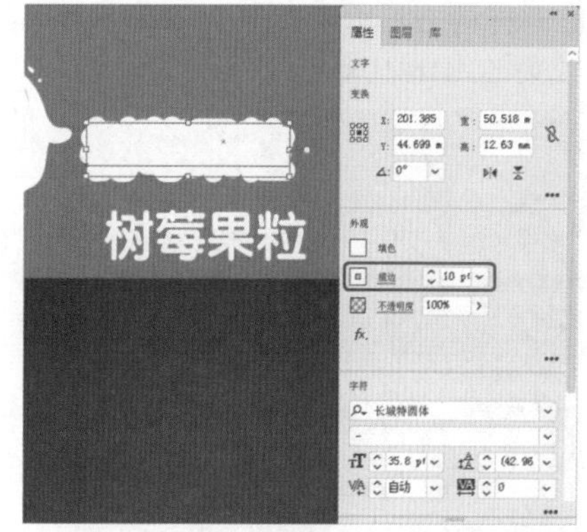
图16-104

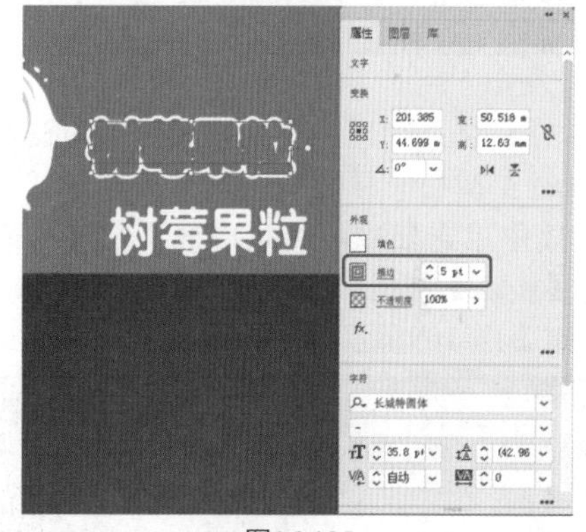
图16-105

Step 26 设置完成后，将第一次复制的文字调整至原来的位置，效果如图16-106所示。

图16-106

Step 27 选中创建完成后的3组文字，按Ctrl+G组合键对其进行编组，在【变换】面板中将【旋转】设置为5°，效果如图16-107所示。

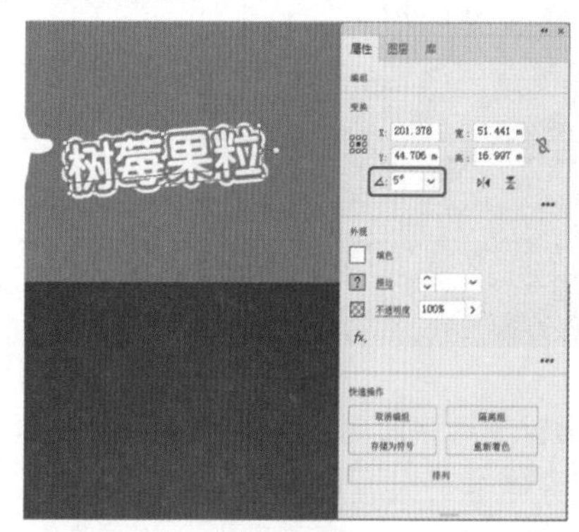
图16-107

Step 28 使用同样的方法输入其他文字，并对其进行相应的调整，效果如图16-108所示。

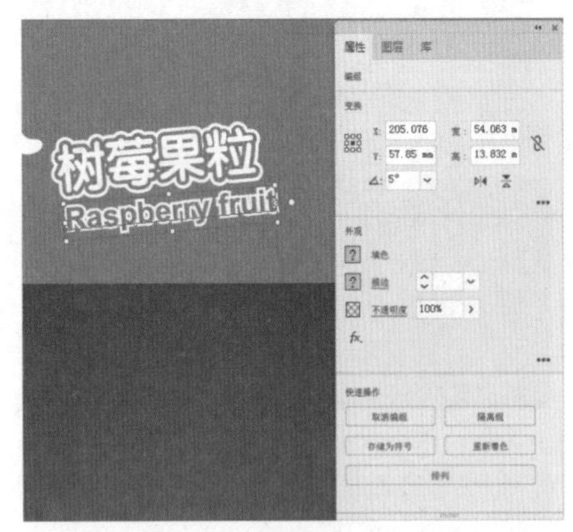

图16-108

Step 29 按Shift+Ctrl+P组合键，在弹出的对话框中选择“素材\Cha16\酸奶素材01.ai”文件，单击【置入】按钮，在画板中单击鼠标，将选中的素材文件置入画板中，单击【嵌入】按钮，在画板中调整该素材文件的位置，效果如图16-109所示。

图16-109

Step 30 在工具箱中单击【矩形工具】，绘制一个矩形，在【属性】面板中将【宽】和【高】分别设置为260mm和65mm，随意填充一种颜色，将【描边】设置为“无”，并在画板中调整其位置，效果如图16-110所示。

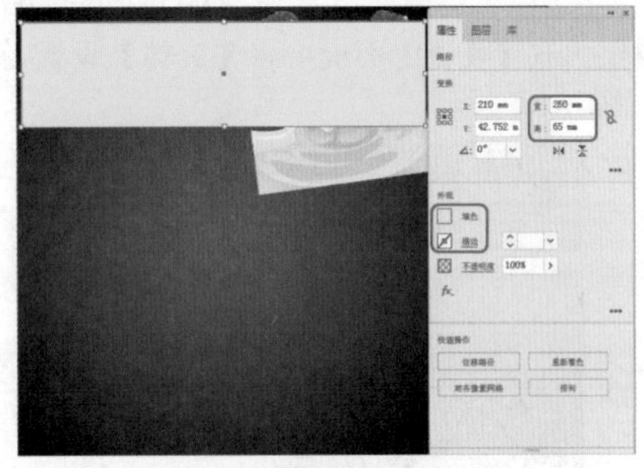

图16-110

Step 31 在画板中选中除黑色背景外的其他对象，右击，在弹出的快捷菜单中选择【建立剪切蒙版】命令，如图16-111所示。

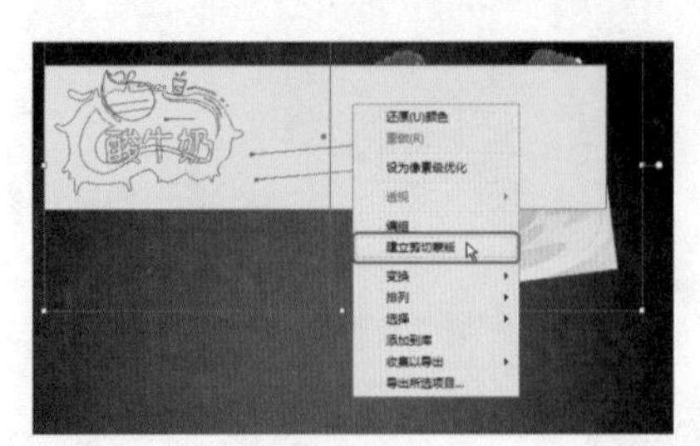

图16-111

Step 32 在工具箱中单击【矩形工具】，在画板中绘制一个矩形，在【属性】面板中将【宽】和【高】分别设置为260mm和130mm，将【填色】设置为白色，将【描边】设置为“无”，并在画板中调整其位置，如图16-112所示。

图16-112

Step 33 在画板中选择前面建立剪切蒙版后的对象，右击，在弹出的快捷菜单中选择【变换】|【对称】命令，如图16-113所示。

Step 34 在弹出的对话框中选中【水平】单选按钮，单击【复制】按钮，然后再使用同样的方法对镜像的对象进行垂直翻转，并调整其位置，效果如图16-114所示。

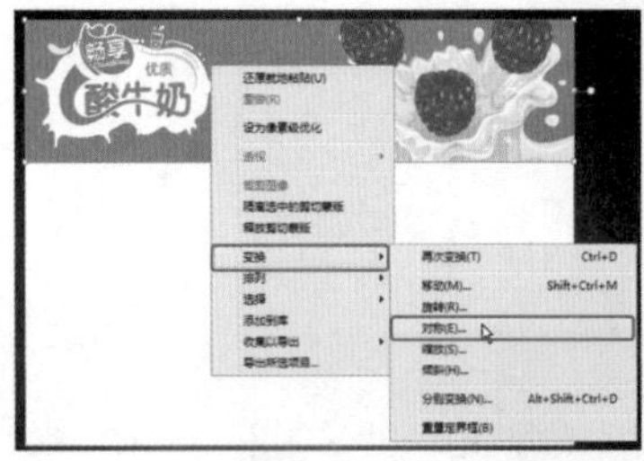

图16-113　　图16-114

Step 35 在工具箱中单击【圆角矩形工具】，在画板中绘制一个圆角矩形，在【变换】面板中将【宽】和【高】分别设置为130mm和65mm，将圆角半径取消链接，并将其分别设置为5mm、5mm、0mm、0mm，在【颜色】面板中将【填色】设置为#2096d4，将【描边】设置为“无”，如图16-115所示。

Step 36 在工具箱中单击【文字工具】，在画板中绘制一个文本框，输入文字，选中输入的文字，在【属性】面板中将【填色】设置为白色，将【字体系列】设置为“微软雅黑”，将【字体大小】设置为11pt，效果如图16-116所示。

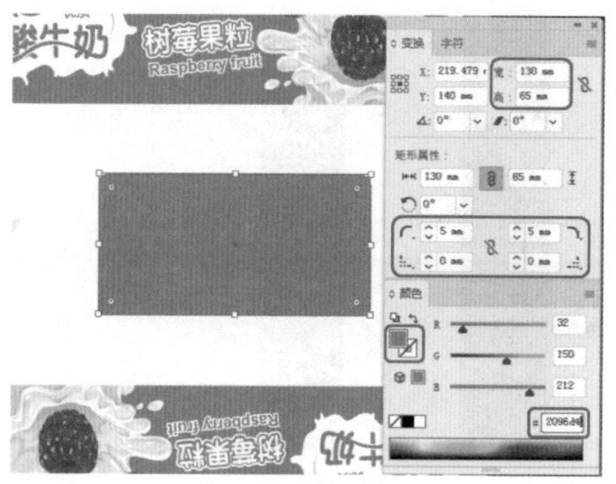

图16-115

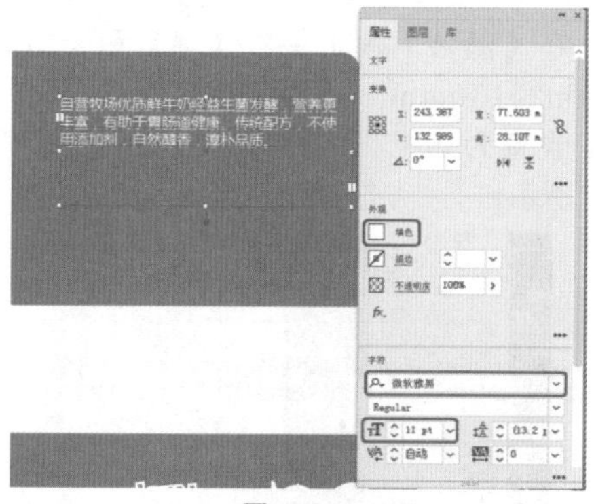

图16-116

Step 37 使用同样的方法创建其他图形和文字，并对创建的图形与文字进行编组，在画板中调整其位置与角度，效果如图16-117所示。

Step 38 根据前面所介绍的方法在画板中制作其他内容，并进行相应的调整，将“酸奶素材02.ai”文件置入文档中，效果如图16-118所示。

图16-117

图16-118

实例 152 化妆品包装设计

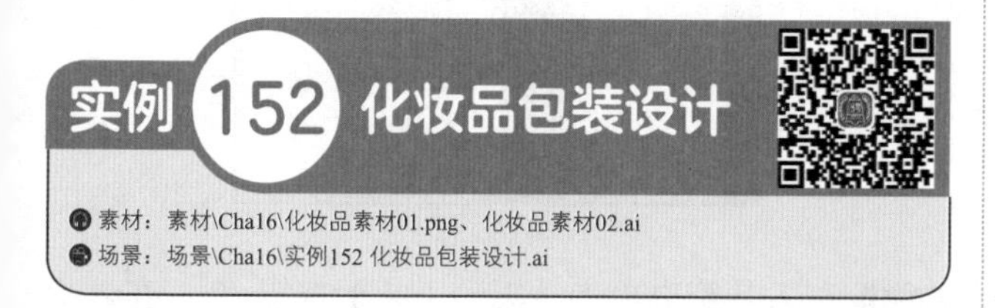

素材：素材\Cha16\化妆品素材01.png、化妆品素材02.ai

场景：场景\Cha16\实例152 化妆品包装设计.ai

本例介绍化妆品包装的设计。该例的制作比较简单，主要是使用【矩形工具】绘制包装平面图，然后输入文字，完成后的效果如图16-119所示。

图16-119

Step 01 按Ctrl+N组合键，在弹出的对话框中将【单位】设置为“毫米”，将【宽度】和【高度】均设置为300mm，将【颜色模式】设置为“CMYK颜色”，如图16-120所示。

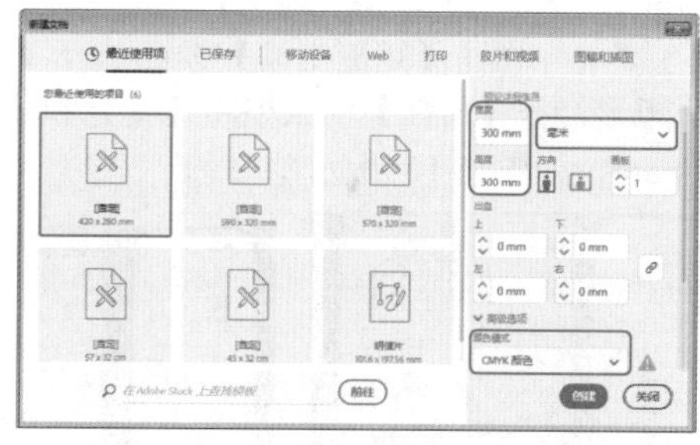

图16-120

Step 02 设置完成后，单击【创建】按钮，在工具箱中单击【矩形工具】按钮，在画板中绘制一个矩形，在【变换】面板中将【宽】和【高】均设置为300mm，在【渐变】面板中将【类型】设置为“径向”，将【长宽比】设置为200%，将左侧色标的CMYK值设置为67、59、59、6，将右侧色标的CMYK值设置为85、84、80、68，将上方渐变滑块调整至67%位置处，如图16-121所示，并将矩形的【描边】设置为“无”。

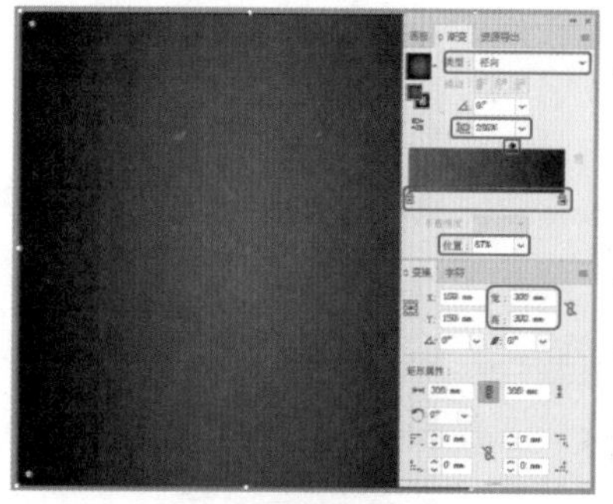

图16-121

Step 03 继续使用【矩形工具】在画板中绘制一个矩形，在【属性】面板中将【宽】和【高】分别设置为50mm和130mm，将【填色】设置为白色，将【描边】设置为黑色，将【描边粗细】设置为0.25pt，如图16-122所示。

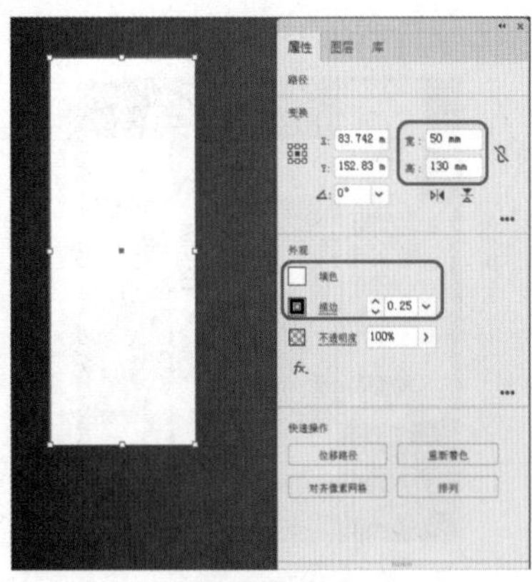

图16-122

Step 04 在工具箱中单击【圆角矩形工具】，在画板中绘制一个圆角矩形，在【变换】面板中将【宽】和【高】分别设置为50mm和65mm，将所有的圆角半径均设置为10mm，如图16-123所示。

Step 05 在工具箱中单击【矩形工具】按钮，在画板中绘制一个矩形，在【属性】面板中将【宽】和【高】均设置为50mm，如图16-124所示。

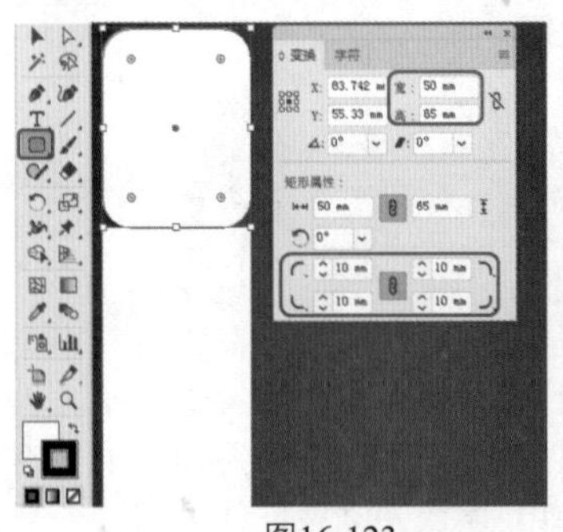

图16-123　　图16-124

Step 06 将"化妆品素材01.png"文件置入文档中，并将其嵌入文档中，在【属性】面板中将【旋转】设置为180°，并在画板中调整其大小与位置，如图16-125所示。

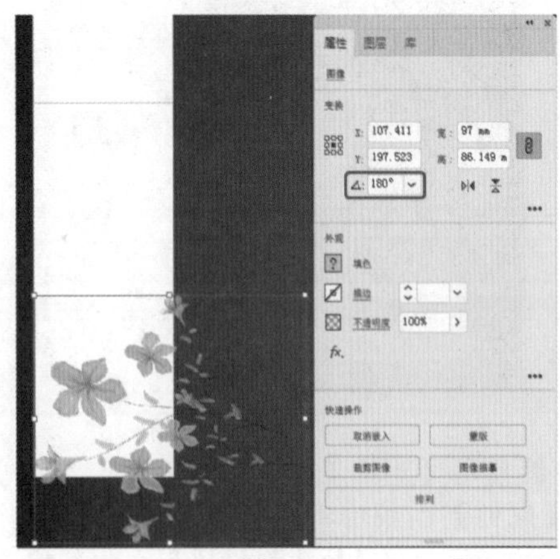

图16-125

Step 07 在画板中选择置入的素材文件，按住Alt键对其进行复制，并调整其位置，效果如图16-126所示。

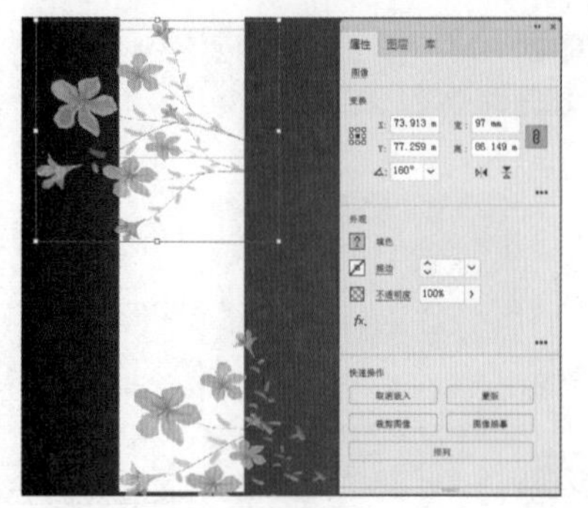

图16-126

Step 08 在工具箱中单击【矩形工具】，在画板中绘制一个矩形，在【属性】面板中将【宽】和【高】分别设置为50mm和130mm，并为其填充任意一种颜色，将【描边】设置为"无"，并在画板中调整其位置，如图16-127所示。

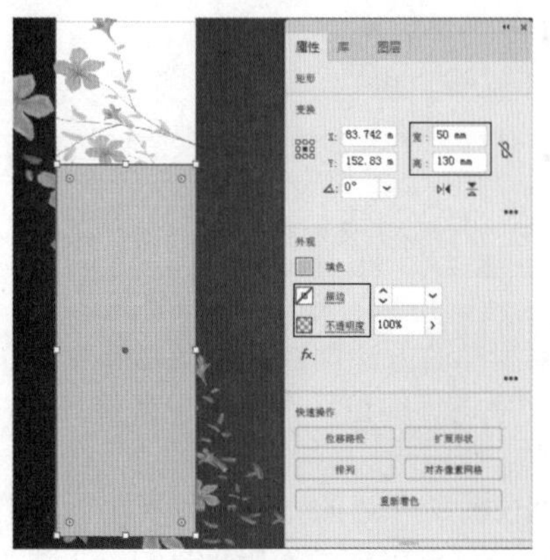

图16-127

Step 09 在画板中选中新绘制的矩形与前面所置入的素材文件，右击，在弹出的快捷菜单中选择【建立剪切蒙版】命令，选择建立剪切蒙版后的对象，在【属性】面板中将【不透明度】设置为70%，如图16-128所示。

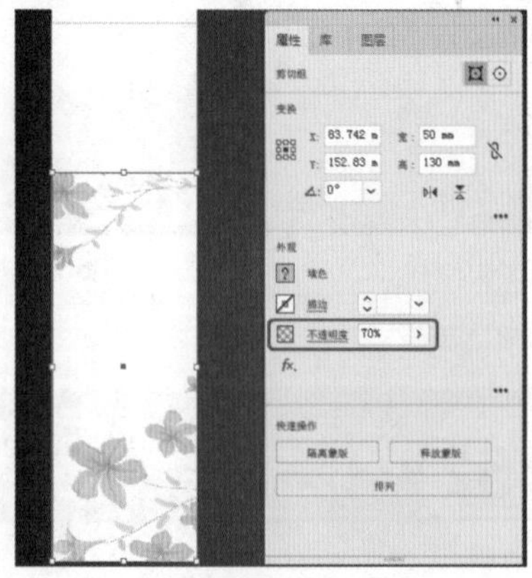

图16-128

Step 10 在工具箱中单击【矩形工具】按钮，在画板中绘制一个矩形，在【属性】面板中将【宽】和【高】分别设置为50mm和130mm，将【填色】的CMYK值设置为0、100、50、0，将【描边】的CMYK值设置为0、

0、0、100，将【描边粗细】设置为0.25pt，并在画板中调整其位置，效果如图16-129所示。

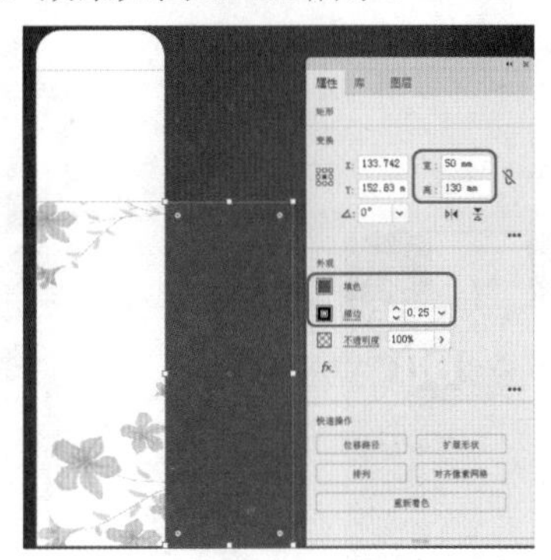

图16-129

Step 11 在工具箱中单击【钢笔工具】按钮，在画板中绘制图形，并选择绘制的图形，在【属性】面板中将【填色】设置为白色，并在画板中调整其位置，效果如图16-130所示。

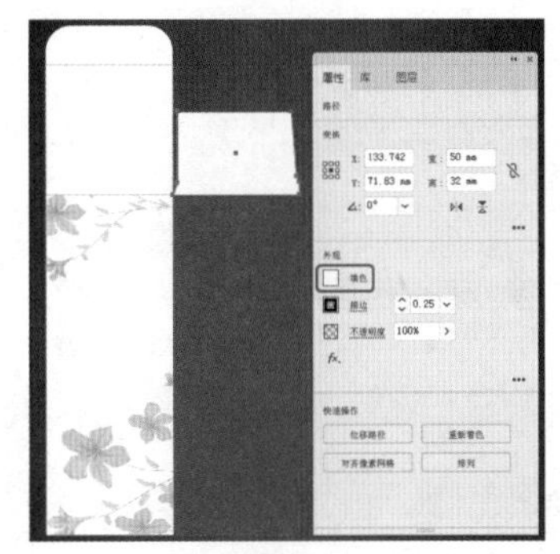

图16-130

Step 12 在新绘制的图形上右击，在弹出的快捷菜单中选择【变换】|【对称】命令，弹出【镜像】对话框，选中【水平】单选按钮，然后单击【复制】按钮，即可水平镜像复制的图形，并在画板中调整其位置，效果如图16-131所示。

Step 13 然后在复制后的图形上右击，在弹出的快捷菜单中选择【变换】|【对称】命令，弹出【镜像】对话框，选中【垂直】单选按钮，然后单击【确定】按钮，即可垂直镜像复制后的图形，效果如图16-132所示。

图16-131　图16-132

Step 14 在画板中选择除背景以外的所有对象并右击，在弹出的快捷菜单中选择【变换】|【对称】命令，如图16-133所示。

Step 15 弹出【镜像】对话框，选中【水平】单选按钮，然后单击【复制】按钮，即可水平镜像复制选择的对象，并在画板中调整其位置，然后选中复制的“化妆品素材01.png”文件，对其进行水平翻转，选中翻转后的对象，在【属性】面板中将【不透明度】设置为100%，效果如图16-134所示。

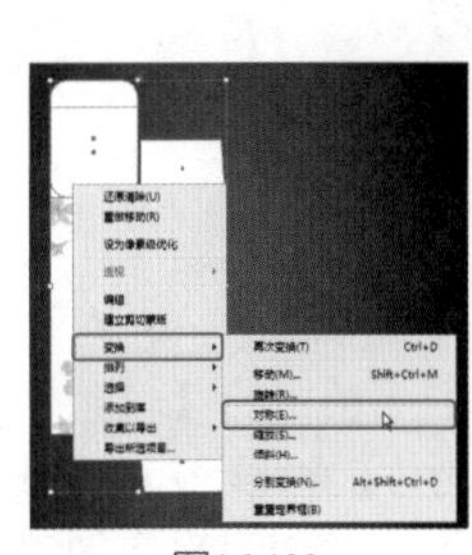

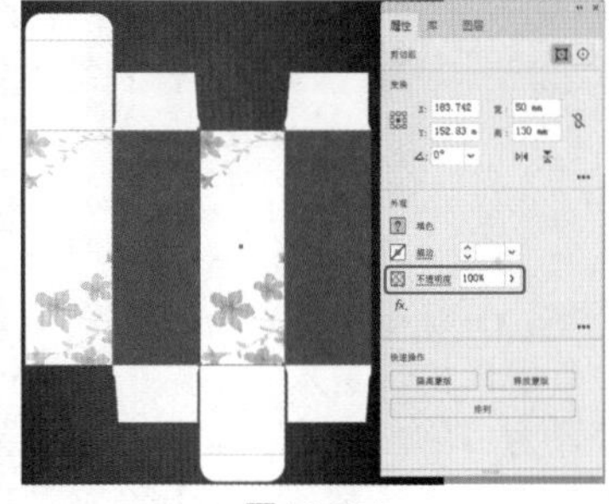

图16-133　图16-134

Step 16 在工具箱中单击【钢笔工具】按钮，在画板中绘制图形，并选择绘制的图形，在【属性】面板中将【填色】设置为白色，将【描边】设置为黑色，将【描边粗细】设置为0.25pt，效果如图16-135所示。

图16-135

Step 17 在工具箱中单击【文字工具】按钮T，在画板中输入文字，并选择输入的文字，在【属性】面板中将【填色】设置为黑色，将【描边】设置为“无”，将【字体系列】设置为“Exotc350 Bd BT Bold”，将【字体大小】设置为30pt，将【旋转】设置为90°，并在画板中调整其位置，效果如图16-136所示。

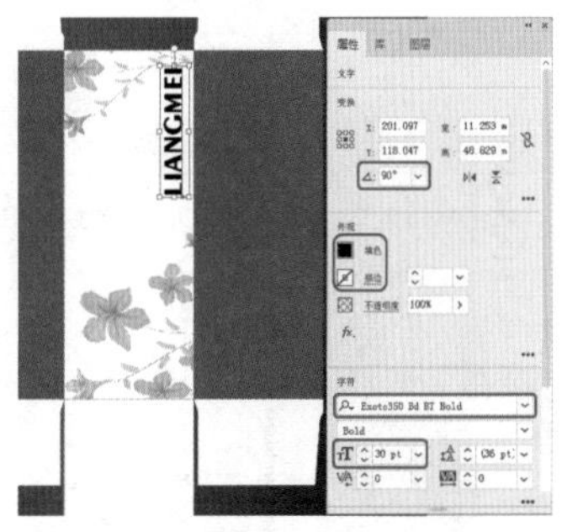

图16-136

Step 18 根据前面介绍的方法将“化妆品素材02.ai”文件置

入文档中，并将其嵌入文档中，调整其位置，如图16-137所示。

图16-137

Step 19 在工具箱中单击【文字工具】按钮T，在画板中单击鼠标，输入文字，在【属性】面板中将【填色】设置为白色，将【字体系列】设置为“Exotc350 Bd BT Bold”，将【字体大小】设置为33pt，并在画板中调整其位置，效果如图16-138所示。

图16-138

Step 20 结合前面介绍的方法，输入其他文字，并设置文字的字体和大小等，效果如图16-139所示。

Step 21 在画板中选择花边和花边上的文字，按Ctrl+G组合键将其编组，然后右击，在弹出的快捷菜单中选择【变换】|【对称】命令，弹出【镜像】对话框，选中【垂直】单选按钮，然后单击【复制】按钮，即可垂直镜像复制选择的对象，并在画板中调整其位置，效果如图16-140所示。

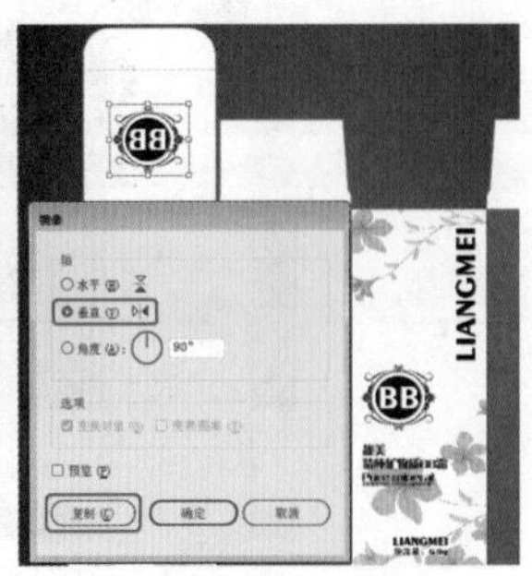

图16-139　　图16-140

Step 22 再次复制编组对象，并在画板中调整其大小和位置，效果如图16-141所示。

Step 23 选中复制的编组对象，在【属性】面板中单击【重新着色】按钮，如图16-142所示。

图16-141　　图16-142

Step 24 在弹出的对话框中选择【当前颜色】选项组中的黑色颜色条，将其CMYK值更改为0、0、0、0，然后再在【当前颜色】选项组中选择白色颜色条，在弹出的提示对话框中单击【是】按钮，将其CMYK值更改为0、100、50、0，如图16-143所示。

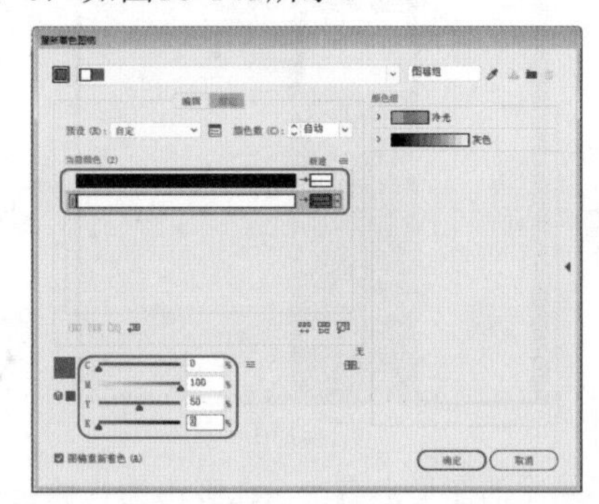

图16-143

Step 25 设置完成后，单击【确定】按钮，在工具箱中单击【矩形工具】按钮，在画板中绘制矩形，在【属性】面板中将【宽】和【高】分别设置为50mm和80mm，为其填充任意一种颜色，并在画板中调整其位置，如图16-144所示。

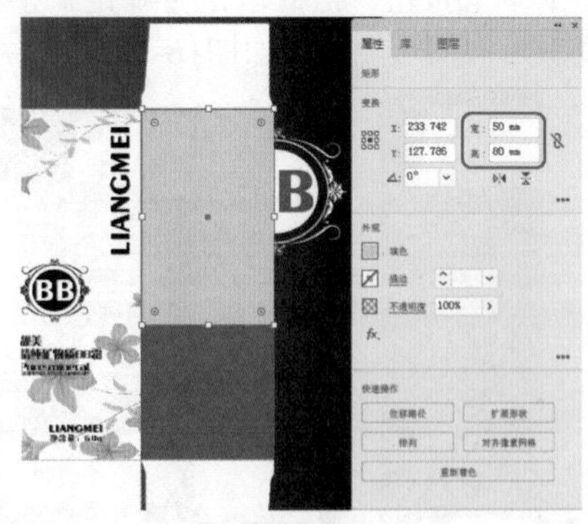

图16-144

Step 26 选择绘制的矩形和编组对象并右击，在弹出的快捷菜单中选择【建立剪切蒙版】命令，建立剪切蒙版后的效果如图16-145所示。

Step 27 在工具箱中单击【文字工具】按钮T，在画板中绘制文本框，在【属性】面板中将【宽】和【高】分别设置为41mm和35mm，然后在文本框中输入内容，输入完成后选择文本框，再在【属性】面板中将【填色】设置为白色，将【字体系列】设置为“黑体”，将【字体大小】设置为9pt，将【行距】设置为12pt，并在画板中调整其位置，效果如图16-146所示。

图16-145　　图16-146

Step 28 结合前面介绍的方法，继续复制并调整编组对象，然后输入文字，效果如图16-147所示。

图16-147

Step 29 在工具箱中单击【矩形工具】按钮，在画板中绘制一个矩形，在【属性】面板中将【宽】和【高】分别设置为33mm和14mm，将【填色】设置为白色，将【描边】设置为“无”，并在画板中调整其位置，效果如图16-148所示。

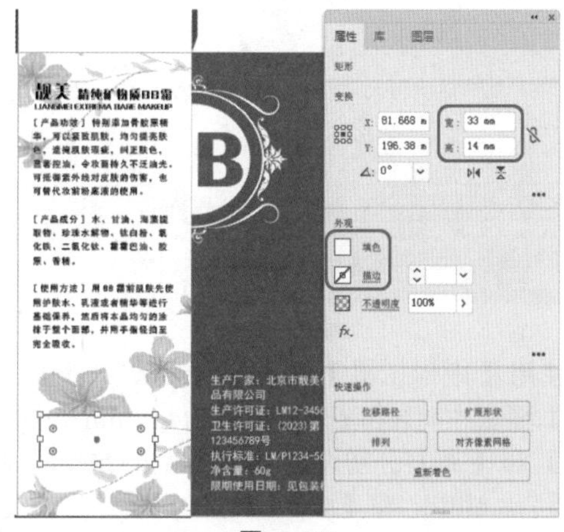

图16-148

Step 30 在工具箱中单击【矩形工具】按钮，在画板中绘制一个矩形，在【属性】面板中将【宽】和【高】分别设置为0.2mm和11mm，将【填色】设置为黑色，将【描边】设置为“无”，并在画板中调整其位置，效果如图16-149所示。

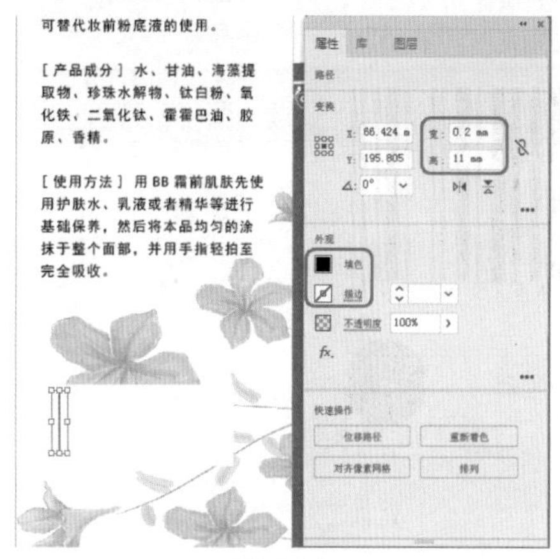

图16-149

Step 31 使用同样的方法绘制其他矩形，制作出条形码，效果如图16-150所示。

图16-150

Step 32 在工具箱中单击【文字工具】按钮T，在画板中输入文字，并选择输入的文字，在【属性】面板中将【填色】设置为黑色，将【字体系列】设置为“黑体”，将【字体大小】设置为3pt，将【字符间距】设置为125，效果如图16-151所示。

图16-151

Step 33 在工具箱中单击【椭圆工具】按钮，按住Shift键的同时在画板中绘制正圆，在【属性】面板中将【宽】和【高】均设置为5mm，将【填色】设置为黑色，将【描边】设置为“无”，并在画板中调整其位置，如图16-152所示。

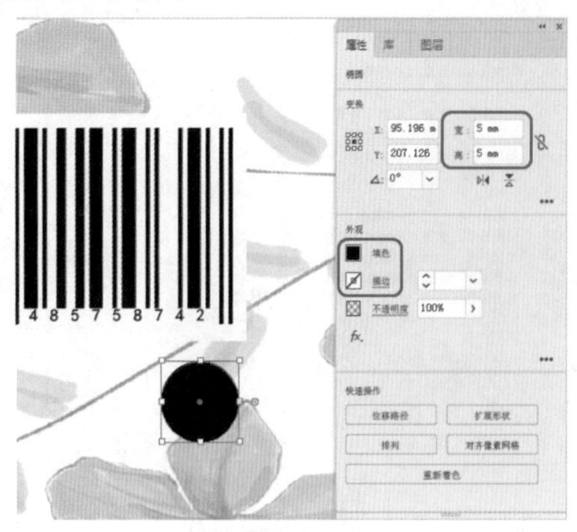

图16-152

Step 34 在工具箱中单击【钢笔工具】按钮，在画板中绘制图形，并为绘制的图形填充一种颜色，如图16-153所示。

Step 35 选择绘制的图形和正圆，并右击，在弹出的快捷菜单中选择【建立复合路径】命令，如图16-154所示。

图16-153　　图16-154

Step 36 在工具箱中单击【文字工具】按钮，在画板中输入文字，并选择输入的文字，在【属性】面板中将【填色】设置为黑色，将【字体系列】设置为“Arial”，将【字体大小】设置为6.5pt，将【字符间距】设置为25，效果如图16-155所示。

图16-155

实例 153 月饼包装设计

素材：素材\Cha16\月饼素材01.png、月饼素材02.png、月饼素材03.ai、月饼素材04.ai、祥云.ai、底纹.psd

场景：场景\Cha16\实例153 月饼包装设计.ai

本实例将介绍如何制作月饼包装。其主要通过【矩形工具】和【文字工具】来制作包装封面，然后置入相应的素材文件，并使用【钢笔工具】制作包装边框，制作后的效果如图16-156所示。

图16-156

Step 01 按Ctrl+N组合键，在弹出的对话框中将【单位】设置为“毫米”，将【宽度】和【高度】分别设置为820mm和960mm，将【颜色模式】设置为“RGB颜色”，单击【创建】按钮，在工具箱中单击【矩形工具】按钮，在画板中绘制一个矩形，在【属性】面板中将【宽】和【高】分别设置为820mm和960mm，将【填色】设置为#a6a6a6，将【描边】设置为“无”，并在画板中调整其位置，如图16-157所示。

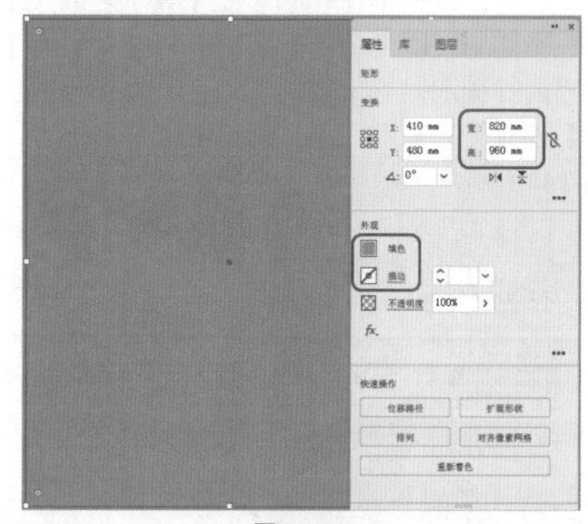

图16-157

Step 02 使用【矩形工具】在画板中绘制一个矩形，在【属性】面板中将X和Y分别设置为410mm和628mm，将【宽】和【高】分别设置为450mm和320mm，将【填色】设置为#c81d1d，将【描边】设置为“无”，如图16-158所示。

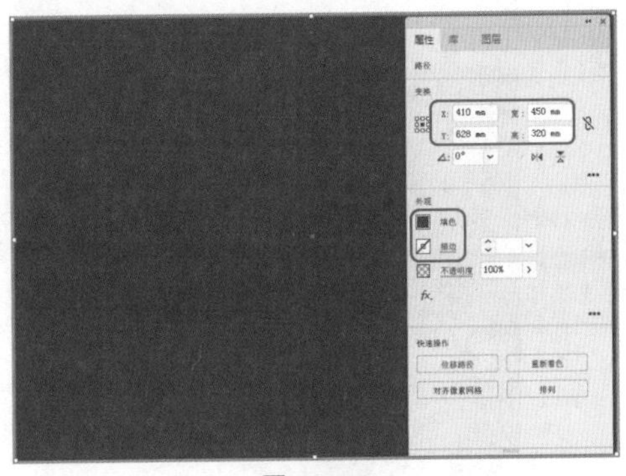

图16-158

Step 03 按Shift+Ctrl+P组合键，在弹出的对话框中选择“素材\Cha16\底纹.psd”文件，单击【置入】按钮，在画板中调整其位置，在【属性】面板中将【不透明度】设置为10%，单击【嵌入】按钮，如图16-159所示。

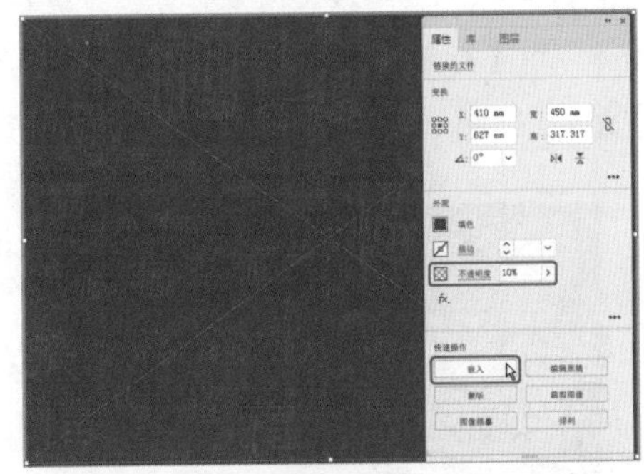

图16-159

Step 04 在弹出的对话框中使用默认设置，单击【确定】按钮，使用【矩形工具】在画板中绘制一个矩形，在【属性】面板中将X和Y分别设置为410mm和575mm，将【宽】和【高】分别设置为118mm和214mm，将【填色】设置为白色，将【描边】设置为“无”，如图16-160所示。

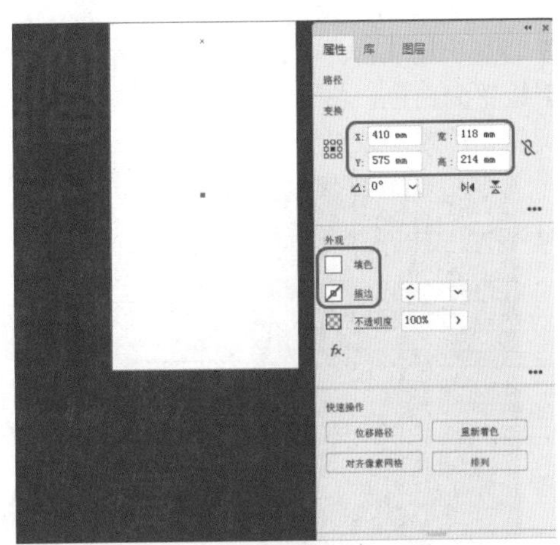

图16-160

Step 05 将“月饼素材01.png”文件置入文档中，并将其嵌入文档中，在画板中调整其位置，如图16-161所示。

Step 06 在画板中绘制一个【宽】和【高】分别为118mm和214mm的矩形，并为其填充任意一种颜色，选中绘制的矩形与置入的素材文件，右击，在弹出的快捷菜单中选择【建立剪切蒙版】命令，如图16-162所示。

图16-161

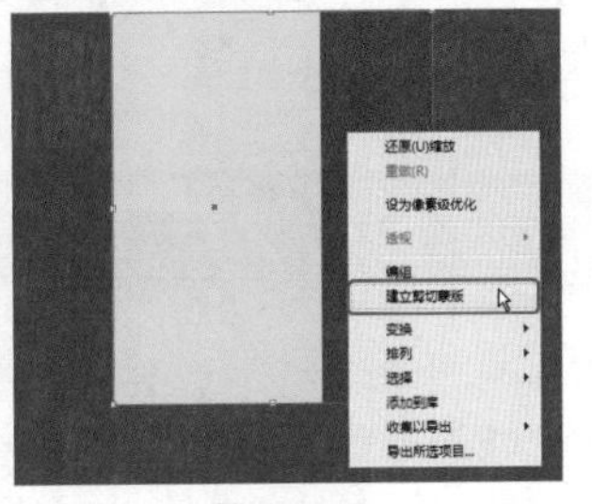

图16-162

Step 07 选中创建剪切蒙版后的对象，在【属性】面板中将【不透明度】设置为30%，如图16-163所示。

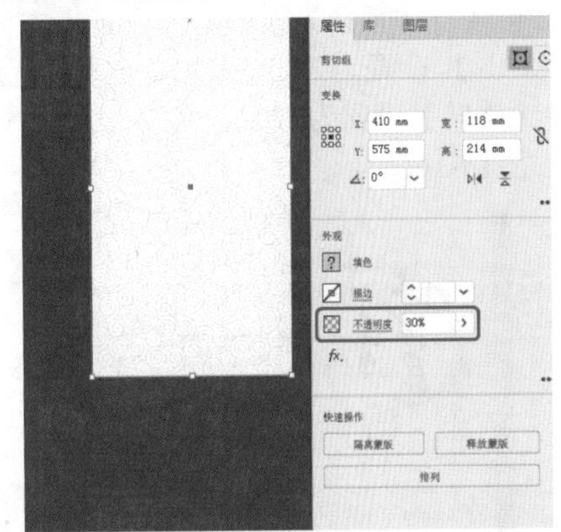

图16-163

Step 08 在工具箱中单击【直排文字工具】按钮，在画板中单击，输入文字，选中输入的文字，在【属性】面板中将【填色】设置为# 040000，将【字体系列】设置为“方正黄草简体”，将【字体大小】设置为160pt，将【字符间距】设置为-200，并在画板中调整其位置，如图16-164所示。

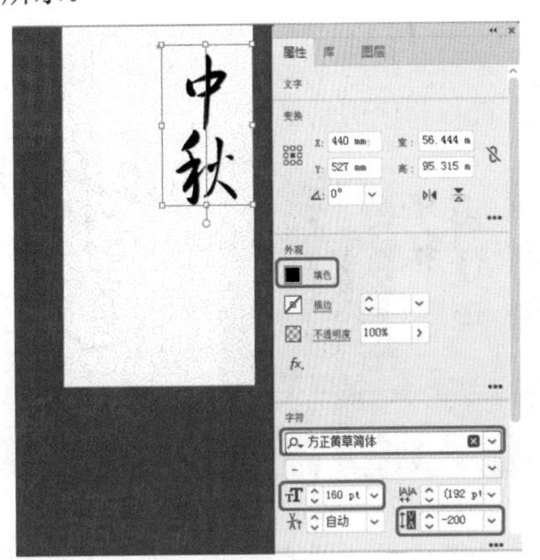

图16-164

Step 09 使用【选择工具】选择创建的文字，按住Alt键拖动鼠标对选中的文字进行复制，并对复制的文字内容进行修改，效果如图16-165所示。

图16-165

Step 10 在工具箱中单击【文字工具】按钮，在画板中单击鼠标，输入文字，选中输入的文字，在【属性】面板中将【填色】设置为#231815，将【不透明度】设置为50%，将【字体系列】设置为“方正粗宋简体”，将【字体大小】设置为21pt，将【字符间距】设置为-10，将【旋转】设置为270°，并在画板中调整其位置，效果如图16-166所示。

图16-166

Step 11 根据前面所介绍的方法将“祥云.ai”“月饼素材02.png”“月饼素材03.ai”文件置入文档中，并将其嵌入文档中，在画板中调整其位置，效果如图16-167所示。

Step 12 根据前面介绍的方法在画板中制作图16-168所示的内容，并进行相应的设置。

图16-167

图16-168

Step 13 在工具箱中单击【直排文字工具】按钮，在画板中单击鼠标，输入文字，选中输入的文字，在【属性】面板中将【填色】设置为白色，将【字体系列】设置为“方正粗宋简体”，将【字体大小】设置为21pt，将【字符间距】设置为75，并在画板中调整其位置，效果如图16-169所示。

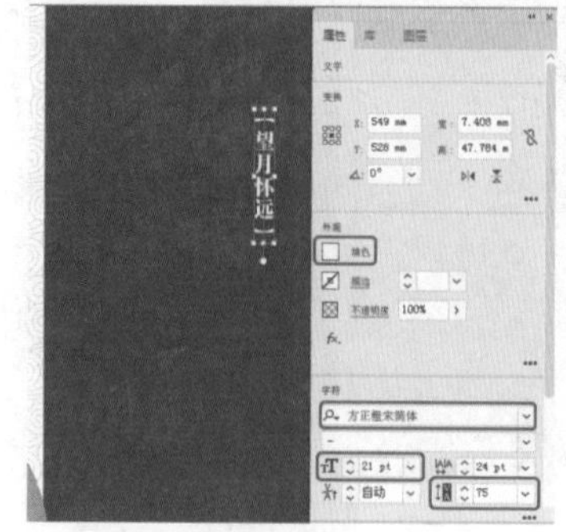

图16-169

Step 14 在工具箱中单击【直排文字工具】按钮，在画板中绘制一个文本框，输入文字，选中输入的文字，在【属性】面板中将【填色】设置为白色，将【字体系列】设置为“Adobe 宋体 Std L”，将【字体大小】设置为18pt，将【行距】设置为48pt，将【字符间距】设置为200，并在画板中调整其位置，效果如图16-170所示。

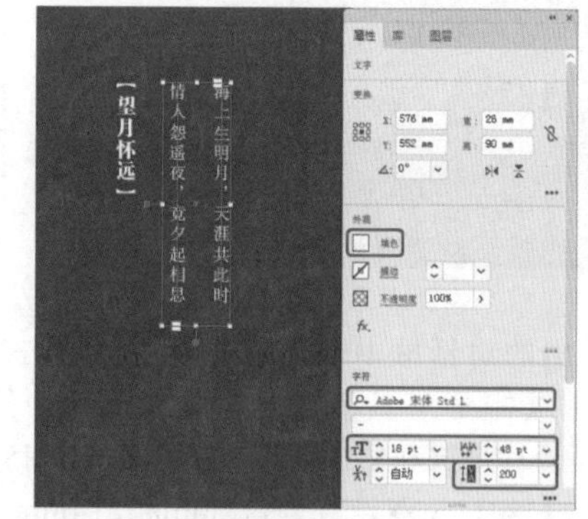

图16-170

Step 15 在工具箱中单击【直线段工具】按钮，在画板中按住Shift键绘制两条垂直直线，在【属性】面板中将【高】设置为82mm，将【填色】设置为“无”，将【描边】设置为白色，将【描边粗细】设置为1pt，并在画板中调整其位置，效果如图16-171所示。

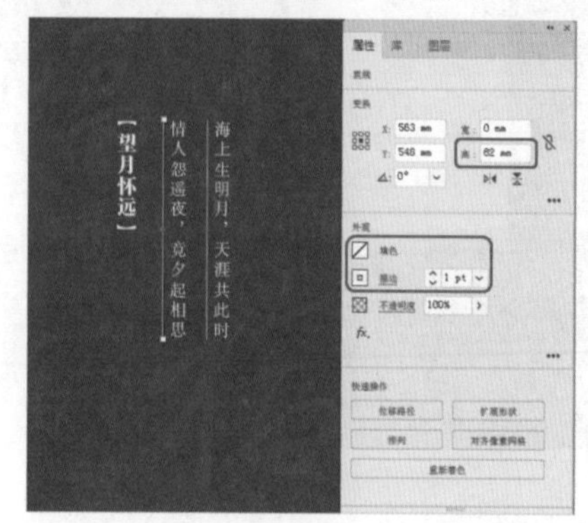

图16-171

Step 16 根据前面所介绍的方法在画板中输入其他文字内容，并进行相应的设置，效果如图16-172所示。

图16-172

Step 17 在工具箱中单击【圆角矩形工具】按钮▢，在画板中绘制一个圆角矩形，在【变换】面板中将【宽】和【高】分别设置为78mm和32mm，将所有的圆角半径均设置为2mm，在【颜色】面板中将【填色】设置为“无”，将【描边】设置为#ffffff，将【描边粗细】设置为1pt，并在画板中调整其位置，效果如图16-173所示。

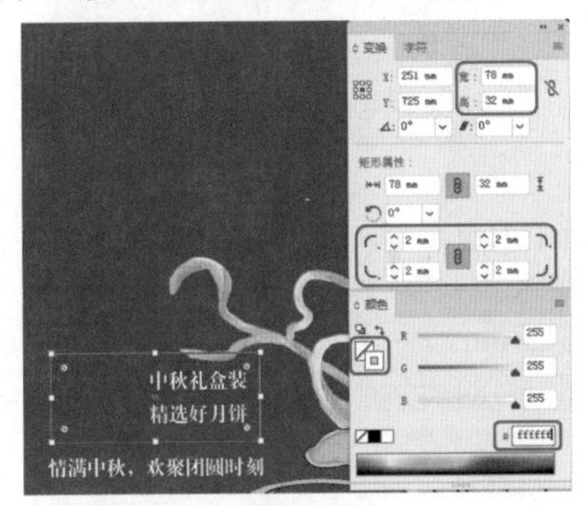

图16-173

Step 18 使用【圆角矩形工具】▢在画板中绘制一个圆角矩形，在【变换】面板中将【宽】和【高】均设置为32mm，将所有的圆角半径均设置为2mm，在【颜色】面板中将【填色】设置为# ffffff，将【描边】设置为“无”，并在画板中调整其位置，效果如图16-174所示。

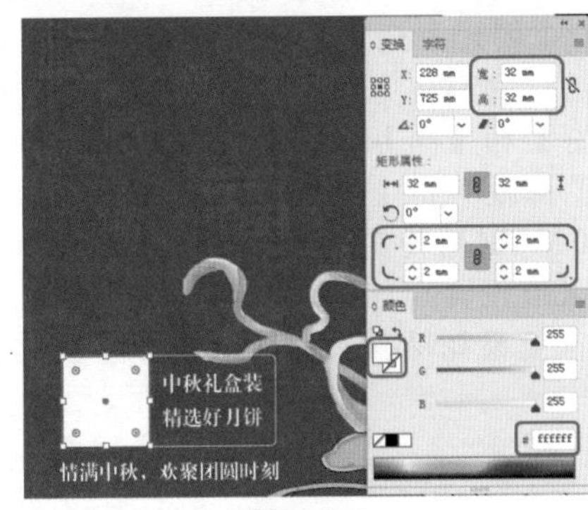

图16-174

Step 19 根据前面所介绍的方法将“月饼素材04.ai”文件置入文档中，并将其嵌入文档中，在画板中调整其位置，效果如图16-175所示。

Step 20 在工具箱中单击【矩形工具】按钮▢，在画板中绘制一个矩形，在【属性】面板中将X和Y分别设置为410mm和848mm，将【宽】和【高】分别设置为450mm和120mm，将【填色】设置为# c81d1d，将【描边】设置为“无”，如图16-176所示。

图16-175

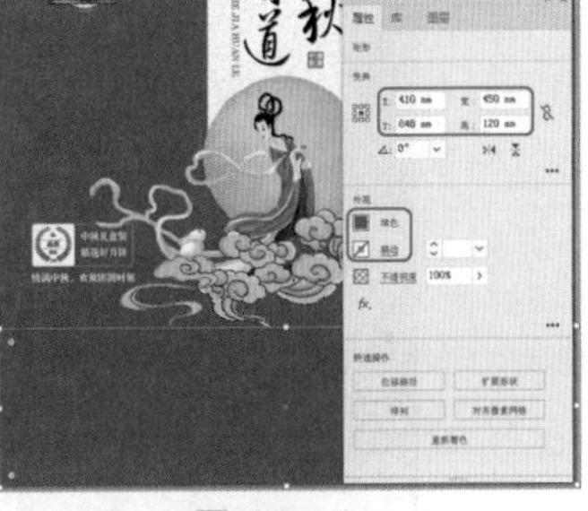

图16-176

Step 21 在工具箱中单击【文字工具】按钮T，在画板中单击，输入文字，选中输入的文字，在【属性】面板中将【填色】设置为白色，将【字体系列】设置为“方正黄草简体”，将【字体大小】设置为109pt，将【字符间距】设置为-100，并在画板中调整其位置，效果如图16-177所示。

图16-177

Step 22 再次使用【文字工具】在画板中单击，输入文字，选中输入的文字，在【属性】面板中将【填色】设置为白色，【字体系列】设置为“创艺简老宋”，将【字体大小】设置为22pt，将【字符间距】设置为400，并在画板中调整其位置，效果如图16-178所示。

图16-178

Step 23 在工具箱中单击【钢笔工具】按钮✒，在画板中绘制图16-179所示的图形，在【属性】面板中将【填色】设置为白色，将【描边】设置为“无”，在画板中调整其位置。

Step 24 使用同样的方法在画板中绘制图16-180所示的图形，并调整其位置。

图16-179

图16-180

Step 25 根据前面介绍的方法在画板中制作其他内容，效果如图16-181所示。

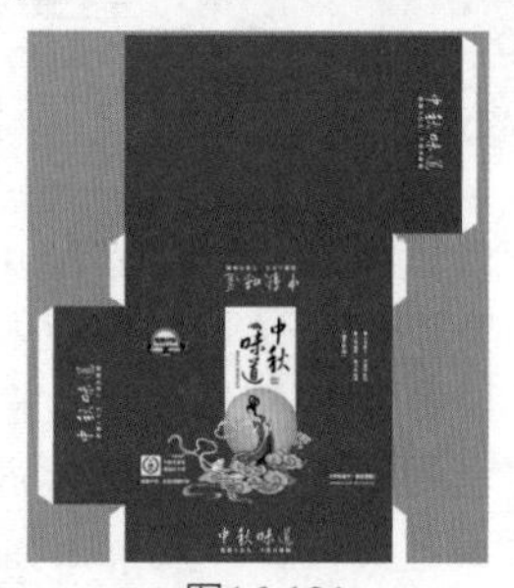

图16-181

Step 26 在工具箱中单击【矩形工具】，在画板中绘制两个【宽】和【高】分别为450mm和320mm的矩形，在【属性】面板中将【填色】设置为“无”，将【描边】设置为黑色，将【描边粗细】设置为2pt，并在画板中调整其位置，如图16-182所示。

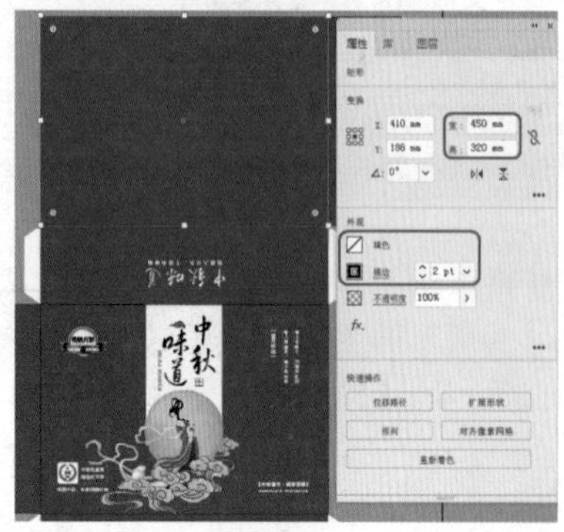

图16-182

实例154 牙膏包装设计

素材：素材\Cha16\牙膏素材01.ai、牙膏素材02.png、牙膏素材03.png、牙膏素材04.ai、牙膏素材05.ai、牙膏素材06.png

场景：场景\Cha16\实例154 牙膏包装设计.ai

本例介绍牙膏包装的设计。其主要是绘制图形，然后输入文字，完成后的效果如图16-183所示。

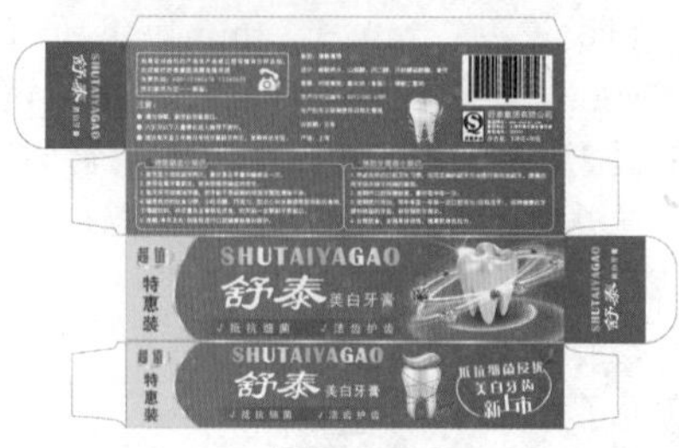

图16-183

Step 01 按Ctrl+N组合键，在弹出的对话框中将【单位】设置为“毫米”，将【宽度】和【高度】分别设置为340mm和215mm，将【颜色模式】设置为“CMYK颜色”，如图16-184所示。

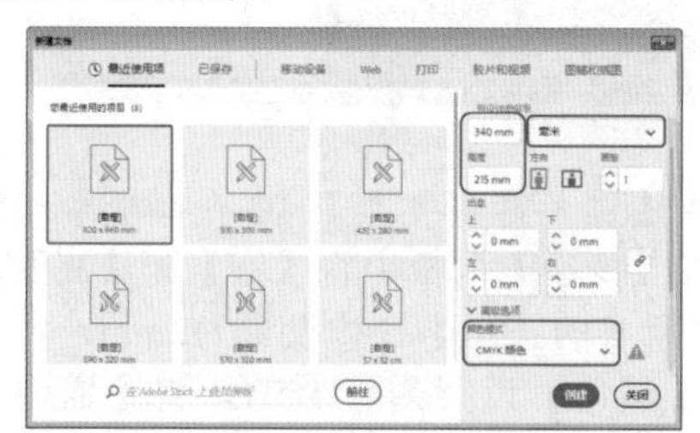

图16-184

Step 02 单击【创建】按钮，在工具箱中单击【矩形工具】按钮，在画板中绘制一个矩形，在【变换】面板中将【宽】和【高】分别设置为210mm和50mm，在【渐变】面板中将【类型】设置为“线性”，将左侧色标的CMYK值设置为73、24、6、0，将右侧色标的CMYK值设置为100、41、0、0，并在画板中调整其位置，效果如图16-185所示，并将【描边】设置为“无”。

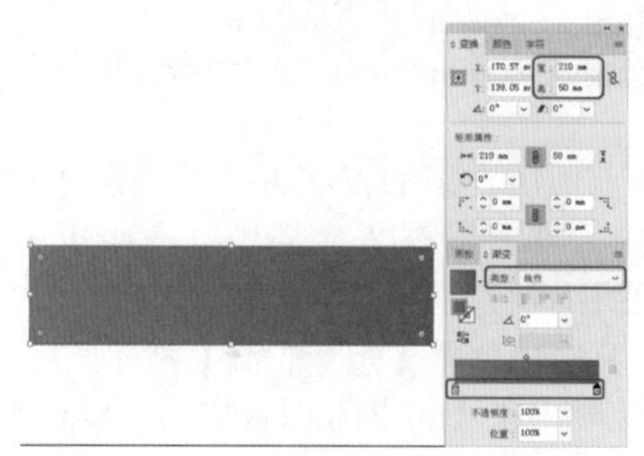

图16-185

Step 03 在工具箱中单击【钢笔工具】按钮，在画板中绘制图形，并选择绘制的图形，在【渐变】面板中将

【类型】设置为“径向”，将左侧色标的CMYK值设置为29、23、21、0，在位置24%处添加一个色标，将CMYK值设置为0、0、0、0，在位置56%处添加一个色标，将CMYK值设置为29、23、21、0，在位置80%处添加一个色标，将CMYK值设置为0、0、0、0，将右侧色标的CMYK值设置为29、23、21、0，效果如图16-186所示。

图16-186

Step 04 复制新绘制的图形，并在画板中调整复制后图形的位置，然后在【属性】面板中将【填色】的CMYK值更改为0、0、100、0，效果如图16-187所示。

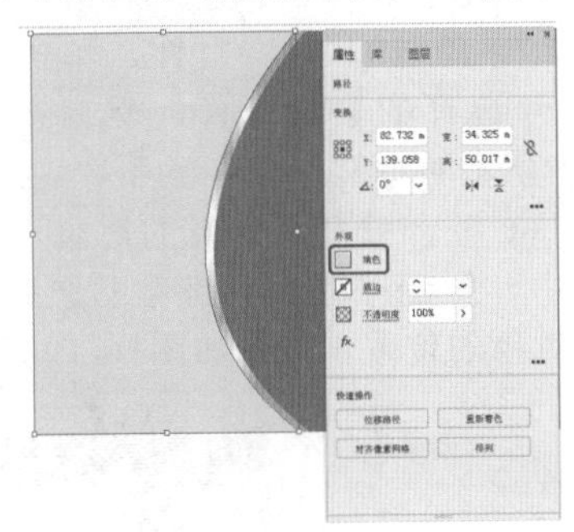

图16-187

Step 05 在工具箱中单击【钢笔工具】按钮，在画板中绘制图形，选中绘制的图形，在工具箱中单击【吸管工具】按钮，在渐变图形上单击，为其填充相同的渐变颜色，在【渐变】面板中将【类型】设置为“线性”，如图16-188所示。

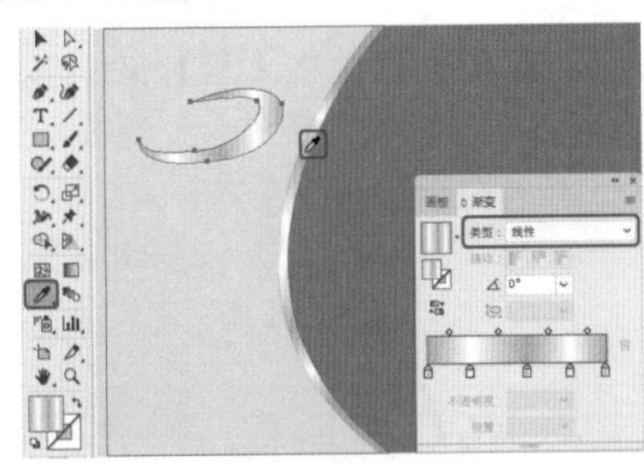

图16-188

Step 06 在工具箱中单击【文字工具】按钮T，在画板中输入文字，并选择输入的文字，在【属性】面板中将【填色】的CMYK值设置为100、41、0、0，将【字体系列】设置为“方正美黑简体”，将【字体大小】设置为22.5pt，将【字符间距】设置为0，并在画板中调整其位置，如图16-189所示。

图16-189

Step 07 在工具箱中单击【直排文字工具】按钮↓T，在画板中输入文字，选中输入的文字，在【属性】面板中将【填色】的CMYK值设置为0、90、95、0，将【字体系列】设置为“方正大黑简体”，将【字体大小】设置为24pt，将【字符间距】设置为100，并在画板中调整其位置，如图16-190所示。

图16-190

Step 08 使用【文字工具】T在画板中输入文字，并选择输入的文字，在【字符】面板中将【字体系列】设置为“Britannic Bold”，将【字体大小】设置为34.6pt，将【字符间距】设置为100，选中输入的文字，将文字转换为轮廓，在工具箱中单击【吸管工具】按钮，在“超值”下方的渐变图形上单击，为选中的图形填充渐变颜色，然后单击鼠标右键，在弹出的快捷菜单中选择【取消编组】命令，并按Ctrl+8组合键为对象建立复合路径，在画板中调整其位置，如图16-191所示。

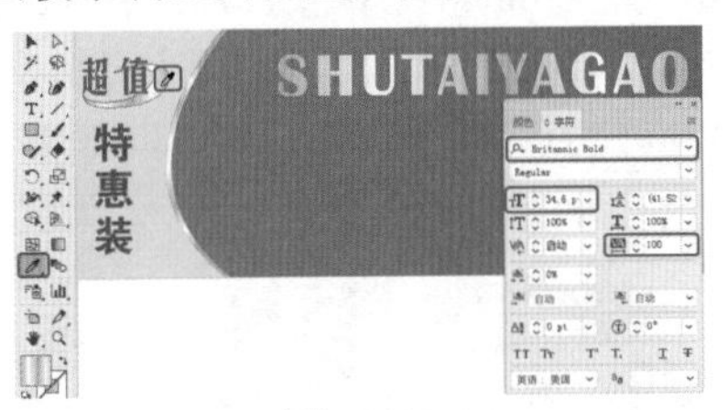

图16-191

Step 09 在工具箱中单击【文字工具】按钮T，在画板中输入文字，并选择输入的文字，在【属性】面板中将【填色】设置为白色，将【字体系列】设置为“方正隶书简体”，将【字体大小】设置为75.7pt，将【字符间距】

设置为0，并在画板中调整其位置，效果如图16-192所示。

图16-192

Step 10 继续选中文字，在【变换】面板中将【倾斜】设置为15°，效果如图16-193所示。

图16-193

Step 11 继续使用【文字工具】T在画板中输入其他文字，效果如图16-194所示。

图16-194

Step 12 在工具箱中单击【矩形工具】按钮，在画板中绘制一个矩形，然后选择绘制的矩形，在【渐变】面板中将【类型】设置为“线性”，将左侧色标的CMYK值设置为100、41、0、0，将【不透明度】设置为0%，在位置23%处添加一个色标，将CMYK值设置为100、41、0、0，将【不透明度】设置为100%，在位置50%处添加一个色标，将CMYK值设置为100、41、0、0，将右侧色标的CMYK值设置为100、41、0、0，将【不透明度】设置为0%，在【变换】面板中将【宽】和【高】分别设置为111mm和8mm，并在画板中调整其位置，效果如图16-195所示。

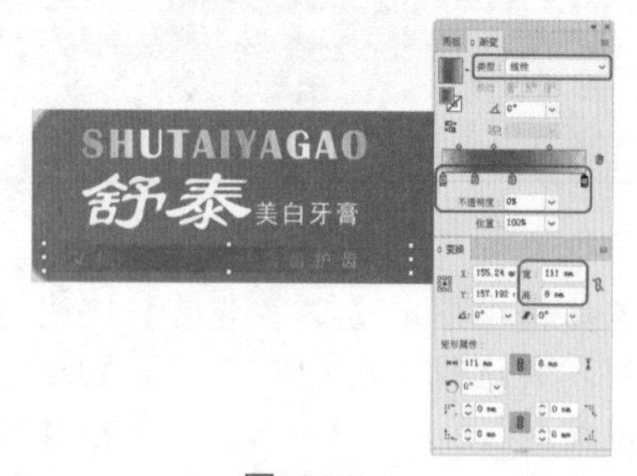

图16-195

Step 13 在【图层】面板中将绘制的矩形移至文字的下方，效果如图16-196所示。

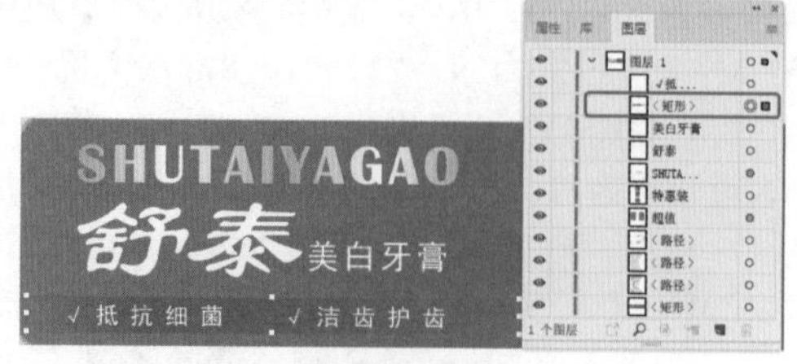

图16-196

提示

在【图层】面板中图层的排列顺序，与在画板中创建图像的排列顺序是一致的。在【图层】面板中顶层的对象，在画板中排列在最上方，在最底层的对象，在画板中则排列在最底层，同一图层中的对象也是按照该结构进行排列的。

Step 14 按Ctrl+O组合键，在弹出的对话框中选择“素材\Cha16\牙膏素材01.ai”文件，单击【打开】按钮，即可打开选择的素材文件，然后在素材文件中选择图16-197所示的对象。

Step 15 按Ctrl+C组合键复制选择的对象，返回到当前制作的场景中，按Ctrl+V组合键粘贴选择的对象，并调整复制后对象的位置，效果如图16-198所示。

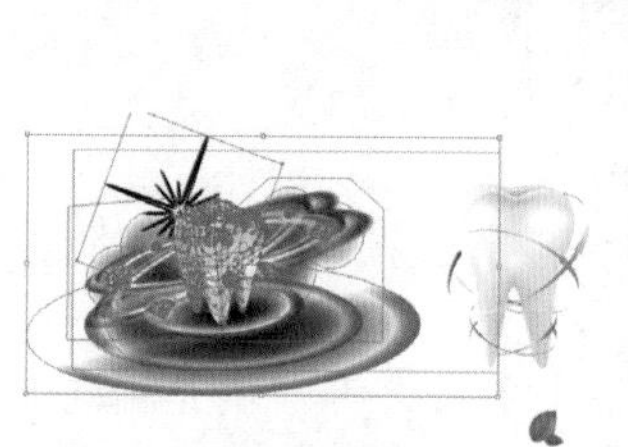

图16-197

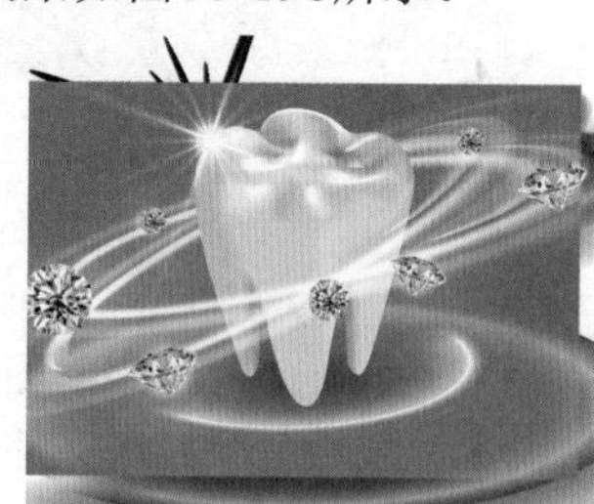

图16-198

Step 16 在工具箱中单击【矩形工具】，在画板中绘制一个矩形，在【属性】面板中将【宽】和【高】分别设置为94mm和50mm，为其填充任意一种颜色，并在画板中调整其位置，效果如图16-199所示。

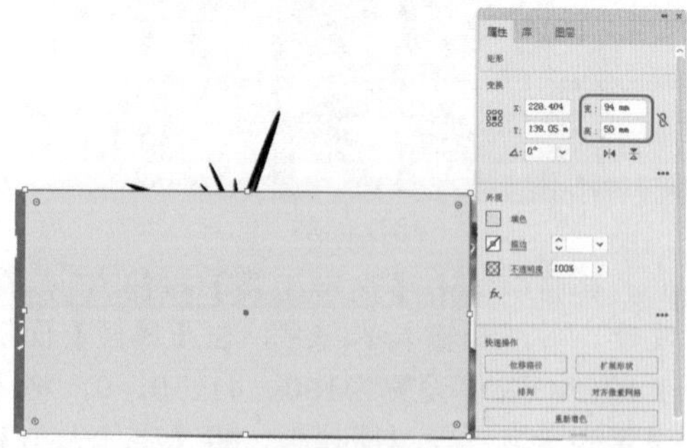

图16-199

Step 17 在画板中选中绘制的矩形与前面所粘贴的素材，右击，在弹出的快捷菜单中选择【建立剪切蒙版】命令，如图16-200所示。

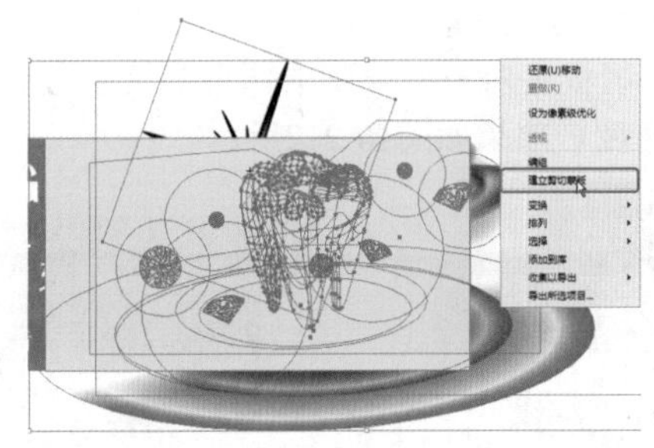

图16-200

Step 18 在画板中对图16-201所示的对象进行复制，并在画板中调整复制后对象的大小与位置。

图16-201

Step 19 在工具箱中单击【文字工具】按钮T，在画板中输入文字，并选择输入的文字，在【属性】面板中将【旋转】设置为4.3°，将【填色】设置为白色，将【字体系列】设置为“方正粗倩简体”，将【字体大小】设置为16.5pt，将【字符间距】设置为200，并在画板中调整其位置，效果如图16-202所示。

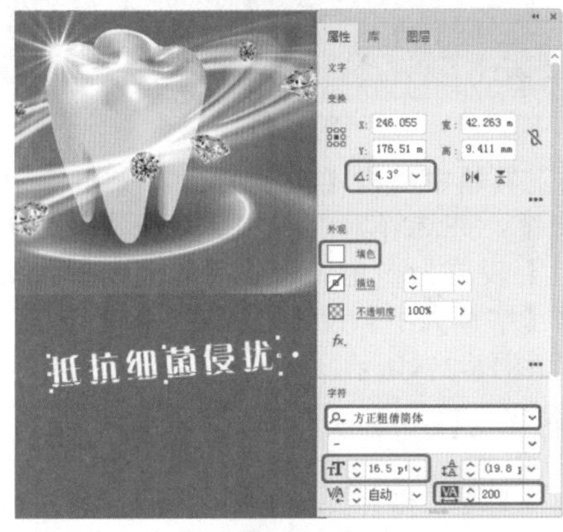

图16-202

Step 20 使用同样的方法输入其他文字，然后使用【钢笔工具】绘制图形，效果如图16-203所示。

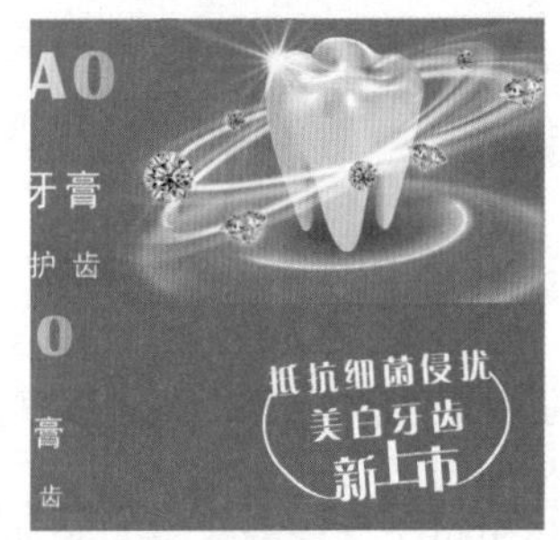

图16-203

Step 21 切换至“牙膏素材01.ai”文件中，在画板中选择图16-204所示的对象。

Step 22 按Ctrl+C组合键复制对象，切换至前面所制作的文档中，按Ctrl+V组合键将复制的对象进行粘贴，并调整其大小和位置，并将“牙膏素材02.png”和“牙膏素材03.png”文件置入文档中，将其嵌入，并调整其大小与位置，效果如图16-205所示。

图16-204 图16-205

Step 23 在画板中选择两个渐变矩形，对其进行复制，然后调整其位置，效果如图16-206所示。

图16-206

Step 24 在工具箱中单击【钢笔工具】按钮，在画板中绘制图形，并选择绘制的图形，在【属性】面板中将【填色】设置为白色，将【描边】设置为黑色，将【描边粗细】设置为0.6pt，效果如图16-207所示。

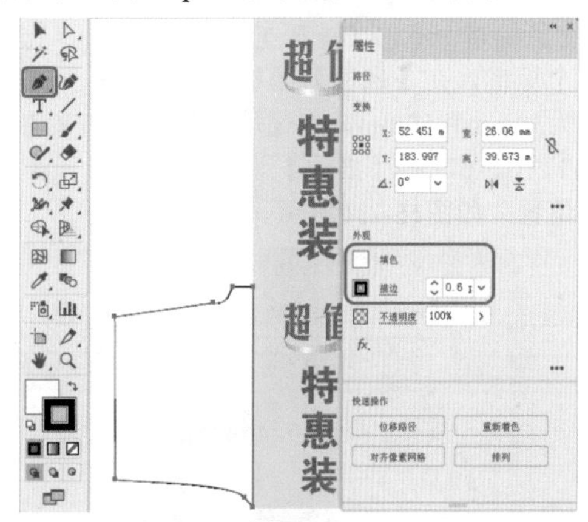

图16-207

Step 25 在画板中选择新绘制的图形，按住Alt键对绘制的图形进行复制，选中复制的图形，在【属性】面板中将【旋转】设置为180°，并在画板中调整其位置，如图16-208所示。

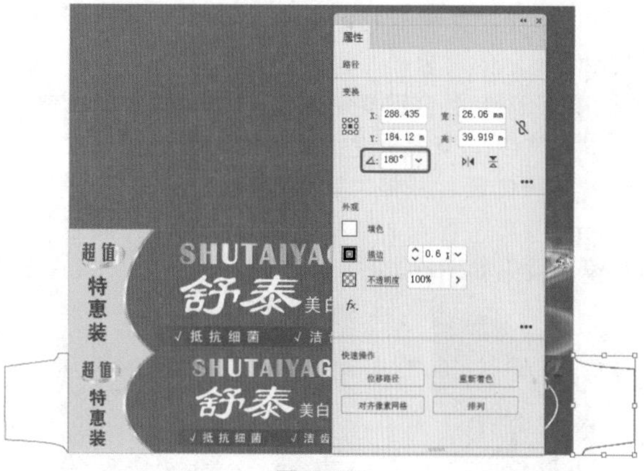

图16-208

Step 26 在工具箱中单击【圆角矩形工具】按钮，在画板中绘制一个圆角矩形，在【变换】面板中将【宽】和【高】分别设置为54mm和50mm，将所有的圆角半径均设置为16mm，在【颜色】面板中将【填色】设置为白色，将【描边】设置为黑色，在【描边】面板中将【描边粗细】设置为0.6pt，如图16-209所示。

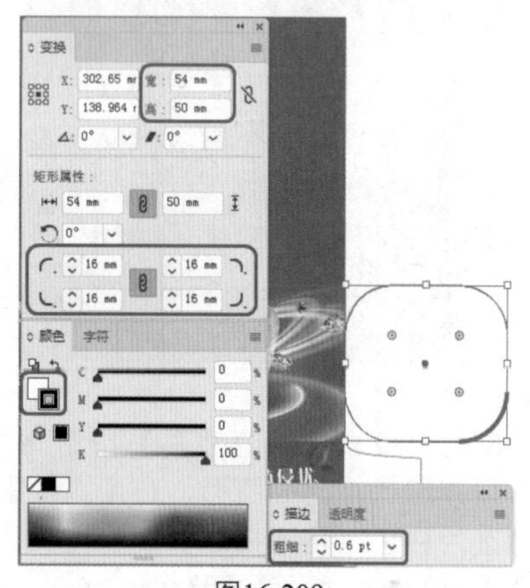

图16-209

Step 27 在工具箱中单击【矩形工具】按钮，在画板中绘制一个矩形，在【属性】面板中将【宽】和【高】分别设置为39mm和50mm，将【填色】的CMYK值设置为100、41、0、0，将【描边】设置为"无"，在画板中调整其位置，如图16-210所示。

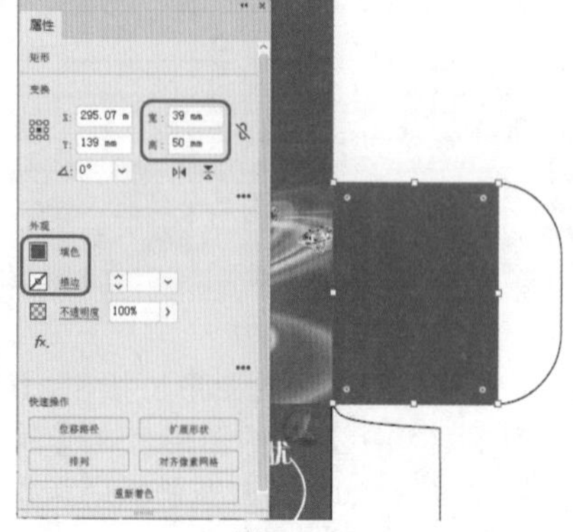

图16-210

Step 28 在画板中对前面制作的文字进行复制，并旋转其角度，如图16-211所示。

Step 29 在画板中对前面绘制的图形与文字进行复制，并调整其角度，效果如图16-212所示。

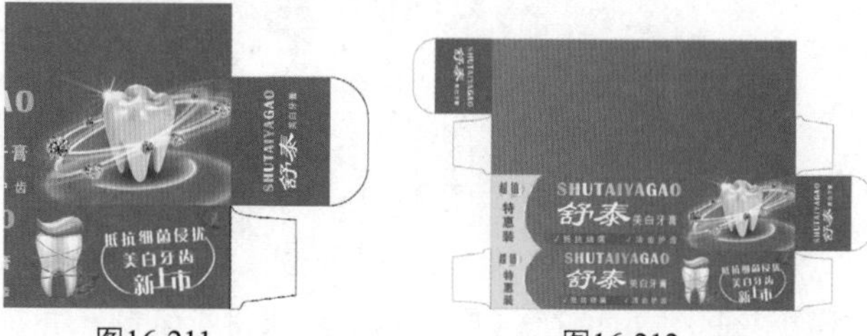

图16-211　　图16-212

Step 30 在工具箱中单击【钢笔工具】按钮，在画板中绘制图形，并选择绘制的图形，在【属性】面板中将【填色】设置为白色，将【描边】设置为黑色，将【描边粗细】设置为0.6pt，效果如图16-213所示。

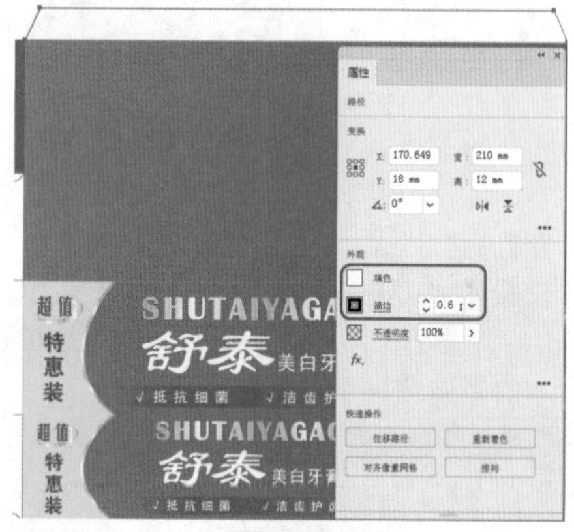

图16-213

Step 31 在工具箱中单击【文字工具】按钮，在画板中输入文字，并选择输入的文字，在【属性】面板中将【填色】设置为白色，将【字体系列】设置为"黑体"，将【字体大小】设置为10pt，将【字符间距】设置为0，如图16-214所示。

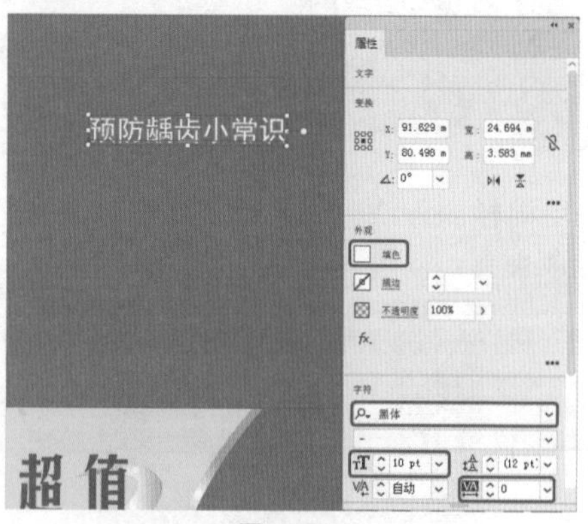

图16-214

Step 32 然后在画板中复制叶子的素材对象，并调整其大小和位置，效果如图16-215所示。

Step 33 在工具箱中单击【文字工具】按钮，在画板中绘制文本框，然后在文本框中输入内容，选中绘制的文本框，在【字符】面板中将【字体系列】设置为“黑体”，将【字体大小】设置为8pt，将【行距】设置为12pt，在【颜色】面板中将【填色】设置为白色，效果如图16-216所示。

图16-215

图16-216

Step 34 在工具箱中单击【圆角矩形工具】按钮，在画板中绘制一个圆角矩形，在【属性】面板中将【宽】和【高】分别设置为100mm和31mm，将【填色】设置为“无”，将【描边】设置为白色，将【描边粗细】设置为1pt。在【变换】面板中将所有的圆角半径均设置为3mm，在画板中调整其位置，效果如图16-217所示。

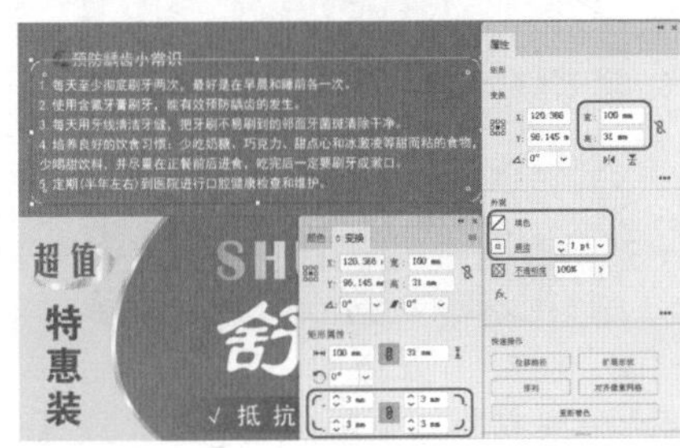
图16-217

Step 35 在工具箱中单击【矩形工具】按钮，在画板中绘制一个矩形，在【属性】面板中将【宽】和【高】分别设置为30mm和5mm，将【填色】设置为“无”，将【描边】设置为白色，将【描边粗细】设置为1pt，在画板中调整其位置，效果如图16-218所示。

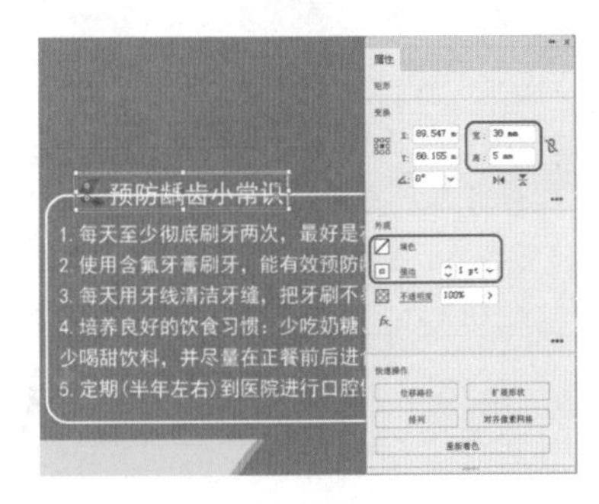
图16-218

Step 36 选中绘制的矩形和圆角矩形，在【路径查找器】面板中单击【减去顶层】按钮，如图16-219所示。

Step 37 根据前面介绍的方法在画板中继续输入文字并设置路径形状，复制叶子对象，效果如图16-220所示。

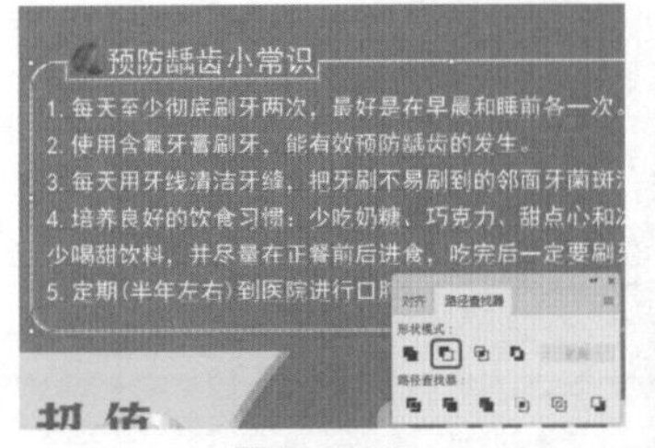
图16-219

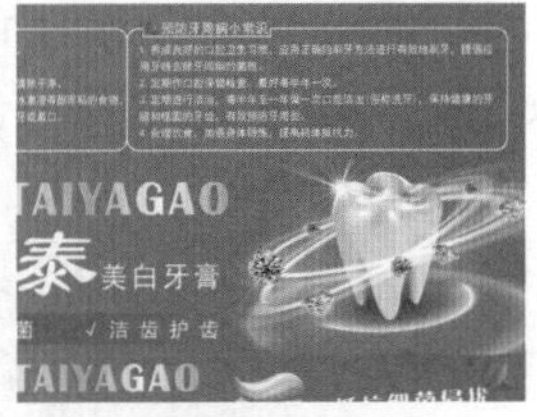
图16-220

Step 38 使用同样的方法在画板中创建其他图形与文字，并进行相应的调整，效果如图16-221所示。

图16-221

Step 39 在画板中将“牙膏素材04.ai”和“牙膏素材05.ai”文件置入文档中，并将其嵌入文档中，效果如图16-222所示。

Step 40 切换至“牙膏素材01.ai”文档中，选择图16-223所示的牙齿对象，按Ctrl+C组合键进行复制。

图16-222

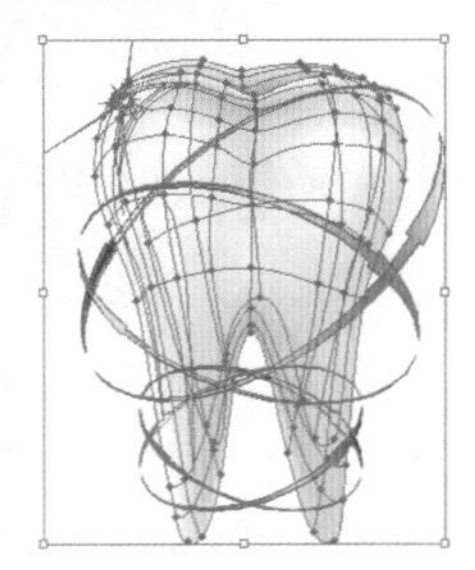
图16-223

Step 41 切换至前面所制作的文档中，按Ctrl+V组合键进行粘贴，并在画板中调整其大小与位置，效果如图16-224所示。

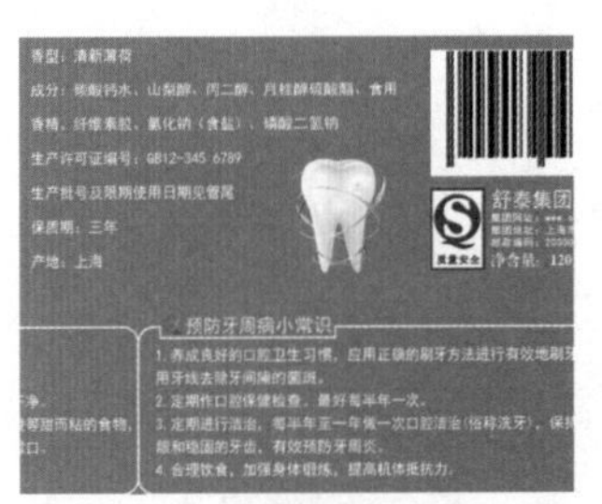
图16-224

Step 42 在工具箱中单击【矩形工具】，在画板中绘制一个矩形，在【变换】面板中将【宽】和【高】分别设置为210mm和1mm，在【渐变】面板中将【类型】设置为“径向”，将【长宽比】设置为124%，将左侧色标的CMYK值设置为29、23、21、0，在位置24%处添加一个色标，将CMYK值设置为0、0、0、0，在位置56%

处添加一个色标，将CMYK值设置为29、23、21、0，在位置80%处添加一个色标，将CMYK值设置为0、0、0、0，将右侧色标的CMYK值设置为29、23、21、0，将【描边】设置为“无”，如图16-225所示。

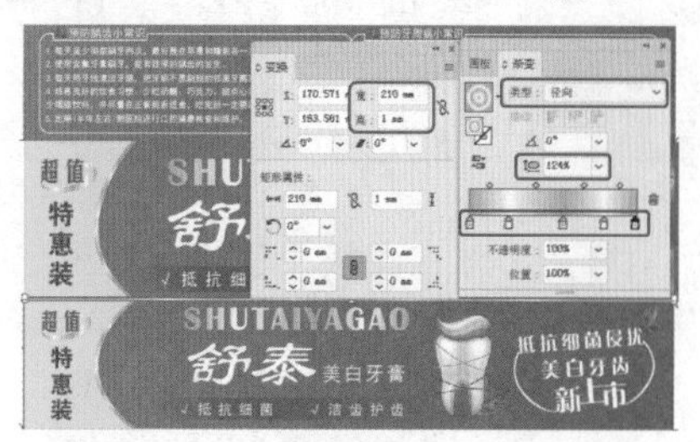

图16-225

Step 43 在工具箱中单击【选择工具】按钮▶，在画板中对矩形图形进行复制，并对其进行相应的调整，效果如图16-226所示。

Step 44 根据前面介绍的方法将“牙膏素材06.png”文件置入文档中，并将其嵌入文档中，在【变换】面板中将【旋转】设置为180°，在画板中调整其大小与位置，如图16-227所示。

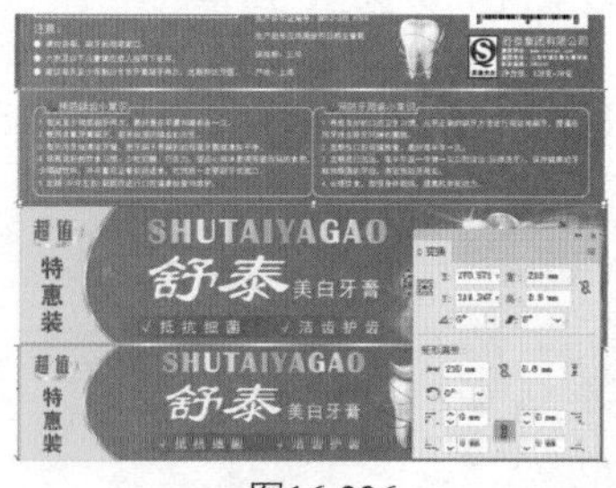

图16-226

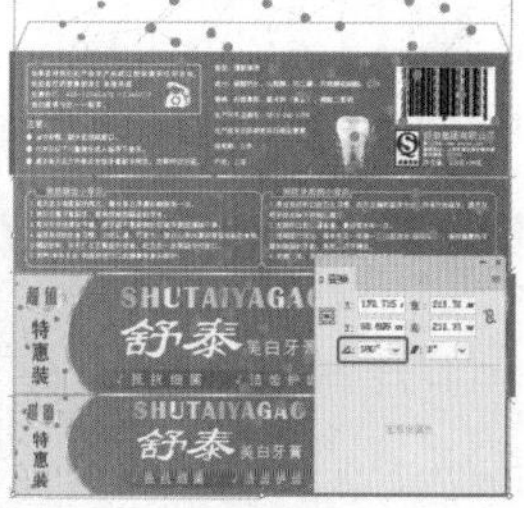

图16-227

Step 45 在工具箱中单击【矩形工具】，在画板中绘制一个矩形，在【属性】面板中将【宽】和【高】分别设置为210mm和180mm，并为其任意填充一种颜色，将【描边】设置为“无”，并在画板中调整其位置，如图16-228所示。

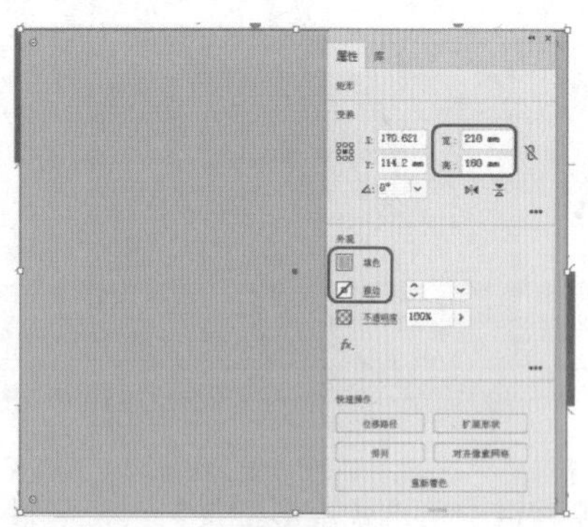

图16-228

Step 46 在画板中选择新绘制的矩形与“牙膏素材06”，右击，在弹出的快捷菜单中选择【建立剪切蒙版】命令，如图16-229所示。

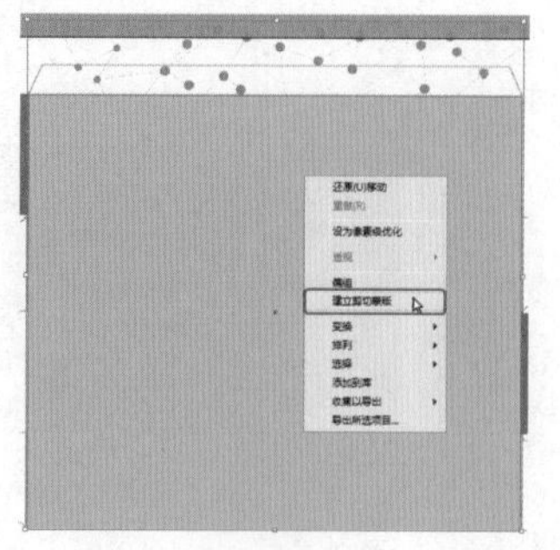

图16-229

Step 47 选中建立剪切蒙版后的对象，在【外观】面板中单击【不透明度】按钮，在弹出的面板中将【混合模式】设置为“滤色”，将【不透明度】设置为30%，如图16-230所示。

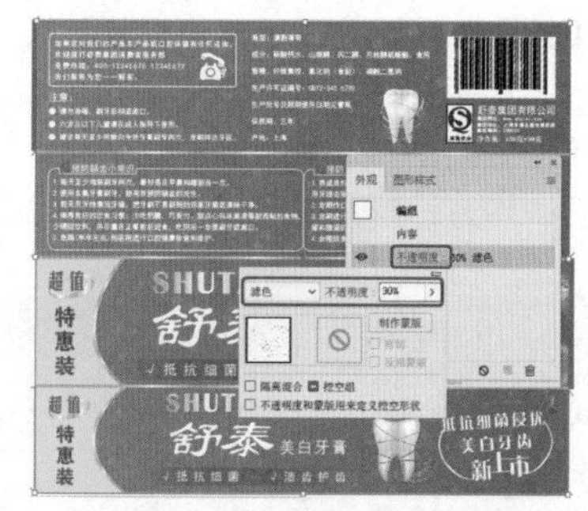

图16-230

Step 48 继续选中建立剪切蒙版后的对象，在【图层】面板中调整其排放顺序，效果如图16-231所示。

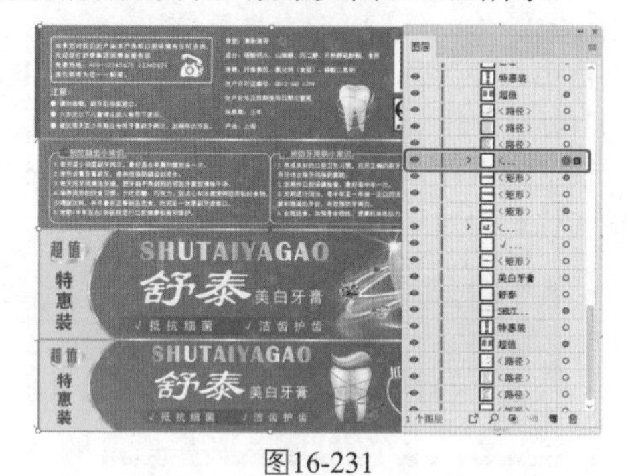

图16-231

第17章 展架设计

本章导读

展架又名产品展示架、促销架、便携式展具和资料架等。X展架是一种用作广告宣传的、背部具有X形支架的展览展示用品，它是终端宣传促销生动化的利器。X形展架是根据产品的特点所设计的与之匹配的产品促销展架，再加上具有创意的Logo，使产品醒目地展现在公众面前，从而加大对产品的宣传推广作用。

实例155 制作金牌讲师展架

素材：素材\Cha17\讲师背景.jpg、讲师二维码.png
场景：场景\Cha17\实例155 制作金牌讲师展架.ai

本实例讲解如何制作金牌讲师展架。首先置入讲师背景，通过钢笔工具绘制出形状，通过建立剪切蒙版制作出讲师人物部分，通过钢笔工具制作出展架的背景部分，为了使效果更富有层次感，为其添加了外发光、投影等风格化效果，通过文字工具制作出讲师展架的其他部分。最终完成效果如图17-1所示。

图17-1

Step 01 按Ctrl+N组合键，弹出【新建文档】对话框，将【单位】设置为“厘米”，【宽度】和【高度】分别设置为60cm、160cm，【颜色模式】设置为“RGB颜色”，【光栅效果】设置为“屏幕（72ppi）”，单击【创建】按钮，如图17-2所示。

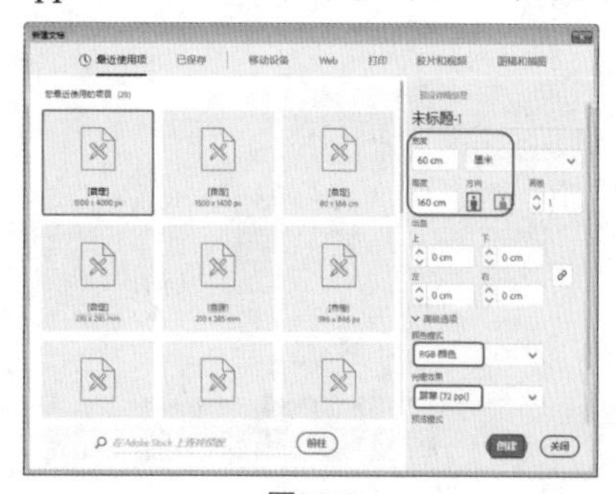

图17-2

Step 02 在菜单栏中选择【文件】|【置入】命令，弹出【置入】对话框，选择“素材\Cha17\讲师背景.jpg”文件，单击【置入】按钮，在画板中拖曳鼠标进行绘制，打开【属性】面板，在【变换】选项组中将【宽】和【高】分别设置为166 cm和109 cm，X和Y分别设置为4.7 cm、54 cm，在【快速操作】选项组中单击【嵌入】按钮，如图17-3所示。

图17-3

Step 03 在工具箱中单击【钢笔工具】按钮，在画板中绘制图形，在【颜色】面板中将【填色】设置为黑色，【描边】设置为“无”，如图17-4所示。

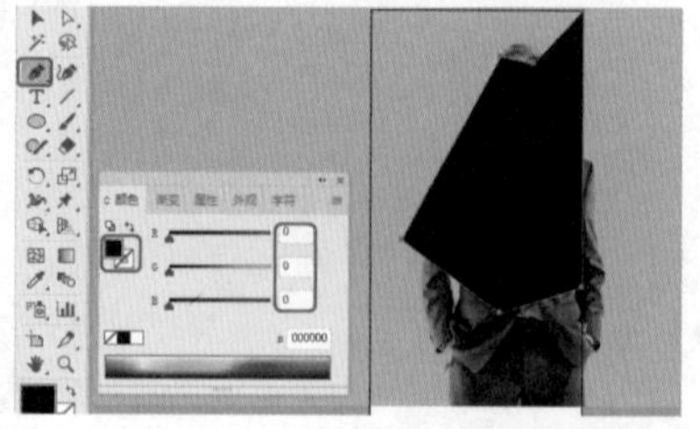

图17-4

Step 04 选择置入的“讲师背景.jpg”和绘制的图形，右击，在弹出的快捷菜单中选择【建立剪切蒙版】命令，创建剪切蒙版后的效果如图17-5所示。

Step 05 继续使用【钢笔工具】绘制图形，在【颜色】面板中将【填色】的RGB值设置为44、53、63，【描边】设置为“无”，如图17-6所示。

图17-5

图17-6

Step 06 使用【钢笔工具】绘制图形，在【颜色】面板中将【填色】的RGB值设置为243、168、37，【描边】设置为“无”，如图17-7所示。

Step 07 打开【外观】面板，单击底部的【添加新效果】按钮，在弹出的下拉菜单中选择【风格化】|【投影】命令，如图17-8所示。

图17-7

图17-8

Step 08 弹出【投影】对话框，将【模式】设置为“正片叠底”，【不透明度】设置为50%，【X位移】和【Y位移】均设置为0.5cm，【模糊】设置为0.5 cm，单击【确定】按钮，如图17-9所示。

Step 09 使用【钢笔工具】绘制两个三角形，在【颜色】面板中将【填色】的RGB值设置为243、168、37，【描边】设置为“无”，如图17-10所示。

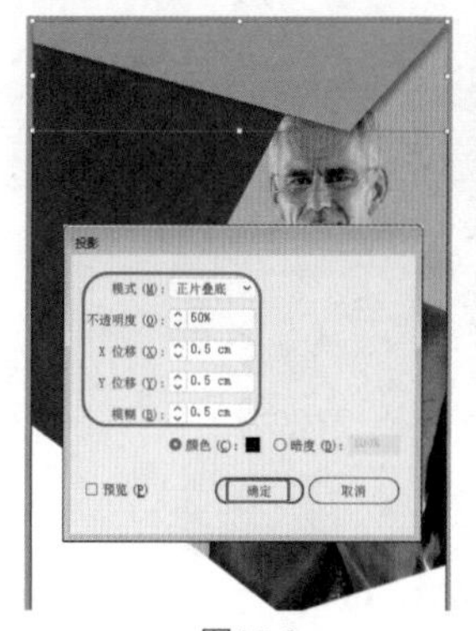
图17-9

图17-10

Step 10 选择左侧绘制的三角形，打开【外观】面板，单击底部的【添加新效果】按钮 fx，在弹出的下拉菜单中选择【风格化】|【投影】命令，弹出【投影】对话框，将【模式】设置为“正片叠底”，【不透明度】设置为50%，【X位移】和【Y位移】分别设置为0cm、0.5cm，【模糊】设置为0.8 cm，单击【确定】按钮，如图17-11所示。

Step 11 使用【钢笔工具】绘制图形，在【颜色】面板中将【填色】的RGB值设置为232、126、38，【描边】设置为“无”，如图17-12所示。

图17-11

图17-12

Step 12 打开【外观】面板，单击底部的【添加新效果】按钮 fx，在弹出的下拉菜单中选择【风格化】|【外发光】命令，弹出【外发光】对话框，将【模式】设置为“正片叠底”，【颜色】设置为黑色，【不透明度】设置为100%，【模糊】设置为2cm，单击【确定】按钮，如图17-13所示。

Step 13 选择左侧的三角形，右击，在弹出的快捷菜单中选择【排列】|【置于顶层】命令，在工具箱中单击【文字工具】按钮 T，在空白位置处单击鼠标输入文本，在【字符】面板中将【字体系列】设置为“方正大黑简体”，将【字体大小】设置为79 pt，【字符间距】设置为0，【填色】设置为白色，如图17-14所示。

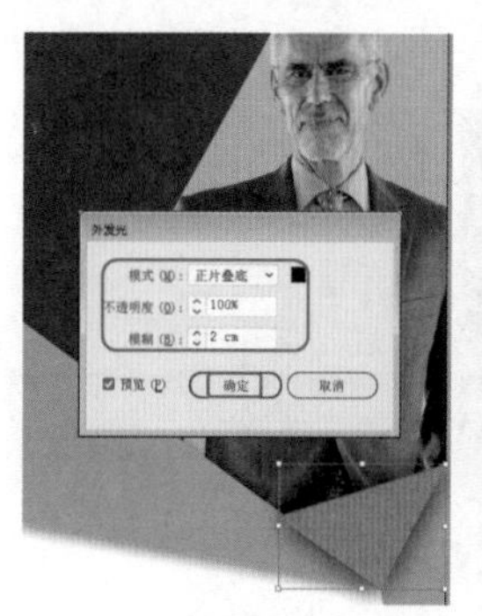
图17-13

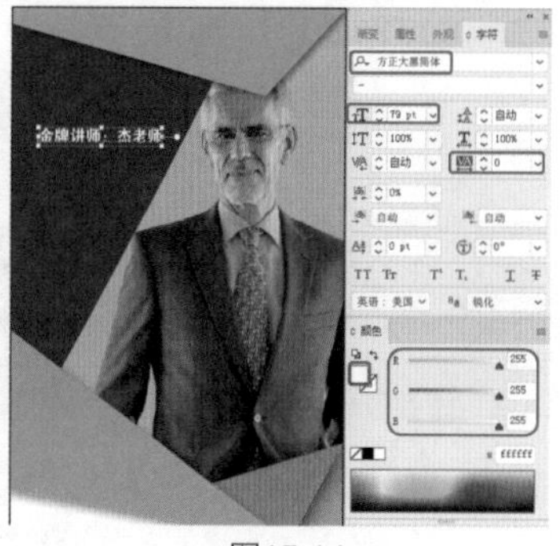

图17-14

Step 14 在工具箱中单击【椭圆工具】按钮，绘制【宽】和【高】均为3.2cm的圆形，将【填色】设置为白色，【描边】设置为“无”，如图17-15所示。

图17-15

Step 15 使用【钢笔工具】绘制电话图形，将【填色】的RGB值设置为41、42、46，【描边】设置为“无”，如图17-16所示。

Step 16 使用同样的方法制作图17-17所示的内容。

图17-16

图17-17

Step 17 在工具箱中单击【文字工具】按钮 T，在空白位置处单击输入文本，在【字符】面板中将【字体系列】设置为“长城新艺体”，将【字体大小】设置为270 pt，【字符间距】设置为0，【填色】的RGB值设置为243、168、37，如图17-18所示。

Step 18 在工具箱中单击【文字工具】按钮 T，在空白位置处单击，输入文本，在【字符】面板中将【字体系列】设置为“方正大黑简体”，将【字体大小】设置为77 pt，【字符间距】设置为0，【填色】的RGB值设置为233、126、38，如图17-19所示。

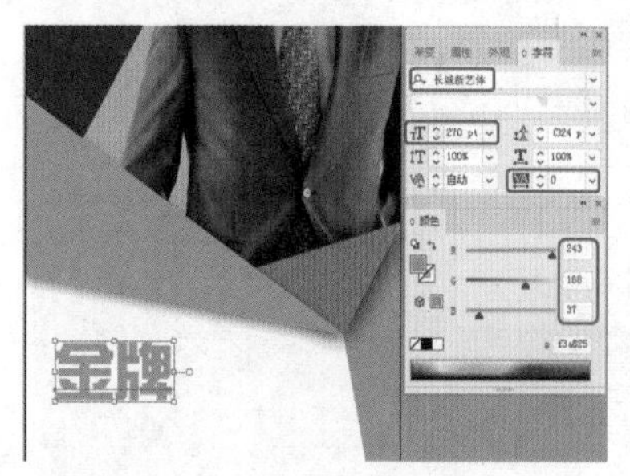

金牌

图17-18

金牌
2020年最强讲师

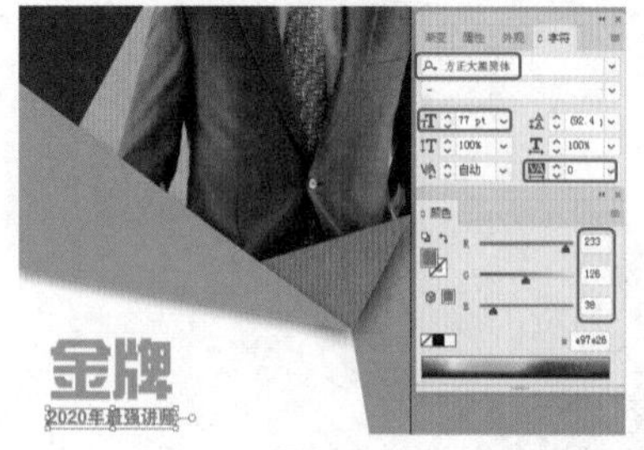

图17-19

Step 19 在工具箱中单击【文字工具】按钮T，在空白位置处单击，输入文本，在【字符】面板中将【字体系列】设置为“长城新艺体”，将【字体大小】设置为384 pt，【字符间距】设置为0，【填色】的RGB值设置为63、73、83，如图17-20所示。

金牌讲师
2020年最强讲师

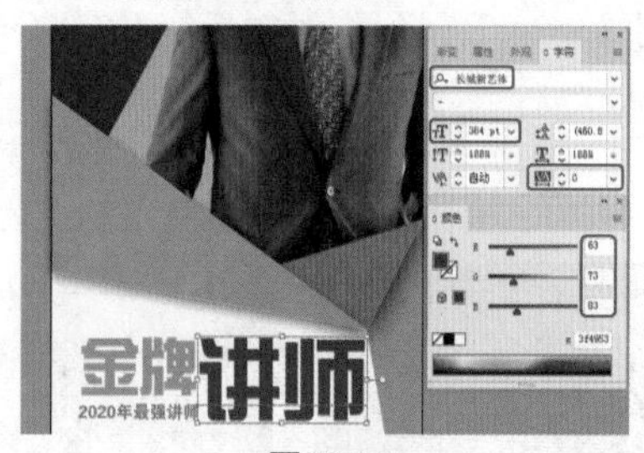

图17-20

Step 20 在工具箱中单击【文字工具】按钮T，在空白位置处单击，输入文本，在【字符】面板中将【字体系列】设置为“方正黑体简体”，将【字体大小】设置为90 pt，【字符间距】设置为0，【填色】的RGB值设置为35、24、21，如图17-21所示。

金牌讲师
2020年最强讲师
顶级企业管理课程，打造超级团队

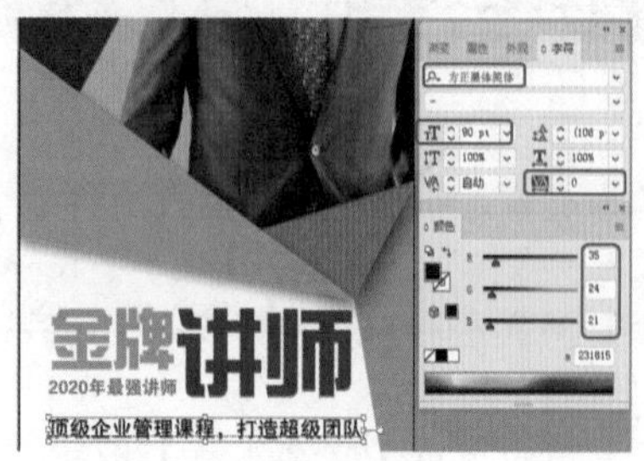

图17-21

Step 21 在工具箱中单击【圆角矩形工具】按钮，在画板中拖曳鼠标进行绘制，在【属性】面板中将【宽】和【高】分别设置为18cm、4cm，单击【变换】选项组右下角的【更多选项】按钮•••，在弹出的文本框中将【圆角半径】设置为1.5cm，在【颜色】面板中将【填色】的RGB值设置为63、73、83，将【描边】设置为“无”，如图17-22所示。

金牌讲师
2020年最强讲师
顶级企业管理课程，打造超级团队

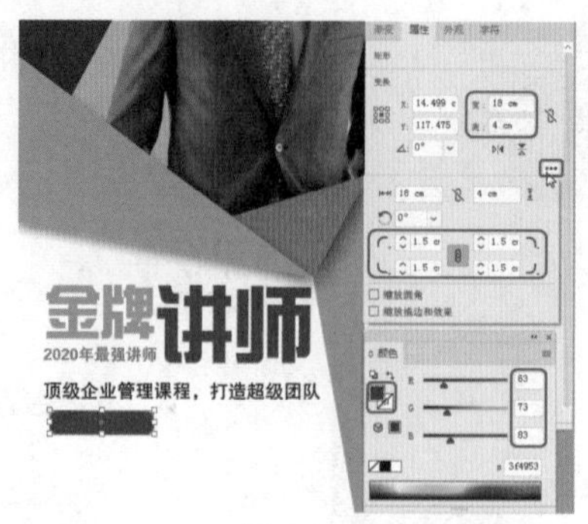

图17-22

Step 22 使用【文字工具】输入文本，将【字体系列】设置为“方正兰亭中黑_GBK”，将【字体大小】设置为65pt，【字符间距】设置为85，【填色】设置为白色，如图17-23所示。

金牌讲师
2020年最强讲师
顶级企业管理课程，打造超级团队
讲师人物介绍

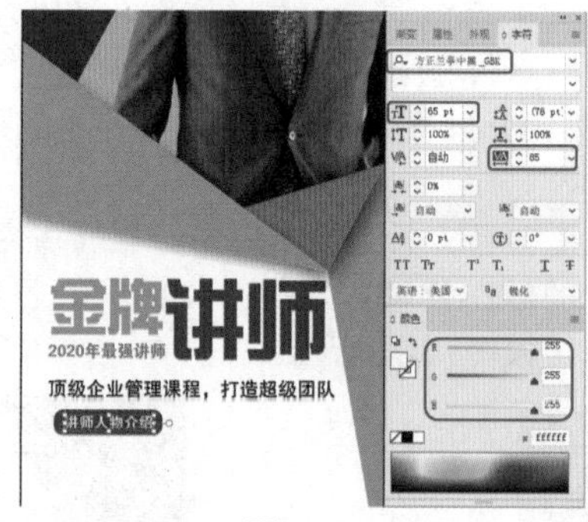

图17-23

Step 23 在工具箱中单击【文字工具】按钮，按住鼠标拖动文本框，输入段落文本，在【字符】面板中将【字体系列】设置为“方正兰亭中黑_GBK”，将【字体大小】设置为42pt，【行距】设置为60pt，【字符间距】设置为60，【填色】的RGB值设置为0、0、0，如图17-24所示。

Step 24 使用同样的方法制作其他的文本内容，效果如图17-25所示。

2020年最强讲师
讲师人物介绍

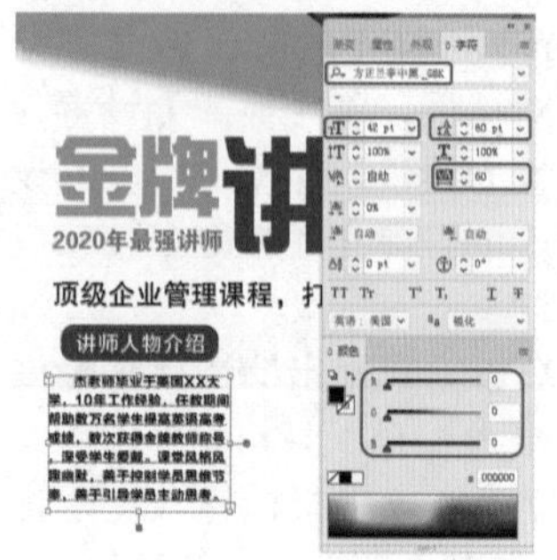

图17-24

金牌讲师
2020年最强讲师
顶级企业管理课程，打造超级团队
讲师人物介绍
知识讲解

图17-25

Step 25 在工具箱中单击【矩形工具】按钮，绘制【宽】和【高】分别为8.6cm和3.3cm的矩形，将【填

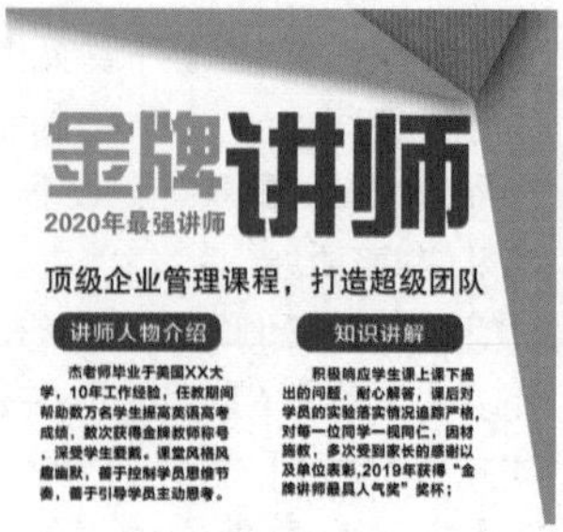

色】的RGB值设置为76、75、76，将【描边】设置为“无”，如图17-26所示。

Step 26 使用【文字工具】输入文本，将【字体系列】设置为“方正兰亭中黑_GBK”，将【字体大小】设置为67pt，【字符间距】设置为0，将【填色】设置为白色，使用同样的方法制作其他的内容，如图17-27所示。

图17-26

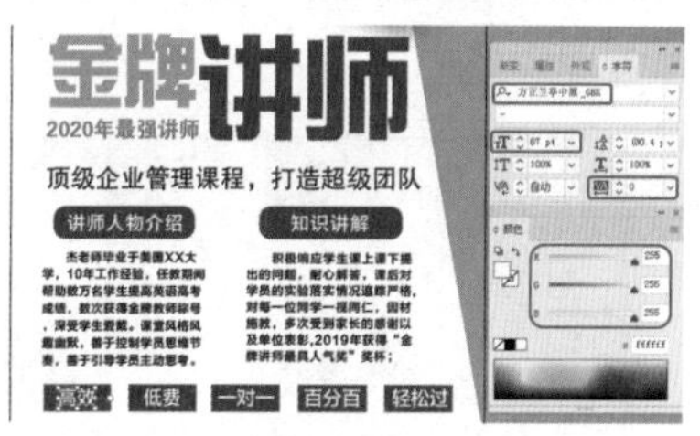

图17-27

Step 27 使用【矩形工具】绘制【宽】和【高】均为12cm的矩形，将【填色】的RGB值设置为234、157、77，【描边】设置为“无”，如图17-28所示。

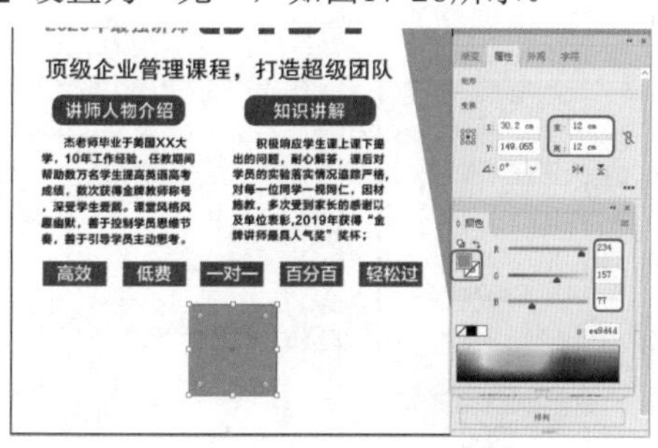

图17-28

Step 28 在菜单栏中选择【文件】|【置入】命令，弹出【置入】对话框，选择“素材\Cha17\讲师二维码.png”文件，单击【置入】按钮，在画板中拖曳鼠标进行绘制，打开【属性】面板，在【变换】选项组中将【宽】和【高】均设置为10.7 cm，调整对象的位置，在【快速操作】选项组中单击【嵌入】按钮，如图17-29所示。

图17-29

Step 29 使用【文字工具】输入文本，将【字体系列】设置为“方正兰亭中黑_GBK”，将【字体大小】设置为50pt，【字符间距】设置为20，将【填色】的RGB值设置为76、75、76，如图17-30所示。

图17-30

Step 30 使用【钢笔工具】绘制三角形，将【颜色】面板中【填色】的RGB值设置为76、75、76，【描边】设置为“无”，如图17-31所示。

图17-31

实例156 制作医疗展架

素材：素材\Cha17\医疗背景.jpg

场景：场景\Cha17\实例156 制作医疗展架.ai

本实例讲解如何制作医疗展架。首先置入医疗背景，通过钢笔工具绘制出形状，通过建立剪切蒙版制作出医疗人物部分，通过钢笔工具制作出展架的背景部分，通过文字工具制作出医疗展架的其他部分。最终完成效果如图17-32所示。

图17-32

Step 01 按Ctrl+N组合键，弹出【新建文档】对话框，将【单位】设置为“厘米”，【宽度】和【高度】分别设置为80cm和166cm，【颜色模式】设置为“RGB颜色”，【光栅效果】设置为“屏幕（72ppi）”，单击【创建】按钮，如图17-33所示。

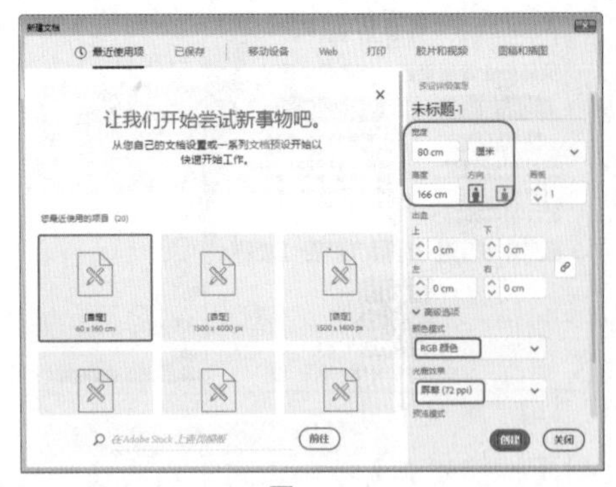

图17-33

Step 02 在菜单栏中选择【文件】|【置入】命令，弹出【置入】对话框，选择“素材\Cha17\医疗背景.jpg”文件，单击【置入】按钮，在画板中拖曳鼠标进行绘制，打开【属性】面板，在【变换】选项组中将【宽】和【高】分别设置为177cm和79cm，X和Y分别设置为1.4cm和39cm，在【快速操作】选项组中单击【嵌入】按钮，如图17-34所示。

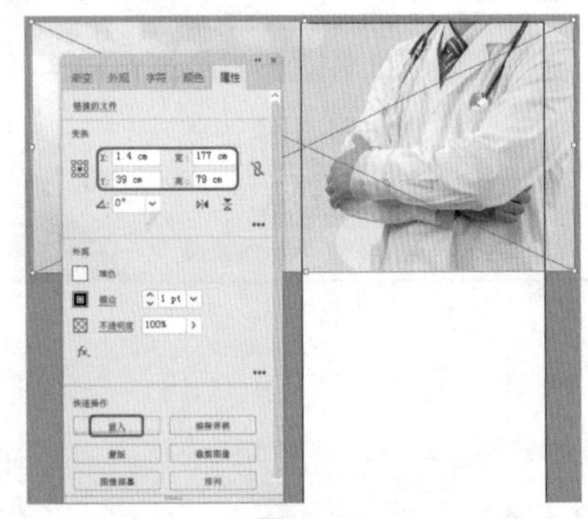

图17-34

Step 03 在工具箱中单击【钢笔工具】按钮，在画板中绘制图形，在【颜色】面板中将【填色】设置为黑色，【描边】设置为“无”，如图17-35所示。

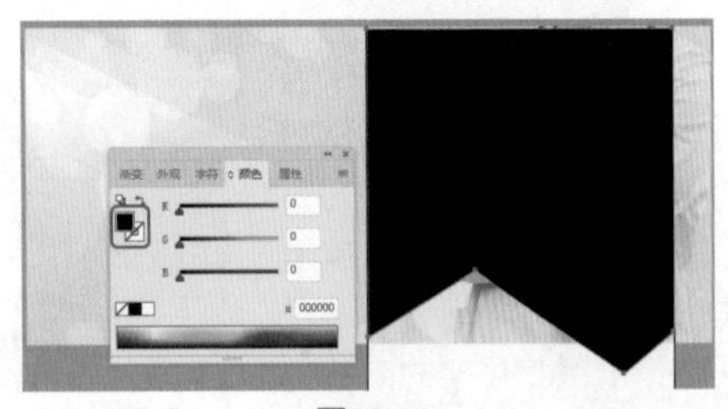

图17-35

Step 04 选择置入的“医疗背景.jpg”和绘制的图形，右击，在弹出的快捷菜单中选择【建立剪切蒙版】命令，创建剪切蒙版后的效果如图17-36所示。

Step 05 使用【钢笔工具】绘制图形，在【颜色】面板中将【填色】的RGB值设置为242、177、33，【描边】设置为“无”，如图17-37所示。

Step 06 使用【钢笔工具】绘制图形，在【颜色】面板中将【填色】的RGB值设置为234、126、39，【描边】设置为“无”，如图17-38所示。

Step 07 在工具箱中单击【文字工具】按钮T，在空白位置处单击鼠标输入文本，在【属性】面板中将【字体系列】设置为“方正黑体简体”，将【字体大小】设置为106 pt，【行距】设置为165pt，【字符间距】设置为0，将【填色】的RGB值设置为255、255、255，单击【段落】组中的【居中对齐】按钮，如图17-39所示。

图17-36

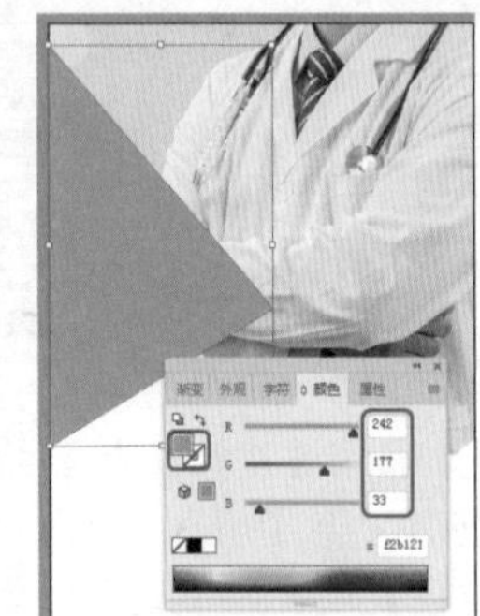

图17-37

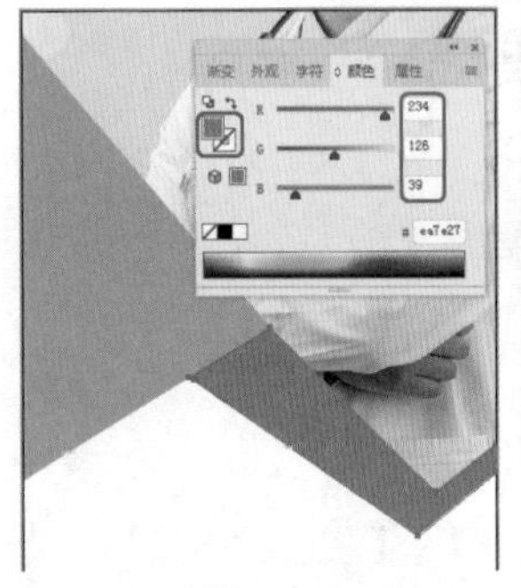

图17-38

图17-39

Step 08 在工具箱中单击【文字工具】按钮T，在空白位置处拖曳鼠标绘制文本框，输入文本，将【字符】面板中的【字体系列】设置为“方正黑体简体”，将【字体大小】设置为40 pt，【行距】设置为56pt，【字符间距】设置为0，将【填色】的RGB值设置为255、255、255，单击【段落】组中的【左对齐】按钮，如图17-40所示。

图17-40

Step 09 在工具箱中单击【直线段工具】按钮，绘制线段，在【属性】面板中将【宽】设置为15cm，将【填色】设置为“无”，【描边】设置为白色，在【描边】面板中将【描边粗细】设置为12pt，【端点】设置为圆头端点，如图17-41所示。

图17-41

Step 10 在工具箱中单击【文字工具】按钮T，在空白位置处单击，输入文本，在【字符】面板中将【字体系列】设置为“方正大黑简体”，将【字体大小】设置为170 pt，【字符间距】设置为0，将【填色】的RGB值设置为242、177、33，如图17-42所示。

Step 11 在【属性】面板中单击【变换】右侧的【更多选项】按钮•••，将【倾斜】设置为10°，如图17-43所示。

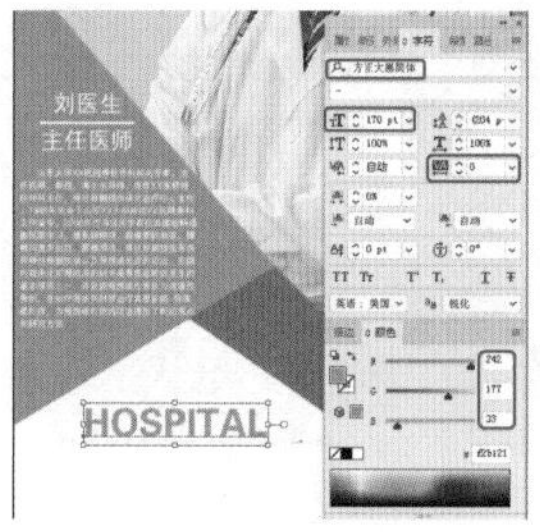

图17-42

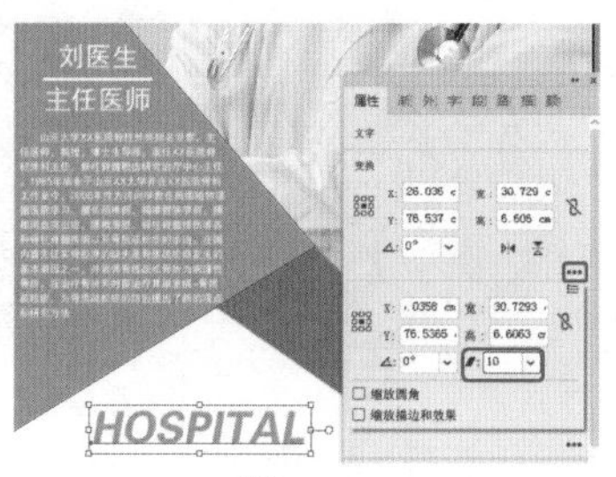

图17-43

Step 12 在工具箱中单击【文字工具】按钮T，在空白位置处单击，输入文本，在【字符】面板中将【字体系列】设置为“方正兰亭中黑_GBK”，【字体大小】设置为40 pt，【字符间距】设置为0，将【填色】的RGB值设置为242、177、33，如图17-44所示。

Step 13 在工具箱中单击【文字工具】按钮T，在空白位置处单击，输入文本，在【字符】面板中将【字体系列】设置为“长城新艺体”，【字体大小】设置为293 pt，【字符间距】设置为0，将【填色】的RGB值设置为242、177、33，如图17-45所示。

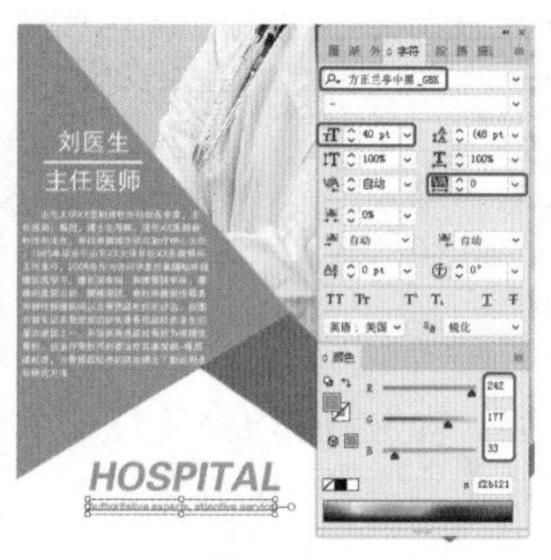

图17-44

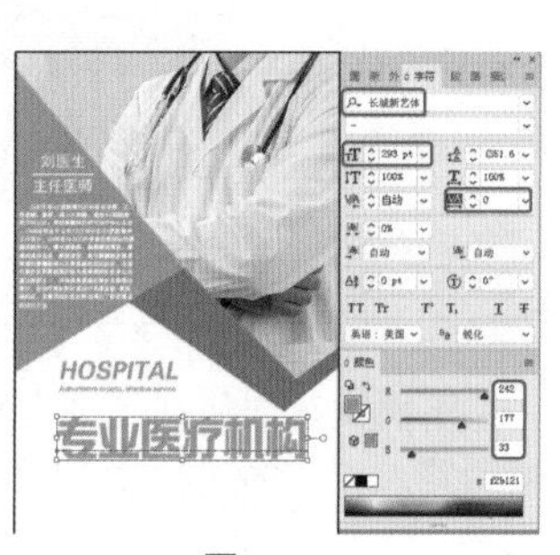

图17-45

Step 14 使用【文字工具】输入其他文本，通过【椭圆工具】绘制圆形，将【填色】设置为“无”，【描边】的RGB值设置为35、24、21，将【描边粗细】设置为5pt，效果如图17-46所示。

Step 15 在工具箱中单击【椭圆工具】按钮，按住Shift键绘制正圆形，在【属性】面板中将【宽】和【高】均设置为14.2cm，将【填色】的RGB值设置为0、183、226，【描边】设置为“无”，如图17-47所示。

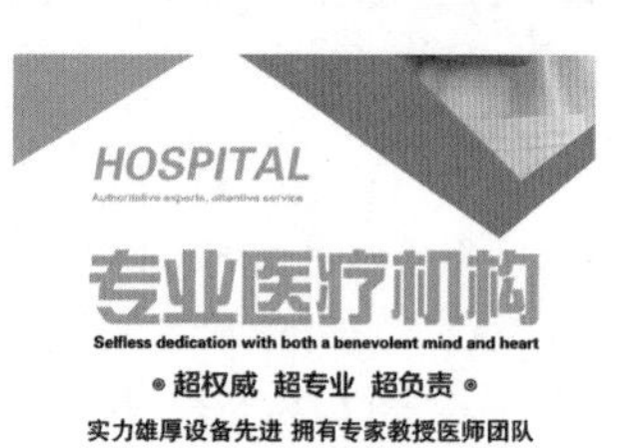

图17-46

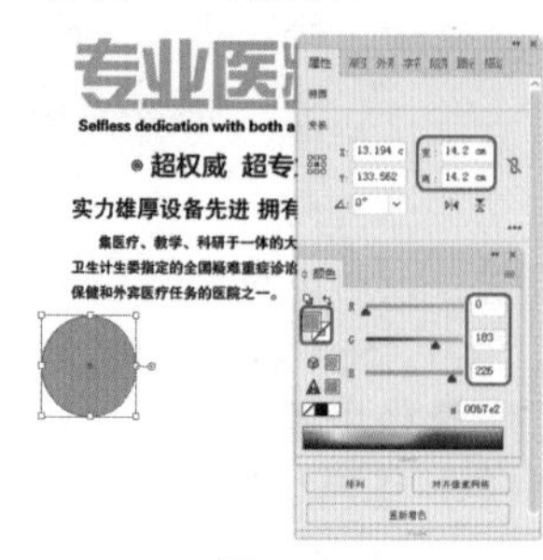

图17-47

Step 16 在工具箱中单击【矩形工具】按钮，绘制【宽】和【高】分别为13cm和5cm的矩形，将【填色】设置为黑色，【描边】设置为“无”，如图17-48所示。

Step 17 选中绘制的圆形和矩形，打开【路径查找器】面板，单击【减去顶层】按钮，效果如图17-49所示。

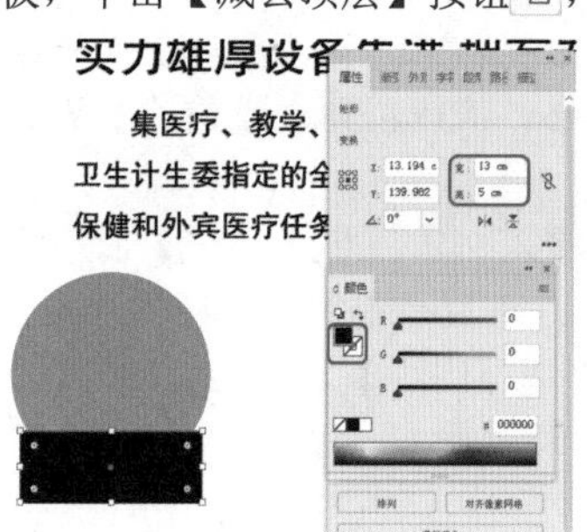

图17-48

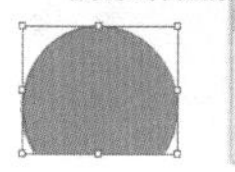

图17-49

Step 18 使用【钢笔工具】绘制图17-50所示的图形，将【填色】的RGB值设置为0、183、226，【描边】设置为“无”。

Step 19 使用【椭圆工具】和【圆角矩形工具】绘制图17-51所示的图形，并设置相应的参数。

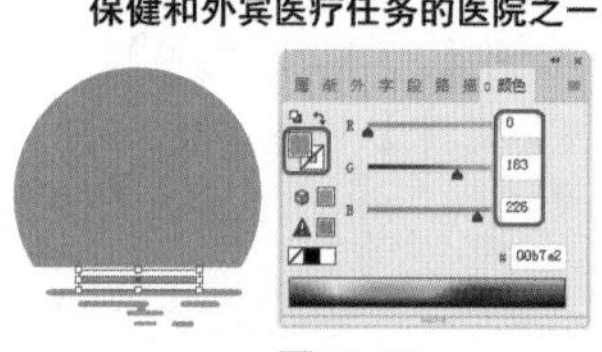

图17-50

图17-51

Step 20 使用【钢笔工具】绘制图17-52所示的图形，将

【颜色】面板中【填色】的RGB值设置为119、172、198，【描边】设置为“无”。

Step 21 使用【钢笔工具】绘制图17-53所示的图形，选择绘制的两个图形，单击【路径查找器】面板中的【减去顶层】按钮。

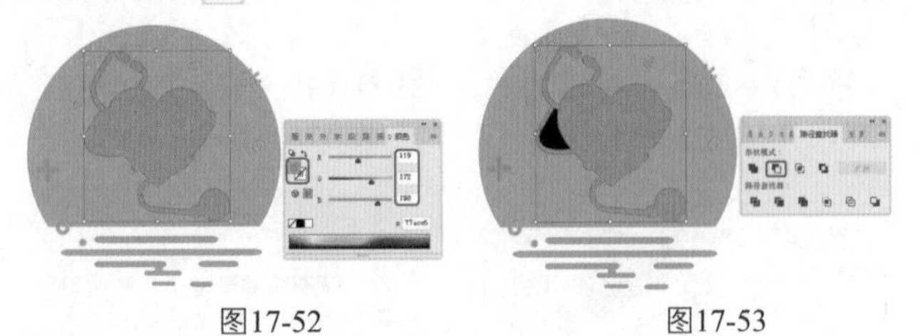

图17-52　　图17-53

Step 22 使用【钢笔工具】绘制图形，将【填色】的RGB值设置为31、56、96，【描边】设置为“无”，如图17-54所示。

Step 23 使用【钢笔工具】绘制图形，将【填色】设置为白色，【描边】设置为“无”，如图17-55所示。

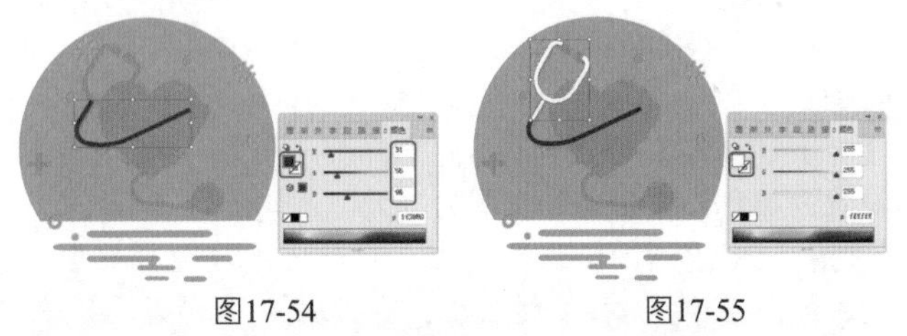

图17-54　　图17-55

Step 24 使用【钢笔工具】绘制心形，将【颜色】面板中【填色】的RGB值设置为247、38、38，【描边】设置为“无”，如图17-56所示。

Step 25 使用【文字工具】输入文本，将【字符】面板中的【字体系列】设置为“方正兰亭中黑_GBK”，【字体大小】设置为36 pt，【字符间距】设置为0，将【填色】设置为白色，如图17-57所示。

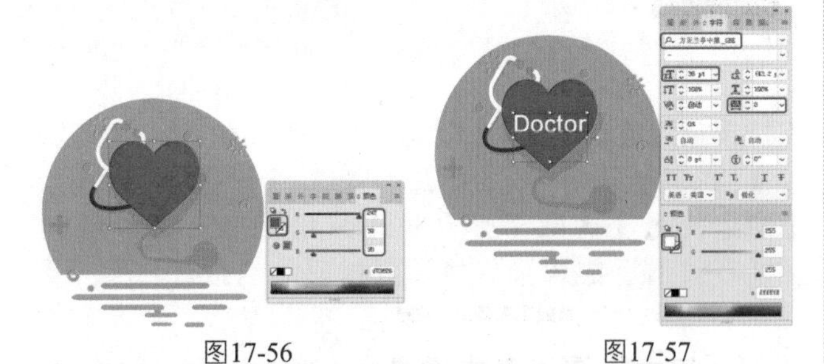

图17-56　　图17-57

Step 26 使用【钢笔工具】绘制图17-58所示的图形，将【填色】的RGB值设置为31、56、96，【描边】设置为“无”。

Step 27 使用【椭圆工具】绘制【宽】和【高】分别为1.7cm和1.8cm的圆形，将【旋转】设置为16.7°，将【填色】的RGB值设置为17、38、68，【描边】设置为“无”，效果如图17-59所示。

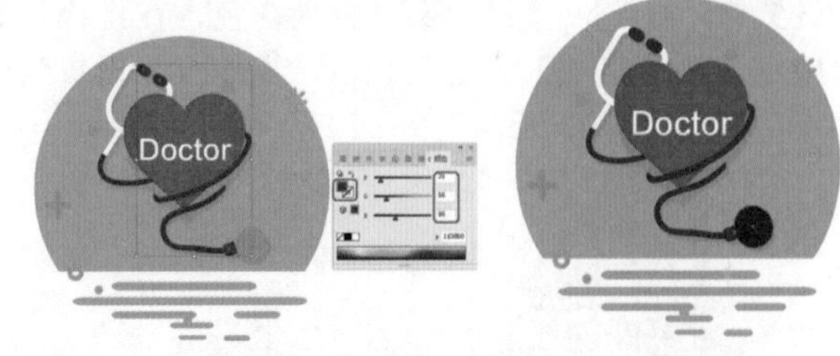

图17-58　　图17-59

Step 28 使用【椭圆工具】绘制【宽】和【高】分别为1.4cm和1.5cm的圆形，将【旋转】设置为16.7°，将【填色】的RGB值设置为255、255、255，【描边】设置为“无”，效果如图17-60所示。

Step 29 使用【文字工具】输入文本，在【字符】面板中将【字体系列】设置为“方正兰亭中黑_GBK”，【字体大小】设置为100 pt，【字符间距】设置为0，将【填色】设置为233、125、39，如图17-61所示。

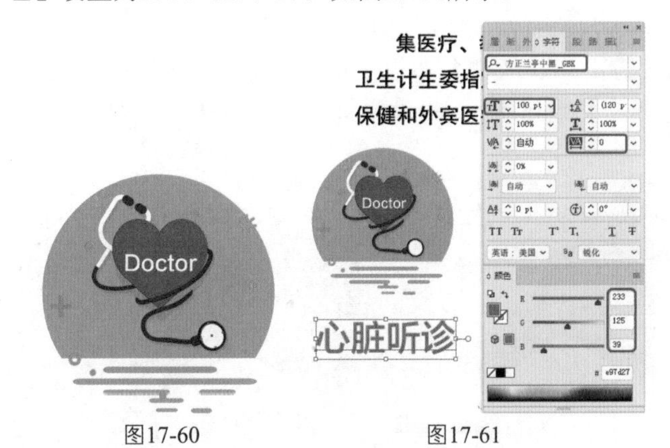

图17-60　　图17-61

Step 30 使用前面介绍过的方法制作图17-62所示的内容。

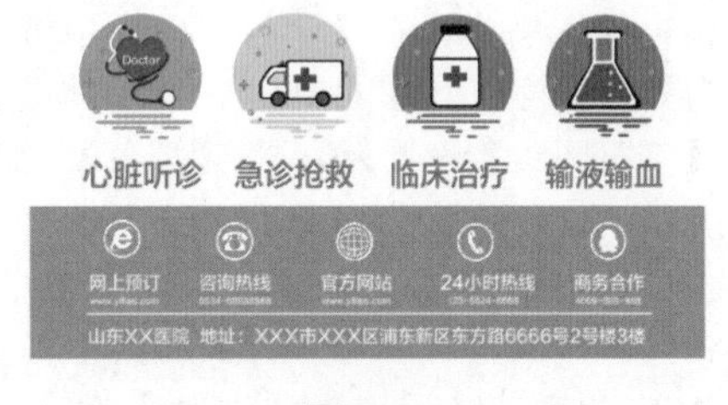

图17-62

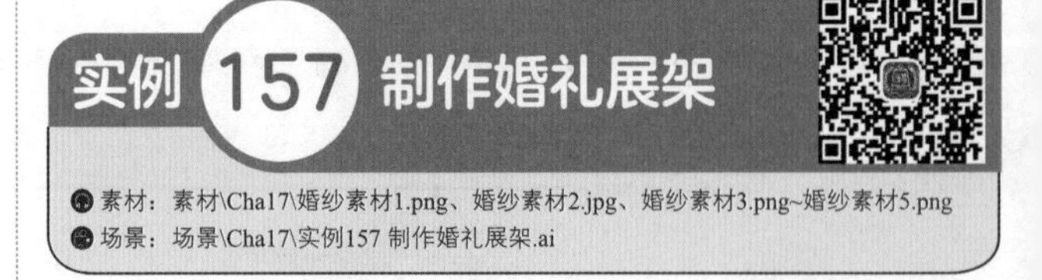

实例157 制作婚礼展架

素材：素材\Cha17\婚纱素材1.png、婚纱素材2.jpg、婚纱素材3.png~婚纱素材5.png

场景：场景\Cha17\实例157 制作婚礼展架.ai

下面讲解如何制作婚礼展架。首先制作出婚礼背景，然后置入相应的素材文件，通过【文字工具】输入文本，将对象转换为轮廓，对文本进行调整，制作出艺术字效果，最后输入其他文本对象。婚礼展架效果如图17-63所示。

图17-63

Step 01 按Ctrl+N组合键，弹出【新建文档】对话框，将【单位】设置为“厘米”，【宽度】和【高度】分别设置为80cm和164cm，【颜色模式】设置为“RGB颜色”，【光栅效果】设置为“屏幕（72ppi）”，单击【创建】按钮，如图17-64所示。

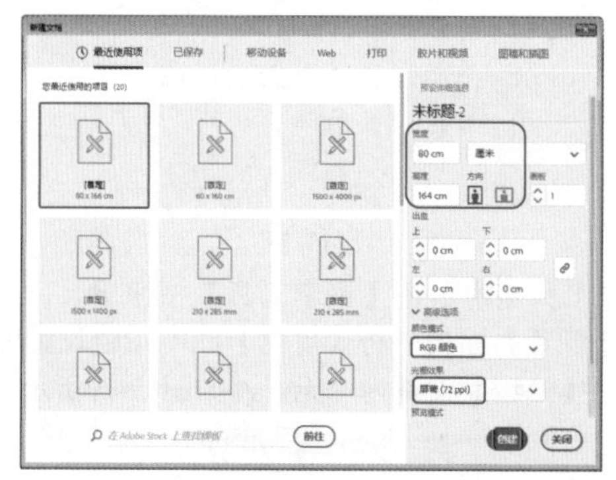
图17-64

Step 02 在工具箱中单击【矩形工具】按钮，在画板中绘制矩形，打开【属性】面板，将【宽】和【高】分别设置为80cm和164cm，在【颜色】面板中将【填色】的RGB值设置为255、244、247，【描边】设置为“无”，如图17-65所示。

Step 03 在菜单栏中选择【文件】|【置入】命令，弹出【置入】对话框，选择“素材\Cha17\婚纱素材1.png”文件，单击【置入】按钮，在画板中拖曳鼠标进行绘制，打开【属性】面板，在【变换】选项组中将【宽】和【高】分别设置为85cm和40cm，调整素材的位置，在【快速操作】选项组中单击【嵌入】按钮，如图17-66所示。

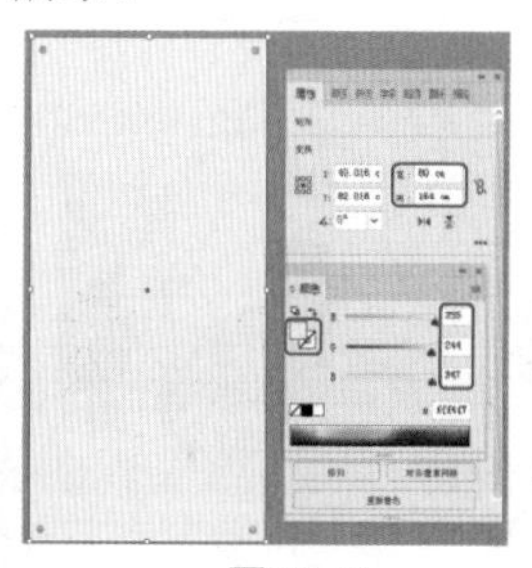
图17-65

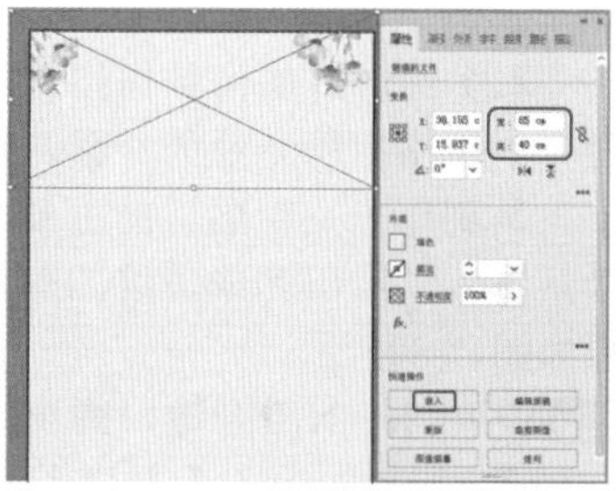

图17-66

Step 04 在工具箱中单击【文字工具】按钮，在画板中单击，输入文字，选中输入的文字，在【字符】面板中将【字体系列】设置为“迷你简中倩”，将【字体大小】设置为340pt，将【填色】的RGB值设置为238、85、129，并在工作区中调整文字的位置，如图17-67所示。

Step 05 在工作区中使用同样的方法输入其他文字，并对其进行相应的设置与调整，英文文字【字体】设置为“方正报宋简体”，效果如图17-68所示。

图17-67

图17-68

Step 06 选择所有的文字，右击，在弹出的快捷菜单中选择【创建轮廓】命令，使用【直接选择工具】调整文本，选中所有的文字，按Ctrl+G组合键进行编组，效果如图17-69所示。

Step 07 选中编组后的文本，打开【外观】面板，单击底部的【添加新效果】按钮，在弹出的下拉菜单中选择【风格化】|【外发光】命令，弹出【外发光】对话框，将【模式】设置为“正片叠底”，【颜色】的RGB值设置为255、0、146，【不透明度】设置为75%，【模糊】设置为0.2cm，单击【确定】按钮，如图17-70所示。

图17-69

图17-70

Step 08 在菜单栏中选择【文件】|【置入】命令，弹出【置入】对话框，选择“素材\Cha17\婚纱素材2.jpg”文件，单击【置入】按钮，在画板中拖曳鼠标进行绘制，打开【属性】面板，将【宽】和【高】分别设置为99cm和66cm，X和Y分别设置为39 cm和76 cm，在【快速操作】选项组中单击【嵌入】按钮，使用【钢笔工具】绘制心形，如图17-71所示。

Step 09 选中置入的“婚纱素材2.jpg”素材图片和绘制的心形，右击，在弹出的快捷菜单中选择【建立剪切蒙版】命令，建立剪切蒙版后的效果如图17-72所示。

Step 10 在菜单栏中选择【文件】|【置入】命令，弹出【置入】对话框，选择“素材\Cha17\婚纱素材3.png”文件，单击【置入】按钮，在画板中拖曳鼠标进行绘制，打开【属性】面板，将【宽】和【高】分别设置为80cm和85 cm，在【快速操作】选项组中单击【嵌入】按钮，如图17-73所示。

Step 11 在工具箱中单击【文字工具】按钮T，在空白处单击，输入文本，在【字符】面板中将【字体系列】设置为“方正黑体简体”，【字体大小】设置为200pt，将【字符间距】设置为75，【填色】的RGB值设置为238、85、129，如图17-74所示。

图17-71

图17-72

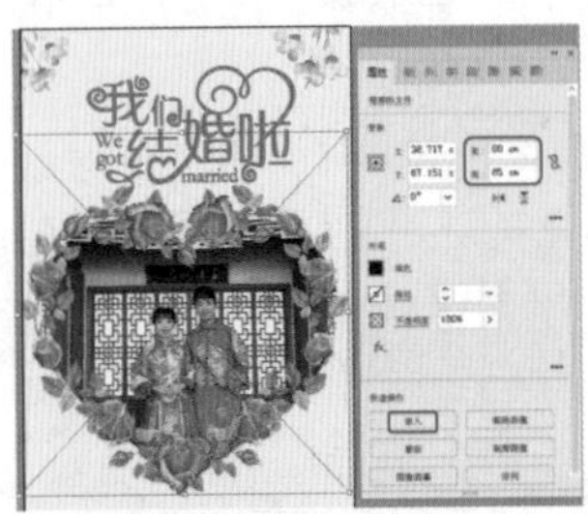
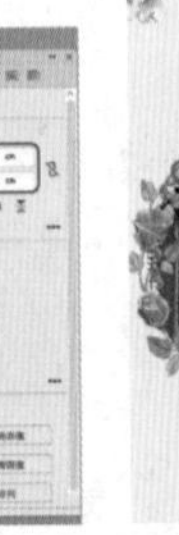

图17-73

图17-74

Step 12 分别置入“婚纱素材4.png”和“婚纱素材5.png”并进行适当的调整，打开【属性】面板，在【快速操作】选项组中单击【嵌入】按钮，如图17-75所示。

Step 13 使用【文字工具】输入其他文本，并进行相应的设置，如图17-76所示。

图17-75

图17-76

Step 14 在工具箱中单击【直线段工具】按钮，绘制【宽】为76 cm的直线段，将【填色】设置为“无”，【描边】的RGB值设置为255、64、98，【描边粗细】设置为12pt，如图17-77所示。

Step 15 在工具箱中单击【矩形工具】按钮，绘制【宽】和【高】分别为33cm和5.3cm的矩形，将【填色】设置为“无”，【描边】的RGB值设置为232、67、95，【描边粗细】设置为4pt，如图17-78所示。

图17-77

图17-78

Step 16 在工具箱中单击【钢笔工具】按钮，绘制三角形，在【颜色】面板中将【填色】的RGB值设置为255、64、98，【描边】设置为“无”，如图17-79所示。

图17-79

实例 158 制作招聘展架

素材：素材\Cha17\招聘1.jpg~招聘4.jpg、招聘二维码.png

场景：场景\Cha17\实例158 制作招聘展架.ai

本实例讲解如何制作招聘展架。首先制作出招聘企业的背景，通过文字工具制作出招聘展架的主要内容，最后置入二维码完成最终的制作，效果如图17-80所示。

图17-80

Step 01 按Ctrl+N组合键，弹出【新建文档】对话框，将【单位】设置为“厘米”，【宽度】和【高度】分别设置为125cm和312cm，【颜色模式】设置为“RGB颜色”，【光栅效果】设置为“屏幕（72ppi）”，单击【创建】按钮，如图17-81所示。

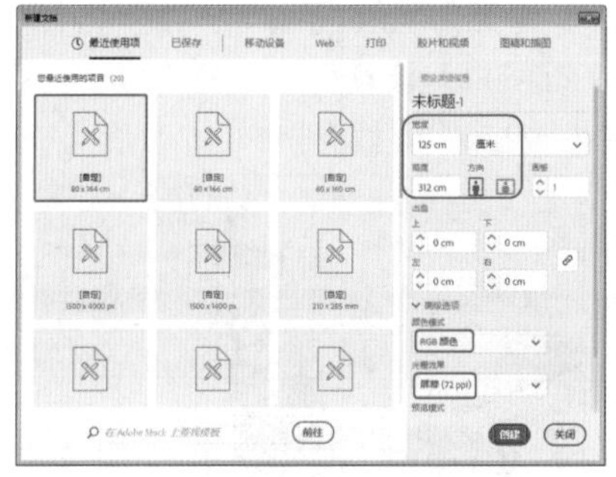

图17-81

Step02 在菜单栏中选择【文件】|【置入】命令，弹出【置入】对话框，选择“素材\Cha17\招聘1.jpg”文件，单击【置入】按钮，在画板中拖曳鼠标进行绘制，打开【属性】面板，在【变换】选项组中将【宽】和【高】分别设置为178cm和120cm，X和Y分别设置为65cm和60cm，在【快速操作】选项组中单击【嵌入】按钮，如图17-82所示。

Step03 在工具箱中单击【钢笔工具】按钮，在画板中绘制图形，在【颜色】面板中将【填色】设置为黑色，【描边】设置为“无”，如图17-83所示。

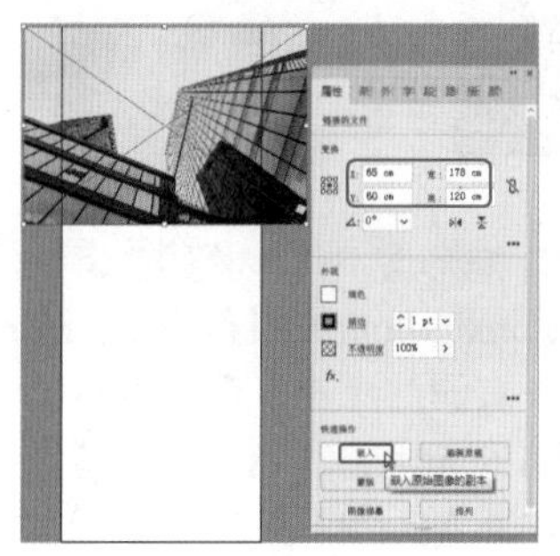

图17-82

图17-83

Step04 选择置入的“招聘1.jpg”素材文件和绘制的图形，右击，在弹出的快捷菜单中选择【建立剪切蒙版】命令，建立剪切蒙版后的效果如图17-84所示。

Step05 在工具箱中单击【钢笔工具】按钮，在画板中绘制图形，在【颜色】面板中将【填色】的RGB值设置为0、99、160，【描边】设置为“无”，如图17-85所示。

图17-84

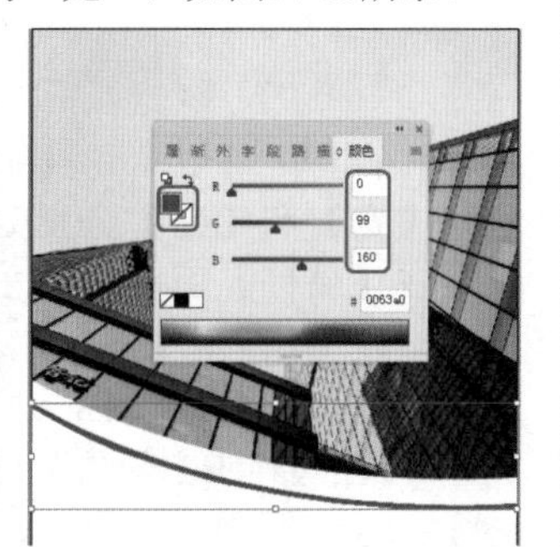

图17-85

Step06 在工具箱中单击【椭圆工具】按钮，绘制两个大小分别为8cm和14cm的正圆形，在【颜色】面板中将【填色】的RGB值设置为0、99、160，【描边】设置为“无”，如图17-86所示。

Step07 在工具箱中单击【椭圆工具】按钮，绘制【宽】和【高】均为57cm的圆形，在【颜色】面板中将【填色】的RGB值设置为0、99、160，【描边】设置为白色，【描边粗细】设置为41pt，如图17-87所示。

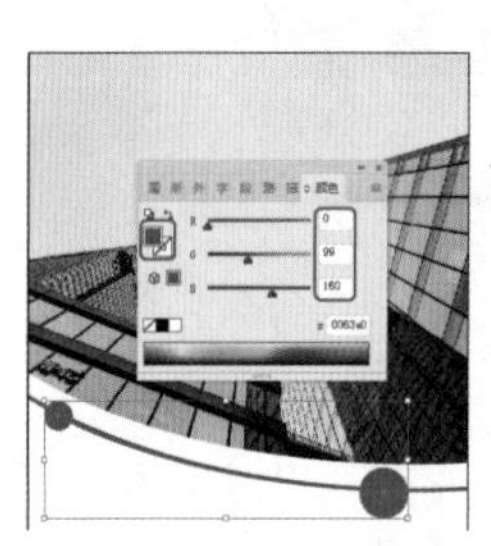

图17-86

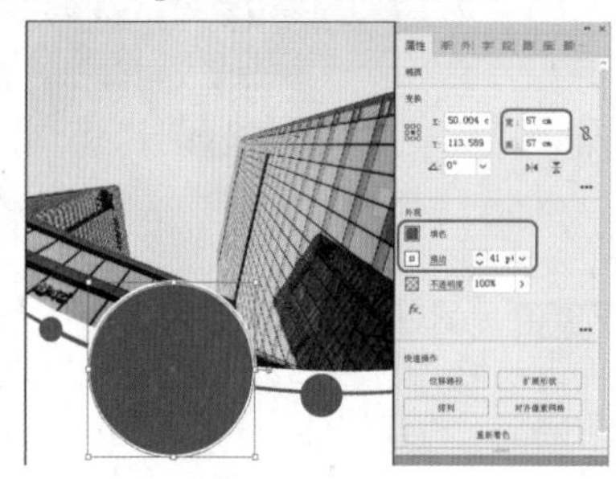

图17-87

Step08 在工具箱中单击【文字工具】按钮，在空白处单击，分别输入文本“加入”和“我们”，在【字符】面板中将【字体系列】设置为“方正兰亭粗黑简体”，【字体大小】设置为450pt，将【字符间距】设置为0，【填色】的RGB值设置为255、255、255，如图17-88所示。

图17-88

Step09 在工具箱中单击【文字工具】按钮，在空白处单击，输入文本，在【字符】面板中将【字体系列】设置为“方正兰亭粗黑简体”，【字体大小】设置为150pt，将【字符间距】设置为160，【填色】的RGB值设置为255、255、255，如图17-89所示。

图17-89

Step10 在工具箱中单击【文字工具】，在空白处单击，输入符号，打开【字形】面板，将【字体系列】设置为“方正兰亭粗黑简体”，双击图17-90所示的字形，将【字体大小】设置为680 pt，【填色】设置为白色。

图17-90

Step 11 在工具箱中单击【文字工具】按钮T，在空白处单击，输入符号，打开【字形】面板，双击图17-91所示的字形，将【字体系列】设置为“方正兰亭粗黑简体”，【字体大小】设置为680 pt，将【填色】设置为白色。

图17-91

Step 12 选择所有输入的文本，打开【外观】面板，单击底部的【添加新效果】按钮fx，在弹出的下拉菜单中选择【风格化】|【投影】命令，弹出【投影】对话框，将【模式】设置为“正片叠底”，【不透明度】设置为50%，【X位移】和【Y位移】均设置为0.5cm，【模糊】设置为0.5 cm，单击【确定】按钮，如图17-92所示。

Step 13 在工具箱中单击【文字工具】按钮T，在空白处单击，输入文本，将【字体系列】设置为“微软雅黑”，【字体样式】设置为“Bold”，【字体大小】设置为158 pt，【字符间距】设置为120，将【填色】的RGB值设置为0、99、160，如图17-93所示。

图17-92

图17-93

Step 14 在工具箱中单击【文字工具】按钮，在空白处单击，输入文本，将【字体系列】设置为“微软雅黑”，【字体样式】设置为“Regular”，【字体大小】设置为85 pt，【字符间距】设置为10，将【填色】的RGB值设置为0、99、160，如图17-94所示。

图17-94

Step 15 选择输入的文本对象，在【属性】面板中单击【变换】右侧的【更多选项】按钮•••，将【倾斜】设置为15°，如图17-95所示。

图17-95

Step 16 在工具箱中单击【圆角矩形工具】按钮，绘制【宽】和【高】分别为111cm和10cm的圆角矩形，在【属性】面板中单击【变换】右侧的【更多选项】按钮•••，将【圆角半径】设置为4.6cm，将【填色】设置为“无”，【描边】的RGB值设置为0、99、160，【描边粗细】设置为5pt，如图17-96所示。

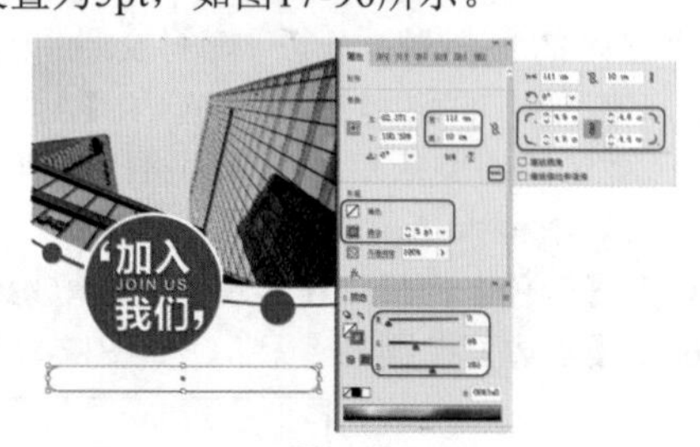

图17-96

Step 17 在工具箱中单击【圆角矩形工具】按钮，绘制【宽】和【高】分别为116 cm、10 cm的圆角矩形，在【属性】面板中单击【变换】右侧的【更多选项】按钮•••，将【圆角半径】设置为4.6cm，将【填色】设置为“无”，【描边】的RGB值设置为0、99、160，【描边粗细】设置为5pt，如图17-97所示。

Step 18 在工具箱中单击【文字工具】按钮T，在空白处单击，输入文本，在【字符】面板中将【字体系列】设置为“方正兰亭粗黑简体”，【字体大小】设置为147pt，将【字符间距】设置为100，【填色】的RGB值设置为0、99、160，如图17-98所示。

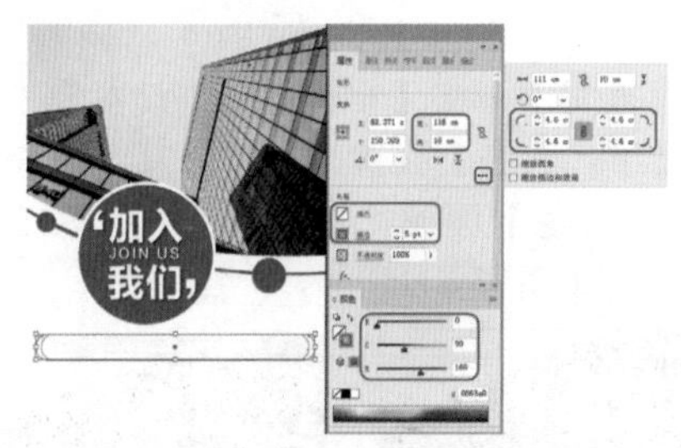

图17-97

图17-98

Step 19 使用前面介绍过的方法制作图17-99所示的内容部分。

Step 20 在菜单栏中选择【文件】|【置入】命令，弹出【置入】对话框，分别置入“招聘2.jpg”“招聘3.jpg”“招聘4.jpg”文件，单击【置入】按钮，在画板中拖曳鼠标进行绘制，打开【属性】面板，将【宽】和【高】分别设置为34cm和23cm，在【快速操作】选项组中单击【嵌入】按钮，如图17-100所示。

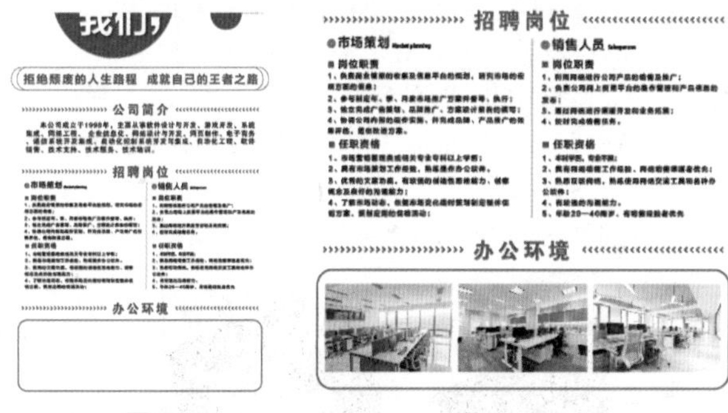

图17-99　　图17-100

Step 21 在工具箱中单击【矩形工具】，绘制【宽】和【高】分别为125cm和23cm的矩形，将【填色】的RGB值设置为0、99、160，【描边】设置为“无”，如图17-101所示。

Step 22 在菜单栏中选择【文件】|【置入】命令，弹出【置入】对话框，置入“素材\Cha17\招聘二维码.png”文件，单击【置入】按钮，在画板中拖曳鼠标进行绘制，打开【属性】面板，将【宽】、【高】均设置为15 cm，在【快速操作】选项组中单击【嵌入】按钮，如图17-102所示。

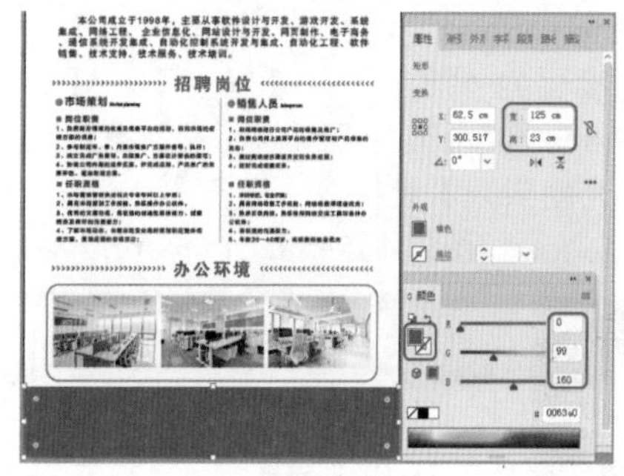

图17-101

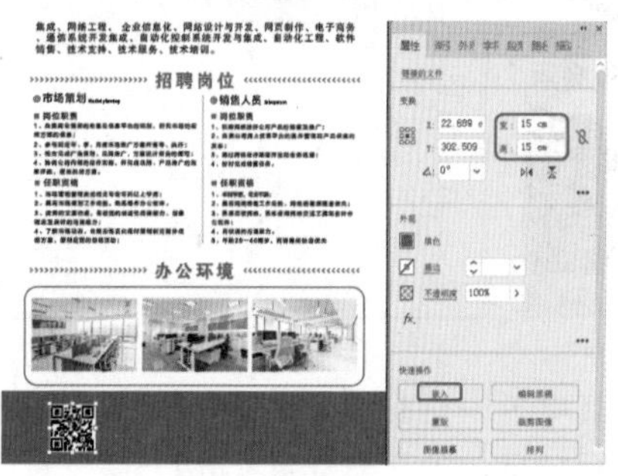

图17-102

Step 23 使用【文字工具】输入段落文本，将【字体系列】设置为“微软雅黑”，【字体样式】设置为“Regular”，【字体大小】设置为84pt，【行距】设置为135pt，【字符间距】设置为24，【填色】设置为白色，如图17-103所示。

图17-103

实例159 制作健身展架

素材：素材\Cha17\健身背景.jpg、健身logo.png、健身会所二维码.png、健身器材.jpg

场景：场景\Cha17\实例159 制作健身展架.ai

本实例讲解如何制作健身宣传展架。展架已被广泛应用于大型卖场、商场、超市、展会、公司、招聘会等场所的展览展示活动。下面通过【钢笔工具】绘制图形，通过【文字工具】和【直排文字工具】输入文本，对文本进行相应的处理，制作出的展架效果如图17-104所示。

Step 01 按Ctrl+N组合键，弹出【新建文档】对话框，将【单位】设置为“厘米”，【宽度】和【高度】分别设置为25.4cm和68cm，【颜色模式】设置为“RGB颜色”，【光栅效果】设置为“屏幕（72ppi）”，单击【创建】按钮，如图17-105所示。

图17-104

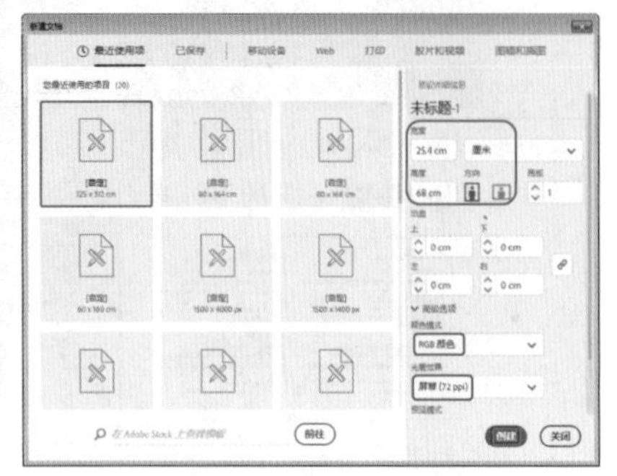
图17-105

Step 02 在菜单栏中选择【文件】|【置入】命令，弹出【置入】对话框，选择“素材\Cha17\健身背景.jpg”文件，单击【置入】按钮，在画板中拖曳鼠标进行绘制，打开【属性】面板，在【变换】选项组中将【宽】和【高】分别设置为47cm和32cm，X和Y分别设置为14 cm和16 cm，在【快速操作】选项组中单击【嵌入】按钮，如图17-106所示。

Step 03 在工具箱中单击【钢笔工具】按钮，在画板中绘制图形，在【颜色】面板中将【填色】设置为红色，【描边】设置为“无”，如图17-107所示。

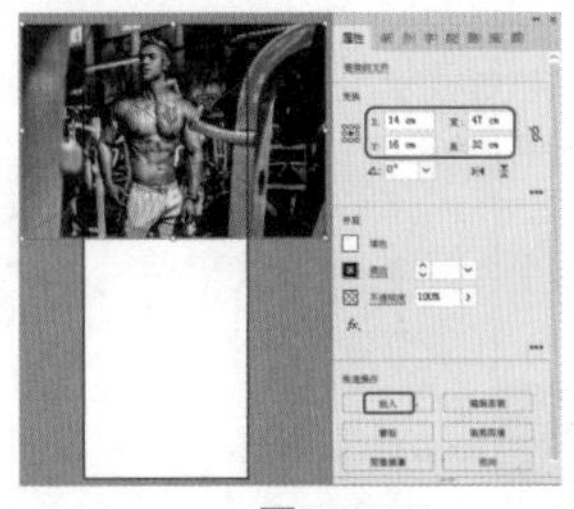
图17-106

图17-107

Step 04 选择置入的“健身背景.jpg”素材文件和绘制的图形，右击，在弹出的快捷菜单中选择【建立剪切蒙版】命令，创建剪切蒙版后的效果如图17-108所示。

Step 05 在工具箱中单击【钢笔工具】按钮，在画板中绘制三角图形，在【颜色】面板中将【填色】的RGB值设置为252、202、3，【描边】设置为“无”，如图17-109所示。

Step 06 在菜单栏中选择【文件】|【置入】命令，弹出【置入】对话框，选择“素材\Cha17\健身logo.png”文件，单击【置入】按钮，在画板中拖曳鼠标进行绘制，打开【属性】面板，在【变换】选项组中将【宽】和【高】分别设置为3.9cm和3.3cm，X和Y分别设置为18.7 cm、2 cm，在【快速操作】选项组中单击【嵌入】按钮，如图17-110所示。

Step 07 在工具箱中单击【文字工具】按钮，在空白处单击，输入文本，将【字体系列】设置为“方正大黑简体”，【字体大小】设置为21 pt，【字符间距】设置为0，打开【颜色】面板，将【填色】的RGB值设置为50、52、53，如图17-111所示。

图17-108

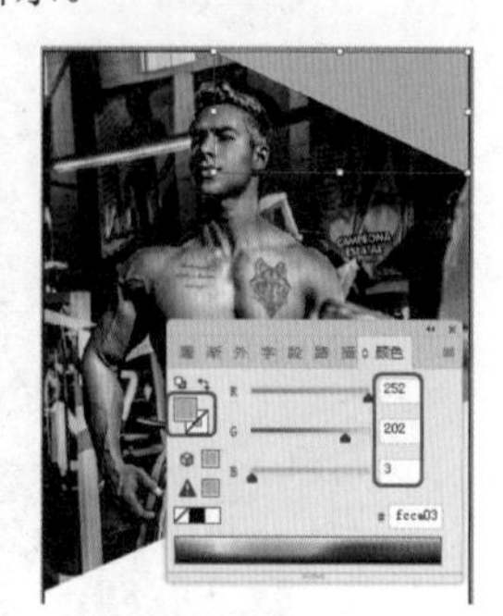
图17-109

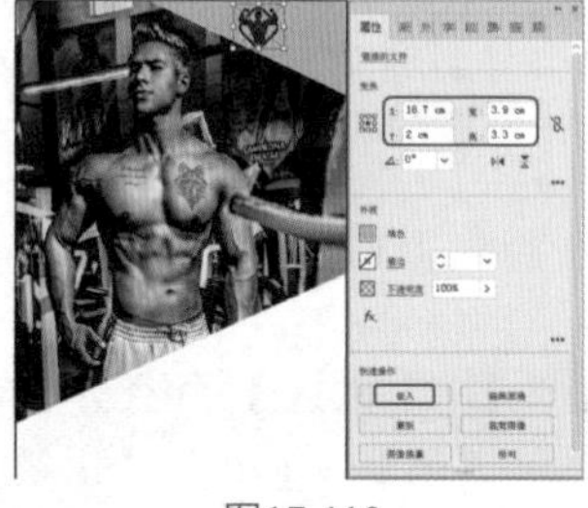
图17-110

图17-111

Step 08 在工具箱中单击【文字工具】按钮，在空白处单击，输入文本，将【字体系列】设置为“微软雅黑”，【字体样式】设置为“Bold”，【字体大小】设置为9.2 pt，【字符间距】设置为204，打开【颜色】面板，将【填色】的RGB值设置为50、52、53，如图17-112所示。

Step 09 在工具箱中单击【钢笔工具】按钮，在画板中绘制图形，在【颜色】面板中将【填色】的RGB值设置为252、202、3，【描边】的RGB值设置为0、0、0，将【描边粗细】设置为40pt，如图17-113所示。

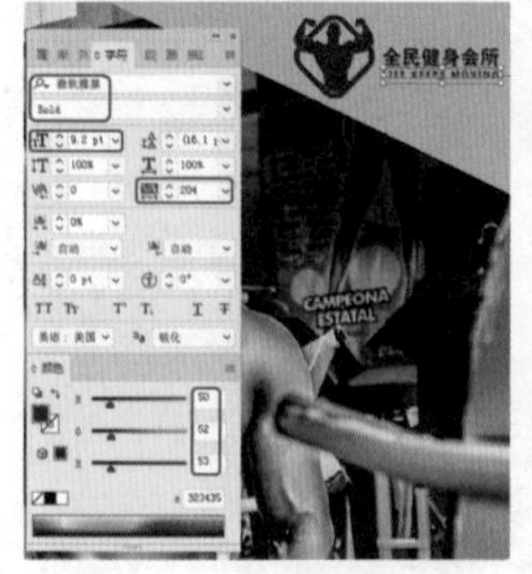

图17-112

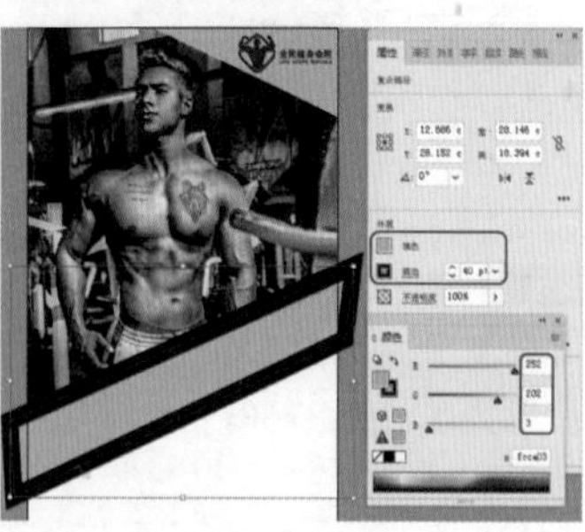
图17-113

Step 10 在工具箱中单击【矩形工具】按钮，绘制图17-114所示的矩形。

Step 11 选择绘制的图形和矩形对象，右击，在弹出的快捷菜单中选择【建立剪切蒙版】命令，选择建立剪切蒙版后的图形，右击，在弹出的快捷菜单中选择【排列】|【置于

底层】命令，适当调整对象的位置，效果如图17-115所示。

图17-114

图17-115

Step 12 在工具箱中单击【直线段工具】按钮，绘制线段，将【填色】设置为“无”，【描边】的RGB值设置为252、202、3，将【描边粗细】设置为8pt，如图17-116所示。

Step 13 在工具箱中单击【文字工具】按钮，在空白处单击，输入文本，将【字体系列】设置为“方正黑体简体”，【字体大小】设置为76.2 pt，【字符间距】设置为0，将【填色】的RGB值设置为12、6、11，【旋转】设置为25°，如图17-117所示。

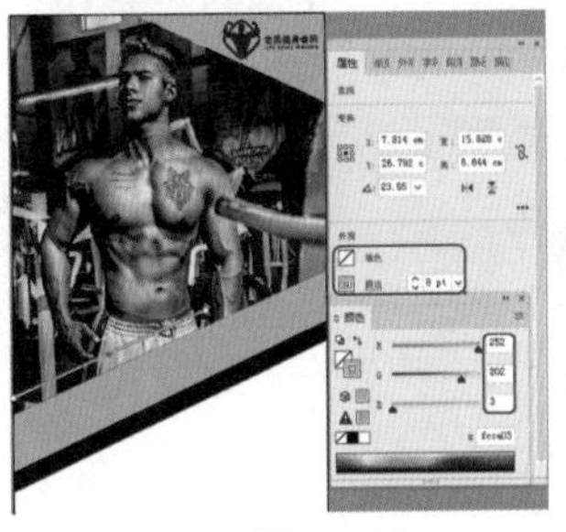
图17-116

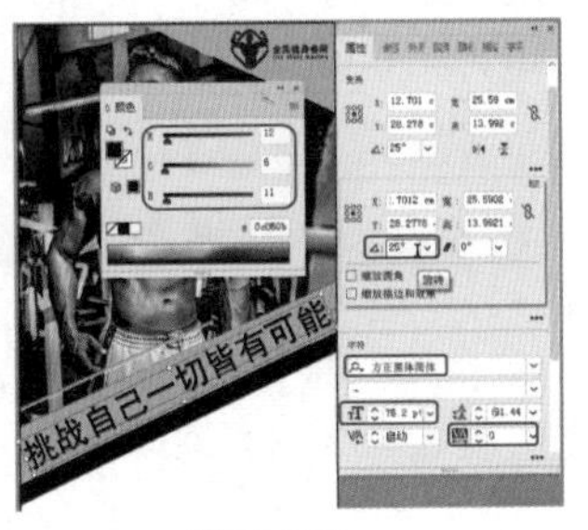

图17-117

Step 14 在工具箱中单击【文字工具】按钮，在空白处单击，输入文本，打开【属性】面板，将【字体系列】设置为“方正大黑简体”，【字体大小】设置为114 pt，【行距】设置为118pt，【字符间距】设置为0，单击【段落】组中的【右对齐】按钮，打开【颜色】面板，将【填色】的RGB值设置为12、6、11，如图17-118所示。

Step 15 在工具箱中单击【矩形工具】，绘制【宽】和【高】分别为0.4cm和11cm的矩形，将【填色】的RGB值设置为12、6、11，【描边】设置为“无”，如图17-119所示。

Step 16 在工具箱中单击【矩形工具】，绘制【宽】和【高】分别为0.4cm和4.3cm的矩形，将【填色】的RGB值设置为252、202、3，【描边】设置为“无”，如图17-120所示。

Step 17 在工具箱中单击【直排文字工具】，输入文本，将【字体系列】设置为“微软雅黑”，【字体样式】设置为“Bold”，【字体大小】设置为45pt，【行距】设置为78pt，【字符间距】设置为0，单击【段落】组中的【底对齐】按钮，打开【颜色】面板，将【填色】的RGB值设置为12、6、11，如图17-121所示。

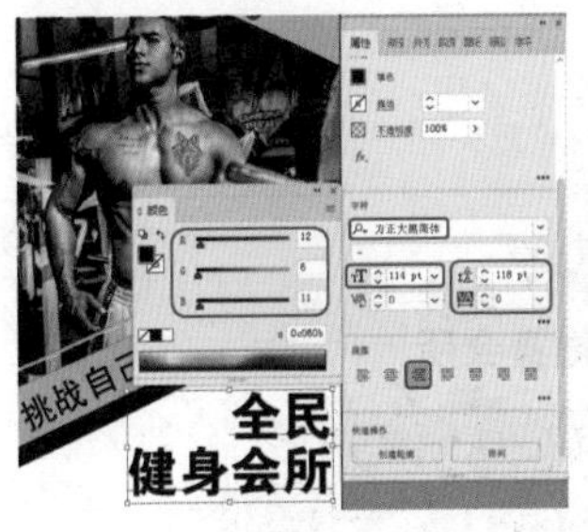

图17-118

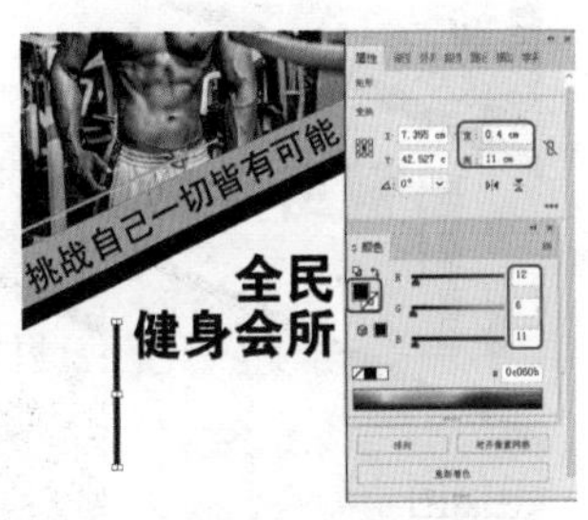

图17-119

图17-120

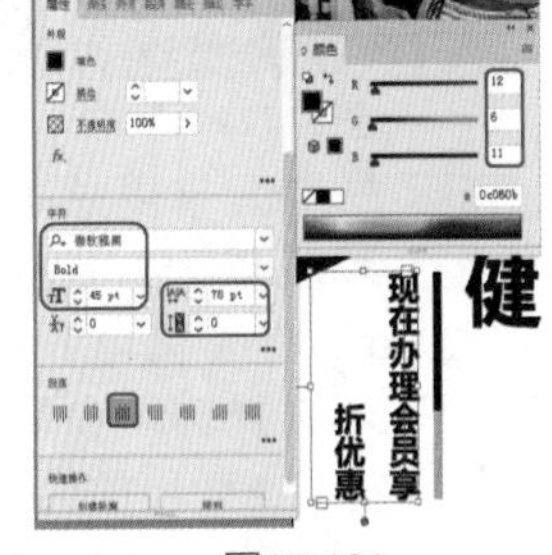

图17-121

Step 18 在工具箱中单击【椭圆工具】，将【宽】和【高】均设置为3cm，将【填色】的RGB值设置为252、202、3，【描边】设置为“无”，如图17-122所示。

Step 19 在工具箱中单击【文字工具】，在空白处单击，输入文本，将【字体系列】设置为“微软雅黑”，【字体样式】设置为“Bold”，【字体大小】设置为63pt，【字符间距】设置为0，打开【颜色】面板，将【填色】的RGB值设置为12、6、11，如图17-123所示。

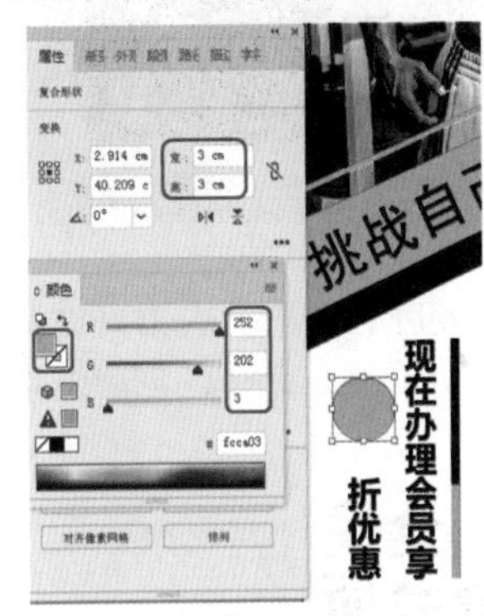

图17-122

图17-123

Step 20 使用【钢笔工具】和【文字工具】制作其余的内容，并选择“素材\Cha17\健身会所二维码.png”文件，单击【置入】按钮，在画板中拖曳鼠标进行绘制，适当调整大小及位置，打开【属性】面板，在【快速操作】选项组中单击【嵌入】按钮，如图17-124所示。

Step 21 选择“素材\Cha17\健身器材.jpg”文件，单击【置入】按钮，在画板中拖曳鼠标进行绘制，打开【属性】面板，将【宽】和【高】分别设置为42cm和

23cm，将X和Y分别设置为20.8cm和52.7cm，在【快速操作】选项组中单击【嵌入】按钮，如图17-125所示。

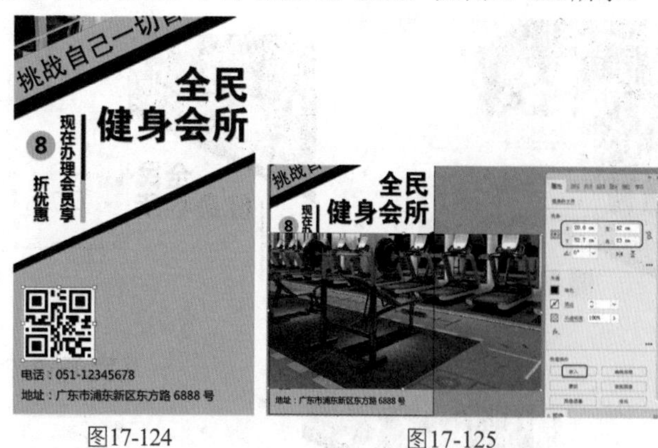

图17-124　　图17-125

Step 22 在工具箱中单击【椭圆工具】，将【宽】和【高】均设置为20cm，将X和Y分别设置为19cm和52.7cm，将【填色】设置为黑色、【描边】设置为“无”，选择椭圆和置入的“健身器材.jpg”素材文件，右击，在弹出的快捷菜单中选择【建立剪切蒙版】命令，创建剪切蒙版后的效果如图17-126所示。

Step 23 使用【矩形工具】绘制图17-127所示的矩形，将【填色】设置为黑色，【描边】设置为“无”。

图17-126

图17-127

Step 24 选择矩形和创建剪切蒙版后的对象，右击，在弹出的快捷菜单中选择【建立剪切蒙版】命令，创建剪切蒙版后的效果如图17-128所示。

图17-128

实例 160 制作企业展架

素材：素材\Cha17\科技背景.jpg、企业1.jpg~企业3.jpg、企业二维码.png

场景：场景\Cha17\实例160 制作企业展架.ai

根据展示架特点，可设计与之匹配的产品促销精品展示架，用于全方位展示出产品的特征。本实例讲解商务企业展架的制作方法，该展架特点是外观优美、结构牢固、组装自由、拆装快捷、运输方便，且精品展示架风格优美、高贵典雅，又有良好的装饰效果，使产品散发出不同凡响的魅力。效果如图17-129所示。

图17-129

Step 01 按Ctrl+N组合键，弹出【新建文档】对话框，将【单位】设置为“厘米”，【宽度】和【高度】分别设置为77cm和165cm，【颜色模式】设置为“RGB颜色”，【光栅效果】设置为“屏幕（72ppi）”，单击【创建】按钮，如图17-130所示。

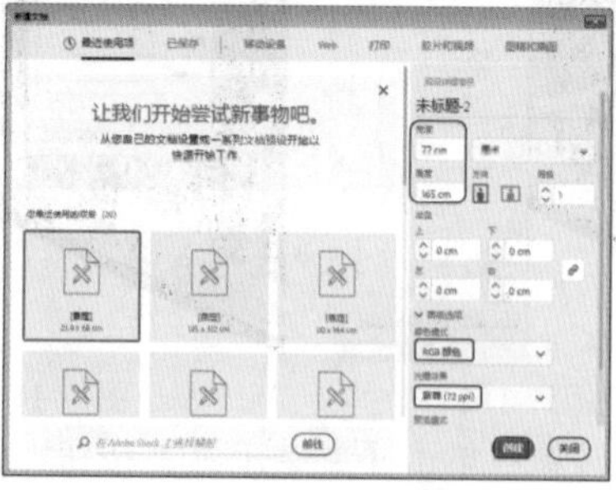

图17-130

Step 02 在菜单栏中选择【文件】|【置入】命令，弹出【置入】对话框，选择“素材\Cha17\科技背景.jpg”文件，单击【置入】按钮，在画板中拖曳鼠标进行绘制，打开【属性】面板，在【变换】选项组中将【宽】和【高】分别设置为120cm和80cm，X和Y分别设置为53cm和39cm，在【快速操作】选项组中单击【嵌入】按钮，在素材上右击，在弹出的快捷菜单中选择【变换】|【对称】命令，弹出【镜像】对话框，选中【垂直】单选按钮，单击【确定】按钮，如图17-131所示。

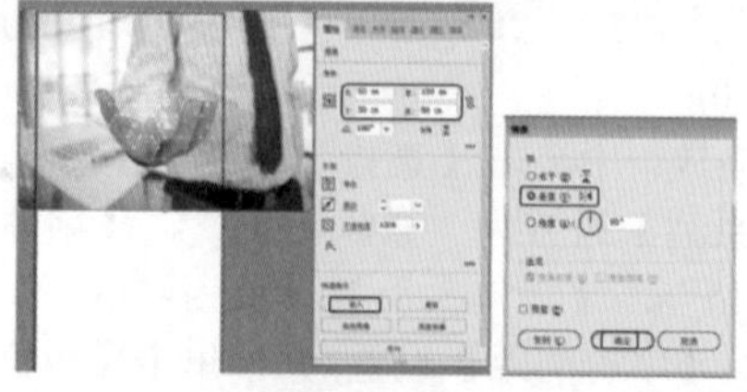

图17-131

Step 03 在工具箱中单击【钢笔工具】 按钮，在画板中绘制图形，在【颜色】面板中将【填色】设置为黑色，【描边】设置为“无”，如图17-132所示。

Step 04 选择置入的“科技背景.jpg”和绘制的图形，右击，在弹出的快捷菜单中选择【建立剪切蒙版】命令，创建剪切蒙版后的效果如图17-133所示。

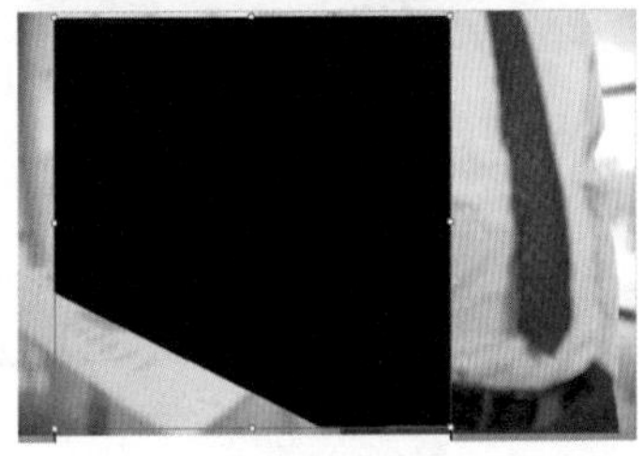
图17-132

图17-133

Step 05 在工具箱中单击【钢笔工具】，在画板中绘制两个图形，在【颜色】面板中将【填色】的RGB值设置为24、116、166，【描边】设置为“无”，如图17-134所示。

Step 06 在工具箱中单击【钢笔工具】，在画板中绘制两个图形，在【颜色】面板中将【填色】的RGB值设置为26、117、185，【描边】设置为“无”，如图17-135所示。

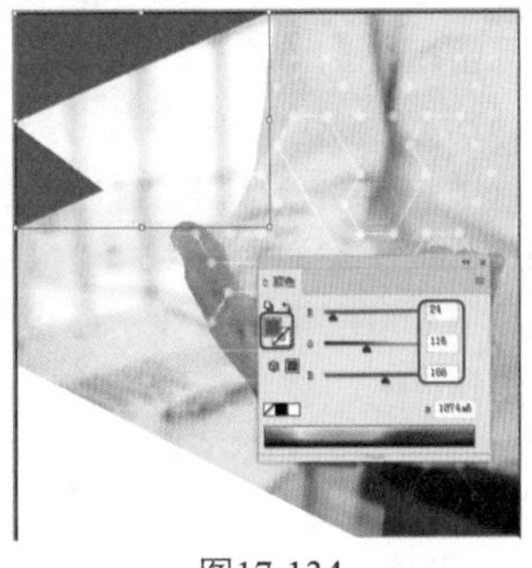
图17-134

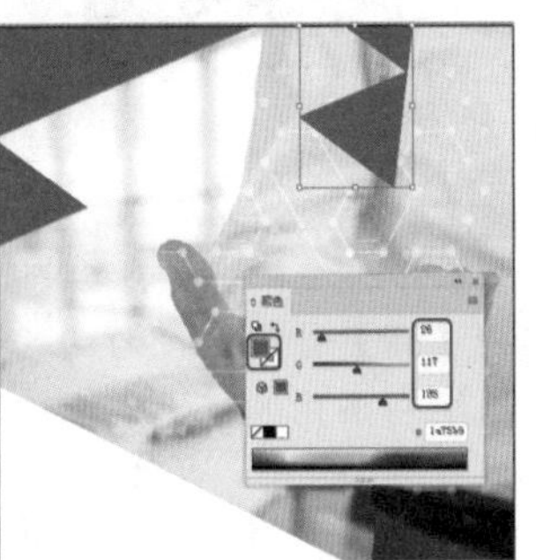
图17-135

Step 07 在工具箱中单击【钢笔工具】按钮，在画板中绘制3个图形，在【颜色】面板中将【填色】的RGB值设置为95、200、232，【描边】设置为“无”，如图17-136所示。

Step 08 在工具箱中单击【钢笔工具】，在画板中绘制图形，在【颜色】面板中将【填色】的RGB值设置为0、131、198，【描边】设置为“无”，如图17-137所示。

图17-136

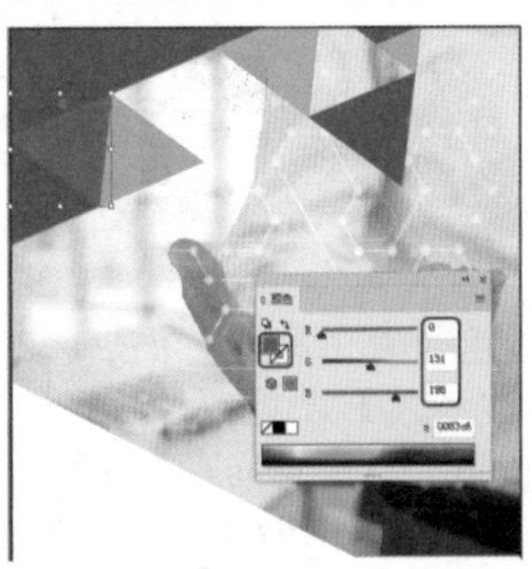
图17-137

Step 09 在工具箱中单击【钢笔工具】，在画板中绘制两个图形，在【颜色】面板中将【填色】的RGB值设置为34、148、197，【描边】设置为“无”，如图17-138所示。

Step 10 在工具箱中单击【钢笔工具】，在画板中绘制图形，在【颜色】面板中将【填色】的RGB值设置为31、136、181，【描边】设置为“无”，如图17-139所示。

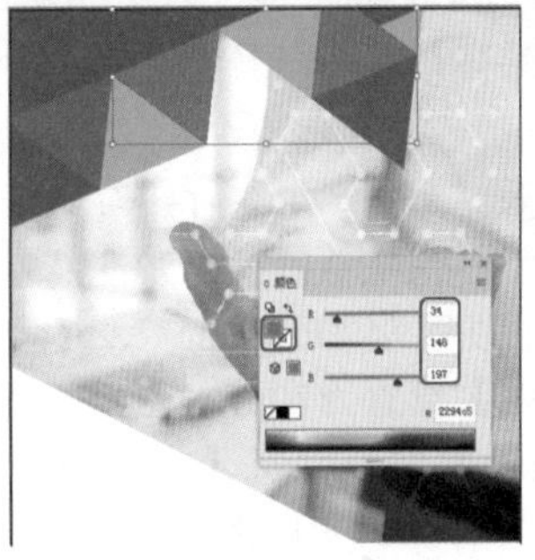
图17-138

图17-139

Step 11 使用同样的方法制作其他图形对象，如图17-140所示。

Step 12 在工具箱中单击【文字工具】按钮，在空白处单击，输入文本，将【字体系列】设置为“方正大黑简体”，【字体大小】设置为60 pt，【行距】设置为80 pt，【字符间距】设置为0，打开【颜色】面板，将【填色】的RGB值设置为34、30、31，如图17-141所示。

图17-140

图17-141

Step 13 在工具箱中单击【文字工具】，在空白处单击，输入文本，将【字体系列】设置为“微软雅黑”，【字体样式】设置为“Bold”，【字体大小】设置为198 pt，【字符间距】设置为-40，打开【颜色】面板，将“企业”和“简介”文本的【填色】RGB值设置为64、63、65，将“公司”文本的【填色】RGB值设置为33、142、189，如图17-142所示。

Step 14 在工具箱中单击【直线段工具】按钮，绘制线段，在【属性】面板中将【宽】设置为64cm，将【填色】设置为“无”，【描边】的RGB值设置为33、142、189，将【描边粗细】设置为10pt，如图17-143所示。

图17-142

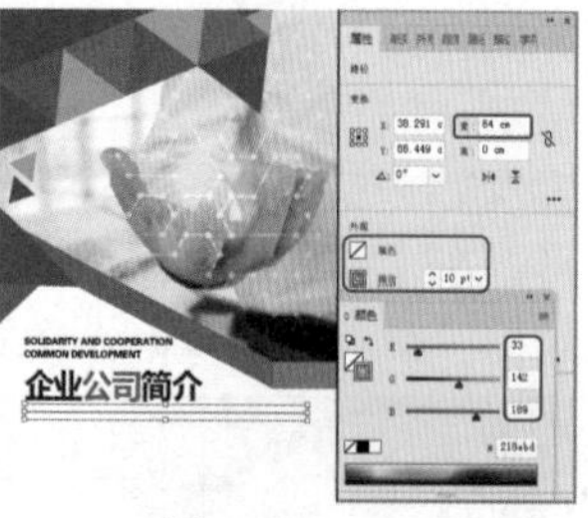

图17-143

Step 15 在工具箱中单击【文字工具】，在空白处拖动鼠标绘制文本框，输入段落文本，将【字体系列】设置为“微软雅黑”，【字体样式】设置为“Regular”，【字体大小】设置为40pt，【行距】设置为70pt，【字符间距】设置为100，打开【颜色】面板，将【填色】的RGB值设置为50、51、51，如图17-144所示。

图17-144

Step 16 在菜单栏中选择【文件】|【置入】命令，弹出【置入】对话框，选择“素材\Cha17\企业1.jpg”文件，单击【置入】按钮，在画板中拖曳鼠标进行绘制，打开【属性】面板，在【变换】选项组中将【宽】和【高】分别设置为32cm和22cm，X和Y分别设置为16cm和113cm，在【快速操作】选项组中单击【嵌入】按钮，如图17-145所示。

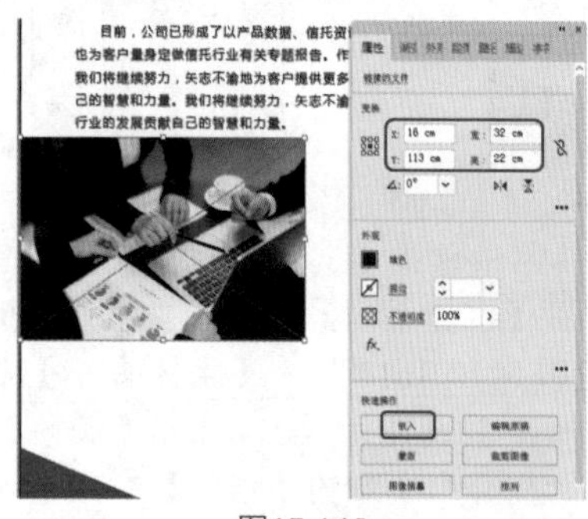

图17-145

Step 17 在工具箱中单击【圆角矩形工具】按钮，在画板中拖曳鼠标进行绘制，在【属性】面板中将【宽】和【高】均设置为20.5cm，单击【变换】选项组右下角的【更多选项】按钮•••，将【圆角半径】设置为1.2cm，在【颜色】面板中将【填色】设置为黑色，将【描边】设置为“无”，将X和Y分别设置为16.5cm和113.5cm，如图17-146所示。

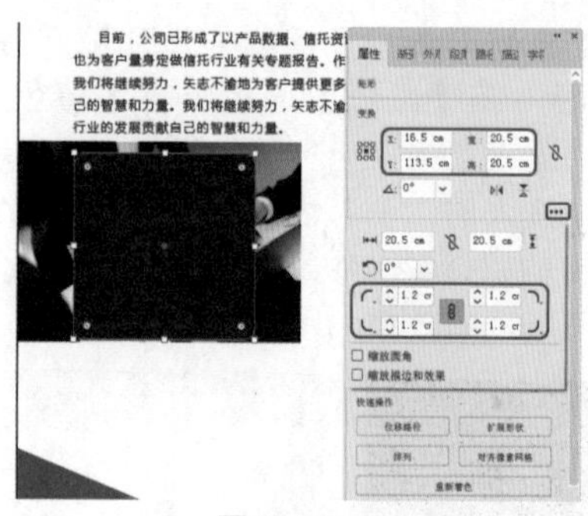

图17-146

Step 18 选择置入的“企业1.jpg”素材文件和绘制的圆角矩形，右击，在弹出的快捷菜单中选择【建立剪切蒙版】命令，建立剪切蒙版后的效果如图17-147所示。

图17-147

Step 19 在工具箱中单击【圆角矩形工具】按钮，在画板中拖曳鼠标进行绘制，在【属性】面板中将【宽】和【高】分别设置为19.5cm和3.3cm，单击【变换】选项组右下角的【更多选项】按钮•••，将【圆角半径】设置为0.5cm，打开【渐变】面板，将【类型】设置为“线性”，将左侧渐变滑块的颜色值设置为26、117、185，将右侧渐变滑块的颜色值设置为37、167、222，将【角度】设置为30°，将【描边】设置为“无”，如图17-148所示。

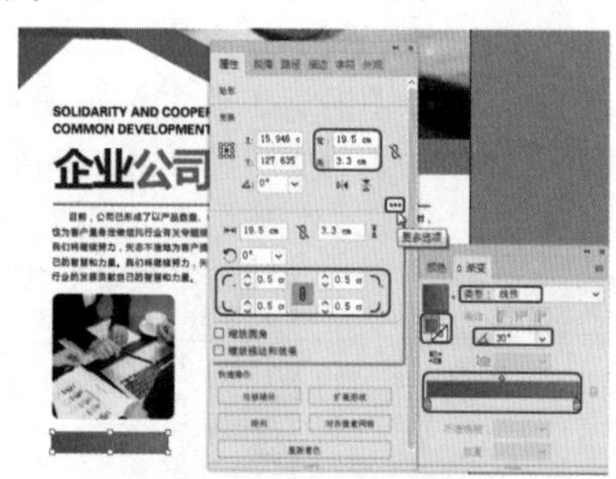

图17-148

Step 20 在工具箱中单击【文字工具】，输入文本，将【字体系列】设置为“微软雅黑”，【字体大小】设置为66pt，【字符间距】设置为100，打开【颜色】面板，将【填色】的RGB值设置为228、229、229，如图17-149所示。

Step 21 在工具箱中单击【文字工具】，在空白处拖动鼠标绘制文本框，输入段落文本，将【字体系列】设置为

"黑体"，【字体大小】设置为24pt，【行距】设置为36pt，【字符间距】设置为100，打开【颜色】面板，将【填色】的RGB值设置为50、51、51，如图17-150所示。

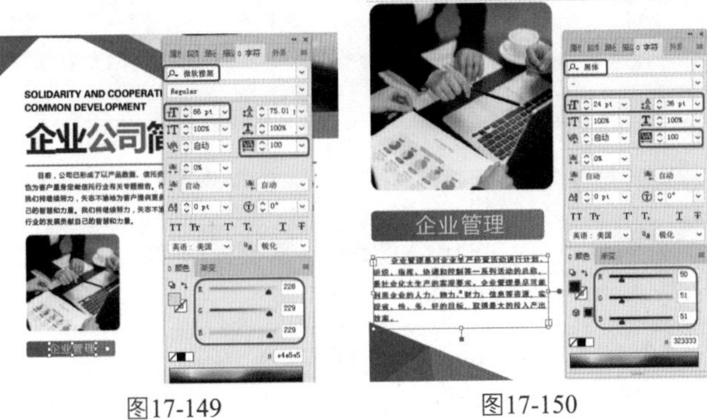

图17-149　　图17-150

Step 22 使用前面介绍过的方法制作其他内容，如图17-151所示。

图17-151

Illustrator CC 2018常用快捷键

文件		
Ctrl+N 新建文件	Ctrl+O 打开文件	Shift+ Ctrl+N 从模板新建
Alt+Ctrl+O 在Bridge中浏览	Ctrl+W 关闭	Ctrl+S 存储
Shift+Ctrl+S 存储为	Alt+Ctrl+S 存储副本	Shift+Ctrl+P 置入
Alt+Ctrl+E 导出为多种屏幕所用格式	Alt+Shift+Ctrl+P 打包	Alt+Ctrl+P 文档设置
Alt+Shift+Ctrl+I 文件信息	Ctrl+P 打印	Ctrl+Q 退出
编辑		
Ctrl+Z 还原	Shift+Ctrl+Z 重做	Ctrl+X 剪切
Ctrl+C 复制	Ctrl+V 粘贴	Ctrl+F 贴在前面
Ctrl+B 贴在后面	Shift+Ctrl+V 就地粘贴	Alt+Shift+Ctrl+V 在所有画板上粘贴
Ctrl+I 拼写检查	Shift+Ctrl+K 颜色设置	Alt+Shift+Ctrl+K 键盘快捷键
Ctrl+K 首选项常规		
对象		
Ctrl+G 编组	Shift+Ctrl+G 取消编组	Ctrl+2 锁定所选对象
Alt+Ctrl+2 全部解锁	Ctrl+3 隐藏所选对象	Alt+Ctrl+3 显示全部
Ctrl+G 连接路径	Alt+Ctrl+B 建立混合	Alt+Shift+Ctrl+B 释放混合
Alt+Shift+Ctrl+W 用变形建立封套扭曲	Alt+Ctrl+M 用网格建立封套扭曲	Alt+Ctrl+C 用顶层对象建立封套扭曲
Ctrl+7 建立剪切蒙版	Alt+Ctrl+7 释放剪切蒙版	
选择		
Ctrl+A 选择全部	Alt+Ctrl+A 选择现用画板的全部对象	Shift+Ctrl+A 取消选择
Ctrl+6 重新选择	Alt+Ctrl+] 选择上方的下一个对象	Alt+Ctrl+[选择下方的下一个对象
视图		
Ctrl+Y 轮廓视图	Alt+Shift+Ctrl+Y 叠印预览	Alt+Ctrl+Y 像素预览
Ctrl++ 放大视图	Ctrl+- 缩小视图	Ctrl+0 画板适应窗口大小
Alt+Ctrl+0 全部适应窗口大小	Ctrl+1 实际大小	Ctrl+H 隐藏边缘
Shift+Ctrl+H 隐藏画板	Shift+Ctrl+B 隐藏定界框	Shift+Ctrl+D 显示透明度网格
Ctrl+U 智能参考线	Ctrl+'显示网格	Shift+Ctrl+' 对齐网格
窗口		
Ctrl+F8 信息	Shift+F8 变换	Shift+F5 图形样式
Shift+F6 外观	Shift+F7 对齐	Ctrl+F11 属性
Ctrl+F10 描边	Ctrl+F9 渐变	Shift+Ctrl+F11 符号
Shift+Ctrl+F9 路径查找器	Shift+Ctrl+F10 透明度	Shift+F3 颜色参考